新型电力电子器件丛书

碳化硅技术基本原理

——生长、表征、器件和应用

Fundamentals of Silicon Carbide Technology: Growth, Characterization, Devices, and Applications

[日] 木本恒畅（Tsunenobu Kimoto）
[美] 詹姆士 A. 库珀（James A. Cooper） 著

夏经华 潘 艳 杨 霏 张安平
邓小川 温家良 邱宇峰 译

机 械 工 业 出 版 社

本书是一本有关碳化硅材料、器件工艺、器件和应用方面的书籍，其主题包括碳化硅的物理特性、晶体和外延生长、电学和光学性能的表征、扩展缺陷和点缺陷，器件工艺、功率整流器和开关器件的设计理念，单/双极型器件的物理和特征、击穿现象、高频和高温器件，以及碳化硅器件的系统应用，涵盖了基本概念和最新发展现状，并针对每个主题做深入的阐释，包括基本的物理特性、最新的理解、尚未解决的问题和未来的挑战。

本书作者在碳化硅研发领域有着总共45年以上的经历，是当今碳化硅研发和功率半导体领域中的领军人物。通过两位专家的执笔，全景般展示了碳化硅领域的知识和进展。目前，随着碳化硅基功率器件进入实用化阶段，本书的翻译出版对于大量已经进入和正在进入该行业，急需了解掌握该行业的专业人士是一本难得的专业书籍。

本书可以作为从事碳化硅电力电子材料、功率器件及其应用方面专业技术人员的参考书，也可以作为高等学校微电子学与固体物理学专业高年级本科生、研究生的教学用书或参考书。同时，本书对于在诸如电力供应、换流器-逆变器设计、电动汽车、高温电子学、传感器和智能电网技术等方面的设计工程师、应用工程师和产品经理也是有益的。

译　者　序

半导体功率器件在经历从20世纪70年代以来的快速发展，已经成为当前世界上各种电力电子系统中的核心电子元件。半导体功率器件大量应用在从各类家用电器到以电力为主的各类工业设备、运输工具（包括新能源汽车、电力牵引等）和以高电压大功率半导体功率器件为主的现代高压、特高压交、直流和智能电网输电技术等。随着全球气候变暖的问题越来越受到人们关注，节能减排、提高能源效率的重要性日益突出，以柔性直流输电技术为主的智能电网技术由于可以大规模接纳风能和太阳能等清洁可再生能源，成为新一代绿色能源互联网技术的代表，其发展对其能源控制核心的功率半导体器件提出了更高的要求。碳化硅宽禁带半导体技术和基于碳化硅等功率半导体器件的发展，成为实现这一要求的理想选择之一。

作为第三代新型宽禁带半导体材料的代表，碳化硅具有出色的物理、化学和电性能特性。在功率半导体器件领域，特别是大功率、高电压和一些特殊环境中，例如高温、高辐射等环境中，碳化硅单晶材料具有举足轻重的地位和很好的应用前景，也是大功率、高电压功率半导体器件的发展方向。碳化硅技术在新一代绿色能源互联网上的应用可以显著提高输运电压等级，降低功耗，提高效率，减小所使用器件的数量和散热器体积，提高电网运行可靠性等。在经过20世纪80~90年代在碳化硅材料和器件制造工艺上的一系列突破，以及2001年世界上首枚碳化硅肖特基势垒二极管（SBD）和2011年的首枚碳化硅MOSFET成功实现商业化，碳化硅作为第三代宽禁带半导体材料在高压大功率半导体功率器件的重要地位和广阔前景得到世界的广泛确认。

本书是一本全景式介绍碳化硅及相关技术的专著，内容涵盖碳化硅材料、器件工艺、器件和应用等方面，涉及的主题包括碳化硅的物理特性、晶体和外延生长、电学和光学性能的表征、扩展缺陷和点缺陷，器件工艺、功率整流器和开关器件的设计理念，单/双极型器件的物理和特征、击穿现象、高频和高温器件，以及碳化硅器件的系统应用，涵盖了基本概念和最新发展现状，并针对每个主题做深入的阐释，包括基本的物理特性、最新的理解、尚未解决的问题和未来的挑战。本书涉及面广、内容翔实、配有大量图表数据和精美图例，便于读者快速、全面了解碳化硅技术的原理、应用和发展。有鉴于目前国内碳化硅方面的书籍相对匮乏，特别是缺少一部代表目前碳化硅技术发展水平，并具有从材料到工艺，再到器件及应用这样一个大跨度的专业参考书籍，本书为国内相关从业科技人员和在校从事相关领域研究的教师及研究生不可多得的专业/教学书籍。本书的翻译也为那些不谙英语但想迅速掌握碳化硅相关技术的读者提供语言上的便利。

本书的作者 Tsunenobu Kimoto 是京都大学电子科学与工程系的一名教授，长期从事碳化硅材料、表征、器件工艺以及功率器件等方面的研究，是日本碳化硅界的领军人物，在碳化硅的外延生长、光学和电学特性表征、缺陷电子学、离子注入、金属-氧化物-半导体（MOS）物理和高电压器件等方面均有建树。而另一位作者，美国普渡大学电气与计算机工程学院的 James A. Cooper 则是一位半导体界的元老级人物，他在 MOS 器件、IC 及包括硅和碳化硅在内的功率器件方面都有研究和建树，特别是碳化硅基 UMOSFET、肖特基二极管、UMOSFET、横向 DMOSFET、BJT 和 IGBT 等的开发做出了突出贡献。

为了使本书尽快与读者见面，全球能源互联网研究院有限公司、西安交通大学和电子科技大学的相关科技人员参与了本书的翻译工作。具体分工如下：邱宇峰负责第 1 章的翻译工作，温家良负责第 11 章的翻译工作，电子科技大学的邓小川负责第 7、9 章的翻译工作，西安交通大学的张安平负责第 4、5 章的翻译工作，杨霏负责第 6、8 章的翻译工作，潘艳负责第 2、10 章的翻译工作，夏经华负责第 3、12 章及附录的翻译工作。全书的校审工作由夏经华负责完成。另外，以下同志也参与了本书的部分工作，译者对他们为本书的努力和付出表示衷心感谢，他们是，朱韫晖、郑柳、王方方、李玲、王嘉铭、王德辉、王秋雨、王愈轩、孙俊达、涂浩、崔磊、徐哲、田丽欣、田哲元。

从本书的策划、翻译到最后完稿付梓，机械工业出版社给予了大力支持和帮助，特别感谢付承桂编辑在对本书的出版工作中所做的大量工作和贡献。

由于本书所涉及的专业面很宽，本书作者又是该领域的著名专家，虽经译者反复努力，但囿于译者有限的水平和时间，疏漏之处在所难免，望读者不吝指正。

译者

全球能源互联网研究院有限公司

原书前言

作为各类电力电子系统中的关键部件，功率半导体器件受到越来越多的关注。功率器件的主要应用包括电源、电机控制、可再生能源、交通、通信、供热、机器人技术及电力传输和分配等方面。半导体功率器件在这些系统中的应用可以显著节省能源，加强化石燃料的节约，并减少环境污染。

随着一些新兴市场的出现，包括光伏电池和燃料电池的电能变换器、电动汽车（EV）和混合动力电动汽车（HEV）用电能变换器和逆变器，以及智能电力设备配电网的控制，电力电子在过去的十年里再次引发全新的关注。目前，半导体功率器件是未来全球节能和电能管理的关键推动力之一。

在过去的几十年里，硅功率器件得到了显著的提升。然而，这些器件正在接近由硅的基本材料特性所限定的性能极限，进一步性能的提升只有通过迁移到更强大的半导体材料。碳化硅（SiC）是一种有着优异物理和电气性能的宽禁带半导体，适合作为未来的高电压、低损耗电力电子的基础。

SiC 是一种Ⅳ－Ⅳ族化合物半导体，有着 2.3～3.3eV 的禁带宽度（取决于晶体结构，或多型体），它拥有 10 倍于 Si 的击穿电场强度、3 倍于 Si 的热导率，使得 SiC 对于大功率和高温器件具有特别的吸引力。例如，在给定阻断电压下，SiC 功率器件的通态电阻比 Si 器件的要低好几个数量级，这会大大提高电能变换效率。SiC 的宽禁带特性和高热稳定性使得某些类型的 SiC 器件可以在结温达 300℃或者更高的温度下无限期工作而不会产生可测量的性能退化。在宽禁带半导体中，SiC 是比较特殊的，因为它可以容易地在超过 5 个数量级的范围进行 p 型或者 n 型掺杂；另外，SiC 是唯一的化合物半导体，其自然氧化物是 SiO_2，是和硅的自然氧化物一样的绝缘体，这使得用 SiC 制造整个基于 MOS（金属－氧化物－半导体）家族的电子器件成为可能。

自 20 世纪 80 年代以来，有关 SiC 材料和器件技术的开发得到了持续的投入。基于 20 世纪 80 年代和 90 年代的多项技术突破，SiC 肖特基势垒二极管（SBD）的商业化产品于 2001 年成功面世，并且在过去的若干年里，SiC SBD 的市场得到了迅速发展。SBD 被应用于各种类型的电力系统中，包括开关电源、光伏变换器及空调、电梯和地铁的电机控制。SiC 功率开关器件的商业化生产开始于 2006～2010 年间，主要有 JFET（结型场效应晶体管）和 MOSFET（金属－氧化物－半导体场效应晶体管）。这些器件得到了市场广泛接受，现在，很多行业已经开始利用这些 SiC 功率开关器件所带来的好处。作为一个例子，根据 SiC 元器件应用的程度，一个电源或逆变器的体积和重量可以减少 4～10 倍。除了尺寸和重量方面的减少外，使用 SiC 元器件还可以使功耗也得到了大幅降低，从而使电力变换系统的效率得到显著提高。

近年来，SiC 专业社团在学术界和工业界发展迅猛，越来越多的公司在致力于发展 SiC 晶圆和/或器件的生产制造能力，相关的年轻科学家和工程师的数量也在与日俱增。然而，现在几乎没有教科书在从材料到器件再到应用这样宽的范围内涵盖 SiC 技术，因此，这些科学家、工程师和研究生会是本书的潜在读者。作者也希望本书对这些读者来说是及时的和有益的，并使得他们可以迅速获得在此领域内实践所需的基本知识。由于本书同时包涵了基础和高级概念，需要读者有一定的半导体物理及器件基础，不过，对于材料科学或者电气工程专业的研究生来说，阅读本书将不会有困难。

本书所涉及的主要内容包括 SiC 的物理特性、晶体和外延生长、电学和光学性能的表征、扩展缺陷和点缺陷、器件工艺、功率整流器和开关器件的设计理念、单/双极型器件的物理和特征、击穿现象、高频和高温器件以及 SiC 器件的系统应用，涵盖了基本概念和最新发展现状。特别是，我们力图对每个主题做深入的阐释，包括基本的物理特性、最新的理解、尚未解决的问题和未来的挑战。

最后，本书作者致谢这一领域的一些同事和先驱，特别感谢 W. J. Choyke 教授（匹兹堡大学）、H. Matsunami 荣誉教授（京都大学）、G. Pensl 博士（埃尔兰根 - 纽伦堡大学，已故）、E. Janzén 教授（林雪平大学）和 J. W. Palmour 博士（科锐公司），感谢他们对本领域和我们对本领域的认识的宝贵贡献；我们也对 Wiley 出版社的 James Murphy 先生和 Clarissa Lim 女士的指导和耐心表示感谢。最后，我们要感谢我们的家人在写作本书时给予的体贴支持和鼓励，没有他们的支持和理解，就不会有本书的出版。

木本恒暢

詹姆士 A. 库珀

原书作者简介

木本恒暢（Tsunenobu Kimoto） 分别于1986年和1988年于日本京都大学获得工学学士学位和工学硕士学位。毕业后于同年，他加入住友电气工业株式会社（住友電気工業株式会社）工作，在那里，他对非晶硅太阳电池和半导体金刚石材料进行了研究与开发。自1990年，他作为京都大学（Kyoto University）的一名研究助理开始了他的学术生涯，并于1996年凭借对碳化硅（SiC）生长和器件制造方面的研究工作获得京都大学博士学位。在1996~1997年期间，他作为一名访问科学家在瑞典林雪平大学（Linköping University）工作。现在，他是京都大学电子科学与工程系的一名教授。

他的主要科研活动包括SiC的外延生长、光学和电学特性表征、缺陷电子学、离子注入、金属-氧化物-半导体（MOS）物理和高电压器件。此外，他也参与了在纳米级的硅、锗器件、用于非易失存储器的新型材料，以及基于氮化镓（GaN）的电子器件方面的研究。他是美国电气电子工程师学会（IEEE）、美国材料研究学会（MRS）、日本应用物理学会（JSAP）、日本电子情报通信学会（IE-ICE）和英国电气工程师学会（IEE）的会员。

詹姆士 A. 库珀（James A. Cooper） 于1968年和1969年分别于密西西比州立大学（Mississippi State University）和斯坦福大学（Stanford University）获得电气工程学士学位和硕士学位。在1968~1970年期间，他是桑迪亚国家实验室（Sand-ia National Laboratory）的一名职员。在1970~1973年期间，他进入普渡大学（Pur-due University）学习，在那里，他因为在MOS电导技术理论的推广方面的工作而获得博士学位。他于1973年加入贝尔实验室（Bell Laboratory, Murray Hill），在贝尔实验室，他设计的互补金属-氧化物-半导体（CMOS）集成电路，其中就包括美国电话电报公司（AT&T）的第一个微处理器，并且他主导了对硅反型层中的高场强输运方面的研究工作。他于1983年加入普渡大学任教，现在是该校电气与计算机工程学院教授。

在1983~1990年期间，他研究了砷化镓（GaAs）动态存储器，并于1990年起开始致力于SiC的研究。他的团队展示了首个SiC双注入金属-氧化物-半导体场效应晶体管（DMOSFET）和首个SiC数字集成电路，并对肖特基二极管、U型MOSFET（UMOSFET）、横向DMOSFET、双极结型晶体管（BJT）和绝缘栅双极晶体管（IGBT）的开发做出了贡献。他们也对多种其他类型的SiC器件进行了研究，包括晶闸管、电荷耦合器件（CCD）、金属-半导体场效应晶体管（MESFET）、静电感应晶体管（SIT）和碰撞电离雪崩渡越时间（IMPATT）二极管。

库珀教授是IEEE的终身会士，同时也是普渡大学电气与计算机工程学院William Harrison和Jai N. Gupta教授职位，并且是普渡大学的Birck纳米技术中心创始主任。

目　录

第 1 章　导　　论

1.1　电子学的进展

在现代社会中，半导体材料与器件的发展已经成为推动各种革命性变革和创新的一支强大驱动力。自从 1947 ~ 1948 年基于锗（Ge）的双极型晶体管的发明[1,2]和接下来硅（Si）基金属 - 氧化物 - 半导体场效应晶体管（MOSFET）的成功[3]，半导体器件已经诞生出一个新领域：固态电子学。而基于平面工艺技术制造的集成电路（IC）的发明[4,5]则激发了微电子学的快速发展。当今，Si 基大规模集成电路（LSI）是几乎所有电气和电子系统中的关键部件。尽管存在对其物理极限的预期，但是即便是在今天，Si 基 LSI 仍然继续在迅猛发展[6,7]，太阳电池和各种传感器也主要是用硅制造的。

在同一时期里，化合物半导体在一些特殊的应用中建立起其独特的地位，而在这些应用中 Si 基器件由于本征材料特性使得其难以表现出良好的性能。特别是Ⅲ - Ⅴ族半导体，例如砷化镓（GaAs）和磷化铟（InP），已经广泛应用于高频器件和发光器件[8,9]。除了多数Ⅲ - Ⅴ族半导体具有的高电子迁移率和直接能带结构外，带隙工程和异质结构的形成可以用来提高基于化合物半导体器件的性能。基于氮化镓（GaN）和氮化铟镓（InGaN）的蓝光和绿光发光器件的成功研制也在半导体历史中具有里程碑意义[10,11]。因此，光电子学是最重要的发展领域之一，并且依赖于这些Ⅲ - Ⅴ族半导体。

随着我们社会在科技上的不断进步，对半导体器件的新功能提出了各种要求，例如高温工作和柔性的要求。高温电子学是一个对于宽禁带半导体而言具有很大前景的领域[12]，而有机半导体和氧化物半导体则已经用于发展柔性电子学[13]。

提高能量效率（减少能量消耗和损耗）是我们目前所面对的最基本问题之一。2010 年，世界上电能消耗占总能量消耗的平均比率达 20%[14]，并且预计这个比率在未来会迅速增加。不管电能是如何产生的，将电能经济而有效地传递到负载的过程中需要用到电能的调节和变换。据估计，超过 50% 的电能流经某种形式的电能变换。

电力电子学的概念是由 Newell 在 1973 年引入的[15]，它涉及利用功率半导体器件和电路进行电能变换。通过调节和变换电能使电能可以以最佳形式供给负载。电能变换包括交流 - 直流（AC - DC）、直流 - 交流（DC - AC）、直流 - 直流（DC - DC）（电压变换）、交流 - 交流（AC - AC）（电压或频率变换）[16]。基于现有的技术，典型的电能变换效率只有 85% ~ 95%，这并不足够高，因为在每次电能变换中，有约10%的电能以热能的形式损耗了。在很常见的AC－DC和DC－AC变换中，变换的效率低至大约$(0.9)^2 \approx 0.8$。

一般来说，电力电子的效率受限于半导体器件、电容、电感以及封装的性能，特别是，作为限制电能变换器性能和尺寸的关键部件，功率半导体器件受到越来越多的关注。如图1-1所示，功率器件的主要应用包括电源、电机控制、通信、供热、机器人技术、电动/混合动力汽车、牵引、照明镇流器和电力传输。开发高电压和低损耗的功率器件也是构建未来智能电网的基础。

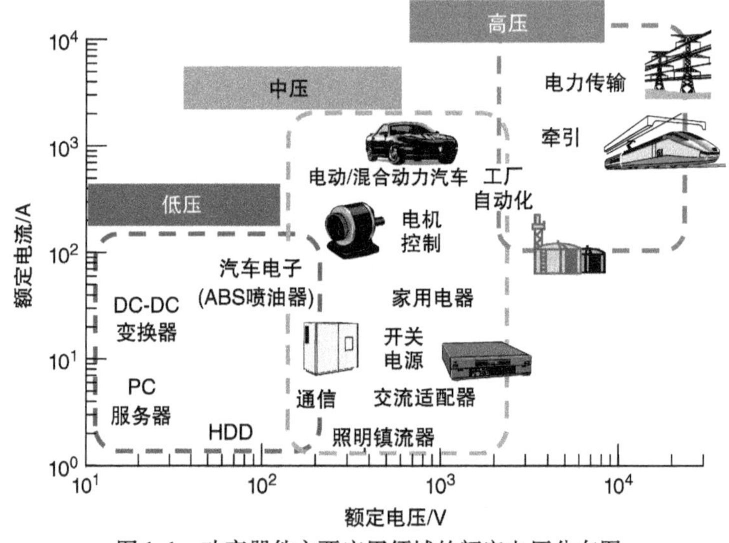

图1-1　功率器件主要应用领域的额定电压分布图

高性能功率器件的实现将不仅会节约大量能量，还可以节约化石燃料，减少环境污染。目前，Si是最常用的功率器件用半导体材料，在经过了功率MOSFET和IGBT（绝缘栅双极型晶体管）的开发[17,18]，Si功率开关器件的性能得到了显著提升，Si基LSI技术和先进的仿真技术在近几十年来的发展对Si功率器件产生了巨大的影响。然而，目前Si功率器件技术已经相对成熟，基于该技术已经不容易实现创新性突破。碳化硅（SiC）是一个古老而又新兴的半导体材料，由于其具有的优异物理性能，它在先进功率器件中具有巨大潜力。同样，SiC器件也在高温和抗辐照作业方面具有很好的前景。氮化镓（GaN）也是一个很具吸引力的功率器件材料，其本征的潜力非常接近于SiC的（因为它们有着几乎相同的禁带宽度和临界电场强度）。然而目前，SiC的生长和器件制造技术更先进，SiC功率器件也有着更好的性能和可靠性表现。基于在Si上异质外延生长的GaN上制造的GaN基横向开关器件在较低电压（100～300V）应用上展现出一些令人满意的前景。当GaN技术发展渐趋成熟时，特别是当实现大尺寸衬底生长时，SiC和GaN功率器件将会根据其性能和成本得以广泛应用。然而，由于SiC具有的间接能带结构，使得其本征地拥有长载流子寿命，因而SiC在高压双极型器件应用上具有天然优势。

1.2　碳化硅的特性和简史

碳化硅（SiC）是一个具有独特物理和化学特性的Ⅳ－Ⅳ族化合物材料。Si原子和C原子间的强化学键赋予了该材料非常高的硬度、化学稳定性和高的热导率[19]。作为一种半导体材料，SiC展现出宽禁带、高临界电场强度和高饱和迁移速率特性。在SiC中，可以相对容易地在一个宽的范围内对n型和p型掺杂进行控制，这使得SiC在宽禁带半导体中出类拔萃。SiC可以形成二氧化硅（SiO_2）作为其自然氧化物的能力，对于器件制造而言是SiC的一个重要优势。由于这些特性，SiC是一种极具前景的高功率和高温电子用半导体材料[20-22]。在后续的章节中将详细介绍SiC技术的基本原理、特性、生长、表征、器件制造和器件特性。

然而，由于SiC的物理和化学稳定性，使得SiC的晶体生长极为困难，并严重阻碍了SiC半导体器件和它们的电子应用的发展。由于存在具有不同堆叠序列的多种SiC结构（又称为多型性）[23]，阻碍了电子级SiC晶体的生长。SiC的多型体如3C－SiC、4H－SiC和6H－SiC，将在2.1节中介绍。

1.2.1　早期历史

SiC本身在自然界很罕见，1824年，Berzelius第一次报道了包含硅—碳键的化合物的合成[24]。Acheson于1892年发明了一种用二氧化硅、碳和某些添加物（如盐）合成SiC的工艺[25]，该工艺（Acheson工艺）提供了一种切割、研磨和抛光用SiC粉末的大规模量产方式，是SiC的第一次工业应用。在Acheson工艺中，含有单晶SiC的片晶（主要是6H－SiC）的晶锭可以作为副产物而获得（见图1-2a）。虽然这些SiC片晶并不纯，但它们曾经被用于SiC的某些物理和化学特性的基础性研究。这项工作的一大亮点便是Round在1907年首次发现的SiC电致发光现象（发射黄色光）[26]。在同一时期，Moissan发现了天然SiC并作为一种矿物研究了这种材料[27]，这就是为什么SiC在矿物学或宝石领域里被称为"莫桑石（Moissanite）"的原因。

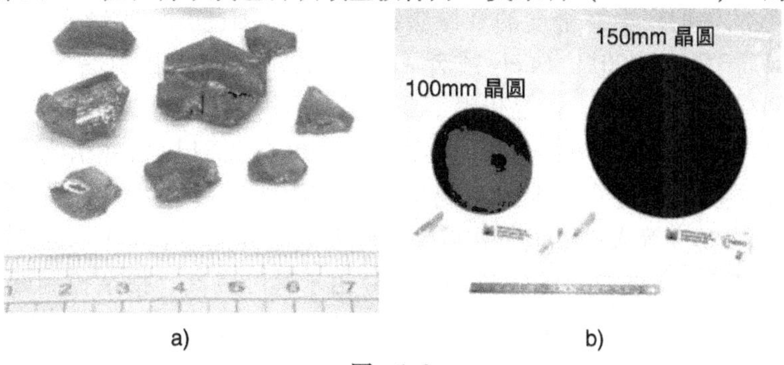

图　1-2

a）作为副产品由Acheson工艺得到的SiC片晶（主要是6H－SiC）　b）直径为100mm和150mm的4H－SiC晶圆

通过升华技术（Lely 法），Lely 于 1955 年成功地生长出相对纯净的 SiC 晶体[28]，所得到晶体大多为 6H－SiC，但其中也经常发现有一些异质多型体内含物。由于 Lely 片晶具有相对较高的晶体质量，所以在 20 世纪 60 年代便出现了第一波针对 SiC 作为一种半导体材料的研究。在这段时期里，SiC 半导体的主要应用目标是开发高温器件和蓝光发光二极管[29,30]。Shockley 参加了一个 SiC 国际学术会议并在会上强调了 SiC 对于高温电子学的前景[30]，而 Choyke 广泛地展开了关于 SiC 光学性质的重要学术研究[31]。然而，由于 Lely 片晶的小尺寸和不稳定的材料供应，SiC 半导体的研发在 20 世纪 70 年代后期逐渐放缓，该项技术仍然不够成熟。相反地，多晶 SiC 的技术得到了发展，基于 SiC 的陶瓷、加热元件、无源器件和热敏电阻则已经商业化了。

1.2.2 SiC 晶体生长的革新

1978～1981 年期间，Tairov 和 Tsvetkov 发明了一种可重复的 SiC 晶锭生长方法[32,33]：他们在升华生长炉里引入了一个 6H－SiC 仔晶，并基于热力学和动力学方面的考虑，设计了一个合适的温度梯度以控制 SiC 源到籽晶的物质输运。这种生长工艺被称为改进 Lely 法，或者籽晶升华法。几个研究组遵循并进一步发展了这种生长工艺以获得更大直径和降低扩展缺陷密度的 SiC 晶锭，而 Davis 和 Carter 显著改进了这种方法[34]。1991 年，SiC（6H－SiC）晶圆首次商业化[35]。经过不断的努力，现在，已经可以从多家供应商得到直径在 100～150mm、有着较高质量商品化的 SiC 晶圆（见图 1-2b），单晶晶圆的可获得性推动了基于 SiC 的电子器件的快速发展。

关于 SiC 的外延生长，在 20 世纪 80 年代，研究人员对在 Lely 片晶上液相外延（LPE）6H－SiC 进行了研究，研究目标是蓝光发光二极管[36,37]。在 20 世纪 80 年代早期，借助化学气相沉积（CVD），研究人员对在 Si 衬底上异质外延生长 3C－SiC 生长进行了研发[38,39]，但是这些电子器件（肖特基势垒二极管（SBD）、pn 二极管、MOSFET）的性能远远低于预期，这个结果可以归因于由于大的晶格常数和热膨胀系数的失配产生高密度的堆垛层错和位错。因此，一些研究组开始用 CVD 的方法在 6H－SiC ｛0001｝（Lely 或者 Acheson 片晶）上生长 3C－SiC，虽然 3C－SiC 的质量有了显著提升，但是仍然不令人满意。

1987 年，Matsunami 等人发现，当对 6H－SiC ｛0001｝ 衬底引入几度偏角时，在相对较低温度下通过 CVD 同质外延生长可以得到高品质的 6H－SiC（“台阶控制外延”）[40]。Davis 等人也报道了在偏轴衬底上同质外延生长 6H－SiC[41]。在偏轴 6H－SiC ｛0001｝ 上同质外延生长 6H－SiC 由于其纯度高、掺杂控制好和均匀性，在 SiC 业界内已经成为一个标准工艺。1993 年，首次报道了使用这项技术生长的 4H－SiC，其高迁移率超过了 700$cm^2V^{-1}s^{-1}$[42]。这项结果与 SiC 其他的优秀物理性质、4H－SiC 晶圆的商业投放和优秀 4H－SiC 的器件展示的结合，使得 4H－SiC

成为20世纪90年代中期电子器件制造的首选。在同一时期里，通过对由Larkin等人提出的“位置－竞争”概念的开发，对于掺杂的控制得到了大幅改善[43]。一个由Kordina等人提出的热壁式CVD反应器[44]由于其允许对温度分布进行最优控制、超长的衬托器寿命和更好的生长效率，该反应器设计是目前的标准。

自从可以得到高质量4H－SiC和6H－SiC外延层（n型和p型），SiC的物理特性和缺陷得到了包括匹兹堡大学（University of Pittsburgh）、埃尔兰根－纽伦堡大学（University of Erlangen－Nürnberg）、林雪平大学（Linköping University）、京都大学、约飞物理技术研究所（Ioffe Physical Technical Institute）、普渡大学（Purdue University）、美国海军研究实验室（Naval Research Laboratory）、美国纽约州立大学石溪分校（State University of New York at Stony Brook）、卡内基梅隆大学（Carnegie Mellon University）、日本工业技术院（AIST）等机构开展的广泛研究。

1.2.3 SiC功率器件的前景和展示

1989年，Baliga就指出基于SiC的功率器件的突出潜力[45]，1993年，这一团队发表了关于该性能的系统理论分析[46]。这些论文鼓舞和激发了这个领域的科学家和工程师。

作为上述同质外延生长技术发展的一个成果，自20世纪90年代早期，已经可以获得有着合理质量的轻掺杂六方SiC外延层。Matus等人报道了一个1kV 6H－SiC pn二极管，其整流工作温度可以达到600℃[47]。Urushidani等人于1993年展示了一个有着低比导通电阻率和400℃下整流特性的1kV 6H－SiC SBD[48]。到1994年，高电压SiC SBD的导通电阻由于4H－SiC的应用得到了显著降低[49]。经过结构和工艺的优化，第一个SiC SBD产品于2001年问世[50]。SiC SBD的一个典型应用就是作为快速二极管用于开关型电源的功率因数校正电路中。由于SiC SBD的反向恢复特性小到可忽略，可以显著降低开关功耗，提高开关频率，使得无源器件的尺寸可以减小。现在，SiC SBD的应用领域十分广泛，诸如工业电动机控制、光伏变换器、空调、电梯和电力牵引（地铁）。正在研发阶段中的SiC二极管的最大阻断电压已经超过20kV[51,52]。

对应于高电压SiC二极管的开发，垂直SiC开关器件的制造开始于20世纪90年代早期。Palmour等人于1993年展示了一个6H－SiC垂直沟槽MOSFET[53]。Palmour和他的同事们也对4H－SiC沟槽型MOSFET、晶闸管和双极结型晶体管（BJT）展开了大量的开发工作，是迈向大功率电子学的重要环节[54]。1996年和1997年，普渡大学报道了第一个760V阻断电压、低导通电阻的4H－SiC平面双注入金属－氧化物－半导体场效应晶体管（DIMOSFET）[55]。这一团队在1998年展示了一个有着一系列创新设计特色的1.4kV－15mΩ cm^2 4H－SiC沟槽型MOSFET[56]。为了避免SiC MOS界面存在的问题，垂直结型场效应晶体管（JFET）也得到开发[57]，使得4H－SiC功率JFET于2005年前后开始商业化[50]。在经过持续改进 MOS 沟道迁移率和氧化层的可靠性后，4H－SiC 功率 DIMOSFET 自 2010 年起在市场也可以购买到[35,58]。图 1-3 展示的是一个经过 SiC 功率 MOSFET 工艺的 100mm 晶圆。然而，这些 SiC 功率开关器件需要进一步地提高性能和降低成本。随着这些器件的成本效益的提高，这方面的市场也在逐渐成长中。就超高电压开关器件而言，12～21kV 级别的晶闸管、IGBT 和 BJT 已经得到展示[59-62]。

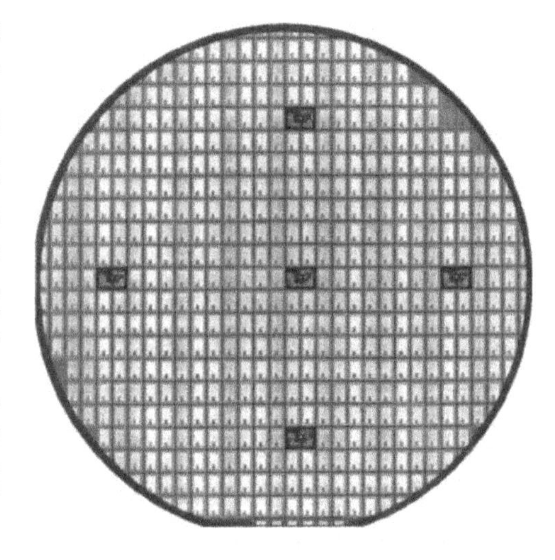

图 1-3　经过功率 MOSFET 工艺的 100mm 4H－SiC 晶圆。由 T. Nakamura（Rohm）授权转载

1.3　本书提纲

由于在过去十年中 SiC 生长和器件技术的快速进步，一些 SiC 功率器件现在已经在商业化生产。SiC 器件的主要好处包括降低功率损耗、缩小尺寸以及简化功率变换器冷却单元。一系列关于 SiC 的材料科学和器件物理方面学术研究的开展，极大地加强了这一领域的科学知识。本书总结了 SiC 技术的基础物理、现阶段关于 SiC 技术的理解和有待解决的问题。

各章的提纲如下：

第 2 章介绍了 SiC 独特的晶体结构和物理性质，并将 SiC 和 Si 及其他半导体做了比较。

第 3 章聚焦于用于晶圆生产的 SiC 晶体生长，解释了升华法生长的基本原理和技术发展。

第 4 章给出了基于 CVD 技术同质外延生长六方 SiC 的基本原理，并介绍了 SiC 外延层的掺杂控制和缺陷。

第 5 章专门介绍用来表征 SiC 的电学和光学特性的技术，同时也讲述了 SiC 中不同缺陷的检测和这些缺陷的性质。

第 6 章讨论了器件工艺技术，诸如离子注入、刻蚀、MOS 的界面和金属化，涉及基本问题和实践方面的考虑。

第 7 章叙述了功率二极管的基础物理，特别是 SBD 和 pin 二极管，并举例说明了基于 SiC 的二极管以及它们的性能。

第 8 章阐释了诸如 MOSFET 和 JFET 等单极型功率开关器件的结构、设计和性能，也涉及氧化物/SiC 的相关问题。

第 9 章论述双极型功率开关器件，如 BJT、IGBT 和晶闸管。

第 10 章叙述了有关功率器件优化的基本问题，包括阻断电压和边缘终端的设计，也给出了不同 Si、SiC 和 GaN 器件的性能比较。

第 11 章介绍了 SiC 器件在电力系统中的应用，叙述了功率变换、电动机驱动、逆变器、DC - DC 变换器和电源的基本电路和工作原理。

第 12 章专注于功率器件以外的特殊 SiC 器件，包括高频器件、高温器件和传感器。

在本书这样的篇幅里完全涵盖整个 SiC 材料和器件领域是困难的，本书作者试图把重点放在基础科学和最新技术上，而对例如 SiC 晶锭的溶液生长法、3C - SiC 的异质外延生长、SiC 中缺陷的理论研究和最新器件的发展的叙述就不是非常全面。需要更多的细节，请参阅参考文献 [63 - 69]、综述文章和会议论文集。

参考文献

[1] Bardeen, J. and Brattain, W.H. (1948) The transistor, a semi-conductor triode. *Phys. Rev.*, **74**, 230.

[2] Shockley, W. (1949) The theory of *p-n* junctions in semiconductors and *p-n* junction transistors. *Bell Syst. Tech. J.*, **28**, 435.

[3] Kahng, D. and Atalla, M.M. (1960) IRE-AIEEE Solid-State Device Research Conference Silicon-silicon dioxide field induced surface devices.

[4] Kilby, J. (1959) US Patent 3,138,743 Miniaturized electronic circuits.

[5] Noyce, R. (1959) US Patent 2,981,877 Semiconductor device-and-lead structure.

[6] Taur, Y. and Ning, T.H. (2009) *Fundamentals of Modern VLSI Devices*, 2nd edn, Cambridge University Press.

[7] International Technology Roadmap for Semiconductors http://www.itrs.net/reports.html (accessed 27 March 2014).

[8] Tiwari, S. (1991) *Compound Semiconductor Device Physics*, Academic Press.

[9] Schubert, E.F. (2003) *Light-Emitting Diodes*, Cambridge University Press.

[10] Edgar, J.H., Strite, S., Akasaki, I. *et al.* (eds) (1999) *Properties, Processing and Applications of Gallium Nitride and Related Semiconductors*, INSPEC.

[11] Nakamura, S. and Chichibu, S.F. (eds) (2000) *Introduction to Nitride Semiconductor Blue Lasers and Light Emitting Diodes*, Taylor & Francis.

[12] Willander, M. and Hartnagel, H.L. (2011) *High Temperature Electronics*, Chapman & Hall.

[13] Wong, W.S. and Salleo, A. (eds) (2010) *Flexible Electronics: Materials and Applications*, Springer.

[14] International Energy Agency http://www.iea.org (accessed 27 March 2014).

[15] Newell, W.E. (1973) Power Electronics Specialists Conference 1973, Pasadena, CA, Keynote Talk Power electronics-emerging from limbo.

[16] Kassakian, J.G., Schlecht, M.F. and Verghese, G.C. (1991) *Principles of Power Electronics*, Addison Wesley.

[17] Ghandhi, S.K. (1977) *Power Semiconductor Devices*, John Wiley & Sons, Inc., New York.

[18] Baliga, B.J. (2008) *Fundamentals of Power Semiconductor Devices*, Springer.

[19] Harris, G.L. (1995) *Properties of Silicon Carbide*, INSPEC.

[20] Davis, R.F., Kelner, G., Shur, M. *et al.* (1991) Thin film deposition and microelectronic and optoelectronic device fabrication and characterization in monocrystalline alpha and beta silicon carbide. *Proc. IEEE*, **79**, 677.

[21] Ivanov, P.A. and Chelnokov, V.E. (1992) Recent developments in SiC single-crystal electronics. *Semicond. Sci. Technol.*, **7**, 863.

[22] Morkoç, H., Strite, S., Gao, G.B. *et al.* (1994) Large-band-gap SiC, III-V nitride, and II-VI ZnSe-based semiconductor device technologies. *J. Appl. Phys.*, **76**, 1363.

[23] Verma, A.R. and Krishna, P. (eds) (1966) *Polymorphism and Polytypism in Crystals*, John Wiley & Sons, Inc., New York.

[24] Berzelius, J.J. (1824) *Ann. Phys. Chem. Lpz.*, **1**, 169.

[25] Acheson, E.G. (1892) English Patent 17911 Production of artificial crystalline carbonaceous materials, carborundum.

[26] Round, H.J. (1907) A note on carborundum. *Electr. World*, **19**, 309.
[27] Moissan, H. (1905) Étude du siliciure de carbone de la météorite de cañon diablo. *Compt. Rend.*, **140**, 405.
[28] Lely, J.A. (1955) Darstellung von einkristallen von siliziumcarbid und beherrschung von art und menge der eingebauten verunreinigungen. *Ber. Dtsch. Keram. Ges.*, **32**, 229.
[29] O'Connor, J.R. and Smiltens, J. (eds) (1960) *Silicon Carbide – A High Temperature Semiconductor*, Pergamon Press.
[30] Marshall, R.C., Faust, J.W. Jr., and Ryan, C.E. (1974) *Silicon Carbide 1973*, University of South Carolina Press.
[31] Choyke, W.J. (1969) Optical properties of polytypes of SiC: Interband absorption, and luminescence of nitrogen-exciton complexes. *Mater. Res. Bull.*, **4**, 141.
[32] Tairov, Y.M. and Tsvetkov, V.F. (1978) Investigation of growth processes of ingots of silicon carbide single crystalsInvestigation of growth processes of ingots of silicon carbide single crystals. *J. Cryst. Growth*, **43**, 209.
[33] Tairov, Y.M. and Tsvetkov, V.F. (1981) General principles of growing large-size single crystals of various silicon carbide polytypes. *J. Cryst. Growth*, **52**, 146.
[34] Davis, R.F., Carter, C.H., Jr.,, and Hunter, C.E. (1995) US Patent Re 34,861 Sublimation of silicon carbide to produce large, device quality single crystals of silicon carbide.
[35] Cree http://www.cree.com (accessed 27 March 2014).
[36] Ziegler, G., Lanig, P., Theis, D. and Weurich, C. (1980) Single crystal growth of SiC substrate material for blue light emitting diodes. *IEEE Trans. Electron. Devices*, **30**, 277.
[37] Ikeda, M., Hayakawa, T., Yamagiwa, S. *et al.* (1980) Fabrication of 6H-SiC light-emitting diodes by a rotation dipping technique: Electroluminescence mechanisms. *J. Appl. Phys.*, **50**, 8215.
[38] Matsunami, H., Nishino, S. and Ono, H. (1981) Heteroepitaxial growth of cubic silicon carbide on foreign substrates. *IEEE Trans. Electron. Devices*, **28**, 1235.
[39] Nishino, S., Powell, A. and Will, H.A. (1983) Production of large-area single-crystal wafers of cubic SiC for semiconductor devices. *Appl. Phys. Lett.*, **42**, 460.
[40] Kuroda, N., Shibahara, K., Yoo, W.S. *et al.* (1987) Extended Abstracts, 19th Conference on Solid State Devices and Materials, Tokyo, Japan, 1987, p. 227 Step controlled VPE growth of SiC single crystals at low temperatures.
[41] Kong, H.S., Kim, H.J., Edmond, J.A. *et al.* (1987) Growth, doping, device development and characterization of CVD beta-SiC epilayers on Si(100) and alpha-SiC(0001). *Mater. Res. Soc. Symp. Proc.*, **97**, 233.
[42] Itoh, A., Akita, H., Kimoto, T. and Matsunami, H. (1994) *Silicon Carbide and Related Materials 1993*, IOP, p. 59 Step-controlled epitaxy of 4H-SiC and its physical properties.
[43] Larkin, D.J., Neudeck, P.G., Powell, J.A. and Matus, L.G. (1994) Site-competition epitaxy for superior silicon carbide electronics. *Appl. Phys. Lett.*, **65**, 1659.
[44] Kordina, O., Hallin, C., Glass, R.C. *et al.* (1994) *Silicon Carbide and Related Materials 1993*, IOP, p. 41 A novel hot-wall CVD reactor for SiC epitaxy.
[45] Baliga, B.J. (1989) Power semiconductor device figure of merit for high-frequency applications. *IEEE Electron. Device Lett.*, **10**, 455.
[46] Bhatnagar, M. and Baliga, B.J. (1993) Comparison of 6H-SiC, 3C-SiC, and Si for power devices. *IEEE Trans. Electron. Devices*, **40**, 645.
[47] Matus, L.G., Powell, J.A. and Salupo, C.S. (1991) High-voltage 6H-SiC p-n junction diodes. *Appl. Phys. Lett.*, **59**, 1770.
[48] Urushidani, T., Kobayashi, S., Kimoto, T., and Matsunami, H. (1993) Extended Abstracts, 1993 International Conference on Solid State Devices and Materials, Chiba, Japan, 1993, p. 814 SiC Schottky barrier diodes with high blocking voltage of 1kV.
[49] Kimoto, T., Itoh, A., Akita, H. *et al.* (1995) Step-controlled epitaxial growth of α-SiC and application to high-voltage Schottky rectifiers, in *Compound Semiconductors – 1994*, IOP, Bristol, p. 437.
[50] Infineon http://www.infineon.com (accessed 27 March 2014).
[51] Agarwal, A., Das, M., Krishnaswami, S. *et al.* (2004) SiC power devices – An overview. *Mater. Res. Soc. Symp. Proc.*, **815**, 243.
[52] Niwa, H., Suda, J. and Kimoto, T. (2012) 21.7 kV 4H-SiC PiN diode with a space-modulated junction termination extension. *Appl. Phys. Exp.*, **5**, 064001.
[53] Palmour, J.W., Edmond, J.A., Kong, H.S. and Carter, C.H. Jr., (1994) Vertical power devices in silicon carbide, in *Silicon Carbide and Related Materials 1993*, IOP, p. 499.
[54] J.W. Palmour, V.F. Tsvetkov, L.A. Lipkin, and C.H. Carter, Jr.,, *Compound Semiconductors – 1994* (IOP, Bristol, 1995), p.377 Silicon carbide substrates and power devices.

[55] Shenoy, J.N., Cooper, J.A. and Melloch, M.R. (1997) High-voltage double-implanted power MOSFETs in 6H-SiC. *IEEE Electron Device Lett.*, **18**, 93.
[56] Tan, J., Cooper, J.A. Jr., and Melloch, M.R. (1998) High-voltage accumulation-layer UMOSFETs in 4H-SiC. *IEEE Electron Device Lett.*, **19**, 467.
[57] Friedrichs, P., Mitlehner, H., Kaltschmidt, R. *et al* (2000) Static and dynamic characteristics of 4H-SiC JFETs designed for different blocking categories. *Mater. Sci. Forum*, **338–342**, 1243.
[58] Nakamura, T., Miura, M., Kawamoto, N. *et al* (2009) Development of SiC diodes, power MOSFETs and intelligent power modules. *Phys. Status Solidi A*, **206**, 2403.
[59] Wang, X. and Cooper, J.A. (2010) High-voltage n-channel IGBTs on free-standing 4H-SiC epilayers. *IEEE Trans. Electron Devices*, **57**, 511.
[60] Zhang, Q.J., Agarwal, A., Capell, C. *et al.* (2012) 12 kV, 1 cm^2 SiC GTO thyristors with negative bevel termination. *Mater. Sci. Forum*, **717–720**, 1151.
[61] Ryu, S.-H., Cheng, L., Dhar, S. *et al.* (2012) Development of 15 kV 4H-SiC IGBTs. *Mater. Sci. Forum*, **717–720**, 1135.
[62] Miyake, H., Okuda, T., Niwa, H. *et al.* (2012) 21-kV SiC BJTs with space-modulated junction termination extension. *IEEE Electron Device Lett.*, **33**, 1598.
[63] Choyke, W.J., Matsunami, H. and Pensl, G. (eds) (1997) *Silicon Carbide, A Review of Fundamental Questions and Applications to Current Device Technology*, vol. 1 & 2, Akademie Verlag.
[64] Zetterling, C.M. (2002) *Process Technology for Silicon Carbide Devices*, INSPEC.
[65] Choyke, W.J., Matsunami, H. and Pensl, G. (eds) (2004) *Silicon Carbide – Recent Major Advances*, Springer.
[66] Feng, Z.C. and Zhao, J.H. (eds) (2004) *Silicon Carbide, Materials, Processing, and Devices*, Taylor & Francis Group.
[67] Baliga, B.J. (2006) *Silicon Carbide Power Devices*, World Scientific.
[68] Shur, M., Rumyantsev, S. and Levinshtein, M. (eds) (2006) *SiC Materials and Devices*, vol. 1 & 2, World Scientific.
[69] Friedrichs, P., Kimoto, T., Ley, L. and Pensl, G. (eds) (2010) *Silicon Carbide*, Vol. 1: Growth, Defects, and Novel Applications, Vol.2: Power Devices and Sensors, Wiley-VCH Verlag GmbH, Weinheim.

第2章　碳化硅的物理性质

碳化硅（SiC）可以结晶成多种晶体结构，每种结构都具有其独特的电学、光学、热学和力学性质。SiC的物理性质是重要的学术研究对象和器件精确仿真的关键参数。本章简要回顾SiC的物理性质。

2.1　晶体结构

SiC是一种化合物半导体，这就是说只允许存在一个严格的化学计量比，即50%的硅（Si）和50%的碳（C）。在基态下中性硅和碳原子的电子结构是

$$\mathrm{Si, 14\ e^-: 1s^2 2s^2 2p^6 3s^2 3p^2} \tag{2-1}$$

$$\mathrm{C,\ 6e^-: 1s^2 2s^2 2p^2} \tag{2-2}$$

Si和C原子都是四价元素，在它们的最外层壳上有四个价电子。Si和C原子通过在sp^3杂化轨道上共用电子对形成共价键，以四面体键合的方式形成SiC晶体。每个Si原子的周围都恰好有四个C原子，反义亦然。Si—C化学键能非常高(4.6eV)，这就使得SiC拥有许多的突出性能，详情如下。

从晶体学角度，SiC是多型现象最著名的一个例子[1-5]。多型现象指的是这样一种现象，当一种材料可以采用不同的晶体结构，这些晶体结构可以在一个维度下变化（也就是堆垛顺序变化）而不改变化学组成。在一个密排六方晶系中沿c轴变化所占据格点位置得到的不同晶体结构，称之为多型体。考虑密排六方晶系中的所占据格点位置，如图2-1所示，共有三种可能，标记为A、B和C。两层不能连续占据相同的格点位置：在“A”层上面的一层只能占据“B”或“C”位置（同样，“B”层上只有“A”或者“C”位置是允许的）。尽管在原则上，当堆垛层数很多时，堆垛次序存在无穷的变化，对大多数的材料而言，通常只有一种堆垛结构（通常为闪锌矿或者纤锌矿晶型）是稳定的。然而，SiC可以结晶成数量惊人（多于200）的多型体。

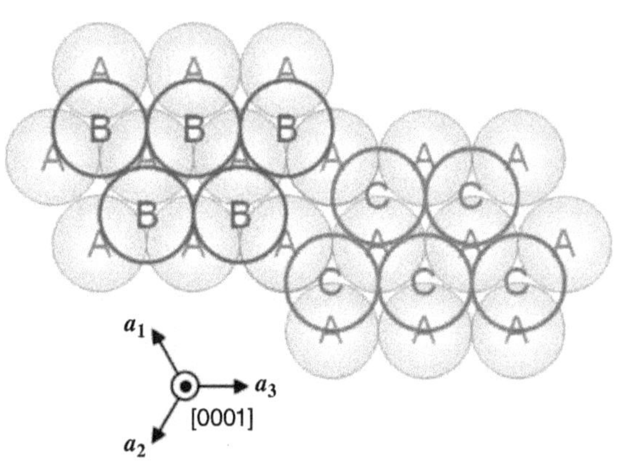

图2-1　密排六方晶系中所占据的晶格格点位置（A、B和C）

在Ramsdell符号体系中，多型体是由单位晶胞中Si—C双原子层的层数和晶系

（C表示立方晶系；H表示六方晶系；R表示斜方六面体晶系）表示。3C－SiC通常被称为β－SiC，其他多型体则被称为α－SiC。图2-2为常见的SiC多型体结构——3C－SiC、4H－SiC和6H－SiC的结构示意图，空心圆圈和实心圆圈分别表示Si原子和C原子。如上所述，这里的A、B和C为密排六方结构中潜在占据的晶格格点位置。这些位置的命名使得3C－SiC可以由重复的序列ABCABC或者简单的ABC来表述。同样的方式，4H－SiC可以由ABCB或者ABAC描述，6H－SiC可以由ABCACB来描述。图2-3以球棍模型的形式展示了这三个SiC多型体的结构。因为现在存在几种比较流行的符号体系可以用来定义堆垛结构[1]，表2-1中列出了用Ramsdell、Zhdanov和Jagodzinski符号体系描述的主要的SiC多型体。图2-4展示了立方（3C）SiC和六方SiC的原胞及其基本平移矢量。“3C”结构相当于闪锌矿结构，是大多数的Ⅲ－V族半导体如GaAs和InP结晶的晶体结构。同样出现在GaN和ZnS中的纤锌矿结构可以标识为“2H”。然而，对于为什么有那么多的SiC多型体存在，目前还没有完全理解。一般来说，以强共价键结合的晶体会结晶成闪锌矿结构，而有着强离子性键的晶体以纤锌矿结构更为稳定，而具有中等离子性键的SiC（根据Pauling的定义为11%）也许是SiC出现多型现象的一个可能原因[6,7]。3C－SiC的空间群是T_d^2，六方多型体的空间群是C_{6v}^4，斜方六面体多型体的空间群是C_{3v}^4[8]。六方和斜方六面体多型体均是单轴的，因此这些多型体表现出独特的偏振光学特性。

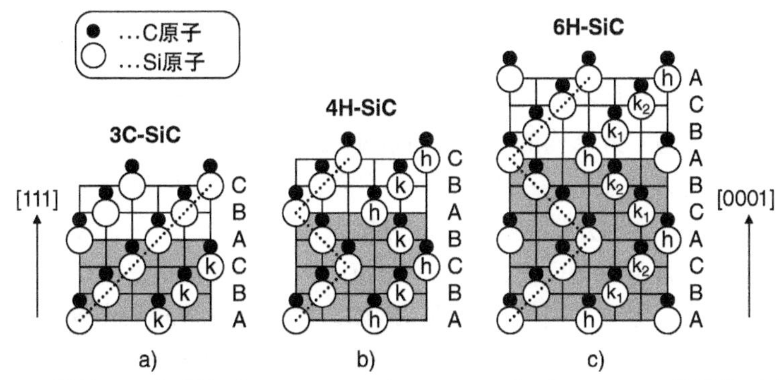

图2-2　常见SiC多型体a）3C－SiC、b）4H－SiC和c）6H－SiC的结构示意图，空心圆圈和实心圆圈分别表示Si原子和C原子

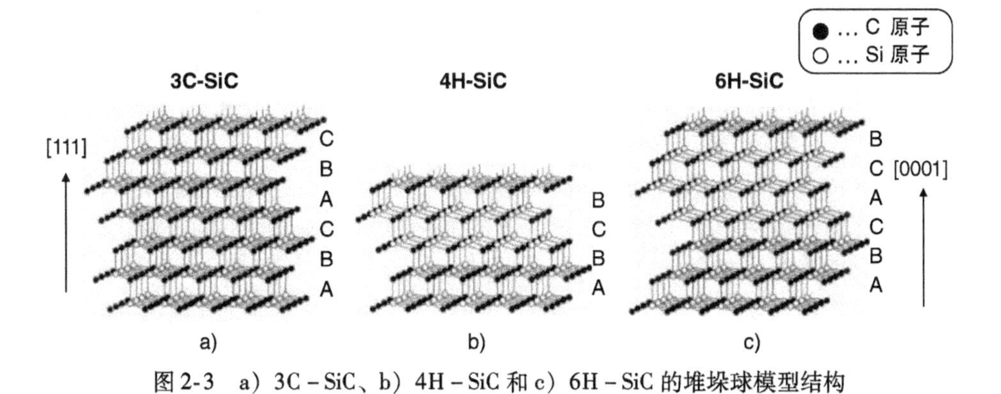

图2-3　a）3C－SiC、b）4H－SiC和c）6H－SiC的堆垛球模型结构

表 2-1 Ramsdell、Zhdanov 和 Jagodzinski 符号体系标记的主要 SiC 多型体

Ramsdell 符号体系	Zhdanov 符号体系	Jagodzinski 符号体系
2H	11	h
3C	∞	k
4H	22	hk
6H	33	hkk
15R	$(32)_3$	hkkhk

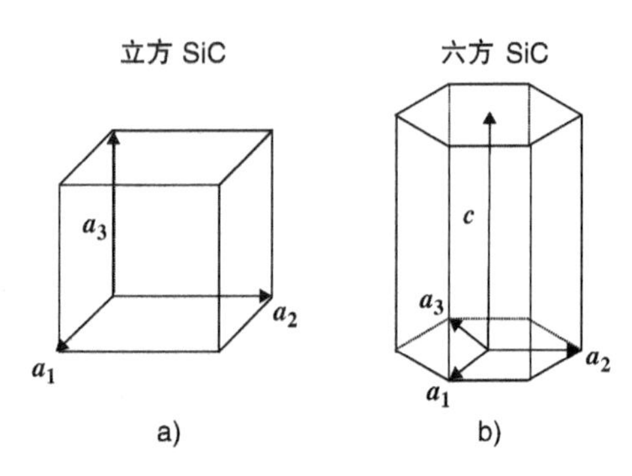

图 2-4
a) 立方（3C）SiC b) 六方 SiC 的原胞及其基本平移矢量

由于 Si－C 双原子层不同的堆垛方式，SiC 存在若干晶格格点的结构与其最近邻格点的不同。周围为六方结构的晶格格点表示为“六方格点”，周围为立方结构的晶格格点表示为“立方格点”。在图 2-2 中，六方格点和立方格点分别由“h”和“k”表示。4H－SiC 有一个六方格点和一个立方格点，6H－SiC 有一个六方格点和两个不等价的立方格点，而 3C－SiC 仅包含立方格点。六方格点和立方格点的区别在于次近邻格点的位置不同，导致不同的晶体场。例如，掺杂剂、杂质和点缺陷（例如空位）的能级决定于晶格格点（六方/立方），这被称为“格点效应”[9－11]。

SiC 多型体的稳定性和形成晶核的概率强烈依赖于温度[12]，例如，3C－SiC 并不稳定，在高于 1900～2000℃ 的很高温度下会转变为六方 SiC 多型体，如 6H－SiC[13]。3C－SiC 的这种不稳定性使得它很难以一个合理的速率生长大的 3C－SiC 晶锭。2H－SiC 在高温下也是不稳定的，因此也没有得到大的 2H－SiC 晶体。所以，4H－SiC 和 6H－SiC 多型体是最常见的，并且到目前为止被广泛研究[14－20]。3C－SiC 是另一常见的多型体，因为它可以在 Si 衬底上异质外延生长[21－23]。除了这三种主要的多型体，15R－SiC 偶然也能得到，并且在一定程度得到研究[24,25]。

表 2-2 给出了室温下主要 SiC 多型体的晶格常数[26]。虽然不同 SiC 多型体的晶格常数看起来很不相同（因为它们不同的晶体结构），所有 SiC 多型体有着几乎一样的 Si—C 键长度（1.89Å㊀），因此，Si—C 双原子层沿 c 轴的高度（单位高度）

㊀ 1Å＝10^{-10}m，后同。

表 2-2 室温下主要 SiC 多型体的晶格常数[26]

多型体	a/Å	c/Å
3C	4.3596	—
4H	3.0798	10.0820
6H	3.0805	15.1151

是2.52Å，虽然3C－SiC和2H－SiC有一个稍微低一点的高度（2.50Å）。如同在其他半导体材料所观察到的，晶格常数会随着温度和掺杂浓度而变化，图2-5展示了从室温到1100℃，4H－SiC的 c 轴晶格常数作为掺杂浓度（掺杂氮和铝）的函数的变化关系[27,28]。通常，非常重（$>10^{19}cm^{-3}$）的氮掺杂会导致晶格收缩，而铝的重掺杂会导致晶格膨胀，这一趋势在温度高于1000℃时会更加显著。因此，可以预期到，在 n^-/n^+、p^-/p^+、p^+/n^-、n^+/p^- 和 p^+/n^+ 的界面处将会因为晶格失配产生的应力导致扩展缺陷的产生，如基矢平面位错。参考文献［29］测试了与 SiC c 轴垂直的（α_{11}）和平行的（α_{33}）轴向热膨胀系数，对于4H－SiC，它们与温度的关系可表达为

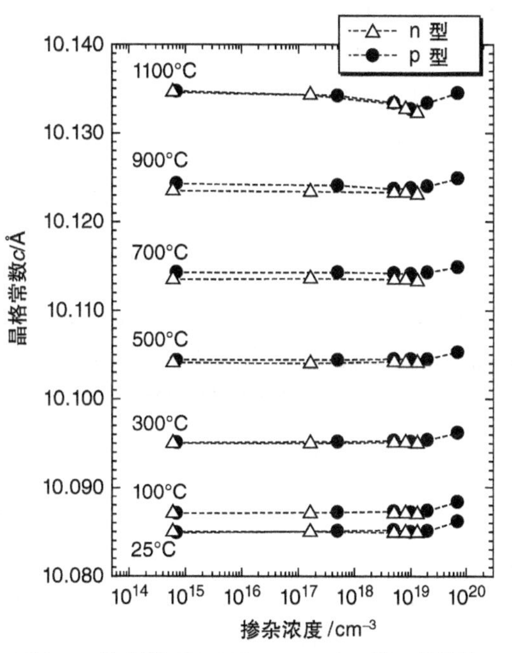

图2-5 从室温到1100℃，4H－SiC的 c 轴晶格常数与掺杂（氮和铝）浓度的函数关系曲线

$$\alpha_{11}=3.21\times10^{-6}+3.56\times10^{-9}T-1.62\times10^{-12}T^2(K^{-1}) \tag{2-3}$$

$$\alpha_{33}=3.09\times10^{-6}+2.63\times10^{-9}T-1.08\times10^{-12}T^2(K^{-1}) \tag{2-4}$$

式中，T 为绝对温度，不同的 SiC 多型体的热膨胀系数彼此相差不大。

因为所有的 SiC 多型体都由相似的 Si—C 键构成，不同 SiC 多型体的机械特性诸如硬度等是非常相似的[30]。然而，在不同 SiC 多型体中不同的周期势形成非常不一样的电子能带结构及由此产生显著差异的光学和电学特性，这意味着对于器件应用，至关重要的是仅生长所期望的单一 SiC 多型体，多型体控制对于 SiC 晶体生长是一个重要方面。

除了3C－SiC，SiC 多型体的晶面和晶向通常是用四个 Miller－Bravais 指数来表示的[31]。当以下关系满足时，一个晶面（$h_1h_2h_3l_h$）等价于一个在单斜晶系中由三个 Miller 指数定义的晶面（$h\ k\ l$）：

$$h_1=h,\ h_2=k,\ h_3=-(h+k),\ l_h=l \tag{2-5}$$

与此类似，当以下关系满足时，晶向$[u_1u_2u_3w_h]$等价于一个在单斜晶系中由三

个 Miller 指数定义的晶向 $[u, v, w]$：

$$u_1 = \frac{(2u - v)}{3},\ u_2 = \frac{(2v - u)}{3},\ u_3 = -(u + v)/3,\ w_h = w \tag{2-6}$$

因为 SiC 是一个化合物半导体，价电子稍微局域化在比硅电负性（C：2.5，Si：1.8）更大的 C 原子附近，从这个意义上说，Si 原子可被称为阳离子，C 原子可被称为阴离子。这种离子性导致的 SiC 的极性具有学术和技术方面的重要性。图 2-6 为一个六方 SiC 多型体化学键构型的示意图，在六角形或菱形的结构中，在（0001）晶面上，四面体键合的 Si 原子的一个化学键是沿 c 轴（<0001>）指向的，该晶面被称为“Si 晶面”，而在 $(000\bar{1})$ 晶面上，四面体键合的 C 原子的一个化学键是沿 c 轴（$<000\bar{1}>$）指向的，该晶面被称为“C 晶面”。在 3C－SiC 中的（111）和 $(\bar{1}\bar{1}\bar{1})$ 晶面分别对应于 Si 晶面和 C 晶面。这些晶面类似于Ⅲ－V族半导体的“A 晶面”和“B 晶面”，该定义与晶体学取向有关，而不是表面上的终止原子。图 2-7展示了一个六方 SiC 多型体的几个主要晶面的定义，除了 Si 和 C 晶面外，$\{11\bar{2}0\}$ 晶面被称为“A 晶面（或者 a 晶面）”，$\{1\bar{1}00\}$ 晶面被称为“M 晶面（或者m晶面）”。表面能、化学反应活性和电子特性与这些晶面显著相关，具体内容将在生长与器件的章节中介绍。标准晶圆就是指有几度偏轴角并指向 $<11\bar{2}0>$ 的 SiC（0001）[32]，这些在 3.5 节中会详细介绍。

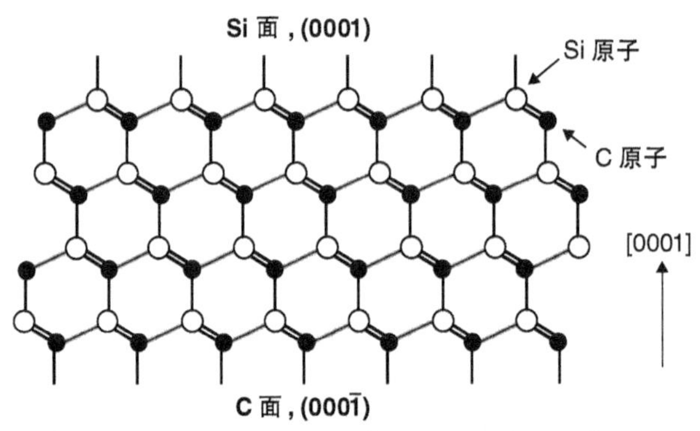

图 2-6　一个六方 SiC 多型体的化学键构型示意图。SiC {0001} 是一个 Si 面或者 C 面的极性面

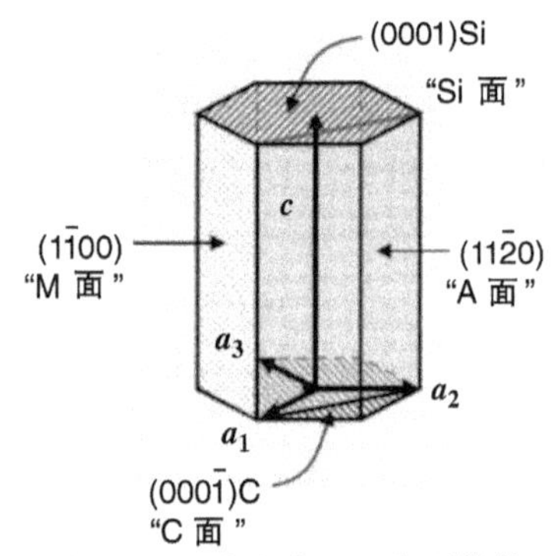

图 2-7　一个六方 SiC 多型体的几个主要晶面的定义

2.2 电学和光学性质

2.2.1 能带结构

图 2-8 展示了 3C－SiC 和六方 SiC 多型体第一 Brillouin 区[26,30]。注意，在图

2-8b 中，因为不同的六方多型体有着不同的晶格常数 c，所对应的 Brillouin 区的高度也不一样。

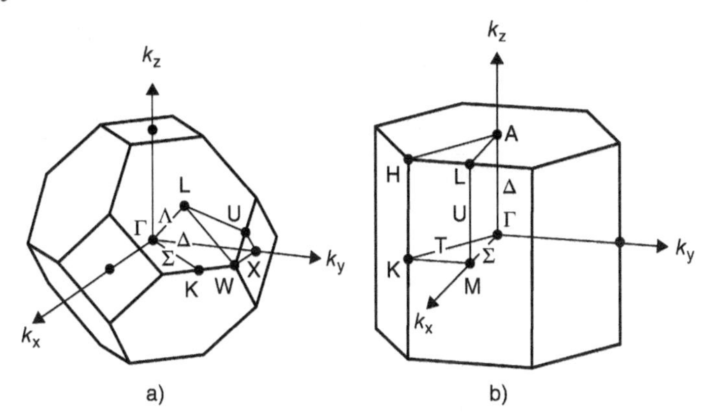

图 2-8 a）3C－SiC 和 b）六方 SiC 多型体的 Brillouin 区

图 2-9 描绘了 3C－SiC、4H－SiC 和 6H－SiC 的电子能带结构[33－37]。值得注意的是，由于理论计算（密度泛函理论）的限制，图中给出的禁带宽度的绝对值是偏低的。和 Si 的情况一样，所有 SiC 的多型体都是间接能带结构的，价带的最高点位于 Brillouin 区的 Γ 点，而导带的最低点出现在 Brillouin 区的边界处。导带最低点对于 3C－SiC 是位于 X 点，对于 4H－SiC 是位于 M 点，对于 6H－SiC 是位于 U 点（在 M－L 线上），因此，在第一 Brillouin 区内，导带最低点对于 3C－SiC 有 3 个，对于 4H－SiC 有 3 个，对于 6H－SiC 有 6 个。由于在所有的 SiC 多型体里的 Si—C 共价键都是相同的，所以除了（能带）分裂外，不同的多型体的价带结构都是相似的。由于立方对称性，3C－SiC 的价带顶部是二度简并的，它的第二个价带在自旋轨道相互作用下自顶部迁移了 10meV[38]。存在于所有六方多型体的晶体场分裂了价带的简并度，对于 4H－SiC 而言，其自旋轨道分裂和晶体场分裂的大小分别为 6.8meV 和 60meV[39]。

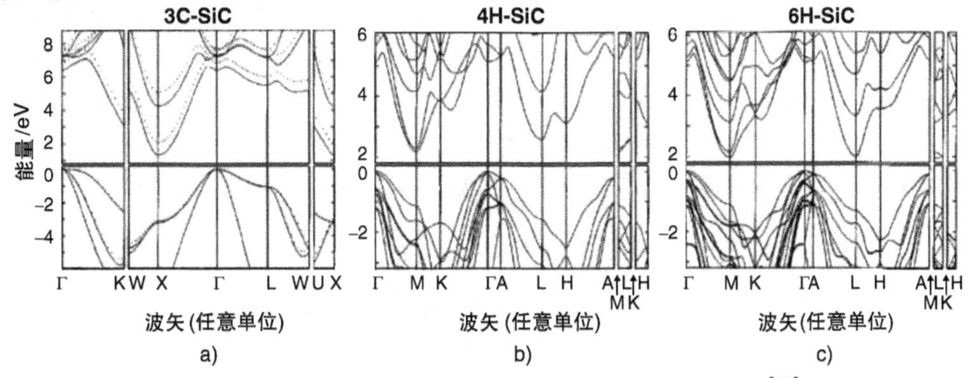

图 2-9 a）3C－SiC、b）4H－SiC 和 c）6H－SiC 的电子能带结构[37]。注意，由于理论计算的限制，禁带宽度的绝对值是被低估的

（由 AIP 出版有限责任公司授权转载）

表2-3 总结了 3C - SiC、4H - SiC 以及 6H - SiC 的电子和空穴的有效质量[40-42]。电子有效质量及其各向异性显著依赖于多型体，而空穴的有效质量与多型体呈现弱相关性，前者引起不同多型体的电子迁移率有很大的变化，并且也会引起电子输运的各向异性，如 2.2.4 节所述。

表 2-3　3C - SiC、4H - SiC 和 6H - SiC 的电子和空穴的有效质量[40-42]

多型体	有效质量	试验值（m_0）	理论值（m_0）
电子有效质量			
3C - SiC	$m_{/\!/}$	0.667	0.68
	$m_{\perp}$	0.247	0.23
4H - SiC	m_{ML}（$=m_{/\!/}$）	0.33	0.31
	$m_{M\Gamma}$	0.58	0.57
	m_{MK}	0.31	0.28
	$m_{\perp}$（$=(m_{M\Gamma}m_{MK})^{1/2}$）	0.42	0.40
6H - SiC	m_{ML}（$=m_{/\!/}$）	2.0	1.83
	$m_{M\Gamma}$	—	0.75
	m_{MK}	—	0.24
	$m_{\perp}$（$=(m_{M\Gamma}m_{MK})^{1/2}$）	0.48	0.42
空穴有效质量			
3C - SiC	$m_{\Gamma X}$（$=m_{[100]}$）	—	0.59
	$m_{\Gamma K}$（$=m_{[110]}$）	—	1.32
	$m_{\Gamma L}$（$=m_{[111]}$）	—	1.64
4H - SiC	$m_{/\!/}$	1.75	1.62
	$m_{\perp}$	0.66	0.61
6H - SiC	$m_{/\!/}$	1.85	1.65
	$m_{\perp}$	0.66	0.60

图 2-10 给出了在 2K 温度下，不同 SiC 多型体的激子隙作为“六方度（Hexagonality）”的函数的关系[35,43]。这里，六方度是指在一个单位晶胞中六方格点数与 Si—C 双原子层（六方和立方晶格格点）总数之比（2H - SiC 的六方度是 1，3C - SiC 的六方度是 0，4H - SiC 的六方度是 1/2，6H - SiC 的六方度是 1/3）。有意思的是，SiC 多型体的禁带宽度随六方度的增加而单调增加。在室温下，3C - SiC 的禁带宽度是 2.36eV，4H - SiC 的禁带宽度是 3.26eV，6H - SiC 的禁带宽度是 3.02eV。图 2-11 展示了几种 SiC 多型体禁带宽度的温度特性[44]。由于热膨胀，禁带宽度（E_g）随着温度的增加而减小，其温度特性可以半经验地表示为[45]

$$E_g(T)=E_{g0}-\frac{\alpha T^2}{T+\beta} \tag{2-7}$$

式中，E_{g0}是 0K 温度下的禁带宽度，T 是绝对温度，α 和 β 是拟合参数（$\alpha=8.2\times10^{-4}\,\mathrm{eVK^{-1}}$，$\beta=1.8\times10^3\,\mathrm{K}$）。禁带宽度还与掺杂浓度相关，非常高的掺杂杂质浓度，如高于 $10^{19}\mathrm{cm^{-3}}$，将因为在能带边缘附近形成显著的带尾态，从而导致禁带宽度缩小[46]。

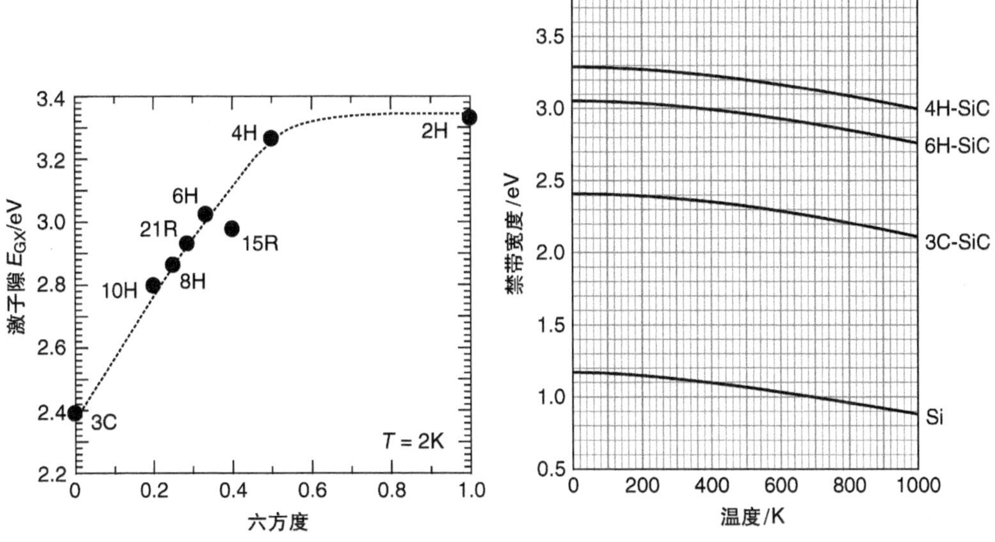

图 2-10　2K 温度下各种 SiC 多型体的激子隙与六方度（Hexagonality）的关系

图 2-11　几种 SiC 多型体禁带宽度的温度特性

2.2.2　光吸收系数和折射率

图 2-12 展示了主要的 SiC 多型体的光吸收系数相对于光子能量的关系[47,48]。由于碳化硅的间接能带结构，即使当光子能量超过禁带宽度时，吸收系数（α_{opt}）也只是在缓慢增加。考虑到声子吸收和发射，吸收系数可以近似为[49]

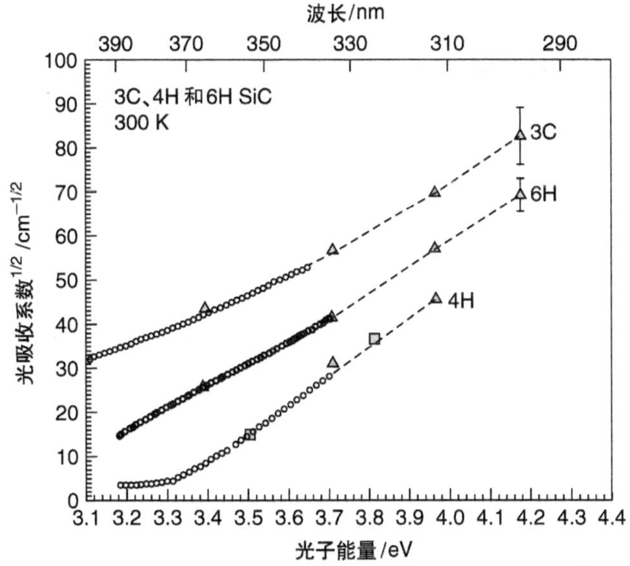

图 2-12　主要 SiC 多型体的光吸收系数与光子能量的关系[47,48]

（由 Springer – Verlag GmbH 授权转载）

$$\alpha_{\text{opt}} = \frac{A_{\text{ab}}}{h\nu}\left\{\frac{(h\nu - E_{\text{g}} + \hbar\omega)^2}{\exp(h\nu/kT) - 1} + \frac{(h\nu - E_{\text{g}} - \hbar\omega)^2}{1 - \exp(-h\nu/kT)}\right\} \tag{2-8}$$

式中，$h\nu$ 是光子能量，$\hbar\omega$ 为参与的声子能量，k 是玻尔兹曼常数，A_{ab}是参数。当涉及多个不同的声子时，须计算这些声子贡献的总和。室温下，4H－SiC 对 365nm 光（3.397eV，Hg 灯）的吸收系数是 69cm^{-1}，对 355nm 光（3.493eV，3 次谐波振荡 Nd 掺杂钇铝石榴石晶体（Nd－YAG）激光）的吸收系数是 210cm^{-1}，对 325nm 光（3.815eV，He－Cd 激光）的吸收系数是 1350cm^{-1}，对 244nm 光（5.082eV，2 次谐波振荡 Ar 离子激光）的吸收系数是 14200cm^{-1}。当用任何光学技术表征 SiC 材料或者在制造 SiC 基光电探测器时，这些数值是应该记住的，例如，由 $1/\alpha_{\text{opt}}$定义的穿透深度对 365nm 光是 145μm、对 325nm 光是 7.4μm、对 244nm 光是 0.7μm。

图 2-13 展示了在不同温度下，4H－SiC 的折射率与波长在从紫外到红外这样一个宽范围内的关系[50]，折射率 $n(\lambda)$的色散关系可以用一个简单的 Sellmeier 方程描述[51]：

$$n(\lambda) = A + \frac{B\lambda^2}{\lambda^2 - C^2} \tag{2-9}$$

式中，A、B 和 C 均为参数。当波长为 600nm 时，4H－SiC 的折射率是 2.64。热－光系数的定义是 $\mathrm{d}n/\mathrm{d}T$。在可见光－红外光区，热－光系数值为$(4.4 \sim 5.0) \times 10^{-4}\text{K}^{-1}$；由于在高温下禁带宽度会缩小，在近紫外光区，热－光系数将增加至$(7 \sim 8) \times 10^{-4}\text{K}^{-1}$[50]。关于几种 SiC 多型体的相对介电常数已有报道[45,52]，在室温下，在高频（100kHz～1MHz）范围内，4H－SiC（6H－SiC）的相对介电常数在垂直于 c 轴方向为 9.76（9.66），平行于 c 轴方向为 10.32（10.03）[52]。3C－SiC 的介电常数是各向同性的，均为 9.72。

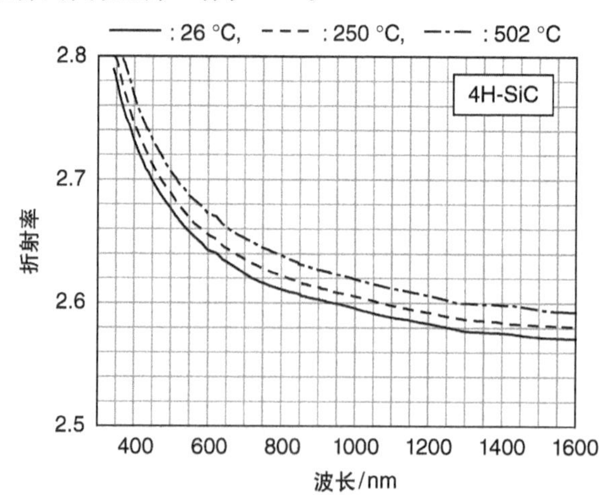

图 2-13　在不同温度下，自紫外到红外宽范围内 4H－SiC 折射率与波长的关系

2.2.3 杂质掺杂和载流子浓度

SiC 是一个非常优秀的宽禁带半导体，其优点在于它可以相对容易地在一个宽的范围内控制 n 型和 p 型掺杂。氮或磷用于 n 型掺杂，而铝用于 p 型掺杂。虽然以前也曾经用硼作为一种受主杂质，但由于其有较大的电离能（约 350meV）[53]、会产生硼相关的深能级（D 中心）[53,54]和它的异常扩散[54,55]，现在已经不是掺杂首选了。镓和砷在 SiC 中分别作为受主和施主，但是它们的电离能较大，极限溶解度也比较低。氮原子替位于 C 亚晶格格点，而磷、铝和硼替位于 Si 亚晶格格点。

表 2-4 列出了 Si、C 以及 SiC 主要掺杂杂质的非极性共价半径[56]。表 2-5 总结了氮、磷、铝和硼在主要 SiC 多型体中的电离能和溶解度极限[10,11,53,57-62]。在 SiC 中，杂质的电离能取决于晶格格点，特别是，该晶格格点是六方还是立方（格点效应）。在掺杂氮或磷的情况下，施主的电离能相对较小，室温下施主的电离率是足够高，从 50% 到接近 100%，取决于多型体及掺杂浓度。相反地，铝的电离能比较大（200 ~ 250meV），在室温下可以观察到受主的不完全电离（5% ~ 30%）。注意，随着掺杂浓度的增加，由于禁带宽度缩小和形成杂质能带的原因，电离能会减小。Efros 等人给出了掺杂杂质的电离能 ΔE_{dopant}与掺杂浓度之间的关系如下[63]：

表 2-4 SiC 中 Si、C 和主要掺杂杂质的非极性共价半径[56]

原子	Si	C	N	P	B	Al
半径/Å	1.17	0.77	0.74	1.10	0.82	1.26

表 2-5 主要 SiC 多型体中氮、磷、铝和硼的电离能和溶解度极限

	氮	磷	铝	硼
电离能/meV				
3C - SiC	55	—	250	350
4H - SiC（六方/立方）	61/126	60/120	198/201	280
6H - SiC（六方/立方）	85/140	80/130	240	350
溶解度极限/cm^{-3}	2×10^{20}	$(\sim1\times10^{21})$	1×10^{21}	2×10^{19}

$$\Delta E_{\text{dopant}} = \Delta E_{\text{dopant},0} - \alpha_{\text{d}}(N_{\text{dopant}})^{1/3} \tag{2-10}$$

式中，$\Delta E_{\text{dopant},0}$为轻掺杂材料的电离能，$N_{\text{dopant}}$为掺杂浓度，$\alpha_{\text{d}}$是一个参数（$\alpha_{\text{d}} = (2\sim4)\times10^{-8}$ eVcm）。当掺杂浓度超过 10^{19}cm^{-3}时，电离能急剧减小，结果就是，尽管铝有相对较大的电离能[64]，但在重掺杂铝的 SiC（$>5\times10^{20}\text{cm}^{-3}$）中可以观察到近乎完全的电离化。

因为能带结构（禁带宽度、有效质量）是已知的，所以可以计算导带的有效态密度 N_{C}、价带的有效态密度 N_{V}和本征载流子浓度 n_{i}[65]：

$$N_{\text{C}} = 2M_{\text{C}}\left(\frac{2\pi\, m_{\text{de}}^{*}kT}{h^{2}}\right)^{3/2} \tag{2-11}$$

$$N_V = 2\left(\frac{2\pi m_{dh}^* kT}{h^2}\right)^{3/2} \tag{2-12}$$

$$n_i = \sqrt{N_C N_V}\exp\left(-\frac{E_g}{2kT}\right) \tag{2-13}$$

式中，M_C是导带最小值的数目，m_{de}^*（m_{dh}^*）为电子（空穴）的态密度的有效质量，h是普朗克常数。通过利用电子（空穴）的态密度有效质量和导带最小值的数目可以计算出室温下 4H－SiC 的 N_C和 N_V的值，分别为 $1.8\times10^{19}\text{cm}^{-3}$和 $2.1\times10^{19}\text{cm}^{-3}$。这些数据的重要性在于我们可以据此预估当材料进行重掺杂时是否会发生简并。图 2-14 所示为主要的 SiC 多型体和 Si 的能带的有效态密度和本征载流子浓度与温度的关系曲线，这里考虑了禁带宽度的温度特性。由于宽禁带的缘故，室温下 SiC 的本征载流子浓度是非常低的，这个值对于 3C－SiC 大约是 0.13cm^{-3}，对于 4H－SiC 大约是 $5\times10^{-9}\text{cm}^{-3}$，对于 6H－SiC 大约是 $1\times10^{-6}\text{cm}^{-3}$。这就是为什么 SiC 电子器件可以工作在高温下且漏电流很小的主要原因。

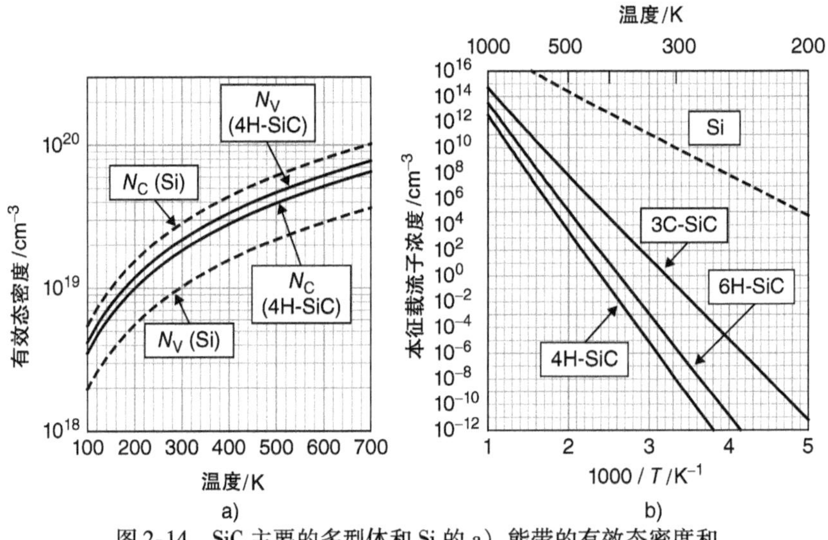

图 2-14　SiC 主要的多型体和 Si 的 a）能带的有效态密度和 b）本征载流子浓度与温度的关系曲线

基于对非简并半导体的玻尔兹曼近似，只包含一种施主或者受主的半导体的电中性方程如下[66]：

$$n + N_{\text{comp,A}} = \frac{N_D}{1+\left(\frac{g_D n}{N_C}\right)\exp\left(\frac{\Delta E_D}{kT}\right)} \tag{2-14}$$

$$p + N_{\text{comp,D}} = \frac{N_A}{1+\left(\frac{g_A p}{N_V}\right)\exp\left(\frac{\Delta E_A}{kT}\right)} \tag{2-15}$$

式中，$n(p)$分别是自由电子（空穴）浓度，$N_{comp,A}(N_{comp,D})$分别是补偿受主（施主）能级密度，$N_D(N_A)$分别是施主（受主）密度，$\Delta E_D(\Delta E_A)$分别是施主（受主）的电离能，$g_D(g_A)$分别是施主（受主）的简并因子。当存在多个施主（受主）能级时，公式的右边项须考虑相应掺杂杂质的总和。六方 SiC 多型体的情况就是这样，其施主（和受主）杂质在不等价晶格格点（例如，对于4H－SiC，$i=$k，h）上呈现出不同的能级。图2-15展示了4H－SiC在掺杂氮和掺杂铝时的自由载流子浓度的Arrhenius图，这里考虑了禁带宽度的温度特性和电离能的掺杂浓度相关性，并假定补偿能级密度为$5\times10^{13}\text{cm}^{-3}$。正如图2-15所示，在p型SiC中不完全电离的现象是很显著的（见本书附录A）。

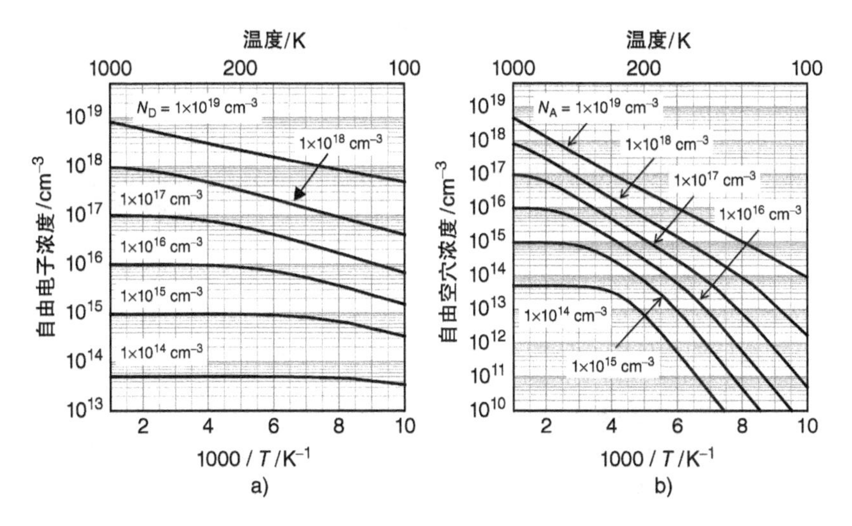

图2-15　4H－SiC在a）掺杂氮和b）掺杂铝时的自由载流子浓度的Arrhenius图。这里考虑了禁带宽度的温度特性和电离能的掺杂浓度相关性，并假定补偿能级密度为$5\times10^{13}\text{cm}^{-3}$

非简并半导体中费米能级E_F的位置计算如下[65]：

$$E_F = E_C - kT\ln\left(\frac{N_C}{n}\right) \tag{2-16}$$

$$E_F = E_V + kT\ln\left(\frac{N_V}{n}\right) \tag{2-17}$$

式中，$E_C(E_V)$是导（价）带边缘能量。图2-16展示了在掺氮或者掺铝的4H－SiC的费米能级随温度和掺杂浓度的关系曲线，并考虑了禁带宽度的温度特性和低温下掺杂杂质的不完全电离特性。由于宽的禁带宽度，费米能级甚至在700～800K的高的温度下也并不接近禁带中央能级（本征能级），正如图2-13所示的非常低的本征载流子浓度的情况所预期的。

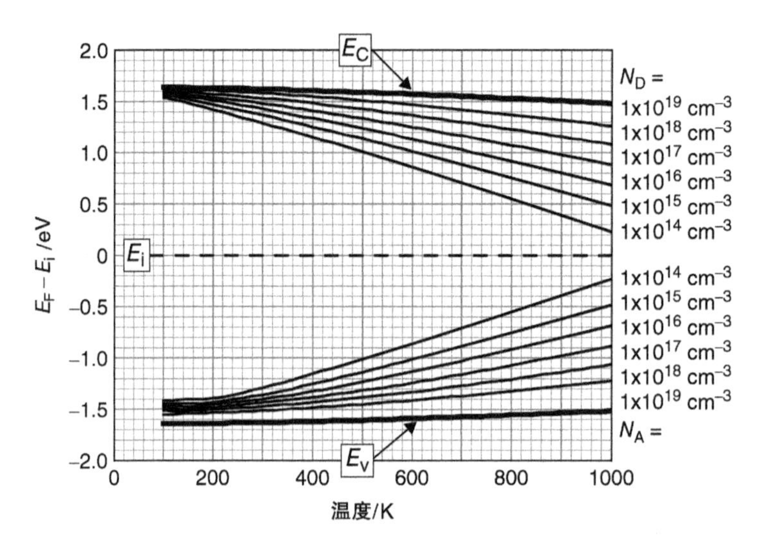

图 2-16 在考虑了禁带宽度的温度特性和低温下掺杂杂质的不完全电离下，掺杂氮或者掺杂铝的 4H - SiC 的费米能级与温度和杂质浓度的关系

2.2.4 迁移率

图 2-17 展示了在室温下，4H - SiC 和 6H - SiC 的低电场下电子迁移率与施主浓度的关系以及空穴迁移率与受主浓度的关系曲线。在给定掺杂杂质浓度下，4H - SiC 的电子迁移率几乎是 6H - SiC 的两倍，并且 4H - SiC 空穴迁移率也比 6H - SiC 的稍高一些。低电场强度下电子和空穴迁移率可以由 Caughey - Thomas 方程表述[64,67-72]：

$$\mu_e(4H-SiC)=\frac{1020}{1+\left(\frac{N_D+N_A}{1.8\times10^{17}}\right)^{0.6}}(cm^2V^{-1}s^{-1}) \tag{2-18}$$

$$\mu_e(6H-SiC)=\frac{450}{1+\left(\frac{N_D+N_A}{2.5\times10^{17}}\right)^{0.6}}(cm^2V^{-1}s^{-1}) \tag{2-19}$$

$$\mu_h(4H-SiC)=\frac{118}{1+\left(\frac{N_D+N_A}{2.2\times10^{18}}\right)^{0.7}}(cm^2V^{-1}s^{-1}) \tag{2-20}$$

$$\mu_h(6H-SiC)=\frac{98}{1+\left(\frac{N_D+N_A}{2.4\times10^{18}}\right)^{0.7}}(cm^2V^{-1}s^{-1}) \tag{2-21}$$

式中，N_D和 N_A的单位是 cm^{-3}。缘于杂质的电离能的不同，4H - SiC 和 6H - SiC 的与掺杂相关的参量也略有不同。需要注意的是，六方体（和斜方六面体）SiC 多

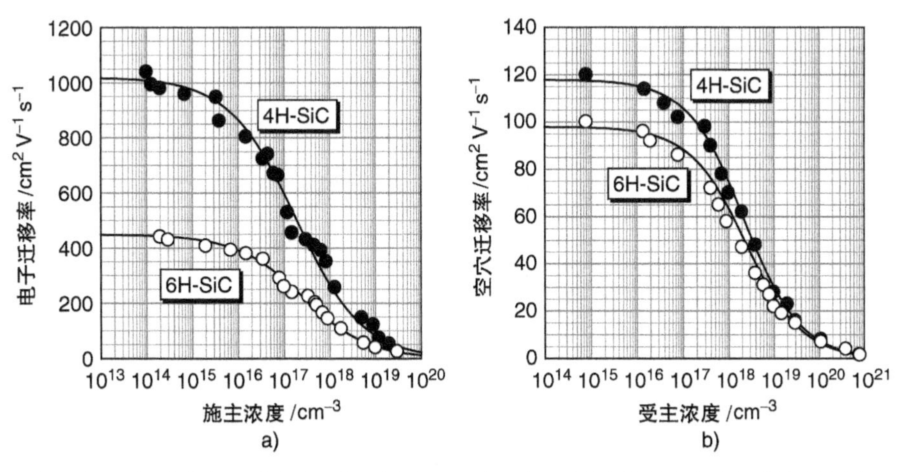

图2-17　室温下4H－SiC和6H－SiC的a）低电场电子迁移率与施主浓度的关系和b）空穴迁移率与受主浓度的关系

型体在电子迁移率上表现出很强的各向异性[67,73]。图2-17所示的数据为垂直于c轴方向上的迁移率。6H－SiC的各向异性尤其显著，其沿c轴方向的电子迁移率仅仅是垂直于c轴方向的电子迁移率的20%～25%（室温下，6H－SiC沿c轴方向的最大电子迁移率大约是$100cm^2V^{-1}s^{-1}$）[67]。4H－SiC迁移率的各向异性相对较小，在室温下沿c轴方向的电子迁移率大约是$1200cm^2V^{-1}s^{-1}$，比垂直于c轴方向的电子迁移率高20%。这就是为什么4H－SiC是SiC｛0001｝晶圆制造垂直功率器件最受欢迎的多型体的主要原因之一。3C－SiC的体迁移率是各向同性的，实验中轻掺杂的3C－SiC电子迁移率是$750cm^2V^{-1}s^{-1}$[74]，并且这一数值在高质量材料中预期可以达到$1000cm^2V^{-1}s^{-1}$[75]。在非简并的半导体中，载流子的扩散系数（D）可以由爱因斯坦关系式求得[65]：

$$D = \frac{kT}{q}\mu \tag{2-22}$$

式中，q是单位电荷。如果载流子寿命τ已知，扩散长度可以由公式$L=(D\tau)^{1/2}$求得。

图2-18给出了不同温度下4H－SiC的低电场电子迁移率与施主浓度间的关系曲线以及空穴迁移率与受主浓度间的关系曲线[69-72]。在高温下，掺杂与迁移率之间的相关性因杂质散射的影响降低而变弱。一般来说，对迁移率的温度特性的讨论是通过关系式$\mu \sim T^{-n}$来进行的，其中μ是迁移率，T是绝对温度。从图2-18可以看到，n的数值强烈依赖于掺杂浓度，这是因为占主导地位的散射机制随SiC掺杂浓度的不同而改变，例如，对于n型4H－SiC来说，n的数值在轻掺杂时为2.6，在重掺杂时为1.5[70]。

图2-19给出了温度为293K时，4H－SiC在掺杂氮或者掺杂铝时的电阻率相对于掺杂浓度的变化曲线[64,69-72]。在超重掺杂的材料中，n型材料的电阻率会减小

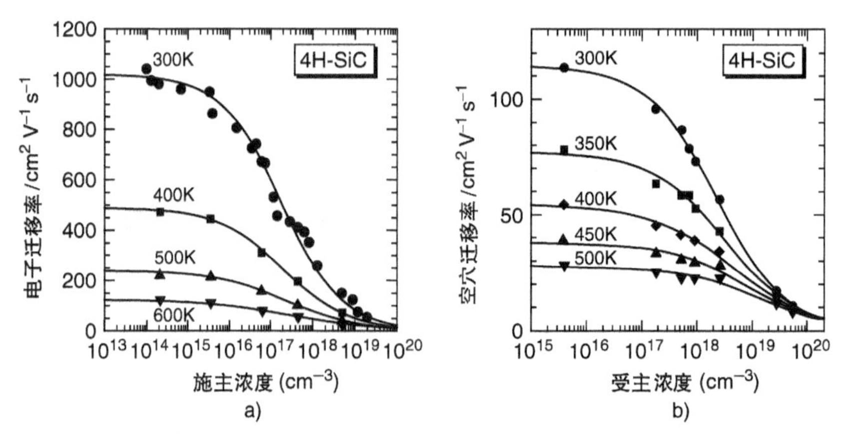

图 2-18 不同温度下 4H-SiC 的 a）低电场电子迁移率和施主浓度的关系曲线以及 b）空穴迁移率和受主浓度的关系曲线[69-72]

（由 AIP 出版有限责任公司授权转载）

至 0.003Ω·cm，p 型材料的电阻率会减小至 0.018Ω·cm。需要注意的是，图 2-19 中的数据是基于高质量的外延层得到的，在离子注入的 SiC 中，由于（离子注入）会产生高密度的点缺陷和扩展缺陷，在任何给定的掺杂浓度下其电阻率都会显著高于图中所示的值。通过升华法（或其他技术）生长的衬底材料则因为存在高浓度的有害杂质和点缺陷，其电阻率也高于图 2-19 所示的值。

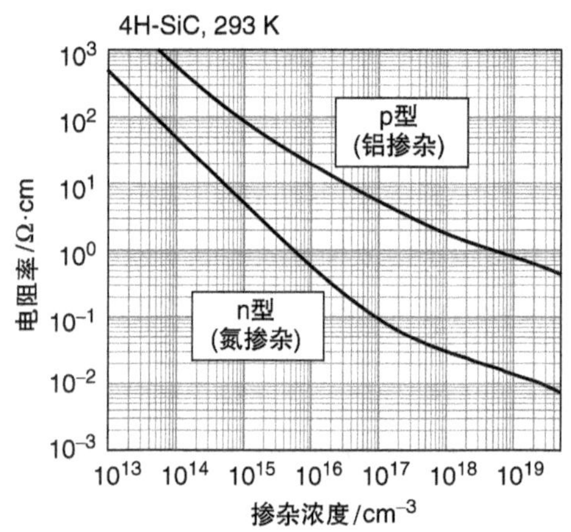

图 2-19 温度为 293K 时，4H-SiC 在掺杂氮或者掺杂铝时的电阻率相对于掺杂浓度的变化曲线

图 2-20 展示了掺杂氮的 4H-SiC 在施主浓度分别为 $3.5\times10^{15}\mathrm{cm}^{-3}$ 和 $7.5\times10^{17}\mathrm{cm}^{-3}$ 时的电子迁移率的温度特性曲线[69]。载流子散射过程包括声学声子散射（ac）、极化光学声子散射（pop）、非极化光学声子散射（npo）、谷间声子散射（iph）、电离杂质散射（ii），以及中性杂质散射（ni）。图中展示了由每个散射过程决定的电子迁移率，总迁移率（μ）可以由 Matthiessen 规则大致给出[76]：

$$\frac{1}{\mu} \cong \sum_i \frac{1}{\mu_i} \tag{2-23}$$

在轻掺杂的 n 型 SiC 中，电子迁移率在低温下（70～200K）主要取决于声学声子散射，在温度高于 300K 时则主要取决于谷间散射，这种情况与 Si 的情况类似。在重掺杂的 n 型 SiC 中，主要的散射过程在低温下是中性杂质散射，在高温下

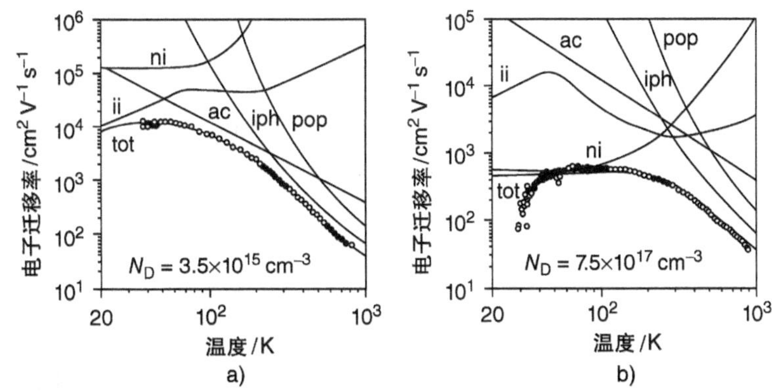

图 2-20　掺杂氮的 4H - SiC 在施主浓度分别为 a) $3.5\times10^{15}\text{cm}^{-3}$和 b) $7.5\times10^{17}\text{cm}^{-3}$时电子迁移率的温度特性曲线[69]（由 AIP 出版有限责任公司授权转载）。同时，几种散射过程决定的迁移率也在图中绘出

是谷间散射。

图 2-21 展示了掺杂铝的 4H - SiC 在受主浓度分别为 $1.8\times10^{17}\text{cm}^{-3}$和 $2.7\times10^{19}\text{cm}^{-3}$时空穴迁移率的温度特性曲线[72]，图中也绘出了几种散射过程决定的迁移率。在中度掺杂的 p 型 SiC 中，空穴迁移率在室温或者低于室温时主要决定于声学声子散射，在高温（>400K）时则主要由非极化光学声子散射决定。在重掺杂 p 型 SiC 中，在一个很宽温度范围内主要的散射过程是中性杂质散射，这是由于大部分 Al 受主由于其较高的电离能而仍保持电中性。

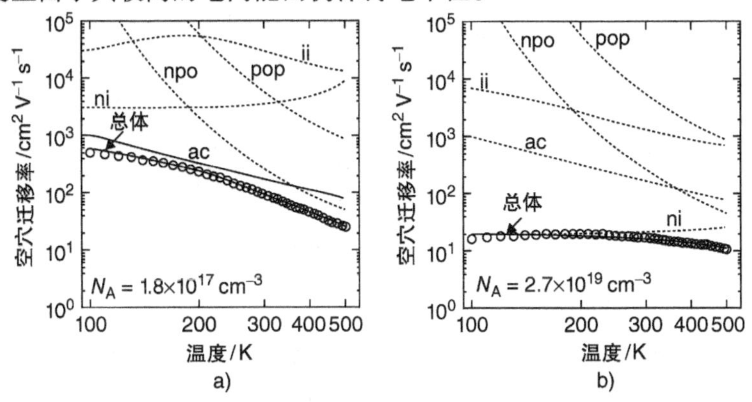

图 2-21　掺杂铝的 4H - SiC 在受主浓度分别为 a) $1.8\times10^{17}\text{cm}^{-3}$和 b) $2.7\times10^{19}\text{cm}^{-3}$时空穴迁移率的温度特性曲线[72]（由 AIP 出版有限责任公司授权转载）。同时，几种散射过程决定的迁移率也在图中绘出

2.2.5　漂移速率

在低电场强度下，载流子的漂移速率（v_d）与电场强度（E）成正比，$v_d=\mu E$。当在高电场强度时，加速的载流子通过发射更多声子向晶格传递更多的能量，导致漂移速率与电场强度呈非线性特性[76]，电场强度和漂移速率的关系可以表示为[76]

$$v_{\mathrm{d}} = \frac{\mu E}{\left\{1 + \left(\frac{\mu E}{v_{\mathrm{s}}}\right)^{\gamma}\right\}^{1/\gamma}} \tag{2-24}$$

式中，v_s是半导体中的声速，γ 为参数。在足够高的电场强度下，载流子开始与光学声子发生相互作用，并最终漂移速率趋于饱和。饱和漂移速率（v_{sat}）可近似由如下公式给出[65,76]：

$$v_{\mathrm{sat}} = \sqrt{\frac{8\hbar\omega}{3\pi m^*}} \tag{2-25}$$

式中，$\hbar\omega$ 为发射的光学声子（LO（纵波光学）声子）能量。图 2-22 所示分别为 n 型 4H－SiC 和 n 型 6H－SiC 的实测电子漂移速率与电场强度的关系曲线[77]。测量是在一个测试结构中进行的，该结构通过谨慎的设计将电势分布的不精确性减小到最低。对于 4H－SiC，从在室温下得到的低电场强度（$<10^4\ \mathrm{Vcm^{-1}}$）下的斜率中得到低电场强度迁移率为 $450\mathrm{cm^2V^{-1}s^{-1}}$，该数值与图 2-17 中所示的这个特定的试样在施主浓度（$2\times10^{17}\ \mathrm{cm^{-3}}$）的数据是一致的。室温下的饱和漂移速率是 $2.2\times10^7\mathrm{cm/s}$，该数值与根据式（2-25）所估算的值非常吻合。如图 2-22 所示，饱和漂移速率随着温度的升高而降低。需要指出的是，因为 SiC 的间接能带结构，因此观察不到所谓的电子转移效应（Gunn 效应）。6H－SiC 的电子饱和漂移速率经实验估算为 $1.9\times10^7\mathrm{cms^{-1}}$[77,78]。虽然 SiC 的空穴饱和漂移速率还没有实验研究，但通过式（2-25）可以估算出 4H－SiC 的空穴饱和漂移速率为 $1.3\times10^7\mathrm{cms^{-1}}$。

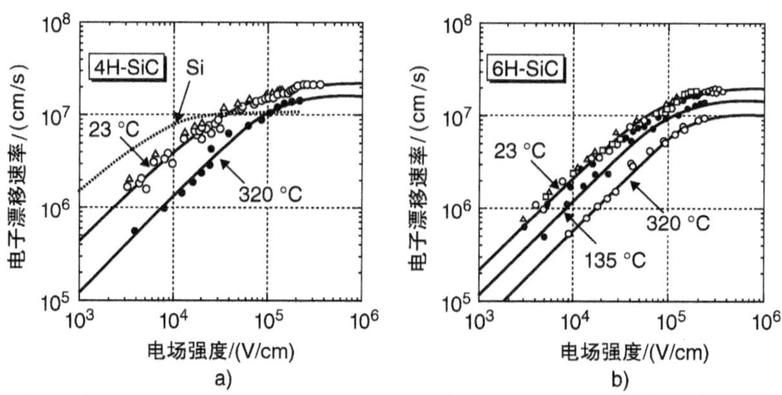

图 2-22　a）n 型 4H－SiC 和 b）n 型 6H－SiC 的电子漂移速率与施加电场强度的关系曲线[77]
（由 IEEE 授权转载）

2.2.6 击穿电场强度

当一个很高的电场强度于反向偏置方向施加在一个 pn 结或者肖特基势垒时，漏电流会随着电子－空穴对的产生而增加，并最终导致结击穿。击穿机理可以分类为雪崩击穿和齐纳（隧道）击穿[65,79]。对于含有一个轻掺杂区的结而言，雪崩击穿是主要的，这也是大部分功率器件所遇到的情况。在雪崩击穿时，载流子可以在很高的电场强度下获得足够的能量通过碰撞电离激发电子－空穴对，产生的电子－

空穴对在结的空间电荷区内得到成倍增长并最终导致击穿。

雪崩击穿可以用电子和空穴的碰撞电离系数很好地描述[65,79]，击穿可以定义为当电流的倍增因子趋近无穷大时发生，这可以等效为下列关系式[65,79]：

$$\int_0^W \alpha_h \exp\left\{-\int_0^x (\alpha_h - \alpha_e)\,dx'\right\}dx = 1 \tag{2-26}$$

式中，α_e 和 α_h 分别为电子和空穴的碰撞电离系数。积分是在空间电荷区从 $x=0$ 到 $x=W$ 范围内进行的，方程的积分项称为电离率积分（Ionization Integral）。因为碰撞电离系数强烈依赖于电场强度，而在空间电荷区内电场强度分布并不均匀，因此需要通过数值计算得到式（2-26）中的电离率积分。反过来，碰撞电离系数也可以通过在设计合理的 pn 二极管上测试倍增因子与电场强度的关系确定。在测试中，可以利用光照来增加低反向偏压下的电流，以减小非理想漏电流带来的影响，这对于准确测定倍增因子是重要的。通常，碰撞电离系数可用 Chynoweth 方程近似表示为[80]

$$\alpha_i = a_i \exp\left(-\frac{b_i}{E}\right), (i = \text{e 或者 h}) \tag{2-27}$$

式中，α_i 和 b_i 是参数，E 是电场强度。

图 2-23 展示了 4H－SiC 中电子和空穴的碰撞电离系数与电场强度的倒数的关系曲线[81-84]，不同团队报道的碰撞电离系数数值大同小异。由于 SiC 的宽禁带特点，4H－SiC 的电离系数比 Si 的小很多。图 2-23 的另一个显著的特点是 SiC 的空穴电离系数要远大于电子的电离系数（$\alpha_h > \alpha_e$），这与 Si 的情况完全相反（$\alpha_e > \alpha_h$）。在 4H－SiC 中，由于 $E-k$ 关系中的折叠效应（folding effect）使得导带的能量范围非常小，而且热电子的最高能量受限于导带的上边界[85,86]。这也许就是为什么通常 4H－SiC（和6H－SiC）中电子的电离系数较小的原因。需指出图 2-23 中所示的数据是由若干组实验数据集外推得到的，特别是，在较低电场强度下的电离系数需要更仔细的研究。关于系数的温度特性在最近也得到了报道[84]。应该注意的是，图 2-23 中所有的数据在沿 <0001> 晶向上是有效的，这是因为这些数据是由偏轴 {0001} 衬底上的 4H－SiC pn 二极管得到的，由于能带结构对载流子的加速和散射有很大的影响，因此碰撞电离系数与晶体学取向相关，特别是六方 SiC 多型体在碰撞电离和击穿特性上

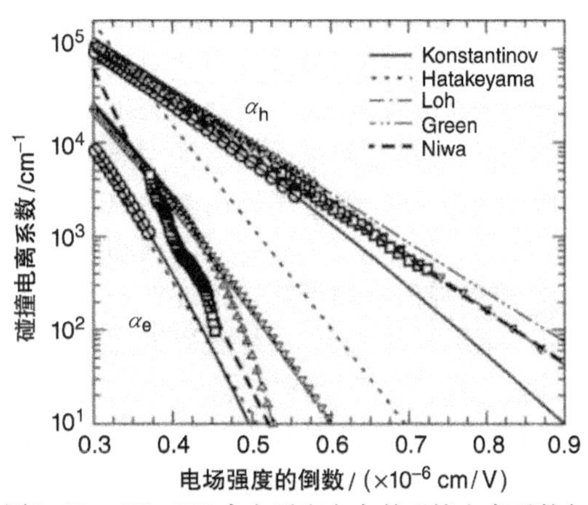

图 2-23　4H－SiC 中电子和空穴的碰撞电离系数与电场强度的倒数的关系曲线[81-84]

呈现很强的各向异性[82,85,86]。

一个半导体结，当其最大电场强度达到材料本征的一个临界值时就会发生击穿，这个临界值称为临界电场强度或者击穿电场强度。临界电场强度 E_B 可以通过上面介绍的利用碰撞电离系数计算电离率积分得到，或者，它可以通过对电场集中现象得到完全抑制的试样的击穿特性试验得到。对于 n 型肖特基势垒二极管或者单侧 p^+n 结，其击穿电压为[65,79]

$$V_B = \frac{\varepsilon_S E_B^2}{2qN_D} \tag{2-28}$$

式中，只考虑了非穿通结构，ε_S 为半导体的介电常数。

图2-24 展示了 4H - SiC <0001>、6H - SiC <0001> 和 3C - SiC <111> 的临界电场强度与掺杂浓度的关系曲线[80,81,87,88]，同时也给出了 Si 的数据作为比较。在给定掺杂浓度下，4H - SiC 和 6H - SiC 表现出的临界电场强度大约是 Si 的 8 倍；而 3C - SiC 的临界电场强度仅是 Si 的 3 倍或者 4 倍，这是因为这种多型体具有相对较小的禁带宽度（与 GaP 相似）。SiC 在功率器件应用方面很受欢迎的主要原因就是六方 SiC 多型体的高临界电场强度[20,89,90]。人们必须认识到临界电场强度强烈依赖于掺杂浓度这一事实，如图 2-24 所示。当掺杂浓度增加时，空间电荷区的宽度会变小，因此载流子的加速距离会变短。此外，在高掺杂的材料里迁移率会因为杂质散射的增强而降低。这些都是为什么临界电场强度会随着掺杂的增加而明显提高的原因。如图2-24 所示，6H - SiC <0001> 的临界电场强度略高于 4H - SiC <0001> 的，虽然其禁带宽度相对较小（6H - SiC 的 E_g = 3.02eV，4H - SiC 的 E_g = 3.26eV）。正如 2.2.4 节所描述的，6H - SiC 在载流子输运方面表现出很强的各向异性：沿 <0001> 晶向的电子迁移率异常的低，只有大概 $100cm^2V^{-1}s^{-1}$，甚至在高纯度材料中也是如此。6H - SiC 狭窄的导带宽度同样使得 6H - SiC <0001> 晶向上的临界电场强度增加。相反地，已知的 6H - SiC <11$\bar{2}$0> 的临界电场强度仅是 6H - SiC <0001> 的一半[85]。4H - SiC 的临界电场强度的各向异性相对较小，4H - SiC <11$\bar{2}$0> 的临界电场强度仅比 4H - SiC <0001> 低20% ~25%[82,86]。

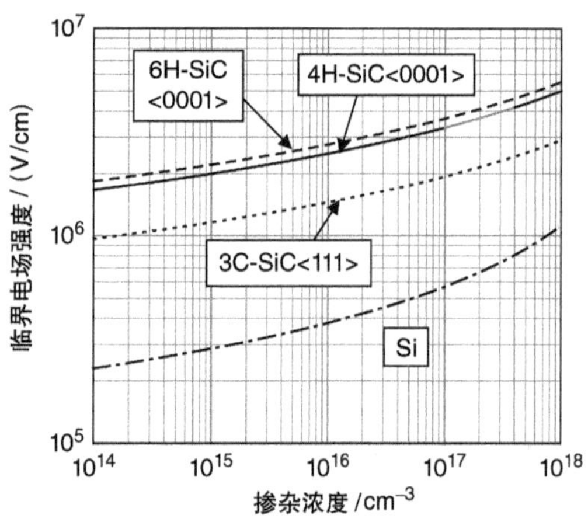

图2-24　4H - SiC <0001>、6H - SiC <0001> 和 3C - SiC <111> 的临界电场强度与掺杂浓度的关系曲线[80,81,87,88]

当估算理想击穿电压时，临界电场强度是一个实用的物理量。然而，应该注意的是，临界电场强度仅对于有非穿通结构的结有效，当考虑穿通结构时，图2-24所示的临界电场强度并不能给出正确的击穿电压。在这种情况下，需要通过对漏电流的仿真或者利用器件模拟器（device simulator）计算电离率积分来确定理想击穿电压。关于击穿电压的详细讨论见本书第7章和第10章。

2.3 热学和机械特性

2.3.1 热导率

图2-25展示了SiC和Si的热导率的温度特性曲线[91,92]，SiC由于其声子的重大贡献，使得其热导率（室温下，高纯度的SiC的热导率是4.9Wcm^{-1}K^{-1}）远高于Si的。据报道，热导率对SiC的多型体不敏感，但依赖于掺杂浓度和晶向[93]。在通常用于垂直功率器件的n^{+}衬底的重掺杂氮的4H-SiC衬底中，在室温下其沿<0001>的热导率是3.3Wcm^{-1}K^{-1}[93]。

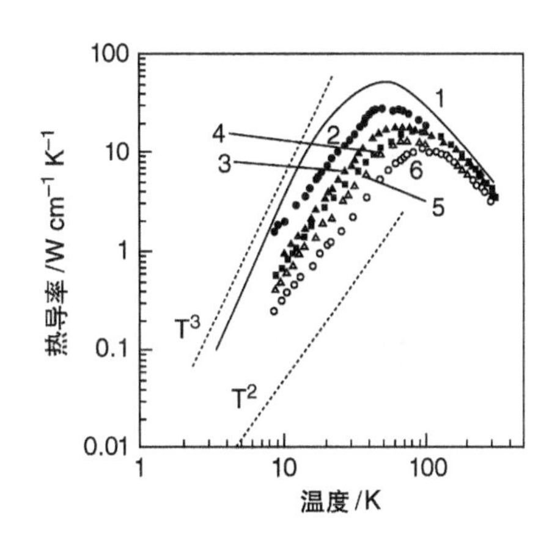

图2-25 SiC和Si的热导率的温度特性曲线[92]
（由Institute of Physics（IOP）-Taylor & Francis授权转载）

2.3.2 声子

图2-26展示了3C-SiC和4H-SiC的声子色散关系[94,95]。和其他半导体一样，基本分支包括TA（横向声学）声子、LA（纵向声学）声子、TO（横向光学）声子和LO（纵向光学）声子。由于较高的Si—C化学键能，SiC具有较高的声子频率。nH多型体（n=2、4、6…）的单元晶胞沿c轴的长度是单位长度（Si—C双原子层）的n倍，因此，Γ-L方向上的Brillouin区减小为基本Brillouin区的1/n[31]。在这样的多型体中，沿<0001>晶向传播的声子的色散曲线可以通过对基本色散曲线的折叠近似，如图2-26所示。该区域的折叠在Γ点提供了新的声子模式，称为“折叠模式”。由于3C-SiC的单元晶胞内的原子数是2，4H-SiC是8，6H-SiC是12，因此在忽略简并度的条件下，3C-SiC的声子分支数是6，4H-SiC是24，6H-SiC是36。

主要声子能量（或波数）可以通过拉曼散射光谱直接观察。不同SiC多型体具有的不同声子频率，使得通过拉曼散射测量可以用来鉴别多型体个体[96]，具体细节见5.1.2节。众所周知，由于载流子-LO声子的耦合效应，所观察的LO声子频率随着载流子密度的增加而增加[97]。声子能量在荧光测量方面也非常重要，特别是，在低温下的光致发光（PL）是表征SiC晶体纯度和质量的一个强大工具[9,10,43,98-102]。因为SiC的间接能带结构，声子广泛地参与到载流子复合过程

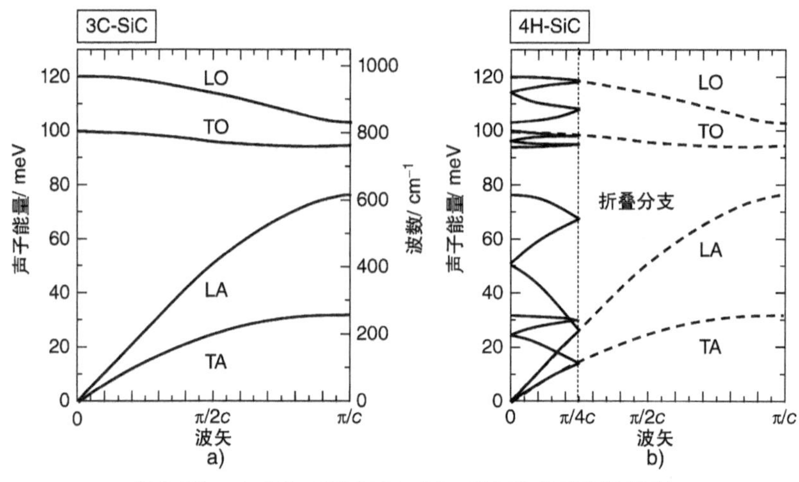

图 2-26 a）3C－SiC 和 b）4H－SiC 的声子色散关系

中，结果就是在 SiC 的 PL 光谱中经常观察到零声子发射谱线的强多声子伴随谱线（声子伴线）。例如，在 4H－SiC ｛0001｝ 的 PL 谱中产生声子伴随谱线的主要声子的能量有 36meV（TA），46meV、51meV、77meV（LA），95meV、96meV（TO），104meV 和 107meV（LO）。实际的 PL 谱在将在 5.1.1 节中介绍。

2.3.3 硬度和机械性能

SiC 的机械特性也是独一无二的，它是已知的最坚硬的材料之一。表 2-6 列出了 SiC 和 Si 的主要机械特性[30,45]，这些特性和多型体的关系不大。SiC 的硬度和杨氏模量（380～700GPa[103]）比 Si 的要高很多，而 SiC 的泊松比（0.21）却和其他半导体相似。即使是在很高的温度下，SiC 仍保持它的高的硬度和弹性。室温下，SiC 的屈服（断裂）强度可以达到 21GPa，在 1000℃时其值估算为 0.3GPa，而在 500℃时，Si 的屈服强度就下降到 0.05GPa[104]。

表 2-6 SiC 和 Si 在室温下主要的机械性能和热性能[30,45]

性质	4H－SiC 或者 6H－SiC	Si
密度/gcm^{-3}	3.21	2.33
杨氏模量/GPa	390～690	160
断裂强度/GPa	21	7
泊松比	0.21	0.22
弹性常数/GPa		
c_{11}	501	166
c_{12}	111	64
c_{13}	52	—
c_{33}	553	—
c_{44}	163	80
比热/$Jg^{-1}K^{-1}$	0.69	0.7
热导率/$Wcm^{-1}K^{-1}$	3.3～4.9	1.4～1.5

2.4 总结

表 2-7 总结了常见 SiC 多型体的主要物理性质（也可以参阅本书附录 C），该

表包含了相对于 Si 的数值做归一化后的低频 Baliga 优值指数（BFOM）$\varepsilon_s\mu E_B^3$[105]。对于4H－SiC 和6H－SiC，BFOM 的计算考虑了｛0001｝晶圆上的垂直型器件。由于沿 c 轴的高临界电场强度和高电子迁移率，使得4H－SiC 的 BFOM 明显高于其他 SiC 多型体，这就是 4H－SiC 为什么几乎完全用于功率器件应用的主要原因[15,17,19,20,106－116]。4H－SiC 另一个优点是它的施主和受主的电离能比其他 SiC 多型体的要小一些。此外，直径相对较大且质量合理的单晶4H－SiC｛0001｝晶圆的可获得性（availability）推动了基于4H－SiC 电子器件的制造，实际上，商业4H－SiC功率器件（肖特基势垒二极管和场效应晶体管）的特性已经优于3C－SiC 和6H－SiC 单极型器件的理论极限。3C－SiC 对阐明物理性质与多型体的关系具有学术意义，3C－SiC 也许在相对低的电压（<300V）的应用和高温传感器方面具有吸引力。关于物理性质方面的详细信息，请参阅相关综述性论文和手册[30,45,117－125]。

表2-7 常见 SiC 多型体在室温下的主要物理性质，包括相对于 Si 的数值做归一化后的低频 Baliga 优值指数（BFOM）$\varepsilon_s\mu E_B^3$

性质/多型体	3C－SiC	4H－SiC	6H－SiC
禁带宽度/eV	2.36	3.26	3.02
电子迁移率/$cm^2V^{-1}s^{-1}$			
μ（垂直于 c 轴）	1000	1020	450
μ（平行于 c 轴）	**1000**	**1200**	**100**
空穴迁移率/$cm^2V^{-1}s^{-1}$	100	120	100
电子饱和漂移速率/$cm\ s^{-1}$	$(\sim 2\times10^7)$	2.2×10^7	1.9×10^7
空穴饱和漂移速率/$cm\ s^{-1}$	$(\sim 1.3\times10^7)$	$(\sim 1.3\times10^7)$	$(\sim 1.3\times10^7)$
击穿电场强度/$MV\ cm^{-1}$			
E_B（垂直于 c 轴）	1.4	2.2	1.7
E_B（平行于 c 轴）	**1.4**	**2.8**	**3.0**
相对介电常数			
ε_s（垂直于 c 轴）	9.72	9.76	9.66
ε_s（平行于 c 轴）	9.72	10.32	10.03
BFOE（**n 型**，平行于 c 轴）用 Si 的数值归一化	61	**626**	63
BFOE（**p 型**，平行于 c 轴）用 Si 的数值归一化（考虑了受主的不完全电离特性）	2	25	19

参考文献

[1] Verma, A.R. and Krishna, P. (eds) (1966) *Polymorphism and Polytypism in Crystals*, John Wiley & Sons, Inc., New York.

[2] Schneer, C.S. (1955) Polymorphism in one dimension. *Acta Crystallogr.*, **8**, 279.

[3] Cheng, C., Needs, R.J. and Heine, V. (1988) Inter-layer interactions and the origin of SiC polytpes. *J. Phys. C*, **21**, 1049.

[4] Denteneer, P.J.H. and van Haeringen, W. (1986) Ground-state properties of polytypes of silicon carbide. *Phys. Rev. B*, **33**, 2831.

[5] Fisher, G.R. and Barnes, P. (1990) Towards a unified view of polytypism in silicon carbide. *Philos. Mag. B*, **61**, 217.

[6] Heine, V., Cheng, C. and Needs, R.J. (1991) The preference of silicon carbide for growth in the metastable cubic form. *J. Am. Ceram. Soc.*, **74**, 2630.

[7] Yoo, W.S. and Matsunami, H. (1992) Growth simulation of SiC polytypes and application to DPB-free 3C-SiC on alpha-SiC substrates, in *Amorphous and Crystalline Silicon Carbide IV*, Springer-Verlag, p. 66.

[8] Powell, R.C. (2010) *Symmetry, Group Theory, and the Physical Properties of Crystals*, Springer.

[9] Choyke, W.J. and Patrick, L. (1962) Exciton recombination radiation and phonon spectrum of 6H SiC. *Phys. Rev.*, **127**, 1868.

[10] Ikeda, M., Matsunami, H. and Tanaka, T. (1980) Site effect on the impurity levels in 4H, 6H, and 15R SiC. *Phys. Rev. B*, **22**, 2842.

[11] Suttrop, W., Pensl, G., Choyke, W.J. *et al.* (1992) Hall effect and infrared absorption measurements on nitrogen donors in 6H-silicon carbide. *J. Appl. Phys.*, **72**, 3708.

[12] Knippenberg, W.F. (1963) Growth phenomena in silicon carbide. *Philips Res. Rep.*, **18**, 161.

[13] Yoo, W.S. and Matsunami, H. (1991) Solid-state phase transformation in cubic silicon carbide. *Jpn. J. Appl. Phys.*, **30**, 545.

[14] Itoh, A., Akita, H., Kimoto, T. and Matsunami, H. (1994) High-quality 4H-SiC homoepitaxial layers grown by step-controlled epitaxy. *Appl. Phys. Lett.*, **65**, 1400.

[15] Kimoto, T., Itoh, A., Akita, H. *et al.* (1995) Step-controlled epitaxial growth of α-SiC and application to high-voltage Schottky rectifiers, in *Compound Semiconductors – 1994*, IOP, p. 437.

[16] Raghunathan, R., Alok, D. and Baliga, B.J. (1995) High voltage 4H-SiC Schottky barrier diodes. *IEEE Electron Device Lett.*, **16**, 226.

[17] Itoh, A., Kimoto, T. and Matsunami, H. (1995) High-performance of high-voltage 4H-SiC Schottky barrier diodes. *IEEE Electron Device Lett.*, **16**, 280.

[18] Kordina, O., Bergman, J.P., Hallin, C. and Janzen, E. (1996) The minority carrier lifetime of n-type 4H- and 6H-SiC epitaxial layers. *Appl. Phys. Lett.*, **69**, 679.

[19] Tan, J., Cooper, J.A. Jr., and Melloch, M.R. (1998) High-voltage accumulation-layer UMOSFETs in 4H-SiC. *IEEE Electron Device Lett.*, **19**, 467.

[20] Cooper, J.A. Jr.,, Melloch, M.R., Singh, R. *et al.* (2002) Status and prospects for SiC power MOSFETs. *IEEE Trans. Electron Devices*, **49**, 658.

[21] Nishino, S., Powell, A. and Will, H.A. (1983) Production of large-area single-crystal wafers of cubic SiC for semiconductor devices. *Appl. Phys. Lett.*, **42**, 460.

[22] Nishino, S., Suhara, H., Ono, H. and Matsunami, H. (1987) Epitaxial growth and electric characteristics of cubic SiC on silicon. *J. Appl. Phys.*, **61**, 4889.

[23] Yamanaka, M., Daimon, H., Sakuma, E. *et al.* (1987) Temperature dependence of electrical properties of n-and p-type 3C-SiC. *J. Appl. Phys.*, **61**, 599.

[24] Barrett, D.L. and Campbell, R.B. (1967) Electron mobility measurements in SiC polytypes. *J. Appl. Phys.*, **38**, 53.

[25] Schörner, R., Friedrichs, P., Peters, D. and Stephani, D. (1999) Significantly improved performance of MOS-FETs on silicon carbide using the 15R-SiC polytype. *IEEE Electron Device Lett.*, **20**, 241.

[26] Levinshtein, M.E., Rumyantsev, S.L. and Shur, M.S. (2001) *Properties of Advanced Semiconductor Materials: GaN, AlN, InN, BN, SiC, SiGe*, John Wiley & Sons, Inc., New York.

[27] Sasaki, S., Suda, J. and Kimoto, T. (2012) Doping-induced lattice mismatch and misorientation in 4H-SiC crystals. *Mater. Sci. Forum*, **717–720**, 481.

[28] Stockmeier, M., Müller, R., Sakwe, S.A. *et al.* (2009) On the lattice parameters of silicon carbide. *J. Appl. Phys.*, **105**, 033511.

[29] Li, Z. and Bradt, R.C. (1986) Thermal expansion of the hexagonal (4H) polytype of SiC. *J. Appl. Phys.*, **60**, 612.

[30] Harris, G.L. (1995) *Properties of Silicon Carbide*, INSPEC.

[31] Kittel, C. (1995) *Introduction to Solid State Physics*, 7th edn, John Wiley & Sons, Inc, New York.

[32] SEMI http://ams.semi.org/ebusiness/ (accessed 28 March 2014).

[33] Lambrecht, W.R.L., Limpijumnong, S., Rashkeev, S.N. and Segall, B. (1997) Electronic band structure of SiC polytypes: A discussion of theory and experiment. *Phys. Status Solidi B*, **202**, 5.

[34] Käckel, P., Wenzien, R. and Bechstedt, F. (1994) Electronic properties of cubic and hexagonal SiC polytypes from ab initio calculations. *Phys. Rev. B*, **50**, 10761.

[35] van Haeringen, W., Bobbert, P.A. and Backes, W.H. (1997) On the band gap variation in SiC polytypes. *Phys. Status Solidi B*, **202**, 63.

[36] Wellenhofer, G. and Rössler, U. (1997) Global band structure and near-band-edge states. *Phys. Status Solidi B*, **202**, 107.

[37] Persson, C. and Lindefelt, U. (1997) Relativistic band structure calculation of cubic and hexagonal SiC polytypes. *J. Appl. Phys.*, **82**, 5496.

[38] Humphreys, R.G., Bimberg, D. and Choyke, W.J. (1981) Wavelength modulated absorption in SiC. *Solid State Commun*, **39**, 163.

[39] Sridhara, S.G., Bai, S., Shigiltchoff, O. *et al.* (2000) Differential absorption measurement of valence band splittings in 4H SiC. *Mater. Sci. Forum*, **338–342**, 567.

[40] Chen, W.M., Son, N.T., Janzen, E. *et al.* (1997) Effective masses in SiC determined by cyclotron resonance experiments. *Phys. Status Solidi A*, **162**, 79.
[41] Volm, D., Meyer, B.K., Hofmann, D.M. *et al.* (1996) Determination of the electron effective-mass tensor in 4H SiC. *Phys. Rev. B*, **53**, 15409.
[42] Son, N.T., Persson, C., Lindefelt, U. *et al.* (2004) Cyclotron resonance studies of effective masses and band structure in SiC, in *Silicon Carbide – Recent Major Advances* (eds W.J. Choyke, H. Matsunami and G. Pensl), Springer, p. 437.
[43] Choyke, W.J. and Devaty, R.P. (2004) Optical properties of SiC: 1997-2002, in *Silicon Carbide – Recent Major Advances* (eds W.J. Choyke, H. Matsunami and G. Pensl), Springer, p. 413.
[44] Choyke, W.J. (1969) Optical properties of polytypes of SiC: Interband absorption, and luminescence of nitrogen-exciton complexes. *Mater. Res. Bull.*, **4**, 141.
[45] Adachi, S. (2005) *Properties of Group-IV, III-V, and II-VI Semiconductors*, John Wiley & Sons, Ltd, Chichester.
[46] Persson, C., Lindefelt, U. and Sernelius, B.E. (1999) Band gap narrowing in n-type and p-type 3C-, 2H-, 4H-, 6H-SiC, and Si. *J. Appl. Phys.*, **86**, 4419.
[47] Choyke, W.J. and Patrick, L. (1960) Absorption of light in alpha silicon carbide near the band edge, in *Silicon Carbide* (eds J.P. O'Connor and J. Smiltens), Pergamon Press, p. 306.
[48] Sridhara, S.G., Devaty, R.P. and Choyke, W.J. (1998) Absorption coefficient of 4H silicon carbide from 3900 to 3250 Å. *J. Appl. Phys.*, **84**, 2963.
[49] Yu, P.Y. and Cardona, M. (2005) *Fundamentals of Semiconductors*, 3rd edn, Springer.
[50] Watanabe, N., Kimoto, T. and Suda, J. (2012) Thermo-optic coefficients of 4H-SiC, GaN, and AlN for ultraviolet to infrared regions up to 500 °C. *Jpn. J. Appl. Phys.*, **51**, 112101.
[51] Marple, D.T.F. (1964) Refractive index of ZnSe, ZnTe, and CdTe. *J. Appl. Phys.*, **35**, 539.
[52] Ninomiya, S. and Adachi, S. (1994) Optical constants of 6H–SiC single crystals. *Jpn. J. Appl. Phys.*, **33**, 2479.
[53] Troffer, T., Schadt, M., Frank, T. *et al.* (1997) Doping of SiC by implantation of boron and aluminum. *Phys. Status Solidi A*, **162**, 277.
[54] Kuznetsov, N.I. and Zubrilov, A.S. (1995) Deep centers and electroluminescence in 4H-SiC diodes with a p-type base region. *Mater. Sci. Eng. B*, **29**, 181.
[55] Negoro, Y., Kimoto, T., Matsunami, H. and Pensl, G. (2007) Abnormal out-diffusion of epitaxially doped boron in 4H-SiC caused by implantation and annealing. *Jpn. J. Appl. Phys.*, **46**, 5053.
[56] Purcell, K.F. and Kotz, J.C. (1977) *Inorganic Chemistry*, W.B. Saunders.
[57] Götz, W., Schöner, A., Pensl, G. *et al.* (1993) Nitrogen donors in 4H-silicon carbide. *J. Appl. Phys.*, **73**, 3332.
[58] Greulich-Weber, S. (1997) EPR and ENDOR investigations of shallow impurities in SiC polytypes. *Phys. Status Solidi A*, **162**, 95.
[59] Laube, M., Schmid, F., Semmelroth, K. *et al.* (2004) Phosphorus-related centers in SiC, in *Silicon Carbide – Recent Major Advances* (eds W.J. Choyke, H. Matsunami and G. Pensl), Springer, p. 493.
[60] Schöner, A., Nordell, N., Rottner, K. *et al.* (1996) Dependence of the aluminium ionization energy on doping concentration and compensation in 6H-SiC. *Inst. Phys. Conf. Ser.*, **142**, 493.
[61] Ivanov, I.G., Henry, A. and Janzén, E. (2005) Ionization energies of phosphorus and nitrogen donors and aluminum acceptors in 4H silicon carbide from the donor-acceptor pair emission. *Phys. Rev. B*, **71**, 241201.
[62] Vodakov, Y.A. and Mokhov, E.N. (1974) Diffusion and solubility of impurities in silicon carbide, in *Silicon Carbide* (eds R.C. Marshall, J.W. Faust Jr., and C.E. Ryan), University of South Carolina Press, p. 508.
[63] Efros, A.L., Lien, N.V. and Shklovskii, B.I. (1979) *J. Phys. C: Solid State Phys.*, **12**, 1869.
[64] Kimoto, T., Itoh, A. and Matsunami, H. (1997) Step-controlled epitaxial growth of high-quality SiC layers. *Phys. Status Solidi B*, **202**, 247.
[65] Sze, S.M. and Ng, K.K. (2007) *Physics of Semiconductor Devices*, 3rd edn, John Wiley & Sons, Inc, Hoboken, NJ.
[66] Pensl, G. and Choyke, W.J. (1993) Electrical and optical characterization of SiC. *Physica B*, **185**, 264.
[67] Schaffer, W.J., Negley, G.H., Irvine, K.G. and Palmour, J.W. (1994) Conductivity anisotropy in epitaxial 6H and 4H SiC. *Mater. Res. Soc. Symp. Proc.*, **339**, 595.
[68] Iwata, H., Itoh, K.M. and Pensl, G. (2000) Theory of the anisotropy of the electron Hall mobility in n-type 4H- and 6H-SiC. *J. Appl. Phys.*, **88**, 1956.
[69] Pernot, J., Zawadzki, W., Contreras, S. *et al.* (2001) Electrical transport in n-type 4H silicon carbide. *J. Appl. Phys.*, **90**, 1869.
[70] Kagamihara, S., Matsuura, H., Hatakeyama, T. *et al.* (2004) Parameters required to simulate electric characteristics of SiC devices for n-type 4H-SiC. *J. Appl. Phys.*, **96**, 5601.

[71] Matsuura, H., Komeda, M., Kagamihara, S. *et al.* (2004) Dependence of acceptor levels and hole mobility on acceptor density and temperature in Al-doped p-type 4H-SiC epilayers. *J. Appl. Phys.*, **96**, 2708.

[72] Koizumi, A., Suda, J. and Kimoto, T. (2009) Temperature and doping dependencies of electrical properties in Al-doped 4H-SiC epitaxial layers. *J. Appl. Phys.*, **106**, 013716.

[73] Schadt, M., Pensl, G., Devaty, R.P. *et al.* (1994) Anisotropy of the electron Hall mobility in 4H, 6H, and 15R silicon carbide. *Appl. Phys. Lett.*, **65**, 3120.

[74] Shinohara, M., Yamanaka, M., Daimon, H. *et al.* (1988) Growth of high-mobility 3C-SiC epilayers by chemical vapor deposition. *Jpn. J. Appl. Phys.*, **27**, L434.

[75] Nelson, W.E., Halden, F.A. and Rosengreen, A. (1966) Growth and properties of β-SiC single crystals. *J. Appl. Phys.*, **37**, 333.

[76] Hamaguchi, C. (2010) *Basic Semiconductor Physics*, 2nd edn, Springer.

[77] Khan, I.A. and Cooper, J.A. Jr., (2000) Measurement of high-field electron transport in silicon carbide. *IEEE Trans. Electron Devices*, **47**, 269.

[78] von Munch, W. and Pfaffeneder, I. (1977) Saturated electron drift velocity in 6H silicon carbide. *J. Appl. Phys.*, **48**, 4823.

[79] Baliga, B.J. (1996) *Physics of Semiconductor Power Devices*, JWS Publishing.

[80] Chynoweth, A.G. (1958) Ionization rates for electrons and holes in silicon. *Phys. Rev.*, **109**, 1537.

[81] Konstantinov, A.O., Wahab, Q., Nordell, N. and Lindefelt, U. (1997) Ionization rates and critical fields in 4H silicon carbide. *Appl. Phys. Lett.*, **71**, 90.

[82] Hatakeyama, T. (2009) Measurements of impact ionization coefficients of electrons and holes in 4H-SiC and their application to device simulation. *Phys. Status Solidi A*, **206**, 2284.

[83] Loh, W.S., Ng, B.K., Ng, J.S. *et al.* (2008) Impact ionization coefficients in 4H-SiC. *IEEE Trans. Electron Devices*, **55**, 1984.

[84] Niwa, H., Suda, J., and Kimoto, T. (2013) International Conference on Silicon Carbide and Related Materials 2013, Miyazaki, Th-2A-1 Measurement of impact ionization coefficient in 4H-SiC toward ultrahigh-voltage power devices.

[85] Dmitriev, A.P., Konstantinov, A.O., Litvin, D.P. and Sankin, V.I. (1983) Impact ionization and super-lattice in 6H-SiC. *Sov. Phys. Semicond.*, **17**, 686.

[86] Nakamura, S., Kumagai, H., Kimoto, T. and Matsunami, H. (2002) Anisotropy in breakdown field of 4H-SiC. *Appl. Phys. Lett.*, **80**, 3355.

[87] Palmour, J.W., Edmond, J.A., Kong, H.S. and Carter, C.H. Jr., (1993) 6H-silicon carbide devices and applications. *Physica B*, **185**, 461.

[88] Neudeck, P.G., Larkin, D.J., Starr, E. *et al.* (1994) Electrical properties of epitaxial 3C- and 6H-SiC p-n junction diodes produced side-by-side on 6H-SiC substrates. *IEEE Trans. Electron Devices*, **41**, 826.

[89] Bhatnagar, M. and Baliga, B.J. (1993) Comparison of 6H-SiC, 3C-SiC, and Si for power devices. *IEEE Trans. Electron Devices*, **40**, 645.

[90] Ruff, M., Mitlehner, H. and Helbig, R. (1994) SiC devices: physics and numerical simulation. *IEEE Trans. Electron Devices*, **41**, 1040.

[91] Slack, G.A. (1964) Thermal conductivity of pure and impure silicon, silicon carbide, and diamond. *J. Appl. Phys.*, **35**, 3460.

[92] Morelli, D., Heremans, J., Beetz, C. *et al.* (1994) Carrier concentration dependence of the thermal conductivity of silicon carbide. *Inst. Phys. Conf. Ser.*, **137**, 313.

[93] Hobgood, H.M., Brady, M., Brixius, W. *et al.* (2000) Status of large diameter SiC crystal growth for electronic and optical applications. *Mater. Sci. Forum*, **338–342**, 3.

[94] Feldman, D.W., Parker, J.H. Jr.,, Choyke, W.J. and Patrick, L. (1968) Phonon dispersion curves by Raman scattering in SiC, polytypes 3C, 4H, 6H, 15R, and 21. *Phys. Rev.*, **173**, 787.

[95] Bechstedt, F., Käckell, P., Zywietz, A. *et al.* (1997) Polytypism and properties of silicon carbide. *Phys. Status Solidi B*, **202**, 35.

[96] Nakashima, S. and Harima, H. (1997) Raman investigation of SiC polytypes. *Phys. Status Solidi A*, **162**, 39.

[97] Harima, H., Nakashima, S. and Uemura, T. (1995) Raman scattering from anisotropic LO-phonon–plasmon–coupled mode in n-type 4H–and 6H–SiC. *J. Appl. Phys.*, **78**, 1996.

[98] Dean, P.J., Choyke, W.J. and Patrick, L. (1977) The location and shape of the conduction band minima in cubic silicon carbide. *J. Lumin.*, **10**, 299.

[99] Devaty, R.P. and Choyke, W.J. (1997) Optical properties of silicon carbide polytypes. *Phys. Status Solidi A*, **162**, 5.

[100] Egilsson, T., Ivanov, I.G., Son, N.T. *et al.* (2004) Exciton and defect photoluminescence from SiC, in *Silicon Carbide, Materials, Processing, and Devices* (eds Z.C. Feng and J.H. Zhao), Taylor & Francis, p. 81.

[101] Janzen, E., Gali, A., Henry, A. *et al.* (2008) Defects in SiC, in *Defects in Microelectronic Materials and Devices*, Taylor & Francis Group, p. 615.

[102] Steeds, J., Sullivan, W., Furkert, S. *et al.* (2008) Creation and identification of the two spin states of dicarbon antisite defects in 4H-SiC. *Phys. Rev. B*, **77**, 195203.

[103] Zorman, C.A. and Parro, R.J. (2008) Micro- and nanomechanical structures for silicon carbide MEMS and NEMS. *Phys. Status Solidi B*, **245**, 1404.

[104] Suzuki, T., Yonenaga, I. and Kirchner, H.O.K. (1995) Yield strength of diamond. *Phys. Rev. Lett.*, **75**, 3470.

[105] Baliga, B.J. (1989) Power semiconductor device figure of merit for high-frequency applications. *IEEE Electron Device Lett.*, **10**, 455.

[106] Itoh, A. and Matsunami, H. (1997) Analysis of Schottky barrier heights of metal/SiC contacts and its possible application to high-voltage rectifying devices. *Phys. Status Solidi A*, **162**, 389.

[107] Powell, A.R. and Rowland, L.B. (2002) SiC materials-progress, status, and potential roadblocks. *Proc. IEEE*, **90**, 942.

[108] Cooper, J.A. Jr., and Agarwal, A. (2002) SiC power-switching devices-the second electronics revolution? *Proc. IEEE*, **90**, 956.

[109] Elassera, A. and Chow, T.P. (2002) Silicon carbide benefits and advantages for power electronics circuits and systems. *Proc. IEEE*, **90**, 969.

[110] Neudeck, P.G., Okojie, R.S. and Chen, L.Y. (2002) High-temperature electronics-a role for wide bandgap semiconductors? *Proc. IEEE*, **90**, 1065.

[111] Sugawara, Y. (2004) High voltage SiC devices, in *Silicon Carbide – Recent Major Advances* (eds W.J. Choyke, H. Matsunami and G. Pensl), Springer, p. 769.

[112] Agarwal, A., Ryu, S.H. and Palmour, J. (2004) Power MOSFETs in 4H-SiC: Device Design and Technology, in *Silicon Carbide – Recent Major Advances* (eds W.J. Choyke, H. Matsunami and G. Pensl), Springer, p. 785.

[113] Okumura, H. (2006) Present status and future prospect of widegap semiconductor high-power devices. *Jpn. J. Appl. Phys.*, **45**, 7565.

[114] Friedrichs, P. (2008) Silicon carbide power-device products–Status and upcoming challenges with a special attention to traditional, nonmilitary industrial applications. *Phys. Status Solidi B*, **245**, 1232.

[115] Nakamura, T., Miura, M., Kawamoto, N. *et al.* (2009) Development of SiC diodes, power MOSFETs and intelligent power modules. *Phys. Status Solidi A*, **206**, 2403.

[116] Kimoto, T. (2010) Technical Digest 2010 VLSI Technology Symposium, Honolulu, Hawaii, 2010, p. 9 SiC technologies for future energy electronics.

[117] Marshall, R.C., Faust, J.W. Jr., and Ryan, C.E. (eds) (1974) *Silicon Carbide 1973*, University of South Carolina Press.

[118] Davis, R.F., Kelner, G., Shur, M. *et al.* (1991) Thin film deposition and microelectronic and optoelectronic device fabrication and characterization in monocrystalline alpha and beta silicon carbide. *Proc. IEEE*, **79**, 677.

[119] Ivanov, P.A. and Chelnokov, V.E. (1992) Recent developments in SiC single-crystal electronics. *Semicond. Sci. Technol.*, **7**, 863.

[120] Morkoç, H., Strite, S., Gao, G.B. *et al.* (1994) Large-band-gap SiC, III-V nitride, and II-VI ZnSe-based semiconductor device technologies. *J. Appl. Phys.*, **76**, 1363.

[121] Choyke, W.J., Matsunami, H. and Pensl, G. (eds) (1997) *Silicon Carbide, A Review of Fundamental Questions and Applications to Current Device Technology*, vol. 1 & 2, Akademie Verlag.

[122] Zetterling, C.M. (2002) *Process Technology for Silicon Carbide Devices*, INSPEC.

[123] Choyke, W.J., Matsunami, H. and Pensl, G. (eds) (2004) *Silicon Carbide – Recent Major Advances*, Springer.

[124] Pensl, G., Ciobanu, F., Frank, T. *et al.* (2005) SiC material properties. *Int. J. High Speed Electron. Syst.*, **15**, 705.

[125] Friedrichs, P., Kimoto, T., Ley, L. and Pensl, G. (eds) (2010) *Silicon Carbide*, Vol. 1: Growth, Defects, and Novel Applications, Vol. 2: Power Devices and Sensors, Wiley-VCH Verlag GmbH, Weinheim.

第3章　碳化硅晶体生长

晶体生长是生产器件制造所需要的基础材料——单晶晶圆的关键技术。近年来SiC器件开发的进展有赖于具有合理质量的相对较大SiC晶圆的可获得性。目前，SiC晶体生长标准技术为籽晶升华法（或者改进Lely法）。而一些其他的生长技术也得到了深入开发。本章介绍SiC晶体生长的基础知识及相关的技术发展。

3.1　升华法生长

3.1.1　Si—C相图

图3-1为Si—C二元系的相图[1,2]。因为不存在化学计量比的SiC液相，所以工艺上在合理的系统压力下是不可能采用同成分熔体生长方法生长SiC晶体的。但SiC会在一个很高的温度，大概1800～2000℃下升华，这是升华法生长SiC中原料供给的关键工艺过程。相图显示当温度达到2800℃以上时，在Si熔体中可以溶解不超过19%的碳。液相（溶液）生长法利用了这一现象，将在3.6节中加以介绍。

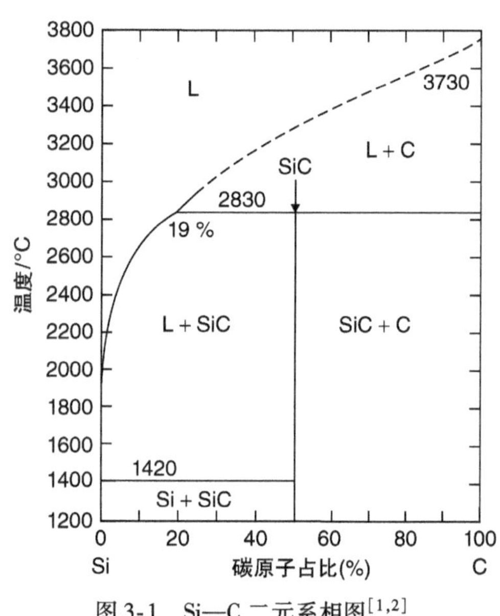

图3-1　Si—C二元系相图[1,2]

升华法生长SiC包括三个步骤：SiC源的升华；升华物的输运；表面反应和结晶。因此，这种生长方法也被称为“物理气相输运”（PVT）生长法。图3-2展示了在高温下SiC + C和SiC + Si系统升华物种的分压强[3-5]。在气相中，主要的物种并不是化学计量比的SiC分子，而是Si_2C和SiC_2分子及原子Si。

3.1.2　升华（物理气相输运）法过程中的基本现象

1955年，Lely首次用升华法完成了单晶SiC的晶体生长[6]。图3-3为Lely法所用坩埚的示意图。SiC源沿圆柱形石墨坩埚的内壁放置，而源材料一般是通过

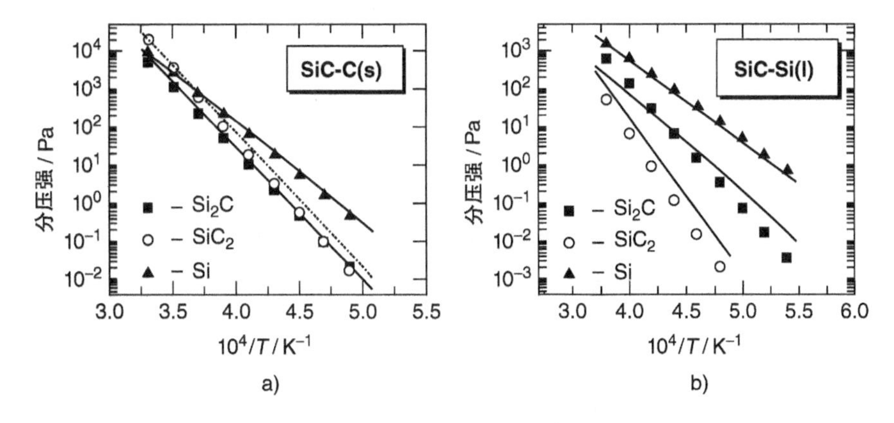

图3-2　高温下 a）SiC + C 和 b）SiC + Si 系统升华后物种的分压强[3-5]
（由 Wiley - VCH Verlag GmbH & Co. KGaA 授权转载）

Acheson 工艺生产的碳化硅粉末[7]。将坩埚加热到 2500℃ 以上的工艺温度，SiC 源升华并输运至坩埚内部，在近似等温的条件下，很多 SiC 片晶在生长腔室内沿气相输运途径随机成核。生长的 SiC 片晶质量高，好的片晶的典型位错密度仅有每平方厘米数百个。但是，片晶的尺寸非常小且无规则形状，典型面积为 1 ~ 2cm^2、厚度为 0.3 ~ 0.5mm。片晶以 6H - SiC 多型体为主，但是偶尔也混有 4H - SiC 或 15R - SiC 多晶型。尽管这些 SiC 片晶有着高晶体质量，虽然不适合用于器件开发，但却可以如下文所述，在早期的籽晶升华法生长中作为籽晶用。

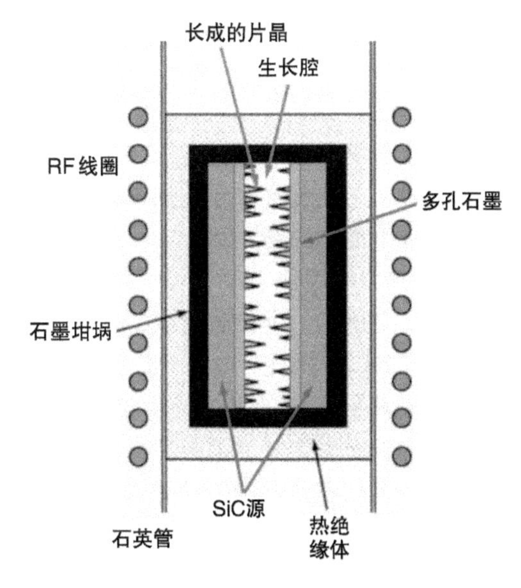

图3-3　Lely 法用坩埚的示意图

Tairov 和 Tsvetkov 通过将一块籽晶放置于坩埚内的一处温度稍低的区域而发展了籽晶升华法（也称改良 Lely 法）[8,9]。图 3-4 展示了一个用于籽晶升华法生长 SiC 的坩埚的示意图，SiC 源（SiC 粉末或是烧结后的多晶 SiC）放置在圆柱形致密的石墨坩埚的底部，SiC 籽晶则放置在坩埚埚盖附近，从 SiC 源的顶部到籽晶的距离通常在 20 ~ 40mm。坩埚通过射频（RF）感应或者电阻加热至 2300 ~ 2400℃，并由石墨毡或多孔石墨绝热，通过选择合适的频率避免对该绝热层直接加热。籽晶温度设定在比源温度低约 100℃，这样使得升华的 SiC 物质可以在籽晶上凝结并结晶。晶体生长通常选择在低压下进行以加强从源到籽晶的质量输运，并在生长过程使用高纯 Ar（或 He）气流。在近几十年里，生长技术取得了显著的进步[10-24]。

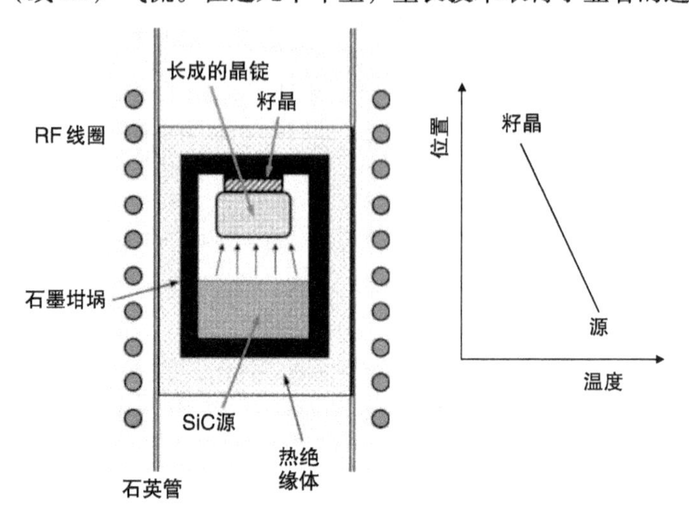

图 3-4　用于籽晶升华法生长 SiC 的坩埚的示意图

为了生长高质量碳化硅晶锭（boule crystal），热力学及动力学因素都必须考虑，而通过工艺控制维持最佳热学和化学状态也是非常关键的。关于这些问题的相关方面将在下面做详细介绍。

3.1.2.1　热力学因素

如图 3-2 所示，生长温度在 2300～2400℃时从 SiC 源输运到籽晶的主要物质是 Si、Si_2C 和 SiC_2。因此，由于 SiC 源中 Si 的优先蒸发，使得在升华法生长过程中的气相物质通常是富 Si 的，这使得未蒸发的源变得越来越富 C，进而导致在生长过程中发生源的石墨化。为了避免晶体生长中碳夹杂物的产生，在源中增加硅元素以保持一个一定化学计量比的或者富 Si 的源表面。这一点非常重要，因为为避免在籽晶生长表面发生石墨化也需要保持 Si 的过压强。石墨坩埚中的碳元素也会蒸发并参与到生长过程中（使用涂覆 TaC 的坩埚可以减少这一现象[19]）。将这些现象考虑在内，升华法生长的主要反应总结如下[5]：

$$Si_2C(g) + SiC_2(g) \leftrightarrow 3SiC(s) \quad (3\text{-}1)$$

$$SiC_2(g) + 3Si(g) \leftrightarrow 2Si_2C(g) \quad (3\text{-}2)$$

$$Si_2C(g) \leftrightarrow 2Si(g) + C(s) \quad (3\text{-}3)$$

$$Si(g) \leftrightarrow Si(l) \quad (3\text{-}4)$$

利用相关物质的热力学性质，Si、Si_2C 和 SiC_2 的平衡分压强可以作为温度的函数计算，计算结果与图 3-2 所示的实验结果吻合较好[5]。

图 3-5 展示了升华法生长 SiC 在碳流量为 $7\times10^{14}\ cm^{-2}s^{-1}$（计算是基于假设系统处在热力学平衡条件）下的二次相生成图[5]。稳定生长的区域出现在硅流量

供应充足的区域，当硅流量低于某临界值时，表面就会发生石墨化，这个硅流量的临界值与温度呈指数增长关系。

Glass 等人报道了基于最新热力学数据的相图（SiC－C 和 SiC－Si）中主要成分分压强的温度特性[17]，得到的 Si 分压强与 Si_2C 和 SiC_2 分压强（单位为 Pa）的关系如下：

$$P_{Si_2C} = 2.85 \times 10^2 \exp(-1.79 \times 10^4 / T) \times P_{Si} \quad (3\text{-}5)$$

$$P_{SiC_2} = 9.41 \times 10^{28} \exp(-14.35 \times 10^4 / T) / P_{Si} \quad (3\text{-}6)$$

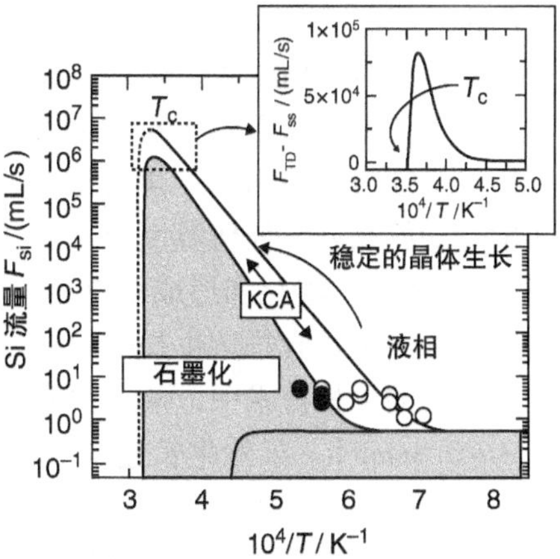

图 3-5　升华法生长 SiC 在碳流量为 $7 \times 10^{14} cm^{-2} s^{-1}$（计算基于假设系统处于热力学平衡）的二次相生成图[5]

（由 Wiley－VCH Verlag GmbH & Co. KGaA 授权转载）

基于这些公式，可以估算出气相中 Si—C 原子比的温度特性。应该注意的是，气相中 SiC 的凝聚能非常大，约为 580kJ mol^{-1}，大约是 Si 熔融生长的十倍以上。在生长仿真和工艺设计中，这个因素也必须考虑。

3.1.2.2　动力学因素

升华法生长的生长速率主要依赖于源供应的流量（升华速率）和从源到籽晶的传输效率。升华速率是源温度的函数，而传输效率强烈依赖于生长压强、温度梯度及源到籽晶的距离。图 3-6 展示了在升华法生长 SiC 中不同源温度下生长速率的压力特性曲线[25]。因为在升华法生长中的质量输运是扩散限制型的，生长速度与压强大致成反比，也就是说，随着压强降低，气体扩散速率增加，相应成分沿着浓度梯度从源快速转移到籽晶。这里浓度梯度基本取决于源与籽晶的温度（温度梯度），结果是，生长速率近似与籽晶表面的过饱和度 σ_g 成正比，即

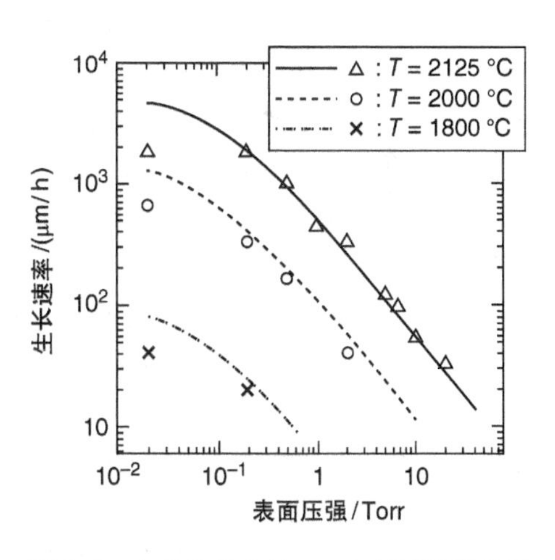

图 3-6　在升华法生长 SiC 中不同源温度下生长速率的压力特性曲线[25]

（由 Elsevier 授权转载）

$$\sigma_g = \frac{P - P_e}{P_e} = \frac{P}{P_e} - 1 \quad (3\text{-}7)$$

式中，P 和 P_e分别为籽晶上的气相压强和平衡气相压强。当然，对于 SiC 而言，Si 和 Si—C 化合物的气相压强是必须考虑的。举例来说，籽晶的温度必须得到控制，以确保通过保持籽晶附近的气相 Si 过压强保护的籽晶表面的 Si 流失最小化。源的温度和压强必须得到控制以产生合适的温度梯度，并保证适量的 Si 及 Si—C 化合物从源输运到籽晶处。任何温度分布和压强的波动都可能导致成分过冷（如 Si 液滴的形成）、表面石墨化和形成 C 夹杂物。所有这些现象会引发 SiC 晶锭中的宏观和微观缺陷的产生。升华法生长中的缺陷形成将在 3.3 节中介绍。

在最先进的生长技术中，SiC 晶棒在几百帕或更低的压强下的生长速率通常可达到 0.3 ~ 0.8mm/h。虽然生长速率可以增加至 1 ~ 2mm/h，但更快的生长通常会导致在长成的晶体中产生显著的扩展缺陷。升华法生长的一个明显的障碍是生长时间的限制：随着生长的进行，源材料会逐渐富集 C，其原因在上文中已有解释，在经过几天的生长后已经不可能再继续进行高质量的生长了。目前，碳化硅晶锭长度限制在 30 ~ 50mm。为了克服这一问题，人们研究了一些改进方法，如在坩埚里另外引入一条气体管道，通过通入含有 Si 或 C 成分的气体来改变坩埚中的 C/Si 比[26]；另外还有人研究了在升华法生长期间持续供应多晶 SiC 原料的方法[27]。

3.1.3 建模与仿真

在籽晶升华法生长 SiC 中，生长是在半封闭的石墨坩埚炉中进行的，操作人员只能在炉外控制诸如温度和压力等参数但不能监控炉内状况。虽然精心设计的原位 X 射线成像实验已被用来实现可视化坩埚内的现象[26]，但是得到的洞察能力仍然有限。因此，仅靠实验的手段是不足以开发一个控制良好的升华法生长工艺的。为了克服这一问题，人们对 SiC 升华法生长的建模与仿真进行了广泛的研究[21,24,28-33]。目前，对升华法生长 SiC 过程中的热能与质量输运的计算已经成为标准技术，关于坩埚内部发生的晶体生长过程为我们提供了非常好的认识。这些现实的仿真可以用来设计坩埚的几何尺寸和温度分布，以得到高质量 SiC 晶锭的生长。仿真技术发展的下一阶段是将化学过程引入生长空间。为了处理气相中和生长表面的化学反应，必须要有一个可靠的超高温化学反应数据库，但这些对现在而言还是一个挑战。尽管如此，最近有一个仿真软件包已经能够提供例如生长速率和晶锭形状等与实验结果一致性很好的仿真，并已经成为晶体生长者的一个强大工具。

在温度分布的计算中，考虑了热传导、气相的对流与辐射等传热因素。在传热的计算中，SiC 的高结晶能（即在气体/固体表面发生的升华或者凝聚过程的潜热（相变潜热））必须考虑在内。辐射传热是在超高温下升华法生长中的主导传热过程。由于 SiC 晶体在可见光 - 红外辐射范围内是半透明的，辐射光在某种程度上被生长的 SiC 晶锭吸收，这种吸收强烈依赖于自由载流子浓度和存在的杂质，例如一个生长中的重掺杂氮的晶锭和一个高纯度晶锭的内部温度分布是非常不同的。在生长温度下 SiC 的热导率要比在室温下的低很多[34]，因此，对辐射的吸收会在生长中的晶锭内部形成一个显著的热弹性场，对该热弹性场的控制对于得到合适的晶锭形状和减少缺陷产生是非常重要的。

为了预测出生长速度及晶锭形状，质量输运模型必须与传热计算、热力学数据库结合。在气相中，流体输运是基于气体的低压动力学理论，物质的扩散系数、黏度、热导率和比热作为温度、压力和成分的局部函数进行计算，而由 SiC 相变产生的 Stefan 流必须加以考虑。热力学的计算是通过对高温下 Si—C—Ar 系统的总自由能的最小化进行的，通常考虑的气体分子（基于文献调研）包括 Ar 和以下九种气体：Si、Si_2、Si_3、C、C_2、C_3、SiC、Si_2C 和 SiC_2[21, 29]。计算结果表明，Si、Si_2C 和 SiC_2这三种具体物质对于描述升华法生长是至关重要的[21]。关于 SiC 升华法生长的化学建模和仿真也已进行了开发，根据最新的热力学数据库，已可以处理大型多步气体和表面反应集。在化学仿真中，通常会假设“局部热力学平衡”，而偏离热力学平衡的情况也可以包括其中[21]。

图 3-7 展示了位于生长面边缘的辐射屏蔽板的效果，包括实验的和仿真的结果在内[31]。通过引入辐射屏蔽板（图中的“平面屏蔽”），由于屏蔽板处于更高的温度下，避免了在主晶锭周边的多晶 SiC 淀积。多晶 SiC 的淀积连同生长面的形状都可以通过仿真很好地再现出来。图 3-8 展示了通过改进坩埚几何结构用以生长直径接近恒定的大晶锭[32]。通过对坩埚内“衬套”的形状和位置的优化可以实现恒定直径的长晶锭的稳定生长。仿真为坩埚几何形状和温度分布的设计提供了很好的指南。对实验和仿真的比较研究则用来探讨绝热体的优化、气氛气体的影响和反应腔室的扩大，特别是，近来的 SiC 晶元（棒晶）尺寸的增大主要归功于仿真技术的发展。

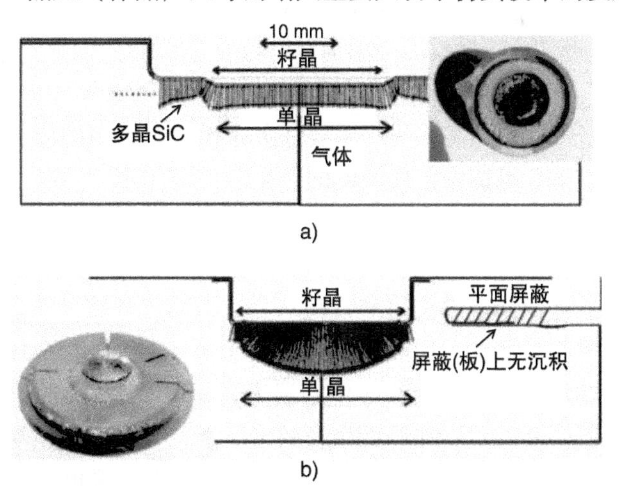

图 3-7　位于生长面边缘的辐射屏蔽板的效果，展示了包括 a）无屏蔽板和 b）有屏蔽板的实验结果和仿真结果[31]（由 Elsevier 授权转载）。通过引入辐射屏蔽板（“平面屏蔽”），可以避免主晶锭周围的多晶 SiC 淀积

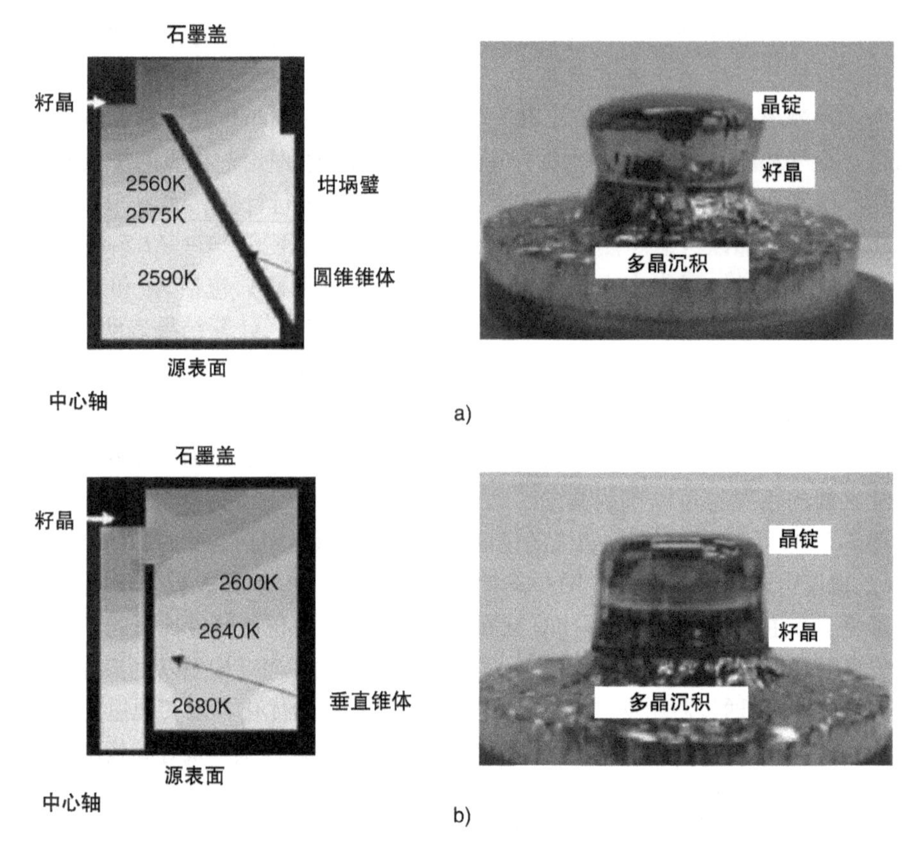

图 3-8　通过加入 a）一个圆锥形衬套和 b）一个垂直衬套改进坩埚几何结构，用于生长直径接近恒定的大晶锭[32]（由 Elsevier 授权转载）。通过对坩埚内“衬套”的形状和位置的优化可以实现恒定直径的长晶锭的稳定生长

在升华法生长 SiC 中仿真的另一重要任务是模拟晶锭中的应力，如 3.3 节将要介绍的，热应力在 SiC 晶锭中扩展缺陷的产生起关键作用。热应力产生的原因包括 SiC 和坩埚（石墨）间不同的热膨胀系数和径向或轴向温度不均匀性。当沿主滑移系上的分切应力超过临界分解应力时，将会发生滑移和位错增殖，导致晶锭中的位错密度显著增加。如果热应力变得非常高，会导致晶体开裂。图 3-9 展示了对一个有着凸生长面和平生长面的 SiC 晶锭的热应力仿真[35]。凸生长面的形成是因为存在一个径向温度梯度（边缘温度高于中心温度），而平生长面的形成是当径向温度梯度非常小。如图 3-9 所示，在凸面生长的情况下，在沿晶锭顶端边缘处出现了分解切应力（$\sigma_{\phi\phi}$）的一个非常高的边缘分量。确实，该位置也是在大直径晶锭中常出现裂纹的位置。相比较而言，在平面生长的情况下，其切应力要小一个数量级以上。图 3-10 展示了计算所得的晶锭中分切应力（数量）分布和实验获得的位错密度分布[36]，在这一特别例子中，近中心处（$r/r_0=0$）和近晶圆边缘附近处（$r/r_0=1$）的位错密度较高。这种分布与切应力的分布是一致的，因此，应力仿真是预

测位错密度趋势的一个有力工具。

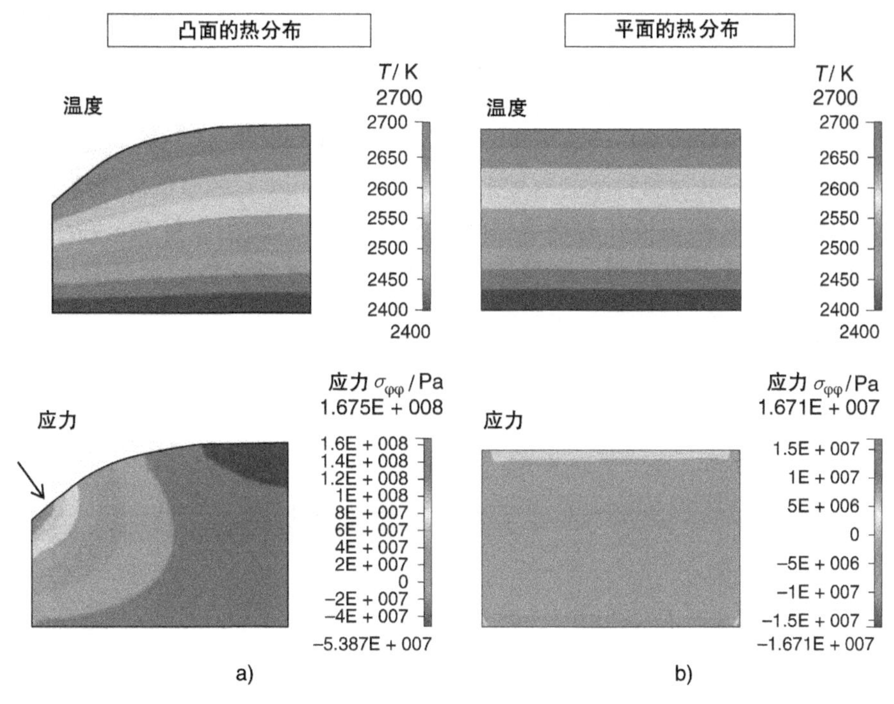

图3-9　对一个有着a）凸生长面和b）平生长面的SiC晶锭的热应力仿真[35]
（由Trans Tech Publications授权转载）

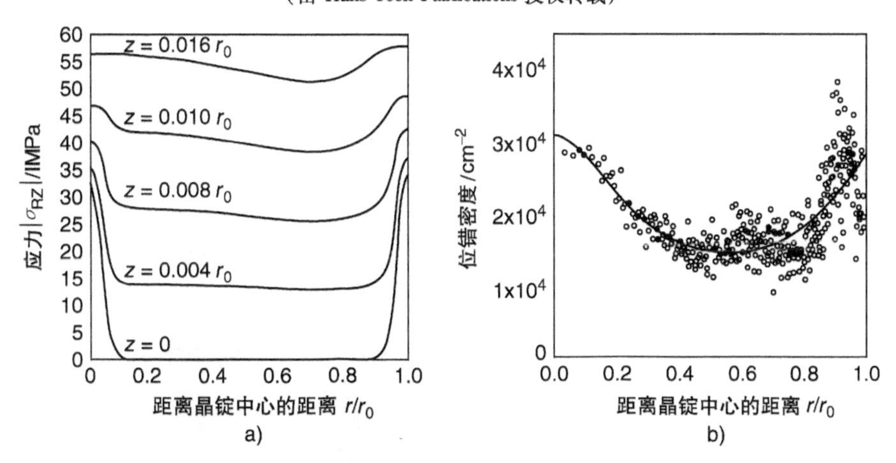

图3-10　a）计算所得的晶锭中分切应力（数量）分布，b）实验获得的位错密度分布[36]
（由Trans Tech Publications授权转载）

3.2　升华法生长中多型体控制

对于用于电子应用方面的SiC晶圆，生长所需单一多型体的大尺寸SiC晶锭是必需的。但是由于 SiC 的低堆垛层错能，当没有合理优化生长条件时，在晶锭生长中会出现多型体混合。Knippenberg 报道了 SiC 晶体生长中个体多型体的相对稳定性（或者发生率）的经验观测数据，如图 3-11 所示[3]。根据该报告，3C－SiC 是一个亚稳态多型体，2H－SiC 则认为是出现在 1300～1600℃ 的较低温度下。在超过 2000℃ 升华法生长可以进行的高温下，6H－SiC、4H－SiC 以及 15R－SiC 是经常观察到的多型体。但从材料科学的角度来看，其决定实际生长的多型体的动力学及热动力学因素并没有得到很好的理解。因为 SiC ｛0001｝ 常用作籽晶，在生长过程中，除非进行有意识的控制，多型体的转换或者异质多型体的成核都是可能发生的。

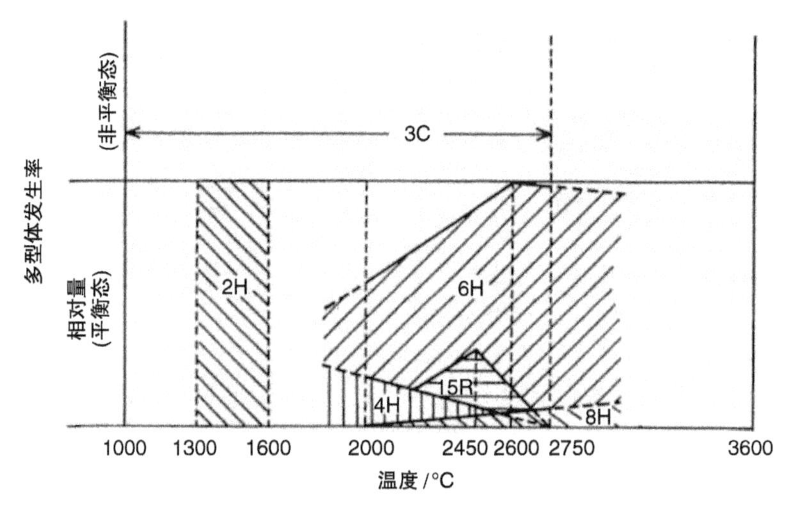

图 3-11　SiC 晶体生长中个体多型体的相对稳定性（或者发生率）的经验观测数据[3]

在晶体中建立稳定螺旋生长后，一个明显的动力学因素就是围绕贯穿螺型位错通过螺旋生长的多晶型复制。图 3-12 展示了在光学显微镜和原子力显微镜下的

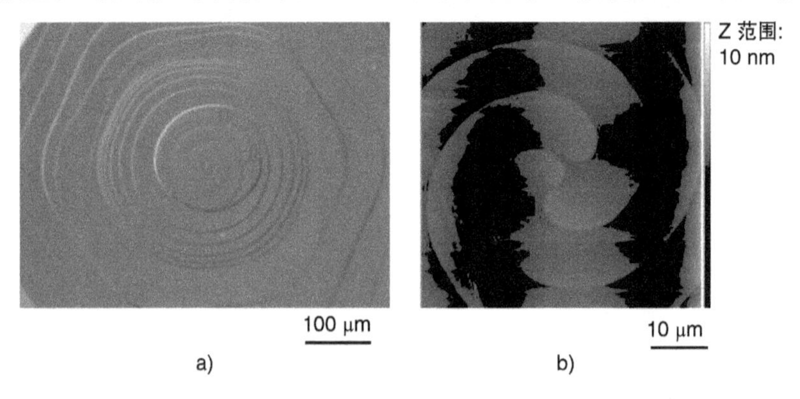

图 3-12　a）光学显微镜下和 b）原子力显微镜下的 6H－SiC 晶锭的典型表面形貌图
（由丰田中心研发实验室的 D. Nakamura 和 T. Mitsuoka 提供）

6H - SiC晶锭典型表面形貌。这些图像表明，通过以六个双原子层高度为台阶的螺旋生长在生长表面（6H - SiC 晶体生长）上占主导地位。在沿台阶边缘处提供的相关堆垛信息则保证了在晶体生长中该种多型体的复制。由于贯穿螺型位错的核起到了一个可提供无限台阶的源的作用，因此只要该优化的生长条件得以维持，这种螺旋生长将贯穿在整个晶体生长过程中。在这个意义上，通过螺旋生长机理进行的多型体复制在未来将由于在 SiC 晶锭中贯穿螺型位错的几乎完全消除而变得更加困难。通过台阶流（step - flow）生长的多型体复制过程将在第 4 章详细叙述。

虽然螺旋生长有利于多型体复制，台阶面（台阶间的平坦区域）上的晶体成核可以在晶体生长的初始阶段和生长中自然发生。因此，理解并控制用于稳定一个所需多型体的关键因素是至关重要的。有人提出在多型体的稳定性与生长环境（或者气氛）的 C/Si 比（C 富集度）存在密切关系[37]：当生长环境为富 C 时，具有更高六方度（Hexagonality）的多型体会变得稳定。例如，在富 C 生长条件下，4H - SiC（六方度：0.5）比 6H - SiC（六方度：0.33）更稳定。在实际的实验中，决定多型体的最显著的参数是籽晶的极性，在合适的条件下在 SiC（0001）（Si 面）上通过升华法可以生长出来 6H - SiC 晶锭，即使籽晶是4H - SiC（0001）；相反地，在 SiC（$000\bar{1}$）（C 面）上生长的就是 4H - SiC 晶锭，与籽晶的多型体无关[13]。该结果可以通过 C 面及 Si 面的表面能差异解释。生长温度及压强也会影响到多型体的稳定性，如图3-13所示[12]。4H - SiC 优先生长在相对较低的温度和低的压强下，而 6H - SiC 则会生长在相对较高的温度和高的压强下（当然，生长的温度和压强会影响到生长表面的 C/Si 比）。另一个重要因素是掺杂杂质，在生长中掺氮会稳定 4H - SiC，而掺铝会导致优先生长 6H - SiC。因为氮原子占据 C 的晶格格点，掺氮原子会使生长环境变得略微富 C，有利于 4H - SiC 的生长。此外，据报道，杂质添加剂如 Sc 和 Ce 使 4H - SiC 稳定[37,38]，这也可以由生长环境向富 C 环境转变来解释。

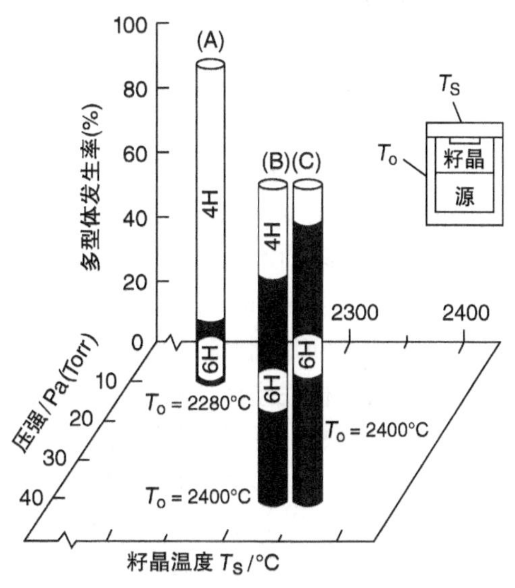

图 3-13 在籽晶升华法生长 SiC 中生长温度和压强对于多型体稳定性的影响[12]（由 AIP 出版有限责任公司授权转载）。在相对低的温度和低压强下优先生长 4H - SiC

尽管对于机理的理解还有待深入，可以通过有意掺氮和优化工艺条件下的升华生长法在 4H - SiC（$000\bar{1}$）上可重复地生产无多型体混合的 4H - SiC 晶锭。这样，可以容易地生产重掺杂氮的 n 型 4H - SiC 晶圆，而生产重掺杂铝的低电阻率 p 型

4H–SiC 晶圆在多型体控制方面仍然是个挑战。

当使用 SiC（$11\bar{2}0$）或者 SiC（$1\bar{1}00$）替代 SiC {0001} 作为籽晶时，可以在一个很宽的生长条件范围内实现完美多型体复制[18]，这一现象同样可以由下述机理解释：堆垛信息出现在（$11\bar{2}0$）晶面和（$1\bar{1}00$）晶面上，而所生长的晶体则继承了该堆垛顺序。虽然在这些晶面上的升华法生长中会产生堆垛层错这样一个严重问题，而通过使用 SiC（$11\bar{2}0$）籽晶和优化的生长条件可以使该问题在很大程度上得到抑制。由于这些籽晶有限的可获得性，在非基矢面上生长的晶锭并不常见。然而，如 3.3 节中所要叙述的，这项生长技术是减少扩展缺陷的关键。

因为 3C–SiC 只有在较低温度下才稳定，通过升华法生长 3C–SiC 晶锭并不容易。有人研究了 1700～2100℃下在 3C–SiC（001）或者（111）籽晶上做升华法生长[39,40]，由于较低的生长温度，生长速率很低，只有 0.1～0.2mm/h。当温度升高到 1900～2000℃以上时，则发生了向 6H–SiC 的多晶型转变[41]，这造成了 3C–SiC 生长困难[42]。

3.3 升华法生长中缺陷的演化及减少

SiC 晶锭及晶圆中均含有多种晶体缺陷，包括扩展缺陷和点缺陷。本节介绍扩展缺陷的演化和减少。SiC 晶锭中的点缺陷密度是相当高的，在 10^{14}～$10^{16}cm^{-3}$ 范围内。这些点缺陷的本质和特性将在 3.4 节和第 5 章加以介绍。

表 3-1 给出了在 SiC 晶锭和晶圆中观察到的主要扩展缺陷，包括基于最新技术（对于 n 型 4H–SiC）制备的晶锭（晶圆）中扩展缺陷的 Burgers 矢量、主方向和典型密度并附有相关注释。需要注意的是，通过近来的努力，诸如大的碳夹杂物和空隙[43]等三维缺陷已经得到消除。

表 3-1 在 SiC 晶锭和晶圆中观察到的主要扩展缺陷，包括基于最新技术（对于 n 型 4H–SiC）制备的晶锭（晶圆）中扩展缺陷的 Burgers 矢量、主方向和典型密度

位错	Burgers 矢量	主方向	典型密度/cm^{-2}
微管	$n<0001>(n>2)$	<0001>	0～0.1
贯穿螺型位错(TSD)	$n<0001>(n=1,2)$	<0001>	300～600
贯穿刃型位错(TED)	$<11\bar{2}0>/3$	<0001>	2000～5000
(完美)基矢面位错(BPD)	$<11\bar{2}0>/3$	在{0001}晶面内(倾向于$<11\bar{2}0>$)	500～3000

3.3.1 堆垛层错

由于较低的堆垛层错能（在 4H–SiC 中约为 $14mJ/m^2$，在 6H–SiC 中为 $2.9mJ/m^2$）[44]，堆垛层错是种常见缺陷，存在于多种 SiC 多型体中。典型的堆垛层错有 4H–SiC 晶锭中出现的类似 3C–SiC 或者 6H–SiC 的层状区域。在重氮掺杂的 SiC 中观察到的双 Shockley 堆垛层错的产生将在 3.4.2 节中阐述。经过对多型体控制的最新发展，异质多型体和堆垛层错等夹杂物得到了显著降低，沿 c 轴的典型堆垛层错密度已经远低于 1cm^{-1}。而在 SiC 外延生长过程中堆垛层错的产生还是一个尚待解决的问题。

3.3.2 微管缺陷

微管缺陷是一个与超级螺型位错相关的空核芯，当其 Burgers 矢量的幅值足够大时，位错核芯周边的应变场变得非常高（正比于 $|\boldsymbol{b}|^2$，这里 $\boldsymbol{b}$ 为 Burgers 矢量），通过化学键的断裂形成了微观针孔[45,46]。微管缺陷确实是位于 SiC 晶锭表面的大螺旋的中心，并且微观针孔直径在 0.5μm 到几 μm 间。在 SiC 中，一个单位贯穿螺型位错（TSD）的 Burgers 矢量本身已经非常大了，这是因为对应 4H-SiC 和 6H-SiC 中 $1\boldsymbol{c}$ 的长度分别为 1.0nm 和 1.5nm，都远大于 Si 的（0.24nm）。微管的 Burgers 矢量的幅值已经被详尽研究，其最小值在 4H-SiC 中确定为 $|3\boldsymbol{c}|$，在 6H-SiC 中为 $|2\boldsymbol{c}|$[47,48]，均对应于 3nm。在早期的晶圆中还曾观察到 Burgers 矢量在 8～$12\boldsymbol{c}$ 的大微管。Frank 考虑了形成空核芯所释放的弹性应变能与沿空核芯产生的自由表面能之间的能量平衡，提出了一个空核芯（或者这里所指的微管）的半径 r_{MP}，在假定为各向同性的线性弹性条件下由下式得到[45]：

$$r_{\text{MP}} = \frac{\mu\ |\boldsymbol{b}|^2}{8\pi\gamma} \tag{3-8}$$

式中，μ 为剪切模量，γ 为空核芯的表面能。该公式差不多可以满足 SiC 中的微管[49]。图 3-14 展示了在光学显微镜和原子力显微镜下观察到的 4H-SiC（0001）晶圆中一个微管的实例，在近中心区，一个针孔可以由一个暗点识别。当晶圆通过透视模式观察时，可以追踪到沿着 c 轴延伸的一条暗线。

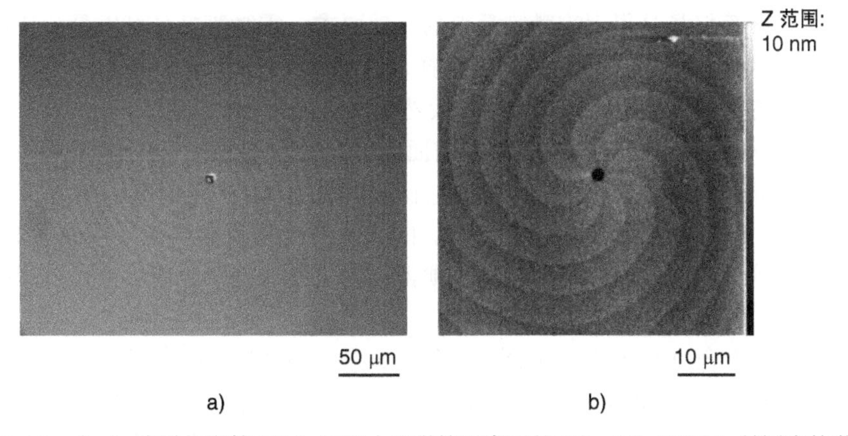

图 3-14 由 a）光学显微镜和 b）原子力显微镜观察下的 4H-SiC（0001）晶圆中的微管
（由丰田中心研发实验室的 D. Nakamura 和 T. Mitsuoka 提供）

因为一个微管就是一个沿 <0001> 晶向扩展穿过整个 SiC 晶圆的针孔，当 SiC 器件含有一个微管时注定将表现出诸如过高漏电流和过早击穿等性能严重劣化现象[50,51]。微管在外延生长及器件加工中起到杂质污染源的作用。这样，微管被确认为是最严重的杀手缺陷，而现在发展的生长技术则用以消除微管。

表3-2列出了在升华法生长SiC的过程中产生微管的可能原因[17]。这些可能的原因可以分类为基本问题和技术问题。基本问题包括热力学机理，如由于不均匀的温度分布产生的热弹性应力，及动力学机理，如有害的形核过程。技术问题如工艺的不稳定性、不完善的籽晶表面处理和碳夹杂物等都需要考虑。当岛状异质多型体夹杂物与基体多型体结合时将引起堆垛次序的严重失配，这种堆垛失配和与之相联系的大应变同样也会触发微管的形成[52]。当出于某些原因引入单位螺型位错时，从它们中发散出去的螺旋台阶将发生相互作用。由于台阶间的强排斥作用，螺旋台阶的高能量聚集促进了相邻螺型位错的合并，并导致微管形成[52]。螺旋位错聚集在表面凹陷周围[53]和螺型位错与扭曲型错配角之间的相互作用[54]均被认为是形成微管的机理。

表3-2　在升华法生长SiC中产生微管的可能原因[17]（由Wiley－VCH Verlag KmbH授权转载）

基本问题		
热力学	动力学	
热场均匀性	成核过程	
位错形成	不均匀过饱和	
固态转变	组分过冷	
气相组成	生长面形貌	
空位超饱和	气相气泡捕获	
技术问题		
工艺不稳定	籽晶准备	污染

消除微管的主要方法总结如下：

1）零微管籽晶：因为籽晶晶体中的微管基本上会在晶锭晶体生长中得到复制，使用零微管籽晶是得到零微管晶锭的一项要求。零微管籽晶可以是一片经选择的Lely方法生长的SiC片晶，另外可选择从（$11\bar{2}0$）或者（$1\bar{1}00$）晶面上生长的晶锭切片，得到的SiC｛0001｝晶圆是天然无微管的[18]。

2）在优化的条件下稳定生长：如前面所述，在坩埚中发生任何温度分布或者压强波动将导致有害过冷现象和/或在生长表面发生C/Si比偏离。源材料的降解（如石墨化）同样会扰乱C/Si比的控制。因为所有这些因素均会导致微管的产生，甚至在零微管籽晶上，因此生长条件必须得到优化并在整个升华法生长过程中得到精心维持。

3）微管闭合（解离）：在富Si条件下进行液相外延[55]和化学气相沉积（CVD）[56]SiC时，一个Burgers矢量为$n\boldsymbol{c}$（在4H－SiC中$n=3, 4, 5, \cdots$）的微管可以分解成多个有着Burgers矢量为$1\boldsymbol{c}$的单位（闭核）螺型位错，结果就是，微管（针孔）在生长过程中会逐渐闭合。类似的现象在SiC的升华法生长中也会观察到[57]，并在某些情况下，这种微管闭合通过调整生长条件来有意加强。因为与位错相关的弹性能正比于$|\boldsymbol{b}|^2$[58]，基于热力学考虑，在能量上并不有利于微

管。如果我们考虑一个微管（$\boldsymbol{b}=n\boldsymbol{c}$）和多个单位螺型位错（$\boldsymbol{b}=1\boldsymbol{c}$）的 Burgers 矢量和弹性能，可以满足下列公式：

$$n\boldsymbol{c}\text{（微管）}=n\times 1\boldsymbol{c}\text{（}n\times\text{单位螺型位错）} \tag{3-9}$$

$$|n\boldsymbol{c}|^2 > n\times|1\boldsymbol{c}|^2\text{（在 4H - SiC 中，}n=3,4,5,\cdots\text{）} \tag{3-10}$$

这意味着微管可以在克服势垒下通过解离成几个单位贯穿螺型位错闭合。微管解离的主要驱动力被认为来自于横向生长和随后的宏观台阶与微管核芯之间的相互作用。

通过这些措施，微管缺陷已经基本被消除（微管密度为 0 或小于 0.01cm^{-2}）[35,59,60]。目前，零微管晶圆已经可以从大多数供应商那里购买到。

3.3.3　贯穿螺型位错

贯穿螺型位错（TSD）位于在 SiC{0001}表面上进行升华法生长期间的螺旋生长中心。图 3-15 展示了 SiC 中一个单位 TSD 的示意图。虽然在 Si 和 GaAs 中的贯穿位错通常产生一个具有双原子层台阶高度的螺旋，而 SiC{0001}上螺旋的台阶高度为 4 个 Si—C 双原子层，相应于 $|1\boldsymbol{c}|$（该台阶通常可分解成两个有着双原子层台阶高度的螺旋台阶）。TSD 通常沿 <0001>晶向传播，但偶尔也会转向基矢面（并且有时又会转回 <0001>晶向）[61]。当 TSD 转向并位于基矢面内时将会形成 Frank 型堆垛层错以保证 Burgers 矢量（$1\boldsymbol{c}$ 或者 $2\boldsymbol{c}$）守恒。最近有研究利用同步 X 射线拓扑方法揭示了大多数 TSD 的 Burgers 矢量为 $1\boldsymbol{c}+\boldsymbol{a}$[62,63]，意味着大多数 TSD 不是纯的螺型位错，而是混合型位错。

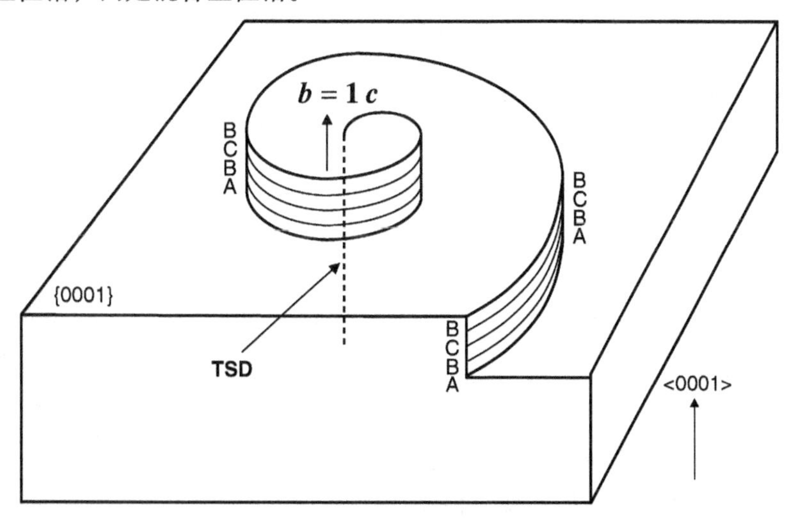

图 3-15　SiC 中单位贯穿螺型位错示意图

贯穿螺型位错基本上都是复制自籽晶的，微管也是如此。在 SiC 升华法生长中贯穿螺型位错形核的一个主要起因是在晶体生长初始阶段半环的产生，如图 3-16 所示。据报道，具有 Burgers 矢量为 $+1\boldsymbol{c}$ 和为 $-1\boldsymbol{c}$ 的 TSD 的数量是几乎相同的，

并且 +1c 和 -1c 位错经常会在彼此的附近观察到，就如同它们是成对的一样[64]。在生长最初始阶段，稳定的螺旋生长或者分层生长还没有很好建立，当生长条件（如有效 C/Si 比、温度分布和其他因素）偏离了优化条件时，异质多型体形核便可能在一个微观的尺度下发生。在这种情况下，TSD 可以因为堆垛失配（例如，在 4H-SiC 基体与小的岛状 6H-SiC 之间）而产生，虽然这些微观的小岛最终会长满[65]。以一种相似的方式，当一个表面的沉淀物已经沉淀满时，生长面在沉淀物处相遇，并在应力的作用下发生具有取向失配的合并。为了容纳这样的取向失配，会产生一对具有相反符号的螺型位错[65,66]。籽晶的晶面质量也很重要，抛光引起的损伤和在温度升高过程中引起的表面石墨化应该被彻底消除。此外，如前面所述，在生长过程中的微管解离也是产生 TSD 的另一个来源。在优化的条件下，增加晶锭的长度将明显降低 TSD 的密度[67]。这里有两个原因：成对的 +1c 和 -1c TSD 可以合并和湮灭，以及 TSD 可以转向到基矢面中并最终延伸到晶锭边缘。

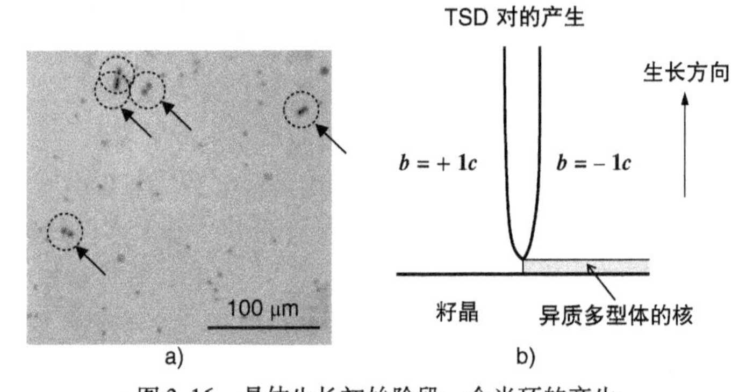

图 3-16 晶体生长初始阶段一个半环的产生

（在 SiC 升华法生长中发生贯穿螺型位错形核的一个可能的起因）

a）在经过 KOH 腐蚀后形成的位错坑的分布[66]（由 AIP 出版有限公司授权转载）

b）一个贯穿螺型位错形核机理的示意图

3.3.4 贯穿刃型位错及基矢面位错

贯穿刃型位错（TED）和基矢面位错（BPD）拥有相同的 Burgers 矢量 a（$<11\bar{2}0>/3$）。图 3-17 展示了这两个在密排系统中基矢面内的滑移矢量：$<11\bar{2}0>/3$和$<1\bar{1}00>/3$。滑移$<11\bar{2}0>/3$导致一层额外的半原子面或者一层缺失的半原子面而保持堆垛结构不变。相反地，滑移$<1\bar{1}00>/3$会导致一个堆垛缺陷，例如，一原子层内的占位从“A”变换到“B”。这类缺陷叫作 Shockley 型

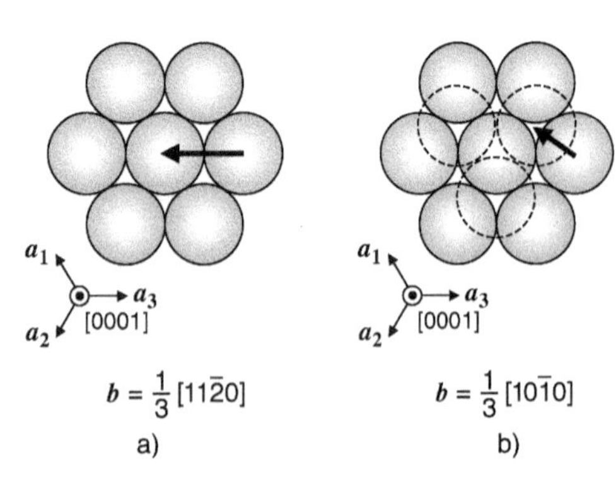

图 3-17 一个密排系统中基矢面内的两个滑移矢量

a）$<11\bar{2}0>/3$ b）$<1\bar{1}00>/3$

堆垛层错（SSF）[58]，在双极退化现象起重要作用，如第5章所阐述的那样。图3-18a展示了一个在晶锭中引入一层额外（或者缺失）的半原子面的示意图。在这种情况下，一个有着Burgers矢量为$[11\bar{2}0]/3$的位错在沿着额外的半原子面的边缘出现。如图所示，位于基矢面内的位错（AB线段）定义为一个“BPD”（纯刃型），沿着<0001>晶向的位错（BC线段）定义为一个“TEDn”。

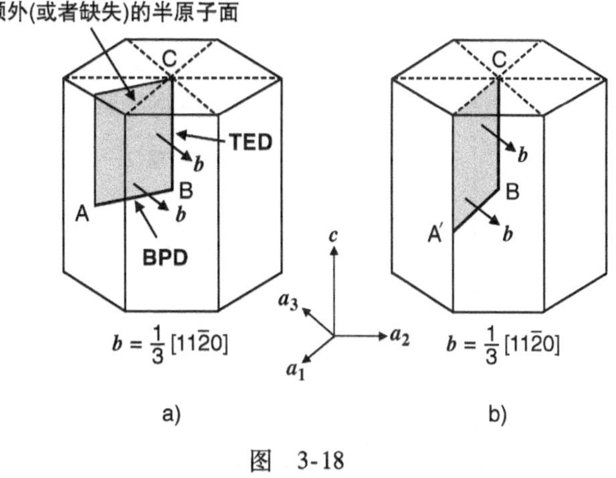

图 3-18

a）在SiC晶体中引入一层额外（或者缺失）的半原子面的示意图

b）典型贯穿刃型位错和基矢面位错的结构，其中基矢面位错位于沿<$11\bar{2}0$>晶向

因此“BPD”和“TED”拥有相同的基本性质，名字根据位错方向而有所不同。实际上，晶锭内部经常会观察到TED和BPD之间的相互转化[61,68]。注意到纯刃型的BPD并不很多，很常见的是沿<$11\bar{2}0$>晶向的BPD，如图3-18b所示的，这可能是因为Peierls势能[58]。在这种特殊的情况下（见图3-18b），BPD（A′B线段）是一个60°位错（Burgers矢量和位错线的夹角为60°）。

籽晶中的TED和BPD均会被复制到SiC晶锭中，虽然上文提到的位错转换也可能发生。然而，更重要的是考虑位错的形核（原生位错）以减少位错密度。对于螺型位错形核的情况下，一对刃型位错会产生在缺陷区或者表面沉积区，特别是在升华法生长的初始阶段[66]。当堆垛层错中包含的不全位错为一个Shockley型的时，产生的贯穿位错将具有刃特性；相反地，如果包含的是一个Frank型的不全位错将会产生一个TSD。在生长初始阶段除了动力学因素外，热应力是位错形核的另一重要因素。当分切应力超过一个确定（临界）值时，BPD则会较为容易地引入生长的晶锭中，而应力的一个主要来源是由于升华法生长中的温度分布不合适所引入的热应力。径向和轴向上的温度梯度都可以引发晶锭中的不均匀热膨胀。此外，SiC和石墨部件不同的热膨胀系数导致在降温过程中产生严重热应力。图3-19展示了一个生长中的SiC晶锭中的剪切应力、相关位错和基矢面弯曲的示意图，这里考虑了典型的径向和轴向的温度梯度[69]。由于源自坩埚壁的热辐射使得沿晶锭周边的温度要高于中心的温度，而为了提高从生长源到籽晶的物质传输而设计的温度梯度则使得生长表面的温度要高于籽晶的温度。在这些环境下，晶锭内部的热膨胀不再是均匀的，导致显著热应力和基矢面的弯曲。考虑到沿<0001>晶向生长的晶锭内部的应力分量（见图3-20），在基矢面内沿<$11\bar{2}0$>晶向的分解剪切应力（σ_{RZ}）可以表示为

$$\sigma_{RZ} = (\sigma_{rr} + \sigma_{rz})\cos\phi - \sigma_{\phi\phi}\sin\phi \tag{3-11}$$

式中，σ_{rr}、σ_{rz}和$\sigma_{\phi\phi}$为剪切应力的分量，如图 3-20 所示[20]。分解剪切应力是位错形核的直接起因，而过高的$\sigma_{\phi\phi}$值将导致 SiC 晶锭开裂。

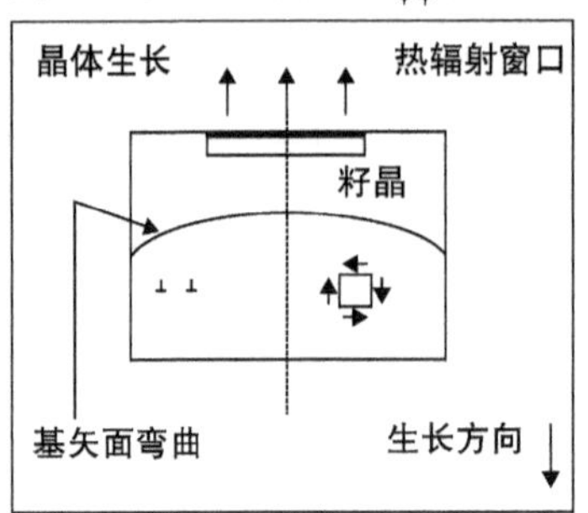

图 3-19　一个生长中的 SiC 晶锭中的剪切应力、相关位错和基矢面弯曲的示意图，这里考虑了典型的径向和轴向的温度梯度[69]
（由 Trans Tech Publications 授权转载）

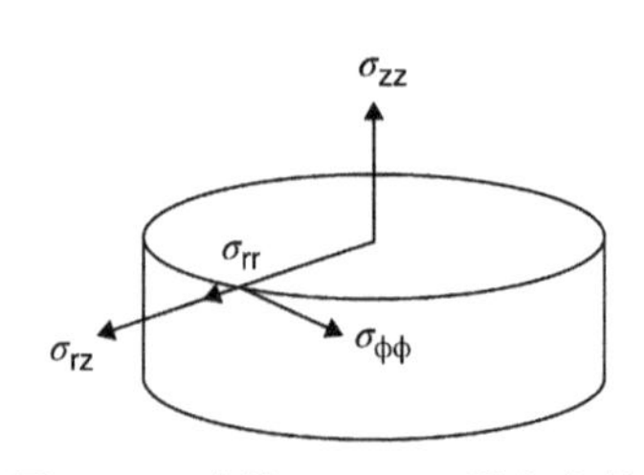

图 3-20　在沿 <0001> 晶向生长的晶锭内部的各应力分量

图 3-21 展示了 6H－SiC 中临界应力与温度的关系曲线[70]。这里必须要考虑两种不同的临界应力：沿基矢面内分解的临界剪切应力，它可以引起基矢面滑移；临界正应力，将引起棱柱面滑移（prism plane slip）。在 SiC 中，沿一基矢面的临界剪切应力是非常小的，并且其值在高温下将大幅降低。因此，在升华法生长的温度下（高于 2200℃），临界剪切应力将变得非常低，BPD 将非常容易地引入 SiC 晶锭中。实际的 SiC 晶锭中经常观察到 BPD 阵列，这些可以归属为基矢面滑移带[71]。棱柱滑移带也是可以观察到，只是密度较低[72]。然而，Wellmann 和他的同事发现 n 型和 p 型 SiC 晶体的应变弛豫机制是不同的[73]。在 p 型 SiC 中的 BPD 密度极低，因此有可能发生热弹性应变弛豫，因而有利于产生 TSD 而不是 BPD，这种现象可以用掺杂引起的晶格硬度的变化和对静电能的考虑来解释[24]。此外，当热应力很大时[74]，BPD 的增殖可以通过 Frank－Read 机制的方式进行[58]。据发现，BPD 和 TSD 的密度呈现出正相关性：当 SiC 晶体包含更多 TSD 的同时也会展现更高的 BPD 密度[74]。这种相关性可以归因为 BPD 的增殖过程是通过 BPD 和 TSD 滑移间的相互作用进行的。为了进一步降低残余应

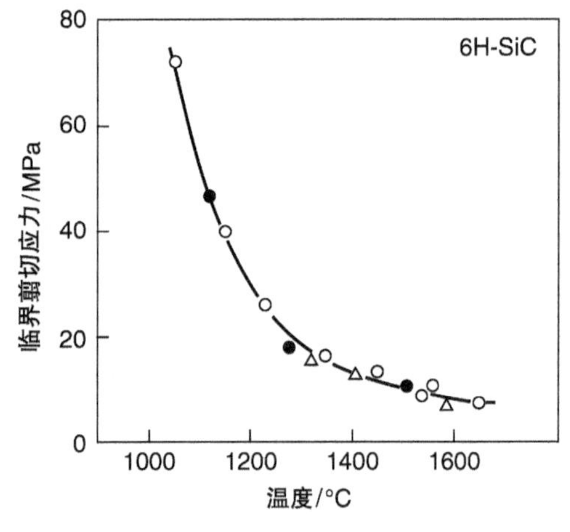

图 3-21　6H－SiC 中临界应力与温度的关系曲线[70]
（由 Taylor & Francis 授权转载）

力，有人开展了对晶锭或者晶圆的退火的研究。大多数 TED 的形成是通过在生长过程中沿着生长方向的 BPD 转化完成的。

晶体马赛克（mosaicity）结构在 SiC 晶锭中非常常见[75, 76]，马赛克结构由高位错密度区间隔的晶格取向略有偏差的域构成。在这种情况下，会出现沿 $<1\bar{1}00>$ 取向的刃型位错墙，特别是在 SiC 晶圆边缘[77]。通过改进坩埚几何形状和工艺条件，现在马赛克结构已经极大地减少了。

图 3-22 展示了 SiC 晶锭中观察到的位错网络示意图，分别由俯视图和同步 X 射线拓扑形貌的截面图展现[68]。贯穿位错大多沿 $<0001>$ 晶向传播，BPD 通常与邻近 TSD 相连。BPD 倾向于沿 $<11\bar{2}0>$ 排列，并且 TED 和 BPD 会如同上文描述的那样互相转化。

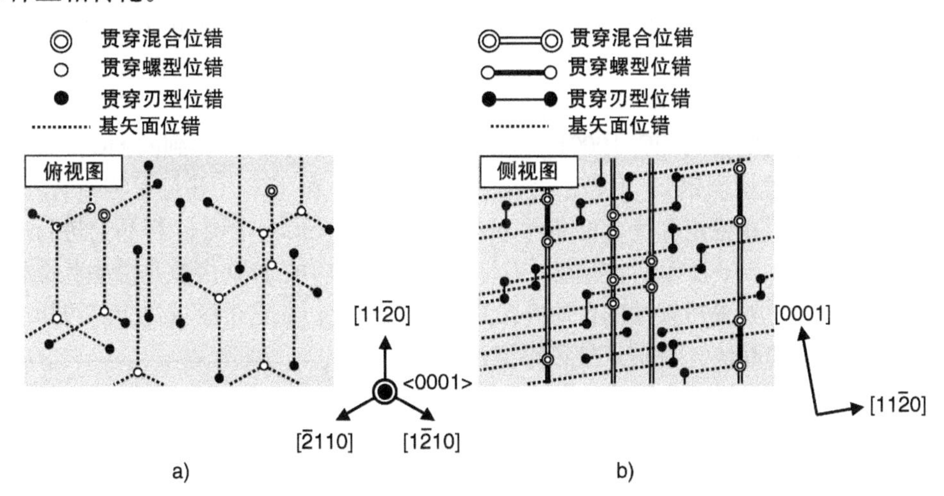

图 3-22 由 a）俯视图和 b）同步 X 射线拓扑形貌的截面图展现的 SiC 晶锭中观察到的位错网络示意图[68]

（由 Elsevier 授权转载）

3.3.5 减少缺陷

减少 SiC 晶锭中扩展缺陷的最显著技术之一就是所谓的“重复 *a* 面（repeated a-face，RAF）生长”法[78]。图 3-23 示意地展示了 RAF 的工艺过程，其主要的概念是准备一个几乎是零位错的籽晶，随后在稳定的条件下在这个高质量的籽晶上进行升华法生长。首先，在一个 SiC {0001} 籽晶上作常规升华法生长。通过沿平行于晶锭生长方向切割晶锭，可以得到 SiC（$11\bar{2}0$）（或者（$1\bar{1}00$））晶片（见图 3-23a）。由于大多数位错都是沿生长方向传播的，因此只有有限的位错（主要是 BPD）出现在 SiC（$11\bar{2}0$）（或者（$1\bar{1}00$））晶片的表面。然后，利用该晶片作为籽晶进行升华法生长，并得到 SiC（$11\bar{2}0$）（或者（$1\bar{1}00$））晶锭。在此 SiC 晶锭内部有着低密度的单位螺型位错（$\boldsymbol{b} = 1\boldsymbol{c}$）和 TED，其中大多数位错是 BPD 并沿生长方向（$<11\bar{2}0>$或者$<1\bar{1}00>$）传播的。接下来，通过切割 SiC（$11\bar{2}0$）（或者

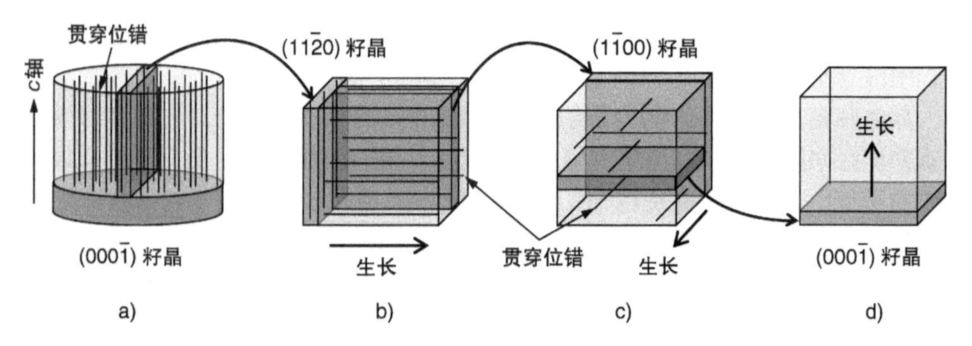

图 3-23 SiC 晶锭生长中的重复 a 面工艺的示意图

(1$\bar{1}$00))晶锭制备 SiC（1$\bar{1}$00）（或者（11$\bar{2}$0））晶片，如图 3-23b 所示。在这个 SiC 晶片内，单位螺型位错（$\boldsymbol{b}=1\boldsymbol{c}$）基本上被消除，但遗留了部分 BPD。然后，再一次在这个 SiC 晶片上进行升华法生长，结果就是得到一个有着极低位错密度（虽然有一些 BPD 和 SF 遗漏）的 SiC 晶锭。然后从该 SiC（1$\bar{1}$00）（或者（11$\bar{2}$0））晶锭上切割得到偏轴的 SiC {0001} 晶片（见图 3-23c）。这样得到的 SiC 晶片仍然含有 BPD（和堆垛层错），但是已经几乎不包含 TSD 和 TED（并且是零微管）了。作为最后一步，在稳定和优化的条件下，在这些偏轴 SiC {0001} 籽晶上进行升华法生长。如图 3-23d 所示，在偏轴 SiC {0001} 籽晶内的 BPD 多数是沿生长晶锭的基矢面传播的。如果持续性的台阶补给可以得到保障，在这个区域之上就可以生长出几乎零位错的晶体，特别是贯穿螺型位错的密度可以达到极低。这就是为什么要选用偏轴 {0001} 籽晶来保证晶锭中的多型体复制的一个原因。一旦 RAF 工艺成功，重复这些复杂的过程将不再是需要的，因为高质量的 SiC {0001} 籽晶是可以直接从高质量晶锭中割取的。图 3-24 展示了总位错密度与 a 面（或者 m 面）生长阶段数间的关系[78]。当在（11$\bar{2}$0）或者（1$\bar{1}$00）面上作重复生长时，位错密度呈现快速下降。通过应用这种技术，总位错密度可以降低到惊人的 $75\mathrm{cm}^{-2}$[78]。

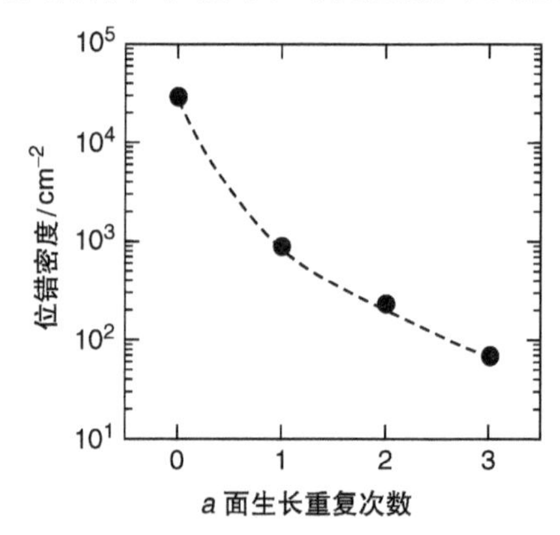

图 3-24 总位错密度与 a 面（或者 m 面）生长阶段数间的关系[78]

3.4 升华法生长中的掺杂控制

3.4.1 杂质掺杂

对于垂直型器件制造，需要使用低电阻率的晶圆以降低其串联电阻，而横向高频器件则希望使用高电阻率的晶圆以减小寄生阻抗。在 SiC 的升华法生长中，n 型和 p 型晶锭生长的首选掺杂剂分别是氮和铝。半绝缘型 SiC 晶锭也可以得到。然而，通过升华法生长的 SiC 晶锭的纯度或者本底掺杂浓度是需要仔细考虑的因素。升华法生长的 SiC 晶锭的纯度强烈受 SiC 原料和石墨部件纯度的影响，不同的制造商，其所含有的杂质原子（即那些非所需的掺杂剂）的性质和数量也不同，典型的杂质有 Ti、V、Cr、Fe、Co、Ni 和 S[17]。这些金属杂质的浓度在$10^{13}\sim10^{15}cm^{-3}$范围内，在长成的晶锭中这些杂质的浓度通常比在源的浓度低 2～100 倍。如同这些金属杂质，N、B 和 Al 也通常包含在晶锭中，浓度在 $10^{14}\sim10^{16}cm^{-3}$间，甚至在非掺杂的生长中也是如此。因此，非掺杂 SiC 晶锭可以是 n 型或 p 型，取决于生长条件和环境纯净度。非掺杂晶锭的净掺杂浓度范围在 $10^{15}cm^{-3}$的中值到 $10^{16}cm^{-3}$的中值之间。

一般而言，在 SiC 升华法生长中的掺杂物掺杂遵循在 CVD 生长 SiC 中所观察到的趋势：在（$000\overline{1}$）晶面上进行升华法生长时的氮掺杂浓度要显著高于在（0001）晶面上生长的，而铝掺杂则有相反的趋势（在（0001）晶面上生长有更高的掺杂浓度）。这种极性效应来源于表面动力学，而与气相成分无关。由于氮替位于碳晶格的格点处，一个氮原子吸附在（$000\overline{1}$）晶面上时其与三个下层硅原子键合，而在（0001）晶面上只能与一个硅原子键合。因此，吸附在（$000\overline{1}$）晶面上氮原子的解吸附一定远少于在（0001）晶面上的（注意，在生长温度下氮蒸气压是非常高的），这就是为什么在（$000\overline{1}$）晶面上氮掺杂浓度更高的主要原因[79]，而在（0001）晶面上高的铝掺杂浓度也可以由相似的方式解释。杂质掺杂同样受到 C/Si 比的影响，如同 CVD 生长 SiC 的情况一样（占位竞争效应[80]）。然而，在标准升华法生长中独立于其他工艺参数控制 C/Si 比是很难的，例如，氮掺杂通常随生长温度升高而减小，而铝掺杂随生长温度升高而增加，这可以归因于由生长温度的改变使得有效 C/Si 比发生偏移。

由于 SiC 的宽禁带，SiC 不吸收部分或者几乎全部的可见光。吸收光的波长取决于禁带宽度、主要杂质的能级以及带内激发能级。众所周知，多数 SiC 多型体中存在导带中的载流子吸收现象[81]，对于 n 型 4H－SiC 来说发生在光波长为 460nm（蓝光）下，而对于 n 型 6H－SiC 则发生在光波长为 620nm（红光）下。高纯度的 4H－SiC 和 6H－SiC 拥有很宽的禁带，如同玻璃一样是无色透明的。然而，n 型或 p 型掺杂引发在可见光范围内发生载流子吸收，它独特的光吸收和透射特性赋予每个 SiC 晶体独特的颜色。表 3-3 总结了 SiC 主要多型体在不同类型掺杂下的颜色。由于 SiC 晶体的颜色随掺杂物浓度的增加而变深，因此颜色和颜色深度成为掺杂类型和浓度很好的指征。SiC 晶体的颜色也是用于识别 n 型材料的多型体的很好的标志。

在 SiC {0001} 晶圆的中心区域，掺杂浓度通常是比较高的，如在中心区所观察到的较暗的颜色，这是因为在小平面生长（facet growth）中所发生的增强杂质掺杂，如图 3-25 所示。在升华法生长 SiC {0001} 晶锭的过程中，一个 {0001} 的小平面会出现在晶锭的近中心处，并在这个 {0001} 小平面上会发生快速螺旋生长，但是沿 <0001 > 晶向的生长速率相对较低。因此，杂质掺杂在 {0001} 小平面区域内得到增强。因而，在晶圆的中心区（小平面区）的掺杂浓度通常比晶圆的外围区域高 20% ~50%。这种现象表明，SiC {0001} 晶圆的径向掺杂的不均匀性需要得到改善。

表 3-3 SiC 主要多型体的颜色

多形体	高纯度	n 型	p 型
3C - SiC	黄色	黄色	灰棕色
4H - SiC	无色	琥珀色	蓝色
6H - SiC	无色	绿色	蓝色
15R - SiC	无色	黄色	蓝色

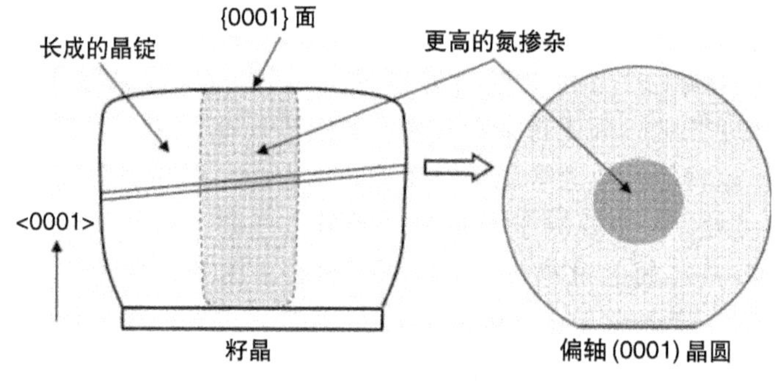

图 3-25 在 SiC 晶锭生长过程中发生在 {0001} 小平面上的增强杂质掺杂

3.4.2 n 型掺杂

氮掺杂可以通过简单向生长环境（或气氛）中引入些氮气进行，例如用 Ar 和 N_2的混合气体。所生长的晶锭中氮的浓度近似与生长过程中氮气分压的平方根成正比，并近似独立于生长速率。该结果表明氮掺杂由气相中的氮和生长表面上吸附的氮之间的平衡决定[82]。图 3-26 展示了电阻率与 4H - SiC 及 6H - SiC 晶锭中氮掺杂浓度的关系[17,83,84]，氮的掺杂浓度能够增加到 10^{20} cm^{-3}，结果可以得到 0.005Ω · cm这样低的电阻率。然而，商用 n 型 4H - SiC 晶圆的典型电阻率范围为 0.015 ~0.025Ω · cm（氮掺杂浓度范围为 6×10^{18} ~1.5×10^{19} cm^{-3}）。由于重掺杂，电子迁移率是非常低的，对于4H - SiC 来说这个值为 10 ~30$cm^2V^{-1}s^{-1}$。在低电阻率 n 型 SiC 晶圆中，存在一些不同的深能级或电子陷阱，密度相对较高，为 10^{14} ~$10^{15}$$cm^{-3}$[85,86]。

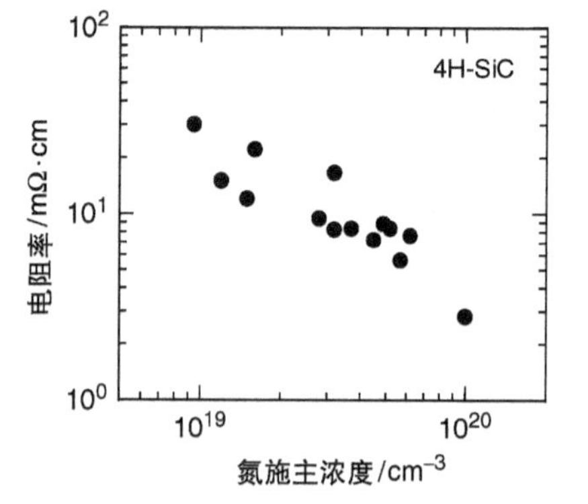

图 3-26 4H - SiC 和 6H - SiC 晶锭中电阻率和氮掺杂浓度的关系曲线[17,83,84]

已经知道的是，当重掺杂的4H-SiC晶圆在高于1000~1100℃的温度下氧化或者在Ar中退火时会形成堆叠层错[84,87-91]，而当氮的掺杂浓度超过$2\sim3\times10^{19}cm^{-3}$时，堆叠层错的形成会变得显著，并且该堆叠层错的结构在Zhdanov的标记法中被识别为（6，2）[88,89]。这种缺陷的另一个名称是“双Shockley堆叠层错”。有人提出晶体会在形成类量子阱的堆叠层错，并随后在这些缺陷附近发生电子俘获的过程中，降低晶体的静电势能[89]。在经过一系列的模型的提出和检验后，现在的观点是，触发堆叠层错产生的主要原因是晶体中的应力，尤其是抛光引入的损伤可以作为应力的产生点[91]。

3.4.3 p型掺杂

铝掺杂是通过在SiC源中加入铝（或含铝化合物）而获得的。在SiC升华法生长中掺杂铝要远比掺杂氮困难，因为在生长过程中会发生严重的铝源耗尽。铝掺杂与坩埚内的铝蒸气压近似成正比。在4H-SiC晶锭生长中，重掺杂铝会产生一个有利于6H-SiC稳定化的条件，如3.2节所述。因此，p^+型4H-SiC的升华法生长是一个挑战。目前，典型重掺杂铝的p型4H-SiC晶圆的掺杂浓度和电阻率分别为$0.5\sim2\times10^{18}cm^{-3}$和$1\sim5\Omega\cdot cm$。虽然还没有针对p型SiC晶锭中的深能级缺陷的详细研究，但室温下在p型SiC晶圆中可以观察到持续的光电导（而对室温下n型SiC晶圆来说则并非如此）[92,93]。

3.4.4 半绝缘型

制造SiC或GaN基高频器件需要用到高电阻率的晶圆，用以将端子之间，包括接地端的寄生电容减小到最低。用于制造高电阻率SiC晶圆的概念与用于制造Ⅲ-Ⅴ族化合物半导体的概念基本上是一样的[94]，由于通过纯化工艺很难将背景掺杂浓度降低到$10^{10}cm^{-3}$以下，因此采用杂质（施主/受主）补偿来降低能带中自由载流子的浓度。考虑一种施主浓度为N_D的n型材料，当引入一个能量上位于$E_C\sim E_T$（E_C：导带底）的深能级时，费米能级E_F随之改变，改变量取决于深能级或电子陷阱密度（N_T），如图3-27所示。当陷阱密度远小于施主浓度时（$N_D>>N_T$），如图3-27a所示，由施主提供的电子中只有很少一部分被捕获，并且费米能级只比施主能级稍微低一点；当陷阱密度接近（但

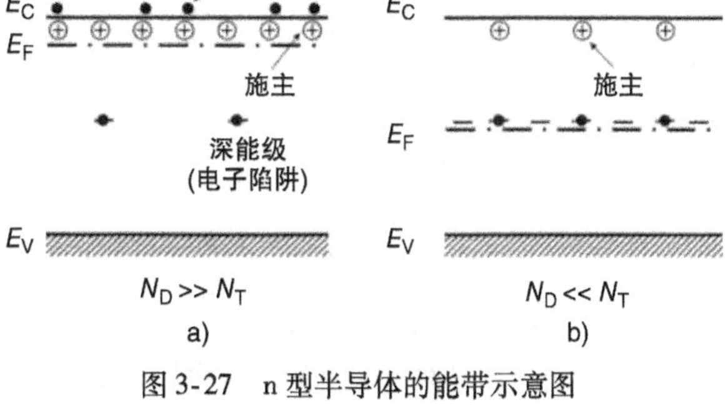

图3-27 n型半导体的能带示意图

a）$N_D>>N_T$ b）$N_D<N_T$

（N_D：施主浓度，N_T：陷阱密度）

稍低于）施主浓度时，费米能级则移动到施主能级和陷阱能级之间的某个能级；当陷阱密度比施主浓度高出足够多（$N_D < N_T$）时，情况将发生急剧变化：所有由施主提供的电子都将被陷阱俘获，且费米能级被钉扎在陷阱能级附近，如图 3-27b 所示。虽然一些电子可以经热激发从深能级跃迁到导带，但是自由电子浓度仍比施主浓度低好几个数量级。当陷阱能级足够深时，这种经过补偿工艺的材料表现出了半绝缘特性。

在包含着补偿材料的非简并半导体中（例如上面描述的这种材料），自由电子的密度（n）可以用半导体经典载流子统计学估算[95]：

$$n = N_C \exp\left(-\frac{E_C - E_F}{kT}\right) \tag{3-12}$$

式中，N_C为导带有效态密度，k 为玻尔兹曼常数，T 为绝对温度。在此 n 型半导体中，自由空穴浓度（p）为 $p = n_i^2/n$，其中 n_i为本征载流子浓度。因此，该半导体的电阻率（ρ）为

$$\rho = 1/(qn\mu_e + qp\mu_h) \tag{3-13}$$

式中，μ_e和μ_h分别为电子和空穴的迁移率。同样，补偿 p 型半导体中自由空穴浓度（p）为

$$p = N_V \exp\left(-\frac{E_F - E_V}{kT}\right) \tag{3-14}$$

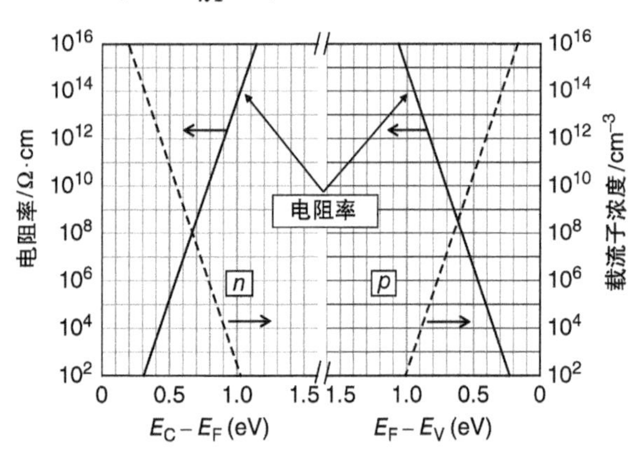

图 3-28 4H－SiC 的能带中的多数载流子浓度和估算的电阻率与费米能级在禁带中位置的函数关系

式中，N_V 为价带有效能态密度，E_V为价带顶的能量。图 3-28 展示了能带中多数载流子浓度和估算的电阻率与禁带中费米能级位置的函数关系。图中所考虑的是温度为 300K 下 4H－SiC 的情况，电子和空穴的迁移率分别为 $500\text{cm}^2\text{V}^{-1}\text{s}^{-1}$ 和 $50\text{cm}^2\text{V}^{-1}\text{s}^{-1}$（这些值随杂质浓度而变化，但该变化不会对估算的电阻率产生较大影响）。必须记住，如前所述，出于补偿作用，费米能级被钉扎在深能级处。当费米能级位于 $E_C - 0.5\text{eV}$（或 $E_V + 0.4\text{eV}$）时，所估算室温下的电阻率约为$10^5\Omega \cdot \text{cm}$，显示为半绝缘特性。由于 SiC 的宽禁带特性，当费米能级位于 $E_C - 1.1\text{eV}$（或 $E_V + 1.0\text{eV}$）或更深处时，电阻率可以超过 $10^{15}\Omega \cdot \text{cm}$。因此，获得半绝缘晶锭的主要方法有尽可能减少背景杂质；有意引入可起到有效陷阱中心作用的深能级（能量上能级越深越好）。

在 SiC 中，钒是第一个作为补偿中心用于制造半绝缘晶圆的元素[96,97]。钒在

SiC 中是两性杂质，在 n 型 SiC 中作为类受主（－/0）陷阱，在 p 型 SiC 中作为类施主（0/＋）陷阱。钒的受主能级在 6H－SiC 中位于 $E_C-0.65/0.72$eV，在 4H－SiC 中位于 $E_C-(0.81\sim0.97)$eV[98-101]，而钒在 6H－SiC 和 4H－SiC 的施主能级估计均位于 $E_V+(1.3\sim1.5)$eV[98-101]。由于在 SiC 中钒的施主能级较深，钒掺杂曾用于制作轻掺杂 p 型 SiC 晶锭以得到非常高的电阻率。室温下半绝缘 SiC 晶圆的电阻率约为 $10^{12}\sim10^{15}\Omega\cdot$cm，由电阻率的 Arrhenius 图给出的活化能为 1.2～1.4eV[16,96,97]。钒在 SiC 中的溶解极限不是很高，约为 10^{17}cm^{-3}的中值，而 SiC 晶锭中的残余杂质浓度可达 10^{16}cm^{-3}。因此，需要在升华法生长中精确控制钒掺杂。

为了克服钒掺杂中的困难，人们研究了利用本征点缺陷产生深能级的方法，现已获得高纯半绝缘（HPSI）晶圆[102,103]。在这种情况下，残余杂质浓度（特别是氮、硼和铝）必须通过纯化源和使用高纯石墨来降低。本征点缺陷可以通过调整生长条件或在生长之后进行高能粒子辐照引入[104]。所得到的电阻率在室温下超过 $10^{12}\Omega\cdot$cm，而不同晶圆的电阻率活化能发现存在显著差别，范围在 0.8～1.5eV 间[102,103]。由此认为存在几种不同的深能级（点缺陷）形成的半绝缘特性。近来基于电子顺磁共振（EPR）测量的研究显示，①在活化能为 0.8～0.9eV 的 HPSI 晶圆中，硅空位（V_{si}）是其主要陷阱类型；②在活化能为 1.1～1.3eV 的晶圆中，碳反位－碳空位对（$C_{Si}-V_C$）或碳空位（V_C）缺陷占主导；③在活化能为 1.5eV 的晶圆中，V_C或双空位（V_C-V_{Si}）是其中的主要陷阱[105,106]。在经过 1600℃退火后，上述第 1 类和第 2 类 HPSI 晶圆的电阻率和活化能分别减少至$10^5\sim10^6\Omega\cdot$cm和约 0.6eV[106]。然而，初始活化能为 1.5eV 的第 3 类 HPSI 晶圆的热稳定性更高。

3.5　高温化学气相沉积

为了突破升华法生长 SiC 存在的局限，人们提出并发展了高温化学气相沉积法（HTCVD）[107-109]。图 3-29 示意地展示了用于 HTCVD 生长 SiC 的反应器和近似温度分布。SiC 晶锭生长是在一个垂直结构的石墨坩埚中进行，其中前体气体向上输运，在经过一段加热区后到达放置在顶端的籽晶夹具处。前体气体采用经过载气稀释的 SiH_4和如 C_2H_4、C_3H_8这样的碳氢化合物。反应器的几何构造类似于用于外延生长的垂直结构 CVD 反应器，但是典型生长温度非常高，达到 2100～2300℃。在加热区内部，前体气体完全分解并发生着数种反应。由于气相中高度过饱和，结果就是通过均相成核形成 Si 和 SiC 的团簇。这些团簇充当了在籽晶上生长 SiC 晶锭过程中实际上的源。因此，重要的是从进气口到籽晶建立一个合适的温度梯度，气体分解区和坩埚壁的温度应该略高于籽晶的温度，以保证物质输运和籽晶上的凝结。载气的选择同样很重要：在很高的温度下，载气都不应该腐蚀石墨壁或者与之发生反应；载气应该能被立即加热，以保证不会形成冷喷射到籽晶表面。氦气可以满足这些要求，并常用于 HTCVD 生长 SiC 中（一些团队也会使用氢气作为载气）。典型的生长压强和生长速率分别为 200 ~ 700mbar㊀和 0.3 ~ 0.7mm/h[107-109]。HTCVD 工艺可以得益于已有的来自升华法生长 SiC 晶锭和普通 CVD 外延法生长 SiC 的知识和见解，对热传递、化学反应和生长过程的建模与仿真也得到了发展[110]。在某些情况下，使用含氯的前体可以减少气相中均相成核的发生，这样，该生长过程变得非常相似于在纯 CVD 生长中所发现的[111]。

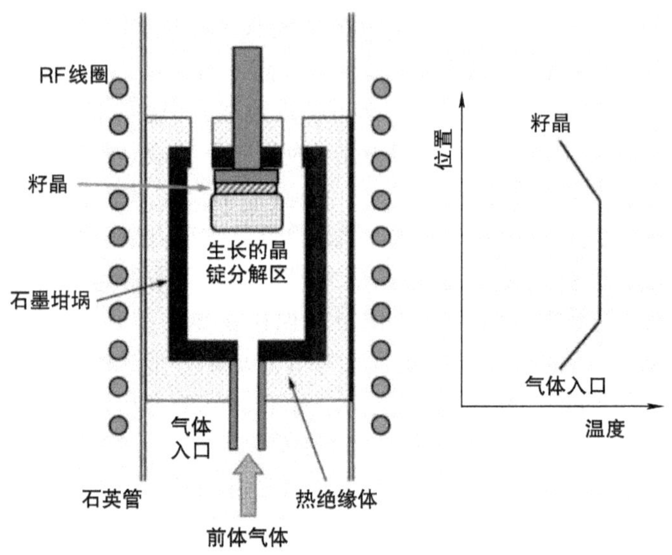

图 3-29　用于 HTCVD 生长 SiC 的反应器和近似温度分布示意图

对比于升华法，HTCVD 的主要优点总结如下：

1）高纯度：在 HTCVD 中使用的源的纯度明显要高很多，残余杂质浓度可以减小 1 ~2 个数量级。氮和硼的残余浓度在 $10^{14}cm^{-3}$ 的中值范围内，远低于其他杂质。由于其高纯度，通过 HTCVD 法可以相对容易地制造 HPSI 晶圆[112]。

2）C/Si 比控制：在升华法生长中，C/Si 比无法作为一个独立工艺参数加以调节。而在 HTCVD 中，至少在进气口处，C/Si 比可以在一个相对大的范围内进行独立控制。低的 C/Si 比可以加强微管闭合[56]或者提高氮掺杂，而高的 C/Si 比则可以有效降低氮掺杂。本征点缺陷的形成也可以通过在生长中控制 C/Si 比来加以控制。

3）源材料的持续供应：原理上，HTCVD 中的源材料的供给在绝对量上和 C/Si 比这两个方面是非常稳定的，并且可以维持很长时间而不会发生源耗尽。这可以用来生长非常长且均匀的高品质 SiC 晶锭。然而，在实际的生长系统中，仍有一些尚待解决的技术问题，诸如在长时间生长中进气口和排气口发生封堵的问题。稳定的掺杂剂的供给使得在沿生长方向上均匀掺杂则是 HTCVD 的另一个优势，特别

㊀ $1bar = 10^5Pa$，后同。

是，在 HTCVD 中通过使用三甲基铝（TMA）作为掺杂剂源可以得到非常稳定的铝掺杂。在 n 型掺杂中，氮气则被混合进前体中。

人们针对 HTCVD 进行了仿真，包括热传递、气相反应和表面反应[110]。由仿真得到的在气相中主要的物种有 Si、Si_2C、SiC_2 和 C_2H_2。氢在非常高的温度下对 SiC 有着显著的腐蚀作用，应该加以考虑。图 3-30 展示了 HTCVD 生长 SiC 中生长速率的温度特性[110]。由于仿真数据与实验结果符合得非常好，因此仿真是设计 HTCVD 反应器和工艺的一个有力的工具。

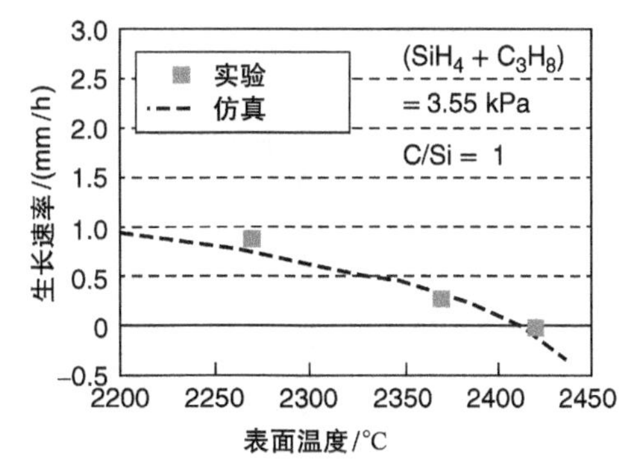

图 3-30 HTCVD 生长 SiC 中生长速率的温度特性[110]
（由 Trans Tech Publications 授权转载）

尽管相比升华法生长，关于 HTCVD 生长 SiC 的报道仍然有限，该方法在制造高质量、长 SiC 晶锭方面拥有很大潜力。目前至少有一家制造商在采用该方法生产 SiC 晶圆。

3.6 溶液法生长

从共熔体（溶液）生长晶锭是制备其他半导体晶锭的一项标准技术[113]。在技术成熟后，由于生长表面的超饱和可以得到很好的控制，可以预期，溶液法生长 SiC 会是一项用以得到高质量晶锭的非常有前景的技术。图 3-31 展示了用于溶液法生长 SiC 的熔炉及其温度分布示意图。一个石墨坩埚充满 Si 基熔体，籽晶放置在与熔体表面接触处（顶部籽晶溶液生长法（TSSG））。籽晶的温度略低于熔体的温度，以此提供生长的驱动力。生长是在惰性环境中进行的，如氩气环境，籽晶和坩埚通常沿相反方向旋转，生长的温度范围为 1750 ~ 2100℃。

尽管有着巨大的潜力，溶液生长法生长 SiC 存在若干难点。如 3.1.1 节所述，在大气压力下并不存在符合化学计量比的液相 SiC，并且即使在 2800℃ 的高温下，Si 熔体中 C 的溶解度仅有 19%。在这样高的温度下，由于 Si 很高的蒸气压，Si 的蒸发会很显著，这使得晶体持续生长几乎不可能。此外，Si 熔体会与石墨坩埚发生显著反应（这反过来可以在生长中充当碳源的作用），这成为长时间生长的另一个挑战。溶液生长法生长 SiC 晶锭仍然处于发展的初始阶段，仅在最近几年里才开始大规模的研究。虽然使用该技术还没有生产出大直径的 SiC 晶圆，但在该领域的进展还是很引人注目的。以下简单介绍几种方法：

1）高气压溶液生长法：由于在高压下，Si 的蒸发可以被抑制，因此人们研究了在高的氩气气压（约 100bar）下的溶液生长法[114]，其在 2200 ~ 2300℃ 下的生长速率低于0.5mm/h。到目前为止，所生长的SiC晶锭的直径和长度均非常有限。

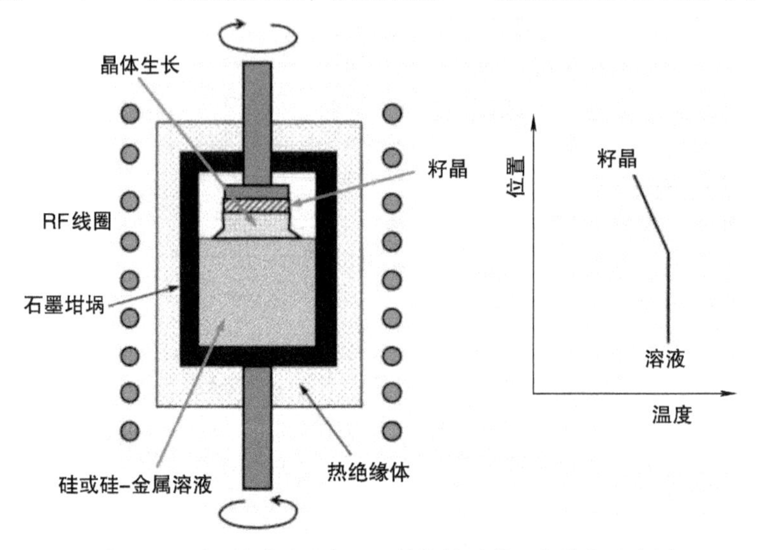

图3-31 用于溶液法生长SiC的熔炉及其温度分布示意图

2）基于掺加金属的溶剂的溶液生长法：已经知道，碳在硅中的溶解度可以通过添加稀土元素或者过渡金属，如Sc、Pr、Fe、Ti或Cr等加以提高。例如，通过使用Si－Sc－C或Si－Ti－C溶剂，在相对较低的温度下（1750~1900℃）就可以得到约0.3mm/h合理的生长速率[115-119]。这些研究已经证明，所生长的晶体拥有较低的位错密度，微管可以轻易闭合，多数TSD都转化为基矢面上的Frank型堆积层错[120]。但溶剂中的金属污染可能是一个问题，该问题仍在研究中。

通过控制生长面附近的弯液面，可以显著增大晶锭直径而没有质量下降[121]。现在有人在研究如何折中高生长速率和生长的不稳定性。

SiC晶体的溶液生长法的进展是如此之快，推荐读者去调研最新的杂志和会议论文，例如，有报道成功地展示了在一个从长成的<$1\bar{1}00$>晶锭上切割下来的（$000\bar{1}$）籽晶上通过溶液生长法得到“零位错”4H－SiC晶锭[122]。尽管晶体尺寸还很小，这在SiC晶体生长发展史上肯定是一个里程碑。

3.7 化学气相淀积法生长3C－SiC晶圆

由于3C－SiC在非常高的温度下不稳定，通过升华法生长大的3C－SiC晶体是困难的。作为替代，通过在Si晶圆上快速外延生长3C－SiC后再腐蚀去除Si的方法，证明可以得到独立的3C－SiC薄膜[123, 124]。一般而言，生长在Si衬底上的3C－SiC外延层含有高密度的堆叠层错和微孪晶，这是由于存在大的晶格失配（20%）和热膨胀系数失配（8%）的原因[125,126]。Nagasawa及其同事开发了在6英寸Si晶圆上生长很厚（约200μm）且有着降低的堆垛层错密度的3C－SiC（001）薄膜的技术[124]，其3C－SiC的生长采用了CVD的方法在1350℃下进行，

并使用了 SiH_2Cl_2 和 C_2H_2 作为前体，所得到的生长速率为 40μm/h。通过采用在表面形成亚微米级山脊 - 山谷结构的“波浪形”Si 衬底，{111} 面的堆叠层错可以大大减少。关于减少堆叠层错的详细论述见参考文献[123]。与用常规异质外延方法在 Si 上得到的 3C - SiC 薄膜相比，用该方法得到的 3C - SiC 晶体质量大为改善。但是用于制造高性能电子器件则需要进一步减少缺陷。

3.8　切片及抛光

用于从晶锭上制造 SiC 晶圆的工艺与用于其他半导体的工艺基本相同，SiC 晶锭一般生长在 SiC {0001} 面上，长成后的晶锭呈圆柱形，长度为 20 ~ 50mm。晶锭的晶体学取向，即准确的 <0001>、<$11\bar{2}0$> 和 <$1\bar{1}00$> 晶向则由 X 射线衍射法精确确定。完成该工艺后，晶锭被切割成一定数目的晶圆，并在经过仔细抛光及清洗后交货。

图 3-32 展示了由 SEMI 标准定义的一个标准 SiC（0001）晶圆的示意图[127]。如图所示，晶圆的主定位边和第二定位边分别沿［$11\bar{2}0$］和［$1\bar{1}00$］晶向制成。为了后续 SiC 外延生长和器件制造，引入偏轴（偏角）以保证高质量的同质外延生长[128]。当引入偏轴后，［0001］晶轴朝［$\bar{1}\bar{1}20$］晶向倾斜。偏轴的典型值为 4°，并指向［$11\bar{2}0$］晶向。随着外延生长技术的发展，偏轴角有逐渐减小的趋势。应注意由于 SiC 的物理性质具有强各向异性，SiC 的生长行为和器件性能在晶圆内都不是完美的各向同性的。重要的是记住外延生长中的物理现象、器件制造工艺以及器件工作都与这些晶体取向相关。用于其他用途的晶圆，例如 GaN 生长，通常切割成正轴（0001）。

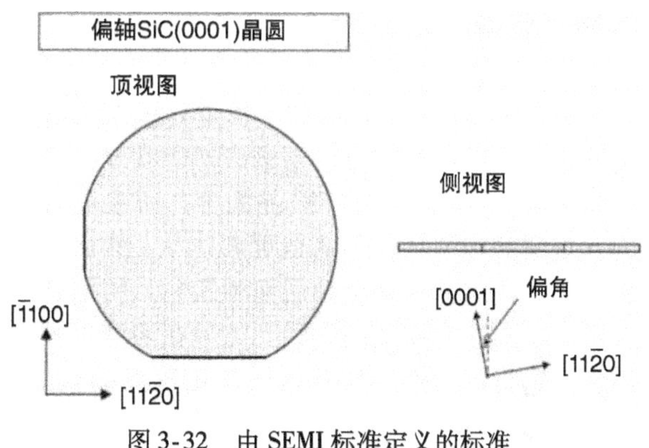

图 3-32　由 SEMI 标准定义的标准 SiC（0001）晶圆示意图

由于 SiC 异常的硬度和化学惰性，无论切割还是抛光都是挑战。SiC 晶锭通常用嵌入金刚石磨料的多线切割机进行切片。利用电火花切片的方法目前正在得到研究以改善工艺速度，减少切片导致的损伤[129]。

抛光工艺后晶圆表面的质量对于外延生长中抑制扩展缺陷的产生，获得高质量外延非常关键。表面质量包括平整度、亚表面位错以及残余应力。很多团队都报道过并证实改进表面平整度的 SiC 衬底使得在这些衬底上生长的外延层自然具有优秀的表面平整度。为了在外延生长的初始阶段抑制缺陷的产生，衬底表面必须是无应力的和无亚表面位错的。如果近表面的残余损伤没有被充分的去除，衬底上的外延生长将导致宏观缺陷的产生，包括 3C - SiC 形核、扩展缺陷（位错半环等）的产生以及严重的台阶聚并（step bunching）。在外延生长前通过原位 H_2 或 HCl/H_2 刻蚀很难完全去除表面损伤，因为缺陷产生和/或宏观台阶聚并在加热过程中就已经开始，并在高温刻蚀中进一步发展。因此，对于一个特定的抛光工艺而言，了解抛光速率、抛光层厚度以及抛光工艺损伤层深度是很重要的。一般来说，抛光工艺包括以下几个步骤：它开始于使用研磨粉末颗粒逐渐减小的若干步机械抛光，结束于化学机械抛光（CMP）。CMP 工艺对于 SiC 来说尤为重要，因为湿法腐蚀几乎是不可能实现的。SiC 的 CMP 工艺是在略微升高的温度（约 50℃）下和在高 pH 值（>10）[130]或者添入 H_2O_2[131]的环境下通过使用一种胶状氧化硅抛光膏进行的。一些研究团队对该 CMP 工艺的配方进行了改进[132]。应注意的是，通常 SiC 晶圆的正面和背面都会进行抛光，以尽可能降低因 Twyman 效应[133]造成的晶圆翘曲。近几年，人们提出了催化剂质刻蚀抛光（CARE）的工艺方法[134]，这项技术中不使用研磨剂，SiC 通过催化剂刻蚀去除。目前没有位错坑的原子级平整表面的制备已经得到示范[135]。

3.9 总结

表 3-4 总结了 SiC 晶锭生长主要技术的最新结果和技术指标[22-24, 136, 137]。到目前为止，籽晶升华方法是最成熟的技术，由于其优秀的生长速率、稳定的工艺和成本优势，它也是目前 SiC 晶圆生产所采用的方法。人们对升华法生长过程中的热力学现象的理解也在迅速地更新[138]。然而，由于其他生长方法的进展也很迅猛，目前还不能预计未来会采用何种工艺。特别是，基于溶液生长法已经可以同时得到合理的生长速率和高的质量。如果在溶液生长法中可以建立稳定的和持续性的原料供应，它将成为生产具有超低位错密度的长 SiC 晶锭的一种切实可行的方法。而 HTCVD 的主要优势是高纯度，这种方法对于生产 HPSI 晶圆具备很大的潜力。

表 3-4 SiC 晶锭生长主要技术的最新结果和技术指标

技术指标	籽晶升华	HTCVD	溶液生长
直径/mm	++（150）	+（100）	-（<100）
生长速率/(mm/h)	+（~0.5）	+（~0.4）	-（~0.1）
晶锭长度	+	+	-
缺陷减少	+	+	++
纯度/cm^{-3}	+（~10^{16}）	++（~10^{14}）	+（~10^{16}）
n 型掺杂/cm^{-3}	+（~10^{19}）	+（~10^{19}）	+（~10^{19}）
p 型掺杂/cm^{-3}	-（~10^{18}）	+（~10^{18}）	++（~10^{19}）
工艺控制	+	++	+
成本	++	-	+

在 SiC 技术中生长低缺陷密度的长 SiC 晶锭仍然是最重要的挑战之一。由于 150mm 直径的 SiC 晶圆目前已经商业化，增加尺寸将不是一个主要问题。通过近期在晶锭生长方面的努力，已经实现了有着非常低的位错密度（TSD 密度 $<50cm^{-2}$，TED 密度 $<1000cm^{-2}$，BPD 密度 $<200cm^{-2}$）的大尺寸 SiC 晶圆。然而，人们对 SiC 中缺陷的产生和减少的理解仍十分有限。在高温生长及冷却过程中位错的产生、移动和相互作用仍需要进一步厘清。对生长仿真需要进一步细化以帮助控制热

应力和表面化学计量比，以使 SiC 中的位错工程成为可能。

参考文献

[1] Scase, R.I. and Slack, G.A. (1960) The Si–C and Ge–C phase diagrams, in *Silicon Carbide – A High Temperature Semiconductor* (eds J.R. O'connor and J. Smiltens), Pergamon Press, p. 24.

[2] Olesinski, R.W. and Abbaschian, G.J. (1984) The C–Si (carbon–silicon) system. *Bull. Alloy Phase Diag.*, **5**, 486.

[3] Knippenberg, W.F. (1963) Growth phenomena in silicon carbide. *Philips Res. Rep.*, **18**, 161.

[4] Drowart, J. and de Maria, G. (1958) Thermodynamic study of SiC utilizing a mass spectrometer. *J. Phys. Chem.*, **29**, 1015.

[5] Kaprov, S.Y., Makarov, Y.N. and Ramm, M.S. (1997) Simulation of sublimation growth of SiC single crystals. *Phys. Status Solidi B*, **202**, 201.

[6] Lely, J.A. (1955) Darstellung von einkristallen von siliziumcarbid und beherrschung von art und menge der eingebauten verunreinigungen. *Ber. Dtsch. Keram. Ges.*, **32**, 229.

[7] Acheson, E.G. (1892) English Patent 17911 Production of artificial crystalline carbonaceous materials, carborundum.

[8] Tairov, Y.M. and Tsvetkov, V.F. (1978) Investigation of growth processes of ingots of silicon carbide single crystals. *J. Cryst. Growth*, **43**, 209.

[9] Tairov, Y.M. and Tsvetkov, V.F. (1981) General principles of growing large-size single crystals of various silicon carbide polytypes. *J. Cryst. Growth*, **52**, 146.

[10] Ziegler, G., Lanig, P., Theis, D. and Weurich, C. (1980) Single crystal growth of SiC substrate material for blue light emitting diodes. *IEEE Trans. Electron Devices*, **30**, 277.

[11] Koga, K., Nakata, T., and Niina, T. (1985) Extended Abstracts 17th Conference Solid State Devices and Materials, Tokyo, Japan, 1985, p. 249 Single crystal growth of 6H-SiC by a vacuum sublimation method.

[12] Kanaya, M., Takahashi, J., Fujiwara, Y. and Moritani, A. (1991) Controlled sublimation growth of single crystalline 4H-SiC and 6H-SiC and identification of polytypes by x-ray diffraction. *Appl. Phys. Lett.*, **58**, 56.

[13] Stein, R.A. and Lanig, P. (1992) Influence of surface energy on the growth of 6H-and 4H-SiC polytypes by sublimation. *Mater. Sci. Eng.,B,*, **11**, 69.

[14] Barrett, D.L., McHugh, J.P., Hobgood, H.M. *et al.* (1993) Growth of large SiC single crystals. *J. Cryst. Growth*, **128**, 358.

[15] Davis, R.F., Carter, C.H., Jr., and Hunter, C.E. (1995) US Patent 34861 Sublimation of silicon carbide to produce large, device quality single crystals of silicon carbide.

[16] Augustine, G., Hobgood, H.M., Balakrishna, V. *et al.* (1997) Physical vapor transport growth and properties of SiC monocrystals of 4H polytype. *Phys. Status Solidi B*, **202**, 137.

[17] Glass, R.C., Henshall, D., Tsvetkov, V.F. and Carter, C.H. Jr., (1997) SiC seeded crystal growth. *Phys. Status Solidi B*, **202**, 149.

[18] Takahshi, J. and Ohtani, N. (1997) Modified-Lely SiC crystals grown in [$1\bar{1}00$] and [$11\bar{2}0$] directions. *Phys. Status Solidi B*, **202**, 163.

[19] Vodakov, Y.A., Roenkov, A.D., Ramm, M.G. *et al.* (1997) Use of Ta-container for sublimation growth and doping of SiC bulk crystals and epitaxial layers. *Phys. Status Solidi B*, **202**, 177.

[20] Müller, S.G., Glass, R.C., Hobgood, H.M. *et al.* (2000) The status of SiC bulk growth from an industrial point of view. *J. Cryst. Growth*, **211**, 325.

[21] Pons, M., Madar, R. and Billon, T. (2004) Principles and limitations of numerical simulation of SiC boule growth by sublimation, in *Silicon Carbide – Recent Major Advances* (eds W.J. Choyke, H. Matsunami and G. Pensl), Springer, p. 121.

[22] Chaussende, D., Wellmann, P.J. and Pons, M. (2007) Status of SiC bulk growth processes. *J. Phys. D Appl. Phys.*, **40**, 6150.

[23] Ohtani, N. (2011) Toward the reduction of performance-limiting defects in SiC epitaxial substrates. *ECS Trans.*, **41**, 253.

[24] Sakwe, S.A., Stockmeier, M., Hens, P. *et al.* (2008) Bulk growth of SiC–review on advances of SiC vapor growth for improved doping and systematic study on dislocation evolution. *Phys. Status Solidi B*, **245**, 1239.

[25] Segal, A.S., Vorob'ev, A.N., Karpov, S.Y. *et al.* (1993) Transport phenomena in sublimation growth of SiC bulk crystalsTransport phenomena in sublimation growth of SiC bulk crystals. *Mater. Sci. Eng., B*, **61–62**, 40.

[26] Wellmann, P., Herro, Z., Winnacker, A. *et al.* (2005) In situ visualization of SiC physical vapor transport crystal

growth. *J. Cryst. Growth*, **275**, e1807.
[27] Chaussende, D., Ucar, M., Auvray, L. *et al.* (2005) Control of the supersaturation in the CF-PVT process for the growth of silicon carbide crystals: Research and applications. *Cryst. Growth Des.*, **5**, 1539.
[28] Hofmann, D., Heinze, M., Winnacker, A. *et al.* (1995) On the sublimation growth of SiC bulk crystals: development of a numerical process model. *J. Cryst. Growth*, **146**, 214.
[29] Pons, M., Blanquet, E., Dedulle, J.M. *et al.* (1996) Thermodynamic heat transfer and mass transport modeling of the sublimation growth of silicon carbide crystals. *J. Electrochem. Soc.*, **143**, 3727.
[30] Herro, Z.G., Wellmann, P., Pusche, R. *et al.* (2003) Investigation of mass transport during PVT growth of SiC by ^{13}C labeling of source material. *J. Cryst. Growth*, **258**, 261.
[31] Pons, M., Anikin, M., Chourou, K. *et al.* (1999) State of the art in the modelling of SiC sublimation growth. *Mater. Sci. Eng., B*, **61–62**, 18.
[32] Nishizawa, S., Kato, T. and Arai, K. (2007) Effect of heat transfer on macroscopic and microscopic crystal quality in silicon carbide sublimation growth. *J. Cryst. Growth*, **303**, 342.
[33] Chaussende, D., Blanquet, E., Baillet, F. *et al.* (2006) Thermodynamic aspects of the growth of SiC single crystals using the CF–PVT process. *Chem. Vap. Deposition*, **12**, 541.
[34] Morelli, D., Heremans, J., Beetz, C. *et al.* (1993) Carrier concentration dependence of the thermal conductivity of silicon carbide. *Inst. Phys. Conf. Ser.*, **137**, 313.
[35] Nakabayashi, M., Fujimoto, T., Katsuno, M. *et al.* (2009) Carrier concentration dependence of the thermal conductivity of silicon carbide. *Mater. Sci. Forum*, **600–603**, 3.
[36] Hobgood, D., Brady, M., Brixius, W. *et al.* (2000) Status of large diameter SiC crystal growth for electronic and optical applications. *Mater. Sci. Forum*, **338–342**, 3.
[37] Vodakov, Y.A., Lomakina, G.A. and Mokhov, E.N. (1982) SiC nonstoichiometry and polytypism. *Sov. Phys. Solid State*, **24**, 1377.
[38] Itoh, A., Akita, H., Kimoto, T. and Matsunami, H. (1994) High-quality 4H-SiC homoepitaxial layers grown by step-controlled epitaxy. *Appl. Phys. Lett.*, **65**, 1400.
[39] Furukawa, K., Tajima, Y., Saito, H. *et al.* (1993) Bulk growth of single-crystal cubic silicon carbide by vacuum sublimation method. *Jpn. J. Appl. Phys.*, **32**, L645.
[40] Nishino, K., Kimoto, T. and Matsunami, H. (1995) Photoluminescence of homoepitaxial 3C-SiC on sublimation-grown 3C-SiC substrates. *Jpn. J. Appl. Phys.*, **34**, L1110.
[41] Yoo, W.S. and Matsunami, H. (1991) Solid-state phase transformation in cubic silicon carbide. *Jpn. J. Appl. Phys.*, **30**, 545.
[42] Furusho, T., Sasaki, M., Ohshima, S. and Nishino, S. (2003) Bulk crystal growth of cubic silicon carbide by sublimation epitaxy. *J. Cryst. Growth*, **249**, 216.
[43] Fujimoto, T., Tsuge, H., Katsuno, M. *et al.* (2013) A possible mechanism for hexagonal void movement observed during sublimation growth of SiC single crystals. *Mater. Sci. Forum*, **740–742**, 577.
[44] Hong, M.H., Samant, A.V. and Pirouz, P. (2000) Stacking fault energy of 6H-SiC and 4H-SiC single crystals. *Philos. Mag. A*, **80**, 919.
[45] Frank, F.C. (1951) Capillary equilibria of dislocated crystals. *Acta Crystallogr.*, **4**, 497.
[46] Sunagawa, I. and Bennema, P. (1981) Observations of the influence of stress fields on the shape of growth and dissolution spirals. *J. Cryst. Growth*, **53**, 490.
[47] Si, W., Dudley, M., Glass, R. *et al.* (1997) Hollow-core screw dislocations in 6H-SiC single crystals: A test of Frank's theory. *J. Electron. Mater.*, **26**, 128.
[48] Si, W., Dudley, M., Glass, R. *et al.* (1998) Experimental studies of hollow-core screw dislocations in 6H-SiC and 4H-SiC single crystals. *Mater. Sci. Forum*, **264–268**, 429.
[49] Heindl, J., Dorsch, W., Strunk, H.P. *et al.* (1998) Dislocation content of micropipes in SiC. *Phys. Rev. Lett.*, **80**, 740.
[50] Neudeck, P.G. and Powell, J.A. (1994) Performance limiting micropipe defects in silicon carbide wafers. *IEEE Electron Device Lett.*, **15**, 63.
[51] Koga, K., Fujikawa, Y., Ueda, Y. and Yamaguchi, T. (1992) Growth and characterization of 6H-SiC bulk crystals by the sublimation method, in *Amorphous and Crystalline Silicon Carbide IV*, Springer Proceedings of Physics, vol. 71 (eds C.Y. Yang, M.M. Rahman and G.L. Harris), Springer-Verlag, p. 96.
[52] Ohtani, N., Katsuno, M., Fujimoto, T. *et al.* (2001) Surface step model for micropipe formation in SiC. *J. Cryst. Growth*, **226**, 254.
[53] Giocondi, J., Rohrer, G.S., Skowronski, M. *et al.* (1997) An atomic force microscopy study of super-dislocation/micropipe complexes on the 6H-SiC(0001) growth surface. *J. Cryst. Growth*, **181**, 351.
[54] Pirouz, P. (1998) On micropipes and nanopipes in SiC and GaN. *Philos. Mag. A*, **78**, 727.

[55] Yakimova, R., Tuominen, M., Bakin, A.S. *et al.* (1996) Silicon carbide liquid phase epitaxy in the Si-Sc-C system. *Inst. Phys. Conf. Ser.*, **142**, 101.
[56] Kamata, I., Tsuchida, H., Jikimoto, T. and Izumi, K. (2000) Structural transformation of screw dislocations via thick 4H-SiC epitaxial growth. *Jpn. J. Appl. Phys.*, **39**, 6496.
[57] Balkas, C.M., Maltsev, A.A., Roth, M.D. *et al.* (2002) Reduction of macrodefects in bulk SiC single crystals. *Mater. Sci. Forum*, **389–393**, 59.
[58] Hull, D. and Bacon, D.J. (2001) *Introduction to Dislocations*, 4th edn, Butterworth-Heinemann.
[59] Leonard, R.T., Khlebnikov, Y., Powell, A.R. *et al.* (2009) 100 mm 4H N-SiC wafers with zero micropipe density. *Mater. Sci. Forum*, **600–603**, 7.
[60] Basceri, C., Khlebnikov, I., Khlebnikov, Y. *et al* (2006) Growth of micropipe-free single crystal silicon carbide (SiC) ingots via physical vapor transport (PVT). *Mater. Sci. Forum*, **527–529**, 39.
[61] Ohtani, N., Ohtani, N., Katsuno, M. *et al.* (2006) Propagation behavior of threading dislocations during physical vapor transport growth of silicon carbide (SiC) single crystals. *J. Cryst. Growth*, **286**, 55.
[62] Dudley, M. and Wu, F. (2011) Stacking faults created by the combined deflection of threading dislocations of Burgers vector c and $c + a$ during the physical vapor transport growth of 4H–SiC. *Appl. Phys. Lett.*, **98**, 232110.
[63] Wu, F., Dudley, M., Wang, H. *et al.* (2013) The nucleation and propagation of threading dislocations with c-component of Burgers vector in PVT-grown 4H-SiC. *Mater. Sci. Forum*, **740–742**, 217.
[64] Nakamura, D., Yamaguchi, S., Hirose, Y. *et al.* (2007) Direct determination of Burgers vector sense and magnitude of elementary dislocations by synchrotron white x-ray topography. *J. Appl. Phys.*, **103**, 013510.
[65] Dudley, M., Huang, X.R., Huang, W. *et al.* (1999) The mechanism of micropipe nucleation at inclusions in silicon carbide. *Appl. Phys. Lett.*, **75**, 784.
[66] Sanchez, E.K., Liu, J.Q., Graef, M.D. *et al.* (2002) Nucleation of threading dislocations in sublimation grown silicon carbide. *J. Appl. Phys.*, **91**, 1143.
[67] Powell, A.R., Leonard, R.T., Brady, M.F. *et al.* (2004) Large diameter 4H-SiC substrates for commercial power applications. *Mater. Sci. Forum.*, **457–460**, 41.
[68] Nakamura, D., Yamaguchi, S., Gunjishima, I. *et al.* (2007) Topographic study of dislocation structure in hexagonal SiC single crystals with low dislocation density. *J. Cryst. Growth*, **304**, 57.
[69] Ha, S., Rohrer, G.S., Skowronski, M. *et al.* (2000) Plastic deformation and residual stresses in SiC boules grown by PVT. *Mater. Sci. Forum*, **338–342**, 67.
[70] Fujita, S., Maeda, K. and Hyodo, S. (1987) Dislocation glide motion in 6H SiC single crystals subjected to high-temperature deformation. *Philos. Mag. A*, **55**, 203.
[71] Ha, S., Skowronski, M., Vetter, W.M. and Dudley, M. (2002) Basal plane slip and formation of mixed-tilt boundaries in sublimation-grown hexagonal polytype silicon carbide single crystals. *J. Appl. Phys.*, **92**, 778.
[72] Ha, S., Nuhfer, N.T., Rohrer, G.S. *et al.* (2000) Identification of prismatic slip bands in 4H SiC boules grown by physical vapor transport. *J. Electron. Mater.*, **29**, L5.
[73] Wellmann, P.J., Queren, D., Müller, R. *et al.* (2006) Basal plane dislocation dynamics in highly p-type doped versus highly n-type doped SiC. *Mater. Sci. Forum*, **527–529**, 79.
[74] Ohtani, N., Katsuno, M., Fujimoto, T. *et al.* (2009) Analysis of basal plane bending and basal plane dislocations in 4H-SiC single crystals. *Jpn. J. Appl. Phys.*, **48**, 065503.
[75] Glass, R.C., Kjellberg, L.O., Tsvetkov, V.F. *et al.* (1993) Structural macro-defects in 6H-SiC wafers. *J. Cryst. Growth*, **132**, 504.
[76] Tuominen, M., Yakimova, R., Glass, R.C. *et al.* (1994) Crystalline imperfections in 4H SiC grown with a seeded Lely method. *J. Cryst. Growth*, **144**, 267.
[77] Katsuno, M., Ohtani, N., Fujimoto, T. *et al.* (2000) Structural properties of subgrain boundaries in bulk SiC crystals. *J. Cryst. Growth*, **216**, 256.
[78] Nakamura, D., Gunjishima, I., Yamaguchi, S. *et al.* (2004) Ultrahigh-quality silicon carbide single crystals. *Nature*, **430**, 1009.
[79] Sugiyama, N., Okamoto, A. and Tani, T. (1996) Growth orientation dependence of dopant incorporation in bulk SiC single crystals. *Inst. Phys. Conf. Ser.*, **142**, 489.
[80] Larkin, D.J., Neudeck, P.G., Powell, J.A. and Matus, L.G. (1994) Site-competition epitaxy for superior silicon carbide electronics. *Appl. Phys. Lett.*, **65**, 1659.
[81] Dubrovskii, G.B., Lepneva, A.A. and Radovanova, E.I. (1973) Optical absorption associated with superlattice in silicon carbide crystals. *Phys. Status Solidi B*, **57**, 423.
[82] Ohtani, N., Katsuno, M., Takahashi, J. *et al.* (1998) Impurity incorporation kinetics during modified-Lely

growth of SiC. *J. Appl. Phys.*, **83**, 4487.

[83] Onoue, K., Nishikawa, T., Katsuno, M. *et al.* (1996) Nitrogen incorporation kinetics during the sublimation growth of 6H and 4H SiC. *Jpn. J. Appl. Phys.*, **35**, 2240.

[84] Katsuno, M., Nakabayashi, M., Fujimoto, T. *et al.* (2009) Stacking fault formation in highly nitrogen-doped 4H-SiC substrates with different surface preparation conditions. *Mater. Sci. Forum*, **600–603**, 341.

[85] Jang, S., Kimoto, T. and Matsunami, H. (1994) Deep levels in 6H-SiC wafers and step-controlled epitaxial layers. *Appl. Phys. Lett.*, **65**, 581.

[86] Evwaraye, A.O., Smith, S.R. and Mitchel, W.C. (1996) Shallow and deep levels in n-type 4H-SiC. *J. Appl. Phys.*, **79**, 7726.

[87] Okojie, R.S., Xhang, M., Pirouz, P. *et al.* (2001) Observation of 4H-SiC to 3C-SiC polytypic transformation during oxidation. *Appl. Phys. Lett.*, **79**, 3056.

[88] Rost, H.-J., Doerschel, J., Irmscher, K. *et al.* (2003) Influence of nitrogen doping on the properties of 4H-SiC single crystals grown by physical vapor transport. *J. Cryst. Growth*, **257**, 75.

[89] Chung, H.J., Lin, J.Q., Henry, A. and Skowronski, M. (2003) Stacking fault formation in highly doped 4H-SiC epilayers during annealing. *Mater. Sci. Forum*, **433–436**, 253.

[90] Kuhr, T.A., Liu, J.Q., Chung, H.J. *et al.* (2002) Spontaneous formation of stacking faults in highly doped 4H-SiC during annealing. *J. Appl. Phys.*, **92**, 5863.

[91] Ohtani, N., Katsuno, M., Nakabayashi, M. *et al.* (2009) Investigation of heavily nitrogen-doped n^+ 4H-SiC crystals grown by physical vapor transport. *J. Cryst. Growth*, **311**, 1475.

[92] Kato, M., Kawai, M., Mori, T. *et al.* (2007) Excess carrier lifetime in a bulk p-type 4H-SiC wafer measured by the microwave photoconductivity decay method. *Jpn. J. Appl. Phys.*, **46**, 5057.

[93] Okuda, T., Miyake, H., Kimoto, T. and Suda, J. (2013) Long photoconductivity decay characteristics in p-type 4H-SiC bulk crystals. *Jpn. J. Appl. Phys.*, **52**, 010202.

[94] Willardson, R.K. and Beer, A.C. (eds) (1984) *Semiconductors and Semimetals*, vol. 20, Academic Press.

[95] Li, S.S. (2006) *Semiconductor Physical Electronics*, 2nd edn, Springer.

[96] Hobgood, H.M., Glass, R.C., Augustine, G. *et al.* (1995) Semi-insulating 6H-SiC grown by physical vapor transport. *Appl. Phys. Lett.*, **66**, 1364.

[97] Jenny, J.R., Skowronski, M., Mitchel, W.C. *et al.* (1996) Deep level transient spectroscopic and Hall effect investigation of the position of the vanadium acceptor level in 4H and 6H SiC. *Appl. Phys. Lett.*, **68**, 1963.

[98] Schneider, J., Muller, H.D., Maier, K. and Fuchs, F. (1990) Infrared spectra and electron spin resonance of vanadium deep level impurities in silicon carbide. *Appl. Phys. Lett.*, **56**, 1184.

[99] Kunzer, M., Kaufmann, U., Maier, K. and Schneider, J. (1995) Magnetic circular dichroism and electron spin resonance of the A^- acceptor state of vanadium, V^{3+}, in 6H-SiC. *Mater. Sci. Eng., B*, **29**, 118.

[100] Ilin, V.A. and Ballandovitch, V.S. (1993) EPR and DLTS of point defects in silicon carbide crystals. *Defect Diffus. Forum*, **103–105**, 633.

[101] Dalibor, T., Pensl, G., Matsunami, H. *et al.* (1997) Deep defect centers in silicon carbide monitored with deep level transient spectroscopy. *Phys. Status Solidi A*, **162**, 199.

[102] Müller, S.G., Brady, M.F., Brixius, W.H. *et al.* (2003) Sublimation-grown semi-insulating SiC for high frequency devices. *Mater. Sci. Forum*, **433–436**, 39.

[103] Jenny, J.R., Malta, D.P., Calus, M.R. *et al.* (2004) Development of large diameter high-purity semi-insulating 4H-SiC wafers for microwave devices. *Mater. Sci. Forum*, **457–460**, 35.

[104] Kaneko, H. and Kimoto, T. (2011) Formation of a semi-insulating layer in n-type 4H-SiC by electron irradiation. *Appl. Phys. Lett.*, **98**, 262106.

[105] Son, N.T., Carlsson, P., Magnusson, B. and Janzen, E. (2007) Intrinsic defects in semi-insulating SiC: Deep levels and their roles in carrier compensation. *Mater. Sci. Forum*, **556–557**, 465.

[106] Son, N.T., Carlsson, P., ul Hassan, J. *et al.* (2007) Defects and carrier compensation in semi-insulating 4H-SiC

[107] Kordina, O., Hallin, C., Ellison, A. *et al.* (1996) High temperature chemical vapor deposition of SiC. *Appl. Phys. Lett.*, **69**, 1456.

[108] Ellison, A., Zhang, J., Peterson, J. *et al.* (1999) High temperature CVD growth of SiC. *Mater. Sci. Eng., B*, **61–62**, 113.

[109] Ellison, A., Magnusson, B., Sundqvist, B. *et al.* (2004) SiC crystal growth by HTCVD. *Mater. Sci. Forum*, **457–460**, 9.

[110] Kitou, Y., Makino, E., Ikeda, K. *et al.* (2006) SiC HTCVD simulation modified by sublimation etching. *Mater. Sci. Forum*, **527–529**, 107.

[111] Fanton, M., Snyder, D., Weiland, B. *et al.* (2006) Growth of nitrogen-doped SiC boules by halide chemical vapor deposition. *J. Cryst. Growth*, **287**, 359.

[112] Ellison, A., Magnusson, B., Son, N.T. *et al.* (2003) HTCVD grown semi-insulating SiC substrates. *Mater. Sci. Forum*, **433–436**, 33.

[113] Elwell, D. and Scheel, H.J. (1975) *Crystal Growth from High-Temperature Solutions*, Academic Press, New York.

[114] Hofmann, D.H. and Muller, M.H. (1999) Prospects of the use of liquid phase techniques for the growth of bulk silicon carbide crystals. *Mater. Sci. Eng., B*, **61–62**, 29.

[115] Syväyärvi, M., Yakimova, R., Radamson, H.H. *et al.* (1999) Liquid phase epitaxial growth of SiC. *J. Cryst. Growth*, **197**, 147.

[116] Kusunoki, K., Munetoh, S., Kamei, K. *et al.* (2004) Solution growth of self-standing 6H-SiC single crystal using metal solvent. *Mater. Sci. Forum*, **457–460**, 123.

[117] Ujihara, T., Munetoh, S., Kusunoki, K. *et al.* (2004) Crystal quality evaluation of 6H-SiC layers grown by liquid phase epitaxy around micropipes using micro-Raman scattering spectroscopy. *Mater. Sci. Forum*, **457–460**, 633.

[118] Kamei, K., Kusunoki, K., Yashiro, N. *et al.* (2009) Solution growth of single crystalline 6H, 4H-SiC using Si–Ti–C melt. *J. Cryst. Growth*, **311**, 855.

[119] Danno, K., Saitoh, H., Seki, A. *et al.* (2010) High-speed growth of high-quality 4H-SiC bulk by solution growth using Si-Cr based melt. *Mater. Sci. Forum*, **645–648**, 13.

[120] Yamamoto, Y., Harada, S., Seki, K. *et al.* (2012) High-efficiency conversion of threading screw dislocations in 4H-SiC by solution growth. *Appl. Phys. Exp.*, **5**, 115501.

[121] Daikoku, H., Kado, M., Sakamoto, H. *et al.* (2012) Top-seeded solution growth of 4H-SiC bulk crystal using Si-Cr based melt. *Mater. Sci. Forum*, **717–720**, 61.

[122] Danno, K., Shirai, T., Seki, A. *et al.* (2013) Presented at 15th International Conference on Defects Recognition, Imaging and Physics in Semiconductors, Warsaw, Poland, 2013 Solution growth on 4H-SiC($1\bar{1}00$) for lowering density of threading dislocations.

[123] Nagasawa, H., Yagi, K., Kawahara, T. *et al.* (2004) Lowdefect 3C-SiC grown on undulant Si(001) substrates, in *Silicon Carbide – Recent Major Advances* (eds W.J. Choyke, H. Matsunami and G. Pensl), Springer, p. 207.

[124] Nagasawa, H., Abe, M., Yagi, K. *et al.* (2008) Fabrication of high performance 3C-SiC vertical MOSFETs by reducing planar defects. *Phys. Status Solidi B*, **245**, 1272.

[125] Nishino, S., Powell, A. and Will, H.A. (1983) Production of large-area single-crystal wafers of cubic SiC for semiconductor devices. *Appl. Phys. Lett.*, **42**, 460.

[126] Davis, R.F., Kelner, G., Shur, M. *et al.* (1991) Thin film deposition and microelectronic and optoelectronic device fabrication and characterization in monocrystalline alpha and beta silicon carbide. *Proc. IEEE*, **79**, 677.

[127] SEMI http://ams.semi.org/ebusiness/ (accessed 28 March 2014).

[128] Matsunami, H. and Kimoto, T. (1997) Step-controlled epitaxial growth of SiC: high quality homoepitaxy. *Mater. Sci. Eng., R*, **20**, 125.

[129] Kato, T., Noro, T., Takahashi, H. *et al.* (2009) Characterization of electric discharge machining for silicon carbide single crystal. *Mater. Sci. Forum*, **600–603**, 855.

[130] Zhou, L., Audurier, V., Pirouz, P. and Powell, A. (1997) Chemomechanical polishing of silicon carbide. *J. Electrochem. Soc.*, **144**, L161.

[131] Heydemann, V.D., Everson, W.J., Gamble, R.D. *et al.* (2004) Chemi-mechanical polishing of on-axis semi-insulating SiC substrates. *Mater. Sci. Forum*, **457–460**, 805.

[132] Hotta, K., Hirose, K., Tanaka, Y. *et al.* (2009) Improvements in electrical properties of SiC surface using mechano-chemical polishing. *Mater. Sci. Forum*, **600–603**, 823.

[133] Nikolova, E.G. (1985) On the Twyman effect and some of its applications. *J. Mater. Sci.*, **20**, 1.

[134] Hara, H., Sano, Y., Mimura, H. *et al.* (2006) Novel abrasive-free planarization of 4H-SiC(0001) using catalyst. *J. Electron. Mater.*, **35**, L11.

[135] Arima, K., Hara, H., Murata, J. *et al.* (2007) Atomic-scale flattening of SiC surfaces by electroless chemical etching in HF solution with Pt catalyst. *Appl. Phys. Lett.*, **90**, 202106.

[136] Powell, A., Jenny, J., Müller, S. *et al.* (2006) Growth of SiC substrates. *Int. J. High Speed Electron. Syst.*, **16**, 751.

[137] Burk, A.A., Tsvetkov, D., Barnhardt, D. *et al.* (2012) SiC epitaxial layer growth in a 6 × 150 mm warm-wall planetary reactor. *Mater. Sci. Forum*, **717–720**, 75.

[138] Fujimoto, T., Ohtani, N., Tsuge, H. *et al.* (2013) A thermodynamic mechanism for PVT growth phenomena of SiC single crystals. *ECS J. Solid State Sci. Technol.*, **2**, N3018.

第4章　碳化硅外延生长

在 SiC 材料体系中，外延生长对于制造掺杂浓度和厚度符合设计要求的有源层是至关重要的。基于化学气相沉积的同质外延生长技术已经获得巨大进步，通过台阶流生长以及 C/Si 比控制可以分别实现多型体复制和宽范围掺杂。本章主要阐述六方 SiC 的同质外延生长的基本原理和技术发展，也对 3C－SiC 的异质外延生长技术做了简要介绍。

4.1　SiC 同质外延的基本原理

在六方多型体偏轴 SiC {0001} 上化学气相沉积（CVD）同类 SiC 多型体是用于开发 SiC 器件的标准技术。甲硅烷（SiH_4）和丙烷（C_3H_8）或者乙烯（C_2H_4）是常用的外延前体，载气为氢气（H_2），偶尔会加入氩气（Ar）。典型的生长温度及生长速率分别为 1500～1650℃ 及 3～15μm/h。SiC 的 CVD 生长工艺通常包含原位刻蚀和主外延生长。原位刻蚀通常基于 H_2、HCl/H_2、碳氢化合物/H_2或者 SiH_4/H_2在非常高的温度下进行，典型的工艺温度与主外延生长温度相同。原位刻蚀的目的是去除衬底的亚表面损伤并获得规则的表面台阶结构。在紧接刻蚀工艺之后开始进行 n 型或者 p 型（或者其多层结构）的主生长工艺。本节将阐述 SiC 同质外延的基本原理（着重于 CVD 技术），而关于生长的高级技术，诸如快速外延等，则放在后面的各节中介绍。

4.1.1　SiC 外延的多型体复制

如第2章中所述，4H－SiC 是主流器件应用所采用的多型体材料。SiC 的多型现象意味着多型体的精确控制是 SiC 外延生长中的一个重要方面。早期的 α－SiC（在那个时期主要是指 6H－SiC）外延生长采用了液相外延法（LPE）[1,2]，或者 CVD 法[3-6]。CVD 法的优点在于对外延层厚度及杂质掺杂的精确控制以及均匀性，但有多型体混合的严重问题。例如，以 6H－SiC Lely 晶片的 {0001} 基矢面上 CVD 方法生长 6H－SiC 为例，这种情况下需要高达 1800℃ 的工艺温度才能进行可重复的同质外延生长，低于此温度将会产生孪生结晶的 3C－SiC[3-6]。

在 6H－SiC 衬底上的 6H－SiC 外延层中进行完美多型体复制的概念由 Matsunami等人于 1987 年提出[7,8]，他们研究了在不同偏角、不同偏晶向的 SiC {0001} 衬底上生长 SiC 层多型体，并提出获得高质量同质外延 6H－SiC 的最优偏离晶向及偏角[7]。Davis 等人于 1987 年也报道了在偏轴衬底上同质外延生长6H－SiC[9,10]。利用台阶流生长方法在具有 2°～6°偏轴的 6H－SiC {0001} 衬底上通过

CVD 技术在 1450～1550℃下，可以得到表面非常平滑的 6H－SiC 同质外延生长。采用同样的技术，在具有 5°～6°偏轴的 4H－SiC {0001} 衬底上同质外延 CVD 生长 4H－SiC 已经实现[11]。这项技术也适用于其他多型体，如 15R－SiC 及 21R－SiC 的同质外延生长。4H－SiC 同质外延的成功以及基于同质外延层的高性能 4H－SiC 肖特基二极管的成功示范[12,13]引发了 4H－SiC 在功率器件应用领域独有的发展。由于外延层中的多型体可以通过偏轴衬底上出现的表面台阶控制，该外延生长技术被命名为“台阶控制外延”。众多文章综述了有关在偏轴 SiC {0001} 衬底上同质外延生长高质量的 SiC[14－26]。

图 4-1 展示了在正轴和 6°偏轴 6H－SiC（0001）衬底上生长的 SiC 外延层的表面形貌、$<11\bar{2}0>$方位反射高能电子衍射（RHEED）图样和经过 KOH 熔液腐蚀过的表面。外延生长在 1500℃下进行，生长速率为 3μm/h[15]。在正轴（0001）表面，外延层表现出类马赛克的表面形貌：相对平滑的区域被台阶状或沟槽状的边界分开。RHEED 图像分析可知，生长层被鉴定为具有孪晶结构的 3C－SiC（111）。三角形的腐蚀坑标示着所观察的生长层具有三重对称性，表明所生长的为立方相。

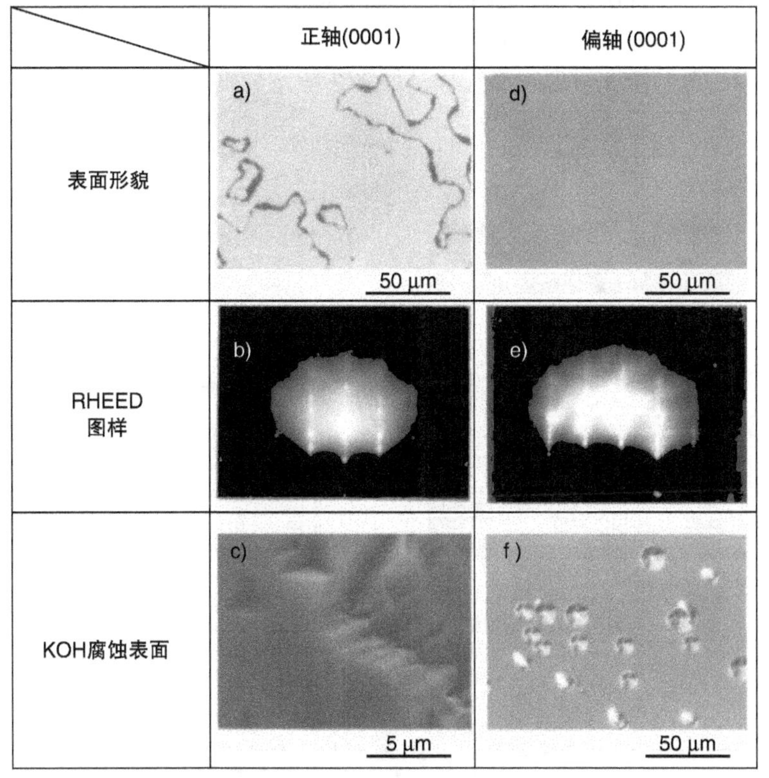

图 4-1 在正轴和 6°偏轴的 6H－SiC（0001）衬底上生长的 SiC 外延层的表面形貌（a，d）、$<11\bar{2}0>$方位反射高能电子衍射（RHEED）图样（b，e）和经过 KOH 熔液腐蚀过的表面（c，f），生长在 1500℃下进行，生长速率为 3μm/h[15]

（由 Elsevier 授权转载）

注意到在沟槽边界两边的腐蚀坑相对彼此旋转了180°角，这个结果说明由边界相隔的相邻区域存在着孪晶关系，并形成所谓的“双位孪晶”（“double positioning twin”）[27]。相比而言，在偏轴衬底上生长的外延层展示出镜面光滑表面，RHEED图样显示所生长的为单晶6H－SiC（0001）。生长层的多型体类型由透射电子显微镜（TEM）观察、拉曼散射和光致发光进一步验证。有着光滑表面形貌的同质外延层也可以在偏轴（000$\bar{1}$）面上得到。

首选的偏晶向为<11$\bar{2}$0>，CVD生长在偏轴（0001）偏向<1$\bar{1}$00>的衬底上经常展现出条带状的形貌，这是由显著的台阶聚集所引发[8,10]。在偏轴（0001）偏向<1$\bar{1}$00>衬底方向上进行超长时外延生长过程中，可以间或观察到3C－SiC夹杂相。虽然已有在偏轴（0001）偏向<1$\bar{1}$00>的衬底上成功进行外延生长的文献报道[28]，但是最先进的技术一般还是采用标准的有若干度偏角（典型值为4°）指向<11$\bar{2}$0>的偏轴（0001）衬底。

图4-2a、b分别展示了正轴和偏轴6H－SiC（0001）衬底上原子层生长的生长模式及堆垛序列原理示意图。图4-2c描绘了原子台阶处及（0001）台阶面的成键结构。前体被加热并在气相或接近衬底处进行分解，进一步源物质向衬底表面扩散。被吸附的源物质在衬底表面迁移，最终在能量较低的台阶或扭折处并入晶格。

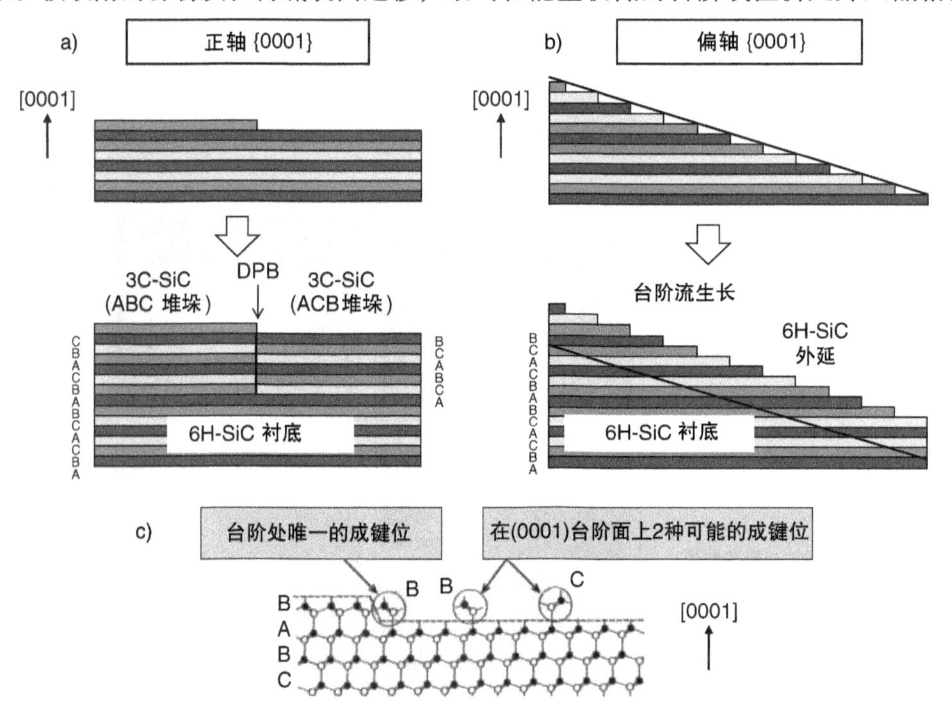

图4-2　a）正轴6H－SiC（0001）及b）偏轴6H－SiC（0001）衬底上同质外延的生长模式及堆垛序列。c）原子台阶处及（0001）台阶面的成键结构

但是，这里存在着另外一种在台面上成核的竞争生长机制，这种机制将在过饱和度足够高时发生。这两种生长机制的详细描述如下：

1）在正轴 {0001} 衬底上，台阶密度很低，存在很宽的 {0001} 台阶面。于是，由于高度过饱合晶体生长可能最早通过二维成核的方式在台阶面处发生。生长层的多型体由生长条件，特别是生长温度所决定，这将会导致 3C－SiC 的生长，因为其在低温条件下是稳定的[29]。量子力学能量计算[30]以及静电模型[31]等理论研究预测了这种现象的存在。研究表明缺陷，例如抛光导致的表面损伤，都能在过饱和度足够高时引发 3C－SiC 成核[32]。因为 6H－SiC 的堆垛次序为 ABCACB…，所以 3C－SiC 的生长存在着两种可能的堆垛次序，分别为 ABCABC…及 ACBACB…，如图 4-2a 所示。

2）在偏轴 {0001} 衬底上，台阶密度很大，台阶面宽度相对于吸附反应物的迁移并到达台阶处而言足够窄。如图 4-2b 所示，台阶处的并入点（A，B，C）唯一地由台阶处化学键所决定。因此，同质外延可以通过自台阶处的横向生长（台阶流生长）实现，并在此过程中继承了衬底的堆垛次序。通过使用偏轴衬底极大提高同质外延晶体质量的现象在三明治升华法生长（sandwich－sublimation-growth）[33]、LPE[34]及分子束外延（MBE）[35]生长六方 SiC 中观察到。总体而言，在偏轴（斜切）衬底上进行台阶流生长的方法已经在很多材料中进行了广泛研究。在 SiC 外延中，SiC 外延层的多型体可以通过衬底的台阶密度加以控制，这里衬底表面台阶充当了模板，迫使衬底多型体在外延层中得到复制。这就是“台阶控制外延法”命名的由来[15]。

在更低温度下六方 SiC {0001} 的同质外延也得到了研究。生长温度可以降至1200℃甚至更低温度下而不产生 3C－SiC 夹杂相[36,37]，但是样品表面缺陷密度，例如三角形缺陷等，将随着生长温度的降低而显著增加。在如此低的外延温度下，生长速率必须被控制在很低，如低于几 μm/h，以尽可能降低 3C－SiC 夹杂相的生成，而更大的衬底偏角对于实现低温下 SiC 的同质外延是很有帮助的。这些结果都将在下一节里以定量化的方式加以阐述。低温外延的另外一个严重问题是背景氮掺杂浓度的显著增加，例如，1200℃下生长的非掺杂 SiC（0001）外延层中施主浓度接近 $3\sim8\times10^{17}\mathrm{cm}^{-3}$[38]，这对于器件制造是完全无法接受的。

4.1.2 SiC 同质外延的理论模型

这里所考虑的是基于 BCF（Burton，Cabrera，and Frank）理论的简单表面扩散模型[39]，其中高度为 h 的台阶被 λ_0 等间距分开，如图 4-3 所示。吸附在台阶面上的吸附物向台阶处扩散，其中的一部分可以到达台阶处并入晶格，而其他则重新气化回到气相中。当台阶面上未发生成核，则吸附物的连续性方程可以表达为[39]

$$-D_s\frac{\mathrm{d}^2n_s(y)}{\mathrm{d}y^2}=J-\frac{n_s(y)}{\tau_s} \tag{4-1}$$

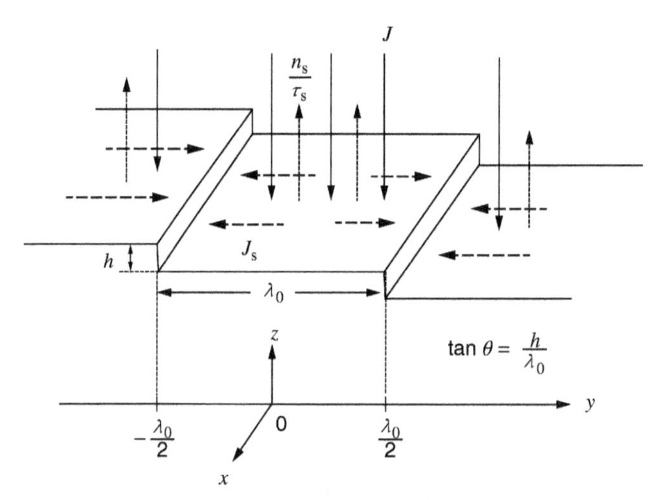

图4-3 基于BCF理论的表面扩散模型，其中高度为h的台阶被等距离λ_0均分[40]
（经AIP出版有限责任公司授权转载）

式中，$n_s(y)$为表面单位面积上吸附的吸附物数目（在下文中，$n_s(y)$被称为吸附原子密度），J为到达表面的反应物流量，τ_s代表吸附物的平均驻留时间，而D_s为表面扩散系数。在此，假设台阶是完全相同的并对进入的物质起到完美的收集器作用，即台阶对于吸附物的捕获概率是1而不依赖于吸附物是从何方向趋近台阶的。在过饱和比$\alpha_s(=n_s/n_{s0})$在台阶处为1的边界条件下：即当$y=\pm\lambda_0/2$时，$n_s=n_{s0}$，台面上的吸附原子密度可以由式（4-1）的一个解给出：

$$n_s(y)=J\tau_s+(n_{s0}-J\tau_s)\frac{\cosh\left(\frac{y}{\lambda_s}\right)}{\cosh\left(\frac{\lambda_0}{2\lambda_s}\right)},\left(-\frac{\lambda_0}{2}\leqslant y\leqslant+\frac{\lambda_0}{2}\right)\tag{4-2}$$

式中，n_{s0}为平衡态下的吸附原子密度，λ_s为吸附物的表面扩散长度，由下式给出[39]：

$$\lambda_s=\sqrt{D_s\tau_s}=a\exp\left(\frac{E_{des}-E_{diff}}{2kT}\right)\tag{4-3}$$

式中，a、k，以及T分别为跳跃距离（原子间距）、玻尔兹曼常数及绝对温度，E_{des}和E_{diff}分别为脱附和表面扩散的活化能，λ_s表示在一个“无台阶”的表面上，吸附物在脱附前的平均迁移距离。在台阶流生长中，生长速率（R）由台阶移动速度v_{step}及$\tan\theta$（$=h/\lambda_0$）的乘积给出，其中θ为衬底偏角，于是，满足下面的公式：

$$R=v_{step}\tan\theta=\frac{2h\lambda_s}{n_0\lambda_0}\left(J-\frac{n_{s0}}{\tau_s}\right)\tanh\left(\frac{\lambda_0}{2\lambda_s}\right)\tag{4-4}$$

式中，n_0是表面的吸附点密度（对于SiC｛0001｝面为$1.21\times10^{15}cm^{-2}$）。

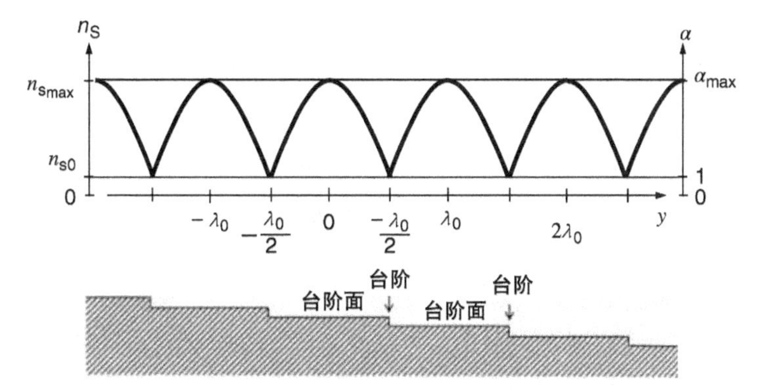

图4-4 表面吸附原子密度及过饱和率（α_s）的分布[40]

（经AIP出版有限责任公司授权转载）

图4-4展示了表面吸附原子密度及过饱和率（α_s）的分布。因为α_s在台阶面中部取得最大值α_{s-max}，成核最容易在该处发生。基于式（4-2）及式（4-4），α_{s-max}可以表示为[39]

$$\alpha_{s-max} = 1 + \frac{\lambda_0 n_0 R \tau_s}{2\lambda_s n_{s0} h}\tanh\left(\frac{\lambda_0}{4\lambda_s}\right) \tag{4-5}$$

α_{s-max}依赖于实验条件，例如生长速率、生长温度以及台阶面宽度，是一个决定生长模式为台阶流或二维成核的基本参数。因为在一个表面上二维成核率J_{nuc}随过饱和比呈指数增长，当α_{s-max}超过临界值α_{s-crit}时，二维成核将变得显著。由此，生长模式根据α_{s-max}与α_{s-crit}的关系可以决定

$$\alpha_{s-max} > \alpha_{s-crit}: \text{二维形核} \tag{4-6}$$

$$\alpha_{s-max} < \alpha_{s-crit}: \text{台阶流} \tag{4-7}$$

对于偏轴SiC {0001} 上同质外延六方SiC的情况，如上所述，需要稳定的台阶流生长以保证同质外延质量。台阶面上或“缺陷点处”的二维成核可能会导致3C－SiC或其他杂质多型体夹杂相的产生。

在临界生长条件下，α_{s-max}应该与α_{s-crit}相等，即[40]

$$\frac{\lambda_0}{4\lambda_s}\tanh\left(\frac{\lambda_0}{4\lambda_s}\right) = \frac{(\alpha_{s-crit} - 1)h}{2n_0 R}\frac{n_{s0}}{\tau_s} \tag{4-8}$$

这是描述偏轴衬底上生长模式的基本方程。在这个方程中，R及λ_0由生长条件决定。由于台阶聚并的发生，h同样依赖于生长条件，而n_0是材料的本征参数。如果n_{s0}/τ_s及α_{s-crit}的值是已知的，且几个关键条件可以通过实验方式获得，那么通过式（4-8）可以估算表面扩散长度。n_{s0}/τ_s可以利用Knudsen方程（从气体动力学理论角度）根据平衡蒸气压P_0计算得出[41]。这里，P_0可以通过反应系统化学平衡常数计算得到[40]。在这种情况下，因为Si反应物的供应主要控制生长，SiC的CVD生长中的P_0可以假设为正在进行的表面反应中Si反应物的平衡蒸气压[36,42]。Si的平衡蒸气压Si(P_{Si})随温度的变化关系可以通过几个Si和碳氢化合物反应的平

衡方程得到[40]。

当 α_{s-max} 超过临界过饱和比 α_{s-crit}，台阶面上的成核成为主导过程。例如，假设当临界成核率 J_{nuc} 设定为 $10^{10}cm^{-2}s^{-1}$，相当于在 100nm × 100nm 区域内每单位时间形成一个核，盘状核的 α_{s-crit} 可由下式给出[43]：

$$\alpha_{s-crit} = \exp\left\{\frac{\pi h_0 \sigma^2 \Omega}{(65 - \ln 10^{10})k^2 T^2}\right\} \tag{4-9}$$

式中，Ω 及 σ 分别为 Si—C 对的体积（$2.07 \times 10^{-23}cm^3$）和表面自由能。六方 SiC {0001} 的（0001）和（000$\bar{1}$）面的表面自由能分别计算为 $2220 \times 10^{-7}J/cm^2$ 及 $300 \times 10^{-7}J/cm^2$[44]。台阶高度（h_0）可以通过原子力显微镜确定，通常的范围是 $c/2$ 到几个 c。图 4-5 展示了（0001）Si 面及（000$\bar{1}$）C 面的 α_{s-crit} 的温度特性，（000$\bar{1}$）C 面的 α_{s-crit} 的取值非常低，意味着在相同的过饱和条件下，（000$\bar{1}$）C 面上的形核发生频率远大于（0001）Si 面。

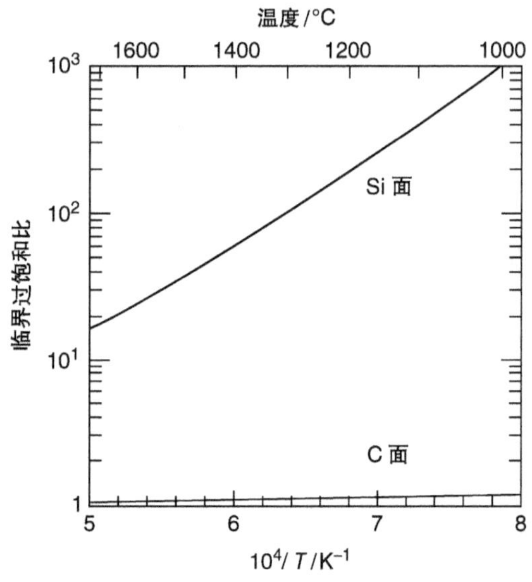

图 4-5　（0001）Si 面及（000$\bar{1}$）C 面的 α_{s-crit} 的温度特性曲线[40]

（经 AIP 出版有限责任公司授权转载）

临界生长条件可以通过不同生长条件的 CVD 生长实验获得，生长温度及偏角分别在 1100～1700℃ 和 0.2°～10°的范围内变化。表 4-1 总结了不同生长温度下，外延生长 4H-SiC（0001）的临界生长条件，其中的数据是由旧有文献更新而来[40]。更高的生长温度、更大的偏角以及更低的生长速率有利于 4H-SiC 同质外延（台阶流生长）。此外，低 C/Si 比（前体中碳和硅原子的比例）的 CVD 生长对于促进同质外延也是非常有利的[42]。

表 4-1　不同生长温度下，外延生长 4H-SiC（0001）的临界生长条件

生长温度/℃	偏角（°）	生长速率/(μm/h)
1100	6	0.8
1200	4	2.4
1400	1	14
1500	0.2	6
1600	2	90

图 4-6 展示了利用式（4-8）计算以上讨论的一些数据点得到的 4H-SiC（0001）表面扩散长度（λ_s）随温度的关系。在图中，利用式（4-3）进行拟合的

结果用虚线标示。由于该研究得到的表面扩散长度是脱附之前在“无台阶”表面的平均迁移距离，所以得到的结果随温度升高而下降，因为高温下脱附效果得以加强。由于部分生长参数的缺失，没有估算 C 面上的扩散长度。之前的研究表明，在 6H－SiC {0001} 上，C 面上的扩散长度要远长于在 Si 面上的结果[40]。虽然 C 面上更容易发生成核，但是其更长的表面扩散长度可能会补偿台阶面上的频繁成核。

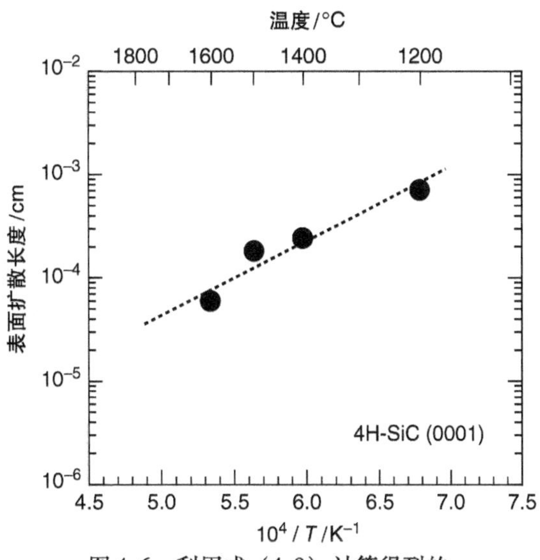

图 4-6 利用式（4.8）计算得到的 4H－SiC（0001）表面扩散长度（λ_s）随温度的依赖关系

因为已经得到 n_{s0}/τ_s、α_{s-crit}和 λ_s的温度依赖关系，所以临界生长条件可以利用式（4-8）进行预测。例如，如果生长温度和衬底偏角（台阶面宽度）确定，可以计算得到临界生长速率（实现台阶流生长的最大生长速率）。图 4-7 展示了对于偏角分别为 0.2°、1°、4°和 8°的衬底上的临界生长条件。值得注意的是，这张图较之前文献展示的结果[40]有很明显的更新，这是因为在分析中采用了最新的实验数据。此图中，被曲线分割开的上左和下右区域分别对应于二维成核（严重的 3C－SiC 夹杂）和台阶流生长（同质外延）条件。高生长速率和小偏角下的生长可以通过台阶流模式在高生长温度下进行。在 1700℃生长温度下，一个小得可以产生接近“正轴” {0001} 的 0.2°偏角就足以得到生长速度约 50μm/h 的台阶流生长。在有着小偏角 SiC {0001} 衬底上，表面缺陷在3C－SiC形核中的作用变得非常重要[32]。值得注意的是，目前的模型中并未考虑围绕贯穿螺型位错（TSD）的螺旋生长。螺型生长可以很自然地促进同质外延生长，这种效应在有着非常小的偏角的 SiC {0001} 衬底上十分显

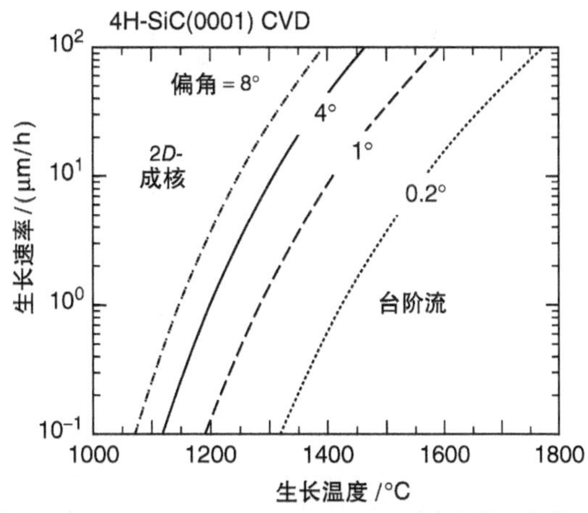

图 4-7 4H－SiC（0001）上 CVD 生长的临界条件，其中给出了在给定的衬底偏角下，最大生长速率与生长温度的关系曲线，被曲线分割开的左上和右下区域分别对应于二维成核（严重的 3C－SiC 夹杂）以及台阶流生长（同质外延）条件

著。相反的，在1200℃下的低温外延生长中，需要大于4°的大偏角以得到一个合理的生长速度（>1μm/h）。

4.1.3 生长速率及建模

在CVD生长SiC的典型条件下，SiC在不同面上，如（0001）、（000$\bar{1}$）和（11$\bar{2}$0）的生长速率差异是非常小的，这表明SiC生长是**扩散限制型**的，向生长面的源物质供应是决定生长速率的关键步骤[36]。

图4-8a展示了偏轴4H-SiC（0001）CVD生长中生长速率与C/Si比的依赖关系[45]。在此实验中，通过固定SiH_4流量而调节C_3H_8流量实现C/Si比的变化。当C/Si低于1.0~1.3时，生长速率随C/Si比（C_3H_8流量）的增大而增加；当高于某C/Si比时，生长速率不再随C/Si比（C_3H_8流量）的增大而变化。在这个饱和区域内，生长速率与SiH_4流量呈近似正比关系。这些是化合物半导体CVD生长中的一般规律。当处于富Si气氛中时，生长速率由碳供应所决定；同样在富C条件下，生长速率主要由硅供应所决定。在“拐点”（C/Si比为1.0~1.3）附近，必须在生长表面建立起接近化学计量比的条件。通常，在接近这个化学计量比的条件下，可以得到非常好的表面形貌；当C/Si比过低时，表面会形成严重的大台阶及Si滴；相反地，当C/Si比过高时容易在表面形成表面形貌缺陷，例如三角形缺陷。通过改变C和Si源的供应比例而改变表面的化学计量比及过饱和度的仿真结果展现在图4-8b中。

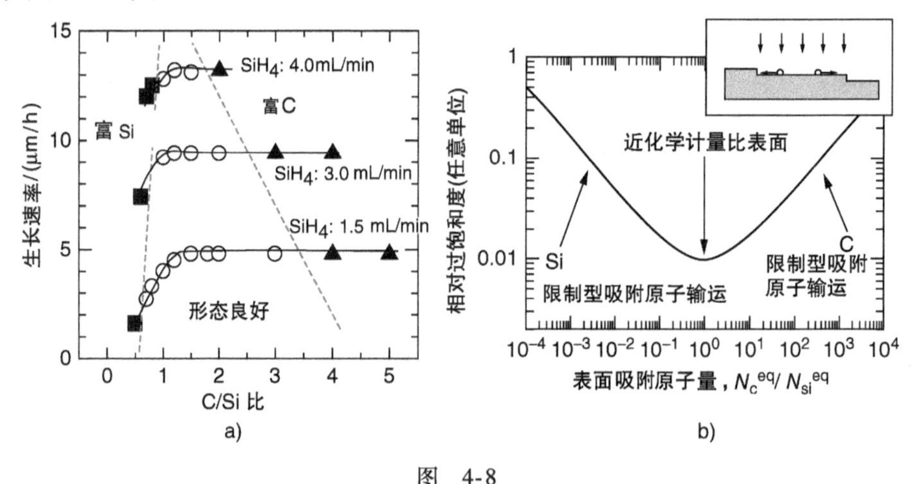

图 4-8

a）偏轴4H-SiC（0001）CVD生长中生长速率与C/Si比的依赖关系[45]（经日本应用物理协会授权转载） b）通过改变C和Si源的供应比例而改变表面的化学计量比及过饱和度[42]（经AIP出版有限责任公司授权转载）

图4-9展示了在1650℃，C/Si比固定为1.2的条件下，生长速率与SiH_4流量的关系[46]。生长速率的增长几乎正比于SiH_4流量，并在20mL/min的SiH_4流量下

达到50μm/h；但是当生长是在11kPa下进行时，在更高的流量下，生长速率与SiH_4流量表现出亚线性特性并趋于饱和，这是由于气相中Si的聚合反应造成的，该效应将在快速生长的章节中（4.4节）做进一步讨论。这种Si聚合可以通过降低生长压力（4kPa）而抑制，同时可以得到超过80μm/h的高生长速率。图4-9中纵轴的截距为负值，表明当SiH_4流量很小时，H_2刻蚀SiC的速率快于生长速率。在4kPa压力、1600~1650℃温度下，H_2刻蚀SiC的速率为0.2~0.4μm/h。

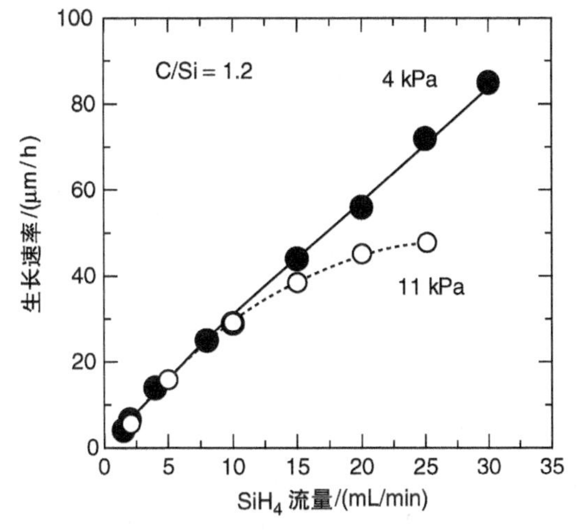

图4-9 1650℃，C/Si比固定为1.2条件下，4H-SiC与SiH_4流量的关系

高温下SiC与H_2的相互作用是学术上及技术上的观注点。在1500~1700℃温度范围内，硅因其高平衡压力而脱附，而碳通过与H_2反应以CH_4（或是CH_2）的形式移除。

$$Si(s) \rightarrow Si(g) \tag{4-10}$$

$$C(s) + 2H_2 \rightarrow CH_4(g) \tag{4-11}$$

式中，“g”和“s”分别代表气相和固相。因此，在足够的H_2供应下刻蚀会随反应压力的下降而加快（因为低压可以增强硅脱附）。相反地，在相对较高的压力，如大气压下，硅脱附将受到阻碍，虽然更高的H_2压力会增强碳的移除。因此，碳的选择性刻蚀将会在高压（以及高温）下发生，并导致硅滴的形成。当然，这些硅滴会对接下来的外延生长造成破坏。在H_2刻蚀过程中加入少量HCl[19,20,47,48]或是碳氢化合物[49,50]是获得不含硅滴的干净SiC表面的有效途径。但是，如式（4-11）表示的利用H_2去除碳的速率，在1200℃以下将变得极慢。因此，当在低压和900~1200℃下利用H_2刻蚀SiC时，将会发生选择性的Si脱附，导致表面石墨化。在高温下对SiC进行真空退火处理是在SiC表面形成石墨烯的一种方法[51-53]。在常压、高于1000℃条件下对SiC进行H_2处理，可以获得氢钝化的干净SiC表面[54]。

在SiC CVD生长中的化学反应得到了深入研究。Allendorf和Kee分析了1200~1600℃下$SiH_4-C_3H_8-H_2$系统内的气相及表面反应[55]。Stinespring和Wohmhoudt也报道了相似的气相动力学分析结果[56]。他们的分析表明对SiC生长有贡献的主要反应物是SiH_4分解产生的Si、SiH_2及Si_2H_2，以及C_3H_8分解产生的CH_4、C_2H_2和C_2H_4分子。这些仿真结果表明Si（或SiH_2）可能被优先吸附，进而在表面迁移。事实上，标准CVD系统中如果没有供应SiH_4，很少碳膜沉积会发生。

Nishizawa和Pons[57-60]以及Danielsson等人[61,62]建立了SiC CVD生长的准确的

仿真模型。在这些模型中，如同 SiC 晶锭生长的情况（详见 3.1.3 节），传热及质量输运方程得到求解，然而在 CVD 仿真中，需要考虑一整套复杂的化学反应。虽然较之升华法生长过程，CVD 过程更容易控制，但是没有办法获知生长表面的真实 C/Si 比，也无法弄清入气口处 C/Si 比的变化对表面真实 C/Si 的影响。对于 SiC CVD 的仿真为晶圆温度分布、表面动力学（包括真实的 C/Si 比、掺杂效率等）提供了深入了解，以及为升级反应室等方面提供了指导原则。表 4-2 和表 4-3 分别展示了气相中（均相的）及表面上（非均相的）的主要化学反应[57]。在仿真中，考虑了化学反应常数随温度变化的依赖关系，可以很好地预测前体供应、C/Si 比、生长温度以及压力等因素的变化对生长速率的影响。图 4-10 展示了 25kPa 下 SiC CVD 模拟的 SiC 表面的真实 C/Si 比[57]。该图表明了在 SiH_4 流量固定的情况下，C/Si 比与 C_3H_8 流量的关系。真实 C/Si 比被定义为利用仿真模型计算得到的在生长表面（非进气口处）的 C 和 Si 的摩尔分数之比。值得注意的是，C/Si 比随 C_3H_8 流量的增加呈现非线性关系。此外，在固定 SiH_4 和 C_3H_8 流量下，真实 C/Si 比随生长温度的升高（1783K→1823K→1873K）而显著下降。图 4-11 展示了固定进气口处 C/Si 比情况下，真实 C/Si 比与 SiH_4 流量的关系[57]。生长温度和压力分别为 1873K、25kPa。即使进气口处 C/Si 比固定为 1.0 不变，生长表面的真实 C/Si 比仍随前体流量的增加而表现出持续的下降。当进气口的 C/Si 比为 0.5（富 Si）或是 1.5（富 C）时，真实的 C/Si 比也随前体流量的增加而显著趋向于富 Si 或富 C 条件。这些结果对于理解生长条件变化对表面形貌及杂质掺入等造成的变化是十分重要的。利用仿真结果也可以很好地描述氮和铝掺杂与生长条件的相关性[57,60]。

表 4-2　SiC CVD 仿真中考虑的气相中（均相的）主要的化学反应[57]（Wiley 出版社授权转载）

主要均相反应
$SiH_4 \longleftrightarrow SiH_2 + H_2$
$Si_2H_6 \longleftrightarrow SiH_2 + SiH_4$
$SiH_2 \longleftrightarrow Si + H_2$
$2H + H_2 \longleftrightarrow 2H_2$
$C_3H_8 \longleftrightarrow CH_3 + C_2H_5$
$CH_4 + H \longleftrightarrow CH_3 + H_2$
$C_2H_5 + H \longleftrightarrow 2CH_3$
$2CH_3 \longleftrightarrow C_2H_6$
$C_2H_4 + H \longleftrightarrow C_2H_5$
$C_2H_4 \longleftrightarrow C_2H_2 + H_2$
$H_3SiCH_3 \longleftrightarrow SiH_2 + CH_4$
$H_3SiCH_3 \longleftrightarrow HSiCH_3 + H_2$
$Si_2 \longleftrightarrow 2Si$
$Si_2 + CH_4 \longleftrightarrow Si_2C + 2H_2$
$SiH_2 + Si \longleftrightarrow Si_2 + H_2$
$CH_3 + Si \longleftrightarrow SiCH_2 + H$
$SiCH_2 + SiH_2 \longleftrightarrow Si_2C + 2H_2$

表 4-3　SiC CVD 仿真中所考虑的表面上（非均相的）主要的化学反应[57]（Wiley 出版社授权转载）

主要非均相反应
$C_{vol} + Si_{surf} + H_2 \longleftrightarrow SiH_2 + C_{surf}$
$2Si_{vol} + 2C_{surf} + H_2 \longleftrightarrow C_2H_2 + 2Si_{surf}$
$SiH_4 + C_{surf} \longleftrightarrow SiH_{2surf} + H_2 + C_{vol}$
$SiH_{2surf} \longleftrightarrow H_2 + Si_{surf}$
$SiH_2 + C_{surf} \longleftrightarrow SiH_{2surf} + C_{vol}$
$Si + C_{surf} \longleftrightarrow Si_{surf} + C_{vol}$
$C_2H_4 + Si_{surf} \longleftrightarrow 2C_{surf} + 2H_2 + Si_{vol}$
$C_2H_4 + 2Si_{surf} \longleftrightarrow 2C_{surf} + 2H_2 + 2Si_{vol}$
$CH_4 + Si_{surf} \longleftrightarrow C_{surf} + 2H_2 + Si_{vol}$
$H_3SiCH_3 + C_{surf} \longleftrightarrow Si_{surf} + H_2 + H + CH_3 + C_{vol}$
$CH_3 + Si_{surf} \longleftrightarrow C_{surf} + 1.5H_2 + Si_{vol}$
$Si_2 + 2C_{surf} \longleftrightarrow 2Si + 2C_{vol}$
$Si_2C + Si_{surf} \longleftrightarrow Si_2 + C_{surf} + Si_{vol}$
$SiCH_2 + C_{surf} \longleftrightarrow Si_{surf} + CH_2 + C_{vol}$
$CH_2 + Si_{surf} \longleftrightarrow C_{surf} + H_2 + Si_{vol}$

4.1.4　表面形貌及台阶动力学

在优化的生长工艺下，SiC 同质外延层的表面是光滑的[20,22,23,48]。图 4-12 展示了 Nomarski 显微镜和原子力显微镜（AFM）下观察到的 4H-SiC（0001）外延层的表面形貌。表面几乎没有特征，宏观表面缺陷密度的典型值为 0.1～0.5cm^{-2}。在 $10\times10\mu m^2$ 的扫描范围内，由方均根（r_{rms}）定义的表面粗糙度为 0.14～0.22nm。虽然表面粗糙度对于厚外延层（>50μm）趋向增加，但依然可以通过对衬底的化学机械抛光、优化刻蚀及生长条件显著改善表面形貌，这种改善甚至对于非常厚（>100μm）的外延层也是有效的。当使用小偏角（2°～4°）4H-SiC（0001）时，经常会观察到大台阶的形成[63-65]。大台阶的形成是不合要求的，这主要是因为其会导致电场拥挤，特别是在这样的表面上形成的栅氧化层处。在富 Si 条件下进行 CVD 生长[64,65]或是使用（000$\bar{1}$）衬底[65,66]都能有效地抑制大台阶的形成，表面形貌缺陷将在 4.3.1 节阐述。

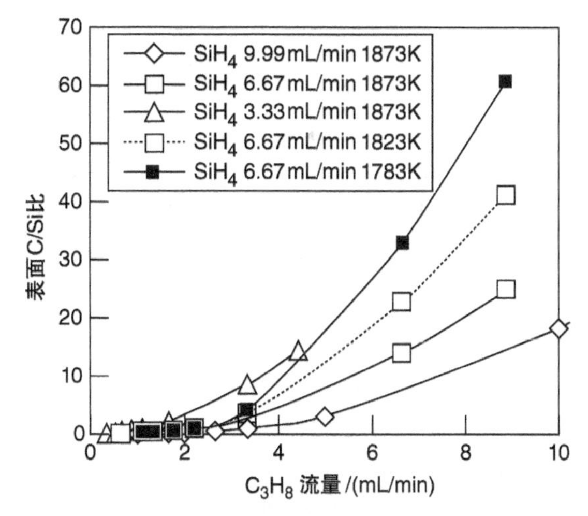

图 4-10　模拟在 25kPa 下，SiC CVD 生长在几个固定 SiH_4 流量下生长表面的真实 C/Si 比与 C_3H_8 流量的关系[57]（Wiley 出版社授权转载）

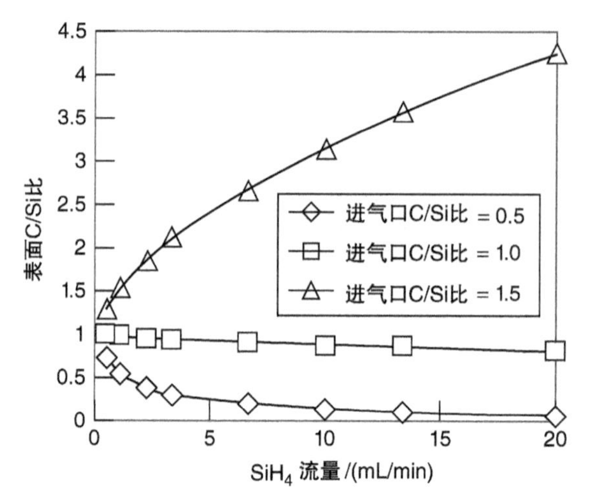

图 4-11 在固定进气口处的几个 C/Si 比下，模拟得到的真实 C/Si 比与 SiH_4 流量的关系[57]（Wiley 出版社授权转载）。生长温度和压力分别为 1873K、25kPa

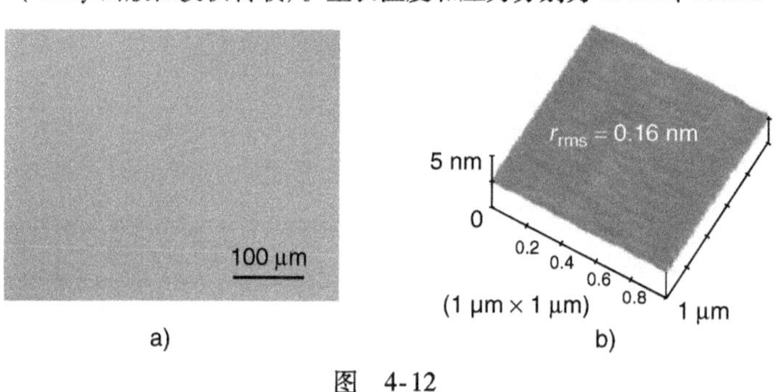

图 4-12

a）Nomarski 显微镜 b）原子力显微镜（AFM）观察到的 4H-SiC（0001）外延层的表面形貌

偏轴衬底上台阶流生长中的台阶聚并是晶体生长和表面科学中有趣而且重要的方面。有人利用 AFM 及 TEM 研究了 6H-SiC 和4H-SiC {0001} 同质外延层的台阶结构。在 AFM 观测中，对于（0001）Si 面及 $(000\bar{1})$C 面，可以观察到具有显著差异的表面结构。在偏轴（0001）Si 面上的 SiC 外延生长得到有着台阶面宽度 200～600nm、台阶高度 2～8nm 的明显大台阶。通过高分辨率观测，每一个大台阶并不是一个单独的台阶，而是由多个微观台阶组合而成，

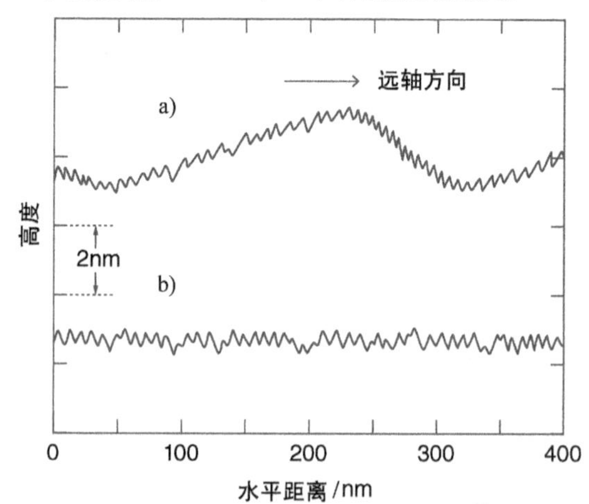

图 4-13 4H-SiC a)（0001）和 b) $(000\bar{1})$ 面上外延层表面的高分辨截面分析[67]

（经 AIP 出版有限责任公司授权转载）

如图 4-13a 所示[67]。这种现象在小偏角（2°～4°）衬底上或富 C 条件下[64,65]的 4H－SiC（0001）生长中是十分显著的。而在偏轴（000$\bar{1}$）C 面上，表面十分平整，大台阶很少被观察到，如图 4-13b 所示。虽然表面上的大台阶的形成机制并不清楚，其表面与台阶流模式生长的其他材料[68,69]中经常观察到的所谓的峰谷（小面化的）结构十分相似。偏轴 SiC（0001）表面可能自发地进行重排，从而通过增加低能表面面积而使总表面能最小化。当观察台阶高度时，每种特定的 SiC 多型体表现出特定的台阶结构。图 4-14 分别展示了 3.5°或 8°偏角衬底上 4H－SiC 和 6H－SiC（0001）外延层表面台阶高度的直方图[48]，对于 4H－SiC，多发表面台阶展现出两个双原子层高度（4H－SiC 原胞高度的一半），而四个双原子高度（原胞尺寸）的台阶也可以观察到。对于6H－SiC的情况，大多数台阶展现出三个双原子层高度（6H－SiC 原胞高度的一半）。台阶高度的分布固然依赖于生长条件，但是有着一半或完整晶胞高度（$c/2$ 或是 c）的台阶在 SiC CVD 外延层中是常见的。

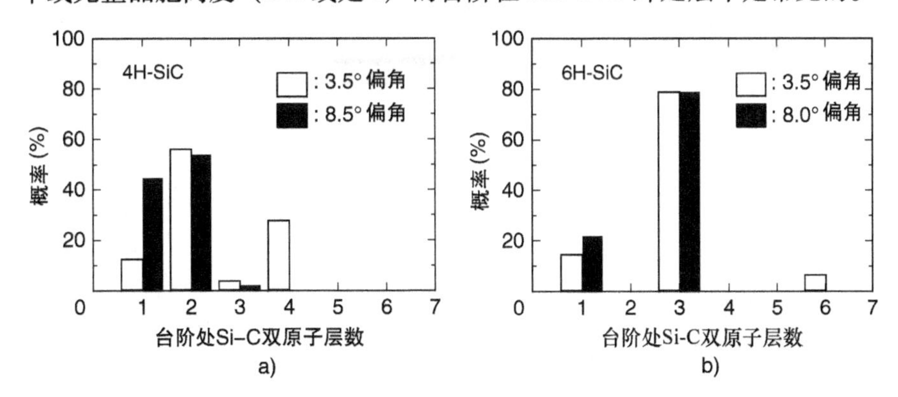

图 4-14　3.5°或 8°偏角衬底上生长的 a）4H－SiC 和 b）6H－SiC（0001）外延层表面台阶高度的直方图[48]

（经日本应用物理协会授权转载）

相似的结果在 Lely 法[70]及 MBE 法[35]生长的 6H－SiC 表面也报道过。TSD（或微管）附近的 4H－SiC 及 6H－SiC 表面同样表现出类似的台阶结构：沿 <1$\bar{1}$00>方向，台阶高度为 c，而沿 <11$\bar{2}$0>方向台阶高度为 $c/2$[71,72]。因此，高度为 $c/2$ 或 c 的表面台阶形成看起来像是 4H－SiC 及 6H－SiC 生长的内在要素。在 15R－SiC 生长中，占主导地位的台阶有两个、三个及五个双原子层高度，这对应于 15R－SiC 的之字型堆垛结构[48]。Heine 等人提出，由于特殊的堆垛顺序，每一个 SiC 双原子层的表面能都是不同的[30]。不同的表面能可能会导致每一个 Si－C 双原子层不同的台阶速度，导致“结构诱发大台阶形成”[73]。

4.1.5　SiC 外延的反应室设计

由于 SiC CVD 需要非常高的温度（1500～1700℃），因此已经提出了几种独特的反应室设计。例如，浮力驱动对流在这个温度范围内是很重要的，低生长压力、高载气流量是减少热对流的有效途径。值得注意的是，在这个温度范围内，辐射是决定温度（热）损耗的主要机制。图4-15展示了SiC CVD外延中使用的几种典型反应室的结构示意图。传统的水平[16,19]和竖直[17]冷壁CVD反应室分别如图4-15a、b所示。这些传统的反应室在结构上较为简单，但是在具体的SiC CVD生长中存在一些缺点。由于生长温度较高，晶片表面法线方向的温度梯度非常大（>100K/mm），这将导致SiC晶片的严重翘曲[74]。使用这种反应室配置很难在如此高温下获得大范围的温度均匀分布。此外，这些传统腔室的加热效率很低，因为很多热量通过辐射损失掉了。

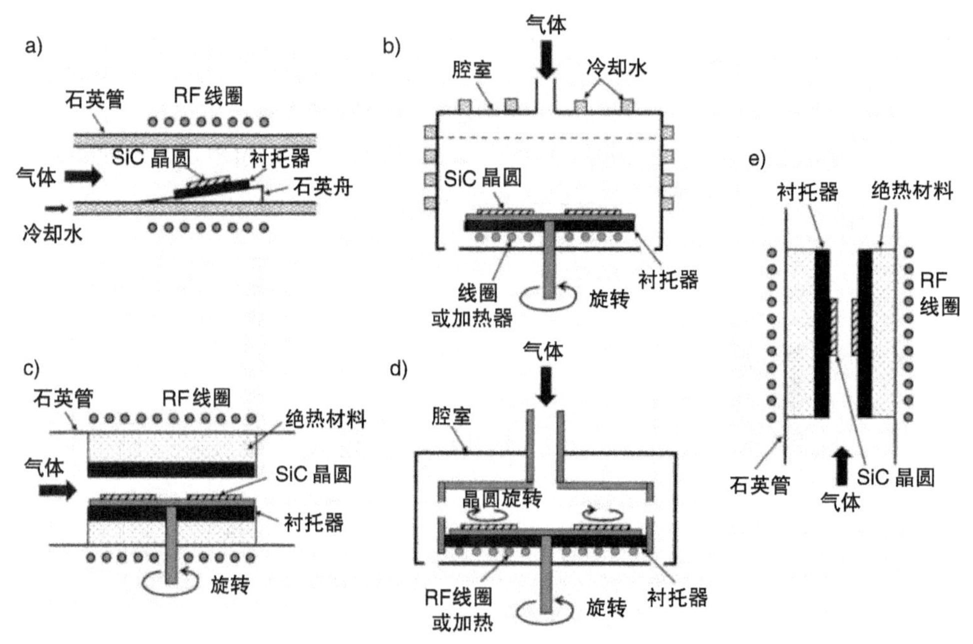

图4-15　SiC CVD外延中使用的几种典型反应室的结构示意图

a）水平冷壁反应室　b）垂直冷壁反应室　c）水平热壁反应室

d）热壁（或温壁）行星反应室　e）垂直烟囱式反应室

这些问题已经被Kordina、Henry、Janzen及其同事提出的**热壁**CVD概念[18,23,75]解决。在热壁CVD反应室中，SiC晶圆被放置在衬托器中的气流通道中。衬托器材料为表面涂覆有多晶SiC或TaC的致密石墨。衬托器外还包裹着热绝缘材料，例如多孔石墨。通过调整射频（RF：射频）感应加热的频率，可以减小在热绝缘体中损耗以有效加热衬托器。因为热绝缘的效果非常好，所以即便生长温度很高，外部石英管的冷却水系统也不是必须的。在热壁CVD反应室中，SiC晶片被从正面的热辐射以及背面的热传导（和热辐射）双面加热。因此，温度梯度得到显著的降低（<10K/mm），同时可以很容易地实现良好的温度均匀性，这对于大规模生产高质量的外延片至关重要。此外热壁CVD的加热效率也非常高（所

需的射频功率远小于冷壁 CVD）的。在水平热壁 CVD 反应室提出后，一些不同结构的热壁（或温壁）被提出，如图 4-15c[18,21,76,77]、d[78,79] 和 e[80] 所示。在这些反应室设计中，SiC 外延晶圆的量产经常采用配置旋转支架的水平热壁 CVD 反应室和行星式热壁 CVD 反应室。

4.2 SiC CVD 生长中的掺杂控制

由 Larkin 等人发现的竞位效应是实现 SiC CVD 生长中大范围掺杂控制的关键概念[81,82]。N 的掺杂效率在富 Si（低 C/Si 比）条件下显著增加，而在富 C（高 C/Si 比）条件下降低。这种现象可以通过生长表面的 N 和 C 原子的竞争进行解释，因为在 SiC 中 N 原子替位于 SiC 中 C 晶格格点位置。生长表面的低 C 原子覆盖有利于 N 原子掺入晶格，而高 C 原子覆盖则阻止 N 原子的掺入。相反的，在晶格中替位 Si 原子位的 Al 和 B 掺杂则表现出相反的趋势：Al 和 B 的掺入在富 Si 条件下减弱，而在富 C 条件下增强。

4.2.1 背景掺杂

通过工艺优化及源材料的纯化，名义非掺杂（或非故意掺杂）的 SiC 外延层的纯度很高。出于明显原因，N 是最主要的非故意掺杂杂质源。获得高纯度样品的关键手段包括增加 C/Si 比[81,82] 以及降低反应压力[83,84]。图 4-16 展示了利用热壁 CVD 生长名义非掺杂 4H－SiC {0001} 中的掺杂浓度与 C/Si 比的依赖关系。在 C/Si 比为 0.5 的情况下，施主浓度约为 $5\times10^{15}\ cm^{-3}$，与衬底极性无关。在 (0001) Si 面上，通过增加 C/Si 比可以急剧降低施主浓度，例如，在 C/Si 比为 2 的条件下生长，施主浓度达到 $5\times10^{12}\ cm^{-3}$。进一步增加 C/Si 比导致名义非掺杂外延层的导电类型由 n 型向 p 型的转变。这里，p 型材料的获得是通过降低 N 的掺入以及增强 Al 或 B 的掺入，与竞位理论一致。但是在 $(000\bar{1})$ C 面上，掺杂浓度对于 C/Si 比的依赖很小，在这种特殊情况下最低的施主浓度约为 $8\times10^{14}\mathrm{cm}^{-3}$。在 SiC 的 CVD 和其他生长技术，包括体材料生长中，通常可以观察到 C 面生长会导致更高的 N 掺入（以及更低的 Al 掺入）[81,85-87]。这种结果可以定性地通过 SiC (0001) 及 $(000\bar{1})$ 表面不同的化学键

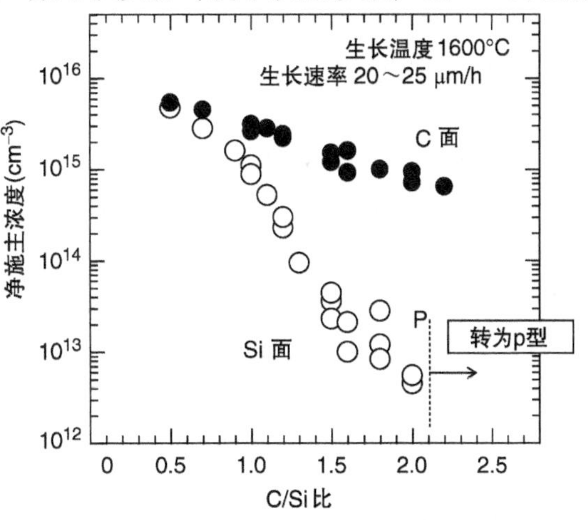

图 4-16 利用热壁 CVD 生长名义非掺杂 4H－SiC {0001} 中的掺杂浓度与 C/Si 比的依赖关系

结构加以解释，如3.4节所述。图4-17展示了利用热壁CVD生长名义非掺杂和N掺杂4H-SiC {0001} 外延层中掺杂浓度与生长压力的依赖关系[83]。当生长压力降低时，N掺入很明显地被抑制，这部分是由于低压下Si原子脱附增强，生长表面真实C/Si比增加所致。N原子在表面迁移过程的脱附行为也会在低压下得到增强。

4.2.2 n型掺杂

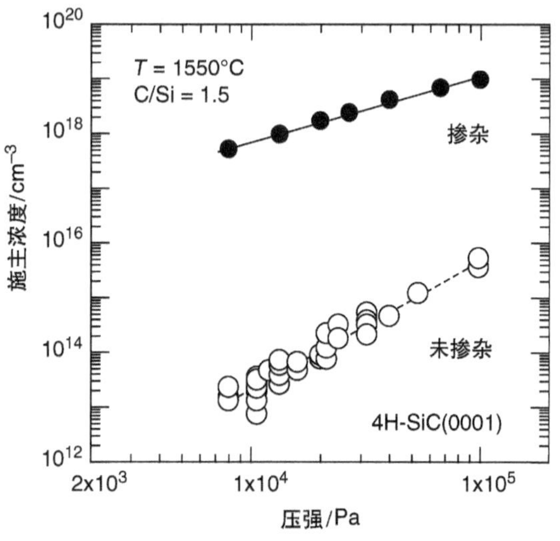

图4-17 利用热壁CVD生长名义非掺杂和N掺杂4H-SiC {0001} 外延层中掺杂浓度与生长压力的依赖关系[83]
（经AIP出版有限责任公司授权转载）

通过在CVD生长过程中引入N_2可以很轻易地实现原位n型掺杂。图4-18展示了1550℃时，热壁CVD进行4H-SiC (0001) 外延生长过程中，施主浓度与N_2流量的关系。对于 (0001) Si面和$(000\bar{1})$ C面的CVD生长，由电容-电压（$C-V$）特性所确定的施主浓度在很大范围内与N_2流量成正比。在固定的生长温度和压力下，N_2流量及C/Si比是实现N掺杂大范围调控（$1\times10^{14}\sim2\times10^{19}cm^{-3}$）的关键参数。N掺杂与生长压力的依赖关系已得到详细的研究[88]。N掺杂与温度的依赖关系更为复杂。在SiC的冷壁CVD生长中，当生长温度升高时，(0001) 及 $(000\bar{1})$ 面上生长中的N掺入都会受到抑制[89]。但在热壁CVD中，生长温度的升高会增加 (0001) 面上生长的N掺入，而降低 $(000\bar{1})$ 面上生长的N掺入[87]。生长仿真给出了有用的解释，但是更加详细的机制仍未得到充分理解。虽然已经研究过P掺杂，但是似乎难以实现较高的掺杂浓度[90]。

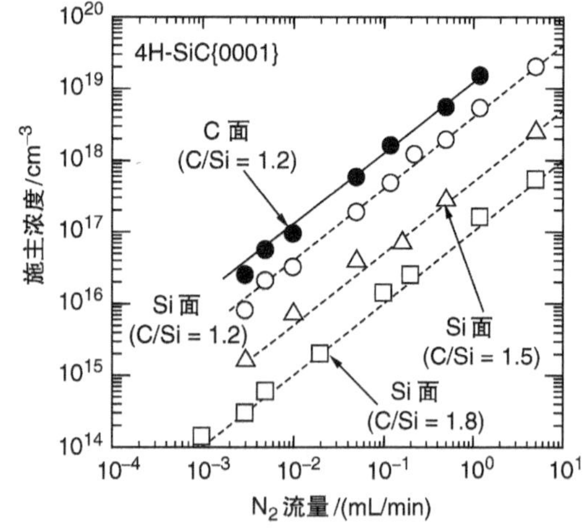

图4-18 1550℃时，热壁CVD进行4H-SiC (0001) 外延生长过程中，施主浓度与N_2流量的关系

4.2.3 p型掺杂

少量三甲基铝（TMA：$Al(CH_3)_3$）

的加入对于实现 SiC CVD 生长的原位 p 型掺杂是很有效的[91]。图 4-19 展示了 1550℃ 时，4H - SiC {0001} 的热壁 CVD 生长中，受主浓度与 TMA 的依赖关系。由 $C-V$ 测量得到的受主浓度与由二次离子质谱（SIMS）测量确定的 Al 原子密度得到很好的对应。在 Si 面上的掺杂效率远高于（10～80 倍）在 C 面上的结果，再一次，这种结果可以通过 Al 原子的占据位置以及化学键加以解释。对于 Si 面生长，受主浓度随 TMA 供应呈超线性增长。

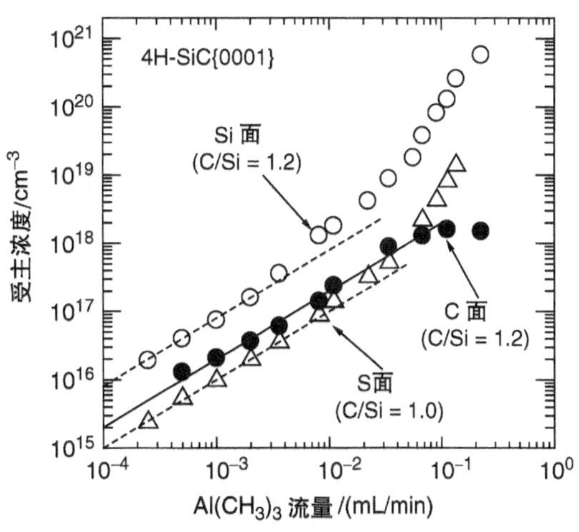

图 4-19　1550℃ 时，4H - SiC {0001} 的热壁 CVD 生长中，受主浓度与 TMA 的依赖关系

这种超线性可能是由于高 TMA 流量下，有效 C/Si 比增加所造成的，因为 TMA 的供应会从 TMA 分子中释放 CH_3，使得生长条件变得更加富 C。在 SiC（0001）中可实现的 Al 掺杂范围是 $2\times10^{14}\sim5\times10^{20}\ cm^{-3}$。值得注意的是，在 Si 面上很容易实现重掺杂 p 型外延层生长，但在 C 面上却很难实现。当 TMA 供应量较大时，C 面上的生长会受二维或三维成核损害，最终导致粗糙表面的形成。Al 掺杂与生长条件（温度，压力）的依赖关系细节可以在参考文献［87，92］中得到。其他的 p 型掺杂剂有硼（B）和镓（Ga），可分别通过使用 B_2H_6 气体[93]或者三甲基稼（TMG）[94]实现掺杂。但是，由于这些掺杂剂较高的电离能，掺 B 或 Ga 的 SiC 表现出高的电阻率。B 原子的异常扩散也会引起器件加工中的一些问题[95]。

因此，通过控制 CVD 生长中的 C/Si 比，掺杂范围可以实现很大的扩展。此外，C/Si 比的控制是获得 n 型与 p 型外延层之间窄过渡的有效手段[96]。通过同步变化 C/Si 比与切换掺杂剂（例如，从 N 切换到 Al），杂质原子沿深度方向的突变分布可以很容易的形成。

4.3　SiC 外延层中的缺陷

4.3.1　扩展缺陷

SiC 外延层中包含多种扩展缺陷。有些缺陷来源于衬底，而其他的则是外延过程中产生的。在本节中，将介绍六方 SiC 外延层中观察到的扩展缺陷的种类及性质。

4.3.1.1　表面形貌缺陷

除了台阶聚并，偏轴 {0001} 衬底上生长的 SiC 外延层也呈现出若干类表面缺陷。图 4-20 展示了 4H - SiC 及 6H - SiC {0001} 同质外延层中观察到的典型表面缺陷，包括“胡萝卜”缺陷[23, 97-100]和浅坑[20, 48]，三角形缺陷[99-101]，以及掉落物缺陷（down-fall）。虽然这些缺陷准确的形成机理依然没有完全弄清楚，但是它们经常是由于技术问题例如未完全去除的抛光损伤或未优化的生长工艺等造成的。掉落物缺陷是由最初在衬托器上形成的碳化硅颗粒掉落造成的。表面缺陷的密度在很大程度上由衬底的表面质量及生长工艺中使用的条件所影响，而衬底质量对其影响较小。

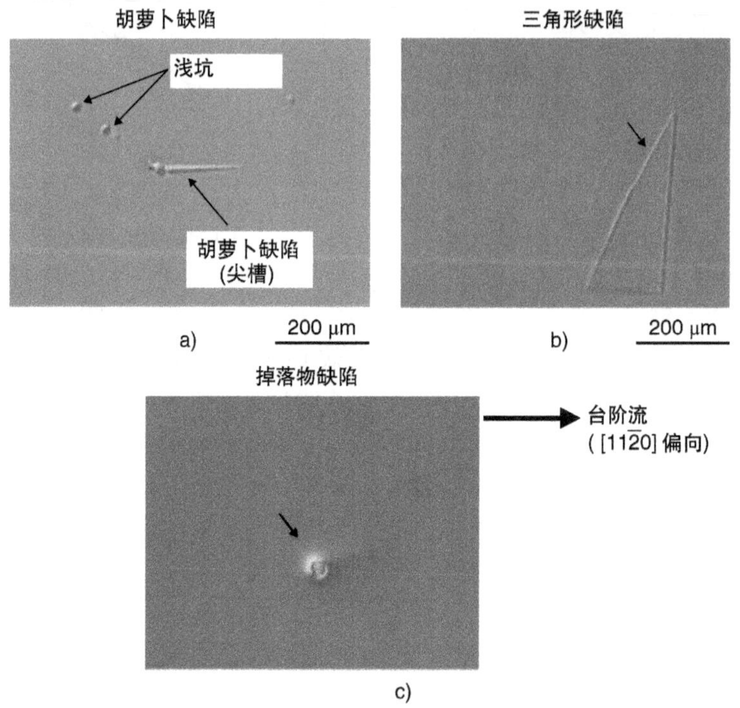

图 4-20　4H-SiC 及 6H-SiC {0001} 同质外延层中观察到的典型表面缺陷
a）胡萝卜缺陷和浅坑　b）三角形缺陷　c）掉落物缺陷

胡萝卜（某些情况下为“彗星型”，取决于缺陷形状及结构）与三角形缺陷通常沿台阶流生长的下降方向延伸，是台阶流生长受到扰动的标志。如图 4-21 所示意的，当投影到表面，且考虑衬底偏角（θ），沿偏角方向的缺陷长度（L）非常接近于处延层内基矢面的长度：

$$L \approx d_{epi}/\tan\theta \quad (4\text{-}12)$$

式中，d_{epi}是外延层厚度。这个

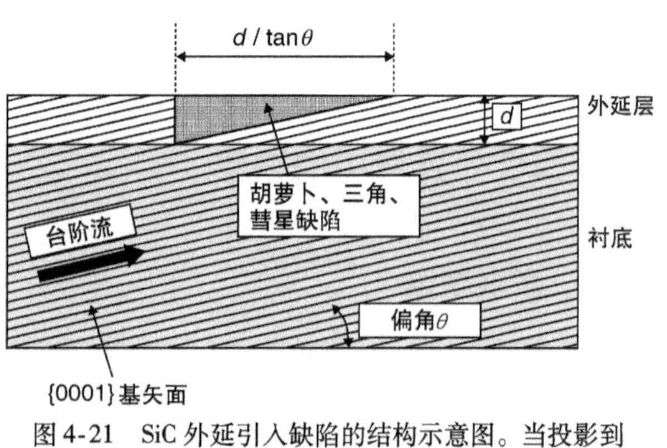

图 4-21　SiC 外延引入缺陷的结构示意图。当投影到表面，且考虑衬底偏角（θ），沿偏角方向的缺陷长度（L）非常接近于外延层内基矢面的长度

发现有很重要的意义，这些缺陷在外延生长的初期阶段就已成核。如果这些缺陷被观察到（虽然这并不是我们所期待的），外延层厚度就可以通过缺陷长度进行估算。

详细的TEM研究显示胡萝卜（彗星）缺陷同时包含一个基面缺陷和一个柱面缺陷[97-100]。这也澄清了存在多种类型的胡萝卜缺陷，每一种在扩展缺陷排列上略有不同[98]。图4-22展示了一个典型的胡萝卜缺陷的结构示意图[98]，其中衬底的一条TSD（$\boldsymbol{b}=1\boldsymbol{c}$）分裂成两个分位错$\boldsymbol{c}/4$和$3\boldsymbol{c}/4$。$\boldsymbol{c}/4$分位错偏向基矢面并通过插入一个双原子层形成Frank不全位错。这种插入自然地引起基矢面滑移，所以该Frank不全位错的Burgers矢量预计为$[0001]/4+[1\bar{1}00]/3=[4\bar{4}03]/12$。另一个$3\boldsymbol{c}/4$分位错作为贯穿位错穿透外延层。由于堆垛次序的失配，在偏角方向朝向$[11\bar{2}0]$时，棱柱面缺陷在$(1\bar{1}00)$面上形成。值得注意的是，衬底中仅有有限数量（<1%）的TSD会发展成胡萝卜（或彗星）缺陷的成核点。虽然缺陷形成的机制不甚明确，但是CVD生长前原位刻蚀形成的小坑可能对胡萝卜/彗星缺陷的形成具有重要作用[102]。也有报道指出，衬底中的TSD对于胡萝卜（或彗星）缺陷的成核并非是必须的。相反，TSD和胡萝卜（或彗星）缺陷的形成可以同时发生[98]。三角形缺陷同样表现出多种结构，在某些三角形缺陷中，三角形区域实际上是3C-SiC；而在其他三角形缺陷中仅是厚度为数个Si—C双原子层的类似3C的层状区域在基矢面内的延伸[100, 101]。在某些情况下，并没有3C-SiC区域被观察到，而且不全位错沿三角形的两边延伸。到目前为止，扩展缺陷并不总在例如图4-20a所示的浅坑下（典型深度：20~100nm）观察到。有趣的是，更高密度的胡萝卜（或彗星）缺陷和三角形缺陷将会分别在富Si和富C条件下生长的外延层中产生。在富Si条件下，TSD倾向于偏向基矢面，形成Frank型堆垛层错。另一方面，在富C条件下，吸附物的迁移距离变短[103]而过饱和度增加[42]，这些现象将可能分别影响胡萝卜和三角形缺陷的形成。

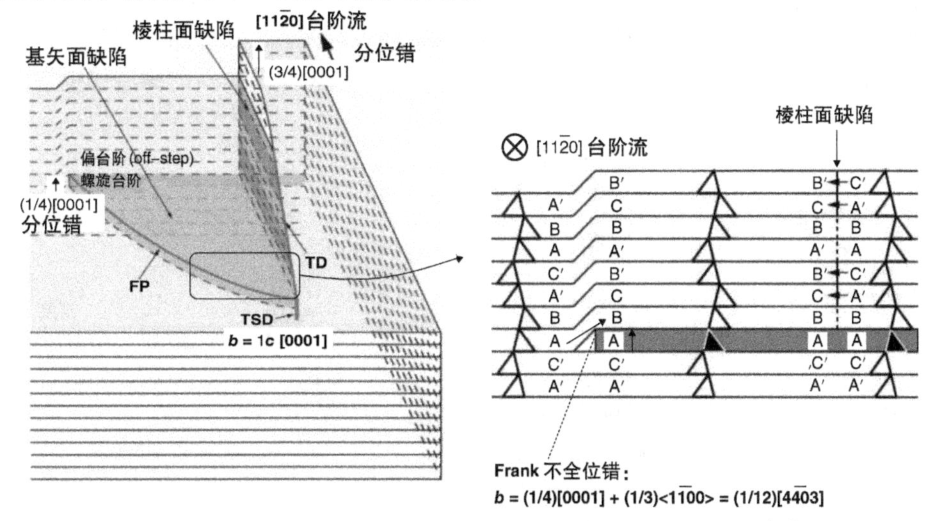

图4-22　SiC外延层中观察到的典型胡萝卜缺陷的结构示意图[98]

（经Wiley出版社授权转载）

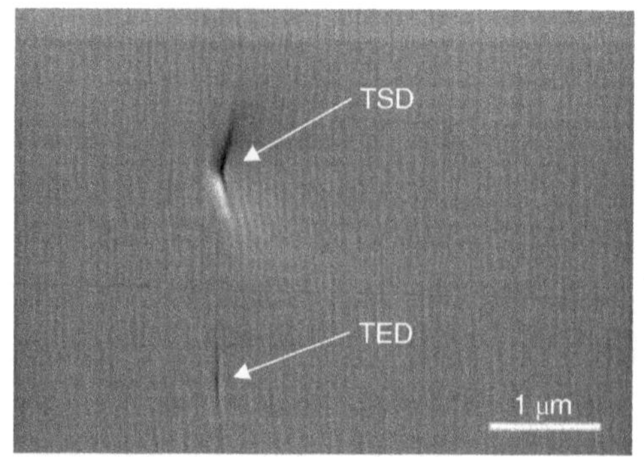

图4-23　扫面电子显微镜（SEM）观察到的4H－SiC外延层的表面形貌[105]（经美国电化学协会（ECS）授权转载）。为了增加分辨率，使用了低加速电压SEM得到该图像

SiC同质外延层中宏观缺陷的典型密度大概在0.02～2cm^{-2}。浅坑的产生可以通过原位刻蚀工艺中尽量减小Si滴的形成而加以抑制[20, 48]。当SiC器件中包含胡萝卜（彗星）或三角形缺陷时，那么该器件会表现出过大的漏电流以及明显降低的击穿电压，而浅坑的影响则小到可以忽略[104]。这并不令人吃惊，因为涉及胡萝卜、彗星以及三角形缺陷的堆垛层错（在基矢面及棱柱面内）都能起到漏电通道的作用。图4-23展示了扫面电子显微镜（SEM）观察到的4H－SiC外延层的表面形貌[105]。为了增加分辨率，使用了低加速电压SEM得到该图像。可以发现很小的坑，尺寸为0.5～1μm，在TSD和贯穿刃型位错（TED）的地方形成（很难通过常规的光学显微镜观察到这些坑）。这些坑一定是由于位错处台阶流的扰动所造成的。这些坑是浅的，大约3～20nm深。值得注意的是，这些坑的形状和深度都极其依赖于生长条件，包括原位刻蚀和冷却过程。如果深坑形成，其几何效应，例如电场聚集，会严重影响器件性能，更详细的描述见5.2.3节。

4.3.1.2　微管

在SiC的CVD生长中，SiC衬底中的大部分微管被复制到生长在其上的外延层中。Kamata等人发现偏轴SiC（0001）衬底中的微管可以在CVD生长过程中分解为若干单位闭核螺型位错，导致所谓的“微管闭合”[106, 107]。其机理与晶体生长中描述的微管闭合一样（详见3.3.2节）。如图4-24所示，部分超级螺型位错，微管的核芯，通过与台阶横向生长的相互作用而偏向基矢面。倾斜的螺型位错倾向再

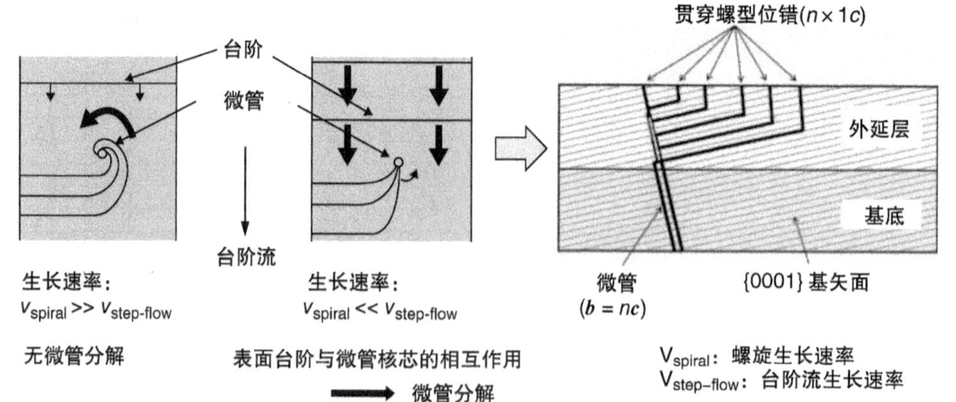

图4-24　微管闭合的示意图。CVD生长过程中，偏轴SiC（0001）衬底中的微管可以在CVD生长过程中分解为若干单位闭核螺型位错

次改变方向并沿<0001>方向穿透；总的结果是一条单位螺型位错从超级螺型位错中分离出来。通过多次重复该转化过程，一个微管可以被彻底分解成为单独的单位螺型位错。微管闭合的概率严重依赖于 CVD 生长过程中的 C/Si 比：富 Si 条件可以促进微管闭合[107]。通过降低 C/Si 比到 0.7 时，微管闭合的概率达到 99% 甚至更高。在生长表面，存在着围绕微管的螺型生长和由偏轴衬底产生的台阶流生长间的竞争。当台阶流生长占据主导地位时，即便在靠近微管核心附近，微管闭合也会发生，最终横向方向上的台阶流将直接扫除微管核心[107]。在富 Si 条件下，台阶流生长被增强，而螺型生长在富 C 条件下得以增强[108]。虽然目前衬底（晶圆）中的微管已经基本被清除，从缺陷工程的角度，外延生长中的微管闭合依然是一个有趣的现象。

4.3.1.3　位错

如今 SiC 晶圆中的微管密度已经降至远低于 $0.1\mathrm{cm}^{-2}$（几乎被完全消除），普通位错以及胡萝卜缺陷等外延引入的缺陷仍然是影响 SiC 外延质量的重要问题。4H－SiC 同质外延层中的大多数位错起源于 4H－SiC 衬底位错。因此，假设外延生长工艺经充分优化后，SiC 同质外延层中的位错密度主要取决于衬底质量。如 3.3 节所述，SiC 衬底中的主要位错包括 TSD、TED 以及基面位错（BPD）。

图 4-25 展示了利用 CVD 进行偏轴｛0001｝上生长的 4H－SiC 外延层中观察到的典型的位错复制及转化[25,77]。衬底中绝大多数的 TSD 都在外延层中得以复制，但是只有一小部分（通常 <2%）转化为 Frank 不全位错[109]。如上文所述，衬底中的一条 TSD 可以成为胡萝卜缺陷的成核点。

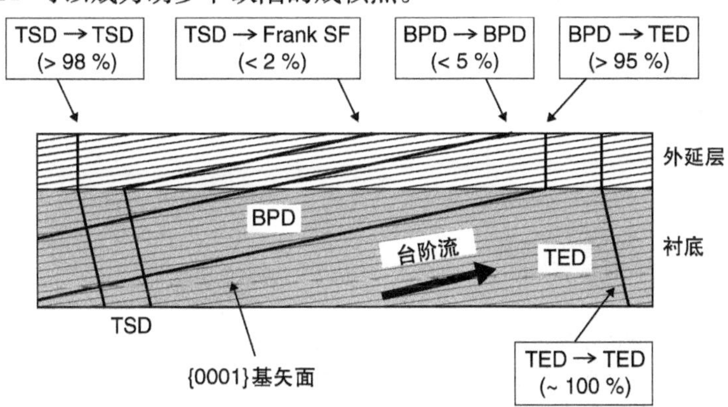

图 4-25　利用 CVD 进行偏轴｛0001｝上生长的 4H－SiC 外延层中观察到的典型的位错复制及转化示意图

外延生长过程中 BPD 的行为要复杂得多。BPD 对于 SiC 双极型器件是不利的，因为在载流子注入过程中，它会成为 Shockley 型堆垛层错的源头，这种堆垛层错会导致载流子寿命的降低（增加导通电阻）并增加漏电流[110-112]。这就是所谓的“双极退化”，将在单独一节（见 5.2.2 节）中进行介绍。这里将介绍两种与 BPD 相关的重要现象。

1. BPD 转化成为 TED

BPD 和 TED 具有相同的 Burgers 矢量（$<11\bar{2}0>/3$），依据位错的方向（垂直或平行于 c 轴）对其进行命名。当 BPD 在外延层中复制时，它在基矢面中进行扩展，与晶体表面呈几度的倾斜。因为位错的弹性能天然地与位错长度呈正比[113]，偏轴｛0001｝衬底上生长的外延层中的 BPD 复制导致位错的弹性能大幅增加。该能量可以通过 BPD 向 TED 的转化得以降低，通过该过程位错长度显著缩短 $\cot\theta$ 倍（这里 θ 是衬底偏角）。这种位错转化可以通过施加于 BPD 的所谓**"镜像力"**加以解释[113]。

事实上，在没有任何特殊处理的情况下，衬底中的大部分（>90%）BPD 在外延层初始的几微米内转化成为 TED[114-116]。然而，一部分 BPD 在 SiC 外延层中得以复制。已经发现所有在外延层基矢面中进行传播的 BPD 具有螺型特征[25,117,118]。目前已知 SiC 中一条完美的 BPD 会分解为两条不全位错，且这两条不全位错的中间会形成一个 Shockley 型堆垛层错[111,119,120]。通过 Burgers 矢量，该过程可以表达为（也可见图 4-26）

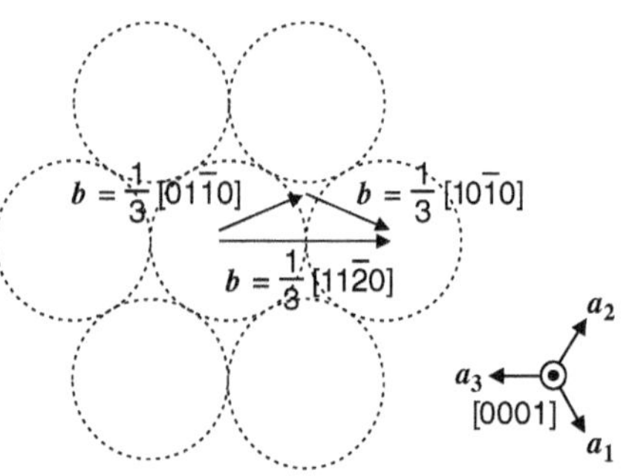

图 4-26　一条完美的 BPD 分解为两条不全位错过程中的 Burgers 矢量分解

$$\frac{[11\bar{2}0]}{3}(\boldsymbol{b}_{\mathrm{BPD}}) \rightarrow \frac{[10\bar{1}0]}{3}(\boldsymbol{b}_{\mathrm{SSF1}}) + \frac{[01\bar{1}0]}{3}(\boldsymbol{b}_{\mathrm{SSF2}}) \tag{4-13}$$

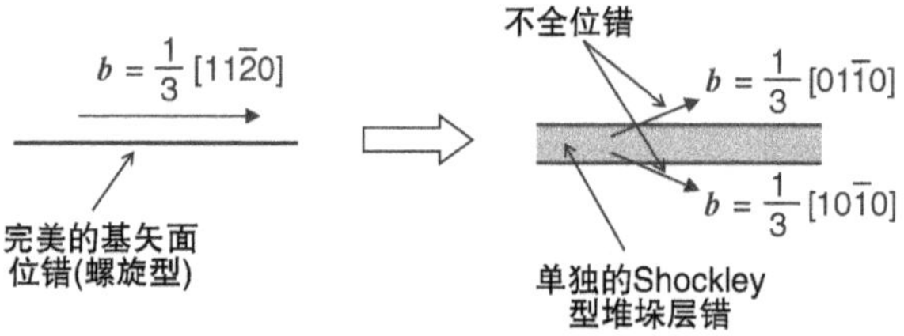

图 4-27　BPD 分解的示意图。SiC 中一条完美的 BPD 分解为两条不全位错，且这两条位错的中间会形成一个单独的 Shockley 型堆垛层错

BPD 分解的示意图如图 4-27 所示。其中产生的堆垛层错具有 Zhdanov 符号的（31）结构。这种 BPD 分解的发生主要是由于能量增益（energy gain）。在一个简单的模型中，单位长度的能量平衡可以表达为

$$c_1 \, |\boldsymbol{b}_{\mathrm{BPD}}|^2 > c_2 \, |\boldsymbol{b}_{\mathrm{SSF1}}|^2 + c_2 \, |\boldsymbol{b}_{\mathrm{SSF2}}|^2 + \sigma_{\mathrm{SF}} A_{\mathrm{SF}} \tag{4-14}$$

式中，σ_{SF}是单位面积内堆垛层错能，而A_{SF}是堆垛层错面积。c_1和c_2是与剪切模量及缺陷几何形状相关的比例系数。由于 SiC 中堆垛位错能很低，式（4-14）中的关系能够得到满足。Shockley 型堆垛层错的宽度典型为 30~70nm[119]，并依赖于基矢面中的

位错方向及掺杂浓度。在重 N 掺杂的 SiC 中，Shockley 型堆垛层错的宽度通常更宽，这是由堆垛层错中局域能级的自由电子捕获所导致的静电能增加所致。由于两条不全位错及它们之间的 Shockley 型堆垛层错不能直接偏向于 c 轴，通常假定两条不全位错在转化为 TED 前必须合成一条完美的 BPD（$\boldsymbol{b}$ = <11$\bar{2}$0>/3）。这种假设最近已经通过三维同步辐射 X 射线形貌分析[121]以及精细的 TEM 研究[122]得以确认。

BPD 向 TED 的转化可以通过很多技术得到增强，例如外延生长前或生长间断[127]的熔融 KOH 刻蚀[123-125]或 H_2 刻蚀[126]。这些技术在 BPD 贯穿表面的位置形成坑。在这些坑内，表面台阶的发展是三维的，两条不全位错被强制合成一条完美的 BPD[125]。由于增强的镜像力[128]，小偏角衬底的使用自然有利于增强这一转化。氩气氛围下的高温（约 1800℃）退火会导致近表面处 BPD 向 TED 的自发转化（没有生长）[129]，这与式（4-14）表述的能量平衡相一致。另外，增加生长速率同样可以有效地增强 BPD－TED 转化[46]。结合以上这些技术，转化率已经被提升至 99.8%，甚至更高。这意味着，如果衬底中 BPD 密度为 1000cm^{-2}，外延层中复制的 BPD 密度约为 1～2cm^{-2}。

2. 界面位错的形成

在应力作用下，BPD 很容易发生滑移，这是因为 SiC 中的临界剪切应力相对较低，特别是在高温下，如 3.3 节所介绍的。外延生长中 BPD 的滑移事实上已经通过 X 射线衍射形貌得以观察[130-133]。图 4-28a 展示了 SiC 外延生长过程中 BPD 的滑移示意图[130]。在外延层中被复制的 BPD 偏向台阶流法线方向，而且 BPD 经常出现在轻掺外延层与重掺杂衬底的界面附近[130]。因此，位于外延层/衬底界面的 BPD 称为“界面位错”。值得注意的是，这不是由于掺杂导致失配应变产生的晶格弛豫所导致的纯粹的失配位错[134]，因为即使是在合适条件下生长的 100 多 μm 厚 n^- 型 SiC 外延层中也没有观察到这种界面位错。较大的温度不均匀可以导致明显的热应力，当该应力叠加到失配应力上（也就是作用于相同方向上）时，已经存在的 BPD 将产生滑移以利于晶格弛豫[133]。滑移的方向取决于 BPD 的 Burgers 矢量及应力方向。对于外延初始阶段，BPD 转换成为 TED 的情况将更为复杂。出现于

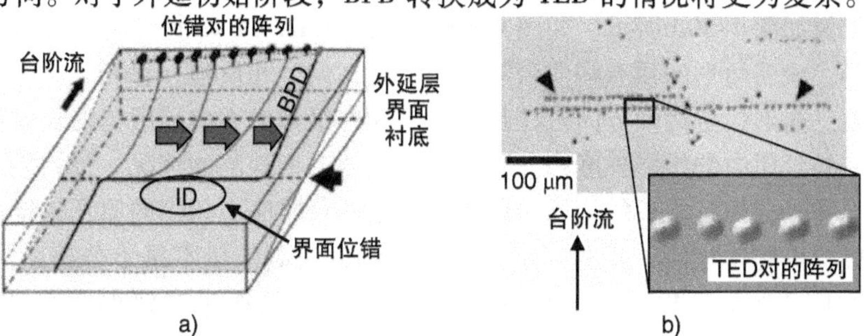

图 4-28　a）SiC 外延生长中的 BPD 滑移及 b）与 BPD 滑移相关的半环形位错的形成[130]
（经 AIP 出版集团授权转载）

外延层/衬底界面附近的 BPD 分量产生滑移，沿着滑移方向产生大量半环形位错，如图 4-28b 所示[130,135]。其结果是，当偏角方向为［$11\bar{2}0$］时，一个半环形位错阵列沿［$1\bar{1}00$］方向形成，这些位错可以通过表面一系列的 TED 对加以识别，如图 4-28 所示。

4.3.1.4 次生堆垛层错

即使衬底中不含堆垛层错，堆垛层错（SF）的成核也会在外延过程中发生。之前的研究已经基于对各种反常的光致发光峰的观察，提出“高质量”SiC 外延层中微观堆垛层错的存在[136]。到目前为止，多种次生（in - grown）SF 已经通过截面 TEM 识别。这些层错中的绝大部分通过在基矢面中的滑移（Shockley 型）产生。值得注意的是，大多数次生层错在光学显微镜中是不可见的，但是光致发光（PL）映像/成像是探测该缺陷的有力手段[137-140]。

图 4-29 展示了室温下高质量 4H - SiC（0001）厚外延层中包含及不含次生层错区域的微区 PL 谱[141]。在对应不含层错的区域的光谱中，只有一个位于 390 nm 的发光峰被观察到，这个峰对应于自由激子发光。在层错区域对应光谱中，除了位于 390nm 的弱带边（自由激子）峰，可观察到位于 455nm、480nm 以及 500nm 的明显的 PL 峰。因此针对某一波长的 PL 强度图可以给出次生层错详细的信息（位置、形状以及密度）。图 4-30 展示了同一位置处 455nm、480nm 以及 500nm 波长处的 PL 强度图[141]。光学显微镜图像如图 4-30d 所示。如图 4-30 所示，455nm PL 峰所对应的层错是一个直角三角形，该三角形的顶点朝向台阶流的上行方向。相反地，480nm 对应的层错是一个等腰三角形，沿偏轴方向被拉长。所有这些沿偏轴方向的层错的长度再一次与基矢面在外延层中的投影长度相一致，正如胡萝卜型缺陷的情况。该结果表明，这些层错同样是在外延生长的初始阶段成核。虽然台阶流生长中的原子错排被认为是层错的成核机制[142,143]，但是目前为止更详细的机制依然不是十分清楚。图 4-31 展示了对应 455nm、480nm 以及 500nm PL 峰对应的次生层错的高分辨 TEM 图像[141]，其堆垛顺序分别被确定为 Zhdanov 符号体系中的（44）、（53），以及（62）型，PL 峰值位置和堆垛顺序间的一一对应关系得以建立。

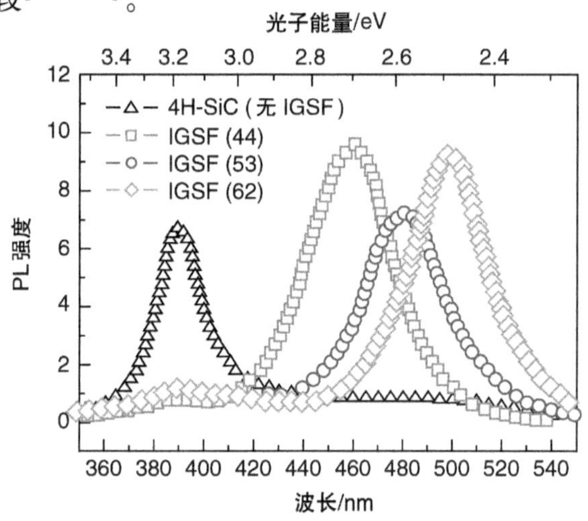

图 4-29 室温下高质量 4H - SiC（0001）厚外延层中包含及不包含次生层错区域的微区 PL 谱[141]
（经 Elsevier 出版社授权转载）

这些次生层错会对器件性能产生不利的影响，例如漏电流的增加[144]。原位

H_2 刻蚀的优化及外延生长初始阶段运用较低的生长速率可以有效地降低层错密度。外延生长在标准生长速率(5 ~ 15μm/h)下，层错的典型密度在 0.05 ~ 0.5cm^{-2} 范围内，层错密度通常会随着生长速率的增加而增加[143]。多种 Frank 型层错（堆垛顺序为 Zhdanov 符号体系中的（50)、(42）及（41)）也已经确认[145]。每一种 Frank 型的层错也会在特定波长处展现一个荧光峰。如何在 SiC 快速外延中消除 Shockley 及 Frank 型层错依然是一个重要问题。

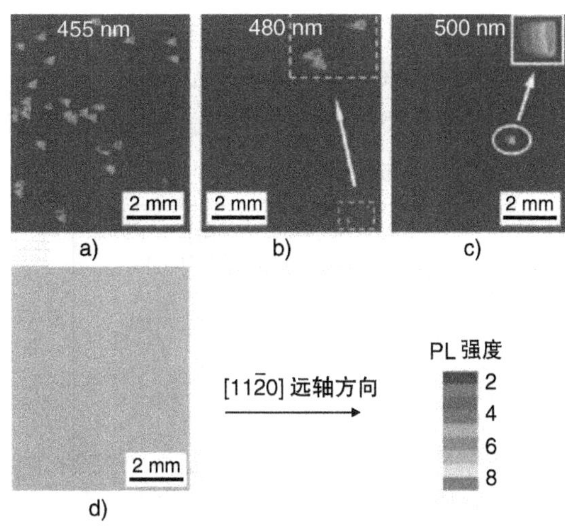

图 4-30 4H－SiC（0001）外延层同一位置处，a）455nm、b）480nm 以及 c）500nm 波长处的 PL 强度图[141]（由 Elsevier 出版社授权转载）。d）同一位置处的表面形貌

4.3.2 深能级缺陷

外延层中另外一种重要的缺陷是点缺陷，这是禁带中深能级缺陷的来源[146]。深能级缺陷通常利用 SiC Schottky 结构的**深能级瞬态谱**（DLTS）进行表征[147,148]。在轻微掺杂的 4H－SiC（0001）外延层中的深能级缺陷密度通常是 5×10^{12} ~ $2\times10^{13}cm^{-3}$，依赖于生长条件而不同。这个数值对于化合物半导体以及单极型器件的制备来说是很低的而且可以接受的，例如在 MOSFET 器件制备过程中，离子注入引发的深能级更为重要；但是对于双极型器件应用，上述密度并不足够低，特别是当需要长的载流子寿命时。更详细的内容将在 5.3 节中介绍。

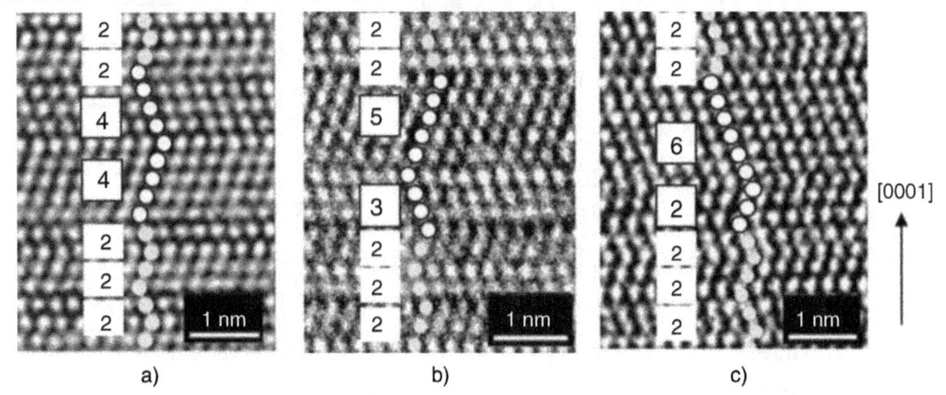

图 4-31 对应 a）455nm、b）480nm 以及 c）500nm PL 峰的次生层错的高分辨 TEM 图像[141]（由 Elsevier 出版社授权转载）

图 4-32 展示了掺杂浓度约为 $2\times10^{15}cm^{-3}$ 的 n 型及 p 型 4H－SiC 外延层的典

型 DLTS 谱。图 4-33 展示了 n 型及 p 型 4H－SiC 原生外延层观察到的主要深能级缺陷的能级位置[149-154]。在这些能级中，$Z_{1/2}$（E_C以下 0.63eV 处）[149]以及 EH6/7（E_C以下 1.55eV 处）[150]中心是主要缺陷（在所有的原生 CVD 外延层中普遍测量得到的密度为 $0.3\sim2\times10^{13}cm^{-3}$）。

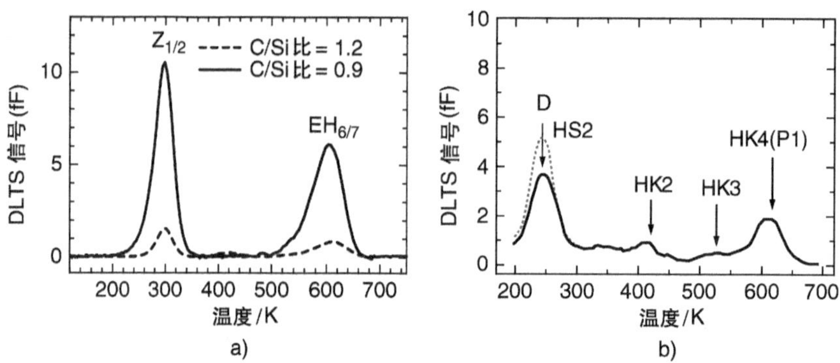

图 4-32 掺杂浓度约为 $2\times10^{15}cm^{-3}$的 a）n 型及 b）p 型 4H－SiC 外延层的典型 DLTS 结果[168]

（由 Wiley－VCH 出版社授权转载）

这两种缺陷中心在高温（约 1700℃）退火下都是极为稳定的。在禁带的下半部份，HK2（E_V以上 0.84eV）、HK3（E_V以上 1.24eV）以 HK4（E_V以上 1.44eV）中心[153]是主要的深能级缺陷。HK2、HK3 以及 HK4 中心的典型密度为 $1\sim4\times10^{12}$ cm^{-3}。由于 HK2、HK3 以及 HK4 中心在 1450～1550℃范围内退火时几乎完全消失，所以 $Z_{1/2}$以及 EH6/7 中心更为重要。事实上，$Z_{1/2}$中心已经被确认为主要的**寿命杀手**，至少对于 n 型 4H－SiC 是这样[155,156]。因此，在 SiC 双极型器件中，尽量减少并控制 $Z_{1/2}$中心密度以优化载流子寿命是十分重要的。值得注意的是，$Z_{1/2}$以及 EH6/7 中心在 4H－SiC 的离子注入区域及干法刻蚀区域也占据了主要地位[149,157-159]。除了这些能级，少量杂质相关的能级在原生 SiC 外延膜中也经常被观察到。例如，硼是由反应室部件（例如石墨衬托器）引入的典型非故意掺杂杂质。硼（B）杂质会引起硼受主能级（E_V以上 0.35eV）[160]和硼相关的“D 中心”（E_V以上 0.55eV）[160]。另一种常见杂质是钛，这种杂质同样来自于石墨部件以及真空泵油。钛在 4H－SiC 中产生非常浅的电子陷阱（E_C以下 0.11/0.17eV）[161]。在 CVD 生长的原生 4H－SiC 外延层中硼和钛杂质的典型密度分别是 $1\sim5\times10^{13}cm^{-3}$以及 $0.5\sim5\times10^{12}$ cm^{-3}。

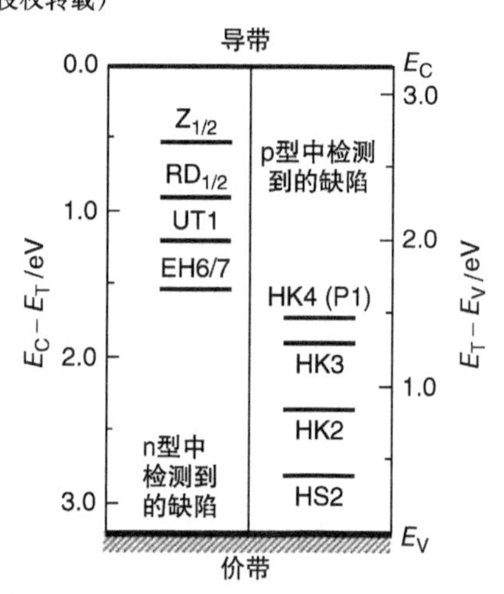

图 4-33 n 型及 p 型 4H－SiC 外延层中主要深能级缺陷的能级位置

$Z_{1/2}$以及EH6/7中心的密度极为依赖C/Si比以及生长温度，但是，生长速率对于缺陷的产生只有很小的影响，即使生长速率由5μm/h增加到80μm/h[83,162-164]。图4-34展示了原生n型4H-SiC（0001）及（000$\bar{1}$）外延层中$Z_{1/2}$及EH6/7中心密度与C/Si比的关系[165]。在（0001）面的CVD生长中，$Z_{1/2}$及EH6/7的密度都随C/Si比的增加而发生显著下降。近些年，这些中心的起源确认为不同电荷态的C单空位[166,167]。因此，在富Si条件下$Z_{1/2}$密度高，而在富C情况下$Z_{1/2}$密度低是有道理的。对于（000$\bar{1}$）面上的原生外延层则很难获得低$Z_{1/2}$密度。$Z_{1/2}$及EH6/7的密度与生长温度的依赖关系如图4-35所示。随着生长温度的升高，两种缺陷的密度都展现出显著的增加。这可以被解释为在更高的温度下，C空位的平衡密度更高，如5.3.1节所述。通常来说，为了得到高质量表面形貌、低密度扩展缺陷（例如胡萝卜缺陷、次生堆垛层错等），更高的生长温度是合适的。但是高温生长会导致高$Z_{1/2}$中心密度，从而导致较短的载流子寿命。因此，对于原生外延层而言，低扩展缺陷密度和长载流子寿命之间需要有一个折中。在优化外延生长条件后，原生n型4H-SiC（0001）外延层中的典型$Z_{1/2}$中心密度为$3\sim6\times10^{12}cm^{-3}$，而且保证大约2~5μs的高注入载流子寿命[168]。通过降低缺陷来增加载流子寿命将在5.3节进一步描述。

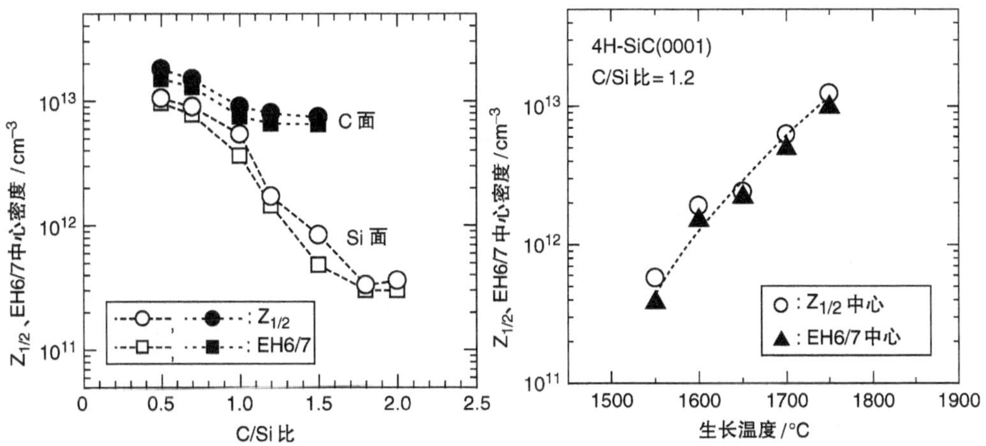

图4-34 原生n型4H-SiC（0001）及（000$\bar{1}$）外延层中$Z_{1/2}$及EH6/7中心密度与C/Si比的依赖关系[165]（由The Japan Society of Applied Physics授权转载）

图4-35 4H-SiC（0001）CVD生长中$Z_{1/2}$及EH6/7的密度与生长温度的依赖关系

4.4 SiC快速同质外延

SiC的快速外延生长对于增加外延工艺的生产能力，从而降低成本是十分有利的。对于生产非常高电压的（>5kV）器件，这点是特别正确的，这是因为目前量产的标准生长速率为5~15μm/h。如第7章所述，为了获得5kV和10kV的阻断电压，要求轻掺杂电压阻断层厚度分别达到40μm及80μm。从原理看，通过增加前体的供应量可以提高CVD生长速率。但是，在SiC快速外延中，一些特别的问题会产生：

1）**气相中Si团簇的同质成核**。在传统的SiC CVD生长中，SiH_4和C_3H_8（或者C_2H_4）被用以分别提供Si及C源。碳氢化合物分子十分稳定，在高于1000～1200℃的高温下开始分解。但是，SiH_4分子的分解温度要低得多，以至于人们可以利用SiH_4作为前体，在400℃的热CVD中沉积非晶的或多晶的Si薄膜[169]。在1550～1700℃ SiC CVD中，当SiH_4分压变高时（为了增加生长速率），引入热区域的SiH_4立刻分解，并开始通过同质成核发生聚合（$n\mathrm{Si} \rightarrow \mathrm{Si}_n$），这就是Si团簇的形成（在某些情况下形成Si滴）。由于Si团簇可以长大到一个很大的尺寸（超过几十nm），这样的Si团簇会对原子级别的外延生长产生不良影响。

2）**生长面上不稳定的台阶流生长**。即便气相中未形成Si团簇，生长面上的过饱和度必须控制到最小以保证SiC中稳定的台阶流生长。非常高的过饱和度会导致{0001}台阶面上或缺陷处有害3C－SiC相的成核，这对于高质量4H－SiC的同质外延同样是有害的。

已经有一些用来规避这些问题的成功方法的报道。为了克服气相中的同质成核，降低生长压力[46,170,171]、使用氯基化学成分[24,26,172－174]以及提高生长温度[175－177]都是有效的。对于稳定的台阶流生长，提高生长温度同样是有益的，但是高于1750℃的CVD生长将导致高密度的$Z_{1/2}$中心，如4.3.2节所述。大偏角（8°而不是4°）SiC{0001}衬底上的CVD生长是确保稳定的台阶流生长的另一条途径，虽然该方法目前的趋势并不令人满意。

在第一种方法（降低生长压力）中，SiH_4的分压降低，这自然地会阻碍气相中Si团簇的形成。其结果是，更多的Si物质供应到达衬底表面，极大地降低了气相中的损失，从而在降低生长压力下提高了生长速率并改善了表面形貌。事实上，在50～250μm/h生长速率下的4H－SiC（0001）快速外延，其表面形貌已经得到了极大的改善[46,170,171]。在该技术中，所有在传统CVD工艺中获得的知识都可以被转化，如同标准速率下CVD生长的情况那样，可以实现大浓度范围（10^{14}～$10^{19}\mathrm{cm}^{-3}$）的氮（n型）和铝（P型）掺杂。这种方法最大的缺点是生长效率较低。因为高气体流量和低压力，气体流速是非常快的，其结果是大部分前体及气相中形成的Si团簇都由衬托器区域带到了排气口。这将给泵和尾气系统带来问题。

第二种方式（使用氯基化学成分）更加简洁，因为更加适合于快速外延。相比于Si—H键及Si—Si键，Si—Cl键能更大，意味着适当包含Cl的前体可以极大地抑制Si团簇的形成。这样的前体有$SiCl_4$[178]、$SiHCl_3$[179]、SiH_2Cl_2[180]以及SiH_3Cl[181]。这些前体在800℃以下不分解（比较SiH_4在400℃时就分解），并在1000℃ H_2氛围下开始形成$SiCl_x$（通常$x=2$）[182]。CH_3Cl[183]以及$SiCH_3Cl_3$[184,185]也成功地应用于SiC快速外延中。另外一种方式是简单地往传统

SiH_4气氛中添加 HCl 气体[76,172,173,186]，但这时 Si 团簇还是会或多或少地形成。通过使用氯基化学剂，已有高达 50～170μm/h 的生长速率而样品保证了良好的表面形貌[24,26]的报道。Cl/Si 比的优化与前体和生长温度有关，其典型值是 1.5～3（添加 HCl 后的情况则为 3～5）。由于 SiH_xCl_y是 Si 外延量产中的标准前体[187]，所以不需担心其纯度和安全性方面的问题。在外延层中未发现 Cl 原子的掺入或者与 Cl 相关深能级的产生。N 原子掺杂较容易，但是 Al 原子掺杂经常在 $10^{18}cm^{-3}$范围内表现出饱和[188]。这可能归因为 Al 源引入后会在气相中形成稳定的 $AlCl_3$分子。参考文献［26］提供了 SiC 的氯基 CVD 生长方面的综述。

第三种方法是将生长温度由 1550～1650℃提高到 1750～1900℃[175-177]，同时使用常规的化学剂。在如此高的温度下，已形成的 Si 团簇将在加热区分解，从而导致更多 Si 前体的供应。为了避免如此高温下的热对流，开发了烟囱形的 CVD 反应室[175]。这种方法可以获得 30～70μm/h 的高生长速率及良好的表面形貌。

图 4-36 展示了基于文献中报道的不同气体化学剂下 4H－SiC 生长的生长速率与气源中 Si 前体浓度的关系。很难判断哪种化学剂是最佳的，因为使用的不同尺寸不同的反应室设计。SiC 快速外延工艺依旧在发展，未来会进一步得到发展。

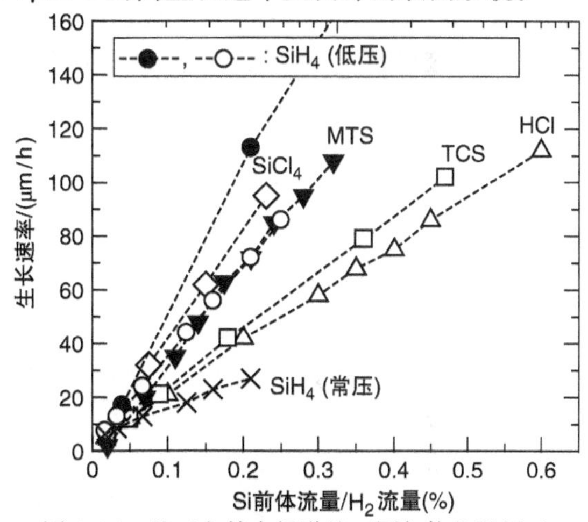

图 4-36　基于文献中报道的不同气体化学剂下 4H－SiC 生长的生长速率与气源中 Si 前体浓度的关系

4H－SiC 快速外延中的台阶聚并及其他表面形貌不稳定已经通过条件优化得到了极大的降低。当生长速率增加时，次生堆垛层错的密度趋向增加[142]，最有可能的原因是近表面台阶处的吸附原子误排概率增加。但是快速外延一个预期之外的好处是增强衬底中 BPD 向 TED 的转化[46]。对于深能级缺陷而言，$Z_{1/2}$中心密度几乎不依赖于生长速率。但是，一种新的深能级缺陷，UT1（E_c 以下 1.39eV 处）出现并随着生长速率的增加而增多[46]。因此，减少缺陷仍然是快速外延中的重要课题。

4.5　SiC 在非标准平面上的同质外延

4.5.1　SiC 在近正轴｛0001｝面上的同质外延

在近正轴｛0001｝面的衬底上开发 SiC 同质外延技术的主要驱动力是消除外延层中的 BPD。当 SiC 晶锭在近正轴｛0001｝籽晶上生长时，可以通过使用近正轴

{0001} 晶圆来降低晶圆成本。然而，如果衬底的偏角小于 2°，确保稳定的台阶流生长是不容易的，如图 4-7 所示。在近正轴衬底上的快速外延尤其如此，台阶流生长的扰动或不稳定性可能导致 3C－SiC 的成核和/或堆垛层错产生。

在 Powell 等人的早期研究中[32]，通过适当的原位 HCl/H_2蚀刻去除缺陷点，实现了在 0.2°偏轴 6H－SiC（0001）上的同质外延[32]。该工艺得到了进一步改良，在富 Si 条件下，在近正轴 {0001} 衬底上实现了较大面积的 6H－SiC 同质外延生长[189]。在富 Si（低 C/Si 比）条件下的 CVD 生长是在低偏角 {0001} 衬底上进行 SiC 同质外延生长中的常见方法，因为富 Si 条件增加了吸附物质的表面迁移长度，因此降低了生长表面的过饱和度[103]。在富 Si 条件下 CVD 生长的主要缺点是在 SiC 外延层中掺入更多的氮杂质。Neudeck 等人通过使用小的（0.4mm×0.4mm）台面结构，开发了无位错的 4H－SiC 和 6H－SiC（0001）同质外延[190,191]。

最近，Kojima 等人发现没有 3C－SiC 夹杂相的 4H－SiC 可以在近正轴（约 0.3°偏轴）的 4H－SiC（000$\bar{1}$）上同质外延生长得到[66,192]。目前尚不清楚这一现象的机理，这可能与存在表面能的差异有关（这也是通过升华可以容易地在(000$\bar{1}$)晶籽上生长大体积 4H－SiC 的原因）[193]。通过采用在 CVD 生长之前添加 SiH_4原位蚀刻，近正轴 4H－SiC（0001）上的同质外延可以得到显著改善[194]。图 4-37 展示了在从 0.24°至 0.79°的各种偏角的 4H－SiC（000$\bar{1}$）和（0001）衬底上生长的 4H－SiC 外延层的光学显微镜图像[194]。

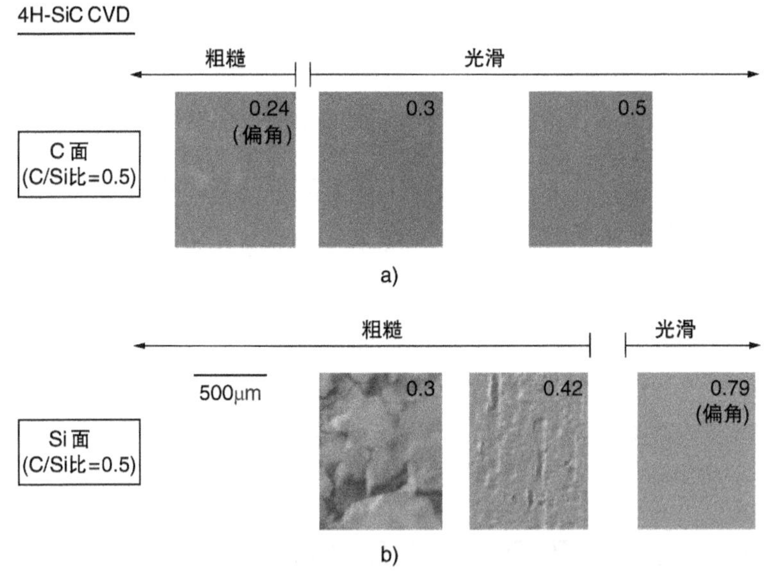

图 4-37 从在 0.24°到 0.79°的各种偏角的 4H－SiC a)（000$\bar{1}$）和 b)（0001）衬底上生长的 4H－SiC 外延层的光学显微镜图像[194]

这里，生长温度和生长速率分别为 1600℃ 和 5μm/h。在 0.3°偏轴（000$\bar{1}$）和 0.79°偏轴（0001）上实现具有良好表面形貌的 4H－SiC 同质外延。在近正轴（0001）衬底上使用基于氯化学剂的 4H－SiC 同质外延也非常有效，并且实现了超过100μm/h的高生长速率的同质外延[195-197]。在生长期间，氯可能优先蚀刻岛状缺陷和/或3C-SiC夹杂相。

获得大范围掺杂控制能力和缺陷更详细的表征能力仍然是主要问题。另一个问题是贯穿螺型位错（TSD）的作用。因为堆叠顺序完美地出现在沿着由螺旋形成的台阶边缘，使得围绕TSD周围的螺旋生长能够自然地在SiC外延层中进行多型体复制。然而，在未来，随着晶体生长技术的改进，TSD的密度将大大降低，因此，当SiC晶圆中TSD接近完全消除时，SiC近正轴｛0001｝上的同质外延将变得更加困难。

4.5.2 SiC在非基矢面上的同质外延

用于外延的典型非基矢平面包括4H-SiC（$11\bar{2}0$）、（$1\bar{1}00$）和｛$03\bar{3}8$｝（等价于6H-SiC中的｛$01\bar{1}4$｝）面。注意，（$11\bar{2}0$）面在晶体学中等价于立方晶体中的（110）面，｛$03\bar{3}8$｝面与（001）面部分等价[198]。在早期研究中，在6H-SiC（$11\bar{2}0$）[199]和（$01\bar{1}4$）[200]上实现了低温（1200～1350℃）CVD同质外延。6H-SiC的堆叠顺序（ABCACB……）直接出现在这些面的表面上，并不需要特殊的偏角来实现这些非基矢面上6H-SiC或4H-SiC的同质外延。结果是，吸附物所占据的位置由表面任意点位的化学键唯一确定，使得能够在低温下进行同质外延生长。然而，随着生长温度的降低，其他条件（如C/Si比）的最佳值的范围变窄，容易产生宏观缺陷。同时，在低温生长的SiC外延层中，残余氮的密度也增加[89]。因此，低温同质外延对于功率器件应用来说意义不大。

典型的非基矢平面上的生长速率与相同条件下的偏轴（0001）的生长速率基本相同，表明生长受质量输运控制[201]。4H-SiC（$11\bar{2}0$）、（$1\bar{1}00$）和｛$03\bar{3}8$｝的外延层具有非常好的表面形貌，并且在$10\times10\mu m^2$面积的区域中表现出很小的表面粗糙度（小至0.12～0.22nm），没有出现任何在偏轴SiC（0001）外延层中有时出现的三角形缺陷和胡萝卜缺陷[201-203]。对于这些外延层没有观察到“台阶流”生长（如台阶聚集）的迹象，表明其生长是逐层增长的。

对于氮和铝的掺杂，在非基矢面上CVD生长的掺杂效率介于偏轴（0001）和（$000\bar{1}$）的掺杂效率之间。典型的本底掺杂浓度在偏轴（0001）上为$2\times10^{13}cm^{-3}$，在（$11\bar{2}0$）和（$03\bar{3}8$）为$3\times10^{14}cm^{-3}$，和在偏轴（$000\bar{1}$）为$8\times10^{14}cm^{-3}$。当在CVD生长期间引入氮时，在4H-SiC（$11\bar{2}0$）、（$1\bar{1}00$）和（$03\bar{3}8$）上生长的外延层的施主密度总比在偏轴（0001）上生长的外延层的施主密度更高。图4-38显示了在（$11\bar{2}0$）、（$03\bar{3}8$）以及偏轴（0001）和（$000\bar{1}$）面上通过热壁CVD生长的4H-SiC外延层中通过SIMS测定的氮密度与C/Si比的关系曲线。因为“占位竞争”，通过增加（$11\bar{2}0$）、（$03\bar{3}8$）和偏轴（0001）上的C/Si比，可以显著降低氮的掺入。（0001）面的氮密度受C/Si比影响最大，（$11\bar{2}0$）和（$03\bar{3}8$）面中氮含量的变化受影响较小，在（$000\bar{1}$）面上，高的C/Si比并不一定得到低的氮密度。在铝掺杂中，在这些非基矢面上的掺杂效率低于（0001）面的效率而高于（$000\bar{1}$）面的。有趣的是，在（$11\bar{2}0$）、（$1\bar{1}00$）和（$03\bar{3}8$）的4H-SiC外延层中主要深能级（$Z_{1/2}$和EH6/7中心）的密度也是高于在（0001）面上的，而低于在（$000\bar{1}$）面上的[165]。

在4H-SiC（$11\bar{2}0$）和($1\bar{1}00$)外延层中观察到的主要扩展缺陷是从衬底中复制的BPD和堆垛层错[204]。堆垛层错也常见于其他外延层中[204]。在4H-SiC（$03\bar{3}8$）的CVD生长中，情况要更复杂，贯穿螺型和刃型位错倾向于在富Si条件下偏转到基矢面内，而在富C条件下它们沿着近<0001>方向传播[205]。

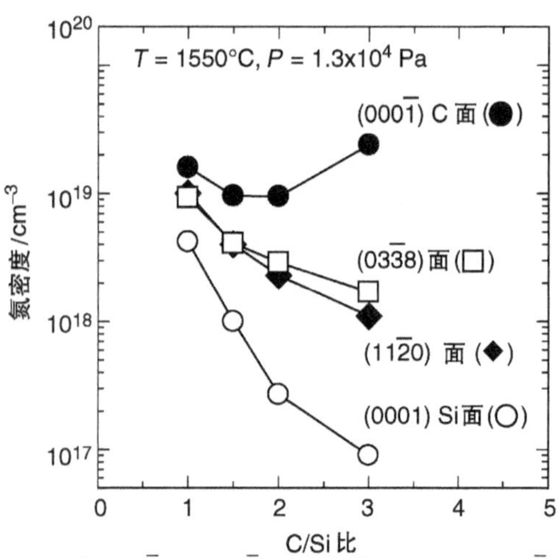

图4-38 在（$11\bar{2}0$）、（$03\bar{3}8$）和偏轴（0001）、（$000\bar{1}$）面上通过热壁CVD生长的4H-SiC外延层中通过SIMS测定的氮密度与C/Si比关系曲线[201]

（由Elsevier授权转载）

4.5.3 SiC嵌入式同质外延

SiC的嵌入式同质外延生长主要用于制造不需要离子注入的特殊结构，例如垂直静电感应晶体管（或结型场效应晶体管）[206,207]和横向金属-半导体场效应晶体管[208]的沟道区域。关于SiC沟槽结构中的同质外延生长见参考文献[209-211]。当在SiC偏轴（0001）上形成沟槽时，同质外延生长主要发生在沟槽底部及侧壁。通常，从底部生长的外延层和从侧壁生长的外延层的生长速率和杂质掺入是不同的。另外，沟槽侧壁的晶面是较为重要的，因为结晶质量和杂质掺入取决于这些平面。当沿［$11\bar{2}0$］方向引入偏轴时，($1\bar{1}00$)和（$\bar{1}100$）是沟槽侧壁的典型晶面（如果侧壁角近似为90°）。另一组沟槽侧壁可以是（$11\bar{2}0$）和($\bar{1}\bar{1}20$)，但是在这种情况下，实际侧壁平面与原始的（$11\bar{2}0$）和（$\bar{1}\bar{1}20$）平面存在一定的倾斜偏角（通常为4°）。有报道称当侧壁为{$11\bar{2}0$}而不是{$1\bar{1}00$}时，通过嵌入式外延形成的SiC pn结的漏电流较低[212]。另外还有报道通过使用碳[213]或TaC[214]作为掩膜材料进行选择性嵌入式外延。

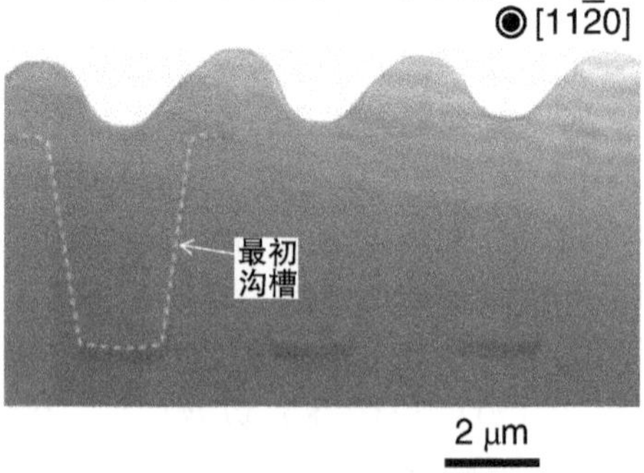

图4-39给出了通过嵌入式外延填充的SiC沟槽的横截面TEM图像[211]。当在1550℃的生长温度下以标准C/Si比（C/Si=1.5）进行CVD生长时，沟槽顶部附近的外延层变厚，导致在沟槽内部形成空隙（未示出）。相比之下，图4-39中采用了低C/Si比（C/Si=1.0）和高生长温度1650℃，实现了无空隙的完整沟槽填充。在富Si条件下的高温CVD生长过程中，吸附原子的表面迁移增强，所以能够实现从底部区域对沟槽的完全填充。

◉[$11\bar{2}0$]
最初沟槽
2 μm

图4-39 通过嵌入式外延填充的SiC沟槽的横截面TEM图像[211]

（由Trans Tech Publications授权转载）

4.6　其他 SiC 同质外延技术

SiC 的外延生长除了标准的 CVD 工艺外，还包括 LPE、升华外延和 MBE 等其他技术。

如第 3 章所述，因为不存在化学计量比的 SiC 液相，所以不能实现 SiC 的同成分液相外延生长。LPE 生长是通过将 SiC 衬底浸入盛放于石墨坩埚中的 Si 基熔体中来实现的[1,2,215,216]。石墨会有少部分溶解到 Si 熔体中并输送到 SiC 衬底作为碳源，其典型的生长温度和生长速率分别为 1550～1700℃和 5～30μm/h。关于 SiC 外延生长中的微管闭合现象最早见于 LPE 的报道[216,217]，随后在 CVD 中改良了微管闭合技术。能够在近正轴｛0001｝衬底上实现 4H－SiC 的同质外延生长的能力是 LPE 的主要优点。然而，外延生长期间对 C/Si 比的控制是有限的，必须显著降低来自石墨坩埚的杂质的掺入才能获得高纯度的 SiC 外延层。而在表面上形成大台阶是其存在的另一个问题。设备的大型化和开发多晶圆生长系统（例如可同时处理 6 个 150mm 直径晶圆的生长系统）对于 SiC 器件的批量生产至关重要，将是 LPE 应用的一个挑战。

已报道的所谓亚稳溶剂外延（MSE）技术是 LPE 技术的一种改良[218]，在 MSE 技术中使用多晶 3C－SiC 中作为源材料，在源和 SiC 衬底之间形成一个 Si 熔体，由于3C－SiC和 4H－SiC 之间的化学势差异，4H－SiC 同质外延生长在4H－SiC 衬底上。

在升华外延中，其物理过程与如第 3 章所述的 SiC 晶锭的升华法生长类似。外延生长由三个步骤组成：SiC 源的升华、升华物的质量输运及表面反应和结晶[219]。注意，在升华外延中，SiC 源和衬底之间的距离非常小，通常为 2～5mm，其典型的生长温度和压强分别为 1600～1800℃和 10^{-3}Pa。在近正轴｛0001｝衬底上，能够实现高质量的 SiC 快速外延生长，其生长速率为 30～80μm/h[220,221]。SiC 外延层的纯度主要受到 SiC 源（通常为多晶 SiC 片）的纯度限制，因此并不容易获得 10^{13}～$10^{14}cm^{-3}$的低掺杂密度的外延层。目前还未能实现利用升华外延大范围控制的掺杂浓度（n 型和 p 型）也很难用利用这种技术形成外延 pn 结。

MBE 的主要优点包括外延生长的原子级控制和能够通过原位电子衍射监测表面。在 SiC 的 MBE 生长中，一般使用固体源（硅，石墨）[222,223]或气体源（SiH_4，Si_2H_6，C_2H_4，C_3H_8）[224]。目前已经研究并实现了在 SiC 的 MBE 生长期间对其多型体进行控制以实现诸如 4H/6H 和 3C/4H 之类的异质多型体结结构[223]。然而，由于加热元件的能力有限，利用 MBE 完成高温（高品质 4H－SiC 的同质外延生长温度一般高于 1500℃）下生长技术上很难实现。此外，在真空中 SiC 的表面在高于 1000℃的温度下会立即石墨化。虽然已有 6H－SiC 的高质量同质外延生长的报道，但生长速率非常低，只有约 0.05～0.2μm/h[224]。不过，SiC 的 MBE 技术将有助于对 SiC 外延机理的深入理解。

4.7 3C－SiC 异质外延

由于3C－SiC 在非常高的温度下的不稳定性，通过升华法生长大3C－SiC 晶体是很难的，如第3章所述。相反，在异质衬底上外延生长 SiC 已得到深入研究。用于3C－SiC 生长的主要衬底是硅和六方 SiC。异质外延生长通常利用 CVD 技术进行。

4.7.1 3C－SiC 在 Si 上的异质外延生长

3C－SiC 在 Si 上的异质外延生长必须克服较大的晶格失配（20%）和热膨胀系数失配（8%）。由于 Si 的熔点为1415℃，生长温度被限制在低于1350℃。在生长过程中当温度接近熔点时，会将大量的滑移线引入 Si 衬底。然而，单晶 3C－SiC 层的生长是通过两步生长实现[225-233]，图 4-40 展示了 Si 上 CVD 生长 3C－SiC 的典型生长过程。在第一步中，通过原位 HCl/H_2 蚀刻来清洁 Si 表面，通过引入碳氢化合物形成“**碳化缓冲层**”[225]；紧接着的第二步是3C－SiC 的主要生长过程。碳化缓冲层实际上是一层非常薄的单晶 3C－SiC[227,230]。该层必须没有针孔和晶界，如果存在针孔和晶界，则 Si 原子在随后的 CVD 生长过程中会从下面的衬底提供[234]，导致在3C－SiC 层下面形成空隙以及在表面上产生异常生长。为了封堵来自于衬底的 Si 原子，生长缓冲层需要有高的晶体质量和成核密度。为了满足这些要求，需在相对较低的温度下引入碳氢化合物，并且随后温度要快速上升且温升速率要足够高。通过使用这种两步生长，可以实现可重复的 Si 上异质外延生长 3C－SiC[225,226]。当使用 Si（001）衬底时，获得的是 3C－SiC（001）外延层，在 Si（111）上生长获得的是3C－SiC（111）外延层。其典型生长温度和生长速率分别为1350℃和1～5μm/h。

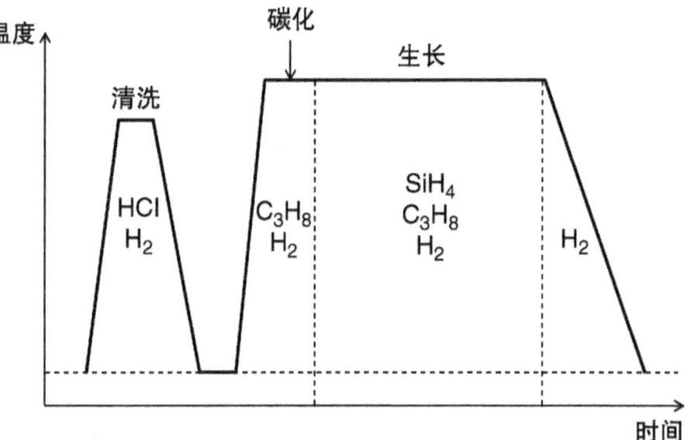

图4-40 用于 Si 上 CVD 生长 3C－SiC 时典型生长程序。在第一步中，通过原位 HCl/H_2 蚀刻来清洁 Si 的表面，并通过引入碳氢化合物形成“碳化缓冲层”

在缓冲层中和最初生长在其上的 3C－SiC 层内部，存在高密度的位错（$>10^9$～10^{10}cm^{-2}）和堆垛层错。这些扩展缺陷彼此相遇，并在生长了几百 nm 之后会显著减少[230,235,236]，结果是在 Si 上生长了质量大大提高的单晶 3C－SiC，在随后生长的3C－SiC 层中的位错密度为10^7～10^8cm^{-2}。在3C－SiC 层中也可观察到各种类型的堆垛层错和微孪晶。尽管如第3章所述，通过采用“波浪形 Si 衬底”[237,238]可以减少这些堆垛层错，但是堆垛层错密度仍然是很大的。另一个问题是严重的晶圆翘曲，该现象是由晶格和热膨胀失配产生的应力引起。

在 Si 上生长的 3C－SiC 中的另一种扩展缺陷是反相域（anti－phase domain，APD），通常出现在生长于单元素半导体上的化合物半导体中，例如 Si 上生长的 GaAs 和 Ge 上生长的 GaAs[27]。图 4-41 展示了 3C－SiC（001）/Si(001) 界面附近的化学键结构的示意图，其中晶格失配被忽略。在 Si（001）表面上，原子级台阶在 CVD 生长之前的原位清洗后就已经自然出现，其中一些台阶的高度是单原子层的高度。当 SiC 在该表面上生长时，由于原子级台阶的存在，碳原子之间的对准会产生偏移。在域边界（称为反相边界（APB））处形成多个 Si—Si 或 C—C 键。通过使用有若干度偏轴并偏向［110］晶向的 Si（001）衬底，获得了 APD 显著降低的 3C－SiC 层[239]。图 4-42 显示了在正轴 Si(001)和 2°偏轴 Si(001)上生长的 3C－SiC 层的 Nomarski 显微镜图像。通过引入偏轴将交叉阴影的表面形貌改变为条状表面形貌，通过 TEM 和熔融 KOH 蚀刻的结构表征显示，在偏轴衬底上大部分 APD 被消除。最近有研究指出，可以通过低压 CVD 基本消除 APD[240,241]。

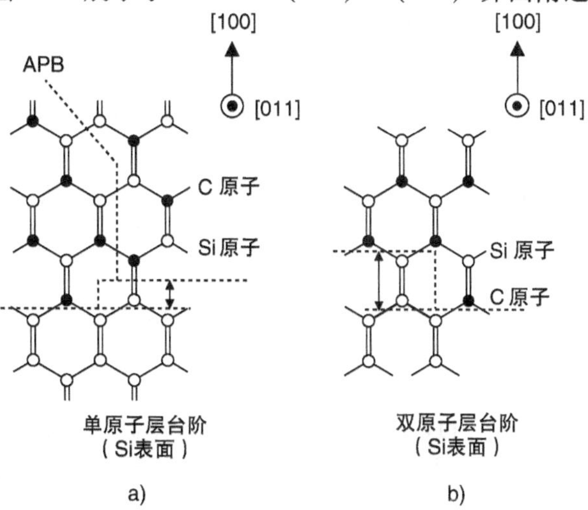

图 4-41　a）在正轴 Si（001）上和 b）偏轴 Si（001）上生长的 3C－SiC 界面附近化学键结构示意图[228]
（由 Elsevier 授权转载）

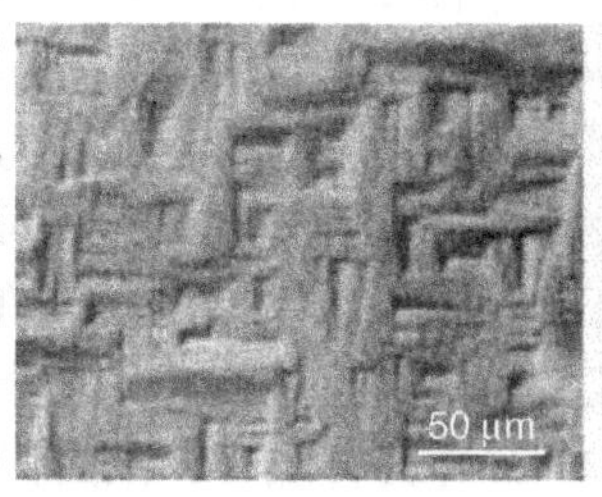

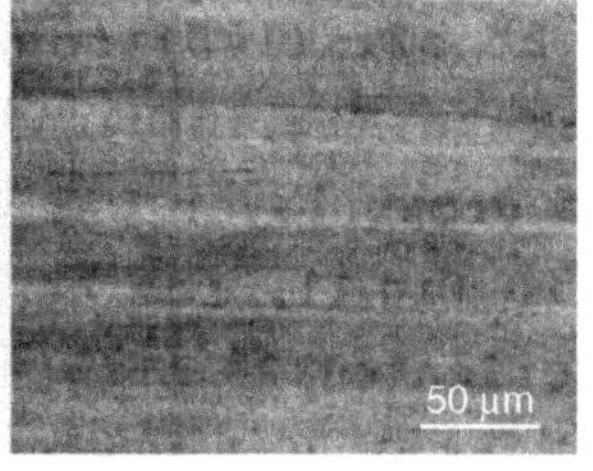

a)　　b)

图 4-42　在 a）正轴 Si（001）和 b）2°偏轴 Si（001）上生长的 3C－SiC 外延层的 Nomarski 显微镜图像[239]
（由 AIP 出版有限责任公司授权转载）

虽然技术在不断改进，但是 Si 上生长的 3C－SiC 中的扩展缺陷的密度仍然很高。利用这些异质外延层制备的 3C－SiC pn 结和肖特基势垒二极管，漏电流较大，器件击穿电压较低。由于相对低的生长温度，3C－SiC 内的本底氮掺杂浓度相对较高（通常在 $10^{15}cm^{-3}$的中值），这是必须解决的另一个问题。目前已有大量的研究投入到旨在显著提高晶体质量的工作中。在 Si 上生长的薄 3C－SiC 层对于 MEMS（微机电系统）来说是很有吸引力的材料[242,243]。

4.7.2　3C－SiC 在六方 SiC 上的异质外延生长

六方 SiC {0001} 因为与 3C－SiC 之间的晶格失配小，适用于 3C－SiC 的异质外延生长。3C－SiC 和六方 SiC 之间的晶格常数（或 Si—C 键长）存在一定的差别（见

第2章)，但与3C-SiC/Si 的失配度相比要小得多。从晶体学的角度来看，3C-SiC（111）可以连贯地生长（coherently grown）在4H-SiC或6H-SiC（0001）上。使用SiC衬底的另一个优点是可以使用高生长温度（不受Si熔点的限制），这就更容易获得高质量、高纯度的3C-SiC。在4H-SiC或6H-SiC（0001）上进行3C-SiC生长的反应器和条件与用于4H-SiC或6H-SiC的同质外延所需的基本相同。典型的生长温度和生长速率分别为1500~1600℃和2~5μm/h。当然，在这种情况下，4H-SiC和6H-SiC（0001）衬底必须是正轴的，以抑制产生4H-SiC或6H-SiC同质外延的台阶流（step-flow）生长。此外，因为在SiC（000$\bar{1}$）面上成核概率更高而经常发生三维生长[15,40]，六方SiC（0001）是衬底材料的首选。

除了复制于六方SiC衬底的贯穿位错外，在异质外延生长期中会产生新的扩展缺陷，最常见的是{111}堆垛层错。在3C-SiC中，{111}面是堆垛层错发生的主要晶面。由于SiC的堆垛层错能较低，3C-SiC总是会产生高密度{111}堆垛层错，但目前尚不清楚堆垛层错产生的确切机理。在六方SiC（0001）上生长的3C-SiC（111）上制造的电子器件中漏电流较大（尽管漏电流远小于在3C-SiC/Si上制造的器件中的漏电流），其主要原因是存在的堆垛层错。

在六方SiC上生长的3C-SiC中观察到的另一种类型的扩展缺陷就是双定位域（Double Positioning Domains，DPD）。如图4-2a所简单解释的，在6H-SiC（0001）正轴生长的3C-SiC存在两种可能的堆垛顺序：ABCABC……和ACBACB……[244,245]，因为6H-SiC的堆垛顺序为ABCACB。当使用正轴4H-SiC（0001）作为衬底时，情况相似。具有ABC堆垛的域相对于具有ACB堆垛的域旋转了180°，域边界称为双定位边界（DPB）。当利用含有DPB的SiC制造器件时，其漏电流非常大。已经发现，ABC和ACB堆垛域遵循衬底顶表面的堆垛顺序，这一现象在考虑到SiC多型体堆垛能量最小化下进行了讨论[245]。在6H-SiC（堆垛：ABCACB）和4H-SiC中，具有ABC堆垛的（0001）台阶面区域必须与ACB堆垛的区域面积一致。当采用15R-SiC（0001）作为衬底时，该面积比可以为3:2。事实上，在15R-SiC（0001）衬底上生长的厚3C-SiC中DPB显著减少[246]，但到目前为止，DPB还没有能完全消除。理想情况下，如果3C-SiC生长在完全不含任何原子台阶的完美SiC（0001）面上，则DPB可被消除。尽管已经在小台面（0.4mm×0.4mm）上完成了小规模无DPB生长[190,191]，但是在150mm直径的SiC（0001）晶圆的整个面上制备完美的无台阶表面是不现实的。

因此，在3C-SiC适用于电子应用之前，需要显著改善生长质量和掺杂控制能力。在未来另外一种可行的思路是，在Si晶片上快速外延生长3C-SiC并随后蚀刻Si而生产高品质独立3C-SiC衬底，再在该衬底上完成3C-SiC的生长。

4.8 总结

通过CVD对4H-SiC和6H-SiC进行同质外延生长的基本技术已经在逐步成熟，并且外延工艺的最新发展已经驱动了SiC功率器件的批量生产。通过在偏轴SiC{0001}

衬底上的台阶流生长来确保外延层中的多型体复制，通过“占位竞争”效应和生长条件优化实现净掺杂浓度低于$5\times10^{13}cm^{-3}$的纯净 SiC 的生长和 n 型（氮掺杂：$10^{14}\sim10^{19}cm^{-3}$）及 p 型（铝掺杂：$10^{14}\sim10^{20}cm^{-3}$）掺杂的宽范围控制。在$3\sim10\times10^{12}cm^{-3}$的范围内，化合物半导体的深能级缺陷密度已经相当低。人们对于 SiC 外延生长过程中扩展缺陷的基本特性进行了深入研究，虽然已经显著降低了缺陷密度，但仍需要进一步减少缺陷，加深对缺陷机理的理解。因为功率器件需要相对较大的芯片面积（$3\times3mm^2\sim10\times10mm^2$），所以增强外延生长期间 BPD 与 TED 之间的转化以及消除外延引入的扩展缺陷（例如三角形缺陷、胡萝卜缺陷和生长中的堆垛层错）是非常有必要的。工业界正引领着 SiC 产量的提高和外延生长均匀性的改善，主要的先进外延技术包括在近正轴 SiC（0001）衬底上快速（>100μm/h）外延生长和同质外延生长。

参考文献

[1] Brander, R.W. and Sutton, R.P. (1965) Solution grown SiC p-n junctions. *Br. J. Appl. Phys.*, **2**, 24.

[2] Ikeda, M., Hayakawa, T., Yamagiwa, S. *et al.* (1980) Fabrication of 6H-SiC light-emitting diodes by a rotation dipping technique: Electroluminescence mechanisms. *J. Appl. Phys.*, **50**, 8215.

[3] Jennings, V.J., Sommer, A. and Chang, H.C. (1966) The epitaxial growth of silicon carbide. *J. Electrochem. Soc.*, **113**, 728.

[4] Campbell, R.B. and Chu, T.L. (1966) Epitaxial growth of silicon carbide by the thermal reduction technique. *J. Electrochem. Soc.*, **113**, 825.

[5] von Muench, W. and Phaffeneder, I. (1976) Epitaxial deposition of silicon carbide from silicon tetrachloride and hexane. *Thin Solid Films*, **31**, 39.

[6] Yoshida, S., Sakuma, E., Okumura, H. *et al.* (1987) Heteroepitaxial growth of SiC polytypes. *J. Appl. Phys.*, **62**, 303.

[7] Kuroda, N., Shibahara, K., Yoo, W.S. *et al.* (1987) Extended Abstract 19th Conference on Solid State Devices and Materials, Tokyo, Japan, 1987, p. 227 Step controlled VPE growth of SiC single crystals at low temperatures.

[8] Ueda, T., Nishino, H. and Matsunami, H. (1990) Crystal growth of SiC by step-controlled epitaxy. *J. Cryst. Growth*, **104**, 695.

[9] Kong, H.S., Kim, H.J., Edmond, J.A. *et al.* (1987) Growth, doping, device development and characterization of CVD beta-SiC epilayers on Si(100) and alpha-SiC(0001). *Mater. Res. Soc. Symp. Proc.*, **97**, 233.

[10] Kong, H.S., Glass, J.T. and Davis, R.F. (1988) Chemical vapor deposition and characterization of 6H-SiC thin films on off-axis 6H-SiC substrates. *J. Appl. Phys.*, **64**, 2672.

[11] Itoh, A., Akita, H., Kimoto, T. and Matsunami, H. (1994) High-quality 4H-SiC homoepitaxial layers grown by step-controlled epitaxy. *Appl. Phys. Lett.*, **65**, 1400.

[12] Kimoto, T., Itoh, A., Akita, H. *et al.* (1995) Step-controlled epitaxial growth of α-SiC and application to high-voltage Schottky rectifiers, in *Proceedings of the International Symposium on Compound Semiconductors 1994*, IOP, p. 437.

[13] Itoh, A., Kimoto, T. and Matsunami, H. (1995) High-performance of high-voltage 4H-SiC Schottky barrier diodes. *IEEE Electron Device Lett.*, **16**, 280.

[14] Davis, R.F., Kelner, G., Shur, M. *et al.* (1991) Thin film deposition and microelectronic and optoelectronic device fabrication and characterization in monocrystalline alpha and beta silicon carbide. *Proc. IEEE*, **79**, 677.

[15] Matsunami, H. and Kimoto, T. (1997) Step-controlled epitaxial growth of SiC: high quality homoepitaxy. *Mater. Sci. Eng., R*, **20**, 125.

[16] Burk, A. and Rowland, L.B. (1997) Homoepitaxial VPE growth of SiC active layers. *Phys. Status Solidi B*, **202**, 263.

[17] Rupp, R., Makarov, Y.N., Behner, H. and Wiedenhofer, A. (1997) Silicon carbide epitaxy in a vertical CVD reactor: experimental results and numerical process simulation. *Phys. Status Solidi B*, **202**, 281.

[18] Kordina, O., Hallin, C., Henry, A. *et al.* (1997) Growth of SiC by “Hot-Wall” CVD and HTCVD. *Phys. Status Solidi B*, **202**, 321.

[19] Kimoto, T., Itoh, A. and Matsunami, H. (1997) Step-controlled epitaxial growth of high-quality SiC layers. *Phys. Status Solidi B*, **202**, 247.

[20] Powell, J.A. and Larkin, D.J. (1997) Process-induced morphological defects in epitaxial CVD silicon carbide. *Phys. Status Solidi B*, **202**, 529.

[21] Schöner, A. (2004) New development in hot wall vapor phase epitaxial growth of silicon carbide, in *Silicon Carbide – Recent Major Advances* (eds W.J. Choyke, H. Matsunami and G. Pensl), Springer, p. 229.

[22] Burk, A. (2006) Development of multiwafer warm-wall planetary VPE reactors for SiC device production. *Chem. Vap. Deposition*, **12**, 465.

[23] Henry, A., ul Hassan, J., Bergman, J.P. *et al.* (2006) Thick silicon carbide homoepitaxial layers grown by CVD techniques. *Chem. Vap. Deposition*, **12**, 475.

[24] La Via, F., Galvagno, G., Foti, G. *et al.* (2006) 4H SiC epitaxial growth with chlorine addition. *Chem. Vap. Deposition*, **12**, 502.

[25] Tsuchida, H., Ito, M., Kamata, I. and Nagano, M. (2009) Formation of extended defects in 4H-SiC epitaxial growth and development of a fast growth technique. *Phys. Status Solidi B*, **246**, 1553.

[26] Pedersen, H., Leone, S., Kordina, O. *et al.* (2012) Chloride-based CVD growth of silicon carbide for electronic applications. *Chem. Rev.*, **112**, 2434.

[27] J.W. Matthews, ed. *Epitaxial Growth, Part B*, Chapter 5, Academic Press, New York, 1975.

[28] Landini, B.E. and Brandes, G.R. (1999) Characteristics of homoepitaxial 4H-SiC films grown on c-axis substrates offcut towards $<1\bar{1}00>$ or $<11\bar{2}0>$. *Appl. Phys. Lett.*, **74**, 2632.

[29] Knippenberg, W.F. (1963) Growth phenomena in silicon carbide. *Philips Res. Rep.*, **18**, 161.

[30] Heine, V., Cheng, C. and Needs, R.J. (1991) The preference of silicon carbide for growth in the metastable cubic form. *J. Am. Ceram. Soc.*, **74**, 2630.

[31] Yoo, W.S. and Matsunami, H. (1992) Growth simulation of SiC polytypes and application to DPB-free 3C-SiC on alpha-SiC substrates, in *Amorphous and Crystalline Silicon Carbide IV*, Springer-Verlag, Berlin, p. 66.

[32] Powell, J.A., Petit, J.B., Edgar, J.H. *et al.* (1991) Controlled growth of 3C-SiC and 6H-SiC films on low-tilt-angle vicinal (0001) 6H-SiC wafers. *Appl. Phys. Lett.*, **59**, 333.

[33] Tairov, Y.M., Tsvetkov, V.F., Lilov, S.K. and Safaraliev, G.K. (1976) Studies of growth kinetics and polytypism of silicon carbide epitaxial layers grown from the vapour phase. *J. Cryst. Growth*, **36**, 147.

[34] Matsushita, Y., Nakata, T., Uetani, T. *et al.* (1990) Fabrication of SiC blue LEDs using off-oriented substrates. *Jpn. J. Appl. Phys.*, **29**, L343.

[35] Tanaka, S., Kern, R.S. and Davis, R.F. (1994) Effects of gas flow ratio on silicon carbide thin film growth mode and polytype formation during gas-source molecular beam epitaxy. *Appl. Phys. Lett.*, **65**, 2851.

[36] Kimoto, T., Nishino, H., Yoo, W.S. and Matsunami, H. (1993) Growth mechanism of 6H-SiC in step-controlled epitaxy. *J. Appl. Phys.*, **73**, 726.

[37] Krishnan, B., Melnychuk, G. and Koshka, Y. (2010) Low-temperature homoepitaxial growth of 4H–SiC with CH_3Cl and $SiCl_4$ precursors. *J. Cryst. Growth*, **312**, 645.

[38] Kimoto, T., Nishino, H., Yamashita, A. *et al.* (1992) Low temperature homoepitaxial growth of 6H-SiC by VPE method, in *Amorphous and Crystalline Silicon Carbide IV*, Springer-Verlag, p. 31.

[39] Burton, W.K., Cabrera, N. and Frank, F.C. (1951) The growth of crystals and the equilibrium structure of their surfaces. *Philos. Trans. R. Soc. London, Ser. A*, **243**, 299.

[40] Kimoto, T. and Matsunami, H. (1994) Surface kinetics of adatoms in vapor phase epitaxial growth of SiC on 6H-SiC{0001} vicinal surfaces. *J. Appl. Phys.*, **75**, 850.

[41] Hirschfelder, J.O., Curties, F. and Bird, R.B. (1954) *Molecular Theory of Gases and Liquids*, John Wiley & Sons, Inc., New York.

[42] Konstantinov, A.O., Hallin, C., Kordina, O. and Janzen, E. (1996) Effect of vapor composition on polytype homogeneity of epitaxial silicon carbide. *J. Appl. Phys.*, **80**, 5704.

[43] Hirth, J.P. and Pound, G.M. (1963) *Condensation and Evaporation, Nucleation and Growth Kinetics*, Pergamon Press, Oxford.

[44] Pearson, E., Takai, T., Halicioglu, T. and Tiller, W.A. (1984) Computer modeling of Si and SiC surfaces and surface processes relevant to crystal growth from the vapor. *J. Cryst. Growth*, **70**, 33.

[45] Danno, K., Kimoto, T., Hashimoto, K. *et al.* (2004) Low-concentration deep traps in 4H-SiC grown with high growth rate by chemical vapor deposition. *Jpn. J. Appl. Phys.*, **43**, L969.

[46] Hori, T., Danno, K. and Kimoto, T. (2007) Fast homoepitaxial growth of 4H-SiC with low basal-plane dislocation density and low trap concentration by hot-wall chemical vapor deposition. *J. Cryst. Growth*, **306**, 297.

[47] Burk, A.A. Jr., and Rowland, L.B. (1996) The role of excess silicon and in situ etching on 4H-SiC and 6H-SiC epitaxial layer morphology. *J. Cryst. Growth*, **167**, 586.

[48] Kimoto, T., Chen, Z.Y., Tamura, S. *et al.* (2001) Surface morphological structures of 4H-, 6H-, and 15R-SiC(0001) epitaxial layers grown by chemical vapor deposition. *Jpn. J. Appl. Phys.*, **40**, 3315.

[49] Hallin, C., Konstantinov, A.O., Kordina, O. and Janzen, E. (1996) The mechanism of cubic SiC nucleation on off-axis substrates. *Inst. Phys. Conf. Ser.*, **142**, 85.
[50] Fujiwara, H., Danno, K., Kimoto, T. *et al.* (2005) Effects of C/Si ratio in fast epitaxial growth of 4H-SiC(0001) by vertical hot-wall chemical vapor deposition. *J. Cryst. Growth*, **281**, 370.
[51] Charrier, A., Coati, A., Argunova, T. *et al.* (2002) Solid-state decomposition of silicon carbide for growing ultra-thin heteroepitaxial graphite films. *J. Appl. Phys.*, **92**, 2479.
[52] Novoselov, K.S., Geim, A.K., Morozov, S.V. *et al.* (2004) Electric field effect in atomically thin carbon films. *Science*, **306**, 666.
[53] Seyller, T., Bostwick, A., Emtsev, K.V. *et al.* (2008) Epitaxial graphene: a new material. *Phys. Status Solidi B*, **245**, 1436.
[54] Tsuchida, H., Kamata, I. and Izumi, K. (1997) Infrared spectroscopy of hydrides on the 6H-SiC surface. *Appl. Phys. Lett.*, **70**, 3072.
[55] Allendorf, M.D. and Kee, R.J. (1991) A model of silicon carbide chemical vapor deposition. *J. Electrochem. Soc.*, **138**, 841.
[56] Stinespring, C.D. and Wormhoudt, J.C. (1988) Gas phase kinetics analysis and implications for silicon carbide chemical vapor deposition. *J. Cryst. Growth*, **87**, 481.
[57] Nishizawa, S. and Pons, M. (2006) Growth and doping modeling of SiC-CVD in a horizontal hot-wall reactor. *Chem. Vap. Deposition*, **12**, 516.
[58] Nishizawa, S. and Pons, M. (2006) Numerical modeling of SiC–CVD in a horizontal hot-wall reactor. *Microelectron. Eng.*, **83**, 100.
[59] Meziere, J., Ucar, M., Blanquet, E. *et al.* (2004) Modeling and simulation of SiC CVD in the horizontal hot-wall reactor concept. *J. Cryst. Growth*, **267**, 436.
[60] Nishizawa, S., Kojima, K., Kuroda, S. *et al.* (2005) Modeling of SiC-CVD on Si-face/C-face in a horizontal hot-wall reactor. *J. Cryst. Growth*, **275**, e515.
[61] Danielsson, Ö., Henry, A. and Janzen, E. (2002) Growth rate predictions of chemical vapor deposited silicon carbide epitaxial layers. *J. Cryst. Growth*, **243**, 170.
[62] Danielsson, Ö., Forsberg, U. and Janzen, E. (2003) Predicted nitrogen doping concentrations in silicon carbide epitaxial layers grown by hot-wall chemical vapor deposition. *J. Cryst. Growth*, **250**, 471.
[63] Tsvetkov, V.F., Allen, S.T., Kong, H.S. and Carter, C.H. Jr., (1996) Recent progress in SiC crystal growth. *Inst. Phys. Conf. Ser.*, **142**, 17.
[64] Chen, W. and Capano, M.A. (2005) Growth and characterization of 4H-SiC epilayers on substrates with different off-cut angles. *J. Appl. Phys.*, **98**, 114907.
[65] Wada, K., Kimoto, T., Nishikawa, K. and Matsunami, H. (2006) Epitaxial growth of 4H-SiC on 4 degrees off-axis (0001) and $(000\bar{1})$ substrates by hot-wall chemical vapor deposition. *J. Cryst. Growth*, **291**, 370.
[66] Kojima, K., Okumura, H., Kuroda, S. and Arai, K. (2004) Homoepitaxial growth of 4H-SiC on on-axis $(000\bar{1})$ C-face substrates by chemical vapor deposition. *J. Cryst. Growth*, **269**, 367.
[67] Kimoto, T., Itoh, A. and Matsunami, H. (1995) Step bunching in chemical vapor deposition of 6H- and 4H-SiC on vicinal SiC{0001} faces. *Appl. Phys. Lett.*, **66**, 3645.
[68] Herring, C. (1951) Some theorems on the free energies of crystal surfaces. *Phys. Rev.*, **82**, 87.
[69] W.A. Tiller, *The Science of Crystallization: Microscopic Interfacial Phenomena*, Chapter 2 (Cambridge University Press, Cambridge, 1991).
[70] Tyc, S. (1994) Structure of a 6H silicon carbide vicinal surface. *Inst. Phys. Conf. Ser.*, **137**, 333.
[71] Powell, J.A., Larkin, D.J., Abel, P.B. *et al.* (1996) Effect of tilt angle on the morphology of SiC epitaxial films grown on vicinal (0001)SiC substrates. *Inst. Phys. Conf. Ser.*, **142**, 77.
[72] Neudeck, P.G., Trunek, A.J. and Powell, J.A. (2004) Atomic force microscope observation of growth and defects on as-grown (111) 3C-SiC mesa surfaces. *Mater. Res. Soc. Symp. Proc.*, **815**, 59.
[73] Kimoto, T., Itoh, A., Matsunami, H. and Okano, T. (1997) Step bunching mechanism in chemical vapor deposition of α-SiC{0001}. *J. Appl. Phys.*, **81**, 3494.
[74] Thomas, B., Bartsch, W., Stein, R. *et al.* (2004) Properties and suitability of 4H-SiC epitaxial layers grown at different CVD systems for high voltage applications. *Mater. Sci. Forum*, **457–460**, 181.
[75] O. Kordina, C. Hallin, R.C. Glass, *et al.* (1994) *Inst. Phys. Conf. Ser.* **137**, 41 A novel hot-wall CVD reactor for SiC epitaxy.
[76] La Via, F., Izzo, G., Mauceri, M. *et al.* (2008) 4H-SiC epitaxial layer growth by trichlorosilane (TCS). *J. Cryst. Growth*, **311**, 107.
[77] Kimoto, T., Feng, G., Hiyoshi, T. *et al.* (2010) Defect control in growth and processing of 4H-SiC for power device applications. *Mater. Sci. Forum*, **645–648**, 645.

[78] Burk, A.A., O'Loughlin, M.J., Paisley, M.J. *et al.* (2005) Large area SiC epitaxial layer growth in a warm-wall planetary VPE reactor. *Mater. Sci. Forum*, **483–485**, 137.
[79] Thomas, B., Hecht, C., Stein, R. and Friedrichs, P. (2006) Challenges in large-area multi-wafer SiC epitaxy for production needs. *Mater. Sci. Forum*, **527–529**, 135.
[80] Ellison, A., Zhang, J., Henry, A. and Janzen, E. (2002) Epitaxial growth of SiC in a chimney CVD reactor. *J. Cryst. Growth*, **236**, 225.
[81] Larkin, D.J., Neudeck, P.G., Powell, J.A. and Matus, L.G. (1994) Site-competition epitaxy for superior silicon carbide electronics. *Appl. Phys. Lett.*, **65**, 1659.
[82] Larkin, D.J. (1997) SiC dopant incorporation control using site-competition CVD. *Phys. Status Solidi B*, **202**, 305.
[83] Kimoto, T., Nakazawa, S., Hahimoto, K. and Matsunami, H. (2001) Reduction of doping and trap concentrations in 4H-SiC epitaxial layers grown by chemical vapor deposition. *Appl. Phys. Lett.*, **79**, 2761.
[84] Tsuchida, H., Kamata, I., Jikimoto, T. and Izumi, K. (2002) Epitaxial growth of thick 4H–SiC layers in a vertical radiant-heating reactor. *J. Cryst. Growth*, **237–238**, 1206.
[85] Kimoto, T., Itoh, A. and Matsunami, H. (1995) Incorporation mechanism of N, Al, and B impurities in chemical vapor deposition of SiC. *Appl. Phys. Lett.*, **67**, 2385.
[86] Hallin, C., Ivanov, I.G., Egilsson, T. *et al.* (1998) The material quality of CVD-grown SiC using different carbon precursors. *J. Cryst. Growth*, **183**, 163.
[87] Kojima, K., Suzuki, T., Kuroda, S. *et al.* (2003) Epitaxial growth of high-quality 4H-SiC carbon-face by low-pressure hot-wall chemical vapor deposition. *Jpn. J. Appl. Phys.*, **42**, L637.
[88] Forsberg, U., Danielsson, Ö., Henry, A. *et al.* (2002) Nitrogen doping of epitaxial silicon carbide. *J. Cryst. Growth*, **236**, 101.
[89] Yamamoto, T., Kimoto, T. and Matsunami, H. (1998) Impurity incorporation mechanism in step-controlled epitaxy - Growth temperature and substrate off-angle dependence. *Mater. Sci. Forum*, **264–268**, 111.
[90] Wang, R., Bhat, I.B. and Chow, T.P. (2002) Epitaxial growth of n-type SiC using phosphine and nitrogen as the precursors. *J. Appl. Phys.*, **92**, 7587.
[91] Yoshida, S., Sakuma, E., Misawa, S. and Gonda, S. (1984) A new doping method using metalorganics in chemical vapor deposition of 6H–SiC. *J. Appl. Phys.*, **55**, 169.
[92] Forsberg, U., Danielsson, Ö., Henry, A. *et al.* (2003) Aluminum doping of epitaxial silicon carbide. *J. Cryst. Growth*, **253**, 340.
[93] Larkin, D.J., Sridhara, S.G., Devaty, R.P. and Choyke, W.J. (1995) Hydrogen incorporation in boron-doped 6H-SiC CVD epilayers produced using site-competition epitaxy. *J. Electron. Mater.*, **24**, 289.
[94] Kimoto, T., Yamashita, A., Itoh, A. and Matsunami, H. (1993) Step-controlled epitaxial growth of 4H-SiC and doping of Ga as a blue luminescent center. *Jpn. J. Appl. Phys.*, **32**, 1045.
[95] Negoro, Y., Kimoto, T., Matsunami, H. and Pensl, G. (2007) Abnormal out-diffusion of epitaxially doped boron in 4H-SiC caused by implantation and annealing. *Jpn. J. Appl. Phys.*, **46**, 5053.
[96] Nordell, N., Schöner, A. and Linnarsson, M.K. (1997) Control of Al and B doping transients in 6H and 4H SiC grown by vapor phase epitaxy. *J. Electron. Mater.*, **26**, 187.
[97] Benamara, M., Zhang, X., Skowronski, M. *et al.* (2005) Structure of the carrot defect in 4H-SiC epitaxial layers. *Appl. Phys. Lett.*, **86**, 021905.
[98] Tsuchida, H., Kamata, I. and Nagano, M. (2007) Investigation of defect formation in 4H-SiC epitaxial growth by X-ray topography and defect selective etching. *J. Cryst. Growth*, **306**, 254.
[99] Okada, T., Kimoto, T., Noda, H. *et al.* (2002) Correspondence between surface morphological faults and crystallographic defects in 4H-SiC homoepitaxial film. *Jpn. J. Appl. Phys.*, **41**, 6320.
[100] Okada, T., Kimoto, T., Yamai, K. *et al.* (2003) Crystallographic defects under device-killing surface faults in a homoepitaxially grown film of SiC. *Mater. Sci. Eng., A*, **361**, 67.
[101] Konstantinov, A.O., Hallin, C., Pecz, B. *et al.* (1997) The mechanism for cubic SiC formation on off-oriented substrates. *J. Cryst. Growth*, **178**, 495.
[102] Aigo, T., Ito, W., Tsuge, H. *et al.* (2013) Formation of epitaxial defects by threading screw dislocations with a morphological feature at the surface of 4° off-axis 4H-SiC substrates. *Mater. Sci. Forum*, **740–742**, 629.
[103] Kimoto, T. and Matsunami, H. (1995) Surface diffusion lengths of adatoms on 6H-SiC{0001} faces in chemical vapor deposition of SiC. *J. Appl. Phys.*, **78**, 3132.
[104] Kimoto, T., Miyamoto, N. and Matsunami, H. (1999) Performance limiting surface defects in SiC epitaxial p-n junction diodes. *IEEE Trans. Electron Devices*, **46**, 471.
[105] Ohtani, N. (2011) Toward the reduction of performance-limiting defects in SiC epitaxial substrates. *ECS Trans.*, **41**, 253.

[106] Kamata, I., Tsuchida, H., Jikimoto, T. and Izumi, K. (2000) Structural transformation of screw dislocations via thick 4H-SiC epitaxial growth. *Jpn. J. Appl. Phys.*, **39**, 6496.
[107] Kamata, I., Tsuchida, H., Jikimoto, T. and Izumi, K. (2002) Influence of 4H–SiC growth conditions on micropipe dissociation. *Jpn. J. Appl. Phys.*, **41**, L1137.
[108] Nakamura, S., Kimoto, T. and Matsunami, H. (2003) Effect of C/Si ratio on spiral growth on 6H-SiC(0001). *Jpn. J. Appl. Phys.*, **42**, L846.
[109] Tsuchida, H., Kamata, I. and Nagano, M. (2008) Formation of basal plane Frank-type faults in 4H-SiC epitaxial growth. *J. Cryst. Growth*, **310**, 757.
[110] Bergman, J.P., Lendenmann, H., Nilsson, P.A. *et al.* (2001) Crystal defects as source of anomalous forward voltage increase of 4H-SiC diodes. *Mater. Sci. Forum*, **353–356**, 299.
[111] Skowronski, M. and Ha, S. (2006) Degradation of hexagonal silicon-carbide-based bipolar devices. *J. Appl. Phys.*, **99**, 011101.
[112] Muzykov, P.G., Kennedy, R.M., Zhang, Q. *et al.* (2009) Physical phenomena affecting performance and reliability of 4H-SiC bipolar junction transistors. *Microelectron. Reliab.*, **49**, 32.
[113] Hull, D. and Bacon, D.J. (2001) *Introduction to Dislocations*, 4th edn, Butterworth-Heinemann.
[114] Ha, S., Mieszkowski, P., Skowronski, M. and Rowland, L.B. (2002) Dislocation conversion in 4H silicon carbide epitaxy. *J. Cryst. Growth*, **244**, 257.
[115] Ohno, T., Yamaguchi, H., Kuroda, S. *et al.* (2004) Influence of growth conditions on basal plane dislocation in 4H-SiC epitaxial layer. *J. Cryst. Growth*, **271**, 1.
[116] Jacobson, H., Bergman, J.P., Hallin, C. *et al.* (2004) Properties and origins of different stacking faults that cause degradation in SiC PiN diodes. *J. Appl. Phys.*, **95**, 1485.
[117] Tsuchida, H., Ito, M., Kamata, I. and Nagano, M. (2009) Fast epitaxial growth of 4H-SiC and analysis of defect transfer. *Mater. Sci. Forum*, **615–617**, 67.
[118] Jacobson, H., Birch, J., Yakimova, R. *et al.* (2002) Dislocation evolution in 4H-SiC epitaxial layers. *J. Appl. Phys.*, **91**, 6354.
[119] Hong, M.H., Samant, A.V. and Pirouz, P. (2000) Stacking fault energy of 6H-SiC and 4H-SiC single crystals. *Philos. Mag.*, **80**, 919.
[120] Pirouz, P., Demenet, J.L. and Hong, M.H. (2001) On transition temperatures in the plasticity and fracture of semiconductors. *Philos. Mag.*, **81**, 1207.
[121] Tanuma, R., Mori, D., Kamata, I. and Tsuchida, H. (2012) X-ray microbeam three-dimensional topography imaging and strain analysis of basal-plane dislocations and threading edge dislocations in 4H-SiC. *Appl. Phys. Express*, **5**, 061301.
[122] Chung, S., Wheeler, V., Myers-Ward, R. *et al.* (2011) Secondary electron dopant contrast imaging of compound semiconductor junctions. *J. Appl. Phys.*, **109**, 094906.
[123] Sumakeris, J.J., Bergman, J.P., Das, M.K. *et al.* (2006) Techniques for minimizing the basal plane dislocation density in SiC epilayers to reduce Vf drift in SiC bipolar power devices. *Mater. Sci. Forum*, **527–529**, 141.
[124] Sumakeris, J.J., Hull, B.A., O'Loughlin, M.J. *et al.* (2007) Developing an effective and robust process for manufacturing bipolar SiC power devices. *Mater. Sci. Forum*, **556–557**, 77.
[125] Zhang, Z. and Sudarshan, T.S. (2005) Basal plane dislocation-free epitaxy of silicon carbide. *Appl. Phys. Lett.*, **87**, 151913.
[126] Tsuchida, H., Kamata, I., Miyanagi, T. *et al.* (2006) Comparison of propagation and nucleation of basal plane dislocations in 4H-SiC (000$\bar{1}$) and (0001) epitaxy. *Mater. Sci. Forum*, **527–529**, 231.
[127] Starlbush, R.E., VanMil, B.L., Myers-Ward, R.L. *et al.* (2009) Basal plane dislocation reduction in 4H-SiC epitaxy by growth interruptions. *Appl. Phys. Lett.*, **94**, 041916.
[128] Tsuchida, H., Kamata, I., Miyanagi, T. *et al.* (2005) Growth of thick 4H-SiC (0001) epilayers and reduction of basal plane dislocations. *Jpn. J. Appl. Phys.*, **44**, L806.
[129] Zhang, X. and Tsuchida, H. (2012) Conversion of basal plane dislocations to threading edge dislocations in 4H-SiC epilayers by high temperature annealing. *J. Appl. Phys.*, **111**, 123512.
[130] Zhang, X., Skowronski, M., Liu, K.X. *et al.* (2007) Glide and multiplication of basal plane dislocations during 4H-SiC homoepitaxy. *J. Appl. Phys.*, **102**, 093520.
[131] Nagano, M., Tsuchida, H., Suzuki, T. *et al.* (2010) Annealing induced extended defects in as-grown and ion-implanted 4H-SiC epitaxial layers. *J. Appl. Phys.*, **108**, 013511.
[132] Zhang, N., Chen, Y., Zhang, Y. *et al.* (2009) Nucleation mechanism of dislocation half-loop arrays in 4H-silicon carbide homoepitaxial layers. *Appl. Phys. Lett.*, **94**, 122108.
[133] Zhang, X., Miyazawa, T. and Tsuchida, H. (2012) Critical conditions of misfit dislocation formation in 4H-SiC epilayers. *Mater. Sci. Forum*, **717–720**, 313.

[134] Matthews, J.W. and Blakeslee, A.E. (1974) Defects in epitaxial multilayers: I. Misfit dislocations. *J. Cryst. Growth*, **27**, 118.
[135] Ha, S., Chung, H.J., Nuhfer, N.T. and Skowronski, M. (2004) Dislocation nucleation in 4H silicon carbide epitaxy. *J. Cryst. Growth*, **262**, 130.
[136] Bai, S., Wagner, G., Choyke, W.J. *et al.* (2002) Spectra associated with stacking faults in 4H-SiC grown in a hot-wall CVD reactor. *Mater. Sci. Forum*, **389–393**, 589.
[137] Feng, G., Suda, J. and Kimoto, T. (2008) Characterization of stacking faults in 4H-SiC epilayers by room-temperature microphotoluminescence mapping. *Appl. Phys. Lett.*, **92**, 221906.
[138] Liu, K.X., Stahlbush, R.E., Lew, K.-K. *et al.* (2008) Examination of in-grown stacking faults in 8°- and 4°-offcut 4H-SiC epitaxy by photoluminescence imaging. *J. Electron. Mater.*, **37**, 730.
[139] Camassel, J. and Juillaguet, S. (2008) Optical properties of as-grown and process-induced stacking faults in 4H-SiC. *Phys. Status Solidi B*, **245**, 1337.
[140] Hassan, J., Henry, A., Ivanov, I.G. and Bergman, J.P. (2009) In-grown stacking faults in 4H-SiC epilayers grown on off-cut substrates. *J. Appl. Phys.*, **105**, 123513.
[141] Feng, G., Suda, J. and Kimoto, T. (2009) Characterization of major in-grown stacking faults in 4H-SiC epilayers. *Physica B*, **23–24**, 4745.
[142] Izumi, S., Tsuchida, H., Tawara, T. *et al.* (2005) Structure of in-grown stacking faults in the 4H-SiC epitaxial layers. *Mater. Sci. Forum*, **483–485**, 323.
[143] Izumi, S., Tsuchida, H., Kamata, I. and Tawara, T. (2005) Structural analysis and reduction of in-grown stacking faults in 4H-SiC epilayers. *Appl. Phys. Lett.*, **86**, 202108.
[144] Fujiwara, H., Kimoto, T. and Matsunami, H. (2005) Characterization of in-grown stacking faults in 4H-SiC (0001) epitaxial layers and its impacts on high-voltage Schottky barrier diodes. *Appl. Phys. Lett.*, **87**, 051912.
[145] Kamata, I., Zhang, X. and Tsuchida, H. (2010) Photoluminescence of Frank-type defects on the basal plane in 4H-SiC epilayers. *Appl. Phys. Lett.*, **97**, 172107.
[146] Milnes, A.G. (1973) *Deep Impurities in Semiconductors*, John Wiley & Sons, Inc., New York.
[147] Lang, D.V. (1974) Deep-level transient spectroscopy: A new method to characterize traps in semiconductors. *J. Appl. Phys.*, **45**, 3023.
[148] Weiss, S. and Kassing, R. (1988) Deep Level Transient Fourier Spectroscopy (DLTFS) – A technique for the analysis of deep level properties. *Solid State Electron.*, **31**, 1733.
[149] Dalibor, T., Pensl, G., Matsunami, H. *et al.* (1997) Deep defect centers in silicon carbide monitored with deep level transient spectroscopy. *Phys. Status Solidi A*, **162**, 199.
[150] Hemmingsson, C., Son, N.T., Kordina, O. *et al.* (1997) Deep level defects in electron-irradiated 4H SiC epitaxial layers. *J. Appl. Phys.*, **81**, 6155.
[151] Storasta, L., Bergman, J.P., Janzen, E. *et al.* (2004) Deep levels created by low energy electron irradiation in 4H-SiC. *J. Appl. Phys.*, **96**, 4909.
[152] Danno, K. and Kimoto, T. (2006) Investigation of deep levels in n-type 4H-SiC epilayers irradiated with low-energy electrons. *J. Appl. Phys.*, **100**, 113728.
[153] Danno, K. and Kimoto, T. (2007) Deep level transient spectroscopy on as-grown and electron-irradiated p-type 4H-SiC epilayers. *J. Appl. Phys.*, **101**, 103704.
[154] Storasta, L., Carlsson, F.H.C., Sridhara, S.G. *et al.* (2001) Pseudodonor nature of the defect in 4H-SiC. *Appl. Phys. Lett.*, **78**, 46.
[155] Klein, P.B., Shanabrook, B.V., Huh, S.W. *et al.* (2006) Lifetime-limiting defects in 4H-SiC epilayers. *Appl. Phys. Lett.*, **88**, 052110.
[156] Danno, K., Nakamura, D. and Kimoto, T. (2007) Investigation of carrier lifetime in 4H-SiC epilayers and lifetime control by electron irradiation. *Appl. Phys. Lett.*, **90**, 202109.
[157] Alfieri, G., Monakhov, E.V., Svensson, B.G. and Linnarsson, M.K. (2005) Annealing behavior between room temperature and 2000°C of deep level defects in electron-irradiated n-type 4H silicon carbide. *J. Appl. Phys.*, **98**, 043518.
[158] Kawahara, K., Suda, J., Pensl, G. and Kimoto, T. (2010) Reduction of deep levels generated by ion implantation into n- and p-type 4H-SiC. *J. Appl. Phys.*, **108**, 033706.
[159] Kawahara, K., Krieger, M., Suda, J. and Kimoto, T. (2010) Deep levels induced by reactive ion etching in n- and p-type 4H-SiC. *J. Appl. Phys.*, **108**, 023706.
[160] Troffer, T., Schadt, M., Frank, T. *et al.* (1997) Doping of SiC by implantation of boron and aluminum. *Phys. Status Solidi A*, **162**, 277.

[161] Dalibor, T., Pensl, G., Nordell, N. and Schöner, A. (1997) Electrical properties of the titanium acceptor in silicon carbide. *Phys. Rev. B*, **55**, 13618.
[162] Zhang, J., Storasta, L., Bergman, J.P. *et al.* (2003) Electrically active defects in n-type 4H-silicon carbide grown in a vertical hot-wall reactor. *J. Appl. Phys.*, **93**, 4708.
[163] Danno, K., Hori, T. and Kimoto, T. (2007) Impacts of growth parameters on deep levels in n-type 4H-SiC. *J. Appl. Phys.*, **101**, 053709.
[164] Tsuchida, H., Ito, M., Kamata, I. *et al.* (2010) Low-pressure fast growth and characterization of 4H-SiC epilayers. *Mater. Sci. Forum*, **645–648**, 77.
[165] Kimoto, T., Hashimoto, K. and Matsunami, H. (2003) Effects of C/Si ratio in chemical vapor deposition of 4H-SiC(11$\bar{2}$0) and (0$\bar{3}$38). *Jpn. J. Appl. Phys.*, **42**, 7294.
[166] Son, N.T., Trinh, X.T., Løvlie, L.S. *et al.* (2012) Negative-U system of carbon vacancy in 4H-SiC. *Phys. Rev. Lett.*, **109**, 187603.
[167] Kawahara, K., Trinh, X.T., Son, N.T. *et al.* (2013) Investigation on origin of $Z_{1/2}$ center in SiC by deep level transient spectroscopy and electron paramagnetic resonance. *Appl. Phys. Lett.*, **102**, 112106.
[168] Kimoto, T., Danno, K. and Suda, J. (2008) Lifetime-killing defects in 4H-SiC epilayers and lifetime control by low-energy electron irradiation. *Phys. Status Solidi B*, **245**, 1327.
[169] Sze, S.M. (2002) *Semiconductor Devices, Physics and Technology*, 2nd edn, John Wiley & Sons, Inc., Hoboken, NJ.
[170] Ito, M., Storasta, L. and Tsuchida, H. (2008) Development of 4H–SiC epitaxial growth technique achieving high growth rate and large-area uniformity. *Appl. Phys. Express*, **1**, 015001.
[171] Ishida, Y., Takahashi, T., Okumura, H. *et al.* (2009) Development of a practical high-rate CVD system. *Mater. Sci. Forum*, **600–603**, 119.
[172] Crippa, D., Valente, G.L., Ruggerio, A. *et al.* (2005) New achievements on CVD based methods for SiC epitaxial growth. *Mater. Sci. Forum*, **483–485**, 67.
[173] Myers, R., Kordina, O., Shishkin, Z. *et al.* (2005) Increased growth rate in a SiC CVD reactor using HCl as a growth additive. *Mater. Sci. Forum*, **483–485**, 73.
[174] Pedersen, H., Leone, S., Henry, A. *et al.* (2007) Very high growth rate of 4H-SiC epilayers using the chlorinated precursor methyltrichlorosilane (MTS). *J. Cryst. Growth*, **307**, 334.
[175] Ellison, A., Zhang, J., Peterson, J. *et al.* (1999) High temperature CVD growth of SiC. *Mater. Sci. Eng., B*, **61**, 113.
[176] Zhang, J., Ellison, A., Danielsson, Ö. *et al.* (2002) Epitaxial growth of 4H SiC in a vertical hot-wall CVD reactor: Comparison between up- and down-flow orientations. *J. Cryst. Growth*, **241**, 421.
[177] Fujihira, K., Kimoto, T. and Matsunami, H. (2002) High-purity and high-quality 4H-SiC grown at high speed by chimney-type vertical hot-wall chemical vapor deposition. *Appl. Phys. Lett.*, **80**, 1586.
[178] Nishino, S., Matsunami, H. and Tanaka, T. (1978) Growth and morphology of 6H-SiC epitaxial layers by CVD. *J. Cryst. Growth*, **45**, 144.
[179] Leone, S., Mauceri, M., Pistone, G. *et al.* (2006) SiC-4H epitaxial layer growth using trichlorosilane (TCS) as silicon precursor. *Mater. Sci. Forum*, **527–529**, 179.
[180] Chowdhury, I., Chandrasekhar, M.V.S., Klein, P.B. *et al.* (2011) High growth rate 4H-SiC epitaxial growth using dichlorosilane in a hot-wall CVD reactor. *J. Cryst. Growth*, **316**, 60.
[181] MacMillan, M.F., Loboda, M.J., Chung, G. *et al.* (2006) Homoepitaxial growth of 4H-SiC using a chlorosilane silicon precursor. *Mater. Sci. Forum*, **527–529**, 175.
[182] Leone, S., Kordina, O., Henry, A. *et al.* (2012) Gas-phase modeling of chlorine-cased chemical vapor deposition of silicon carbide. *Cryst. Growth Des.*, **12**, 1977.
[183] Koshka, Y., Lin, H.D., Melnychuk, G. *et al.* (2005) Homoepitaxial growth of 4H-SiC using CH_3Cl carbon precursor. *Mater. Sci. Forum*, **483-485**, 81.
[184] Lu, P., Edgar, J.H., Glembocki, O.J. *et al.* (2005) High-speed homoepitaxy of SiC from methyltrichlorosilane by chemical vapor deposition. *J. Cryst. Growth*, **285**, 506.
[185] Pedersen, H., Leone, S., Henry, A. *et al.* (2008) Very high crystalline quality of thick 4H-SiC epilayers grown from methyltrichlorosilane (MTS). *Phys. Status Solidi*, **2**, 188.
[186] Leone, S., Pedersen, H., Henry, A. *et al.* (2009) Improved morphology for epitaxial growth on 4° off-axis 4H-SiC substrates. *J. Cryst. Growth*, **311**, 3265.
[187] Pozzetti, V. (2001) in *Silicon Epitaxy*, Semiconductors and Semimetals, vol. **72** (eds D. Crippa, D.L. Rode and M. Masi), Academic Press.

[188] Pedersen, H., Beyer, F.C., Henry, A. and Janzen, E. (2009) Acceptor incorporation in SiC epilayers grown at high growth rate with chloride-based CVD. *J. Cryst. Growth*, **311**, 3364.
[189] Nakamura, S., Kimoto, T. and Matsunami, H. (2003) Homoepitaxy of 6H-SiC on nearly on-axis (0001) faces by chemical vapor deposition, Part I: Effect of C/Si ratio on wide-area homoepitaxy without 3C-SiC inclusions. *J. Cryst. Growth*, **256**, 341.
[190] Neudeck, P.G. and Powell, J.A. (2004) Homoepitaxial growth and heteroepitaxial growth on step-free SiC mesas, in *Silicon Carbide - Recent Major Advances* (eds W.J. Choyke, H. Matsunami and G. Pensl), Springer, p. 179.
[191] Neudeck, P.G., Trunek, A.J., Spry, D.J. *et al.* (2006) CVD growth of 3C-SiC on 4H/6H mesas. *Chem. Vap. Deposition*, **12**, 531.
[192] Kojima, K., Kuroda, S., Okumura, H. and Arai, K. (2006) Homoepitaxial growth on a 4H-SiC C-Face substrate. *Chem. Vap. Deposition*, **12**, 489.
[193] Stein, R.A. and Lanig, P. (1992) Influence of surface energy on the growth of 6H- and 4H-SiC polytypes by sublimation. *Mater. Sci. Eng., B*, **11**, 69.
[194] Kojima, K., Okumura, H. and Arai, K. (2009) Control of the surface morphology on low off angled 4H-SiC homoepitaxal growth. *Mater. Sci. Forum*, **615-617**, 113.
[195] Leone, S., Pedersen, H., Henry, A. *et al.* (2009) Thick homoepitaxial layers grown on on-axis Si-face 6H- and 4H-SiC substrates with HCl addition. *J. Cryst. Growth*, **312**, 24.
[196] Leone, S., Beyer, F.C., Pedersen, H. *et al.* (2010) High growth rate of 4H-SiC epilayers on on-axis substrates with different chlorinated precursors. *Cryst. Growth Des.*, **10**, 5334.
[197] Hassan, J., Bergman, J.P., Henry, A. and Janzen, E. (2008) On-axis homoepitaxial growth on Si-face 4H–SiC substrates. *J. Cryst. Growth*, **310**, 4424.
[198] Kimoto, T., Nakazawa, S., Fujihira, K. *et al.* (2002) Recent achievements and future challenges in SiC homoepitaxial growth. *Mater. Sci. Forum*, **389-393**, 165.
[199] Powell, J.A. and Will, H.A. (1973) Epitaxial growth of 6H SiC in the temperature range 1320-1390 °C. *J. Appl. Phys.*, **44**, 5177.
[200] Yamashita, A., Yoo, W.S., Kimoto, T. and Matsunami, H. (1992) Homoepitaxial chemical vapor deposition of 6H-SiC at low temperatures on $\{01\bar{1}4\}$ substrates. *Jpn. J. Appl. Phys.*, **31**, 3655.
[201] Kimoto, T., Hirao, T., Nakazawa, S. *et al.* (2003) Homoepitaxial growth of 4H-SiC($03\bar{3}8$) and nitrogen doping by chemical vapor deposition. *J. Cryst. Growth*, **249**, 208.
[202] Kimoto, T., Yamamoto, T., Chen, Z.Y. *et al.* (2001) Chemical vapor deposition and deep level analyses of 4H-SiC($11\bar{2}0$). *J. Appl. Phys.*, **89**, 6105.
[203] Hallin, C., Ellison, A., Ivanov, I.G. *et al.* (1998) CVD growth and characterisation of SiC epitaxial layers on faces perpendicular to the (0001) basal plane. *Mater. Sci. Forum*, **264-268**, 123.
[204] Kojima, K., Ohno, T., Senzaki, J. *et al.* (2002) Epitaxial growth of ($11\bar{2}0$) 4H-SiC using substrate grown in the [$11\bar{2}0$] direction. *Mater. Sci. Forum*, **389-393**, 195.
[205] Kimoto, T., Fujihira, K., Shiomi, H. and Matsunami, H. (2003) High-voltage 4H-SiC Schottky barrier diodes fabricated on ($03\bar{3}8$) with closed micropipes. *Jpn. J. Appl. Phys.*, **42**, L13.
[206] Tanaka, Y., Okamoto, M., Takatsuka, A. *et al.* (2006) 700-V 1.0-mΩcm^2 buried gate SiC-SIT (SiC-BGSIT). *IEEE Electron Device Lett.*, **27**, 908.
[207] Malhan, R.K., Bakowski, M., Takeuchi, Y. *et al.* (2009) Design, process, and performance of all-epitaxial normally-off SiC JFETs. *Phys. Status Solidi A*, **206**, 2308.
[208] Konstantinov, A.O., Harris, C.I. and Ray, I.C. (2005) High power lateral epitaxy MESFET technology in silicon carbide. *Mater. Sci. Forum*, **483-485**, 853.
[209] Nordell, N., Karlsson, S. and Konstantinov, A.O. (1998) Homoepitaxy of 6H and 4H SiC on nonplanar substrates. *Appl. Phys. Lett.*, **72**, 197.
[210] Chen, Y., Kimoto, T., Takeuchi, Y. *et al.* (2004) Homoepitaxy of 4H-SiC on trenched (0001) Si face substrates by chemical vapor deposition. *Jpn. J. Appl. Phys.*, **43**, 4105.
[211] Takeuchi, Y., Kataoka, M., Kimoto, T. *et al.* (2006) SiC migration enhanced embedded epitaxial (ME3) growth technology. *Mater. Sci. Forum*, **527-529**, 251.
[212] Negoro, Y., Kimoto, T., Kataoka, M. *et al.* (2006) Embedded epitaxial growth of 4H-SiC on trenched substrates and pn junction characteristics. *Microelectron. Eng.*, **83**, 27.
[213] Chen, Y., Kimoto, T., Takeuchi, Y. *et al.* (2005) Selective embedded growth of 4H-SiC trenches in 4H-SiC(0001) substrates using carbon mask. *Jpn. J. Appl. Phys.*, **44**, 4909.
[214] Li, C., Losee, P., Seiler, J. *et al.* (2005) Fabrication and characterization of 4H-SiC PN junction diodes by selective-epitaxial growth using TaC as the mask. *J. Electron. Mater.*, **34**, 450.

[215] Ziegler, G., Lanig, P., Theis, D. and Weurich, C. (1980) Single crystal growth of SiC substrate material for blue light emitting diodes. *IEEE Trans. Electron Devices*, **30**, 277.
[216] Koga, K., Fujikawa, Y., Ueda, Y. and Yamaguchi, T. (1992) Growth and characterization of 6H-SiC bulk crystals by the sublimation method, in *Amorphous and Crystalline Silicon Carbide IV*, Springer Proceedings of Physics, vol. **71** (eds C.Y. Yang, M.M. Rahman and G.L. Harris), Springer-Verlag, p. 96.
[217] Yakimova, R., Tuominen, M., Bakin, A.S. *et al.* (1996) Silicon carbide liquid phase epitaxy in the Si-Sc-C system. *Inst. Phys. Conf. Ser.*, **142**, 101.
[218] Nishitani, S.R. and Kaneko, T. (2008) Metastable solvent epitaxy of SiC. *J. Cryst. Growth*, **310**, 1815.
[219] Vodakov, Y.A., Roenkov, A.D., Ramm, M.G. *et al.* (1997) Use of Ta-container for sublimation growth and doping of SiC bulk crystals and epitaxial layers. *Phys. Status Solidi B*, **202**, 177.
[220] Syväjärvi, M., Yakimova, R., Tuominen, A, M. *et al.* (1999) Growth of 6H and 4H-SiC by sublimation epitaxy. *J. Cryst. Growth*, **197**, 155.
[221] Syväjärvi, M., Yakimova, R., Jacobsson, H. and Janzen, E. (2000) Structural improvement in sublimation epitaxy of 4H-SiC. *J. Appl. Phys.*, **88**, 1407.
[222] Motoyama, S., Morikawa, N. and Kaneda, S. (1990) Low-temperature growth and its growth mechanisms of 3C-SiC crystal by gas source molecular beam epitaxial method. *J. Cryst. Growth*, **100**, 615.
[223] Fissel, A., Schröter, B., Kaiser, U. and Richter, W. (2000) Advances in the molecular-beam epitaxial growth of artificially layered heteropolytypic structures of SiC. *Appl. Phys. Lett.*, **77**, 2418.
[224] Kern, R.S., Järrendahl, K., Tanaka, S. and Davis, R.F. (1997) Homoepitaxial SiC growth by molecular beam epitaxy. *Phys. Status Solidi B*, **202**, 379.
[225] Matsunami, H., Nishino, S. and Ono, H. (1981) Heteroepitaxial growth of cubic silicon carbide on foreign substrates. *IEEE Trans. Electron Devices*, **28**, 1235.
[226] Nishino, S., Powell, A. and Will, H.A. (1983) Production of large-area single-crystal wafers of cubic SiC for semiconductor devices. *Appl. Phys. Lett.*, **42**, 460.
[227] Nishino, S., Suhara, H., Ono, H. and Matsunami, H. (1987) Epitaxial growth and electric characteristics of cubic SiC on silicon. *J. Appl. Phys.*, **61**, 4889.
[228] Shibahara, K., Nishino, S. and Matsunami, H. (1986) Surface morphology of cubic SiC(100) grown on Si(100) by chemical vapor deposition. *J. Cryst. Growth*, **78**, 538.
[229] Yamanaka, M., Daimon, H., Sakuma, E. *et al.* (1987) Temperature dependence of electrical properties of n-and p-type 3C-SiC. *J. Appl. Phys.*, **61**, 599.
[230] Kong, H.S., Wang, Y.C., Glass, J.T. and Davis, R.F. (1988) The effect of off-axis Si (100) substrates on the defect structure and electrical properties of β-SiC thin films. *J. Mater. Res.*, **3**, 521.
[231] Davis, R.F. (1989) Epitaxial growth and doping of and device development in monocyrstalline β-SiC semiconductor thin films. *Thin Sold Films*, **181**, 1.
[232] Ishida, Y., Takahashi, T., Okumura, H. and Yoshida, S. (2003) Investigation of antiphase domain annihilation mechanism in 3C-SiC on Si substrates. *J. Appl. Phys.*, **94**, 4676.
[233] Kitabatake, M. (1997) Simulations and experiments of 3C-SiC/Si heteroepitaxial growth. *Phys. Status Solidi B*, **202**, 405.
[234] Mogab, C.J. and Leamy, H.J. (1974) Conversion of Si to epitaxial SiC by reaction with C_2H_2. *J. Appl. Phys.*, **45**, 1075.
[235] Pirouz, P., Chorey, C.M. and Powell, J.A. (1987) Antiphase boundaries in epitaxially grown β-SiC. *Appl. Phys. Lett.*, **50**, 221.
[236] Carter, C.H. Jr.,, Davis, R.F. and Nutt, S.R. (1987) Transmission electron microscopy of process-induced defects in beta-SiC thin films. *J. Mater. Res.*, **1**, 811.
[237] Nagasawa, H. and Yagi, K. (1997) 3C-SiC sngle-crystal films grown on 6-inch Si substrates. *Phys. Status Solidi B*, **202**, 335.
[238] Nagasawa, H., Yagi, K., Kawahara, T. and Hatta, N. (2006) Reducing planar defects in 3C-SiC. *Chem. Vap. Deposition*, **12**, 502.
[239] Shibahara, K., Nishino, S. and Matsunami, H. (1987) Antiphase-domain-free growth of cubic SiC on Si(100). *Appl. Phys. Lett.*, **50**, 1888.
[240] Ishida, Y., Takahashi, T., Okumura, H. and Yoshida, S. (2006) Effect of reduced pressure on 3C-SiC heteroepitaxial growth on Si by CVD. *Chem. Vap. Deposition*, **12**, 495.
[241] Ferro, G., Chassagne, T., Leycuras, A. *et al.* (2006) Strain tailoring in 3C-SiC heteroepitaxial layers grown on Si(100). *Chem. Vap. Deposition*, **12**, 483.
[242] Zorman, C. and Mehregany, M. (2004) Micromachining of SiC, in *Silicon Carbide - Recent Major Advances* (eds W.J. Choyke, H. Matsunami and G. Pensl), Springer, p. 671.

[243] Cheung, R. (2006) *Silicon Carbide Microelectromechanical Systems for Harsh Environments*, Imperial College Press.
[244] Kong, H.S., Glass, J.T. and Davis, R.F. (1989) Growth rate, surface morphology, and defect microstructures of β-SiC films chemically vapor deposited on 6H-SiC substrates. *J. Mater. Res.*, **4**, 204.
[245] Chien, F.R., Nutt, S.R., Yoo, W.S. *et al.* (1994) Terrace growth and polytype development in epitaxial *β*-SiC films on α-SiC (6H and 15R) substrates. *J. Mater. Res.*, **9**, 940.
[246] Nishino, K., Kimoto, T. and Matsunami, H. (1997) Reduction of double positioning twinning in 3C-SiC grown on α-SiC. *Jpn. J. Appl. Phys.*, **36**, 5202.

第 5 章　碳化硅的缺陷及表征技术

研究 SiC 外延层和衬底的物理性质、掺杂浓度和缺陷的表征是 SiC 器件发展的基础。物理性质的准确确定和缺陷结构的识别及其影响是该学术研究的重要课题。比如，在器件模拟中应使用的 SiC 的许多物理性质仍然是未知的。因为缺陷可能会影响器件性能和可靠性，所以必须充分了解 SiC 中存在的各种缺陷的性质。本章描述了重要材料表征技术的基本原理，并给出了 SiC 中扩展缺陷和点缺陷的概述。

5.1　表征技术

尽管通常使用的所有材料表征技术几乎都适用于 SiC，但是对于 SiC 来说还需要特别注意几个要点，总结如下：

1）样品结构（基板）：SiC 外延层性质或其中缺陷的表征通常是因为它们可能直接与器件性能相关。然而，SiC 外延层通常相对较薄（5 ~ 10μm），因此底层基板的影响是不能忽视的，所以了解衬底的厚度是非常重要的。即使当外延层相对厚时（30 ~ 50μm），也必须考虑衬底的影响。

2）宽禁带：在表征期间需要光学激发时，为了表征 Si 和 GaAs 而设计的常规系统必须进行修改。例如，波长短于 370nm 的紫外光需要作为在室温下表征 4H - SiC 的“上带隙”激发源（例如，灯，激光）。因为 SiC 具有间接能带结构，所以即使当光子能量明显大于带隙时，光吸收系数也很小，如 2.2.2 节所述。此外，当在表征过程中使用热激发时，由于 4H - SiC 的带隙大约是 Si 的 3 倍，所以需要非常高的温度（ >450℃）来监测中间隙状态。

在本节中，简要介绍了可用于 SiC 物理性质表征和缺陷检测的主要技术，以及典型的实例数据。有关这些表征技术的更详细的描述，请参阅 Schroder 的相关书籍[1]。

5.1.1　光致发光

当光激发的一些过量载流子表现出辐照复合时，我们称为光致发光（photoluminescence，PL）。激发源的光子能量通常大于带隙（高空隙激发），例如通常使用 He - Cd 激光器（λ =325nm）或倍频 Ar^+ 激光器（λ =244nm）作为激发源。激发光源的吸收系数和穿透深度见 2.2.2 节。如果被测材料是纯度非常高的完美单晶，则只能观察到带对带或游离的激子峰。然而，由于在实际材料中存在缺陷和杂质，多个复合路径相互竞争，导致 PL 光谱中出现各种发射峰。因此，PL 是评估半导体材料的缺陷和纯度的有力技术[1]。PL 测量通常在低温（2K、4.2K 或 77K）下进行，以使峰值展宽最小化，PL 光谱的温度依赖性有助于对复合路径的理解。图5-1示意性地给出了 SiC 中过量载流子的典型复合路径。该过程对于半导体材料属于基础物理过程，已经研究得比较深入[2]。然而，在 SiC 中，杂质或点缺陷可以在某些不等位部位进行替换，导致出现几个如 2.1 节所述的不同能级（格点效应）。这种现象使得 SiC 的 PL 光谱比其他半导体的 PL 光谱复杂。相关文献参照参考文献[3-7]。

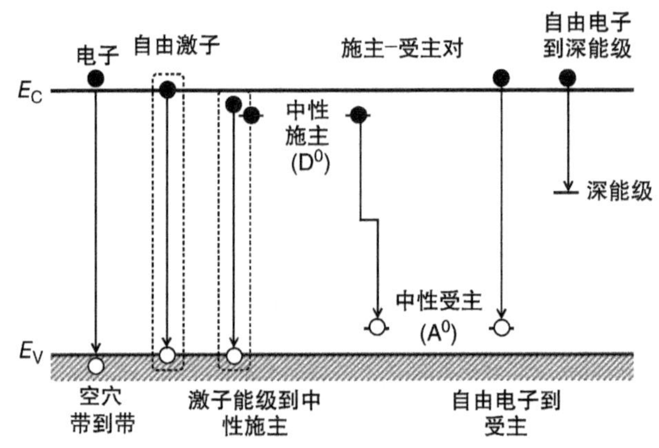

图 5-1　SiC 中过量载流子的典型复合路径示意图

5.1.1.1　自由激子

因为 SiC 具有间接带隙结构，所以无声子参与的能带间的直接复合是不能发生的。另外，由于 SiC 中游离激子的结合能高（$E_x = 20 \sim 27\text{meV}$[3,8]），即使在室温下，游离激子仍然存在。图 5-2 显示了高纯度 4H-SiC 和 6H-SiC 外延层在 2K 时测得的典型 PL 光谱[7]。这里由 I 序列标记的 PL 峰源自游离激子的复合。在峰值分配中，与复合过程相关的声子能量（以 meV 为单位）作为峰标签的下标给出。没有自由激子峰的零声子线反映了间接带隙结构，所有游离激子峰出现声子伴线。4H-SiC {0001} 的 PL 中产生声子伴线的主要声子能量为 36meV（横声学(TA)），46meV、51meV、77meV（纵声学（LA)），95meV、96meV（横光学(TO)），以及 104meV、107meV（纵光学（LO)）。自由激子峰的零声子线的能量位置称为激子间隙，通常由 E_{gx} 表示。在 2~4K 时，3C-SiC 的激子间隙为 2.390eV，4H-SiC 为 3.265eV，6H-SiC 为 3.023eV[3,6]。注意，带隙 E_g 由 $E_g = E_{gx} + E_x$ 给出。掺杂材料的激子峰与轻掺杂的 SiC（例如，低于 $1 \times 10^{17}\text{cm}^{-3}$）中观察到游离激子峰的相对强度相比可以用作估计材料纯度的度量[9,10]。游离激子峰的形状是高度不对称的，特别是在高于 10K 的温度下。考虑到游离激子的动能和状态密度，作为光子能量（$E = h\nu$）函数的游离激子峰（I_{FE}）的强度可以近似由以下公式表示[11]：

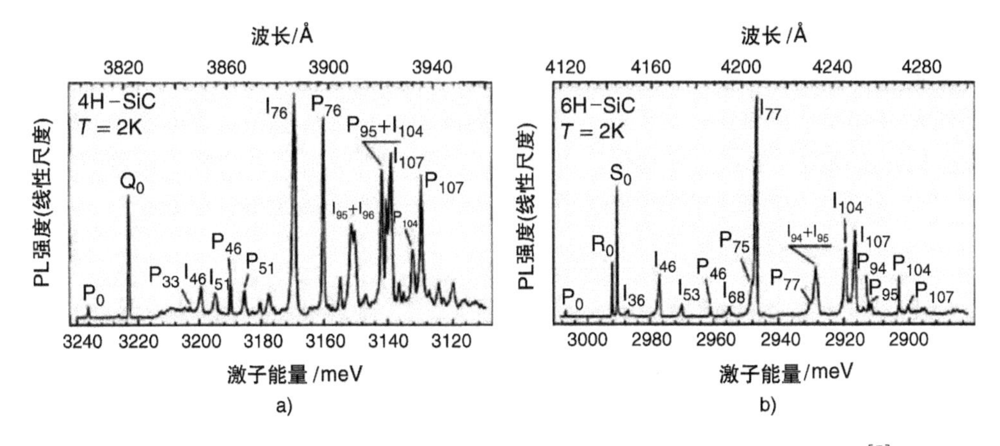

图 5-2 在 2K 下高纯度 a）4H - SiC 和 b）6H - SiC 外延层的典型 PL 光谱[7]

（由 Taylor & Francis 授权转载）

$$I_{\mathrm{FE}} = C\sqrt{E}\exp\left(-\frac{E}{kT}\right) \tag{5-1}$$

式中，C 是比例常数，k 是玻尔兹曼常数，T 是绝对温度。图 5-3 给出了利用式（5-1）计算出的自由激子峰光谱的变化[12]。峰值能量随着温度的升高而增加，而峰值展宽对于高能量侧变得更加显著。这些结果源于游离激子动能的增加。

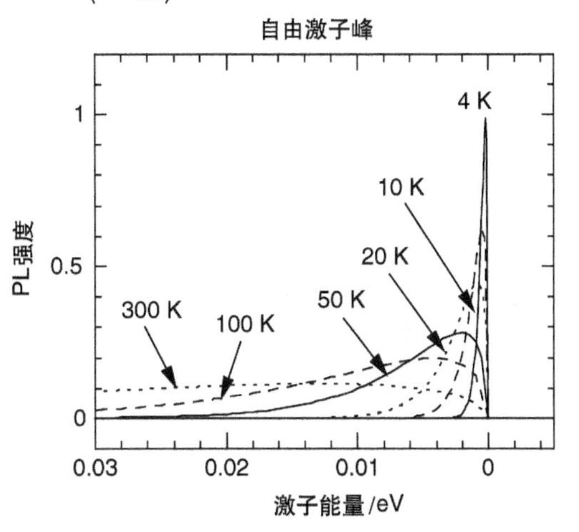

图 5-3 利用式（5-1）计算出的自由激子峰光谱的变化[12]

5.1.1.2 束缚于中性掺杂杂质的激子

多型体 SiC 中与中性氮施主结合的激子的 PL 峰已经得到广泛研究[13-15]。在 2K 温度下 3C - SiC、4H - SiC 和 6H - SiC 中的中性氮施主结合的激子的典型 PL 光谱如图 5-4 所示[7]。与复合过程相关的声子能量（以 meV 为单位）作为峰标签的下标给出。由于格点效应，在 4H - SiC 中观察到由 P 和 Q 表示的两个系列，在 6H - SiC 中观察到由 P、R 和 S 表示的三个系列（P 对应于六角形位点）。在束缚激子的情况下，波函数在互逆空间中扩展，允许直接复合发生，出现强零声子线。激子间隙和零声子线之间的能量差给出了激子与杂质/缺陷的结合能（在本例中为中性氮施主）。如图 5-4 所示，具有最小结合能的束缚激子（4H - SiC 和 6H - SiC 中的 P 系列）由声子伴线主导，而具有最大结合能的束缚激子（4H - SiC 中的 Q 系列和 6H - SiC 中的 S 系列）由零声子线主导，这也可以从波函数的扩展来确定。图 5-5 显示了在

4.2～300K下测量的高纯度4H-SiC外延层的PL光谱[16]。在相对较低的温度下，自由激子峰和氮结合激子峰都是主要的。氮结合激子峰在P系列大约10K下和Q系列大约40K下被热淬火，形成更多的游离激子。在温度范围从50K到60K直至室温只有游离激子峰占主导地位。虽然对于与中性磷施主结合的激子也观察到PL峰[17]，但是当与氮结合激子峰相比时，光谱结构并没有完全解释清楚。

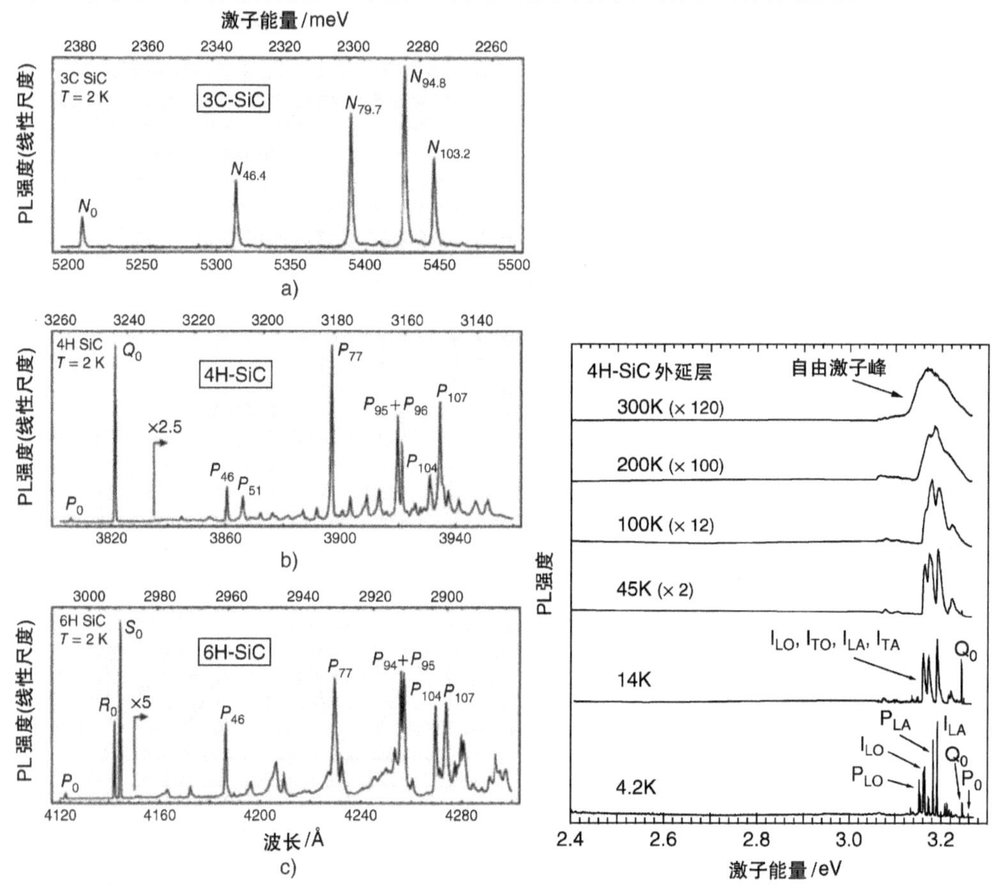

图5-4　在2K温度下a）3C-SiC、b）4H-SiC和c）6H-SiC中的中性氮施主结合的激子的典型PL光谱[7]

（由Taylor & Francis授权转载）

图5-5　在4.2～300K下测量的高纯度4H-SiC外延层的PL光谱[16]

图5-6显示了在2K时测量的4H-SiC中与中性铝或镓受主结合的激子的典型PL光谱[7,18,19]。结合的激子光谱由两个对应于六角形和立方体的零声子线组成，峰值能量略高于铝的Q_0但略低于镓的Q_0。每个零声子线实际上分为三条，正如在高分辨率测量中所观察到的，该数字与群论的预测结果一致[7]。在高纯度铝掺杂p型SiC中，与铝受主结合的激子峰（和游离激子峰）成为主导。在这些材料中，几乎观察不到与中性施主结合的激子的PL峰，因为施主在此发挥补偿作用，甚至

在低温下也被电离。与硼原子结合的激子的 PL 光谱需要进一步研究[20]。

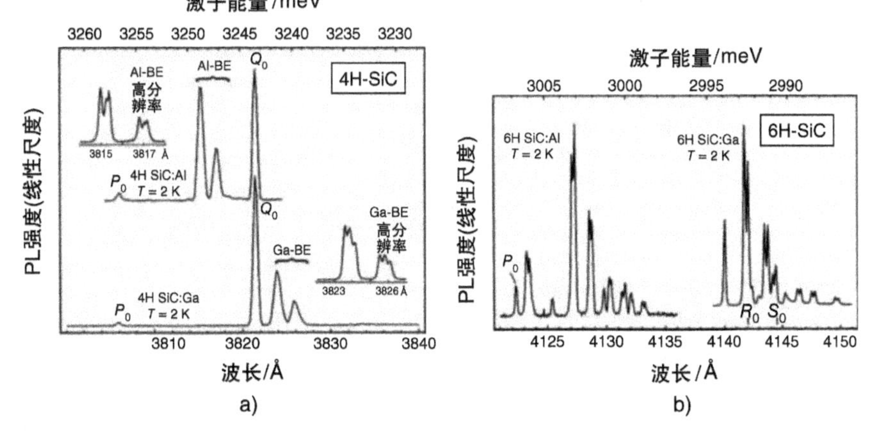

图 5-6　在 2K 时测量的 a）4H－SiC 和 b）6H－SiC 中与中性铝或镓受主结合的激子的典型 PL 光谱[7]

（由 Taylor & Francis 授权转载）

5.1.1.3　施主－受主对的复合

当与施主结合的电子的波函数可以和与受主结合的空穴的波函数相互作用时，发生施主－受主对（DAP）复合。DAP 发光的光子能量用下式[2]表示：

$$h\nu = E_g - \Delta E_D - \Delta E_A + \frac{e^2}{4\pi\varepsilon_s r} \tag{5-2}$$

式中，ΔE_D和 ΔE_A分别是施主和受主的电离能。式中第四项库仑电位的增益，是施主－受主距离（r）的函数。e 和 ε_s分别是半导体的元电荷和介电常数。对于短距离分离的 DAP，复合率高，随着距离的增加，该速率快速下降。结果显示，DAP 峰的 PL 强度的衰减曲线通常不是单指数衰减，而是以 t^{-m}的形式衰减，其中 t 和 m 分别是衰变的时间和功率因子[21]。

在 1970～1980 年间开展了诸多对不同 SiC 多型体的 DAP 发光研究[22－24]。图 5-7 显示了在 4.2K 和 77K 下，4H－SiC 观察到的典型 DAP 发光光谱[24]。在该图中，显示了氮－铝、氮－镓和氮－硼 DAP PL 光谱。由于铝受主能级相对较浅，硼含量非常高，所以氮－铝 DAP PL 峰位于较高能量区，氮－硼 DAP 出现在低能区。如 2.2.3 节所述，在 SiC 中掺杂硼会引入两种硼相关能级：浅硼和深硼能级。在氮－硼 PL 中，深硼中心主要涉及辐照复合[20,25]。在 SiC 中，由于深硼中心的高电离能，硼相关的 DAP 或自由受主（FA）PL 在直至室温的情况下依然存在并发出黄绿色光。由于氮化合物在六方晶系多晶型中的格点效应的影响，六方晶系（B 系列）氮施主的 DAP 峰和立方体位置（C 系列）的氮素表现出不同的光子能量。使用式（5-2）解析并分析了氮－铝 DAP PL 光谱[26]。基于这一分析，4H－SiC 中的氮施主在六方晶系和立方晶系的电离能分别为 61meV 和 126meV，铝受主在六方晶系和立方晶系的电离能分别为 198meV 和 201meV。

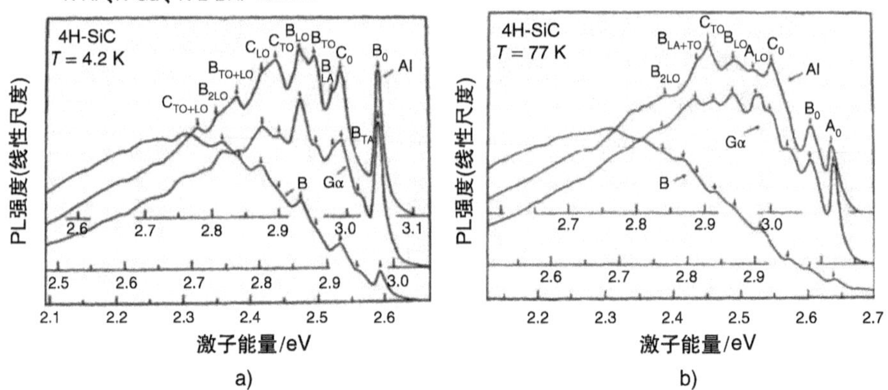

图 5-7 在 a）4.2K 和 b）77K 下 4H-SiC 的典型施主-受主对（DAP）发光光谱[24]
（由美国物理学会授权转载）

当测量温度升高时，氮施主进行电离，受主保持不变，保留空穴，因此自由电子和与受主（FA）结合的空穴之间的复合占据优势。在 6H-SiC 中观察到的典型的 DAP 发光光谱如图 5-8 所示。趋势与 4H-SiC 的情况非常相似，但是由于 6H-SiC 中受主的带隙和电离能较大，PL 峰转移到低能量侧。

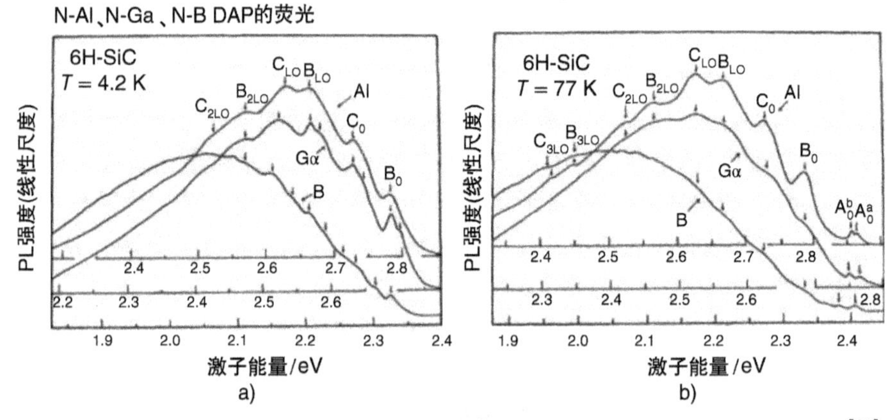

图 5-8 在 a）4.2K 和 b）77K 下 6H-SiC 的典型施主-受主对（DAP）发光光谱[24]
（由美国物理学会授权转载）

5.1.1.4 其他杂质

SiC 的各种杂质中，钛（Ti）及其独特的 PL 是众所周知的[27-29]。图 5-9 给出了在 2K 下测量的 4H-SiC 和 6H-SiC 中 Ti 杂质典型的 PL 光谱[7]。在 2.8492eV 和 2.7898eV 处观察到两个零声子谱线（A_1 和 B_1 峰），分别归属于六方和立方 Si 晶格点的 Ti。在 Ti 相关的 PL 中，具有局域声子（90meV）的独特声子伴线相对较强，也可以观察到位于 2.58～2.48eV（480～500nm）的峰带宽较大。这些 PL 峰源自存在于 SiC 中的等电子中心的激子，并且表现出约 100μs 的长衰减时间[30]。

在 SiC 中的其他金属杂质也会引起许多 PL 峰。这些金属杂质包括钒（V）[31-33]、铬（Cr）[34]、钼（Mo）[35]和钨（W）[36]，并且它们在近红外区表现出非常尖锐的 PL 峰。表 5-1 总结了在 4H-SiC 和 6H-SiC 中观察到的主要 PL 峰的能量[7]。

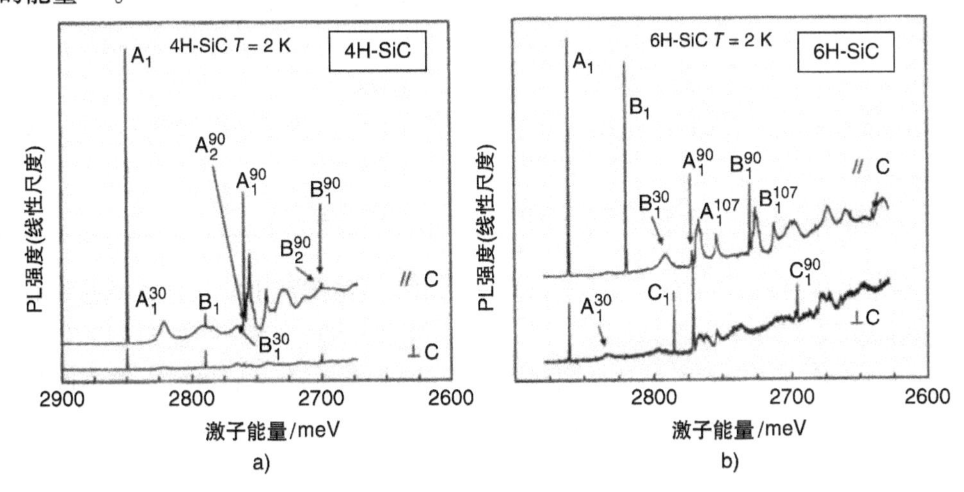

图 5-9 在 2K 下测量的 a）4H-SiC 和 b）6H-SiC 中 Ti 杂质典型的 PL 光谱[7]

（由 Taylor & Francis 授权转载）

表 5-1 在 4H-SiC 和 6H-SiC 中观察到的主要杂质相关 PL 峰的能量[7]

缺陷	4H-SiC/eV	6H-SiC/eV
氮束缚激子	3.2580(P_0),3.2448(Q_0)	3.006.9(P_0),2.9923(R_0),2.9905(S_0)
铝束缚激子	3.2465~3.2490	2.9989~3.0045
钛(Ti)	2.8492(A_1),2.7898(B_1)	2.8608(A_1),2.8197(B_1),2.7854(C_1)
铬(Cr)	1.1898,1.1583	1.1886,1.1797,1.1557
钼(Mo)	1.1521	1.1057
钨(W;以前的 UD-1)	1.0595,1.0586	1.0019,1.0014,0.9951
钒(V)	0.9703,0.9695,0.9681,0.9673,0.9284	0.9482,0.9475,0.9460,0.9453,0.9170,0.8931
氢相关的	3.1611,3.1446	3.0134,3.0065,2.9559

5.1.1.5 本征点缺陷

为确定本征点缺陷，一般通过 PL、光吸收、电子顺磁共振（EPR）和光学检测磁共振（ODMR）测量以及理论计算等方法进行研究[7]。表 5-2 给出了 4H-SiC 和 6H-SiC 在 2~4K 的主要本征点缺陷的光学跃迁能量位置[7,37-40]。在表中还列出了几个不明缺陷（UD）的峰值位置。注意，这些 UD 中心的来源可能是所含杂质。

表5-2 2~4K下4H-SiC和6H-SiC中的主要本征点缺陷的光学跃迁能量位置

缺陷	4H-SiC/eV	6H-SiC/eV
硅空位(V_{Si})	1.438, 1.352	1.438, 1.398, 1.366
双空位($V_{Si}-V_C$)	1.0539, 1.0507, 1.0136, 0.9975	1.0746, 1.0487, 1.0300, 1.0119, 0.9887
D_I中心	2.901(L_1)	2.6245(L_1), 2.589(L_2), 2.569(L_3)
D_{II}中心	3.2045	2.9459
UD-2(可能含有杂质)	1.1496, 1.1194, 1.0968, 1.0953	1.1345, 1.1342, 1.1196, 1.1033, 1.0928, 1.0882
UD-3(可能含有杂质)	1.3557	1.3433
UD-4(可能含有杂质)	1.4646, 1.3952, 1.3944	1.426, 1.371

除了上述的PL峰以外，通常在SiC中由本征点缺陷产生的三种类型的缺陷发光包括αβ线、D_I中心和D_{II}中心[4,6,7]。αβ线由2.80~2.91eV范围内的12个零声子线和4H-SiC中的声子伴线组成[41-43]。这些线在生长的材料一般难以观察到，但是在诸如电子辐照的粒子轰击之后出现。在SiC中只有碳原子位移时，经低能量（<200keV）电子辐照才会致使这些αβ线出现。其在650℃左右开始退火，在1000℃退火后几乎完全消失[41]。基于这些观察，一般认为碳Frenkel对或碳间质是这些线的起源[41,44]。

通过在900~1000℃退火辐照（或注入）SiC来除去αβ线之后，观察到由D_I中心引起的强烈发光[45-47]。图5-10a显示了4H-SiC和6H-SiC的D_I中心的典型PL光谱[7]。在4H-SiC中观察到一个强的零声子线（L_1峰值：2.901eV）及其声子伴线，而在6H-SiC中出现三个零声子线（L_1、L_2和L_3峰）及其声子伴线。注意，即使在原生材料（本体晶体和外延层）中也经常观察到D_I中心，并且已经表明，在较高温度下生长的SiC外延层中，L_1峰的强度增加[48]。该缺陷中心在高达1800~2000℃的温度下保持热稳定性，并且通过高温退火有助于提高L_1峰强度[49]。该等电子缺陷具有“假施主”特性[50]，位于价带边缘以上0.35eV处的空穴陷阱（HS1中心）是发光的主要原因，如图5-10b所示。D_I中心的起源仍不清楚，目前有反位对（Si_C-C_{Si}）[51]和孤立的硅反位（Si_C）[52]两种解释。

D_{II}中心在4H-SiC中的3.2045eV和6H-SiC中的2.9459eV产生强的零声子线[53,54]。该中心对高温（>1600℃）退火也是稳定的。因为D_{II}中心仅在离子注入（而不是在低能电子辐照之后）和随后的退火之后出现，所以认为中心的起源必须含有一个大的络合物，如双碳反位[54]或者碳反位集群[55]。

因此，PL技术对于评估材料质量是非常有用的。然而，SiC中许多PL峰的起源仍未解释清楚。为了确定缺陷或杂质的绝对密度，必须结合使用其他表征技术。

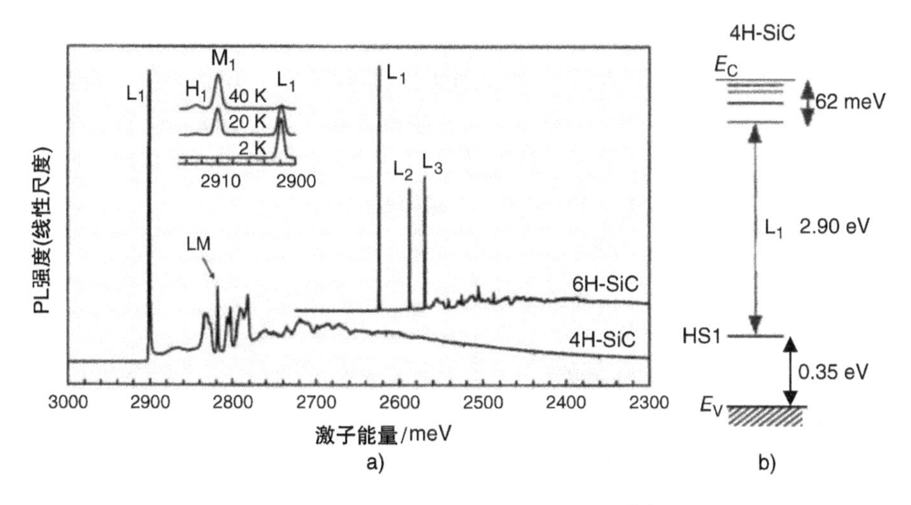

图5-10 a）4H－SiC和6H－SiC的D_I中心的典型PL光谱[7]和b）考虑到空穴陷阱（HS1中心）的发光的假施主模型[50]

（由 Taylor & Francis 授权转载）

5.1.2 拉曼散射

拉曼散射光谱是一种振动光谱技术，可以获得关于材料的诸多信息。当光从固体材料散射时，散射光主要为入射到材料上的波长，称为瑞利散射。然而，由于光与材料的相互作用引起的散射光也包含强度相对弱的不同波长，一个典型的例子是光与声子的相互作用，这种散射称为拉曼散射[1]。拉曼散射光谱中所监测的散射光的能量低于入射光的能量，其能量差等同于所发射声子的能量（斯托克斯位移拉曼散射）。激发源使用强激光，例如氩离子激光器，并且使用高分辨率双单色仪来排除瑞利散射光。

因为拉曼散射光包含关于声子的详细信息，拉曼散射光谱学是用于识别材料多型性和表征应力或 SiC 缺陷的有力工具[56－59]。由于 SiC 多型体的宽带隙，4H－SiC 对于常规激发光（例如，来自 Ar^+ 激光器的 488nm）是完全透明的。在这种情况下，拉曼散射信号的深度分辨率差。为改善深度分辨率，提出了共焦配置和深紫外线拉曼散射（使用倍频的 Ar^+ 激光器（244nm））的方法[60,61]。另外，因为入射光可以聚焦到小的光斑直径（约 1μm），所以其横向分辨率是好的，足以完成测绘。

如2.3.2节所述，群理论分析预测了在Γ点处的多个声子模式（折叠模式）。对于六方（和菱方）SiC 多型体，声子模式分为轴向和平面模式，其中原子分别沿着平行于和垂直于 c 轴的方向移位。对于 nH－SiC，在Γ点处的折叠模式对应于在 3C－SiC 的基本 Brillouin 区域沿 <111> 方向具有减小的波数 $x = q/q_B = 2m/n$ 的声子模式，其中 m 是小于或等于 $n/2$ 的整数，q_B 是基本 Brillouin 区域边缘的波数[58]。nH－SiC 中的平面模式由拉曼活性（Raman active）E_1 和 E_2 模式组成，轴向模式由拉曼活性 A_1 和无活性 B_1 模式组成。应该注意，观察到的拉曼散射光谱取决于几何结构。在六方 SiC {0001} 的典型背散射中，允许 E_2 型 TO（折叠横向光学，FTO）和 A_1 型 LO（折叠纵向光学，FLO）模式，而 E_1 型 LO（FLO）模式被禁止（当样品具有偏角时，E_1 型的 LO 峰值很弱）。

图 5-11 显示了使用 {0001} 晶体的背散射观察到的 3C－SiC、4H－SiC 和 6H－SiC 多型体的拉曼散射光谱。在 280cm^{-1} 以下的低频区域，除了 3C－SiC 以外，观察到 TA（折叠横向声学，FTA）模式的拉曼峰。由 TO 和 LO 模式引起的强拉曼峰分别出现在约 770～800cm^{-1} 和 960～970cm^{-1} 的波数处，但对于不同的 SiC 多型，峰位置略有不同。表 5-3 总结了 3C－SiC、4H－SiC 和 6H－SiC 观察到的 TA、LA、TO 和 LO 模式的拉曼波数[58]。因此，拉曼散射是用于明确识别 SiC 多型体非常有效的技术。其他 SiC 多型体的拉曼模式可以在 Nakashima 和 Harima 的综述文献中找到[58]。由于拉曼散射光谱对堆叠结构敏感，所以堆垛层错的存在会引起拉曼峰的额外峰值和失真的出现。

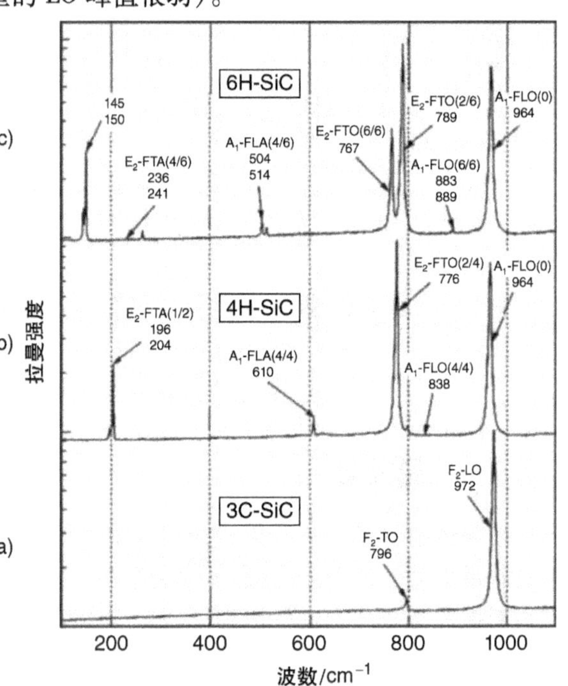

图 5-11 用 {0001} 晶体的背散射观察到的 a）3C－SiC、b）4H－SiC 和 c）6H－SiC 多型体的拉曼散射光谱[58]

（由 Wiley－VCH Verlag GmbH 授权转载）

表 5-3 3C－SiC、4H－SiC 和 6H－SiC 观察到的 TA、LA、TO 和 LO 模式的主要拉曼波数[58]

多型体	TA/cm^{-1}（平面声学波）	LA/cm^{-1}（轴向声学波）	TO/cm^{-1}（平面光学波）	LO/cm^{-1}（轴向光学波）
3C－SiC	—	—	796	972
4H－SiC	196，204	610	776，796	964
6H－SiC	145，150	504，514	767，789，797	965

在诸如 SiC 的极性半导体中，自由载流子与 LO 声子相互作用，形成纵向光声子－等离子体耦合（LOPC）模式。因此，由于 LO 模式引起的拉曼峰受到测试区域中的载流子浓度的影响。随着载流子浓度的增加，LO 峰向高波数侧偏移，峰值

展宽。可以在考虑等离子体耦合的情况下，通过拟合该 LO 峰来估计载流子浓度[62]。这种方法仅适用于相对高掺杂的 n 型 SiC，具有不使用触点就能够确定载流子浓度的优点。

由于拉曼散射对应变敏感，所以也可以表征局部应力。应力可以根据拉曼峰从其原始位置的位移来定量确定。通过拉曼散射的应力表征在 Si 和Ⅲ－V 族半导体领域越来越受到关注[63]。类似地，拉曼散射可能广泛地用于 SiC 的应力表征。

5.1.3 霍尔效应及电容－电压测试

霍尔效应测量给出了自由载流子浓度（电子浓度 n 或空穴浓度 p）和材料的迁移率，而肖特基结构上的电容－电压（$C-V$）测量则给出了净掺杂浓度，对于 n 型和 p 型材料来说分别为 N_A-N_D 和 N_D-N_A，其中 N_D 和 N_A 分别是施主和受主浓度。由于 SiC 中受主的电离能相对较大，在室温下，p 型 SiC 由霍尔效应和 $C-V$ 测试给出的浓度（$p<N_A-N_D$）测量值相差较大。当测量温度改变时，只有空穴浓度发生变化，而净掺杂浓度保持几乎恒定。

对于 SiC 同质外延层的霍尔效应测量，需要仔细地制备样品。图 5-12 给出了适用于霍尔效应测量的样品结构。待测量的 SiC 外延层必须与衬底电隔离，一种方法是使用半绝缘衬底进行电气隔离，如图 5-12a 所示。另一种方法是使用 pn 结进行隔离，如图 5-12b 所示。在前一种情况下，必须在测量温度下仔细比较待测外延层的电阻与衬底的电阻，以确保通过衬底的漏电流可忽略不计。相反，在后一种情况下，下层必须是重掺杂的，而且必须足够厚以避免穿通，相对较大面积的结漏电也必须足够低。准备立体交叉模型对于进行精确测量也很重要[1]。为了避免在低温测量中发生非欧姆接触，需要在欧姆接触下形成重掺杂区域。

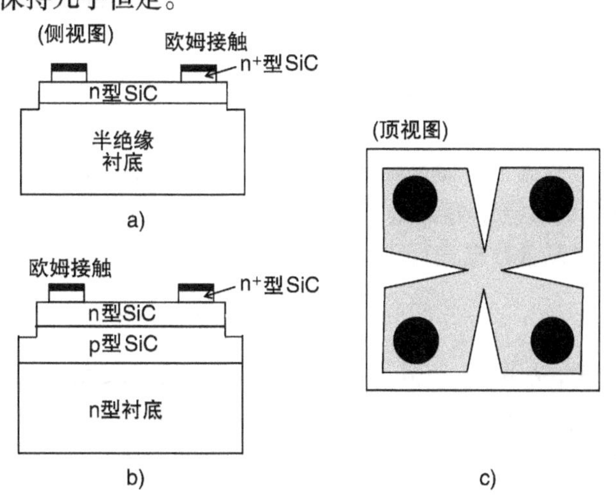

图 5-12 通过使用 a）半绝缘衬底或 b）pn 结来实现电隔离的霍尔效应测量的示意图

载流子密度与温度的关系可以使用式（2-14）或式（2-15）进行拟合。在这里，考虑补偿缺陷，必须考虑至少两种类型的施主能级（立方/六角形位点）以适应六方晶系中的电子浓度的温度依赖性。补偿缺陷是 n 型（p 型）材料中的残余受主（施主）和深能级，这些缺陷在轻掺杂 4H－SiC 外延层中的典型浓度为 1 ×

$10^{13} \sim 5 \times 10^{13} cm^{-3}$。DHES（差分霍尔效应光谱）[64]和FCCS（自由载流子浓度光谱）[65]等给出了分析测量数据的方法。在这些方法中，能级和施主（或受主）浓度可以分析获得，而不会有不准确的数据拟合。对于霍尔效应，通常使用单位霍尔散射因子来计算SiC的霍尔效应测量中的数据。尽管已经对霍尔散射因子有了一些基本研究[66]，但对散射因子与掺杂浓度、补偿缺陷浓度和温度的关系仍需进一步探讨。

$C-V$测量中，在SiC样品的顶部沉积金属电极形成肖特基势垒。净掺杂浓度可以从$1/C^2-V$图的斜率确定[1]。如果整个深度的掺杂浓度不均匀，则可以从图的差分斜率获得掺杂浓度的深度分布[1]。在这种情况下，测量的深度（d）简单地由$d=\varepsilon_s/C_d$确定，这里，ε_s和C_d分别是半导体的单位面积介电常数和耗尽电容。由于该样品结构由肖特基势垒和串联电阻（R_S）组成，因此探针频率的选择需要格外注意。为了精确测量空间电荷区域的电容C，需要满足条件$\omega CR_S \ll 1$，其中ω是$C-V$测量中的探针频率。由于相对较高的串联电阻，在轻掺杂p型SiC的$C-V$测量中探针频率必须降低。$C-V$特性的基本方程可以在半导体物理学[67]和本书的6.4.1节中找到。

5.1.4 载流子寿命测量

载流子寿命是确定双极型器件性能的重要物理性质，在20世纪90年代已经对SiC的载流子寿命进行了基础研究[68]。在本小节中，总结了几种寿命测量方法，还对测量数据进行了说明。例如，测量信号（$I(t)$）的衰减曲线可以用下式表示：

$$I(t) = I_0 \exp\left(-\frac{t}{\tau_{decay}}\right) \tag{5-3}$$

式中，I_0和τ_{decay}分别是初始信号强度和衰减时间。然而，如下所述，衰减时间（τ_{decay}）并不总是等于载流子寿命。此外，衰减曲线通常不遵循单一指数函数（τ_{decay}不是常数）。

5.1.4.1 时间分辨光致发光（TRPL）

尽管SiC中大多数自由载流子和激子由于其间接带结构而通过非辐照的方式复合，自由激子峰的PL强度与过量自由载流子的数量成正比。因此，可以根据游离激子峰的PL强度（室温下约390nm）的衰减曲线来确定载流子寿命。在测量之前不需要诸如接触形成的预备处理，使用传统的PL映射容易地获得具有高空间分辨率的SiC晶片的载流子寿命的映射，载流子寿命的温度依赖性也是容易测量的。假设过剩载流子的浓度为Δn，当Δn高于平衡载流子浓度（高注入条件）时，自由激子峰的强度与$(n+\Delta n)(p+\Delta n) \approx (\Delta n)^2$成比例，而当$\Delta n$低于平衡浓度（低注入条件）时，它与$\Delta n$成正比。因此，如表5-4所示，所得到的衰减时间（$\tau_{decay}$）在高注入条件下以$\tau/2$给出，在低注入条件下以$\tau$给出（其中$\tau$是载流子寿命）[69]。

表5-4 在几种测量技术中获得的载流子寿命（τ）和衰减时间（τ_{decay}）之间的关系（表示在各个测量中获得的衰减时间）

注入程度	时间分辨PL	光电导	反向恢复
高注入	$\tau/2$	τ	τ（经常受限于表面复合）
低注入	τ	$\mu_n d(\Delta n)/dt + \mu_p d(\Delta p)/dt \approx \tau$（当$\Delta n = \Delta p$）	τ（经常受限于表面复合）

5.1.4.2 光电导衰减（PCD）

在光激发脉冲之后测量半导体的瞬时电导，可以确定载流子寿命。通过在制备欧姆接触电极之后直接测量电性能或测量已经从样品表面反射的电磁波的强度，能够测量电导。在后一种情况下不需要额外处理样品，这使得映射测量成为可能。用于测量的电磁波通常使用微波，这种方法称为微波光电导衰减（μ－PCD）测量。图5-13显示了差分μ－PCD测量结构的示意图。行波（例如26GHz的频率）通过魔T被分成两部分，并且使用激光脉冲来辐照面向两个波导开口之一的样品表面。通过使用来自辐照区域和非辐照区域的反射微波强度的差分信号，可以大大提高信噪比。光电导是对过载载流子数量的直接测量，并且该方法已被用作Si中载流子寿命测量的标准技术[1]。对应于光电导的信号强度与$\Delta n\mu_n + \Delta p\mu_p$成比例，其中$\Delta n$和$\Delta p$分别是过量电子和多余空穴的浓度，$\mu_n$和$\mu_p$分别是电子和空穴迁移率。当电子－空穴对的重组占据主导地位时（常规情况即如此），“高带隙”激发基本上满足$\Delta n = \Delta p$。当执行差分μ－PCD测量时，获得的信号强度必须与Δn（$=\Delta p$）成比例，并且τ由所获得的衰减时间（τ_{decay}）给出，与注入条件无关。

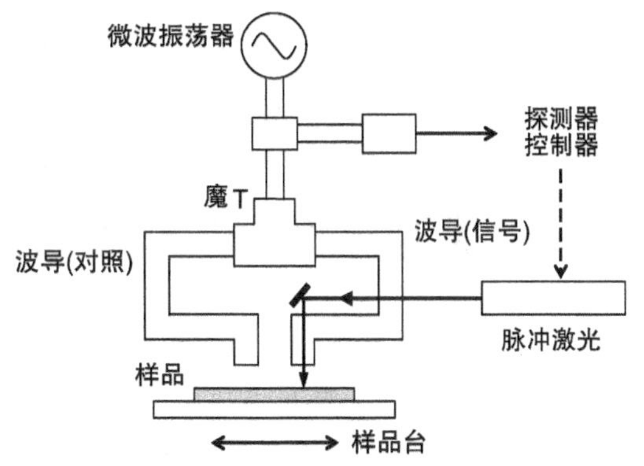

图5-13 差分μ－PCD测量结构的示意图

5.1.4.3 反向恢复（RR）

在pn二极管的关断期间，注入的载流子不会立即消失，大量载流子会存储在二极管中一段时间。在此期间（存储时间），二极管保持导通，反向电流通过二极管直到存储的载流子通过复合或扩散消失（反向恢复特性），如图5-14所示。可以从该电流关断波形估计载流子寿命[1]。当电流突然切换时，如图5-14a所示，二极管电流瞬态$I(t)$可以分为几乎恒定的电流存储相位（$0 \leqslant t \leqslant t_s$）和反向恢复相位（$t > t_s$）。载流子寿命（$\tau$）通过以下公式[1]与存储时间（$t_s$）相关联：

$$\mathrm{erf}\sqrt{\frac{\tau_s}{\tau}} = \frac{1}{1 + I_R / I_F} \tag{5-4}$$

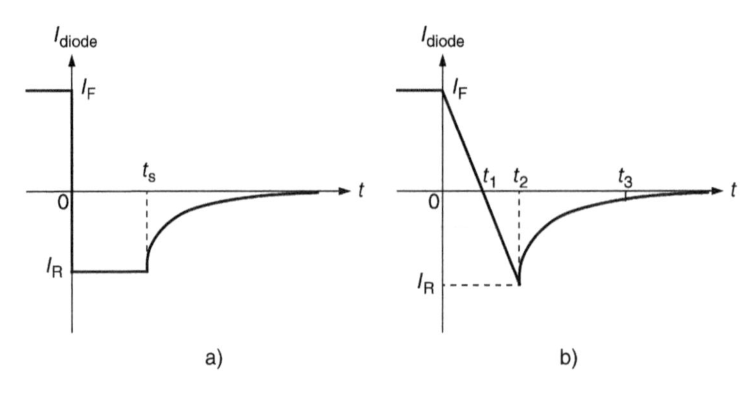

图5-14　a）突然切换和b）用恒定 dI/dt 切换的pn二极管的截止特性（电流波形）

式中，如图5-14a所示，“erf”、“I_F”和“I_R”分别是存储时间内的误差函数、正向电流和反向电流。二极管通常以恒定的电流阻尼率（dI/dt）关断，如图5-14b所示。在这种情况下，寿命可以近似地由下式[1]给出：

$$\tau \cong \sqrt{(t_2 - t_1)(t_3 - t_1)} \tag{5-5}$$

式中，t_1和t_2如图5-14b所示。t_3定义为$I(t) = 0.1 I_R$的时间。

虽然需要对pn二极管进行全面处理，但是该方法可以测量做好的器件结构内的载流子寿命。由于表面复合的影响，所获得的载流子寿命经常偏低。另外，获得的τ值包含关于重掺杂发射极区域的载流子寿命的信息，因此，推导的τ值总是比轻掺杂区域的体寿命短得多。作为这种方法的修改，已经提出了开路电压衰减（OCVD）方法[1]。该方法中测量pn二极管的开路电压，而不是反向恢复电流。其优点和缺点与反向恢复电流的测量几乎相同。

5.1.4.4　衬底和表面处的载流子复合效应

如上所述，在载流子寿命测量中获得的衰减时间并不总是真正的载流子寿命。在SiC同质外延层的载流子寿命测量中，必须充分考虑表面和衬底中载流子复合的影响[70]。

基于过剩载流子扩散方程的数值模拟可用于解释获得的衰变曲线[71]。在仿真中，考虑了衬底（厚度：W_{sub}）上的SiC外延层（厚度：W_{epi}）的两层模型，并且作为时间的函数计算过剩载流子浓度的分布（即深度分布），同时考虑到体内复合和表面复合。扩散方程和边界条件由以下公式[70,71]给出：

$$\frac{\partial n_e}{\partial t} = D\frac{\partial^2 n_e}{\partial x^2} - \frac{n_e}{\tau} \tag{5-6}$$

边界条件：

$$D\left.\frac{\mathrm{d}n_e}{\mathrm{d}x}\right|_{x=0} = S_R n_e \tag{5-7}$$

式中，n_e是半导体中的过剩载流子浓度（$=\Delta n$），D是扩散常数，τ是体寿命，外

延层的表面固定于 x 坐标的原点，S_R 是外延层表面的表面复合速度（SRV）。因为衬底的厚度较大，载流子寿命很短，衬底背面的复合速度不予考虑。注意，SiC 衬底中的体寿命（τ_{sub}）非常短，典型值为 0.01 ~ 0.04μs[70]。在高注入条件下，外延层中的载流子扩散可以假定以双极模式进行[1]。由于掺杂浓度高，因此在模拟中使用了外延层为 $4.2cm^2/s$ 的双极扩散常数[72]，而对于衬底，假定为 $0.3cm^2/s$ 的标准空穴扩散常数。

图 5-15 显示了衬底上 4H-SiC 外延层中过剩载流子浓度的深度曲线（从 $t=0$ 到 $t=5μs$，时间间隔为 0.5μs），其为时间的函数[70]。这里，YLF-三次谐波发生激光器（λ = 349nm）是激发源，激发期间的光子密度为 $1\times10^{14}cm^{-2}$。在这种情况下，假设外延层中的体寿命和 SRV（S_R）分别为 5.0μs 和 1×10^3 cm/s，外延层厚度为 50μm 和 200μm。由于衬底中的载流子寿命短（0.01 ~ 0.04μs），在衬底中产生的过量载流子在第一个 0.1 ~ 0.2μs 内几乎完全消失，并且因为大的载流子浓度梯度，衬底附近的外延层中的载流子向衬底扩散。对于 50μm 厚的外延层，在激发脉冲之后的 0.5μs 的时间内，所产生的大量（约 30% ~ 35%）载流子在衬底内重新组合。由于相对较大的 SRV，大约 15% 的所生成的载流子在前 0.5s 内在表面复合。如图 5-15a 所示，随着时间的进行，载流子分布继续被表面和体内复合所控制。在 5μs 之后，约 98% 的所生成的载流子已经消失。然而，在 200μm 厚的外延层中，衬底复合对载流子分布的影响要小得多。尽管衬底中也发生快速复合，但是如图 5-15b 所示，在衬底中复合的载流子数量在前 0.5μs 内仅占总生成载流子总数的 1% ~ 2%。如预期的那样，当外延层非

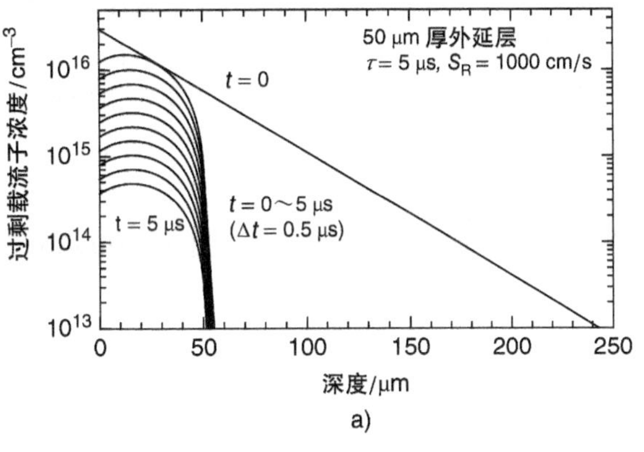

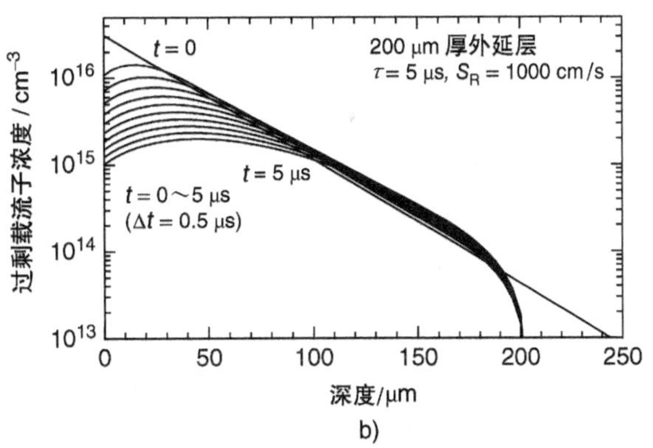

图 5-15 作为时间的函数（从 $t=0$ 到 $t=5μs$，时间间隔：0.5μs）的衬底中 4H-SiC 外延层中的过剩载流子浓度的深度分布[70]。在这种情况下，外延层的体寿命和表面复合速度（S_R）分别假定为 5.0μs 和 $1\times10^3cm/s$。外延层厚度为 a) 50μm 和 b) 200μm[70]

（由 AIP 出版有限责任公司授权转载）

常厚时，表面复合对载流子分布具有较大的影响。

基于过量载流子的时间－深度分布，可以通过将4H－SiC中的过剩载流子浓度与时间的函数相结合来计算衰减曲线。图5-16显示了不同表面复合速度下4H－SiC中过剩载流子浓度的衰减曲线[70]。在这种特殊情况下，使用5.0μs的载流子寿命作为50μm厚和200μm厚的外延层中的体寿命。所有衰变曲线在$t=0$时归一化为综合载流子浓度，以虚线作为参考，绘制了寿命为5.0μs的单指数衰减。图5-16a所示，当外延层为50μm厚时，即使SRV为0cm/s，衰减曲线表现出快速衰减，斜率比虚线（5.0μs指数曲线）更陡峭。注意，零SRV的衰减曲线与5.0μs指数曲线之间的差异归因于衬底中的载流子复合。因此，衬底中复合可以与表面和体复合清楚地分离。除了衬底复合之外，当SRV高于1000cm/s时，表面复合严重影响衰变曲线。根据模拟主衰减曲线（快速初始衰减之后）的斜率定义，“有效载流子寿命”在S_R为0、10^3cm/s和10^5cm/s时的估计值分别为2.1μs、1.3μs和0.77μs。在非常厚的外延层的情况下，情况是完全不同的。如图5-16b所示，当SRV为0cm/s时，模拟衰减曲线接近5.0μs指数曲线（虚线），表明衬底复合影响不大。然而，特别是当SRV高于10^3cm/s时，表面复合控制有效寿命。

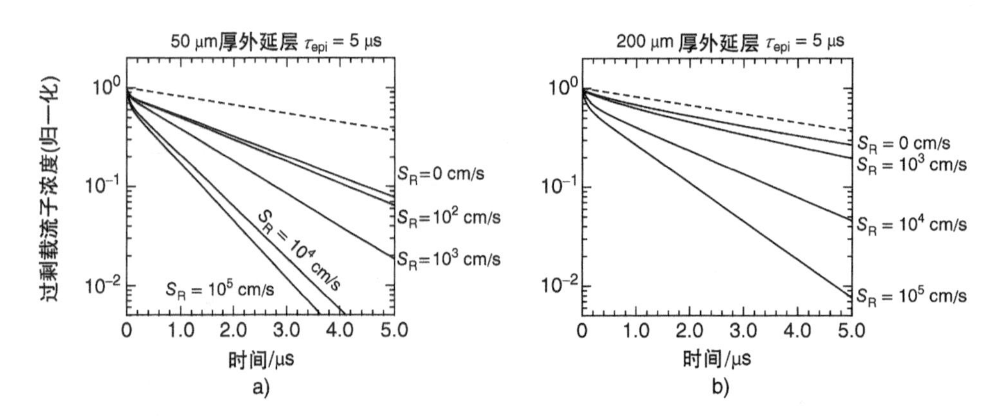

图5-16 不同表面复合速度下4H－SiC中过剩载流子浓度的衰减曲线[70]（由AIP出版有限责任公司授权转载）。在这种特殊情况下，使用5.0μs的载流子寿命作为a）50μm厚和b）200μm厚的外延层中的体寿命

从模拟衰减曲线获得的有效寿命与外延层的体寿命的函数关系由图5-17给出[70]。在该模拟中，外延层厚度作为参数而变化，而SRV固定为1000cm/s。当外延层为50μm厚且外延层的体积寿命短于0.5μs时，有效寿命几乎等于外延层的体寿命。然而，当体寿命超过30μs时，对于50μm厚的外延层，有效寿命为1.8μs的值饱和。例如，在10μs的体寿命期间，有效寿命仅为1.5μs，这是一个负面的低估。当体寿命长，例如10μs时，有效寿命随着外延层厚度的增加而增加，并且对于300μm的厚度达到8.5μs。如果实现非常长的体寿命，用于载流子寿命的精

确评估则需要非常厚的具有低 SRV 的外延层。换句话说，获得 10 ~ 30μm 厚的外延层的准确体寿命是很难的，以上是 SiC 的载流子寿命测量中的主要问题。从图 5-17 可以估计精确寿命测量所需的最小外延层厚度。因为测量的寿命总是被低估，所以假设 20% 的低估是可以接受的。获得 80% 体寿命（$0.8\tau_{epi}$）所需的最小外延层厚度可以估计为四倍的双极扩散长度（$W_{epi} > 4L_a$）。注意，如果 SRV 减小，所需的外延层厚度略有减小，反之亦然。

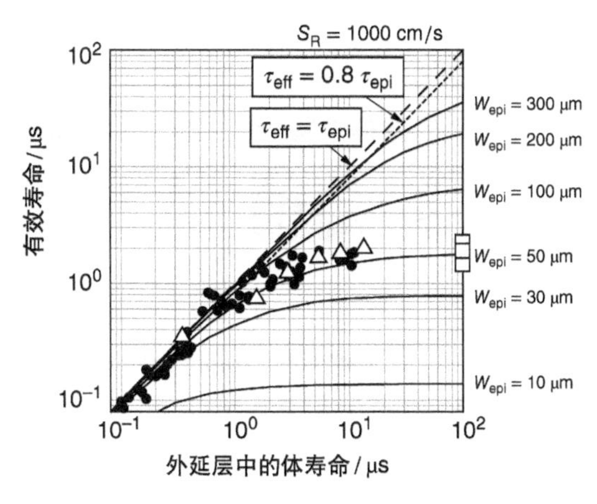

图 5-17 从模拟衰减曲线获得的有效寿命与外延层的体寿命的函数关系图[70]
（由 AIP 出版有限责任公司授权转载）

5.1.5 扩展缺陷的检测

5.1.5.1 化学腐蚀

化学蚀刻技术通常用于产生诱生位错的蚀刻坑[73]。SiC 是非常惰性的材料，但可以在 450 ~ 600℃下用熔融的 KOH、NaOH 或 Na_2O_2 进行蚀刻。在这些熔体中，SiC 表面被氧化，随后通过熔体去除形成的所氧化物[74]。位错或堆垛层错的交点与表面相比，因为高应变导致蚀刻坑的形成，所以蚀刻速率不同（通常更快）。

图 5-18 显示了 500℃下在熔融 KOH 中蚀刻 10min 后的偏轴 4H – SiC（0001）表面。在微管缺陷的位置产生了一个大的六角形孔[75]，但是在最先进的晶片中很少观察到微管缺陷。在图 5-18 中，观察到至少三种类型的蚀刻坑，即大六角形坑、小六角形坑和椭圆形（或壳形）坑。这些蚀刻凹坑分别对应于贯穿螺型位错（TSD）、贯穿刃型位错（TED）和基矢面位错（BPD）[75,76]。图 5-19 显示了在偏轴 SiC（0001）上形成的蚀刻坑附近的截面，其中 TSD、TED 和 BPD 的线用虚线表示。蚀刻凹坑的形状由位错相对于 SiC 表面的角度以及晶格对称性来确定。尽管位错线由于偏角（通常为 40°）而略微倾斜，但几乎沿着 c 轴传播的 TSD 和 TED 与表面以接近于 90°的角度相交。因此，在 TSD 和 TED 的位置处形成六角形蚀刻凹坑，并且对于 TSD，凹坑尺寸大得多，因为 Burgers 矢量的大小以及因此的应变场对于 TSD 而言大得多。相比之下，BPD 在衬底的偏角处与表面相交。因此，蚀刻在 BPD 位置存在一个椭圆形凹坑。椭圆形凹坑表现出的长凹陷的方向对应于表面附近的 BPD 的方向。然而，通过简单观察蚀刻坑，难以识别位错（例如，纯 TSD 或混合位错）的 Burgers 矢量。

当施主浓度非常高时，如在 n^+ 衬底的情况下，由于两个位错产生类似尺寸和形状的蚀刻坑，所以从 TED 鉴别 TSD 很困难。在这种情况下，使用 KOH 和 Na_2O_2

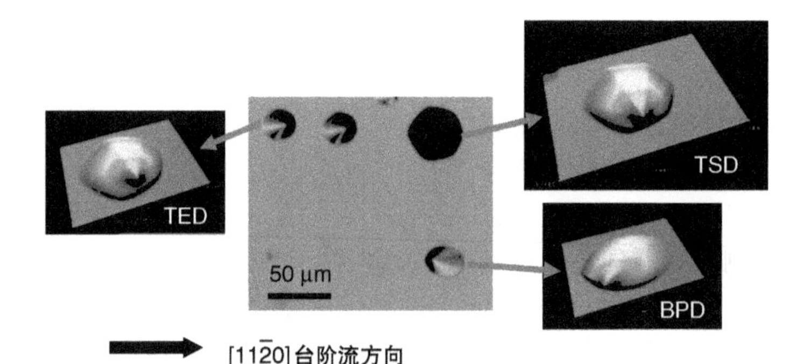

图 5-18　500℃下在熔融 KOH 中蚀刻 10min 后的偏轴 4H-SiC（0001）表面

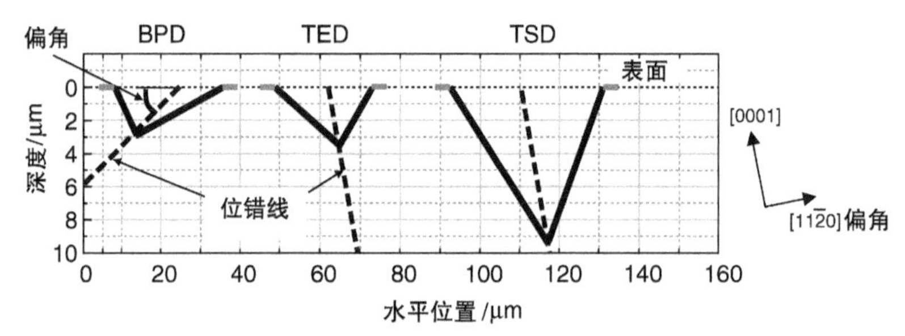

图 5-19　在偏轴 SiC（0001）上形成的蚀刻坑附近的截面，其中 TSD、TED 和 BPD 的线用虚线表示

的混合物的蚀刻可用于鉴别位错[77]。长湿法氧化工艺会在位错核心位置产生增强氧化作用，从而在位错位置产生表面凹坑[78,79]。

当在基面或棱柱面中的堆垛层错（SF）与表面相交时，通过蚀刻工艺形成凹槽，并且在凹槽的端部产生对应于部分位错的椭圆形蚀刻坑，如图 5-20 所示。很明显，通过蚀刻正轴 SiC {0001} 检测不到 BPD 和基矢面 SF。

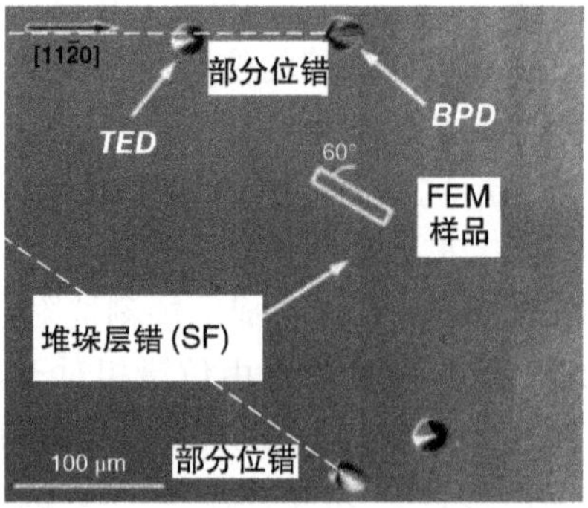

在 SiC（000$\bar{1}$）面上，450～500℃的熔融 KOH 腐蚀后，在位错位置形成小丘[80]。当在 950～1000℃时使用汽化 KOH 时，形成对应于 TSD、TED 和 BPD 的三种类型的蚀刻坑[81]。

图 5-20　在熔融 KOH 中蚀刻后，偏轴（0001）上的 4H-SiC 外延层的表面。当堆垛层错（SF）与表面相交时，通过蚀刻工艺形成凹槽，并且在凹槽的端部产生对应于部分位错的椭圆形蚀刻坑

5.1.5.2　X 射线形貌

X 射线衍射是一种非破坏性的技术，可用于表征晶体中的扩展缺陷[82]。其用具有线性截面的 X 射线束辐照晶体，并且将从晶体衍射的 X 射线记录在高分辨率膜上，

通过适当的方式移动晶体和薄膜，可以获得用于晶体衍射的 X 射线图像的全部图像（即衍射图像）。根据表征过程的目的[1,82]，会使用反射形貌（例如 Berg – Barrett 方法）或透射形貌（例如 Lang 方法）技术。当分析所获得的形貌图像时，也必须考虑 X 射线的穿透深度（通常为 10 ~ 50μm）。图 5-21 显示了放射 X 射线衍射和透射 X 射线衍射技术的配置原理图。在六角形 SiC {0001} 的放射 X 射线衍射中，考虑到主要的扩展缺陷和成像灵敏度的结构，经常使用衍射矢量 $\boldsymbol{g}=11\bar{2}8$[83]。通过使用同步加速器 X 射线，可以显著提高空间分辨率和曝光时间[83-85]。

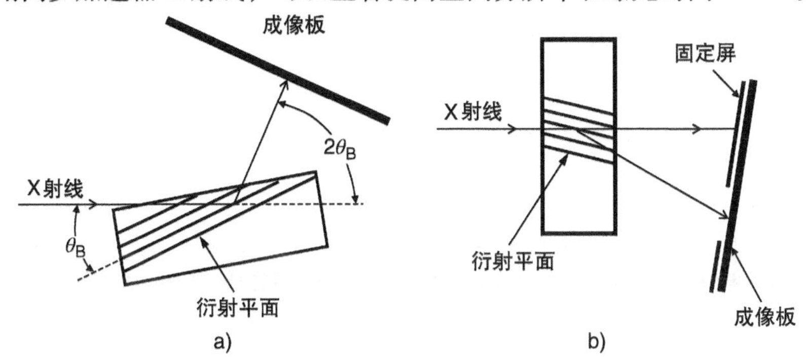

图　5-21

a）放射 X 射线衍射　b）透射 X 射线衍射技术的配置原理图

如在透射电子显微镜（TEM）的情况下，位错的 Burgers 矢量可以通过使用以下不可见判据来确定[82]：

$$\boldsymbol{g}\cdot\boldsymbol{b}=0 \tag{5-8}$$

$$(\boldsymbol{t}\times\boldsymbol{g})\cdot\boldsymbol{b}=0 \tag{5-9}$$

式中，$\boldsymbol{b}$ 和 $\boldsymbol{t}$ 分别是位错时的 Burgers 矢量和单位矢量。图 5-22 显示了使用不同衍射矢量 $\boldsymbol{g}=11\bar{2}0$、$\boldsymbol{g}=1\bar{1}20$、$\boldsymbol{g}=\bar{2}110$、$\boldsymbol{g}=1\bar{1}00$、$\boldsymbol{g}=\bar{1}010$ 和 $\boldsymbol{g}=01\bar{1}0$ 在 4H – SiC（0001）独立外延层的相同位置拍摄的透射 X 射线形貌[86]。图像中的黑斑和暗曲线分别对应于贯穿位错和 BPD。注意，所有 BPD 对于 $\boldsymbol{g}=1\bar{1}00$（见图 5-22d）是不可见的，其他情况相反。这个结果意味着所有这些 BPD 都具有平行于 $[11\bar{2}0]$ 台阶流方向的 Burgers 矢量。因为外延层中的 BPD 大致向 $[11\bar{2}0]$ 台阶流方向传播，所以这些 BPD 具有螺旋型特征[86,87]。

图 5-23 显示了对于 4H – SiC（0001）外延层，采用的另一个同步加速器在 $\boldsymbol{g}=11\bar{2}8$ 时的放射 X 射线衍射图像[88]。在图像中，相对较大的圆形对照物对应于 TSD，较小的点状对照物对应于 TED。对于 TED 观察到的六种不同的对照物是因为 TED 的 Burgers 矢量的差异。可以通过射线跟踪模拟来模拟位错的形貌图像。4H – SiC（0001）中的 TED 的模拟形貌图（$\boldsymbol{g}=11\bar{2}8$）如图 5-24[88] 所示，其中 Burgers 矢量（$\boldsymbol{b}$）的方向相对于基矢面矢量 $\boldsymbol{b}$ 和 $\boldsymbol{g}$ 以及它们之间的角度在图中示出。如这些图像所示，单个 TED 的 Burgers 矢量可以简单地根据形貌图中所示的对照物形状来确定，而不需要应用上述不可见判据。

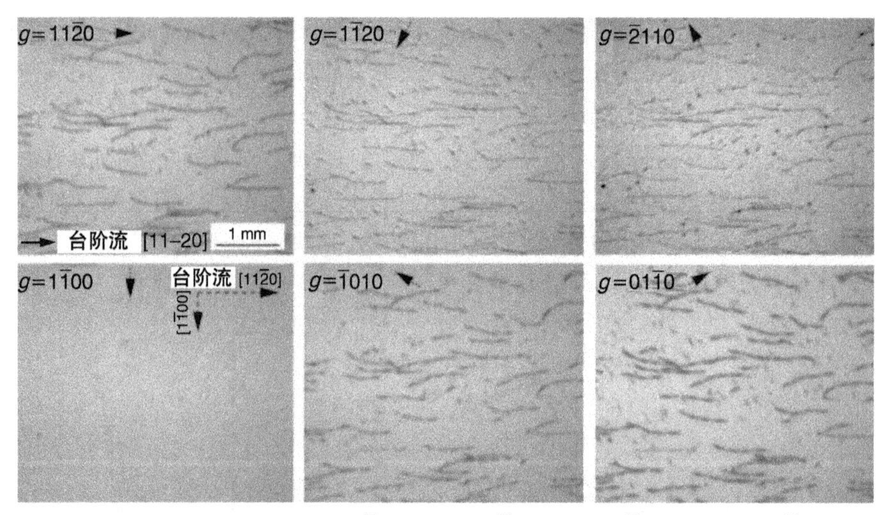

图 5-22　使用不同衍射矢量 a）$\boldsymbol{g}=11\bar{2}0$、b）$\boldsymbol{g}=1\bar{1}20$、c）$\boldsymbol{g}=\bar{2}110$、d）$\boldsymbol{g}=1\bar{1}00$、e）$\boldsymbol{g}=\bar{1}010$ 和 f）$\boldsymbol{g}=01\bar{1}0$ 在 4H－SiC（0001）独立外延层的相同位置拍摄的透射 X 射线形貌[86]（由 Trans Tech Publications 授权转载）

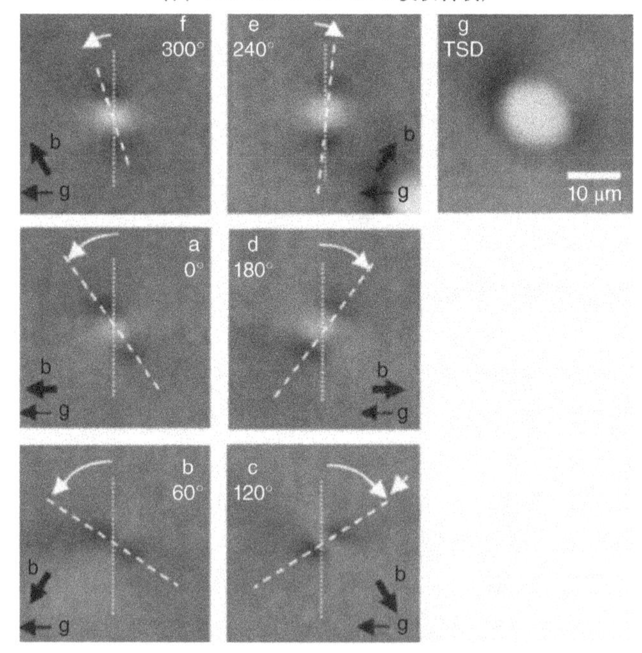

图 5-23　对于 4H－SiC（0001）外延层，采用的另一个同步加速器在 $\boldsymbol{g}=11\bar{2}8$ 时的放射 X 射线衍射图像[88]（由 Elsevier 授权转载）。在图中，相对较大的圆形对照物对应于 TSD（g）。较小的点状对照物对应于 TED（a～f）

SiC 中 TSD 的 Burgers 矢量幅值和感度（+1$\boldsymbol{c}$ 或 −1$\boldsymbol{c}$）可以通过同步加速器 X 射线截面形貌确定[89]。三维同步加速器 X 射线形貌分析用于可视化位错的传播行为的分析[90]。

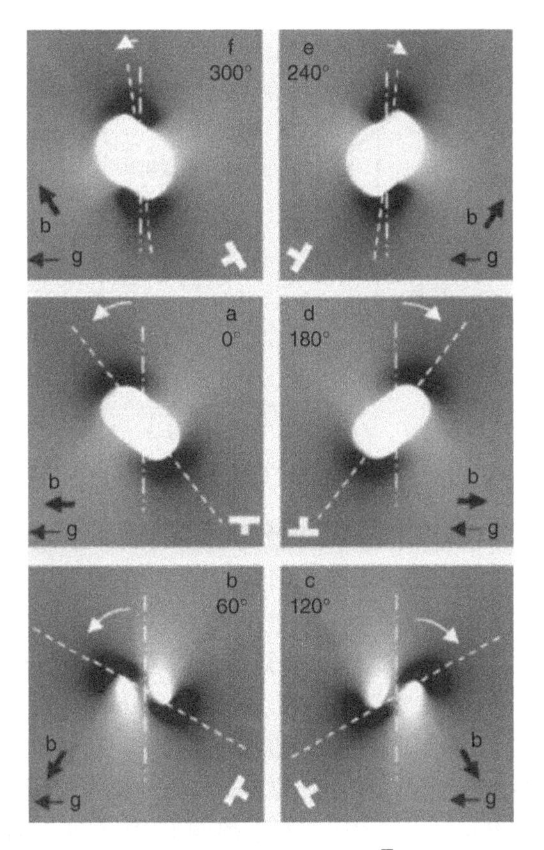

图5-24 4H-SiC（0001）中的TED的模拟形貌图（$\boldsymbol{g}=11\bar{2}8$），符合图5-23所示的实验观察[88]（由Elsevier授权转载）

5.1.5.3 光致发光映射/成像

由于任何一种活性缺陷都可能影响载流子复合，具有高空间分辨率的PL测量提供了一种检测半导体扩展缺陷的有效方法[1]。在这种技术中，因为没有任何化学蚀刻或接触形成，完整的晶片表征是可能的。该方法可用作常规晶圆表征过程，并且测量设置相当简单。目前主要有两种不同的方法，称为PL映射和PL成像，这些方法的测量设置示意图分别如图5-25a和b所示。

1. PL映射

在这种技术中，激发激光束聚焦到几微米的光斑尺寸，并且用激光束选择性地激发样品。检测设置与普通PL测量所用的检测设置相似。来自激发区域的PL通常用单色仪分散，并使用光电倍增管进行检测。光学对准通常是固定的，高分辨率$X-Y$平台由数字电动机驱动器移动以产生PL映射，典型步距（间距）为1~20μm。当获得特定波长的PL强度时，该技术被称为PL强度映射[91-94]。也可以在每个点获取PL谱，称为PL谱图。在单个点获取PL衰减曲线意味着载流子寿命

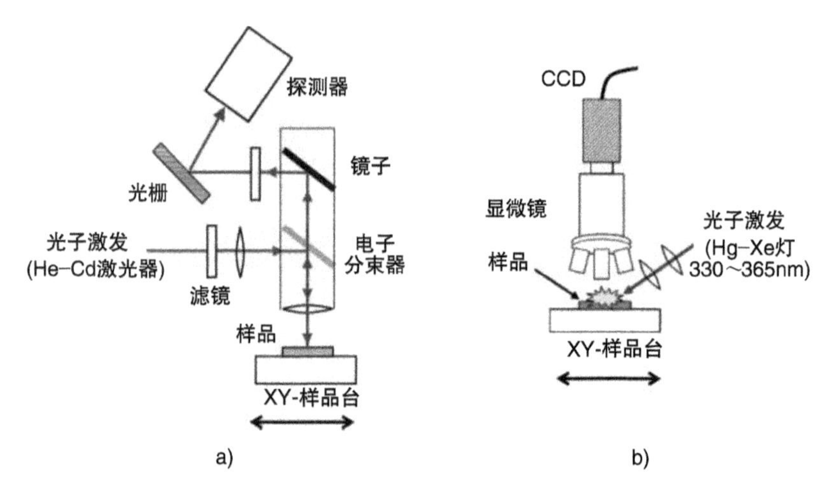

图 5-25　a）PL 映射和 b）PL 成像技术的测量设置示意图

映射也是可能的[68,95]。虽然为提高空间分辨率将测量间距减小到 1～2μm 时，PL 映射是相当耗时的，但是从每个点获取的 PL 信息完全反映了在该位置发生的辐照复合。

图 5-26a 所示为具有 $1\times10^{15}cm^{-3}$ 掺杂浓度的 72μm 厚的 n 型 4H－SiC（0001）的 PL 强度映射图像[96]。在室温下，PL 强度为 390nm（用于游离激子峰），以 1μm 的间距映射。在 PL 映射图像中，观察降低的 PL 强度的三个圆形区域，与矩阵相反，表示重要的非辐照复合中心的位置。在三个圆形区域中，两个区域的尺寸比其他区域大。图 5-26b 给出了在 480℃ 下熔融 KOH 腐蚀 10min 后样品表面（在相同位置）的光学显微镜图像。在 PL 强度降低的圆形区域和贯穿位错之间存在一对一的相关性。比 TED 更大更暗的圆形区域在 PL 强度映射中表示 TSD，这表明 TSD 比 TED 对非辐照复合影响更大。BPD 检测相对较容易，因为在 PL 映射期间可以观察到沿着偏离方向的长暗线；在许多情况下，BPD 被分解成两个部分位错，并且在 PL 测量期间在它们之间形成 Shockley 型堆垛层错（SSF）。注意，这些对比在具有较长载流子寿命的外延层中更为显著[96]。

2. PL 成像

在 PL 成像中，用紫外（UV）光辐照样品的相对较大的面积（大约 1～$5mm^2$），采用高灵敏度的电荷耦合器件（CCD）相机（如使用光学显微镜）形成尺寸为 1mm×1mm 的“PL 图像”（该尺寸取决于物镜）[97－100]，空间分辨率约为 1μm（1mm/1024 像素）。为了获取特定波长的 PL 图像，将带通滤光器附着在显微镜的物镜上。将样品（或晶片）放置在 $X-Y$ 平台上，并且调整移动间距以匹配图像尺寸（例如，1mm×1mm），其尺寸远大于 PL 映射中使用的尺寸。0.5s 的短曝光时间足以获得清晰的 PL 图像，因此该技术提供非常快速的表征。所获得的 PL 图像包含来自目标区域的“连续”PL 数据，而在 PL 映射中数据是离散的（每个

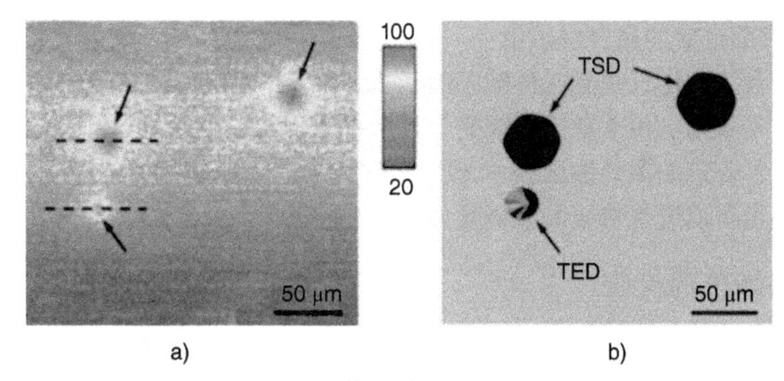

图 5-26 a）具有 $1\times10^{15}cm^{-3}$掺杂浓度的 72μm 厚的 n 型 4H－SiC（0001）的 PL 强度映射图像和 b）在 480℃下熔融 KOH 腐蚀 10min 后样品表面（在相同位置）的光学显微镜图像[96]

（由 AIP 出版有限责任公司授权转载）

X－Y间距大小）。但是，图像中任何（x，y）点的 PL 图像数据也包含有关在（x，y）点附近发射的 PL 的一些信息。

图 5-27 显示了 180μm 厚的 n 型 4H－SiC（0001）外延层在 880nm 拍摄的典型 PL 图像，以及熔融 KOH 蚀刻后相同位置的光学图像。在带边发射（390nm）拍摄的 PL 图像中，贯穿位错、BPD 和堆垛层错分别显示为黑斑、暗线和暗区（未显示），这与在 390nm PL 强度映射一致。相比之下，红外 PL 图像显示亮点和亮线，这些特征被确定为贯穿位错和 BPD 的位置，如图 5-27b 所示。TSD 在红外区域（750～900nm）中产生比 TED 更强烈的 PL，依此可以区分 TSD 和 TED。虽然目前来自位错的发光机制尚不清楚，位错核心附近产生的局部状态可能是红外发光的原因[101]。目前已有学者研究了 SiC 中位错核心附近观察到的 PL 光谱[102,103]。PL 成像对于堆垛层错的检测也很有作用，因为每个堆垛层错都有独特的 PL 带，这取决于堆垛结构，如 4.3.1 节所述。

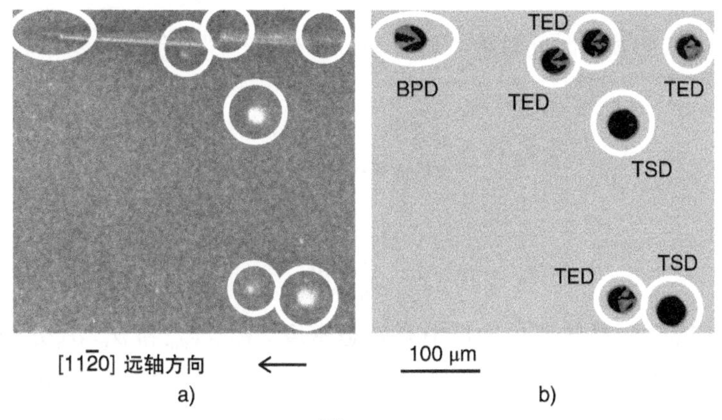

图 5-27

a）从 180μm 厚的 n 型 4H－SiC（0001）外延层在 880nm 拍摄的典型 PL 图像

b）熔融 KOH 蚀刻后相同位置的光学图像

5.1.5.4 表面形貌的高分辨映射

因为平台流动增长受到延伸缺陷的干扰，SiC 外延层中的扩展缺陷通常会导致一些表面的不规则。由于通过常规光学显微镜难以检测亚微米尺寸的表面凹凸，因此已经开发了先进的激光散射技术来达到此目的。TSD 和 TED 因为引起的表面凹陷非常小，也可以进行快速和非破坏性的检测[104]。

5.1.6 点缺陷的检测

存在于半导体中的另一个重要的缺陷类型是点缺陷，其通常在带隙中产生深能级[105]。可以通过深能级瞬态谱（DLTS）监测电学活性水平。如果点缺陷具有自旋（未成对电子），则可以通过电子顺磁共振（EPR）检测。

5.1.6.1 深能级瞬态谱

在 DLTS 测量中，监测结的电容瞬变，并且通过分析瞬态信号以获得深能级的密度、能量位置和捕获截面[106]。图 5-28 显示了在 n 型半导体（肖特基结构）的 DLTS 测量期间施加的典型偏置电压序列，以及对应于反向偏置电压下、在施加脉冲电压期间以及施加脉冲电压之后稳态的能带图。在稳态条件下，电容由空间电荷区域（x_R）的宽度决定，而空间电荷区域又依赖于掺杂浓度（N_D）和偏置电压（V）。在这种情况下，除了在空间电荷区域的边缘附近，空间电荷区域内的深能级是空的，如图 5-28a 所示。然后，通过施加的脉冲电压，从深部区域到靠近表面的深能级充满电子，如图 5-28b 所示。在消除脉冲电压之后，因为捕获的电子不能立即发射，空间电荷区域中的净掺杂浓度降低，空间电荷区域立即扩展到大于稳态值（x_R）的深度，被捕获的电子随时间逐渐发射到导带，如图 5-28c 所示。因此，空间电荷区域的宽度逐渐减小，电容随时间逐渐增加，并且足够长时间后均达到稳态值。因此，脉冲电压之后的电容瞬变包含关于载流子从深能级到带的热发射的信息。

电子和空穴的发射时间常数（τ_e）由以下公式[1,105]给出：

对电子：

$$\tau_e = \frac{1}{N_C\, v_{thn}\, \sigma_e}\exp\left(\frac{E_C - E_T}{kT}\right) \tag{5-10}$$

对空穴：

$$\tau_e = \frac{1}{N_V\, v_{thp}\, \sigma_h}\exp\left(\frac{E_T - E_V}{kT}\right) \tag{5-11}$$

式中，N_C和 N_V分别是导带和价带中有效态密度。v_{thn}/v_{thp}和 σ_e/σ_h分别是电子/空穴的热速度和深能级的捕获截面。E_T是深能级能量位置，k 是玻尔兹曼常数，T 是绝对温度。捕获截面强烈依赖于深能级的电荷状态和捕获过程，中性深能级通常为 $10^{-16} \sim 10^{-14}\mathrm{cm}^2$，载流子和深能级之间库仑吸引力起作用的深能级为 $10^{-13} \sim 10^{-12}\mathrm{cm}^2$。

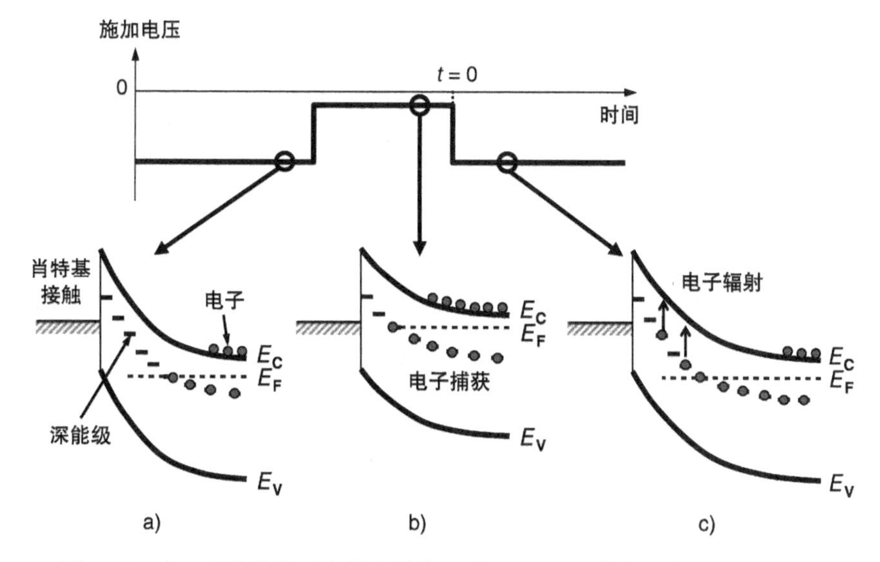

图5-28 在n型半导体（肖特基结构）的DLTS测量期间施加的典型偏置压序列，以及对应于a）反向偏置电压下、b）在施加脉冲电压期间以及c）施加脉冲电压之后稳态的能带图

当考虑n型肖特基结构时，脉冲电压之后的电容瞬变由下式给出[1,106]：

$$C(t) = \sqrt{\frac{\varepsilon_s\{N_D - n_T(t)\}}{2(V_d - V_R)}} = C_{st}\sqrt{1 - \frac{n_T(t)}{N_D}} = C_{st}\sqrt{1 - \frac{N_T\exp(-t/\tau_e)}{N_D}} \tag{5-12}$$

式中，C_{st}是稳态电容，由下式给出：

$$C_{st} = \sqrt{\frac{\varepsilon_s q N_D}{2(V_d - V_R)}} \tag{5-13}$$

式中，N_D和$n_T(t)$分别是施主浓度和在深能级被捕获的电子浓度。V_d和ε_s分别是半导体的内建电动势和介电常数。V_R是稳态下的偏置电压（通常为反向偏置）。在式（5-12）中，假设在所研究的条件下，只有一种类型的深能级有助于电子发射。当深能级的密度远小于施主浓度（$N_T << N_D$）时，式（5-12）可以近似表示为

$$C(t) \cong C_{st}\left\{1 - \frac{N_T\exp(-t/\tau_e)}{2N_D}\right\} \tag{5-14}$$

图5-29给出了n型肖特基结构的电容瞬变和DLTS信号$\Delta C = C(t_2) - C(t_1)$，其中$t_2 > t_1$。由于几乎不发生电子发射，DLTS信号$\Delta C$在足够低的温度下接近于零。因为几乎所有捕获的电子已经在时间t_1发射，DLTS信号在足够高的温度下也几乎为零。结果，当满足以下条件时，DLTS信号具有最大值：

$$\tau_e = \frac{t_2 - t_1}{\ln(t_2/t_1)} \tag{5-15}$$

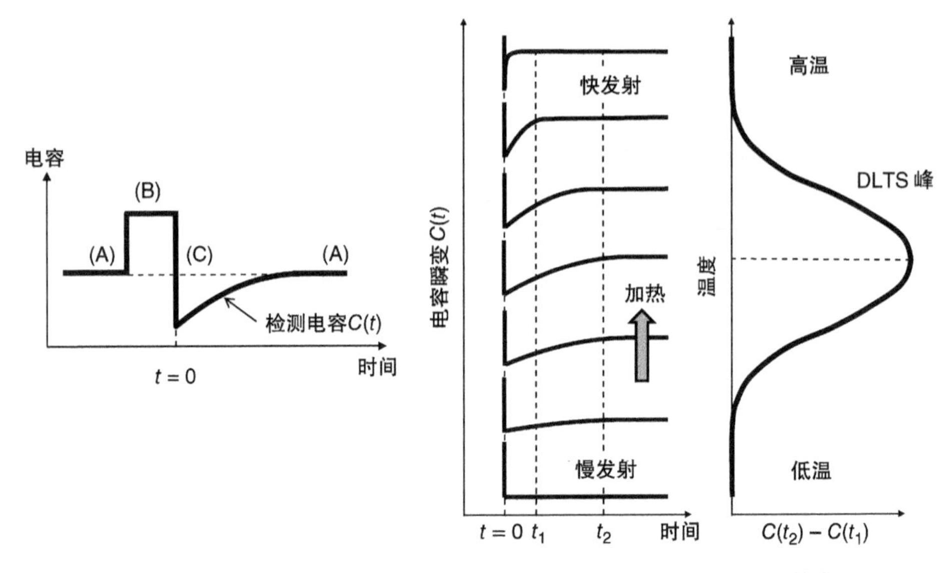

图 5-29　n 型肖特基结构的电容瞬变和 DLTS 信号 $\Delta C=C(t_2)-C(t_1)$，其中 $t_2>t_1$

在使用（t_1，t_2）进行 DLTS 测量之后，使用 Arrhenius 图分析得到的发射时间常数（τ_e）和 DLTS 峰值（T_p）的集合，如图 5-30 所示。由于 N_C（或 N_V）与 $T^{3/2}$ 成比例，而 v_{thn}（或 v_{thp}）与 $T^{1/2}$ 成比例，所以通常绘制 ln（$\tau_e T^2$）- K^{-1} 图。基于式（5-10）或式（5-11），假定一个与温度无关的捕获截面，该曲线的斜率和纵坐标截距分别为激活能量（来自带边缘的能级）和深能级的捕获截面。请注意，捕获截面实际上不是恒定的，而是温度的函数。另外，从截距估计的捕获截面是非常不准确的。为了获得准确的捕获截面，必须分析通过改变填充脉冲宽度填充的陷阱[1]。从这个基本概念出发，提出了傅里叶变换 DLTS[107]、拉普拉斯 DLTS[108] 和 ICTS（等温电容瞬态谱）等各种分析方法[109]。

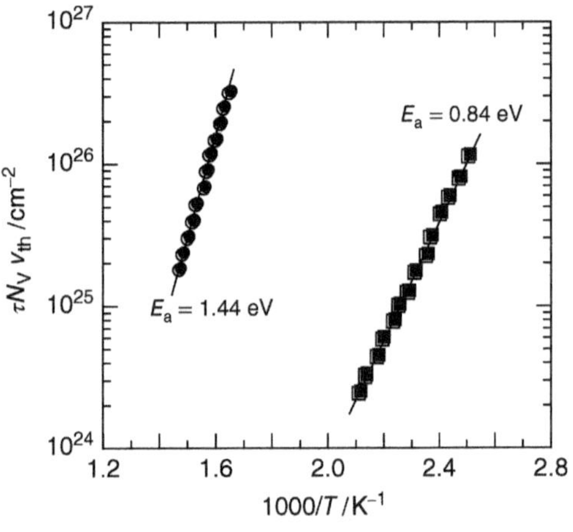

图 5-30　DLTS 测量中发射时间常数（τ_e）的 Arrhenius 曲线

在 DLTS 中，每个峰的信号强度与 N_T/N_D 比（而不是 N_T 本身）成比例，并且峰值温度大致对应于深能级的能量位置（即能量深度）。因此，缺陷密度的检测限由 N_T/N_D 比决定。在标准 DLTS 中，该比例约为 10^{-4}，这意味着当样品的掺杂浓度为 $1\times10^{15}\,cm^{-3}$ 时，检测限约为 $1\times10^{11}\,cm^{-3}$。以这种方式获得的深层次浓度是高度精确的，并且只要使用适当的测量条件（在 PL 中，只可以检测到表现出辐照复合的缺陷)，就可以检测各种电学活性缺陷。来自表面的监测深度由空间电荷区域确定，空间电荷区域的宽度取决于掺杂浓度和偏置电压。双相关深层瞬态谱(DDLTS)[110]已被证明可用于获得深能级的精确深度分布。

当在n型肖特基结构上进行DLTS测量时，DLTS信号反映了深能级电子的捕获和从深能级到导带的电子发射。因此，DLTS峰对应于“电子陷阱”。相比之下，从p型肖特基结构获得的DLTS峰源于价带和深能级之间的空穴相互作用，因此对应于“空穴陷阱”。在pn结上进行DLTS测量时，DLTS信号的性质取决于填充脉冲的偏置电压。当保持反向偏压时，则只能检测大多数载流子陷阱。如果通过填充脉冲施加足够大的正向电压，则在DLTS测量期间注入少数载流子。在这种情况下，除了大多数载流子陷阱之外，少数载流子陷阱（n型材料中的空穴陷阱和p型材料中的电子陷阱）也是可检测的。这些少数载流子陷阱的DLTS信号与大多数载流子陷阱的DLTS信号呈现相反的符号（+/-），因此可以立即识别[1,106]。

在SiC的DLTS测量中，由于SiC的宽禁带，必须在宽温度范围（通常为100~750K）下采集瞬态曲线以监测浅能级和深能级。为了获得精确的DLTS信号，二极管（肖特基二极管或pn二极管）的漏电流必须最小化。适用于n型和p型SiC肖特基二极管的肖特基金属分别为例如Ni和Ti，其具有大肖特基势垒高度和高至800K的热稳定性。4.3.2节给出了典型DLTS的示例。然而，在DLTS探测的能量范围还存在另一个限制，即当用于DLTS检测的肖特基势垒的势垒高度为ϕ_B时，不能检测到比ϕ_B更深的任何深能级。因为这些深能级的能量位于准费米能级以下（在n型情况下），不会发生这些能级的电子发射，导致没有相应的DLTS峰[111]。p型深空穴陷阱的情况类似。

5.1.6.2 电子顺磁共振

当不成对的电子存在于点缺陷处时，可以通过EPR测量来检测电子自旋。外部磁场根据旋转值（塞曼效应）提供将自旋状态分为两部分的磁势能。电子自旋的磁势能（U）与磁场强度（B）成比例，如图5-31所示，由下式[112]表示：

$$U = \pm \frac{1}{2} g \mu_B B \tag{5-16}$$

式中，g是电子自旋g因子（或回磁比），μ_B是玻尔磁子。因此，具有合适频率（通常在微波范围内）的电磁波的辐射导致从一个自旋状态向另一个旋转状态的转变，可以视为对入射电磁波的吸收。由EPR获得的g因子提供了有助于识别缺陷起源的重要信息，因为该值可以直接与每个点缺陷的理论计算确定的值进行比较。来自同位素原子（例如^{29}Si和^{13}C）的EPR信号也可用于缺陷识别。另外，通过测量EPR信号的角度依赖性，可以确定测量缺陷的对称性，这为识别微观结构提供了另一个重要依据。关于超精细分裂和细分裂结构的详细讨论可以在参考文献[112]中找到。

尽管绝对自旋密度（缺陷密度）可以通过EPR测量来确定，但该技术空间分辨率极低，并且获得的自旋数是存在于所测试样品的整个体积中的总数。因此，

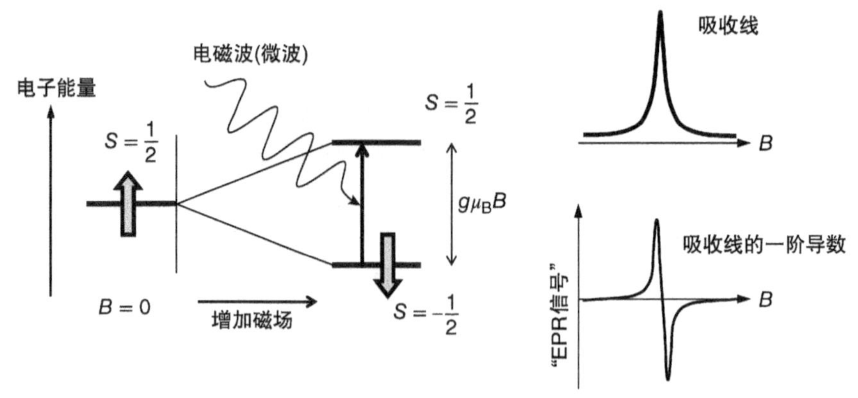

图 5-31 电子顺磁共振测量原理。利用外部磁场提供磁势能，使得自旋态一分为二，而这取决于旋转值（塞曼效应）。单个电子的磁势能（U）与磁场强度（B）成比例

EPR 测量需要体材料或较厚的不固定外延层。如果待测试样品由在 SiC 衬底上生长的 SiC 同质外延层组成，则所测得的数据是外延层和衬底的所有自旋信息混合，该数据作用不大。EPR 测量的另一个缺点是自旋（点缺陷）检测限相对较差。点缺陷密度的检测限大概在 $10^{15}\sim10^{16}\text{cm}^{-3}$ 范围内，具体取决于样品的大小，这通常接近所使用样品的掺杂浓度。没有不成对电子的点缺陷当然是不存在 EPR 的，因此无法检测。

已经使用 EPR 测量来确定 4H-SiC 中的主要点缺陷，这些缺陷包括碳空位（V_C）[113]、硅空位（V_{Si}）[114]、碳反位-碳空位对（$C_{Si}-V_C$）、双空位（$V_{Si}-V_C$）[115]、二碳反位（$(C_2)_{Si}$）、碳分裂间隙（$(C_2)_C$）[116] 和几种金属杂质。图5-32显示了从三种不同的高纯度半绝缘（HPSI）4H-SiC 样品获得的典型 EPR 光谱[40]。测量在光照（$h\nu=2.0\sim2.8$eV）和 77K 下进行。因为电阻率的三种不同的活化能，HPSI 4H-SiC 可以分为至少三种材料类型。观察到的活化能（E_a）值分别为 0.8～0.9eV、1.1～1.3eV 和大约 1.5eV，分别对应于图

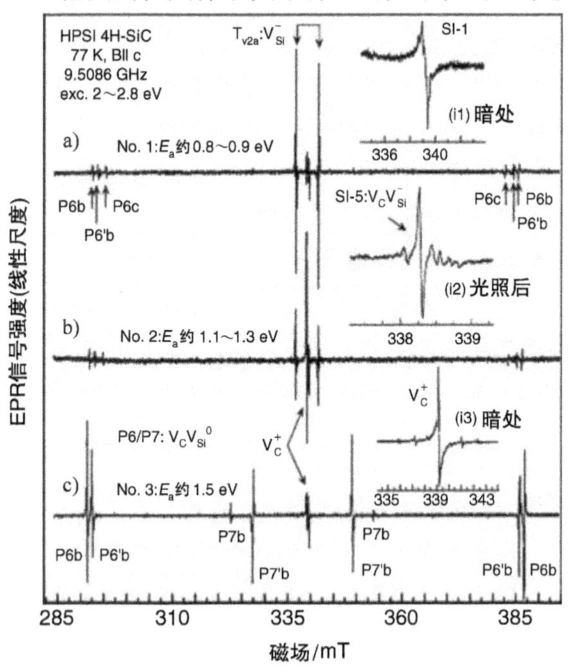

图 5-32 由三种不同的高纯度半绝缘（HPSI）4H-SiC 样品获得的典型 EPR 光谱（在照明（$h\nu=2.0\sim2.8$eV）和 77K 下进行）[40]
（由美国物理学会授权转载）

5-32a~c 中的 EPR 光谱。对于具有 E_a = 0.8~0.9eV 的 HPSI 样品，带负电荷的 V_{Si}表现出最高浓度（低于 $10^{15}cm^{-3}$）。然而，在具有 E_a = 1.1~1.3eV 的 HPSI 样品中，带正电荷的 V_C或带负电荷的 $C_{Si}-V_C$是主要的。在具有 E_a = 1.5eV 的 HPSI 样品中，带正电荷的 V_C和 V_C-V_{Si}是最主要的（$10^{15}cm^{-3}$中值）。在 1600℃退火后，HPSI 样品 a（E_a = 0.8~0.9eV）的电阻率显著降低，而 HPSI 样品 c（E_a = 1.5eV）的电阻率即使在高温退火后也是稳定的。注意，这些活化能与各个点缺陷的能级密切相关。从缺陷工程的角度来看，V_C浓度的增加和 V_{Si}浓度的降低对于获得热稳定和高电阻率的 HPSI 4H-SiC 是至关重要的[40]。参考文献［117］详细描述了近年来对 SiC 缺陷的 EPR 分析。

如 5.1.1.5 节所述，PL 还可用于检测点缺陷，只要缺陷表现出辐照载流子复合。因此，基于 EPR、DLTS 和 PL 的比较研究对于基本缺陷表征是可靠的。应当注意，EPR 也可用于鉴定氧化物/SiC 界面处的缺陷[118]。

5.2 SiC 的扩展缺陷

5.2.1 SiC 主要的扩展缺陷

3.3 节总结了 SiC 晶片的主要扩展缺陷（微管、TSD、TED 和 BPD）及其产生机理。关于 4H-SiC 外延层的主要扩展缺陷的基本信息总结在表 5-5 中。外延生长期间的位错以及在外延生长过程中产生的宏观缺陷（包括三角形缺陷、胡萝卜缺陷、生长的堆垛层错和颗粒）在 4.3.1 节中进行了说明。在以下小节中，描述了由 BPD 引起的双极退化和扩展缺陷对 SiC 器件性能的影响。

表 5-5 4H-SiC 外延层的主要扩展缺陷的基本信息

位错	Burgers 矢量	主方向	典型密度/cm^{-2}
微管	n<0001>（n>2）	<0001>	0~0.02
贯穿螺型位错（TSD）	n<0001>（n=1，2）	<0001>	300~600
贯穿刃型位错（TED）	<11$\bar{2}$0>/3	<0001>	3000~6000
（完美）基矢面位错（BPD）	<11$\bar{2}$0>/3	在{0001}面内（主要是<11$\bar{2}$0>）	1~10
堆垛层错（SF）	Shockley：<1$\bar{1}$00>/3 Frank：<0001>/n	在{0001}面内	0.1~1

5.2.2 双极退化

在载体注入（或激发）之后进行复合，单个 Shockley 型堆垛层错（Shockley Stacking Fault，SSF）的成核和扩展发生在 BPD 的位置或其他位错的基矢面段[119-121]。扩展的SSF导致载流子寿命的显著降低（并且可能形成载流子传输的潜在障碍）[119]，导致SiC双极型器件如pin二极管、双极结晶体和晶闸管的正向压降增加。扩展的SSF也是反向偏置漏电流的主要路径[122]。这些现象称为“双极退化”，其不利于基于SiC的双极型器件的可靠性。注意，纯SiC单极型器件，如肖特基势垒二极管，由于缺乏载流子注入，不会出现这种退化。参考文献［123］对SiC的双极退化进行了详细的描述。

图5-33显示了在4H-SiC pin二极管中观察到的双极退化的例子。在该实验中，二极管在恒定电流条件（$100A/cm^2$）下受到应力。正向压降在几个不同的时间表现出不规则的增加，一些二极管可以达到6V或更高。即使$1\sim10A/cm^2$的低电流密度也可引起这种退化。图5-34显示了在低温下测量的退化pin二极管的全色阴极发光图像[120]。暗三角形区域对应于扩展的堆垛层错层，清楚地表明堆垛层错的载流子寿命减少。

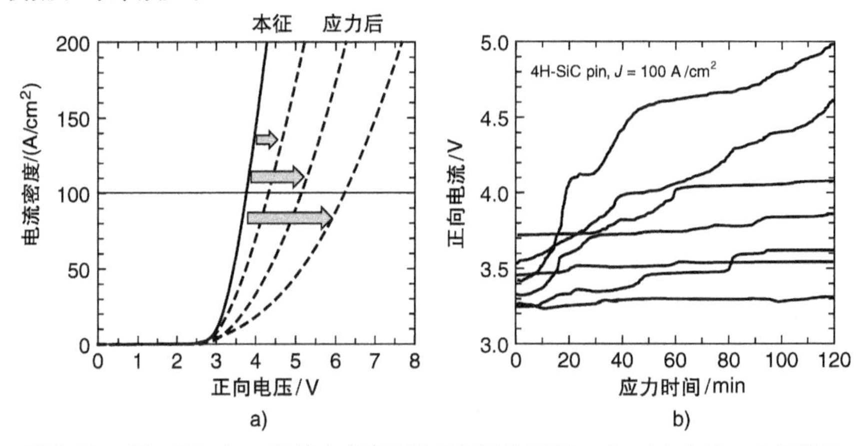

图5-33　4H-SiC pin二极管中观察到的双极退化示例。a）正向电流-电压特性和b）作为应力时间的函数的$100A/cm^2$的正向压降的变化

扩展堆垛层错的确切堆叠结构已通过截面TEM进行了确定[124]。图5-35给出了4H-SiC（0001）pin二极管的故障域的高分辨率TEM图像，观察结构的示意性堆叠序列，完美的4H-SiC的图像。堆叠故障可以用Zhdanov的符号表示为（31）结构，而完美的4H-SiC具有（22）结构。在6H-SiC(（33）结构）的情况下，故障域呈现（42）结构。因此，观察到的退化与SSF的扩展直接相关。

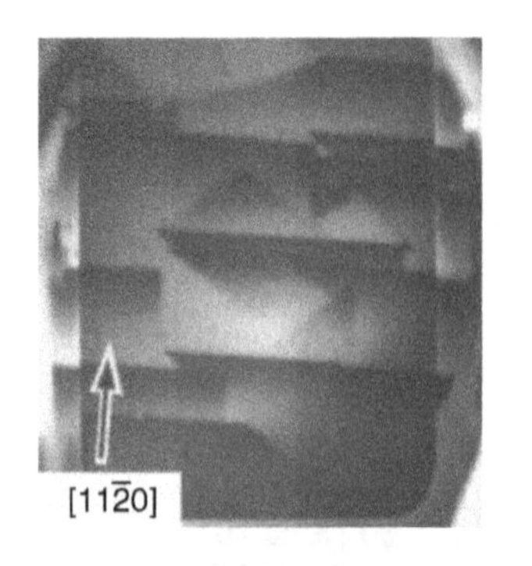

图5-34　在低温下测量的退化pin二极管的全色阴极发光图像[120]
（由Trans Tech Publications授权转载）

仔细研究SSF的成核位点，发现SSF扩展源总是存在BPD或基矢面段位错。如4.3.1节所述，在SiC中，BPD已经分解成两部分位错，它

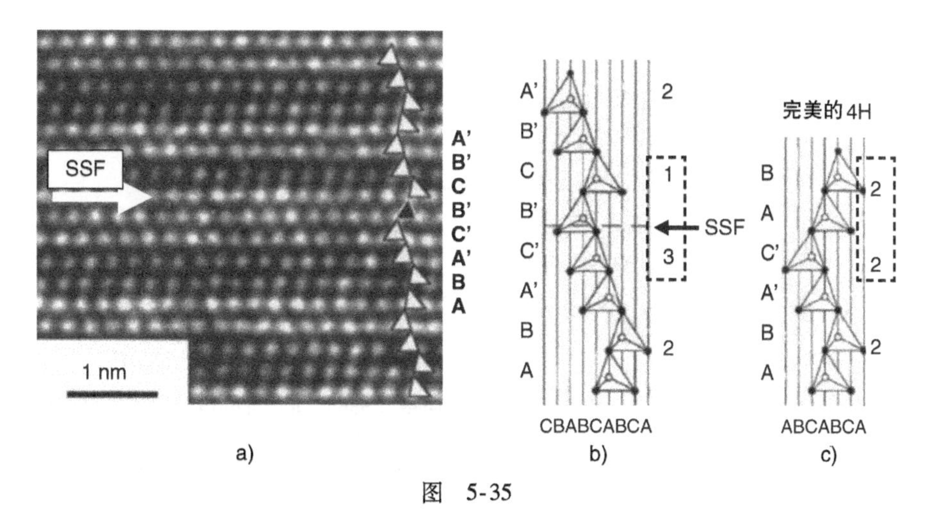

图 5-35

a）4H－SiC（0001）pin 二极管的故障域的高分辨率 TEM 图像 b）观察结构的示意性堆叠序列 c）完美的 4H－SiC 的图像[124]（由 AIP 出版有限责任公司授权转载）

们之间具有 SSF[125]。SSF 的扩展可以解释为部分位错的复合增强滑移。当观察 SSF 扩展的初始阶段时，SSF 的常见形态是菱形，其侧面沿着 $<11\bar{2}0>$ 方向，角度为 60°和 120°，如图 5-36a 所示[126]。故障域由 30°部分位错环限制。图 5-36b 示意性地给出了来自点源的 SSF 进入菱形的演变。应该注意的是，在菱形断层的四个边界部分位错中，只有两个部分移动并呈现出明亮的红外发光（峰值波长约为 700nm）。另外两个部分是不动的，只发出非常弱的光。TEM 研究表明，移动（和亮）部分的核心由 Si—Si 键组成，而固定（和暗）部分的核心由 C—C 键组成[127]。因此，前者称为 Si 核部分位错，后者称为 C 核部分位错。通常，六角形 SiC 多型体中的部分位错环可以如图 5-37a 所示，其中由于 Peierls 电位的原因，每段都沿 $<11\bar{2}0>$ 方向。由于 90°部分的移动性通常高于 30°部分，所以 90°消失，只剩下 30°部分，如图 5-37b 所示。这就是为什么部分的滑移导致菱形 SSF 演变的原因[123]。在图 5-37c 中，显示了 Si 核和 C 核部分位错的键结构。在 Si 核部分，沿着核形成 Si—Si 键，而 C—C 键在 C 核部分排列。Si—Si 的结合能比 C—C 的结合能要小得多，这也是 Si 核部分能更容易滑移的主要原因。

通过电子－空穴复合过程的能量转移，部分滑移运动的活化能显著降低，这是 SSF 扩展发生的主要原因。因此，不仅在 SiC 双极型器件的导通状态期间，在 PL 或阴极发光测量期间也可观察到这种现象。在实际的 SiC 双极型器件中，扩展的 SSF 的形态受器件结构的影响。在 SiC pin（$p^+/i/n^+$结构）二极管中，载流子复合主要发生在轻掺杂的 i 区域内，通过正向偏置产生高浓度电子空穴等离子体（在相当于各个高掺杂区域内的扩散长度的距离内，载流子复合也发生在 p^+ 阳极和 n^+ 阴极）。因此，当滑移部分的前端到达 p^+/i 或 i/n^+ 界面时，SSF 的扩展几乎结束。SSF 扩展示意图如图 5-38 所示。在该图中，图 a 给出了螺旋型 BPD（$\boldsymbol{b}=[11\bar{2}0]$ /

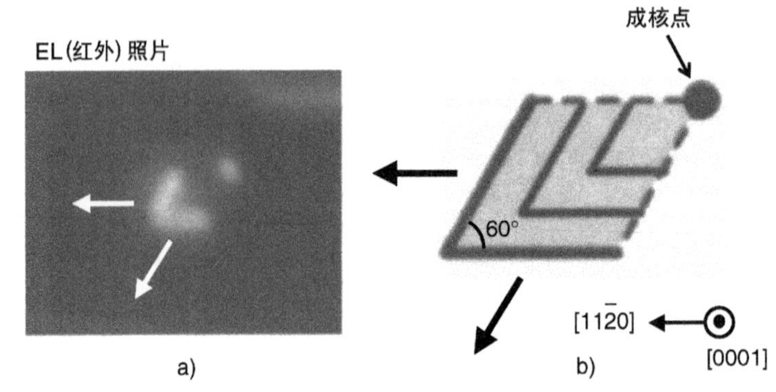

图 5-36　从点源扩展单个 Shockley 型堆垛层错（SSF）。a）红外电致发光图像和 b）SSF 演变成菱形的示意图[123]
（由 AIP 出版有限责任公司授权转载）

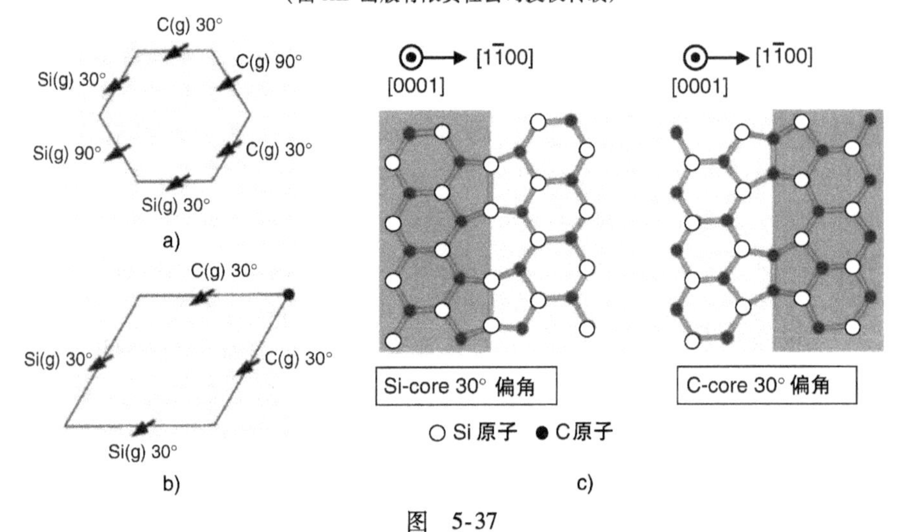

图　5-37
a）六方晶系 SiC 多型体中的部分位错环　b）部分的滑移运动导致菱形 SSF 的演化
c）Si 核和 C 核部分位错的键结构[123]（由 AIP 出版有限责任公司授权转载）

3，位错线// [11$\bar{2}$0]）的 SSF 扩展，而在图 b 中给出了 SiC pin 二极管内的 SSF 扩展。在 pin 二极管中，SSF 扩展不仅受到 C 核部分的限制，而且还受到电子－空穴复合区的限制。由于上述原因，pin 二极管（或其他器件）中的大部分扩展 SSF 的形状为三角形。

Si 核部分在室温下表现出强烈的红光－红外光，其峰值波长约为 700nm（1.8eV）。SSF 区域形成准量子阱，从断层区域观察到亮紫色发光。图 5-39 显示了各种温度下在 SSF 位置测量的 PL 光谱[128]。PL 峰在室温下位于 422～424nm 处，在 4H－SiC 中计算出的由 SSF 形成的电子状态的能量位置为 E_C －0.22eV[129]，这与实验观察值一致。通过该状态复合的载流子可能导致缺点区域内的寿命缩短。在这些状态下电子的捕获导致在 SSF 附近形成空间电荷区域，产生电子传输的势垒。扩展的 SSF 可以在 250～300℃ 以上的中等温度退火而收缩[130,131]，原因是电子的

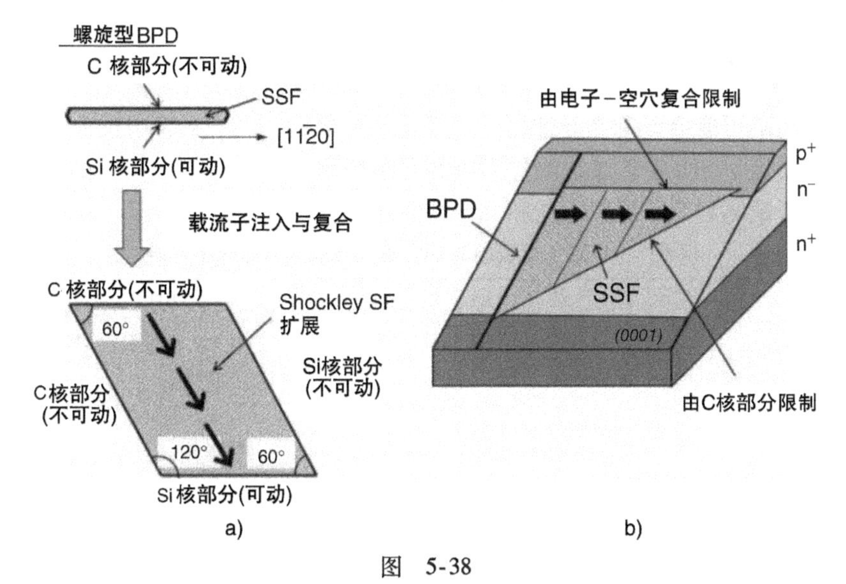

图 5-38

a）螺旋型 BPD（$\boldsymbol{b}$ = ［11$\bar{2}$0］/3，位错线//［11$\bar{2}$0］）的 SSF 扩展

b）SiC pin 二极管内的 SSF 扩展

静电能[131]。但是，收缩的 SSF 在室温下载流子注入时再次扩展。

SSF 扩展的原因，似乎是物质固有的，不是由压力引起的[123]。因此，完全消除成核位点对于 SiC 双极型器件的发展至关重要。可能的成核位点包括 BPD、位错半环阵列[132]和其他类型位错的基矢面段。

双极退化是 SiC 双极型器件发展中最严重的问题，当体二极管（p^+体/n^-漂移层）正向偏置时，也可能对 SiC 场效应晶体管产生影响。在外延生长期间减少 BPD 的增长，增加 BPD 到 TED 的转换，以及在器件加工过程中消除 BPD 成核，是 SiC 技术中关注的重点。

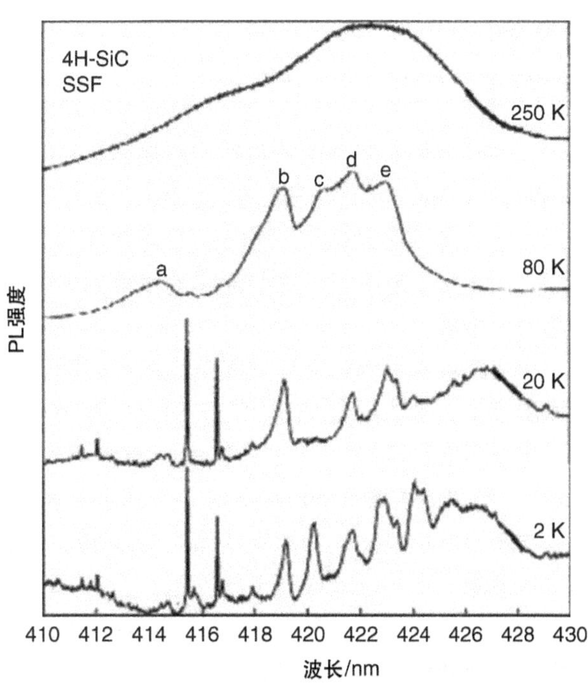

图 5-39　在各种温度下在 SSF 位置测量的光致发光光谱[128]

（由 AIP 出版有限责任公司授权转载）

5.2.3 扩展缺陷对 SiC 器件性能的影响

扩展缺陷可能会影响半导体器件的性能和可靠性[133]。尽管在过去十年进行了深入研究，但对 SiC 中扩展缺陷的影响的了解和理解仍然有限。在本小节中，总结了目前扩展缺陷对 SiC 器件性能和可靠性的影响（见表 5-6）。

表 5-6 目前扩展缺陷对 SiC 器件性能和可靠性的影响

缺陷/器件	SBD	MOSFET，JFET	pin，BJT，晶闸管，IGBT
TSD（无蚀坑）	无	无	无，但会引发局部载流子寿命降低
TED（无蚀坑）	无	无	无，但会引发局部载流子寿命降低
BPD（包括界面位错、半环阵列）	无，但会引发 MPS 二极管退化	无，但会引发体二极管退化	双极退化（导通电阻及漏电流增加）
内生堆垛层错	V_B 降低（20% ~50%）	V_B 降低（20% ~50%）	V_B 降低（20% ~50%）
胡萝卜缺陷、三角形缺陷	V_B 降低（30% ~70%）	V_B 降低（30% ~70%）	V_B 降低（30% ~70%）
掉落物缺陷	V_B 降低（50% ~90%）	V_B 降低（50% ~90%）	V_B 降低（50% ~90%）

在外延生长期间产生的各种宏观缺陷导致漏电流的显著增加和耐压的降低，对 SiC 器件是不利的。这些缺陷包括三角形缺陷、胡萝卜缺陷[134]以及由颗粒引起的宏观缺陷（掉落物缺陷）。这些缺陷通常在基矢面和棱面中包含堆垛层错，或 3C 薄层，如 4.3.1 节所述。这些缺陷的密度通常为 0.1 ~ $1cm^{-2}$，并且在厚的外延层中趋向于增大。

生成的堆垛层错还会导致漏电流增加并降低 SiC 器件的耐压。理论上在生长的堆垛层错中，带隙局部减小[135]。当 SiC 肖特基势垒二极管含有生长的堆垛层错时，势垒高度局部减小，导致过大的漏电流[136]。生长的堆垛层错密度为 0.1 ~ $3cm^{-2}$，特别是在高于 50μm/h 时，其随生长速率的增加而增加。

与超螺旋位错相关的微管缺陷先前是 SiC 中典型的器件缺陷[137]，但这种缺陷几乎被消除，不再是器件开发的问题。

如前一小节所述，任何种类的 BPD（包括界面位错和位错半环的基矢面段）都作为少数载流子注入和复合时的 SSF 的成核位点。扩展的堆垛层错导致载流子寿命的显著降低和漏电流的严重增加，如 5.2.2 节所述。

诸多学者研究了 TSD 和 TED 对器件特性的影响，但出现了一些矛盾的结果。Neudeck 等通过直接比较二极管特性和通过同步加速器 X 射线衍射获得的位错位置，阐明了 TSD 对 SiC（0001）pn 二极管的影响[138]。图 5-40a 显示了具有或不具有 TSD 的 4H－SiC pn 二极管的反向特性。当二极管含有一个 TSD 时，漏电流在略低于击穿电压的偏置电压下突然增加。随着漏电流的增加，在 TSD 的位置观察到微等离子体，然而，击穿电压本身几乎不受单个 TSD 的影响。TSD 的击穿电场强度的局部降低（通过增强的碰撞电离）可能导致雪崩的发生，导致微等离子体的形成。这种微等离子体可能导致二极管局部加热。然而，可能是由于 SiC 的高导热性和击穿电压的正温度依赖性（击穿电压随温度上升而增大）导致的有效的热传导所带来的影响，这种局部加热不会导致二极管的物理破坏。参考文献［139，140］对 4H－SiC 肖特基势垒二极管的特性与其位错位置之间做了大量的比较。然而，没有得到 TSD 和 TED 对二极管特性产生负面影响的直接证据，其中一个结果如图 5-40b 所示。含有 15～20 个 TSD 的 Ni/4H－SiC 肖特基势垒二极管的漏电流几乎与无 TSD 的二极管相同。对于 SiC pn 二极管，其量子隧道效应非常小，也得到了类似的结果。

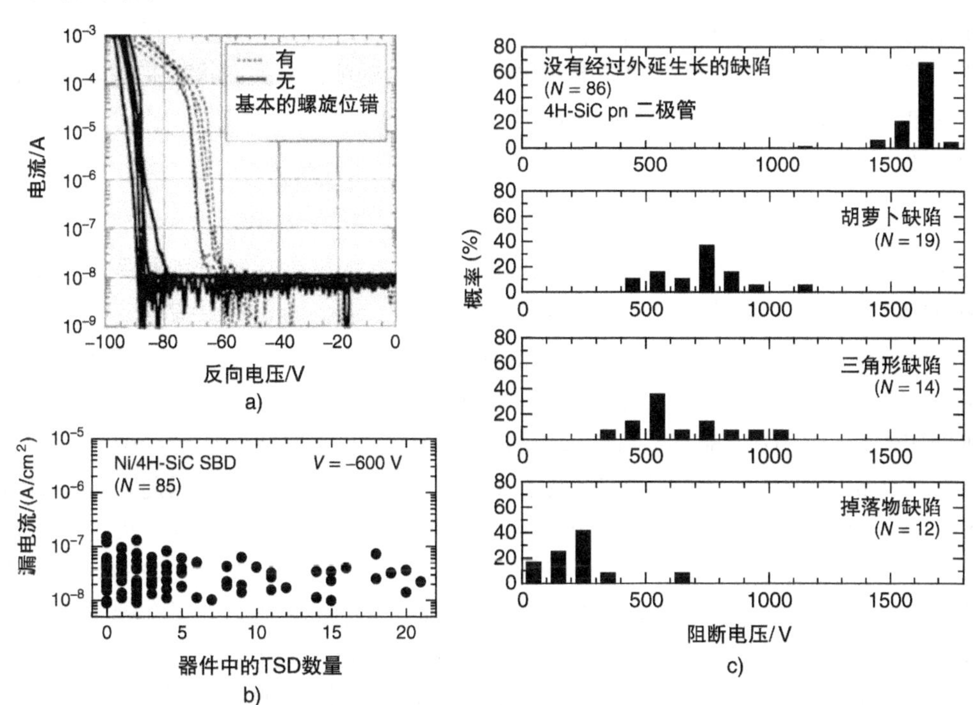

图 5-40　a）具有或不具有 TSD 的 4H－SiC pn 二极管的反向特性[138]（由 IEEE 授权转载），b）Ni/SiC 肖特基势垒二极管的漏电流密度与二极管内的 TSD 数量的关系，c）含有外延诱导缺陷的 1500V 级 4H－SiC pn 二极管的击穿电压直方图

在早期研究中，有文献指出了 SiC 二极管的击穿电压和漏电流受 TSD（但不是 TED）的影响[141,142]。但是，在做出决定性判断之前需要考虑以下两个因素：

1）其他缺陷的影响：在关于该主题的早期论文中，SiC 器件内的位错数量的变化常常与有效面积（不同尺寸）的变化相关。当我们考虑包含大量位错的器件时，相应器件的面积实际上很大。在这种情况下，可以引入其他类型的缺陷，例如三角形缺陷和颗粒。因此，这可导致错误的结果。

2）表面凹坑的影响：近年来，在 TSD 和 TED 的位置可以形成表面凹坑。这些凹坑的深度通常为 3 ~ 20nm，TSD 的凹坑比 TED 更深[143]。当存在凹坑时，局部电场拥挤发生，只是因为几何效应[144]。Fujiwara 等人的研究表明，当抑制位错诱发凹坑的形成时，TSD 对二极管特性的负面影响几乎可以消除[145]。这些位错诱发凹坑的大小和深度取决于生长条件和加工工艺条件。这可能是不同研究者观察到位错影响略有不同的主要原因。总之，通过抑制凹坑形成或通过抛光制备无凹坑表面，可将位错的负面影响最小化。

当考虑到 SiC 器件上位错（无表面凹坑）的纯粹影响时，必须考虑位错核心附近的电子状态的变化。Chung 等人对 n 型 4H - SiC 中的 TSD 进行了电子全息测量，并指出在 TSD 核心附近形成了深能级（E_C - 0.89eV）[101]。由于在位错核心附近化学键严重变形（或破碎），这是 SiC 固有的周期性电势的主要干扰，预期位错核心附近会发生状态和带隙的局部变化[133]。与这些位错相关的状态在高电场下是有效的，这使得它们成为大漏电流的可能原因。SiC 结的总漏电流（$I_{leakage}$）可以用下列公式近似表示：

$$I_{leakage} = I_0 + I_{gen} \sum_i I_i(\text{dislocation}) \tag{5-17}$$

式中，I_0是无缺陷的 SiC 结确定的理想漏电流。I_{gen}是复合电流，其主要通过深能级的体载流子和表面状态的表面载流子产生，I_i（dislocation）是由结内的第 i 个位错引起的漏（复合）电流。pn 二极管的理想漏电流（I_0）与 n_i^2（n_i：本征载流子浓度）成比例，而通过点缺陷，表面状态和位错产生的复合电流基本上与 n_i 成比例[67,133]。由于 4H - SiC 的本征载流子浓度非常低（在 297K 大约为 $10^{-9}cm^{-3}$），4H - SiC pn 二极管的理想漏电流（I_0）约为 $10^{-40}A/cm^2$或更低。因此，观察到的 SiC pn 二极管的漏电流由复合电流（通过点缺陷、表面状态和位错）决定。主要泄漏路径取决于缺陷（点缺陷、表面状态和位错）的密度。在最先进的 SiC 外延晶片中，位错对漏电流的贡献并不总是主要因素，因为这些晶片中的位错数量相对较少，除非在接近击穿的非常高的电场下。换句话说，每个位错（TSD 或 TED）增加了一小部分漏电流，但由于这些位错密度相对较低，这些位错对 SiC 器件没有不利影响。当异质外延材料的位错密度高得多（ >> 10^6cm^{-2}）时，式（5-17）的第三项是极大的。对于 SiC 肖特基势垒二极管，由于量子隧道效应，理想的漏电流远高于 pn 二极管，如 6.4.1 节所述。因此，一旦抑制了在位错处形成凹坑的漏电流，由位错引起的复合电流一般不会考虑。

在实际应用中发现，当器件面积变大时，SiC 器件的漏电流密度显著增加，而击穿电压急剧下降。虽然较大的器件含有更多的位错，但由位错引起的复合电流（或漏电流密度（A/cm^2））的相对贡献并没有太大变化，因为位错密度（cm^{-2}）

几乎保持不变。在这种大型器件中，器件含有通过外延生长（三角形缺陷、胡萝卜缺陷、生长的堆垛层错和颗粒）产生宏观缺陷的概率增加。事实上，诸多研究已经观察到那些外延诱导的缺陷对 SiC 器件的不利影响。图 5-40c 显示了含有这些外延诱导缺陷的 1500V 级 4H－SiC pn 二极管的击穿电压直方图。可以看到这些缺陷对器件有着不利的影响。这是随着器件面积扩大，器件表现出高漏电流密度和低击穿电压的主要原因。因此，主要的器件不利缺陷不是 TSD 或 TED，而是在最先进的 SiC 外延晶片中的外延诱导缺陷。

许多文献研究了栅氧化层可靠性与 SiC 中位错的相关性[146－149]。在早期研究中，发现 TSD 和 BPD 严重降低了氧化物的可靠性（降低了高电场下的平均故障时间或降低了击穿电荷）[146－149]。在最近的研究中，发现通过去除在位错位点产生的表面凹坑可以最小化这些负面影响[150]。外延诱导的缺陷对栅氧化层的介电性质的影响更大。

因此，只要最大结温不太高（大约 <250～300℃），TSD 和 TED 对大多数 SiC 器件的影响是忽略不计的。然而，如果在更高的温度（ >400～500℃）下考虑器件工作性能，目前还缺乏相应研究。因为 BPD 在载流子注入后引起双极退化现象，BPD 显然不利于任何 SiC 双极型器件。

假设器件杀伤缺陷的均匀分布（Y），定义为良好器件数量除以制造器件数量，可以使用以下公式[151]表示：

$$Y = \exp(-DA) \tag{5-18}$$

式中，D 和 A 分别是器件杀伤缺陷密度和器件面积。图 5-41 显示了通过改变器件杀伤缺陷密度（D），从式（5-18）计算的器件产量与器件面积的关系。在图中，假设电流密度为 200A/cm^2，额定电流的估计值在上部水平轴上标注。如果器件杀伤缺陷密度为 10cm^{-2}，则要获得 80% 的高产量，最大器件面积必须小于 2mm^2，对应的最大额定电流仅为 4A。要制造 100A 器件（设备面积大约 50mm^2），产量为 80%，器件杀伤缺陷密度必须降低到 0.4cm^{-2}。基于上述讨论，可以认为对于双极型器件，现有技术的 SiC 外延晶片中的主要器件杀伤缺陷是外延诱导的缺陷（包括三角形缺陷、胡萝卜缺陷、生长的堆垛层错和颗粒），而单极型器件，则是外延诱导的缺陷和 BPD 之和。

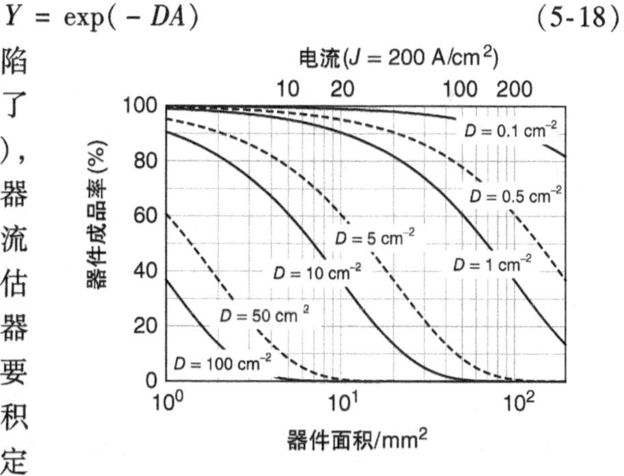

图 5-41 通过改变器件杀伤缺陷密度（D），从式（5-18）计算的器件产量与器件面积的关系

5.3 SiC 中的点缺陷

5.3.1 SiC 中的主要深能级缺陷

5.3.1.1 本征缺陷

在生长的 n 型和 p 型 4H - SiC 外延层中观察到的主要深能级大部分是固有缺陷，它们在带隙中的能量位置如图 4-33 所示。其中，$Z_{1/2}$（$E_C - 0.63eV$）[152] 和 EH6/7（$E_C - 1.55eV$）[153] 中心是最常见的高浓度（$2 \times 10^{12} \sim 2 \times 10^{13} cm^{-3}$）热稳定缺陷。如第 6 章所述，这些能级在离子注入、等离子蚀刻或颗粒辐照的 SiC 中也是主要的深能级。尽管可以观察到源于内在缺陷的几个空穴陷阱，例如 HK4（或 P1）（$E_V + 1.44eV$）[154]，它们可以在 1450 ~ 1550℃退火。因此，$Z_{1/2}$和 EH6/7 中心是 SiC 中最常见和重要的深能级。注意，EH6 和 EH7 中心的信号通常在正常 DLTS 光谱中严重重叠，因此这两个缺陷水平通常被视为单个 EH6/7 中心，尽管 EH7 分量在“EH6/7 峰”中占优势。拉普拉斯 DLTS 测量成功地解释了这个峰值，表明在粒子辐照和热稳定性的产生方面，EH6 和 EH7 中心之间存在轻微差异[155]。总结 $Z_{1/2}$和 EH6/7 中心的特点如下：

1）$Z_{1/2}$中心表现出所谓的“负 U”特性，如图 5-42 所示[156]。一个 DLTS 峰通常反映来自单个深能级的载流子发射，除非多个峰重叠。在 $Z_{1/2}$中心的情况下，从缺陷能级同时发射两个电子。在载流子捕获过程中，由于 Jahn - Teller 效应较大，在两个电子之间的库仑排斥之下，两个电子几乎同时捕获[157]。因此，来自 $Z_{1/2}$中心的 DLTS 信号的强度恰好是 $Z_{1/2}$中心的实际浓度的两倍。

2）在所有 4H - SiC 样品中，$Z_{1/2}$中心和 EH6/7 中心（或至少是 EH7 中心）的浓度几乎相同。图 5-43 绘制了 4H - SiC 中 $Z_{1/2}$中心的浓度与 EH6/7 中心的浓度的对应图，分别是在生长的、电子辐照的和退火的情况下[158,159]。通过改变外延生长条件，辐照期间的电子能量和能量密度，以及退火条件来改变两个深能级的浓度。$Z_{1/2}$中心浓度几乎与 $10^{11} \sim 10^{14} cm^{-3}$ 的宽范围内每个样品的 EH6/7 浓度相同。该结果表明，$Z_{1/2}$中心和 EH6/7（至少 EH7）中心源于相同的缺陷中心，但具有不同的电荷状态。

3）根据理论计算结果[160] 及使用 DLTS 和 EPR 的比较研究[161,162] 指出，$Z_{1/2}$中心和 EH7 中心的具有不同电荷状态的碳空位。图 5-44a 显示了通过 EPR 测定的单负电荷碳空位（V_C（-））的面积密度与采用 DLTS 测量确定的深能级分布得出的 $Z_{1/2}$中心面积密度的关系[163]。在这里，光激发是观察 V_C（-）所必需的，因为碳空位也具有负 U 性质，并通过捕获两个电子形成稳定 V_C（2-）。因为 V_C（2-）不存在 EPR（因为它不含不成对的电子），所以 V_C浓度通过 n 型 SiC 的光

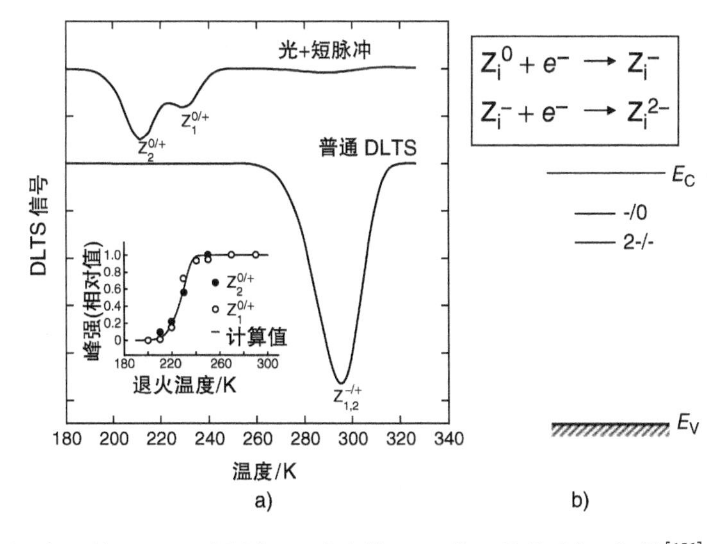

图5-42 a）在n型4H-SiC中源自$Z_{1/2}$中心的DLTS峰，呈现“负U”性[156]（由美国物理学会授权转载）。b）n型4H-SiC中$Z_{1/2}$中心的能级

激发产生V_C（-）来估计。如图5-44a所示，一系列样品的V_C浓度非常接近$Z_{1/2}$中心浓度。考虑到上述的一致性和负U性质，$Z_{1/2}$中心的起源被确定为碳空位的受主能级。在图5-44b中，还显示了通过光EPR测定的4H-SiC中碳空位的受主和施主能级以及理论计算得出的结果。如图5-44b所示，基于这些实验结果和理论研究，EH7中是碳空位的施主能级[160]。

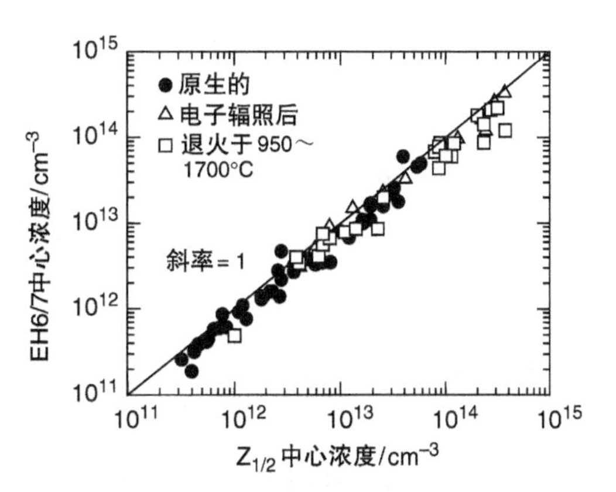

图5-43 4H-SiC中$Z_{1/2}$中心的浓度与EH6/7中心的浓度的对应图，分别是在生长的、电子辐照的和退火的情况下[158,159]

4）系统的DLTS研究表明，6H-SiC中观察到的E1/E2（E_C-0.45eV）和R中心（E_C-1.25eV）分别等于4H-SiC中的$Z_{1/2}$和EH7中心[159]。另外，在3C-SiC中观察到的K3中心（E_C-0.73eV）应该具有与4H-SiC中的EH7中心[164]相同的产生原因，即碳空位。图5-45显示了三种SiC多型体中这些深能级的能量位置。不同SiC多型体中碳空位的不同电荷状态的能量位置相对于价带边缘排列，根据带隙相对于导带边缘进行标注，因为空位导致价电子的局部扰动。

5）在4H-SiC中的$Z_{1/2}$和EH6/7通过只有碳原子被置换并且在辐照过程之后不需要热处理以形成缺陷中心的低能电子辐照产生[158,165]。用于产生这些能级的

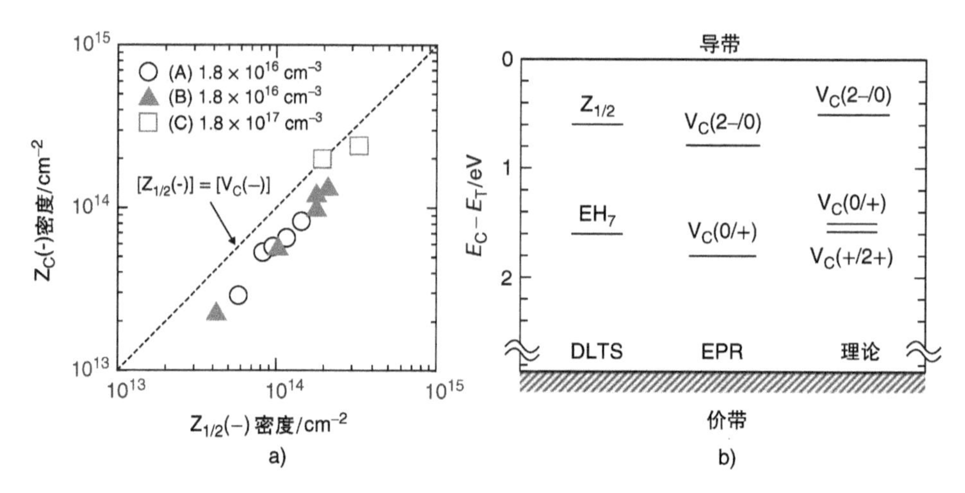

图 5-44 a）由 EPR 确定的单负电荷碳空位（V_C（-））的面积密度与从 DLTS 测量确定的深度分布中获得的 $Z_{1/2}$ 中心的面积密度的关系[163]。b）DLTS 获得的 $Z_{1/2}$ 和 EH6/7 中心能量能级与 4H-SiC 中碳空位的能级比较

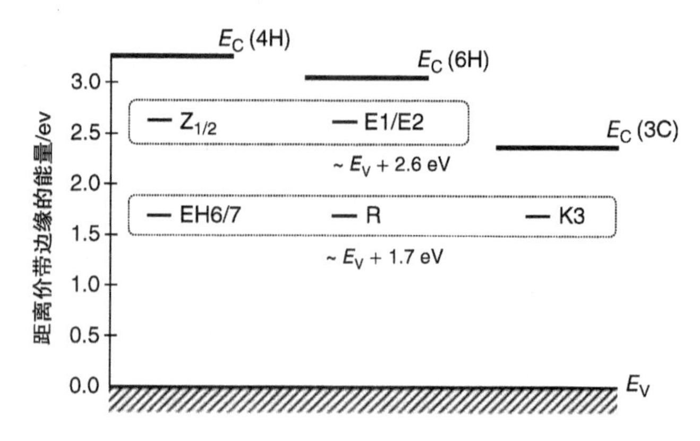

图 5-45 4H-SiC、6H-SiC 和 3C-SiC 中源于碳空位深能级的能量位置

阈值电子能量约为 95~100keV，这与理论上估计碳原子位移（102keV）的阈值能量一致，如图 5-46 所示[166]。虽然通过电子辐照也产生了几个碳-间隙相关的深能级，但是这些能级可在 1000℃下通过热处理退火，这可能是由于碳间隙的扩散的影响。碳-空位相关和碳-间隙相关缺陷的密度几乎与电子注入成正比，并且缺陷密度可以超过 SiC 外延层中任何杂质的浓度，表明排除了杂质的影响。

6）在生长的外延层中，当外延层在富 Si 条件下生长时，$Z_{1/2}$ 和 EH6/7 中心的浓度显著增加，但在富 C 条件下生长时减少[167,168]，这与缺陷来源（碳空位）具有一致性。

7）4H-SiC 中的 $Z_{1/2}$ 和 EH6/7 中心是热稳定的[152,169]，但是外延层中 $Z_{1/2}$ 和 EH6/7 中心的浓度在 Ar 环境下进行 1750℃以上的退火后快速增加[170]。图 5-47a

显示了在各种温度下退火的几个 4H - SiC 外延层中 $Z_{1/2}$ 中心的浓度。作为退火温度倒数的函数的 $Z_{1/2}$ 中心浓度，Arrhenius 图由图 5-47b 给出。这里，退火在纯 Ar 中进行 30min。使用具有非常低的初始 $Z_{1/2}$ 中心浓度（约为 $10^{11}cm^{-3}$）的外延层，当退火温度为 1600℃时，$Z_{1/2}$ 浓度已经开始增加。当初始 $Z_{1/2}$ 浓度相当高（约 $10^{14}cm^{-3}$）时，$Z_{1/2}$ 浓度逐渐降低，直到温度达到 1700℃，然后在达到最小值后增加。在大于 1750℃的温度下退火后，所有样品的 $Z_{1/2}$ 浓度低于同一水平线，如图 5-47 所示。从斜率获得的活化能约为 5.8eV。

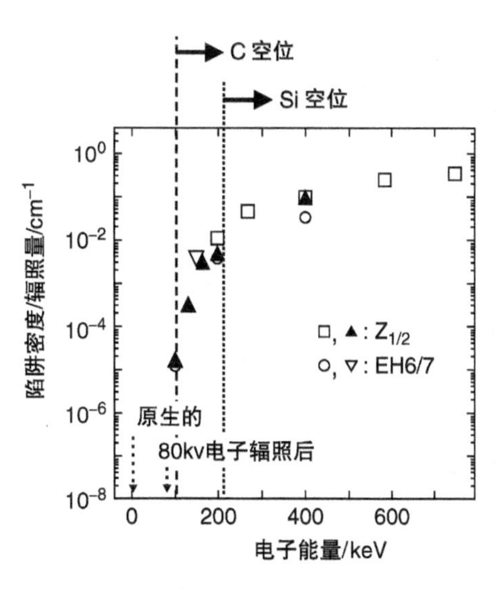

图 5-46 $Z_{1/2}$ 和 EH6/7 中心的产生速率与电子辐照能量的关系曲线[166]

（由 AIP 出版有限责任公司授权转载）

8）如 4.3.2 节所述，外延层中 $Z_{1/2}$ 和 EH6/7 中心的浓度主要取决于生长温度。图 5-48 显示了在各种温度下生长的 4H - SiC（0001）外延层的 $Z_{1/2}$ 浓度。$Z_{1/2}$（和 EH6/7）中心的浓度随着高 C/Si 比的增加而降低，并且在每个生长温度下获得的最小 $Z_{1/2}$ 浓度与退火实验获得的数据一致（见图 5-47）：图 5-48 中的虚线与图 5-47a 中绘制的相同。因此，具有约 5.8eV 活化能的该线在 SiC 中是通用的，并且可以对应于 SiC 中碳空位的平衡浓度。

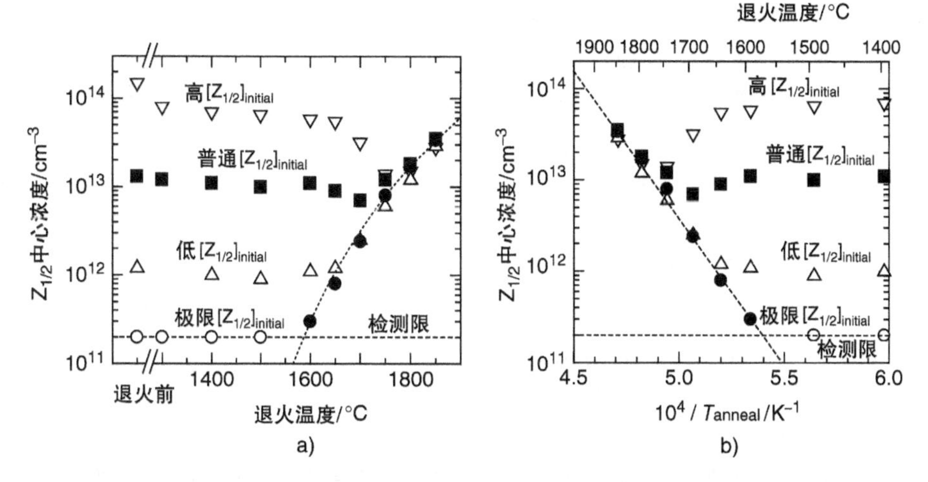

图 5-47 a）在各种温度退火的几个 4H - SiC 外延层中的 $Z_{1/2}$ 中心的浓度和 b）作为退火温度倒数的函数的 $Z_{1/2}$ 中心浓度的 Arrhenius 图[170]

（由 AIP 出版有限责任公司授权转载）

$Z_{1/2}$中心是最重要的缺陷，因为它大量存在并且对载流子寿命影响巨大[171,172]。为了获得有利于降低双极型器件导通电阻的长载流子寿命，$Z_{1/2}$中心的浓度必须降低到$3\times10^{12}cm^{-3}$以下。到目前为止，有两种相对成熟的技术来消除$Z^{1/2}$中心。

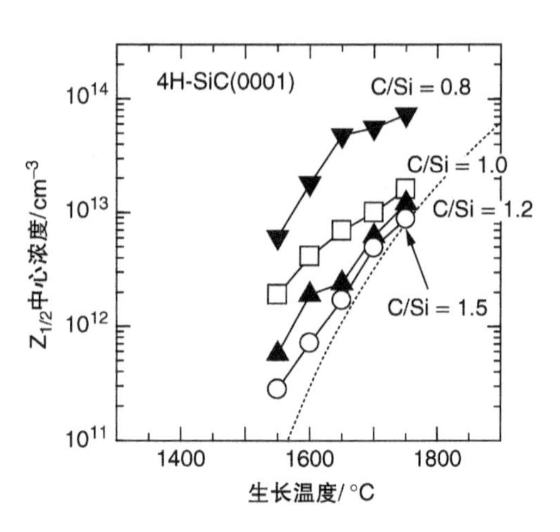

图 5-48　在各种温度下生长的 4H－SiC（0001）外延层的 $Z_{1/2}$浓度

在第一种技术中，从外部引入过量的碳原子，并且通过高温退火来促进这些碳原子进入体区的扩散[173,174]。这可以通过在 1650～1700℃的 Ar 中的碳离子注入和随后的退火来实现。图 5-49 显示了在碳离子注入之前和之后进行高温 Ar 退火的 n 型 4H－SiC 外延层 DLTS。通过该处理将 $Z_{1/2}$和 EH6/7 中心都消除到检测极限（在这种情况下约为$1\times10^{11}cm^{-3}$）。由于所产生的碳间隙在 1400～1500℃以上具有较大的扩散系数，因此过量的碳间隙扩散并填充碳空位，导致 $Z_{1/2}$和 EH6/7 中心从表面区域消失。退火后，通过等离子体蚀刻除去表面附近的缺陷注入区。

在第二种技术中，在适当条件下，SiC 的热氧化导致 $Z_{1/2}$和 EH6/7 中心的消除。在热氧化过程中，碳原子大部分随着一氧化碳（CO）的产生而带走。与此同时，一部分碳原子被发射到体区，并扩散到 SiC 的深能级。由于硅原子在 Si 的热氧化过程中发射[175]，所以在 SiC 的热氧化过程中碳（和硅）原子将被发射。如在碳离子注入的情况下，碳间隙的扩散系数很大，也通过随后的高温 Ar 退火或高温氧化（1300～1400℃），消除 $Z_{1/2}$和 EH6/7 中心，其深度可以超过 100μm[176-178]。注意，在 Ar 退火之前应去除热氧化物。有文献指出，碳间隙的迁移能远远小于硅间隙的迁移能[179]，碳的自扩散系数远大于硅[180]。图 5-50 显示了各种热处理（例如

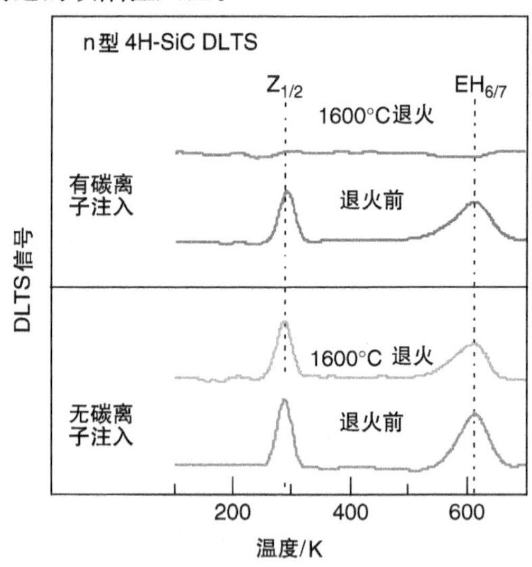

图 5-49　在碳离子注入之前和之后进行高温 Ar 退火的 n 型 4H－SiC 外延层 DLTS[173]

氧化、Ar 退火）后，4H－SiC 外延层的 $Z_{1/2}$浓度的深度分布[178]。通过延长氧化时间或提高氧化温度，从表面延伸的无 $Z_{1/2}$（“$Z_{1/2}$－free”）区域变厚（100μm 或甚至更厚）。

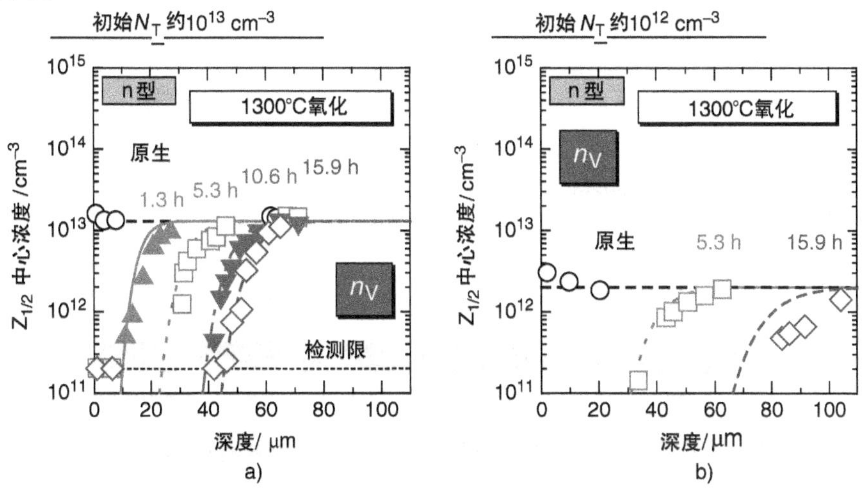

图 5-50 各种热处理（例如氧化、Ar 退火）后，4H－SiC 外延层的 $Z_{1/2}$浓度的深度分布[178]

（由 AIP 出版有限责任公司授权转载）

在深能级还原技术（碳离子注入和热氧化）中，“$Z_{1/2}$”区域的深度不仅取决于工艺条件，而且还取决于初始的 $Z_{1/2}$浓度。当初始 $Z_{1/2}$浓度相对较低（$<5\times10^{12}cm^{-3}$）时，在 100～200μm 厚的区域中很容易消除这些深能级。然而，如果初始 $Z_{1/2}$浓度较高（$>1\times10^{14}cm^{-3}$），则难以获得厚的“$Z_{1/2}$”区域。通过碳扩散过程的数值模拟可以预测这些缺陷还原之后 $Z_{1/2}$浓度的深度分布[178]。碳扩散到 SiC 体区会导致产生几个新的深能级，例如 ON1（$E_C-0.84eV$）、ON2（$E_C-1.1eV$）和 HK0（$E_V+0.78eV$）中心[181,182]，其在碳注入的 SiC 和氧化的 SiC 的表面附近可以观察到。HK0 中心在 1350～1400℃以上的热处理退火，而 ON1/ON2 中心（相同的缺陷，但具有不同的电荷状态）即使在 1800℃退火后仍然存在。一般将碳间隙相关缺陷如碳二间隙（C_i)$_2$作为 HK0 中心的起源[182]。

对于 SiC 中其他内在深能级的分析，如 $RD_{1/2}$($E_C-0.93eV$)[152]、UT1($E_C-1.45eV$)[183]、HS2($E_V+0.47eV$)[165]和 HK4（$E_V+1.44eV$)[154]，请参阅参考文献［152，184］。观察到的深能级与特定缺陷结构（如硅空位等）之间的确切相关性尚未确定。图 5-51 显示了通过理论计算得到的 4H－SiC 中预期的各种固有缺陷的能量位置[179,185,186]。对硅空位（V_{Si}）、碳反位－碳空位对（$C_{Si}-V_C$）、碳二间隙（C_i-C_i）和其他缺陷的能级也有大量的探索，这些内在缺陷的扩散也进行了理论计算研究[179]，然而，相关实验还未实现。

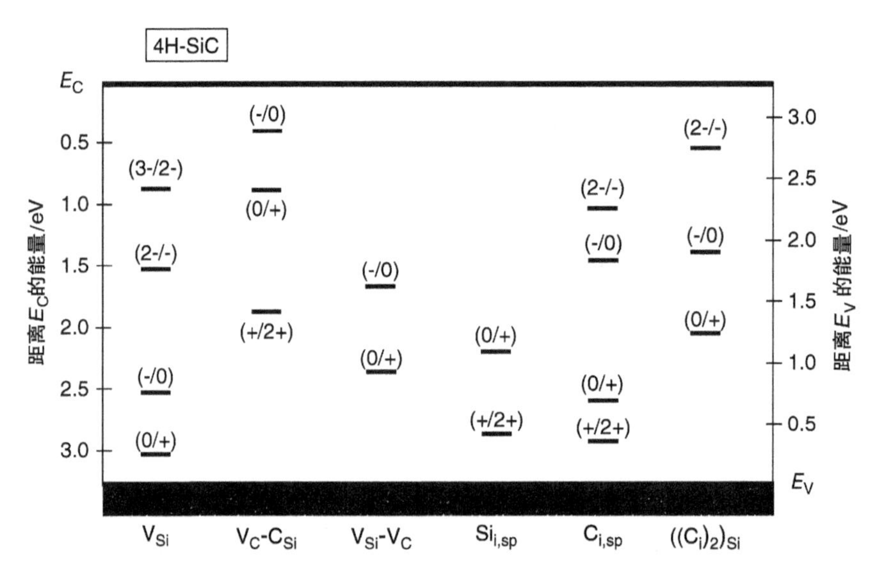

图 5-51 通过理论计算得到的 4H – SiC 中预期的各种固有缺陷的能量位置[179,185,186]

5.3.1.2 杂质

尽管衬底确实包含各种杂质（包括重金属），但通过化学气相沉积（CVD）生长的 SiC 外延层的纯度相当高。除了有意的掺杂剂之外，SiC 外延层中存在的主要杂质是硼和钛，如 4.3.2 节所述。这些杂质的典型浓度对于硼为 1 ~ 5 × 10^{13} cm^{-3}，对于钛为 0.5 ~ 5 × 10^{12} cm^{-3}。还偶尔观察到其他几种杂质。图 5-52 显示了在 4H – SiC 中观察到的主要金属杂质相关深能级的能级位置。

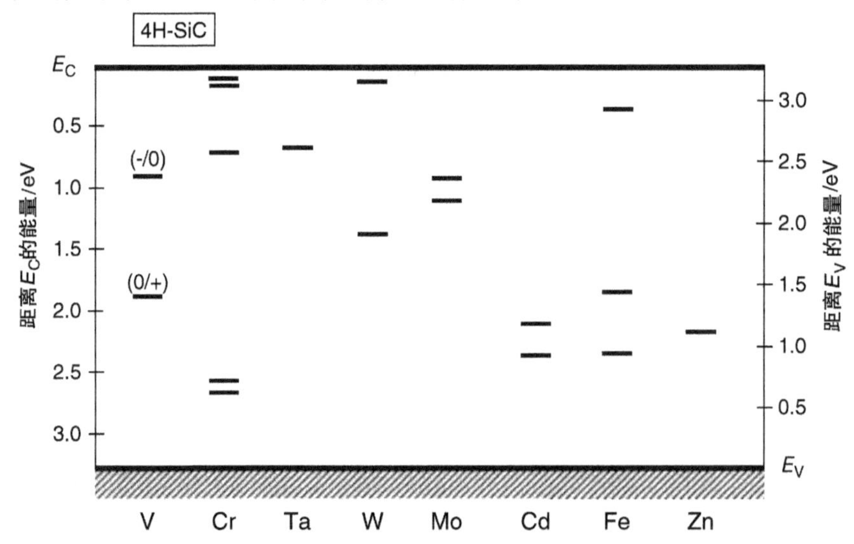

图 5-52 在 4H – SiC 中观察到的主要金属杂质相关深能级的能级位置

取代硅晶格位置的硼（B）原子为硼受主（E_V + 0.35eV）[187]。然而，一些硼原子与碳空位形成对（B_{Si} – V_C）[188]，导致形成“深硼能级”，这是 4H – SiC

(E_V +0.45eV) 中的D中心[187]。6H-SiC (E_V +0.55eV) 的D中心的能量位置较深，D中心也是受主[189]，并且对相对长波长的DAP发光有一定作用。在富含Si的生长条件下，SiC外延层中的D中心的生成得到增强，在富C条件下降低[20]。D中心是热稳定的，但可以通过热氧化或碳离子注入来减少，因为D中心 (B_{Si} - V_C) 与碳间隙的相互作用将自然地消除缺陷。

氧 (O) 在几乎所有的半导体材料 (包括Si和GaAs) 中都是常见的杂质。由于氮是高纯度SiC中的主要残留杂质，因此氧污染预期也会存在。然而，发现在外延生长期间，即使将含氧气体有意地引入CVD反应器中[190,191]，也难以将氧掺入到SiC中。通过作为载气供给的氢或在高生长温度下分解SiO_2时的Si—O或Si—C—O的蚀刻可抑制氧结合。目前还没有确定与纯氧相关缺陷的深能级。SiC中的氧浓度似乎非常低 (约$10^{12}cm^{-3}$或更低)。

钛 (Ti) 是SiC中的另一种常见杂质，并且在4H-SiC中导电带边缘 (E_C - 0.11/0.17eV) 附近产生非常浅的电子陷阱[29]。图5-53示意性地给出了不同SiC多型体中Ti能级的能量位置。相对于E_V的Ti能级在异形体的带隙中几乎相同，表明Langer-Heinrich规则[192]对于SiC中的Ti是有效的。Ti在4H-SiC中具有电活性，其受主能级在6H-SiC、15R-SiC和3C-SiC的导带中共振。如5.1.1节所述，Ti在4H-SiC、6H-SiC和15R-SiC中表现出独特的呈绿色的发光，但在3C-SiC中不发光。

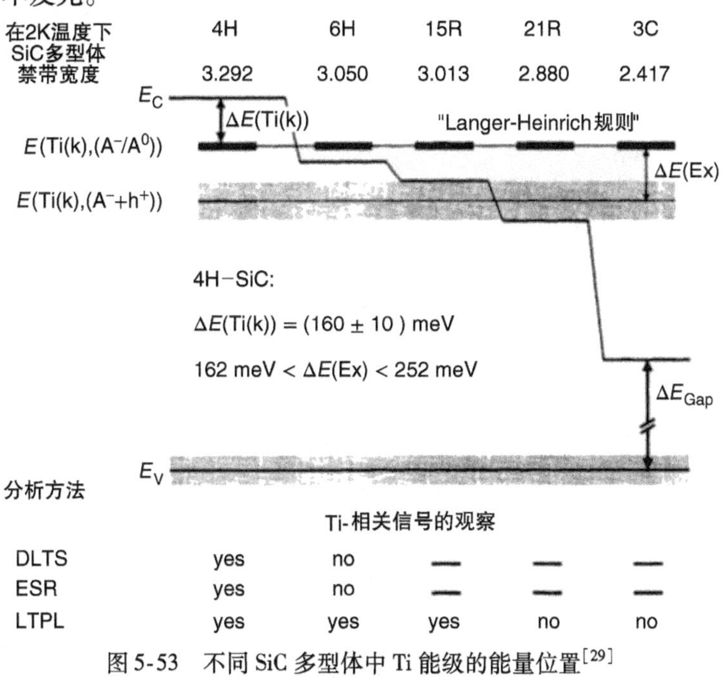

图5-53 不同SiC多型体中Ti能级的能量位置[29]

(由美国物理学会授权转载)

钒（V）是两性杂质，并且在带隙的上半部分形成受主能级，在带隙的下半部分形成施主能级。在 4H－SiC 中，受主能级和施主能级分别位于 $E_C-(0.81\sim0.97)$ eV 和 $E_V+1.4$eV 处[31]。因此，钒产生深能级，特别是在 p 型 SiC 中，并且是热稳定的。这就是为什么钒掺杂可以用来形成半绝缘的 SiC，如 3.4.4 节所述。然而，在通过 CVD 生长的 SiC 外延层中，钒浓度通常小于 1×10^{12}cm^{-3}。

在 4H－SiC 中铬（Cr）、钼（Mo）、钨（W）和铁（Fe）的深能级已经有相应研究给出[7,193－195]。4H－SiC 的红外 PL 光谱中，在 1170nm 和 1171nm（1.0586eV 和 1.0595eV）处的尖锐的 PL 峰是众所周知的，并已被指定给 UD 中心（UD1）。近年来，通过 PL、EPR、DLTS 和理论计算对该缺陷中心的系统研究表明，UD1 的起源实际上是钨[36]。然而，在高纯度 SiC 外延层中，Cr、Mo、W 和 Fe 的浓度低于 1×10^{12}cm^{-3}。已经证明，一些过渡金属如 Ni 和 Cr 在高于 1500℃的温度下在 SiC 中表现出显著的扩散[196]。

5.3.2 载流子寿命“杀手”

在 SiC 研究的早期阶段，认为载流子寿命与 $Z_{1/2}$ 中心浓度之间相关[167,197]，近年来，$Z_{1/2}$ 中心被明确地确定为多数载流子寿命“杀手”，至少在 n 型 4H－SiC 中是如此[171,172]。由图 5-54 可以看出，对于 50μm 厚的 n 型 4H－SiC 外延层，载流子寿命与 $Z_{1/2}$ 中心的测量浓度成反比[172,198]。当 $Z_{1/2}$ 浓度高于 $1\sim2\times10^{13}$cm^{-3} 时，载流子寿命的倒数与 $Z_{1/2}$ 浓度成比例，表明寿命受间接复合（Shockley－Read－Hall，SRH）控制，通过 $Z_{1/2}$ 中心进行复合。然而，当 $Z_{1/2}$ 浓度在 $10^{11}\sim10^{12}$cm^{-3} 范围内时，寿命和 $Z_{1/2}$ 浓度之间的相关性不清楚。如 5.1.4 节所述，存在多种复合过程，包括 SRH 复合和其他几种复合。因此，载流子寿命（τ）可以由下式表示：

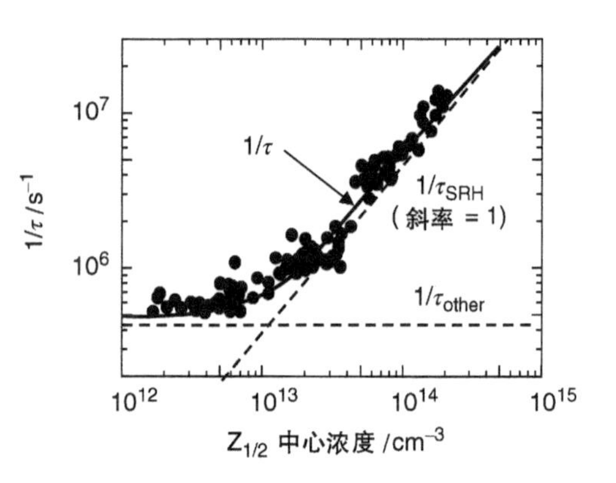

图 5-54　50μm 厚的 n 型 4H－SiC 外延层的载流子寿命的倒数与 $Z_{1/2}$ 中心的测量浓度关系图[172,198]

$$\frac{1}{\tau}=\frac{1}{\tau_{SRH}}+\frac{1}{\tau_{other}} \tag{5-19}$$

式中，τ_{SRH} 是由复合中心控制的 SRH 寿命，τ_{other} 是由其他复合过程控制的载流子寿命，例如表面复合、衬底中的复合、俄歇复合和扩展缺陷的复合。这里，τ_{SRH} 的倒数与复合中心的浓度成比例（$1/\tau_{SRH}=aN_{Z1/2}$，其中 a 为常数，$N_{Z1/2}$ 为 $Z_{1/2}$ 中心的浓度)，而 τ_{other} 可以认为是独立于 $Z_{1/2}$ 浓度的。通过使用式（5-19）表示的模型，可以拟合实验数据。拟合结果如图 5-54 所示，$1/\tau_{SRH} + 1/\tau_{other}$ 为实线，$1/\tau_{SRH}$ 和 $1/\tau_{other}$ 为另外的两条虚线。这里，由于外延层的厚度有限（在该图中为 50μm），由表面和衬底中的复合来决定 $1/\tau_{other}$，但随着厚度的增加，其影响将越来越小。5.1.4.4 节进行了详细介绍。

基于上述结果，可以建立高注射体寿命（τ_{SRH}）和 $Z_{1/2}$ 浓度（$N_{Z1/2}$）之间的关系，表示如下：

$$\tau_{SRH}[\mu s] = \frac{1.6 \times 10^{13}}{N_{Z1/2}[cm^{-3}]} \tag{5-20}$$

注意，该方程在俄歇复合和扩展缺陷复合相对较弱时是有效的，并且它与外延层厚度和 SRV（表面复合速度）无关。相反，因子 1.6×10^{13} 是激发强度（即注入水平）和温度的函数。

在半导体教科书中，带隙中心能级是一个有效的复合中心，因此可以成为载流子寿命“杀手”[157]。然而，在 4H－SiC 中，EH6/7（$E_C - 1.55eV$）中心的中心能级不能作为载流子寿命“杀手”[199]，这可以通过考虑 $Z_{1/2}$ 和 EH6/7（EH7）中心的性质来推断。如 5.3.1 节所述，$Z_{1/2}$ 和 EH7 中心的起源是具有不同电荷状态的碳空位（V_C）：

$Z_{1/2}$：V_C（2－/0），负 U（俘获和发射两电子），$E_C - 0.63eV$

EH7：V_C（0/＋），$E_C - 1.55eV$

在 n 型 4H－SiC 中，费米能级远高于 $Z_{1/2}$ 中心，V_C 缺陷充电至 2－。当产生多余的电子－空穴对时，由于大的空穴捕获截面（V_C(2－) 和空穴之间的相互吸引的库仑力)，首先在 V_C 缺陷处捕获空穴。然后，V_C 缺陷如下改变其充电状态：V_C（2－）＋空穴→V_C（－）。如果空穴浓度非常高，则 V_C（－）＋空穴→V_C（0）。在这些情况下，因为捕获截面的负 U 特性，V_C（－）和 V_C（0）的电子的捕获截面非常大。因此，V_C 缺陷立即恢复到原始状态；V_C（－）＋电子→V_C（2－）或 V_C（0）＋电子→V_C（－），随后 V_C（－）＋电子→V_C（2－）。在电子－空穴激发下重复这些捕获和复合过程。因此，只有 $Z_{1/2}$ 中心（2－/0）参与复合过程。在此过程中，EH7 中心（V_C（0/＋）缺陷）不出现。这就是为什么 EH7 中心在 n 型 4H－SiC 载流子复合不重要的原因。然而，EH7 中心可能在 p 型 4H－SiC 中是重要的，其费米能级接近价带，并且 V_C 缺陷被充电至＋。

图 5-55 显示了 220μm 厚的 n 型 4H－SiC 外延层在室温下的 μ－PCD 衰减曲线[100]。作为生长材料的衰变曲线以及在 1400℃下热氧化 48h 后 $Z_{1/2}$ 中心还原的衰变曲线分别给出。对于生长的外延层，测量的寿命为 1.1μs，而在缺陷减少工艺之后，寿命提高到 26.1μs。该特定样品的可消除 Z1/2 区域的深度估计约为 230μm，表明在外延层的整个厚度上缺陷被消除。在缺陷消除样品的寿命测量之后，用 20nm 厚的沉积氧化物钝化表面，在 1250℃于一氧化氮（NO）中退火 30min。在表

面钝化之后，寿命增加到 33.2μs，并且在 200℃的测量温度下寿命进一步增加到 47μs。通过该钝化工艺在带隙的整个能量范围内获得相对低的界面态密度[200]，可以抑制表面复合，导致更长的载流子寿命。可以通过碳离子注入和随后的 Ar 退火来实现类似的载流子寿命的优化[201]。

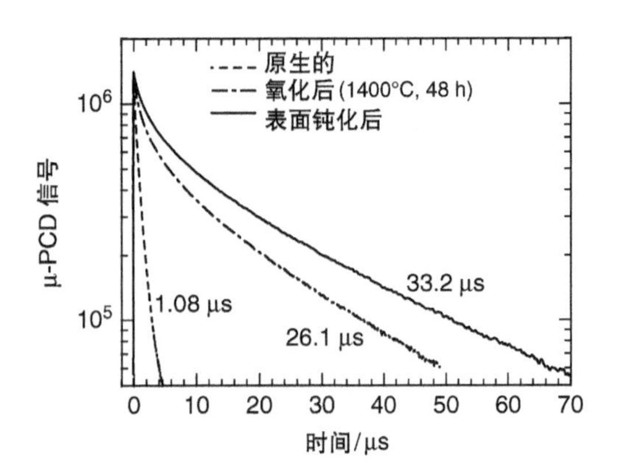

图 5-55　220μm 厚的 n 型 4H－SiC 外延层在室温下的 μ－PCD 衰减曲线[100]（由日本应用物理学会授权转载）

通常，由于寄生复合途径，实验确定的载流子寿命被低估，如 5.1.4 节所述。在图 5-56 中，将测量的寿命绘制为外延层厚度的函数。在氧化（生长）、氧化后和随后的表面钝化后取样的结果分别用实心圆、空心圆和实心三角形表示。将氧化的样品在 1300～1400℃进行充分的长期氧化，以确保在整个外延层的厚度上消除 $Z_{1/2}$ 中心。氧化样品的寿命随着外延层厚度的增加而迅速增加，对于生长样品的厚度依赖性非常小。该结果表明，当由于 $Z_{1/2}$ 消除而使体寿命变得非常长时，测量的寿命受衬底（或外延层/衬底界面附近）的载流子复合的影响较大，这与图 5-17 一致。在图 5-56 中，寿命对外延层厚度的依赖关系也由外延层的各种体寿命的虚线表示，假设 SRV 为 1000cm/s，如图5-56所示，实际体寿命（τ）将大于 50μs。双极扩散长度 L_a 由下式给出[1,151]：

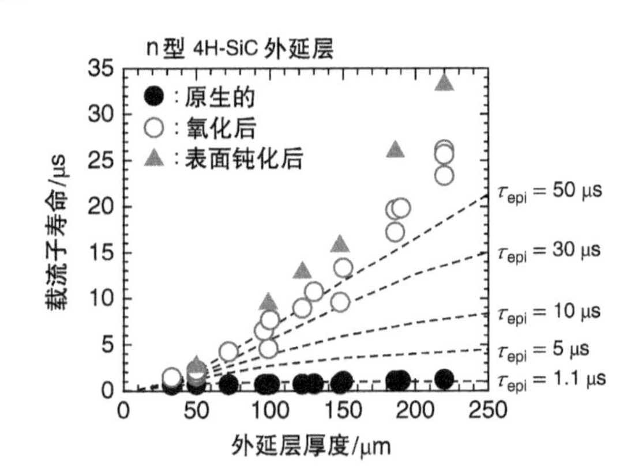

图 5-56　测量寿命与外延层厚度的关系。在氧化（生长）、氧化后和随后的表面钝化后取样的结果分别用实心圆、空心圆和实心三角形表示

$$L_a = \sqrt{D_a \tau} \tag{5-21}$$

$$D_a = \frac{2D_n D_p}{D_n + D_p} \tag{5-22}$$

式中，D_n和 D_p分别是电子和空穴的扩散系数。7.3.1 节更详细地描述了双极扩散。通过考虑扩散系数并假设 50μs 的长载流子寿命，在 $Z_{1/2}$ 消除区域中，载流子的估

计扩散长度大于 150μm。

在 Si 中，重金属杂质，如 Au、Pt 和 Fe，产生中心能级，其可作为有效的复合中心[151]。尽管在 SiC 中已知几种金属杂质（V，Cr，W）的深能级，但通过 DLTS 测量确定的这些杂质能级的浓度通常接近检测限（约 $5\times10^{11}cm^{-3}$）。因此，可以得出结论，SRH 复合中心（即寿命“杀手”）确实是 n 型 4H－SiC 中的 $Z_{1/2}$ 中心。

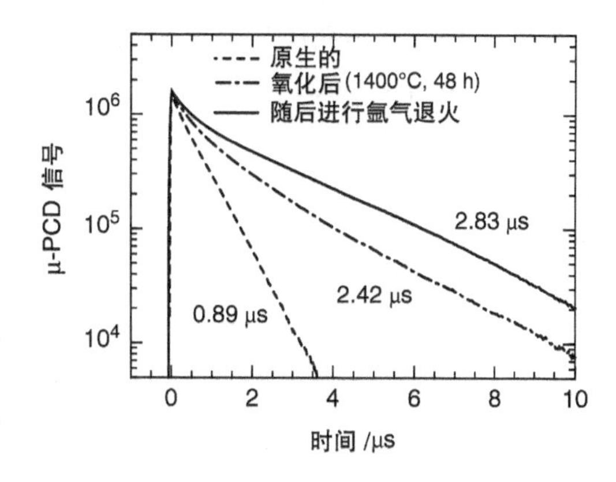

图 5-57　147μm 厚的轻掺杂 p 型 4H－SiC 外延层在室温下的 μ－PCD 衰减曲线[202,203]

p 型 SiC 中的载流子寿命更复杂。因为费米能级接近于 p 型 SiC 中的价带，所以碳空位缺陷必须是带正电的（V_C（+）：EH7 中心））。因此，任何过量的电子被缺陷快速捕获，并且充电状态将变为中性。然而，对于这种中性缺陷，电子和空穴的精确捕获截面还不为人所知。图 5-57 显示了 147μm 厚的轻掺杂 p 型 4H－SiC 外延层在室温下的 μ－PCD 衰减曲线[202,203]。生长材料和通过在 1400℃下热氧化 48h 进行碳空位还原后的材料的衰变曲线分别在图中给出。生长的外延层的测量寿命为 0.9μs，并且在缺陷减少工艺之后，寿命提高到 2.4μs。在用氮化氧化物表面钝化后，寿命稍微改善至 2.6μs[202,203]。碳离子注入，然后在 1650℃下 Ar 退火，而不是热氧化，其结果与上述结果相似。因此，碳空位的减少（即 $Z_{1/2}$ 和 EH6/7 中心）对于改善 p 型 SiC 的载流子寿命是有效的，但是改进程度远远小于 n 型 SiC。需要进一步的研究来确定 p 型 SiC 中的寿命“杀手”和增强载流子寿命的方法。

参考文献［68，204，205］研究扩展缺陷对载流子寿命的影响。所有的扩展缺陷导致在缺陷附近的载流子寿命的局部减少，这在图 5-26 所示的 PL 映射数据中已经表明，其中自由激子峰的 PL 强度在位错附近大大降低。在 TSD 下，PL 强度的降低幅度远大于 TED。图 5-58 显示了在室温下 180μm 厚的 n 型 4H－SiC（0001）外延层的 PL 衰减曲线。测量在无缺陷区域、靠近

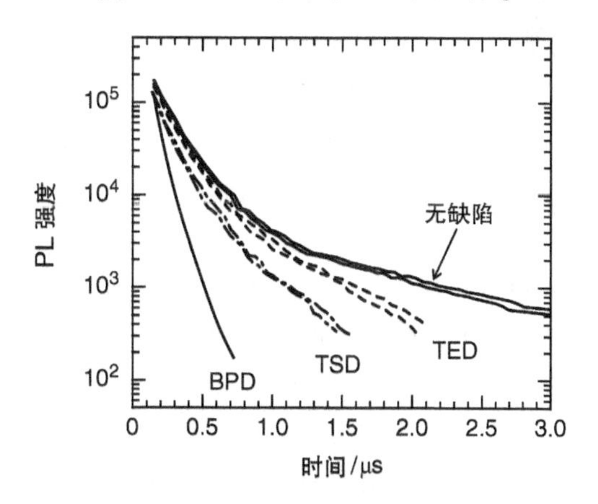

图 5-58　在室温下 180μm 厚的 n 型 4H－SiC（0001）外延层的 PL 衰减曲线。该测量在无缺陷区域、靠近 TSD 核心、TED 核心和从 BPD 扩展的单个 SSF 内部进行

TSD 核心、TED 核心和从 BPD 扩展的单个 SSF 内部进行。从 PL 缺陷区域获得的载流子寿命为 4.6μs，TED 附近为 1.8μs，TSD 附近为 1.2μs，SSF 为 0.3μs。因此，堆垛层错（从 BPD 成核）和 TSD 是 SiC 中对载流子寿命影响最大的缺陷。这些扩展缺陷的影响在很大程度上取决于晶体质量，并且在具有长载流子寿命的高品质 SiC 中相对较大。

5.3.2.1 寿命控制

由于可以通过低能电子辐照有意增加 $Z_{1/2}$（和 EH6/7）中心的浓度[158,165]，在 n 型 SiC 中容易实现寿命控制。虽然也可能通过电子辐照产生几种深能级的间隙相关缺陷，但是除了 $Z_{1/2}$ 和 EH6/7 中心以外的任何深能级都可以通过 900 ~ 1000℃ 退火来消除[159,165]。图 5-59 显示了通过电子辐照（950℃退火后）产生的 $Z_{1/2}$ 中心的浓度与电子注量的关系图[158,163]。电子辐照在 116keV、160keV、200keV 或 250keV 的能量下进行。在任一情况下，$Z_{1/2}$ 中心浓度几乎与电子注量成比例地增加。通过将辐照能量从 $3\times10^{15}\text{cm}^{-2}$ 增加到 $1\times10^{19}\text{cm}^{-2}$，$Z_{1/2}$ 中心浓度可以获得一个大约 1×10^{12} ~ $3\times10^{17}\text{cm}^{-3}$ 的非常宽的可控范围。

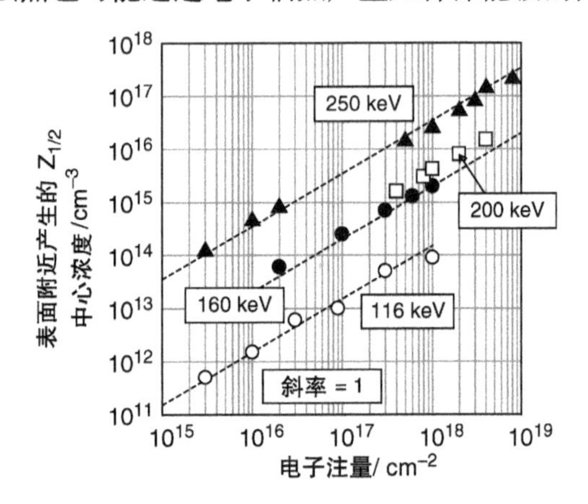

图 5-59 通过电子辐照（950℃退火后）产生的 $Z_{1/2}$ 中心的浓度与电子注量的关系图[158,163]

图 5-60 显示了电子辐照后在 Ar 中 950℃退火 30min 的 n 型 4H - SiC 外延层的载流子寿命映射图。原始材料是在 n 型衬底上生长并掺杂 $1\times10^{15}\text{cm}^{-3}$ 的 70μm 厚的 4H - SiC 外延层。在辐照期间通过使用铜掩模控制样品，在 160keV 下以 1×10^{15} ~ $1.5\times10^{17}\text{cm}^{-2}$ 的注量范围进行电子辐照。由于进行了选择性电子辐照，因此在样品中获得了 1×10^{12} ~ $2\times10^{14}\text{cm}^{-3}$ 六个不同区域的 $Z_{1/2}$ 中心浓度。在电子浓度较高的区域（$Z_{1/2}$ 中心浓度较高），其载流子寿命较短。更重要的是，可以在每个区域实现高度均匀的载流子寿命。这些结果表明，电子辐照过程可以很好地控制载流子寿命。该技术对于获得非常均匀的载流子寿命或降低 SiC 双极型器件中的开关损耗是非常有效果的。对于 p 型 4H - SiC，通过类似的低能电子辐照控制载流子寿命也是可能的[203]，表明碳空位（例如，$Z_{1/2}$ 或 EH6/7 中心）在浓度足够高（ $>3\times10^{13}\text{cm}^{-3}$ ）的情况下也能成为载流子寿命“杀手”。

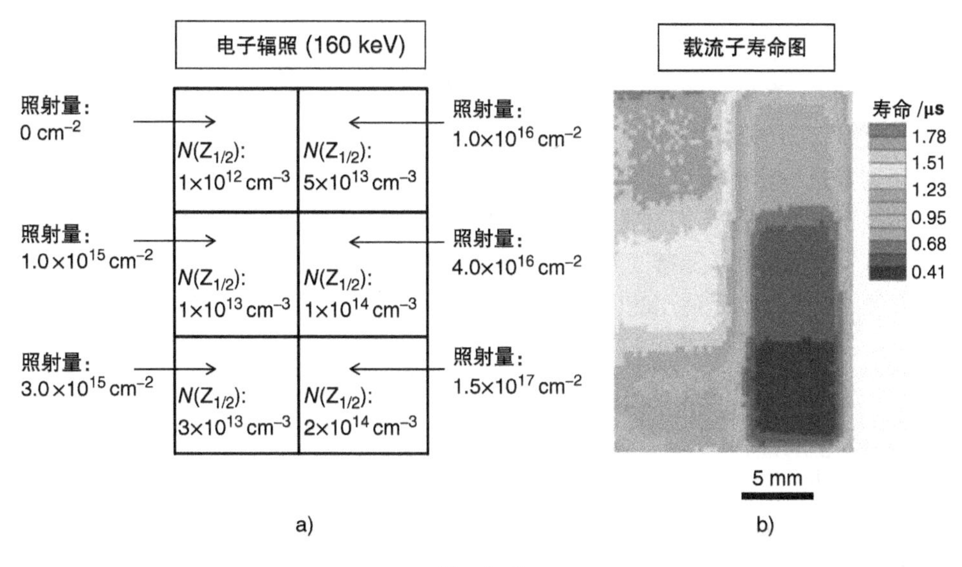

图 5-60

a）电子注量及其在掺杂浓度为 $1\times10^{15}cm^{-3}$ 的 70μm 厚 n 型 4H - SiC 上产生的 $Z_{1/2}$ 中心浓度

b）对于选择性电子辐照的 4H - SiC 外延层在 Ar 中 950℃退火 30min 后的载流子寿命映射图

5.4 总结

本章描述了几种基本表征技术，重点放在 SiC 表征所需考虑的特殊点。PL 是用于表征光学性质的强大技术，并且可以反映特定杂质（包括掺杂）、点缺陷和其他局部能级。拉曼散射对于识别 SiC 多型体和族群的表征是非常有效的。$C-V$ 测量给出了净掺杂浓度（N_D-N_A 或 N_A-N_D），而载流子浓度（n 或 p）可以通过霍尔效应测量直接得到。载流子寿命可以通过几种技术来确定，但是所获得的衰减时间并不总是意味着载流子寿命。还必须特别注意衬底中表面复合和体复合的影响。

通过诸如熔融 KOH 蚀刻等破坏性方法可以检测到扩展的缺陷。高分辨率 X 射线衍射和 PL 映射/成像是非破坏性识别扩展缺陷位置和类型的技术。来自点缺陷或杂质的深能级可以通过 DLTS 来表征，并且需要高温（高达 800K）的测量来监测 SiC 带隙中心能级。为了确定深能级的起源，需要对 DLTS、EPR 测量结果和理论计算结果进行详细比较研究。

由于微管缺陷已被消除，因此在外延生长过程中产生的宏观缺陷，如三角形缺陷、胡萝卜缺陷、生长的堆垛层错和颗粒对所有 SiC 器件都是不利的。BPD 被分成两个部分位错，其间存在 SSF。在载流子注入和复合时的扩大堆垛层错，导致载流子寿命的减小和漏电流的增加。因此，BPD 会导致双极型 SiC 器件（不是单极型器件）的退化。当 TSD 位置没有形成表面凹坑时，TSD 对击穿电压和漏电流的影响非常小。TED 的影响大多是微不足道的。在 n 型 4H - SiC 中，主要的载流子寿命“杀手”是 $Z_{1/2}$中心（E_C -0.63eV），它是碳空位的受主能级。然而，在 p 型 4H - SiC 中，载流子寿命“杀手”还不明确。TSD 和 TED 引起载流子寿命的局部减小，而 BPD 在载流子注入时引起 SSF 的扩展，导致缺陷区域中载流子寿命的显著减少。目前仍需要进一步的研究来阐明和理解 SiC 扩展和点缺陷的行为。

本章没有通过标准 X 射线衍射、TEM、二次离子质谱（SIMS）、X 射线光电子能谱（XPS）和俄歇电子能谱（AES）等其他技术进行 SiC 的表征。这些技术经常用于材料表征，对 SiC 也是适用的。有关这些技术的详细信息，请参阅各相关材料。

参考文献

[1] Schroder, D.K. (2006) *Semiconductor Material and Device Characterization*, 3rd edn, Wiley-IEEE.

[2] Perkowitz, S. (1993) *Optical Characterization of Semiconductors*, Academic Press.

[3] Choyke, W.J. (1969) Optical properties of polytypes of SiC: Interband absorption, and luminescence of nitrogen-exciton complexes. *Mater. Res. Bull.*, **4**, 141.

[4] Devaty, R.P. and Choyke, W.J. (1997) Optical characterization of silicon carbide polytypes. *Phys. Status Solidi A*, **162**, 5.

[5] Choyke, W.J. and Devaty, R.P. (2004) Optical properties of SiC: 1997–2002, in *Silicon Carbide – Recent Major Advances* (eds W.J. Choyke, H. Matsunami and G. Pensl), Springer, p. 413.

[6] Egilsson, T., Ivanov, I.G., Son, N.T. *et al.* (2004) Exciton and defect photoluminescence from SiC, in *Silicon Carbide, Materials, Processing, and Devices* (eds Z.C. Feng and J.H. Zhao), Taylor & Francis Group, p. 81.

[7] Janzen, E., Gali, A., Henry, A. *et al.* (2008) Defects in SiC, in *Defects in Microelectronic Materials and Devices*, Taylor & Francis Group, p. 615.

[8] Ivanov, I.G., Zhang, J., Storasta, L. and Janzen, E. (2002) Photoconductivity of lightly-doped and semi-insulating 4H-SiC and the free exciton binding energy. *Mater. Sci. Forum*, **389–393**, 613.

[9] Ivanov, I.G., Hallin, C., Henry, A. *et al.* (1996) Nitrogen doping concentration as determined by photoluminescence in 4H- and 6H-SiC. *J. Appl. Phys.*, **80**, 3504.

[10] Henry, A., Forsberg, U., Linnarsson, M.K. and Janzen, E. (2005) Determination of nitrogen doping concentration in doped 4H-SiC epilayers by low temperature photoluminescence. *Phys. Scr.*, **72**, 254.

[11] Bebb, H.B. and Williams, E.W. (1972) Photoluminescence, in *Semiconductors and Semimetals*, vol. **8** (eds R.K. Willardson and A.C. Beer), Academic Press.

[12] Itoh, A., Kimoto, T. and Matsunami, H. (1996) Exciton-related photoluminescence in 4H-SiC grown by step-controlled epitaxy. *Jpn. J. Appl. Phys.*, **35**, 4373.

[13] Choyke, W.J., Hamilton, D.R. and Patrick, L. (1964) Optical properties of cubic SiC: luminescence of nitrogen-exciton complexes, and interband absorption. *Phys. Rev.*, **133**, A1163.

[14] Patrick, L., Choyke, W.J. and Hamilton, D.R. (1965) Luminescence of 4H SiC, and location of conduction-band minima in SiC polytypes. *Phys. Rev.*, **137**, A1515.

[15] Choyke, W.J. and Patrick, L. (1962) Exciton recombination radiation and phonon spectrum of 6H SiC. *Phys. Rev.*, **127**, 1868.

[16] Kimoto, T., Nakazawa, S., Hashimoto, K. and Matsunami, H. (2001) Reduction of doping and trap concentrations in 4H-SiC epitaxial layers grown by chemical vapor deposition. *Appl. Phys. Lett.*, **79**, 2761.

[17] Henry, A. and Janzen, E. (2006) Photoluminescence of phosphorous doped SiC. *Mater. Sci. Forum*, **527–529**, 589.

[18] Clemen, L.L., Devaty, R.P., MacMillan, M.F. *et al.* (1993) Aluminum acceptor four particle bound exciton complex in 4H, 6H, and 3C SiC. *Appl. Phys. Lett.*, **62**, 2953.

[19] Pedersen, H., Henry, A., Hassan, J. *et al.* (2007) Growth and photoluminescence study of aluminium doped SiC epitaxial layers. *Mater. Sci. Forum*, **556–557**, 97.

[20] Sridhara, S.G., Clemen, L.L., Devaty, R.P. *et al.* (1998) Photoluminescence and transport studies of boron in 4H SiC. *J. Appl. Phys.*, **83**, 7909.

[21] Suzuki, A., Matsunami, H. and Tanaka, T. (1977) Photoluminescence spectra of Ga-doped and Al-doped 4H-SiC. *J. Phys. Chem. Solids*, **38**, 693.

[22] Choyke, W.J. and Patrick, L. (1970) Luminescence of donor-acceptor pairs in cubic SiC. *Phys. Rev. B*, **2**, 4959.
[23] Choyke, W.J. (1990) Optical and electronic properties of SiC, in *The Physics and Chemistry of Carbides, Nitrides, and Borides* (ed R. Freer), Kluwer Academic Publishers, p. 563.
[24] Ikeda, M., Matsunami, H. and Tanaka, T. (1980) Site effect on the impurity levels in 4H, 6H, and 15R SiC. *Phys. Rev. B*, **22**, 2842.
[25] Yamada, S. and Kuwabara, S. (1974) Photoluminescence of β-SiC doped with boron and nitrogen, in *Silicon Carbide 1973* (eds R.C. Marshall, J.W. Faust Jr., and C.E. Ryan), University of South Carolina Press, p. 305.
[26] Ivanov, I.G., Henry, A. and Janzen, E. (2005) Ionization energies of phosphorus and nitrogen donors and aluminum acceptors in 4H silicon carbide from the donor-acceptor pair emission. *Phys. Rev. B*, **71**, 241201(R).
[27] van Kemenade, A.W.C. and Hagen, S.H. (1974) Proof of the involvement of Ti in the low-temperature abc luminescence spectrum of 6H SiC. *Solid State Commun.*, **14**, 1331.
[28] Lee, K.M., Dang, L.S., Watkins, G.D. and Choyke, W.J. (1985) Optically detected magnetic resonance study of SiC: Ti. *Phys. Rev. B*, **32**, 2273.
[29] Dalibor, T., Pensl, G., Nordell, N. and Schöner, A. (1997) Electrical properties of the titanium acceptor in silicon carbide. *Phys. Rev. B*, **55**, 13618.
[30] Henry, A. and Janzen, E. (2006) Titanium related luminescence in SiC. *Superlattices Microstruct.*, **40**, 328.
[31] Schneider, J., Muller, H.D., Maier, K. and Fuchs, F. (1990) Infrared spectra and electron spin resonance of vanadium deep level impurities in silicon carbide. *Appl. Phys. Lett.*, **56**, 1184.
[32] Lauer, V., Bremond, G., Souifi, A. *et al.* (1999) Electrical and optical characterisation of vanadium in 4H and 6H-SiC. *Mater. Sci. Eng., B*, **61–62**, 248.
[33] Prezzi, D., Eberlein, T.A.G., Filhol, J.-S. *et al.* (2004) Optical and electrical properties of vanadium and erbium in 4H-SiC. *Phys. Rev. B*, **69**, 193202.
[34] Kunzer, M., Dombrowski, K.F., Fuchs, F. *et al.* (1996) Identification of optically and electrically active molybdenum trace impurities in 6H-SiC substrates. *Inst. Phys. Conf. Ser.*, **142**, 385.
[35] Son, N.T. (1999) Photoluminescence and Zeeman effect in chromium-doped 4H and 6H SiC. *J. Appl. Phys.*, **86**, 4348.
[36] Gällström, A., Magnusson, B., Beyer, F. *et al.* (2012) Optical identification and electronic configuration of tungsten in 4H- and 6H-SiC. *Physica B*, **407**, 1462.
[37] Magnusson, B. and Janzen, E. (2005) Optical characterization of deep level defects in SiC. *Mater. Sci. Forum*, **483–485**, 341.
[38] Wagner, M., Magnusson, B., Chen, W.M. *et al.* (2000) Electronic structure of the neutral silicon vacancy in 4H and 6H SiC. *Phys. Rev. B*, **62**, 16555.
[39] Janzen, E., Ivanov, I.G., Son, N.T. *et al.* (2003) Defects in SiC. *Physica B*, **340–342**, 15.
[40] Son, N.T., Carlsson, P., ul Hassan, J. *et al.* (2007) Defects and carrier compensation in semi-insulating 4H-SiC substrates. *Phys. Rev. B*, **75**, 155204.
[41] Egilsson, T., Henry, A., Ivanov, I.G. *et al.* (1999) Photoluminescence of electron-irradiated 4H-SiC. *Phys. Rev. B*, **59**, 8008.
[42] Steeds, J.W., Evans, G.A., Danks, L.R. *et al.* (2002) Transmission electron microscope radiation damage of 4H and 6H SiC studied by photoluminescence spectroscopy. *Diamond Relat. Mater.*, **11**, 1923.
[43] Steeds, J.W. and Sullivan, W. (2008) Identification of antisite carbon split-interstitial defects in 4H-SiC. *Phys. Rev. B*, **77**, 195204.
[44] Mattausch, A., Bockstedte, M., Pankratov, O. *et al.* (2006) Thermally stable carbon-related centers in 6H-SiC: Photoluminescence spectra and microscopic models. *Phys. Rev. B*, **73**, 161201(R).
[45] Patrick, L. and Choyke, W.J. (1972) Photoluminescence of radiation defects in ion-implanted 6H SiC. *Phys. Rev. B*, **5**, 3253.
[46] Haberstroh, C., Helbig, R. and Stein, R.A. (1994) Some new features of the photoluminescence of SiC(6H), SiC(4H), and SiC(15R). *J. Appl. Phys.*, **76**, 509.
[47] Egilsson, T., Bergman, J.P., Ivanov, I.G. *et al.* (1999) Properties of the D_1 bound exciton in 4H-SiC. *Phys. Rev. B*, **59**, 1956.
[48] Hori, T., Danno, K. and Kimoto, T. (2007) Fast homoepitaxial growth of 4H-SiC with low basal-plane dislocation density and low trap concentration by hot-wall chemical vapor deposition. *J. Cryst. Growth*, **306**, 297.
[49] T. Dalibor, C. Peppermuller, G. Pensl, *et al.*, *Inst. Phys. Conf. Ser.* **142** 1996), 517 Defect centers in ion-implanted 4H silicon carbide.
[50] Storasta, L., Carlsson, F., Sridhara, S.G. *et al.* (2001) Pseudodonor nature of the D_I defect in 4H-SiC. *Appl. Phys. Lett.*, **78**, 46.

[51] Gali, A., Deak, P., Rauls, E. *et al.* (2003) Correlation between the antisite pair and the D_I center in SiC. *Phys. Rev. B*, **67**, 155203.
[52] Eberlein, T.A.G., Jones, R., Öberg, S. and Briddon, P.R. (2006) Density functional theory calculation of the D_I optical center in SiC. *Phys. Rev. B*, **74**, 144106.
[53] Patrick, L. and Choyke, W.J. (1973) Localized vibrational modes of a persistent defect in ion-implanted SiC. *J. Phys. Chem. Solids*, **34**, 565.
[54] Sridhara, S.G., Nizhner, D.G., Devaty, R.P. *et al.* (1998) D_{II} revisited in a modern guise – 6H and 4H SiC. *Mater. Sci. Forum*, **264–268**, 493.
[55] Mattausch, A., Bockstedte, M. and Pankratov, O. (2004) Carbon antisite clusters in SiC: A possible pathway to the D_{II} center. *Phys. Rev. B*, **69**, 045322.
[56] Feldman, D.W., Parker, J.H. Jr.,, Choyke, W.J. and Patrick, L. (1968) Phonon dispersion curves by Raman scattering in SiC, polytypes 3C, 4H, 6H, 15R, and 21R. *Phys. Rev.*, **170**, 698.
[57] Dubrovskii, G.B. and Lepneva, A.A. (1983) Energy band structure and optical spectra of silicon carbide crystals. *Sov. Phys. Solid State*, **25**, 1330.
[58] Nakashima, S. and Harima, H. (1997) Raman investigation of SiC polytypes. *Phys. Status Solidi A*, **162**, 39.
[59] Nakashima, S. and Harima, H. (2004) Characterization of defects in SiC crystals by Raman scattering, in *Silicon Carbide – Recent Major Advances* (eds W.J. Choyke, H. Matsunami and G. Pensl), Springer, p. 585.
[60] Nakashima, S. (2004) Raman imaging of semiconductor materials: characterization of static and dynamic properties. *J. Phys. Condens. Matter*, **16**, S25.
[61] Nakashima, S., Okumura, H., Yamamoto, T. and Shimidzu, R. (2004) Deep-ultraviolet Raman microspectroscopy: characterization of wide-gap semiconductors. *Appl. Spectrosc.*, **58**, 224.
[62] Harima, H., Nakashima, S. and Uemura, T. (1995) Raman scattering from anisotropic LO-phonon-plasmon–coupled mode in n-type 4H- and 6H-SiC. *J. Appl. Phys.*, **78**, 1996.
[63] Lockwood, D.J. and Baribeau, J.-M. (1992) Strain-shift coefficients for phonons in $Si_{1-x}Ge_x$ epilayers on silicon. *Phys. Rev. B*, **45**, 8565.
[64] Hoffmann, H.J. (1979) Defect-level analysis of semiconductors by a new differential evaluation of n (1/T)-characteristics. *Appl. Phys.*, **19**, 307.
[65] Matsuura, H., Komeda, M., Kagamihara, S. *et al.* (2004) Dependence of acceptor levels and hole mobility on acceptor density and temperature in Al-doped p-type 4H-SiC epilayers. *J. Appl. Phys.*, **96**, 2708.
[66] Schmidt, F., Krieger, M., Laube, M. *et al.* (2004) Hall scattering factors for electrons and holes in SiC, in *Silicon Carbide – Recent Major Advances* (eds W.J. Choyke, H. Matsunami and G. Pensl), Springer, p. 517.
[67] Sze, S.M. and Ng, K.K. (2007) *Physics of Semiconductor Devices*, 3rd edn, John Wiley & Sons, Inc..
[68] Bergman, J.P., Kordina, O. and Janzen, E. (1997) Time resolved spectroscopy of defects in SiC. *Phys. Status Solidi A*, **162**, 65.
[69] Klein, P.B. (2008) Carrier lifetime measurement in n^- 4H-SiC epilayer. *J. Appl. Phys.*, **103**, 033702.
[70] Kimoto, T., Hiyoshi, T., Hayashi, T. and Suda, J. (2010) Impacts of recombination at the surface and in the substrate on carrier lifetimes of n-type 4H-SiC epilayers. *J. Appl. Phys.*, **108**, 083721.
[71] Galeckas, A., Linnros, J., Frischholz, M. and Grivickas, V. (2001) Optical characterization of excess carrier lifetime and surface recombination in 4H/6H–SiC. *Appl. Phys. Lett.*, **79**, 365.
[72] Grivickas, P., Linnros, J. and Grivickas, V. (2001) Carrier diffusion characterization in epitaxial 4H–SiC. *J. Mater. Res.*, **16**, 524.
[73] Hull, D. and Bacon, D.J. (2001) *Introduction to Dislocations*, 4th edn, Butterworth-Heinemann.
[74] Katsuno, M., Ohtani, N., Takahashi, J. *et al.* (1999) Mechanism of molten KOH etching of SiC single crystals: comparative study with thermal oxidation. *Jpn. J. Appl. Phys.*, **38**, 4661.
[75] Koga, K., Fujiwara, Y., Ueda, Y. and Yamaguchi, T. (1992) Growth and characterization of 6H-SiC bulk crystals by the sublimation method, in *Amorphous and Crystalline Silicon Carbide IV* (eds C.Y. Yang, M.M. Rahman and G.L. Harris), Springer-Verlag, p. 96.
[76] Takahashi, J., Kanaya, M. and Fujiwara, Y. (1994) Sublimation growth of SiC single crystalline ingots on faces perpendicular to the (0001) basal plane. *J. Cryst. Growth*, **135**, 61.
[77] Yao, Y.Z., Ishikawa, Y., Sugawara, Y. *et al.* (2011) Molten KOH etching with Na_2O_2 additive for dislocation revelation in 4H-SiC epilayers and substrates. *Jpn. J. Appl. Phys.*, **50**, 075502.
[78] Powell, J.A., Petit, J.B., Edgar, J.H. *et al.* (1991) Application of oxidation to the structural characterization of SiC epitaxial films. *Appl. Phys. Lett.*, **59**, 183.
[79] Nakano, Y., Nakamura, T., Kamisawa, A. and Takasu, H. (2009) Investigation of pits formed at oxidation on 4H-SiC. *Mater. Sci. Forum*, **600–603**, 377.
[80] Suda, J., Shoji, H. and Kimoto, T. (2011) Origin of etch hillocks formed on on-aixs SiC $(000\bar{1})$ surfaces by

molten KOH etching. *Jpn. J. Appl. Phys.*, **50**, 038002.
[81] Yao, Y.Z., Ishikawa, Y., Sato, K. *et al.* (2012) Dislocation revelation from $(000\bar{1})$ carbon-face of 4H-SiC by using vaporized KOH at high temperature. *Appl. Phys. Express*, **5**, 075601.
[82] Bowen, D.K. and Tanner, B.K. (1998) *High-Resolution X-Ray Diffractometry and Topography*, Taylor & Francis Group.
[83] Ohno, T., Yamaguchi, H., Kuroda, S. *et al.* (2004) Direct observation of dislocations propagated from 4H–SiC substrate to epitaxial layer by X-ray topography. *J. Cryst. Growth*, **260**, 209.
[84] Huang, X.R., Dudley, M., Vetter, W.M. *et al.* (1999) Direct evidence of micropipe-related pure superscrew dislocations in SiC. *Appl. Phys. Lett.*, **74**, 353.
[85] Tsuchida, H., Kamata, I. and Nagano, M. (2007) Investigation of defect formation in 4H-SiC epitaxial growth by X-ray topography and defect selective etching. *J. Cryst. Growth*, **306**, 254.
[86] Tsuchida, H., Ito, M., Kamata, I. and Nagano, M. (2009) Fast epitaxial growth of 4H-SiC and analysis of defect transfer. *Mater. Sci. Forum*, **615–617**, 67.
[87] Jacobson, H., Birch, J., Yakimova, R. *et al.* (2002) Dislocation evolution in 4H-SiC epitaxial layers. *J. Appl. Phys.*, **91**, 6354.
[88] Kamata, I., Nagano, M., Tsuchida, H. *et al.* (2009) Investigation of character and spatial distribution of threading edge dislocations in 4H-SiC epilayers by high-resolution topography. *J. Cryst. Growth*, **311**, 1416.
[89] Nakamura, D., Yamaguchi, S., Hirose, Y. *et al.* (2008) Direct determination of Burgers vector sense and magnitude of elementary dislocations by synchrotron white x-ray topography. *J. Appl. Phys.*, **103**, 013510.
[90] Tanuma, R., Mori, D., Kamata, I. and Tsuchida, H. (2012) X-ray microbeam three-dimensional topography imaging and strain analysis of basal-plane dislocations and threading edge dislocations in 4H-SiC. *Appl. Phys. Express*, **5**, 061301.
[91] Tajima, M., Tanaka, M. and Hoshino, N. (2002) Characterization of SiC epitaxial wafers by photoluminescence under deep UV excitation. *Mater. Sci. Forum*, **389–393**, 597.
[92] Kamata, I., Tsuchida, H., Miyanagi, T. and Nakamura, T. (2005) Development of non-destructive in-house observation techniques for dislocations and stacking faults in SiC epilayers. *Mater. Sci. Forum*, **527–529**, 415.
[93] Camassel, J. and Juillaguet, S. (2008) Optical properties of as-grown and process-induced stacking faults in 4H-SiC. *Phys. Status Solidi B*, **245**, 1337.
[94] Feng, G., Suda, J. and Kimoto, T. (2008) Characterization of stacking faults in 4H-SiC epilayers by room-temperature microphotoluminescence mapping. *Appl. Phys. Lett.*, **92**, 221906.
[95] Ito, M., Storasta, L. and Tsuchida, H. (2009) Development of a high rate 4H-SiC epitaxial growth technique achieving large-area uniformity. *Mater. Sci. Forum*, **600–603**, 111.
[96] Feng, G., Suda, J. and Kimoto, T. (2011) Nonradiative recombination at threading dislocations in 4H-SiC epilayers studied by micro-photoluminescence mapping. *J. Appl. Phys.*, **110**, 033525.
[97] Isono, H., Tajima, M., Hoshino, N. and Sugimoto, H. (2009) Rapid characterization of SiC crystals by full-wafer photoluminescence imaging under below-gap excitation. *Mater. Sci. Forum*, **600–603**, 545.
[98] Stahlbush, R.E., Liu, K.X., Zhang, Q. and Sumakeris, J.J. (2007) Whole-wafer mapping of dislocations in 4H-SiC epitaxy. *Mater. Sci. Forum*, **556–557**, 295.
[99] Nagano, M., Kamata, I. and Tsuchida, T. (2013) Photoluminescence imaging and discrimination of threading dislocations in 4H-SiC epilayers. *Mater. Sci. Forum*, **740–742**, 653.
[100] Ichikawa, S., Kawahara, K., Suda, J. and Kimoto, T. (2012) Carrier recombination in n-type 4H-SiC epilayers with long carrier lifetimes. *Appl. Phys. Express*, **5**, 101301.
[101] Chung, S., Berechman, R.A., McCartney, M.R. and Skowronski, M. (2011) Electronic structure analysis of threading screw dislocations in 4H–SiC using electron holography. *J. Appl. Phys.*, **109**, 034906.
[102] Liu, K.X., Zhang, X., Stahlbush, R.E. *et al.* (2009) Differences in emission spectra of dislocations in 4H-SiC epitaxial layers. *Mater. Sci. Forum*, **600–603**, 345.
[103] Caldwell, J.D., Giles, A., Lepage, D. *et al.* (2013) Experimental evidence for mobile luminescence center mobility on partial dislocations in 4H-SiC using hyperspectral electroluminescence imaging. *Appl. Phys. Lett.*, **102**, 242109.
[104] Kitabatake, M. (2013) The International Conference on Silicon Carbide and Related Materials 2013, Miyazaki, Japan, We-1A-1. Electrical characteristics/reliability affected by defects analysed by the integrated evaluation platform for SiC epitaxial films
[105] Milnes, A.G. (1973) *Deep Impurities in Semiconductors*, John Wiley & Sons, Inc.
[106] Lang, D.V. (1974) Deep-level transient spectroscopy: A new method to characterize traps in semiconductors. *J. Appl. Phys.*, **45**, 3023.
[107] Weiss, S. and Kassing, R. (1988) Deep Level Transient Fourier Spectroscopy (DLTFS) - A technique for the

analysis of deep level properties. *Solid State Electron.*, **31**, 1733.
[108] Dobaczewski, L., Kaczor, P., Hawkins, I.D. and Peaker, A.R. (1994) Laplace transform deep-level transient spectroscopic studies of defects in semiconductors. *J. Appl. Phys.*, **76**, 194.
[109] Okushi, H. and Tokumaru, Y. (1981) Isothermal capacitance transient spectroscopy. *Jpn. J. Appl. Phys.*, **20** (Suppl. 20-1), 261.
[110] Lefevre, H. and Shultz, M. (1977) Double correlation technique (DDLTS) for the analysis of deep level profiles in semiconductors. *Appl. Phys.*, **12**, 45.
[111] Reshanov, S.A., Pensl, G., Danno, K. *et al.* (2007) Effect of the Schottky barrier height on the detection of midgap levels in 4H-SiC by deep level transient spectroscopy. *J. Appl. Phys.*, **102**, 113702.
[112] Weil, J.A. and Bolton, J.R. (2007) *Electron Paramagnetic Resonance: Elementary Theory and Practical Applications*, Wiley-Interscience.
[113] Umeda, T., Isoya, J., Morishita, N. *et al.* (2004) EPR and theoretical studies of positively charged carbon vacancy in 4H-SiC. *Phys. Rev. B*, **70**, 235212.
[114] Itoh, H., Hayakawa, N., Nashiyama, I. and Sakuma, E. (1989) Electron spin resonance in electron-irradiated 3C-SiC. *J. Appl. Phys.*, **66**, 4529.
[115] Son, N.T., Carlsson, P., Hassan, J. *et al.* (2006) Divacancy in 4H-SiC. *Phys. Rev. Lett.*, **96**, 055501.
[116] Umeda, T., Isoya, J., Morishita, N. *et al.* (2009) Dicarbon antisite defect in n-type 4H-SiC. *Phys. Rev. B*, **79**, 115211.
[117] Isoya, J., Umeda, T., Mizuochi, N. *et al.* (2008) EPR identification of intrinsic defects in SiC. *Phys. Status Solidi B*, **245**, 1298.
[118] Umeda, T., Kosugi, R., Sakuma, Y. *et al.* (2012) MOS interface states: Similarity and dissimilarity from silicon. *ECS Trans.*, **50**, 305.
[119] Lendenmann, H., Dahlquist, F., Johansson, N. *et al.* (2001) Long term operation of 4.5 kV PiN and 2.5 kV JBS diodes. *Mater. Sci. Forum*, **353–356**, 727.
[120] Bergman, J.P., Lendenmann, H., Nilsson, P.A. *et al.* (2001) Crystal defects as source of anomalous forward voltage increase of 4H-SiC diodes. *Mater. Sci. Forum*, **353–356**, 299.
[121] Lendenmann, H., Bergman, J.P., Dahlquist, F. and Hallin, C. (2003) Degradation in SiC bipolar devices: sources and consequences of electrically active dislocations in SiC. *Mater. Sci. Forum*, **433–436**, 901.
[122] Muzykov, P.G., Kennedy, R.M., Zhang, Q. *et al.* (2009) Physical phenomena affecting performance and reliability of 4H-SiC bipolar junction transistors. *Microelectron. Reliab.*, **49**, 32.
[123] Skowronski, M. and Ha, S. (2006) Degradation of hexagonal silicon-carbide-based bipolar devices. *J. Appl. Phys.*, **99**, 011101.
[124] Liu, J.Q., Skowronski, M., Hallin, C. *et al.* (2002) Structure of recombination-induced stacking faults in high-voltage SiC pn junctions. *Appl. Phys. Lett.*, **80**, 749.
[125] Pirouz, P., Demenet, J.L. and Hong, M.H. (2001) On transition temperatures in the plasticity and fracture of semiconductors. *Philos. Mag.*, **81**, 1207.
[126] Skowronski, M., Liu, J.Q., Vetter, W.M. *et al.* (2002) Recombination-enhanced defect motion in forward-biased 4H–SiC p-n diodes. *J. Appl. Phys.*, **92**, 4699.
[127] Ha, S., Benamara, M., Skowronski, M. and Lendenmann, H. (2003) Core structure and properties of partial dislocations in silicon carbide pin diodes. *Appl. Phys. Lett.*, **83**, 4957.
[128] Sridhara, S.G., Carlsson, F.H.C., Bergman, J.P. and Janzen, E. (2001) Luminescence from stacking faults in 4H SiC. *Appl. Phys. Lett.*, **79**, 3944.
[129] Iwata, H., Lindefelt, U., Oberg, S. and Briddon, P.R. (2001) Localized electronic states around stacking faults in silicon carbide. *Phys. Rev. B*, **65**, 033203.
[130] Miyanagi, T., Tsuchida, H., Kamata, I. *et al.* (2006) Annealing effects on single Shockley faults in 4H-SiC. *Appl. Phys. Lett.*, **89**, 062104.
[131] Caldwell, J.D., Stahlbush, R.E., Hobart, K.D. *et al.* (2007) Reversal of forward voltage drift in 4H-SiC pin diodes via low temperature annealing. *Appl. Phys. Lett.*, **90**, 143519.
[132] Ha, S., Skowronski, M. and Lendenmann, H. (2004) Nucleation sites of recombination-enhanced stacking fault formation in silicon carbide p-i-n diodes. *J. Appl. Phys.*, **96**, 393.
[133] Matare, H.F. (1971) *Defect Electronics in Semiconductors*, John Wiley & Sons, Inc.
[134] Kimoto, T., Miyamoto, N. and Matsunami, H. (1999) Performance limiting surface defects in SiC epitaxial p-n junction diodes. *IEEE Trans. Electron Devices*, **46**, 471.
[135] Lindefelt, U. and Iwata, H. (2004) Electronic properties of stacking faults and thin cubic inclusions in SiC polytypes, in *Silicon Carbide – Recent Major Advances* (eds W.J. Choyke, H. Matsunami and G. Pensl), Springer,

p. 89.

[136] Fujiwara, H., Kimoto, T., Tojo, T. and Matsunami, H. (2005) Characterization of in-grown stacking faults in 4H–SiC (0001) epitaxial layers and its impacts on high-voltage Schottky barrier diodes. *Appl. Phys. Lett.*, **87**, 051912.

[137] Neudeck, P.G. and Powell, J.A. (1994) Performance limiting micropipe defects in silicon carbide wafers. *IEEE Electron Device Lett.*, **15**, 63.

[138] Neudeck, P.G., Huang, W. and Dudley, M. (1999) Study of bulk and elementary screw dislocation assisted reverse breakdown in low-voltage (< 250 V) 4H-SiC p^+-n junction diodes. Part I: DC properties. *IEEE Trans. Electron Devices*, **46**, 478.

[139] Morisette, D.T. and Cooper, J.A. Jr., (2002) Impact of material defects on SiC Schottky barrier diodes. *Mater. Sci. Forum*, **389–393**, 1133.

[140] Saitoh, H., Kimoto, T. and Matsunami, H. (2004) Origin of leakage current in SiC Schottky barrier diodes at high temperature. *Mater. Sci. Forum*, **457–460**, 997.

[141] Wahab, Q., Ellison, A., Henry, A. *et al.* (2000) Influence of epitaxial growth and substrate-induced defects on the breakdown of 4H–SiC Schottky diodes. *Appl. Phys. Lett.*, **76**, 2725.

[142] Tsuji, T., Izumi, S., Ueda, A. *et al.* (2002) Analysis of high leakage currents in 4H-SiC Schottky barrier diodes using optical beam-induced current measurements. *Mater. Sci. Forum*, **389–393**, 1141.

[143] Ohtani, N. (2011) Toward the reduction of performance-limiting defects in SiC epitaxial substrates. *ECS Trans.*, **41**, 253.

[144] Fujiwara, H., Katsuno, T., Ishikawa, T. *et al.* (2012) Relationship between threading dislocation and leakage current in 4H-SiC diodes. *Appl. Phys. Lett.*, **100**, 242102.

[145] Fujiwara, H., Naruoka, H., Konishi, M. *et al.* (2012) Impact of surface morphology above threading dislocations on leakage current in 4H-SiC diodes. *Appl. Phys. Lett.*, **101**, 042104.

[146] Maranowski, M.M. and Cooper, J.A. Jr., (1999) Time-dependent-dielectric-breakdown measurements of thermal oxides on n-type 6H-SiC. *IEEE Trans. Electron Devices*, **46**, 520.

[147] Senzaki, J., Kojima, K. and Fukuda, K. (2004) Effects of n-type 4H-SiC epitaxial wafer quality on reliability of thermal oxides. *Appl. Phys. Lett.*, **85**, 6182.

[148] Senzaki, J., Kojima, K., Kato, T. *et al.* (2006) Correlation between reliability of thermal oxides and dislocations in n-type 4H-SiC epitaxial wafers. *Appl. Phys. Lett.*, **89**, 022909.

[149] Tanimoto, S. (2006) Impact of dislocations on gate oxide in SiC MOS devices and high reliability ONO dielectrics. *Mater. Sci. Forum*, **527–529**, 955.

[150] Senzaki, J., Shimozato, A., Kojima, K. *et al.* (2012) Challenges of high-performance and high-reliablity in SiC MOS structures. *Mater. Sci. Forum*, **717–720**, 703.

[151] Sze, S.M. (2002) *Semiconductor Devices, Physics and Technology*, 2nd edn, John Wiley & Sons, Inc.

[152] Dalibor, T., Pensl, G., Matsunami, H. *et al.* (1997) Deep defect centers in silicon carbide monitored with deep level transient spectroscopy. *Phys. Status Solidi A*, **162**, 199.

[153] Hemmingsson, C., Son, N.T., Kordina, O. *et al.* (1997) Deep level defects in electron-irradiated 4H SiC epitaxial layers. *J. Appl. Phys.*, **81**, 6155.

[154] Danno, K. and Kimoto, T. (2007) Deep level transient spectroscopy on as-grown and electron-irradiated p-type 4H-SiC epilayers. *J. Appl. Phys.*, **101**, 103704.

[155] Alfieri, G. and Kimoto, T. (2013) Resolving the $EH_{6/7}$ level in 4H-SiC by Laplace-transform deep level transient spectroscopy. *Appl. Phys. Lett.*, **102**, 152108.

[156] Hemmingsson, C.G., Son, N.T., Ellison, A. *et al.* (1998) Negative-U centers in 4H silicon carbide. *Phys. Rev. B*, **58**, R10119.

[157] Grundmann, M. (2006) *The Physics of Semiconductors* Chapter 7, Springer.

[158] Danno, K. and Kimoto, T. (2006) Investigation of deep levels in n-type 4H-SiC epilayers irradiated with low-energy electrons. *J. Appl. Phys.*, **100**, 113728.

[159] Sasaki, S., Kawahara, K., Feng, G. *et al.* (2011) Major deep levels with the same microstructures observed in n-type 4H-SiC and 6H-SiC. *J. Appl. Phys.*, **109**, 013705.

[160] Hornos, T., Gali, A. and Svensson, B.G. (2011) Negative-U system of carbon vacancy in 4H-SiC. *Mater. Sci. Forum*, **679–680**, 261.

[161] Son, N.T., Trinh, X.T., Løvlie, L.S. *et al.* (2012) Large-scale electronic structure calculations of vacancies in 4H-SiC using the Heyd-Scuseria-Ernzerhof screened hybrid density functional. *Phys. Rev. Lett.*, **109**, 187603.

[162] Kawahara, K., Trinh, X.T., Son, N.T. *et al.* (2013) Investigation on origin of $Z_{1/2}$ center in SiC by deep level transient spectroscopy and electron paramagnetic resonance. *Appl. Phys. Lett.*, **102**, 112106.

[163] Kawahara, K., Trinh, X.T., Son, N.T. *et al.* (2014) Quantitative comparison between $Z_{1/2}$ center and carbon vacancy in 4H-SiC. *J. Appl. Phys*, **115**, 143705.
[164] Alfieri, G. and Kimoto, T. (2009) Capacitance spectroscopy study of midgap levels in n-type SiC polytypes. *Mater. Sci. Forum*, **615–617**, 389.
[165] Storasta, L., Bergman, J.P., Janzen, E. *et al.* (2004) Deep levels created by low energy electron irradiation in 4H-SiC. *J. Appl. Phys.*, **96**, 4909.
[166] Kaneko, H. and Kimoto, T. (2011) Formation of a semi-insulating layer in n-type 4H-SiC by electron irradiation. *Appl. Phys. Lett.*, **98**, 262106.
[167] Zhang, J., Storasta, L., Bergman, J.P. *et al.* (2003) Electrically active defects in n-type 4H-silicon carbide grown in a vertical hot-wall reactor. *J. Appl. Phys.*, **93**, 4708.
[168] Kimoto, T., Hashimoto, K. and Matsunami, H. (2003) Effects of C/Si ratio in chemical vapor deposition of 4H-SiC($11\bar{2}0$) and ($03\bar{3}8$). *Jpn. J. Appl. Phys.*, **42**, 7294.
[169] Alfieri, G., Monakhov, E.V., Svensson, B.G. and Linnarsson, M.K. (2005) Annealing behavior between room temperature and 2000 °C of deep level defects in electron-irradiated n-type 4H silicon carbide. *J. Appl. Phys.*, **98**, 043518.
[170] Zippelius, B., Suda, J. and Kimoto, T. (2012) High temperature annealing of n-type 4H-SiC: Impact on intrinsic defects and carrier lifetime. *J. Appl. Phys.*, **111**, 033515.
[171] Klein, P.B., Shanabrook, B.V., Huh, S.W. *et al.* (2006) Lifetime-limiting defects in 4H-SiC epilayers. *Appl. Phys. Lett.*, **88**, 052110.
[172] Danno, K., Nakamura, D. and Kimoto, T. (2007) Investigation of carrier lifetime in 4H-SiC epilayers and lifetime control by electron irradiation. *Appl. Phys. Lett.*, **90**, 202109.
[173] Storasta, L. and Tsuchida, H. (2007) Reduction of traps and improvement of carrier lifetime in 4H-SiC epilayers by ion implantation. *Appl. Phys. Lett.*, **90**, 062116.
[174] Storasta, L., Tsuchida, H., Miyazawa, T. and Ohshima, T. (2008) Enhanced annealing of the $Z_{1/2}$ defect in 4H–SiC epilayers. *J. Appl. Phys.*, **103**, 013705.
[175] Dunham, S.T. and Plummer, J.D. (1986) Point-defect generation during oxidation of silicon in dry oxygen. I. Theory. *J. Appl. Phys.*, **59**, 2541.
[176] Hiyoshi, T. and Kimoto, T. (2009) Reduction of deep levels and improvement of carrier lifetime in n-type 4H-SiC by thermal oxidation. *Appl. Phys. Express*, **2**, 041101.
[177] Hiyoshi, T. and Kimoto, T. (2009) Elimination of the major deep levels in n- and p-type 4H-SiC by two-step thermal treatment. *Appl. Phys. Express*, **2**, 091101.
[178] Kawahara, K., Suda, J. and Kimoto, T. (2012) Analytical model for reduction of deep levels in SiC by thermal oxidation. *J. Appl. Phys.*, **111**, 053710.
[179] Bockstedte, M., Mattausch, A. and Pankratov, O. (2004) Ab initio study of the annealing of vacancies and interstitials in cubic SiC: Vacancy-interstitial recombination and aggregation of carbon interstitials. *Phys. Rev. B*, **69**, 235202.
[180] Hong, J.D., Davis, R.F. and Newbury, D.E. (1981) Self-diffusion of silicon-30 in α-SiC single crystals. *J. Mater. Sci.*, **16**, 2485.
[181] Kawahara, K., Suda, J. and Kimoto, T. (2013) Deep levels generated by thermal oxidation in p-type 4H-SiC. *J. Appl. Phys.*, **113**, 033705.
[182] Kawahara, K., Suda, J. and Kimoto, T. (2013) Deep levels generated by thermal oxidation in n-type 4H-SiC. *Appl. Phys. Express*, **6**, 051301.
[183] Danno, K., Hori, T. and Kimoto, T. (2007) Impacts of growth parameters on deep levels in n-type 4H-SiC. *J. Appl. Phys.*, **101**, 053709.
[184] Lebedev, A.A. (1999) Deep level centers in silicon carbide: A review. *Semiconductors*, **33**, 107.
[185] Zywietz, A., Furthmüller, J. and Bechstedt, F. (1999) Vacancies in SiC: Influence of Jahn-Teller distortions, spin effects, and crystal structure. *Phys. Rev. B*, **59**, 15166.
[186] Torpo, L., Marlo, M., Staab, T.E.M. and Nieminen, R.M. (2001) Comprehensive ab initio study of properties of monovacancies and antisites in 4H-SiC. *J. Phys. Condens. Matter*, **13**, 6203.
[187] Troffer, T., Schadt, M., Frank, T. *et al.* (1997) Doping of SiC by implantation of boron and aluminum. *Phys. Status Solidi A*, **162**, 277.
[188] Duijn-Arnold, A., Ikoma, T., Poluektov, O.G. *et al.* (1998) Doping of SiC by implantation of boron and aluminum. *Phys. Rev. B*, **57**, 1607.
[189] Negoro, Y., Kimoto, T. and Matsunami, H. (2005) Carrier compensation near tail region in aluminum- or boron-implanted 4H-SiC(0001). *J. Appl. Phys.*, **98**, 043709.

[190] Dalibor, T., Trageser, H., Pensl, G. *et al.* (1999) Oxygen in silicon carbide: Shallow donors and deep acceptors. *Mater. Sci. Eng., B*, **61–62**, 454.
[191] Klettke, O., Pensl, G., Kimoto, T. and Matsunami, H. (2001) Oxygen-related defect centers observed in 4H/6H-SiC epitaxial layers grown under CO_2 ambient. *Mater. Sci. Forum*, **353–356**, 459.
[192] Langer, J.M. and Heinrich, H. (1985) Deep-level impurities: a possible guide to prediction of band-edge discontinuities in semiconductor heterojunctions. *Phys. Rev. Lett.*, **55**, 1414.
[193] Kunzer, M., Kaufmann, U., Maier, K. and Schneider, J. (1995) Magnetic circular dichroism and electron spin resonance of the A^- acceptor state of vanadium, V^{3+}, in 6H-SiC. *Mater. Sci. Eng., B*, **29**, 118.
[194] Achtziger, N. and Witthuhn, W. (2004) Radiotracer deep level transient spectroscopy, in *Silicon Carbide – Recent Major Advances* (eds W.J. Choyke, H. Matsunami and G. Pensl), Springer, p. 537.
[195] Beyer, F., Hemmingsson, C., Leone, S. *et al.* (2011) Deep levels in iron doped n- and p-type 4H-SiC. *J. Appl. Phys.*, **110**, 123701.
[196] Danno, K., Saitoh, H., Seki, A. *et al.* (2012) Diffusion of transition metals in 4H-SiC and trials of impurity gettering. *Appl. Phys. Express*, **5**, 031301.
[197] Tawara, T., Tsuchida, H. and Izumi, S. (2004) Evaluation of free carrier lifetime and deep levels of the thick 4H-SiC epilayers. *Mater. Sci. Forum*, **457–460**, 565.
[198] Kimoto, T., Danno, K. and Suda, J. (2008) Lifetime-killing defects in 4H-SiC epilayers and lifetime control by low-energy electron irradiation. *Phys. Status Solidi B*, **245**, 1327.
[199] Reshanov, S.A., Bartsch, W., Zippelius, B. and Pensl, G. (2009) Lifetime investigations of 4H-SiC pin power diodes. *Mater. Sci. Forum*, **615–617**, 699.
[200] Noborio, M., Suda, J., Beljakowa, S. *et al.* (2009) 4H-SiC MISFETs with nitrogen-containing insulators. *Phys. Status Solidi A*, **206**, 2374.
[201] Miyazawa, T., Ito, M. and Tsuchida, H. (2010) Evaluation of long carrier lifetimes in thick 4H silicon carbide epitaxial layers. *Appl. Phys. Lett.*, **97**, 202106.
[202] Hayashi, T., Asano, T., Suda, J. and Kimoto, T. (2011) Temperature and injection level dependencies and impact of thermal oxidation on carrier lifetimes in p-type and n-type 4H-SiC epilayers. *J. Appl. Phys.*, **109**, 114502.
[203] Hayashi, T., Asano, K., Suda, J. and Kimoto, T. (2012) Enhancement and control of carrier lifetimes in p-type 4H-SiC epilayers. *J. Appl. Phys.*, **112**, 064503.
[204] Maximenko, S.I., Freitas, J.A. Jr.,, Klein, P.B. *et al.* (2009) Cathodoluminescence study of the properties of stacking faults in 4H-SiC homoepitaxial layers. *Appl. Phys. Lett.*, **94**, 092101.
[205] Hassan, J. and Bergman, J.P. (2009) Influence of structural defects on carrier lifetime in 4H-SiC epitaxial layers: Optical lifetime mapping. *J. Appl. Phys.*, **105**, 123518.

第 6 章　碳化硅器件工艺

经过 SiC 外延生长后，需进行多步工艺步骤来制作电子器件。这些工艺步骤包括离子注入掺杂、刻蚀、氧化和金属化。图 6-1 是沟槽型垂直金属氧化物半导体场效应晶体管（MOSFET）的示意图，可以看出每步工艺在这个完整结构中的作用。SiC 器件制作工艺流程和 Si 技术相似，但是由于 SiC 独特的物理和化学性质，还需要一些有特殊要求的独特技术。

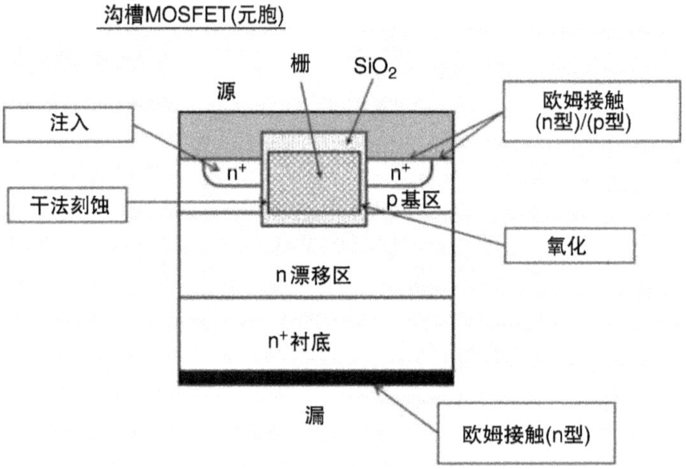

图 6-1　沟槽型垂直金属氧化物半导体场效应晶体管示意图。
展示了制作这一器件所需的器件工艺示例

6.1　离子注入

离子注入是制作几乎所有种类 SiC 器件的关键工艺。用离子注入可以实现宽范围的 n 型和 p 型导电类型掺杂控制。SiC 和 Si 中离子注入技术的主要区别归纳如下：

1）由于 SiC 中杂质极低的扩散常数，用扩散工艺实现选择性掺杂是不现实的。在注入后的退火过程中，大部分注入杂质的扩散小到可以忽略不计。

2）如果注入后晶格损伤接近非晶状态，则晶格修复（即修复这种损伤）将非常困难。因此，通常在较高的温度下进行注入，特别是当注入剂量很大时。另一方面，当注入剂量不是很大时，只要进行了适当的退火，室温下注入就足够。

3）不管注入剂量和注入温度如何，都需要在高温下（>1500～1600℃）进行注入后退火，以便修复晶格并达到高的电激活率。这种高温退火会引起不按元素比例的硅的挥发和表面粗糙。

可以在参考文献［1－6］中找到关于SiC离子注入的综述和书籍。在本节中，描述了SiC离子注入的共性特征。

6.1.1 选择性掺杂技术

在Si和大多数Ⅲ－Ⅴ族半导体中，扩散和离子注入技术都可用于实现选择性掺杂。通常，扩散工艺引入的晶格损伤比离子注入少，在离子注入中高能粒子轰击在基体材料中产生大量的点缺陷和扩展缺陷。当杂质的扩散常数相对较大时，扩散工艺更容易形成深结。另一方面，离子注入可以形成更加灵活和准确的掺杂分布。由于注入后退火可以用快速热处理（RTP），因此通常离子注入的热预算更小[7]。

表6-1总结了SiC器件制作中选择性掺杂的示例，展示了典型的掺杂浓度和结深。在SiC中，由于其很强的化学键，即使在1600℃以上，掺杂杂质的扩散常数也非常小。图6-2展示了SiC和Si中主要杂质的扩散常数Arrhenius图[8,9]。在SiC中，除了B以外其他原子的扩散常数都非常小，在1800℃高温下的范围为$10^{-17}\sim10^{-15}cm^2/s$。需要2000℃以上的极高温度才能得到合理的扩散常数。由于这样的高温工艺会造成高密度的深能级[10]以及基平面位错的滑动[11]，使得SiC扩散工艺不切实际。在这么高的温度下进行扩散工艺也没有合适的掩膜材料。因此，SiC选择性掺杂几乎无一例外地采用离子注入。但是，由于采用化学气相沉积

表6-1 SiC器件制作选择性掺杂示例

区域	深度/μm	掺杂浓度/cm^{-3}
源/漏区	0.2～0.3	$10^{19}\sim10^{20}$
FET的p区	0.4～0.7	$10^{17}\sim10^{18}$
p^+接触区	0.2～0.3	$10^{19}\sim10^{20}$
结终端区	0.4～0.8	$10^{16}\sim10^{17}$
沟道掺杂区（可选）	0.1～0.2	$10^{16}\sim10^{17}$

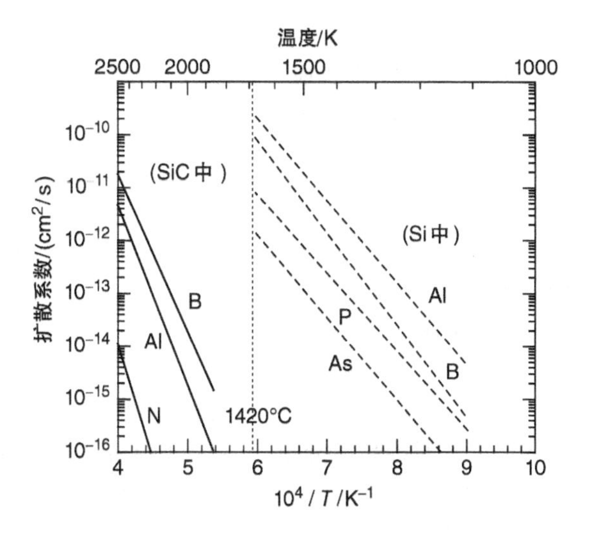

图6-2 SiC和Si中主要杂质的扩散常数Arrhenius图[8,9]

(CVD) 生长的 SiC 外延层含有氢原子，因此有必要研究像氢等小杂质的扩散机理[12]。另外，在1500℃以上能观察到像铬（Cr）和镍（Ni）等过渡金属有明显的扩散[13]。尽管对 p 型掺杂的硼扩散进行了一定程度上的研究[14, 15]，但是硼引起了高密度的深能级（D 中心[16]），阻碍了硼受主良好的电激活。事实上，硼扩散的拖尾区是高阻态的，不适合用作实际器件的 pn 结。另一个问题是在硼离子注入[6]中遇到的硼原子异常扩散。

6.1.2 n 型区的离子注入

注入氮和磷离子在 SiC 中选择性制作 n 型区域。用 Monte Carlo 模拟可以很好地预测注入分布，例如 SRIM（stopping and range of ions in matter）[17]。图 6-3 是不同注入角度下氮原子注入到 SiC（0001）中的深度分布[18]。在这个示例中，注入能量为 100keV，剂量为 1×10^{15} cm^{-2}。图中空心圆圈表示假设 SiC 的质量密度为 3.21g/cm^3 时，SRIM 代码模拟的氮原子深度分布。虚线和点画线表示不同注入角度（相对于 <0001>）的样品用二次离子质谱（SIMS）测得的深度分布。这里，可以将注入角度增大至 7°来抑制沟道效应。理想情况下，注入角度和 <0001> 轴的夹角应大于 5°（不与晶圆表面垂直）。需要注意的是，SRIM 没有准确地模拟注入离子的沟道效应，从而导致在注入拖尾区的偏差。离子注入分布还可以通过 Pearson 分布来设计[19]。在 Pearson 分布中，用投影射程（平均）、分散度（标准差）、偏度和峰度描述一个非对称高斯分布[19]。图 6-4 是 SiC 中不同注入能量的氮和磷离子注入平均投影射程和分散度[20-23]。与 Si 的离子注入相比，由于 SiC 的原子浓度更高（[Si]：$4.8\times10^{22}cm^{-3}$，[C]：$4.8\times10^{22}cm^{-3}$，合计：$9.6\times10^{22}cm^{-3}$），因此需要更高的能量达到同样的深度或峰值位置。

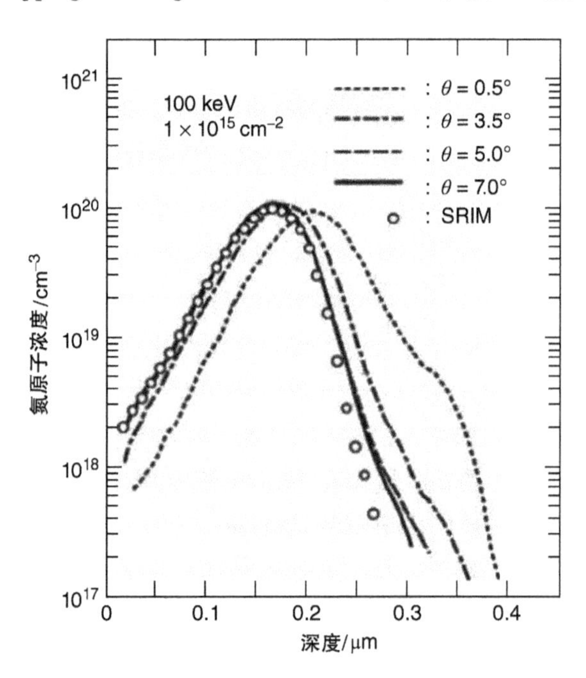

图 6-3 不同注入角度下氮原子注入到 SiC（0001）中的深度分布[18]（由日本应用物理学会授权转载）。注入能量为 100keV，剂量为 $1\times10^{15}cm^{-2}$

图 6-5 是多步能量注入制作 200nm 深箱式分布的磷原子深度分布。图中展示

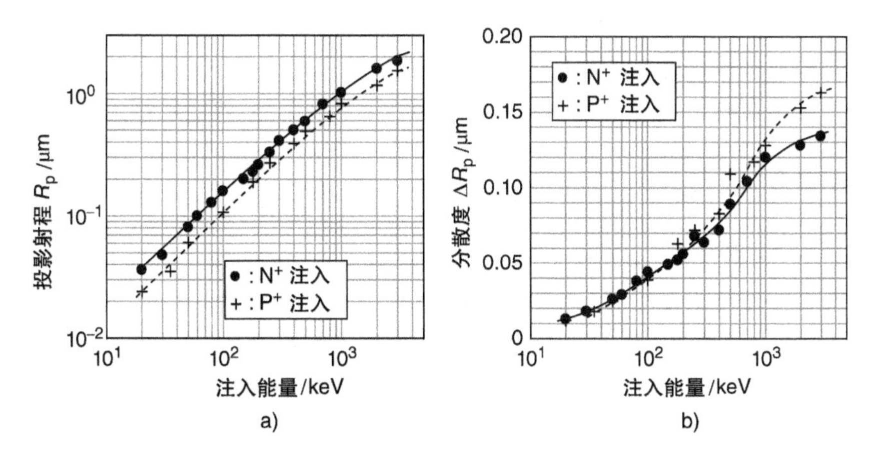

图 6-4　SiC 中不同注入能量的氮和磷离子注入

a）平均投影射程（R_p）　b）分散度（ΔR_p）[20-23]

了 1600℃ Ar 气氛退火 30min 前（注入后）、后的深度分布。在这样的高温退火过程中，杂质分布只有很小的扩散，保持了注入后的分布。这与磷很小的扩散常数相符（氮也一样，如图 6-2 所示），注入引入的缺陷导致的杂质扩散增强也可忽略。在 SiC 中，缺乏杂质扩散使得制作浅结相对容易，但难以制作很深的结。

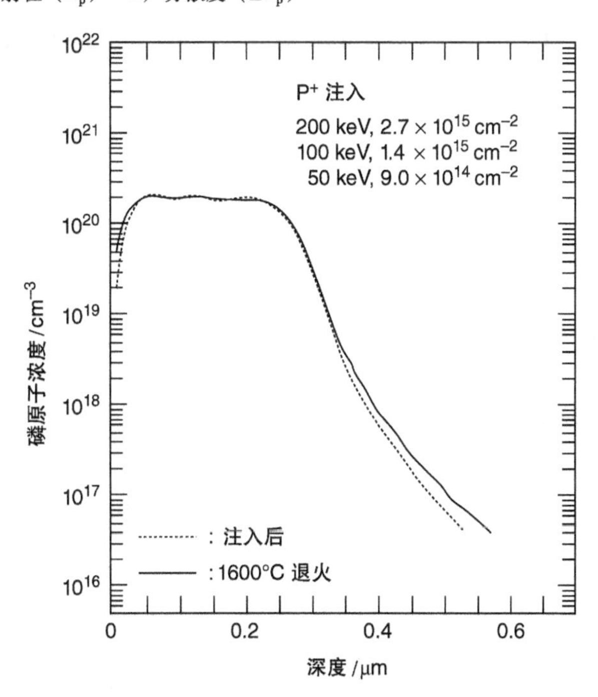

图 6-5　多步能量注入制作 200nm 深箱式分布的磷原子深度分布，包括 1600℃ Ar 气氛退火 30min 前（注入后）、后的深度分布

图 6-6 是用于注入区电学特性测量的典型样品结构。图 6-6a 是范德堡和霍尔效应测量样品的截面。注入的 n 型层通过 np 结（n 型注入层/轻掺杂 p 型外延层）与衬底之间实现电隔离。将注入区制作成三叶草形以提高测量精度。采用这种样品，可以测定方块电阻、载流子浓度和迁移率。在另一种测量样品中，在注入的 n 型层上面制作肖特基势垒接触，如图 6-6b 所示。在这种情况下，不需要电隔离，在生长在 n 型衬底上的轻掺杂 n 型外延层中进行注入。从 $C-V$ 特性中，可以测得净掺杂浓度深度分布（不是载流子浓度）。这种方法在掺杂浓度相对较低时很有效，因为

可以使用同一样品进行深能级分析。对于测量高掺杂的注入样品，由于难以形成很好的肖特基势垒接触，这一方法不是很有效。对于测量铝或硼注入样品，图 6-6 中的 n 型和 p 型区需对调。

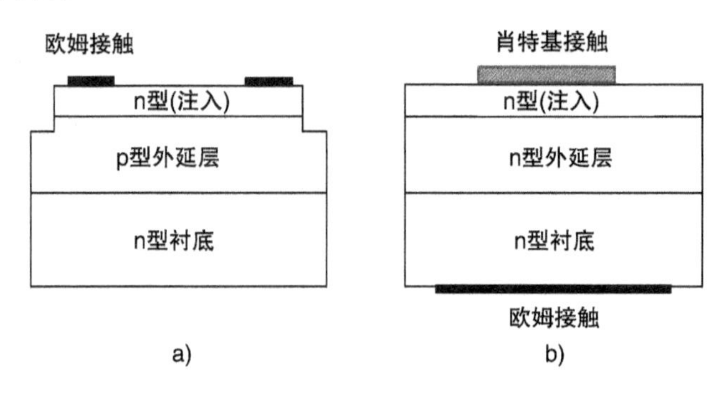

图 6-6　用于注入区电学特性测量的典型样品结构
a）霍尔效应测量　b）$C-V$ 测量

图 6-7 是退火温度对 SiC 中氮或磷注入的电激活率的影响。在这个示例中，通过多步离子注入制作了深度约 400nm 的箱式分布，总注入剂量为 $1\times10^{14}cm^{-2}$，对应的箱式分布内掺杂原子浓度为 $2\times10^{18}cm^{-3}$。注入采用轻掺杂 n 型外延层，样品未有意进行加热，样品使用不同的温度，在 Ar 气氛中退火 30min，增加电激活。采用 Ni – SiC 肖特基结构的电容 – 电压（$C-V$）特性测量得到激活施主浓度。应当注意的是，$C-V$ 测量得到的是净掺杂浓度而不是载流子浓度，在 6.4.1 节中将进一步说明。如图 6-7 所示，1400℃ 退火后激活率很低（<10%），需要在 1600℃ 或更高的温度下退火以得到几乎完美（>95%）的激活率。需要注意的是，即使注入时加热（300 ~ 800℃），也不能将退火温度降低很多。换句话说，注入时加热不能有效地降低注入后退火的温度。这可以通过考虑离子注入中产生的补偿深能级的热稳定性来解释，将在 6.1.6 节说明。

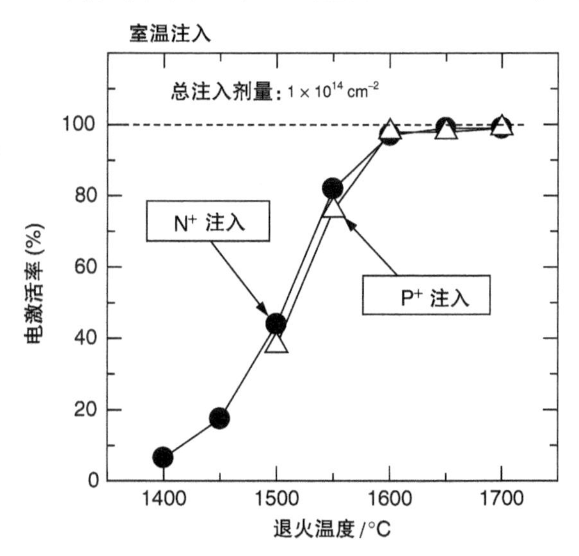

图 6-7　退火温度对 SiC 中氮或磷注入的电激活率的影响。注入在室温下进行（总注入剂量：$1\times10^{14}cm^{-2}$）

当注入剂量增大（$10^{15}cm^{-2}$）时，情况会发生显著的变化。室温注入和高温注入有着显著的差异，而且氮注入和磷注入也明显不同。特别是如下面所述为了提高接触特性，采用离子注入制作的重掺杂 n^+ 区域。

图 6-8 是不同注入剂量下用 Rutherford 背散射谱法（RBS）沟道测量得到的 χ_{min} 值。测量结果是分别在室温和 500℃下在向 SiC（0001）样品中注入氮原子测量得到的。图中所示为注入后和 1600℃ 退火后样品的 χ_{min} 值（200nm 深箱式分布）[5]。采用背散射角 170°能量 2.0MeV 的 He^{2+} 离子束进行 RBS 测量。晶格损伤用所谓的 χ_{min} 值表示，是损伤区域沟道谱的散射率积分与随机谱散射率积分的比值。在室温注入的情况下，注入区的 χ_{min} 值几乎达到 100%，表示当注入剂量高于 $(3\sim4)\times10^{15}cm^{-2}$（所谓非晶化临界注入剂量），注入造成的损伤导致了完全非晶化。在 1600℃ 退火后高 χ_{min} 值并没有明显降低（图 6-8a 中 $\chi_{min}>90\%$）。相比之下，由于原位退火效应，样品在高温注入下的 χ_{min} 值要小得多，进一步退火后的降低更加明显（图 6-8b 中 $\chi_{min}<3\%$）。透射电子显微镜（TEM）观察和其他结构分析表明，室温注入后样品表面区域确实是非晶态，退火后注入区含有 3C – SiC 多晶[24-28]。

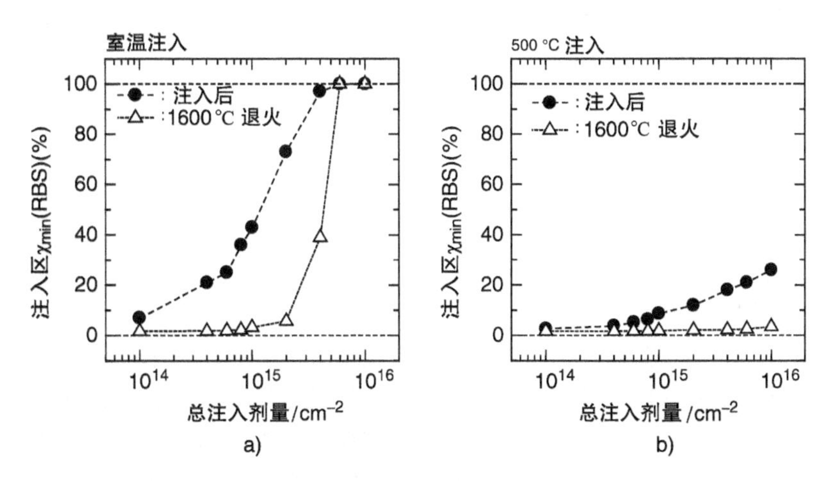

图 6-8　不同注入剂量下用 Rutherford 背散射谱法（RBS）沟道测量得到的 χ_{min} 值。测量结果是分别在 a）室温和 b）500℃下在向 SiC（0001）样品中注入氮原子测量得到的。图中所示为注入后和 1600℃退火后样品的 χ_{min} 值（200nm 深箱式分布）

离子注入中的损伤积累和注入剂量基本上按比例增加，直到发生完全非晶化[29]。当低注入剂量时，由于碳原子的低位移能阈值，碳亚晶格损伤积累速率比硅亚晶格快。但是，碳和硅亚晶格发生非晶化的剂量基本相同[30]。在高温注入的情况下，注入区域可以保持原有的晶体结构而且很容易恢复。对于磷、铝和硼离子注入都有相似的结果。因此，这是六方 SiC 晶系离子注入相同和独特的性质。由于 SiC 有复杂的多型体及低堆垛层错能，离子注入中保持原有晶体结构很重要[5, 6, 31-34]。一旦由于高剂量注入导致注入区域变成完全非晶态，就不能保证晶格修复成原来的晶型。这是 SiC 中采用高温注入的主要原因，特别是当注入剂量较高时。虽然取决于注入物质和能量，但室温注入的临界剂量大约低至中值 $10^{15}cm^{-2}$，超过临界剂量注入区将变为非晶态。值得注意的是，注入剂量较低，注入区域损伤不严重时，高温注入的优势不明显。例如，当注入剂量在 $1\times10^{13}\sim1\times10^{14}cm^{-2}$（或更低）范围内时，并不总是需要高温注入，电学特性数据对此提供了进一步的支持。

图6-9是4H-SiC（0001）中氮或磷注入在1700℃退火30min后方块电阻和总注入剂量的关系[35]。采用室温或500℃下多步注入形成200nm深箱式注入分布。这里考虑的是采用高剂量注入形成 n^+ 区域。方块电阻通常采用范德堡方法测量。当注入剂量相对较低（$<3\times10^{14}cm^{-2}$）时，无论注入物质（N^+或P^+）或注入温度（室温或500℃）如何，方块电阻都没有显著的差别。在室温注入的情况下，当注入剂量大约为 $(0.7\sim1)\times10^{15}cm^{-2}$ 时，方块电阻有一个最小值，随着注入剂量的增大，方块电阻也随之增大。如上所述，在这种高剂量区域，室温注入造成的晶格损伤很严重，导致激活退火后注入区域含有很高密度的堆垛层错及3C-SiC晶粒。另一方面，对于高温注入，方块电阻随着注入剂量的增加持续降低。氮注入区域的方块电阻在300Ω/□几乎饱和，可能受到SiC中氮原子相对较低的固溶度限制。由于更高的固溶度极限，高温注入磷可以得到低得多的方块电阻（30~50Ω/□）[35-37]。据报道，高剂量砷离子注入也可以得到较低的方块电阻，在200Ω/□以下[38]。SiC中氮或磷注入的系统性研究可以在很多文献中找到[39-46]。所得的方块电阻足够低，可以满足大部分器件制作的需求。值得注意的是，当采用SiC（11$\bar{2}$0）时，即使在室温下大剂量注入，也可以实现很好的晶格修复和高激活率[47]。为提高工艺吞吐量并减少扩展缺陷的形成，研究了使用大功率红外灯[48]或微波加热[49]的快速热退火工艺。

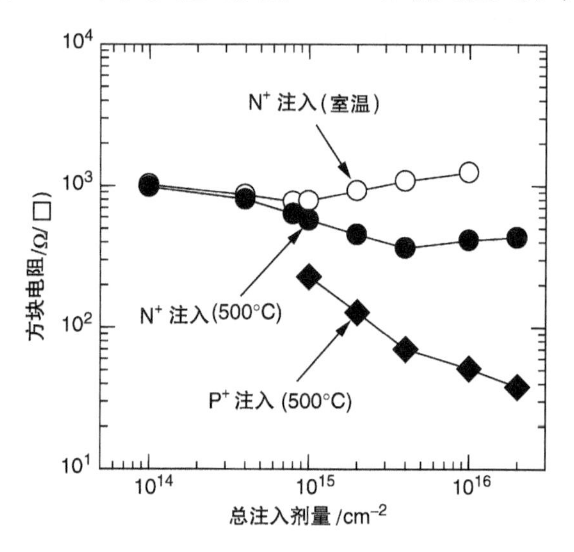

图6-9 4H-SiC（0001）中氮或磷注入在1700℃退火30min后方块电阻和总注入剂量的关系

基于这些结果，当制作重掺杂 n^+ 区域（$>>10^{19}cm^{-3}$）时，采用高温磷注入。当制作中等掺杂n区域时，掺杂元素和注入温度的选择并不严格。

6.1.3 p型区的离子注入

铝是SiC中常用的受主，在离子注入中也一样。如下面所述，硼注入会造成一些不必要的现象，因此在工业界器件制作中不常用。和n型注入一样，可以用

SRIM程序很好地预测注入分布（除了拖尾区域）。图6-10是铝离子注入分布及SiC中铝和硼离子注入的投影射程（R_p）和分散度（ΔR_p）与注入能量的关系[20-23]。与氮和磷离子注入一样，即使在1600~1700℃高温退火后，注入的铝原子的扩散也很小。但是注入的硼原子在激活退火过程中有明显的向外扩散和向内扩散[6,50]。向外扩散会造成部分注入硼原子的损失；向内扩散将导致结深远大于设计深度。普遍认为硼原子扩散增强是由注入引起的损伤通过替位机制导致的[51,52]。离子注入引入的硼间隙原子具有很大的扩散常数，在1400~1500℃就已经开始扩散。在硼掺杂外延层中同样存在损伤增强扩散。当硼掺杂外延层中注入任何离子后，在后续1600~1800℃的退火过程中硼原子出现异常的扩散[53]，这一扩散导致设计的受主深度分布完全失效。因此，在器件研发中，即使制作外延层时，硼也不是很好的选择。

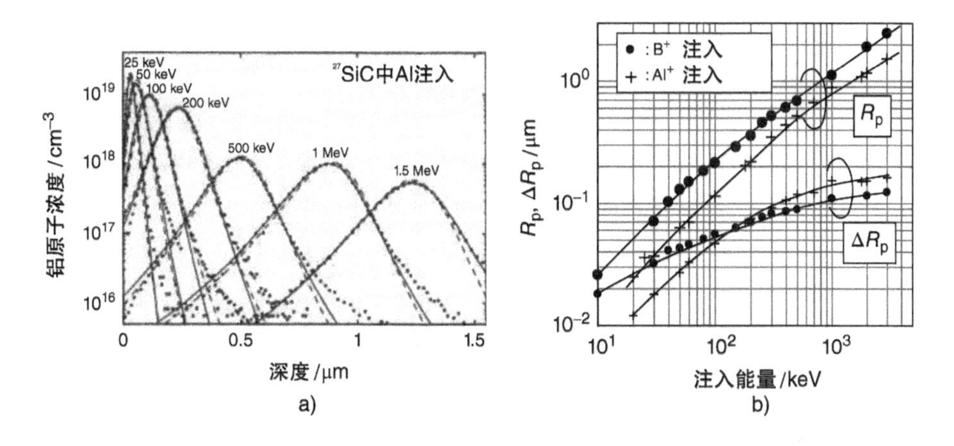

图6-10 a）铝离子注入分布[22]（由AIP出版有限责任公司授权转载），b）SiC中铝和硼离子注入的投影射程（R_p）和分散度（ΔR_p）与注入能量的关系[20-23]

图6-11是SiC中注入铝或硼的电激活率与退火温度的关系[54]。采用多步离子注入制作400nm深箱式分布，总注入剂量为$1\times10^{14}\mathrm{cm}^{-2}$，对应的箱式分布内掺杂原子浓度为$2\times10^{18}\mathrm{cm}^{-3}$。注入采用轻掺杂p型外延层，在室温下进行，随后在Ar气氛中进行30min不同温度的激活退火。电激活受主浓度通过Ti/SiC肖特基结构的$C-V$特性推算得到。在退火温度低于1400℃时，注入区域为高阻态。要实现几乎完美的（>90%）激活率，需要1600℃或更高温度的退火，与氮或磷离子注入结果一致（见图6-7）。对快速热退火也已开展研究[55]。

器件制作中的高温退火，不仅为了高的电激活率，而且为了实现良好的结特性[56-58]。图6-12是不同退火温度下Al^+注入4H-SiC pn结二极管漏电流密度柱状图。实验在8μm厚轻掺杂n型外延层中进行Al^+注入制作pn结。漏电流在反向电压500V下测量。虽然这些二极管的击穿电压约为1400V，与退火温度关系不大，但漏电流分布明显与退火温度相关，如图6-12所示。1550℃退火的二极管漏电流相当大，在1700℃或更高温度退火的二极管漏电流显著减小。

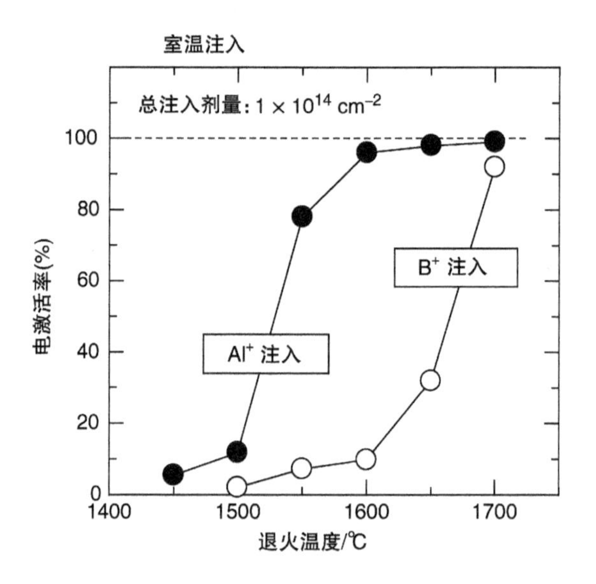

图 6-11　SiC 中注入铝或硼的电激活率与退火温度的关系[54]。注入在室温下进行（总注入剂量：$1\times10^{14}cm^{-2}$）

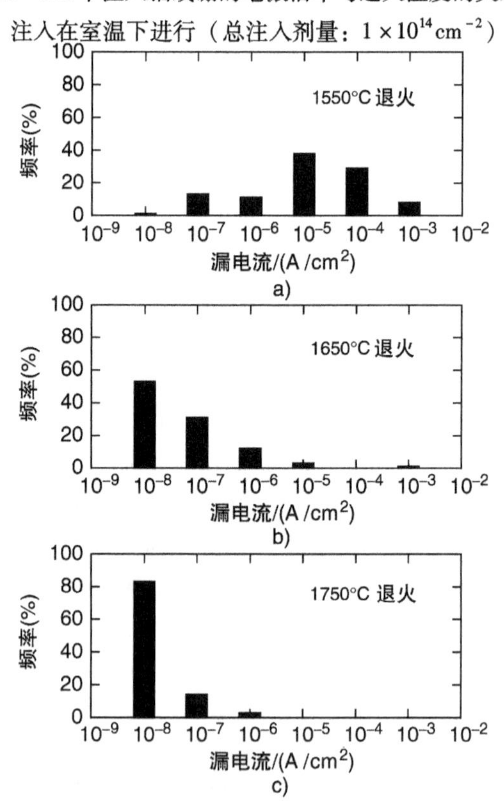

图 6-12　不同退火温度下 Al^+ 注入 4H－SiC pn 结二极管漏电流密度柱状图：a）1550℃、b）1650℃和 c）1750℃。Al^+ 离子注入在室温下进行

图6-13是多步注入制作200nm深箱式分布的铝和硼原子深度分布[59]。展示了两种注入情况下退火前（注入后）及1700℃ Ar气氛退火1min和30min的深度分布。图中还画出了电激活受主浓度深度分布。受主浓度深度分布通过测量不同偏压下Ti/SiC肖特基结构的$C-V$特性得到。在这个实验中，采用轻掺杂p型外延层（$N_A=7\times10^{15}cm^{-3}$）研究注入拖尾区域的激活率[59]。在铝离子注入中（见图6-13a），注入的铝分布在退火过程中没有变化（就是说铝原子的扩散很少），受主浓度深度分布与SIMS测量得到的注入原子浓度深度分布完全吻合。这一结果表明在箱式分布区域及拖尾区域中，注入铝原子的电激活率几乎完美（>95%）。但是，在硼离子注入中（见图6-13b），如上所述，出现了大量的向外扩散和向内扩散。虽然在更深的区域（>0.5μm），激活率相对较高，但在注入拖尾区域（约0.3μm），激活受主浓度深度分布出现明显的下降。用深能级瞬态谱（DLTS）进行缺陷分析表明，在拖尾区域附近产生了高浓度（$>10^{15}cm^{-3}$）的D中心（$E_v+0.45eV$）[59]。虽然碳共注入可以有效地降低硼原子异常扩散和D中心的产生[6,50,60]，但是不能完全抑制。此外，硼受主的高电离能阻碍了硼注入形成低阻p型SiC[6,60,61]。

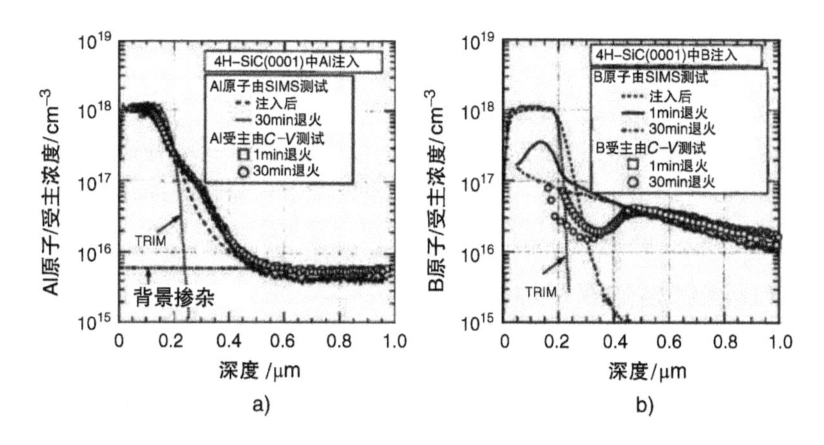

图6-13 多步注入制作200nm深箱式分布的a）铝和b）硼原子深度分布[59]（由AIP出版有限责任公司授权转载）。展示了退火前（注入后）及1700℃ Ar气氛退火1min和30min的深度分布

图6-14是4H-SiC（0001）中铝注入经过1800℃退火30min后，方块电阻与总注入剂量的关系[62]。采用室温或500℃下多步注入制作200nm深箱式分布。这里考虑的是高剂量注入制作p^+区域。与氮和磷注入的情况相似，当注入剂量高于$1\times10^{15}cm^{-2}$时，高温注入的优势变得显著。对于高温注入，铝注入区域的方块电阻几乎在3kΩ/□时饱和。碳共注入可以得到稍小的方块电阻，可能因为碳富集增强了注入的铝原子对硅原子的替位。相对较高的方块电阻部分归因于SiC中较低的空穴迁移率。本征迁移率被注入引入的缺陷进一步降低，在参考文献［63-67］

中可以找到详细的分析。虽然为了获得 p 型导电类型，研究了在 SiC 中注入镓[68]和铍[69]，但是由于杂质的电离能较高，得到的方块电阻相对较大。

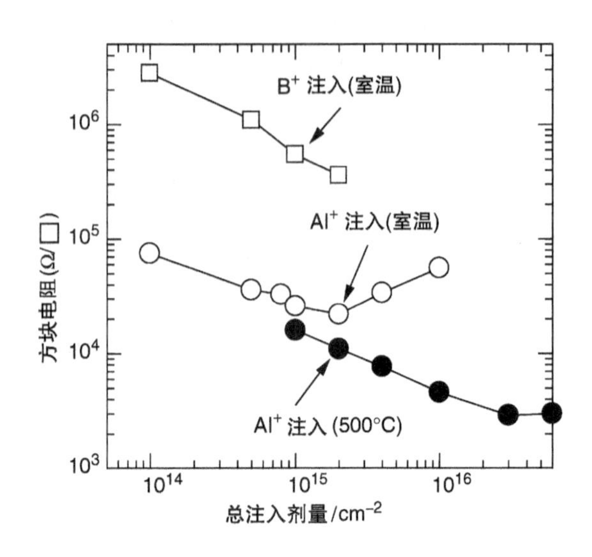

图 6-14　4H - SiC（0001）中铝注入经过 1800℃退火 30min 后，方块电阻与总注入剂量的关系[62]

因此，制作重掺杂 p^+ 区域（ $>> 10^{19}cm^{-3}$ ）时，需采用高温铝注入。但是，铝注入区域的电阻率仍相对较大，必须在设计和测量 SiC 器件时仔细考虑。制作中等掺杂 p 型区域时，室温铝注入后高温退火就已经足够。

6.1.4　半绝缘区域的离子注入

离子注入制作半绝缘区域有两种方法。第一种方法是通过离子轰击在能带中形成非常深的能级，造成本征缺陷。第二种方法是注入特殊的杂质形成非常深的能级。对于第一种情况，研究了质子[70,71]及氦、氖、氩[72]等惰性原子或自身元素（硅或碳）[73]的离子。当形成的深能级达到足够高的密度时，杂质元素得到完全补偿，费米能级被钉扎在主要的深能级附近。当这些离子注入到 n 型 4H - SiC 或 6H - SiC中时，可以实现超过 $10^5\Omega \cdot cm$ 的高电阻率。当剂量注入足够高时，经高温退火后仍可保持半绝缘特性。离子注入产生的主要深能级在 6.1.6 节中介绍。

一些金属杂质可以在 SiC 中形成很深的能级，其中钒是应用最广泛的一种杂质[74]。钒掺杂也可用于升华生长半绝缘 SiC 晶圆[75]，在 3.4.4 节中已有介绍。因此，钒离子注入是另一种制作半绝缘 SiC 的方法。图 6-15 是 $n^+/n^-/n^+$ 和 $p^+/p^-/p^+$ 6H - SiC 结构钒注入的电流密度 - 电压特性[76]。在两种结构中，都是在轻掺杂外延层中注入钒制作 300nm 深箱式分布。箱式分布中钒的浓度大约为 $2 \times 10^{17} \sim 3 \times 10^{17}cm^{-3}$，高于外延层掺杂浓度（$4 \times 10^{16}cm^{-3}$），低于钒的固溶度极限（约 4 ×

$10^{17}cm^{-3}$)。经过30min1500℃注入后退火，注入的钒原子得到电激活，n型SiC注入区域的电阻率增大至$1\times10^{6}\Omega\cdot cm$，p型SiC注入区域的电阻率增大至$1\times10^{11}\Omega\cdot cm$。在n型6H-SiC中，钒在$E_c-0.7eV$处形成类受主能级，在p型6H-SiC中，钒在$E_v+1.5eV$处形成类施主能级[74]。由于p型SiC中钒的能级更深，在钒注入的p型SiC中费米能级被钉扎在禁带中央，因此有更大的电阻率。

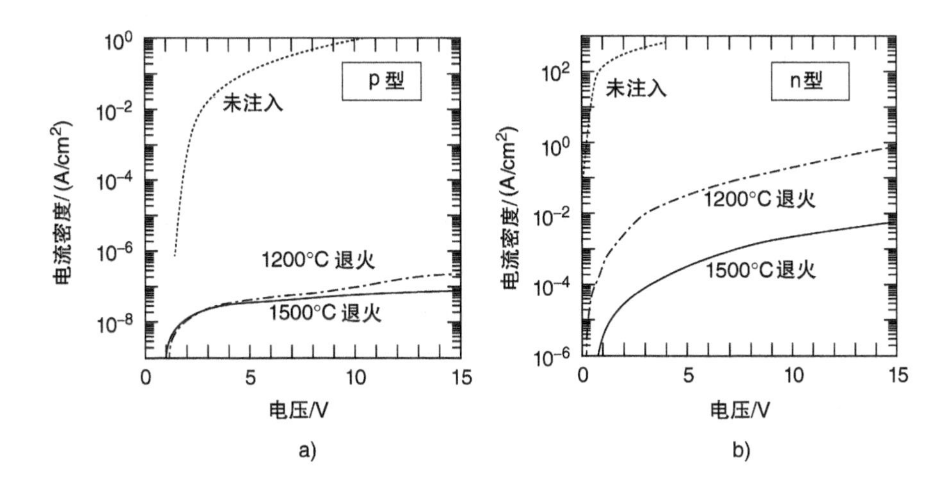

图6-15 a) $n^+/n^-/n^+$和b) $p^+/p^-/p^+$ 6H-SiC结构钒注入的电流密度-电压特性[76]

(由AIP出版有限责任公司授权转载)

虽然离子注入可用于选择性地形成半绝缘区域，但是这种方法制作的半绝缘区域的深度被严格限制在1~2μm以内。如果需要很厚的半绝缘区域，电子辐照是一种更有力的技术。200~400keV电子辐照可以制作几十微米厚的半绝缘区域[77]。当电子束能量密度足够大时，即使经过1700℃高温退火后，半绝缘特性仍可保持稳定。

6.1.5 高温退火和表面粗糙化

如前面几小节所述，注入后退火必须在1600~1700℃的极高温度下进行，以获得合理的晶格修复率和高的电激活率。即使在500~1000℃下高温注入，退火温度也不能降低。主要原因是离子注入产生的造成杂质补偿的几个深能级的热稳定性。

在高温退火过程中通常可以看到SiC表面的恶化，如果没有特殊的预处理，在经过退火后，会完全失去平整的表面[78]，最少有两种机制导致表面恶化。

1. SiC表面Si析出

Si析出会导致表面石墨化以及严重的粗糙化。当SiC在真空中退火时，这一现象自然得到增强（即使对于未注入的SiC表面，真空中在900~1000℃时就已发生显著的 Si 析出)。人们在早期阶段研究了 Si 过压并取得了一些成果。例如，尝试退火时在纯 Ar 气氛中添加 SiH_4 气流或在 SiC 样品表面引入一些 Si 材料，表面粗糙度得到了改善[79,80]。但是，这一技术难以抑制下面提到的第二种机理。

2. 表面原子迁移

Si[81] 和其他任何物质在高温下都会发生表面原子迁移。表面迁移主要的驱动力是晶体表面能最小化。对于六方 SiC 晶型，为了得到高质量的同质外延，会在 SiC（0001）晶圆上制作几度的偏轴角度。由于 SiC（0001）具有相当较高的表面能，高温下会发生显著的表面原子迁移，形成宏观台阶，以达到总表面能最小化。用合适的材料覆盖表面可以有效地抑制这一现象，因为表面原子失去了移动的自由。合适的覆盖层对于减小 SiC 表面的 Si 析出也有作用。到目前为止，研究了像 SiO_2、Si_3N_4、AlN[82] 和碳[35] 等覆盖材料。SiC 面对面的结构也有研究。在这些材料中，碳覆盖层有最成功的结果[35]，并在工业界大部分的 SiC 器件生产中得到应用。

图 6-16 是 Al^+ 注入的偏轴 4H - SiC（0001），经过 5min1800℃退火后有碳膜覆盖和没有碳膜覆盖的原子力显微镜（AFM）图像。总注入剂量是 $1\times10^{16}cm^{-2}$。表面粗糙度定义为高度差的方均根值（r_{rms}），有碳膜覆盖的样品 $10\times10\mu m^2$ 区域的表面粗糙度是 1.0nm，而没有保护的样品，由于宏观台阶的形成，表面粗糙度要大得多（$r_{rms}=16.4nm$）。图 6-17 是 P^+ 注入的 SiC（0001）样品经过 1700℃ 退火 20min，有碳膜和无碳膜的情况下，注入剂量和表面粗糙度（$10\times10\mu m^2$ 区域）的关系。当无表面保护时，粗糙度随注入剂量增大而显著增大。更大剂量的注入产生更多的断裂键，导致更多的原子在更低的温度下就可以迁移（就是说注入损伤降低了迁移势垒）。相反，即使对于大剂量注入，使用碳膜覆盖层也可以减小表面粗糙度。碳膜覆盖层可以通过 RF 溅射或光刻胶碳化的方法制作。在高温退火过程

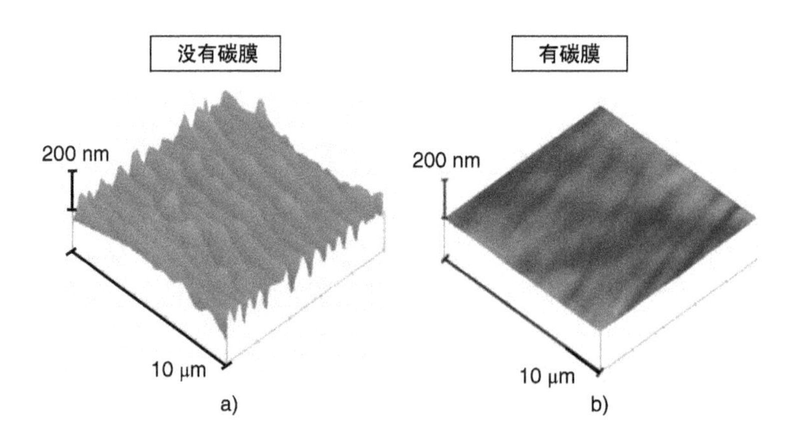

图 6-16　Al^+ 注入的偏轴 4H - SiC（0001），经过 5min 1800℃退火后，
a）有碳膜覆盖和 b）没有碳膜覆盖的原子力显微镜（AFM）图像。总注入剂量是 $1\times10^{16}cm^{-2}$

中，在碳和 SiC 界面没有化学反应发生。退火后，碳膜覆盖层可以轻易地通过 O_2 等离子体（灰化）或低温（700 ~ 800℃）氧化去除；在这一过程中，SiC 仅有轻微的氧化（小于几纳米）。

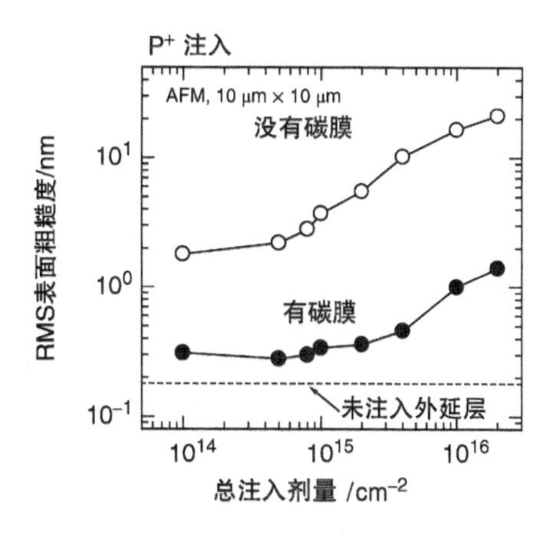

图6-17 P^+注入的 SiC（0001）样品经过1700℃退火 20min，有碳膜和无碳膜的情况下，注入剂量和表面粗糙度（$10\times10\mu m^2$ 区域）的关系

6.1.6 离子注入及后续退火过程中的缺陷形成

离子注入过程中的高能离子轰击造成相当大的 Si 和 C 原子位移。Si 和 C 原子被从晶格位置中踢出，这些被踢出的原子很大一部分停留在间隙位置，在原来的位置上留下空位。在 SiC 中，C 的位移比 Si 的位移容易得多。在注入后的退火过程中，产生的空位和间隙原子具有更高的移动性，会形成复杂的点缺陷，例如空位团簇、间隙原子团簇及反位 – 空位对等。离子注入产生的间隙原子和空位的密度分布可以用 SRIM 代码来估算。空位、间隙原子和反位也可以与注入的杂质原子或本体材料中的掺杂原子相结合。所有这些点缺陷都会造成禁带中的局部能级（浅能级或深能级）。此外，产生的点缺陷密度非常高，它们经常在退火过程中分隔注入区域，造成扩展缺陷，例如位错环和堆垛层错。由于退火激活在高温下进行，材料中可能引入额外的应力，导致新位错的产生或已存在位错的移动。

参考文献［83 – 86］对离子注入工艺产生的浅能级和深能级进行了详细的研究。图6-18 是 n 型和 p 型 4H – SiC 外延层中 Al^+注入的 DLTS 谱图[86]。这里，Al^+注入是在室温下进行的，随后经过 1700℃退火 20min。总注入剂量较低，为 $6\times10^{10}cm^{-2}$，对应的杂质浓度约为 $1\times10^{15}cm^{-3}$。因此，注入后样品仍保持原有的导电类型（n 型或 p 型）。注入产生的主要深能级是 $Z_{1/2}$（$E_c-0.63eV$）[83]、EH6/7 中心（$E_c-1.55eV$）[87]和 HK4 中心（$E_v+1.45eV$）[88]。需要注意的是，这些深能级在任何种类的离子注入 4H – SiC 样品中都是常见的，例如 Al^+、N^+、P^+、Ne^+和 Ar^+。另外，产生的深能级的浓度可能超过注入离子的浓度。这些结果表明，这些低剂量离子注入产生的主要深能级来自于本征缺陷，并不含有特定的杂质。

图6-19 是 4H – SiC 中注入 Al^+、N^+、P^+和 Ne^+的 $Z_{1/2}$中心浓度的深度分布[86]。对于所有的注入离子种类，都采用多步注入制作了 800nm 深的箱式分布，在图中用虚线表示。箱式分布内的 $Z_{1/2}$中心浓度比注入离子浓度更高，而且在样品内部的深度分布延伸比注入拖尾更深。如 5.3.2 节所述，$Z_{1/2}$中心会降低载流子寿命，这是离子注入制作的 pn 结比外延形成的 pn 结有更高的导通阻抗和更快的开关

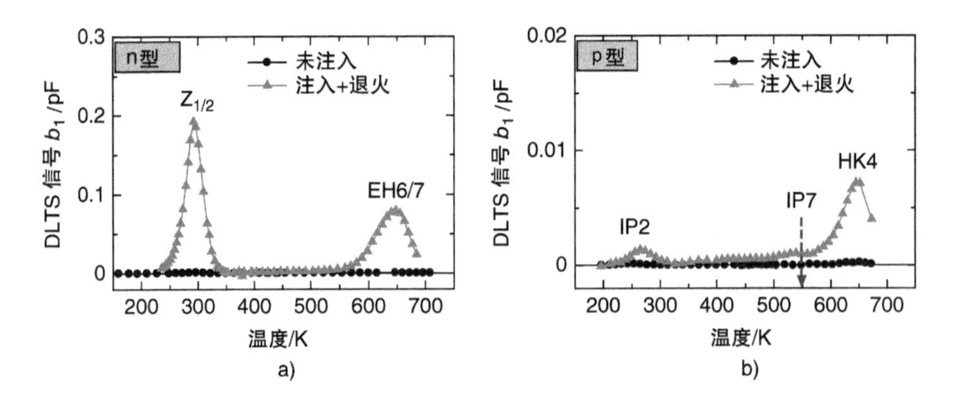

图 6-18 a）n 型和 b）p 型 4H – SiC 外延层中 Al^+ 注入的 DLTS 谱图[86]。这里，Al^+ 注入是在室温下进行的（总注入剂量：$6\times10^{10}cm^{-2}$），随后经过 1700℃退火 20min

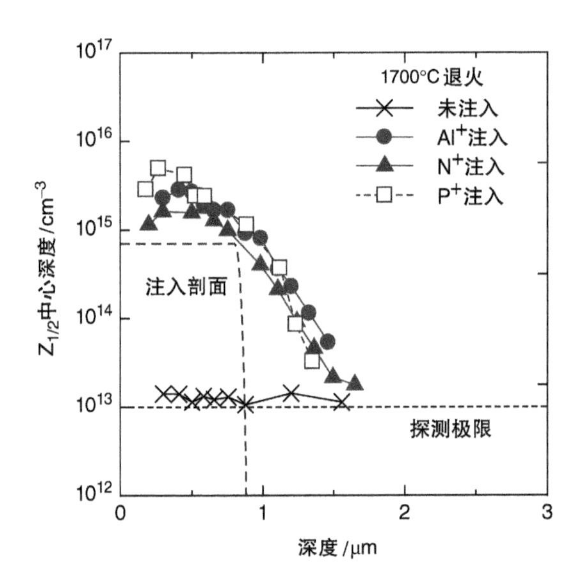

图 6-19 Al^+、N^+、P^+ 和 Ne^+ 注入的 4H – SiC 中 $Z_{1/2}$ 中心浓度的深度分布[86]（由 AIP 出版有限责任公司授权转载）。对于所有的注入离子种类，都采用多步注入制作了 800nm 深的箱式分布，在图中用虚线表示

速度的主要原因之一[89,90]。如果激活退火后进行合适的热氧化工艺，可以将高浓度的 $Z_{1/2}$ 中心降低至原先的 1/10 ~ 1/30[91]。

图 6-20 是 n 型 4H – SiC 外延层中 P^+ 注入和 p 型 4H – SiC 外延层中 Al^+ 注入的 DTLS 谱图[86]。总注入剂量相对较高，为 $8\times10^{13}cm^{-2}$，对应的杂质浓度约为 $1\times10^{18}cm^{-3}$。Al^+ 注入是在室温下进行的，随后经过 1700℃退火 20min。DLTS 谱图包

含若干重叠的峰值，表明存在能量近似的多个深能级。观测到的深能级的总密度达到低于$10^{16}cm^{-3}$，对应于3%～10%的注入原子密度。因此，这些能级作为载流子俘获中心，增大了注入区域的电阻率。热氧化同样可以大幅度地减少这些深能级，表明这些缺陷包含碳空位[91]。

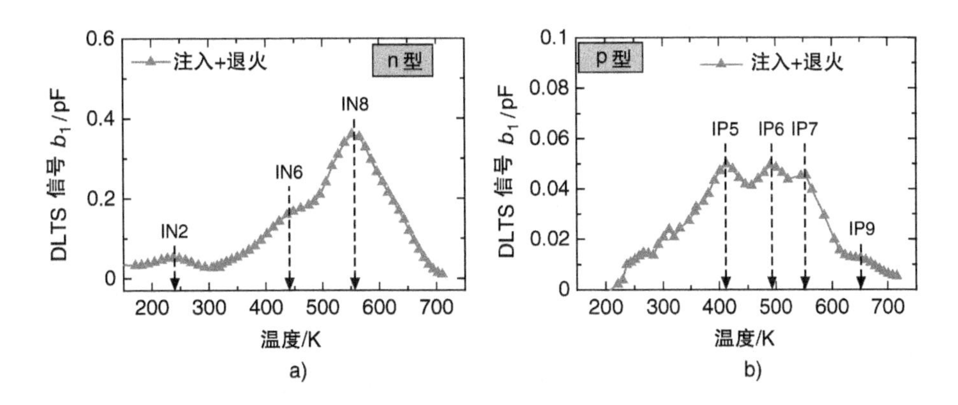

图6-20 a）n型4H-SiC外延层中P^+注入和b）p型4H-SiC外延层中Al^+注入的DTLS谱图[86]。总注入剂量相对较高，为$8\times10^{13}cm^{-2}$，对应的杂质浓度约为$1\times10^{18}cm^{-3}$。Al^+注入是在室温下进行的，随后经过1700℃退火20min

用TEM和X射线的方法对注入SiC中的缺陷进行进一步研究[92-95]。图6-21是典型的注入后4H-SiC的TEM截面[93]。Al^+注入（总注入剂量：$7\times10^{14}cm^{-2}$）在室温下进行，随后经过1700℃退火30min。在注入区内部，可以观测到很高密度的小的暗区域。尽管暗区域的密度和大小取决于注入剂量、退火温度及注入粒子，这些仍是TEM观测注入后SiC的常见特征。

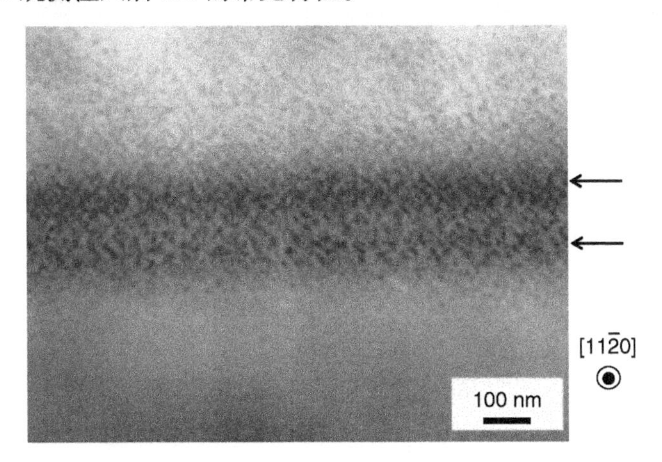

图6-21 典型的注入后4H-SiC的TEM截面[93]。Al^+注入（总注入剂量：$7\times10^{14}cm^{-2}$）在室温下进行，随后经过1700℃退火30min

图6-22是6H-SiC中B^+注入的高分辨率TEM截面照片[93]。应当注意，图中总可以观察到与图6-21中暗区域放大后类似的结构。可以观察到在{0001}基矢面，存在外在的堆垛层错（附加平面），在堆垛层错边缘存在Fank型部分位错。另外，堆垛层错两端都存在基矢面扭曲。图6-23是离子注入和退火造成的附加平面中的原子数与注入剂量的关系[93]。引人注目的是附加平面中的原子总数与注入剂量成正比，而且绝对数量几乎和注入离子数量是相同的。这一结果表明，Si和C原子由于离子轰击被踢出成为可移动的，在退火过程中隔离在基矢面中，导致形成附加平面。此外，大剂量注入区域出现相对于原始c轴的晶格倾斜[96]。图6-24是4H-SiC中P^+注入的（0008）反射倒易空间图（RSM），磷原子浓度为1×10^{19} cm^{-3}、$5\times10^{19}cm^{-3}$、$1\times10^{20}cm^{-3}$。注入后在1800℃退火10min。在大注入剂量样品的RSM中，可以看到两种分别源自注入层和外延层的不同的反射峰。这些图像表明了注入层c晶格常数的增大（q_z：[0001]减小）。此外，注入层的峰值在略有不同的q_x值处（q_x：[$11\bar{2}0$]），表示有晶格倾斜。倾斜角度随着注入剂量的增大而增加，倾斜方向总是沿着偏角的上游方向，而与注入元素（N^+、P^+和Al^+）无关[96]。当然，这些扩展缺陷影响了注入区域的载流子输运[97,98]。

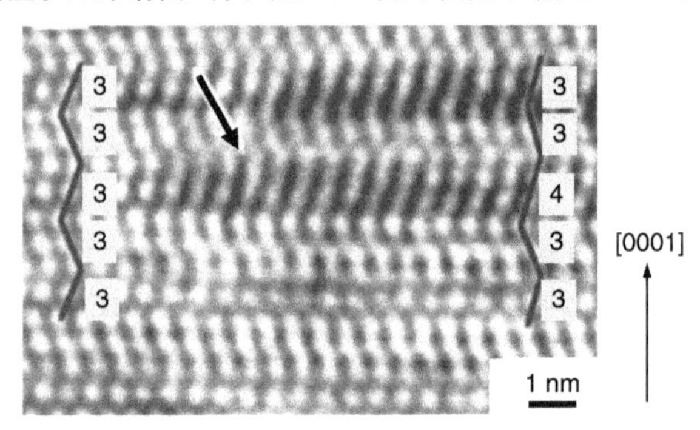

图6-22 6H-SiC中B^+注入的高分辨率TEM截面照片[93]（由AIP出版有限责任公司授权转载）。应当注意，图中总可以观察到与图6-21中暗区域放大后类似的结构

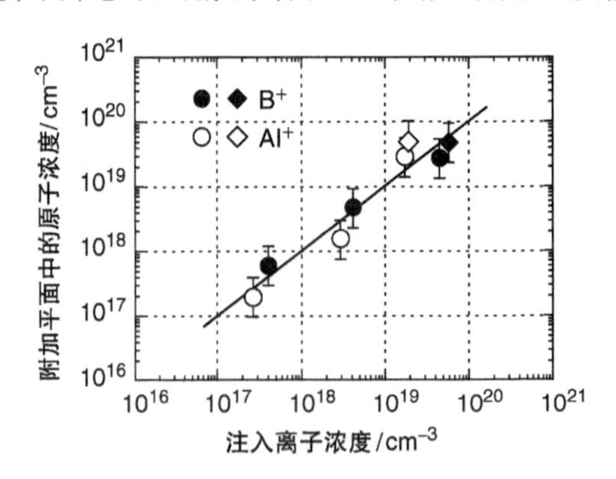

图6-23 离子注入和退火造成的附加平面中的原子数与注入剂量的关系[93]
（由AIP出版有限责任公司授权转载）

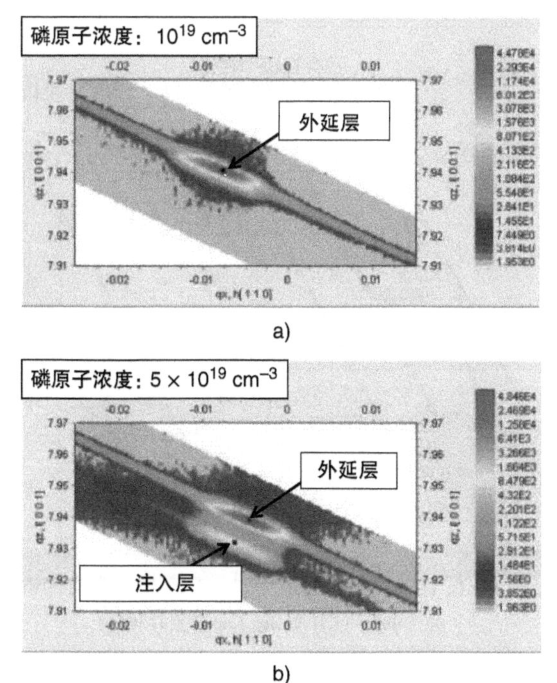

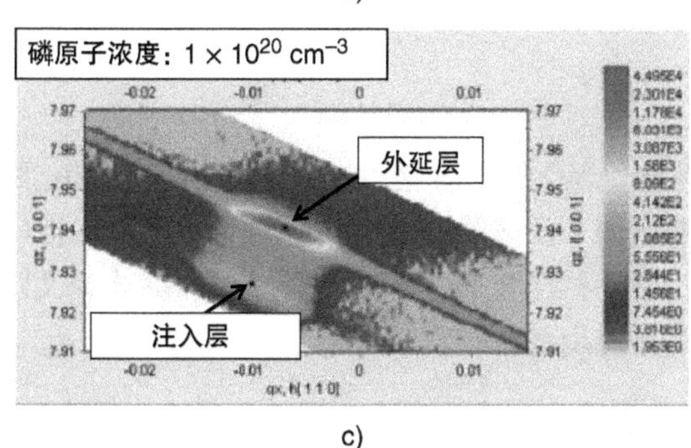

c)

图6-24 4H-SiC中P^+注入的（0008）反射倒易空间图（RSM），磷原子浓度为
a）1×10^{19}cm^{-3} b）5×10^{19}cm^{-3} c）1×10^{20}cm^{-3}[96]
（由AIP出版有限责任公司授权转载）

在高温激活退火时，SiC表面会产生新位错，还可以观察到已存在位错的滑移运动。图6-25是注入的SiC在1600～1800℃退火时，观察到的典型现象的示意图[11,99]。①表面上从基矢面产生新的位错半环。这个位错半环的底部通常在注入区和外延层的界面处。②表面和外延层/衬底界面附近已存在的基矢面位错可能发生迁移（滑移运动），导致形成新的界面位错。③表面附近可能形成肖特基型堆垛层错（图中未画出）。对于①和②，失配应力（由较大的掺杂浓度差异造成）和热应力可能是位错成核或滑移运动的驱动力[100]。通过改善退火炉内的温度梯度，可以抑制已存在基矢面位错的滑移[101]。

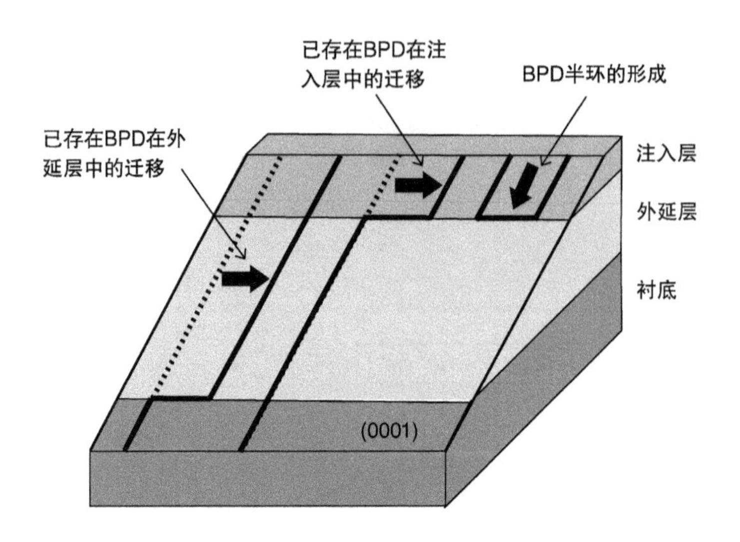

图 6-25　注入的 SiC 在 1600~1800℃退火时，观察到的典型现象的示意图[11,99]
（由 Wiley-VCH Verlag KmbH 授权转载）

6.2　刻蚀

对于化学试剂来说，SiC 是非常惰性的材料，SiC 的湿法腐蚀非常困难。在室温下，酸或碱都不能腐蚀 SiC 单晶。反应离子刻蚀（RIE）被广泛用于在 SiC 上制作台面和沟槽结构。有一些已发表的干法刻蚀 SiC 的综述论文[102,103]。高温下的气体刻蚀在一些应用中是有用的。

6.2.1　反应性离子刻蚀

RIE 刻蚀 SiC 相对较为简单，用于 Si 及其他半导体材料的商业化 RIE 系统也可用于刻蚀 SiC。RIE 刻蚀 SiC 既不需要特殊的刻蚀气体，也不需要高温，但是相对于 Si 而言，SiC 的刻蚀速率较低。在 RIE 中，等离子产生的活性自由基向 SiC 表面扩散并发生化学刻蚀反应。正离子在等离子鞘层中加速，给 SiC 表面带来离子轰击并发生物理刻蚀。已研究了电容耦合等离子体反应离子刻蚀（CCP-RIE）[104-111]、电感耦合等离子体反应离子刻蚀（ICP-RIE）[112-116]和电子回旋共振（ECR）等离子体[117-120]对 SiC 的刻蚀。

刻蚀气体系统可以归为如下三类：

1）氟基气体：SF_6、CF_4、NF_3、BF_3、CHF_3。

2）氯基气体：Cl_2、$SiCl_4$、BCl_3。

3）溴基气体：Br_2、IBr。

经常在反应中加入 O_2和 Ar，用于增强碳原子的去除或增加活性反应物的浓度，特别是在氟基气体反应中。RIE 刻蚀 SiC 和 Si 的主要区别在于控制碳的去除。关于刻蚀速率方面，氟基气体通常具有更高的刻蚀速率。在 SiC 的干法刻蚀中，主要的反应机理是由反应副产物的挥发性和离子化反应物的能量来决定的。在实践中，这反映为刻蚀气体、等离子气压、样品电极的偏压（或功率）的选择[121]。表 6-2 是用氟基和氯基气体刻蚀 SiC 时潜在反应物的沸点。氟化产物比氯化产物更易挥发，这可能是造成氟基气体具有更高刻蚀速率的一个原因。图 6-26 是不同氟化气体组合进行 CCP－RIE 刻蚀 SiC 时的速率，包括没有添加 H_2和添加了 H_2[110]。虽然 NF_3是一种毒性气体，但用 NF_3刻蚀 SiC 具有最高的速率。添加 O_2增大了刻蚀速率，而添加 H_2减小了刻蚀速率。注意，(0001) 和 $(000\bar{1})$ 晶面具有几乎相同的刻蚀速率。

表 6-2　用氟基和氯基气体刻蚀 SiC 时潜在反应物的沸点

刻蚀产物	SiF_4	$SiCl_4$	CF_4	CCl_4	CO_2	CO
沸点/℃	－86	58	－128	77	－79	－192

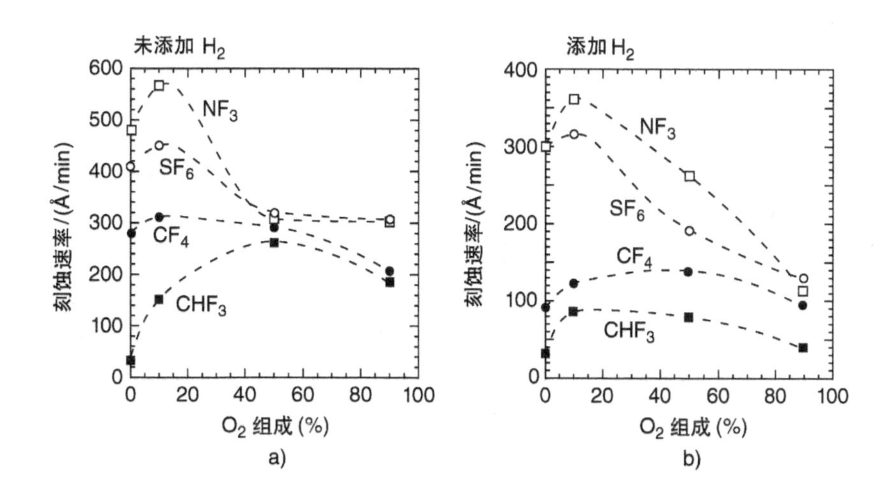

图 6-26　不同氟化气体组合进行 CCP－RIE 刻蚀 SiC 时的速率：
a）没有添加 H_2　b）添加了 H_2[110]

高密度等离子源，例如 ICP、螺旋波等离子体或 ECR 等离子体，通常可以提高 SiC 的刻蚀速率。特别是 ICP－RIE，由于高密度等离子体的产生和样品上的 RF 偏压（离子能量）可以独立控制，这是一项很有吸引力的刻蚀技术[121]。图 6-27 是采用 Cl_2－Ar 气体的 ICP－RIE 刻蚀系统中 SiC 刻蚀速率和自偏压功率的关系。自偏压是一个关键参数，它决定了刻蚀的速率。通过增大自偏压功率，虽然造成了更多表面损伤，但是刻蚀速率确有显著的提高。有报道表明 RIE 刻蚀工艺在 n 型和 p 型 SiC 中会产生深能级[122]。这些缺陷可以在几微米的深度产生，影响掺杂浓度，特别是 p 型 SiC。通过热氧化，这些深能级中的大部分密度都可以降低一个数量级以上[122]。RIE 刻蚀 SiC 过程中确切的表面反应目前尚不清楚，迫切需要对刻蚀机理进行基础研究。

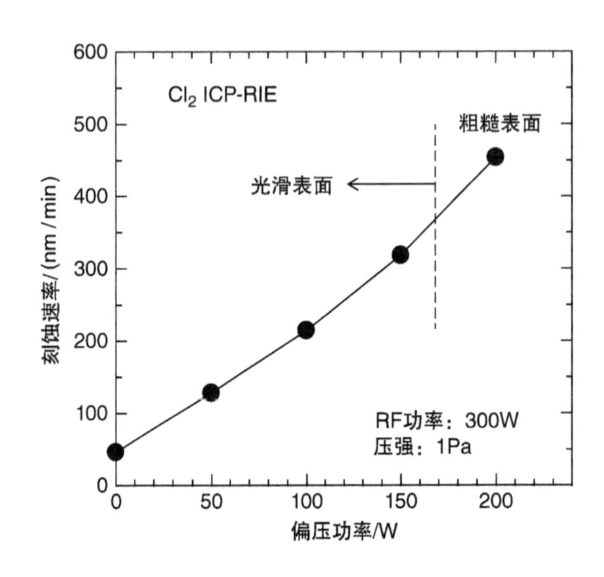

图 6-27　采用 Cl_2 – Ar 气体的 ICP – RIE 刻蚀系统中 SiC 刻蚀速率和自偏压功率的关系

虽然 SiC 本身的干法刻蚀很容易，但是获得一种高选择比的掩膜材料是有挑战性的。表 6-3 总结了不同掩膜材料与 SiC 的典型刻蚀选择比。光刻胶，通常在 Si 的 RIE 刻蚀中使用，由于选择比低，所以并不是很好的选择。这是不可避免的，因为 RIE 刻蚀 SiC 的气氛和条件经过调整已增强碳的刻蚀。可以通过使用金属材料，例如 Al、Ni 或 Cr，作为掩膜，可以轻易地获得高选择比（10 以上）。但是，RIE 刻蚀过程中会生成非挥发性的副产物，例如 Al_2O_3，这些副产物的小颗粒可能被吸附在表面。这些小颗粒作为“微掩膜”，在表面形成柱状小丘，导致相当大程度的表面粗糙化。这一现象在 Si 和其他半导体材料的 RIE 刻蚀中也是众所周知的[121]。通过在阴极使用石墨片，可以极大地减少微掩膜效应[106]。还可以通过增加 H_2减少微掩膜效应，因为 H_2促进了挥发性的 AlH_3的形成，可以有效地去除从 Al 掩膜或反应腔室侧壁溅射出来的 Al 颗粒[108,110,115]。这项工艺的一个缺点是降低了刻蚀选择比。在工业界的实际器件制造中，整个器件工艺中的金属污染应当尽量减少。因此，SiC 器件制造中不常用金属掩膜。在 RIE 刻蚀 SiC 中常用的掩膜材料是 CVD 淀积的 SiO_2。通过采用略微富氧的条件或通过增加自偏压，SiC 对 SiO_2的选择比可提高至 5 ~ 10 以上。

表6-3 不同掩膜材料与SiC的典型刻蚀选择比

掩膜	SiO_2	ITO	Al	Ni	光刻胶
氟基RIE	0.8~3	10~20	5~30	>50	<0.5
氯基RIE	4~15	3~10	2~10	—	<0.8

控制刻蚀形貌与刻蚀速率和选择比同样重要。图6-28是SiC刻蚀示例的扫描电子显微镜（SEM）照片。在图6-28a中，采用ICP-RIE和SiO_2掩膜形成了深宽比为3的沟槽[123]，侧壁倾斜角度约为85°。在图6-28b中，采用CCP-RIE形成了圆形底部的台面结构[124]。这个结构采用的是湿法工艺腐蚀SiO_2作为掩膜。湿法腐蚀形成的圆形形状通过相对低选择比的RIE刻蚀条件转移到了SiC上。这种台面结构结合离子注入结终端扩展可用于边缘终端结构[124]。此外，采用高温坚膜的厚光刻胶作为刻蚀掩膜，可以得到具有非常平缓斜角的台面结构，同样也是有用的终端结构[125]。干法刻蚀在制作SiC微机电系统（MEMS）中有广泛应用[126-128]。

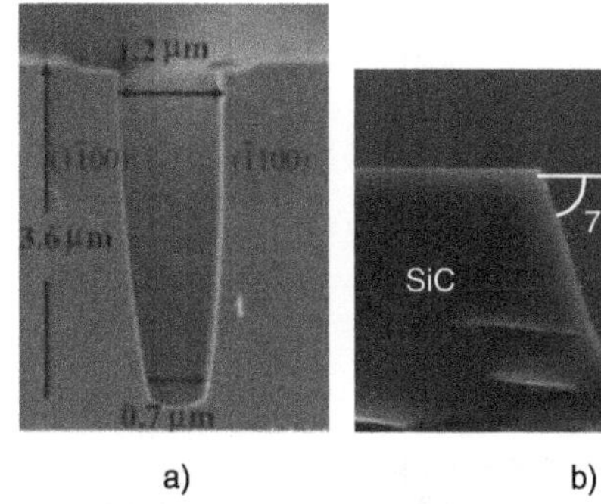

图6-28 SiC刻蚀示例的扫描电子显微镜（SEM）照片
a）采用ICP-RIE和SiO_2掩膜形成的深宽比为3的沟槽[123]（由日本应用物理学会授权转载）
b）采用CCP-RIE形成的圆形底部台面结构[124]

综上所述，SiC的RIE刻蚀工艺已有一定的研究，但刻蚀机理还不是完全清楚。提高刻蚀选择比和降低表面粗糙度（刻蚀的SiC表面及沟槽/台面侧壁）是尚未解决的问题。

6.2.2 高温气体刻蚀

对SiC高温气体刻蚀的研究从20世纪60年代开始。典型的刻蚀气体是H_2[129-131]、HCl + H_2[132-134]和Cl_2 + O_2[135,136]。图6-29是H_2[131]、HCl + H_2[134]和Cl_2 + O_2[136]对SiC的刻蚀速率的Arrhenius图。有报道称ClF_3可以获得很高的刻蚀速率[137]。H_2或HCl + H_2刻蚀常用于衬底在外延生长前的原位刻蚀。虽然刻蚀速率与压强有关，但在1500℃时，H_2的刻蚀速率大约是0.05~0.1μm/min，HCl(0.1%)/H_2的刻蚀速率大约是0.5~1μm/min。这些刻蚀工艺可以得到非常平坦的表面，在偏轴SiC {0001} 晶圆上形成周期性台阶结构[130,134]。另一方面，1000℃下Cl_2 + O_2对SiC（0001）晶面的刻蚀速率约为0.03μm/min，对SiC（000$\bar{1}$）晶面的刻蚀速率约为1μm/min。但是，这种刻蚀工艺在（0001）晶面上的位错处会形成相对较大的刻蚀凹坑。虽然高温气体刻蚀在SiC器件制作中不会作为主要的刻蚀工艺（用于制作台面或沟槽结构），但是对于获得光滑的沟槽侧壁是非常有用的[123,136]。

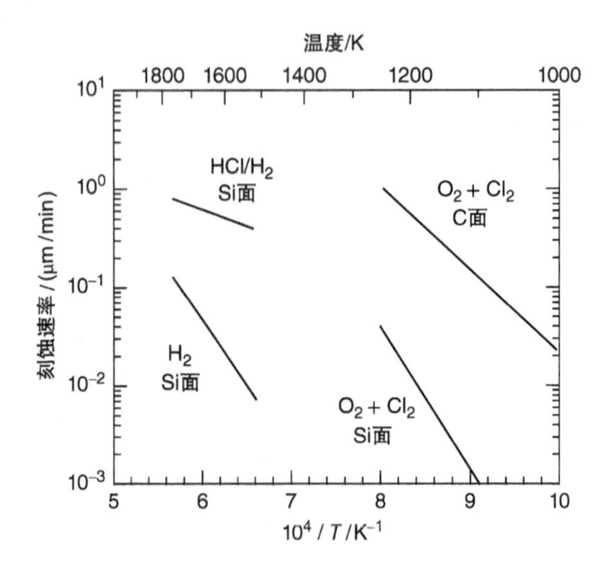

图6-29 H_2[131]、HCl + H_2[134]和 Cl_2 + O_2[136]对 SiC 的刻蚀速率的 Arrhenius 图

6.2.3 湿法腐蚀

SiC 在 450~600℃下可以被熔融的 KOH、NaOH 或 Na_2O_2腐蚀。在这些熔融盐中，SiC 先被氧化，随后氧化物被熔融盐去除[138]。但是，如 5.1.5 节所述，这个腐蚀过程通常会在表面形成位错坑或小丘。在随后的器件加工过程中，特别是氧化工艺中，必须避免严重的 K 和 Na 沾污。

SiC 可以通过电化学（或光电化学）方法进行腐蚀。在这些腐蚀工艺中，必须向表面提供空穴电荷来促使氧化反应。因此，在电化学腐蚀中，当样品上施加了正确的偏压后，p 型 SiC 可以被选择性地腐蚀，但 n 型 SiC 的腐蚀由于缺少空穴电荷而被抑制[139,140]。另一方面，在大于禁带宽度能量的光子的照射下，也可以实现 n 型 SiC 的选择性腐蚀。在这种照射下，由于表面能带弯曲，光照产生的空穴电子在电解液/n 型 SiC 界面处积累，导致发生氧化反应，随后氧化物被溶液腐蚀[141-145]。由于空穴在电解液/p 型 SiC 界面处耗尽，p 型 SiC 在这个过程中不会被腐蚀。虽然这种选择性腐蚀（n 型和 p 型）是很有意思的，但是这些腐蚀并不适合用于电子器件制造。主要的缺点包括腐蚀表面相当粗糙，无法用于小尺寸的图形化，以及整片晶圆的腐蚀均匀性差。

6.3 氧化及氧化硅/SiC界面特性

SiC的一个独特的优势是，它是唯一一种可以通过热氧化得到高质量SiO_2的化合物半导体。因此，SiC热氧化得到的氧化硅被用作金属氧化物半导体（MOS）器件的栅介质，以及SiC的表面钝化。然而，和Si技术最显著的差别，当然是SiC组成元素之一的碳原子。SiC MOS方面已有一些综述发表[146-156]。尽管SiC MOS界面在不断改进，但是其质量及社会对控制质量因素的理解，仍远不尽如人意。本节介绍SiC MOS技术的共性特征、现有的理解及问题。

6.3.1 氧化速率

SiC热氧化可以表示成下面的简单方程：

$$SiC + \frac{3}{2}O_2 \rightarrow SiO_2 + CO \tag{6-1}$$

因此，SiC热氧化的产物是SiO_2，这已经得到X射线光电子能谱（XPS）、电子能量损失谱（EELS）和俄歇电子能谱（AES）的验证。考虑到SiC中Si的密度，可以计算出SiC热氧化过程中的消耗量是46%，这一数值和Si的热氧化接近。例如，要在SiC上生长100nm厚的SiO_2，需要消耗46nm厚的SiC。在热氧化过程中，SiC中大部分碳原子以一氧化碳（CO）分子的形式扩散出去，小部分碳原子向SiC体区域内扩散，导致碳空位相关的缺陷减少[157]。但是，热氧化生成的氧化硅并不是完全不含有碳，一般认为在氧化硅/SiC界面附近仍存在碳原子。在6.3.4节有详细的叙述。

图6-30是SiC（0001）和SiC（000$\bar{1}$）的热氧化在不同温度下氧化层厚度与氧化时间的关系。氧化采用100%干O_2，画出了（0001）和（000$\bar{1}$）面的结果。（000$\bar{1}$）面的氧化速率是（0001）面的8~15倍。这一现象可以用来鉴别极性未知的晶面[158]。图6-30中的氧化层厚度可以用Si技术开发的Deal-Grove模型合理地解释[159,160]：

$$d_{OX}^2 + Ad_{OX} = Bt \tag{6-2}$$

式中，d_{OX}是氧化层厚度，t是氧化时间。B和B/A分别称为抛物线速率常数和线性速率常数。应当注意到，改进的Deal-Grove模型与实验结果更加吻合[161]。当氧化层很薄时（表面反应限制区域），氧化层厚度基本上和氧化时间成比例。然后氧化速率逐渐降低，当氧化层变厚时（扩散限制区域），氧化层厚度基本上和氧化时间的平方根成比例[161-164]。然而，文献中报道的线性速率常数（B/A）和抛物线速率常数（B）的激活能有很大的离散性。近几年，实验数据和模型的差别已经明确，并提出了改进的模型[165]。在这个新模型中，考虑了硅和碳原子从氧化界面的排出，并且可以定性解释初始阶段反常的快速氧化速率。这一模型在很宽的氧化条

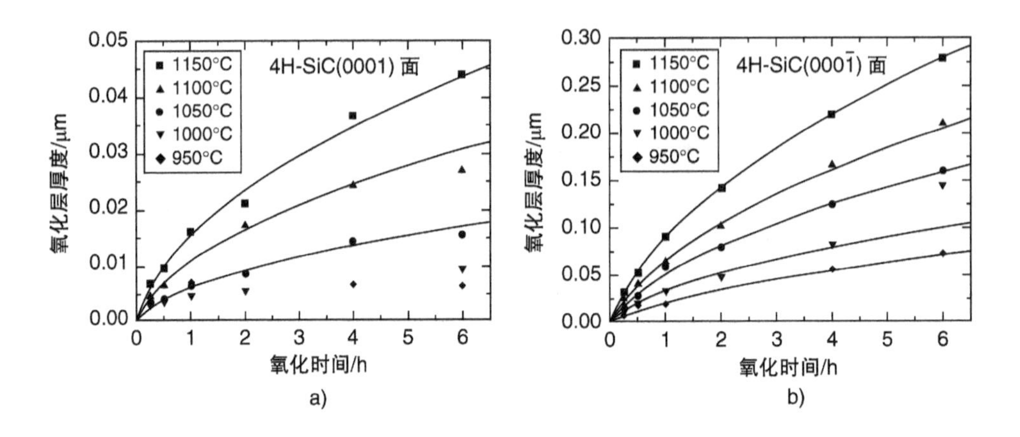

图 6-30　a）SiC（0001）和 b）SiC（000$\bar{1}$）的热氧化在不同温度下氧化层厚度与氧化时间的关系[161]

（由 AIP 出版有限责任公司授权转载）

件下可以很好地解释 SiC（0001）和（000$\bar{1}$）的氧化速率。然而，SiC 热氧化中微观级的确切反应尚未完全明确。

与 Si 技术中的一样，湿氧（包括氢氧合成）的氧化速率比干氧快。由于位错核心附近的氧化增强[166,167]，长时间湿氧会在位错的位置形成表面凹坑，而干氧造成的凹坑要小得多。注入区域同样可以观察到氧化增强。即使经过 1600 ~ 1700℃ 注入后退火，含有弱 Si—C 键的注入区域同样会有更快的氧化速率。注入区域生长的氧化硅通常比非注入区域厚 10% ~40%；增强程度取决于注入、退火和氧化条件。

如上所述，氧化速率强烈依赖于 SiC 的晶面取向[158,168-170]，这一各向异性在器件制造中必须仔细考虑。在任何氧化条件下（干氧或湿氧、任何温度），（000$\bar{1}$）晶面氧化最快，（0001）晶面氧化最慢。（11$\bar{2}$0）和（1$\bar{1}$00）晶面的氧化速率介于（0001）和（000$\bar{1}$）晶面之间。图 6-31 给出了一个示例，画出了氧化层厚度作为与（000$\bar{1}$）晶面间夹角的函数。这种强烈的各向异性在沟槽 MOSFET 的制作中尤其重要。当在 SiC（0001）晶圆上制作沟槽 MOSFET 时，沟槽侧壁的氧化层厚度最大，沟槽底部（和顶部）的氧化层厚度最小。因此，必须采用特殊的设计和结构，避免沟槽底部附近栅氧化层的击穿。对于 SiC（000$\bar{1}$）上的沟槽 MOSFET 而言，沟槽中的氧化层厚度分布是理想的，沟槽侧壁的厚度最小，而底部附近厚度最大[170]。

6.3.2　氧化硅的介电性能

图 6-32 是 n 型 4H-SiC（0001）和（000$\bar{1}$）晶面上热氧化生长的 40nm 厚氧化硅的电流密度-电场强度（$J-E$）特性。氧化硅采用 1200℃ 干氧制作。$J-E$ 特

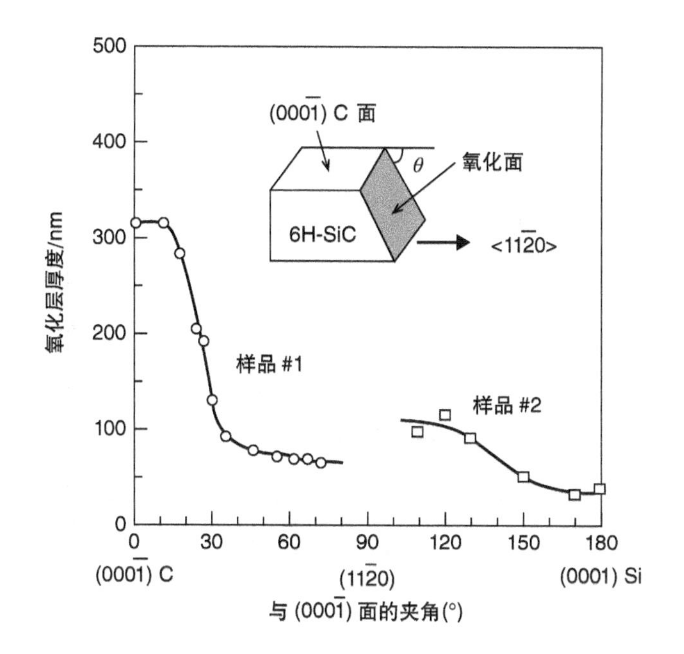

图 6-31 六方 SiC 氧化速率的各向异性，画出了氧化层厚度作为与 (000$\overline{1}$) 晶面间夹角的函数[169]

（由 Wiley - VCH VerlagGmbH 授权转载）

性通过在 n 型 MOS 电容的栅电极上施加正电压（积累状态）测量得到。在高质量 SiC 上用适当的方法制作得到的热氧氧化硅有很好的介电性能，在低电场强度下（ <3MV/cm）的电阻率超过 $10^{16}\Omega\cdot$cm。SiC 上热氧化氧化硅的击穿电场强度大约是 9 ~ 13MV/cm，与氧化条件、栅电极材料以及表面粗糙度有很大的关系[171 - 174]。

在高电场强度区域，氧化层中的电流主要是 Fowler - Nordheim 隧穿电流（J_{FN}），可以表示成以下公式[8,175]：

$$J_{FN} = \frac{q^3 E^2}{16\pi\hbar\,\phi_B}\exp\left(-\frac{4\sqrt{2m^*\phi_B^3}}{3q\hbar E}\right) \tag{6-3}$$

式中，E 是氧化层中的电场强度，m^* 是氧化层中电子的有效质量，ϕ_B是势垒高度或氧化硅和半导体的导带差（ΔE_c）。势垒高度可以通过 Fowler - Nordheim 曲线的斜率（$\ln(J/E^2) - 1/E$）估算。势垒高度还可以从高分辨率 XPS[176] 或内光发射（IPE）测量[177]。如图 6-32 所示，开始产生 FN 隧穿电流时的电场强度，对于 4H - SiC（0001）约为 5.5 ~ 6.0MV/cm，对于 4H - SiC（000$\overline{1}$）约为 4.0 ~ 4.5MV/cm，对于 Si 是 6.0MV/cm。这一差别是由能带结构的差异造成的，如图 6-33所示[176]。图 6-33 是同步辐射 XPS 测量得到的干氧氧化硅/n 型 4H - SiC（0001）和（000$\overline{1}$）的能带结构。和 Si 相比，由于 SiC 的能带更宽、电子亲和能更小，因此 SiC 本身的势垒高度（ϕ_B或 ΔE_c）更小。有人认为，这更小的势垒高度可

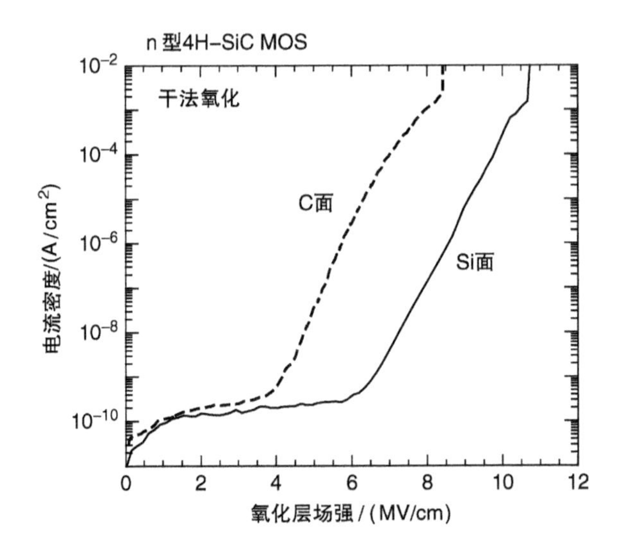

图 6-32 n 型 4H-SiC（0001）和（000$\bar{1}$）晶面上热氧化生长的 40nm 厚氧化硅的电流密度-电场强度（$J-E$）特性。氧化硅采用 1200℃ 干氧制作

能会限制 SiC MOSFET 中氧化层的可靠性，特别是在高电场强度和高温情况下[178]。此外，SiC 的势垒高度取决于晶面取向。由于 SiC {0001} 是一个极性晶面，因此在氧化硅/SiC {0001} 的界面处存在明显的偶极。因此，4H-SiC（0001）晶面的势垒高度（2.7~2.8eV）比（000$\bar{1}$）晶面（2.4~2.5eV）更高。虽然对于不同的工艺，势垒高度的绝对值不同（例如，湿氧情况下（000$\bar{1}$）晶面的势垒高度增大），但是这一趋势对于任何 SiO_2/SiC 体系都是有效的。

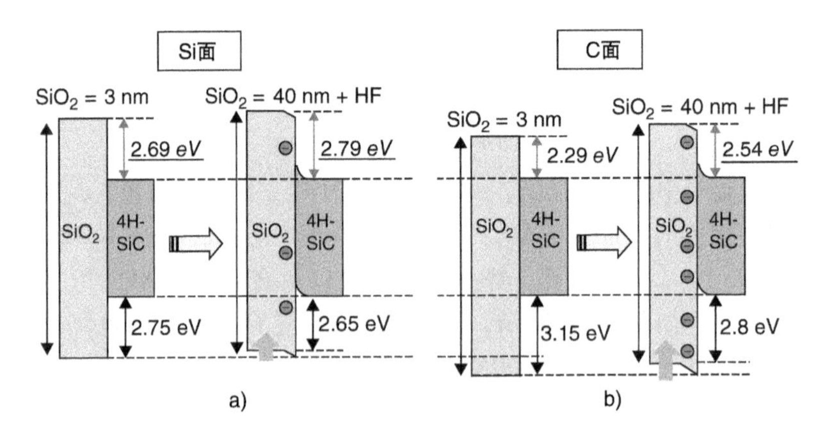

图 6-33 同步辐射 XPS 测量得到的干氧氧化硅/n 型 4H-SiC（0001）和（000$\bar{1}$）的能带结构[176]
（由 Trans Tech Publications 授权转载）

高电场强度下的氧化层可靠性得到了广泛的研究[173,179-182]。介电特性方面的氧化层可靠性通常通过经时绝缘击穿（TDDB）测试来评价[183]。例如，将一些MOS电容偏置在高电场强度（>8MV/cm）的积累状态下，以施加Fowler-Nordheim隧穿电流。这些电容保持恒定的电压（恒定电场应力）或者恒定的电流密度（恒定电流应力）。监测每个电容的击穿时间（t_{BD}）或者击穿电荷量（Q_{BD}）（击穿前电流的积分）。采集到这些数据后，通过Weibull分布曲线分析t_{BD}或Q_{BD}的分布[183]：

$$\ln\{-\ln(1-F)\}=\beta\ln(t/\tau) \tag{6-4}$$

式中，F是积累失效概率，t是每个器件的失效时间，τ是特征失效时间，β是形状因子（或Weibull斜率）。当$F=0.63212$（$=1-e^{-1}$）时，式（6-4）左侧等于零，表示特征失效时间（τ）是63.212%的器件失效的时间。当一些不同面积的器件进行比较时，按面积计算的Weibull曲线是很有效的[183,184]：

$$\ln\{-\ln(1-F_2)\}-\ln\{-\ln(1-F_1)\}=\ln(A_2/A_1) \tag{6-5}$$

式中，A_1和A_2是测试器件的面积，F_1和F_2是它们的积累失效概率。在SiC MOS电容TDDB测试中，位错和颗粒会影响氧化层的可靠性，t_{BD}和Q_{BD}会随着器件面积的增大而减小。当采用按面积计算的Weibull曲线时，可以得到一个更普遍的趋势[184]。

图6-34是n型4H-SiC（0001）晶面上制作的几种氧化硅Q_{BD}的Weibull曲线[185]。在这一情况下，需要高的Q_{BD}平均值和陡峭的斜率（分布紧凑）以保证氧化层的可靠性。氧化层的可靠性很大程度上取决于氧化/退火条件、SiC质量（缺陷密度）、表面粗糙度、器件面积、栅材料以及其他因素。尽管早期有人指出了几

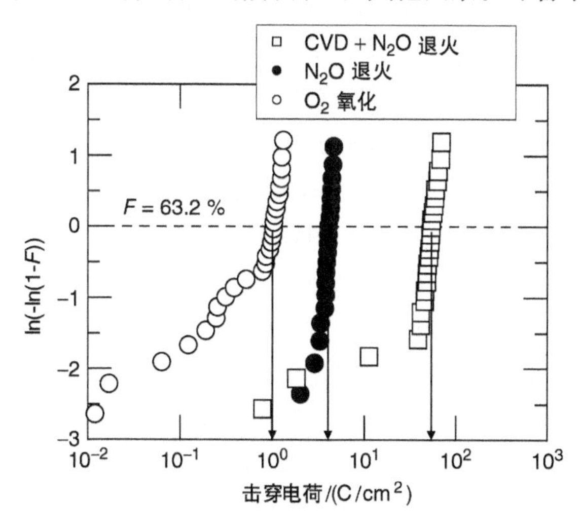

图6-34 n型4H-SiC（0001）晶面上制作的几种氧化硅Q_{BD}的Weibull曲线[185]

点担心，但文献报道中，至少在温度300℃以下时，氧化层的可靠性是有保障的。一些研究小组报道，SiC外延层中螺旋位错和基矢面位错会极大地降低这些区域上热氧化制作的氧化层的t_{BD}和Q_{BD}[173,181]。最终发现这些位错本身并不总是有损于氧化层的可靠性。在外延后生长（降温）过程和其他工艺步骤中，这些位错位置会形成表面凹坑。表面凹坑会造成生长的氧化硅中的电场聚集，导致氧化层可靠性退化。通过抑制表面凹坑的形成或热氧化前进行表面平坦化，即使在包含位错的区域，也可以获得很好的氧化层可靠性[186]。另一种改善氧化层可靠性的方法是采用沉积氧化硅。采用氧化硅-氮化硅-氧化硅（ONO）叠层或者在高温NO或N_2O中将沉积的氧化硅氮化，可以获得超过12MV/cm的高击穿场强和50~150C/cm^2的高Q_{BD}值[185,187-189]。8.2.11节介绍了高温下的氧化层可靠性。鉴于SiC工艺技术的迅速发展，氧化层可靠性的数据仍在不断更新。最先进的结果请参考这一领域最新的论文和会议。

6.3.3 热氧化氧化硅的结构和物理特性

SiO_2/SiC界面结构分析并不简单，并有几个相互冲突的结果报道。一个主要的关注点是碳的检测，碳可能存在于界面附近及热氧化氧化硅内部。碳原子的浓度通常低于XPS和AES的检测极限。在早期的SIMS测试中，声称热氧化氧化硅中的碳沾污在10^{18}~$10^{19}cm^{-3}$范围。但是，最近已经证实，在适当的条件下生长的氧化层，例如采用高温和适当的氮化处理工艺，氧化层中残留的碳接近于SIMS的检测极限。由于界面是突变的，而二次离子产生率对主体材料非常敏感，因此用SIMS检测界面附近的碳是很困难的。早期的EELS分析表明界面附近存在类sp^2碳结构[190]，但是最近的研究中并不总能重现这一结果。最近，几个研究小组尝试对SiO_2/SiC结构进行仔细的TEM/EELS分析。一个研究小组在界面附近发现了碳富集过渡层[191,192]，然而另一个研究小组声称界面是突变的（过渡层的厚度小于1~2nm），而且难以用EELS检测到[193]。图6-35是包含40nm厚热氧化氧化硅的4H-SiC（0001）MOS结构的典型TEM截面照片和EELS测量中Si、C和O信号强度分布。氧化硅在1300℃通过干氧化生长。在TEM照片中，没有观测到明显的无序或厚过渡层。文献中界面附近SiC晶格中对比度稍暗的部分来自于TEM观察的轻微“过聚焦”，并不是表明存在过渡层。取决于TEM聚焦的情况，对比度可以更暗或更亮。在EELS强度分布中（见图6-35b），测量点垂直于界面扫描，分辨率在1nm以下。所有的Si、C和O信号强度在界面处都表现出相当突然的变化，在EELS的分辨率下没有观测到C原子在界面附近的积累。即使存在过渡层，厚度也应小于2nm。

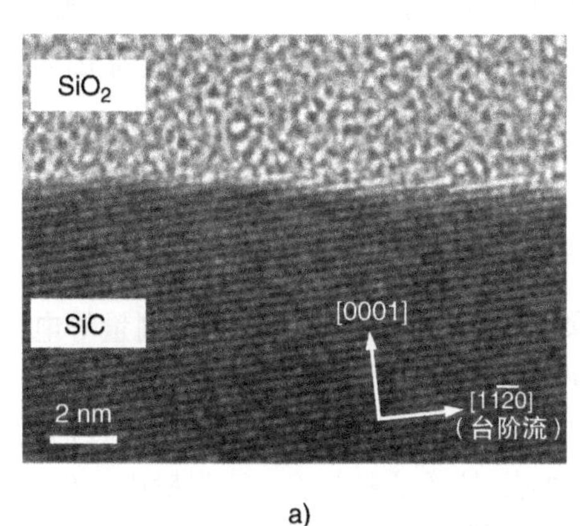

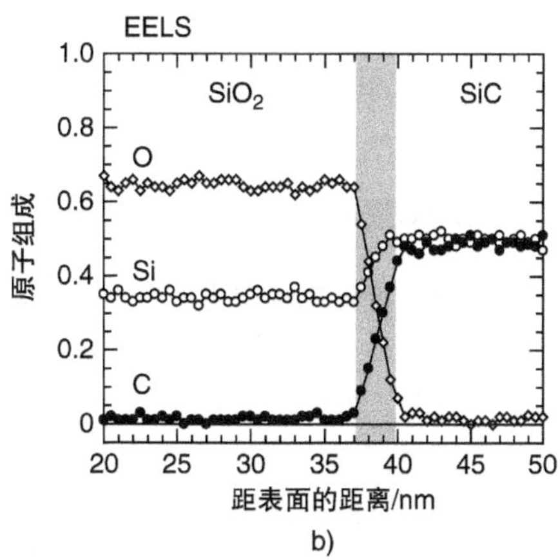

a) b)

图 6-35 包含 40nm 厚热氧化氧化硅的 4H-SiC(0001) MOS 结构的
a) 典型 TEM 截面照片和 b) EELS 测量中 Si、C 和 O 信号强度分布

高精度 XPS，包括同步辐射 XPS，同样被用于研究界面结构[194-196]。在这些研究中，界面变化比预期的更突然，表明仅存在少数单分子层亚氧化物[196]。光谱椭圆偏振法测量表明界面变化很突然，在界面的 SiC 侧存在非常薄（<2nm）的过渡层[197]。高分辨率中等能量离子散射（MEIS）分析同样表明 SiO_2/SiC 界面变化相当突然[198]。研究界面结构随着氧化/退火条件不同时的变化很重要。阴极射线发光（CL）和衰减全反射傅里叶变换红外光谱测量（ATR-FTIR）被用于 SiO_2/SiC 结构表征。据报道，在 CL 测量中，在 460nm 和 490nm 处检测到由于氧空位中心造成的发光峰，并与界面态密度有一定的相关性[199]。理论研究[200-205]需要与实验研究相结合来揭示 SiC MOS 界面的真实微观结构。此外，还应当注意到表征技术的限制。在像 XPS、AES 和 EELS 等通常的结构分析方法中，异质元素的检测极限并不是很好（主体材料的 0.3% ~1%）。另一方面，0.1% 的主体材料缺陷就能造成巨大的电学缺陷，可以在电学特性中检测到。

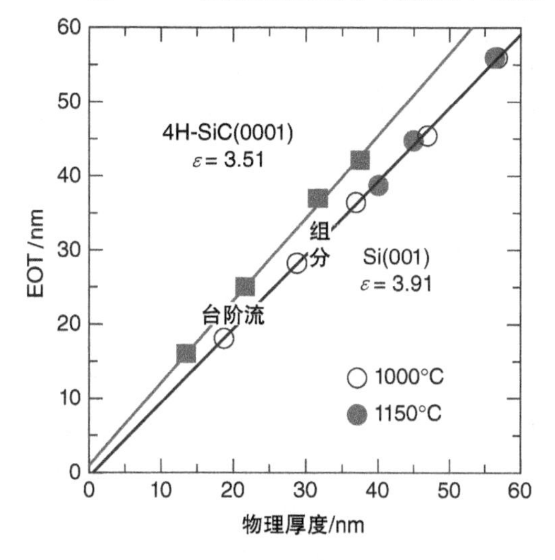

图 6-36 SiC MOS 结构中等效氧化层厚度（EOT）和物理氧化层厚度的关系[206]
（由 Trans Tech Publications 授权转载）

对于热氧化氧化硅的相对介电常数，一般假设它和 Si 上热氧化生长的氧化硅相同（$\varepsilon_{ox}=3.9$）。图 6-36 是 SiC MOS 结构中等效氧化层厚度（EOT）和物理氧化层厚度的关

系[206]。EOT 和物理厚度是分别通过积累型电容和 AFM 测量得到的。在这幅图中，SiC 热氧化氧化硅的相对介电常数大概是 3.51。目前这一低数值的物理原因尚不明确。

6.3.4 电学表征技术及其局限性

6.3.4.1 SiC 特有的基本现象

为评估 MOS 界面的质量，可以对 MOS 电容进行像 $C-V$ 和电导测量等电学特性测量。在 SiC MOS 电容电学特性测量中，必须牢记以下几点：

1）由于在室温下 SiC 本征载流子浓度和载流子的产生率非常低，在普通的 SiC MOS 电容中难以产生反型层，因此即使在准静态（低频）$C-V$ 测量中，$C-V$ 曲线也会出现“深耗尽”现象，除非有合适的光照。

2）由于宽禁带的特性，大部分界面态的能级很深。电子从界面态发射的时间常数 τ（E）遵循下面的简单公式[146,207]：

$$\tau(E)=\frac{1}{\sigma_{\mathrm{n}}v_{\mathrm{th}}N_{\mathrm{C}}}\exp\left(\frac{E_{\mathrm{C}}-E}{kT}\right) \tag{6-6}$$

式中，σ_{n}是俘获截面，v_{th}是电子热运动速率，N_{C}是导带的有效态密度，E_{C}是导带边缘的能量，k 是玻尔兹曼常数，T 是绝对温度。图 6-37 是界面态发射的时间常数作为能级的函数，假设俘获截面为 $1\times10^{-15}\mathrm{cm}^2$。例如，室温下从能级为 $E_{\mathrm{C}}-1.0\mathrm{eV}$ 的界面态发射的时间常数长达 $6\times10^5\mathrm{s}$（约 7 天）。这意味着被俘获的在这么深能级状态中的电子，除非采用适当的光照或加热，否则在整个测量过程中一直被俘获，不会发射到导带上。换句话说，这些深能级状态是冻结的，不会对测量中施加的任何探测频率或扫描电压速率有响应。应当注意的是，界面态的俘获截面与能级有很大的关系，实际 MOS 结构的发射时间常数的变化和图 6-37 所示的并不一样。6.3.4.7 节对此进行了更精确的讨论。

请注意，这些情况与非常低温度下（30～77K）Si MOS 的情况类似[208,209]。

图 6-38 是 n 型和 p 型 4H－SiC（0001）上制作的 MOS 电容的高频（100kHz）$C-V$ 曲线。在 1200℃下通过干氧或湿氧氧化制作了约 40nm 厚的栅氧化层。氧化后退火（POA）在同样温度下 Ar 气氛中进行了 30min。大体上，n 型 SiC MOS 电容的 $C-V$ 曲线出现正向漂移，而 p 型 MOS 电容出现负向漂移。根据平带电压漂移（ΔV_{FB}），可以用下面的公式计算有效固定（或氧化层）电荷密度（Q_{eff}）[160]：

$$Q_{\mathrm{eff}}=C_{\mathrm{ox}}\Delta V_{\mathrm{FB}}=C_{\mathrm{ox}}(V_{\mathrm{FB,theory}}-V_{\mathrm{FB,exp}}) \tag{6-7}$$

式中，C_{ox}是氧化层电容，$V_{\mathrm{FB,theory}}$和 $V_{\mathrm{FB,exp}}$分别是理论和实验平带电压。由于深能级界面态中俘获的载流子被冻结，充当界面处的固定电荷，因此 Q_{eff}是实际固定电荷（正电或负电）与被俘获载流子电荷（n 型 MOS 带负电（电子），p 型 MOS 带正电（空穴））的总和。这是被称作有效固定电荷密度的原因。在这个特定的示例中（见图 6-38），对于 n 型 4H－SiC（0001），可以计算出干氧氧化的有效固定电荷密

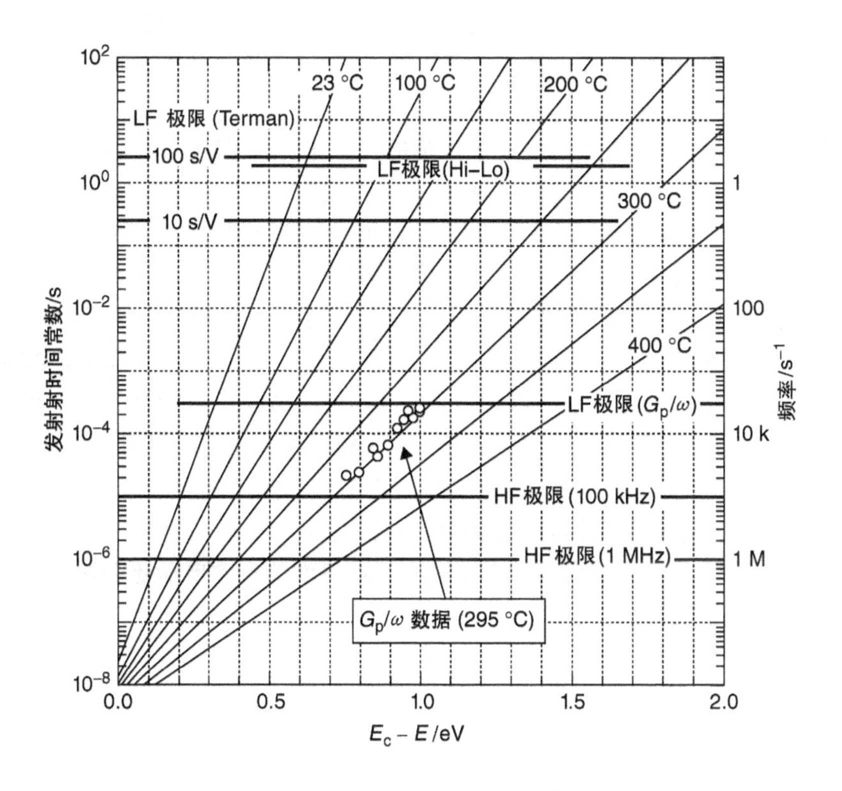

图6-37 界面态发射的时间常数作为能级的函数，假设俘获截面为$1\times10^{-15}cm^2$[146]

（由 Wiley - VCH VerlagGmbH 授权转载）

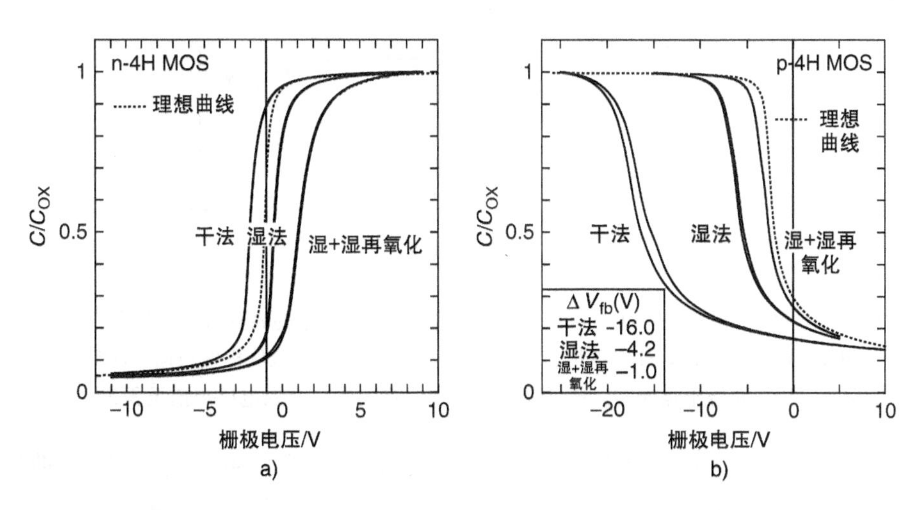

图6-38 a）n型和b）p型4H－SiC（0001）上制作的MOS电容的高频（100kHz）$C-V$曲线。在1200℃下通过干氧或湿氧氧化制作了约40nm厚栅氧化层

度为 $8\times10^{11}cm^{-2}$（负电），湿氧氧化为$2\times10^{12}cm^{-2}$（负电）。对于 p 型 MOS 电容的情况，可以计算出干氧氧化的有效固定电荷密度为 $5\times10^{12}cm^{-2}$，湿氧氧化为 $2\times10^{12}cm^{-2}$（都是正电）。

可以对 MOS 电容采用适当的低于带隙的光照来分离实际固定电荷（正电或负电）和俘获载流子的电荷（所谓“光 $C-V$”）。图 6-39 是 p 型 4H－SiC（0001）上干氧氧化 MOS 电容的高频 $C-V$ 曲线[146]。首先在黑暗环境中，电压从积累扫描至深耗尽。然后保持 +10V 的偏压，用氙灯照射电容，以便形成反型层。稳定后开始电压扫描。$C-V$ 曲线在深耗尽区呈现很大的迟滞：光照后，0V 到约 －3V 的 $C-V$曲线有明显的漂移，并接近理论曲线；这一变化是由于光照极大地减少了正性界面电荷。根据深耗尽区电压漂移（ΔV_{DD}），可以估算出深能级类施主界面态俘获的空穴电荷密度约为 $4\times10^{12}cm^{-2}$。因此，p 型 MOS 结构中主要界面电荷来自深能级界面态俘获的空穴，而不是实际的固定电荷。应当注意的是，即使经过工艺优化[153,154]，有效固定电荷密度（n 型主要为负电，p 型主要为正电）$0.4\sim2\times10^{12}cm^{-2}$仍然较高，会影响到 MOSFET 特性。氧化硅（钝化层）/SiC 界面的有效电荷还会对结终端区域的电荷平衡造成影响[210]。

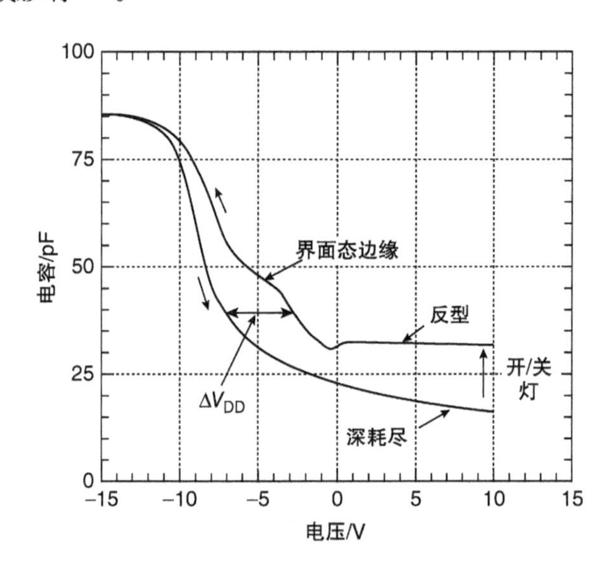

图 6-39　p 型 4H－SiC（0001）上干氧氧化 MOS 电容的高频 $C-V$ 曲线[146]（由 Wiley－VCH Verlag GmbH 授权转载）。在黑暗环境中，电压从积累扫描至深耗尽之后，保持 +10V 偏压施加光照，以便形成反型层。稳定后，开始电压扫描至积累状态

一般情况下，无论导电类型如何，离子运动都表现为 MOS 电容 $C-V$ 曲线的顺时针迟滞，而载流子注入（俘获）产生逆时针迟滞[160]。特别是 n 型 4H－SiC（0001）的 SiC MOS 电容的 $C-V$ 曲线，通常表现出一定程度的载流子注入型迟滞。迟滞取决于测量频率、电压扫描速率以及积累区施加的最大电压[211,212]。图 6-40a

是n型4H-SiC（0001）干氧氧化的MOS电容的高频$C-V$曲线示例[211]。当最大偏压增大时，从积累到耗尽的$C-V$曲线向正向漂移。这一结果是由于当施加更高正向电压时，更多的电子被浅界面态（但更慢）和/或界面附近的氧化层陷阱俘获。这一现象在低温$C-V$测量时更显著，如图6-40b所示[212]。这是一种有效的监测陷阱的方法，但对于精确测量$C-V$曲线是一种障碍。

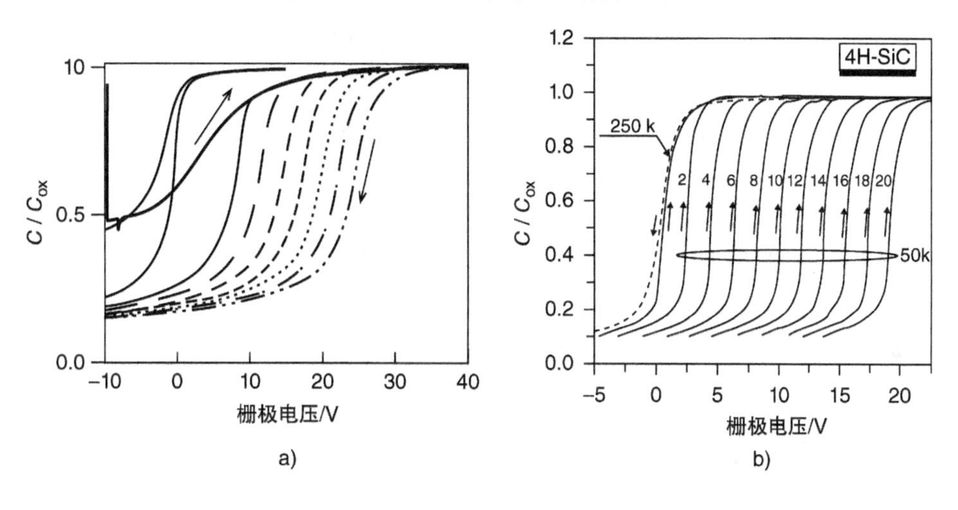

图 6-40

a）n型4H-SiC（0001）干氧氧化的MOS电容的高频$C-V$曲线[211]（由Elsevier授权转载）。当最大偏压增大时，从积累到耗尽的$C-V$曲线向正向漂移。b）低温下依次测量的高频$C-V$曲线[212]（由Elsevier授权转载）

界面态密度的测量有几种技术，它们各有自己的优点和局限性[146,160,207]。下面对几种测量技术进行了总结。

6.3.4.2 MOS电容等效电路

介绍测量技术前，必须先了解MOS电容的等效电路。图6-41是耗尽到弱积累区和耗尽到强积累区的等效电路，其中C_{OX}、C_D、C_{IT}、G_{IT}和Z分别是氧化层电容、半导体电容、界面态电容、界面态电导和串联寄生阻抗。用阻抗分析仪确定每个频率下$Z(\omega)$的值。在强积累区，由于无穷大的C_D，C_D、C_{IT}和G_{IT}可以忽略不计，测量得到的电容和电导几乎不随栅压变化。在中等偏压条件下，C_{IT}和G_{IT}的影响变得突出。

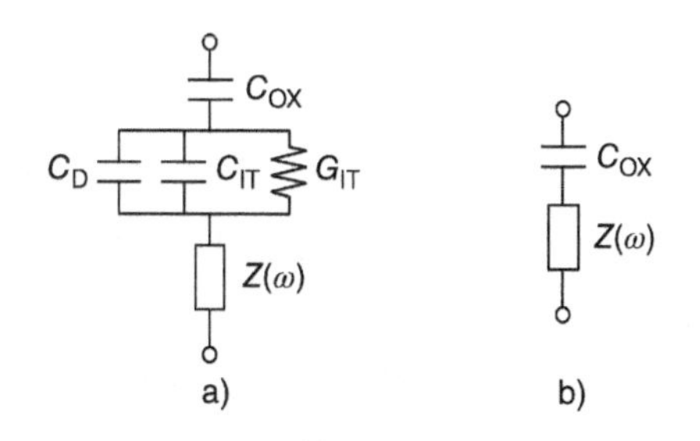

图6-41 a）耗尽到弱积累区和b）耗尽到强积累区的等效电路，其中C_{OX}、C_D、C_{IT}、G_{IT}和Z分别是氧化层电容、半导体电容、界面态电容、界面态电导和串联寄生阻抗

6.3.4.3 确定表面势

精确确定表面势 Ψ_S很重要，因为它决定了界面态的能级位置，在下面所述的所有测量技术中都需要用到。确定 SiC 的表面势至关重要，因为其界面态密度通常在能带边缘附近急剧增加，特别是对于 SiC（0001）。根据 MOS 物理学理论，表面势（Ψ_S）可以从低频 $C-V$ 曲线计算得到[160,207]：

$$\Psi_S(V_G) = \int(1 - C_{LF}/C_{OX})\,\mathrm{d}V_G + A \tag{6-8}$$

式中，C_{LF}是低频（通常是准静态）电容，V_G是栅压。这里，积分常数（A）存在一定的模糊性。例如，这一常数通常是基于高频测量的平带电容确定的，假设当高频电容 C_{HF}等于理想平带电容（C_{FB}）时 $\Psi_S=0$（平带）。这仅当高频电容不包含界面态的贡献时是成立的。如果测量频率不够高，平带电容包含一部分快速界面态的影响，会导致错误的表面势。当存在高密度的快速界面态时，这种方法会造成 SiC MOS 结构 0.06～0.15eV 的较大误差。图 6-42 是一些证据，给出了不同频率下 n 型 4H-SiC（0001）MOS 电容的高频 $C-V$ 曲线（已校准高频下寄生阻抗的影响）。$C-V$ 曲线存在明显的频散，对应理想平带电容 C_{FB}的电压也明显和测量频率相关。这一结果表明一些界面态可以响应如此高的频率，而且高频电容中包含了界面态电容。

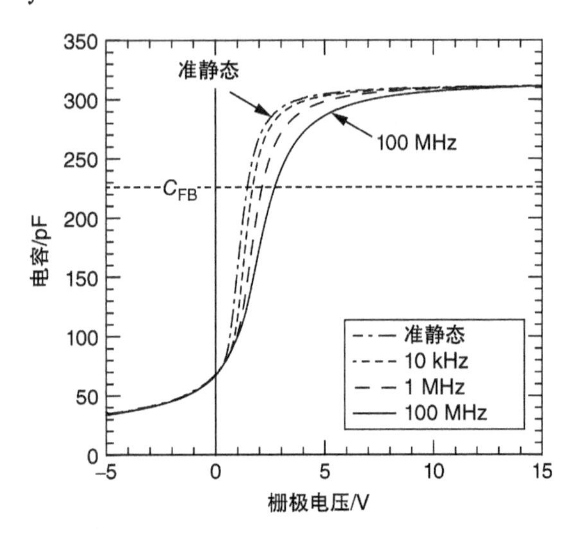

图 6-42 不同频率下 n 型 4H-SiC（0001）MOS 电容的高频 $C-V$ 曲线（已校准高频下寄生阻抗的影响）[213]

考虑到 C_{OX}和 Z 的值，$C_D + C_{IT}$可以通过图 6-41a 所示的等效电路来确定。另一方面，除积分常数 A 以外，表面势 Ψ_S（V_G）可以从式（6-8）得到。积分常数 A 可以如图 6-43 所示，根据 $1/(C_D + C_{IT})^2$与 Ψ_S的关系，唯一确定。在图 6-43 中，对于足够负的 Ψ_S（深耗尽区），可以看出明显的线性关系。在足够高的频率下，并且在深耗尽区，界面态来不及响应，SiC MOS 界面没有反型载流子产生。因此，$C_D + C_{IT}$可近似为耗尽电容（C_{dep}），$1/(C_D + C_{IT})^2$和 Ψ_S之间可建立起线性关系[160,207,213]：

$$\frac{1}{(C_D + C_{IT})^2} \approx \frac{1}{C^2_{dep}} = -\frac{2\Psi_S}{\varepsilon_s q N_D S^2} \tag{6-9}$$

式中，ε_s是半导体的介电常数，N_D是施主浓度，S 是栅电极面积。根据式（6-9），

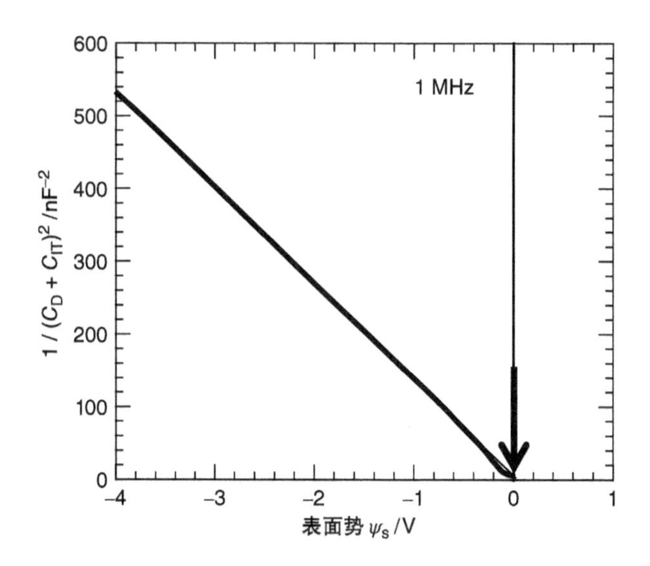

图 6-43 $1/(C_D+C_{IT})^2$ 与表面势 Ψ_S 的关系。图中的直线外推应该过原点，因此可以唯一确定积分常数 A[213]

图中的直线外推应该过原点，因此可以确定积分常数 A，如图 6-43 所示[213]。同时可以从曲线的斜率确定施主浓度。

6.3.4.4 Terman 法

在 Terman 法中，从理想曲线中提取高频 $C-V$ 曲线的电压漂移，然后确定每个能级（表面势）的界面态密度[160,207]。这个方法基于界面态不响应高频信号的假设，因此高频电容没有包含界面态的贡献。但是，这个假设通常是不成立的。此外，由于表面势和掺杂浓度的少许偏差会造成提取的界面态密度很大的变化，因此提取的界面态密度包含较大的误差。因此，仅当界面态密度很高（$>10^{12}\text{cm}^{-2}\,\text{eV}^{-1}$）时才采用这一方法，而且这一方法并不是界面态密度测量的首选方法。

6.3.4.5 高低频方法

在高低频（常写作 hi－lo）方法中，利用了界面态对频率的响应。其基本假设是用界面态完全响应的频率做低频 $C-V$ 测量，用完全不响应的频率做高频 $C-V$ 测量。如果这一条件完全满足，则低频电容包含全部界面态的贡献，而高频电容不包含任何界面态的贡献。在这一假设下，界面态密度 D_{IT} 可以表示为[160,207]

$$D_{IT}=\frac{(C_D+C_{IT})_{LF}-(C_D+C_{IT})_{HF}}{q^2S}\approx\frac{(C_D+C_{IT})_{LF}-(C_D)_{HF}}{q^2S} \tag{6-10}$$

式中，$(C_D+C_{IT})_{HF}$ 是高频下测量的 C_D+C_{IT}，并假设等于 C_D（高频下 $C_{IT}\approx 0$）。低频和高频 $C-V$ 测量通常分别在准静态（QS）模式和 100kHz～1MHz 测量。为减小积累状态载流子俘获造成的 $C-V$ 曲线电压漂移，采用“同时高低频”测量，也就是在每个偏压下测量高频和准静态电容，再改变偏压。图 6-44 是在 n 型 4H - SiC（0001）上干氧氧化制作 MOS 电容的典型高频（1MHz）和准静态 $C-V$ 特性测量。准静态电容比高频电容大的数值，反映出界面态密度。由于不需要理论 $C-V$曲线，而且这一技术相当简单，因此是提取界面态密度相当方便的一种技术。因此，高低频方法在确定许多半导体材料，包括 SiC 的界面态密度中应用广泛。但是，必须指出的是，上面提到的基本假设只在有限的能级范围和测量条件下是成立的。下面将介绍可能出现的问题[146,207,214]：

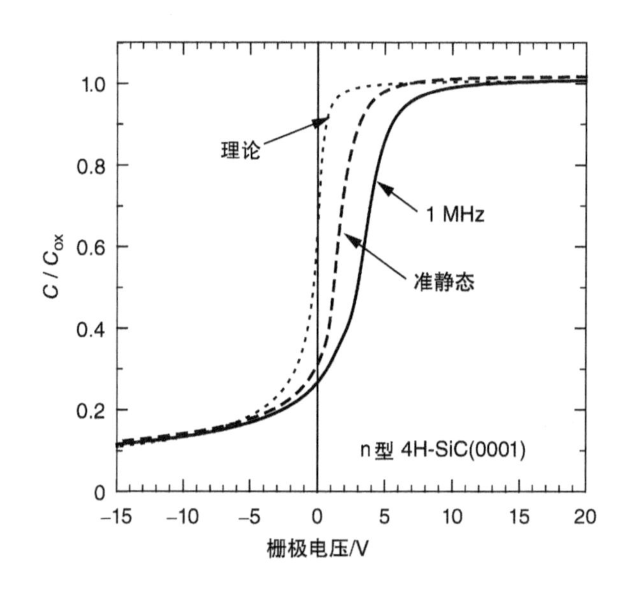

图 6-44 在 n 型 4H - SiC（0001）上干氧氧化制作 MOS 电容的典型高频（1MHz）和准静态 $C-V$ 特性测量

1）准静态电容不包含发射速率慢的界面态电容（C_{IT}）。例如，能级比 $E_C-0.5\text{eV}$ 或 $E_V+0.5\text{eV}$ 更深的界面态在室温下有很长的发射时间常数（约大于0.1 ~ 1s），对准静态电容没有贡献。因此，深能级区域的界面态被严重低估（或几乎不能监测）。

2）高频电容可能包含发射速率快的界面态电容。例如，能级比 $E_C-0.2\text{eV}$ 或 $E_V+0.2\text{eV}$ 更浅的界面态在室温下有很小的发射时间常数（约小于 $10^{-5}\sim10^{-6}\text{s}$），因此对高频电容也有贡献。有报道，经过氮化的界面，即使深能级界面态在室温下也可以响应 1MHz 的高频信号[215]。因此，浅能级区域的界面态密度被严重低估。这在 SiC 中尤为不利，因为通常低沟道迁移率是由于高密度的浅能级界面态造成的。

3）SiC MOS 结构的另一个重要特性是，它们的表面势标准差 σ_s 很大，因此时间常数分散也很大[146,148,216,217]。这样大的分散会扩大高频到低频行为转变的过渡区的频率范围。这会导致界面态密度被严重低估[214]。

图 6-45 展示了高低频方法确定界面态密度的局限性[214]。假定了典型的界面态密度分布及表面势的标准差（$\sigma_s = 4$）。在图 6-45a 中，画出了从高（1MHz）低（0.5Hz）频方法推导出的界面态密度，以及假设的分布。图中给出了推导出的界面态密度的相对精度。图 6-45b 给出了图 a 中 A、B 和 C 偏压点 C_{IT}和角频率 ω 的关系图。大时间常数分散造成低频至高频行为的过渡非常缓慢。因此，只在一个较窄的能级范围内可以合理地估计界面态密度。室温下高低频方法监测的界面态只在带隙内相当窄的能级范围内，典型值是多数载流子能带边缘的 0.2 ~ 0.45eV，而且通常情况下范围会更窄。

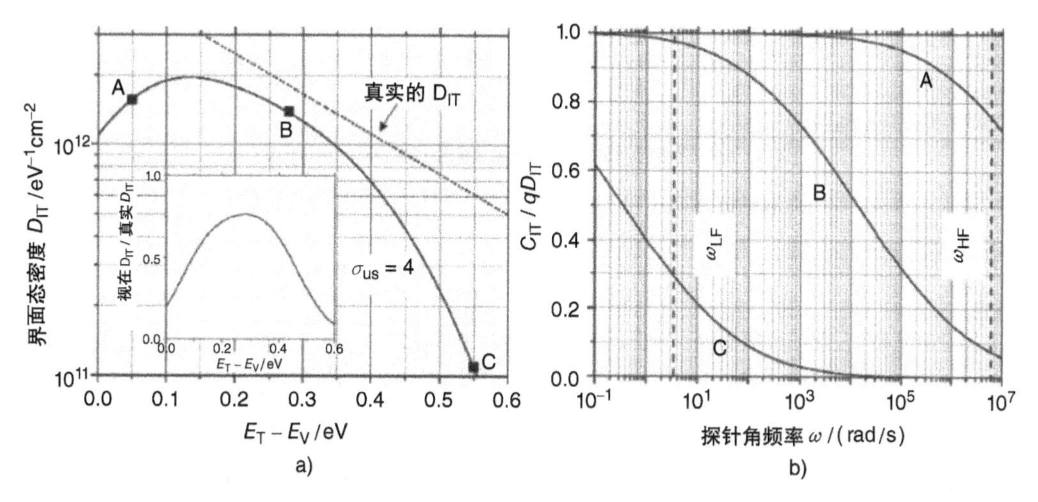

图 6-45　高低频方法确定界面态密度的局限性[214]（由 IEEE 授权转载）。假定了典型的界面态密度分布及表面势的标准差（$\sigma_s = 4$）

a）画出了从高（1MHz）低（0.5Hz）频方法推导出的界面态密度，以及假设的分布

b）图 a 中标记的 A、B 和 C 偏压点 C_{IT}和角频率 ω 的关系图

为提高界面态密度提取的准确性，必须在更大的温度范围内进行测量。低温 $C-V$测量用于监测快界面态，高温 $C-V$ 测量用于监测慢界面态。但是，这种方法仍然不能提供非常满意的结果，如图 6-46 所示[214]。为了更精确地测量浅能级或快界面态，可以在更高的频率下进行高频测量，例如 100MHz[213]。

6.3.4.6 $C-\varPsi_s$ 方法

这是一种改进的高低频方法[213]。通过采用理论电容值，极大地扩展了高频的极限。用得到的表面势，n 型 MOS 电容的理论半导体电容值（$C_{D,\text{theory}}$）可以由下式计算[207,213]：

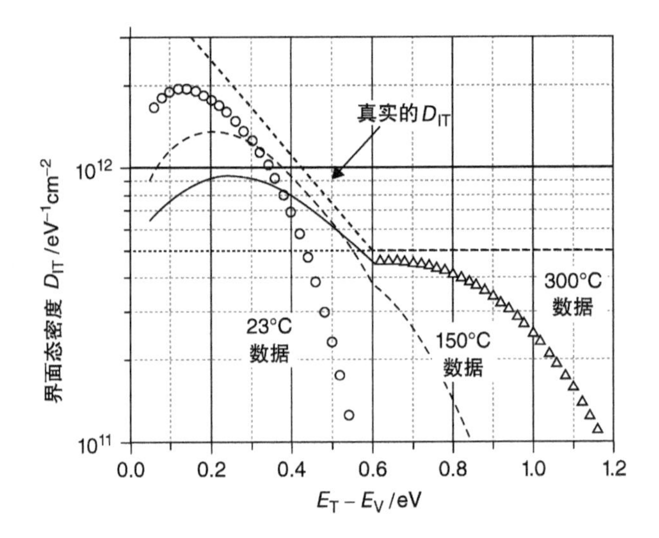

图 6-46　不同温度下典型 SiC MOS 结构（$\sigma_s=4$）中，提取的界面态密度和能级的关系[214]（由 IEEE 授权转载）

$$C_{D,\text{theory}}(\Psi_S)=\frac{SqN_D\left|\exp(\frac{q\Psi_S}{kT})-1\right|}{\sqrt{\frac{2kTN_D}{\varepsilon_s}\left\{\exp\left(\frac{q\Psi_s}{kT}\right)-\frac{q\Psi_s}{kT}-1\right\}}}\tag{6-11}$$

假设 n 型半导体中不存在空穴。图 6-47 是 n 型 4H－SiC MOS 电容在不同频率下测得的 C_D+C_{IT}值相对于表面势 Ψ_S 的关系图，图中还给出了用式（6-11）理论计算得到的 C_D的值。在这个 MOS 电容中，在 4H－SiC（0001）上制作了 32nm 厚的干氧氧化硅。随着频率的增大，测量的 C_D+C_{IT}逐渐接近 $C_{D,\text{theory}}$，这是由于当频率足够高时，界面态俘获的载流子几乎不能响应（$C_{IT}\approx 0$）。在 1MHz 时 C_D+C_{IT}和 $C_{D,\text{theory}}$存在一定的差异，表明一部分快速界面态可以响应 1MHz 的频率。相比之下，100MHz 频率似乎足够高，界面载流子不再对其做出响应（干氧氧化层的情况下）。界面态密度 D_{IT}由下式给出：

$$D_{IT}=\frac{(C_D+C_{IT})_{LF}-C_{D,\text{theory}}}{q^2S}\tag{6-12}$$

式中，$(C_D+C_{IT})_{LF}$是准静态条件下测量得到的 C_D+C_{IT}。这种方法比起其他方法有两个优点：①用 $C-\Psi_s$ 方法检测快速界面态几乎没有频率限制。②$C-\Psi_s$ 方法测量简单（和高低频方法类似）。用这种方法可以得到几乎连续的 D_{IT}分布（相对于逐点测量）。但是，这种方法难以监测对电压扫描不响应的很慢的界面态，这个问题在其他测量方法中同样存在。此外，当不能准确确定表面势时，这种方法会得出错误的 D_{IT}分布。例如，如果掺杂浓度沿深度方向有明显的变化时，就难以获得较好的曲

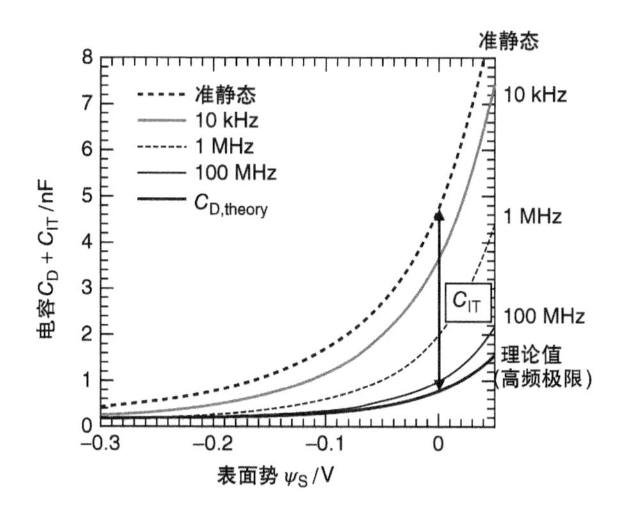

图6-47　n型4H–SiC MOS电容在不同频率下测得的C_D+C_{IT}值相对于表面势Ψ_S的关系图，图中还给出了用式（6-11）理论计算得到的C_D的值[213]

线（如图6-43中所示）。在这种情况下，错误的表面势导致错误的$C_{D,theory}-\Psi_S$曲线，推导出不正确的D_{IT}分布。

6.3.4.7　电导法

从MOS电容等效电路（见图6-41）中可以得出，MOS电容的电导–频率($G-f$)特性应该在特定的频率下有一个来自界面态的峰值。界面态密度与G/ω（ω：角频率）的关系如下[160,207]：

$$\frac{G}{\omega}=q^2SD_{IT}\int_{-\infty}^{+\infty}\frac{\ln(1+(\omega\tau\exp(\eta))^2)}{2\omega\tau\exp(\eta)}\frac{1}{\sqrt{2\pi\sigma^2}}\exp\left(-\frac{\eta^2}{2\sigma^2}\right)\mathrm{d}\eta \qquad (6\text{-}13)$$

式中，界面态密度（D_{IT}）、界面态时间常数（τ）和标准差（σ）是拟合参数。$\eta=u_s-\langle u_s\rangle$，其中$u_s$是表面势对$kT/q$的归一化。虽然和$C-V$分析相比，这种方法很耗时，但这一技术被认为是确定界面态最灵敏的方法，在Si中可以测量的D_{IT}达到$10^9\mathrm{cm}^{-2}\mathrm{eV}^{-1}$量级[207]。只要响应时间的倒数大致在测量频率的范围内（典型值为1kHz～10MHz），所有的界面态的$G/\omega-f$曲线都有明确的峰值，而且可以被测量。但是，很难测量不对这些频率响应的很慢的界面态和对最高频率都能响应的很快的界面态，因为在这些情况下电导曲线没有峰值。由于电导测量的频率存在上限和下限，因此在很宽的温度范围内进行电导测量就显得很重要。换句话说，这是电导法的优势之一，因为它不存在提供的数据无效的情况（即能观察到峰值就是有效的数据）。

还应当注意到，从电导法中还可以获得其他重要的信息，例如界面态的时间常数和表面势的标准差。时间常数是反映界面态本质的有效指标，标准差反映了界面结构的微观波动。这两项对于理解SiC MOSFET低沟道迁移率是必不可少的。界面态和导带之间跃迁的时间常数由下式给出：

$$\tau(E)=\frac{1}{\sigma_N v_{th} n_s} \tag{6-14}$$

式中，σ_N是界面态的电子俘获截面，v_{th}是热速度，n_s是界面处电子的体密度。对于给定的表面费米能级 E，电子浓度可以由下式给出：

$$n_s=N_C\exp\left(\frac{E-E_C}{kT}\right) \tag{6-15}$$

将式（6-15）代入式（6-14）可以得到，界面态的时间常数随着费米能级向导带移动呈指数增长。但是，通常观察到 Si 和 4H－SiC 中俘获截面 σ_N随着能级向多子能带边缘移动呈指数下降。这种指数依赖特性可以用斜率系数 γ 表示为

$$\sigma_N(E)=\sigma_{N0}\exp\{\gamma(E_C-E)\} \tag{6-16}$$

式中，σ_{N0}是常数。在 Si 中，俘获截面在能带边缘呈指数下降，但在带隙中央附近通常是常数[218]。在 4H－SiC 中，没有观察到明显的常数区域。图 6-48 是几项研究中的俘获截面，以及相关的 γ 值[219,220]。式（6-16）中强烈的能量依赖关系趋向于抵消式（6-15）中的能量依赖关系，使得时间常数与能量的相关性减弱。如果像图 6-48 中观察到的那样，γ 接近于 1，时间常数与能量的相关性非常小。在这种情况下，随着偏压的变化，$G(\omega)/\omega$ 曲线随频率的漂移很小，使得有可能获得带隙中更宽能量范围的数据。这也使得 $G(\omega)/\omega$ 变得更窄[221]，从而表观表面势标准差 σ 比实际表面势标准差更小。4H－SiC 中表观 σ 典型值在 4～5 之间，因此实际 σ 会更大。迄今为止，实际表面势的标准差还不能精确测定。

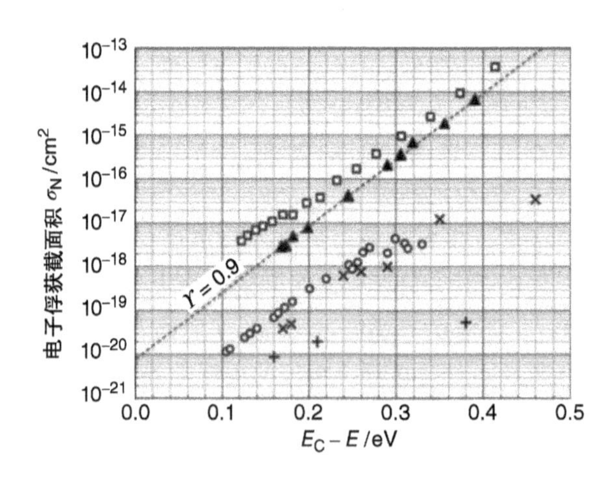

图 6-48　几项研究中界面态的俘获截面，及相关的 γ 值[219,220]

图 6-49 是 n 型 4H－SiC（0001）上干氧氧化制作的 MOS 电容在不同表面势下的 G/ω 与频率关系的曲线。贝壳状的峰值来自于界面态，图 6-49 中的粗线是由式（6-13）计算并拟合实验结果的 $G/\omega-f$ 曲线。值得注意的是，这些电导法测量得

到的数据频率高达100MHz，采用了特殊的探针。图6-50是拟合得到的τ和σ值。时间常数在$E_C-0.2eV$时大约是$3\times10^{-6}s$，并随着能级加深而增长，在$E_C-0.4eV$时达到$6\times10^{-5}s$。SiC MOS结构的标准差（典型值4～5）比Si MOS结构（约2）大得多，反映了SiC MOS界面的不均匀性。

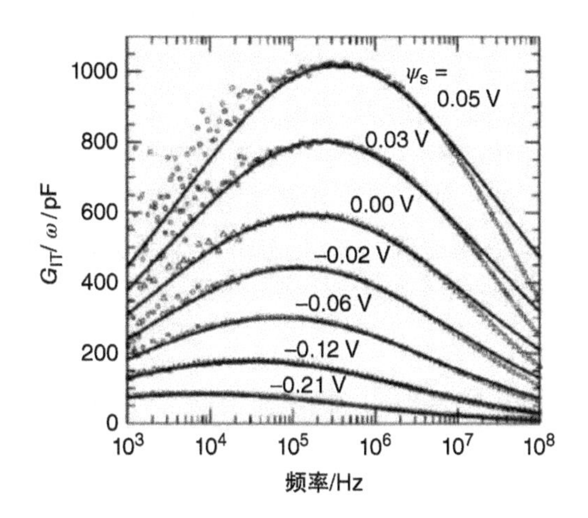

图6-49　n型4H-SiC（0001）上干氧氧化制作的MOS电容在不同表面势下的G/ω与频率关系的曲线[213]

（由AIP出版有限责任公司授权转载）

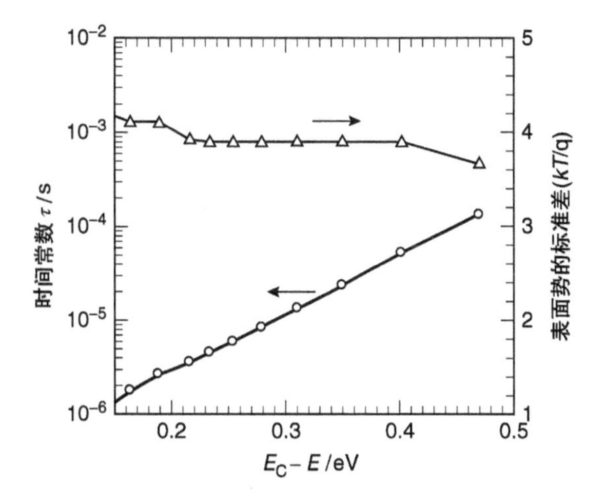

图6-50　SiC MOS结构中界面态的发射时间常数τ（室温下）和标准差σ[213]

（由AIP出版有限责任公司授权转载）

图6-51a是高（1MHz）低频方法、高（100MHz）低频方法、$C-\Psi_s$方法和电导法测得的界面态密度，其中横轴的E_C-E_T（E_T：界面陷阱能级）是由式（6-9）

计算得到的表面势确定的[213]。在电导法测量中，最高的测量频率是100MHz。所有这些测量都是在同一个MOS电容上进行的，MOS电容在n型4H-SiC（0001）上制作，包含32nm厚干氧氧化层。$C-\Psi_s$方法得到的D_{IT}分布与电导法非常吻合。高（100MHz）低频方法同样可以得到相同的界面态密度，因为100MHz基本上足够高，使得快速界面态来不及响应。但是，常规高（1MHz）低频方法得到的D_{IT}分布比其他方法低2~3倍，这是由于对1MHz或更高频率响应的快速界面态无法测量造成的。SiC MOS结构的界面态密度非常高，在$E_C-0.2\text{eV}$时约为$1\times10^{13}\text{cm}^{-2}\text{eV}^{-1}$。需要注意的是，在氮化SiC MOS结构中，这种常规高（1MHz）低频方法对界面态的低估更为严重[215]。图6-51b是用几种方法测量的在NO中退火的4H-SiC（0001）MOS结构的D_{IT}分布比较。高（1MHz）低频方法测得的导带边缘附近的D_{IT}值比$C-\Psi_s$方法测得的低一个数量级。6.3.5节介绍了界面特性的改善方法。

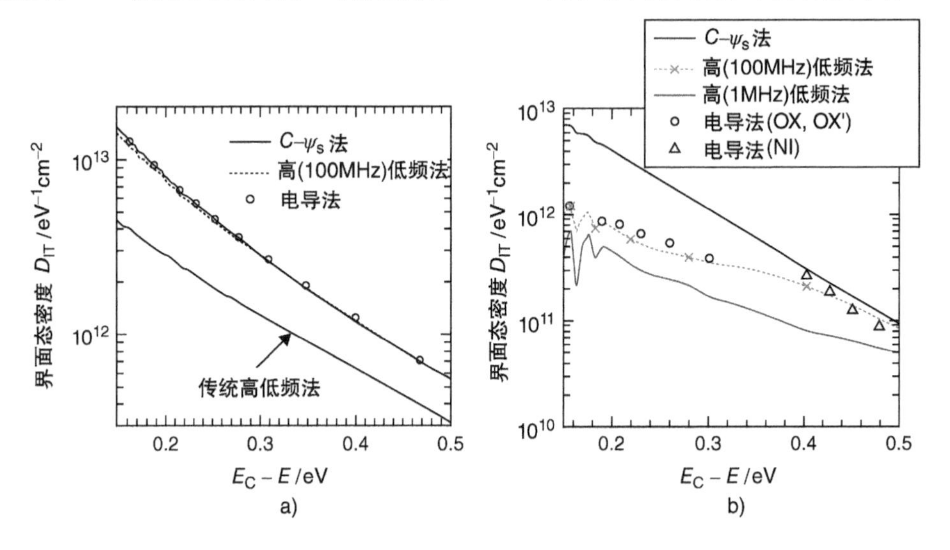

图6-51 a）高（1MHz）低频方法、高（100MHz）低频方法、$C-\Psi_s$方法和电导法测得的界面态密度（D_{IT}）。所有这些测量都是在同一个MOS电容上进行的，MOS电容在n型4H-SiC（0001）上制作，包含32nm厚干氧氧化层 b）几种方法测量的在NO中退火的4H-SiC（0001）MOS结构的D_{IT}分布比较[213]

（由AIP出版有限责任公司授权转载）

6.3.4.8 其他方法

几种其他技术被用来测量SiC MOS结构界面的性质。电荷泵方法通过在栅极施加重复脉冲监测界面态发射的电荷[207,222-224]。尽管这种方法提供了带隙内界面态的总密度，但难以精确地确定能级分布。人们还尝试了各种DLTS测量方法，例如，恒定电容深能级瞬态谱（CC-DLTS）[225,226]。在该技术中，可以通过精心设计的偏压区分从界面态、氧化层陷阱和体陷阱发射的载流子。例如，通过CC-DLTS方法在n型4H-SiC（0001）MOS电容中检测到了，两个能级位于$E_C-0.15\text{eV}$和

$E_C-0.39eV$ 的氧化层陷阱[226]。然而，除了 CC－DLTS 中单独的峰，界面态的能级不能直接确定，通常是通过假设界面态的俘获截面恒定得到的。热弛豫电流（TDRC）方法与上述情况非常相似[212]。在 Zerbst 方法中，在 MOS 电容上施加电压脉冲，使其达到深耗尽，对电容恢复到稳定态的过程进行瞬态监测。可以获得界面态产生载流子的速率，但是难以确定 D_{IT} 的分布[160,227,228]。

如 6.3.3 节所述，由于少子极低的产生率，即使施加了很高的栅压（n 型为负偏压、p 型为正偏压），通常的 SiC MOS 电容也不会进入反型状态。栅控二极管（GCD）测量结构中可以诱导形成反型层，因此可以测量少数载流子能带边缘附近的界面态。图 6-52 是对 GCD 进行 $C-V$ 测量时的终端连接。其基本结构是一个平面 MOSFET，通过扫描栅压对栅电容进行测量。在测量中，源和漏端连接到接地的 p 衬底。当施加的栅压足够大时，电子通过源和漏端快速注入，在栅氧化层下形成反型层（n 沟道 MOSFET 的情况下）。图 6-53 是 4H－SiC（0001）GCD 的低频（20Hz）$C-V$ 特性曲线，图 a 是干氧氧化后湿氧退火，图 b 是干氧氧化后在 NO 中退火[151]。对于 Si MOS 电容在室温的情况下，当栅压比阈值电压高得足够多时，低频 $C-V$ 曲线达到氧化层电容 C_{ox}。高频 $C-V$ 曲线呈现出的饱和电容值，由空间电荷区（图中未示出）最大宽度决定。从 $C-V$ 曲线中，可以提取导带边缘

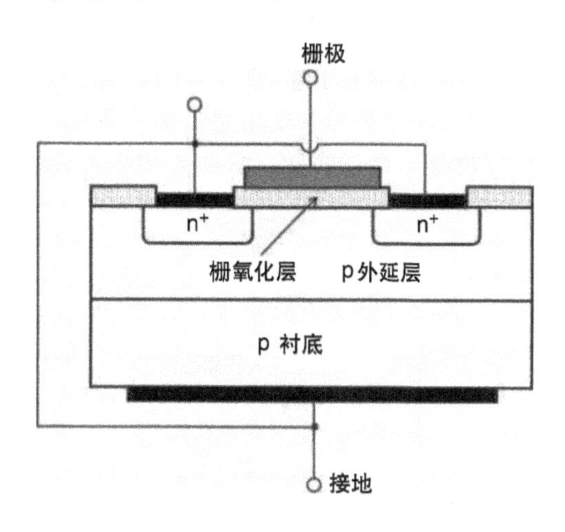

图 6-52　栅控二极管（GCD）进行 $C-V$ 测量的终端连接

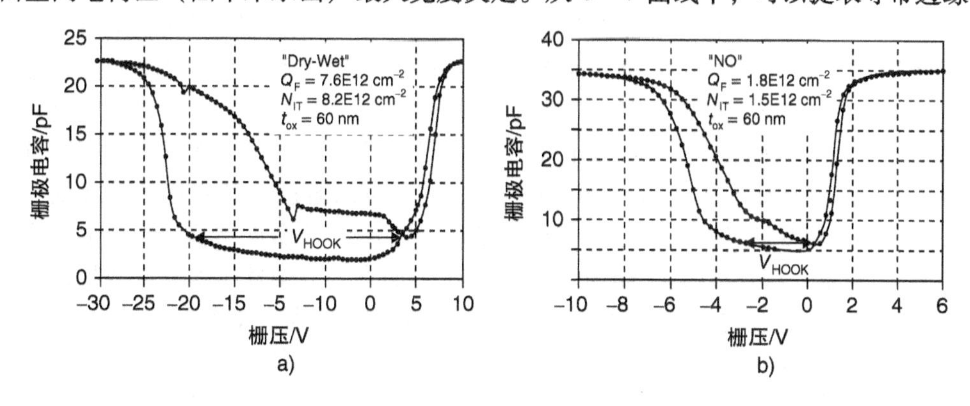

图 6-53　4H－SiC（0001）GCD 的低频（20Hz）$C-V$ 特性曲线：
a）干氧氧化后湿氧退火　b）干氧氧化后在 NO 中退火[151]（由 Springer－Verlag 授权转载）

附近的 D_{IT}分布[229]。用 MOSFET 结构测量 D_{IT}分布是十分有用的，因为可以在同一个样品上直接比较界面态特性和沟道迁移率。但是，这种方法受到与常规高低频方法同样的限制，不能检测到非常快的界面态和非常慢的界面态。

6.3.5 氧化硅/SiC 界面特性及其改进方法

6.3.5.1 界面态分布

尽管上述测量技术能力有限，我们仍能粗略地了解 SiC 带隙中界面态分布情况。图 6-54 是多种 SiC 晶型带隙内界面态分布的示意图。我们已知不同 SiC 晶型的价带顶基本是对齐的，导带底根据各自的带隙宽度得到[177]。

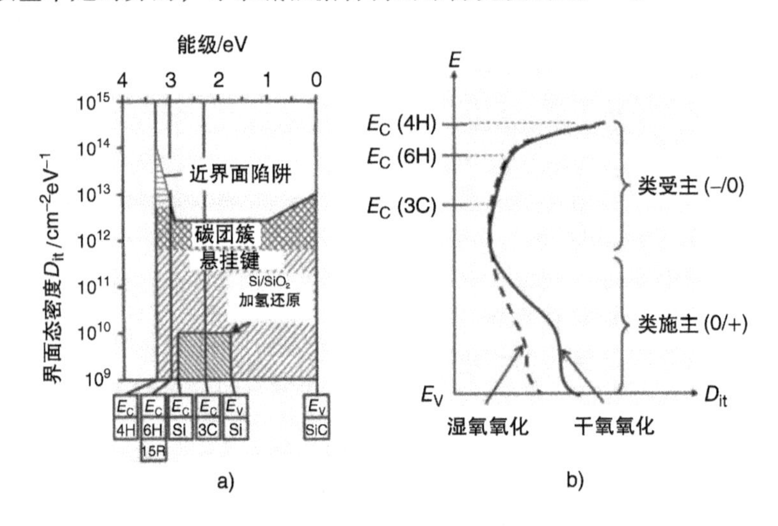

图 6-54 多种 SiC 晶型带隙内界面态分布的示意图

a）用于说明 SiC 中界面态密度及与其晶型关系的模型[150]（由 Springer - Verlag 授权转载）

b）干氧氧化和湿氧氧化制作的 SiC MOS 结构的界面态分布示意图

当研究带隙下半部分界面态时，它们大多数是类施主。当这些界面态在费米能级以上时，它们被陷阱空穴填充而带正电。这些类施主界面态，特别是位于深能级区域的，在 p 型 SiC 中俘获空穴，并且在室温下不发射空穴。因此，被深能级界面态俘获的空穴表现为“正性固定电荷”。这些类施主界面态在干氧氧化制作的 MOS 结构中密度非常高（$>5\times10^{12}\,\text{cm}^{-2}\text{eV}^{-1}$），并且可以通过湿氧氧化显著降低[230]。这些类施主界面态使得 p 型 SiC MOS 电容 $C-V$ 曲线产生负向漂移（影响 p 沟道迁移率）。但是，随着费米能级的上升，类施主界面态变为中性，因此这些界面态对 n 沟道迁移率没有直接影响[230,231]，在不同的 SiC 晶型中都是如此。

界面态分布似乎是本征的性质，对于所有的 SiC 晶型都一样。因此，导带边缘附近的分布是由本征分布和不同晶型导带底的能级位置共同决定的，如图 6-54 所示。大多数导带边缘的界面态是类受主型。当处于费米能级以下时，这些界面态由于俘获电子而带负电。被深能级受主俘获的电子表现为“负性固定电荷”。需要注意的是，目前还不知道 SiC MOS 结构中电中性能级的位置。另外，“氮化”4H-SiC MOS 结构中在导带边缘存在类施主界面态。在 α-SiC（0001）中，导带边缘的界面态密度几乎呈指数上升[232-234]。由于随着能级升高界面态密度迅速增大，因此4H-SiC（0001）能带边缘的界面态密度非常高，而3C-SiC（111）则相对较低。在 n 沟道 MOSFET 中，施加栅压形成的反型层中的电子都被这些界面态俘获而变得几乎不可移动。被俘获的电子同时还作为库伦散射中心。因此，导带边缘附近的类受主界面态对 n 沟道的迁移率有不利影响。这是造成 4H-SiC（0001）MOSFET 通常沟道迁移率较低（未进行适当退火时 $5\sim8cm^2V^{-1}s^{-1}$），而 3C-SiC MOSFET 可以很容易获得较高沟道迁移率（超过 $100cm^2V^{-1}s^{-1}$）的原因[235-237]。

SiC 高界面态密度的确切来源至今仍未明确。对于 Si MOS 结构而言，界面处的悬挂键是主要缺陷（例如 P_b 中心）[160,175]。由于热氧化氧化硅/硅结构的界面态密度在 $10^9\sim10^{10}cm^{-2}eV^{-1}$ 范围，因此不可能将 SiC MOS 结构高界面态密度（$10^{12}\sim10^{13}cm^{-2}eV^{-1}$）简单归结于悬挂键。基于对 SiC MOS 结构和石墨的 IPE 谱研究，Afans’ev 等人通过研究 SiC MOS 结构和石墨的 IPE 谱提出带隙下半部分的类施主界面态可能来源于碳团簇（碳团簇模型）[147,238]。尽管对界面附近残留的碳的作用仍有争议，但目前仍不能证实界面附近碳的密度和界面态密度之间有直接关系。4H-SiC（0001）导带边缘附近异常高的界面态密度目前也是一个谜团。为解释这一现象，有人提出浅能级界面态来自于“近界面陷阱”（NIT）[147]。NIT 是氧化层内界面附近的陷阱，而且由于其本质特性，它们的响应非常慢。NIT 还被认为是氧化硅固有的，而不仅是热氧化氧化硅/SiC 系统特有的。但是，这不能解释在热氧化氧化硅/4H-SiC（$000\bar{1}$）[239]和（$11\bar{2}0$）[233]界面没有发现高密度的浅能级界面态的实验事实，而且即使采用其他介电材料（Si_3N_4、Al_2O_3和 AlN）也存在这些浅能级界面态。还需要系统的理论研究来明确造成界面态和 NIT 的原因。

6.3.5.2 氧化后退火

对于任何半导体材料，要获得高质量的 MOS 界面，氧化后退火（POA）和金属化后退火（PMA）都是至关重要的。在 Si 技术中，一项主要的降低界面态密度的技术是氢钝化界面附近的悬挂键，这可以通过在含氢的气氛中，如 N_2-H_2混合气体，400~500℃金属化后退火实现[8,160,175]。结果是界面态密度可以降低至 $10^9cm^{-2}eV^{-1}$。然而，对于 SiC 而言，400℃氢气退火对界面态密度的影响很小，表明 SiC MOS 和 Si 的本质问题完全不同。有报道表明，800~1000℃更高温度氢气退火可以降低界面态密度[240]，但其确切机理仍不明确。

为减少深能级界面态，特别是在带隙下半部分的界面态，“再氧化”退火是有效的[241]。这项技术的关键是在相对较低的温度下（一般是950℃）在潮湿的氛围中进行氧化后退火，这种情况下额外的氧化少到可以忽略。经过再氧化退火，最终的界面态密度基本类似，而与氧化工艺（干氧氧化或湿氧氧化）无关。界面特性还取决于再氧化退火过程水蒸气中水的含量。通过高含量水蒸气再氧化退火，4H

-SiC（0001）的n沟道迁移率可以提高至$50cm^2V^{-1}s^{-1}$，6H-SiC（0001）的n沟道迁移率可以提高至$98cm^2V^{-1}s^{-1}$[242]。如上所述，这项工艺同时降低了价带边缘附近的深能级界面态密度，提高了p沟道SiC MOSFET的迁移率[243]。然而，这一改善的物理原因尚不清楚。

热氧化后立即在惰性气体（Ar或N_2）中进行氧化层退火是SiC技术中常用的工艺。到目前为止，这种惰性气体氧化后退火通常在与氧化同样的温度（1100~1200℃）下进行。这个步骤被认为可以从氧化层或界面处去除多余的碳，但并没有碳向外扩散的直接证据。尽管如此，合适的Ar氧化后退火可以改进氧化层介电性能和可靠性[216]，并已被广泛使用。近几年，基于深层次的研究，有人尝试采用1300~1350℃高温Ar氧化后退火，以增强多余的碳间隙原子的扩散。虽然经过高温Ar氧化后退火，界面态密度明显下降了，n沟道迁移率也得以改善，但仍不能令人满意。

人们对氧化条件本身进行了研究以改善界面质量。对于SiC（0001）晶面而言，氧化气氛（干氧和湿氧）对导带边缘附近的界面态密度和n沟道迁移率的影响没有显著的差别。总体而言，湿氧氧化使得导带边缘附近的界面态密度稍有降低，而价带边缘附近的界面态密度明显降低，因而改善了p沟道迁移率，如图6-54所示。湿氧氧化还会在界面附近产生负性电荷。值得注意的是，当MOS结构在SiC（$000\bar{1}$）晶面[239]和像（$11\bar{2}0$）[233]这样的非基矢面上制作时，湿氧氧化的改善作用更大。SiC（0001）晶面上1250~1300℃高温干氧氧化可以有效降低导带边缘附近的界面态密度，改善n沟道迁移率[245,246]。据报道，热氧氧化层厚度一旦超过20nm，界面质量开始下降，如图6-55所示[196]。图中，当氧化层厚度超过20nm后，观察到界面态密度突然增大，平带电压斜率也发生变化。这种界面质量下降，与由同步XPS测得的中间体（类亚氧化物）结构数量增多有关[196]。尽管上面叙述了各种研究成果，但目前我们对产生氧化层影响的物理基础并不了解。

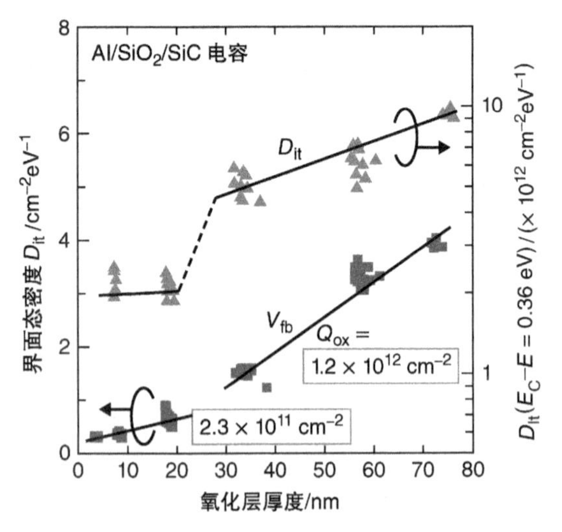

图6-55　干氧氧化n型4H-SiC MOS电容的界面态密度和平带电压与氧化层厚度的关系[196]
（由AIP出版有限责任公司授权转载）

6.3.5.3　界面氮化

在含氮的气体中，例如一氧化氮（NO）[247-261]、一氧化二氮（N_2O）[262-264]、氨气（NH_3）[265,266]或氮自由基[267]，进行氧化后氮化是一种很有前景的工艺。还提出了

在 N_2O 或 NO 中直接氧化工艺。尤其是采用 NO 或 N_2O 进行界面氮化在学术研究中广泛使用，同时还在 SiC 功率 MOSFET 量产中使用。图 6-56 是分别从 n 型和 p 型 4H－SiC（0001）MOS 电容得到的导带和价带边缘附近的界面态密度分布[154]。图中画出了干氧氧化及干氧氧化后通过 NO 或 N_2O 氮化制作的 MOS 结构的界面态密度曲线。图中的界面态密度是通过常规高（1MHz）低频方法测量得到的。可以明显地看出氮化可以在整个带隙能量范围内减小界面态密度。因此，轻掺杂 p 型外延层上制作的 n 沟道 4H－SiC（0001）MOSFET 的有效迁移率从干氧氧化的个位数（$4\sim8cm^2V^{-1}s^{-1}$）增加至 N_2O 氮化氧化层的 $25\sim35cm^2V^{-1}s^{-1}$[262－264]，再增加至 NO 氮化氧化层的 $40\sim52cm^2V^{-1}s^{-1}$[250,252,253]。p 沟道 MOSFET 的有效迁移率同样也从干氧氧化的 $1\sim2cm^2V^{-1}s^{-1}$增加至氮化氧化层的 $7\sim12cm^2V^{-1}s^{-1}$[268]。

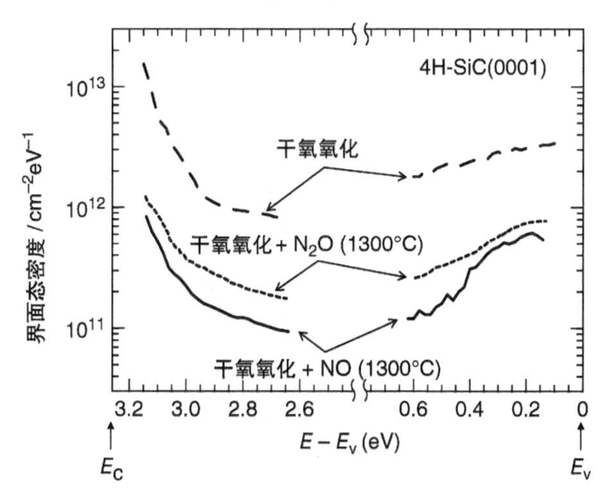

图 6-56　分别从 n 型和 p 型 4H－SiC（0001）MOS 电容得到的导带和价带边缘附近的界面态密度分布[154]

在 NO 或 N_2O 中退火自然导致 SiO_2/SiC 界面处出现氮聚集。界面处的氮原子密度很大程度上取决于氮化的条件，可以达到 $5\times10^{20}cm^{-3}$或更高。几个研究小组给出了界面处氮原子密度增加与界面态密度降低之间的关系[153,260,263]。此外，据报道，氮化工艺不仅降低了导带边缘附近的界面态密度，而且增加了空穴陷阱的数量[269]。因此，也不希望氮化过度而导致明显的空穴俘获效应。同样，氮化是如何钝化界面缺陷的并不清楚。基于上述考虑因素，不太可能是氮原子对悬挂键的钝化或氮化造成简单的缺陷能级移动。一些实验证据表明，氮化退火可以更有效地消除界面处的碳原子[151,192,263]。

人们对 NO 和 N_2O 氮化充满兴趣。历史上，第一次氮化成功的报道使用的是 NO[247,249]。由于 NO 的剧毒性，N_2O 氮化或 N_2O 直接氧化被提出作为一种替代技术[262]。经过工艺优化后，NO 氮化的结果似乎比 N_2O 稍好一些。这一结果可以通过气相中的化学反应定性解释。在 1100℃以下 N_2O 分子很稳定，在 1200℃左右按下面的反应式开始分解[270]：

$$N_2O \rightarrow N_2 + O \tag{6-17}$$

$$N_2O + O \rightarrow 2NO \tag{6-18}$$

由于 N_2O 分子更大，在 SiO_2 中 N_2O 的扩散系数肯定比 NO 或 O_2 小得多。因此，起界面氮化作用的并不是 N_2O 本身，而是 1200℃以上 N_2O 气相分解产生的 NO。这与 1250～1300℃较高温度下 N_2O 才能实现较好的氮化效果的实验结果一致。然而，当 N_2O 分解产生 NO 时，也同时产生原子氧或氧分子，因此必然在气相中存在。这意味着界面被 N_2O 氮化的同时，也会发生氧化。N_2O 氮化处理后可以观察到氧化层厚度明显增加，支持了这一观点。另一方面，NO 分子在 1300℃左右开始按照下面的反应式分解（这种分解是不希望发生的）[271]：

$$2NO \rightarrow N_2 + O_2 \tag{6-19}$$

因此，使用 NO 可以在 1150～1250℃的更低温度实现显著的氮化效果，而 NO 氮化过程中的附加氧化（氧化层厚度增加）最少。

研究发现，氮化退火会在导带边缘附近产生高浓度的非常快的界面态[215]。这些非常快的界面态在室温下能响应 100MHz 或更高（ >GHz）的测量频率。在室温下，常规的高低频方法无法检测这些非常快的界面态，只能在低温下（40～150K）通过 $C-\Psi_S$ 或电导法测量。测量表明，这些非常快的界面态在未经氮化退火的 MOS 结构中密度很低，因此这些界面态的确是 NO 或 N_2O 氮化造成的。图 6-57 是 $E_C-0.3eV$ 处的界面态密度和界面附近氮原子面密度的关系[215]。这些数据是从经过不同温度（1150～1350℃）NO 退火的干氧氧化制作的 4H-SiC（0001）MOS 结构中得到的。这里画出了相对较慢（ <1MHz）的界面态、非常快的界面态（ >100MHz）及全部的界面态。界面处较慢的界面态的密度随着氮原子浓度增加而降低。与此相反，非常快的界面态密度的增加与氮原子密度的增加几乎成正比。因此，非常快的界面态是与界面氮化相关联的。最终优化的结果，是在 1250℃下 NO 氮化 70min，可以得到最小的界面态总密度，此时氮原子的面密度为 $3.0\times10^{14}cm^{-2}$。当采用与图 6-57 中所示样品同样的工艺制作 n 沟道 MOSFET 时，有效沟道迁移率在快速和慢速界面态密度最小时（1250℃下 NO 氮化 70min）有最大值。因此，非常快的界面态同样也会限制沟道迁移率。

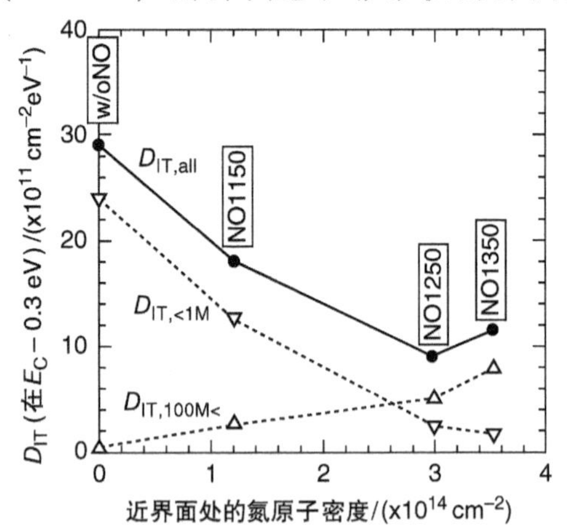

图 6-57　$E_C-0.3eV$ 处的界面态密度和界面附近氮原子面密度的关系[215]（由 AIP 出版有限责任公司授权转载）。这些数据是从经过不同温度（1150～1350℃）NO 退火的干氧氧化制作的 4H-SiC（0001）MOS 结构中得到的

6.3.7节将进行更详细的介绍。

6.3.5.4 其他方法

在$POCl_3$中进行氧化后退火可以显著地降低界面态密度并提高n沟道迁移率[272,273]。通过在1000℃下$POCl_3$中退火10min，可以得到高达$89cm^2V^{-1}s^{-1}$的沟道迁移率。通过在1000℃下$POCl_3$中和700℃下氮氢混合气体中两步退火，可以进一步将迁移率提高至$101cm^2V^{-1}s^{-1}$[274]；这是目前4H-SiC（0001）MOSFET报道的最高沟道迁移率。经过$POCl_3$退火，磷原子几乎均匀地分布在栅氧化层中，密度超过$1\times10^{21}cm^{-3}$。通过$POCl_3$退火，MOSFET的界面态密度和亚阈值摆幅都得到了明显的改善。

另一项引人注目的提高沟道迁移率的技术是"钠沾污"氧化[275,276]。一开始，在$120\sim150cm^2V^{-1}s^{-1}$高沟道迁移率4H-SiC（0001）MOSFET的报道中，使用了Al_2O_3炉管进行栅氧氧化。后来发现炉管和氧化层都被高浓度的钠（Na）沾污。钠沾污氧化的氧化速率得到增强。在干净的炉管中进行常规氧化前，将SiC样品浸入含钠溶液中，可以得到非常类似的结果（高氧化速率和高沟道迁移率）[277]。由于这种工艺制作的MOSFET阈值电压漂移很明显，因此不能用于器件制造，与Si技术中熟知的一样。但是，为了掌握限制迁移率的重要因素，这一机理是值得详细研究的。

经过适当后处理工艺的淀积氧化层也被广泛研究并取得了成功。典型的氧化层制作方法是先淀积SiO_2，然后经过NO或N_2O退火处理[185,187,278,279]。与经过NO或N_2O退火的热氧氧化层相比，这样得到的界面态密度更低，沟道迁移率更高。由于SiO_2/4H-SiC界面的势垒高度比SiO_2/Si系统低，SiC MOS结构在高电场强度和高温下的隧穿电流比较高，这一点限制了高温下氧化层的可靠性。从这种意义上说，高k材料具有明确的优越性[150]。由于材料本身具有更大的相对介电常数，因此可以在保持同样栅电容的同时增大栅绝缘层的物理厚度。图6-58展示了主要高k介质的相对介电常数和禁带宽度。虽然在先进Si MOS中对HfO_2进行了广泛的研究，但由于HfO_2/SiC界面的势垒高度较低，因此并不是SiC中一个很好的选择。具有相对较大禁带宽度的高k材料，如Al_2O_3、AlN和AlON，对于SiC MOSFET具有一定的吸引

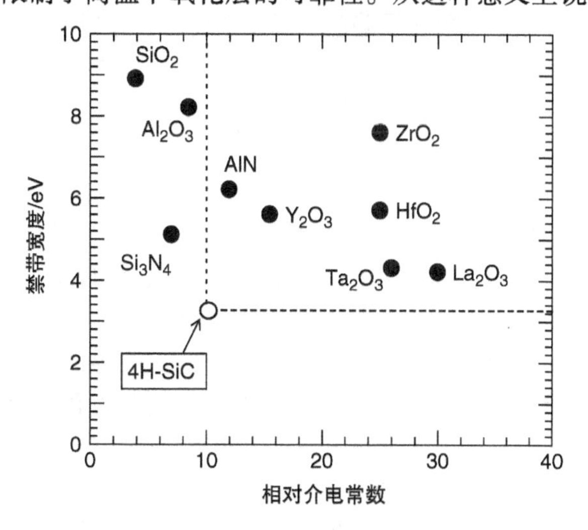

图6-58 主要高k介质的相对介电常数和禁带宽度

力[280-284]。已经有高达 100 ~ 200$cm^2 V^{-1} s^{-1}$的沟道迁移率[281,283]或高达 12 ~ 15MV/cm的击穿电场强度[284]报道过。

有人对埋沟结构进行了研究以减轻界面态的不利影响。在栅氧化层下通过外延[285,286]或离子注入[287-289]的方法制作一薄层（0.1 ~ 0.3μm）n 型层。由于埋沟比普通反型沟道更厚，因此可以得到更高的沟道迁移率，特别是在低栅压下。在高栅压下，由于埋沟 MOSFET 的能带结构与普通 MOSFET 高栅压下的能带结构接近，因此迁移率显著降低，电子输运受到界面态的严重影响。沟道的厚度和掺杂浓度需要仔细设计以保证常关状态。即使有报道最高峰值迁移率达到 80 ~ 170$cm^2V^{-1}s^{-1}$，要在高温或短沟道情况下保持高阈值电压并不容易。

到目前为止，轻掺杂 p 型 SiC 外延层上制作的 MOSFET 已可以达到相对较高的沟道迁移率。但是，从技术的角度出发，重要的是在铝注入形成的中等掺杂（$>10^{17}cm^{-3}$）p 型体区域制作的 MOSFET 中实现高沟道迁移率。此外，要在高栅压下（氧化层电场强度 >2MV/cm）实现高沟道迁移率。

应当指出的是，目前对热氧化或氧化层淀积之前的 SiC 表面清洗尚未进行详细地研究。SiC 界采用的标准清洗工艺是 RCA 清洗后再在 HF 溶液中浸泡，去除自然氧化层[290]。臭氧清洗[291]和高温氢处理[292]也有研究。到目前为止，SiC MOS 界面的基本问题没能通过改变清洗过程得以解决。然而，要对器件制造进行完全掌控需要对 SiC 表面清洗开展基础研究。

6.3.5.5 界面的不稳定性

如前所述，虽然可以通过几种技术提高沟道迁移率，但是阈值电压的不稳定性仍然是个问题。不稳定性至少是由两种现象引起的：氧化层中的电荷注入（或载流子被慢态俘获）和可动离子。由于 SiC MOS 结构中在导带边缘附近存在高密度的界面态及氧化层陷阱，高正向栅压会造成严重的电子注入和俘获，导致大的正向阈值电压漂移（或平带电压）[212,293]。图 6-59 是当栅氧电场强度为 ±3MV/cm 时，不同 4H-SiC MOSFET 的阈值电压漂移[294]。应力测量中，阈值电压漂移随着偏压的增大而增加。令人感兴趣的是，用 20μs 时长栅压增大波形进行栅特性测量比用 1s 时长栅压增大波形表现出更大的阈值电压不稳定性。这一结果可以通过近界面氧化层陷阱中电子隧穿进出来解释[294]。如图 6-59 所示，栅氧化层经过氮化处理的 MOSFET 具有更好的稳定性。最近，发现了另一种不稳定性。当施加负偏压时，阈值电压出现明显的负向漂移和栅特性的扩展[295]。这一漂移在高温下更为明显。这一不稳定性是由于施加负栅压时 MOS 界面附近的空穴俘获。由于界面氮化产生了更多的空穴陷阱[269]，因此氮化工艺的优化是至关重要的。

另一种不稳定性是在 SiC MOS 结构中常见的所谓偏压-温度不稳定性[296-298]。这一现象是由可动离子造成的；在正偏压-温度（约 200℃）应力测量（PBTS）下，正性可动离子在 SiO_2/SiC 界面积累，造成阈值电压（或平带电压）的负向漂移；反过来，在负偏压-温度应力测量（NBTS）下，正性可动离子在栅/SiO_2界面

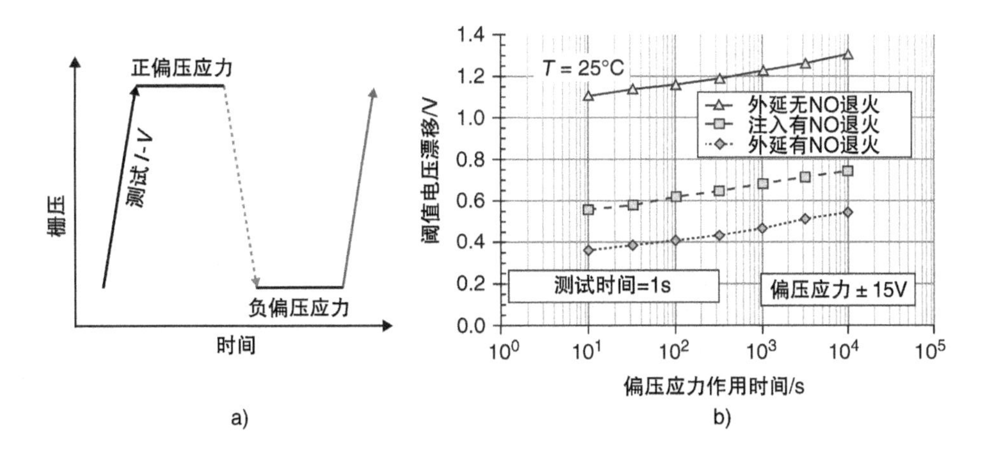

图6-59 当栅氧电场强度为±3MV/cm时，不同4H-SiC MOSFET的阈值电压漂移[294]
（由IEEE授权转载）
a）偏压应力测量程序 b）不同MOSFET阈值电压漂移随偏压应力时间的变化

积累，造成阈值电压（或平带电压）的正向漂移。因此，*C-V*曲线呈现出离子漂移型滞回曲线。高温（>700℃）下，在含氢的气氛中退火，例如在氮氢混合气体中，可以改善偏压-温度不稳定性[298]。

6.3.6 不同晶面上的氧化硅/SiC界面特性

当使用不同的晶面时（除了偏轴4H-SiC（0001）晶面），界面态的密度和分布都很不一样。这里主要介绍偏轴4H-SiC（$000\bar{1}$）、4H-SiC（$11\bar{2}0$）和4H-SiC（$1\bar{1}00$）晶面。

在SiC（$000\bar{1}$）、（$11\bar{2}0$）和（$1\bar{1}00$）MOS结构中，同样的氧化气氛下，导带边缘附近的界面态分布有着显著的差异。图6-60是干氧氧化和湿氧氧化下n型4H-SiC（0001）、（$000\bar{1}$）、（$11\bar{2}0$）和（$1\bar{1}00$）MOS结构的界面态密度分布。这里，界面态密度是通过常规的高（1MHz）低频方法测量得到的。在4H-SiC（0001）界面上，导带边缘附近的界面态密度对氧化条件（干氧/湿氧）并不敏感。在其他晶面上，干氧氧化的界面态密度很高，而湿氧氧化（或在水蒸气中氧化后退火）的界面态密度低得多[239,299]。据报道，800~900℃下氢气气氛退火对SiC（$000\bar{1}$）[239]和（$11\bar{2}0$）[300]作用更明显。图6-60中另一个重要的结果是，这些非标准晶面的界面态密度在导带边缘没有急剧增大。换句话说，SiC（$000\bar{1}$）、（$11\bar{2}0$）和（$1\bar{1}00$）晶面的界面态的分布相当平坦。在（$000\bar{1}$）晶面上可以获得$120cm^2V^{-1}s^{-1}$的高迁移率[239]，在（$11\bar{2}0$）晶面上可以获得$100\sim240cm^2V^{-1}s^{-1}$的高迁移率[300-302]。

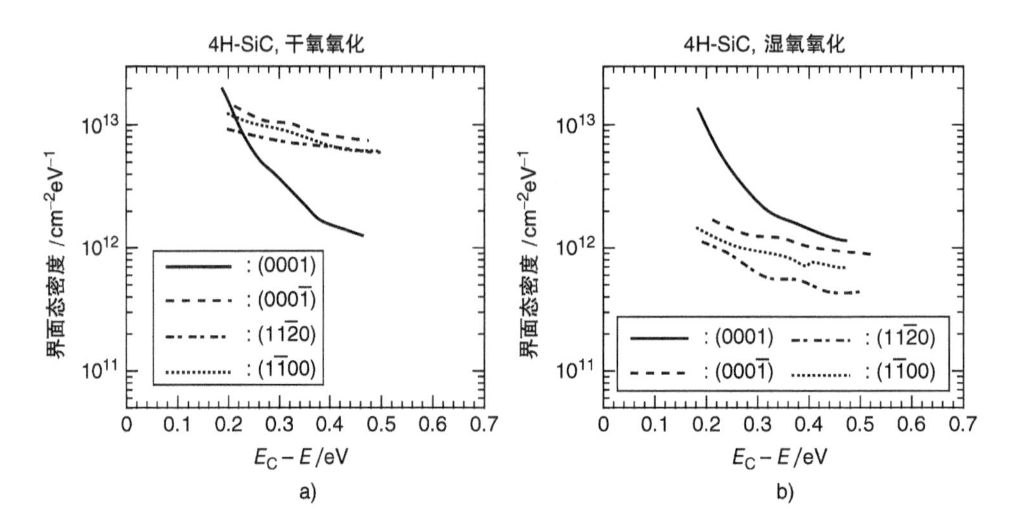

图 6-60 a）干氧氧化和 b）湿氧氧化的 n 型 4H－SiC（0001）、（000$\bar{1}$）、（11$\bar{2}$0）和（1$\bar{1}$00）MOS 结构的界面态密度分布

氧化后氮化或直接在含氮气氛中氧化对于降低 SiC（000$\bar{1}$）、（11$\bar{2}$0）和（1$\bar{1}$00）晶面的界面态密度同样有效[263,303,304]。图 6-61 是干氧氧化后在 NO 中氮化的 n 型 4H－SiC（0001）、（000$\bar{1}$）、（11$\bar{2}$0）和（1$\bar{1}$00）MOS 结构的界面态密度分布。尽管是干氧氧化，界面态密度还是通过在 NO（或 N_2O）中氮化大幅度地降低了。同样，SiC（000$\bar{1}$）、（11$\bar{2}$0）和（1$\bar{1}$00）晶面的界面态分布相当平坦。应当注意到，价带边缘附近的界面态密度也可以通过界面氮化来降低[268]。

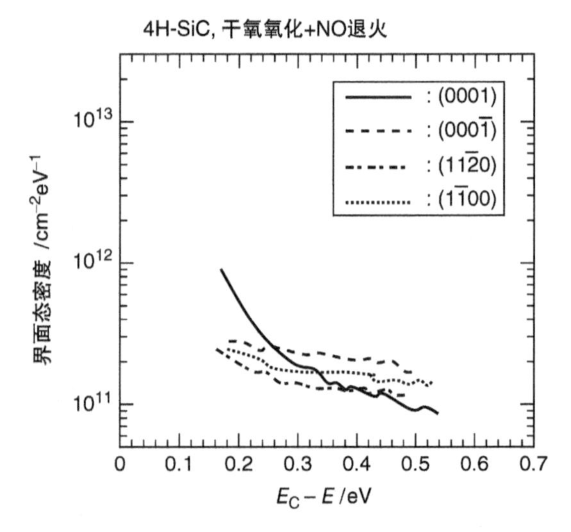

图 6-61 干氧氧化后在 NO 中氮化的 n 型 4H－SiC（0001）、（000$\bar{1}$）、（11$\bar{2}$0）和（1$\bar{1}$00）MOS 结构的界面态密度分布

图 6-62 是 4H－SiC（0001）、（000$\bar{1}$）、（11$\bar{2}$0）和（1$\bar{1}$00）晶面上制作的 n 沟道 MOSFET 的场效应迁移率与栅压的关系图[304]。干氧氧化生长了大约 40nm 厚的氧化层，随后在 1250℃下 NO（10%）/N_2（90%）的气氛中进行氮化。（000$\bar{1}$）晶面上得到的沟道迁移率很高，达到 46$cm^2V^{-1}s^{-1}$，在（11$\bar{2}$0）和（1$\bar{1}$00）晶面上

得到的沟道迁移率非常高，达到95~115$cm^2V^{-1}s^{-1}$。后面这项结果有望用于在SiC（0001）晶圆上开发沟槽MOSFET[305,306]。（$11\bar{2}0$）和（$1\bar{1}00$）侧壁倾角对4H-SiC MOSFET沟道迁移率的影响也有研究[307]。

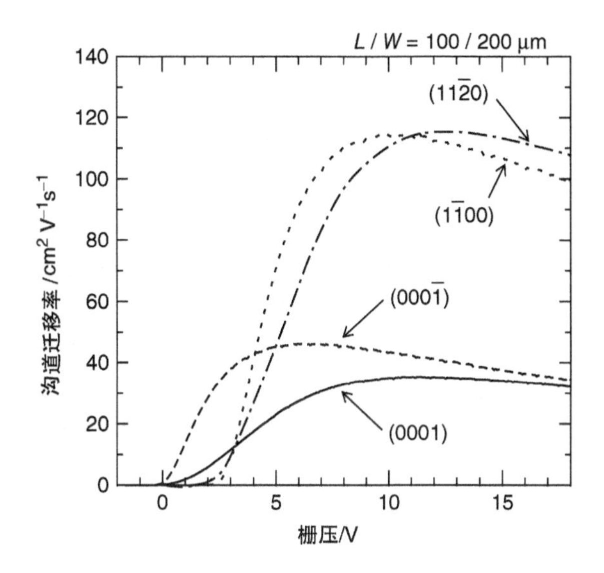

图6-62 4H-SiC（0001）、（$000\bar{1}$）、（$11\bar{2}0$）和（$1\bar{1}00$）晶面上制作的n沟道MOSFET的场效应迁移率与栅压的关系图[304]。干氧氧化生长了大约40nm厚的氧化层，随后在1250℃下NO（10%）/N_2（90%）的气氛中进行氮化

6.3.7 迁移率限制因素

SiC MOSFET低沟道迁移率的物理原因目前尚有争论。在Si MOSFET中，由于采用适当工艺制作的Si MOS结构的界面态密度足够低，不是沟道迁移率的限制因素，因此，限制沟道迁移率的主要因素是固定电荷和表面粗糙度[308]。在SiC MOSFET中，通常认为库伦散射是主要的限制因素。这是由于4H-SiC（0001）MOSFET的沟道迁移率通常表现为正温度系数（随温度升高而增大）。然而，这是一种误导性的解释，更可能的原因是热激活输运或反型层中的电子局部化[148,309,310]。近些年，经过一些缜密的研究，对此问题有了更深入的了解。还可以在8.2.10节找到沟道迁移率的详细介绍。

线性区的沟道迁移率（n沟道）通常用下面的公式来估算[311]：

$$\text{场效应迁移率}\quad \mu_{FE}:\mu_{FE}=\frac{L}{W\,C_{OX}V_D}\frac{d\,I_D}{d\,V_G} \tag{6-20}$$

$$\text{有效迁移率}\quad \mu_{eff}:\mu_{eff}=\frac{L}{W\,C_{OX}(V_G-V_T)}\frac{d\,I_D}{d\,V_D} \tag{6-21}$$

式中，I_D和V_D分别是漏极电流和漏极电压。L和W分别是沟道长度和沟道宽度。在这些估算中，假设反型层中所有的电子都是可移动的，在导带中从源极运动到漏极。换句话说，反型层中的电子面密度n_{sheet}可以用$C_{ox}(V_G-V_T)$估计，其中C_{ox}是氧化层电容，V_G是栅压，V_T是阈值电压。但是，SiC MOS结构中界面态密度如此之高，以至于界面态密度的积分达到与感应产生的电子面密度在同一个数量级（约$10^{12}cm^{-2}$）。被界面态俘获的电子几乎不能移动。例如，90%感应产生的电子被俘获，就只有10%感应产生的电子可以移动，用于产生漏极电流。即使可动电子漂移的迁移率达到$100cm^2V^{-1}s^{-1}$，根据式（6-20）或式（6-21），计算得到的整体沟道迁移率也只有$10cm^2V^{-1}s^{-1}$。在这种情况下，随着温度的升高，越来越多的电子被激发到导带上成为可动电子。因此，计算得到的沟道迁移率为正温度系数。在这种情况下，“库伦散射”是迁移率限制因素是一种误导的解释。更正确的说法是“电子俘获效应”。因此，场效应迁移率的温度相关性或从式（6-20）或式（6-21）计算得到的有效迁移率不能清楚地解释载流子迁移中涉及的散射机理。

如上所述，感应产生电子的总浓度（n_{total}）可以由下式给出：

$$n_{total}=n_{mobile}+n_{trap} \tag{6-22}$$

式中，n_{mobile}和n_{trap}分别是可动电子和被界面态俘获电子的浓度。可动电子实际的迁移率（μ_{real}）和计算迁移率（μ_{ch}）符合下面的关系：

$$\mu_{ch}=\mu_{real}\frac{n_{mobile}}{n_{mobile}+n_{trap}} \tag{6-23}$$

导带中可动电子的实际迁移率可以通过MOS-霍尔效应测量得到[152,260,312,313]。图6-63是MOSFET中霍尔效应测量的典型测量图。制作了一个长沟区域和三四个额外的电极用于霍尔效应测量。在MOS-霍尔效应测量中，不仅可以得到实际迁移率，还可以得到实际可动电子浓度（n_{mobile}）。由于感应产生电子的总浓度（n_{total}）是通过$C_{OX}(V_G-V_T)$计算出的，因此可以得到被俘获电子的比例（$(n_{total}-n_{mobile})/n_{total}$）。按照不同的方式，场效应迁移率$\mu_{FE}$可以表示如下[313]：

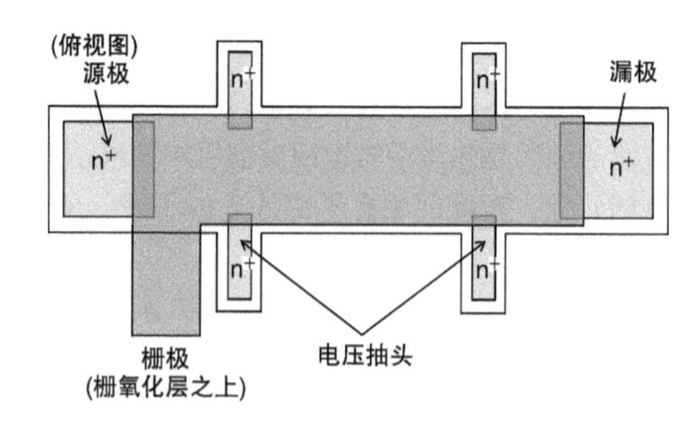

图6-63 MOSFET中霍尔效应测量的典型测量图

$$\mu_{FE} = \frac{\mu_{real}}{1 + \frac{dQ_T/dE_F}{dQ_{inv}/dE_F}} = \frac{\mu_{real}}{1 + \frac{q^2 D_{IT}(E_F)}{C_{inv}}} \tag{6-24}$$

式中，Q_T是被俘获电荷的密度，Q_{inv}是反型层中的电荷总量，$D_{IT}(E_F)$ 是费米能级（E_F）的界面态密度，C_{inv}是反型层的微分电容。由于电子俘获，当 $D_{IT}(E_F) > C_{inv}/q^2$时，估算得到的沟道迁移率比实际值小得多。如果能带边缘的界面态密度增长很快，例如 SiC（0001）的情况，对于几乎整个栅偏压范围都有俘获效应。但是，据报道经过最近优化的氮化工艺处理后，电子俘获效应变得不是很明显。[260]

图6-64是通过 MOS－霍尔效应测量得到的 n 沟道 6H－SiC 和 4H－SiC（0001）MOSFET 的实际迁移率（作为栅偏压的函数）[152,312]。霍尔迁移率和计算得到的有效沟道迁移率之间存在一定的差异，可以估算出 6H－SiC MOSFET 中被俘获的电子约为 30%～50%，4H－SiC MOSFET 中被俘获的电子约为 70%～85%。通过 MOS－霍尔效应测量，可以直接得到不同栅偏压下的可动载流子面密度。因此，这是研究 SiC MOSFET 中载流子输运的一项强有力的技术。

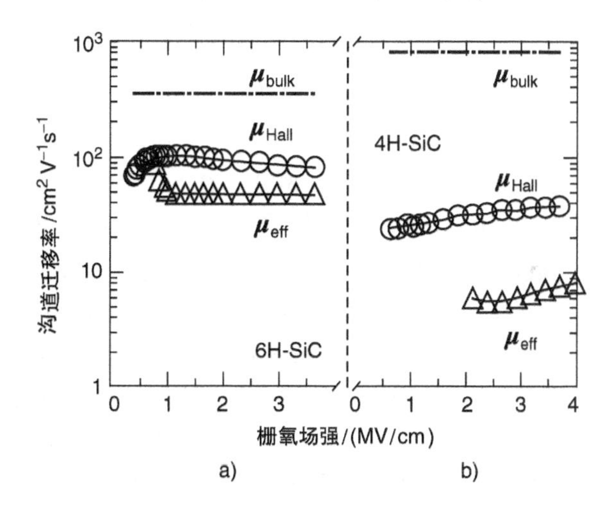

图6-64 通过 MOS－霍尔效应测量得到的 n 沟道 a）6H－SiC 和 b）4H－SiC（0001）MOSFET 的实际迁移率（作为栅偏压的函数）[152,312]（由 Springer Verlag 授权转载）。图中还给出了有效迁移率

在 SiC MOSFET 中，通常会观察到沟道迁移率和由转移特性线性外推得到的阈值电压之间呈负相关性。在氧化层制作采用同样工艺，但条件稍有不同（例如氮化处理温度或时间不同）的 MOSFET 中，当阈值电压增大时，沟道迁移率降低。这一现象部分是由于确定阈值电压时引起的问题，可以通过考虑电子俘获来解释，如图6-65的原理图所示。随着导带附近的界面态密度增大，越来越多栅偏压感应产生的电子被界面态俘获。这导致了漏极电流的减小，同时在阈值电压附近逐渐增

大（非突变）。因此，通过线性外推法得到的阈值电压虚高。

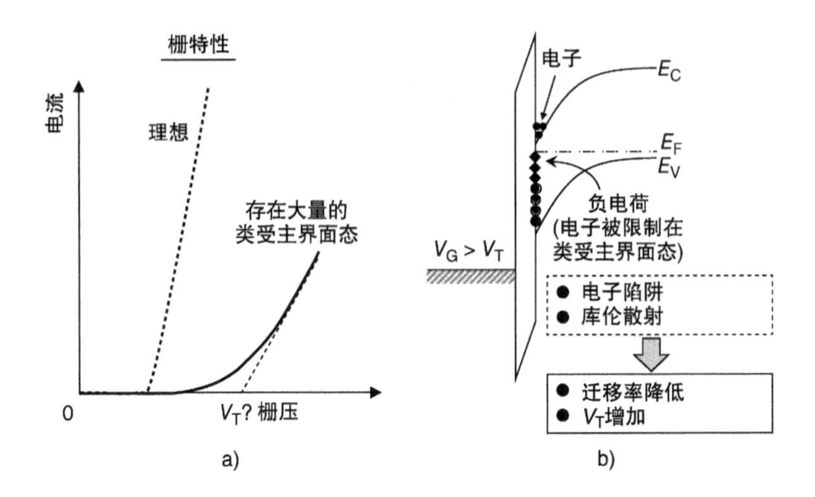

图 6-65 电子俘获造成确定 n 沟道 SiC MOSFET 阈值电压时存在问题的原理图。
a）由于高界面态密度造成栅特性退化 b）SiC MOSFET 中沟道迁移率的主要限制因素

当界面态密度很高时，n 沟道迁移率和导带边缘附近的界面态密度之间存在明显的相关性[151－154,229,314]。但是，当通过氮化或湿氧再氧化降低界面态密度后，什么是限制迁移率的主要因素仍存在争论。例如，在 SiC（0001）晶面上，通过适当的氮化处理，可以将 E_c －（0.2～0.3）eV 能级位置的界面态从 $10^{12}\mathrm{cm^{-2}eV^{-1}}$ 降低至 $10^{11}\mathrm{cm^{-2}eV^{-1}}$（通过高低频方法测量），但是得到的 n 沟道迁移率为 30～$50\mathrm{cm^2V^{-1}s^{-1}}$，只有体迁移率的 3%～5%。图 6-66 是通过高（1MHz）低频方法和 $C-\Psi_S$ 方法测量得到的 $E_C-0.2\mathrm{eV}$ 能级处界面态密度与 n 沟道迁移率的关系。这些数据是通过不同工艺条件制作的 4H－SiC MOSFET 和 MOS 电容得到的。在图 6-66a 中，虽然可以观察到一定程度上的相关性，但还是有很大的离散性。例如，在界面态密度约为 $1\times10^{12}\mathrm{cm^{-2}eV^{-1}}$ 时，（0001）晶面上的一个 MOSFET 的沟道迁移率是 $8\mathrm{cm^2V^{-1}s^{-1}}$，另一个是 $17\mathrm{cm^2V^{-1}s^{-1}}$。此外，$(11\bar{2}0)$ 晶面上具有相似界面态密度的 MOSFET 的沟道迁移率高达 $71\mathrm{cm^2V^{-1}s^{-1}}$。很难简单地通过两种晶面的表面粗糙度不同来解释迁移率的差异。另外，在（0001）晶面上的 MOSFET 中，虽然通过工艺优化很大程度上降低了界面态密度（100 倍），但是沟道迁移率的改善并不明显（只有 10 倍）。另一方面，从图 6-66b 中可以看出很明显的趋势，曲线的斜率接近 －1。这一结果表明以下两点：

1）即使经过近年来的工艺优化，n 沟道迁移率主要还是受到高界面态密度的限制。

2）沟道迁移率受到非常快的界面态的影响，它可以被 $C-\Psi_S$ 方法检测到（但无法被高（1MHz）低频方法检测到）。

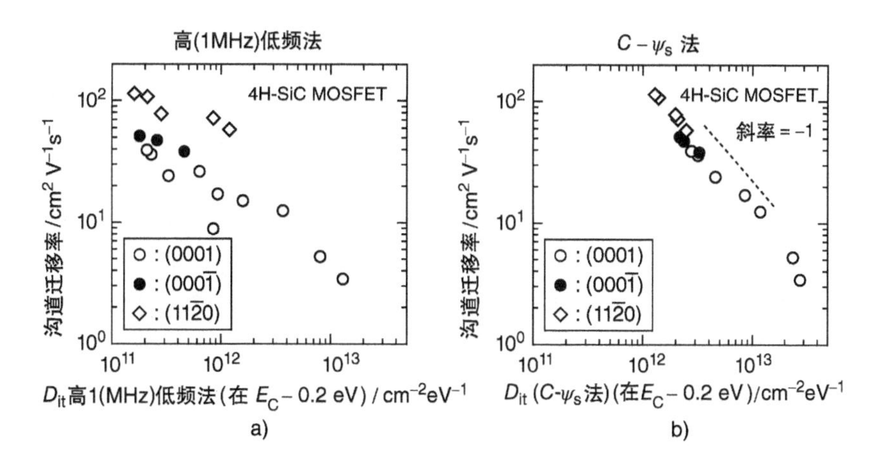

图 6-66　通过 a）高（1MHz）低频方法和 b）$C-\Psi_S$ 方法测量得到的 $E_C-0.2eV$ 能级处界面态密度与 n 沟道迁移率的关系

通常，SiC MOSFET 的亚阈值斜率较差，为 200～500mV/dec，比室温下约 60mV/dec 的理想值大很多。较差的亚阈值斜率与通过 $C-\Psi_S$方法测量得到的界面态密度的分布符合得很好。图 6-67 是由 MOS 电容 $C-V$ 数据得到的界面态密度与由 MOSFET 的亚阈值斜率得到的界面态密度之间的关系。由亚阈值斜率得到的界面态密度比由高（1MHz）低频方法得到的界面态密度高得多（见图 6-67a），目前该领域还是未解之谜。但是，$C-\Psi_S$方法得到的界面态密度与亚阈值斜率得到的数据符合得很好，如图 6-67b 所示。这一结果表明快速界面态的确对 MOSFET 的性能有影响。

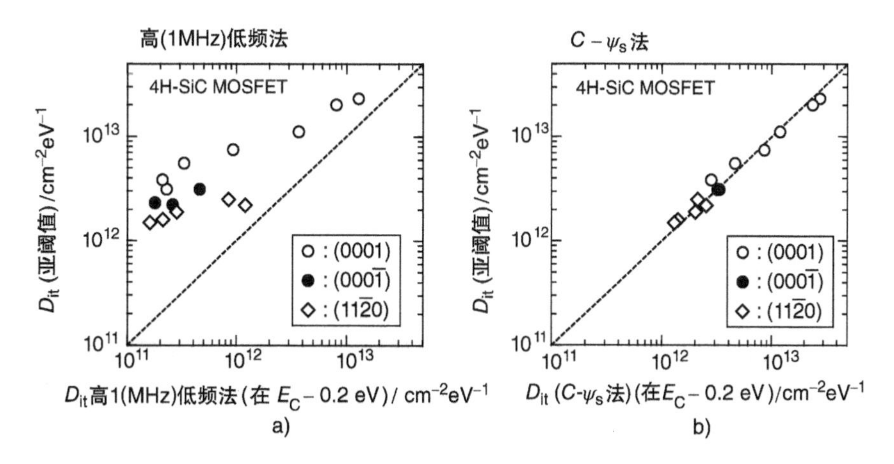

图 6-67　MOSFET 的亚阈值斜率得到的界面态密度与 a）高（1MHz）低频方法和 b）$C-\Psi_S$ 方法得到的 $E_C-0.2eV$ 能级处的界面态密度的比较

但是，SiC MOSFET 沟道导电的机理必定更为复杂。在 SiC 中，由于使用了偏轴｛0001｝的晶圆以及尚未成熟的表面处理技术，因此与 Si 相比，表面粗糙度更大。当界面态密度极大地降低时，表面粗糙度散射可能占主导。这在 MOS 器件实际工作的高栅偏压下更为重要。目前实际（非有效）固定电荷对沟道迁移率的影响尚未明确。

另一个可能的问题是如电导测量所表明的，表面势波动较大[216]。由于 SiC MOS 的界面结构可能是很不均匀的，MOS 沟道内的表面势可能会有波动。因此，微观区域的电导率可能会由于表面势波动极大地降低，从而反型层中整体的电流传导可能会受到这一微观区域电导率的限制。此外，最近的研究表明，在热氧化过程中，氧化界面释放的多余的碳原子会向 SiC 体区域扩散[157]，形成导带和价带边缘的缺陷能级[315,316]。从头计算预测在 SiC 的间隙碳原子中会形成间隙双原子碳，这些双原子碳在 $E_C-0.2\text{eV}$ 能级处形成浅受主能级[317]。因此，界面附近的体迁移率可能受到这些缺陷的严重影响。图 6-68 是一种混合密度函数理论预测的 SiO_2/SiC 界面附近各种可能缺陷之间的电荷转移能级[318]。根据这一研究，C—C 和 Si_2—C—O 缺陷可能是造成 4H－SiC 导带边缘附近能级的原因。但是，要弄清楚界面态中的缺陷和反型层中载流子输运特性还需要更基础的研究。

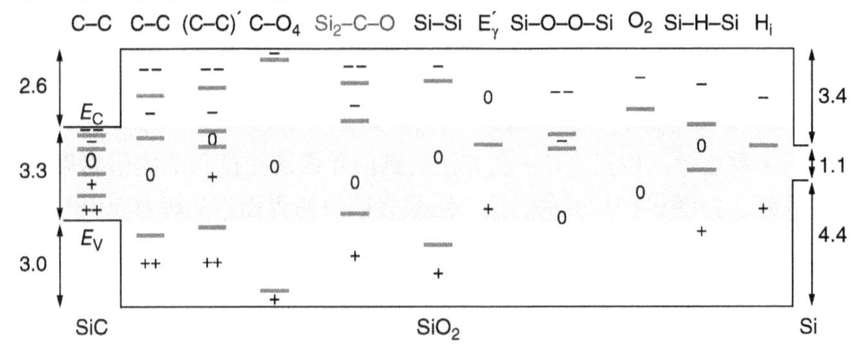

图 6-68 一种混合密度函数理论预测的 SiO_2/SiC 界面附近各种可能缺陷之间的电荷转移能级[318]

（由美国物理学会授权转载）

6.4 金属化

肖特基接触是肖特基势垒二极管（SBD）和金属－半导体场效应晶体管（MESFET）的关键组成部分。肖特基接触的基本理论和知识对于理解欧姆接触也十分重要。在任何半导体器件中，形成欧姆接触都是必不可少的。对于各种材料电学特性测量技术，包括 $I-V$、$C-V$、DLTS 和霍尔效应测量，都需要这两种接触。已有一些肖特基接触方面的综述论文[319－321]和欧姆接触方面的综述论文[320,322－327]

发表。

6.4.1　n型和p型SiC的肖特基接触

6.4.1.1　基本原理

对于SiC来说，只要SiC材料不是重掺杂的并且没有经过高温（>700℃）接触合金，大部分淀积在SiC上的金属都是肖特基接触。当金属和半导体材料接触时，两种材料的费米能级在平衡态下是对齐的（零偏压）。零偏压下n型和p型半导体的肖特基势垒能带示意图如图6-69所示。这里ϕ_B是势垒高度，V_d是自建势，ΔE_{fn}（或ΔE_{fp}）是费米能级距导带（或价带）边缘的位置。从能带图中可以得到下式：

$$\phi_B = qV_d + \Delta E_{fn}(\text{n 型})\text{；}\phi_B = qV_d + \Delta E_{fp}(\text{p 型}) \tag{6-25}$$

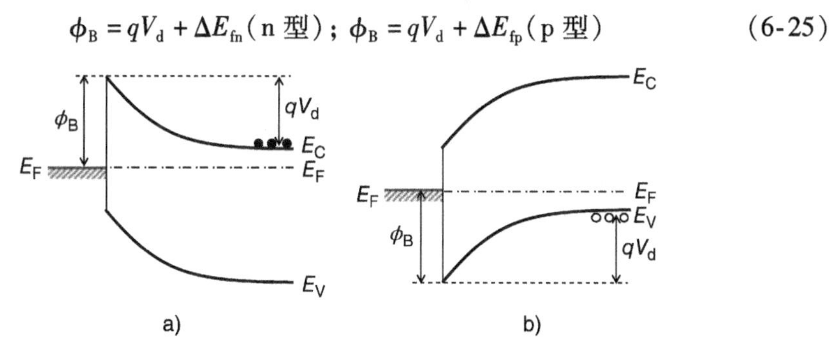

图6-69　零偏压下a）n型和b）p型半导体的肖特基势垒能带示意图

在理想模型中，势垒高度简单地由金属和半导体材料的功函数差决定。但是，在实际半导体中，势垒高度受到表面态的影响[8,328]。几种技术可以测量势垒高度，包括$I-V$、$C-V$、IPE和XPS。

图6-70是室温下Ti、Ni和Au/n型4H－SiC（0001）SBD的正向电流密度与偏压的关系图[329]。电流密度可以表示为[8,328]

$$J = A^* T^2 \exp\left(-\frac{\phi_B}{kT}\right)\left\{\exp\left(\frac{qV}{nkT}\right) - 1\right\} \tag{6-26}$$

式中，n是理想因子，A^*是半导体材料的有效理查森常数，可表示为

$$A^* = \frac{4\pi q m_n^* k^2}{h^3} \tag{6-27}$$

式中，m_n^*（或m_p^*）是多数载流子的有效质量，h是普朗克常数。在n型4H－SiC（0001）SBD中，A^*取146Acm^{-2}K^{-2}，M_c为3，m_n^*为$0.4m_0$[329]。这些取值是从精确的实验中得到的[330]。需要注意有效理查森常数取决于晶面及导电类型（n型或p型）。因此，可以从图6-70所示的半对数图中电流密度的截距（J_0）提取出势垒高度。图6-71是从同样工艺制作的Ni/n型4H－SiC SBD提取的势垒高度和理想因子的关系图。可以明显看出，当理想因子大于1.10～1.15时，势垒高度被严重低

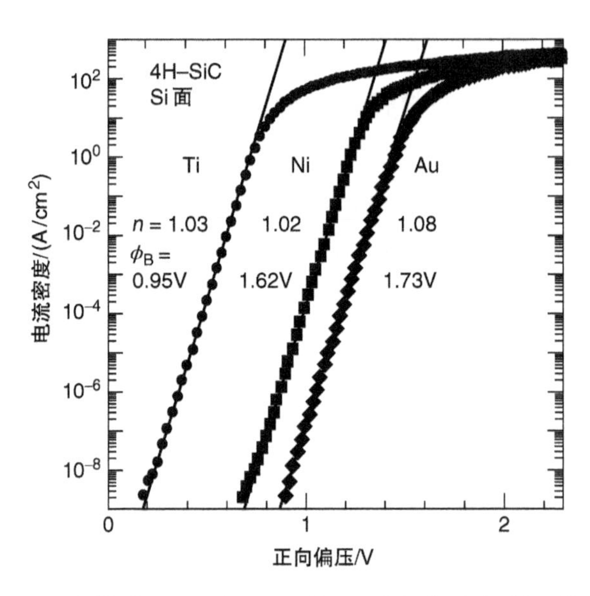

图 6-70 室温下 Ti、Ni 和 Au/n 型 4H - SiC（0001）SBD 的正向电流密度与偏压之间的关系[329]

（由 IEEE 授权转载）

估了。因此，只有当理想因子小于 1.10 时，从电流密度的截距（J_0）提取的势垒高度才可靠。甚至当获得了相对较好的理想因子 1.05 时，提取的势垒高度也明显小于真实值。理想因子的退化受到多种因素的影响，包括势垒高度的非均匀性和界面的缺陷（例如沾污）[331-333]。

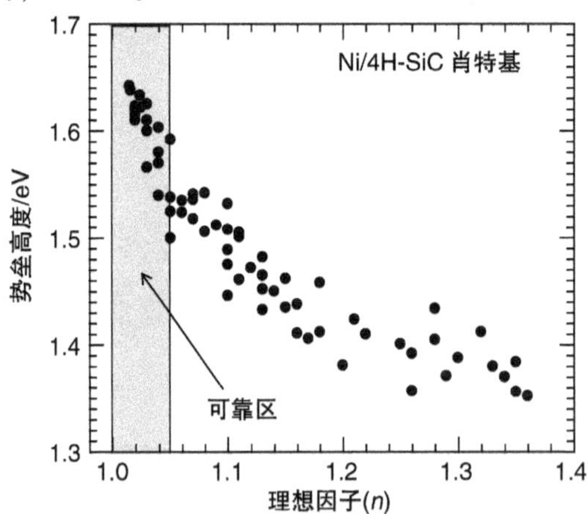

图 6-71 从同样工艺制作的 Ni/n 型 4H - SiC SBD 提取的势垒高度和理想因子之间的关系

n 型 SBD 的单位面积空间电荷区的电容用下式表示：

$$C = \sqrt{\frac{\varepsilon_s q N_D}{2(V_d - V)}} \tag{6-28}$$

式中，N_D是施主浓度，ε_s是半导体材料的介电常数[8,328]。将上式两边平方并取倒数，得到

$$\frac{1}{C^2}=\frac{2(V_d-V)}{\varepsilon_s q N_D} \tag{6-29}$$

画出 $1/C^2$ 和偏压的关系图，可以从电压的截距得到自建势（V_d）。图6-72是Ti、Ni和Au/n型4H－SiC（0001）SBD的 $1/C^2$ 和偏压的关系图。从自建势和计算得到的费米能级（ΔE_{fn}），并通过 $\phi_B=qV_d+\Delta E_{fn}$ 得到势垒高度。从 $C-V$ 测量得到的肖特基势垒高度比 $I-V$ 测量得到的稍大。这是自然的——由于电流和势垒高度之间是指数关系，因此肖特基势垒高度的局部降低对 $I-V$ 测量有显著的影响，而 $C-V$ 测量得到的是整个接触区域的平均值，因此受局部波动的影响不大。

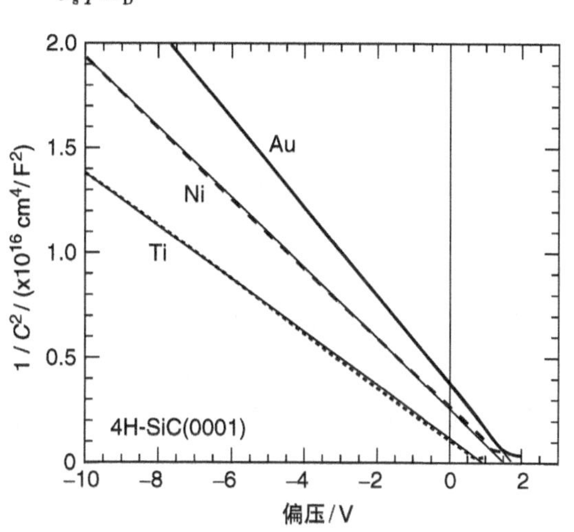

图6-72 Ti、Ni和Au/n型4H－SiC（0001）SBD的 $1/C^2$ 和偏压的关系图

此外，可以从图中斜率的倒数得到净施主浓度（N_D-N_A）。再一次要注意，这是净掺杂浓度，而不是“载流子浓度”。在空间电荷区内（除了空间电荷区边缘附近），所有的杂质离子都电离了，空间电荷区的宽度决定了电容的大小。对于Si而言，由于室温下杂质离子几乎完全电离，因此这并不重要。但是，在SiC中，载流子浓度比杂质浓度低得多，特别是室温下的p型SiC材料。因此，必须意识到的事实是，$C-V$ 测量得到的总是净掺杂浓度。这一点可以简单地通过不同温度下（例如从室温到300℃或从－100℃到室温）p型SBD通过 $C-V$ 测量得到的浓度变化很小得到验证。

另一项测量势垒高度的技术是IPE。在这项技术中，必须准备半透明（<20nm）的肖特基接触。将单色光照射并穿过接触区，监测光电流随波长的变化。当光子能量（$h\nu$）比势垒高度大时，光电流的产生率 Y（光电流与光子数量之比）的平方根与光子的能量为线性关系，如下式所示：

$$Y=A(h\nu-\phi_B)2 \tag{6-30}$$

式中，A 是比例常数。光电流平方根的线性关系来自于能带中态密度与能量之间的关系。图6-73是Ti、Ni和Au/n型4H－SiC（0001）SBD的光电流产生率的平方根与光子能量的关系图[334]。势垒高度可以直接由图中 $h\nu$ 的截距得到。虽然需要

特殊的仪器和半透明肖特基接触，但是 IPE 可以得到最可靠的肖特基势垒高度数值。

6.4.1.2 SiC 上的肖特基接触

图 6-74 是不同金属的 n 型 4H - SiC SBD 的势垒高度与金属功函数的关系图[334-336]。图中给出了 4H - SiC（0001）、（000$\bar{1}$）和（11$\bar{2}$0）的数据。对于给定的金属，（000$\bar{1}$）晶面上的势垒高度稍大，（0001）晶面上最小，（11$\bar{2}$0）晶面介于两者之间。这一差别可能是由于在界面处存在极性相关的偶极子以及表面态分布的差异。图中的斜率为 0.8 ~ 0.9，表明金属/SiC 界面没有费米能级钉扎现象，并且接近肖特基 - 莫特极限[328,337]。当然，为了得到这种数据，高质量的材料和细致的表面清洁是必须的。势垒高度会随着采用不同的工艺稍有变化，例如金属淀积前的表面处理。值得注意的是，金属淀积后在相对较低的温度下进行退火（200 ~ 500℃）可以对理想因子和重复性有改善。对于给定的肖特基金属，当比较 n 型 4H - SiC 和 6H - SiC 上的肖特基势垒高度[338]时，4H - SiC 的势垒高度大约要高 0.2eV，与两种晶型的禁带宽度差相对应。7.2 节也对势垒高度进行了讨论。

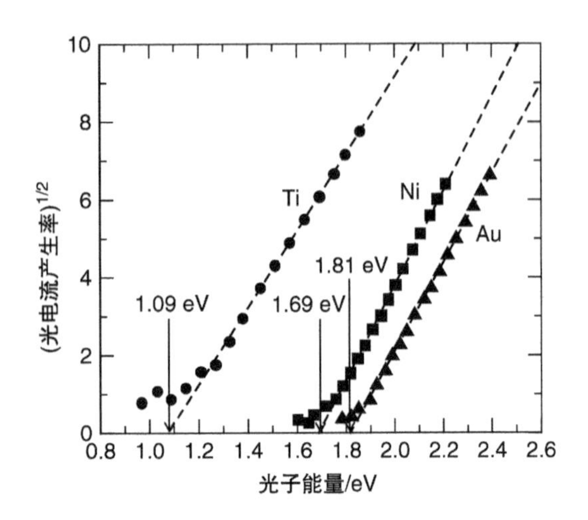

图 6-73 Ti、Ni 和 Au/n 型 4H - SiC（0001）SBD 的光电流产生率的平方根与光子能量的关系图（内部光电发射测量）[334]

p 型 SiC 上肖特基势垒高度的研究较少[339]。图 6-75 是不同金属在 p 型 4H - SiC（0001）SBD 中势垒高度和金属功函数之间的关系图。图中的斜率约为 -0.8，同一种肖特基金属材料在 n 型和 p 型 SiC 上的肖特基势垒高度之和接近禁带宽度（E_g）：

$$\phi_{Bn} + \phi_{Bp} \approx E_g \tag{6-31}$$

因此，小功函数的金属，例如 Ti，在 p 型 SiC 上有很高的势垒高度。

SiC SBD 的反向漏电流中涉及了独特的器件物理。在 SiC 中，空间电荷区的电场强度可以达到 Si 基器件中空间电荷区的 10 倍。因此，能带弯曲非常剧烈导致势垒很薄。图 6-76 是高反向偏压下 n 型 SiC 肖特基势垒的能带示意图。在 Si SBD 中，除非是重掺杂半导体，否则在考虑镜像力造成的势垒高度降低后[8,328]，用热电子发射模型可以很好地得到反向漏电流。但是，在 SiC SBD 中，观测到的反向漏电流比热电子发射模型（考虑势垒高度降低效应）计算得到的值高很多个数量级。起

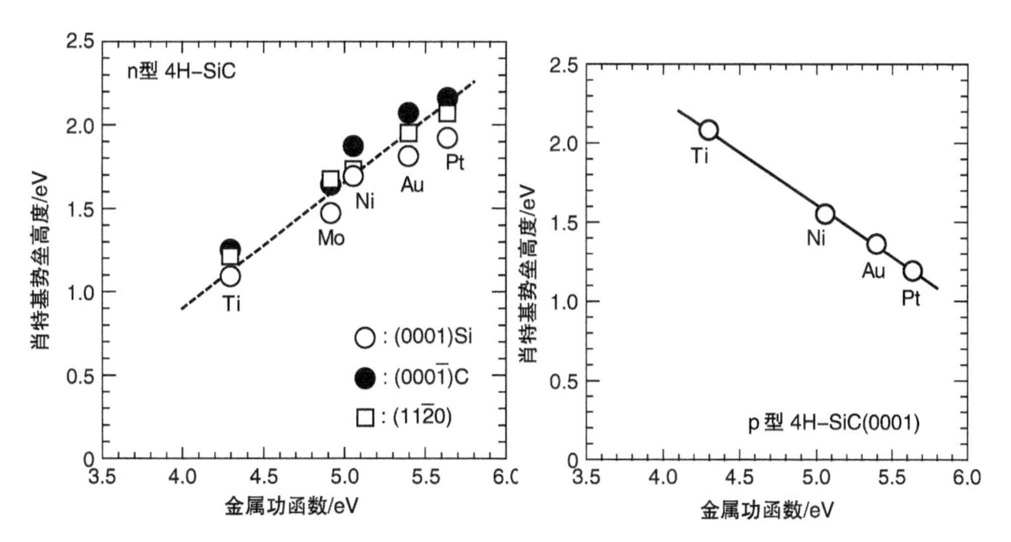

图 6-74　不同金属的 n 型 4H−SiC SBD 的势垒高度与金属功函数的关系图[334-336]。图中给出了 4H−SiC（0001）、（000$\bar{1}$）和（11$\bar{2}$0）的数据

图 6-75　不同金属在 p 型 4H−SiC（0001）SBD 中势垒高度和金属功函数之间的关系图

初，怀疑是流过晶体缺陷的漏电流或肖特基势垒高度局部降低造成的。然而，事实证明有一项造成 SiC SBD 相对较大漏电流的重要原因。在 SiC 中，由于高电场强度（能带图中的斜率）造成三角状的势垒非常薄，因此漏电流是由热电子场发射（TFE）决定的[340,341]，如图 6-76 所示。基于 TFE 模型的漏电流密度可以用下式表示[341]：

$$J_{\mathrm{TFE}} = \frac{A^* Tq\hbar E}{k}\sqrt{\frac{\pi}{2m^* kT}}\exp\left[-\frac{1}{kT}\left\{\phi_{\mathrm{B}} - \frac{(q\hbar E)^2}{24\,m^*(kT)^2}\right\}\right] \tag{6-32}$$

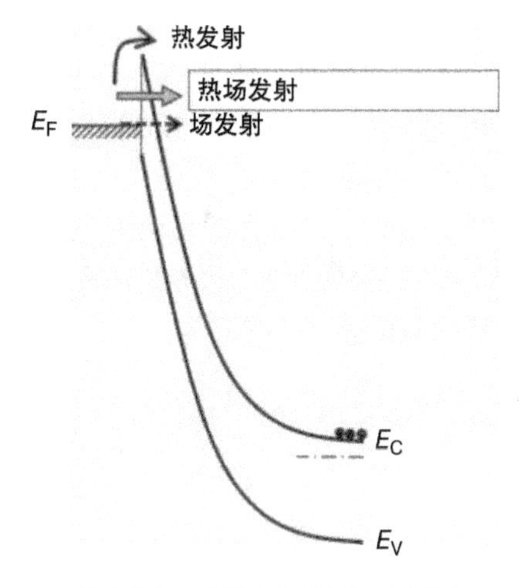

图 6-76　高反向偏压下 n 型 SiC 肖特基势垒的能带示意图

式中，m^* 和 E 分别是载流子的隧穿质量和电场强度。图 6-77 是不同温度下 Ti/4H−SiC（n 型）SBD 反向 $I-V$ 特性的示例[341]。漏电流随偏压增大显著增加，同时温度对漏电流的影响不大，这些可以通过 TFE 模型重现。据报道，高质量 GaN（0001）上制作的 SBD 的漏电流也可以用 TFE 模型重现[342]。因此，在任何高电场强度的宽禁带材料中，例如 SiC、GaN、Ga_2O_3和金刚石，TFE 电流占主导地位。

当势垒高度非常不均匀，可以观察到异常的 $I-V$ 特性[343,344]。图 6-78 就是一个示例，给出了不同温度下 Ti/SiC SBD 的 $I-V$ 特性曲线[344]。室温下，$I-V$ 特性出现小的肩状特征，表明非理想的特性和理想因子不为1。在低温下，肩状特征更为明显，这是因为式（6-26）中I的对数对V的斜率（q/nkT）在低温下更大。在这种情况下，存在局部势垒高度（$\phi_{B,local}$）明显比主体肖特基势垒高度（ϕ_B）低得多的小区域。低势垒高度区域和整个接触区域的比例可以通过低势垒高度区域几乎饱和的电流与主体肖特基势垒高度几乎饱和的电流的比例来估算（“饱和”是由于串联电阻造成的）。图6-78中的比例大约是10^{-5}。应当注意，低势垒高度区域和主二极管区域的理想因子都接近于1。当估算低势垒高度区域的值时，应当用相应的面积（不是整个面积）来计算。此外，这种低势垒高度区域会造成反向偏压下漏电流的明显增大[345,346]。这种二极管可以被看作是主二极管和低势垒高度二极管的并联。因此，二极管的反向漏电流主要是由TFE占主导的低势垒高度区域的漏电流。需要注意的是，低势垒高度区域难以通过$C-V$或IPE方法检测到，因为这些方法测量的是平均值。

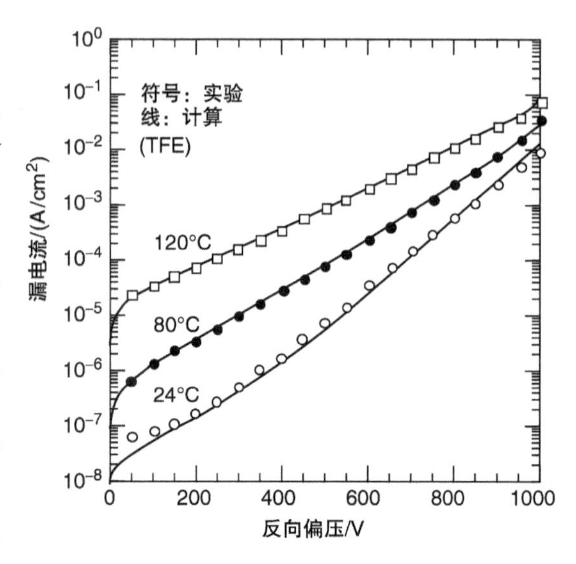

图6-77 不同温度下Ti/4H-SiC（n型）SBD反向$I-V$特性的示例[314]（由Trans. Tech. Publication授权转载）。漏电流随偏压增大显著增加，同时温度对漏电流的影响不大，这些可以通过TFE模型重现

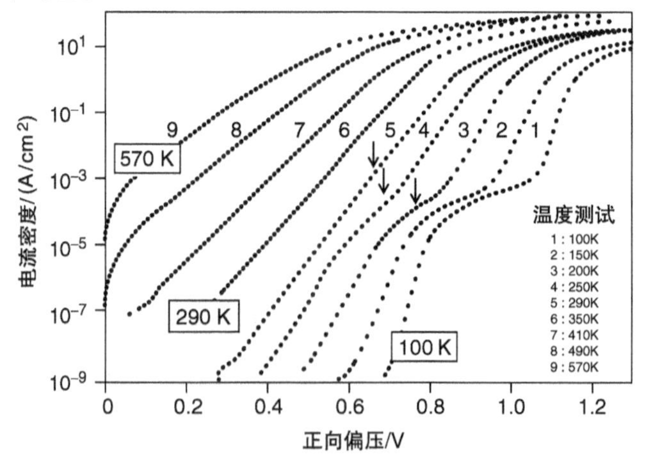

图6-78 势垒高度不均匀的Ti/SiC SBD在不同温度下的正向$I-V$特性曲线[344]（由IEEE授权转载）

6.4.2 n 型和 p 型 SiC 的欧姆接触

6.4.2.1 基本原理

欧姆接触所需要的特性包括低接触电阻率（或比接触电阻）、表面平坦和长期稳定性。特别是接触电阻率是一项关键的电学参数。它是单位面积的接触电阻，单位是 $\Omega \cdot cm^2$，因此接触两端的压降可以通过接触电阻率和电流密度（A/cm^2）相乘得到。与器件的两个主电极之间（例如，阳极 - 阴极和漏极 - 源极）的总电阻相比，接触电阻应当小到可以忽略（<1%）。在 SBD 阴极接触和垂直场效应晶体管（FET）的漏极接触中，接触可以覆盖几乎整个器件区域（有源区）。然而，在垂直 FET 的源极接触和双极结型晶体管的发射极接触中，接触面积通常要小得多（小于器件面积的 20% ~ 30%），这意味着通常需要非常低的接触电阻率，在 $10^{-6}\Omega \cdot cm^2$范围内。

由于 SiC 的禁带宽度很大，只能找到很少几种势垒高度较低的接触金属。图 6-79 是 4H - SiC的能带图，图中包括了真空能级。由于 4H - SiC 的电子亲和能大约是 3.8eV[147,146]，并且室温下的禁带宽度是 3.26eV，因此 n 型 4H - SiC 欧姆接触理想的接触金属的功函数应低于 4eV，p 型欧姆接触理想的功函数应高于 7eV。这个简图清楚地说明了形成欧姆接触的难度，特别是对于 p 型 4H - SiC。

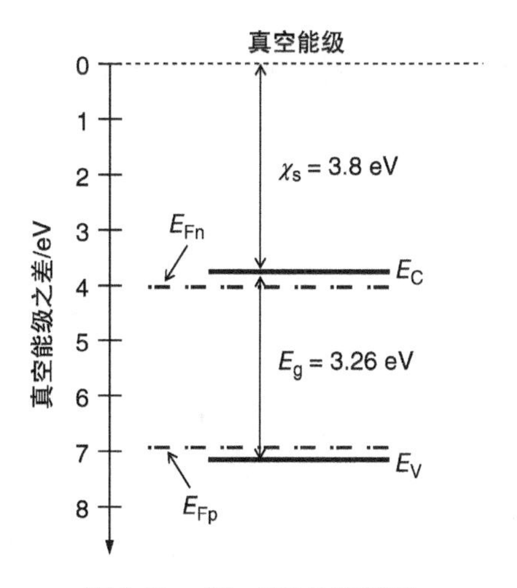

图 6-79 4H - SiC 的能带图，包括真空能级

欧姆接触特性通常是利用 SiC 中薄势垒的隧穿电流实现的。当隧穿电流主要是由费米能级附近能量的电子引起时（即在相对较低的温度或较低的势垒高度情况下），称为场发射（FE）。在 FE 控制下，n 型半导体的接触电阻率 ρ_c 可近似由下式给出[8,347]：

$$\rho_c \approx \frac{k\sin(\pi c_1 kT)}{A^* \pi q T}\exp\left(\frac{\phi_B}{E_{00}}\right) \tag{6-33}$$

$$E_{00} = \frac{q\hbar}{2}\sqrt{\frac{N_D}{m^* \varepsilon_s}} \tag{6-34}$$

$$c_1 = \frac{1}{2E_{00}}\log\left\{-\frac{4(\phi_B - qV)}{\Delta E_{Fn}}\right\} \tag{6-35}$$

随着温度的升高，隧穿电流中包含了数量可观的能量高于费米能级的电子。这种热辅助隧穿成为热电子场发射（TFE）。在 TFE 控制下，n 型半导体的接触电阻率 ρ_c 可近似由下式给出[8,347]：

$$\rho_c \approx \frac{k\sqrt{E_{00}}\cosh\left(\frac{E_{00}}{kT}\right)\coth\left(\frac{E_{00}}{kT}\right)}{A^* qT\sqrt{\pi q(\phi_B-\Delta E_{Fn})}}\exp\left\{\frac{\phi_B-\Delta E_{Fn}}{E_{00}\coth\left(\frac{E_{00}}{kT}\right)}+\frac{\Delta E_{Fn}}{kT}\right\} \tag{6-36}$$

从式（6-33）和式（6-36）中可以看出，两种情况下接触电阻率都与 $\exp\{\phi_B/(N_D)^{1/2}\}$ 成正比。参考文献［348，349］中有 SiC 情况下更详细的模型描述。大体上，当 $E_{00}>kT$ 时，主要是纯 FE 机理的隧穿，当 $E_{00}<kT$ 时，TFE 变得重要起来[347]。

因此，原则上获得低接触电阻率的方法很简单：①提高表面掺杂浓度，②选择一种低势垒高度的金属。然而在 SiC 中，通常观察到的势垒高度降低涉及复杂的界面反应。图 6-80 是计算得到的 n 型 4H – SiC 的接触电阻率与掺杂浓度的关系图，势垒高度从 0.3eV 到 1.0eV，考虑了 FE 和 TFE 电流。在大部分的区域，TFE 机制占主导地位。显然，对于势垒高度为 0.5eV 的金属，要实现 $1\times10^{-6}\Omega\cdot cm^2$ 的低接触电阻率，就必须是重掺杂（$>5\times10^{18}cm^{-3}$）的。

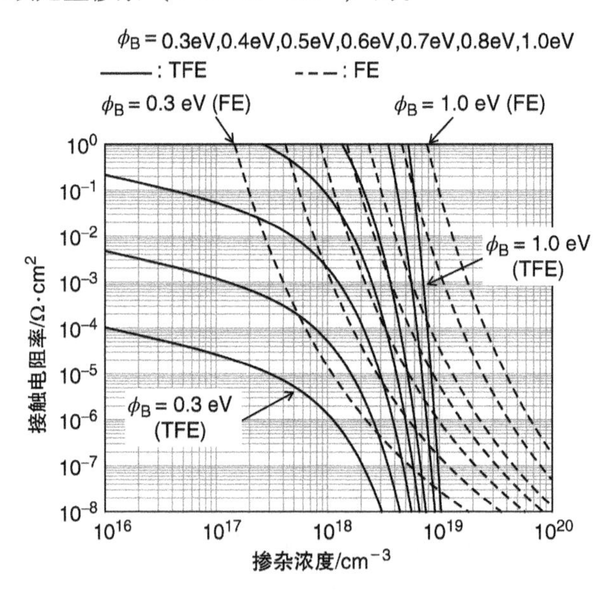

图 6-80 计算得到的 n 型 4H – SiC 的接触电阻率与掺杂浓度的关系图，势垒高度从 0.3eV 到 1.0eV，考虑了 FE 和 TFE 电流

接触电阻率的测量需要特殊的测量结构。最常见的结构如图 6-81 所示。在长方形台面结构上面，制作多个间距不同的长方形接触。用四个探针（两个测量电流、两个测量电压）测量两个电极之间的电阻，并画出测得的电阻与接触间距的关系图。图 6-82 是 Ni/n 型 4H – SiC 在 1000℃烧结测量的示例。由于测量得到的电阻（R_T）包括两个接触电阻和半导体的电阻，因此满足下式[207]：

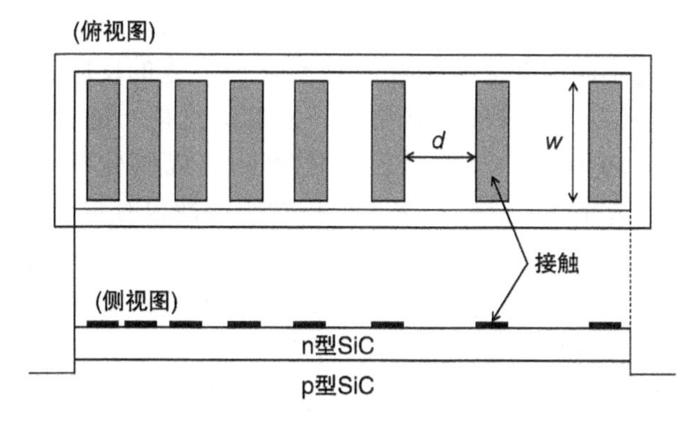

图 6-81　线性传输长度方法（TLM）测量结构测量接触电阻率

$$R_{\mathrm{T}} = R_{\mathrm{sh}} \frac{d}{w} + 2R_{\mathrm{C}} \tag{6-37}$$

式中，R_{sh}是半导体的方块电阻，d 是接触之间的距离，w 是接触宽度，R_{C}是由 R_{T}的截距决定的接触电阻。线性传输长度 L_{T}可以从图中 d 的截距得到，如图 6-81 所示。接触电阻率（ρ_{C}）表示如下：

$$\rho_{\mathrm{C}} = R_{\mathrm{C}} L_{\mathrm{T}} w \tag{6-38}$$

注意到，这里方块电阻也可以从图中的斜率得出。这种测量称为线性传输长度方法（TLM）。这一方法是基于线性传输线模型，考虑了接触下方电压和电流的分布[207]。如果接触是非欧姆特性的，则需要做一些必要的修正[350]。用 TLM，可以测量低至 $10^{-6}\Omega\cdot\mathrm{cm}^2$的接触电阻率。对于 $10^{-7}\sim10^{-8}\Omega\cdot\mathrm{cm}^2$范围接触电阻率的更精确测量，必须制作所谓的 Kelvin 结构[207]。

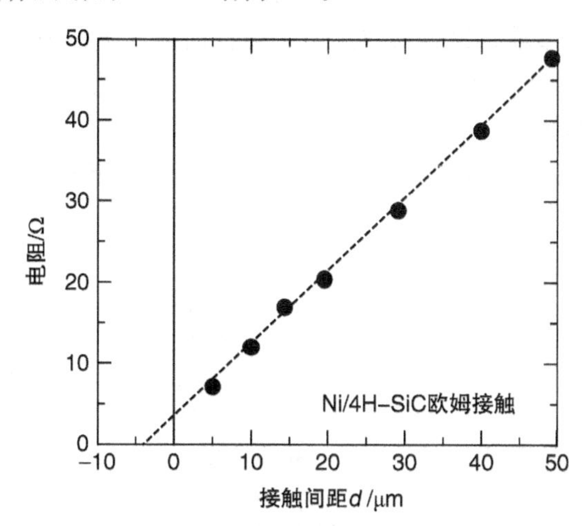

图 6-82　Ni/n 型 4H－SiC 在 1000℃烧结后，测量得到的电阻和接触间距（线性传输长度方法）的关系图

为了形成良好的欧姆接触，金属的选择和金属淀积后的烧结至关重要。对于SiC而言，必须清楚不同温度下金属与Si或C之间发生的反应。从这个角度而言，接触金属可以分为三类：①只形成硅化物（没有碳化物）的金属，②只形成碳化物（没有硅化物）的金属，③既形成硅化物又形成碳化物的金属。因此，金属-Si-C相图对于选择接触金属及深入分析欧姆特性很有帮助。但是，硅化物或碳化物的形成并不总是足以保证获得SiC欧姆接触特性，必须出现更复杂的现象，例如空位形成和相关的碳（或硅）扩散，来保证良好的欧姆接触。这是通过在SiC上淀积金属硅化物或碳物但不进行烧结，通常表现出肖特基特性得到证实的。

由于SiC的化学惰性，欧姆接触烧结工艺通常在900~1000℃进行。控制界面处发生化学反应层的结构和厚度具有挑战性。此外，金属和SiC之间的反应导致表面粗糙化[351]，使得引线键合变得困难。因此，接触金属必须足够薄以降低表面粗糙度，然后在高温烧结后再淀积额外的厚层金属（包括势垒金属和互连金属），如图6-83所示。

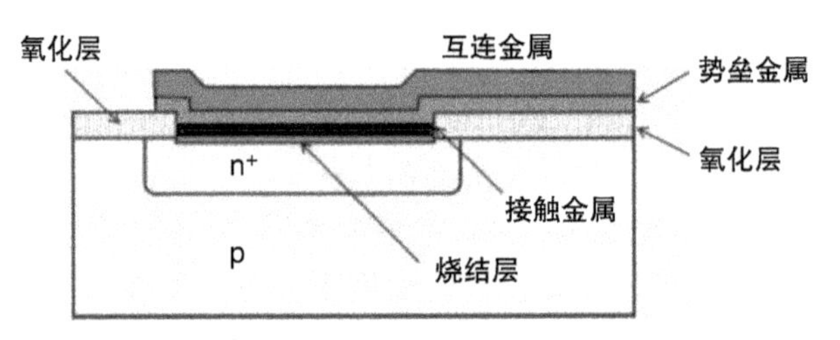

图6-83　实际器件制作中的多层接触结构

迄今为止，对于n型和p型SiC，都已经研究了大量的金属和退火工艺。表6-4是文献中报道的典型欧姆接触材料。由于篇幅所限，下一节主要介绍常用的欧姆接触：n型SiC的Ni金属和p型SiC的Al/Ti金属。在综述文章[322-327]中可以看到SiC欧姆接触的详细调研。

表6-4　文献中报道的n型和p型SiC典型欧姆接触材料

	n型	p型
欧姆接触	Ni（烧结）	Al/Ti（烧结）
	Ti（烧结）	Al/Ni/Ti（烧结）
	Al（烧结）	Al/Ti/Al（烧结）
	Mo（烧结）	Al/Ti/Ge（烧结）
	W（烧结）	AlSi（烧结）
	Al/Ni（烧结）	Pt（烧结）
	Al/Ti（烧结）	Ni（烧结）
	Ni/Ti/Al（烧结）	Pd（烧结）
	TiC（烧结）	Ta（烧结）
	TiW（烧结）	Si/Co（烧结）
	NiCr（烧结）	—

6.4.2.2　n 型 SiC 的欧姆接触

在轻掺杂 SiC 上，当烧结温度低于 500℃时，Ni 是很好的肖特基接触材料。在重掺杂 n 型 SiC 上，当烧结温度在 700 ~ 800℃以上时，Ni 可以形成很好的欧姆接触[322-327,352-358]。图 6-84 是 Ni/n 型 4H－SiC 的接触电阻率与烧结温度的关系图。烧结采用 2min 快速热处理（RTP）。淀积的 Ni 厚度为 100nm，SiC 的施主浓度约为 $2\times10^{19}cm^{-3}$。随着烧结温度升高，接触电阻率明显下降，在高于 1000℃时达到 $1\times10^{-6}\Omega\cdot cm^2$，基本饱和。由于 Ni 不形成碳化物，在界面附近和金属表面会形成碳膜或碳团簇。如果金属表面形成了碳膜，必须将其小心去除，以保证低接触电阻率并提高后续金属层的粘附性。当 Ni 层太薄时，接触电阻率会增大。另一方面，当 Ni 层太厚时，表面会严重粗糙化。因此，优化的 Ni 厚度是 50 ~ 100nm。图 6-85 是 Ni 的接触电阻率与 4H－SiC 中施主浓度的关系图，烧结采用 1000℃下 2min 的 RTP。为了得到低接触电阻率（$<1\times10^{-5}\Omega\cdot cm^2$），掺杂浓度必须在 $1\times10^{19}cm^{-3}$以上。

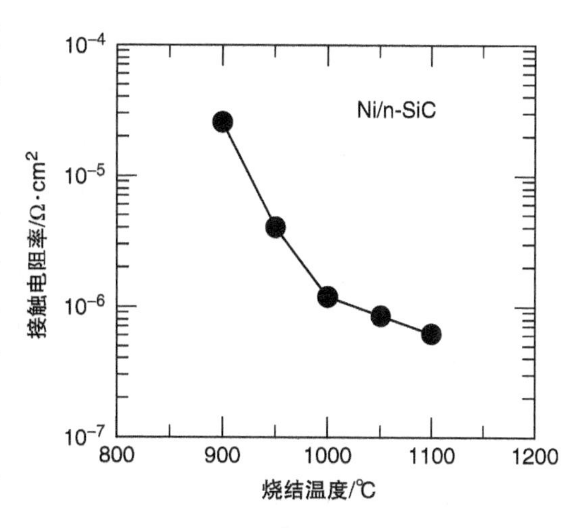

图 6-84　Ni/n 型 4H－SiC 的接触电阻率与烧结温度的关系图。淀积的 Ni 厚度为 100nm，SiC 的施主浓度约为 $2\times10^{19}cm^{-3}$

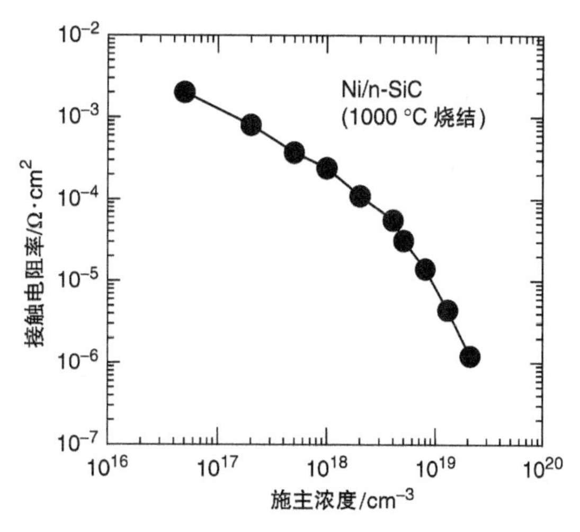

图 6-85　Ni 的接触电阻率与 4H－SiC 中施主浓度的关系图。烧结采用 1000℃下 2min 的快速热处理

虽然具有悠久的历史，Ni 和 n 型 SiC 欧姆接触的机理尚不完全清楚。RBS 和 AES 物理分析表明，Ni 和 SiC 烧结过程中反应生成了 Ni_2Si[353]。但是 Ni_2Si 在烧结温度 600℃时就已经形成，然而得到的接触并不是欧姆接触。为了得到良好的欧姆接触特性，还需要进一步的烧结（通常是更高的温度）。在烧结过程中，一些碳在界面附近积累，一些碳向上移动到金属表面。有人认为高温烧结过程中在界面附近形成的多余的碳降低了 n 型 4H－SiC 的势垒高度，

对于中间的碳在形成欧姆接触过程中所起的作用仍有争论[359]。但是，需要进一步的基础研究来阐明欧姆接触机理。

由于 Ni 不形成碳化物，因此控制多余的碳是一个关键问题。为了克服这一问题，研究了 Ni - Cr[360]、Ti 基合金[361,362]、Ta 基合金[363]、W 基合金[364,365]、Co 基合金[366]和一些多层结构。虽然不同的研究小组做了不同的改进，但是，Ni 仍是目前实际器件制作中最常用的欧姆接触金属。

按照接触理论的预测，如果半导体的掺杂浓度足够高，非常低势垒高度的金属可以不烧结形成欧姆接触（淀积形成欧姆接触）。在 n 型 SiC 中的确是这样的。如果施主浓度高于 $1\sim2\times10^{19}\mathrm{cm}^{-3}$，Al 和 Ti 可以不经过烧结工艺而形成良好的欧姆接触。淀积欧姆接触的电阻率大约是 $10^{-3}\sim10^{-4}\Omega\cdot\mathrm{cm}^2$，可以通过高温烧结进一步减小。

在功率 MOSFET 和结型场效应晶体管（JFET）中，为了简化制作工艺，需要一种与 n 型和 p 型 SiC 都能形成欧姆接触的金属。当 p 型 SiC 是重掺杂时，这种同时形成的欧姆接触可以用 Ni 制作[357,358]。TiW[367]或 Al/Ti/Ni[368]在 900 ~ 950℃烧结也可以同时形成欧姆接触。

6.4.2.3 p 型 SiC 的欧姆接触

Al 基金属在 900 ~ 1000℃烧结后可以和 p 型 SiC 形成良好的欧姆接触。虽然 Al 在 SiC 中是有效的受主元素，但是没有直接的证据表明烧结会导致 Al 掺杂。这一体系的明显问题在于 Al 的低熔点（约 630℃）。由于高温烧结时 Al 会发生严重熔析，因此难以在高温烧结时使用纯 Al 形成欧姆接触。为了解决这一问题，通常采用 AlSi 合金或 Al/Ti 叠层[369,371]。特别是 Al/Ti 或其变形（例如 Al/Ni/Ti）是 p 型 SiC 标准的欧姆接触材料[369,376]。一种优化的叠层结构是 Al（300nm）/Ti（80nm）/SiC[325,357]。图 6-86 是 Al/Ti 接触电阻率与 4H - SiC 受主浓度的关系图，烧结采用 1000℃下 2min 的 RTP。要实现接触电阻率小于 $1\times10^{-5}\Omega\cdot\mathrm{cm}^2$，掺杂浓度要提高到 $3\times10^{19}\mathrm{cm}^{-3}$以上。TEM 观察表明，烧结工艺后 SiC 接触中主要的相是 Ti_3SiC_2[377,378]。但是，这一化合物是如何形成欧姆接触特性的并不是很清楚。在 p 型 SiC 中，如果受主浓度非常高（$>2\times10^{20}\mathrm{cm}^{-3}$），可以形成淀积欧姆接触。但是，$Al^+$离子注入形成的重掺杂 p

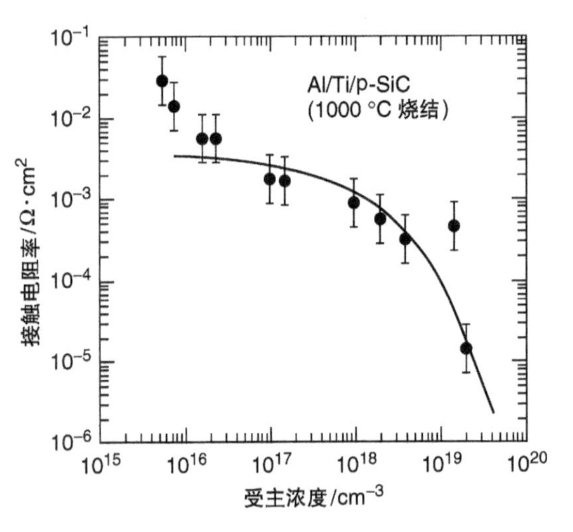

图 6-86 Al/Ti 接触电阻率与 4H - SiC 受主浓度的关系图。烧结采用 1000℃下 2min 的 RTP[371]

（由 AIP 出版有限责任公司授权转载）

型 SiC 的接触电阻率总是比同样受主浓度 Al 掺杂外延形成的接触电阻率高很多。除了 Al/Ti，还研究了 Pd 基金属[379]、Ni 基金属[380,381]、Ti 基金属[362]和 Al/Ti/Ge 叠层[377]。

对欧姆接触的长期稳定性进行了评估。有报道在惰性气氛中进行高温老化实验，对接触电阻率和表面粗糙度进行监测，结果较为理想。例如，对于 Ni/n - SiC 和 Al/Ti/p - SiC 接触，在经过 300℃ 5000h 或 500℃ 500h 老化后，都没有出现退化[323,325,357]。因此，欧姆接触是相当稳定的，接触的可靠性不会受到接触本身退化的影响。互连金属与介质层之间的反应更需要关注。

6.5 总结

本节介绍了 SiC 器件工艺技术中的基本问题。可以通过离子注入实现选择性的施主和受主掺杂，除非注入剂量非常高（$>5\times10^{15}cm^{-2}$），都可以实现 90% 以上的较高激活率。已成功实现重掺杂 n 型 SiC（大剂量磷注入实现方块电阻小于 100Ω/□），而铝注入制作的重掺杂 p 型 SiC 的电阻率较大，还需进一步改善。采用碳膜覆盖极大地改善了高温（约 1700℃）激活退火过程中的表面粗糙化。n 型 SiC 中铝注入制作的 pn 结和 p 型 SiC 中氮或磷注入制作的 np 结都有很好的电学特性。但是，在注入区域和拖尾区域内形成了高密度的扩展缺陷和点缺陷。这些缺陷对 SiC 器件性能的影响需要仔细研究。中子嬗变掺杂（NTD）利用中子辐射将 ^{29}Si 变为 ^{31}P，在未来有望用于制作非常均匀的轻掺杂 n 型 SiC。

在 SiC 中干法刻蚀相对容易，而湿法腐蚀不会应用于器件制作。氟基和氯基刻蚀气体都可以得到良好的 SiC 刻蚀结果。CVD 淀积 SiO_2 是首选的掩膜材料。存在的问题包括增大刻蚀速率和提高相对于掩膜材料的刻蚀选择比。有研究对控制刻蚀形貌进行了尝试。

MOS 界面态控制及界面态的精确测量目前还存在很大的挑战。尽管在提高界面质量方面进行了大量的研究，4H - SiC 的界面态密度还是很高。尽管 4H - SiC（0001）晶面上 n 沟道迁移率已提高至 $40\sim80cm^2V^{-1}s^{-1}$，4H - SiC（$000\bar{1}$）晶面已提高至 $60\sim120cm^2V^{-1}s^{-1}$，4H - SiC（$11\bar{2}0$）和（$1\bar{1}00$）晶面已提高至 $100\sim240cm^2V^{-1}s^{-1}$，但是制作出的功率 MOSFET 器件的迁移率明显低于这些数值。热氧化氧化层和淀积氧化层都各有优缺点。重要的是，界面特性的改善是通过工艺优化实现的，而对其物理基础并没有深刻的理解。人们对产生界面态的原因以及 SiC MOS 界面的物理和化学结构的认识是非常有限的。因此，在未来需要更多的基础实验和理论研究。就氧化层的可靠性而言，已经取得了长足的进展，一些研究小组报道可以在 200 ~ 250℃ 的高温下实现足够长的寿命（>100 年）。但是，这仍然需要在大尺寸的实际 MOS 器件中进行验证。

制作肖特基和欧姆接触的基本工艺已经形成。由于没有表面费米能级钉扎效应，在n型和p型SiC上都可以在很宽的范围内调节肖特基势垒的高度。Ni和Al/Ti分别是n型和p型SiC上标准的欧姆接触。但是，为了得到低接触电阻率（$10^{-6}\Omega \cdot cm^2$），需要在950～1000℃烧结及高掺杂浓度。目前欧姆接触的物理和化学机理尚不完全清楚。

参考文献

[1] A. Schöner, *Process Technology for Silicon Carbide Devices* , Chapter 3, ed. C.M. Zetterling (INSPEC, 2002) 51–84 Ion implantation and diffusion in SiC.

[2] Rao, M.V. (2004) Ion-implantation in SiC, in *Silicon Carbide, Materials, Processing, and Devices* (eds Z.C. Feng and J.H. Zhao), Taylor & Francis Group, p. 165.

[3] Laube, M., Schmid, F., Semmelroth, K. *et al.* (2004) Phosphorus-related centers in SiC, in *Silicon Carbide – Recent Major Advances* (eds W.J. Choyke, H. Matsunami and G. Pensl), Springer, p. 493.

[4] Rambach, M., Bauer, A.J. and Ryssel, H. (2008) Electrical and topographical characterization of aluminum implanted layers in 4H silicon carbide. *Phys. Status Solidi B*, **245**, 1315.

[5] Kimoto, T., Inoue, N. and Matsunami, H. (1997) Nitrogen ion implantation into α-SiC epitaxial layers. *Phys. Status Solidi A*, **162**, 263.

[6] Troffer, T., Schadt, M., Frank, T. *et al.* (1997) Doping of SiC by implantation of boron and aluminum. *Phys. Status Solidi A*, **162**, 277.

[7] Ryssel, H. and Ruge, I. (1986) *Ion Implantation*, John Wiley & Sons, Ltd, Chichester.

[8] Sze, S.M. (2002) *Semiconductor Devices, Physics and Technology*, 2nd edn, John Wiley & Sons, Inc..

[9] Vodakov, Y.A. and Mokhov, E.N. (1974) Diffusion and solubility of impurities in silicon carbide, in *Silicon Carbide* (eds R.C. Marshall, J.W. Faust Jr., and C.E. Ryan), University of South Carolina Press, p. 508.

[10] Zippelius, B., Suda, J. and Kimoto, T. (2012) High temperature annealing of n-type 4H-SiC: Impact on intrinsic defects and carrier lifetime. *J. Appl. Phys.*, **111**, 033515.

[11] Nagano, M., Tsuchida, H., Suzuki, T. *et al.* (2010) Annealing induced extended defects in as-grown and ion-implanted 4H–SiC epitaxial layers. *J. Appl. Phys.*, **108**, 013511.

[12] Linnarsson, M.K., Janson, M.S., Karlsson, S. *et al.* (1999) Diffusion of light elements in 4H– and 6H–SiC. *Mater. Sci. Eng., B*, **61–62**, 275.

[13] Danno, K., Saitoh, H., Seki, A. *et al.* (2012) Diffusion of transition metals in 4H-SiC and trials of impurity gettering. *Appl. Phys Express*, **5**, 031301.

[14] Gao, Y., Soloviev, S.I., Sudarshan, T.S. and Tin, C.C. (2001) Selective doping of 4H-SiC by codiffusion of aluminum and boron. *J. Appl. Phys.*, **90**, 5647.

[15] Gao, Y., Soloviev, S.I. and Sudarshan, T.S. (2003) Investigation of boron diffusion in 6H-SiC. *Appl. Phys. Lett.*, **83**, 905.

[16] Sridhara, S.G., Clemen, L.L., Devaty, R.P. *et al.* (1998) Photoluminescence and transport studies of boron in 4H SiC. *J. Appl. Phys.*, **83**, 7909.

[17] Ziegler, J.J.F., Biersack, P. and Littmark, U. (1985) *The Stopping and Range of Ions in Solids*, Pergamon Press, New York.

[18] Yaguchi, S., Kimoto, T., Ohyama, N. and Matsunami, H. (1995) Nitrogen ion implantation into 6H-SiC and application to high-temperature, radiation-hard diodes. *Jpn. J. Appl. Phys.*, **34**, 3036.

[19] Wilson, R.G. (1980) The Pearson IV distribution and its application to ion implanted depth profiles. *Radiat. Eff.*, **46**, 141.

[20] Ahmed, S., Barber, C.J., Sigmon, T.W. and Erickson, J.W. (1995) Empirical depth profile simulator for ion implantation in 6Hα-SiC. *J. Appl. Phys.*, **77**, 6194.

[21] Rao, M.V., Tucker, J., Holland, O.W. *et al.* (1999) Donor ion-implantation doping into SiC. *J. Electron. Mater.*, **28**, 334.

[22] Janson, M.S., Hallen, A., Linnarsson, M.K. and Svensson, B.G. (2003) Ion implantation range distributions in silicon carbide. *J. Appl. Phys.*, **93**, 8903.

[23] Janson, M.S., Linnarsson, M.K., Hallen, A. and Svensson, B.G. (2002) Range distributions of implanted ions in silicon carbide. *Mater. Sci. Forum*, **389–393**, 779.

[24] Edmond, J.A., Withrow, S.P., Wadlin, W. and Davis, R.F. (1987) High temperature implantation of single crystal beta silicon carbide thin films. *Mater. Res. Soc. Symp. Proc.*, **77**, 193.

[25] Suttrop, W., Zhang, H., Schadt, M. *et al.* (1992) Recrystallization and electrical properties of high-temperature implanted (N, Al) 6H-SiC layers, in *Amorphous and Crystalline Silicon Carbide IV* (eds C.Y. Yang, M.M. Rahman and G.L. Harris), Springer-Verlag, p. 143.

[26] Heera, V., Stoemenos, J., Kögler, R. and Skorupa, W. (1995) Amorphization and recrystallization of 6H-SiC by ion-beam irradiation. *J. Appl. Phys.*, **77**, 2999.

[27] Satoh, M., Nakaike, Y. and Nakamura, T. (2001) Solid phase epitaxy of implantation-induced amorphous layer in $(1\bar{1}00)$-and $(11\bar{2}0)$ -oriented 6H-SiC. *J. Appl. Phys.*, **89**, 1986.

[28] Okada, T., Negoro, Y., Kimoto, T. *et al.* (2004) Defect formation in (0001)- and $(11\bar{2}0)$-oriented 4H-SiC crystals P^+-implanted at room temperature. *Jpn. J. Appl. Phys.*, **43**, 6884.

[29] Henkel, T., Heera, V., Kogler, R. and Skorupa, W. (1998) *In situ* laser reflectometry study of the amorphization of silicon carbide by MeV ion implantation. *J. Appl. Phys.*, **84**, 3090.

[30] Zhang, Y., Weber, W.J., Jiang, W. *et al.* (2002) Damage evolution and recovery in Al-implanted 4H-SiC. *Mater. Sci. Forum*, **389–393**, 815.

[31] Edmond, J.A., Davis, R.F. and Withrow, S.P. (1989) Structural characterization of ion implanted beta-SiC thin films. *Ceram. Trans.*, **2**, 479.

[32] Ghezzo, M., Brown, D.M., Downey, E. *et al.* (1992) Nitrogen-implanted SiC diodes using high-temperature implantation. *IEEE Electron Device Lett.*, **13**, 639.

[33] Kawase, D., Ohno, T., Iwasaki, T. and Yatsuo, T. (1996) Amorphization and re-crystallization of Al-implanted 6H-SiC. *Inst. Phys. Conf. Ser.*, **142**, 513.

[34] Itoh, H., Ohshima, T., Aoki, Y. *et al.* (1997) Characterization of residual defects in cubic silicon carbide subjected to hot-implantation and subsequent annealing. *J. Appl. Phys.*, **82**, 5339.

[35] Negoro, Y., Katsumoto, K., Kimoto, T. and Matsunami, H. (2004) Electronic behaviors of high-dose phosphorus-ion implanted 4H–SiC (0001). *J. Appl. Phys.*, **96**, 224.

[36] Capano, M.A., Santhakumar, R., Venugopal, R. *et al.* (2000) Nitrogen and phosphorus implantation into 4H-silicon carbide. *J. Electron. Mater.*, **29**, 210.

[37] Schmid, F., Laube, M., Pensl, G. *et al.* (2002) Electrical activation of implanted phosphorus ions in [0001]- and $[11\bar{2}0]$-oriented 4H-SiC. *J. Appl. Phys.*, **91**, 9182.

[38] Senzaki, J., Harada, S., Kosugi, R. *et al.* (2002) Electrical characteristics and surface morphology for arsenic ion-implanted 4H-SiC at high temperature. *Mater. Sci. Forum*, **389–393**, 799.

[39] Gardner, J.A., Rao, M.V., Tian, Y.L. *et al.* (1997) Rapid thermal annealing of ion implanted 6H-SiC by microwave processing. *J. Electron. Mater.*, **26**, 144.

[40] Pan, J.N., Cooper, J.A. Jr., and Melloch, M.R. (1997) Activation of nitrogen implants in 6H-SiC. *J. Electron. Mater.*, **26**, 208.

[41] Gardner, J.A., Edwards, A., Rao, M.V. *et al.* (1998) Material and n-p junction properties of N-, P-, and N/P-implanted SiC. *J. Appl. Phys.*, **83**, 5118.

[42] Khemka, V., Patel, R., Ramungul, N. *et al.* (1999) Characterization of phosphorus implantation in 4H-SiC. *J. Electron. Mater.*, **28**, 752.

[43] Saks, N.S., Agarwal, A.K., Mani, S.S. and Hegde, V.S. (2000) Low-dose nitrogen implants in 6H-silicon carbide. *Appl. Phys. Lett.*, **76**, 1896.

[44] Capano, M.A., Cooper, J.A. Jr.,, Melloch, M.R. *et al.* (2000) Ionization energies and electron mobilities in phosphorus- and nitrogen-implanted 4H-silicon carbide. *J. Appl. Phys.*, **87**, 8773.

[45] Handy, E.M., Rao, M.V., Holland, O.W. *et al.* (2000) Variable-dose ($10^{17}-10^{20}$ cm^{-3}) phosphorus ion implantation into 4H–SiC. *J. Appl. Phys.*, **88**, 5630.

[46] Imai, S., Kobayashi, S., Shinohe, T. *et al.* (2000) Hot-implantation of phosphorus ions into 4H-SiC. *Mater. Sci. Forum*, **338–342**, 861.

[47] Negoro, Y., Miyamoto, N., Kimoto, T. and Matsunami, H. (2002) Remarkable lattice recovery and low sheet resistance of phosphorus-implanted 4H–SiC $(11\bar{2}0)$. *Appl. Phys. Lett.*, **80**, 240.

[48] Senzaki, J., Harada, S., Kosugi, R. *et al.* (2002) Improvements in electrical properties of n-type-implanted 4H-SiC substrates using high-temperature rapid thermal annealing. *Mater. Sci. Forum*, **389–393**, 795.

[49] Nipoti, R., Nath, A., Cristiani, S. *et al.* (2011) Improving doping efficiency of P^+ implanted ions in 4H-SiC. *Mater. Sci. Forum*, **679–680**, 393.

[50] Kumar, R., Kojima, J. and Yamamoto, T. (2000) Novel diffusion resistant p-base region implantation for accumulation mode 4H–SiC epi-channel field effect transistor. *Jpn. J. Appl. Phys.*, **39**, 2001.
[51] Bracht, H., Stolwijk, N.A., Laube, M. and Pensl, G. (2000) Diffusion of boron in silicon carbide: Evidence for the kick-out mechanism. *Appl. Phys. Lett.*, **77**, 3188.
[52] Bockstedte, M., Mattausch, A. and Pankratov, O. (2004) Different roles of carbon and silicon interstitials in the interstitial-mediated boron diffusion in SiC. *Phys. Rev. B*, **70**, 115203.
[53] Negoro, Y., Kimoto, T., Matsunami, H. and Pensl, G. (2007) Abnormal out-diffusion of epitaxially doped boron in 4H–SiC caused by implantation and annealing. *Jpn. J. Appl. Phys.*, **46**, 5053.
[54] Kimoto, T., Takemura, O., Matsunami, H. *et al.* (1998) Al^+ and B^+ implantations into 6H-SiC epilayers and application to pn junction diodes. *J. Electron. Mater.*, **27**, 358.
[55] Poggi, A., Bergamini, F., Nipoti, R. *et al.* (2006) Effects of heating ramp rates on the characteristics of Al implanted 4H–SiC junctions. *Appl. Phys. Lett.*, **88**, 162106.
[56] Hölzlein, K., Mitlehner, H., Rupp, R. *et al.* (1996) Annealing behavior and electrical properties of boron implanted 4H-SiC-layers. *Inst. Phys. Conf. Ser.*, **142**, 561.
[57] Peters, D., Schörner, R., Hölzlein, K.H. and Friedrichs, P. (1997) Planar aluminum-implanted 1400 V 4H silicon carbide p-n diodes with low on resistance. *Appl. Phys. Lett.*, **71**, 2996.
[58] Kimoto, T., Miyamoto, N., Saitoh, A. and Matsunami, H. (2002) High-energy (MeV) Al and B ion implantations into 4H-SiC and fabrication of pin diodes. *J. Appl. Phys.*, **91**, 4242.
[59] Negoro, Y., Kimoto, T. and Matsunami, H. (2005) Carrier compensation near tail region in aluminum- or boron-implanted 4H–SiC (0001). *J. Appl. Phys.*, **98**, 043709.
[60] Itoh, H., Troffer, T., Peppermüller, C. and Pensl, G. (1998) Effects of C or Si co-implantation on the electrical activation of B atoms implanted in 4H–SiC. *Appl. Phys. Lett.*, **73**, 1427.
[61] Kimoto, T., Itoh, A., Matsunami, H. *et al.* (1996) Aluminum and boron ion implantations into 6H-SiC epilayers. *J. Electron. Mater.*, **26**, 879.
[62] Negoro, Y., Kimoto, T., Matsunami, H. *et al.* (2004) Electrical activation of high-concentration aluminum implanted in 4H-SiC. *J. Appl. Phys.*, **96**, 4916.
[63] Rao, M.V., Griffiths, P., Gardner, J. *et al.* (1996) Al, Al/C and Al/Si implantations in 6H-SiC. *J. Electron. Mater.*, **25**, 75.
[64] Tone, K. and Zhao, J.H. (1999) A comparative study of C plus Al coimplantation and Al implantation in 4H- and 6H-SiC. *IEEE Trans. Electron Devices*, **46**, 612.
[65] Wirth, H., Panknin, D., Skorupa, W. and Niemann, E. (1999) Efficient p-type doping of 6H-SiC: Flash-lamp annealing after aluminum implantation. *Appl. Phys. Lett.*, **74**, 979.
[66] Bluet, J.M., Pernot, J., Camassel, J. *et al.* (2000) Activation of aluminum implanted at high doses in 4H–SiC. *J. Appl. Phys.*, **88**, 1971.
[67] Tanaka, H., Tanimoto, S., Yamanaka, M. and Hoshi, M. (2002) Electrical characteristics of Al^+ ion-implanted 4H-SiC. *Mater. Sci. Forum*, **389–393**, 803.
[68] Tanaka, Y., Kobayashi, N., Hasegawa, M. *et al.* (2000) Coimplantation effects of (C and Si)/Ga in 6H-SiC. *Mater. Sci. Forum*, **338–342**, 917.
[69] Ramungul, N., Khemka, V., Zheng, Y. *et al.* (1999) 6H-SiC p^+-n junctions fabricated by beryllium implantation. *IEEE Trans. Electron Devices*, **46**, 465.
[70] Nadella, R.K. and Capano, M.A. (1997) High-resistance layers in *n*-type 4H-silicon carbide by hydrogen ion implantation. *Appl. Phys. Lett.*, **70**, 886.
[71] Achtziger, N., Grillenberger, J., Witthuhn, W. *et al.* (1998) Hydrogen passivation of silicon carbide by low-energy ion implantation. *Appl. Phys. Lett.*, **73**, 945.
[72] Alok, D., Raghunathan, R. and Baliga, B.J. (1996) Planar edge termination for 4H-silicon carbide devices. *IEEE Trans. Electron Devices*, **43**, 1315.
[73] Edwards, A., Dwight, D.N., Rao, M.V. *et al.* (1997) Compensation implants in 6H–SiC. *J. Appl. Phys.*, **82**, 4223.
[74] Kunzer, M., Kaufmann, U., Maier, K. and Schneider, J. (1995) Magnetic circular dichroism and electron spin resonance of the A^- acceptor state of vanadium, V^{3+}, in 6H-SiC. *Mater. Sci. Eng., B*, **29**, 118.
[75] Hobgood, H.M., Glass, R.C., Augustine, G. *et al.* (1995) Semi-insulating 6H–SiC grown by physical vapor transport. *Appl. Phys. Lett.*, **66**, 1364.
[76] Kimoto, T., Nakajima, T., Matsunami, H. *et al.* (1996) Formation of semi-insulating 6H-SiC layers by vanadium ion implantations. *Appl. Phys. Lett.*, **69**, 1113.
[77] Kaneko, H. and Kimoto, T. (2011) Formation of a semi-insulating layer in n-type 4H-SiC by electron irradiation. *Appl. Phys. Lett.*, **98**, 262106.

[78] Capano, M.A., Ryu, S.-H., Melloch, M.R. *et al.* (1998) Dopant activation and surface morphology of ion implanted 4H- and 6H-silicon carbide. *J. Electron. Mater.*, **27**, 370.

[79] Capano, M.A., Ryu, S., Cooper, J.A. Jr., *et al.* (1999) Surface roughening in ion implanted 4H-silicon carbide. *J. Electron. Mater.*, **28**, 214.

[80] Saddow, S.E., Williams, J., Isaacs-Smith, T. *et al.* (2000) High temperature implant activation in 4H and 6H-SiC in a silane ambient to reduce step bunching. *Mater. Sci. Forum*, **338–342**, 901.

[81] Sato, T., Mitsutake, K., Mizushima, I. and Tsunashima, Y. (2000) Micro-structure transformation of silicon: A newly developed transformation technology for patterning silicon surfaces using the surface migration of silicon atoms by hydrogen annealing. *Jpn. J. Appl. Phys.*, **39**, 5033.

[82] Handy, E.M., Rao, M.V., Jones, K.A. *et al.* (1999) Effectiveness of AlN encapsulant in annealing ion-implanted SiC. *J. Appl. Phys.*, **86**, 746.

[83] Dalibor, T., Pensl, G., Matsunami, H. *et al.* (1997) Deep defect centers in silicon carbide monitored with deep level transient spectroscopy. *Phys. Status Solidi A*, **162**, 199.

[84] David, M.L., Alfieri, G., Monakhov, E.N. *et al.* (2004) Electrically active defects in irradiated 4H-SiC. *J. Appl. Phys.*, **95**, 4728.

[85] Lebedev, A.A., Veinger, A.I., Davydov, D.V. *et al.* (2000) Doping of n-type 6H–SiC and 4H–SiC with defects created with a proton beam. *J. Appl. Phys.*, **88**, 6265.

[86] Kawahara, K., Alfieri, G. and Kimoto, T. (2009) Detection and depth analyses of deep levels generated by ion implantation in n- and p-type 4H-SiC. *J. Appl. Phys.*, **106**, 013719.

[87] Hemmingsson, C., Son, N.T., Kordina, O. *et al.* (1997) Deep level defects in electron-irradiated 4H SiC epitaxial layers. *J. Appl. Phys.*, **81**, 6155.

[88] Danno, K. and Kimoto, T. (2007) Deep level transient spectroscopy on as-grown and electron-irradiated p-type 4H-SiC epilayers. *J. Appl. Phys.*, **101**, 103704.

[89] Mitlehner, H., Friedrichs, P., Peters, D. *et al.* (1998) Proceedings of 1998 International Symposium on Power Semiconductor Devices & ICs, p. 127 Switching behaviour of fast high voltage SiC pn-diodes.

[90] Lendenmann, H., Mukhitdinov, A., Dahlquist, F. *et al.* (2001) Proceedings of 2001 International Symposium on Power Semiconductor Devices & ICs, p. 31 4.5 kV 4H-SiC diodes with ideal forward characteristic.

[91] Kawahara, K., Suda, J., Pensl, G. and Kimoto, T. (2010) Reduction of deep levels generated by ion implantation into n- and p-type 4H–SiC. *J. Appl. Phys.*, **108**, 033706.

[92] Ohno, T. and Kobayashi, N. (2001) Structure and distribution of secondary defects in high energy ion implanted 4H-SiC. *J. Appl. Phys.*, **89**, 933.

[93] Ohno, T. and Kobayashi, N. (2002) Difference of secondary defect formation by high energy B^+ and Al^+ implantation into 4H–SiC. *J. Appl. Phys.*, **91**, 4136.

[94] Ishimaru, M., Dickerson, R.M. and Sickafus, K.E. (1999) High-dose oxygen ion implantation into 6H-SiC. *Appl. Phys. Lett.*, **75**, 352.

[95] Persson, P.O.Å., Hultman, L., Janson, M.S. *et al.* (2002) On the nature of ion implantation induced dislocation loops in 4H-silicon carbide. *J. Appl. Phys.*, **92**, 2501.

[96] Sasaki, S., Suda, J. and Kimoto, T. (2012) Lattice mismatch and crystallographic tilt induced by high-dose ion-implantation into 4H-SiC. *J. Appl. Phys.*, **111**, 103715.

[97] Åberg, D., Hallen, A., Pellegrino, P. and Svensson, B.G. (2001) Nitrogen deactivation by implantation-induced defects in 4H–SiC epitaxial layers. *Appl. Phys. Lett.*, **78**, 2908.

[98] Mitra, S., Rao, M.V., Papanicolaou, N. *et al.* (2004) Deep-level transient spectroscopy study on double implanted $n^+ - p$ and $p^+ - n$ 4H-SiC diodes. *J. Appl. Phys.*, **95**, 69.

[99] Tsuchida, H., Kamata, I., Nagano, M. *et al.* (2007) Migration of dislocations in 4H-SiC epilayers during the ion implantation process. *Mater. Sci. Forum*, **556–557**, 271.

[100] Zhang, X., Miyazawa, T. and Tsuchida, H. (2012) Critical conditions of misfit dislocation formation in 4H-SiC epilayers. *Mater. Sci. Forum*, **717–720**, 313.

[101] Zhang, X., Nagano, M. and Tsuchida, H. (2011) Correlation between thermal stress and formation of interfacial dislocations during 4H-SiC epitaxy and thermal annealing. *Mater. Sci. Forum*, **679–680**, 306.

[102] Yih, P.H., Saxena, V. and Steckl, A.J. (1997) A review of SiC reactive ion etching in fluorinated plasmas. *Phys. Status Solidi B*, **202**, 605.

[103] S.J. Pearton, *Process Technology for Silicon Carbide Devices* , Chapter 4, ed. C.M. Zetterling (INSPEC, 2002) 85–92 Wet and dry etching of SiC.

[104] Dohmae, S., Shibahara, K., Nishino, S. and Matsunami, H. (1985) Plasma etching of CVD grown cubic SiC single crystals. *Jpn. J. Appl. Phys.*, **24**, L873.

[105] Palmour, J.W., Davis, R.F., Wallett, T.W. and Bhasin, K.B. (1986) Dry etching of β-SiC in CF_4 and CF_4+O_2 mixtures. *J. Vac. Sci. Technol., A*, **4**, 590.
[106] Palmour, J.W., Davis, R.F., Astell-Burt, P. and Blackborow, P. (1987) Surface characteristics of monocrystalline ß-SiC dry etched in fluorinated gases. *Mater. Res. Soc. Symp. Proc.*, **76**, 185.
[107] Kelner, G., Binari, S.C. and Klein, P.H. (1987) Plasma etching of β-SiC. *J. Electrochem. Soc.*, **134**, 253.
[108] Yih, P.H. and Steckl, A.J. (1993) Effects of hydrogen additive on obtaining residue-free reactive ion etching of β-SiC in fluorinated plasmas. *J. Electrochem. Soc.*, **140**, 1813.
[109] Wu, J., Parsons, J.D. and Evans, D.R. (1995) Sulfur hexafluoride reactive ion etching of (111) beta-SiC epitaxial layers grown on (111) TiC substrates. *J. Electrochem. Soc.*, **142**, 669.
[110] Yih, P.H. and Steckl, A.J. (1995) Residue-free reactive ion etching of silicon carbide in fluorinated plasmas: II 6H SiC. *J. Electrochem. Soc.*, **142**, 312.
[111] Casady, J., Luckowski, E.D., Bozack, M. *et al.* (1996) Etching of 6H-SiC and 4H-SiC using NF_3 in a reactive ion etching system. *J. Electrochem. Soc.*, **143**, 1750.
[112] Cao, L.H., Li, B.H. and Zhao, J.H. (1998) Etching of SiC using inductively coupled plasma. *J. Electrochem. Soc.*, **145**, 3609.
[113] Wang, J.J., Lambers, E.S., Pearton, S.J. *et al.* (1998) Inductively coupled plasma etching of bulk 6H-SiC and thin-film SiCN in NF_3 chemistries. *J. Vac. Sci. Technol., B*, **16**, 2204.
[114] Khan, F.A. and Adesida, I. (1999) High rate etching of SiC using inductively coupled plasma reactive ion etching in SF_6-based gas mixtures. *Appl. Phys. Lett.*, **75**, 2268.
[115] Jiang, L.D., Cheung, R., Brown, R. and Mount, A. (2003) Inductively coupled plasma etching of SiC in SF_6/O_2 and etch-induced surface chemical bonding modifications. *J. Appl. Phys.*, **93**, 1376.
[116] Mikami, H., Hatayama, T., Yano, H. *et al.* (2005) Role of hydrogen in dry etching of silicon carbide using inductively and capacitively coupled plasma. *Jpn. J. Appl. Phys.*, **44**, 3817.
[117] Flemish, J.R., Xie, K. and Zhao, J.H. (1994) Smooth etching of single crystal 6H-SiC in an electron cyclotron resonance plasma reactor. *Appl. Phys. Lett.*, **64**, 2315.
[118] Flemish, J.R. and Xie, K. (1996) Profile and morphology control during etching of SiC using electron cyclotron resonant plasmas. *J. Electrochem. Soc.*, **143**, 2620.
[119] Lanois, F., Lassagne, P., Planson, D. and Locatelli, M.L. (1996) Angle etch control for silicon carbide power devices. *Appl. Phys. Lett.*, **69**, 236.
[120] Wang, J.J., Lambers, E.S., Pearton, S.J. *et al.* (1998) High rate etching of SiC and SiCN in NF_3 inductively coupled plasmas. *Solid State Electron.*, **42**, 743.
[121] Manos, D.M. and Flamm, D.J. (1989) *Plasma Etching*, Academic Press.
[122] Kawahara, K., Krieger, M., Suda, J. and Kimoto, T. (2010) Deep levels induced by reactive ion etching in n- and p-type 4H–SiC. *J. Appl. Phys.*, **108**, 023706.
[123] Kawada, Y., Tawara, T., Nakamura, S. *et al.* (2009) Shape control and roughness reduction of SiC trenches by high-temperature annealing. *Jpn. J. Appl. Phys.*, **48**, 116508.
[124] Hiyoshi, T., Hori, T., Suda, J. and Kimoto, T. (2008) Simulation and experimental study on the junction termination structure for high-voltage 4H-SiC PiN diodes. *IEEE Trans. Electron Devices*, **55**, 1841.
[125] Yan, F., Qin, C., Zhao, J.H. and Weiner, M. (2002) A novel technology for the formation of a very small bevel angle for edge termination. *Mater. Sci. Forum*, **389–393**, 1305.
[126] Zorman, C. and Mehregany, M. (2004) Micromachining of SiC, in *Silicon Carbide – Recent Major Advances* (eds W.J. Choyke, H. Matsunami and G. Pensl), Springer, p. 671.
[127] Cheung, R. (2006) *Silicon Carbide Microelectromechanical Systems for Harsh Environments*, Imperial College Press.
[128] Zorman, C.A. and Parro, R.J. (2008) Micro- and nanomechanical structures for silicon carbide MEMS and NEMS. *Phys. Status Solidi B*, **245**, 1404.
[129] Kong, H.S., Glass, J.T. and Davis, R.F. (1988) Chemical vapor deposition and characterization of 6H-SiC thin films on off-axis 6H-SiC substrates. *J. Appl. Phys.*, **64**, 2672.
[130] Hallin, C., Owman, F., Mårtensson, P. *et al.* (1997) In situ substrate preparation for high-quality SiC chemical vapour deposition. *J. Cryst. Growth*, **181**, 241.
[131] Akiyama, K., Ishii, Y., Abe, S. *et al.* (2009) *In situ* Gravimetric monitoring of thermal decomposition and hydrogen etching rates of 6H-SiC(0001) Si face. *Jpn. J. Appl. Phys.*, **48**, 095505.
[132] Powell, J.A., Petit, J.B., Edgar, J.H. *et al.* (1991) Controlled growth of 3C-SiC and 6H-SiC films on low-tilt-angle vicinal (0001) 6H-SiC wafers. *Appl. Phys. Lett.*, **59**, 333.
[133] Burk, A.A. and Rowland, L.B. (1996) Reduction of unintentional aluminum spikes at SiC vapor phase epitaxial layer/substrate interfaces. *Appl. Phys. Lett.*, **68**, 382.

[134] Nakamura, S., Kimoto, T., Matsunami, H. *et al.* (2000) Formation of periodic steps with a unit-cell height on 6H−SiC (0001) surface by HCl etching. *Appl. Phys. Lett.*, **76**, 3412.
[135] Jennings, V.J. (1969) The etching of silicon carbide. *Mater. Res. Bull.*, **4**, 5199.
[136] Hatayama, T., Shimizu, T., Koketsu, H. *et al.* (2009) Thermal etching of 4H-SiC(0001) Si faces in the mixed gas of chlorine and oxygen. *Jpn. J. Appl. Phys.*, **48**, 066516.
[137] Miura, Y., Habuka, H., Katsumi, Y. *et al.* (2007) Determination of etch rate behavior of 4H−SiC using chlorine trifluoride gas. *Jpn. J. Appl. Phys.*, **46**, 7875.
[138] Katsuno, M., Ohtani, N., Takahashi, J. *et al.* (1999) Mechanism of molten KOH etching of SiC single crystals: comparative study with thermal oxidation. *Jpn. J. Appl. Phys.*, **38**, 4661.
[139] Chang, W.H. (2004) Micromachining of p-type 6H-SiC by electrochemical etching. *Sens. Actuators, A*, **112**, 36.
[140] Ke, Y., Yan, F., Devaty, R.P. and Choyke, W.J. (2009) Surface polishing by electrochemical etching of p-type 4*H* SiC. *J. Appl. Phys.*, **106**, 064901.
[141] Shor, J.S., Bemis, L., Kutz, A.D. *et al.* (1994) Characterization of nanocrystallites in porous p-type 6H-SiC. *J. Appl. Phys.*, **76**, 4045.
[142] Shor, J.S., Osgood, R.M. and Kutz, A.D. (1992) Photoelectrochemical conductivity selective etch stops for SiC. *Appl. Phys. Lett.*, **60**, 1001.
[143] Shishkin, Y., Choyke, W. and Devaty, R.P. (2004) Photoelectrochemical etching of *n* -type 4H silicon carbide. *J. Appl. Phys.*, **96**, 2311.
[144] Mikami, H., Hatayama, T., Yano, H. *et al.* (2005) Analysis of photoelectrochemical processes in α-SiC substrates with atomically flat surfaces. *Jpn. J. Appl. Phys.*, **44**, 8329.
[145] Ke, Y., Devaty, R.P. and Choyke, W.J. (2008) Comparative columnar porous etching studies on n-type 6H SiC crystalline faces. *Phys. Status Solidi B*, **245**, 1396.
[146] Cooper, J.A. Jr., (1997) Advances in SiC MOS technology. *Phys. Status Solidi A*, **162**, 305.
[147] Afanas'ev, V.V., Bassler, M., Pensl, G. and Schulz, M. (1997) Intrinsic SiC/SiO_2 interface states. *Phys. Status Solidi A*, **162**, 321.
[148] Ouisse, T. (1997) Electron transport at the SiC/SiO_2 interface. *Phys. Status Solidi A*, **162**, 339.
[149] E.Ö. Sveinbjörnsson and C.M. Zetterling, *Process Technology for Silicon Carbide Devices*, Chapter 5, ed. C.M. Zetterling (INSPEC, 2002) 93−110 Thermally grown and deposited dielectrics on SiC.
[150] Afanas'ev, V.V., Ciobanu, F., Pensl, G. and Stesmans, A. (2004) Contributions to the density of interface states in SiC MOS structures, in *Silicon Carbide – Recent Major Advances* (eds W.J. Choyke, H. Matsunami and G. Pensl), Springer, p. 343.
[151] Dimitrijev, S., Harrison, H.B., Tanner, P. *et al.* (2004) Properties of nitride oxides on SiC, in *Silicon Carbide – Recent Major Advances* (eds W.J. Choyke, H. Matsunami and G. Pensl), Springer, p. 373.
[152] Saks, N.S. (2004) Hall effect studies of electron mobility and trapping at the SiC/SiO_2 interface, in *Silicon Carbide – Recent Major Advances* (eds W.J. Choyke, H. Matsunami and G. Pensl), Springer, p. 387.
[153] Dhar, S., Pantelides, S.T., Williams, J.R. and Feldman, L.C. (2009) Inversion layer electron transport in 4H-SiC metal−oxide−semiconductor field-effect transistors, in *Defects in Microelectronic Materials and Devices* (eds D.M. Fleetwood, S.T. Pantelides and R.D. Schrimpf), CRC Press, p. 575.
[154] Noborio, M., Suda, J., Beljakowa, S. *et al.* (2009) 4H-SiC MISFETs with nitrogen-containing insulators. *Phys. Status Solidi A*, **206**, 2374.
[155] Tilak, V. (2009) Inversion layer electron transport in 4H-SiC metal−oxide−semiconductor field-effect transistors. *Phys. Status Solidi A*, **206**, 2391.
[156] Chow, T.P., Naik, H. and Li, Z. (2009) Comparative study of 4H-SiC and 2H-GaN MOS capacitors and FETs. *Phys. Status Solidi A*, **206**, 2478.
[157] Hiyoshi, T. and Kimoto, T. (2009) Reduction of deep levels and improvement of carrier lifetime in n-type 4H-SiC by thermal oxidation. *Appl. Phys. Express*, **2**, 041101.
[158] von Münch, W. and Pfaffeneder, I. (1975) Thermal oxidation and electrolytic etching of silicon carbide. *J. Electrochem. Soc.*, **122**, 642.
[159] Deal, B.E. and Grove, A.S. (1965) General relationship for the thermal oxidation of silicon. *J. Appl. Phys.*, **36**, 3770.
[160] Nicollian, E.H. and Brews, J.R. (1982) *MOS Physics and Technology*, John Wiley & Sons, Inc., New York.
[161] Song, Y., Dhar, S., Feldman, L.C. *et al.* (2004) Modified Deal-Grove model for the thermal oxidation of silicon carbide. *J. Appl. Phys.*, **95**, 4953.
[162] Suzuki, A., Ashida, H., Furui, N. *et al.* (1982) Thermal oxidation of SiC and electrical properties of Al−SiO_2−SiC MOS structure. *Jpn. J. Appl. Phys.*, **21**, 579.

[163] Zheng, Z., Tressler, R.E. and Spear, K.E. (1990) Oxidation of single-crystal silicon carbide: Part I. Experimental studies. *J. Electrochem. Soc.*, **137**, 854.

[164] Raynaud, J. (2001) Silica films on silicon carbide: a review of electrical properties and device applications. *J. Non-Cryst. Solids*, **280**, 1.

[165] Hijikata, Y., Yaguchi, H. and Yoshida, S. (2009) A kinetic model of silicon carbide oxidation based on the interfacial silicon and carbon emission phenomenon. *Appl. Phys. Express*, **2**, 021203.

[166] Powell, J.A., Petit, J.B., Edgar, J.H. *et al.* (1991) Application of oxidation to the structural characterization of SiC epitaxial films. *Appl. Phys. Lett.*, **59**, 183.

[167] Nakano, Y., Nakamura, T., Kamisawa, A. and Takasu, H. (2009) Investigation of pits formed at oxidation on 4H-SiC. *Mater. Sci. Forum*, **600–603**, 377.

[168] Christiansen, K. and Helbig, R. (1996) Anisotropic oxidation of 6H-SiC. *J. Appl. Phys.*, **79**, 3276.

[169] Ueno, K. (1997) Orientation dependence of the oxidation of SiC surfaces. *Phys. Status Solidi A*, **162**, 299.

[170] Onda, S., Kumar, R. and Hara, K. (1997) SiC integrated MOSFETs. *Phys. Status Solidi A*, **162**, 369.

[171] Lipkin, L.A. and Palmour, J.W. (1999) Insulator investigation on SiC for improved reliability. *IEEE Trans. Electron Devices*, **46**, 525.

[172] Friedrichs, P., Burte, E.P. and Schörner, R. (1994) Dielectric strength of thermal oxides on 6H-SiC and 4H-SiC. *Appl. Phys. Lett.*, **65**, 1665.

[173] Tanimoto, S. (2006) Impact of dislocations on gate oxide in SiC MOS devices and high reliability ONO dielectrics. *Mater. Sci. Forum*, **527–529**, 955.

[174] Grieb, M., Peters, D., Bauer, A.J. *et al.* (2009) Influence of the oxidation temperature and atmosphere on the reliability of thick gate oxides on the 4H-SiC C($000\bar{1}$) face. *Mater. Sci. Forum*, **600–603**, 597.

[175] Balk, P. (1988) *The Si-SiO_2 System*, Elsevier.

[176] Watanabe, H., Kirino, T., Kagei, Y. *et al.* (2011) Energy band structure of SiO_2/4H-SiC interfaces and its modulation induced by intrinsic and extrinsic interface charge transfer. *Mater. Sci. Forum*, **679–680**, 386.

[177] Afanas'ev, V.V., Bassler, M., Pensl, G. *et al.* (1996) Band offsets and electronic structure of SiC/SiO_2 interfaces. *J. Appl. Phys.*, **79**, 3108.

[178] Agarwal, A.K., Seshadri, S. and Rowland, L.B. (1997) Temperature dependence of Fowler-Nordheim current in 6H- and 4H-SiC MOS capacitors. *IEEE Electron Device Lett.*, **18**, 592.

[179] Maranowski, M.M. and Cooper, J.A. Jr., (1999) Time-dependent-dielectric-breakdown measurements of thermal oxides on n-Type 6H-SiC. *Trans. Electron Devices*, **46**, 520.

[180] Senzaki, J., Kojima, K. and Fukuda, K. (2004) Effects of n-type 4H-SiC epitaxial wafer quality on reliability of thermal oxides. *Appl. Phys. Lett.*, **85**, 6182.

[181] Senzaki, J., Kojima, K., Kato, T. *et al.* (2006) Correlation between reliability of thermal oxides and dislocations in *n*-type 4H-Si*C* epitaxial wafers. *Appl. Phys. Lett.*, **89**, 022909.

[182] Das, M., Haney, S., Richmond, J. *et al.* (2012) SiC MOSFET reliability update. *Mater. Sci. Forum*, **717–720**, 1073.

[183] McPherson, J.W. (2010) *Reliability Physics and Engineering*, Springer.

[184] Senzaki, J., Shimozato, A., Okamoto, M. *et al.* (2009) Evaluation of 4H-SiC thermal oxide reliability using area-scaling method. *Jpn. J. Appl. Phys.*, **48**, 081404.

[185] Noborio, M., Grieb, M., Bauer, A.J. *et al.* (2011) Reliability of nitrided gate oxides for n- and p-type 4H-SiC(0001) metal–oxide–semiconductor devices. *Jpn. J. Appl. Phys.*, **50**, 090201.

[186] Senzaki, J., Shimozato, A., Kojima, K. *et al.* (2012) Challenges of high-performance and high-reliablity in SiC MOS structures. *Mater. Sci. Forum*, **717–720**, 703.

[187] Tanimoto, S., Tanaka, H., Hayashi, T. *et al.* (2005) High-reliability ONO gate dielectric for power MOSFETs. *Mater. Sci. Forum*, **483–485**, 685.

[188] Wang, X.W., Luo, Z.J. and Ma, T.P. (2000) High-temperature characteristics of high-quality SiC MIS capacitors with O/N/O gate dielectric. *IEEE Trans. Electron Devices*, **47**, 458.

[189] Fujihira, K., Yoshida, S., Miura, N. *et al.* (2009) TDDB measurement of gate SiO_2 on 4H-SiC formed by chemical vapor deposition. *Mater. Sci. Forum*, **600–603**, 799.

[190] Chang, K.C., Nuhfer, N.T., Porter, L.M. and Wahab, Q. (2000) High-carbon concentrations at the silicon dioxide–silicon carbide interface identified by electron energy loss spectroscopy. *Appl. Phys. Lett.*, **77**, 2186.

[191] Zheleva, T., Lelis, A., Duscher, G. *et al.* (2008) Transition layers at the SiO_2/SiC interface. *Appl. Phys. Lett.*, **93**, 022108.

[192] Biggerstaff, T.L., Reynolds, C.L. Jr.,, Zheleva, T. *et al.* (2009) Relationship between 4H-SiC/SiO_2 transition layer thickness and mobility. *Appl. Phys. Lett.*, **95**, 032108.

[193] Hatakeyama, T., Matsuhata, H., Suzuki, T. *et al.* (2011) Microscopic examination of SiO_2/4H-SiC interfaces. *Mater. Sci. Forum*, **679–680**, 330.

[194] Hornetz, B., Michel, H.J. and Halbritter, J. (1994) ARXPS studies of SiO_2-SiC interfaces and oxidation of 6H SiC single crystal Si-(001) and C-(00$\bar{1}$) surfaces. *J. Mater. Res.*, **9**, 3088.
[195] Hijikata, Y., Yaguchi, H., Yoshida, S. *et al.* (2006) Characterization of oxide films on 4H-SiC epitaxial (0001) faces by high-energy-resolution photoemission spectroscopy: Comparison between wet and dry oxidation. *J. Appl. Phys.*, **100**, 053710.
[196] Watanabe, H., Hosoi, T., Kirino, T. *et al.* (2011) Synchrotron x-ray photoelectron spectroscopy study on thermally grown SiO_2/4H-SiC(0001) interface and its correlation with electrical properties. *Appl. Phys. Lett.*, **99**, 021907.
[197] Seki, H., Wakabayashi, T., Hijikata, Y. *et al.* (2009) Characterization of 4H-SiC-SiO_2 interfaces by a deep ultraviolet spectroscopic ellipsometer. *Mater. Sci. Forum*, **615–617**, 505.
[198] Zhu, X., Lee, H.D., Feng, T. *et al.* (2010) Structure and stoichiometry of (0001) 4H-SiC/oxide interface. *Appl. Phys. Lett.*, **97**, 071908.
[199] Yoshikawa, M., Ogawa, S., Inoue, K. *et al.* (2012) Characterization of silicon dioxide films on 4H-SiC Si (0001) face by cathodoluminescence spectroscopy and x-ray photoelectron spectroscopy. *Appl. Phys. Lett.*, **100**, 082105.
[200] Wang, S., Di Ventra, M., Kim, S.G. and Pantelides, S.T. (2001) Atomic-scale dynamics of the formation and dissolution of carbon clusters in SiO_2. *Phys. Rev. Lett.*, **86**, 5946.
[201] Knaup, J.M., Deak, P., Frauenheim, T. *et al.* (2005) Defects in SiO_2 as the possible origin of near interface traps in the SiC/SiO_2 system: A systematic theoretical study. *Phys. Rev. B*, **72**, 115323.
[202] Gavrikov, A., Knizhnik, A., Safonov, A. *et al.* (2008) First-principles-based investigation of kinetic mechanism of SiC(0001) dry oxidation including defect generation and passivation. *J. Appl. Phys.*, **104**, 093508.
[203] Ebihara, Y., Chokawa, K., Kato, S. *et al.* (2012) Intrinsic origin of negative fixed charge in wet oxidation for silicon carbide. *Appl. Phys. Lett.*, **100**, 212110.
[204] Wang, S.W., Dhar, S., Wang, S.R. *et al.* (2007) Bonding at the SiC-SiO_2 interface and the effects of nitrogen and hydrogen. *Phys. Rev. Lett.*, **98**, 026101.
[205] Tuttle, B.R., Shen, X. and Pantelides, S.T. (2013) Theory of near-interface trap quenching by impurities in SiC-based metal-oxide-semiconductor devices. *Appl. Phys. Lett.*, **102**, 123505.
[206] Hosoi, T., Uenishi, Y., Mitani, S. *et al.* (2013) Dielectric properties of thermally grown SiO_2 on 4H-SiC(0001) substrates. *Mater. Sci. Forum*, **740–742**, 605.
[207] Schroder, D.K. (2006) *Semiconductor Material and Device Characterization*, 3rd edn, Wiley-IEEE.
[208] Goetzberger, A. and Irvin, J.C. (1968) Low-temperature hysteresis effects in metal-oxide-silicon capacitors caused by surface-state trapping. *IEEE Trans. Electron Devices*, **15**, 1009.
[209] Sheppard, S.T., Cooper, J.A. Jr., and Melloch, M.R. (1994) Nonequilibrium characteristics of the gate-controlled diode in 6H-SiC. *J. Appl. Phys.*, **75**, 3205.
[210] Niwa, H., Feng, G., Suda, J. and Kimoto, T. (2012) Breakdown characteristics of 15-kV-class 4H-SiC PiN diodes with various junction termination structures. *IEEE Trans. Electron Devices*, **59**, 2748.
[211] Afanas'ev, V.V. and Stesmans, A. (2000) Generation of interface states in α-SiC/SiO_2 by electron injection. *Mater. Sci. Eng., B*, **71**, 309.
[212] Rudenko, T.E., Osiyuk, I.N., Tyagulski, I.P. *et al.* (2005) Interface trap properties of thermally oxidized n-type 4H–SiC and 6H–SiC. *Solid-State Electron.*, **49**, 545.
[213] Yoshioka, H., Nakamura, T. and Kimoto, T. (2012) Accurate evaluation of interface state density in SiC metal-oxide-semiconductor structures using surface potential based on depletion capacitance. *J. Appl. Phys.*, **111**, 014502.
[214] Penumatcha, A.V., Swandono, S. and Cooper, J.A. (2013) Limitations of the MOS Hi-Lo CV technique for MOS interfaces with large time constant dispersion. *IEEE Trans. Electron Devices*, **60**, 923.
[215] Yoshioka, H., Nakamura, T. and Kimoto, T. (2012) Generation of very fast states by nitridation of the SiO_2/SiC interface. *J. Appl. Phys.*, **112**, 024520.
[216] Shenoy, J.N., Chindalore, G.L., Melloch, M.R. *et al.* (1995) Characterization and optimization of the SiO_2/SiC MOS interface. *J. Electron. Mater.*, **24**, 303.
[217] Bano, E., Ouisse, T., Cioccio, L.D. and Karmann, S. (1994) Surface potential fluctuations in metal–oxide–semiconductor capacitors fabricated on different silicon carbide polytypes. *Appl. Phys. Lett.*, **65**, 2723.
[218] Fahrner, W. and Goetzberger, A. (1970) Energy dependence of electrical properties of interface states in Si-SiO_2 interfaces. *Appl. Phys. Lett.*, **17**, 16.
[219] Das, M.K. (1999) PhD thesis. Purdue University, West Lafayette, IN, Fundamental studies of the silicon carbide MOS structure.

[220] Chen, X.D., Dhar, S., Isaacs-Smith, T. *et al.* (2008) Electron capture and emission properties of interface states in thermally oxidized and NO-annealed SiO_2/4H-SiC. *J. Appl. Phys.*, **103**, 33701.

[221] Cooper, J.A. and Schwartz, R.J. (1973) The effect of an energy-dependent capture cross section on data interpretation using the MOS conductance technique. *J. Appl. Phys.*, **44**, 5613.

[222] Scozzie, C.J. and McGarrity, J.M. (1998) Charge pumping measurements on SiC MOSFETs. *Mater. Sci. Forum*, **264–268**, 985.

[223] Okamoto, D., Yano, H., Hatayama, T. *et al.* (2008) Analysis of anomalous charge-pumping characteristics on 4H-SiC MOSFETs. *IEEE Trans. Electron Devices*, **55**, 2013.

[224] Gurfinkel, M., Xiong, H.D., Cheung, K.P. *et al.* (2008) Characterization of transient gate oxide trapping in SiC MOSFETs using fast I–V techniques. *IEEE Trans. Electron Devices*, **55**, 2004.

[225] Johnson, N.M. (1982) Measurement of semiconductor–insulator interface states by constant-capacitance deep-level transient spectroscopy. *J. Vac. Sci. Technol.*, **21**, 303.

[226] Basile, A.F., Rozen, J., Williams, J.R. *et al.* (2011) Capacitance-voltage and deep-level-transient spectroscopy characterization of defects near SiO_2/SiC interfaces. *J. Appl. Phys.*, **109**, 064514.

[227] Pan, J.N., Cooper, J.A. Jr., and Melloch, M.R. (1995) Extremely long capacitance transients in 6H-SiC metal-oxide-semiconductor capacitors. *J. Appl. Phys.*, **78**, 572.

[228] Neudeck, P.G., Kang, S., Petit, J. and Tabib-Azar, M. (1994) Measurement of n-type dry thermally oxidized 6H-SiC metal-oxide-semiconductor diodes by quasistatic and high-frequency capacitance versus voltage and capacitance transient techniques. *J. Appl. Phys.*, **75**, 7949.

[229] Suzuki, S., Harada, S., Kosugi, R. *et al.* (2002) Correlation between channel mobility and shallow interface traps in SiC metal–oxide–semiconductor field-effect transistors. *J. Appl. Phys.*, **92**, 6230.

[230] Yano, H., Katafuchi, F., Kimoto, T. and Matsunami, H. (1999) Effects of wet oxidation/anneal on interface properties of thermally oxidized SiO_2/SiC MOS system and MOSFETs. *IEEE Trans. Electron Devices*, **46**, 504.

[231] Stein von Kamienski, E.G., Leonhard, C., Scharnholz, S. *et al.* (1997) Passivation of interface traps in MOS-devices on n- and p-type 6H-SiC. *Diamond Relat. Mater.*, **6**, 1497.

[232] Das, M.K., Um, B.S. and Cooper, J.A. Jr., (2000) Anomalously high density of interface states near the conduction band in SiO_2/4H-SiC MOS devices. *Mater. Sci. Forum*, **338–342**, 1069.

[233] Yano, H., Kimoto, T. and Matsunami, H. (2002) Shallow states at SiO_2/4H-SiC interface on $(11\bar{2}0)$ and (0001) faces. *Appl. Phys. Lett.*, **81**, 301.

[234] Saks, N.S., Mani, S.S. and Agarwal, A.K. (2000) Interface trap profile near the band edges at the 4H-SiC/SiO_2 interface. *Appl. Phys. Lett.*, **76**, 2250.

[235] Shibahara, K., Saito, T., Nishino, S. and Matsunami, H. (1986) Fabrication of inversion-type n-channel MOSFET's using cubic-SiC on Si. *IEEE Electron Device Lett.*, **13**, 226.

[236] Wan, J.W., Capano, M.A., Melloch, M.R. and Cooper, J.A. (2002) N-channel 3C-SiC MOSFETs on silicon substrate. *IEEE Electron Device Lett.*, **23**, 482.

[237] Uchida, H., Minami, A., Sakata, T. *et al.* (2012) High temperature performance of 3C-SiC MOSFETs with high channel mobility. *Mater. Sci. Forum*, **717–720**, 1109.

[238] Bassler, M., Pensl, G. and Afanas'ev, V. (1997) "Carbon cluster model" for electronic states at SiC/SiO_2 interfaces. *Diamond Relat. Mater.*, **6**, 1472.

[239] Fukuda, K., Kato, M., Kojima, K. and Senzaki, J. (2004) Effect of gate oxidation method on electrical properties of metal-oxide-semiconductor field-effect transistors fabricated on 4H-SiC $C(000\bar{1})$ face. *Appl. Phys. Lett.*, **84**, 2088.

[240] Fukuda, K., Suzuki, S., Tanaka, T. and Arai, K. (2000) Reduction of interface-state density in 4H–SiC n-type metal–oxide–semiconductor structures using high-temperature hydrogen annealing. *Appl. Phys. Lett.*, **76**, 1585.

[241] Lipkin, L.A. and Palmour, J.W. (1996) Improved oxidation procedures for reduced SiO_2/SiC defects. *J. Electron. Mater.*, **25**, 909.

[242] Kosugi, R., Suzuki, S., Okamoto, M. *et al.* (2002) Strong dependence of the inversion mobility of 4H and 6H SiC(0001) MOSFETs on the water content in pyrogenic re-oxidation annealing. *IEEE Electron Device Lett.*, **23**, 136.

[243] Zhang, Q., Wang, J., Jonas, C. *et al.* (2008) Design and characterization of high-voltage 4H-SiC p-IGBTs. *IEEE Trans. Electron Devices*, **55**, 1912.

[244] Kato, M., Nanen, Y., Suda, J. and Kimoto, T. (2011) Improved characteristics of SiC MOSFETs by post-oxidation annealing in Ar at high temperature. *Mater. Sci. Forum*, **679–680**, 445.

[245] Okuno, E. and Amano, S. (2002) Reduction of interface trap density in 4H-SiC MOS by high-temperature oxidation. *Mater. Sci. Forum*, **389–393**, 989.

[246] Kimoto, T., Kosugi, H., Suda, J. *et al.* (2005) Design and fabrication of RESURF MOSFETs on 4H-SiC(0001), (11$\bar{2}$0), and 6H-SiC(0001). *IEEE Trans. Electron Devices*, **52**, 112.

[247] Li, H., Dimitrijev, S., Harrison, H.B. and Sweatman, D. (1997) Interfacial characteristics of N_2O and NO nitrided SiO_2 grown on SiC by rapid thermal processing. *Appl. Phys. Lett.*, **70**, 2028.

[248] Dimitrijev, S., Li, H.F., Harrison, H.B. and Sweatman, D. (1997) Nitridation of silicon-dioxide films grown on 6H silicon carbide. *IEEE Trans. Electron Devices Lett.*, **18**, 175.

[249] Chung, G.Y., Tin, C.C., Williams, J.R. *et al.* (2000) Effect of nitric oxide annealing on the interface trap densities near the band edges in the 4H polytype of silicon carbide. *Appl. Phys. Lett.*, **76**, 1713.

[250] Chung, G.Y., Tin, C.C., Williams, J.R. *et al.* (2001) Improved inversion channel mobility for 4H-SiC MOSFETs following high temperature anneals in nitric oxide. *IEEE Electron Device Lett.*, **22**, 176.

[251] Jamet, P., Dimitrijev, S. and Tanner, P. (2001) Effects of nitridation in gate oxides grown on 4H-SiC. *J. Appl. Phys.*, **90**, 5058.

[252] Schörner, R., Friedrichs, P., Peters, D. *et al.* (2002) Enhanced channel mobility of 4H–SiC metal–oxide–semiconductor transistors fabricated with standard polycrystalline silicon technology and gate-oxide nitridation. *Appl. Phys. Lett.*, **80**, 4253.

[253] Lu, C.-Y., Cooper, J.A. Jr.,, Tsuji, T. *et al.* (2003) Effect of process variations and ambient temperature on electron mobility at the SiO_2/4H-SiC interface. *IEEE Trans. Electron Devices*, **50**, 1582.

[254] McDonald, K., Feldman, L.C., Weller, R.A. *et al.* (2003) Kinetics of NO nitridation in SiO_2/4H–SiC. *J. Appl. Phys.*, **93**, 2257.

[255] Afanas'ev, V.V., Stesmans, A., Ciobanu, F. *et al.* (2003) Mechanisms responsible for improvement of 4H–SiC/SiO_2 interface properties by nitridation. *Appl. Phys. Lett.*, **82**, 568.

[256] Dhar, S., Wang, S., Williams, J.R. *et al.* (2005) Interface passivation for silicon dioxide layers on silicon carbide. *Mater. Res. Soc. Bull.*, **30**, 288.

[257] Tilak, V., Matocha, K. and Dunne, G. (2007) Electron-scattering mechanisms in heavily doped silicon carbide MOSFET inversion layers. *IEEE Trans. Electron Devices*, **54**, 2823.

[258] Dhar, S., Chen, X.D., Mooney, P.M. *et al.* (2008) Ultrashallow defect states at SiO_2/4H–SiC interfaces. *Appl. Phys. Lett.*, **92**, 102112.

[259] Chen, X.D., Dhar, S., Isaacs-Smith, T. *et al.* (2008) Electron capture and emission properties of interface states in thermally oxidized and NO-annealed SiO_2/4H-SiC. *J. Appl. Phys.*, **103**, 033701.

[260] Dhar, S., Haney, S., Cheng, L. *et al.* (2010) Inversion layer carrier concentration and mobility in 4H–SiC metal-oxide-semiconductor field-effect transistors. *J. Appl. Phys.*, **108**, 054509.

[261] Zhu, X., Ahyi, A.C., Li, M. *et al.* (2011) The effect of nitrogen plasma anneals on interface trap density and channel mobility for 4H–SiC MOS devices. *Solid-State Electron.*, **57**, 76.

[262] Lipkin, L.A., Das, M.K. and Palmour, J.W. (2002) N_2O processing improves the 4H-SiC: SiO_2 interface. *Mater. Sci. Forum*, **389–393**, 985.

[263] Kimoto, T., Kanzaki, Y., Noborio, M. *et al.* (2005) Interface properties of metal-oxide-semiconductor structures on 4H-SiC{0001} and (11$\bar{2}$0) formed by N_2O oxidation. *Jpn. J. Appl. Phys.*, **44**, 1213.

[264] Fujihira, K., Tarui, Y., Imaizumi, M. *et al.* (2005) Characteristics of 4H-SiC MOS interface annealed in N_2O. *Solid-State Electron.*, **49**, 896.

[265] Senzaki, J., Suzuki, T., Shimozato, A. *et al.* (2010) Significant improvement in reliability of thermal oxide on 4H-SiC (0001) face using ammonia post-oxidation annealing. *Mater. Sci. Forum*, **645–648**, 685.

[266] Soejima, N., Kimura, T., Ishikawa, T. and Sugiyama, T. (2013) Effect of NH_3 post-oxidation annealing on flatness of SiO_2/SiC interface. *Mater. Sci. Forum*, **740–742**, 723.

[267] Maeyama, Y., Yano, H., Furumoto, Y. *et al.* (2003) Improvement of SiO_2/SiC interface properties by nitrogen radical irradiation. *Jpn. J. Appl. Phys.*, **42**, L575.

[268] Noborio, M., Suda, J. and Kimoto, T. (2009) P-channel MOSFETs on 4H-SiC {0001} and nonbasal faces fabricated by oxide deposition and N_2O annealing. *IEEE Trans. Electron Devices*, **56**, 1953.

[269] Rozen, J., Dhar, S., Zvanut, M.E. *et al.* (2009) Density of interface states, electron traps, and hole traps as a function of the nitrogen density in SiO_2 on SiC. *J. Appl. Phys.*, **105**, 124506.

[270] Acevedo, A.M., Guillermo, C. and Lopez, J.C. (2001) Thermal oxidation of silicon in nitrous oxide at high pressures. *J. Electrochem. Soc.*, **148**, F 200.

[271] Laurendeau, N.M. (1975) Fast nitrogen dioxide reactions: Significance during NO decomposition and NO_2 formation. *Combust. Sci. Technol.*, **11**, 89.

[272] Okamoto, D., Yano, H., Hirata, K. *et al.* (2010) Improved inversion channel mobility in 4H-SiC MOSFETs on Si face utilizing phosphorus-doped gate oxide. *IEEE Electron Device Lett.*, **31**, 710.

[273] Okamoto, D., Yano, H., Hatayama, T. and Fuyuki, T. (2010) Removal of near-interface traps at SiO_2/4H–SiC (0001) interfaces by phosphorus incorporation. *Appl. Phys. Lett.*, **96**, 203508.

[274] Okamoto, D., Yano, H., Hatayama, T. and Fuyuki, T. (2012) Development of 4H-SiC MOSFETs with phosphorus-doped gate oxide. *Mater. Sci. Forum*, **717–720**, 733.
[275] Olafsson, H.Ö., Gudjonsson, G., Nilsson, P.Å. *et al.* (2004) High field effect mobility in Si face 4H-SiC MOSFET transistors. *Electron. Lett.*, **40**, 508.
[276] Gudjonsson, G., Olafsson, H.Ö., Allerstam, F. *et al.* (2005) High field-effect mobility in n-channel Si face 4H-SiC MOSFETs with gate oxide grown on aluminum ion-implanted material. *IEEE Electron Device Lett.*, **26**, 96.
[277] Das, M.K., Hull, B.A., Krishnaswami, S. *et al.* (2006) Improved 4H-SiC MOS interfaces produced via two independent processes: Metal enhanced oxidation and 1300 °C NO anneal. *Mater. Sci. Forum*, **527–529**, 967.
[278] Yano, H., Hatayama, T., Uraoka, Y. and Fuyuki, T. (2005) High temperature NO annealing of deposited SiO_2 and SiON films on n-type 4H-SiC. *Mater. Sci. Forum*, **483–485**, 685.
[279] Kimoto, T., Kawano, H., Noborio, M. *et al.* (2006) Improved dielectric and interface properties of 4H-SiC MOS structures processed by oxide deposition and N_2O annealing. *Mater. Sci. Forum*, **527–529**, 987.
[280] Aboelfotoh, M.O., Kern, R.S., Tanaka, S. *et al.* (1996) Electrical characteristics of metal/AlN/n-type 6H–SiC(0001) heterostructures. *Appl. Phys. Lett.*, **69**, 2873.
[281] Hino, S., Hatayama, S.T., Kato, J. *et al.* (2009) Anomalously high channel mobility in SiC-MOSFETs with Al_2O_3/SiO_x/SiC gate structure. *Mater. Sci. Forum*, **600–603**, 683.
[282] Hosoi, T., Kagei, Y., Kirino, T. *et al.* (2009) Improved characteristics of 4H-SiC MISFET with AlON/nitrided SiO_2 stacked gate dielectrics. *Mater. Sci. Forum*, **645–648**, 991.
[283] Lichtenwalner, D.J., Misra, V., Dhar, S. *et al.* (2009) High-mobility enhancement-mode 4H-SiC lateral field-effect transistors utilizing atomic layer deposited Al_2O_3 gate dielectric. *Appl. Phys. Lett.*, **95**, 152113.
[284] Hosoi, T., Azumo, S., Kashiwagi, Y. *et al.* (2012) Technical Digest of 2012 International Electron Devices Meeting, p. 7.4 Performance and reliability improvement in SiC power MOSFETs by implementing AlON high-k gate dielectrics.
[285] Okuno, E., Endo, T., Matsuki, H. *et al.* (2005) Low on-resistance in normally-off 4H-SiC accumulation MOSFET. *Mater. Sci. Forum*, **483**, 817.
[286] Tarui, Y., Watanabe, T., Fujihira, K. *et al.* (2006) Fabrication and performance of 1.2 kV, 12.9 mΩcm^2 4H-SiC epilayer channel MOSFET. *Mater. Sci. Forum*, **527–529**, 1285.
[287] Shenoy, P.M. and Baliga, B.J. (1997) The planar 6H-SiC ACCUFET: a new high-voltage power MOSFET structure. *IEEE Electron Device Lett.*, **18**, 589.
[288] Ueno, K. and Oikawa, T. (1999) Counter-doped MOSFETs of 4H-SiC. *IEEE Electron Device Lett.*, **20**, 624.
[289] Harada, S., Suzuki, S., Senzaki, J. *et al.* (2001) High channel mobility in normally-off 4H-SiC buried channel MOSFETs. *IEEE Electron Device Lett.*, **22**, 272.
[290] Shenoy, J.N., Das, M.K., Cooper, J.A. Jr., *et al.* (1996) Effect of substrate orientation and crystal anisotropy on the thermally oxidized SiO_2/SiC interface. *J. Appl. Phys.*, **79**, 3042.
[291] Afanas'ev, V.V., Stesmans, A., Bassler, M. *et al.* (1996) Elimination of SiC/SiO_2 interface states by preoxidation ultraviolet-ozone cleaning. *Appl. Phys. Lett.*, **68**, 2141.
[292] Ueno, K., Asai, R. and Tsuji, T. (1998) 4H-SiC MOSFETs utilizing the H_2 surface cleaning technique. *IEEE Electron Device Lett.*, **19**, 244.
[293] Bassler, M., Afanas'ev, V.V., Pensl, G. and Schulz, M. (1999) Degradation of 6H-SiC MOS capacitors operated at high temperatures. *Microelectron. Eng.*, **48**, 257.
[294] Lelis, A.J., Habersat, D., Green, R. *et al.* (2008) Time dependence of bias-stress-induced SiC MOSFET threshold-voltage instability measurements. *IEEE Trans. Electron Devices*, **55**, 1835.
[295] Green, R., Lelis, A. and Habersat, D. (2012) Charge trapping in SiC Power MOSFETs and its consequences for robust reliability testing. *Mater. Sci. Forum*, **717–720**, 1085.
[296] Marinella, M.J., Schroder, D.K., Isaacs-Smith, T. *et al.* (2007) Evidence of negative bias temperature instability in 4H-SiC metal oxide semiconductor capacitors. *Appl. Phys. Lett.*, **90**, 253508.
[297] Okayama, T., Arthur, S.D., Garrett, J.L. and Rao, M.V. (2008) Bias-stress induced threshold voltage and drain current instability in 4H–SiC DMOSFETs. *Solid State Electron.*, **52**, 164.
[298] Chanthaphan, A., Hosoi, T., Mitani, S. *et al.* (2012) Investigation of unusual mobile ion effects in thermally grown SiO_2 on 4H-SiC(0001) at high temperatures. *Appl. Phys. Lett.*, **100**, 252103.
[299] Yano, H., Kimoto, T. and Matsunami, H. (2001) Interface States of SiO_2/SiC on $(11\bar{2}0)$ and (0001) Si Faces. *Mater. Sci. Forum*, **353–356**, 627.
[300] Senzaki, J., Kojima, K., Harada, S. *et al.* (2002) Strong dependence of the inversion mobility of 4H and 6H SiC(0001) MOSFETs on the water content in pyrogenic re-oxidation annealing. *IEEE Electron Device Lett.*, **23**, 136.

[301] Yano, H., Hirao, T., Kimoto, T. *et al.* (1999) High channel mobility in inversion layers of 4H-SiC MOSFETs by utilizing (11$\bar{2}$0) face. *IEEE Electron Device Lett.*, **20**, 611.
[302] Endo, T., Okuno, E., Sakakibara, T. and Onda, S. (2009) High channel mobility of MOSFET fabricated on 4H-SiC (11$\bar{2}$0) face using wet annealing. *Mater. Sci. Forum*, **600–603**, 691.
[303] Dhar, S., Song, Y.W., Feldman, L.C. *et al.* (2004) Effect of nitric oxide annealing on the interface trap density near the conduction bandedge of 4H-SiC at the oxide/(11$\bar{2}$0) 4H-SiC interface. *Appl. Phys. Lett.*, **84**, 1498.
[304] Nanen, Y., Kato, M., Suda, J. and Kimoto, T. (2013) Effects of nitridation on 4H-SiC MOSFETs fabricated on various crystal faces. *IEEE Trans. Electron Devices*, **60**, 1260.
[305] Tan, J., Cooper, J.A. Jr., and Melloch, M.R. (1998) High-voltage accumulation-layer UMOSFETs in 4H-SiC. *IEEE Electron Device Lett.*, **19**, 467.
[306] Nakamura, T., Miura, M., Kawamoto, N. *et al.* (2009) Development of SiC diodes, power MOSFETs and intelligent power modules. *Phys. Status Solidi A*, **206**, 2403.
[307] Yano, H., Nakao, H., Mikami, H. *et al.* (2007) Anomalously anisotropic channel mobility on trench sidewalls in 4H-SiC trench-gate metal-oxide-semiconductor field-effect transistors fabricated on 8° off substrates. *Appl. Phys. Lett.*, **90**, 042102.
[308] Sun, S.C. and Plummer, J.D. (1980) Electron mobility in inversion and accumulation layers on thermally oxidized silicon surfaces. *IEEE Trans. Electron Devices*, **27**, 1497.
[309] Ouisse, T. (1996) Electron localization and noise in silicon carbide inversion layers. *Philos. Mag. B*, **73**, 325.
[310] Bano, E., Ouisse, T., Sharnholz, S.P. *et al.* (1997) Analytical modelling of thermally-activated transport in SiC inversion layers. *Electron. Lett.*, **33**, 243.
[311] Taur, Y. and Ning, T.H. (2009) *Fundamentals of Modern VLSI Devices*, 2nd edn, Cambridge University Press.
[312] Saks, N.S. and Agarwal, A.K. (2000) Hall mobility and free electron density at the SiC/SiO_2 interface in 4H–SiC. *Appl. Phys. Lett.*, **77**, 3281.
[313] Arnold, E. and Alok, D. (2001) Effect of interface states on electron transport in 4H-SiC inversion layers. *IEEE Trans. Electron Devices*, **48**, 1870.
[314] Harada, S., Kosugi, R., Senzaki, J. *et al.* (2002) Relationship between channel mobility and interface state density in SiC metal-oxide-semiconductor field-effect transistor. *J. Appl. Phys.*, **91**, 1568.
[315] Kawahara, K., Suda, J. and Kimoto, T. (2013) Deep levels generated by thermal oxidation in p-type 4H-SiC. *J. Appl. Phys.*, **113**, 033705.
[316] Kawahara, K., Suda, J. and Kimoto, T. (2013) Deep levels generated by thermal oxidation in n-type 4H-SiC. *Appl. Phys. Express*, **6**, 051301.
[317] Shen, X. and Pantelides, S.T. (2011) Identification of a major cause of endemically poor mobilities in SiC/SiO_2 structures. *Appl. Phys. Lett.*, **98**, 053507.
[318] Devynck, F., Alkauskas, A., Broqvist, P. and Pasquarello, A. (2011) Charge transition levels of carbon-, oxygen-, and hydrogen-related defects at the SiC/SiO_2 interface through hybrid functionals. *Phys. Rev. B*, **84**, 235320.
[319] Itoh, A. and Matsunami, H. (1997) Analysis of Schottky barrier heights of metal/SiC contacts and its possible application to high-voltage rectifying devices. *Phys. Status Solidi A*, **162**, 389.
[320] C.M. Zetterling, S.K. Lee, and M. Östling, *Process Technology for Silicon Carbide Devices*, Chapter 6, ed. C.M. Zetterling (INSPEC, 2002) Schottky and ohmic contacts to SiC.
[321] Mönch, W. (2004) The continuum of interface-induced gap states – The unifying concept of the band lineup at semiconductor interfaces – Application to silicon carbide, in *Silicon Carbide – Recent Major Advances* (eds W.J. Choyke, H. Matsunami and G. Pensl), Springer, p. 317.
[322] Porter, L.M. and Davis, R.F. (1995) A critical review of ohmic and rectifying contacts for silicon carbide. *Mater. Sci. Eng., B*, **34**, 83.
[323] Crofton, J., Porter, L.M. and Williams, J.R. (1997) The physics of ohmic contacts to SiC. *Phys. Status Solidi B*, **202**, 581.
[324] Cole, M.W. and Joshi, P.C. (2004) in *Silicon Carbide, Materials, Processing, and Devices* (eds Z.C. Feng and J.H. Zhao), Taylor & Francis Group, p. 203 The physics of ohmic contacts to SiC.
[325] Tanimoto, S., Okushi, H. and Arai, K. (2004) in *Silicon Carbide – Recent Major Advances* (eds W.J. Choyke, H. Matsunami and G. Pensl), Springer, p. 651.
[326] Roccaforte, F., La Via, F. and Raineri, V. (2005) Ohmic contacts for power devices on SiC. *Int. J. High Speed Electron. Syst.*, **15**, 781.
[327] Tanimoto, S. and Ohashi, H. (2009) Reliability issues of SiC power MOSFETs toward high junction temperature operation. *Phys. Status Solidi A*, **206**, 2417.
[328] Rhoderick, E.H. and Williams, R.H. (1988) *Metal-Semiconductor Contacts*, 2nd edn, Clarendon Press.

[329] Itoh, A., Kimoto, T. and Matsunami, H. (1995) High performance of high-voltage 4H-SiC Schottky barrier diodes. *IEEE Electron Device Lett.*, **16**, 280.

[330] Toumi, S., Ferhat-Hamida, A., Boussouar, L. *et al. et al.* (2009) Gaussian distribution of inhomogeneous barrier height in tungsten/4H-SiC (000$\bar{1}$) Schottky diodes. *Microelectron. Eng.*, **86**, 303.

[331] Shigiltchoff, O., Bai, S., Devaty, R.P. *et al.* (2003) Schottky barriers for Pt, Mo and Ti on 6H and 4H SiC (0001), (000$\bar{1}$), (1$\bar{1}$00) and (1$\bar{2}$10) faces measured by I–V, C–V and internal photoemission. *Mater. Sci. Forum*, **433–436**, 705.

[332] Im, H.J., Ding, Y., Pelz, J.P. and Choyke, W.J. (2001) Nanometer-scale test of the Tung model of Schottky-barrier height inhomogeneity. *Phys. Rev. B*, **64**, 075310.

[333] Skromme, B.J., Luckowski, E., Moore, K. *et al.* (2000) Electrical characteristics of Schottky barriers on 4H-SiC: The effects of barrier height nonuniformity. *J. Electron. Mater.*, **29**, 376.

[334] Itoh, A., Takemura, O., Kimoto, T. and Matsunami, H. (1996) Low power-loss 4H-SiC Schottky rectifiers with high blocking voltage. *Inst. Phys. Conf. Ser.*, **142**, 685.

[335] Crofton, J. and Sriram, S. (1996) Reverse leakage current calculations for SiC Schottky contacts. *IEEE Trans. Electron Devices*, **43**, 2305.

[336] Schoen, K.J., Woodall, J.M., Cooper, J.A. Jr., and Melloch, M.R. (1998) Design considerations and experimental characterization of high voltage SiC Schottky barrier rectifiers. *IEEE Trans. Electron Devices*, **45**, 1595.

[337] Teraji, T. and Hara, S. (2004) Control of interface states at metal/6H-SiC(0001) interfaces. *Phys. Rev. B*, **70**, 035312.

[338] Wardrop, J.R., Grant, R.E., Wang, Y.C. and Davis, R.F. (1992) Metal Schottky barrier contacts to alpha 6H-SiC. *J. Appl. Phys.*, **72**, 4757.

[339] Wardrop, J.R. and Grant, R.E. (1993) Schottky barrier height and interface chemistry of annealed metal contacts to alpha 6H-SiC: Crystal face dependence. *Appl. Phys. Lett.*, **62**, 2685.

[340] Treu, M., Rupp, R., Kapels, H. and Bartsch, W. (2001) Temperature dependence of forward and reverse characteristics of Ti, W, Ta and Ni Schottky diodes on 4H-SiC. *Mater. Sci. Forum*, **353–356**, 679.

[341] Hatakeyama, T. and Shinohe, T. (2002) Reverse characteristics of a 4H-SiC Schottky barrier diode. *Mater. Sci. Forum*, **389–393**, 1169.

[342] Suda, J., Yamaji, K., Hayashi, Y. *et al.* (2010) Nearly ideal current–voltage characteristics of Schottky barrier diodes formed on hydride-vapor-phase-epitaxy-grown GaN free-standing substrates. *Appl. Phys. Express*, **3**, 101003.

[343] Bhatnagar, M., Baliga, B.J., Kirk, H.R. and Rozgonyi, G.A. (1996) Effect of surface inhomogeneities on the electrical characteristics of SiC Schottky contacts. *IEEE Trans. Electron Devices*, **43**, 150.

[344] Defives, D., Noblanc, O., Dua, C. *et al.* (1999) Barrier inhomogeneities and electrical characteristics of Ti/4H-SiC Schottky rectifiers. *IEEE Trans. Electron Devices*, **46**, 449.

[345] Zheng, L., Joshi, R.P. and Fazi, C. (1999) Effects of barrier height fluctuations and electron tunneling on the reverse characteristics of 6H–SiC Schottky contacts. *J. Appl. Phys.*, **85**, 3701.

[346] Saitoh, H., Kimoto, T. and Matsunami, H. (2004) Origin of leakage current in SiC Schottky barrier diodes at high temperature. *Mater. Sci. Forum*, **457–460**, 997.

[347] Tiwari, S. (1991) *Compound Semiconductor Device Physics*, Academic Press.

[348] Crofton, J., Williams, J.R., Bozack, M.J. and Barnes, P.A. (1994) A TiW high-temperature ohmic contacts to n-type 6H-SiC. *Inst. Phys. Conf. Ser.*, **137**, 719.

[349] Crofton, J., Luckowski, E.D., Williams, J.R. *et al.* (1996) Specific contact resistance as a function of doping for n-type 4H and 6H-SiC. *Inst. Phys. Conf. Ser.*, **142**, 569.

[350] Piotrzkowski, R., Litwin-Stanszewska, E. and Grzanka, S. (2011) Towards proper characterization of nonlinear metal-semiconductor contacts: Generalization of the transmission line method. *Appl. Phys. Lett.*, **99**, 052101.

[351] Mohney, S.E., Hull, B.A., Lin, J.Y. and Crofton, J. (2002) Morphological study of the Al–Ti ohmic contact to p-type SiC. *Solid State Electron.*, **46**, 689.

[352] Kelner, G., Binari, S., Shur, M. and Palmour, J.W. (1991) High temperature operation of alpha -silicon carbide buried-gate junction field-effect transistors. *Electron. Lett.*, **27**, 1038.

[353] Crofton, J., McMullin, P.G., Williams, J.R. and Bozack, M.J. (1995) High-temperature ohmic contact to n-type 6H-SiC using nickel. *J. Appl. Phys.*, **77**, 1317.

[354] Uemoto, T. (1995) Reduction of ohmic contact resistance on n-type 6H-SiC by heavy doping. *Jpn. J. Appl. Phys.*, **34**, L7.

[355] Roccaforte, F., La Via, F., Raineri, V. *et al.* (2001) Improvement of high temperature stability of nickel contacts on n-type 6H-SiC. *Appl. Surf. Sci.*, **184**, 295.

[356] Han, S.Y., Kim, K.H., Kim, J.K. *et al.* (2001) Ohmic contact formation mechanism of Ni on n-type 4H-SiC. *Appl. Phys. Lett.*, **79**, 1816.

[357] Tanimoto, S., Kiritani, N., Hoshi, M. and Okushi, H. (2002) Ohmic contact structure and fabrication process applicable to practical SiC devices. *Mater. Sci. Forum*, **389–393**, 879.
[358] Kiritani, N., Hoshi, M., Tanimoto, S. *et al.* (2003) Single material ohmic contacts simultaneously formed on the source/p-well/gate of 4H-SiC vertical MOSFETs. *Mater. Sci. Forum*, **433–436**, 669.
[359] Reshanov, S.A., Emtsev, K.V., Konstantin, V. *et al.* (2008) Effect of an intermediate graphite layer on the electronic properties of metal/SiC contacts. *Phys. Status Solidi B*, **245**, 1369.
[360] Luckowski, E.D., Williams, J.R., Bozack, M.J. *et al.* (1996) Improved nickel silicide ohmic contacts to n-type 4H and 6H-SiC using nichrome. *Mater. Res. Soc. Symp. Proc.*, **423**, 119.
[361] Moki, A., Shenoy, P., Alok, D. *et al.* (1995) Low resistivity as-deposited ohmic contacts to 3C-SiC. *J. Electron. Mater.*, **24**, 315.
[362] Lee, S.K., Zetterling, C.M. and Östling, M. (2000) Low resistivity ohmic titanium carbide contacts to n- and p-type 4H-silicon carbide. *Solid State Electron.*, **44**, 1179.
[363] Jang, T., Porter, L.M., Rutsch, G.W.M. and Odekirk, B. (1999) Tantalum carbide ohmic contacts to n-type silicon carbide. *Appl. Phys. Lett.*, **75**, 3956.
[364] Baud, L., Billon, T., Lassagne, P. *et al.* (1996) Low contact resistivity W ohmic contacts to n-type 6H-SiC. *Inst. Phys. Conf. Ser.*, **142**, 597.
[365] Kriz, J., Scholz, T., Gottfried, K. *et al.* (1998) Metal disilicide contacts to 6H-SiC. *Mater. Sci. Forum*, **264–268**, 775.
[366] Nakatsuka, O., Koide, Y. and Murakami, M. (2002) CoAl ohmic contact materials with improved surface morphology for p-type 4H-SiC. *Mater. Sci. Forum*, **389–393**, 885.
[367] Lee, S.K., Zetterling, C.M., Östling, M. *et al.* (2002) Low resistivity ohmic contacts on 4H-silicon carbide for high power and high temperature device applications. *Microelectron. Eng.*, **60**, 261.
[368] Tsukimoto, S., Sakai, T., Onishi, T. *et al.* (2005) Simultaneous formation of p- and n-type ohmic contacts to 4H-SiC using the ternary Ni/Ti/Al system. *J. Electron. Mater.*, **34**, 1310.
[369] Nakata, T., Koga, K., Matsushita, Y. *et al.* (1988) Single crystal growth of 6H-SiC by a vacuum sublimation method, and blue LEDs, in *Amorphous and Crystalline Silicon Carbide and Related Materials II*, Springer, p. 26.
[370] Suzuki, A., Fujii, Y., Saito, H. *et al.* (1991) Effect of the junction interface properties on blue emission of SiC blue LEDs grown by step-controlled CVD. *J. Cryst. Growth*, **115**, 623.
[371] Crofton, J., Barnes, P.A., Williams, J.R. and Edmond, J.A. (1993) Contact resistance measurements on *p*-type 6H-SiC. *Appl. Phys. Lett.*, **62**, 384.
[372] Crofton, J., Beyer, L., Williams, J.R. *et al.* (1997) Titanium and aluminum-titanium ohmic contacts to p-type SiC. *Solid State Electron.*, **41**, 1725.
[373] Johnson, B.J. and Capano, M.A. (2003) The effect of titanium on Al–Ti contacts to p-type 4H-SiC. *Solid State Electron.*, **47**, 1437.
[374] Vassilevski, K., Zekentes, K., Tsagaraki, K. *et al.* (2001) Phase formation at rapid thermal annealing of Al/Ti/Ni ohmic contacts on 4H-SiC. *Mater. Sci. Eng., B*, **80**, 370.
[375] Crofton, J., Mohney, S.E., Williams, J.R. and Isaacs-Smith, T. (2002) Finding the optimum Al–Ti alloy composition for use as an ohmic contact to p-type SiC. *Solid State Electron.*, **46**, 109.
[376] Moscatelli, F., Scorzoni, A., Poggi, A. *et al.* (2003) Improved electrical characterization of Al–Ti ohmic contacts on p-type ion implanted 6H-SiC. *Semicond. Sci. Technol.*, **18**, 554.
[377] Tsukimoto, S., Sakai, T. and Murakami, M. (2004) Electrical properties and microstructure of ternary Ge/Ti/Al ohmic contacts to p-type 4H–SiC. *J. Appl. Phys.*, **96**, 4976.
[378] Tsukimoto, S., Ito, K., Wang, Z. *et al.* (2009) Growth and microstructure of epitaxial Ti_3SiC_2 contact layers on SiC. *Mater. Trans.*, **50**, 1071.
[379] Kassamakova, L., Kakanakov, R., Nordell, N. and Savage, S. (1998) Thermostable ohmic contacts on p-type SiC. *Mater. Sci. Forum*, **264–268**, 787.
[380] Konishi, R., Yasukochi, R., Nakatsuka, O. *et al.* (2003) Development of Ni/Al and Ni/Ti/Al ohmic contact materials for p-type 4H-SiC. *Mater. Sci. Eng., B*, **98**, 286.
[381] Fursin, L.G., Zhao, J.H. and Weiner, M. (2001) Nickel ohmic contacts to p and n-type 4H-SiC. *Electron. Lett.*, **37**, 1092.
[382] Tamura, S., Kimoto, T., Matsunami, H. *et al.* (2000) Nuclear transmutation doping of phosphorus into 6H-SiC. *Mater. Sci. Forum*, **338–342**, 849–852.

第 7 章　单极型和双极型功率二极管

7.1　SiC 功率开关器件简介

当今世界上的 SiC 功率器件类型主要可归纳为三大类：功率开关器件、微波器件以及有特殊用途的器件（如传感器、高温集成电路等）。其中，到目前为止最重要、发展最完善的是功率开关器件。第 7 ~ 11 章将详细讨论 SiC 功率开关器件，第 12 章对其他 SiC 器件类型的应用进行介绍。

功率开关器件的发展方向是接近理想开关器件。一个理想的开关器件，在导通状态下，导通电流无穷大，导通压降为零，没有功率损耗。在关断状态下，阻断电压无穷大，漏电流为零。状态转换过程的时间极短，动态损耗为零。当然，实际应用中的半导体开关性能只能接近这些理想特性，通常由器件的性能参数来衡量它们接近理想开关特性的程度。其中，最关键的参数包括：阻断电压、最大导通电流、开态及关态损耗和开关损耗。考虑到最优性能涉及参数之间的折中，使用优值系数（FOM）来定义最优化性能的理论范围以及量化实际器件接近理论极限的程度。器件性能取决于基底材料特性和器件结构参数，如掺杂、物理尺寸等。SiC 凭借其优良的材料特性而引人瞩目，特别是它的高临界击穿电场，使其性能的理论极限高硅材料几个数量级。

首先讨论阻断电压，以及阻断电压和导通能量损耗之间的关系。由于所有功率器件均依赖一个反偏的 pn 结（或反偏的金属 - 半导体结）来承受关断状态下的偏置电压，因此先讨论反偏 pn 结的耐压情况。

7.1.1　阻断电压

考虑反向偏置电压情况下的 p^+/n^- 单边突变结。若掺杂浓度相差很大，可以假定所有耗尽区出现在 n^- 侧，其电场强度分布如图 7-1 所示。随着反向偏压不断增加，最大电场 E_M 达到临界雪崩击穿电场 E_C，此时 p^+/n^- 结发生击穿。阻断电压是击穿时电场的积分，或

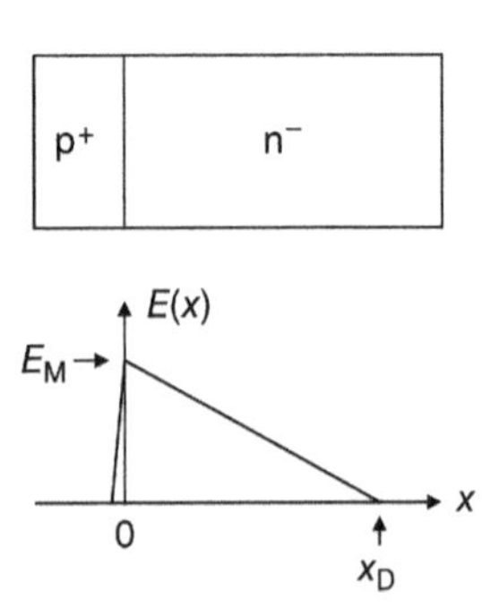

图 7-1　p^+/n^- 单边突变结电场分布图，最大电场 E_M 出现在结处，n^- 区耗尽层宽度为 x_D

$$V_B = E_C x_{DB}/2 \qquad (7\text{-}1)$$

式中，x_{DB}是击穿时耗尽层宽度，若阻断电

压远大于内建电势，则击穿时耗尽层宽度可表示为

$$x_{DB} = \sqrt{2\varepsilon_s V_B/(qN_D)} \tag{7-2}$$

式中，ε_s是半导体介电常数，N_D是轻掺杂一侧的掺杂浓度，将式（7-2）代入式（7-1）中得到

$$V_B = (\varepsilon_s E_C^2)/(2qN_D) \tag{7-3}$$

式（7-3）表明，对于给定掺杂的 p^+/n^-结，阻断电压与临界击穿电场的2次方成正比。SiC 材料临界击穿电场约比 Si 材料大10倍，因此对于一个给定的掺杂浓度，SiC 器件的击穿电压约比 Si 器件高两个数量级。

假设 n^- 区设计为某一固定厚度 W_N。利用式（7-3），能够得到阻断电压、掺杂浓度与 W_N的函数关系。为了获得这些基本特性，首先假定临界击穿电场与掺杂浓度无关，即设其为一个已知常数。在这种条件下，式（7-3）表明阻断电压与掺杂浓度成反比，即当掺杂浓度降低一半，阻断电压增加一倍。然而，当掺杂浓度降低一半时，从式（7-2）可知，耗尽层宽度 x_{DB}也会增加一倍，最终 x_{DB}延伸至 W_N，此时简化模型需要进行修正。如果 n^- 区终止于 n^+ 区，则耗尽区不会延伸进 n^+ 区太深。如图7-2所示，电场分布将从三角形分布向梯形分布转变。当进一步降低掺杂浓度时，梯形分布的电场将近似为一个高为 E_C、宽为 W_N的矩形，因此阻断电压将变为

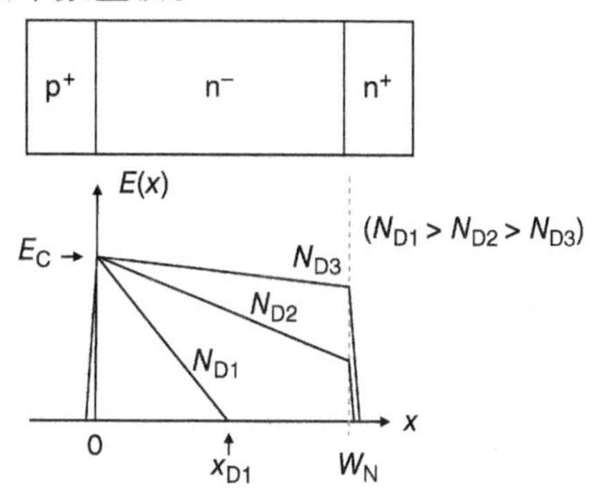

图7-2　不同掺杂浓度条件下 $p^+/n^-/n^+$二极管击穿时电场分布图。随着 n^- 区掺杂浓度降低，耗尽区展宽并最终延伸至 n^+ 区，因此电场分布逐渐变成梯形形状

$$V_{B,MAX} = E_C W_N \tag{7-4}$$

图7-3为 V_B与几个固定 W_N条件下掺杂浓度的关系曲线图，这些曲线通过碰撞电离率积分得到（在10.1节进行讨论），这些曲线还考虑了 E_C随着掺杂浓度变化的情况。对于一个固定大小的 W_N，通过减少掺杂浓度可以获得尽可能高的阻断电压，但是会对导通损耗造成不利影响，具体原因如下。

对于一个单极型器件，电流大小仅取决于多数载流子，这种情况下分析相对简单。假设 pn 结上压降对开态功率损耗的贡献忽略不计，则器件单位面积条件下的导通损耗可表示为

$$P_{ON} = R_{ON,SP} J_{ON}^2 \tag{7-5}$$

式中，J_{ON}是导通时的电流密度；$R_{ON,SP}$是比导通电阻，定义为电阻与面积的乘积，单位为 $\Omega \cdot cm^2$。对于 p^+/n^- 单边突变结，导通电阻 $R_{ON,SP}$主要来自轻掺杂 n^- 区的

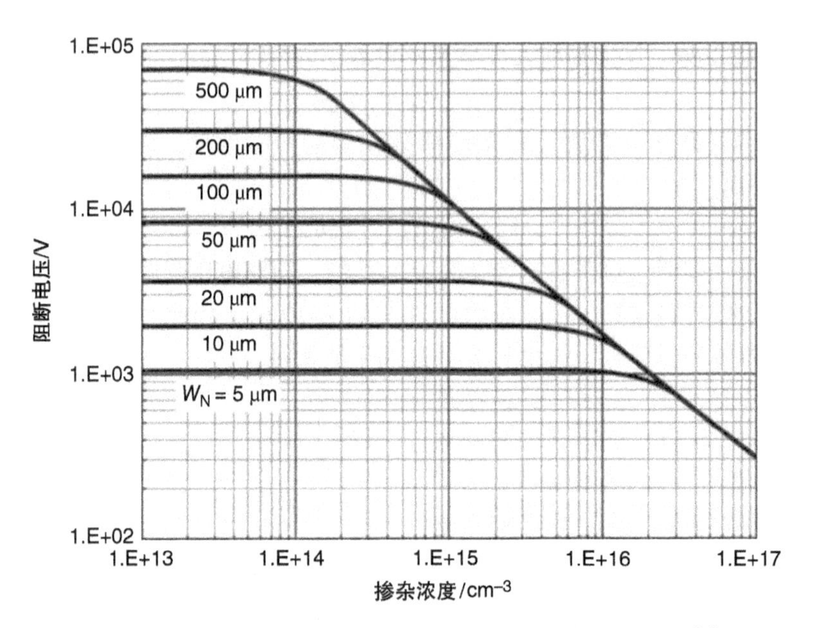

图 7-3 不同掺杂浓度、不同外延层厚度条件下的阻断电压[1]
（由 IEEE 授权转载）

电阻，因此可以表示为

$$R_{ON,SP}=\rho W_N=W_N/(q\mu_N N_D^+) \tag{7-6}$$

式中，ρ 是电阻率，μ_N是电流方向上的电子迁移率，N_D^+ 是 n^- 区电离的杂质浓度。显然，通过减小 N_D来最大化阻断电压的方法会增大器件的比导通电阻和导通损耗。作为设计者，如何选择材料结构参数来达到最优化？答案就是获得最大的单极型功率器件的优值系数（FOM）。

7.1.2 单极型功率器件优值系数

对于所有功率器件而言，优值系数是阻断电压和导通电流的乘积，所有理想开关器件都应该使这两者达到最大。因此 FOM 可以表示为

$$\mathrm{FOM}=I_{ON}V_B=AJ_{ON}V_B \tag{7-7}$$

式中，A 是器件的面积，J_{ON}是导通电流密度，最大允许功率损耗 P_{MAX}由封装的热容量、热沉温度和器件最大允许结温决定。对于一个单极型器件，主要功率损耗为导通损耗 P_{ON}。在这种情况下，最大 J_{ON}由式（7-5）得到

$$J_{ON}=\sqrt{P_{MAX}/R_{ON,SP}} \tag{7-8}$$

因此 FOM 可以表示成

$$\mathrm{FOM}=A\sqrt{P_{MAX}(V_B^2/R_{ON,SP})} \tag{7-9}$$

在 FOM 表达式中有三个因子：器件面积 A 受材料质量和工艺制造技术所限制；最大功率损耗 P_{MAX}受封装的热容量和器件最大结温限制，使用更低热阻的封装将

增加 FOM；$V_B^2/R_{ON,SP}$反映了单极型器件的 FOM，设计者的目标就是最大化这个比值。

单极型器件 FOM 值可以通过以下公式获得。从式（7-3），可以得到

$$N_D = (\varepsilon_s E_C^2)/(2qV_B) \tag{7-10}$$

假定一个如图 7-1 所示的非穿通型结构，电场分布为三角形。为了最小化导通电阻，需要减小 n^- 区厚度 W_N 使其与 x_{DB} 相等。在这种情况下，式（7-1）可表示为

$$W_N = 2V_B/E_C \tag{7-11}$$

将式（7-10）和式（7-11）代入式（7-6），并且假定施主杂质完全电离，从而得到

$$R_{ON,SP} = (4V_B^2)/(\mu_N \varepsilon_s E_C^3) \tag{7-12}$$

式（7-12）表明，一个最优化设计的非穿通型单极型器件的导通电阻与阻断电压的2次方成正比，与临界击穿电场的3次方成反比。由于4H－SiC 材料的临界击穿电场比 Si 材料高 10 倍，因此对于一个给定的阻断电压，SiC 器件导通电阻将比 Si 器件低 1000 倍。这也解释了为什么发展 SiC 基功率器件会有如此大的吸引力（虽然 SiC 中电子迁移率μ_N要低一些，但是实际 $R_{ON,SP}$的减小也接近于 400 倍）。最终，为表示该非穿通型单极型器件的 FOM 值，可将式（7-12）变换为

$$V_B^2/R_{ON,SP} = (\mu_N \varepsilon_s E_C^3)/4 \tag{7-13}$$

式（7-13）表示了一个最优化设计的非穿通型单极型器件的最大 FOM 值（对于穿通型设计，公式右边的 4 将替换为 $(3/2)^3$）。实际制作器件仅能接近这个理论极限，通过实际器件 $V_B^2/R_{ON,SP}$与式（7-13）所给出的理论极限值的比值可以有效反映出设计和工艺的优化程度。值得注意的是，式（7-13）计算的理论 FOM 值取决于基本材料特性，而不是特定器件结构参数。如何得到最优化设计将在 10.2 节详细讨论。

7.1.3 双极型功率器件优值系数

上述讨论为如何最优化单极型器件性能提供了指导方案，但是对于双极型器件，又该如何进行修正呢？对于相同的应用，如何比较单极型器件和双极型器件？在双极型器件中，电流包含多数载流子电流和少数载流子电流。一个最简单的例子便是 $p^+/n^-/n^+$二极管。若 n^- 区掺杂浓度很低，可以将其看作是一个 p^+/本征区/n^+或者简称“pin”二极管。在先前讨论中，假定 n^- 区只有多数载流子参与导电，但是在 pin 二极管中，在 i 区既有从 p^+ 区注入的空穴又有从 n^+ 区注入的电子。在 i 区由于两种载流子的存在，有效地减小了电阻率ρ：

$$\rho = 1/(q\mu_N n + q\mu_P p) \tag{7-14}$$

正如将式（7-14）代入式（7-6）再代入式（7-5）所示，这种“电导调制”可以大大降低导通损耗。然而，在双极型器件中，也必须考虑开关瞬态过程中的功

率损耗。这是因为在器件关断时，存储在轻掺杂区的少数载流子需要被抽走。这个抽走的过程包括复合、漂移和扩散，并且只要载流子密度保持很高，电阻率就会很低。低的电阻率允许了一个较大的反向漏电流通过，直到所有载流子都被抽走。这个反向电流，反过来会导致一个很大的开关瞬态功率损耗。一个典型的定量分析要求包括外部电路中功率损耗的瞬态仿真，但是重点在于功率是在各个开关过程中发生损耗。因此考虑开关过程中内部瞬态功率，或者开关能量 E_{SW}，更为方便。尽管一般而言关断时的能量要比开通时的能量大很多，但是将开通过程与关断过程都考虑在内还是非常重要。开关功率损耗与开关频率 f 成正比：

$$P_{SW}=E_{SW}f \tag{7-15}$$

现在可以进一步推广式（7-7）给出的功率器件 FOM 值。开关能量是导通状态下 n^- 区载流子密度的函数，并且这些密度取决于导通电流 J_{ON}，因此我们可以表示为

$$E_{SW}=E_{OFF}(J_{ON})+E_{ON}(J_{ON}) \tag{7-16}$$

式中，E_{OFF}和 E_{ON}对于导通电流 J_{ON}的精确依赖关系通过计算机瞬态仿真来确定。总的功率损耗是开态损耗、关态损耗和开关损耗之和，因此总的损耗可以表示为

$$P_{TOTAL}=P_{ON}(J_{ON})\delta+P_{OFF}(1-\delta)+E_{SW}(J_{ON})f \tag{7-17}$$

式中，δ 是占空比。在单极型器件中，P_{ON} 由式（7-5）给出，P_{OFF} 一般可以忽略，E_{SW}（J_{ON}）由仿真确定。对于双极型器件，P_{ON} 是 J_{ON} 的一个非线性函数（例如一个 pn 二极管），E_{SW}（J_{ON}）由仿真确定，同样，P_{OFF} 一般被忽略。不论何种器件，在给定的开关频率 f 和占空比 δ 条件下，式（7-17）中 P_{TOTAL} 最大值等于封装功率损耗极限，也决定了 J_{ON} 的最大值。在很低频率下，开关损耗可以被忽略。但是在高频情况下，开关损耗成为主要的损耗。

尽管这种分析对于双极型器件而言比单极型器件要复杂得多，但基本步骤类似。对于一个给定的阻断电压，通过估算双极型器件达到一个给定的阻断电压来决定 P_{ON}、E_{SW} 与 J_{ON} 的相互关系。给定开关频率，就可以通过式（7-17）计算出 P_{TOTAL}（J_{ON}），并且调节 J_{ON} 使得 P_{TOTAL} 等于封装的功率损耗极限。最终得到的电流密度 J_{ON} 就成了 FOM 值；对于相同要求的开关频率以及击穿电压，大电流的器件往往更有优势。这种方法可以用来比较不同双极型器件的性能，或是对相同应用下的双极型器件与单极型器件之间做一个公平的比较。

器件设计的一个关键方面在于其阻断电压能尽可能接近如图 7-3 所示的理论平行平面结的阻断电压。每个实际器件都有边缘，而且在边缘处存在电场集中会显著降低实际器件的阻断电压，从而远低于图 7-3 所示的理论值。这个问题通过各种形式的边缘终端进行优化，也将在 10.1 节进行讨论。

上述内容为一般情况下单极型器件与双极型器件设计与最优化的讨论，现在转向讨论一些特殊器件，首先以肖特基二极管为例。

7.2 肖特基势垒二极管（SBD）

肖特基势垒二极管（SBD）是金属-半导体整流接触，其能带图如图7-4所示。区别肖特基二极管与欧姆接触的主要特点在于金属和掺杂半导体的功函数Φ_M。在肖特基接触中，功函数使得金属的费米能级接近半导体禁带中心处。这产生了一个势垒，阻挡了载流子从金属注入到半导体一侧，因此只有多数载流子从半导体注入到金属，从而形成电流。这确保了电流的单向性并形成了一个整流电流-电压关系。同样地，半导体的掺杂浓度不能太高。如果掺杂浓度过高，半导体一侧耗尽区宽度将非常窄，那么电子便能够在半导体多数载流子能带与金属一侧相同能级水平之间形成隧穿，导致欧姆特性，或非整流特性。

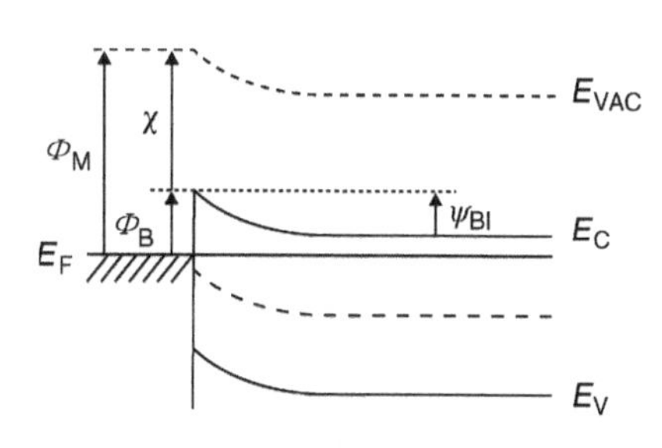

图7-4 n型半导体的肖特基二极管能带图。其中，E_{VAC}是真空能级，Φ_M是金属功函数，χ是半导体电子亲和势，Φ_B是电子的势垒高度，ψ_{BI}是金属-半导体结内建电势

SBD中关于电流的理论在许多教科书中都有论述，在这里不再复述其引用来源。其电流密度可以表示为

$$J = A^* T^2 \exp(-\Phi_B/kT)[\exp(qV_J/kT)-1] \tag{7-18}$$

式中，A^*是该半导体的修正理查森常数，表示为

$$A^* = 4\pi q m_N^* k^2/h^3 \tag{7-19}$$

式中，如图7-4所示，Φ_B是金属-半导体势垒高度，k是玻尔兹曼常数，T是绝对温度，m_N^*（或m_P^*）是多数载流子有效质量，h是普朗克常数，V_J是结上的压降（或者费米能级偏移）。A^*通常由实验决定，对于4H-SiC近似为$145\text{Acm}^{-2}\text{K}^{-2}$[2]。上述式（7-18）方括号内的因子构成了饱和电流，并且电流与势垒高度Φ_B呈指数关系。因此，减小势垒高度会大大增加正向与反向电流。

由于半导体表面电场减小了有效势垒高度，导致肖特基势垒降低效应，因此需要对式（7-18）进行修正。这在高电场情况下尤为重要，特别是当器件处于反偏状态下。有效势垒高度可以表示为：

$$\Phi_B = \Phi_{B0} - q\sqrt{q|E_S/4\pi\varepsilon_S|} \tag{7-20}$$

其中Φ_{B0}是电场为零时的势垒高度，E_S是半导体表面电场，ε_S是半导体介电常数。经过修正，SBD的反向电流不再饱和，而是逐渐增加直至击穿。由于式（7-20）的第二项与势垒高度无关，这个效应在零电场下势垒高度Φ_{B0}越低的情况下越显著。表7-1列出了采用$C-V$法和$I-V$法测量的各种不同金属与4H-SiC接触的势垒高度。

表 7-1　实验测得的 4H-SiC 上金属的零电场下势垒高度 Φ_{B0}

金属	晶面	Φ_{B0}（$C-V$）	Φ_{B0}（$I-V$）	文献
Ni	Si	1.70	1.60	[3]
Ni	Si	—	1.30	[1]
Ni	Si	—	1.4~1.5	[4]
Au	Si	1.80	1.73	[3]
Ti	Si	1.15	1.10	[3]
Ti	Si	—	0.80	[1]
Ni	C	—	1.55	[5]
Au	C	—	1.88	[5]
Ti	C	—	1.20	[5]

肖特基二极管的导通压降由金属-半导体结压降 V_J 加上轻掺杂漂移区和重掺杂衬底的压降组成。对于一个给定的 J_{ON}，V_J 可由式（7-18）得到，而漂移区与衬底的压降如下：

$$(V_{DR}+V_{SUB})=J_{ON}(R_{DR,SP}+R_{SUB,SP}) \tag{7-21}$$

式中，$R_{DR,SP}$ 由式（7-6）给出。图 7-5 所示为 Ni 与 Ti 肖特基二极管测量得到的正向电流-电压特性关于温度的函数[1]。Ti 二极管的势垒高度更低，因此电流更大，并且随着温度增加，与式（7-18）正好相符。由于漂移区电阻的存在，在正向电流很大后，电流出现饱和。这是由于式（7-21）中 V_{DR} 随电流线性增加，同时金属-半导体结压降式（7-18）中 V_J 随电流呈对数增大。在大电流条件下，漂移区上的压降占主要部分，因此电流-电压特性呈线性关系。在这个区域，比导通电阻成为最主要限制因素，因此必须优化比导通电阻。对于给定阻断电压的单极型器件，比导通电阻 $R_{DR,SP}$ 的优化将在 10.2 节进行讨论。

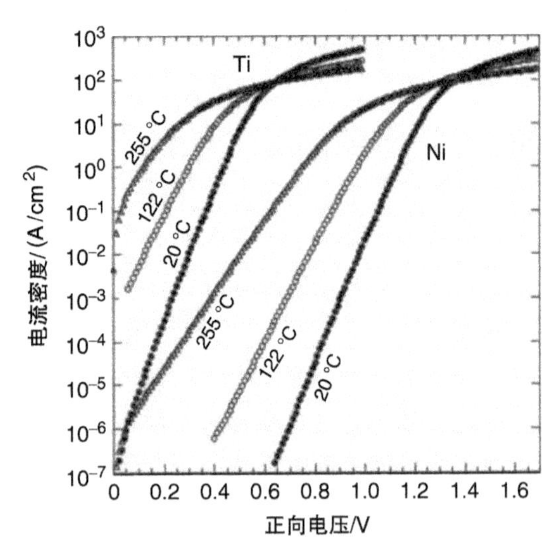

图 7-5　Ni 和 Ti 肖特基二极管温度相关的正向电流-电压关系曲线（[1]经 IEEE 授权转载）。钛二极管势垒高度更低，因此正向导通压降更小；漂移区串联电阻导致电流出现饱和

与 pin 二极管相比，肖特基二极管的一个主要优势在于：给定 J_{ON} 条件下，结

上压降 V_J 更小。粗略地讲，SiC pin 二极管在大电流下的结上压降接近禁带宽度，大约为 3V；而对于肖特基二极管，却是接近于势垒高度，大约仅为 0.5 ~ 1V。图 7-6 展示了在相同 2400V 阻断电压设计要求下，SiC SBD 和 SiC pin 二极管的电流 - 电压特性曲线。SBD 在大电流条件下，曲线出现的弯曲现象在于轻掺杂漂移区的电阻。对于 pin 二极管而言，由于电导调制效应，漂移区电阻将大大降低，这也将在下一节进行讨论。从图中可以看到，在电流低于 $1000A/cm^2$ 下，SBD 具有更低的导通压降。因此在给定电流下，其导通损耗更低。

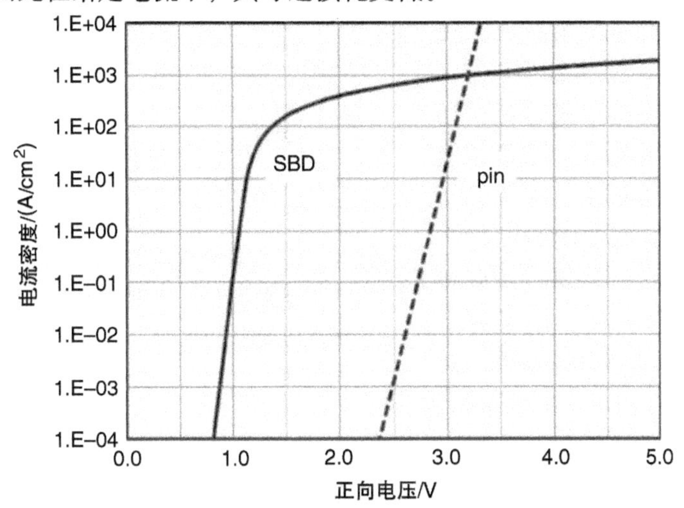

图 7-6　2400V 平行平面结阻断电压设计下，SiC SBD 和 SiC pin 二极管的电流 - 电压特性曲线。SBD 的 $I-V$ 特性由式（7-18）、式（7-21）、$R_{DR,SP}=2m\Omega\cdot cm^2$ 且 Ni 接触条件下得到，pin 二极管的 $I-V$ 特性由式（7-51）、式（7-57）~ 式(7-59) 计算得到

SBD 对比于 pin 二极管的最大优势在于没有少数载流子的注入，因此具有高的关断速度以及低的开关损耗 E_{SW}，这也是使用肖特基二极管的最主要原因。由于这个优势的存在，如今在一些开关损耗问题显著的高频应用，如功率开关电源，SiC SBD 被用来替代 Si pin 二极管。图 7-7 所示为 Si pin 二极管和 Ni/4H - SiC 肖特基二极管在 150°C 下由 Si IGBT（绝缘栅双极型晶体管）[6] 驱动的感性负载测试电路下的反向恢复特性。肖

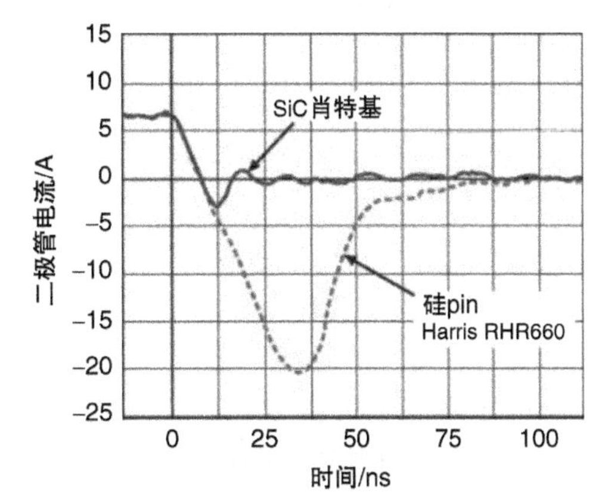

图 7-7　Ni/4H - SiC SBD 和 Si pin 二极管（Harris RHR660）150℃下反向恢复特性[6]（经 IEEE 授权转载）。在 300V 电源电压下正向电流为 6A，dI/dt 为 $1000A/\mu s$。肖特基二极管的恢复过程几乎无过冲现象

特基二极管的恢复过程非常短，得益于其存储的电荷很少。

SBD 开关损耗非常小，但是同时会产生较大的反向漏电流，导致一个难以忽略的关态损耗，因此这两者需要进行折中。肖特基二极管反向漏电流的形成源自从金属到半导体的热载流子发射，并且由于势垒降低效应会更加严重。图 7-8 所示为 4H－SiC 上 Ni 和 Ti 肖特基二极管在不同温度下的反向电流。对于 Ti 二极管，其反向电流更大，因其势垒高度 Φ_{B0} 更低，电流随温度的升高而增加，与式（7-18）正好相符。相比之下，pin 二极管的反向漏电流的形成源自热激发，对于宽禁带的 SiC 而言，该电流非常小。

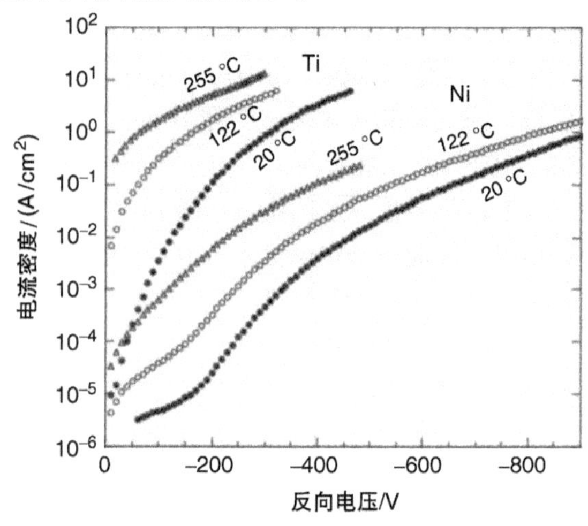

图 7-8　Ni 和 Ti 肖特基二极管关于温度的反向电流－电压关系曲线[1]（经 IEEE 授权转载）。Ti 二极管更大的反向电流是因为其具有更低的势垒高度 Φ_{B0}

将所有这些因素都考虑进去，SiC SBD 与 pin 二极管性能上可以进行如下比较：首先，选定一个阻断电压 V_B，设计均能达到这个特定 V_B 的 SBD 与 pin 二极管。然后根据导通电流密度 J_{ON} 的函数关系计算导通损耗 P_{ON}。接下来根据 J_{ON} 的函数关系通过计算机仿真计算出开关损耗 E_{SW}。再利用式（7-17）计算每个频率下总功率损耗达到特定封装热耗散限制时（例如 $300W/cm^2$）的最大电流密度 J_{ON}。在任意给定开关损耗及阻断电压下，具有更高电流密度的器件更为优选。利用这种步骤，可以构造出 SiC SBD 和 SiC pin 二极管在同等功率耗散下阻断电压和开关频率的函数图。图 7-9 比较了不同封装热损耗极限下的 4H－SiC 肖特二极管和 pin 二极管[7]，图中假定一个 50% 占空比和一个 50% 阻断电压额定值降低系数。在曲线

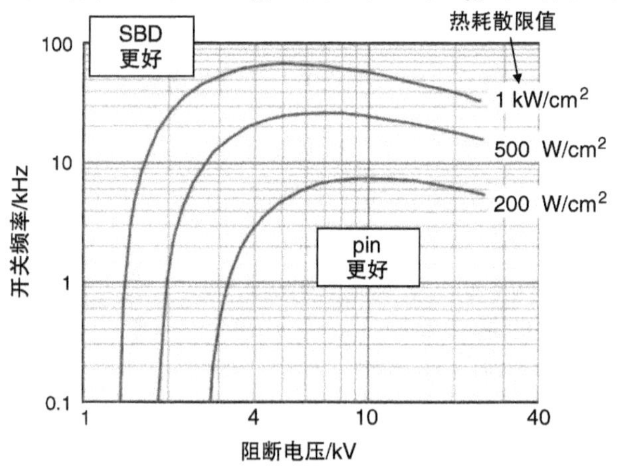

图 7-9　同等功率耗散下 SiC 肖特基二极管及 pin 二极管的阻断电压和开关频率函数图[7]（经 IEEE 授权转载）。对于曲线左上方区域，肖特基二极管具有更好的电流密度，所以此种条件下更有优势。在曲线右下方，pin 二极管性能更优

上方区域，SBD 在达到特定阻断电压和开关频率时比 pin 二极管具有更高的 J_{ON}，因此此时器件更优。SBD 在低阻断电压、高开关频率时更有优势，而 pin 二极管在高阻断电压、低开关频率条件下更优。对于 200W/cm^2 的封装热限制，当开关频率在 8kHz 左右时，SBD 在任何阻断电压条件下都优于 pin 二极管。

“如果说 SBD 比起 pin 二极管在高开关频率条件下更为优秀，为什么不单单使用 Si SBD 就行了呢?”由于 Si SBD 存在很大的反向漏电流，这就表明 Si SBD 不适用于高压应用。SiC SBD 凭借 SiC 材料更高的势垒高度，在反向漏电流方面比 Si SBD 具有更重要的优势。在 4H - SiC 中，Φ_{B0} 理论上可以达到禁带宽度的一半，即 1.6V，而 Si 的 Φ_{B0} 却不超过 0.56V。由于反向漏电流与 Φ_{B0} 呈指数关系，在室温下，SiC 中额外 1V 的势垒高度能够减小 17 个数量级的反向漏电流。而势垒高度的限制决定了 Si SBD 只能应用于阻断电压比较低的情况。

7.3 pn 与 pin 结型二极管

pn 和 pin 二极管是结型二极管，其掺杂浓度及能带图如图 7-10 所示。pn 二极管理论在基础半导体器件教材中均有讲述，其公式在这里不再给出引用来源。由于它们在功率开关应用中的重要性，这里将重点讨论 pin 二极管。pin 二极管被用作功率开关，需要一个轻掺杂的厚区域来承受高阻断电压，如图 7-3 所示。作为一个说明性例子，图 7-3 展示了为达到 3.5kV 平面结击穿电压，需要一个 20μm 厚、掺杂浓度低于 $10^{15}cm^{-3}$ 的漂移区。在实践中，我们称这样的轻掺杂区域为“i”区域，尽管它并不是真正的本征区。

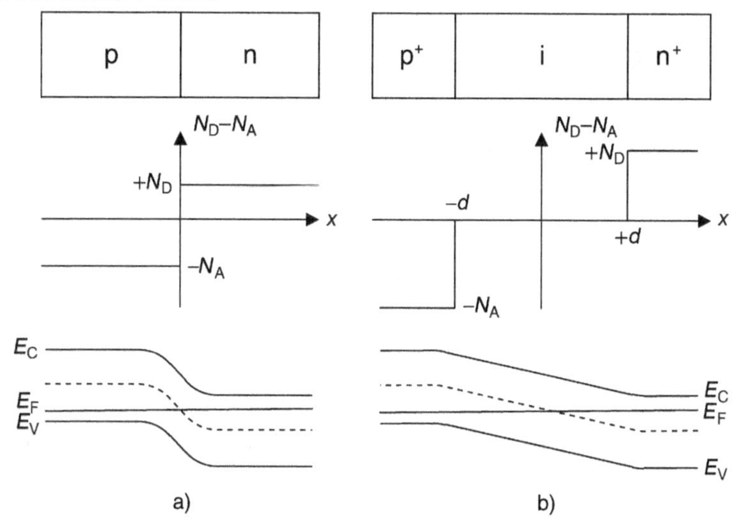

图 7-10 a) pn 二极管及 b) pin 二极管平衡状态下的结构、掺杂分布及能带图

在一个正偏 pn 二极管中，外加电压降低了 n 区对于电子与 p 区对于空穴的势垒高度。因此，电子从 n 区扩散到 p 区，成为少数载流子；同时空穴从 p 区扩散到 n 区，也成为少数载流子。电流大小由电子注入 p 区以及空穴注入 n 区后，少数载流子在结处的扩散速率决定。假定少数载流子密度比多数载流子密度小（小注入），其扩散速率能通过求解单独的 n、p 中性区少数载流子扩散方程得到。电子与空穴的浓度可以分别表示为其平衡与非平衡载流子浓度之和：

$$n = n_0 + \Delta n \tag{7-22}$$

$$p = p_0 + \Delta p$$

式中，n、p 是总的载流子浓度，n_0、p_0是平衡载流子浓度，Δn_0、Δp_0是过剩载流子浓度，即非平衡载流子浓度。少数载流子一维扩散方程可以表示为

$$\frac{\partial \Delta n}{\partial t} = D_{\mathrm{N}} \frac{\partial^2 \Delta n}{\partial x^2} - \frac{\Delta n}{\tau_{\mathrm{N}}} + G_{\mathrm{L}} \quad \text{p 型材料}$$

$$\frac{\partial \Delta p}{\partial t} = D_{\mathrm{P}} \frac{\partial^2 \Delta p}{\partial x^2} - \frac{\Delta p}{\tau_{\mathrm{P}}} + G_{\mathrm{L}} \quad \text{n 型材料} \tag{7-23}$$

式中，D_{N}、D_{P} 是电子与空穴的扩散系数，τ_{N}、τ_{P} 是电子与空穴作为少数载流子的寿命，G_{L}是样品在光照下的产生率。右边第一项是扩散作用的载流子浓度变化率，第二项是复合/产生变化率，第三项是光生作用变化率。在稳定状态，公式左边关于时间的导数为零，则一般表达式为

$$\Delta n(x) = A_1 \exp(x/L_{\mathrm{N}}) + A_2 \exp(-x/L_{\mathrm{N}}) + \tau_{\mathrm{N}} G_{\mathrm{L}}, L_{\mathrm{N}} = \sqrt{D_{\mathrm{N}} \tau_{\mathrm{N}}} \tag{7-24}$$

$$\Delta p(x) = B_1 \exp(x/L_{\mathrm{P}}) + B_2 \exp(-x/L_{\mathrm{P}}) + \tau_{\mathrm{P}} G_{\mathrm{L}}, L_{\mathrm{P}} = \sqrt{D_{\mathrm{P}} \tau_{\mathrm{P}}}$$

式中，L_{N}、L_{P} 定义为少数载流子扩散长度。系数 A_1、A_2 和 B_1、B_2 由边界条件确定，耗尽区内 pn 乘积可以表示为

$$pn = n_{\mathrm{i}}^2 \exp(qV_{\mathrm{J}}/kT) \tag{7-25}$$

式中，n_{i}是本征载流子浓度，V_{J}为外加电压，或者等价地说是准费米能级在结处的分离量。少数载流子扩散方程的解遵从零光照下（$G_{\mathrm{L}}=0$）的边界条件，即 Shockley 方程：

$$J = qn_{\mathrm{i}}^2 \left(\frac{D_{\mathrm{N}}}{L_{\mathrm{N}} N_{\mathrm{A}}^-} + \frac{D_{\mathrm{P}}}{L_{\mathrm{P}} N_{\mathrm{D}}^+} \right) [\exp(qV_{\mathrm{J}}/kT) - 1] \tag{7-26}$$

式中，N_{A}^- 和 N_{D}^+ 分别是 pn 结 p 侧与 n 侧电离杂质浓度。在 4H－SiC 中，p 型掺杂具有相对较高的电离能，并且在室温下并非完全电离。n 型掺杂为浅能级，在室温下几乎 100% 电离。4H－SiC 中的非完全电离现象将在附录 A 中更全面地讨论。式（7-26）中的扩散长度由下式得到

$$L_{\mathrm{N,P}} = \sqrt{D_{\mathrm{N,P}} \tau_{\mathrm{N,P}}} \tag{7-27}$$

式中，$\tau_{\mathrm{N,P}}$是少子寿命。假定小注入、正向压降不是很大的情况下，从式（7-26）可以得到正偏和反偏条件下的扩散电流大小。理论上需要考虑耗尽区中的产生－复

合电流，但是这一项仅在低电流下比较重要，在此可以忽略。

类似的，在 pin 二极管中，正向电流由从 n^+ 区流入“i”区的电子与从 p^+ 区流入“i”区的空穴组成。然而此处与 pn 二极管就不再类似，因为“i”区的少数载流子密度将很快增加到掺杂浓度，引起大注入效应，导致少数载流子扩散方程不再适用。幸运的是，通过一些简单假设，仍然可以得到与少数载流子扩散方程等价的大注入方程，也就是双极扩散方程。这个方程在“i”区中适用于求解载流子浓度、静电势以及电流。这个公式的建立过程简单明确，如果读者对公式最终形式更感兴趣的话可以直接跳到式（7-39）。

7.3.1 大注入与双极扩散方程

假定掺杂是均匀的并且电流是一维的，电子和空穴的连续性方程为

$$\frac{\partial \Delta n}{\partial t} = \frac{1}{q}\frac{\partial J_{\mathrm{N}}}{\partial x} + G$$
$$\frac{\partial \Delta p}{\partial t} = -\frac{1}{q}\frac{\partial J_{\mathrm{P}}}{\partial x} + G \tag{7-28}$$

式中，G 是局部电子 - 空穴的净产生率（若 G 为负值，则称为净复合率），J_{N}和 J_{P} 分别为电子和空穴的电流密度，它们的表达式如下所示：

$$J_{\mathrm{N}} = q\mu_{\mathrm{N}} nE + qD_{\mathrm{N}}\frac{\partial \Delta n}{\partial t}$$
$$J_{\mathrm{P}} = q\mu_{\mathrm{P}} pE - qD_{\mathrm{P}}\frac{\partial \Delta p}{\partial t} \tag{7-29}$$

将式（7-29）代入式（7-28）中，得

$$\frac{\partial \Delta n}{\partial t} = \mu_{\mathrm{N}}\frac{\partial}{\partial x}(nE) + D_{\mathrm{N}}\frac{\partial^2 \Delta n}{\partial x^2} + G$$
$$\frac{\partial \Delta p}{\partial t} = -\mu_{\mathrm{P}}\frac{\partial}{\partial x}(pE) + D_{\mathrm{P}}\frac{\partial^2 \Delta p}{\partial x^2} + G \tag{7-30}$$

现假设电中性在每处都成立，那么也就是说，电子和空穴的浓度在每处都大致相等，有 $\Delta n(x) \approx \Delta p(x)$。这就相当于假设电场在各处都是均匀分布。为简便起见，同样假设样品在黑暗处，因此 G 仅由热产生/复合组成。下面分别用（$\mu_{\mathrm{P}} p$）和（$\mu_{\mathrm{N}} n$）乘以式（7-30）中的两个公式，并且使用爱因斯坦关系式：$D_{\mathrm{N,P}} = kT/q\mu_{\mathrm{N,P}}$，便可得到双极扩散方程：

$$\frac{\partial \Delta p}{\partial t} = D_{\mathrm{A}}\frac{\partial^2 \Delta p}{\partial x^2} - \frac{\Delta p}{\tau_{\mathrm{A}}} - \left(\frac{n-p}{n/\mu_{\mathrm{P}} + p/\mu_{\mathrm{N}}}\right)E\frac{\partial \Delta p}{\partial x} \tag{7-31}$$

式中，D_{A}是双极扩散系数，可以表示为

$$D_{\mathrm{A}} = \frac{n+p}{n/\mu_{\mathrm{P}} + p/\mu_{\mathrm{N}}} \tag{7-32}$$

而 τ_{A}则是双极寿命，表示为

$$\tau_A = -\Delta p/G \tag{7-33}$$

之前假定 $\Delta n = \Delta p$，因此式（7-31）对 Δn 同样适用。

若要对一个正向偏压未知的 pin 二极管的 i 区应用式（7-31），假定存在大注入，则过剩载流子的浓度远大于平衡载流子浓度。也即，$\Delta n \gg n_0$，$\Delta p \gg p_0$。因此，可以设 $n(x) \approx \Delta n(x)$，$p(x) \approx \Delta p(x)$。若仍假设电中性成立，则有 $\Delta n(x) \approx \Delta p(x)$。可得 D_A 的表达式为

$$D_A = \left(\frac{\Delta n + \Delta p}{\Delta n/D_P + \Delta p/D_N}\right) = \frac{2D_N D_P}{D_N + D_P} \tag{7-34}$$

对于禁带中能级 E_T 的产生－复合中心，Shockley－Read－Hall（SRH）热产生/复合率由下式给出：

$$G = \frac{n_i^2 - pn}{\tau_P(n + n_1) + \tau_N(p + p_1)} \tag{7-35}$$

式中，

$$n_1 = n_i \exp[(E_T - E_i)/kT] \tag{7-36}$$

$$p_1 = n_i \exp[(E_i - E_T)/kT]$$

在大注入情况下，式（7-35）可简化为

$$G = \frac{-\Delta p^2}{\tau_P \Delta p + \tau_N \Delta p} = -\frac{\Delta p}{\tau_P + \tau_N} = -\frac{\Delta p}{\tau_A} \tag{7-37}$$

式中，原本由式（7-33）所定义的双极寿命可以改写为

$$\tau_A = \tau_N + \tau_P \tag{7-38}$$

而原本由式（7-31）所给出的双极扩散方程现可写作

$$\frac{\partial \Delta p}{\partial t} = D_A \frac{\partial^2 \Delta p}{\partial x^2} - \frac{\Delta p}{\tau_A} \tag{7-39}$$

式（7-39）与小注入情形下少数载流子扩散方程的形式相同，式（7-23）中的系数 D_N、D_P 被 D_A 所代换，系数 τ_N、τ_P 被 τ_A 所代换，G_L 值为 0。其中，D_A 和 τ_A 是常数，它们可分别由式（7-34）和（7-38）计算得到。

7.3.2 “i”区中的载流子浓度

上一小节已经得到大注入情形下描述 pin 二极管中 i 区的双极扩散方程，现在则希望能够在一定边界条件下求解出式（7-39）。图 7-11 对此种情形进行了说明，图中也定义了 x 轴方向。假定稳态情况，则有 $\partial \Delta p / \partial t = 0$，式（7-39）的通解表示为

$$\Delta n(x) = \Delta p(x) = C_1 \sinh(x/L_A) + C_2 \cosh(x/L_A) \tag{7-40}$$

式中，L_A 是双极扩散长度，其表达式为

$$L_A = \sqrt{D_A \tau_A} \tag{7-41}$$

并且，C_1 和 C_2 是由边界条件所确定的常数。式（7-40）以及下面推导的很多方程

都用到了双曲函数。这些函数是两个指数项的和或差的简略表示。双曲函数的性质以及一些包含了双曲函数的恒等式均可在附录B中找到。式（7-40）是直接带入式（7-39）获得的一个解。现在假设边界 $x=\pm d$ 处的单位注入效率为1，则 $J_N(-d)=J_P(+d)=0$。注意到这一点，就可以设 $J_{TOTAL}=J_N(+d)=J_P(-d)$。值得注意的是，在稳态下，$J_{TOTAL}$在整个i区中都是均匀分布的。

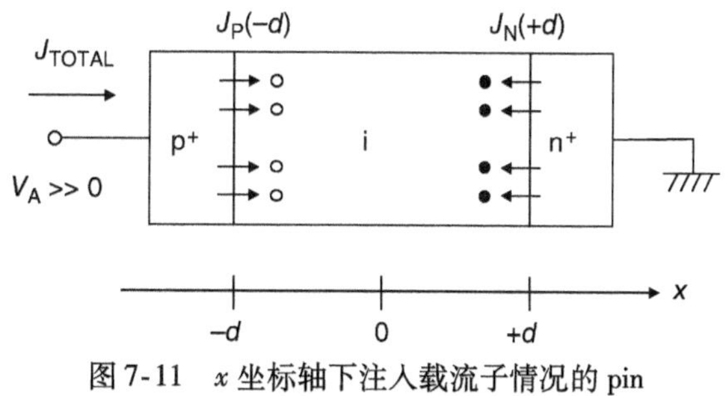

图7-11 x坐标轴下注入载流子情况的pin二极管结构示意图

为了建立 $x=\pm d$ 处的边界条件，我们注意到

$$J_N(+d)=J_{TOTAL}=q\mu_N n(d)E(d)+qD_N\frac{\partial n}{\partial x}\bigg|_{x=d}$$
$$J_P(+d)=0=q\mu_P p(d)E(d)-qD_P\frac{\partial p}{\partial x}\bigg|_{x=d} \tag{7-42}$$

利用i区电中性条件下的等式 $n(x)\approx p(x)$，可求解出在 $x=\pm d$ 处关于电场的第二个方程：

$$E(d)=\frac{kT}{q}\frac{1}{n(d)}\frac{\partial n}{\partial x}\bigg|_{x=d} \tag{7-43}$$

将式（7-43）代入式（7-42）中，并且解出 $x=+d$ 时的$\partial n/\partial x$，由此得到 $x=+d$ 处的边界条件：

$$\frac{\partial n}{\partial x}\bigg|_{x=d}=\frac{J_{TOTAL}}{2qD_N} \tag{7-44}$$

在 $x=-d$ 处使用同样方法，得到第二个边界条件：

$$\frac{\partial n}{\partial x}\bigg|_{x=-d}=-\frac{J_{TOTAL}}{2qD_P} \tag{7-45}$$

回到式（7-40）的通解表达式，应用式（7-44）和式（7-45）边界条件消掉常数 C_1和 C_2，经过一些代数推导可得

$$\Delta n(x)=\Delta p(x)=\frac{\tau_A J_{TOTAL}}{2qL_A}\left[\frac{\cosh(x/L_A)}{\sinh(d/L_A)}-B\frac{\sinh(x/L_A)}{\cosh(d/L_A)}\right] \tag{7-46}$$

式中，

$$B=\frac{\mu_N-\mu_P}{\mu_N+\mu_P} \tag{7-47}$$

式（7-47）显示出电子和空穴迁移率的不对称。图7-12描述了不同迁移率比 $b=\mu_N/\mu_P$（电子与空穴迁移率比值）下对式（7-46）中前因子归一化后的i区中载流子浓度。当$\mu_N\neq\mu_P$时，由于式（7-46）括号中第二项的存在，载流子浓度分

布变得不再均匀。

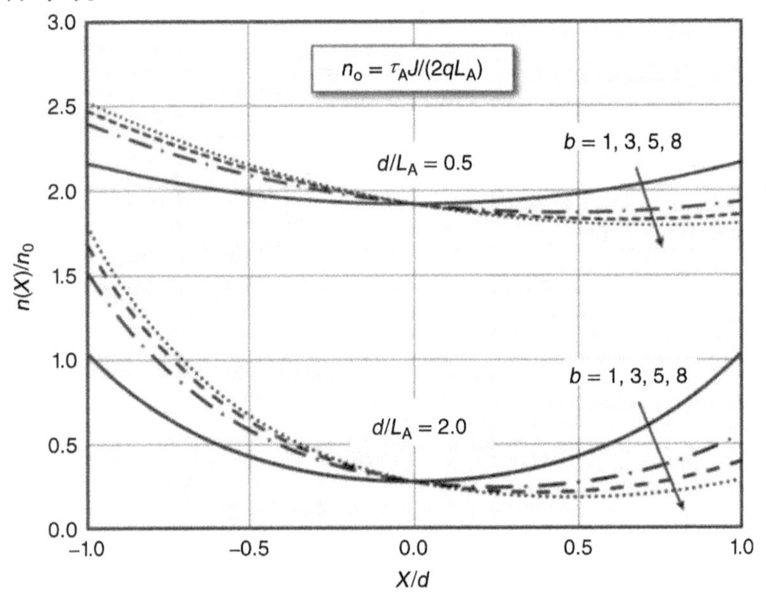

图 7-12　d/L_A 分别等于 0.5 和 2 时，pin 二极管 i 区非平衡载流子浓度 $\Delta n(x) \approx \Delta p(x)$ 与迁移率比 $b=\mu_N/\mu_P$ 的函数关系。在 4H-SiC 中，$b \approx 7.5$

7.3.3　"i" 区的电势下降

前面以电流方程的形式解决了 i 区载流子浓度的问题，现在希望知道 i 区上总的静电势降 $\Delta\psi_i$。首先要解得 i 区的电场 $E(x)$。现将电流方程式（7-29）改写成如下形式：

$$J_N(x) = q\mu_N\left(nE + \frac{kT}{q}\frac{\partial n}{\partial x}\right)$$
$$J_P(x) = q\mu_P\left(nE - \frac{kT}{q}\frac{\partial n}{\partial x}\right) \tag{7-48}$$

将上面两式相加，得到总电流密度：

$$J_{TOTAL} = qn(\mu_N + \mu_P)E + kT(\mu_N - \mu_P)\frac{\partial n}{\partial x} \tag{7-49}$$

求解式（7-49）得到电场 $E(x)$：

$$E(x) = \frac{J_{TOTAL}}{q(\mu_N + \mu_P)n} - \frac{kT}{q}B\frac{1}{n}\frac{\partial n}{\partial x} \tag{7-50}$$

式（7-50）中的第一项，代表了由于 i 区载流子浓度 $n(x) \approx p(x)$ 而产生的电阻所导致的欧姆压降；而第二项则代表了由于电子和空穴迁移率不相等所造成的不对称。注意到在式（7-46）的表达式中，$n(x) \approx \Delta n(x)$ 是与电流 J_{TOTAL} 成正比。只要大注入占主导，电场 $E(x)$ 就与电流密度无关。这一点十分重要，因为它表明了在大注入条件下，i 区的压降与电流密度无关。将式（7-50）从 $x=-d$ 到 $x=+d$进行积分，即可得到 i 区总的电势。将式（7-46）代入式（7-50）中进行积分，就得到了所期望的结果：

$$\Delta\Psi_{\mathrm{i}}=\frac{kT}{q}\left\{\frac{8b}{(b+1)^2}\frac{\sinh(d/L_{\mathrm{A}})}{\sqrt{1-B^2\tanh^2(d/L_{\mathrm{A}})}}\right.\times\arctan\left[\sqrt{1-B^2\tanh^2(d/L_{\mathrm{A}})}\sinh(d/L_{\mathrm{A}})\right]\left.+B\ln\left[\frac{1+B\tanh^2(d/L_{\mathrm{A}})}{1-B\tanh^2(d/L_{\mathrm{A}})}\right]\right\}\tag{7-51}$$

用 Ψ 来表示静电势（或者能带能级），用 V 来表示电压（电化学势能，即费米能级）。式（7-51）看上去复杂冗长，不便使用，但它却只与器件参数和材料常数有关，并且与电流无关。图 7-13 给出了不同电子和空穴迁移率比 $b=\mu_{\mathrm{N}}/\mu_{\mathrm{P}}$下式（7-51）所示的静电势。对于轻掺杂 4H－SiC 来说，$b\approx7.5$。

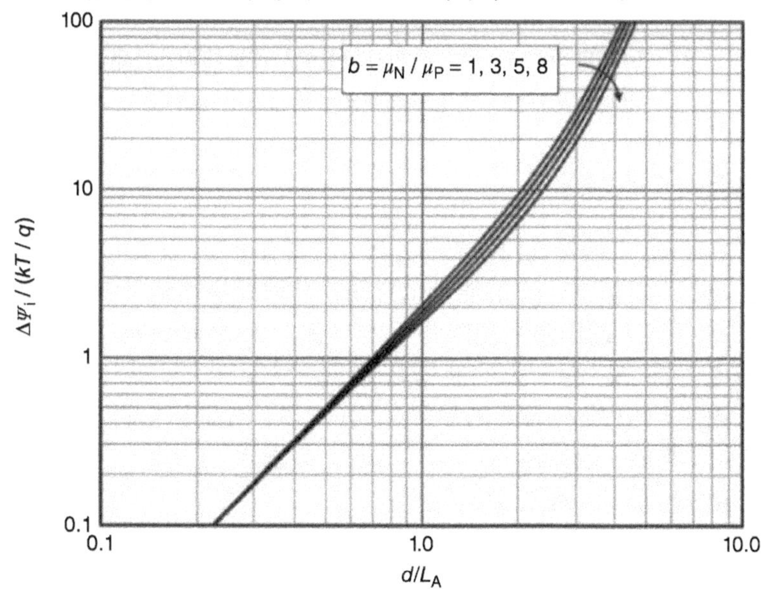

图 7-13　不同 b 值下，$\Delta\Psi_{\mathrm{i}}$ 与 d/L_{A} 的函数关系图。在 4H－SiC 中，$b\approx7.5$

当 $d/L_{\mathrm{A}}=2$ 时，外加电场和静电势与位置的函数关系如图 7-14 所示，其中用到了式（7-50）以及室温下轻掺杂 4H－SiC 的典型材料参数。图中 $E(x)$不对称分布是由电子和空穴的迁移率不同所造成的。在大注入条件下，i 区的电场与电流无关，并且它的量级很小（≤26V/cm）。但是该电场仍然是个正值，这就表明在电场作用下，电子会向 p^+ 区运动，空穴则向着 n^+ 区运动，这与小注入情形下的电场极性正好相反。i 区的总电势大约是 172mV，这一点可利用式（7-51）来证明。

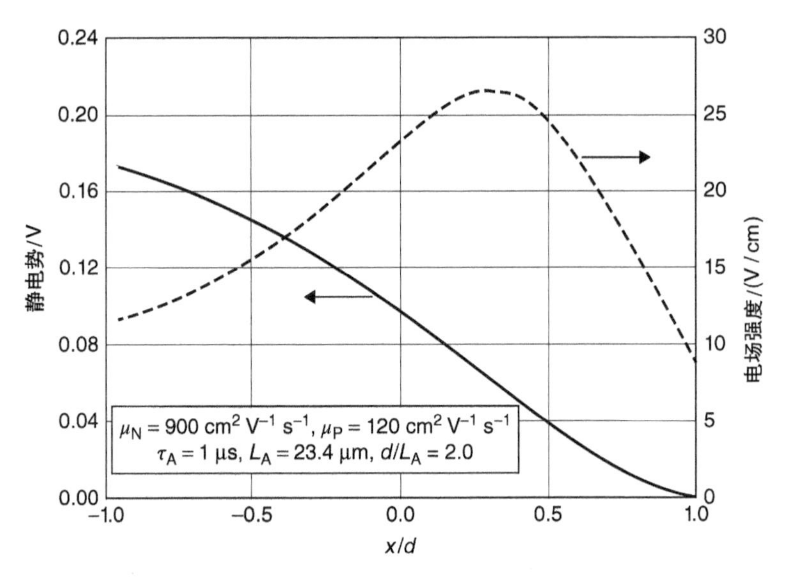

图 7-14　当 $d/L_A = 2$ 时，电场及静电势与位置的相互关系图。电场不对称分布由电子和空穴的迁移率不同所造成

7.3.4　电流-电压关系

为了完善对 pin 二极管正向电流的分析，需要在 p^+/i 以及 n^+/i 这两个结的电势降上加上 $\Delta\psi_i$。参考图 7-15 的能带示意图，来辅助描述整个结构中电子和空穴的准费米能级。i 区上的压降是左侧的 F_P与右侧的 F_N之间的差。式（7-51）所给出的 i 区静电势降 $\Delta\psi_i$ 为 i 区的能带弯曲量。设 $x = -d$ 处 F_P 与 E_i 的差值为 $V_P(-d)$，设 $x = +d$ 处 F_N与 E_i的差值为 $V_N(+d)$，分别称它们为空穴的化学势能以及电子的化学势能。通过将 $V_P(-d)$、$\Delta\psi_i$，以及 $V_N(+d)$ 这三者求和可得到总的压降。首先注意到，对于 p^+/i 结，

$$p(-d) = n_i \exp[qV_P(d)/kT] \tag{7-52}$$

由此推出

$$V_P(-d) = \frac{kT}{q}\ln\left[\frac{n(-d)}{n_i}\right] \tag{7-53}$$

类似地，在 n^+/i 结可得

$$V_N(+d) = \frac{kT}{q}\ln\left[\frac{n(+d)}{n_i}\right] \tag{7-54}$$

显然，

$$V_P(-d) + V_N(+d) = \frac{kT}{q}\ln\left[\frac{n(-d)n(+d)}{n_i^2}\right] \tag{7-55}$$

式中，$n(-d)$和 $n(+d)$均可由式（7-46）得到。在平衡状态下，式（7-55）代表了结的内建电势。重排式（7-55）可得

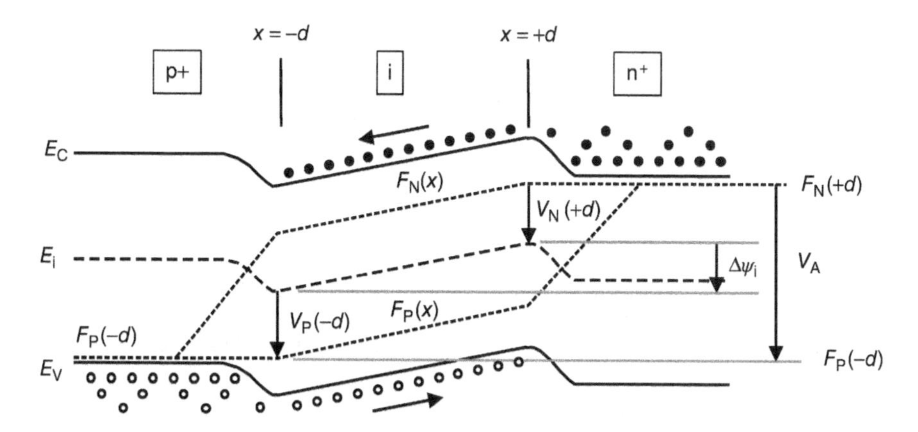

图7-15 正偏下 pin 二极管的能带图。i 区中的电场为正，从而使得电子向 p^+ 区移动，空穴向 n^+ 区移动。外加电压 V_A 是 $V_P(-d)$、$\Delta\psi_i$，以及 $V_N(+d)$ 这三者之和

$$n(-d)n(+d)=n_i^2\exp[q(V_A-\Delta\psi_i)/kT] \tag{7-56}$$

式中，V_A为外部施加电压，且已知$(V_A-\Delta\psi_i)=V_P(-d)+V_N(+d)$。从式（7-46）中可得$n(-d)$和 $n(+d)$的表达式，将其代入式（7-56）中，可以发现，式（7-56）中左侧正比于$J_{TOTAL}{}^2$。开平方后可解得J_{TOTAL}的表达式为

$$J_{TOTAL}=J_0\exp(qV_A/2kT) \tag{7-57}$$

式中，J_0的表达式为

$$J_0=\left(2qn_i\frac{L_A}{\tau_A}\theta\right)\exp(-q\Delta\Psi_i/2kT) \tag{7-58}$$

θ 的表达式为

$$\theta=\{[\coth(d/L_A)+B\tanh(d/L_A)][\coth(d/L_A)-B\tanh(d/L_A)]\}^{-1/2} \tag{7-59}$$

对式（7-59）进行求值将得到一个只与器件参数和材料参数有关的常数。同样的，对J_0求值也可得到一常数。其中，$\Delta\psi_i$由式（7-51）得到。电流－电压关系式将由式（7-57）给出（但必须加上衬底上的压降）。注意到式（7-57）中的指数因子为2，这是在大注入条件下的典型导通状况。

图7-16 显示了在总电流密度 $50A/cm^2$且 $d/L_A=2$ 条件下，电子电流、空穴电流和总电流与位置的函数关系。根据式（7-46）所给出的$n(x)\approx\Delta n(x)\approx p(x)\approx\Delta p(x)$，可利用式（7-48）计算出电子电流密度和空穴电流密度。注意到电子载荷在 i 区/p^+结，$x=-d$，趋于0，所有的电流均由空穴产生。类似地，空穴载荷在 i 区/n^+结，$x=+d$，也趋于0，所有的电流均由电子产生。

上述所有的结果都与器件不同位置处的载流子寿命和迁移率有关。一般说来，载流子寿命随温度增加而增加；载流子迁移率随温度增加而减小。迁移率同样会随掺杂浓度的增加而降低。表9.1 列举了4H－SiC 中电子和空穴迁移率以及载流子寿命与掺杂浓度和温度的经验函数关系。

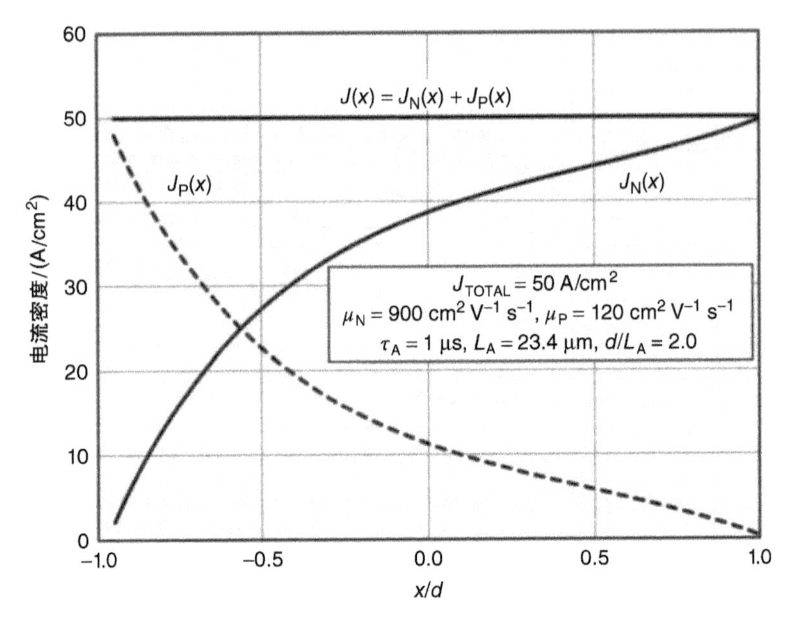

图 7-16 $J_{TOTAL} = 50\text{A/cm}^2$ 且 $d/L_A = 2$ 时，电子电流、空穴电流以及总电流与位置的相互关系。在 i 区/p^+结，所有的电流都由空穴负载，而 i 区/n^+结，所有的电流都由电子负载

7.4 结势垒肖特基（JBS）二极管与混合 pin 肖特基（MPS）二极管

结势垒肖特基（JBS）二极管与混合 pin 肖特基（MPS）二极管都是将 pin 和肖特基二极管结合在一起的结构，这使得它们能够同时具有这两种二极管的优点。如图 7-6 所示，在适当的正向电流下，肖特基二极管拥有比 pin 二极管更低的正向压降。由于 SBD 是一种单极型器件，因此不会有少数载流子电荷的存储过程，它的关断速度很快，这一优点可以在图 7-7 中看到。如图 7-9 所示，上述特性使得 SBD 成为了低于 2 ~ 3kV 阻断电压或高于 8 ~ 10kHz 开关频率条件下的首选器件。但是 SBD 存在一个主要缺点，就是在高反向偏压下由于肖特基势垒下降所导致的相对较大的反向漏电流，如图 7-8 所示。由于二极管两端所施加的反向偏压很高，因此，即便是很小的漏电流都可能导致关态下出现很大的耗散功率。但 pin 二极管就没有此类问题，它们的反向漏电流很小。正是由于以上这些原因，JBS 二极管就被设计成一种正向特性类似于肖特基二极管（为了使开态损耗以及开关损耗降到最低），而反向特性则类似于 pin 二极管（为了使关态损耗降到最低）的器件。MPS 二极管则是在正偏条件下工作于不同的模式。在这里首先讨论 JBS 的工作模式，之后再讨论 MPS 的情况。

图 7-17 给出了 JBS/MPS 二极管的结构图。顶部的金属层与 p^+ 区形成欧姆接

触，而与 n^- 区形成肖特基接触，整个器件就由间隔的肖特基二极管与 pin 二极管并联而成。其中，p^+ 阳极区相互之间间隔足够远，因此它们的耗尽区在零偏或正偏情况下不会相互接触。这样就给位于肖特基接触和衬底之间的 n^- 漂移区留下了导电通道。当外加正向偏压时，肖特基区域会首先导通，如图 7-6 所示。在同样的正向偏压下，SBD 的电流密度比 pin 二极管高了好几个数量级。于是，肖特基区域能有效地将 pin 区域的压降钳位，并且 pin 区域并未导通。因此，实际上正向电流就是由那些从 n^- 漂移区穿过肖特基接触而注入到金属中的电子构成。由于此时 p^+ 区并不会向 n^- 漂移区注入空穴，也就不会有少数载流子电荷的存储，器件的关断速度也就会很快，因此将开关损耗降到了最低。由于没有产生电导调制效应，漂移区电阻就由它的厚度以及掺杂浓度来决定，如图 7-6 所示。这个电阻相对较大，这将会产生压降 V_{DR}，而 V_{DR} 则是大电流下器件总压降中最主要的部分，如图 7-6 所示的 SBD 的特性一样。

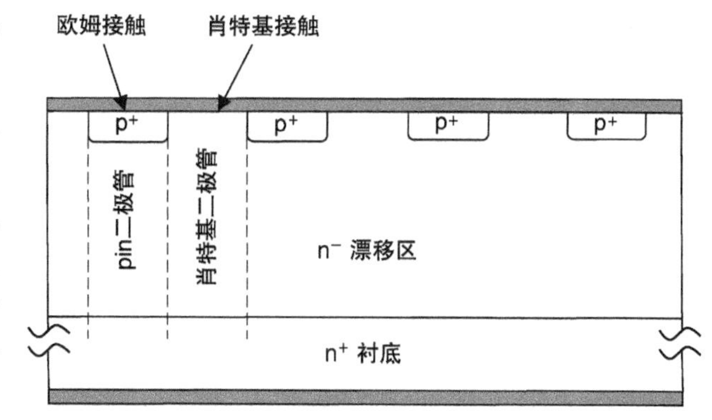

图 7-17 JBS/MPS 二极管结构，它由相互交叉间隔的 pin 和肖特基二极管组成，它们相互并联在一起

在开始进一步的讨论前，应当注意到，区别于前面各节所讨论的肖特基二极管和 pin 二极管，JBS/MPS 二极管是一种横向尺寸可以与漂移区的纵向厚度相比拟（或者说略小些）的间隔（或者说蜂巢状）的集成结构。比较而言，肖特基二极管与 pin 二极管都是大面积器件，器件内部的电流流动以及电场线都可以只考虑一维方向。实际上，图 7-1 和图 7-10 都为一维结构，而且之前的所有分析都是建立在一维的基础上。但 JBS/MPS 二极管是首先被认为一维假设不成立的器件。这一点对于后面各节的功率器件同样适用，包括 JFET（结型场效应晶体管）、MOSFET（金属 - 氧化物 - 半导体场效应晶体管）、BJT（双极结型晶体管）、IGBT，以及晶闸管。类似于 JBS/MPS 二极管，这些器件也有交叉间隔结构，这样的结构往往需要利用计算机仿真来做二维分析。当学习理解这些器件时，将会利用一维近似来做定性的分析，而定量的分析必须要考虑器件内部的二维效应。

牢记以上这些情况，现在要考虑 JBS/MPS 二极管的正向导通情况。图 7-18 描述了正偏情况下 JBS/MPS 二极管的电流流向以及等势线。如图所示，电流在 p^+ 阳极下横向扩散，并且在此区域内的电流毫无疑问是二维的。实际情况下的导通电阻比式（7-6）中所描述的要更大一些，这是因为导电的表面积小于总面积。但是不能直接使用几何的面积比计算，因为电流会在 p^+ 阳极下扩散。实际导通电阻最好由计算机仿真分析来确定，但是可以通过 pin 与肖特基部分的电流只在垂直方向流动，以及各自区域载流子不会横跨图 7-17 中的虚线的假设来做一个定性的理解。

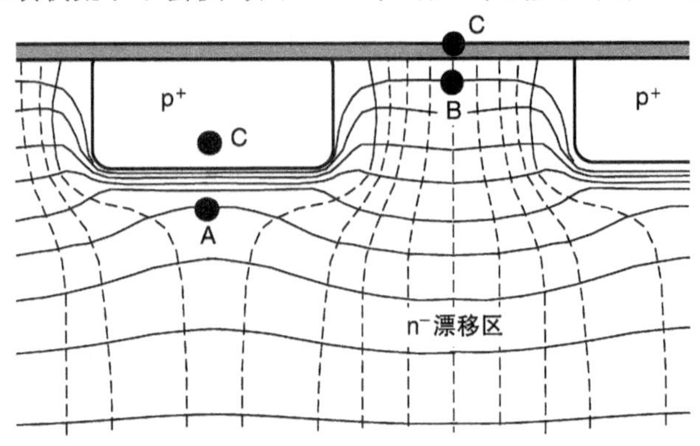

图 7-18　正偏情况下 JBS/MPS 二极管的电流流向（虚线）和等势线（实线）。当电流增加时，A 点和 B 点之间产生电势降，如图所示，使得 p^+二极管开启。值得注意的是，p^+阳极、肖特基金属，以及 C 点，它们是等电势的

在这个假设条件下，假定 pin 区域发生完全的电导调制，并且没有空穴流入肖特基区域，那么对于一个给定的电流密度 J，可以利用式（7-46）、式（7-51）、式（7-53）和式（7-54）联立计算出 pin 二极管的压降。同样地，可以利用式（7-18）计算出肖特基接触处的压降，用式（7-21）来计算 SBD（未被电导调制的）n^-漂移区上的压降。这些压降作为正向电流的函数被标示在图 7-19 中。在 pin 二极管中，电势降 $\Delta\psi_i$与电流无关，并且可以忽略。p^+与 n^+结上的压降 V_P和 V_N几乎相等，并且随 q/kT 对数衰减。而总压降 V_{PiN}是 $\Delta\psi_i$、V_P，以及 V_N这三者之和，并且随 $q/2kT$ 对数衰减。在 SBD 中，肖特基结上的电势降 V_J的斜率为 q/kT，并且在数值上小于 V_P或 V_N。非电导调制漂移区上的压降 V_{DR}与电流是线性关系，这将导致总压降 V_{SBD}（虚线）在电流大于 $100A/cm^2$时偏离 V_J。

如果现在思考图 7-18 中真正的二维 JBS/MPS 结构，假设在 A 点与 B 点之间的 n^-漂移区上没有电势降，则应当注意的是，p^+上的电势降 V_P（C 点到 A 点）与肖特基结上的电势降（C 点到 B 点）相同。这个结论在电流很小时是一定成立的。根据图 7-19，假设 V_P与 V_J相等，则 p^+结上的电流将比肖特基结上的电流小几个数量级。因此只有极少数的空穴会注入到漂移区中，并且电导调制可以忽略。然而，当电流增加时，在 A 点与 B 点之间会产生横向的压降，这一点在图 7-18 中得到了证明。通过等势线可以很明显地发现，A 点电势比 B 点电势更接近衬底电势。因此，p^+结（C 点到 A 点）上的电势降比肖特基结（C 点到 B 点）上的电势降更高。这将导致 p^+结开始向漂移区中注入空穴，并且这些空穴会在漂移区中横向扩散，调制漂移区的电导。整个器件的电流曲线如图 7-19 中的重阴影所示，当电流增大时，p^+结产生的电流占总电流中的比例也增加。

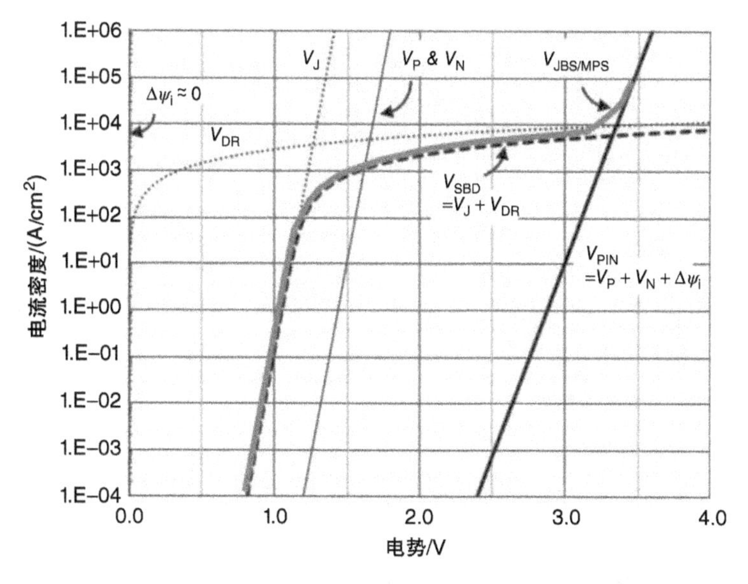

图 7-19 互不关联的 pin 二极管与肖特基二极管的压降与正向电流的关系曲线。这两种二极管均被设计成阻断电压为 2.4kV 的平面结

值得注意的是，图 7-19 中的电势是在忽略器件二维效应的情况下所算得的，数值并不正确。然而，这个描述帮助说明了在真实器件上发生的物理过程。图7-19 是根据阻断电压为2.4kV，电流低于 $1kA/cm^2$，假定大部分载流子都经由 SBD 部分流走，并且漂移区的少子注入可忽略的平面结器件计算而得。在更高的电流下，p^+ 区的横向压降足够大，使得 p^+ 结开启，并将空穴注入漂移区中。这降低了 $R_{ON,SP}$，并且使得器件的电流特性与 pin 二极管的特性相吻合。图 7-19 中交点以下的部分属于 JBS 区域，此处产生的少数载流子电荷存储可忽略；图 7-19 交点以上的部分属于 MPS 区域，此处产生了显著的少子电荷存储。工作在 MPS 限制区域可在大电流密度下降低开态损耗，但存储的少子电荷增加了开关损耗。

JBS 与 MPS 区域的过渡取决于设计的阻断电压，这一点可以作如下理解。如图 7-20 所示，当漂移区还未产生电导调制时，$R_{ON,SP}$与设定的阻断电压的 2 次方成正比。这是由于为了获得更高的阻断电压，漂移区必须做得更厚，掺杂浓度更低，然而这两点都会致使导通电阻增加。对于低阻断电压的二极管，式（7-12）表明 $R_{ON,SP}$很小，因此需要一个大得多的电流才能使得 p^+二极管开启。因此 JBS 与 MPS 区域的交点出现在高电流（例如大于 $1kA/cm^2$）的情况。另一方面，当阻断电压很高时，式（7-12）表明 $R_{ON,SP}$很大，JBS 与 MPS 区域的交点出现在低电流（10 ~ $50A/cm^2$）的情形。正因为如此，低压 JBS/MPS 二极管一般工作在 JBS 区域，而高压 JBS/MPS 二极管工作在 MPS 区域。这一点在图 7-20 中得到了说明，其中还将 1.2kV 与 12kV 的 JBS/MPS 二极管进行了比较。以电流密度 $200A/cm^2$的情况为例，1.2kV 二极管工作在 JBS 区域，而 12kV 二极管则工作在 MPS 区域。

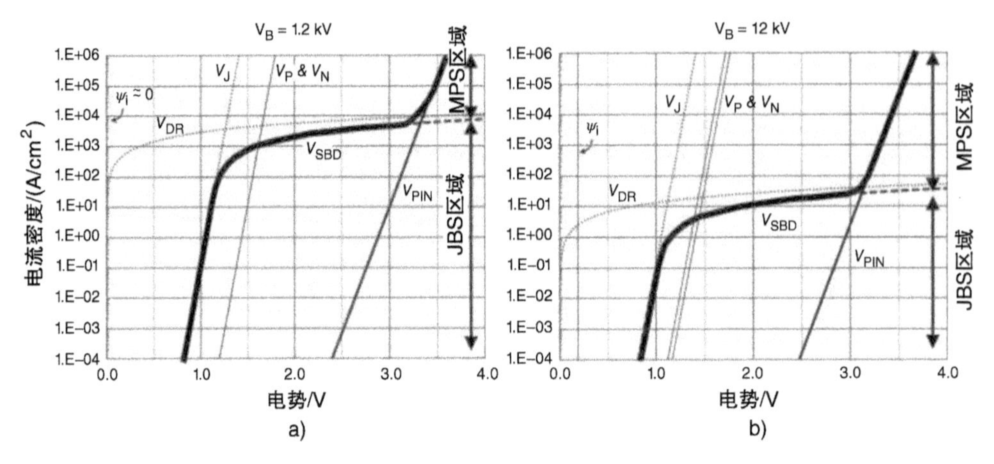

图 7-20 两个不同阻断电压下 JBS/MPS 二极管的电流 - 电压特性
a）阻断电压为 1.2kV b）阻断电压为 12kV

当给 JBS/MPS 结构施加一反向偏压时，p^+ 阳极的耗尽区会迅速被融合在金属 - 半导体接触内，然后向着下方的 n^+ 衬底扩散。如果电场线沿同一方向延伸，电场随深度而线性变化，如图 7-1 或图 7-2 所示。在这种情况下，肖特基接触下的高表面电场将导致势垒高度显著降低，如式（7-20）所示。然而，在 JBS/MPS 结构中，近表面处的电场是二维的，如图 7-21 所示，会有许多电场线终止于 p^+ 阳极。这可以在肖特基接触的情况下减小表面电场，使势垒降低效应最小化，并且使漏电流降至接近于纯 pin 二极管的水平。这样，该 JBS/MPS 结构表现出类似 pin 二极管的小反向漏电流特性。

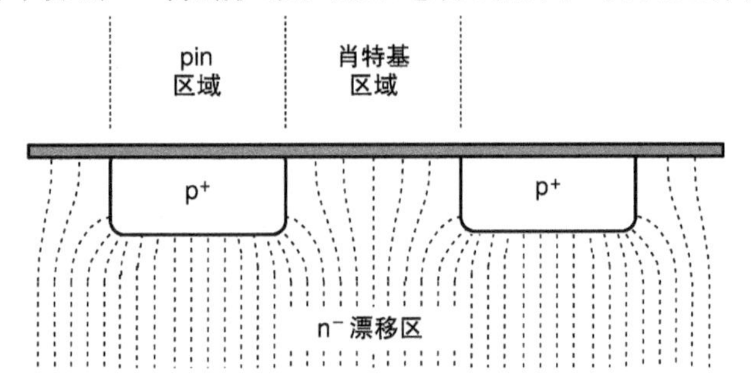

图 7-21 反向偏压下，JBS 二极管内部的电场线示意图。肖特基区域的宽度必须足够小，才能使得大多数电场线终止于周围的 p^+ 区，并且 pin 区域也应当很小，才能使总的二极管面积最小化

对于所有的二极管，合适的边缘终端对于获得接近理论平行平面结的高阻断电压都是非常重要的。关于边缘终端的工艺技术将会在 10.1 节讨论。

参 考 文 献

[1] Schoen, K.J., Woodall, J.M., Cooper, J.A. and Melloch, M.R. (1998) Design considerations and experimental characterization of high voltage SiC Schottky barrier rectifiers. *IEEE Trans. Electron. Devices*, **45** (7), 1595–1604.

[2] Toumi, S., Ferhat-Hanida, A., Boussouar, L. *et al.* (2009) Gaussian distribution of inhomogeneous barrier height in tungsten/4H-SiC (000-1) Schottky diodes. *Microelectron. Eng.*, **86** (3), 303–309.
[3] Itoh, A., Kimoto, T. and Matsunami, H. (1995) High performance of high-voltage 4H-SiC Schottky barrier diodes. *IEEE Electron. Device Lett.*, **16** (6), 280–282.
[4] Morisette, D.T. (2001) Development of robust power Schottky barrier diodes in silicon carbide. PhD thesis. Purdue University.
[5] Itoh, A., Kimoto, T., and Matsunami, H. (1995) Efficient power Schottky rectifiers of 4H-SiC. International Symposium on Power Semiconductor Devices & ICs, Yokohama, Japan.
[6] Morisette, D.T., Woodall, J.M., Cooper, J.A. *et al.* (2001) Static and dynamic characterization of large area high-current-density SiC Schottky diodes. *IEEE Trans. Electron. Devices*, **48** (2), 349–352.
[7] Morisette, D.T. and Cooper, J.A. (2002) Theoretical performance comparison of SiC pin and Schottky diodes. *IEEE Trans. Electron. Devices*, **49** (9), 1657–1664.

第 8 章　单极型功率开关器件

8.1　结型场效应晶体管（JFET）

我们现在讨论第一个三端功率器件——结型场效应晶体管（JFET）。正如 7.1 节中所讨论的，三端功率开关器件具有近乎理想的开关特性，也就是说，它们既能在最小的正向压降下通过大电流，又能在阻断高反向电压时具有最小的漏电流。

JFET 的基本工作原理如图 8-1 所示。n 沟道 JFET 原型器件包含有两个 p^+ 栅极区域分别位于 n 型沟道区域两侧。沟道的两端连接的是欧姆接触区，分别是源极和漏极。每个栅极与沟道之间形成的 p^+/n 结处存在一个耗尽区，耗尽区的宽度随栅极与沟道区之间的电压的平方根增大。假设 p^+/n 结为单边突变结的情况，耗尽区的宽度有如下关系式：

$$x_D = \sqrt{2\varepsilon_s(\Psi_{BI} - V_J)/(qN_D)} \tag{8-1}$$

式中，V_J是栅极和沟道区之间的电势差（即费米能级之差），N_D是沟道区的掺杂浓度，Ψ_{BI}是栅极与沟道区形成的 pn 结的内建电势（即能带弯曲量）

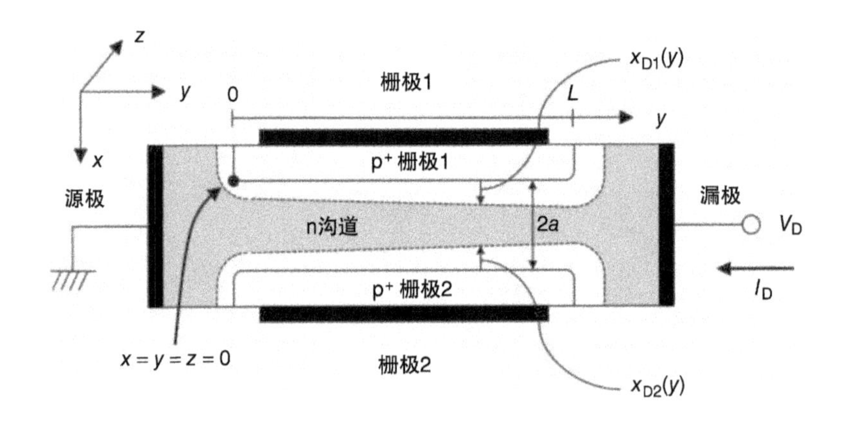

图 8-1　一个基本 JFET 器件的横截面示意图。垂直纸面向里方向的宽度为 W。一般来说，我们假定两个 p^+ 栅极的电势不同

$$\Psi_{BI} = \frac{kT}{q}\ln\left(\frac{N_A^- N_D^+}{n_i^2}\right) \tag{8-2}$$

式中，N_A^- 和 N_D^+ 分别是 p^+ 栅极和 n 型沟道区的电离杂质浓度（见附录 A 中对 4H –

SiC 中不完全电离的讨论，注意式（8-1）中的 N_D是沟道区中的总掺杂浓度）。如果一个非零漏电压（$V_D > 0$）施加在漏极上，且沟道未被栅极的耗尽区夹断，电子电流将从接地的源极流向带正电的漏极，沿着沟道从源极到漏极将产生压降。我们指定沟道中 y 点的电压为 $V(y)$。在这种情况下，式（8-1）中的 V_J和 x_D成为 y 的函数，V_J可以写作

$$V_J = V_G - V(y) \tag{8-3}$$

显然，在接地的源极处，$V(y)=0$，$V_J(0)=V_G$；在漏极处，$V(L)=V_D$，$V_J(L)=V_G-V_D$。

许多教科书中都推导过 JFET 器件的电流 - 电压关系式，但大多数情况下都假定图 8-1 中顶部和底部的栅极是等电势的。在实际功率 JFET 器件中，我们希望顶部和底部的栅极存在电势差，即 V_{G1}和 V_{G2}。有两种我们感兴趣的 JFET 结构：①两个栅极连在一起的双栅极结构，$V_{G1}=V_{G2}=V_G$；②一个栅极接地，另一个栅极用来调制沟道的单栅极结构，例如，$V_{G1}=V_G$和 $V_{G2}=0$。在本章中我们将介绍这两种结构。

8.1.1　夹断电压

在推导电流 - 电压关系之前，我们先定义刚好夹断源极沟道的栅压为夹断电压 V_P。V_P可以看作是 JFET 器件的开启电压或阈值电压，因为栅极施加比 V_P绝对值大的负电压时，沟道中就没有电流流过。在式（8-1）和式（8-3）中分别设置 $x_{D1}+x_{D2}=2a$ 和 $V(y)=0$，就可以通过式（8-1）和式（8-3）计算 V_P的值。在双栅极结构中，我们发现：

$$V_P = \Psi_{BI} - \frac{qN_D a^2}{2\varepsilon_s} \tag{8-4}$$

在单栅极结构中，有

$$V_P \begin{cases} = \dfrac{2qN_D a^2}{\varepsilon_s}\left(\sqrt{\dfrac{2\varepsilon_s \Psi_{BI}}{qN_D a^2}}-1\right), & N_D a^2 \geqslant \dfrac{\varepsilon_s \Psi_{BI}}{2q} \\ > \Psi_{BI}, & N_D a^2 < \dfrac{\varepsilon_s \Psi_{BI}}{2q} \end{cases} \tag{8-5}$$

需要谨慎解析式（8-5）。这是因为当 $N_D a^2 < \varepsilon_s \Psi_{BI}/(2q)$时，单栅极结构中实际的 V_P值超过 Ψ_{BI}，这意味着需要一个超过 Ψ_{BI}的正栅极偏压来防止源极的耗尽区连通。这样一个栅极偏压会导致一个非常高的栅极电流，这是不被允许的。

8.1.2　电流 - 电压关系

现在讨论 JFET 器件的电流 - 电压关系，我们可以将沟道中 y 点在 y 方向上的电子电流密度 J_N写作：

$$J_{N}(y) = q\mu_{N}N_{D}^{+}E_{y}(y) = -q\mu_{N}N_{D}^{+}\frac{dV}{dy} \tag{8-6}$$

式中，$E_{y}(y)$是沟道中y点在y方向上的电场强度。漏极的总电流I_{D}可以通过对沟道中任意y点的电流密度$J_{N}(y)$对截面积的积分获得：

$$\begin{aligned} I_{D} &= -\iint J_{N}(y)\,dx\,dz = -W\int_{x_{D1}}^{2a-x_{D2}} J_{N}(y)\,dx \\ &= W\int_{x_{D1}}^{2a-x_{D2}} q\mu_{N}\,N_{D}^{+}\frac{dV}{dy}dx \end{aligned} \tag{8-7}$$

式中，x_{D1}和x_{D2}由式（8-1）和式（8-3）给出，式（8-3）中V_{G1}和V_{G2}酌情而定。积分前有一个负号是因为流向漏极的电流I_{D}被定义为正向。注意，式（8-7）中的被积函数与x无关，我们可以写作：

$$I_{D} = q\mu_{N}WN_{D}^{+}\frac{dV}{dy}(2a - x_{D1} - x_{D2}) \tag{8-8}$$

因为I_{D}在沟道内是均匀的，与y无关的，我们可以将式（8-8）从源极到漏极对y积分：

$$\begin{aligned} \int_{0}^{L} I_{D}dy &= I_{D}L = q\mu_{N}W\,N_{D}^{+}\int_{0}^{L}(2a - x_{D1} - x_{D2})\frac{dV}{dy}dy \\ I_{D}L &= q\mu_{N}WN_{D}^{+}\int_{0}^{V_{D}}(2a - x_{D1} - x_{D2})dV \\ I_{D} &= q\mu_{N}\,N_{D}^{+}\frac{W}{L}\int_{0}^{V_{D}}(2a - x_{D1} - x_{D2})dV \end{aligned} \tag{8-9}$$

式中，第二行和第三行中，我们将对y的积分转化为对沟道电压V的积分。用式（8-1）和式（8-3）的表达式取代$x_{D1}(V)$和$x_{D2}(V)$，完成所示的积分，我们获得所需的电流表达式：

$$\begin{aligned} I_{D} = q\mu_{N}(2aN_{D}^{+})\frac{W}{L}\Big\{V_{D} - \frac{2}{3}\frac{\sqrt{2\varepsilon_{s}/qN_{D}}}{(2a)}\big[(\Psi_{BI} - V_{G2} + V_{D})^{3/2} - (\Psi_{BI} - V_{G2})^{3/2} \\ + (\Psi_{BI} - V_{G1} + V_{D})^{3/2} - (\Psi_{BI} - V_{G1})^{3/2}\big]\Big\} \end{aligned} \tag{8-10}$$

在双栅极结构中，两个栅极连接在一起；在单栅极结构中，一个栅极接地，另一个栅极调制沟道；针对不同的情况，式（8-10）可以适当简化。在双栅极结构中，我们可以在式（8-10）中设定$V_{G1} = V_{G2} = V_{G}$，可得

$$I_{D} = q\mu_{N}(2aN_{D}^{+})\frac{W}{L}\Big\{V_{D} - \frac{4}{3}\frac{\sqrt{2\varepsilon_{s}/qN_{D}}}{(2a)}\big[(\Psi_{BI} - V_{G} + V_{D})^{3/2} - (\Psi_{BI} - V_{G})^{3/2}\big]\Big\} \tag{8-11}$$

在单栅极结构中，我们在式（8-10）中设定$V_{G1} = V_{G}$和$V_{G2} = 0$，可得

$$I_{\mathrm{D}}=q\mu_{\mathrm{N}}(2aN_{\mathrm{D}}^{+})\frac{W}{L}\left\{V_{\mathrm{D}}-\frac{2}{3}\frac{\sqrt{2\varepsilon_{\mathrm{s}}/qN_{\mathrm{D}}}}{(2a)}\left[(\Psi_{\mathrm{BI}}+V_{\mathrm{D}})^{3/2}-(\Psi_{\mathrm{BI}})^{3/2}+(\Psi_{\mathrm{BI}}-V_{\mathrm{G}}+V_{\mathrm{D}})^{3/2}-(\Psi_{\mathrm{BI}}-V_{\mathrm{G}})^{3/2}\right]\right\} \tag{8-12}$$

式（8-11）是大多数器件教科书中出现的 $I_{\mathrm{D}}-V_{\mathrm{D}}$ 方程的形式。

现在让我们更详细地审视 $I_{\mathrm{D}}-V_{\mathrm{D}}$ 的关系。随着 V_{D} 的增加，式（8-11）和式（8-12）花括号内的第二项不能再被忽略，电流随 V_{D} 亚线性增加。式（8-11）和式（8-12）中第二项代表的是随着 V_{D} 的增加，在沟道漏极端，栅极－沟道区的耗尽区 x_{D1} 和 x_{D2} 的扩宽量，如图 8-1 所示。最终在漏极端 $y=L$ 处耗尽区 x_{D1} 和 x_{D2} 相接触，这时的漏极电压叫作饱和漏极电压 $V_{\mathrm{D,SAT}}$，因为当 $V_{\mathrm{D}}>V_{\mathrm{D,SAT}}$ 时，电流饱和，不再增加。继续增大 V_{D}，只是将夹断点稍微移向源极。因为夹断点，即 $x_{\mathrm{D1}}+x_{\mathrm{D2}}=2a$ 处的电压总是为饱和电压 $V_{\mathrm{D,SAT}}$，源极和夹断点的压降保持为常量 $V_{\mathrm{D,SAT}}$。当 V_{D} 增大时，如果夹断点没有明显移向源极，沟道电流保持在饱和电流 I_{D}（$V_{\mathrm{D,SAT}}$）$=I_{\mathrm{D,SAT}}$ 不变。

8.1.3　饱和漏极电压

通过设定 $x_{\mathrm{D1}}+x_{\mathrm{D2}}=2a$，根据一个给定的栅压可以推导出饱和漏极电压 $V_{\mathrm{D,SAT}}$。用式（8-1）和式（8-3）得到耗尽层宽度，我们可以写作

$$\sqrt{2\varepsilon_{\mathrm{s}}(\Psi_{\mathrm{BI}}-V_{\mathrm{G1}}+V_{\mathrm{D,SAT}})/(qN_{\mathrm{D}})}+\sqrt{2\varepsilon_{\mathrm{s}}(\Psi_{\mathrm{BI}}-V_{\mathrm{G2}}+V_{\mathrm{D,SAT}})/(qN_{\mathrm{D}})}=2a \tag{8-13}$$

对于 $V_{\mathrm{G1}}=V_{\mathrm{G2}}=V_{\mathrm{G}}$ 的双栅结构，通过解式（8-13）得到 $V_{\mathrm{D,SAT}}$：

$$V_{\mathrm{D,SAT}}=\left(\frac{qN_{\mathrm{D}}a^{2}}{2\varepsilon_{\mathrm{s}}}+V_{\mathrm{G2}}-\Psi_{\mathrm{BI}}\right)\qquad V_{\mathrm{G1}}=V_{\mathrm{G2}}=V_{\mathrm{G}} \tag{8-14}$$

对于 $V_{\mathrm{G1}}=V_{\mathrm{G}}$，$V_{\mathrm{G2}}=0$ 的单栅结构，有

$$V_{\mathrm{D,SAT}}=\frac{qN_{\mathrm{D}}a^{2}}{2\varepsilon_{\mathrm{s}}}\left(\frac{\varepsilon_{\mathrm{s}}V_{\mathrm{G}}}{2qN_{\mathrm{D}}a^{2}}+1\right)-\Psi_{\mathrm{BI}}\qquad V_{\mathrm{G2}}=0,V_{\mathrm{G1}}=V_{\mathrm{G}} \tag{8-15}$$

双栅结构的饱和电压也可以写作 $V_{\mathrm{D,SAT}}=V_{\mathrm{G}}-V_{\mathrm{P}}$，可以通过将式（8-4）代入式（8-14）中进行验证。当漏极电压 $V_{\mathrm{D}}>V_{\mathrm{D,SAT}}$ 时，漏极电流饱和，饱和电流值为 $I_{\mathrm{D,SAT}}$。将式（8-14）中的 V_{D} 代入式（8-11）中可以算得双栅结构的饱和电流 $I_{\mathrm{D,SAT}}$；将式（8-15）代入式（8-11）中可以算得单栅结构的饱和电流 $I_{\mathrm{D,SAT}}$。$I_{\mathrm{D,SAT}}$ 解析方程式的推导留给读者推算。

双栅和单栅结构的 $I_{\mathrm{D}}-V_{\mathrm{D}}$ 特性曲线如图 8-2 所示。我们立刻注意到具有相同沟道参数 N_{D} 和 a 的双栅结构的电流较高。经过仔细的检查发现，双栅结构的饱和漏极电压 $V_{\mathrm{D,SAT}}$ 也高一些。这在图 8-3 中可以更清楚地看到，图中给出的是单栅和双栅结构 $V_{\mathrm{D,SAT}}$ 和 $I_{\mathrm{D,SAT}}$ 随 $V_{\mathrm{G}}-V_{\mathrm{P}}$ 变化的关系曲线。对于双栅结构，如上文所述 $V_{\mathrm{D,SAT}}=V_{\mathrm{G}}-V_{\mathrm{P}}$。对于单栅结构，$V_{\mathrm{D,SAT}}$ 较小，相应的 $I_{\mathrm{D,SAT}}$ 也较小。这是因为同样的沟

道，施加的饱和电压较小时产生的饱和电流也较小，如图中所示。产生这些差异的原因是双栅结构从两侧调制沟道，产生更高的跨导 $g_M = dI_D/dV_G$，而单栅结构只从一侧调制沟道，导致相同的电压变量 ΔV_G引起的沟道调制量减小。这同样导致双栅结构的夹断电压（或阈值电压）低于单栅结构。双栅结构和单栅结构的夹断电压在图 8-2 中分别标出。

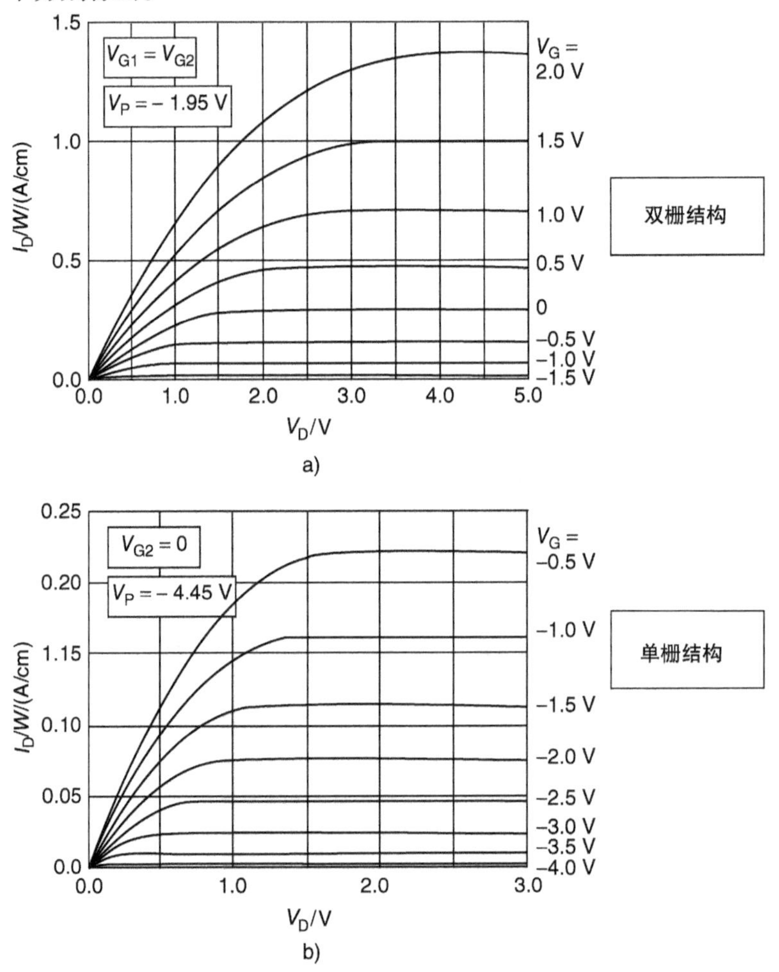

图 8-2 a）双栅结构和 b）单栅结构 JFET 器件的 $I-V$ 特性曲线。这些曲线是用式（8-11）和式（8-12）分别计算得出的，其中 $\mu_N=800\text{cm}^2\text{V}^{-1}\text{s}^{-1}$，$N_D=2\times10^{16}\text{cm}^{-3}$，$2a=1\mu\text{m}$，$L=2\mu\text{m}$

8.1.4 比通态电阻

功率 JFET 器件的一个重要参数是差分通态电阻，定义为 I_D-V_D曲线起始端斜率的倒数：

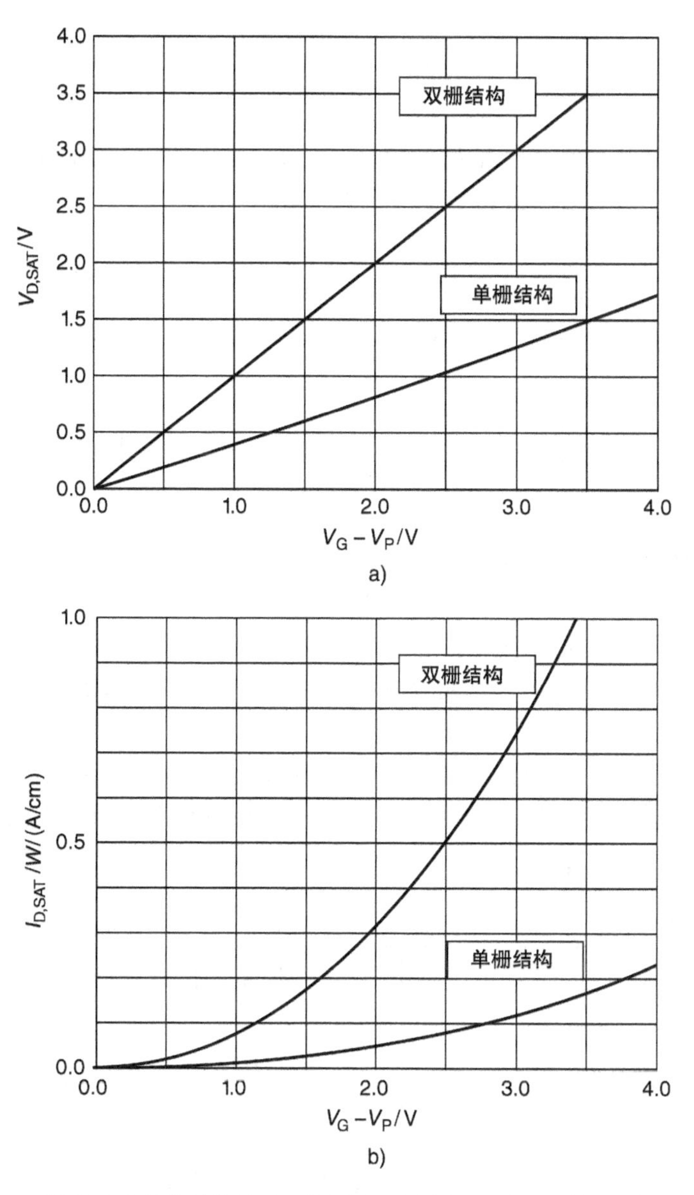

图 8-3 双栅结构和单栅结构的 a）饱和漏极电压和 b）饱和漏极电流随 $V_G - V_P$ 的变化曲线，通过图 8-2 中的参数计算所得

$$\frac{1}{R_{ON}} = \frac{dI_D}{dV_D}\bigg|_{V_D=0} \tag{8-16}$$

实际工作中更常采用比通态电阻，即电阻与面积的乘积，表示为 $R_{ON,SP} = R_{ON} \cdot W \cdot S$，其中 R_{ON}是器件元胞的电阻，W 是 z 方向（即图 8-1 中垂直于纸面的方向）上的宽度，S 是元胞结构中 y 方向上（下文中将说明）的宽度。鉴于此，比通态电阻可以写作

$$R_{\mathrm{ON,SP}} = \frac{W \cdot S}{\left.\frac{\mathrm{d}I_{\mathrm{D}}}{\mathrm{d}V_{\mathrm{D}}}\right|_{V_{\mathrm{D}}=0}} \tag{8-17}$$

我们现在希望估算两种结构的 $R_{\mathrm{ON,SP}}$。对于双栅结构，我们对式（8-11）求导，取 $V_{\mathrm{D}}=0$ 并代入式（8-17）的分母中，可得

$$R_{\mathrm{ON,SP}} = \frac{L \cdot S}{q\mu_{\mathrm{N}}(2aN_{\mathrm{D}}^{+})}\left(1 - \sqrt{\frac{2\varepsilon_{\mathrm{s}}(\Psi_{\mathrm{BI}} - V_{\mathrm{G}})}{qN_{\mathrm{D}}a^{2}}}\right)^{-1} \quad V_{\mathrm{G1}} = V_{\mathrm{G2}} = V_{\mathrm{G}} \tag{8-18}$$

对于单栅结构，我们对式（8-12）求导，取 $V_{\mathrm{D}}=0$ 并代入式（8-17）的分母中，可得

$$R_{\mathrm{ON,SP}} = \frac{L \cdot S}{q\mu_{\mathrm{N}}\ (2aN_{\mathrm{D}}^{+})}\left[1 - \frac{1}{2}\sqrt{\frac{2\varepsilon_{\mathrm{s}}}{qN_{\mathrm{D}}a^{2}}}\ (\sqrt{\Psi_{\mathrm{BI}}} + \sqrt{\Psi_{\mathrm{BI}} - V_{\mathrm{G}}})\right]^{-1} \quad V_{\mathrm{G1}} = V_{\mathrm{G}},\ V_{\mathrm{G2}} = 0 \tag{8-19}$$

分母中的（$2aN_{\mathrm{D}}^{+}$）项是沟道中单位面积中总的电离杂质浓度，在双极型器件中称作 Gummel 数。$R_{\mathrm{ON,SP}}$与沟道长度 L 和元胞尺寸 S 成正比，与 Gummel 数成反比。通过减小沟道长度 L 和减小元胞的表面积来缩小元胞尺寸显然是可取的。

图 8-4 给出了具有相同沟道掺杂浓度和厚度的双栅结构和单栅结构器件的 $R_{\mathrm{ON,SP}}$随 $\Psi_{\mathrm{BI}} - V_{\mathrm{G}}$的变化曲线。栅压的允许操作范围是在 V_{P}（漏极电流为 0）~Ψ_{BI}（栅极电流变得极大）之间。我们注意到，因为双栅结构的沟道两侧都有栅极，栅压的较小浮动就会使器件从夹断状态切换到全导通状态。当负 V_{G}的绝对值变大

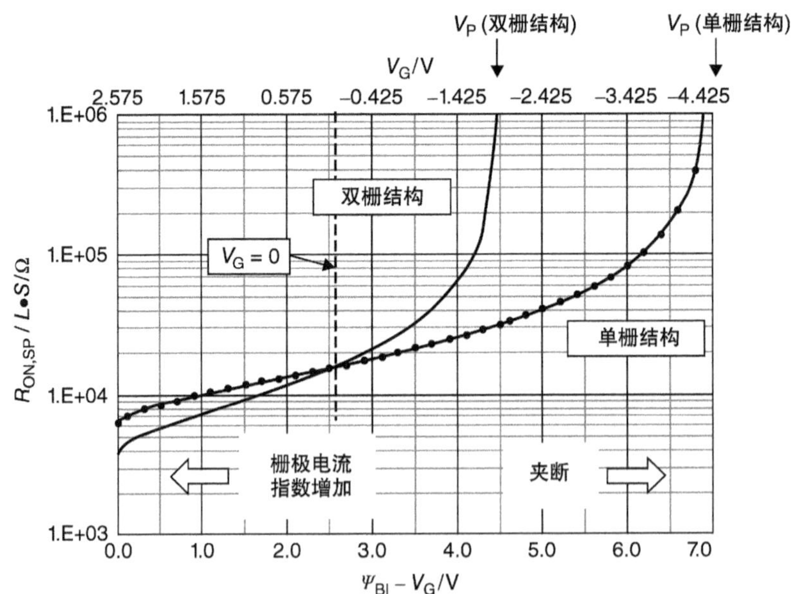

图 8-4　比通态电阻随 $\Psi_{\mathrm{BI}} - V_{\mathrm{G}}$ 的变化曲线，参数取值如图 8-2 所示。栅压的可取范围是在 $V_{\mathrm{P}} \sim \Psi_{\mathrm{BI}}$之间

（即在图中右移），通态电阻显著增大，因为沟道趋近于夹断。这也可以通过图8-2中I_D-V_D曲线起始端的斜率看出。另一方面，当负V_G的绝对值变小（在图中左移），沟道导通，$R_{ON,SP}$减小。当栅压为正，对应图中$V_G=0$线左边的区域，双栅结构器件的通态电阻低于单栅结构器件，但是当V_G趋近于Ψ_{BI}时，栅极电流呈指数型增长，这为两种结构的V_G都制定了上限。

尽管单栅JFET器件具有更高的通态电阻、更低的饱和漏电流和更低的跨导，但是因为制作工艺较简单，在实际中经常被用到。降低的跨导可以通过增大栅压的步长得到部分补偿，图8-5所示单栅结构的步长是双栅结构的两倍。然而，我们不能无限制使用这种补偿，因为V_G不能无限趋近Ψ_{BI}。对比两种结构的栅极电流，考虑实际的栅压而非V_G-V_P是更有益的。图8-5中上面的两条曲线（曲线1和2）的栅压分别为1.55V（曲线1，双栅结构）和2.55V（曲线2，单栅结构）。因为这个例子中栅极-沟道区形成的pn结的自建电势Ψ_{BI}为2.57V，单栅结构器件的$V_G=2.55V$（曲线2）时，将得到大量的栅极电流。第二条单栅结构曲线（曲线3）对应的实际栅压为1.55V，这条曲线应当与双栅结构的曲线1进行对比。我们可以看到当每种结构在接近最大实际栅压（曲线1和3）工作时，双栅结构器件具有较低的通态电阻和较高的饱和电流。

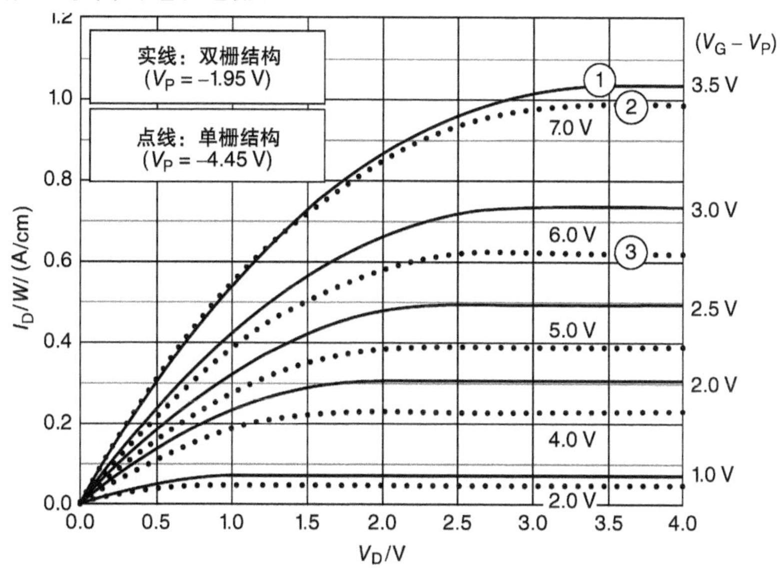

图8-5 双栅结构和单栅结构JFET器件的$I-V$特性曲线，参数值取如图8-2所示。单栅结构器件的栅压步长$\Delta(V_G-V_P)$是双栅结构器件的两倍

8.1.5 增强型和耗尽型工作模式

功率JFET器件的实际操作中，另一项需要重点考虑的是器件是耗尽型（在

$V_G=0$ 时常开）还是增强型（在 $V_G=0$ 时常闭）。耗尽型器件在功率电路中是有问题的，因为移除器件栅压的故障会导致不可控的漏极电流。然而，与一个增强型的MOSFET 器件以级联排列的方式连接在一起时，耗尽型的 JFET 器件就可以安全的使用，该内容将在下文阐述。对于一个增强型（常闭）JFET，在栅极偏压为 0 时，两个栅极的耗尽区必须相连。这等效于要求 $V_P\geq 0$，所以当 $V_G=0$ 时，栅压小于夹断电压，沟道夹断。对于双栅器件，在式（8-4）中设定 $V_P\geq 0$，可推导出如下要求：

$$N_D a^2 \leq 2\varepsilon_s \Psi_{BI}/q \tag{8-20}$$

对于单栅器件用式（8-5）进行相同的推导过程，可以获得相同的结果，即式（8-20）。考虑到式（8-2）中 Ψ_{BI}随 N_D^+ 的变化关系，我们在图 8-6 中给出了最大沟道厚度 $(2a)_{MAX}$随沟道掺杂浓度变化的曲线图。图中实线上面的沟道厚度对应的 JFET 器件是耗尽型（常开）的，实线下面的沟道厚度对应的 JFET 器件是增强型（常闭）的。

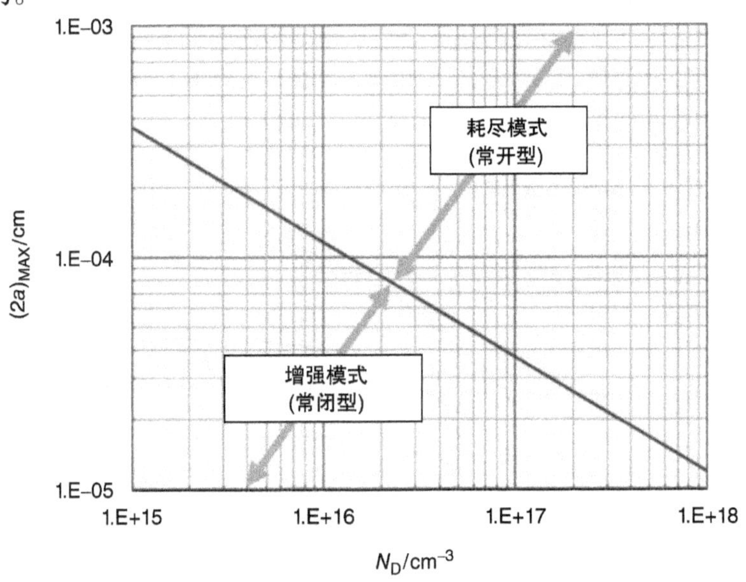

图 8-6 使夹断电压 V_P 为 0 的沟道厚度（$2a$）随掺杂浓度的变化曲线，同时适用于单栅和双栅结构

图 8-7 显示的是式（8-4）和式（8-5）给出的夹断电压随 $N_D a^2$ 的变化关系。$2a$ 和 N_D结合后，V_P为正值则产生的是增强型器件。式（8-20）给出的增强型和耗尽型工作模式的边界线（$V_P=0$）同时适用于双栅和单栅结构。

增强型工作模式涉及权衡。第一，如图 8-6 所示，在相同的掺杂浓度下，增强型器件的沟道较薄，所以其比通态电阻会高于同栅压下的耗尽型器件，如式（8-18）和式（8-19）中的前因数所示。第二，栅压的工作范围是从 V_P到略小于

Ψ_{BI}，而且因为增强型器件中的V_P是正值，栅压的工作范围变得更小，对V_P的控制要求更苛刻。

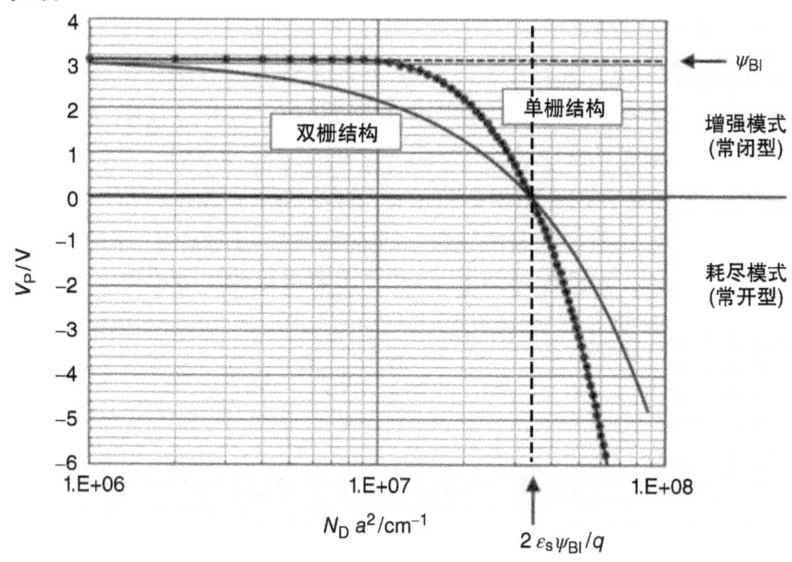

图8-7 从式（8-4）和式（8-5）中获得的夹断电压随N_Da^2的变化曲线

鉴于上述原因，功率电路中通常使用一个耗尽型的SiC JFET器件与一个低压Si MOSFET器件采用级联的形式实现常闭性能，如图8-8所示。这种排列中，通态电流由低压Si MOSFET控制，而关断状态的阻断电压由SiC JFET器件决定。电路的工作状态可以按照下述方式理解：在工作状态下，S端接地，D端连接负载后与正电压相连。当G端电压高于MOSFET的阈值电压，MOSFET器件导通，Si MOSFET的低通态电阻使节点A几乎接地。耗尽型JFET器件具有负的夹断电压，只要栅源电压大于负的夹断电压V_P时，JFET器件总是导通。因此，当节点A（原为正电位）趋近于接地电位时，JFET的栅源电压（原为负偏置）接近于0，JFET器件导通，允许通过大电流。当G端接地时，MOSFET关断，节点A逐渐升高到正电位。这使JFET器件的栅源电压小于其负的夹断电压，JFET器件快速关断。D端的高电压被JFET器件中栅-漏极的pn结承担，这个结被设计为具有高耐压能力，这将在下文中进一步讨论。因此，级联排列成功地实现了低压Si MOSFET器件的常闭性能和耗尽型SiC JFET器

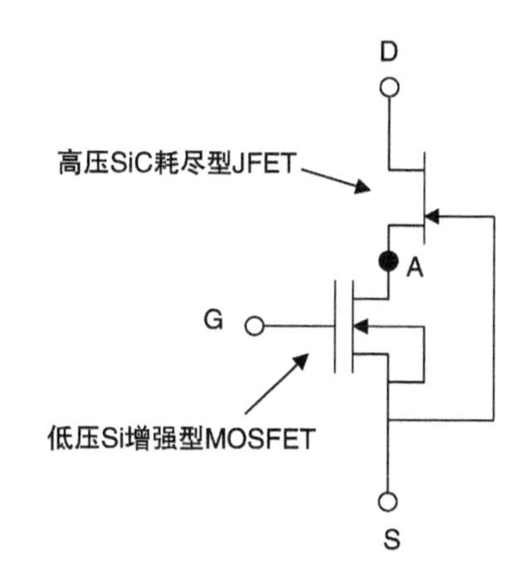

图8-8 一个耗尽型SiC JFET和一个低压增强型Si功率MOSFET器件的共栅共源电路

件的高阻断电压。

8.1.6 功率 JFET 器件的实现

我们已经详细讨论了图 8-1 中 JFET 器件的工作方式，现在将讨论 JFET 器件作为功率开关的工艺实现。为了提供高阻断电压能力，基本的 JFET 器件制作在一个厚的、轻掺杂的 n 型漂移区，这个漂移区位于沟道和衬底之间，衬底作为漏极。图 8-9 展示的是三种实现方式。图中所示的半元胞结构以中轴线为对称轴可获得完整元胞结构，元胞尺寸 S 是半元胞的宽度。在前两种实施方案中，沟道是水平的，栅极 2 与源极相连接地，形成的是单栅 JFET。在第三种实施方案中，沟道是垂直的，两边都带有栅极，形成一个双栅结构。

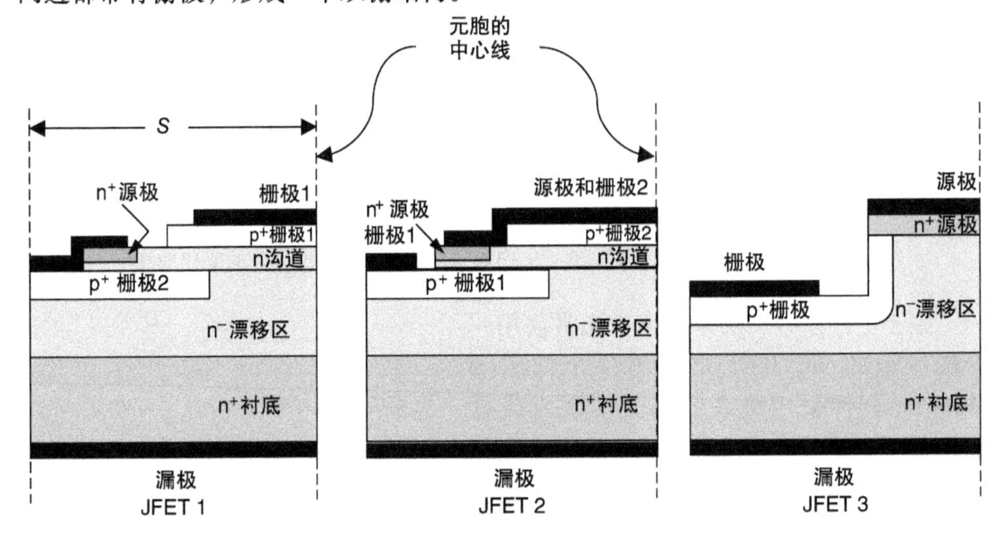

图 8-9 三种 SiC 功率 JFET 示意图。三种器件类型的电流都由位于轻掺杂厚膜 n 型漂移区表面的 JFET 控制

在所有的实施方案中，漂移区都设计为能够承受所需阻断电压，同时引入尽可能小的比通态电阻。为承担所需阻断电压的漂移区设计详见 7.1.1 节讨论，图 7-3 所示为阻断电压与漂移区的厚度和掺杂浓度的关系曲线。因为 JFET 器件是单极型器件，漂移区的 $R_{ON,SP}$ 由式（7-6）给出。我们将在 10.2 节中讨论如何最大化漂移区的优值系数 $V_B^2/R_{ON,SP}$。

从图 8-9 中可以清楚地看到 JFET 器件的电流也流经漂移区和衬底，为 JFET 器件引入了额外的串联压降。功率 JFET 器件的全通态特性可由式（8-11）和式（8-12）确定，计算电流密度 $J=I_D/W$ 随 JFET 沟道上的内压降 V_D 的变化关系，然后将漏极电压 $V_{D,TERM}$ 写作 $V_D+J(R_{ON,DR}+R_{SUB})$，其中 $R_{ON,DR}$ 是漂移区的比通态电阻，如式（7-6）所示；R_{SUB} 是衬底的比通态电阻。全 JFET 器件的通态电阻可以简单地通过式（8-18）或式（8-19）、式（7-6）和 R_{SUB} 的相加获得，注意到式

(7-6)的 N_D^+ 为漂移区的参数，而式（8-18）或式（8-19）中的 N_D 为 JFET 沟道区中的较高掺杂浓度。必须要最小化的正是这个总电阻，在 10.2 节中将详细讨论。

8.2　金属 - 氧化物 - 半导体场效应晶体管（MOSFET）

如第 6 章所讨论的，SiC 可以通过与 Si 相同的方式进行热氧化，不同的是 SiC 的氧化化学反应中不但生成 SiO_2，还生成 CO。CO 以气体的形成逸出，SiO_2 在 SiC 表面形成自然钝化层。SiC 是唯一自然氧化为 SiO_2 的宽禁带半导体，这使得在 SiC 上形成基于金属 - 氧化物 - 半导体（MOS）结构的器件成为可能。本节中我们考虑最简单的基于 MOS 结构的功率器件——功率 MOSFET。在 9.2 节中，我们将讨论另一种基于 MOS 结构的功率器件——绝缘栅双极型晶体管（IGBT）。

8.2.1　MOS 静电学回顾

在讨论 SiC MOSFET 之前，我们先回顾 MOS 静电学的概念。由于许多半导体教科书中都包含有 MOS 静电学的内容，本书中我们只简单介绍概要内容，并推荐读者参考文献中的详细推导。我们最初假定一个理想的 MOS 结构，SiO_2 中没有电荷，氧化物与半导体界面没有界面态或固定电荷，而且金属 - 半导体功函数差为 0（$\Phi_{MS}=\Phi_M-\Phi_S=0$）。图 8-10 所示为在平带、耗尽和反型三种不同的偏置情况下，p 型 SiC 上的一个理想 MOS 电容的能带和方块电荷图。我们定义 x 轴坐标系，其中氧化物/半导体界面为 x 轴坐标系的原点，指向半导体的方向为 x 轴的正向。氧化层的厚度为 t_{OX}，栅极假定为金属，功函数为 Φ_M。在 $x=\infty$ 处的半导体衬底作为接地参考端。

为了进一步分析，我们现在定义 MOS 结构的两个重要参数。费米势 ψ_F 是禁带中间能级和远离表面的费米能级之间的电势差，如图 8-10 所示。ψ_F 由掺杂浓度和温度确定，如下式所示：

$$\Psi_F=\frac{kT}{q}\ln\left(\frac{N_A^-}{n_i}\right) \tag{8-21}$$

式中，N_A^- 是电离杂质浓度。对于 4H - SiC 中受主杂质来说，室温下的电离杂质浓度低于总杂质浓度，如附录 A 中所讨论的。表面势 ψ_S 是从衬底到表面 $x=0$ 处的能带总弯曲量。ψ_S 取决于栅压、氧化层厚度和掺杂浓度，确切的关系式稍后推导。

我们现在希望考虑图 8-10 中所示的三种偏置情况。平带状态是半导体能带为平带（$\psi_S=0$）的特殊偏置状态，平带电压 V_{FB} 定义为实现这种状态所需的栅压。在如图 8-10 所示的理想 MOS 结构中，平带状态发生在 $V_G=0$ 时，因为平带状态下金属和半导体的费米能级处在同一水平线上。实际情况往往并非如此，我们随后将考虑 V_{FB} 不为 0 的情况。理想结构在平带状态下的方块电荷图特别简单：在半导体内部、界面处和栅极上都没有电荷存在。

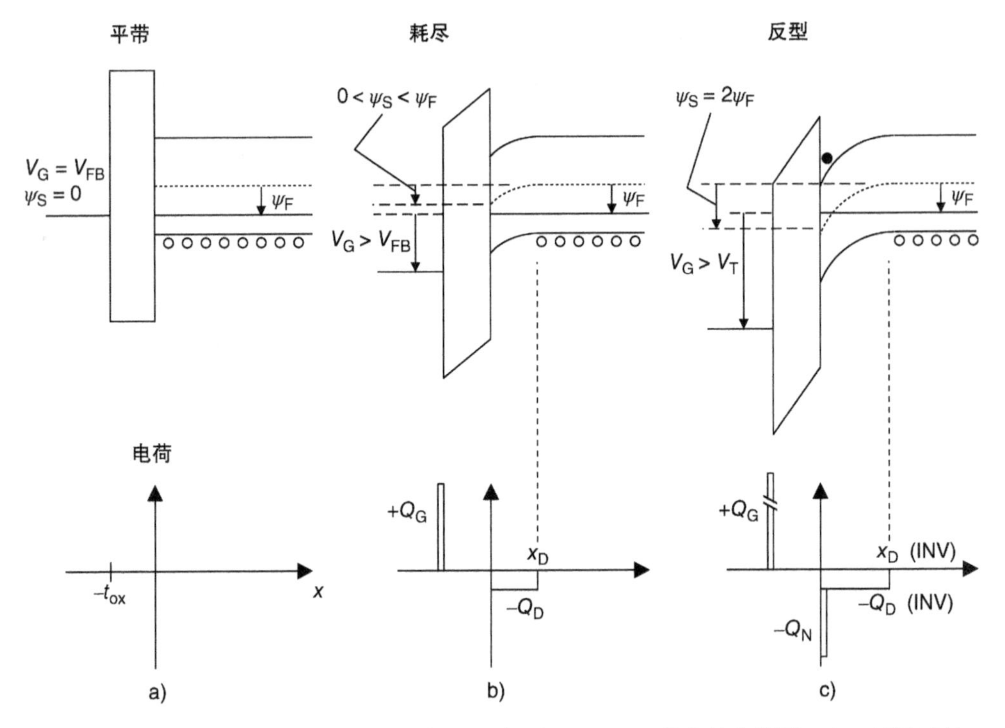

图 8-10　p 型 MOS 电容偏置在 a）平带、b）耗尽和 c）反型状态的能带图。在 δ 耗尽近似下，反型电荷 Q_N 在 $x=0$ 处是一个面电荷（δ 函数），表面势 Ψ_S 被设定为半地体一侧的 Q_N

如图 8-10b 所示，如果栅电压为正，半导体表面中的空穴被排斥出去，形成一个宽度为 x_D的耗尽区。由基础静电学可知，耗尽区的宽度为

$$x_D = \sqrt{2\varepsilon_s \Psi_S/(qN_A)} \tag{8-22}$$

式中，Ψ_S是表面势，或者说是从衬底到表面 $x=0$ 处的能带弯曲量，如图中所示。因为耗尽区中没有空穴存在，耗尽区由于电离的受主杂质带负电，耗尽区中的总电荷量可被写作

$$Q_D = -qN_A x_D = -\sqrt{2q\varepsilon_s N_A \Psi_S} \tag{8-23}$$

如图所示，耗尽区中的负电荷由栅极表面等量的正面电荷平衡。

从这点开始继续增大栅压会产生一个更宽的耗尽区和更大的能带弯曲，直到表面势达到 $\Psi_S = 2\Psi_F$。此时，半导体表面单位体积的电子浓度正好等于体材料中单位体积的空穴浓度，半导体表面发生反型成为 n 型。此时的栅压被认为是阈值电压 V_T。如果 V_G继续增大，我们认为偏置状态进入反型状态，如图 8-10c 所示。

我们继续推导方程以描述 MOS 静电学的方程时，将采用“δ 耗尽”近似。在这个近似下，我们认为耗尽区的电荷浓度沿着 x 轴均匀分布，从表面到 x_D处的电荷浓度值等于 $-qN_A$，在远离表面 x_D以外的地方为 0。我们将反型层的电荷描述为无限薄的薄层，或者说在 $x=0$ 处为 δ 函数。我们也假定 $V_G > V_T$时，在半导体中任何增加的电荷全部存在于反型层中。这等于说 $V_G > V_T$ 时，每在栅极上增加一个正电荷，就会在反型层中感应产生一个带负电的电子，从这些正的栅极电荷上发出的额外的电场线都终止在反型层的负电荷上。基于这个假设，这些额外的电场线不会深入到半导体中，半导体中的电场强度维持在 $V_G = V_T$ 时的常量。因为半导体中的电场强度没有增加，能带弯曲量也没有增加，反型状态下的表面势与栅压为阈值电压时一样，即 $\Psi_S(\text{inv}) = 2\Psi_F$，这里的表面势只定义为反型层面电荷的半导体一侧，如果存在的话。依照式（8-22），反型状态下的耗尽区宽度也固定在：

$$x_D(\text{inv}) = \sqrt{2\varepsilon_s \Psi_S(\text{inv})/(qN_A)} \tag{8-24}$$

如图 8-10c 所示，当 V_G 增加到超过 V_T 时，能带图中栅极的费米能级继续下移，由氧化层中的能带斜率可知，氧化层中的电场强度继续增加。然而，由于栅极上新增加的电荷完全被反型层中的电荷屏蔽，半导体中的能带保持不变。

我们现在回到之前遗留的问题，就是说我们如何根据给定的栅压计算表面势？我们可以写出总的栅压，也就是栅极和半导体费米能级的偏移量，如下所示：

$$\begin{aligned} V_G - V_{FB} &= \Psi_S + \Delta\Psi_{OX} = \Psi_S + E_{OX}t_{OX} \\ V_G - V_{FB} &= \Psi_S + \frac{\varepsilon_s}{\varepsilon_{OX}}E_S(0)t_{OX} \end{aligned} \tag{8-25}$$

在写式（8-25）时，我们简单地将 $V_G - V_{FB}$ 表达为穿过半导体的压降 Ψ_S 与穿过氧化层的压降 $\Delta\Psi_{OX}$ 之和。根据高斯定律，氧化层中的电场强度 E_{OX} 等于半导体的表面电场强度 $E_S(0)$ 乘以半导体与氧化层的介电常数之比。再次运用高斯定律，$E_S(0)$ 是半导体中电荷积分除以 ε_s。在耗尽偏置状态下（$V_{FB} \leqslant V_G \leqslant V_T$），半导体中唯一的电荷就是耗尽区电荷 Q_D，所以我们可以写作

$$E_S(0) = -Q_D/\varepsilon_s = \sqrt{2qN_A\Psi_S/\varepsilon_s} \tag{8-26}$$

式中，我们将 Q_D 的表达式（8-23）代入。式中负号的引入是因为负的 Q_D 产生的电场迫使空穴向 $+x$ 方向移动，因此是正电场。将式（8-26）代入式（8-25）中获得表面势与栅压之间的理想关系式：

$$V_G - V_{FB} = \Psi_S + \sqrt{2V_0\Psi_S} \tag{8-27}$$

式中，新的常量 V_0 由下式给出：

$$V_0 = \frac{q\varepsilon_s N_A}{C_{OX}^2} \tag{8-28}$$

式中，C_{OX} 是单位面积氧化层的电容，$C_{OX} = \varepsilon_{OX}/t_{OX}$。$V_0$ 没有物理意义，只是简单地将我们方程中常用的几个参数汇集在一起。V_0 由半导体中掺杂浓度和氧化层厚度决定，单位为伏特（V）。为了用 V_G 表示 Ψ_S，式（8-27）可改写为一个更常用的形式，如下：

$$\Psi_S = V_G - V_{FB} + V_0 - \sqrt{V_0^2 + 2V_0(V_G - V_{FB})} \tag{8-29}$$

基于 δ 耗尽近似，我们说反型状态的表面势维持在达到反型状态的阈值电压时

的值，即 $\Psi_S(\mathrm{inv})$。我们可以利用这个事实获得阈值电压 V_T，即反型状态开启时的栅压的方程式。设定式（8-27）中 $V_G = V_T$和 $\Psi_S = \Psi_S(\mathrm{inv})$，我们可以写出：

$$V_T = V_{FB} + \Psi_S(\mathrm{inv}) + \sqrt{2V_0\Psi_S(\mathrm{inv})} \tag{8-30}$$

在 MOS 电容中，$\Psi_S(\mathrm{inv}) = 2\Psi_F$。

图 8-11 画出了氧化层厚度为 40nm、不同掺杂浓度的 4H – SiC 根据式（8-29）所得的表面势 – 栅压之间的关系曲线。在图中，我们设定 $V_G \leqslant V_{FB}$时，$\Psi_S = 0$；$V_G \geqslant V_T$时，$\Psi_S = 2\Psi_F$，与我们的 δ 耗尽模型假定的一致。不通过调用 δ 耗尽近似，我们也可以获得 $\Psi_S - V_G$的确切关系式。当 $V_{FB} < V_G < V_T$时，准确的曲线严格遵循 δ 耗尽曲线；当 $V_G > V_T$时，准确的曲线略高于 $\Psi_S = 2\Psi_F$；当 $V_G < V_{FB}$时，准确的曲线略低于 $\Psi_S = 0$。这些差别对我们分析 MOSFET 并不重要，在本书中将被忽略。

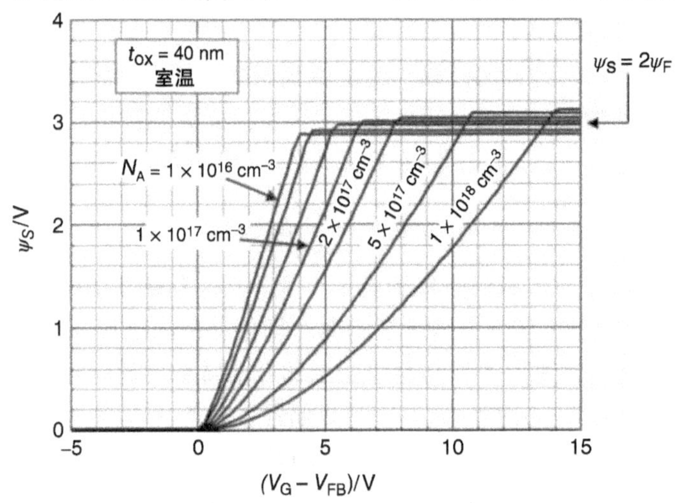

图 8-11　室温下，不同掺杂浓度的 4H – SiC 上面覆盖 40nm 的氧化层，根据式（8-29）计算所得的表面势 – 栅压的关系曲线

8.2.2　分裂准费米能级的 MOS 静电学

此时我们已经确定了 MOS 电容所需的所有方程，这些方程在分析 MOSFET 时将非常有用。但是在考虑 MOSFET 之前，在半导体中电子和空穴准费米能级不同的情况下，我们需要对上述方程进行修正，有利于我们分析 MOSFET 器件中漏极电压不为 0 的情况。图 8-12 所示为 MOS 电容反型状态时的能带图，此时电子的

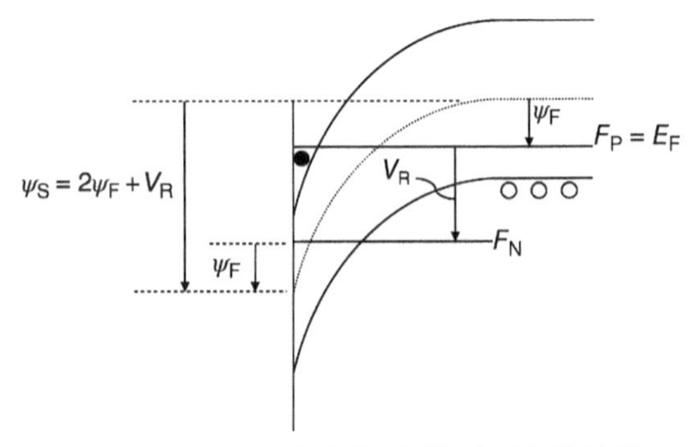

图 8-12　p 型 MOS 电容在反型状态时的能带图，电子和空穴的准费米能级分裂，差值为 qV_R

准费米能级 F_N 位于空穴的准费米能级 F_P 之下，差值为 qV_R。目前，我们不考虑费米能级是如何分裂的问题，但是在我们讨论 MOSFET 过程中，这个问题会明了。

在检查图 8-12 时，我们回想反型状态的开启定义为表面处单位体积的电子浓度等于体材料内部单位体积的空穴浓度时的偏置状态。表面处的电子浓度与电子准费米能级 F_N 的关系式为

$$n_S = n_i \exp\left[\frac{F_N - E_i(0)}{kT}\right] \tag{8-31}$$

体材料中的空穴浓度由下式给出：

$$P_B = n_i \exp\left[\frac{E_i(\infty) - F_P}{kT}\right] \tag{8-32}$$

在刚进入反型状态时 $n_S = p_B$，我们可以写作

$$F_N - E_i(0) = E_i(\infty) - F_P = q\Psi_F \tag{8-33}$$

式（8-33）告诉我们反型状态开启时，表面处电子的准费米能级远高于禁带中线，而体材料内部空穴的准费米能级低于禁带中线，后者的差值为 $q\Psi_F$。通过参考图 8-12，我们可以看到这种情况下的表面势为

$$\Psi_S(\text{inv}) = 2\Psi_F + V_R \tag{8-34}$$

这是通常情况下费米能级以 qV_R 的间距分裂时反型状态下的表面势。当然，如果 $V_R = 0$，式（8-34）恢复为我们之前的定义：$\Psi_S(\text{inv}) = 2\Psi_F$。

8.2.3 MOSFET 电流 - 电压关系

我们现在准备推导 MOSFET 的电流 - 电压方程。图 8-13 所示为一个基本 MOSFET 的结构及相关尺寸。栅极可以用各种高电导率的材料制成，如掺杂多晶硅，但在讨论中我们将假定为金属栅。p 型衬底接地，作为参考电压。源极通常也接地，但是我们将在源极电压 $V_S \geqslant 0$ 的通常情况下推导方程。沟道长度 L 是从源极的边缘到漏极的边缘，氧化层厚度是 t_{OX}。

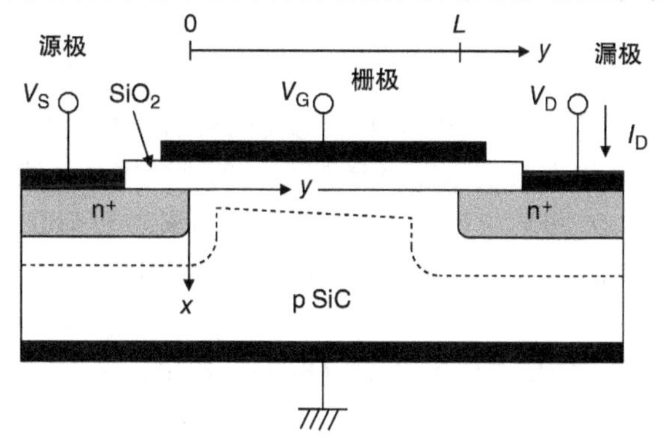

图 8-13　重要维度已标明的基本 MOSFET 结构。体电极接地，所有的端电压参考于体材料

首先，我们施加一个高于阈值电压的栅压 V_G，这样在氧化层/半导体界面处就存在一个反型层。我们将采用渐变沟道近似，这种近似假定沟道中任意一点 y 的电势可以用过 y 点的垂直切片的一维静电学进行计算。我们假定 x 方向没有电流，并且忽略速度饱和，所以 y 点的电子漂移速度为

$$v_y = \mu_N^* E_y(y) \tag{8-35}$$

式中，μ_N^*是氧化层/半导体界面的电子迁移率，$E_y(y)$是沟道中y点的电场强度在y方向的分量。现在，我们假定源极和漏极之间存在一个连续的反型层。考虑反型层y点处长度为dy的薄片，我们可以将流过这个薄片的电子电流写作

$$I_D = -W\mu_N^* n_S \frac{dF_N}{dy} = W\mu_N^* Q_N \frac{d}{dy}\left(\frac{F_N}{q}\right) \tag{8-36}$$

式中，W是图8-13中垂直于纸面方向上沟道的宽度，n_S是反型层中单位面积的电子浓度，F_N是y点的电子准费米能级，Q_N是反型层中单位面积的电荷，表达式为$Q_N = -qn_S$。我们注意到当漏极电压为正时，dF_N/dy为负（注意F_N是能量，而非电势），式（8-36）中的负号被选择用来表示流进漏极的正电流I_D。多子空穴与体材料内部平衡，所以任一点的$F_P=0$，我们可以写作

$$V_R = -(F_N - F_P)/q = -F_N/q \tag{8-37}$$

将式（8-37）代入式（8-36）中，得

$$I_D = -W\mu_N^* Q_N \frac{dV_R}{dy} \tag{8-38}$$

这个y点的漏极电流的表达式包含漂移和扩散电流，因为这个方程是按照电子准费米能级的梯度所写。我们在式（8-38）两边同乘以dy并从源极到漏极积分，得

$$\int_0^L I_D dy = -W\mu_N^* \int_{V_S}^{V_D} Q_N dV_R \tag{8-39}$$

因为电流在沟道内是均匀的，I_D不是y的函数，可以被提取到积分号之外，产生所需的结果：

$$I_D = -\frac{W\mu_N^*}{L}\int_{V_S}^{V_D} Q_N(V_R)dV_R \tag{8-40}$$

要获得MOSFET漏极电流的解析方程，我们需要找到一个表达式描述反型层电荷Q_N与准费米能级分裂值V_R的函数关系，然后计算式（8-40）中的积分。

Q_N和V_R之间的关系可以通过δ耗尽近似获得，当$V_G > V_T$时，半导体中额外的电荷都存储在反型层中。因此，我们可以写作

$$Q_N = -C_{OX}(V_G - V_T) \tag{8-41}$$

式中，阈值电压V_T由式（8-30）给出。将式（8-34）代入式（8-30）中，可得

$$V_T = V_{FB} + (2\Psi_F + V_R) + \sqrt{2V_0(2\Psi_F + V_R)} \tag{8-42}$$

式（8-42）给出了沟道中准费米能级分裂差值为qV_R的某一点局域阈值电压。晶体管的阈值电压由式（8-42）给出，其中在源极处$V_R = V_S$，在大多数情况下，源极是接地的，也就是说$V_S=0$。将式（8-42）代入式（8-41）中得出

$$Q_N = -C_{OX}\left[(V_G - V_{FB}) - (2\Psi_F + V_R) - \sqrt{2V_0(2\Psi_F + V_R)}\right] \tag{8-43}$$

我们下一步将式（8-43）代入式（8-40）中，进行积分，可得

$$I_D = \mu_N^* C_{OX} \frac{W}{L}\Big\{(V_G - V_{FB} - 2\Psi_F - V_S)V_{DS} - \frac{1}{2}V_{DS}^2 - \frac{2}{3}\sqrt{2V_0}[(2\Psi_F + V_R + V_{DS})^{3/2} - (2\Psi_F + V_S)^{3/2}]\Big\} \quad (8\text{-}44)$$

式中，我们利用了 $V_{DS}=V_D-V_S$。这是 MOSFET 漏极电流方程式。

我们采用的上述方法称为“体电荷”理论，因为我们考虑了沿着沟道 V_R 的变化，体电荷 Q_D 也不同的情况。这种“体电荷”效应是由乘以（$2V_0$）$^{1/2}$ 的方括号项表示的。这一项中的参数 V_0 与掺杂浓度相关，因此使得式（8-44）与掺杂浓度相关。在轻掺杂或薄氧化层的限制条件下，$V_0 \to 0$，体电荷项消失。在这种情况下，式（8-44）简化为

$$I_D = \mu_N^* C_{OX} \frac{W}{L}\Big[(V_G - V_{FB} - 2\Psi_F - V_S)V_{DS} - \frac{1}{2}V_{DS}^2\Big] \quad (8\text{-}45)$$

MOSFET 的阈值电压由式（8-42）表示，式中 V_R 是在源极处的值。如果源极接地，有 $V_R=V_S=0$。如果我们也假定为轻掺杂或薄氧化层的情况，V_0 项可以被忽略，式（8-42）可以简化为

$$V_T \approx V_{FB} + 2\Psi_F \quad (8\text{-}46)$$

将式（8-46）代入到式（8-45）中，得到大家熟知的 MOSFET“平方律”方程：

$$I_D \approx \mu_N^* C_{OX} \frac{W}{L}\Big[(V_G - V_T)V_{DS} - \frac{1}{2}V_{DS}^2\Big] \quad (8\text{-}47)$$

平方律结果是更为复杂的体电荷理论在体掺杂为轻掺杂或氧化层较薄的情况下的特例。虽然使用起来较为简单，但平方律方程过高估算了电流，随着掺杂浓度升高，误差会增大。

8.2.4 饱和漏极电压

现在继续体电荷方法，我们注意到，式（8-44）是通过假定从源极到漏极存在连续的反型层获得的。当 V_{DS} 增加时，靠近漏极的反型层变窄，最终夹断。当这种情况发生时，式（8-44）不再有效。引起夹断的漏极电压可以通过设定漏极处反型层电荷为 0 确定。在 $y=L$ 处应用式（8-43），我们设定 $Q_N=0$ 和 $V_R=V_S+V_{DS}=V_S+V_{DS,SAT}$。求解 $V_{DS,SAT}$ 可得

$$V_{D,SAT} = (V_G - V_{FB} - 2\Psi_F - V_S) + V_0 - \sqrt{V_0^2 + 2V_0(V_G - V_{FB})} \quad (8\text{-}48)$$

在 JFET 器件中，当漏极电压超过夹断值时，漏极电流在夹断点时的值饱和，饱和漏极电流可以通过将式（8-48）代入式（8-44）中取代 V_{DS} 获得。在轻掺杂或薄氧化层的情况下，我们可以忽略 V_0 项，$V_{D,SAT}$ 变为

$$V_{D,SAT} \approx V_G - V_{FB} - 2\Psi_F - V_S$$
$$V_{D,SAT} \approx V_G - V_T \quad (8\text{-}49)$$

将式（8-49）代入式（8-47）中取代 V_{DS}，获得简单平方律理论的饱和电流。

8.2.5 比通态电阻

低漏极电压下的通态电阻十分重要，因为这是功率 MOSFET 工作在导通状态下的 $I-V$ 特性区域。比通态电阻，或者说电阻与面积的乘积，如式（8-17）所示，重复显示如下：

$$R_{ON,SP}=\frac{W\cdot S}{\left.\frac{dI_D}{dV_D}\right|_{V_D=0}} \tag{8-17}$$

因为 $V_D=V_S+V_{DS}$和 V_S是常量，式（8-17）中的微分可以对 V_{DS}进行。在原点 $V_{DS}\approx0$ 处估算微分，可得

$$\left.\frac{dI_D}{dV_{DS}}\right|_{V_{DS}=0}=\mu_N^*C_{OX}\frac{W}{L}\{V_G-[V_{FB}+2\Psi_F+V_S+\sqrt{2V_0(2\Psi_F+V_S)}]\} \tag{8-50}$$

式（8-50）中方括号项容易被认定为式（8-42）中给出的 $V_R=V_S$时 MOSFET 的阈值电压，所以我们可写作

$$\left.\frac{dI_D}{dV_{DS}}\right|_{V_{DS}=0}=\mu_N^*C_{OX}\frac{W}{L}(V_G-V_T) \tag{8-51}$$

将式（8-51）代入式（8-17）中，给出了 MOSFET 的比导通电阻：

$$R_{ON,SP}=\frac{L\cdot S}{\mu_N^*C_{OX}(V_G-V_T)} \tag{8-52}$$

我们应该重申在我们所有的方程中，栅压 V_G参考于体电极而不是源电极。在功率 MOSFET 中，源极通常是接地的，所以 V_G和 V_{GS}是一样的。如果由于某种原因，源极不接地，$R_{ON,SP}$将通过 V_T对 V_S的依赖关系进行修正，在 $V_R=V_S$的情况下，由式（8-42）给出。

8.2.6 功率 MOSFET 的实施：DMOSFET 和 UMOSFET

我们已经获得描述基本 MOSFET 操作所需的所有方程，现在我们转向作为功率开关的 SiC MOSFET 的实现。功率 MOSFET 包括如图 8-13 所示的基本 MOSFET 结构，制作在一个 n^+ 衬底上以及厚的、轻掺杂 n 型外延层上。n^+ 漏极不再在表面，相反的电流从反型层流出，垂直流经轻掺杂的 n^- 漂移区，最终流向 n^+ 衬底，即漏极。因此，功率 MOSFET 的导通电阻是 MOSFET 沟道区的导通电阻、漂移区导通电阻和衬底导通电阻的总和。根据功率 MOSFET 的实际几何形状，其他电阻组件也可能贡献，很快我们将会讨论这一点。

图 8-14 显示了功率 MOSFET 的两种实现方式：一个是垂直结构的平面 DMOSFET，一个是垂直结构的沟槽型 UMOSFET。DMOSFET 一词来源于同名的硅器件，

其中，n^+源区和p型基区是由n型和p型杂质通过相同的掩膜版扩散形成的（因此称为“双扩散”MOSFET）。在SiC中，n^+源区和p型基区是由双注入形成的，将在下面讨论。UMOSFET一词来源于U形几何结构，但是“沟槽型MOSFETT”一词也经常被使用。历史上第一批SiC功率MOSFET是UMOSFET[1]，因为这种结构不需要离子注入就可以制成，但这些很快就加入了离子注入的DMOSFET[2]（有时称为DIMOSFET，或双注入MOSFET）。

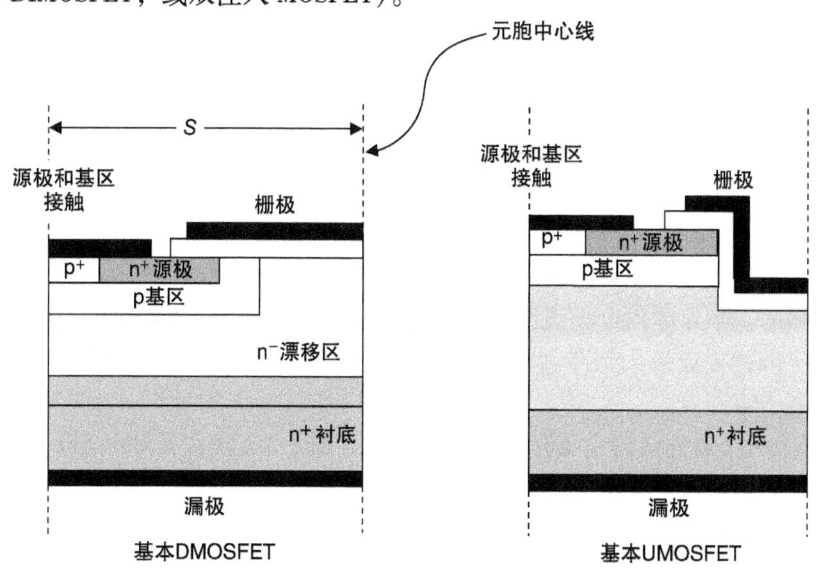

图8-14 SiC功率MOSFET的两种实现方式：平面DMOSFET和沟槽型UMOSFET。每个元胞可沿左右两边虚线对称获得

如图8-14所示，DMOSFET和UMOSFET都包括一个制作在n型漂移区上的MOSFET结构以及作为漏极的n^+衬底。关断状态下的阻断电压是由基区和漂移区间反偏的pn结承担的，也由栅极和漂移区之间形成的MOS电容承担。

图8-15展示了DMOSFET在阻断状态下的电场线。同样也展示了通过pn结和MOS电容的垂直截面方向的电场分布。MOS电容的氧化物中电场强度高于半导体中电场强度峰值，其比值等于半导体的介电常数除以SiO_2的介电常数，根据高斯定律，即

$$E_{OX}=\frac{\varepsilon_s}{\varepsilon_{OX}}E_S(0) \tag{8-53}$$

SiO_2/SiC（和SiO_2/Si）的介电常数比约为$\varepsilon_s/\varepsilon_{OX}\approx 2.5$，这意味着氧化层内部的电场强度是半导体内峰值电场强度的2.5倍。SiO_2的击穿电场强度大约是10MV/cm，但为了保证良好的长期可靠性，最好保证SiO_2内的电场强度不大于4MV/cm，将在8.2.11节讨论。在硅中，这不是一个问题，因为雪崩击穿的临界电场限制$E_S(0)$最大为0.3MV/cm左右，对应的氧化层电场强度为0.75MV/cm，远低于保证氧化层可靠性的上限4MV/cm。然而，在SiC中，由于具有更高的临界击

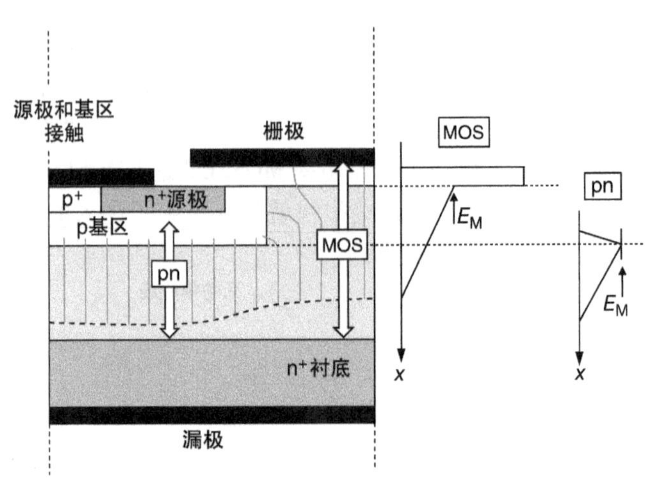

图 8-15 DMOSFET 在阻断状态下的电场分布图，阻断电压一定是由反偏 pn 结和 MOS 电容共同承担的

穿电场强度，半导体内电场强度可以达到 1.5MV/cm。对应的氧化层内电场强度是 3.75MV/cm，接近最大允许电场强度，以至少量的电场强度聚集就会导致局部电场强度高于容许值。

UMOSFET 器件结构中也存在类似的情况。图 8-16 显示了 UMOSFET 器件在阻断状态下沿两垂直切线的电场线和电场强度分布。如同在 DMOSFET 中一样，氧化层内电场强度是半导体内电场强度峰值的 2.5 倍，但是在沟槽拐角处有严重的电场强度聚集，在这些点产生更高的局部电场强度。这是设计 SiC UMOSFET 的一个重要考虑，很快我们将会讨论这一点。

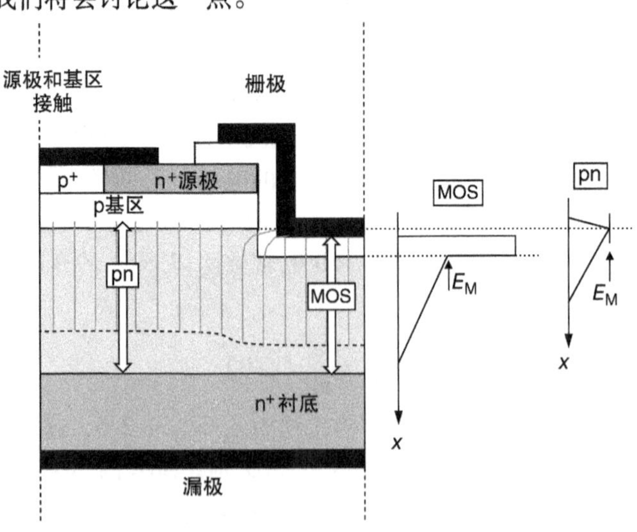

图 8-16 UMOSFET 在阻断状态下的电场。在沟槽拐角处有严重的电场强度聚集，使得这一点的氧化层电场强度更高

DMOSFET 和 UMOSFET 都经历了长足的发展和优化，一些特性已经被添加到图 8-14 所示的基本结构中来提高它们的性能和可靠性。在下面几节中我们将讨论这些特性并展示它们是如何提高性能的。最后，我们将考虑由于材料性质造成的限制，并指出未来可能进一步改善的区域。

8.2.7　DMOSFET 的先进设计

除了式（8-52）给出的 MOSFET 沟道电阻 $R_{CH,SP}$ 和式（7-6）给出的漂移电阻 $R_{DR,SP}$，DMOSFET 还包含其他几个电阻元件，如图 8-17 所示。结构中的电流是二维的，很难定义单个的“成块的”电阻单元，但在概念上对如图所示的情况进行粗略估计是有用的。这里 R_S 代表源极接触电阻和 n^+ 源区电阻之和，R_{JFET} 是以接地的 p 型基区为门控的垂直 JFET 的电阻，R_{SUB} 为衬底电阻和其欧姆接触电阻之和。DMOSFET 的比通态电阻 $R_{ON,SP}$ 可以表达为

$$R_{ON,SP} = R_{CH,SP} + R_{DR,SP} + W \cdot S\ (R_S + R_{JFET} + R_{SUB}) \tag{8-54}$$

式中，W 和 S 是图 8-17 所示元胞的宽度和半胞长。

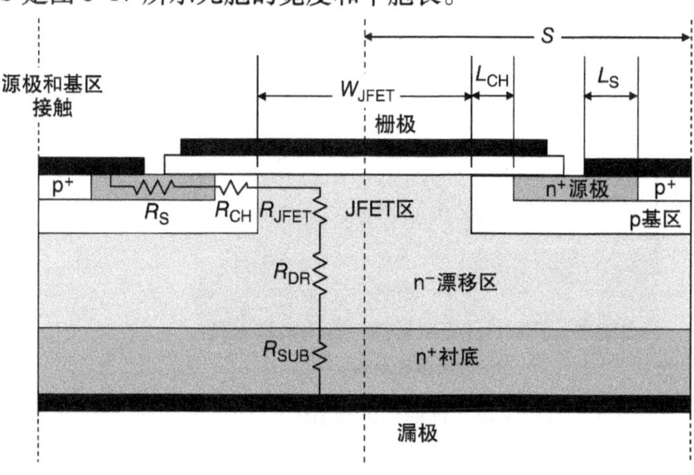

图 8-17　一个完整的 DMOSFET 元胞的横截面图，图中显示了重要的电阻元件

正如 7.1 节中所讨论的，设计师的目的是最大化单极型器件优值系数 $V_B^2/R_{ON,SP}$。用另一种方式描述，就是对于一个给定的阻断电压 V_B，我们的目标是最小化式（8-54）给出的比通态电阻。这包括调整器件参数（掺杂、厚度和横向尺寸），最小化总电阻和表面积（$W \cdot S$），同时保持所需的阻断电压。必须注意的是，阻断电压可能会受限于氧化层内超过符合氧化层可靠性要求的电场强度的限制，通常大约为 4MV/cm。一个全面的分析还必须包括由于电流聚集和电场强度聚集引起的二维效应。电流聚集发生在 MOS 沟道终点，当电流开始扩展进入 JFET 区时，以及发生在 JFET 区域的底部，当电流扩展进入更宽的漂移区时。在阻断状态下，电场聚集发生在元胞内 p 型基区的拐角处和整个 DMOSFET 器件的边界。这些

影响通常是由计算机模拟进行分析。

最小化电阻和面积，同时保持阻断电压的目标促使几种技术创新的产生。图8-18 展示了一个现代 SiC DMOSFET 器件[3]，结合了许多新颖的特性，包括①自对准亚微米 MOS 沟道，②更重掺杂的 JFET 区，③电流扩展层（CSL），④通过与多晶硅栅自对准形成的源极欧姆接触，⑤沿着叉指结构长边分段的 p 型基区接触。这种结构的参数提供一个阻断电压为 1200V 的最小 $R_{ON,SP}$。下面讨论新的特性和设计注意事项。

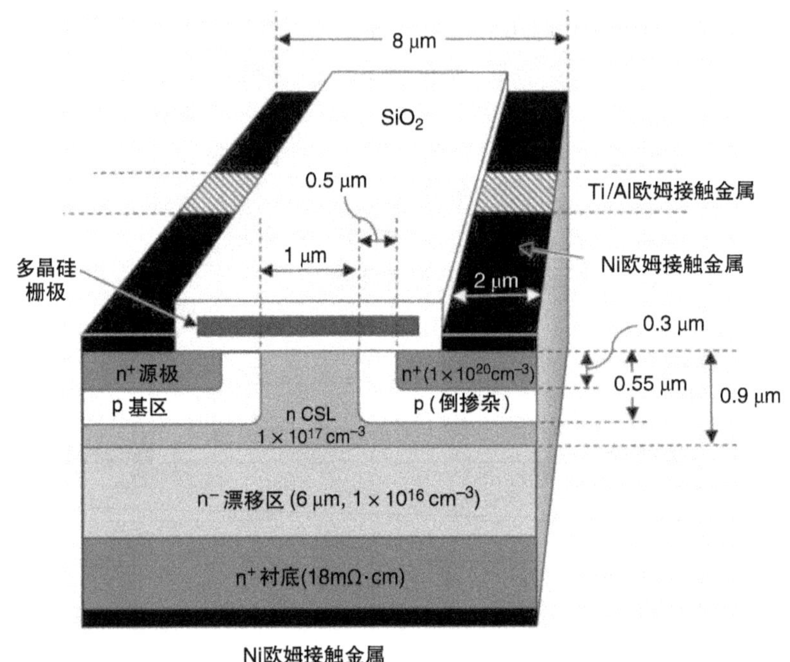

图 8-18　一个合并几个特性来提高性能的新型 DMOSFET。在实际的器件中，整个顶面覆盖着 Ni 接触金属和厚 Au 层（图中没有显示）

自对准亚微米沟道通过最小化式（8-52）中的 L 值减小沟道电阻。模拟表明，对于一个典型掺杂的基区，一个长度在 0.3 ~ 0.5μm 之间的沟道不会导致最大阻断电压下的穿通现象。自对准工艺通常会减小单胞长度 S。我们不会在这里描述具体制作工艺，但读者可以参考相关文献。

电流扩展层和更重掺杂的 JFET 区可以通过指定外延生长漂移区时顶层部分采用更高掺杂而很容易引入。增加 JFET 区的掺杂浓度到 $1\times10^{17}\text{cm}^{-3}$ 左右，允许 JFET 区的宽度 W_{JFET} 减少到 1μm 左右。这有几个好处：减少单胞尺寸 S，减少阻断状态下基区拐角处的电场强度聚集，而且阻断状态下栅氧化层内的电场更小。当然，减少 W_{JFET} 会导致 R_{JFET} 增加，所以有必要做折中考虑，这样做是为了最大化整个优值系数 $V_B^2/R_{ON,SP}$[3]。

基区下面的电流扩展层（CSL）缓解了电子从 JFET 区流入漂移区的电流聚集，从而减少了电阻。在关断状态下，这个更高掺杂的薄层导致临近基区的峰值电场强度略微增加，但这个较高的电场强度又被较高掺杂浓度材料中临界击穿电场强度的增加所弥补，实际的击穿电压并不减小。

使用源极接触自对准技术允许源极欧姆接触金属和顶层金属直接沉积在多晶硅栅上，通过厚氧化层与栅极隔离。这通过消除对准公差减小了元胞面积，通过缩减 n^+ 源区降低了源极电阻，并通过在整个单胞宽度上扩展金属减少了沿着叉指方向的顶层金属的电阻。

如图 8-18 所示，通过消除沿叉指长度的 p^+ 基区接触，只在孤立点上插入这些接触，可以进一步减少单胞尺寸 S。这个方法是可行的，因为几乎没有电流流过 p 基区。不过，我们必须确保在反向偏压下的耗尽区内产生的空穴水平地流经基区时产生的压降不足以使源－基极结正偏，因为源极、基极和漂移区形成的寄生双极型晶体管的增益会减少阻断电压。

虽然不是一个新的特征结构，源极欧姆接触的宽度 L_S 是另一个相关参数。为最小化单胞尺寸，我们希望减少 L_S，但这增加了接触电阻。一般来说，我们可以减少 L_S，直到源极电阻开始成为式（8-54）中 $R_{ON,SP}$ 的重要组成部分。1～2μm 通常是最佳的宽度。

图 8-18 所示的结构当然不是 SiC DMOSFET 结构优化的终点，技术是不断进步的。读者可以参考目前的文献资料来了解最新的进展。

8.2.8 UMOS 的先进设计

因为沟槽型结构，UMOSFET 相对于 DMOSFET 等平面器件，既提供了机遇，又提出了挑战。UMOSFET 可以在较 DMOSFET 小的表面区域制造出来，因为其 MOS 沟道是沿着垂直于表面的方向。也更容易形成一个短（亚微米）沟道，因为沟道长度是由外延生长决定的。然而，MOS 沟道形成在晶体的非极性刻蚀面，栅氧化层和 MOS 界面的性质不同于那些在（1000）面上形成的情况。关键参数包括界面态密度、固定电荷浓度、反型层迁移率、氧化层可靠性和最大允许氧化层电场强度。我们将在下文中详细讨论这些参数，现在我们只限于几何结构和设计优化。

图 8-19 显示了垂直型 UMOSFET 中的主要电阻，显然器件的几何结构有效地消除了 DMOSFET 中存在的 JFET 电阻。由于 UMOSFET 中电流是二维的，准确的分析需要计算机模拟。

图 8-16 展示了 UMOSFET 在关断状态下的电场，我们前面提到过，沟槽拐角处是电场强度严重聚集的位置。因为氧化层中电场强度是半导体中电场强度峰值的 2.5 倍，这是一个严重的问题。幸运的是，可以通过修改设计来减少这些氧化层电场强度。图 8-20 所示为一个现代 SiC UMOSFET[4]，其中包含两个特性来减少氧化层电场强度和促进电流扩展到漂移区：一个自对准于沟槽底部的 p 型注入，及一个

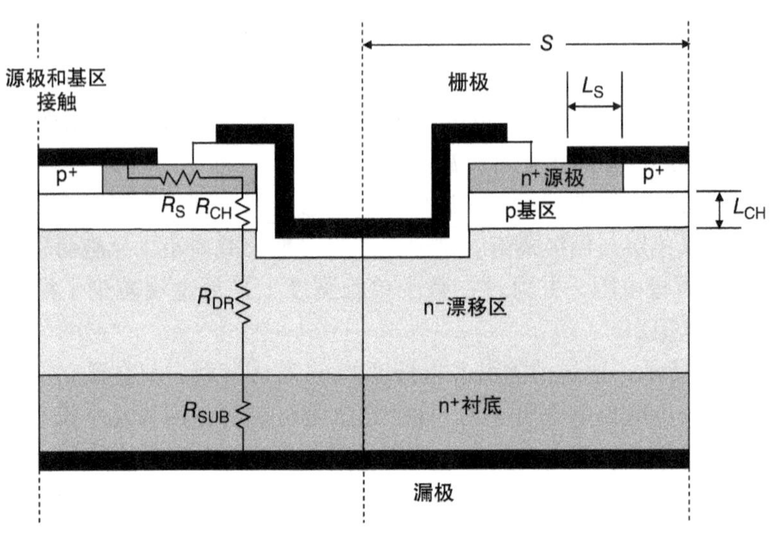

图 8-19 重要电阻元件的一个完整 UMOSFET 元胞的横截面

外延生长过程中置于基区下方的 n 型电流扩展层（CSL）。此外，通过将接触放在元胞阵列的边缘消除 p^+ 基区接触。

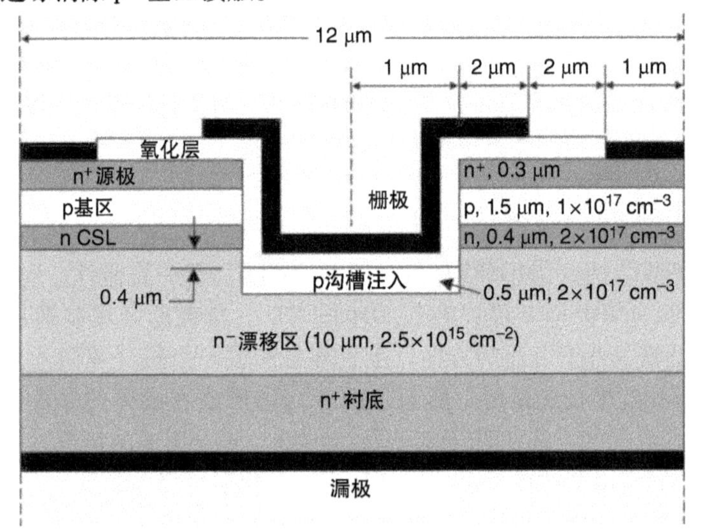

图 8-20 包含几个特征来提高性能的 UMOSFET 设计，包括一个自对准于沟槽底部的 p 型注入和一个基区外延层下方的 n 型电流扩展层（CSL）

p 型沟槽注入是在沟槽刻蚀后利用同一掩膜版即刻注入的。注入区通过元胞阵列边缘的欧姆接触接地（图中没有显示）。在关断状态下，沟槽注入区起到与 p 型基区外延层同样的作用。就像图 8-16 中 pn 结部分的电场线终止在 p 型基区，沟槽下方区域的电场线现在可以终止在沟槽底部的注入区，而不会深入到氧化层中。因此，在沟槽拐角处的氧化层中的高电场强度会被大大降低，不会再限制关断电压。

沟槽注入一个不好的副作用是在 MOSFET 沟道底部引入了一个 JFET 区。为了解决这个问题，在外延过程中在基区下方加入一个更重掺杂的n型电流扩展层（CSL），如图中所示。CSL最小化JFET电阻，并促进电流从MOS沟道到漂移区的横向扩展。

读者还会注意到图8-20所示的UMOSFET的沟道长度比图8-18所示的DMOSFET的沟道长。较长的L_{CH}没有增大元胞面积，但它增大了沟道电阻，如式（8-52）所示。通过采用一个较薄的基区外延层虽然可以很容易地减小L_{CH}，但这可能导致在高漏极电压下基区穿通的现象。我们可以通过增大基区掺杂来避免穿通，但这会增大MOS沟道区的表面掺杂，进而增加阈值电压。这反过来会增加沟道电阻，如式（8-52）所示，抵消了减小L_{CH}带来的益处。这个难题在倒掺杂基区注入的DMOSFET中被解决了[3]。

8.2.9 阈值电压控制

生产过程中的阈值电压控制和操作过程中的阈值电压的稳定性是功率MOSFET至关重要的问题。在源极估算的情况下，MOSFET的阈值电压由式（8-42）给出。因为在源极$V_R(0)=V_S$处，准费米能级分裂，我们可以写作

$$V_T = V_{FB} + (2\Psi_F + V_S) + \sqrt{2V_0(2\Psi_F + V_S)} \tag{8-55}$$

式中，Ψ_F由式（8-21）给出，V_0由式（8-28）给出。在功率MOSFET中，源极通常接地，所以$V_S=0$。Ψ_F是由掺杂和温度决定的，V_0是由掺杂和氧化层厚度决定的。掺杂和氧化层厚度都可以在制造过程中很好的控制，没有严重的重复性问题。式（8-55）中的最关键的项是平带电压V_{FB}，定义为在半导体中产生平带状态所需的栅压，也就是说$\Psi_S=0$。平带电压在大多数教科书中都有推导过程，可被写为

$$V_{FB} = \frac{\Phi_{GS}}{q} - \frac{Q_F}{C_{OX}} - \frac{Q_{IT}(\Psi_S=0)}{C_{OX}} \tag{8-56}$$

式中，Φ_{GS}是栅极－半导体功函数差，由栅极材料与半导体之间功函数之差得到，Q_F是氧化层/半导体界面的固定电荷浓度，$Q_{IT}(\Psi_S=0)$是在平带状态下的界面态电荷浓度。如果需要的话，可以添加额外的项代表栅氧化层中的电荷。在前面讨论的理想结构中Φ_{GS}、Q_F和Q_{IT}为零，导致$V_{FB}=0$。现在我们考虑更一般的情况，即这些项都不为零时的情况。

我们首先讨论栅极－半导体之间功函数差Φ_{GS}。图8-21显示了在SiC MOS技术中几个重要的材料之间的能带偏移量。真空能级E_{VAC}代表了电子从材料中逃逸到真空中，且没有剩余动能的情况下所需的能量。材料的电子亲和能χ是促进一个电子从导带到真空能级所需要的最小能量，而材料的功函数Φ是将一个电子从费米能级移动到真空能级所需要的最小能量。图8-21所示都是材料的基本性质，不受工艺过程影响。栅极材料和半导体之间的功函数差Φ_{GS}为

$$\Phi_{GS} = \Phi_G - \Phi_S \tag{8-57}$$

如果栅极是金属，Φ_G是一个由金属种类决定的固定常数Φ_M。如果栅极是半导

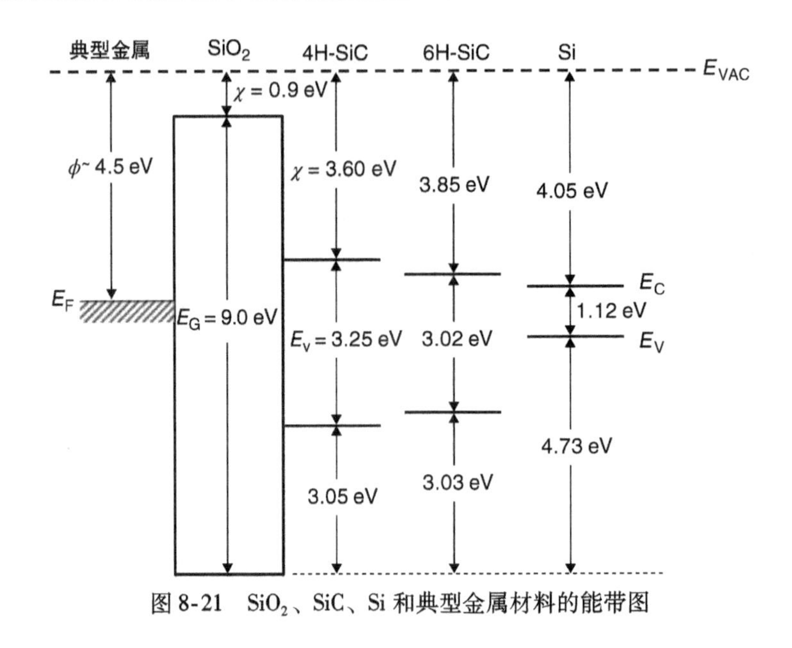

图 8-21 SiO_2、SiC、Si 和典型金属材料的能带图

体，Φ_G取决于栅极的掺杂浓度。一个半导体的功函数可以写作

$$\Phi_S = \chi + (E_C - E_F) = \chi + \frac{E_G}{2} \pm kT\ln\left(\frac{N_{A,D}^{-,+}}{n_i}\right) \tag{8-58}$$

式中，$N_{A,D}^{-,+}$是半导体中电离杂质的浓度。图 8-22 显示了一个带有简并掺杂的 p 型多晶硅栅的 n 沟道 4H - SiC MOSFET 的能带图，图中栅极的费米能级位于价带边缘。简并掺杂的 p 型多晶硅栅中，$\Phi_G = \chi + E_G = 5.17\text{eV}$，对于一个受主掺杂浓度为 $2\times10^{17}\text{cm}^{-3}$的 4H - SiC，考虑到 Al 受主的不完全电离，室温下 $\Phi_S = 6.64\text{eV}$，由式（8-58）给出。因此，栅极 - 半导体的功函数差 $\Phi_{GS} = -1.47\text{eV}$。

现在我们关注式（8-56）中氧化层固定电荷和界面态电荷项。在热氧化的 SiC 中，固定电荷 Q_F存在于氧化物/半导体界面的薄层上，这个电荷通常是正的，只取决于氧化和退火条件，与氧化层厚度和衬底掺杂无关。此外，一个界面态的薄层也存在于界面处，分布在禁带中不同能级处。这些态可以与半导体中的少子和多子能带交换电荷，界面态中的电荷 Q_{IT}取决于能带弯曲量。在平衡状态下，费米能级以下的态被电子占据，费米能级以上的态是空的。我们将平带状态下的界面态中的净电荷用 Q_{IT}（$\Psi_S = 0$）表示。应该注意到，因为 Q_F和 Q_{IT}都存在于界面处的薄层中，它们对静电势的影响是相同的，可以从式（8-56）看出。也因为这个原因，Q_F和 Q_{IT}（0）不能用电学测量区分开，因此采用有效固定电荷Q_F^*代表在平带状态下的总界面态电荷是常见的做法。

由于界面态电荷取决于能带弯曲量，阈值电压的表达式式（8-55）需要修正，以反映阈值状态下 Q_{IT}较平带状态下大这一事实。更完整的表达式可以写作

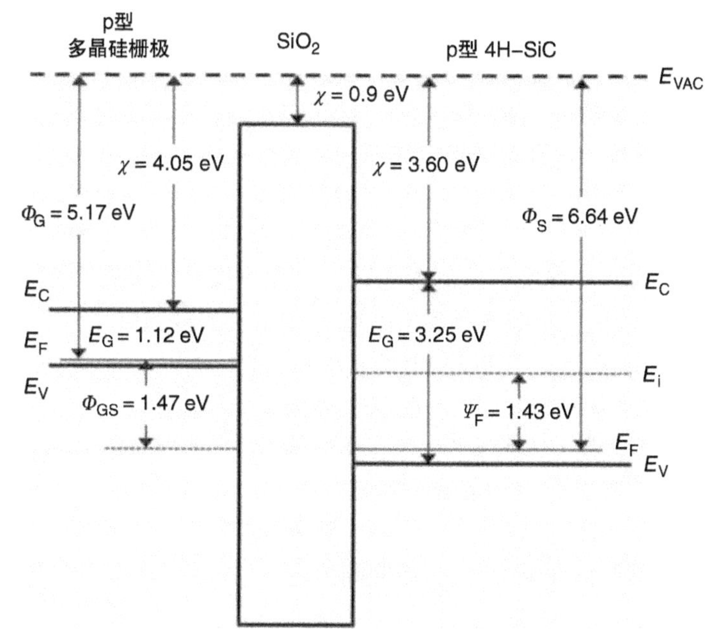

图8-22 n沟道4H-SiC MOSFET的能带图，受主掺杂浓度为$2\times10^{17}cm^{-3}$，多晶硅栅为p型简并掺杂。这里我们假设界面没有净电荷存在，也就是说，$Q_F=0$

$$V_T=\left[\frac{\Phi_{GS}}{q}-\frac{Q_F}{C_{OX}}-\frac{Q_{IT}(\Psi_S=2\Psi_F+V_S)}{C_{OX}}\right]+(2\Psi_F+V_S)+\sqrt{2V_0(2\Psi_F+V_S)} \tag{8-59}$$

式中，界面态电荷项是对应表面反型状态下能带弯曲量进行估算的。

阈值电压是温度的函数。随着温度的增加，诱导反型层形成的能带弯曲量$(2\Psi_F+V_S)$会由于本征载流子浓度的增加而降低，如式（8-21）所示。同时，式（8-21）中的温度预因子和增加的电离受主N_A^-会部分抵消能带弯曲量的降低。图A-1显示了几种不同掺杂下，4H-SiC中Al受主杂质电离率随温度的变化情况，图A-3显示了采用式（8-21）得到的Ψ_F与温度和掺杂的关系。随着温度增加，费米能级逐渐接近禁带中线，因此达到阈值电压的能带弯曲量$(2\Psi_F+V_S)$随之降低，进而，如式（8-59）所示，阈值电压降低。

还有两个影响阈值电压V_T的温度依赖特性的因素。因为在阈值电压时，费米能级更接近禁带中线，存在于界面态中的负电荷将减少，所以$Q_{IT}(\Psi_S=2\Psi_F+V_S)$以级数量级减小。一个绝对值较小的负$Q_{IT}$意味着一个较小的正阈值电压。式（8-58）给出的半导体功函数Φ_S也是温度的函数。在p型衬底（n沟道MOSFET）中，Φ_S随温度升高而降低；在n型衬底（p沟道MOSFET）中，Φ_S随温度升高而升高。温度对阈值电压的影响可以通过减小界面态密度来降低，但是能带弯曲量的减小和半导体功函数的改变不能通过提高材料或工艺技术进行改善。

在商业化生产过程中对阈值电压的控制是必不可少的。在生产中调整阈值电压的一个方法是在界面层下方插入一层薄薄的 n 型半导体。这一层可以通过外延或离子注入形成，掺杂和厚度需要精心确定以确保这一薄层半导体在阈值电压下被完全耗尽，如果这一层足够薄，这一层中净电荷可以被当作是界面处的一层面电荷。我们就可以将这部分施主电荷加入有效氧化层固定电荷中，平带电压可写作

$$V_{FB}=\frac{\Phi_{GS}}{q}-\frac{Q_F^*}{C_{OX}}-\frac{Q_{SURF}}{C_{OX}} \tag{8-60}$$

式中，Q_{SURF}是由表面 n 型层引入的面电荷。这允许设计人员在一定范围内调整式(8-55) 中的阈值电压，只要有效固定电荷Q_F^*受到很好的控制。

尽管图中没有显示，图 8-18 中的 DMOSFET 和图 8-20 中的 UMOSFET 的 p 型基区表面都有一层 n 型薄层。在 UMOSFET 中，在沟槽刻蚀和注入激活后，栅氧化层生长前，生长了一层 150nm 厚，掺杂浓度为$1\times10^{17}\ cm^{-3}$的 n 型外延层[4]。这一外延层的主要目的是降低阈值电压，但同时也增加了迁移率。这是因为表面 n 型层的宽度足以影响近表面区域的能带图，如图 8-23 所示。这里我们看到近表面处电场强度已经被减弱（注意近表面处的能带是向上凹的）。垂直于表面方向上的较低的电场强度减弱了界面散射，增加了反型层的迁移率。具有这样特征的器件有时也被称为掺杂沟道场效应晶体管或积累层场效应晶体管（ACCUFET）。图 8-18 的 DMOSFET 有一个通过在 p 型基区表面 100nm 薄层中注入剂量为 $5\times10^{12}\ cm^{-2}$的氮而形成的掺杂沟道层。在 DMOSFET 和 UMOSFET 中，部分表面层在栅氧化过程中被消耗，所以剩下的面电荷浓度略低于上文所述。

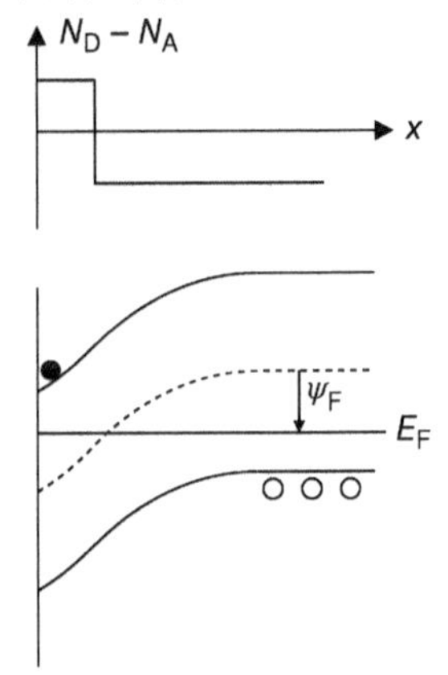

图 8-23　带有 n 型表面薄层的 MOSFET 的掺杂分布和能带图。表面电场强度与表面能带弯曲的斜率成正比，在这个结构中被减小

8.2.10　反型层电子迁移率

8.2.10.1　影响反型层迁移率的机理

在 8.2.3 节中推导的 MOSFET 的电流 - 电压特性中，我们用符号μ_N^*表示反型层中的电子迁移率。在反型偏置状态下，电子被强大的半导体的能带弯曲局限于氧化层/半导体的界面中。由于氧化物/半导体界面中散射的增加，反型层中的电子迁移率低于半导体体材料中的电子迁移率。此外，随着栅压的增加，迁移率降低，因为更高的栅压增强了电场强度进而将电子限制在界面处，导致散射的增强。迁移率与栅压的关系可以由经验方程进行描述：

$$\mu_N^*\approx\frac{\mu_0^*}{1+\theta(V_G-V_T)} \tag{8-61}$$

式中，μ_0^*是阈值状态下的峰值迁移率，θ是表征电场强度减小速率的参数。

在硅 MOSFET 中，阈值状态附近的反型层迁移率大约是体材料迁移率的一半，但是在 4H－SiC 中，Si 面上反型层的迁移率只有体材料迁移率的 5%～10%。这会影响到功率 MOSFET 的性能，增加比导通电阻，如式（8-52）所示。低反型层迁移率是限制 4H－SiC MOSFET 和 IGBT 的主要因素，反型层传输是需要深入研究的课题。

反型层中的电子迁移率受到几种散射机制的限制，包括表面声子散射，固定电荷和带电界面态的库仑散射，以及由于界面处结构和化学配比的无序引起的表面粗糙散射。此外，反型层电子也受到如同半导体体材料中电子受到的散射机制。迁移率与总散射率成反比，并假设不同过程的散射率可以相加，总迁移率可以用 Matthiesson 定律表达为

$$\frac{1}{\mu_N^*}=\frac{1}{\mu_B}+\frac{1}{\mu_{PH}^*}+\frac{1}{\mu_C^*}+\frac{1}{\mu_{SR}^*} \tag{8-62}$$

式中，μ_B是半导体体材料的电子迁移率，μ_{PH}^*是受表面声子散射的迁移率，μ_C^*是受库伦散射的迁移率，μ_{SR}^*是受表面粗糙度散射的迁移率。因此，反型层的迁移率是由几种散射机制相互作用决定的，它们的大小受到器件工艺和工作状况的影响。这些影响机制中有许多与有效垂直电场有关，定义为半导体中垂直于表面方向的电场，认为位于反型层的中心处[5]。在单独考虑散射机制之前，我们要先研究有效垂直电场与栅压、掺杂和温度等参数的关系。

在硅中，反型层迁移率与有效垂直电场强度 E_{EFF} 的关系遵循通用曲线，可以写作[5]

$$E_{EFF}=(Q_N/2+Q_D)/\varepsilon_s \tag{8-63}$$

式中，Q_N是反型层的面电荷密度，Q_D是半导体耗尽区的单位面积电荷。对于一个工作中的晶体管，Q_N和 Q_D在沿着沟道方向都是位置 y 的函数。使用式（8-23）、式（8-29）和式（8-34），耗尽区电荷可以写作

$$Q_D=-C_{OX}\sqrt{2V_0(2\Psi_F+V_R)} \tag{8-64}$$

式中，Ψ_F由式（8-21）给出，V_0由式（8-28）给出。准费米能级分裂 V_R沿沟道方向是位置的函数，从源极的 $V_R=V_S$变化为漏极的 $V_R=V_D$。根据 δ 耗尽静电学，半导体耗尽区中的电荷在反型状态下与栅压无关，如式（8-64）所示。更精确的分析揭示出它们之间存在着一个微弱的关系，但在目前的讨论中我们将给予忽略。

通过适当修正式（8-27），可以从其栅压与表面势的关系获得反型层电荷 Q_N。式（8-27）是通过假定耗尽区偏置，没有反型层存在得到的。在反型层中应用式（8-27），我们必须用包含反型层电荷屏蔽效应的“有效”栅压取代 V_G。执行这个修正并设定反型状态下的表面势 Ψ_S（inv）＝（$2\Psi_F+V_R$），我们获得

$$V_G-V_{FB}+Q_N/C_{OX}=(2\Psi_F+V_R)+\sqrt{2V_0(2\Psi_F+V_R)} \tag{8-65}$$

求解 Q_N，并扩展 V_{FB}项，使得包含界面态电荷 Q_{IT}，我们可写作

$$Q_N=-C_{OX}\left[V_G-\frac{\Phi_{GS}}{q}+\frac{Q_F}{C_{OX}}+\frac{Q_{IT}(\Psi_S=2\Psi_F+V_R)}{C_{OX}}-(2\Psi_F+V_R)-\sqrt{2V_0(2\Psi_F+V_R)}\right] \tag{8-66}$$

通过设定 $V_R=V_S$，我们可以在源极应用式（8-64）和式（8-66）。然后使用式（8-59），源极的反型层电荷最简化表达式 $Q_N(y=0)=-C_{OX}(V_G-V_T)$，表明一旦 V_G超过 V_T，反型层电荷随栅压线性增加。

温度对 Q_N和 V_T的影响有两种机制。如图 A-3 所示，费米势 Ψ_F随温度升高而降低，也就是说，随着温度的增加，费米能级移近禁带中线。这意味着达到反型所需能带弯曲量减少，这在式（8-59）和式（8-66）中通过 $2\Psi_F$项表示。这些方程中的 Q_{IT}项是界面态中的电荷，取决于表面费米能级的位置。对于一个反型状态下的 n 沟道 MOSFET，表面处的费米能级位于禁带中线上方，与禁带中线的电势差为 Ψ_F。随着温度提高及费米能级移近禁带中线，界面态的负电荷减少，Q_{IT}（为负值）增大。对于 n 沟道 MOSFET，随着温度升高，这两种效应都使 Q_N（为负值）减小，V_T（为正值）也减小。相反，Q_D（为负值）随着温度升高而变大，而 Ψ_F随着温度升高而减小（见图 A-3）。因为随着温度的增加，Q_N和 Q_D向相反的方向变化，通常，固定栅压下的有效垂直电场强度受温度影响较小，可以使用上述方程验证。

式（8-63）和式（8-64）表明，衬底掺杂较重的样品（更大的 V_0和 Ψ_F），在相同的反型层电荷浓度下具有更高的垂直电场强度，这将使电子限制在离界面更近的地方，从而增加散射，减小迁移率。此外，在较重掺杂的样品中，反型层中的费米能级更靠近导带底，所以界面态中有更多的负电荷，这会增加库伦散射。

现在我们将考虑式（8-62）中的四种散射机制。半导体体材料中与散射相关的迁移率受掺杂浓度和温度影响，可以描述为下述方程形式[6]：

$$\mu_B=\frac{\mu_{MAX}\ (300/T)^{\eta}}{1+\left(\dfrac{N_D^++N_A^-}{N_{REF}}\right)^{\gamma}} \tag{8-67}$$

式中，μ_{MAX}是 300K 下的峰值迁移率，T 是绝对温度，N_D^+ 和 N_A^- 是电离杂质浓度（取决于温度），η 和 γ 是常数。4H－SiC 中这些参数的值在表 8-1 中给出，附录 A 给出了 N_D^+ 和 N_A^- 与温度和掺杂浓度的关系。在正常工作条件下，体迁移率项并不是 SiC 反型层迁移率的限制因素。

表 8-1　反型层迁移率模型的参数，式（8-67）～式（8-70）

参数	数值	单位	参考文献
μ_{MAX}	1141	$cm^{-2}V^{-1}s^{-1}$	[8, 9]
N_{REF}	1.91×10^{17}	cm^{-3}	
η	2.8	—	
γ	0.61	—	
A	7.82×10^{7}	cm/s	[7]
B	9.92×10^{6}	$(V\ cm^{-1})^{-2/3}\ K\ cm\ s^{-1}$	
Γ_C	1.5×10^{11}	$eV^{-1}cm^{-2}$	[6]
n_C	1.5×10^{18}	cm^{-3}	
ζ_C	0.8	—	
Γ_{SR}	1.55×10^{13}	V/s	[10]

表面声子散射是指电子受表面声学声子影响发生的偏转。声子限制的迁移率可以写作[7]

$$\mu_{SP}^{*}=\frac{A}{E_{EFF}}+\frac{B}{TE_{EFF}^{1/3}} \tag{8-68}$$

式中，A 和 B 为根据实验结果进行理论拟合估算的参数，表 8-1 中给出了其常用值。声子限制的迁移率随垂直电场强度增加（栅压增加）而减小，也随温度上升而减小，因为温度越高伴随着晶格振动越大。尽管在硅样品中声学声子散射很重要，这一项在目前的 SiC MOSFET 的制造中通常不是限制因素。

库仑散射是指电子受到界面处带电中心的影响发生偏转，如固定电荷 Q_F和带电的界面态 Q_{IT}。散射效应与电荷极性无关，其取决于带电中心的总浓度而不是净电荷浓度。针对库伦散射已经提出了许多不同的公式，一个抓住本质物理的普遍被接受的形式为[6]

$$\mu_{C}^{*}=\frac{\Gamma_{C}}{(N_{F}+N_{IT})}T\left(1+\frac{n_{S}}{n_{C}}\right)^{\zeta_{C}} \tag{8-69}$$

式中，N_F是固定电荷的总浓度（正负电荷之和），N_{IT}是带电的界面态的总浓度（正负之和），n_S是表面处单位体积的电子浓度，Γ_C、n_C和 ζ_C的常用值由表 8-1 给出。在栅压接近阈值电压时，n_S很小，库伦散射限制反型层迁移率，但当栅压增大时（更高 n_S值），由于反型层电子的屏蔽作用，库伦散射的影响迅速降低。在具有高固定电荷 N_F或高界面态密度 N_{IT}的样品中，库仑散射可以限制 μ_N^* 到个位数，但是氧化和退火工艺的改善可降低 N_F和 N_{IT}，使库伦散射对反型层迁移率的限制与表面粗糙度散射相近。

表面粗糙度散射是指电子受界面处的结构缺陷影响发生偏转。在 Si 中，表面粗糙度散射归因于表面台阶和界面处未氧化的 Si 颗粒。然而，在 SiC 中情况更加复杂，有证据表明在界面处存在几纳米的过渡层，其化学成分从纯 SiC 逐渐变化为纯 SiO_2。过渡层可以在高分辨率透射电子显微镜（TEM）图像中看到，宽度有几纳米[11]。空间分辨电子能量损失谱（EELS）显示 C/Si 比的过渡区约在 SiC 内部 3nm 处开始，向上扩展约 5nm 到 SiO_2层中。SiC 表面层也表现出一些结构无序性，这是由氧化过程导致的，SiO_2的第一层包含剩余的碳[11]。过渡层的宽度受氧化和退火过程的影响，具有较薄过渡层的样品有更高的峰值反型层迁移率[12]。

借用 Si 文献中的表达式，表征表面粗糙度散射的一般形式为[13]

$$u_{SR}^{*}=\frac{\Gamma_{SR}}{E_{EFF}^{2}} \tag{8-70}$$

式中，参数 Γ_{SR}取决于设定的粗糙度的相关长度和平均高度。尽管 SiC 复杂的界面性质需要进一步研究，已经有几个研究人员将这个方程应用于 4H - SiC[7,14]。然而，式（8-70）的一般形式显示了表面粗糙度散射强烈依赖于垂直电场强度。粗糙度散射限制了高垂直电场强度下 SiC MOSFET 的迁移率，是栅压高于阈值电压时迁移率降低的原因。假如垂直电场强度不变，这种散射本质上是与温度无关的。

图 8-24 显示了四种散射机制随反型层电荷浓度（或栅压）和温度的不同变化关系。结果显示两个温度，分别是 23℃和 344℃。箭头表示随温度增加，特定的散射机制变化趋势。在室温下，大多数样品中，库仑散射在低电子浓度（栅压接近阈值电压）时是限制迁移率的主要因素，表面粗糙度散射在高电子浓度（强反型状态）时是主要限制因素。体材料和表面声子散射在室温下影响较小。当温度升高时，库仑散射和表面粗糙度散射减弱，表面和体材料声子散射增强。总的迁移率随温度升高略有减少，主要是由于体材料声子散射的显著增强。这幅图描绘了符合广泛文献报道的一般趋势，但并没有描述任何特定的器件。随着技术的进步，界面态密度和表面粗糙度散射会继续减少，从而导致更高的迁移率和更好的 MOSFET 性能。

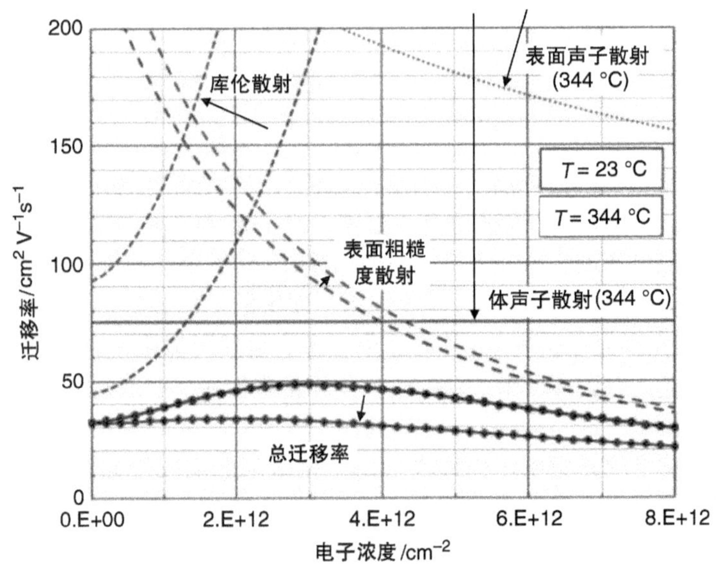

图 8-24　表面散射机制与反型层电荷浓度和温度的一般依赖关系。用于生成这些图的参数较表 8-1 中有略微改动，目的是使结果与广泛的文献报道保持一致

8.2.10.2　反型层迁移率的器件相关定义

在讨论了控制反型层中电子输运的物理机制后，我们现在考虑三种不同的与器件相关的反型层迁移率定义：有效（或导电）迁移率 μ_{EFF}^*，场效应迁移率 μ_{FE}^*，霍尔迁移率 μ_H^*。虽然密切相关，但是每个定义都在器件工作状态和工艺方面提供稍微不同的视角。

式（8-47）使用了“平方律”近似，给出了 MOSFET 的电流，且源极接地（式（8-44）中包含了非零源电压的影响）。有效（或导电）迁移率通过测量小的漏极电压下的漏极电导 g_D 推导出，式（8-47）中的 V_{DS}^2 项可以忽略。忽略了 V_{DS}^2 项，我们可以写作

$$g_{\mathrm{D}}=\frac{\partial I_{\mathrm{D}}}{\partial V_{\mathrm{DS}}}=\mu_{\mathrm{EFF}}^{*}C_{\mathrm{OX}}\frac{W}{L}(V_{\mathrm{G}}-V_{\mathrm{T}}) \tag{8-71}$$

因此，

$$\mu_{\mathrm{EFF}}^{*}(V_{\mathrm{G}})=\frac{L}{C_{\mathrm{OX}}W(V_{\mathrm{G}}-V_{\mathrm{T}})}g_{\mathrm{D}}(V_{\mathrm{G}}) \tag{8-72}$$

在实践中，通过 $I_{\mathrm{D}}-V_{\mathrm{DS}}$ 曲线原点（$V_{\mathrm{DS}}=0$）的斜率得到以栅压为变量的 μ_{EFF}^{*}。这个迁移率应该用于式（8-44）和/或式（8-47）中的 μ_{N}^{*} 来计算电流。由于迁移率随栅压变化，μ_{EFF}^{*} 通常通过经验公式式（8-61）估算。

文献中最常引用的迁移率是场效应迁移率，是在一个小的漏极电压下测得的跨导曲线中提取的。根据在较低的 V_{DS} 下获得的式（8-47），且 $\mu_{\mathrm{N}}^{*}=\mu_{\mathrm{EFF}}^{*}$，跨导可以写作

$$\begin{aligned}g_{\mathrm{M}}&=\frac{\partial I_{\mathrm{D}}}{\partial V_{\mathrm{G}}}=C_{\mathrm{OX}}\frac{W}{L}V_{\mathrm{DS}}\frac{\mathrm{d}}{\mathrm{d}V_{\mathrm{G}}}[\mu_{\mathrm{EFF}}^{*}(V_{\mathrm{G}}-V_{\mathrm{T}})]\\&=C_{\mathrm{OX}}\frac{W}{L}V_{\mathrm{DS}}\left[\mu_{\mathrm{EFF}}^{*}+(V_{\mathrm{G}}-V_{\mathrm{T}})\frac{\mathrm{d}\mu_{\mathrm{EFF}}^{*}}{\mathrm{d}V_{\mathrm{G}}}\right]\\&=\mu_{\mathrm{FE}}^{*}C_{\mathrm{OX}}\frac{W}{L}V_{\mathrm{DS}}\end{aligned} \tag{8-73}$$

因此，

$$\mu_{\mathrm{FE}}^{*}(V_{\mathrm{G}})=\frac{L}{C_{\mathrm{OX}}WV_{\mathrm{DS}}}g_{\mathrm{M}}(V_{\mathrm{G}}) \tag{8-74}$$

根据式（8-73），场效应迁移率与有效迁移率的关系是

$$\mu_{\mathrm{FE}}^{*}=\mu_{\mathrm{EFF}}^{*}+(V_{\mathrm{G}}-V_{\mathrm{T}})\frac{\mathrm{d}\mu_{\mathrm{EFF}}^{*}}{\mathrm{d}V_{\mathrm{G}}} \tag{8-75}$$

因为 μ_{EFF}^{*} 随 V_{G} 减小，偏微分为负，且在任何偏压下有 $\mu_{\mathrm{FE}}^{*}<\mu_{\mathrm{EFF}}^{*}$。图 8-25 显

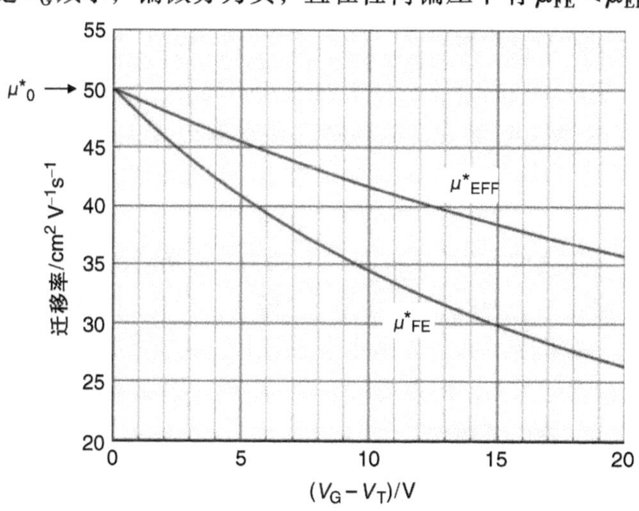

图 8-25　有效迁移率和场效应迁移率之间的关系，数值为经过热氧化和 NO 后退火的 4H－SiC MOSFET（0001）面上的典型值

示了μ_{EFF}^*和μ_{FE}^*随栅压的变化曲线。在阈值电压附近，有效迁移率和场效应迁移率相等，但随着栅压增大，μ_{FE}^*比μ_{EFF}^*下降更快。

需要注意的是，在式（8-44）和式（8-47）中用μ_{FE}^*代替μ_{EFF}^*会低估电流值。因为μ_{FE}^*是一个微分迁移率，基于μ_{FE}^*计算电流值时，需要将μ_{FE}^*对V_G进行积分。根据式（8-73），我们可以写作

$$I_D = \int_0^{V_G} g_M \mathrm{d}V'_G = C_{OX}\frac{W}{L}V_{DS}\int_0^{V_G}\mu_{FE}^*\mathrm{d}V'_G \tag{8-76}$$

因此在给定的栅压下，电流与μ_{FE}^*（V_G）从0到V_G的积分成正比，而不是与这个栅压下的μ_{FE}^*值成正比。任何提高略高于阈值电压区域内峰值场效应迁移率的工艺，将增大所有栅压下的电流值，即使高栅压下的μ_{FE}^*没有提高。

最后，我们转向霍尔迁移率μ_H^*。霍尔迁移率很重要，因为我们可以解释界面态捕获电荷的影响。在推导式（8-44）和式（8-47）时，假定在栅压高于阈值电压的情况下，栅极上额外的正电荷由反型层中等量的负电荷来平衡，如式（8-41）中所示。然而，如果存在界面态，在栅压高于阈值电压的情况下，栅电极上的部分电荷将由界面态中的电荷平衡，这将减少反型层中的电荷浓度。在不知道禁带中界面态分布的情况下，无法计算出有多少电荷被界面态捕获，有多少电荷留在反型层中。如果实际的反型层电荷浓度小于式（8-41）中给出的值，使用式（8-72）和式（8-74）对μ_{EFF}^*和μ_{FE}^*的测定将会低估实际的载流子迁移率。式（8-44）和式（8-47）应该使用的是有效迁移率，因为μ_{EFF}^*包含了反型层迁移率的影响和界面态捕获电荷的影响，但是如果我们关心的是反型层中的真实载流子迁移率，霍尔迁移率就是最适合于方程的迁移率。

霍尔技术在文献中被广泛讨论，本书中只进行概述。当用于研究MOS晶体管的反型层时，霍尔技术在垂直于器件表面的方向加上一个磁场B_x，同时保持沟道中流过一个恒定的漏极电流J_y。磁场将在移动的电子上施加洛伦兹力，由下式给出：

$$F_z = -qv_y B_x \tag{8-77}$$

式中，F_z是穿过沟道宽度方向（z方向）上的力，v_y是沿沟道方向（y方向）的电子的漂移速度。洛伦兹力使电子向沟道一边偏转，产生一个横向电场强度E_z垂直于电流流动方向。在稳定状态下，由水平方向上的电场强度产生的力正好平衡了反方向上z方向上的洛伦兹力，所以有$qE_z = -qv_y B_x$。电场强度E_z产生一个水平电势差，称作霍尔电压，由下式给出：

$$V_H = -\left(\frac{J_y B_x W}{qn_S}\right) \tag{8-78}$$

式中，W是沟道的宽度，$J_y = -qn_S v_y$。霍尔电压可以用高阻抗探针在反型层的反面与反型层接触来进行测量。我们已经知道电流密度和磁场强度，通过式（8-78）

可以得到自由电子浓度 n_S，测试的电流和沟道中的载流子浓度能够推导出迁移率。此迁移率就是霍尔迁移率μ_H^*。

进一步考虑到动量弛豫效应，要对式（8-78）进行修正，即

$$V_H = -r_H\left(\frac{J_y B_x W}{qn_S}\right) \tag{8-79}$$

式中，r_H 为霍尔因数，$r_H = <\tau_m^2>/<\tau_m>^2$，其中，$\tau_m$ 为电子散射事件的平均时间。在室温下，4H－SiC 霍尔因数通常位于 0.96～0.99[15]，而在实验工作中普遍设置 $r_H=1$。

因为霍尔测量基于实际的自由载流子浓度，所以得到的霍尔迁移率代表反型层电子的真实迁移率，μ_H^* 一定会比 μ_{EFF}^* 大。

8.2.10.3　4H－SiC 反型层迁移率的实验结果

图 8-26 显示了 4H－SiC MOSFET 的场效应迁移率与温度的关系，器件制作在一个 Al 掺杂浓度为 $2.5\times10^{16}cm^{-3}$ 的 3μmp 型外延层上[16]。p^+（0001）衬底为偏轴 8°生长。54nm 的栅氧化层是在 1150℃ 下高温氧化形成的，紧随其后的是 30min 的原位氩退火，950℃下的再氧化退火 2h，以及 1175℃下的一氧化氮（NO）后氧化退火 2h。最后的 NO 退火用于减少禁带中上半部分的界面态密度[17]。多晶硅栅在 625℃下沉积和在 900℃下掺杂。在室温下，峰值迁移率是 $50cm^2V^{-1}s^{-1}$，在 15V 时减少到 $30cm^2V^{-1}s^{-1}$。当温度增加到 167℃时峰值低电场强度迁移率大约增加到 $60cm^2V^{-1}s^{-1}$，与库仑散射一致，在 344℃时减小到 $50cm^2V^{-1}s^{-1}$。在高电场强度下，迁移率随温度单调减少。迁移率随温度减小是受到声子散射的影响，可以

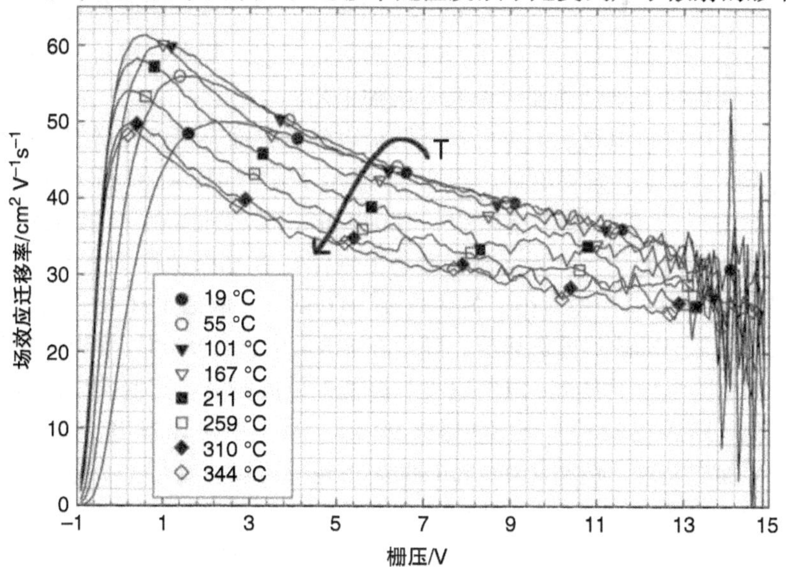

图 8-26　p 型外延层上制作的 4H－SiC MOSFET 场效应迁移率与温度的关系[16]

（由 IEEE 授权转载）

从图 8-24 所示的曲线推断出。在 344℃时，大部分栅压下，场效应迁移率下降到其室温值的 80%左右。

图 8-27 显示了一个 n 沟道 MOSFET 器件的霍尔迁移率作为载流子面密度的函数曲线，器件制作在一个铝掺杂浓度为 $5\times10^{15}cm^{-3}$ 的 p 型外延层上[18]。衬底是 4°偏轴（0001）面的 4H-SiC。氧化是在 1175℃下干氧中进行的，紧随其后的是在 950℃下湿氧再氧化退火和 NO 气氛中 1175℃的后氧化退火 2h，获得 53nm 的氧化层。这是一个类似于图 8-26 的 MOSFET 的氧化过程，但外延层掺杂浓度略低。温度低于 20℃时，霍尔迁移率随温度的增加而增加，这表明在这些温度下，传输主要受到库仑散射的限制。高于室温时，迁移率随温度只略微增加，表明这时传输主要受到表面粗糙度散射的影响。这些结论与图 8-24 所示的趋势是一致的。

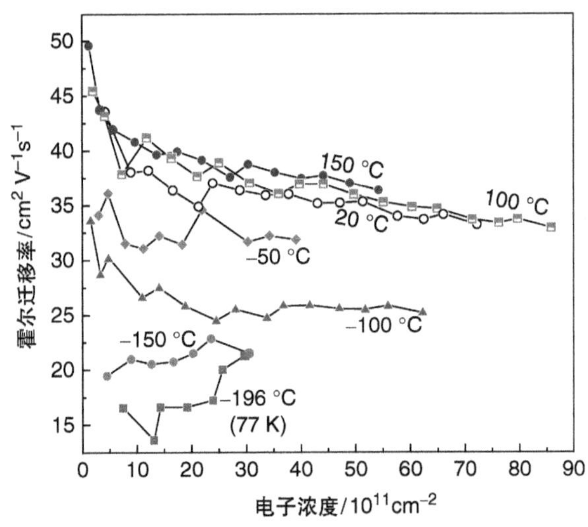

图 8-27　几个温度下的反型层霍尔迁移率随有效垂直电场强度的变化关系。样品的制备过程类似于图 8-26 中 MOSFET 的氧化过程[18]

（由 Trans Tech Publications 授权转载）

上面描述的 MOSFET 工艺已经被几个团队研究过，这些团队都报道 NO 退火可以提高迁移率。然而，最近开发了一些新的氧化工艺，其中一些对迁移率产生了更大的改善。我们接下来会简要讨论其中两种工艺。

在磷气氛中进行氧化后退火已被证明可以降低界面态密度和增加迁移率，甚至比标准的 NO 退火工艺效果更好。图 8-28 显示了几个 4H-SiC MOSFET 的界面态密度和场效应迁移率的测量结果[19]。这些 MOSFET 制作在 Al 掺杂浓度为 $7\times10^{15}cm^{-3}$的 p 型外延层上，界面态密度是由制作在 N 掺杂浓度为 $8\times10^{15}cm^{-3}$的 n 型外延层上 MOS 电容测量所得。衬底是 n^+（0001），偏轴 4°生长。通过干氧氧化法 1000℃下生长 56nm 的栅氧化层，随后在 $POCl_3$中进行 900℃、950℃或 1000℃退火 10min 和相同温度下 30min 氮气退火。淀积铝形成栅极。其他样品在 1000℃下进行干氧氧化，随后在 1250℃下 NO 退火 90min。从图中可以看出，900℃下磷退火不会降低界面态密度，但在 950℃和 1000℃下退火可以将禁带上半部分的界面态密度降低到 NO 退火样品以下。1000℃下 $POCl_3$退火样品的场效应迁移率远高于 1250℃下 NO 退火样品，峰值达到 $89cm^2V^{-1}s^{-1}$，在 20V 时下降到 $58cm^2V^{-1}s^{-1}$。这个结果与图 8-26 中的 MOSFET 相比，虽然迁移率的改善没有这么大，但仍是后者的 2 倍。

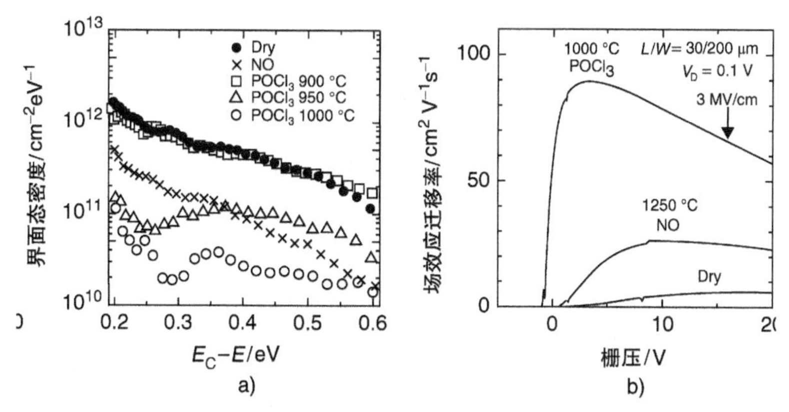

图 8-28　无后氧化退火、在 NO 中进行后氧化退火和在 $POCl_3$ 中进行后氧化退火的干氧样品的 a）界面态密度和 b）场效应迁移率。$POCl_3$ 退火样品的迁移率的大幅增加与界面态密度降低有关[19]

（由 IEEE 授权转载）

迁移率的改善解释为减少带电界面态的库仑散射，但磷退火工艺也可能在 SiC 表面引入一个浅的 n 型层。这似乎是可靠的，因为磷在正常氧化温度下可以在 4H - SiC 中激活为施主杂质。这将产生一个类似于 8.2.9 节中讨论的掺杂沟道 FET 的情况。如图 8-23 所示，在给定反型层电子浓度下，表面掺杂降低了表面垂直电场强度，这将会导致更高的迁移率。然而，磷退火也将氧化层转化为磷硅酸盐玻璃（PSG），一个具有压电效应的极性材料，这将对阈值电压引入一个不稳定因素[20]。磷原子分布于整个栅绝缘介质，充当电子陷阱，在高电场强度下导致阈值电压正向漂移[21]。这种不稳定性使得这种工艺很难在生产环境中应用。

几个研究小组已经探索了其他晶面上，如（$11\bar{2}0$）a 面上的反型层输运特性，该晶面的反型层迁移率一般高于（0001）Si 面。这些结果对于 UMOSFET（或 UMOS IGBT）等器件是很重要的，因为这些器件的反型层在 a 面上。图 8-29 显示了 Si 面和（$11\bar{2}0$）a 面上的 4H - SiC MOSFET 上测得的界面态密度和场效应迁移率[22]。平面 MOSFET 制作在 Al 掺杂浓度为 $1\times10^{16}\ cm^{-3}$ 的 p 型外延层上，界面态密度是通过制作在 N 掺杂浓度为 $1\times10^{16}\ cm^{-3}$ 的 n 型外延层上的 MOS 电容测量的。所有的样品都在 1150℃下进行干氧氧化。一些样品在 1175℃的 NO 中后氧化退火 2h，另一些使用平面扩散源在 1000℃的磷中后氧化退火 4h。在一个给定的晶面上，磷退火的场效应迁移率是 NO 退火的 1.5 ~2 倍。对于相同的后氧化退火工艺，($11\bar{2}0$)面上的迁移率是 Si 面上的 1.5 ~2 倍。通过磷退火，在（$11\bar{2}0$）面上获得了最高的迁移率。

在 Si 面上进行磷退火，较高的迁移率与较低的界面态密度有关，表明迁移率受到库仑散射的限制，至少在阈值偏压附近。然而，在（$11\bar{2}0$）面上，情况恰恰相反：磷退火可以获得更高的迁移率，但两个晶面上的界面态密度相似。比较两个晶面上的磷退火，即使（$11\bar{2}0$）面上具有更高的界面态密度，获得的迁移率也较

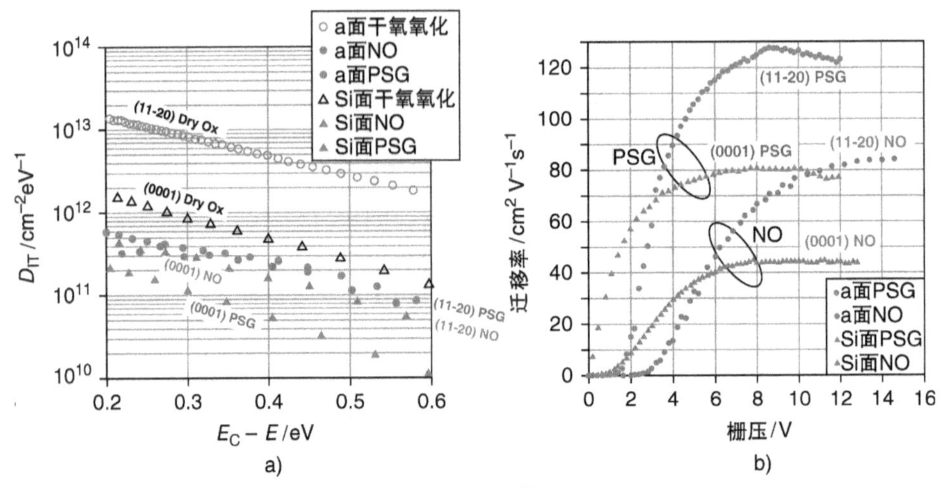

图 8-29 在两个晶向，(0001) Si 面和 (11$\bar{2}$0) a 面上进行干氧氧化的样品的 a）界面态密度和 b）场效应迁移率。给出了 N 和 P 后氧化退火的迁移率，及未退火、N 退火和 P 退火样品的界面态密度[22]

（由 IEEE 授权转载）

高。有两种可能性。Yoshioka 等[23]报道了某些退火程序产生的界面态具有较大的俘获截面，它们的频率响应是如此之快以至于不能被常规的 CV 方法检测到，所以 Si 面具有较低的总界面态密度的结论可能是不正确的。另一方面，如果磷通过在表面创建一个 n 型薄层实现高迁移率，这种掺杂工艺可能在 (11$\bar{2}$0) 面上比在 Si 面上更有效。这些问题只能通过进一步的实验来解决，建议读者参考文献来获取最新信息。

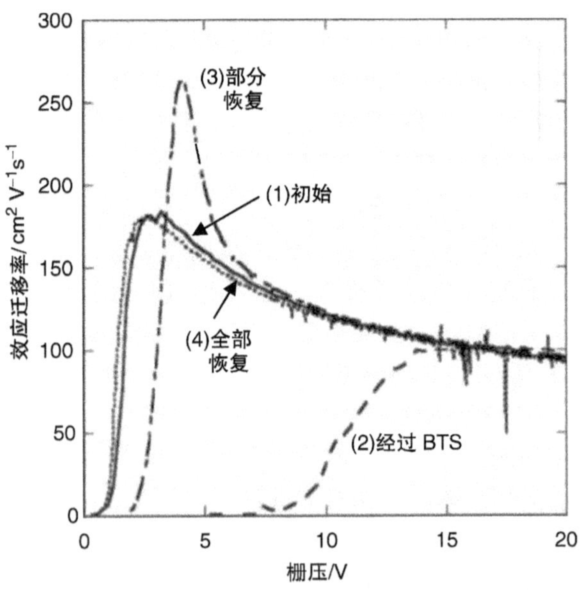

图 8-30 氧化层受到 Na 污染的 MOSFET 的场效应迁移率。负偏压－温度应力（BTS）将正的 Na 离子吸引到栅极上，在栅极上对静电势没有影响，但会使阈值电压产生正向漂移，同时减小迁移率。当应力移除后，阈值电压和迁移率逐渐恢复到承受应力前的值[25]

（由 Trans Tech Publications 授权转载）

如图 8-30 所示[25]，观察到的一个有趣的结果是在氧化铝炉管中氧化的样品具有高迁移率[24]。高迁移率与钠离子在氧化层中的存在和位置有关，这些钠离子是由氧化炉炉管中的杂质引入的。在更高的温度下，这些离子

在 SiO_2 中是可移动的，通过施加正的或负的栅压，可以向界面或栅极漂移。在钠离子接近界面时，观察到了最高的迁移率，“初始”和“恢复”曲线如图 8-30 所示。当钠离子被负偏压 - 温度应力移动到栅极时，阈值电压增加，迁移率降低。在 n 型 MOS 电容上测得的界面态密度表明钠离子的位置对界面态密度没有影响[25]，说明库仑散射的减少不是改善迁移率的主要机制。同样重要的一点是，高栅电场强度下的迁移率不受离子的影响。换句话说，钠离子增强了低栅电场强度下的迁移率，而非高栅电场强度下的迁移率。引起这些现象的物理机制还不清楚。就像可以被预见的一样，钠离子引起的阈值电压的不稳定性排除了这种工艺在实际器件中应用的可能。

尽管磷和钠工艺引入了阈值电压的不稳定性，结果仍然令人鼓舞，因为它们显示了 4H - SiC MOS 器件中迁移率的显著提高是可能的。现在的目标是理解迁移率改善的机制，并发展实现迁移率改善的同时不引入不稳定性的工艺。

8.2.11 氧化层可靠性

与 Si 相比，SiC 的两个主要优点是其较宽的带隙和更高的雪崩击穿临界电场强度。4H - SiC 的临界电场强度是 Si 的 6 ~ 7 倍（见图 10-5），如第 7 章中所讨论的，同样耐压的 SiC 单极型器件的导通电阻只有 Si 器件的 1/400。然而，更高的临界电场强度意味着 SiC MOS 器件的栅氧化层可能比 Si 器件的氧化层承受更高的电场强度。根据高斯定律，氧化层电场强度与半导体表面电场强度有关，我们可以写作

$$E_{OX} = \frac{\varepsilon_s}{\varepsilon_{OX}} E_S(0) \approx \frac{10}{3.9} E_S(0) \approx 2.6 E_S(0) \tag{8-80}$$

式中，$E_S(0)$是半导体表面电场强度的垂直分量。在 SiC 中，$E_S(0)$（同样有 E_{OX}）是 Si 的 6 ~ 7 倍。固定电荷 Q_F 和界面陷阱电荷 Q_{IT} 会使氧化层电场强度进一步增加。此外，SiC 中电子和空穴注入到 SiO_2 中的势垒高度较低，如图 8-21 所示。较高的氧化层电场强度和较低的势垒提高了对 SiC MOS 器件长期可靠性的关注，尤其是在高温环境中。

文献中很少包含对 SiC MOS 可靠性的仔细研究。一个原因是需要大量的样品（20 ~ 50）和长时间的测量（数周甚至数月）来获得充足的数据组。大多数研究利用高温下的恒压应力。这个过程是使许多相同的器件，MOS 电容或 MOSFET，承受加速应力条件（高氧化层电场强度和高温），并监测通过栅氧化层的漏电流。选取一个特定的电流密度作为氧化层失效的标准，一组器件同时施加应力并监测其栅极电流。当器件失效时，它们的失效时间被记录下来，测试继续直到整组器件全部失效。失效时间被绘制在 Weibull 图上，可以区分出“外部”失效和“内部”失效。本书中，“外部”失效指的是氧化层缺陷导致的提前失效，“内部”失效指的是本质良好的氧化层的失效。因为“外部”失效不代表氧化层的基本性质，它们被淘汰出分布规律，剩下的内部失效组的失效前平均时间（t_{50}）或 63% 失效时间（t_{63}）被确定。恒压应力被认为是相当有代表性的实际的操作条件。一个更快的过程，称为恒流应力，迫使一个恒定的电流通过氧化层，并测量总的击穿电荷量，或

Q_{BD}。下面的讨论只处理恒压应力。

图 8-31 所示为制备在两种供应商提供的 n 型外延层上的 4H－SiC MOS 电容的 63% 失效时间随氧化层电场强度变化的关系曲线[26]。在 Si 中[27]，随着氧化层电场强度的减少，氧化失效时间呈指数性增加，一个恒定的电场强度加速因子 γ 被观察到。在 225℃时，外推到低电场强度下可预测出氧化层电场强度保持在 5.9MV/cm 以下时，t_{63} 约为 100 年。在 375℃时，如果 t_{63} 同为 100 年，要求氧化层电场强度必须保持在 3.9MV/cm 以下。虽然 100 年的寿命似乎过多，但这是 63% 的样品失效的时间。较低失效百分比的失效时间，如 10%，可以通过检查每个电场强度下 Weibull 图上的失效分布来确定。

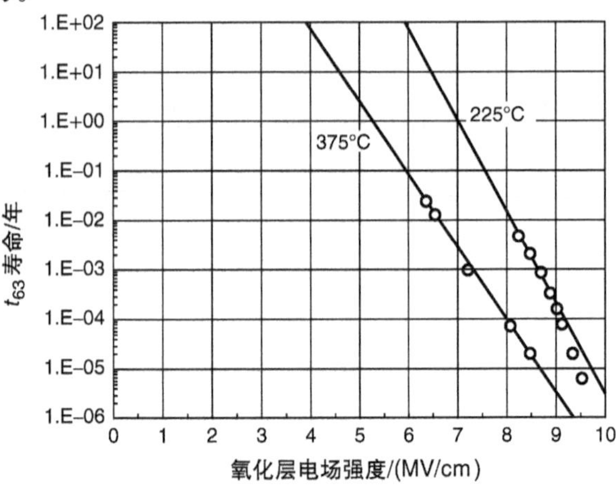

图 8-31 制备在 n 型外延层上的 4H－SiC MOS 电容在两个温度下的 63% 失效时间随氧化层电场强度变化的曲线[26]
（由 IEEE 授权转载）

图 8-32 显示了 4H－SiC 功率 MOSFET 在三个温度下的 t_{63} 失效时间与氧化层电场强度的关系[28]。n 沟道 DMOSFET 制备在注入的 p 型基区上，栅极的一部分延伸

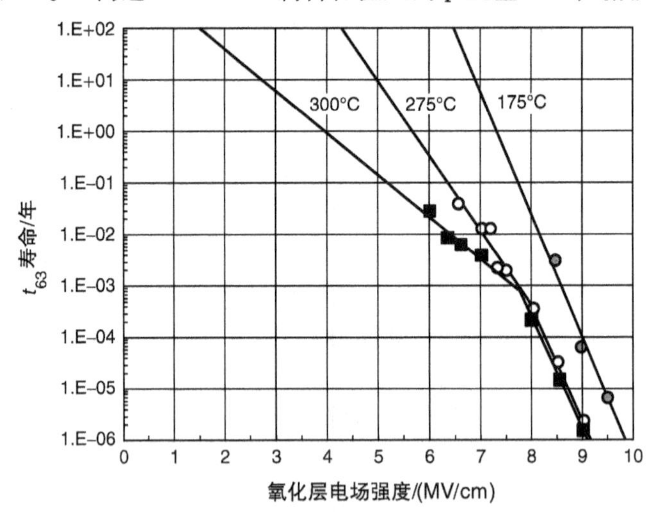

图 8-32 4H－SiC 功率 MOSFET 在三个温度下的 t_{63} 失效时间与氧化层电场强度的关系[28]
（由 Trans Tech Publications 授权转载）

到注入的 n^+ 源区。在重掺杂区域上方的氧化层不像外延层上的氧化层那样坚固，

DMOSFET 的 t_{63}失效时间短于图 8-31 的 MOS 电容。高电场强度下的数据外推可得，实现 100 年的 t_{63} 失效时间，在 175℃ 时需要保持氧化层电场强度低于 6.5MV/cm，275℃时需要保持氧化层电场强度低于 4MV/cm，300℃时需要保持氧化层电场强度低于 1.5MV/cm。

图 8-32 中的数据也说明了将高电场强度下的数据外推到低电场强度下的危险性。在 275℃和 300℃时，电场强度加速因子 γ 与电场强度有关，但是这种依赖关系在氧化层电场强度为 8MV/cm 左右时被打破。如果外推只使用高于 8MV/cm 的数据，将在正常工作电场强度下预测出不切实际的长寿命。这给根据高电场强度数据外推获得低电场强度下可靠性的做法带来质疑。然而，假设低电场强度下的可靠性不会比根据高电场强度数据外推预测的数据更好似乎是安全的。图 8-32 中电场强度加速因子变化的严重程度在温度降低时减小，在 175℃时，使用高电场强度加速因子进行外推似乎是合理的。

最后，我们应该指出，MOSFET 的工作寿命可能不是被毁坏性的氧化层失效限制，而是被一些参数，如阈值电压或通态电阻的漂移所限制。不幸的是，对于 SiC 器件长时间参数漂移的问题还没有研究，在参数稳定性方面遗留大量问题尚未解决。

8.2.12 MOSFET 瞬态响应

在功率开关系统中使用 MOSFET 的动机之一是其高开关频率、低开关损耗。这使得整个系统可以运行在一个较高的频率下，从而显著减少无源元件的体积和重量，如变压器和滤波电容等，这些往往占据主要系统成本。在本节中，我们将考虑功率 MOSFET 的瞬态响应的一些细节。

功率 MOSFET 的开关瞬态特性可以使用图 8-33 中的钳位感性负载电路进行

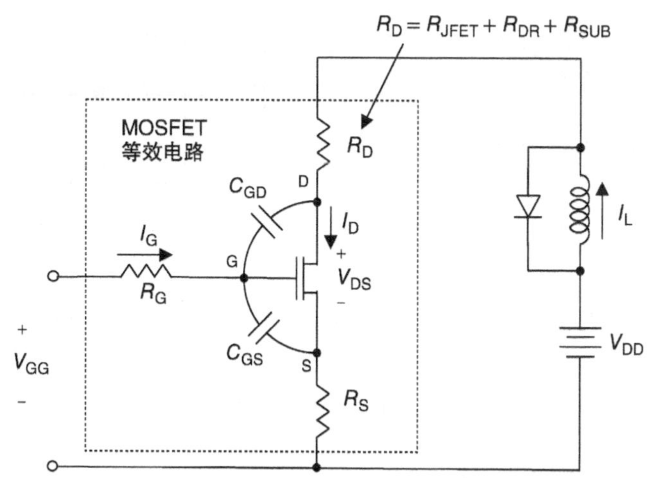

图 8-33　用作 MOSFET 驱动钳位感性负载瞬时分析的等效电路图。虚线框内包含的是 MOSFET 和其内部寄生元件

分析。电感元件代表一个电动机的绕组，假设其电感足够大，使电流 I_L 在开关瞬间不会明显改变。R_G 代表 MOSFET 的焊线电阻和分布栅电阻。C_{GS} 和 C_{GD} 是 MOSFET 的栅源和栅漏电容，R_S 是源电阻，$R_D = R_{JFET} + R_{DR} + R_{SUB}$ 是 MOSFET 的漏极总电阻。

因为功率 MOSFET 的 p 型体区域不是轻掺杂的，式（8-44）和式（8-48）中的 V_0 项不能被忽略，简化的式（8-47）和式（8-49）会高估电流，低估开关时间。然而，保留所有 V_0 项将使数学计算非常繁琐。因此，为了阐述开关瞬态的主要特性，我们将利用近似的式（8-47）和式（8-49），并假定源电阻 R_S 是可忽略的。这将不能提供数值精确的答案，但会捕获瞬态的定性特征。定量的分析可以利用全 MOSFET 方程和非线性电路模拟器，如 SPICE™，进行分析。

首先考虑开通瞬态。早于 $t=0$ 时，MOSFET 是关断的，电感电路通过钳位二极管循环。如果我们忽视二极管的正向下降，可能是 SiC 结势垒肖特基二极管（JBS）或合并 pin－肖特基二极管（MPS），场效应晶体管的漏极电压是电源电压 V_{DD}。导通过程可分为四个阶段，如图 8-34 所示。

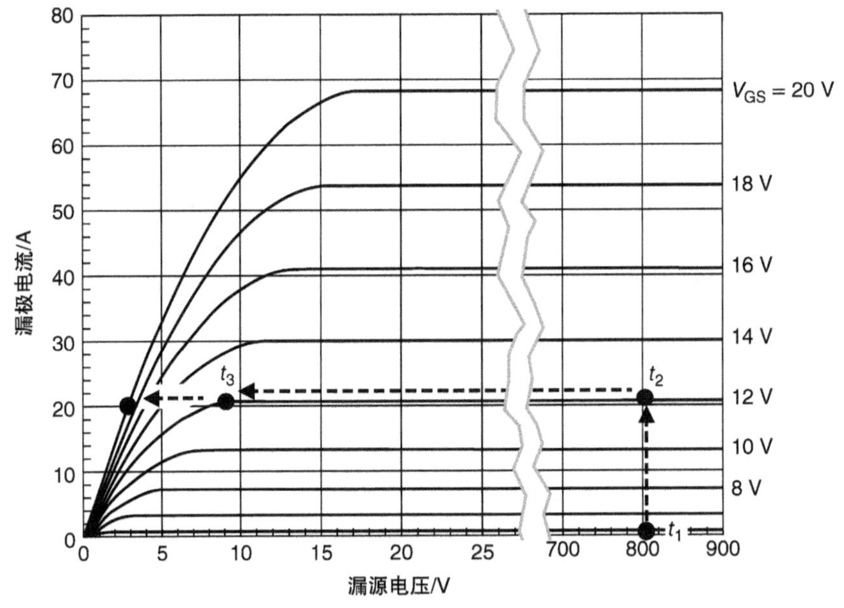

图 8-34　被分析的 MOSFET 的漏极特性，$\mu_N^* = 25\text{cm}^2\text{V}^{-1}\text{s}^{-1}$，$C_{OX} = 69\text{nF}$，$W = 125\text{cm}$，$L = 0.5\text{cm}$，$V_T = 2.2\text{V}$，面积为 0.1cm^2，$R_S = R_D = 0$。在这些计算中，$V_{DD} = 800\text{V}$，$I_L = 20\text{A}$，V_{GG} 在 0～20V 之间切换

8.2.12.1　开通过程，$0 < t < t_1$

在 $t=0$ 时，栅压变为 $V_{GG} > V_T$，但直到 V_{GS} 通过 RC 输入电路充电到 V_T 时 MOSFET 才开通。充电过程中的栅压表达式可写作

$$V_{GS}(t) = V_{GG}[1 - \exp(-t/\tau)] \tag{8-81}$$

式中，τ为

$$\tau = R_G(C_{GS} + C_{GD}) \tag{8-82}$$

设定 $V_{GS}(t_1) = V_T$，可以得到 t_1：

$$t_1 = \tau \ln\left(\frac{V_{GG}}{V_{GG} - V_T}\right) \tag{8-83}$$

我们对这个阶段的栅极电流是感兴趣的，可写作

$$I_G(t) = \frac{V_{GG} - V_{GS}(t)}{R_G} \tag{8-84}$$

8.2.12.2 开通过程，$t_1 < t < t_2$

在 t_1 时，MOSFET 开通，其漏极电流增加，但钳位二极管仍保持正向偏置，直到通过 MOSFET 的漏极电流等于电感负载电流 I_L。只要二极管是正向偏置的，MOSFET 的漏源电压仍为 V_{DD}，栅源电压根据式（8-81）继续增加。因为 $V_{DS} >> V_{D,SAT} = V_G - V_T$，MOSFET 处在饱和区域，漏极电流可以通过式（8-47）表示，其中 V_{DS} 等于 $V_{D,SAT}$，即

$$I_D(t) = \mu_N^* C_{OX} \frac{W}{2L}[V_{GS}(t) - V_T]^2 \tag{8-85}$$

根据式（8-85）和式（8-81），漏极电流将增加，直到达到时间 t_2 时，$I_D = I_L$，此时 MOSFET 传输所有的负载电流，二极管反向偏置。t_1 和 t_2 之间的轨迹显示在图 8-34 所示的 MOSFET 的 $I_D - V_{DS}$ 特性曲线中。可以通过设定式（8-85）中 $I_D(t_2) = I_L$ 获得 $V_{GS}(t_2)$，并代入式（8-81）求解 t_2。结果是

$$t_2 = \tau \ln\left[\frac{V_{GG}}{V_{GG} - V_T - \sqrt{(2I_L L)/(\mu_N^* C_{OX} W)}}\right] \tag{8-86}$$

8.2.12.3 开通过程，$t_2 < t < t_3$

当二极管反向偏置时，MOSFET 的漏极电压不再钳位在 V_{DD}，可以任意降低。然而，漏极电流现在被电感元件固定在 I_L。漏极电流恒定，栅源电压不能改变，如式（8-85）所示。由于 V_{GS} 尚未达到 V_{GG}，栅极电流继续流过 R_G，并作为位移电流通过 C_{GD}。（尽管 V_{GS} 是常量，但 V_{DS} 正在下降，这吸引了位移电流通过 C_{GD}。在声称 I_D 是常量时，我们假设这个位移电流小于 I_L。）栅极电流现在可以写作

$$I_G = \frac{V_{GG} - V_{GS}(t_2)}{R_G} = C_{GS}\frac{dV_{GS}}{dt} + C_{GD}\frac{dV_{GD}}{dt} \tag{8-87}$$

令 $V_{GD} = V_{GS} - V_{DS}$，设定 $dV_{GS}/dt = 0$，可得

$$I_G = \frac{V_{GG} - V_{GS}(t_2)}{R_G} = -C_{GD}\frac{dV_{DS}}{dt} \tag{8-88}$$

因为 V_{GS} 和 I_G 在此期间是常量，式（8-88）告诉我们，漏极电压随时间线性减少。漏极电压瞬变可以通过对式（8-88）积分进行计算，

$$V_{DS}(t)=V_{DD}-I_{L}R_{D}-\left[\frac{V_{GG}-V_{GS}(t_{2})}{R_{G}C_{GD}}\right](t-t_{2}) \tag{8-89}$$

以上分析认为只要 MOSFET 仍在其饱和区域，漏极电流是由式（8-85）给出的。当 V_{DS}低于 $V_{D,SAT}$时，MOSFET 进入准线性区域，I_D必须使用式（8-47）计算。这标志着第三部分瞬态的结束，时间 t_3 可以通过设定 V_{DS}（t_3）等于 $V_{D,SAT}$求得，

$$t_{3}=t_{2}+R_{G}C_{GD}\left[\frac{V_{DD}-I_{L}R_{D}+V_{T}-V_{GS}(t_{2})}{V_{GG}-V_{GS}(t_{2})}\right] \tag{8-90}$$

8.2.12.4 开通过程，$t>t_3$

当 $t>t_3$时，MOSFET 处于准线性区域。栅极电流可以写作

$$\begin{aligned}I_{G}&=\frac{V_{GG}-V_{GS}(t)}{R_{G}}=C_{GS}\frac{\mathrm{d}V_{GS}}{\mathrm{d}t}+C_{GD}\frac{\mathrm{d}V_{GD}}{\mathrm{d}t}\\&=C_{GS}\frac{\mathrm{d}V_{GS}}{\mathrm{d}t}+C_{GD}\left(\frac{\mathrm{d}V_{GS}}{\mathrm{d}t}-\frac{\mathrm{d}V_{DS}}{\mathrm{d}t}\right)\end{aligned} \tag{8-91}$$

因为现在的 $V_{DS}\ll V_{DD}$，我们可以设定 $\mathrm{d}V_{DS}/\mathrm{d}t\approx0$，所以

$$I_{G}=\frac{V_{GG}-V_{GS}(t)}{R_{G}}\approx(C_{GS}+C_{GD})\frac{\mathrm{d}V_{GS}}{\mathrm{d}t} \tag{8-92}$$

交叉相乘可得

$$\frac{\mathrm{d}t}{R_{G}(C_{GS}+C_{GD})}\approx\frac{\mathrm{d}V_{GS}}{(V_{GG}-V_{GS})} \tag{8-93}$$

从 t_3到 t 代入式（8-93），可得

$$V_{GS}(t)=V_{GG}-[V_{GG}-V_{GS}(t_{3})]\exp[-(t-t_{3})/\tau] \tag{8-94}$$

式中，有 $V_{GS}(t_3)=V_{GS}(t_2)$。在 $t>t_3$时，漏极电压下降为 MOSFET 器件的稳态漏源电压。在式（8-47）中设定 I_D等于 I_L，求解 V_{DS}可得

$$V_{DS}(t)=(V_{GS}-V_{T})-\sqrt{(V_{GS}-V_{T})^{2}-2I_{L}L/(\mu_{N}^{*}C_{OX}W)} \tag{8-95}$$

当器件趋近于稳态时，V_{GS}趋近于 V_{GG}。将 V_{GG}代入式（8-95）中可得

$$V_{DS}(\infty)=(V_{GG}-V_{T})-\sqrt{(V_{GG}-V_{T})^{2}-2I_{L}L/(\mu_{N}^{*}C_{OX}W)} \tag{8-96}$$

通过设定 $Q_G=C_{GS}\Delta V_{GS}+C_{GD}\Delta V_{GD}$，可获得开通过程中总的栅电荷。在开通瞬间，$V_{GS}$从 0 变化为 V_{GG}，同时 V_{GD}从 $t=0$ 时刻的 $-V_{DD}$变化为 $t=\infty$ 时的 $V_{GG}-V_{DS}(\infty)$。将式（8-96）应用于 $V_{DS}(\infty)$可得

$$Q_{G}=C_{GS}V_{GG}+C_{GD}\left[V_{DD}+V_{T}+\sqrt{(V_{GG}-V_{T})^{2}-2I_{L}L/(\mu_{N}^{*}C_{OX}W)}\right] \tag{8-97}$$

图 8-35a ~ c 显示了使用上述方程和现代商业化功率 MOSFET 典型参数对图 8-34中的 MOSFET 进行计算的栅压、漏极电流和漏极电压。在这些计算中，电源电压 $V_{DD}=800\mathrm{V}$，终端栅压 $V_{GG}=20\mathrm{V}$，电感负载电流 $I_L=20\mathrm{A}$。V_{GS}达到阈值电压的时间 t_1很短，只有 0.52ns。然后 MOSFET 漏极电流根据式（8-85），在 $t_2=3.97\mathrm{ns}$ 时，上升到 20A 的负载电流。此时二极管反向偏置，MOSFET 的漏极电压

根据式（8-89）线性降低，直到 $t_3 = 13.6\text{ns}$。在这段时间内，V_{GS}保持为11.8V，I_G为1.78A，I_D为20A。在t_3时，漏极电压达到了$V_{D,SAT} = V_{GS}(t_2) - V_T = 9.6\text{V}$，MOSFET进入准线性区。从此时开始，根据式（8-95），V_{DS}下降到最终值$V_{DS}(\infty) = 0.26\text{V}$。

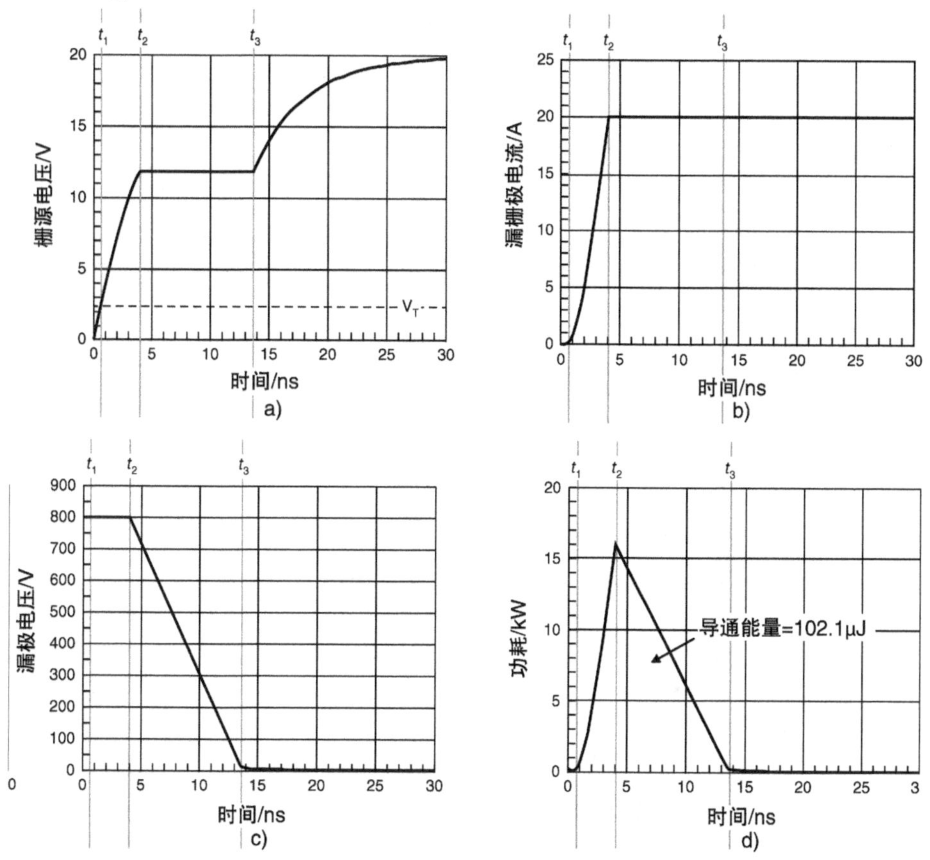

图8-35　开通瞬间的瞬时波形，假设 $R_G = 4.6\Omega$，$C_{GS} = 0.944\text{nF}$，$C_{CD} = 21.6\text{pF}$。

a）内部栅源电压 V_{GS}　b）漏极电流 I_D　c）漏源电压 V_{DS}　d）MOSFET中的瞬时功耗

开机瞬间的瞬时功耗为

$$P(t) = I_D(t)^2(R_S + R_D) + I_D(t)V_{DS}(t) + I_G(t)^2R_G \tag{8-98}$$

瞬时功率耗散绘制在图8-35d中，这个波形的积分就是开启能，在这个例子中为102.1μJ。根据式（8-97），开启瞬间的栅电荷为36.6nC。

关断瞬间与开启瞬间遵循相同的轨迹，但方向相反，如图8-36所示。开始之前的 $t=0$ 瞬态时，MOSFET处于导通状态，正向压降很低。钳位二极管反向偏置，所有的负载电流流经MOSFET。

8.2.12.5　关断过程，$0 < t < t_4$

在 $t=0$ 时，栅压切换到零，但MOSFET不立即关断，因为RC输入电路必须放

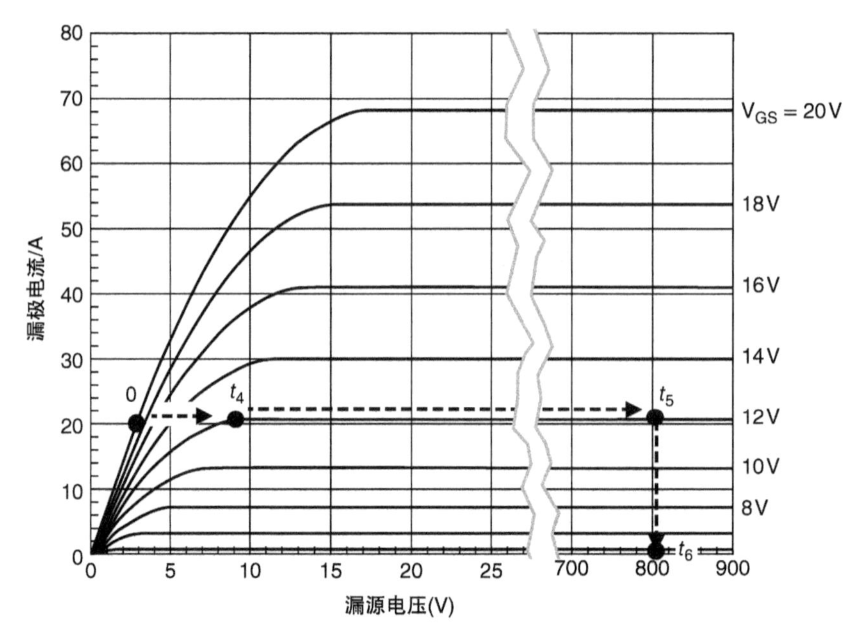

图 8-36　在关断过程中，MOSFET 的理想开关轨迹

电。随着 V_{GS}减少，V_{DS}必须增加，使漏极电流保持在一个恒定值 I_L，但在此期间 V_{DS}相对于 V_{GS}的变化是较小的，所以我们可以将栅极电压写作

$$V_{GS}(t) \approx V_{GG}\exp(-t/\tau) \tag{8-99}$$

式中，τ 是栅电路的时间常数，由式（8-82）给出。然而，随着 V_{DS}的增加，最终达到饱和电压 $V_{D,SAT}$，MOSFET 进入饱和状态。在这一点上我们可以写作

$$I_D = I_{D,\ SAT} = \mu_N^* C_{OX}\frac{W}{2L}(V_{GS} - V_T)^2 \tag{8-100}$$

定义这一点为 $t = t_4$，求解 $V_{GS}(t_4)$：

$$V_{GS}(t_4) = V_T + \sqrt{2I_L L/(\mu_N^* C_{OX} W)} \tag{8-101}$$

将式（8-101）代入式（8-99）中，得

$$t_4 = \tau\ln\left[\frac{V_{GG}}{V_T + \sqrt{2I_L L/(\mu_N^* C_{OX} W)}}\right] \tag{8-102}$$

在 MOSFET 的准线性区域，给出的漏极电流为

$$I_D = I_L = \mu_N^* C_{OX}\frac{W}{L}\left[(V_{GS} - V_T)V_{DS} - \frac{1}{2}V_{DS}^2\right] \tag{8-103}$$

求解 V_{DS}，我们可以写作

$$V_{DS}(t) = [V_{GS}(t) - V_T] - \sqrt{[V_{GS}(t) - V_T]^2 - 2I_L L/(\mu_N^* C_{OX} W)} \tag{8-104}$$

式中，$V_{GS}(t)$由式（8-99）给出。

8.2.12.6　关断过程，$t_4 < t < t_5$

在 t_4 和 t_5 之间，MOSFET 处于饱和状态下，漏极电流是固定在 I_L。因为漏极

电流保持不变，栅压不能改变，仍然是式（8-101）给定的值。栅极电流可以写作

$$I_G = \frac{0 - V_{GS}(t_4)}{R_G} = C_{GS}\frac{dV_{GS}}{dt} + C_{GD}\frac{dV_{GD}}{dt} \tag{8-105}$$

令 $V_{GD} = V_{GS} - V_{DS}$并设定 $dV_{GS}/dt \approx 0$ ，可得

$$I_G = -\frac{V_{GS}(t_4)}{R_G} = -C_{GD}\frac{dV_{DS}}{dt} \tag{8-106}$$

式（8-106）告诉我们，漏极电压随时间线性增加，

$$V_{DS}(t) = V_{DS}(t_4) + \frac{V_{GS}(t_4)}{R_G C_{GD}}(t - t_4) \tag{8-107}$$

在 $t = t_5$时，$V_{DS} = V_{DD} - I_L R_D$，所以从式（8-107）我们可得

$$t_5 = t_4 + R_G C_{GD}\left[\frac{V_{DD} - I_L R_D + V_T - V_{GS}(t_4)}{V_{GS}(t_4)}\right] \tag{8-108}$$

式中，我们引用了 $V_{DS}(t_4) = V_{D,SAT} = V_{GS}(t_4) - V_T$的事实。

8.2.12.7 关断过程，$t_5 < t < t_6$

当 V_{DS}试图超越 V_{DD}时，钳位二极管变为正向偏置，并保持 V_{DS}的值为 V_{DD}加上一个二极管的导通压降（我们将忽略不计）。二极管承担的负载电流分量不断增加，MOSFET 的漏极电流下降到零。因为 I_D减少，而 V_{DS}保持不变，V_{GS}也必须减少。栅极电流的方程可写作

$$\begin{aligned} I_G &= \frac{0 - V_{GS}(t)}{R_G} = C_{GS}\frac{dV_{GS}}{dt} + C_{GD}\frac{dV_{GD}}{dt} \\ &= C_{GS}\frac{dV_{GS}}{dt} + C_{GD}\left(\frac{dV_{GS}}{dt} - \frac{dV_{DS}}{dt}\right) \\ &= (C_{GS} + C_{GD})\frac{dV_{GS}}{dt} \end{aligned} \tag{8-109}$$

求解式（8-109）中的 $V_{GS}(t)$，

$$V_{GS}(t) = V_{GS}(t_4)\exp[-(t - t_5)/\tau] \tag{8-110}$$

在 $t = t_6$时，V_{GS}达到阈值电压 V_T，MOSFET 关闭。在式（8-110）中设置 $V_{GS}(t_6) = V_T$，我们发现：

$$t_6 = t_5 + \tau\ln\left[\frac{V_T + \sqrt{2I_L L/(\mu_N^* C_{OX} W)}}{V_T}\right] \tag{8-111}$$

从 t_5到 t_6的时间内，MOSFET 处于饱和区域，I_D是由式（8-85）给出，其中 $V_{GS}(t)$由式（8-110）给出。

8.2.12.8 关断过程，$t > t_6$

当 $t > t_6$ 时，MOSFET 是关闭的，根据式（8-110），栅压 V_{GS}减少到零。

关断过程中栅电荷 Q_G被输入电路移除的过程与开通瞬间的充电过程完全一样，因为在关断过程的最后，C_{GS}和 C_{GD}都已经回到它们原来的带电状态。

图 8-37a ~ c 显示了图 8-36 中所示 MOSFET 的栅压、漏极电流和漏极电压。V_{DS}

上升到$V_{D,SAT}$的时间t_4是2.33ns。在此期间V_{DS}的变化量，9.63V，在图8-37c的尺度中是极细微的。MOSFET在t_4时进入饱和状态，同时漏极电流保持在固定的负载电流，20A。根据式（8-85），V_{GS}必须保持不变。然而，V_{DS}可以增加，因为在饱和状态下I_D是独立于V_{DS}的。V_{DS}的增加足够满足式（8-106）所需的C_{GD}的位移电流。在时间为t_5 =8.96ns时，漏极电压达到电源电压。这时，钳位二极管变成正向偏置，并将V_{DS}钳位在常量V_{DD}。在t_5之后，二极管承担的负载电流分量不断增加，I_D减少。在t_6 =16.4ns时，漏极电流达到零，V_{GS}已降至V_T。输入电路完成了放电，栅压继续减少。图8-37显示了关断瞬间的瞬时功率，这个波形的积分就是关断能，79.6μJ。

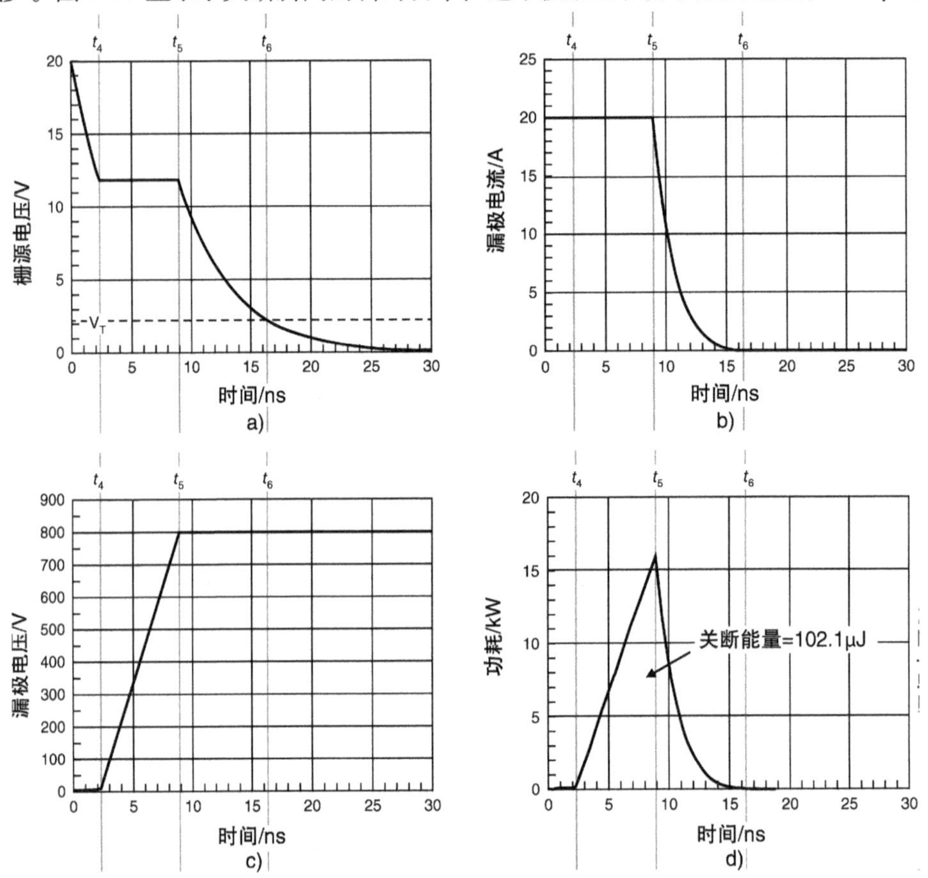

图8-37　关断瞬间的波形图

a）内部栅源电压V_{GS}　b）漏极电流I_D　c）漏源电压V_{DS}　d）MOSFET的瞬时功率耗散

参 考 文 献

[1] Palmour, J.W., Edmond, J.A., Kong, H.S., and Carter, C. (1993) 6H-SiC power devices for aerospace applications. Proceedings of the 28th Intersociety Energy Conversion Conference, pp. 1.249–1.254.

[2] Shenoy, J.N., Melloch, M.R., and Cooper, J.A. (1996) High-voltage double-implanted power MOS transistors in 6H-SiC. IEEE Device Research Conference, Santa Barbara, CA.

[3] Saha, A. and Cooper, J.A. (2007) A 1200 V 4H-SiC power DMOSFET optimized for low on-resistance. *IEEE Trans. Electron. Devices*, **54** (10), 2786–2791.

[4] Tan, J., Cooper, J.A. and Melloch, M.R. (1998) High-voltage accumulation-layer UMOSFETs on 4H-SiC. *IEEE Electron. Device Lett.*, **19** (12), 487–489.

[5] Sabnis, A.G. and Clemens, J.T. (1979) Characterization of the electron mobility in the inverted <100> Si surface. IEEE International Electron Devices Meeting Technical Digest, pp. 18–21.

[6] Powell, S.K., Goldsman, N., McGarrity, J.M. *et al.* (2002) Physics-based numerical modeling and characterization of 6H-silicon carbide metal-oxide-semiconductor field-effect transistors. *J. Appl. Phys.*, **92** (7), 4053–4061.

[7] Potbhare, S., Goldsman, N., Pennington, G. *et al.* (2006) Numerical and experimental characterization of 4H-silicon carbide lateral metal-oxide-semiconductor field-effect transistor. *J. Appl. Phys.*, **100** (4), 044515.1–044515.8.

[8] Schaffer, W.J., Negley, G.H., Irvine, K.J. and Palmour, J.W. (1994) Conductivity anisotropy in epitaxial 6H and 4H-SiC, in *Diamond, SiC, and Nitride Wide-Bandgap Semiconductors*, Materials Research Society Proceedings, (eds C.H. Carter Jr.,, G. Gildenblatt, S. Nakamura and R.J. Nemanich), MRS, vol. 399, pp. 595–600.

[9] Ruff, M., Mitlehner, H. and Helbig, R. (1994) SiC devices: physics and numerical simulaton. *IEEE Trans. Electron. Devices*, **41** (6), 1040–1054.

[10] Tilak, V. and Matocha, K. (2007) Electron-scattering mechanisms in heavily doped silicon carbide MOSFET inversion layers. *IEEE Trans. Electron. Devices*, **54** (11), 2823–2829.

[11] Taillon, J. A., Yang, J. H., Ahyi, C. A. *et al.* (2013) Systematic structural and chemical characterization of the transition layer at the interface of NO-annealed 4H-SiC/SiO_2 metal-oxide-semiconductor field-effect transistors. *J. Appl. Phys.*, **113** (4) 044517.1–044517.6.

[12] Biggerstaff, T.L., Reynolds, C.L. Jr.,, Zheleva, T. *et al.* (2009) Relationship between 4H-SiC/SiO_2 transition layer thickness and mobility. *Appl. Phys. Lett.*, **95** (3), 032108.1–032108.3.

[13] Zeng, Y.A., White, M.H. and Das, M.K. (2005) Electron transport modeling in the inversion layers of 4H and 6H-SiC MOSFETs on implanted regions. *Solid-State Electron.*, **49** (6), 1017–1028.

[14] Dhar, S., Haney, S., Cheng, L. *et al.* (2010) Inversion layer carrier concentration and mobility in 4H-SiC metal-oxide-semiconductor field-effect transistors. *J. Appl. Phys.*, **108** (5), 054509.1–054509.5.

[15] Schmid, F., Krieger, M., Laube, M. *et al.* (2004) Hall scattering factor of electrons and holes in SiC, in *Silicon Carbide – Recent Major Advances* (eds W.J. Choyke, H. Matsunami and G. Pensl), Springer, Berlin, pp. 517–536.

[16] Lu, C.Y., Cooper, J.A., Tsuji, T. *et al.* (2003) Effect of processing variations and ambient temperature on electron mobility at the SiO_2/4H-SiC interface. *IEEE Trans. Electron. Devices*, **50** (7), 1582–1588.

[17] Chung, G.Y., Tin, C.C., Williams, J.R. *et al.* (2000) Effect of nitric oxide annealing on the interface trap densities near the band edges in the 4H polytype of silicon carbide. *Appl. Phys. Lett.*, **76** (13), 1713–1715.

[18] Dhar, S., Ahyi, A.C., Williams, J.R. *et al.* (2012) Temperature dependence of inversion layer carrier concentration and Hall mobility in 4H-SiC MOSFETs, in *Mater. Sci. Forum*, vol. 717–720, pp. 713–716.

[19] Okamoto, D., Yano, H., Harita, K. *et al.* (2010) Improved inversion channel mobility in 4H-SiC MOSFETs on Si face utilizing phosphorus-doped gate oxide. *IEEE Electron. Device Lett.*, **31** (7), 710–712.

[20] Sharma, Y.K., Ahyi, A.C., Isaacs–Smith, T. *et al.* (2013) High-mobility stable 4H-SiC MOSFETs using a thin PSG interfacial passivation layer. *IEEE Electron. Device Lett.*, **34** (2), 175–177.

[21] Yano, H., Hatayama, T. and Fuyuki, T. (2012) $POCl_3$ annealing as a new method for improving 4H-SiC MOS device performance. *Trans. Electrochem. Soc.*, **50** (3), 257–265.

[22] Liu, G., Ahyi, A.C., Xu, Y. *et al.* (2013) Enhanced inversion mobility on 4H-SiC $(11\bar{2}0)$ using phosphorus and nitrogen interface passivation. *IEEE Electron. Device Lett.*, **34** (2), 181–183.

[23] Yoshioka, H., Nakamura, T. and Kimoto, T. (2012) Generation of very fast states by nitridation of the SiO_2/SiC interface. *J. Appl. Phys.*, **112** (1), 024520 (6 pages).

[24] Gudjonsson, G., Olafsson, O., Allerstam, F. *et al.* (2005) High field-effect mobility in n-channel Si-face 4H-SiC MOSFETs with gate oxide grown on aluminum ion-implanted material. *IEEE Electron. Device Lett.*, **26** (2), 96–98.

[25] Sveinbjörnsson, E.O., Gudjonsson, G., Allerstam, F. *et al.* (2006) High channel mobility 4H-SiC MOSFETs, in *Mater. Sci. Forum*, vol. **527–529**, pp. 961–966.

[26] Yu, L., Cheung, K.P., Campbell, J. *et al.* (2008) Oxide reliability of SiC MOS devices. 2008 IEEE International Integrated Reliability Workshop Final Report, S. Lake Tahoe, CA, October 12–16, pp. 141–144.

[27] Prendergast, J., Suehle, J., Chaparala, P. *et al.* (1995) TDDB characterization of thin SiO_2 films with bimodal failure populations. IEEE Reliability Physics Symposium, pp. 124–130.

[28] Das, M.K., Haney, S., Richmond, J. *et al.* (2012) SiC MOSFET reliability update, in *Mater. Sci. Forum*, vol. 717–720, pp. 1073–1076.

第9章　双极型功率开关器件

9.1　双极结型晶体管（BJT）

双极型晶体管是在硅中开发的第一种功率晶体管类型，而它们现在大部分已经被硅绝缘栅双极型晶体管（IGBT）和晶闸管所替代。这是因为硅双极结型晶体管（BJT）存在“二次击穿”现象，限制了器件的安全工作区域（SOA）。如下文所述，SiC 更高的雪崩击穿临界电场强度基本上消除了二次击穿现象，使得高性能功率 BJT 器件实用化成为可能。BJT 器件在高温应用方面极具吸引力，因为它们并不依赖栅氧化物工作，并且不受金属－氧化物－半导体场效应晶体管（MOSFET）和 IGBT 器件的氧化物可靠性限制。

按照我们的习惯，当考虑一个新器件时，我们的讨论从回顾 BJT 器件的基本工作原理开始。然后，我们再考虑功率 BJT 器件在大电流工作情况下的一些特殊效应。图9-1 显示了基本的 $n^+/p/n^-$ 结构的 BJT，及其标准电流和电压的定义。在这些器件中，发射区的掺杂浓度比基区的高，而基区的掺杂浓度又高于集电区的，因此$N_{DE} >> N_{AB} >> N_{DC}$。我们可以标识出四类内部结电流：通过发射区－基区（EB）结的空穴和电子电流（I_{EP}和 I_{EN}）和通过集电区－基区（CB）结的空穴和电子电流（I_{CP}和 I_{CN}）。图中的极性对应于正电流流动方向，而电子流出方向与电子电流方向相反。电压 V_{BE}和 V_{BC}是结耗尽区域的压降，在图中显示为交叉阴影线区域。从冶金结处测量的发射区、基区和集电区的宽度为 W_E、W_B和 W_C，在耗尽区边缘

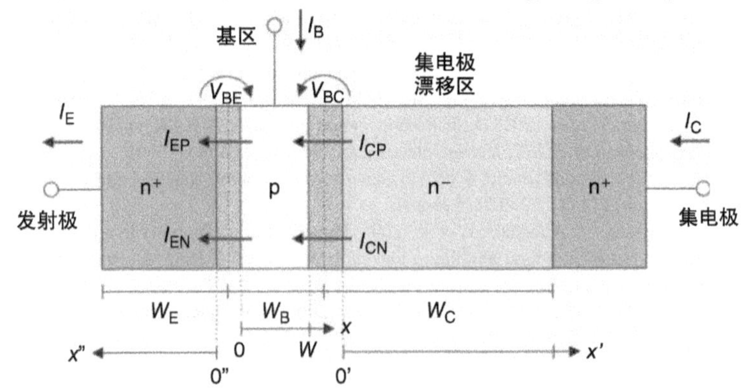

图9-1　$n^+/p/n^-$ BJT 的基本结构，图上标示了内部电流分量 I_{EN}、I_{EP}、I_{CN}和 I_{CP}，端电流 I_E、I_C 和 I_B，以及 x、x'和 x''坐标系。箭头表示正电流的方向

之间测量的基区中性部分的宽度为 W。

9.1.1 内部电流

我们的第一个目标是基于器件参数和端电压 V_{BE} 和 V_{BC} 来获得四个内部电流 I_{EP}、I_{EN}、I_{CP} 和 I_{CN} 的方程。然后，我们可以得到端电流 I_E、I_B 和 I_C 的表达式。基于这些表达式，我们可以获得一些重要性能参数的表达式，如电流增益、比导通电阻等。我们最初假设在所有区域都是小注入情况，因为这样我们可以使用少数载流子扩散方程（MCDE）来获得所需的内部电流。后面我们将在计算基区和集电区时解除这项限制。

发射区和集电区的 MCDE 的求解方法与 7.3 节 pn 二极管中性区中论述的方法一样，我们首先根据每个区域的两个边界条件求解出发射区和集电区的 MCDE 的通解。一个边界条件是由结定律式（7-25）给出的耗尽区边缘的载流子浓度，另一个边界条件是基于假设远离结的少数载流子浓度保持在其平衡值。然而，在 SiC BJT 中，发射区欧姆接触距离结无限远的假设不一定准确。在这种情况下，我们必须将位于欧姆接触位置的少数载流子浓度设定为其平衡值。发射区中 $\Delta p_E(x)$ 的解包含了双曲函数（见附录 B），可以写成

$$\Delta p_E(x) = \frac{n_{iE}^2}{N_{DE}^+}\left[\exp(qV_{BE}/kT) - 1\right]\frac{\sinh[(W_E - x)/L_{PE}]}{\sinh(W_E/L_{PE})} \tag{9-1}$$

式中，n_{iE} 是发射区本征载流子浓度，N_{DE}^+ 是发射区电离的杂质浓度，$L_{PE} = (D_{PE}\tau_{PE})^{0.5}$ 是发射区空穴扩散长度，其中 D_{PE} 是空穴扩散系数，τ_{PE} 是空穴寿命。发射区内我们使用 n_{iE} 表示，以区别于器件中其他部分的 n_i，因为发射区通常为重掺杂并会发生禁带宽度变窄，导致出现更高的本征载流子浓度。流过 EB 结的空穴电流可通过对式（9-1）在耗尽区边缘 $x=0$ 处求导得到：

$$I_{EF} = \frac{qAD_{PE}}{L_{PE}}\frac{n_{iE}^2}{N_{DE}^+}\frac{\cosh(W_E/L_{PE})}{\sinh(W_E/L_{PE})}\left[\exp(qV_{BE}/kT) - 1\right] \tag{9-2}$$

式中，A 是结的面积。在“长”发射区的情况下，也就是 $W_E \gg L_{PE}$，式（9-2）可以简化为

$$I_{EP} = \frac{qAD_{PE}}{L_{PE}}\frac{n_{iE}^2}{N_{DE}^+}\left[\exp(qV_{BE}/kT) - 1\right], W_E \gg L_{PE} \tag{9-3}$$

集电区电流的求解与发射区类似。通过类比式（9-2），我们可以得到流过 CB 结的空穴电流为

$$I_{CP} = \frac{qAD_{PC}}{L_{PC}}\frac{n_i^2}{N_{DC}^+}\frac{\cosh(W_C/L_{PC})}{\sinh(W_C/L_{PC})}\left[\exp(qV_{BC}/kT) - 1\right] \tag{9-4}$$

在“长”集电区的情况下方程可以简化为

$$I_{CP} = \frac{qAD_{PC}}{L_{PC}}\frac{n_i^2}{N_{DC}^+}\left[\exp(qV_{BC}/kT) - 1\right], W_C \gg L_{PC} \tag{9-5}$$

式（9-3）和式（9-5）的形式与 Schottky 二极管式（7-26）类似。

基区中少数载流子浓度可以用相同的方式获得解：根据结定律提供的 EB 和 CB 结的边界条件，我们可以得到 MCDE 的通解。对于一个典型的 SiC BJT 器件，我们并不能总是假设 $W \ll L_{NB}$，$\Delta n(x)$的完整解将包含双曲函数，即

$$\Delta n_B(x) = \frac{n_i^2}{N_{AB}^-}\left[\exp\left(\frac{qV_{BE}}{kT}\right) - 1\right]\frac{\sinh[(W-x)/L_B]}{\sinh(W/L_{NB})} + \frac{n_i^2}{N_{AB}^-}[\exp(qV_{BC}/kT) - 1]\frac{\sinh(x/L_{NB})}{\sinh(W/L_{NB})} \tag{9-6}$$

流过 EB 结的电子电流，可通过对式（9-6）在 $x=0$ 处的求导求值得到，流过 CB 结的电子电流，可通过式（9-6）在 $x=W$ 处的求导求值得到，通过代数运算，我们得到

$$I_{EN} = \frac{qAD_{NB}}{L_{NB}}\frac{n_i^2}{N_{AB}^-}\left\{\frac{\cosh(W/L_{NB})}{\sinh(W/L_{NB})}[\exp(qV_{BE}/kT) - 1] - \frac{1}{\sinh(W/L_{NB})}[\exp(qV_{BC}/kT) - 1]\right\} \tag{9-7}$$

和

$$I_{CN} = \frac{qAD_{NB}}{L_{NB}}\frac{n_i^2}{N_{AB}^-}\left\{\frac{1}{\sinh(W/L_{NB})}[\exp(qV_{BE}/kT) - 1] - \frac{\cosh(W/L_{NB})}{\sinh(W/L_{NB})}[\exp(qV_{BC}/kT) - 1]\right\} \tag{9-8}$$

如果基区宽度远小于基区中的少数载流子扩散长度，则可以设 $W \ll L_{NB}$，上述公式转变成

$$I_{EN} = I_{CN} = \frac{qAD_{NB}}{W}\frac{n_i^2}{N_{AB}^-}[\exp(qV_{BE}/kT) - \exp(qV_{BC}/kT)], W \ll L_{NB} \tag{9-9}$$

则式（9-2）、式（9-4）、式（9-7）和式（9-8）是图 9-1 中的 BJT 所需的四个内部电流表达式。

9.1.2 增益参数

现在我们可以得到 BJT 器件的一些重要性能参数的函数表达式。共基极电流增益 α 定义为集电区电流与发射区电流的比值。我们假定 BJT 工作在正向有源模式下，即 EB 结电压正偏，CB 结电压反偏，因此有 $V_{BE} \gg kT/q$ 和 $V_{BC} \ll -kT/q$。在正向有源偏置的情况下，上面的公式中的$[\exp(qV_{CB}/kT) - 1]$项的值比$[\exp(qV_{EB}/kT) - 1]$项小，同时 -1 的值小于 $\exp(qV_{EB}/kT)$项的值，电流分量 I_{CP}表示 CB 结的反向漏电流，从式（9-4）我们看到它非常小，可以忽略。因此，共基极电流增益为

$$\alpha = \frac{I_C}{I_E} \approx \frac{I_{CN}}{I_{EN}+I_{EP}} = \left(\frac{I_{CN}}{I_{EN}}\right)\left(\frac{I_{EN}}{I_{EN}+I_{EP}}\right) = \alpha_T \gamma \tag{9-10}$$

式中，α_T被定义为基区输运系数，γ是发射极注入效率。基区输运系数是由发射区注入并漂移经过基区的电子电流与流经集电区结的电子电流之比，发射极注入效率是由发射区向基区注入的电子电流和其引发的流经 EB 结的电流之比。基区输运系数是通过式（9-8）除以式（9-7）得到的，在正向有源偏置下，α_T可以简单地表示为

$$\alpha_T = \frac{1}{\cosh(W/L_{NB})} \tag{9-11}$$

同样，由式（9-7）和式（9-2）得到，发射极注入效率为

$$\gamma = \frac{1}{1+\dfrac{D_{PE}}{D_{NB}}\dfrac{L_{NB}}{L_{PE}}\dfrac{N_{AB}^-}{N_{DE}^+}\dfrac{n_{iE}^2}{n_i^2}\dfrac{\cosh(W_E/L_{PE})}{\sinh(W_E/L_{PE})}\dfrac{\sinh(W/L_{NB})}{\cosh(W/L_{NB})}} \tag{9-12}$$

将式（9-11）和式（9-12）代入式（9-10）中，我们可以得到共基极电流增益：

$$\alpha = \frac{1}{\cosh\left(\dfrac{W}{L_{NB}}\right)+\dfrac{D_{PE}}{D_{NB}}\dfrac{L_{NB}}{L_{PE}}\dfrac{N_{AB}^-}{N_{DE}^+}\dfrac{n_{iE}^2}{n_i^2}\cosh\left(\dfrac{W_E}{L_{PE}}\right)\sinh\left(\dfrac{W}{L_{NB}}\right)} \tag{9-13}$$

共发射极电流增益β是集电区电流与基区电流的比值：

$$\beta = \frac{I_C}{I_B} = \frac{I_C}{I_E - I_C} = \frac{I_C/I_E}{1-I_C/I_E} = \frac{\alpha}{1-\alpha} \tag{9-14}$$

将式（9-13）代入式（9-14），我们可以得到

$$\beta = \frac{1}{\cosh(W/L_{NB})+\dfrac{D_{PE}}{D_{NB}}\dfrac{L_{NB}}{L_{PE}}\dfrac{N_{AB}^-}{N_{DE}^+}\dfrac{n_{iE}^2}{n_i^2}\dfrac{\cosh(W_E/L_{PE})}{\sinh(W_E/L_{PE})}\sinh(W/L_{NB})-1} \tag{9-15}$$

在某些条件下我们可以简化上述方程。如果基区宽度比扩散长度窄，则含有W/L_{NB}的双曲函数可以由它们的泰勒级数展开式的第一项代替，即

$$\left.\begin{aligned}\sinh(\theta)\approx\theta\\ \cosh(\theta)\approx 1\end{aligned}\right\}(\theta \ll 1) \tag{9-16}$$

此外，如果发射区宽度大于扩散长度，则可以对含有W_E/L_{PB}的双曲线函数进行简化：

$$\frac{\cosh(\theta)}{\sinh(\theta)} \approx 1,\ \theta \gg 1 \tag{9-17}$$

在这些条件下，$\alpha_T \approx 1$，我们可以得到

$$\alpha \approx \gamma \approx \frac{1}{1+\dfrac{D_{PE}}{D_{NB}}\dfrac{W}{L_{PE}}\dfrac{N_{AB}^- n_{iE}^2}{N_{DE}^+ n_i^2}} \tag{9-18}$$

由此，可以得出

$$\beta \approx \frac{D_{NB}}{D_{PE}} \frac{L_{PE}}{W} \frac{N_{DE}^{+}}{N_{AB}^{-}} \frac{n_i^2}{n_{iE}^2} \tag{9-19}$$

如果发射区宽度远小于扩散长度，$W_E \ll L_{PE}$，我们只需要在上面公式中用 W_E 代替 L_{PE}。虽然这些简化十分吸引人，但是还是需要谨慎处理。硅 BJT 经常会用到“窄基区”和“长发射区”等假设，但对于所有 SiC 功率 BJT，它们可能并不准确。当存疑时，建议使用包含双曲函数的完整表达式。

9.1.3 端电流

我们接下来将推导端电流 I_E、I_C 和 I_B 的表达式，当认识到$I_E = I_{EN} + I_{EP}$、$I_C = I_{CN} + I_{CP}$和$I_B = I_E - I_C$时，推导会变得很容易。将式（9-7）和式（9-2）相加后，我们得到

$$\begin{aligned} I_E = qA\Bigg[& \frac{D_{NB}}{L_{NB}} \frac{n_i^2}{N_{AB}^{-}} \frac{\cosh(W/L_{NB})}{\sinh(W/L_{NB})} + \\ & \frac{D_{PE}}{L_{PE}} \frac{n_{iE}^2}{N_{DE}^{+}} \frac{\cosh(W_E/L_{PE})}{\sinh(W_E/L_{PE})}\Bigg][\exp(qV_{BE}/kT) - 1] - \\ & qA\left[\frac{D_{NB}}{L_{NB}} \frac{n_i^2}{N_{AB}^{-}} \frac{1}{\sinh(W/L_{NB})}\right][\exp(qV_{BC}/kT) - 1] \end{aligned} \tag{9-20}$$

类似地，将式（9-8）和式（9-4）相加后，得到

$$\begin{aligned} I_C = qA & \left[\frac{D_{NB}}{L_{NB}} \frac{n_i^2}{N_{AB}^{-}} \frac{1}{\sinh(W/L_{NB})}\right][\exp(qV_{BE}/kT) - 1] - \\ & qA\Bigg[\frac{D_{NB}}{L_{NB}} \frac{n_i^2}{N_{AB}^{-}} \frac{\cosh(W/L_{NB})}{\sinh(W/L_{NB})} + \\ & \frac{D_{PC}}{L_{PC}} \frac{n_i^2}{N_{DC}^{+}} \frac{\cosh(W_C/L_{PC})}{\sinh(W_C/L_{PC})}\Bigg][\exp(qV_{BC}/kT) - 1] \end{aligned} \tag{9-21}$$

通过式（9-20）减去式（9-21）得到 I_B的计算公式。

上述公式最初看上去似乎很繁琐，但是进一步的分析发现其具有对称性，可以进行简化。我们注意到，每个公式都是以式（7-26）的形式给出的两个 Shockley 二极管方程的代数和。我们可以通过将式（9-20）和式（9-21）变换成以下形式以便利用这种对称性：

$$I_E = I_{F0}[\exp(qV_{BE}/kT) - 1] - \alpha_R I_{R0}[\exp(qV_{BC}/kT) - 1] \tag{9-22}$$

和

$$I_C = \alpha_F I_{F0}[\exp(qV_{BE}/kT) - 1] - I_{R0}[\exp(qV_{BC}/kT) - 1] \tag{9-23}$$

式（9-22）和式（9-23）被称为 BJT 的 Ebers – Moll 方程。Ebers – Moll 方程中的四个常量可以通过将式（9-22）和式（9-23）与式（9-20）和式（9-21）进行比

较来确定。为方便起见，以下我们总结了这些参数。

$$I_{F0}=qA\left[\frac{D_{NB}}{L_{NB}}\frac{n_i^2}{N_{AB}^-}\frac{\cosh(W/L_{NB})}{\sinh(W/L_{NB})}+\frac{D_{PE}}{L_{PE}}\frac{n_{iE}^2}{N_{DE}^+}\frac{\cosh(W_E/L_{PE})}{\sinh(W_E/L_{PE})}\right]$$

$$I_{R0}=qA\left[\frac{D_{NB}}{L_{NB}}\frac{n_i^2}{N_{AB}^-}\frac{\cosh(W/L_{NB})}{\sinh(W/L_{NB})}+\frac{D_{PC}}{L_{PC}}\frac{n_{iE}^2}{N_{DC}^+}\frac{\cosh(W_C/L_{PC})}{\sinh(W_C/L_{PC})}\right]$$

$$\alpha_F=\frac{1}{1+\frac{D_{PE}}{D_{NB}}\frac{L_{NB}}{L_{PE}}\frac{N_{AB}^-}{N_{DE}^+}\frac{n_{iE}^2}{n_i^2}\frac{\sinh(W/L_{NB})}{\cosh(W/L_{NB})}\frac{\cosh(W_E/L_{PE})}{\sinh(W_E/L_{PE})}}$$

$$\alpha_R=\frac{1}{1+\frac{D_{PC}}{D_{NB}}\frac{L_{NB}}{L_{PC}}\frac{N_{AB}^-}{N_{DE}^+}\frac{n_{iE}^2}{n_i^2}\frac{\sinh(W/L_{NB})}{\cosh(W/L_{NB})}\frac{\cosh(W_C/L_{PC})}{\sinh(W_C/L_{PC})}} \tag{9-24}$$

如上所述，式（9-16）和式（9-17）中所做的近似可以应用于上述公式，这在特定情况下是成立的。

式（9-24）允许我们计算 BJT 器件端电流的 Ebers – Moll 方程中所有四个常量。Ebers – Moll 方程与被称为 Ebers – Moll 模型的简单且易于记忆的 BJT 等效电路相关联，如图 9-2 所示。Ebers – Moll 方程和模型适合于 BJT 器件所有偏置模式：正向有源偏置、饱和偏置、反向有源偏置和截止偏置，它们构成了诸如 SPICE™之类的常见电路分析程序中所使用的 BJT 模型的基础。

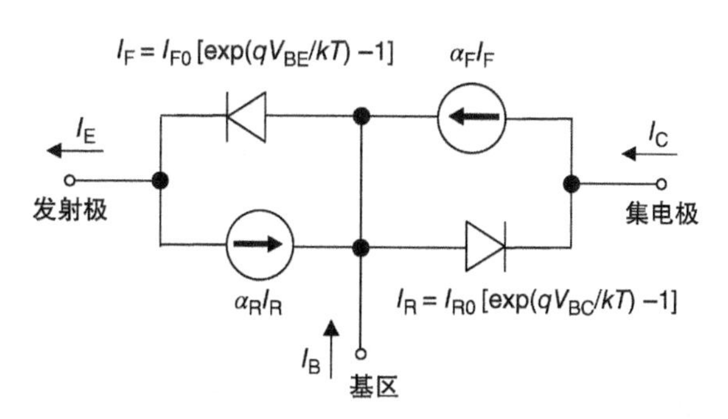

图 9-2　npn BJT 的 Ebers – Moll 等效电路模型。该模型可用于所有偏置模式：正向有源、饱和、反向有源和截止

考虑正向有源工作模式下 BJT 的 Ebers – Moll 模型，其中 EB 结正向偏置，CB 结反向偏置。当 CB 结反向偏置时，二极管电流 I_R 只是反向漏电流 $-I_{R0}$，它非常小可以忽略。同样，受控电流源$\alpha_R I_R$也可以忽略。二极管电流 I_F表示流过正向偏置 EB 结的空穴和电子电流，而受控电流源$\alpha_F I_F$表示从发射区注入后流入集电区的一部分电子电流（请记住，电子流动方向与电子电流的正方向相反）。如果 BJT 工作在反向有源模式下，其中 EB 结反向偏置，并且 CB 结正向偏置，则 I_F和 I_R二极管电流的作用将相反：集电区将注入电子到基区，并经由发射区流出。在饱和模式下，两个结都正向偏置，Ebers – Moll 模型的所有四个分量都存在。

9.1.4　电流 – 电压关系

Ebers – Moll 模型可以用来获得 I_C-V_{CE}单个特性方程并以基区电流作为一个参

数。首先根据 Ebers – Moll 电路模型得到 I_B为

$$I_B = (1+\alpha_F)I_F + (1-\alpha_R)I_R \tag{9-25}$$

式中，如图 9-2 所示，

$$I_F = I_{F0}[\exp(qV_{BE}/kT) - 1] \tag{9-26}$$

和

$$I_R = I_{R0}[\exp(qV_{BC}/kT) - 1] \tag{9-27}$$

我们可以通过 $V_{BC} = V_{BE} - V_{CE}$来消除式（9-27）中的 V_{BC}，从而得到

$$I_R = I_{R0}[\exp(qV_{BE}/kT)\exp(-qV_{CE}/kT) - 1] \tag{9-28}$$

将式（9-26）和式（9-28）代入式（9-25）中，然后得到I_B关于 V_{BE}和 V_{CE}的关系式：

$$I_B = (1-\alpha_F)I_{F0}[\exp(qV_{BE}/kT) - 1] + (1-\alpha_R)I_{R0}[\exp(qV_{BE}/kT)\exp(-qV_{CE}/kT) - 1] \tag{9-29}$$

式（9-29）可以对 $\exp(qV_{BE}/kT)$求解，得到

$$\exp(qV_{BE}/kT) = \left[\frac{I_B + (1-\alpha_F)I_{F0} + (1-\alpha_R)I_{R0}}{(1-\alpha_F)I_{F0} + (1-\alpha_R)I_{R0}\exp(-qV_{CE}/kT)}\right] \tag{9-30}$$

根据 Ebers – Moll 模型，我们可以将集电区电流写为

$$I_C = \alpha_F I_F - I_R \tag{9-31}$$

现在将式（9-30）代入式（9-26）和式（9-28）以消除 V_{BE}，然后将式(9-26)和式（9-28）代入到式（9-31）中，以获得 I_C关于 V_{CE}的函数关系式，其中 I_B作为参数。经过一些代数运算，我们可以得到

$$I_C = [\alpha_F I_{F0} - I_{R0}\exp(-qV_{CE}/kT)]\left[\frac{I_B + (1-\alpha_F)I_{F0} + (1-\alpha_R)I_{R0}}{(1-\alpha_F)I_{F0} + (1-\alpha_R)I_{R0}\exp(-qV_{CE}/kT)}\right] - \alpha_F I_{F0} + I_{R0} \tag{9-32}$$

式（9-32）在所有偏置模式中均成立：正向有源偏置、饱和偏置、反向有源偏置和截止偏置。尽管看上去很复杂性，但是式（9-32）是一个涉及四个常量（四个 Ebers – Moll 参数）和两个变量（V_{CE}和 I_B）的简单代数方程，可以利用式(9-32) 来生成不同基区电流 I_B值下的 V_{CE}和 I_C的关系曲线，如图 9-3 所示，用于生成该图的参数对于一个典型 4H – SiC $n^+/p/n^-$ BJT 是具有代表性的。

迄今为止所推导的计算公式包含了若干假设条件，它们并不一定适用于所有工作区域，这对于功率 BJT 器件更是如此，因为它们通常工作在大电流密度下，这样我们假设的小注入首先在集电区失效，其次在基区失效。其他效应有的发生在高电压下，有的发生在高温下。此外，在我们的一维分析中还没有考虑到一些重要的横向效应。在以下各节中，我们将讨论这些效应中最重要的，以及它们如何影响实际的 SiC 功率 BJT 器件。

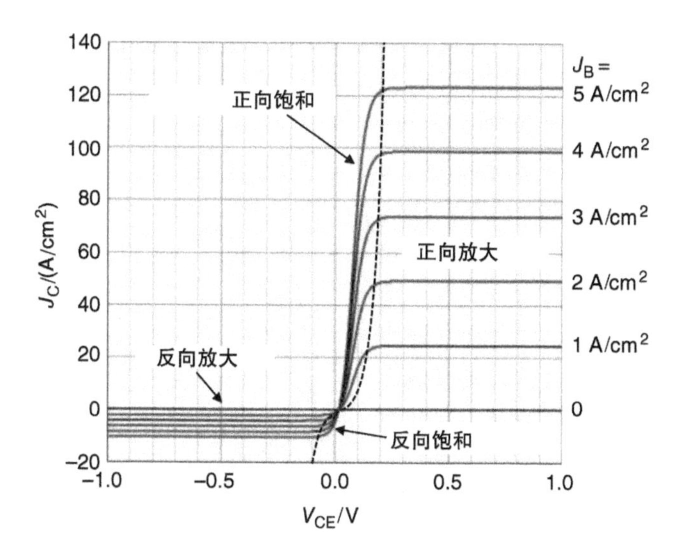

图 9-3　使用式（9-32）计算室温下 4H－SiC 中 $n^+/p/n^-$ BJT 的电流－电压特性。在这个例子中，$N_{DE}=1\times10^{19}cm^{-3}$，$N_{AB}=2\times10^{17}cm^{-3}$，$N_{DC}=2\times10^{15}cm^{-3}$，$W=1\mu m$，$\tau_{PE}$、$\tau_{NB}$和$\tau_{PC}$为 1ns、10ns 和 2μs，$\mu_{PE}$、$\mu_{PC}$、$\mu_{NB}$和$\mu_{NC}$分别为 $78cm^2V^{-1}s^{-1}$、$123cm^2V^{-1}s^{-1}$、$565cm^2V^{-1}s^{-1}$和 $1075cm^2V^{-1}s^{-1}$。正向有源区中的共发射极电流增益为 25，反向有源区为 1.1

9.1.5　集电区中的大电流效应：饱和和准饱和

为了支持在关断状态下高阻断电压，功率 BJT 在 CB 结和 n^+ 衬底之间引入了一个厚的轻掺杂集电极漂移区，如图 9-4 所示。与功率结型场效应晶体管（JFET）和功率 MOSFET 一样，该漂移区设计用来承担所需的阻断电压，其掺杂浓度和厚度由式（7-10）和式(7-11)给出。在没有电导调制的情况下，该漂移区将在上述基本 BJT 上引入一个由式（7-12）描述的串联电阻，但在饱和区，漂移区被部分或全部电导调制。实际集电极漂移区产生的电阻和相关压降将会在下面讨论。

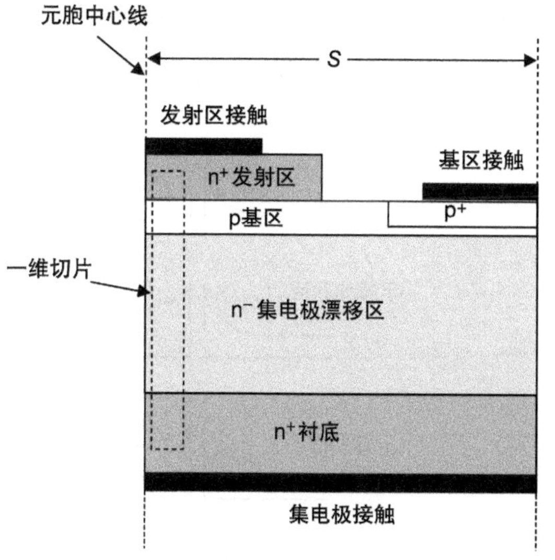

图 9-4　一个实际功率 BJT 的实现，所有层均采用外延生长以避免与离子注入区相关的寿命降低

图 9-5 所示为一个有着厚的轻掺杂集电极漂移区的 $n^+/p/n^-$

功率 BJT 器件的 I_C-V_{CE}关系曲线，而图 9-6 展示了器件在不同工作点 a、c 和 e 时对应的少数载流子浓度。饱和行为包含两个不同的模式：饱和和准饱和，这可以作如下理解。在正向有源区中，CB 结反向偏置，少数载流子不会注入到集电极漂移区，漂移区不发生电导调制，载流子浓度如图 9-6a 所示。随着 V_{CE}的降低，CB 结上的反向偏置减小，在图 9-5 中的 b 点处 V_{BC}最终减小到 0，这个就是正向有源模式与饱和模式之间的边界。随着 V_{CE}进一步减小，CB 结转变为正向偏置，并注入空穴到 n^-集电极漂移区。由于集电区的轻掺杂，即使是一个小的空穴注入也会导致结附近的区域进入大注入情况，在偏置点 c 的少数载流子浓度如图 9-6c 所示。这里，电导调制的漂移区仅在距离 x'_M以内而不会超出，载流子浓度在 $x'=0$ 到 $x=x'_M$间随距离呈线性变化，如下面将要解释的。当我们继续降低 V_{CE}时，CB 结正向偏置增强，导致进入漂移区的注入空穴增加，并在偏置点 d 处，电导调制区域扩散至整个漂移区，即 $x'_M=W_C$，整个漂移区的电阻达到一个非常低的值，图 9-5 中 I_C-V_{CE}曲线沿一个陡峭的斜坡趋向原点。因此，功率 BJT 中的术语“饱和”是指漂移区被完全电导调制的情况，而术语“准饱和”是指漂移区被部分电导调制的情况。

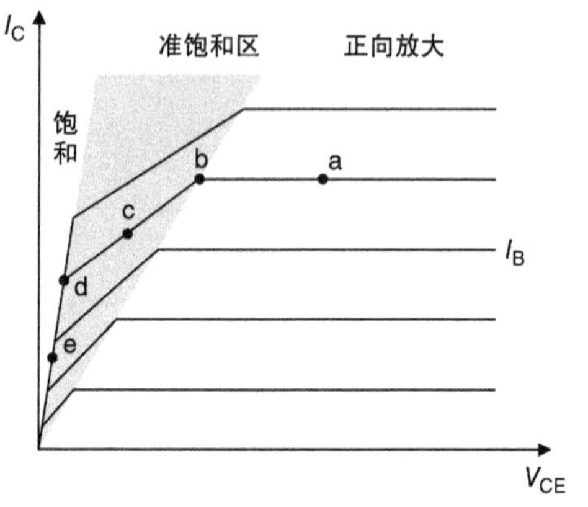

图 9-5　具有厚漂移区的功率 BJT 器件的 I_C-V_{CE}特性曲线

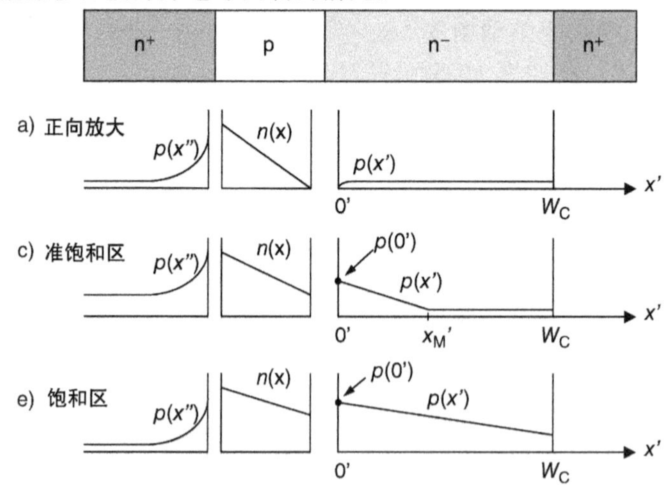

图 9-6　a）正向有源区、c）准饱和区和 e）饱和偏置模式下的功率 BJT 的中性区域中的少数载流子浓度

（见图 9-5 中的 a、c 和 e 点）

我们现在推导描述漂移区内载流子浓度和在饱和和准饱和情况下跨越漂移区的压降的方程。由于该区域必须保持电中性，可以得到

$$n(x') = p(x') + N_{DC}^{+} \tag{9-33}$$

在 $x'=0$ 处的空穴浓度由结定律给出（式（7-25））：

$$p(0) = p_{NC0}\exp(qV_{BC}/kT) \tag{9-34}$$

因为漂移区为轻掺杂，所以即使在中等正向 V_{BC} 偏置下，$p(0)$ 的浓度也可以超过 N_{DC}，因此大注入占主导地位，在这个区域可以得到

$$\frac{\partial p}{\partial x'} = \frac{\partial n}{\partial x'} \tag{9-35}$$

漂移区中的电子和空穴电流是

$$J_N = q\mu_{NC}n(x')E(x') + qD_{NC}\frac{\partial n}{\partial x'} \tag{9-36}$$

$$J_P = q\mu_{PC}p(x')E(x') - qD_{PC}\frac{\partial p}{\partial x'} \tag{9-37}$$

我们现在推定，从基区进入漂移区的注入空穴电流 $J_P(0)$ 比从发射区进入并流过基区的电子电流 $J_N(0)$ 小。BJT 的这种情况明显不同于 pin 二极管，其中电子从 n^+ 区域注入，空穴从 p^+ 区域注入。在 BJT 漂移区中，主要的电子电流来自发射区注入的电子（I_{EN}），并通过扩散经过基区进入集电区。由于晶体管的增益，从基区注入集电区的空穴电流要小得多。回想一下 $I_B = I_C/\beta$，假设 $\beta \gg 1$，基区电流远小于集电区电流。饱和的基区电流由注入发射区的空穴（I_{EP}）、注入到集电区中的空穴（I_{CP}）和基区的空穴复合电流组成，因此，我们可以肯定，$I_{CP} < I_B \ll I_C$。因此，集电区电流几乎完全是由电子构成，我们可以设置式（9-37）中 $J_P \approx 0$。求解电场强度并使用爱因斯坦关系，我们得到

$$E(x') \approx \frac{kT}{q}\frac{1}{p}\frac{\partial p}{\partial x'} \tag{9-38}$$

集电区电流主要由电子构成，可以通过将式（9-36）与式（9-33）、式（9-35）和式（9-38）合并求得

$$-J_C \approx J_{CN} = q\mu_{PC}(p + N_{DC}^{+})\left(\frac{kT}{q}\frac{1}{p}\right)\frac{\partial p}{\partial x'} + qD_{NC}\frac{\partial p}{\partial x'} \tag{9-39}$$

再次使用爱因斯坦关系，式（9-39）变化为

$$-J_C \approx 2qJ_{CN}\left(1 + \frac{N_{DC}^{+}}{2p}\right)\frac{\partial p}{\partial x'} \tag{9-40}$$

该方程可以通过在两边交叉乘以 $\partial x'$ 并对 x' 积分求解。通过积分求解 $p(x')$ 可以得到

$$p(x') = p(0) - \frac{J_C x'}{2qD_{NC}} + \frac{N_{DC}^{+}}{2}\ln\left[\frac{p(0)}{p(x')}\right] \tag{9-41}$$

由于饱和状态下 $p(x') \gg N_{DC}{}^{+}$，上式的第三项可以忽略，使空穴浓度成为位

置的线性递减函数：

$$p(x') \approx p(0) - \frac{J_C x'}{2qD_{NC}} \tag{9-42}$$

读者应该认识到式（9-39）以及下面的方程中的输运参数μ_{NC}和D_{NC}都是n^-型集电极漂移区中多数载流子（电子）的输运参数。这些与我们早先推导的式(9-1)～式（9-32）中的输运参数是各个区少数载流子的传输参数有所不同。

除此之外，我们注意到式（9-42）可以直接从双极扩散方程（ADE）式(7-39)推导而来。如果漂移区中的复合可以忽略不计，我们可以设置$\Delta p/\tau_A \approx 0$。在稳态$\partial p/\partial t = 0$时，ADE 可以简化为$\partial^2 p/\partial x^2 = 0$。这意味着$p(x')$是位置的一个线性函数，可以写成

$$p(x') = p(0) + \frac{\partial p}{\partial x'} x' \tag{9-43}$$

由于$p >> N_{DC}^+$，式（9-40）可以重新写成

$$\frac{\partial p}{\partial x'} = -\frac{J_C}{2qD_{NC}} \tag{9-44}$$

将式（9-44）代入式（9-43）直接得到式（9-42）。

在已经获得的集电极漂移区中电子和空穴浓度作为电流函数的式（9-42）的基础上，现在希望计算出整个漂移区的压降，该压降可以代入式（9-32）中的V_{CE}以获得功率 BJT 器件的$I_C - V_{CE}$关系。首先，从式（9-42）我们注意到，当空穴浓度等于背景掺杂浓度时，相应的x'值为

$$x'_M = \frac{2qD_{NC}}{J_C}[p(0) - N_{DC}^+] \tag{9-45}$$

将式（9-34）代入$p(0)$得到

$$x'_M = \frac{2qD_{NC}}{J_C}\left[\frac{n_i^2}{N_{DC}^+}\exp(qV_{BC}/kT) - N_{DC}^+\right] \tag{9-46}$$

式中，V_{BC}是指内部 CB 结压降，由于在集电极漂移区和衬底上产生的电压，V_{BC}值低于集电区与基区之间的端电压。在式（9-46）中，通过$V_{BC} = V_{BE} + V_{CE}$，V_{BC}可以由内部V_{CE}和由式（9-30）给出的V_{BE}得到。

我们假定在$0 < x' < x'_M$区域内，漂移区被电导调制并发生空穴浓度超过背景掺杂浓度，而在$x'_M < x' < W_C$区域内则未发生电导调制。在漂移区未发生电导调制部分的压降V_{UM}为

$$V_{UM} = \begin{cases} \dfrac{J_C(W_C - x'_M)}{q\mu_{NC}N_{DC}^+}, & x'_M < W_C \\ 0, & x'_M \geqslant W_C \end{cases} \tag{9-47}$$

通过在区域$0 < x' < x'_M$上积分式（9-38）给出的电场强度来获得电导调制部分V_M两端的压降。所以可以获得

$$V_{\mathrm{M}}=\begin{cases}-\int_0^{x'_{\mathrm{M}}}E(x')\mathrm{d}x'=-\dfrac{kT}{q}\int_{p(0)}^{p(x'_{\mathrm{M}})}\dfrac{\mathrm{d}p}{p}=\dfrac{kT}{q}\ln\left[\dfrac{p(0)}{N_{\mathrm{DC}}^{+}}\right], & x'_{\mathrm{M}}<W_{\mathrm{C}}\\ -\int_0^{W_{\mathrm{C}}}E(x')\mathrm{d}x'=-\dfrac{kT}{q}\int_{p(0)}^{p(W_{\mathrm{C}})}\dfrac{\mathrm{d}p}{p}=\dfrac{kT}{q}\ln\left[\dfrac{p(0)}{p(0)-J_{\mathrm{C}}W_{\mathrm{C}}/(2qD_{\mathrm{NC}})}\right], & x'_{\mathrm{M}}\geqslant W_{\mathrm{C}}\end{cases}\tag{9-48}$$

式中，$p(0)$由式（9-34）给出。在计算式（9-34）时，我们设定 $V_{\mathrm{BC}}=V_{\mathrm{BE}}+V_{\mathrm{CE}}$，$V_{\mathrm{BE}}$由式（9-30）给出。对于 SiC 功率 BJT，V_{M}通常小于 $-15\mathrm{mV}$，与器件中的其他压降相比可忽略不计。

已经获得了集电极漂移区两端压降的表达式，现在可以修改式（9-32）给出的 $I_{\mathrm{C}}-V_{\mathrm{CE}}$关系，以包含这些效应。方法如下：利用式（9-32），选择一个基区电流 I_{B}和内部电压 V_{CE}的值来计算 I_{C}。为获得内部 V_{CE}，使用式（9-46）为 x'_{M}添加式（9-47）和式（9-48）到内部 V_{CE}。图 9-7 给出了图 9-3 所示的晶体管 $I_{\mathrm{C}}-V_{\mathrm{CE}}$曲线，其中包括漂移区电压（实线）。作为参考，虚线给出了不包括漂移区电压的图 9-3 所示 $I_{\mathrm{C}}-V_{\mathrm{CE}}$曲线。$J_{\mathrm{B}}=5\mathrm{A/cm^2}$ 曲线上的点 a 和点 b 表示不同调制模式之间的边界。从原点到点 a，漂移区域完全电导调制（$x'_{\mathrm{M}}\geqslant W_{\mathrm{C}}$），其差分电阻非常小。在点 a 和点 b 之间，漂移区部分电导调制（$0<x'_{\mathrm{M}}<W_{\mathrm{C}}$），差分电阻较高。在点 b 的右侧，小注入 $p(0)$产生电导调制是可以忽略的（$x'_{\mathrm{M}}\leqslant 0$），并且差分电阻是完全未调制的漂移区的电阻。

由于某些原因，在测试器件中经常看不到图 9-7 中的特性。首先，在某些高掺杂浓度漂移区的情况下，为使 $V_{\mathrm{B}}{}^2/R_{\mathrm{ON,SP}}$最大化，当 $I_{\mathrm{C}}\to 0$ 时，漂移区通常不会达到全电导调制，点 a 非常接近原点。当图 9-7 所示器件的漂移区掺杂浓度从 $1\times10^{16}\mathrm{cm^{-3}}$变化到 $2\times10^{15}\mathrm{cm^{-3}}$，则 $I_{\mathrm{C}}-V_{\mathrm{CE}}$曲线如图 9-8 所示。这里使用 $10\mu\mathrm{m}$ 漂移区，这种掺杂浓度提供了最佳的 $V_{\mathrm{B}}{}^2/R_{\mathrm{ON,SP}}$和 1580V 的理论阻断电压。在这种较高的掺杂浓度条件下，器件几乎处在原来的准饱和区。第二个原因是，如图 9-7 所示，在理想情况下，诸如电流在漂移区中的电流扩散以及由于基区中的扩散电阻引起的压降的横向效应常常掩盖了断点。最后，我们应该注意，式（9-32）是假定在所有区域都是小注入情况，而在准饱和区和饱和区中，集电区漂移区处于大注入情况。这将改变式（9-24）中的参数 I_{R0}和 α_{R}和连续性方程，并且该效应尚未包括在式（9-32）或图 9-7 和图 9-8 中。

9.1.6　基区中的大电流效应：Rittner 效应

我们已经讨论了集电区中的大注入效应，并分析了电导调制如何减少饱和状态时漂移区的压降。现在转向基区的大注入效应。当 BJT 大电流工作时，从发射区注入到基区的电子浓度变得足够大，使得基区中的电子浓度超过电离掺杂浓度。当这种情况发生时，电中性要求基区中的空穴浓度也相应增加，使得 $\Delta p(x)\approx\Delta n(x)$。较高的空穴浓度增加了从基区到发射区的背注入空穴。这是直观的、合理的，因为

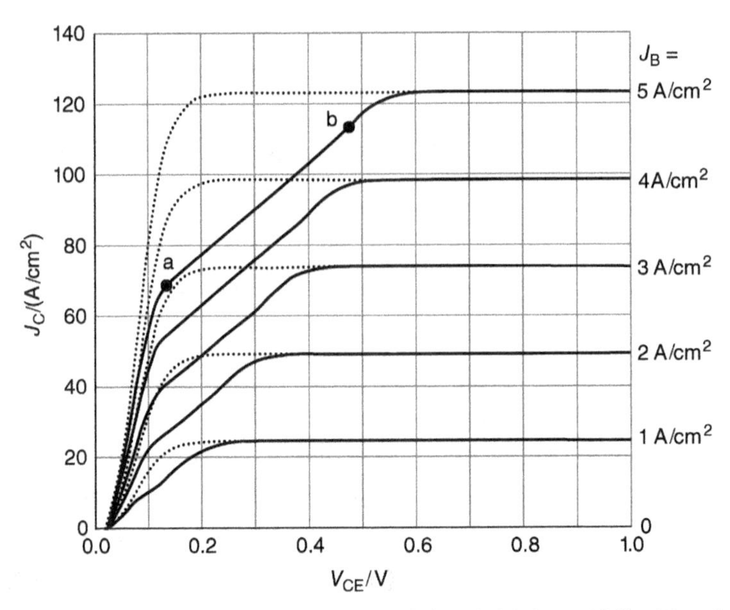

图 9-7 I_C-V_{CE}特性，包括图 9-3 的 BJT 中集电极漂移区两端的压降。点曲线是图 9-3 的基本 Ebers - Moll 模型给出的 BJT 特性，没有考虑集电极漂移区两端的压降

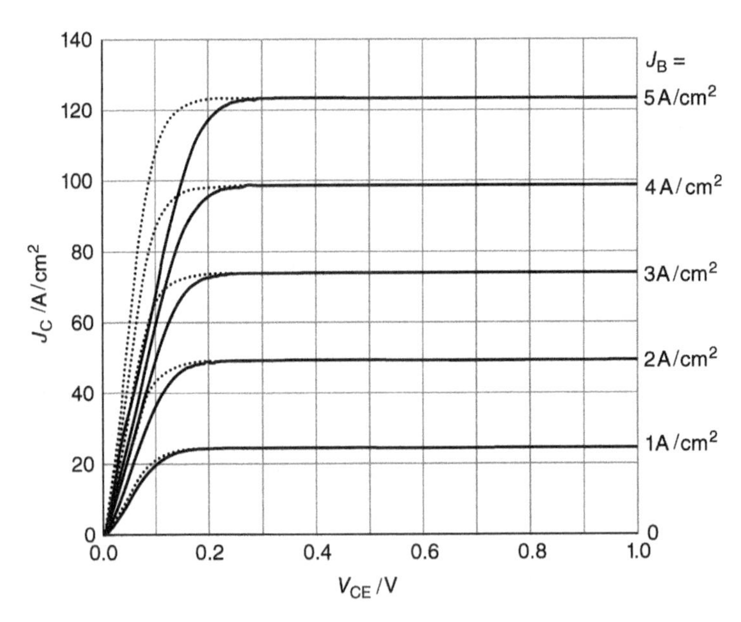

图 9-8 BJT 的 I_C-V_{CE}特性，集电区掺杂浓度为 $1\times10^{16}\mathrm{cm}^{-3}$，而不是图 9-7 中的 $2\times10^{15}\mathrm{cm}^{-3}$。较高的掺杂浓度阻止了漂移区域的完全调制，使器件处于准饱和状态，直到非常接近原点

如果在基区上每单位体积有更多的空穴，在正向偏压条件下，期望从基区到发射区的空穴数量会更多。增加的空穴流必须由增加的基区电流提供，这意味着较低的电

流增益，因为$\beta = I_C/I_B$。这种现象被称为 Rittner 效应。现在将建立一些方程来描述这种效应，最终获得β与集电区电流的函数关系。

为了求解β，需要在基区大注入条件下获得集电区和基区电流的表达式。如果忽略基区中的复合电流，放大区中的基区电流仅由从基区注入发射区的空穴构成，该部分在图 9-1 中被定义为I_{EP}。由于发射区保持小注入，这个电流可以通过求解发射区中的 MCDE 来解决，这是受耗尽层边缘空穴浓度$p_E(x''=0)$施加的边界条件的影响。第一项任务是制定这个边界条件。

在 EB 耗尽区的发射区一侧引用结定律，可以得到

$$p_E(0'')n_E(0'') = n_{iE}^2 \exp(qV_{BE}/kT) \tag{9-49}$$

同样，在 EB 耗尽区域的结面处得到

$$p_B(0)n_B(0) = n_i^2 \exp(qV_{BE}/kT) \tag{9-50}$$

在这些公式中，0″表示发射结中耗尽区的边缘，0 表示基区中的耗尽区的边缘。可以组合上述公式以在耗尽边缘处给出发射结中的空穴浓度：

$$p_E(0'') = p_B(0'')\frac{n_B(0)n_{iE}^2}{n_E(0'')n_i^2} \tag{9-51}$$

由于发射区是小注入，电子浓度$n_E(0'')$保持在其本征值N_{DE}。然而，如果基区处于大注入，则空穴浓度$p_B(0)$将大于基区中的掺杂浓度。在基区中保证电中性要求

$$\Delta p_B(x) = p_B(x) - p_{B0} = \Delta n_B(x) = n_B(x) - n_{B0} \tag{9-52}$$

求解$p_B(x)$，可以得到

$$p_B(x) = p_{B0} + n_B(x) - n_{B0} = N_{AB}^- + n_B(x) - \frac{n_i^2}{N_{AB}^-} \approx N_{AB}^- + n_B(x) \tag{9-53}$$

参考式（9-53），在$x=0$并插入式（9-51）得到

$$p_E(0'') = [N_{AB}^- + n_B(0)]\frac{n_B(0)}{N_{DE}^+}\frac{n_{iE}^2}{n_i^2} \tag{9-54}$$

看到发射区$p_E(0'')$中空穴的边界条件现在取决于基区$n_B(0)$中的注入程度。从结定律可以得到

$$n_B(0) = n_{B0}\exp(qV_{BE}/kT) = \frac{n_i^2}{N_{AB}^-}\exp(qV_{BE}/kT) \tag{9-55}$$

将式（9-55）代入式（9-54）中，得

$$p_E(0'') = \left[1 + \frac{n_B(0)}{N_{AB}^-}\right]\frac{n_{iE}^2}{N_{DE}^+}\exp(qV_{BE}/kT) \tag{9-56}$$

已经获得了发射结中空穴浓度的边界条件，现在可以写出基区和集电结电流的表达式，并从它们的比值中可以得到β。假设发射结宽度W_E与少数扩散长度L_{PE}相比较长，发射区中空穴电流的 MCDE 的解是衰减指数，

$$\Delta p_E(x'') = \Delta p_E(0)\exp(-x''/L_{PE}) \tag{9-57}$$

在 $x''=0$ 时由空穴电流流入发射结中性区

$$I_{EP} = -qAD_{PE}\frac{\partial \Delta p_E}{\partial x''}\bigg|_{x''=0} = \frac{qAD_{PE}}{L_{PE}}\Delta p_E(0'') \approx \frac{qAD_{PE}}{L_{PE}}p_E(0'') \tag{9-58}$$

如前所述，基区中的复合电流可忽略不计，$I_B \approx I_{EP}$。集电区电流 I_C 是从发射区穿过基区的电子电流，即图 9-1 中的分量 $I_{CN} \approx I_{EN}$（回想起电子流动的方向与电子电流的方向相反）。在基区中复合电流可忽略不计，电子浓度从发射区边缘向集电区边缘线性减小（见图 9-6a），集电区电流可写成

$$I_{EP} = qAD_{NB}\frac{n_B(0)}{W} \tag{9-59}$$

这给了我们$n_B(0)$的另一个表达，即

$$n_B(0) = \frac{J_C W}{qD_{NB}} \tag{9-60}$$

现在将式（9-59）除以式（9-58）来获得

$$\beta = \frac{I_C}{I_B} = \frac{D_{NB}}{D_{PE}}\frac{L_{PE}}{W}\frac{n_B(0)}{p_E(0'')} \tag{9-61}$$

为$n_B(0)$插入式（9-55），为$p_E(0'')$插入式（9-56），并将式（9-60）代入式（9-56），得到

$$\beta = \left(\frac{D_{NB}}{D_{PE}}\right)\left(\frac{L_{PE}}{W}\right)\left(\frac{N_{DE}^+}{N_{AB}^-}\right)\left(\frac{n_i^2}{n_{iE}^2}\right)\left(1+\frac{J_C W}{qD_{NB}N_{AB}^-}\right)^{-1} \tag{9-62}$$

式中的最后一个因数是由于基区中大注入而导致的 β 减少。随着集电区电流密度 J_C的减小，式（9-62）与小注入时式（9-19）给出的β_0是接近的，可以将式（9-62）重新改写成

$$\beta = \frac{\beta_0}{1+J_C/J_R} \tag{9-63}$$

式中，J_R是由 Rittner 给出的电流密度

$$J_R = qD_{NB}N_{AB}^-/W \tag{9-64}$$

Rittner 电流可以视为集电区电流密度，其中 β 已经下降到其小注入值的一半。显然希望具有高的 Rittner 电流值，这表明增加了基区掺杂浓度或降低了基区宽度。然而，式（9-19）给出的β_0与 N_{AB}^-成反比，因此增加掺杂浓度具有减小 β 的这种不受期望的效果出现。减少基区宽度增大了 β_0 和 J_R，但是为了避免基区穿通，掺杂浓度和厚度乘积需要服从

$$N_{AB}W \geqslant \varepsilon_s E_C/q \tag{9-65}$$

取式（9-65）中的等式，最优 β_0和 J_R可以用临界电场强度来表示

$$\beta_0 = \left(\frac{D_{NB}}{D_{PE}}\right)\left(\frac{qN_{DE}^+L_{PE}}{\varepsilon_s E_C}\right)\left(\frac{N_{AB}}{N_{AB}^-}\right)\left(\frac{n_i^2}{n_{iE}^2}\right) \tag{9-66}$$

和

$$J_{\mathrm{R}}=\frac{\varepsilon_{\mathrm{s}}D_{\mathrm{NB}}E_{\mathrm{C}}}{W^{2}}\left(\frac{N_{\mathrm{AB}}^{-}}{N_{\mathrm{AB}}}\right) \tag{9-67}$$

因此，对于最大增益和最大 Rittner 电流，应该减小 W，同时增加 N_{AB} 以满足式（9-65）中的相等性，从而防止穿通。式（9-67）表示 SiC 功率 BJT 的另一个优点，即由于较高的临界电场强度而具有较高的 Rittner 电流，但是 Rittner 电流在室温下由于基区中受主掺杂物的不完全电离而略微降低。

9.1.7　集电区的大电流效应：二次击穿和基区扩散效应

在放大区中，n^+ 发射区将电子注入到基区，然后它们扩散到反向偏置的 CB 结并被扫入 n^- 集电极漂移区。在高电流密度下，典型的功率 BJT，在基区、整个 CB 耗尽区和集电极漂移区中都存在明显的电子浓度。如上一节所述，当基区中的电子浓度超过基区掺杂浓度时，基区进入大注入状态，这将导致通过 Rittner 效应降低电流增益 β。现在希望考虑 CB 耗尽区和 n^- 集电极漂移区的条件。

首先关注 CB 耗尽区，耗尽区内任何一点的电场强度必须遵守泊松方程。在冶金结的集电区一侧，可以得到

$$\frac{\partial E(x)}{\partial x}=-\frac{q}{\varepsilon_{\mathrm{s}}}[N_{\mathrm{DC}}-n(x)] \tag{9-68}$$

式中，$n(x)$ 是穿过耗尽区的漂移电子浓度，重新定义 x 坐标系，将原点放置在 CB 冶金结。这里的 N_{DC} 表示施主浓度，因为耗尽区中的施主原子被完全电离。CB 结反向偏置严重，电场强度高，因此可以假设电子以饱和漂移速度 $v_{SAT}\approx 2\times10^{7}\mathrm{cm/s}$ 移动。在这个假设下，耗尽区中的电子浓度相对于位置是均匀的，可以得到

$$n(x)=\frac{J_{\mathrm{C}}}{qv_{\mathrm{SAT}}}\neq f(x) \tag{9-69}$$

通过将式（9-69）代入到式（9-68）中并相对于 x 进行积分来计算电场强度

$$E(x)=E(0)-\frac{q}{\varepsilon_{\mathrm{s}}}\left(N_{\mathrm{DC}}-\frac{J_{\mathrm{C}}}{qv_{\mathrm{SAT}}}\right)x \tag{9-70}$$

在平衡状态，集电区电流 J_C 为零，式（9-69）表明在耗尽区中没有电子。在这种情况下的电场强度由图 9-9 中的曲

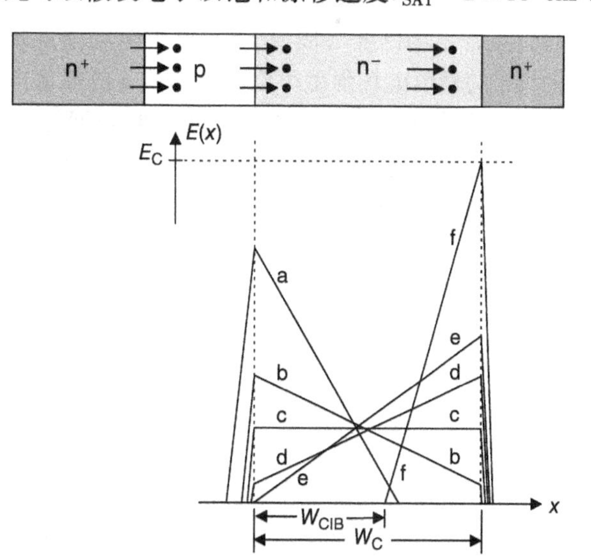

图 9-9　当 BJT 工作在正向有源区的高电流密度时，晶体管的电场强度分布。器件剖面仅示出了发射极、基极和集电极掺杂区域，并且不区分耗尽区和中性区

线 a 表示。由于基区和集电区之间的掺杂浓度不对称，耗尽区进一步扩散到 n^- 集电区。随着集电区电流增加，与（非常低）掺杂浓度 N_{DC} 相比，式（9-69）给出的电子浓度变得非常显著，并且由式（9-68）给出的电场强度斜率减小，结果如图 9-9 中的曲线 b 所示。这里，耗尽区延伸穿过整个集电极漂移区，并且该电场强度迅速地在 n^+ 衬底内部下降。如果电流增加更多，则式（9-69）给出的电子浓度将最终等于掺杂浓度 N_{DC}，在该点处，电场强度曲线的斜率变为零，如曲线 c 所示。甚至在更高的电流下，电子浓度将超过掺杂浓度，净电荷浓度改变了符号。现在电场强度随着距离的增加而增加，产生曲线 d。这里峰值电场强度已从 CB 结转移到 n^-/n^+ 结。如果电流继续增加，则 CB 结处的电场强度最终变为零，如曲线 e 所示。对应于曲线 e 的电流密度称为基区扩散电流，可以通过设置 $E(0)=0$，$x=W_C$ 和 $E(W_C)=2V_{BC}/W_C$ 根据式（9-70）计算出数值

$$J_K = qv_{SAT}\left(N_{DC} + \frac{2\,\varepsilon_s V_{BC}}{q\,W_C^2}\right) \tag{9-71}$$

如果 J_C 超过基区扩散电流 J_K，则电场向曲线 f 移动。当 n^-/n^+ 结处的峰值电场强度达到雪崩击穿的临界电场强度时，如曲线 f 所示，器件发生二次击穿。通过在 n^-/n^+ 结处的高电场强度区域中的碰撞电离产生的空穴电流流向基区，并注入到发射区中，作为额外的基区电流。这导致来自发射区的更大的电子电流，并进一步增加集电区电流，并且在击穿过程发生正反馈。需要重点注意的是，这可能发生在低于零电流下导致雪崩击穿所需的集电区电压。这是因为在高电流密度下，如式（9-70）给出的集电极漂移区中的电场锥度所示，当电流为零时，显示为曲线 f 可以超过正常电场锥度（曲线 a）。由于电场强度极值等于 V_{BC} 的面积保持不变，所以曲线 f 的峰值电场强度可以高于曲线 a 的峰值电场强度，即使电压没有增加。

现在看看这些概念与半导体的临界电场强度有何关系。当器件处于 $J_C=0$ 的反向阻断状态时，电场强度如曲线 a 所示。如 7.1.1 节所述，在非穿通（或 NPT）设计中，当峰值电场强度等于临界电场强度时，漂移区完全耗尽。高斯定律和泊松方程得到如下关系：

$$N_{DC} = \varepsilon_s E_C^2/(2qV_B) \tag{9-72}$$

和

$$W_C = 2V_B/E_C \tag{9-73}$$

将这些公式代入式（9-71）得到

$$J_K = \frac{v_{SAT}\varepsilon_s E_C^2}{2\,V_B}\left(1 + \frac{V_{BC}}{V_B}\right) \tag{9-74}$$

这表明对于给定的阻断电压 V_B，基区扩展电流以临界电场强度的 2 次方关系增加。SiC 的较高临界电场强度使基区扩展电流值很高，有效地消除了 SiC BJT 二次击穿问题。

应当注意到，当电场强度处在曲线 f 的情况时，在最接近 CB 冶金结的集电区

漂移区的部分上的电场强度为零。泊松方程要求当电场强度均匀时（在这种情况下，它处于零均匀），该区域必须是电中性的。该中性区称为电流诱生基区，其宽度为 W_{CIB}，如图9-9所示。由于该区域中的电场强度为零，因此不会有电子漂移，集电区电流完全由电子扩散电流提供。由于扩散需要浓度梯度，并且由于该区域必须始终保持电荷中性，所以必须以一定浓度存在额外的空穴以精确地平衡每个点处的附加电子。电荷中性区域中的电子扩散是在中性基区发生的相同过程，因此，电流诱生基区作为冶金基区的延伸。该效应被称为基区扩散效应，并且导致在高电流密度下在正向有源区中的电流增益减小。

9.1.8 共发射极电流增益：温度特性

在小注入下窄基区 npn BJT 的共发射极电流增益在式（9-19）中给出，其中基区 N_{AB} 中的电离受主的浓度出现在分母中。如附录 A 所述，4H－SiC 中的铝注入原子具有约200meV 的电离能，并且并不是所有注入原子在室温下离子化。图 A－1 显示，在 $2\times10^{16}\ cm^{-3}$ 的掺杂浓度下，基区中约30%的受主原子电离并在23℃电离出空穴。基区中的低浓度空穴增加了发射区注入效率（式（9-18））和 β（式(9-19)）。然而，随着温度升高，较大部分的受主原子离子化，这导致 β 降低。对于基区掺杂浓度为 $2\times10^{16}cm^{-3}$ 的 BJT 器件，共发射极电流增益将在300℃下降到室温值的1/3。因为这个原因，在特定应用中考虑的最高结温 BJT 的性能尤其是 SIC BJT 的温度特性是非常重要的。

β 随温度的降低在一些方面实际上是有益的，因为它有助于防止热失控。这使得可以在大电流模块中并行多个 BJT。

9.1.9 共发射极电流增益：复合效应

SiC BJT 中的电流增益受到在基区和发射区中区域复合的很大影响，在基区和发射区的表面处，在 EB 和 CB 结处，以及在 p^+ 注入的区域，这些区域通常用于增强基区接触。我们将在下面讨论这些效果。

大多数半导体器件教科书讨论了复合（和产生）现象。我们这里关心的是，通过与晶体缺陷相关的带隙中深能级的复合，已知的过程被认为是 Shockley－Read－Hall（SRH）复合。在体材料晶体中，每单位体积的净复合率通过单能级 SRH 中心可用以下公式表示：

$$R=\frac{\sigma_N\sigma_P v_T N_T(pn-n_i^2)}{\sigma_N(n+n_1)+\sigma_P(p+p_1)}=\frac{pn-n_i^2}{\tau_P(n+n_1)+\tau_N(p+p_1)} \tag{9-75}$$

式中，σ_P 和 σ_N 是空穴和电子捕获截面，v_T 是热速度（室温下约 $10^7cm/s$），N_T 是每单位体积的 SRH 中心的浓度，τ_P 和 τ_N 是空穴和电子少数载流子寿命，n_1 和 p_1 来自于以下公式：

$$n_1=n_i\exp[(E_T-E_i)/kT],\ p_1=n_i\exp[(E_i-E_T)/kT] \tag{9-76}$$

式中，E_T是带隙中 SRH 中心的能量。对于中间隙中心，n_1 和 p_1 均等于 n_i。

通过适当的修改，式（9-75）也可以应用于二维晶体表面或界面，在表面或界面中有关于带隙中的能量状态分布。在这些情况下，可以写出单位面积的净复合率：

$$R_S = \frac{\sigma_N \sigma_P v_T N_{IT}(pn - n_i^2)}{\sigma_N(n + n_1) + \sigma_P(p + p_1)} = \frac{pn - n_i^2}{(n + n_1)/s_P + (p + p_1)/s_N} \tag{9-77}$$

式中，N_{IT}是在表面或界面处的每单位面积的复合中心的浓度，s_P和 s_N分别是空穴和电子的表面复合速度。在式（9-75）和式（9-77）中，平衡时（$pn = n_i^2$）净复合率为零，当 $pn < n_i^2$时净复合率为负（净产生）。表面和体积复合速率都与 SRH 中心浓度 N_T或 N_{IT}成正比，因此最小化这些中心浓度对于减少复合至关重要。

在 SiC BJT 中，复合将从发射区注入的电子移动到基区中，从而防止这些电子对集电区电流产生贡献。复合也可以去除从基区注入发射区的空穴。这增加了发射区中空穴浓度的梯度，从而增加了基区电流。这两种效应均降低了 β。

BJT 中的主要复合位点如图 9-10 所示。复合可以通过中性基区和中性发射区的缺陷发生，如图中的ⓐ所示。我们将在此讨论这一复合。表面复合可发生在基区和发射区的顶表面，以及发射区的侧面，标有ⓑ。为了最小化表面复合，重要的是采用最好的表面钝化，通常是热处理的或沉积的氧化物，然后在 NO 中进行后氧化退火[1]。此外，定向发射区，使其侧面位于（$1\bar{1}00$）平面上可以减少发射区侧壁复合，因为该平面具有较低的表面复合速度[1]。

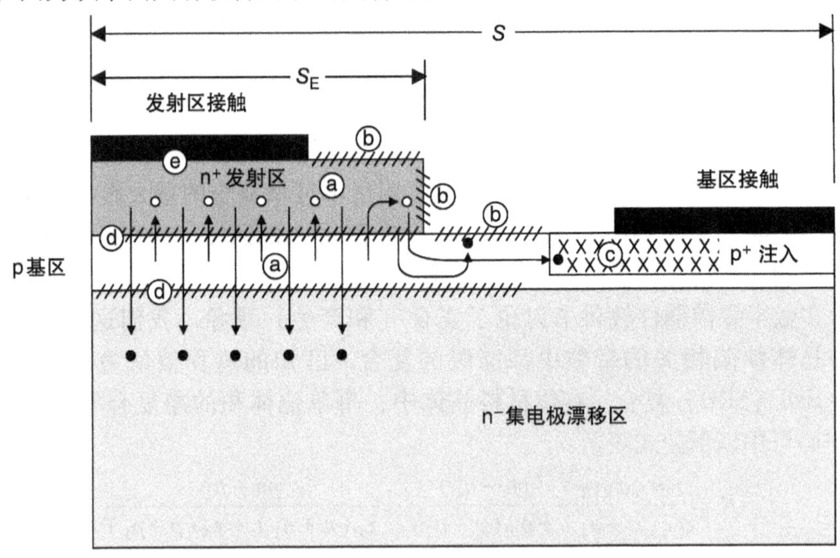

图 9-10　SiC 功率 BJT 中重要复合位点图示

由于注入造成的晶格损伤[2]，在基区接触区域ⓒ内的 p⁺注入区域中也可能发生复合。一个有效的解决方案是定位发射区 p⁺注入边缘几个扩散长度（或几个基区宽度，取较短者）。复合也发生在 pn 结的缺陷处，如ⓓ所示，特别是当这些界面上的外延生长被中断时。通过使用连续外延生长增长整个 npn 结构能够减少复合[1]。最后，必须考虑在发射区欧姆接触处的复合，如图中的ⓔ区域。增加了从底部注入的空穴电流并降低β，但是通过制造更薄的发射区比最小化空穴扩散长度更能最小化这种恶化。

由于表面复合沿着或接近发射区边缘发生，所以β通常可以增加使用宽的发射区叉指分布，从而降低发射区的比表面积[1]。然而，这必须与具体的导通电阻$R_{ON,SP}$的增加相平衡。乍一看，增加相对于原胞区域的发射区面积似乎使原胞更有效率，但是需要考虑基区扩散作用。基区的侧面电阻率由下式给出：

$$\rho_S = 1/(q\mu_P N_{AB}^- W) \tag{9-78}$$

由于低的空穴迁移率μ_P和低的受主电离百分比N_{AB}^-，SiC BJT 中的这种电阻可能是显著的。基区电流从基区电极通过基区的横向电阻流动，从而产生横向压降，这个横向压降降低发射区中心处的V_{EB}，从而减少电子和空穴电流I_{EN}和I_{EP}。这不影响β，因为由于相同原因I_{EN}和I_{EP}也被减少了，但是它使发射区的内部不活跃并增加导通电阻。在选择发射区的宽度时，设计者必须在增强β和消除$R_{ON,SP}$之间权衡。

图 9-10 中的过程ⓐ表明了中性基区和中性发射区内的 SRH 复合，这可以明显地限制β。大量 4H-SiC 中的主导 SRH 中心是与碳-硅双空位相关的Z_1/Z_2中心，以及与碳空位相关的EH_6/EH_7中心。在注入激活退火之前进行 1150℃下 5h 热氧化可以使这些能级深度最小化，其次是注入激活退火后的另外 5h 氧化[1]也可以使这些能级深度最小化。SiC 功率 BJT 器件用如退火以及上面讨论的其他措施进行处理，已经证明这些器件在室温下的β在 250 以上[1]。

9.1.10　阻断电压

在前面各节中，考虑了 BJT 的开态特性，现在转向阻断电压特性。在阻断状态下，CB 结被反向偏置并支持整个集电区电压。可以施加到集电区的最大电压由中性基区的穿通电压或 CB 结的雪崩击穿电压决定。

当 CB 结的耗尽区延伸穿过中性基区并与 EB 结的耗尽区融合时，会发生穿通。当发生这种情况时，将电子与发射区结合的势垒减小，并且大的电子流从发射区流向集电区。由于基区的中性部分已经消失，电流不再受基区控制。如 10.1 节所述，可以通过确保基区的掺杂厚度积足够大，使得在 CB 结处的雪崩击穿开始之前不能完全耗尽，可以防止穿透。该条件由式（10-1）给出。由于式（10-1）在精心设计的 BJT 中得到满足，阻断电压通常将受到雪崩击穿的限制。

第 10 章讨论了雪崩击穿和结终端技术，但是 BJT 的一个方面需要特别注意，即 BJT 的内部电流增益的作用。在阻断状态下，基区电流保持为零，这相当于基区端的开路状态。如 10.1.1 节中将讨论的，雪崩击穿是反向偏置 CB 结的高电场强度区域中载流子的碰撞电离的结果。碰撞电离在耗尽区产生电子－空穴对，电场分离载流子，将电子吸入集电区，空穴电流进入基区。当 I_B 设置为零时，这些空穴不能流出基区，而是必须流入发射区。这相当于由 BJT 的增益放大的内部基区电流。换句话说，对于发射区的空穴电流，大约 β 个电子从发射区注入基区。这些电子扩散到基区并被扫到 CB 耗尽区域，在那里它们引发额外的碰撞电离。由这些新的电离事件产生的空穴本身被扫到发射区，从而在这些空穴中引起更多的电子注入。一旦启动，该过程无限制地增加，导致在反向电压下的集电区电流不受控制地增加，该反向电压将导致在阻断的 CB 结的雪崩击穿。如许多教科书中所讨论的，基区开路的 BJT 的阻断电压 $V_{B,CEO}$ 与阻断 CB 结的击穿电压 $V_{B,CBO}$ 相关，如下式所示：

$$V_{B,\ CEO}=\frac{V_{B,\ CBO}}{(\beta+1)^{1/m}} \tag{9-79}$$

式中，m 是常数，通常在 3 ~6 之间。由于式（9-79）中的分母大于 1，所以 BJT 的开路基区阻断电压小于开集电区的 CB 结击穿电压。

9.2 绝缘栅双极型晶体管（IGBT）

现在将注意力转向 IGBT。硅基 IGBT 是通过电导调制来降低功率 MOSFET 的漂移区电阻 R_{DR}。事实上，IGBT 的早期术语是“COMFET”，是电感调制场效应晶体管的缩写。在结构上，n 沟道 IGBT 可以看作是垂直的 n 沟道功率 MOSFET，如图 8-17 所示，其中 n^+ 衬底被 p^+ 衬底代替。在导通状态下，电流流过 MOSFET 的沟道，垂直穿过 n^- 漂移区，然后通过正向偏置的 n/p^+ 二极管流入衬底。然而，IGBT 的物理机理比这更丰富。更有洞察力的解释是将 IGBT 视为与 pnp BJT 合并的 n 沟道 MOSFET。在导通状态下，pnp BJT 的厚 n 基区处于大注入，导致了电导调制效应，从而降低了该区域的压降。我们为这个优点付出的代价则是在 n^-/p^+ 结附近存在额外的正向二极管压降，而且关断时间显著增加，后者是因为在器件关断期间必须从基区抽取少数载流子。

为了更彻底地梳理这些概念，我们现在考虑一个具体的例子。对于我们的工作实例，我们选择了 p 沟道 IGBT 而不是 n 沟道 IGBT。这样做是为了避免使用 p^+ 衬底。因为在这些掺杂水平下，空穴的迁移率低和受主杂质的电离度低，导致 SiC 中的 p^+ 衬底具有高阻性，如图 A-1 所示。我们的 p 沟道 IGBT 如图 9-11 所示。该结构可以看作是向 npn BJT 提供基区电流的 p 沟道 MOSFET。与上一节中讨论的窄基区 BJT 相比，该 BJT 具有厚的轻掺杂基区，其以个位数产生电流增益 β。IGBT 还在漂移区和衬底之间并入薄的 p^+ 缓冲层，以防止处于截止状态的漂移区发生穿通。缓冲层对导通状态性能的影响最小，但在开关中变得很重要，这将在下文中讨论。

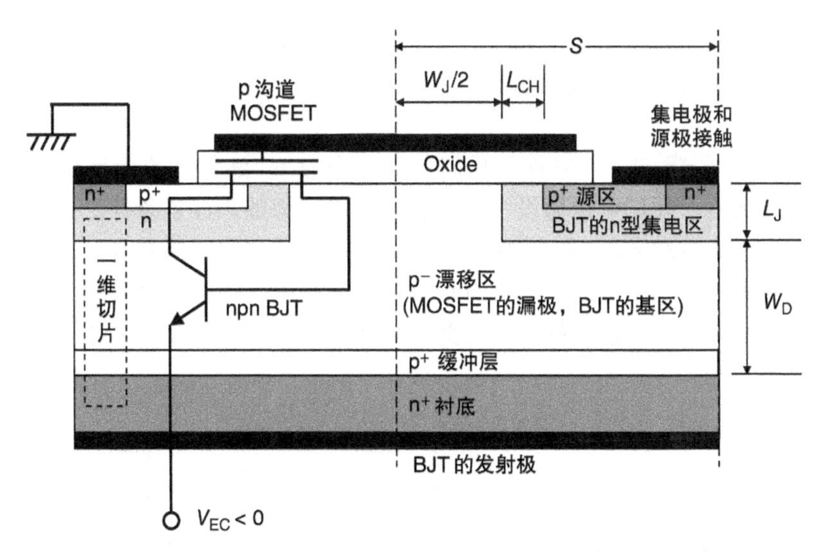

图 9-11　4H - SiC 中 p 沟道 IGBT 的截面。该器件可以看作是为内部 npn BJT 提供基极电流的 p 沟道 MOSFET。虚线框表示将用于分析的一维切片

9.2.1　电流 - 电压关系

IGBT 的电流 - 电压特性如图 9-12 所示。这些特性与功率 MOSFET 的特性类似，除了源极附近的电压偏移，该偏移是由于正向偏置的 p^-/n^+ 衬底结的电势差而

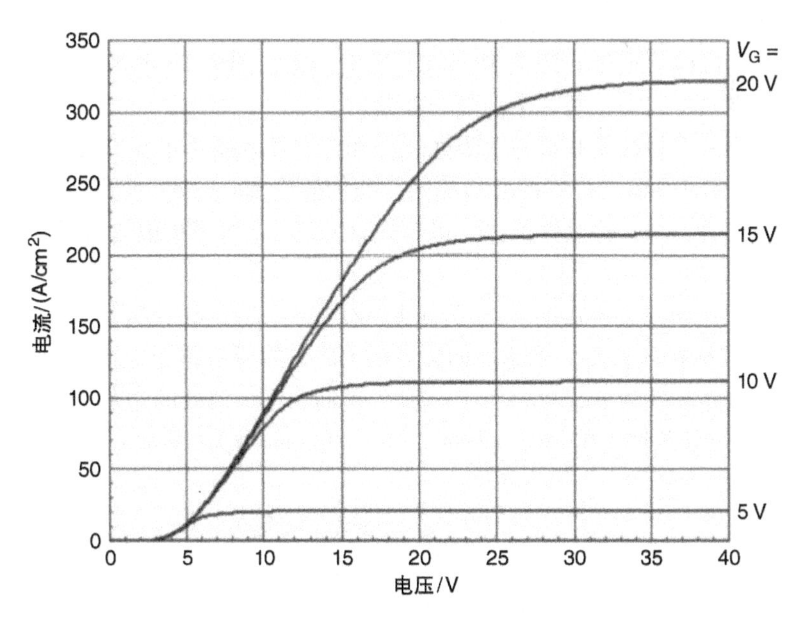

图 9-12　4H - SiC IGBT 的电流 - 电压特性。原点处的偏移电压是因为作为内部 BJT 的发射结的正向偏置衬底二极管上的压降

引起的。该图的另一个与功率 MOSFET 的差异，是在线性区域中 $I-V$ 特性的更陡峭的斜率，这是由于电导调制引起的漂移区的导通电阻降低，我们将会在下文中讨论。

为了得出 IGBT 的工作方程，我们首先考虑厚 p^- 漂移区的传导现象。由于该区域是轻掺杂的，我们可以假设在导通状态下占优势的大注入条件。我们使用的方法类似于 7.3 节中对 pin 二极管的讨论，我们将在下文中强调其与 pin 二极管的比较。首先考虑穿过漂移区的一维垂直切片，如图 9-11 所示。我们在图 9-13 中重绘这个区域以及用于分析的坐标系，在此忽略了 p^+ 缓冲层，因为它对导通状态的影响可以忽略不计。

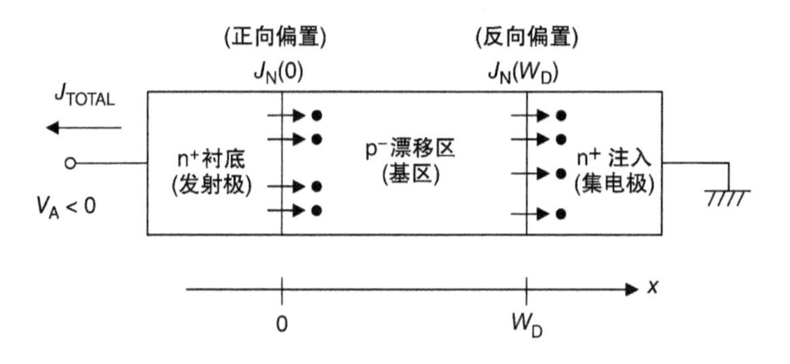

图 9-13 用于分析的 IGBT 的简化一维截面

在导通状态下，内部 BJT 工作在正向放大区，n^+ 衬底作为发射区，p^- 漂移区作为基区。基极电流通过 p 沟道 MOSFET 提供，这在图 9-13 中未示出，但是我们可以假定，空穴可以满足基区中的复合现象。

我们的第一个目标是获得一个表达式，即在大注入条件下 p^- 基区上的电势降。该方法与 7.3 节中 pin 二极管的分析相同，我们假设 $\Delta n \approx \Delta p$，应用双极扩散方程，并使用在 $x=0$ 和 $x=d$ 的边界条件，得到式（7-39）。双极扩散方程的一般解由式（7-40）给出：

$$\Delta n(x) = \Delta p(x) = C_1 \sinh(x/L_A) + C_2 \cosh(x/L_A) \tag{7-40}$$

式中，L_A 是双极扩散长度。到达反向偏置的 CB 结的所有电子立即被电场扫过去，因此这里的边界条件为 $\Delta n(W_D) = 0$。现在我们将 EB 结处的边界条件表示为 $\Delta n(0)$。将这些边界条件应用到式（7-40）中，可以得到解出常数 C_1 和 C_2 的两个方程。我们发现：

$$C_1 = -\Delta n(0) \frac{\cosh(W_D/L_A)}{\sinh(W_D/L_A)}$$

$$C_2 = \Delta n(0) \tag{9-80}$$

将 C_1 和 C_2 代入到式（7-40）的一般解中会得到：

$$\Delta n(x) = \Delta n(0)\frac{\sinh[(W_D - x)/L_A]}{\sinh(W_D/L_A)} \tag{9-81}$$

为了获得边界条件 $\Delta n(0)$，我们使用类似 pin 二极管的分析方法，并且在 EB 结处假设单位注入效率，也就是说，假定与总电流相比，注入发射区的空穴可以忽略不计。在 $x=0$ 处写出空穴和电子电流的表达式，得到类似于式（7-42）的结果，即

$$J_N(0) = -J_{TOTAL} = q\mu_N n(0)E(0) + qD_N\left.\frac{\partial n}{\partial x}\right|_{x=0}$$

$$J_P(0) = 0 = q\mu_P p(0)E(0) - qD_P\left.\frac{\partial p}{\partial x}\right|_{x=0} \tag{9-82}$$

由于将正电流方向定义为负 x 轴方向，所以 J_{TOTAL} 前面有负号，如图 9-13 所示。设在 p^- 基区中 $n(x)\approx p(x)$ 以确保电荷中性（由于掺杂量与注入量相比较小），并且求解第二个方程，得到在 $x=0$ 处的电场强度：

$$E(0) = \frac{kT}{q}\frac{1}{n(0)}\left.\frac{\partial n}{\partial x}\right|_{x=0} \tag{9-83}$$

将式（9-83）代入式（9-82）的第一个公式中并求解 $x=0$ 处的 $\partial n/\partial x$，得到 $x=0$ 时的边界条件：

$$\left.\frac{\partial n}{\partial x}\right|_{x=0} = -\frac{J_{TOTAL}}{2qD_N} \tag{9-84}$$

将式（9-81）代入式（9-84），并注意到在大注入条件 $\Delta n(x)\approx n(x)$ 中，我们发现

$$\Delta n(0) = \frac{J_{TOTAL}L_A}{2qD_N}\tanh(W_D/L_A) \tag{9-85}$$

将其插入式（9-81），得到载流子密度的方程：

$$\Delta n(x) = \Delta p(x) = \frac{J_{TOTAL}L_A}{2qD_N}\frac{\sinh[(W_D - x)/L_A]}{\cosh(W_D/L_A)} \tag{9-86}$$

将该结果与 pin 二极管的式（7-46）比较，差异源自 $x=W_D$（或 pin 二极管坐标系中的 $x=+d$）处的边界条件。在 IGBT 中，电子从该边界中被抽取，空穴无注入。在 pin 二极管中，该边界不抽取电子，空穴以单位注入效率被注入。我们还应该指出式（9-86）涉及电子扩散系数，而式（7-46）仅涉及双极因子。图 9-14 表明了使用式（7-46）和式（9-86）计算出的相同总电流下的 pin 二极管和 IGBT 中的载流子浓度。反向偏置的 CB 结快速抽取所有到达的电子。结果，IGBT 比 pin 二极管具有更小的电导调制效应。

为了得到 p 层中的总压降，接下来寻找电场强度关于位置的函数表达式。将总电流写为

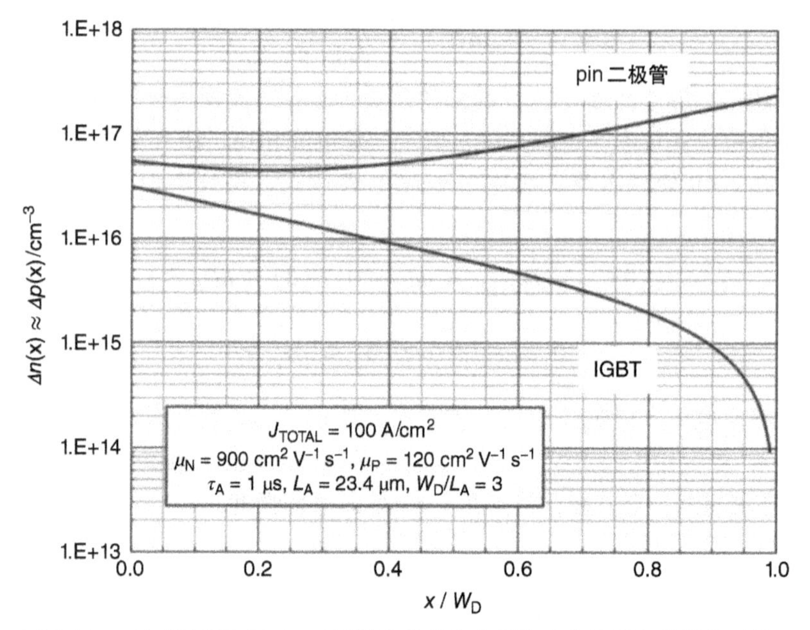

图9-14 p沟道IGBT和pin二极管中的多余电子和空穴浓度与位置的函数

$$
\begin{aligned}
-J_{\text{TOTAL}} &= J_{\text{N}}(x) + J_{\text{P}}(x) \\
&= q\mu_{\text{N}}\left[n(x)E(x) + \frac{kT}{q}\frac{\partial n}{\partial x}\right] + q\mu_{\text{P}}\left[p(x)E(x) - \frac{kT}{q}\frac{\partial p}{\partial x}\right]
\end{aligned}
\tag{9-87}
$$

因为端电流在负x轴方向被定义为正，所以J_{TOTAL}前面为负号。我们现在设$n(x)=\Delta n(x)$和$p(x)=\Delta p(x)+N_{\text{A}}^{-}$，其中$\Delta p(x)=\Delta n(x)$是因为电荷中性。求解$E(x)$：

$$
E(x) = \frac{-J_{\text{TOTAL}} - kT(\mu_{\text{N}} - \mu_{\text{P}})(\partial n/\partial x)}{q(\mu_{\text{N}} + \mu_{\text{P}})\Delta n(x) + q\mu_{\text{P}}N_{\text{A}}^{-}} \tag{9-88}
$$

将式（9-86）代入到式（9-88）中，通过计算可得

$$
E(x) = \frac{kT}{qL_{\text{A}}}\left\{\frac{\dfrac{-2\mu_{\text{N}}}{(\mu_{\text{N}}+\mu_{\text{P}})}\cosh\left(\dfrac{W_{\text{D}}}{L_{\text{A}}}\right) + \dfrac{(\mu_{\text{N}}-\mu_{\text{P}})}{(\mu_{\text{N}}+\mu_{\text{P}})}\cosh\left(\dfrac{W_{\text{D}}-x}{L_{\text{A}}}\right)}{\sinh\left[\dfrac{W_{\text{D}}-x}{L_{\text{A}}}\right] + \theta}\right\} \tag{9-89}
$$

式中，

$$
\theta = \frac{qD_{\text{A}}N_{\text{A}}^{-}}{J_{\text{TOTAL}}L_{\text{A}}}\cosh\left(\frac{W_{\text{D}}}{L_{\text{A}}}\right) \tag{9-90}
$$

p^-漂移区内的电场强度与大注入区中的电流无关，即$\Delta p(x) >> N_{\text{A}}^{-}$。在这些区域，与式（9-89）的分母sinh项相比，θ可以忽略不计。因为Δp在集电区附近接近零，而分母中的θ项可防止电场强度在$x=W_{\text{D}}$处无限大，因此非常接近$x=W_{\text{D}}$的区域不发生大注入。

在图9-14的相同条件下，使用式（9-89）计算的电场强度如图9-15所示。电场强度是负值，驱动空穴向左和电子向右。另一方面，扩散过程由于 $d\Delta p(x)/dx \approx d\Delta n(x)/dx$，在相同的方向上输运空穴和电子。从图9-14可以看出，扩散将电子和空穴移动到IGBT的右侧，而在pin二极管中，扩散使载流子从两个边缘进入漂移区。

有了电场强度的表达式，我们只需要将 x 代入式（9-89），得到关于位置的静电势函数。我们选择如下形式的电势表达式：

$$\psi(x) = \psi(0) - \int_0^x E(x)\,dx \tag{9-91}$$

将式（9-89）代入并积分，得到相当惊人的表达式：

$$\psi(x) = \psi(0) + \frac{kT}{q}\left\{\frac{(\mu_N - \mu_P)}{(\mu_N + \mu_P)}\ln\left[\frac{\sinh\left[\frac{W_D - x}{L_A}\right] + \theta}{\sinh\left(\frac{W_D}{L_A}\right) + \theta}\right] - \frac{4\mu_N}{(\mu_N + \mu_P)}\frac{\cosh\left(\frac{W_D}{L_A}\right)}{\sqrt{\theta^2 + 1}} \times \left[\tanh^{-1}\left(\frac{\theta\tanh\left(\frac{W_D - x}{2L_A}\right) - 1}{\sqrt{\theta^2 + 1}}\right) - \tanh^{-1}\left(\frac{\theta\tanh\left(\frac{W_D}{2L_A}\right) - 1}{\sqrt{\theta^2 + 1}}\right)\right]\right\} \tag{9-92}$$

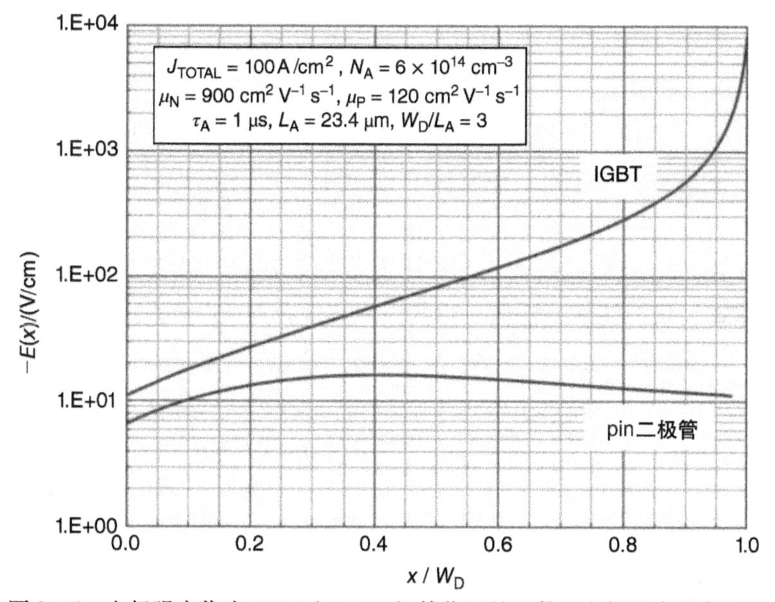

图9-15　电场强度作为IGBT和pin二极管位置的函数。电场强度是负的，驱动向左的空穴和向右的电子

图9-16描绘了式（9-92）给出的电势，以及可比较的pin二极管的电位。IGBT中的电势差远远大于pin二极管，因为注入仅发生在漂移区的一个边界，而不

是两个。然而，电势差远低于功率 MOSFET 的未调制漂移区域所预期的。

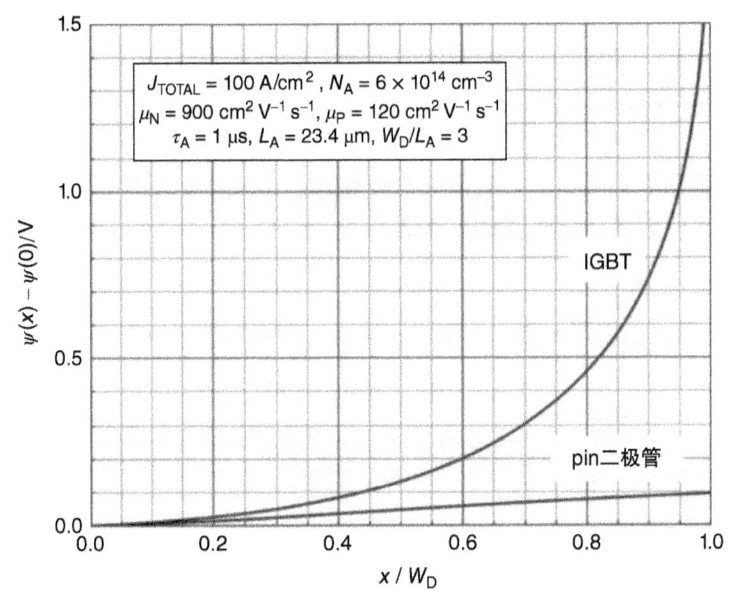

图 9-16 作为 p 沟道 IGBT 和 pin 二极管的漂移区域中位置的函数的电势差。IGBT 的总电势差远高于 pin 二极管，因为漂移区域仅从一侧发生电导调制

通过在式（9-92）中设置 $x = W_D$ 可以找到 p^- 漂移区上的总静电势差。然而，这不是跨越漂移层的压降。式（9-92）中的静电势差描述了穿越漂移区的能带弯曲，或者 $E_i(x)$ 的变化，而压降是空穴准费米能级 F_P 中的变化。差异可以从图 9-17的能带图中看出。计算跨越 n^+/p^- 结的空穴准费米能级 F_P 的分裂，记为 V_{N+P}，很快就能够计算出来。漂移区中 F_P 的额外变化记为 V_P，这就是我们想得到的压降。

为了计算 V_P，我们需要空穴准费米能级的表达式，或者漂移区中空穴的电化学势的表达式。我们注意到任何一点的空穴浓度都与 F_P 相关，如下式所示：

$$p(x) = \Delta p(x) + N_A^- = n_i \exp[(E_i(x) - F_P(x))/kT] \tag{9-93}$$

式中，

$$E_i(x) - F_P(x) = kT\ln\left[\frac{\Delta p(x) + N_A^-}{n_i}\right] \tag{9-94}$$

定义空穴准费米电位 $\psi_P(x) = -F_P(x)/q$，并注意到静电势 $\psi(x) = -E_i(x)/q$，我们可以得到

$$\psi_P(x) = \psi(x) + \frac{kT}{q}\ln\left[\frac{\Delta p(x) + N_A^-}{n_i}\right] \tag{9-95}$$

幸运的是，我们已经解出了 $\psi(x)$ 和 $\Delta p(x)$。将式（9-92）和式（9-86）代入到式（9-95）中并进行代数运算，得到

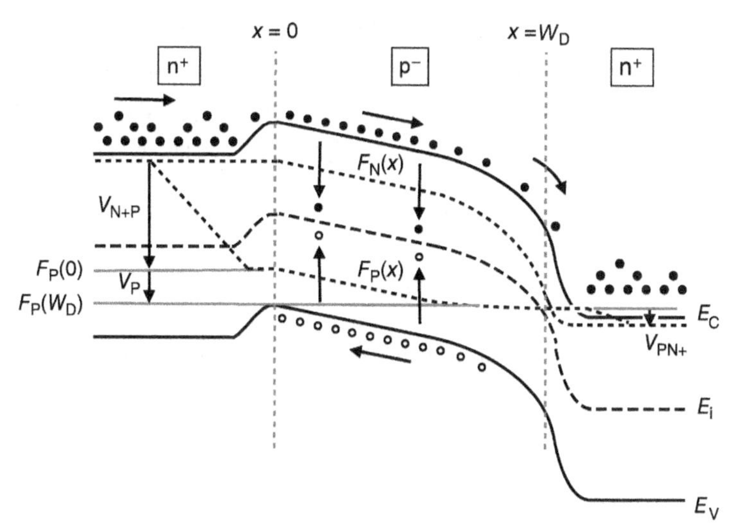

图9-17　沿图9-11中的一维截面的能带图。V_{N+P}是EB结的准费米能级分裂，V_P是基区的空穴准费米能级的变化，而V_{PN+}是CB结的准费米能级分裂

$$\psi_P(x) = \psi(0) + \frac{kT}{q}\left\{\frac{(\mu_N - \mu_P)}{(\mu_N + \mu_P)}\ln\left[\frac{\sinh\left[\frac{W_D - x}{L_A}\right] + \theta}{\sinh\left(\frac{W_D}{L_A}\right) + \theta}\right] + \ln\left[\frac{J_{TOTAL}L_A}{2qD_N n_i}\frac{\sinh\left[\frac{W_D - x}{L_A}\right]}{\cosh\left(\frac{W_D}{L_A}\right)} + \frac{N_A^-}{n_i}\right] - \frac{4\mu_N}{(\mu_N + \mu_P)}\frac{\cosh\left(\frac{W_D}{L_A}\right)}{\sqrt{\theta^2 + 1}} \times \left[\tanh^{-1}\left(\frac{\theta\tanh\left(\frac{W_D - x}{2L_A}\right) - 1}{\sqrt{\theta^2 + 1}}\right) - \tanh^{-1}\left(\frac{\theta\tanh\left(\frac{W_D}{2L_A}\right) - 1}{\sqrt{\theta^2 + 1}}\right)\right]\right\} \tag{9-96}$$

式（9-96）描述了穿越漂移区的空穴准费米电位的变化，其中θ由式（9-90）给出。可以写出漂移层两端的总压降：

$$V_P = \psi_P(W_D) - \psi_P(0)$$

$$= \frac{kT}{q}\left\{\frac{(\mu_N - \mu_P)}{(\mu_N + \mu_P)}\ln\left[\frac{\theta}{\sinh\left(\frac{W_D}{L_A}\right) + \theta}\right] - \ln\left[\frac{J_{TOTAL}L_A}{2q\,D_N N_A^-}\tanh\frac{W_D}{L_A} + 1\right] - \frac{4\mu_N}{(\mu_N + \mu_P)}\frac{\cosh\left(\frac{W_D}{L_A}\right)}{\sqrt{\theta^2 + 1}} \times \left[\tanh^{-1}\left(\frac{-1}{\sqrt{\theta^2 + 1}}\right) - \tanh^{-1}\left(\frac{\theta\tanh\left(\frac{W_D}{2L_A}\right) - 1}{\sqrt{\theta^2 + 1}}\right)\right]\right\} \tag{9-97}$$

在计算结构中的其他压降之前，我们考虑一下内部 npn BJT 的共发射极电流增益β。由于现在我们已经将载流子浓度和电场强度作为x的函数表达式，所以我们可以在集电极边缘$x=W_D$处应用这些表达式，以确定内部 BJT 中的集电极和基极电流。然后我们可以使用J_C/J_B来确定β。可以写出$x=W_D$处的电子和空穴电流：

$$J_N(W_D) = q\mu_N n(W_D)E(W_D) + qD_N \left.\frac{\partial n}{\partial x}\right|_{x=W_D}$$

$$J_P(W_D) = q\mu_P p(W_D)E(W_D) - qD_P \left.\frac{\partial p}{\partial x}\right|_{x=W_D} \tag{9-98}$$

从式（9-89）代入$E(W_D)$，并设$n(W_D)=0$和$p(W_D)=N_A^-$，我们可以得到

$$J_N(W_D) = -\frac{\mu_N J_{TOTAL}}{(\mu_N+\mu_P)}\left[1+\frac{\mu_P}{\mu_N}\frac{1}{\cosh\left(\frac{W_D}{L_A}\right)}\right]$$

$$J_p(W_D) = -\frac{\mu_p J_{TOTAL}}{(\mu_N+\mu_P)}\left[1-\frac{1}{\cosh\left(\frac{W_D}{L_A}\right)}\right] \tag{9-99}$$

空穴电流为负，因为方括号中的因子总是为正。负空穴电流对应于在$x=W_D$处移动到p^-漂移区域中的空穴。这些空穴不流过 CB 结，这是因为该结被反向偏置，而是通过 p 沟道 MOSFET 流入漂移区并构成了 BJT 的基极电流。电子电流也是负的，对应于流过集电区 CB 结的电子。这是 BJT 的集电区电流，所以可以写出当前的增益：

$$\beta = \frac{J_C}{J_B} = \frac{J_P(W_D)}{J_N(W_D)} = \frac{\left(\frac{\mu_N}{\mu_P}\right)\cosh\left(\frac{W_D}{L_A}\right)+1}{\cosh\left(\frac{W_D}{L_A}\right)-1} \tag{9-100}$$

图 9-18 显示了式（9-100）给出的电流增益作为基区宽度的函数。对于图 9-14～图 9-16 中使用的参数，电流增益为 8.44。这可能看起来很低，但对于一个成功的 IGBT 而言，高β不是必需的，因为基极电流不是从外部电路提供，而是从通过集成 MOSFET 的集电极电流“借”来的，这从图 9-11 的等效电路可以看出。我们注意到式（9-100）在W_D/L_A的值较大时变得不准确，因为大x值处的载流子浓度不再高到足以构成大注入。

另外我们还注意到，式（9-99）中的基区电流$J_P(W_D)$也可以从存储在漂移区中的总空穴电荷计算出来。通过将式（9-86）从$x=0$到$x=W_D$进行积分，得到存储的空穴电荷，从而得到

$$Q_{STORED} = \frac{J_{TOTAL}L_A^2}{2D_N}\left[\frac{1}{\cosh\left(\frac{W_D}{L_A}\right)}-1\right] \tag{9-101}$$

将J_P（W_D）设为等于基区中的总复合电流Q_{STORED}/τ_A，我们得到与式

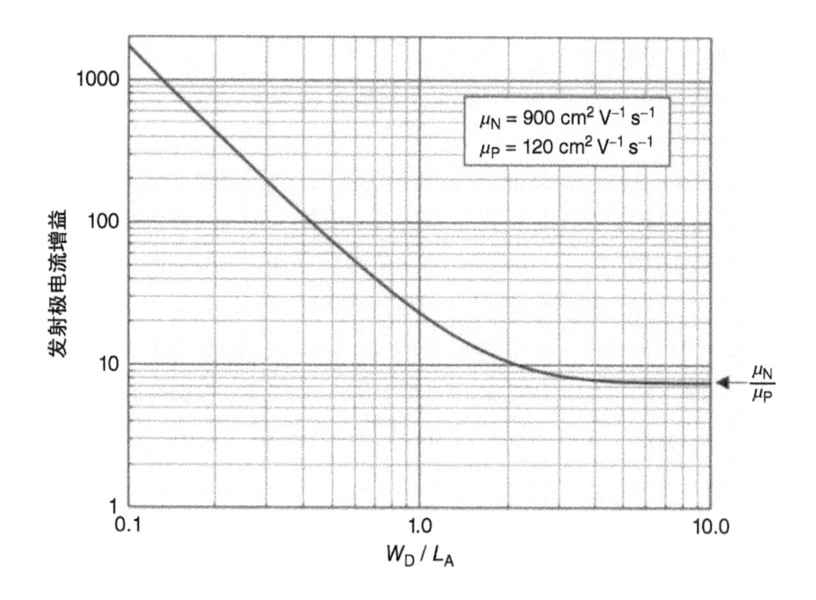

图9-18 使用式（9-100），IGBT内部BJT的发射极电流增益作为基极宽度的函数

（9-99）相同的结果。

现在，我们重新计算IGBT之间作为电流的函数的总压降。要计算的下一个压降是跨越正向偏置EB结的压降V_{N+P}。采用结定律，可以写出在$x=0$处的p^-漂移区边缘处的电子浓度。

$$p(0)n(0) = n(0)^2 = n_i^2\exp(qV_{N+P}/kT) \tag{9-102}$$

对于V_{N+P}求解式（9-102），并从式（9-86）代入$n(0)$得到

$$V_{N+P} = 2\frac{kT}{q}\ln\left[\frac{J_{TOTAL}L_A}{2qD_Nn_i}\tanh\frac{W_D}{L_A}\right] \tag{9-103}$$

不需要计算反向偏置CB结上的压降V_{PN+}，因为该电压由p沟道MOSFET和垂直p沟道JFET上的压降控制，下文将会讨论。

流过p沟道MOSFET的电流会产生两个压降：MOSFET沟道上的压降以及由接地n^+集电区控制的垂直p沟道JFET上的压降。MOSFET在线性区域工作，沟道电阻由式（8-52）的p沟道模拟量给出：

$$R_{MOS,SP} = \frac{L_{CH}S}{\mu_P^*\ C_{OX}(V_G - V_T)} \tag{9-104}$$

式中，μ_P^*是反型层空穴迁移率，L_{CH}是沟道长度。乘以通过MOSFET的电流密度可以得到压降，这是式（9-99）中第二个表达式给出的基极电流。结果是

$$V_{MOS} = \frac{\mu_p J_{TOTAL}}{(\mu_N + \mu_P)}\left[\frac{1}{\cosh(W_D/L_A)} - 1\right]\left[\frac{L_{CH}S}{\mu_P^*\ C_{OX}(V_G - V_T)}\right] \tag{9-105}$$

第一个括弧因子为负，因此 MOSFET 沟道的漏极电压也为负，如对 p 沟道 MOSFET 所预期的一样。

垂直 JFET 区域上的压降可以通过将基极电流乘以 JFET 的线性区域电阻来获得。在这里我们可以使用式（8-11），它给出了双栅控制的 JFET 的电流 - 电压关系，并有以下修改：根据 IGBT 内的垂直向 JFET，我们用式（8-11）中的 L 代替沟道长度 L_J，用 $2a$ 取代 JFET 宽度 W_J，其中 L_J 和 W_J 如图 9-11 所示。式（8-11）中的漏极电流包括沟道的两半，但是我们现在希望仅使用通道的一半来计算电势降，所以我们将式（8-11）中的 I_D 替换为 $2I_B$。由于我们现在有一个 p 沟道 JFET，我们用 u_P 和 N_A 代替 u_N 和 N_D。最后，我们设 $V_G = 0$，因为用作 JFET 的栅极的 n^+ 集电极接地。与式（8-11）中假设的一样，我们还需要考虑到 JFET 的源极不接地而是处于负电位 V_{MOS}，因为 MOSFET 沟道上存在电势差。做出这些修改，我们可以得到

$$\frac{I_D}{2} = I_B = q\mu_P N_A^- \frac{W(W_J/2)}{L_J}$$

$$\left\{V_{DS} - \frac{4}{3}\frac{\sqrt{2\varepsilon_s/(qN_A)}}{W_J}\left[(\psi_{BI} + V_{DS} + V_S)^{3/2} - (\psi_{BI} - V_S)^{3/2}\right]\right\} \quad (9\text{-}106)$$

式中，$V_{DS} = V_D - V_S$，JFET 的电阻值由下式给出：

$$R_{JFET,SP} = \frac{W(W_J/2)}{(\partial I_B/\partial V_{DS})|_{V_{DS}=0}} \quad (9\text{-}107)$$

使用式（9-106），取 I_B 相对于 V_{DS} 的导数，设 $V_{DS} = 0$ 并代入式（9-107）中，得到

$$R_{JFET,SP} = \frac{L_J}{q\mu_P N_A^-}\left(1 - \sqrt{\frac{2\varepsilon_s(\psi_{BI} + V_S)}{qN_A(W_J/2)^2}}\right)^{-1} \quad (9\text{-}108)$$

将式（9-108）与式（8-18）进行比较，式（9-108）是指 $V_G = 0$ 和 $V_S \neq 0$ 的垂直 JFET，而式（8-18）是指 $V_S = 0$ 的横向 JFET。最后，JFET 上的压降可以通过将导通电阻乘以基极电流密度来从式（9-99）的第二个表达式中得到

$$J_{JFET} = \frac{\mu_P J_{TOTAL}}{(\mu_N + \mu_P)}\left[\frac{1}{\cosh(W_D/L_A)} - 1\right]\left[\frac{L_J}{q\mu_P N_A^-}\left(1 - \sqrt{\frac{2\varepsilon_s(\psi_{BI} + V_S)}{qN_A(W_J/2)^2}}\right)^{-1}\right] \quad (9\text{-}109)$$

式中，源极电压 V_S 等于由式（9-105）给出的 MOSFET 沟道两端的压降。为了最小化 JFET 上的压降，JFET 区域中的掺杂浓度 N_A 通常高于 IGBT 漂移区的掺杂浓度，要注意漂移区中的 N_A 和 JFET 区域中的 N_A 可能不同。

IGBT 上的总压降即发射极 - 集电极电压，可以通过加上已经计算出的各个压降，来得到电流的函数：

$$V_{EC} = V_{MOS} + V_{JFET} - V_P + V_{N^+P} + V_{SUB} \quad (9\text{-}110)$$

式中，使用了式（9-105）、式（9-109）、式（9-97）和式（9-103），并且V_{SUB}考虑了衬底上的压降。V_P的负号来自式（9-97）推导中假定的极性。

指出上述分析的局限性很重要。首先，我们假设 MOSFET 和 JFET 在线性区工作。这是可以接受的，因为我们主要想研究导通状态，这意味着低V_{EC}，从而导致沟道的低V_{DS}。然而，我们的公式无法描述完整的J_C-V_{EC}特性。为此，对高V_{DS}，我们必须使用有效的公式代替式（9-105）和式（9-109）。其次，我们使用了一维电流假设，并且没有考虑到载流子从一个区域流向另一个区域时的电流扩散的影响，这是一个主要缺点。式（9-110）给出的电流－电压关系不能对实际器件内部进行定量的准确描述；定量描述需要完整的二维计算机模拟。最后，考虑工作温度的影响很重要，特别是关于掺杂杂质的不完全电离，迁移率对温度的依赖性，以及寿命对温度的强烈依赖性。功率开关器件在从工作温度到封装的最高温度的范围内，性能参数变化巨大。在应用中，最高和最低结温下的计算至关重要。

9.2.2　阻断电压

如果 IGBT 处于导通状态并且 IGBT 的栅压低于阈值，器件内的电流将截止并且 IGBT 进入正向阻断状态。在阻断状态下，器件需要以最小的漏电流阻断高（负值）V_{EC}。高V_{EC}由反向偏置的 CB 结承受，其耗尽区主要扩散到轻掺杂的基极，如图 9-19a 所示。然而，基区中的耗尽区不能扩散到发射区，因为这将构成穿通，大电流将流过。图 9-19a 显示刚开始穿通时的电场强度。发射极－集电极电压V_{EC}的值是电场强度分布下的面积，这表示器件的最大阻断电压。在图 9-19b 的非对称结构中，在p^-基区和n^+发射区之间插入薄的p^+缓冲层，使得电场强度分布呈现梯形。假设在两种情况下峰值电场强度均等于临界电场强度E_C，则不对称 IGBT 在电场强度分布下的面积比对称 IGBT 大。这导致相同基区宽度下的更高正向阻断电压（当然，为了实现梯形轮廓，在不对称情况下的基区掺杂将低于在相同基区宽度的对称结构中）。

与功率 MOSFET 的情况相同，阻断电压也可以通过栅氧化层中的电场强度来限制。参考图 9-11 中的横截面可以看出。如果栅极处于接地电位并且发射极处于较大的负电压，在 JFET 区域（图 9-11 的中心）的栅氧化层之下将存在耗尽区。随着V_{EC}变得更负，耗尽区扩大，氧化物/半导体界面处的电场强度接近E_C，即雪崩击穿的临界电场强度。通过高斯定律，氧化层中的电场强度与半导体表面电场强度以介电常数之比相关联，参考式（8-80）。对于 SiC 上的 SiO_2，该比率约为 2.6，意味着氧化层电场强度比半导体电场强度高 2.6 倍。在 SiC 中，对于$10^{14}\sim10^{16}cm^{-3}$的掺杂浓度，$E_C$的范围为 1.5～2.5MV/cm，所以氧化层电场强度约为 4～6.5MV/cm。正如 8.2.11 节所讨论的，SO_2中的电场强度通常必须保持在约 4MV/cm 以下，以防止氧化层的逐渐退化和过早失效。因此，IGBT 的阻断电压是V_{CE}的最大值，其不会在 CB 结中引起雪崩击穿，并且使氧化层电场强度保持在

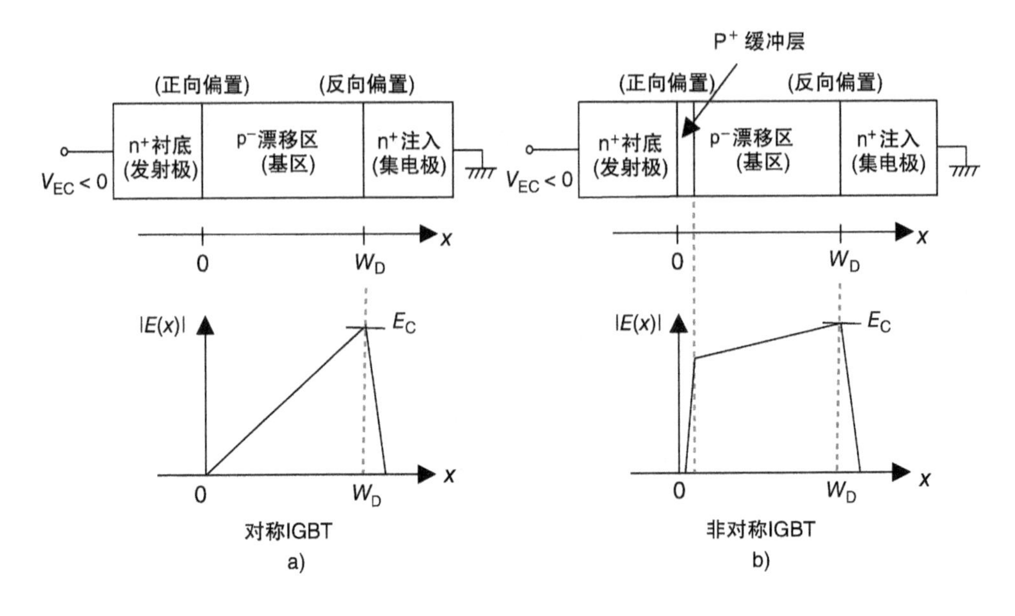

图 9-19 a）对称和 b）不对称 IGBT 的阻断状态下的电场强度分布

4MV/cm以下。

与所有功率器件一样，IGBT 的最大阻断电压通常受到 pn 结边缘的电场强度集中的限制。这可以通过使用边缘终端技术来缓解，这将在 10.1 节中阐述。设计者还可以利用二维效应来增加阻断电压，例如当使用 pn 结屏蔽氧化层的高电场强度，在 IGBT 中，这是通过减小 n^+ 集电区之间的间距来实现的，即通过降低图 9-11 中的 JFET 宽度 W_J。这允许电场线在接地的 n^+ 集电极上终止，而不是穿过氧化层直到接地的栅极来减少氧化层电场强度。然而，这必须与窄沟道 JFET 的导通电阻的增加相平衡。在所有这些情况下，准确的分析需要来自计算机得到的二维效果。

9.2.3 开关特性

IGBT 的主要问题是在开关过程即开关损耗期间消耗的瞬态功耗。由于在器件关断时必须移除的大量少子电荷，该问题在关断瞬态期间十分严重。

开关功率与切换的频率和开关期间消耗的能量成比例，如式（7-15）所示。式（7-16）将开关能量表示为在关断瞬态期间消耗的能量 E_{OFF} 和导通瞬态期间消耗的能量 E_{ON} 之和。在 IGBT 中，开通损耗小，因此我们专注于关断损耗。

在导通状态时，BJT 的宽基区充满空穴和电子，并处于大注入条件。存储在基区中的总电荷由式（9-101）给出。当栅压低于阈值电压时，MOSFET 不再向 BJT 的基区提供空穴，但是已经存储在基区中的空穴将继续进行复合，直到全部被去除。由于基极电流等于基极中的总复合电流，这些存储的空穴可以被视为基极电流源。因此，关闭瞬态与所有存储空穴复合所需的时间密切相关。由于电荷中性下 $\Delta n(x)\approx\Delta p(x)$，而且根据结定律可以得到 $V_{EB}=kT/q\ln[\Delta n(0)/n_{P0}]$，空穴的存在将保持 EB 结正向偏置，电流将继续流过 IGBT 的 BJT 部分，直到所有的空穴都被复合。我们接下来将更详细地考虑空穴复合的瞬态。

为了说明关断瞬态的不同阶段，我们假设一个 IGBT 的基区宽度比双极扩散长度更大[3,4]。图 9-20 显示了器件的横截面，该器件驱动钳位电感负载，此处由电流源表示。IGBT 基区宽度为 175μm，掺杂浓度为 $2\times10^{14}cm^{-3}$，拥有理论下 25kV 的平面结击穿电压。基区的双极扩散长度为 22.5μm，所以 W_D/L_A 为 7.8。IGBT 集成了 p 型电流扩散层（CSL），类似于 8.2.7 节中的先进的双扩散金属－氧化物－半导体场效应晶体管（DMOSFET）。钳位电感负载电路由钳位电压为 12kV 的 50A 的电流源表示，器件有效面积为 $1cm^2$。

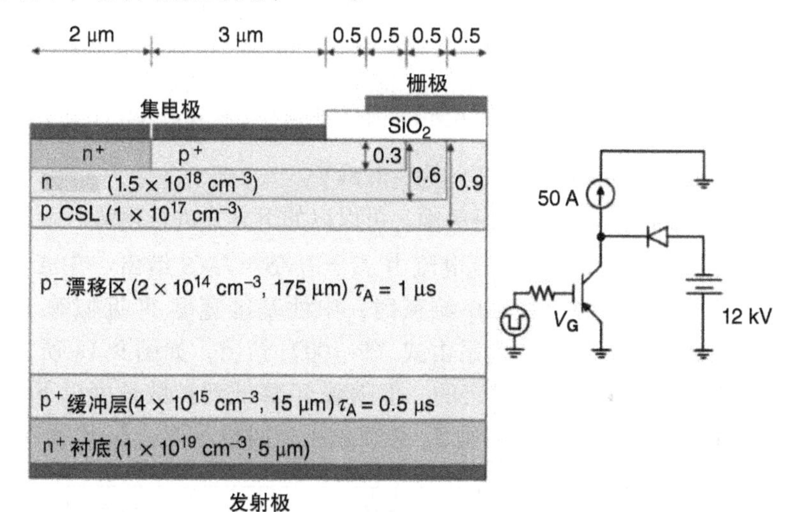

图 9-20 驱动钳位电感负载的 p 沟道 IGBT 的截面图。IGBT 包含了 p 型电流扩散层（CSL）和非穿通 p^+ 缓冲层[3]（经 IEEE 授权转载）

图 9-21 显示了关断瞬态过程中 175℃下的仿真电流和电压波形。在 $t=4\mu s$ 时，栅极电压从 －20V 切换到 0V。关断瞬态从 5μs 时开始，由四个阶段组成，记为 $\Delta t_1\sim\Delta t_4$。我们将在下面详细讨论每个阶段。注意到，当发射极电压上升到 －12kV 时，电流保持恒定在 $50A/cm^2$。器件消耗的瞬时功率是电流和电压波形的乘积。总关断能量 E_{OFF} 是瞬时功率的积分，由图中的阴影区域表示。峰值功耗在 9.5μs 时约为 $600kW/cm^2$，总开关能量为 $2.4J/cm^2$。

我们现在将讨论瞬态的每个阶段。图 9-22 显示了 p^- 基区和 p^+ 缓冲层中的电子浓度 $n(x)$ 在瞬态下作为时间的函数。在时间段 Δt_1，发射极电压迅速上升。在此期间，最靠近集电区的基区部分的电子浓度迅速下降，而 6.0μs 时，基区的耗尽层扩散到距离集电结 145μm 的位置。集电结上的反向电压是电场强度的积分，如图

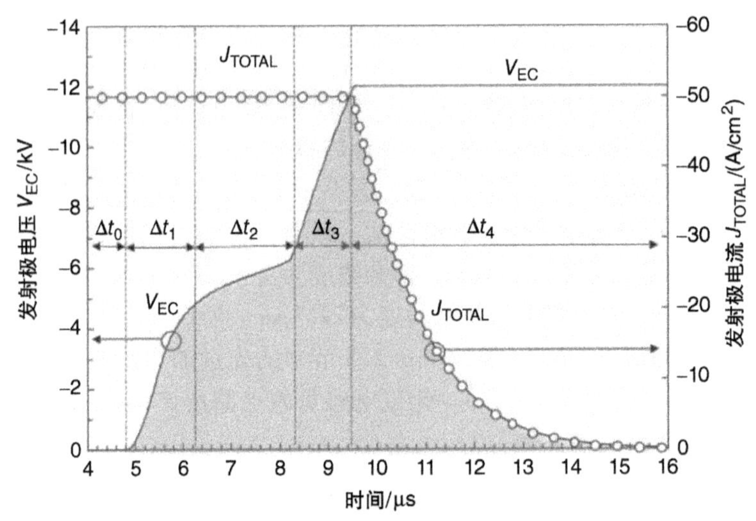

图 9-21 关断瞬态期间的瞬态电压和电流波形。瞬态功率是电流和电压波形的乘积，开关能量是功率的积分，由图中的阴影表示[3]（经 IEEE 授权转载）

9-23 所示。6.0μs 时的集电极电压约为 -3.8kV。

在 Δt_2 内，发射极电压上升得更慢。可以以如下方式进行理解。发射极电流由电流源保持恒定在 50A/cm^2，基极电流由 $J_B = J_C/\beta \approx J_E/\beta$ 给出。在 Δt_1 期间，中性基区变得越来越窄，并且在 Δt_1 结束时，中性基区宽度 W 近似等于扩散长度 $L_A = 22.5\mu m$。β 与基区宽度的关系由式（9-100）给出，如图 9-18 所示。我们看到当 W 比扩散长度大时，β 是恒定的，但随着 W 降低到扩散长度以下，β 迅速上升。如果 β 增加但 J_C 保持不变，则 J_B 必须减小。回想一下，J_B 代表基区中的总

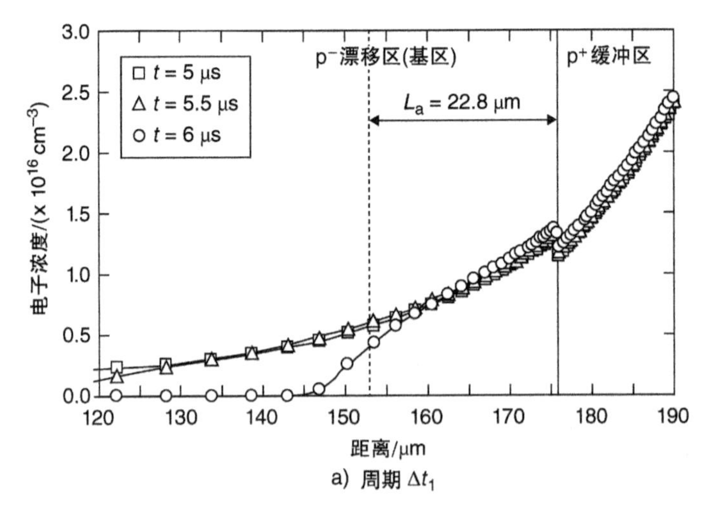

图 9-22 在关断瞬态期间，p⁻ 基区和 p⁺ 缓冲层中的电子浓度作为时间的函数。

a）周期 Δt_1

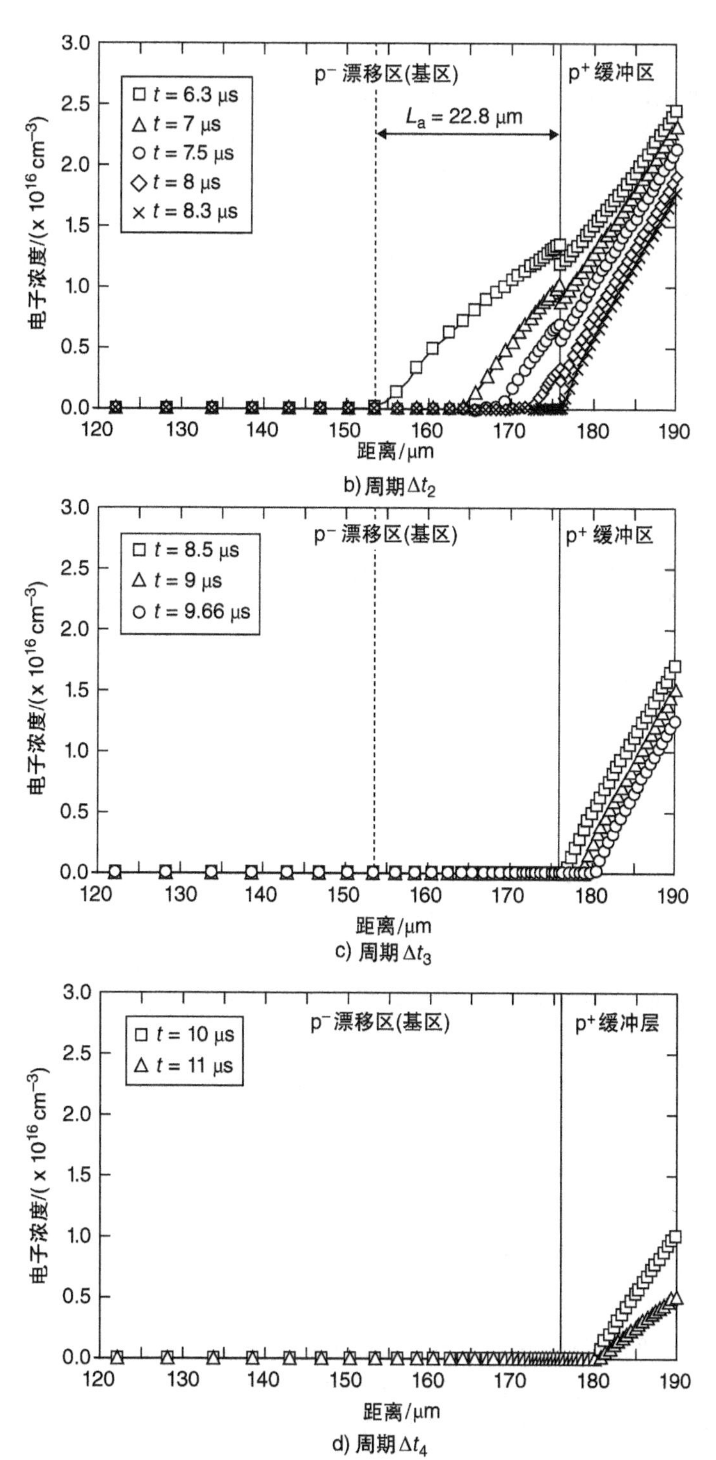

b) 周期 Δt_2

c) 周期 Δt_3

d) 周期 Δt_4

图 9-22 在关断瞬态期间，p^-基区和p^+缓冲层中的电子浓度作为时间的函数。(续)

b) 周期 Δt_2 c) 周期 Δt_3 d) 周期 Δt_4[3] (由 IEEE 授权转载)

复合电流。因此在 Δt_2 期间，β 增加，复合电流下降。结果，基区中的电荷密度下降得更慢，而基区的耗尽部分则更缓慢增加。这导致 V_{BC}（和 V_{EC}）的增长更加缓慢，如图 9-21 所示。在 8.3μs，即 Δt_2 结束时，基区完全耗尽（见图 9-22b），电场分布如图 9-23 所示。8.3μs 时的 BC 结电压约为 -5.5kV。

在 Δt_3 期间，随着耗尽区进入到掺杂浓度更高的缓冲层，发射极电压迅速上升。电场分布现在是梯形的，如图 9-23 所示。因为缓冲层中的掺杂浓度高，所以随着耗尽区扩散到缓冲层中，基区中的电场强度迅速增加，V_{BC}和 V_{EC}迅速上升。

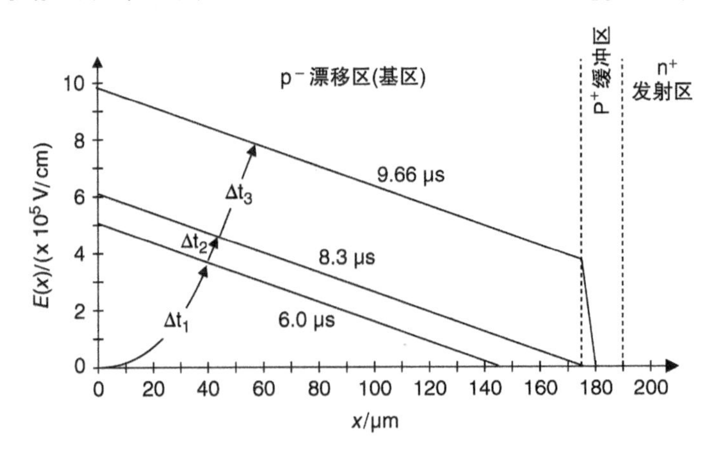

图 9-23　关断瞬态过程中基区的电场强度分布。基极 - 集电极电压是电场强度下的面积

在 9.66μs 时，电场强度积分达到 -12kV，钳位二极管正向偏置，即 Δt_4 的开始。在此期间，正向偏置二极管将发射极电压钳位在 -12kV，发射极电流随剩余电子和空穴的复合而下降。发射极电流与缓冲层中电子浓度的斜率成比例，图 9-22d显示随着最后的电子和空穴的复合，该斜率逐渐减小。50A 电流越来越多地流经钳位二极管，IGBT 最终关断。

我们现在考虑存储的电荷、瞬时功率和开关能量如何受到基区和 p^+ 缓冲层中的载流子寿命的影响。载流子寿命是温度的强函数，接下来将予以讨论。我们将使用的载流子寿命是室温下的寿命，即使所有的仿真都在 175℃下进行。图 9-24 的上部分显示，随着漂移区（基区）载流子寿命从 1μs 增加到 10μs，存储的电荷略有增加，关断时间也略有增加。然而，最强的影响来自缓冲层的载流子寿命，如图 9-24 的下部分所示。随着缓冲层载流子寿命从 500ns 降低到 20ns，存储的电荷急剧下降，关断时间也急剧变短。当寿命低于约 100ns 时，缓冲层中的双极扩散长度变得比缓冲层厚度更短，并且注入的电子在到达漂移层之前，在缓冲层中复合的数目也在增加。因此，存储的电荷减少，关断时间也下降。当然，较少存储的电荷意味着较低的漂移区域的电导调制效应，并且导通状态下的功率消耗更高。

当我们改变载流子寿命时，我们如何得到开关损耗与导通损耗之间的折中？这

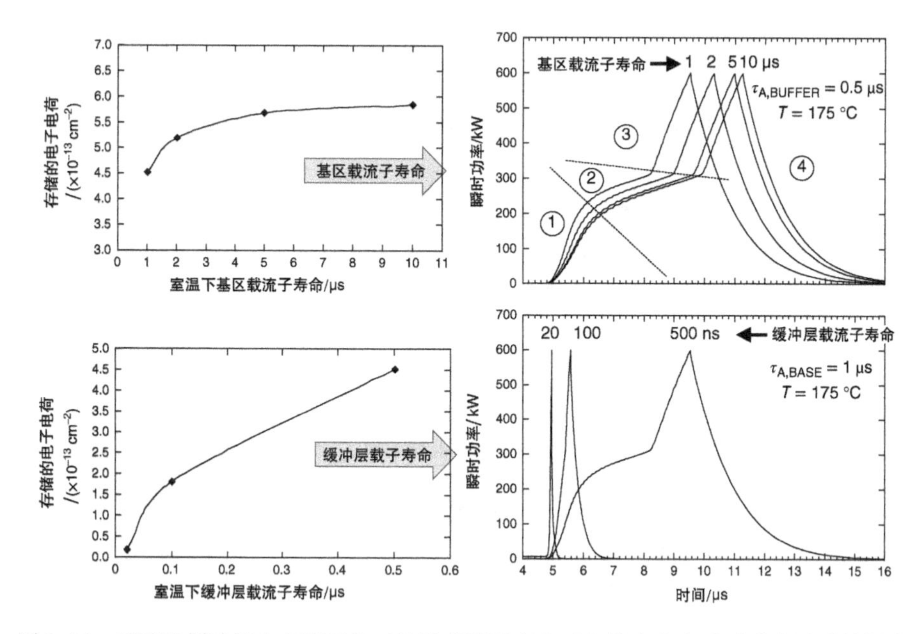

图 9-24　基区和缓冲层中室温下的双极性载流子寿命对存储电荷和瞬时功率波形的影响。缓冲层载流子寿命对存储电荷和开关速度有很大的影响[3]

（经 IEEE 授权转载）

可以使用 7.1.3 节中描述的过程完成。总功耗包括导通损耗和开关损耗，取决于导通电流密度和开关频率，由式（7-17）给出。总功耗设为封装限制功率，例如 300W/cm^2，式（7-17）通过每个频率下的迭代求解，确定了产生等于封装限制功率的导通电流。这给出了最大电流密度与频率的关系曲线。然后我们对缓冲层和漂移区载流子寿命的不同假定值重复此过程，在 175℃ 结温下的示例器件的结果如图 9-25 所示[4]。这里我们看到，增加基区载流子寿命导致在低开关频率下的更大的最大电流，其中开关损耗不那么重要，但是由于开关损耗与频率成比例，所以最大电流随着频率而迅速下降。具有相同理论阻断电压的优化的 DMOSFET 的最大电流被举例用于比较。MOSFET 的最大电流几乎与频率无关，因为 MOSFET 的开关能量很低。图 9-25 还显示将缓冲层载流子寿命从 500ns 降低到 20ns 时会增加最大电流。这是因为与减少的存储电荷有关的开关损耗急剧降低，如图 9-24 所示。在指定的阻断电压和温度下比较 p 沟道 IGBT 和 n 沟道 MOSFET，我们得出结论，在低于 0.5～1kHz 的开关频率下，IGBT 优于 MOSFET，而在高于 0.5～1kHz 的频率下，MOSFET 优于 IGBT。

9.2.4　器件参数的温度特性

几乎所有关键的器件参数都是温度的函数，它们的变化对器件的性能有很大的影响。表 9-1 给出了几个重要的 4H－SiC 参数的公式，作为绝对温度和掺杂浓度的

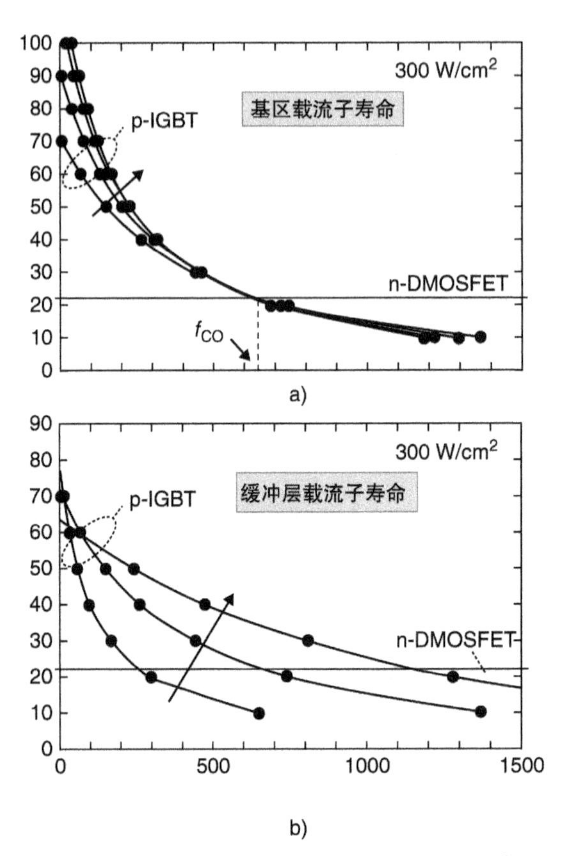

图 9-25 作为 a）不同基区载流子寿命和 b）不同缓冲层载流子寿命的 IGBT 的频率函数的最大导通电流。在 300W/cm^2 封装限制功耗下[3]

（由 IEEE 授权转载）

函数（可适用）。

表 9-1 4H – SiC 中半导体参数的温度和掺杂浓度的关系

参数	公式	单位
电子迁移率 μ_N	$\mu_N=\dfrac{1141(T/300)^{-2.8}}{1+[(N_A+N_D)/1.94\times10^{17}]^{0.61}}$	$\text{cm}^2\text{V}^{-1}\text{s}^{-1}$
空穴迁移率 μ_P	$\mu_P=\dfrac{124(T/300)^{-2.8}}{1+[(N_A+N_D)/1.76\times10^{19}]^{0.34}}$	$\text{cm}^2\text{V}^{-1}\text{s}^{-1}$
双极寿命 τ_A	$\tau_A=57.9\tau_A\|_{300\text{K}}\exp(-0.105/kT)$	μs
电离施主浓度 N_D^+	$N_D^+=\dfrac{N_D}{1+2\exp[(F_N-F_C+0.066\text{eV}-1.9\times10^{-8}N_D^{1/3})/kT]}$	cm^{-3}
电离受主浓度 N_A^-	$N_A^-=\dfrac{N_A}{1+4\exp[(F_V-F_P+0.191\text{eV}-3.0\times10^{-8}N_A^{1/3})/kT]}$	cm^{-3}
带隙能量 E_G	$E_G=3.23+7.036\times10^{-4}[49.751-T^2/(T+1509)]$	eV

图 9-26 显示了作为温度的函数的轻掺杂 4H – SiC 中的双极扩散系数、双极寿

命和双极扩散长度。为了比较，还展示出了电子迁移率。由于增加的声子散射，双极扩散系数随着温度而降低，但是随着温度增加的双极寿命起到补偿作用。结果，扩散长度随温度而略微增加。这使得 IGBT 的导通特性几乎与温度无关。相比之下，功率 MOSFET 导通电阻随温度而显著降低，因为降低的电子迁移率增加了未调制漂移区的电阻。这就是为什么上一节的性能在 175℃进行比较的原因。

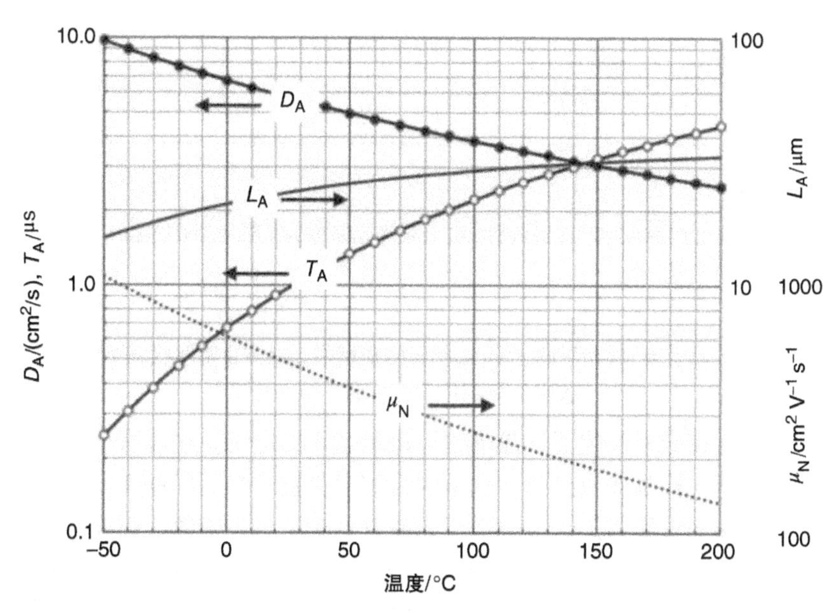

图 9-26　作为温度的函数的轻掺杂 4H – SiC 中的双极扩散系数、双极寿命和双极扩散长度。为了比较，还显示了电子迁移率。在这些计算中假设室温下的载流子寿命为 1.0μs

9.3　晶闸管

最后讨论的功率器件是 pnpn 晶闸管。晶闸管是个拥有四层、三个结的功率器件，它可以被认为是两个嵌在一起的双极型晶体管，如图 9-27 所示。pnp BJT 有一个窄的基区，其发射结作为阳极。npn BJT 有一个宽的轻掺杂的基区，其发射极作为阴极。pnp BJT 的基区作为一个外部接触，被称为栅极，其目的将会在下面描述。SiC 晶闸管典型地制备在 n^+ 衬底上，因为 p^+ 衬底有高的电阻。

从图 9-27 可以看出，pnp BJT 的集电区是 npn BJT 的基区，同时 npn BJT 的集电区是 pnp BJT 的基区。因此，当两个 BJT 导通时，没有必要提供额外的基极电流。每一个 BJT 的集电区提供另外一个 BJT 的基区电流，通过这个四层结构的导通是可以自维持的。如果两个 BJT 都阻断，没有外部提供的基极电流，这个结构是不能导通的。这导致了在 $V_{AK}>0V$ 时，有两个完全不同的状态，如图 9-28 所示。有正向阻断模式和正向导通模式。在阻断模式下，晶闸管可以承受高的 V_{AK}，这时有

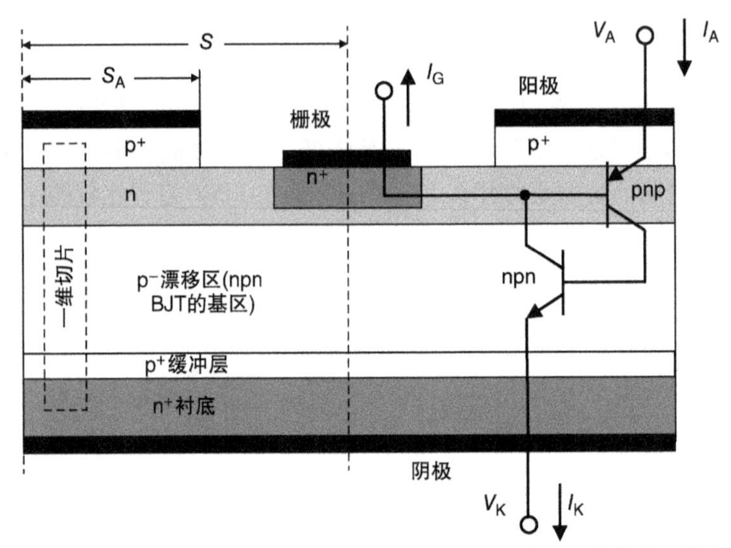

图 9-27 具有 p^+ 缓冲层的 pnpn 晶闸管的横截面，以防止阻塞状态下的穿通。虚线框标识用于分析的一维切片

非常小的电流。在导通模式下，晶闸管可以承载大的电流，这时有非常小的导通电压。因此，正向工作是双稳态的。这是因为该器件能够在同样的 V_{AK} 下工作在其中一种状态下。图中点线描述了负阻效应，一旦达到了触发阈值，阳极和阴极电压回扫到低的值。触发阈值能够通过提供外部基极电流到 pnp BJT（通过栅极）而变化。一旦 BJT 开始导通，导通进入自维持阶段，栅极电流下降。器件能够保持导通状态，直到该电流下降到维持电流 I_H 或者 V_{AK} 低于维持电压 V_H。我们现在进一步讨论两种正向工作模式。

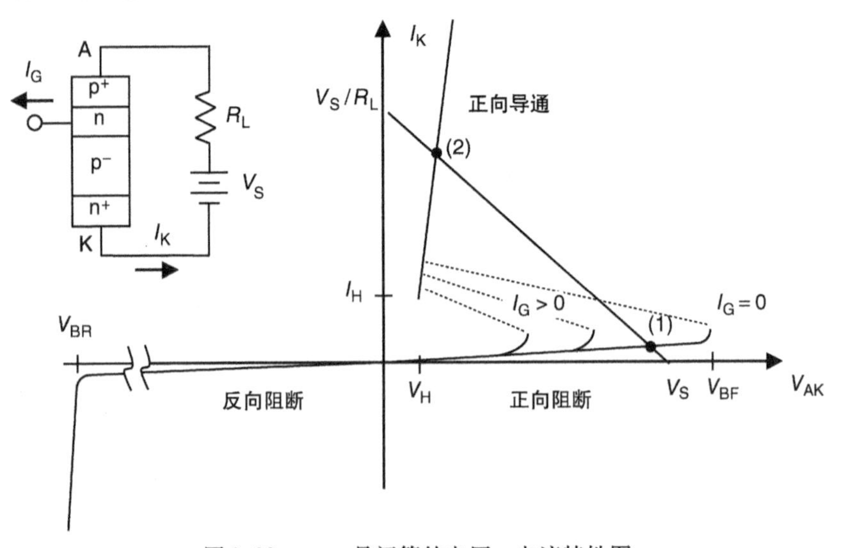

图 9-28 pnpn 晶闸管的电压 - 电流特性图

9.3.1　正向导通模式

在正向导通模式下，BJT 都工作在饱和区。晶闸管所有三个结都是正向导通。由上所述，正向导通是自维持的，但是这要求由互连的集电极和基极区域形成的环路周围电流的增加是一致的。每一个 BJT 电流的增加是 I_C/I_B 之比，即共发射极电流增益 β，所以我们要求 $\beta_{NPN}\beta_{PNP}=1$。由于 $\alpha=\beta/(\beta+1)$，等同于要求 α 之和为 1，或者 $\alpha_{NPN}+\alpha_{PNP}=1$。

为了更具体地分析导通模式，我们假设一维切片如图 9-29 所示。这里，我们展示了作为位置函数的电荷和空穴的浓度，贯穿整个器件。需要注意的，三个结是正向偏置的且注入载流子。P^- 漂移区是大注入，但是我们假设所有其他区域是小注入。这种假设是合理的，因为它们的掺杂级别是比漂移区高出几个数量级。我们还假设栅极区域比少子扩散长度短，即 $W_G \ll L_{PG}$。整个阳极 - 阴极电压 V_{AK} 是从阳极到阴极的准费米能级之差，如图 9-30 所示。参考能带图，我们将 V_{AK} 写成

$$V_{AK}=(V_{AG}-V_{DG})+V_P(-d)+\Delta\psi_{DR}+V_N(+d) \tag{9-111}$$

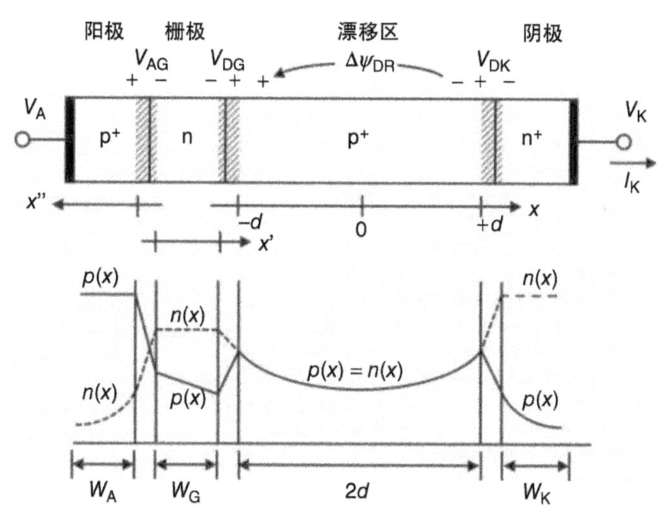

图 9-29　正向导通状态下晶闸管中的载流子密度，显示电压极性，以及分析中假设的坐标轴。所有三个结都是正向偏置的，两个 BJT 都工作在饱和区

我们首先考虑在整个漂移区中的电势降 $\Delta\psi_{DR}$。由于这个区域处于大注入，我们能够设 $n(x)=p(x)$，通过解在合适边界条件下的双极扩散方程获得表达式。我们假设在漂移区的两端有统一的注入效率，这让我们可以设 $J_P(+d)=0$ 和 $J_N(-d)=0$。设置 $J_N(-d)=0$ 等效于假设空穴电流扩散到 n 型栅区（从阳极）远大于任何电子电流从栅极处注入到漂移区。在这样的假设下，这个推导是与 7.3 节 pin 二极管一样的，载流子浓度由式（7-46）给出，如下所示。

$$\Delta n(x) = \Delta p(x) = \frac{\tau_{AD}J_K}{2qL_{AD}}\left[\frac{\cosh(x/L_{AD})}{\sinh(d/L_{AD})} - \frac{\mu_{ND}-\mu_{PD}}{\mu_{ND}+\mu_{PD}}\frac{\sinh(x/L_{AD})}{\cosh(d/L_{AD})}\right] \tag{9-112}$$

式中，τ_{AD}、L_{AD}、μ_{ND}和μ_{PD}指的是轻掺杂漂移区的参数。为了获得漂移区的压降，我们仍然从 pin 二极管开始：我们把总电流的表达式写成电场的函数，求解电场作为电流的函数，然后利用式（9-112）的载流子浓度对电场积分以得到电势作为位置的函数。结果和式（7-51）一样，表达如下：

$$\Delta\psi_{DR} = \frac{kT}{q}\left\{\frac{8b}{(b+1)^2}\frac{\sinh(d/L_{AD})}{\sqrt{1-B^2\tanh(d/L_{AD})}}\right.$$
$$\left.\tan^{-1}\left[\sqrt{1-B^2\tanh^2(d/L_{AD})}\sinh(d/L_{AD})\right] + B\ln\left[\frac{1+B\tanh^2(d/L_{AD})}{1-B\tanh^2(d/L_{AD})}\right]\right\} \tag{9-113}$$

式中，$b=\mu_{ND}/\mu_{PD}$，$B=(\mu_{ND}-\mu_{PD})/(\mu_{ND}+\mu_{PD})$。$\Delta\psi_{DR}$是静电势的变化，或者在漂移区中本征费米能级 E_i 的变化。

我们获得 $V_P(-d)+V_N(+d)$之和的表达式。参考图 9-30 的能带图，在 $x=+d$处电子浓度如下所示：

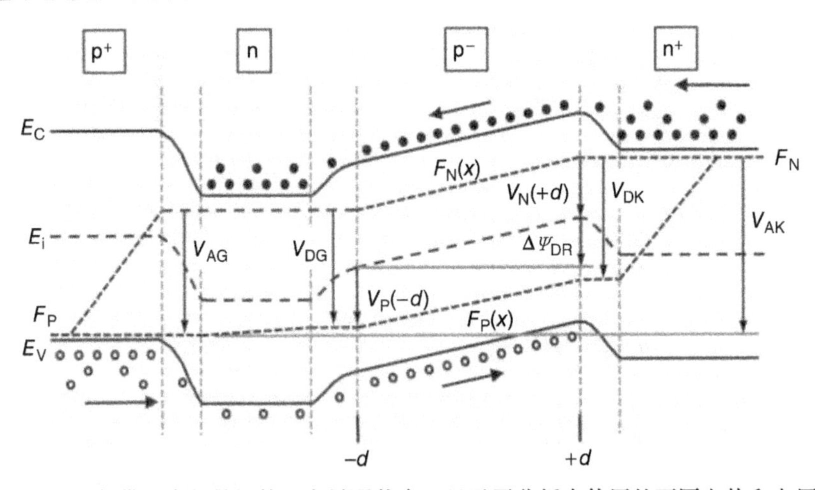

图 9-30 能带图中的晶闸管正向导通状态，显示了分析中使用的不同电势和电压

$$n(+d) = n_i\exp[qV_N(+d)/kT] \tag{9-114}$$

式中，$V_N(+d)$是电子准费米能级和在 $x=+d$ 处本征能级之差。数量上是电子的化学势。同样的，在 $x=-d$ 处空穴浓度如下所示

$$p(-d) = n_i\exp[qV_P(-d)/kT] \tag{9-115}$$

式中，$V_P(-d)$是本征能级和在 $x=-d$ 处空穴准费米能级之差，或者空穴的化学势。求解式（9-114）和式（9-115）得到 $V_N(-d)$ 和 $V_P(+d)$，然后加起来得到

$$V_P(-d)+V_N(+d)=\frac{kT}{q}\ln\left[\frac{n(+d)n(-d)}{n_i^2}\right] \tag{9-116}$$

式（9-116）在平衡态下求得结的内建电势。我们能够基于用式（9-112）求得的电流，表达出式（9-116）来求得 $n(-d)$ 和 $n(+d)$，结果如下：

$$V_P(-d)+V_N(+d)=\frac{2kT}{q}\ln\left(\frac{J_{TOTAL}}{2qn_i\theta}\frac{\tau_{AD}}{L_{AD}}\right) \tag{9-117}$$

式中，θ 为

$$\theta=\left\{\left[\coth\left(\frac{d}{L_{AD}}\right)+B\tanh\left(\frac{d}{L_{AD}}\right)\right]\left[\coth\left(\frac{d}{L_{AD}}\right)-B\tanh\left(\frac{d}{L_{AD}}\right)\right]\right\}^{-1/2} \tag{9-118}$$

我们注意到这样的方法等价于 pin 二极管。式（9-118）是简化的对式（7-59）的再陈述。

准费米能级在 GD 结处分裂，V_{DG} 可以通过结定律在 $x=-d$ 处的估算得到。

$$p(-d)n(-d)=n(-d)^2=n_i^2\exp[qV_{DG}/kT] \tag{9-119}$$

解 V_{DG} 并利用式（9-112）得到的 $n(-d)$，得

$$V_{DG}=\frac{2kT}{q}\ln\left\{\left(\frac{J_{TOTAL}}{2qn_i}\frac{\tau_{AD}}{L_{AD}}\right)\left[\coth\left(\frac{d}{L_{AD}}\right)+B\tanh\left(\frac{d}{L_{AD}}\right)\right]\right\} \tag{9-120}$$

最后，我们需要计算在 AG 结的准费米能级分裂 V_{AG}。假设阳极和栅极在小注入条件下，在准中性区中电场强度是可以忽略的，所以电流在这些区域流动是因为扩散。通过 AG 结的总电流是电子和空穴扩散电流之和，如下所示：

$$J_{TOTAL}=-qD_{PG}\left.\frac{\partial p}{\partial x'}\right|_{x'=0}-qD_{NA}\left.\frac{\partial n}{\partial x''}\right|_{x''=0} \tag{9-121}$$

式中，D_{PG} 是在栅极区域空穴扩散系数。D_{NA} 是在阳极的电子扩散系数。在阳极和栅极处的电子和空穴浓度可以通过在相应区域求解少子扩散方程获得。如果阳极和电子扩散长度相比较长，在阳极的电子浓度可以写成

$$n(x'')\approx\frac{n_{iA}^2}{N_{AA}^-}\exp(qV_{AG}/kT)\exp\left(-\frac{x''}{L_{NA}}\right) \tag{9-122}$$

从这可以相应地得到

$$\left.\frac{\partial n}{\partial x''}\right|_{x''=0}=-\frac{n_{iA}^2}{L_{NA}N_{AA}^-}\exp(qV_{AG}/kT) \tag{9-123}$$

因为栅极区域和空穴扩散长度相比是较短的，在栅极处的空穴浓度是位置的线性函数，我们可以写成

$$\left.\frac{\partial p}{\partial x'}\right|_{x'=0}=\frac{p(w_G)-p(0)}{W_G} \tag{9-124}$$

使用结定律，可以写出整个 GD 耗尽区的 pn 产物

$$p(W_G)n(W_G)=p(W_G)N_{DG}^+=n_i^2\exp(qV_{DG}/kT)=n(-d)^2 \tag{9-125}$$

因此

$$p(W_G) = n(-d)^2/N_{DG}^+ \tag{9-126}$$

我们可以将式（9-124）写成

$$\left.\frac{\partial p}{\partial x'}\right|_{x'=0} = \frac{n(-d)^2 - n_i^2\exp[qV_{AG}/kT]}{W_G N_{DG}^+} \tag{9-127}$$

将式（9-123）和式（9-127）代入到式（9-121），对于 $n(-d)$ 使用式（9-112）得到

$$J_{TOTAL} = \frac{qD_{PG}}{W_G N_{DG}^+}\left\{n_i^2\exp(qV_{AG}/kT) - \left(\frac{J_{TOTAL}\,\tau_{AD}}{2qL_{AD}}\right)^2\right.$$
$$\left.\left[\coth\left(\frac{d}{L_{AD}}\right) + B\tanh\left(\frac{d}{L_{AD}}\right)\right]^2\right\} + q\,\frac{n_{iA}^2}{N_{AA}^-}\,\frac{D_{NA}}{L_{NA}}\exp(qV_{AG}/kT) \tag{9-128}$$

式（9-128）对于 J_{TOTAL} 是二次方程，能够更加紧凑地写成

$$C_1 J_{TOTAL}^2 + J_{TOTAL} = C_2\exp(qV_{AG}/kT) \tag{9-129}$$

式中，

$$C_1 = \frac{qD_{PG}}{W_G N_{DG}^+}\left(\frac{\tau_{AD}}{2qL_{AD}}\right)^2\left[\coth\left(\frac{d}{L_{AD}}\right) + B\tanh\left(\frac{d}{L_{AD}}\right)\right]^2 \tag{9-130}$$

$$C_2 = q\left(\frac{D_{PG}\,n_i^2}{W_G N_{DG}^+} + \frac{D_{NA}\,n_{iA}^2}{L_{NA}N_{AA}^-}\right) \tag{9-131}$$

我们注意到 C_1 和 C_2 是仅关于器件参数的常数。为了获得 J_{TOTAL}，求解式（9-129）得到

$$J_{TOTAL} = \sqrt{\left(\frac{1}{2C_1}\right)^2 + \frac{c_2}{c_1}\exp(qV_{AG}/kT)} - \frac{1}{2\,C_1} \tag{9-132}$$

基于式（9-111）中的 V_{AK}，式（9-132）中的 V_{AG} 可表示如下：

$$V_{AG} = V_{AK} + V_{DG} - \Delta\psi_{DR} - [V_P(-d) + V_N(+d)] \tag{9-133}$$

在式（9-133）中，用式（9-120）代入 V_{DG}，用式（9-117）代入 $V_p(-d) + V_N(+d)$ 得到

$$\exp(qV_{AG}/kT) = C_3\exp(qV_{AK}/kT) \tag{9-134}$$

式中，

$$C_3 = \exp(-q\Delta\psi_{DR}/kT)\,\theta^2\left[\coth\left(\frac{d}{L_A}\right) + B\tanh\left(\frac{d}{L_A}\right)\right]^2 \tag{9-135}$$

再一次注意新的参数 C_3 是可计算的仅与器件参数相关的参数。将式（9-134）代入式（9-132），获得了一个在正向导通下电流－电压特性的表达式：

$$J_K = J_{TOTAL} = \sqrt{\left(\frac{1}{2C_1}\right)^2 + \frac{C_2C_3}{C_1}\exp(qV_{AK}/kT)} - \frac{1}{2C_1} \tag{9-136}$$

在晶闸管典型工作的大电流密度下，在根号下的指数项对其他项起主导作用。我们可以写成

$$J_K \approx J_0\exp(qV_{AK}/2kT) \tag{9-137}$$

式中，

$$J_0 = \sqrt{1+\frac{D_{NA}}{D_{PG}}\frac{W_G}{L_{NA}}\frac{N_{DG}^+}{N_{AA}^-}\frac{n_{iA}^2}{n_i^2}}\left(2q\,n_i\,\frac{L_{AD}}{\tau_{AD}}\theta\right)\exp(-q\Delta\psi_{DR}/2kT) \quad (9\text{-}138)$$

式中，θ 和 $\Delta\psi_{DR}$是仅与器件参数相关的常数，它们由式（9-118）和式（9-113）分别给出。

这个长的推导过程可能有点虎头蛇尾。式（9-137）告诉我们在正向导通模式下晶闸管的电流随着 V_{AK}指数增加（以 1/2 指数斜率）。这个与 pin 二极管（即式（7-57））有同样的规律。同时，除了根号因子，其值是接近单位 1，式中的前因子 J_0和式（7-58）pin 二极管的前因子完全一样。因此，我们得到的晶闸管的正向电流－电压特性基本上完全和一个相应的 pin 二极管一样。

上述的分析是假设阳极相比电子扩散长度足够厚，即 $W_A >> L_{NA}$。如果阳极比扩散长度薄，我们可以将前面的方程简单地用 W_A 来代替 L_{NA}。

9.3.2　正向阻断模式和触发

我们现在转到正向阻断模式和考虑晶闸管如何从正向阻断模式到正向导通模式。图 9-28 包含了一个简单电路图，该电路图包含这个晶闸管和相连的阻性负载。基尔霍夫电流和电压定律告诉我们有两个稳定的工作点，这是由阻性负载和晶闸管电流－电压特性交叉而形成的。如果电压 $V_S=0$，这个晶闸管最初是正向阻断模式。由于 V_S 随着 $I_G=0$ 增加，工作点 1 沿着正向阻断特性横向移动，直到 V_S 大于阻断电压 V_{BF}，当电路突然开关到工作点 2。我们将会看到，开关的阈值电压能够以抽出栅极电流这个可控的方式来减小。

对开关的阈值电压的理解可通过考虑两个互相耦合的 BJT 的内部电流的方式（见图 9-31）。其中，npn BJT 设为 BJT－1，pnp BJT 设为 BJT－2。阴极电流能够写成

$$\begin{aligned} I_K &= I_{C1} + I_{C2} \\ &= \alpha_1 I_{E1} + \alpha_2 I_{E2} \\ &= \alpha_1 I_K + \alpha_2 I_A = \alpha_1 I_K + \alpha_2(I_K + I_G) \end{aligned} \quad (9\text{-}139)$$

求解 I_K，给出

$$I_K = \frac{\alpha_2 I_G}{1-(\alpha_1+\alpha_2)} \quad (9\text{-}140)$$

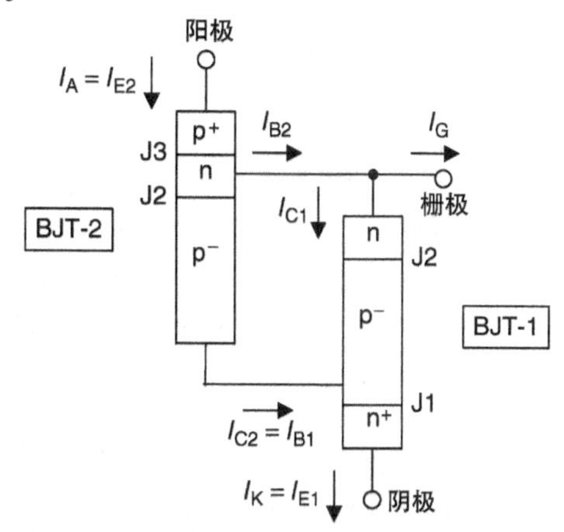

图 9-31　晶闸管可视为两个交叉耦合的 BJT。每个 BJT 的集电极向另一个 BJT 提供基极电流，栅极端允许基极电流从外部提供给 BJT－2

式（9-140）显示了当 $\alpha_1+\alpha_2$ 等于 1 时，阴极电流变得无穷大。$\alpha_1+\alpha_2$ 在正向阻断模式下计算，该模式下有非常小的电流流过，所有的区域都为小注入。式（9-10）以基区输运系数 α_T和发射极注入效率 γ 的乘积定义了基极电流增益 α。对于宽基区的 npn BJT－1，基区输运系数 α_T 如式（9-11）所示：

$$\alpha_{\mathrm{T}}=\frac{1}{\cosh\left(\frac{W}{L_{\mathrm{NB}}}\right)} \tag{9-11}$$

发射极注入效率 γ 是发射极电流的一部分，因为电子注入到基区，所以 $\gamma=I_{\mathrm{EN}}/I_{\mathrm{E}}$。式（9-10）详细说明了发射极电流 I_{E} 作为（$I_{\mathrm{EN}}+I_{\mathrm{EP}}$），但是这是在正向阻断状态下电流很小的情况下。$I_{\mathrm{E}}$ 必须考虑这个电流因为在 EB 耗尽区有复合。在记下这个电流的情况下 γ 可以写成

$$\gamma=\frac{I_{\mathrm{EN}}}{I_{\mathrm{E}}}=\frac{I_{\mathrm{EN}}}{I_{\mathrm{EN}}+I_{\mathrm{EP}}+I_{\mathrm{R}}}\approx\frac{I_{\mathrm{EN}}}{I_{\mathrm{EN}}+I_{\mathrm{R}}} \tag{9-141}$$

式中，I_{R} 是在 EB 结耗尽区的复合电流。因为 n^+ 发射区和 p^- 基区有大的掺杂不对称性，使得 $I_{\mathrm{EP}} \ll I_{\mathrm{EN}}$。对于 $\mathrm{n}^+/\mathrm{p}^-$ 结构单边阶梯结，复合电流如下所示：

$$I_{\mathrm{R}}\approx 2\sqrt{2}A\left(\frac{n_{\mathrm{i}}}{\tau_{\mathrm{G}}}\right)\frac{kT}{\sqrt{qN_{\mathrm{AB}}(\psi_{\mathrm{B1}}-V_{\mathrm{BE}})/\varepsilon_{\mathrm{s}}}}\exp(qV_{\mathrm{BE}}/2kT) \tag{9-142}$$

式中，A 是结的面积。产生寿命 $\tau_{\mathrm{G}}=\tau_{\mathrm{N}}+\tau_{\mathrm{P}}$ 是和双极寿命 τ_{A} 一样。注意 N_{AB} 是基区整个掺杂浓度，而非电离浓度。结合式（9-142）和式（9-7）并假设 CB 结是强反型偏置，我们可以将式（9-141）写成如下形式：

$$\gamma=\frac{1}{1+\frac{2\sqrt{2}kT/q}{\sqrt{qN_{\mathrm{AB}}(\psi_{\mathrm{BI}}-V_{\mathrm{BE}})/\varepsilon_{\mathrm{s}}}}\left(\frac{L_{\mathrm{NB}}}{D_{\mathrm{NB}}\tau_{\mathrm{G}}}\right)\left(\frac{N_{\mathrm{AB}}^{-}}{n_{\mathrm{i}}}\right)\tanh\left(\frac{W}{L_{\mathrm{NB}}}\right)\left[\frac{\exp(qV_{\mathrm{BE}}/2kT)}{\exp(qV_{\mathrm{BE}}/kT)-1}\right]} \tag{9-143}$$

式（9-143）现在能够结合式（9-10）和式（9-11），求得 α。

审视式（9-143），我们看到 γ 在低电流状态下不再是个常量，而是与 V_{BE} 有关，因此与这个电流有关。当 V_{BE} 小的时候，γ 接近 0。当 V_{BE} 增加，γ 增加。在足够大的 V_{BE} 下，$\gamma\rightarrow 1$。图 9-32a 是 γ 和 J_{EN} 关系下的若干 W/L_{NB} 值的图。用式（9-143）求得 γ，用式（9-7）求得 J_{EN}。由此看出，γ（即 α）随电流单调增加。同样的一般论证可应用到窄基区 pnp BJT 2。

α 和电流的关系也可以用 Gummel 图如图 9-32b 所示。该图描绘了 J_{C} 和 J_{B} 在以 V_{BE} 的 log 函数。我们同样包含了 α 和 β 来辅助讨论。对于 $V_{\mathrm{BE}}<2.4\mathrm{V}$，$J_{\mathrm{B}}$ 由耗尽层中的复合占主导，如式（9-142）。当 $V_{\mathrm{BE}}>2.4\mathrm{V}$，$J_{\mathrm{B}}$ 由空穴注入发射极占主导，如式（9-2）。在基区中性区的复合是小的，因为基区与扩散长度相比是很短的。在大电流情况下，比例 $\beta=J_{\mathrm{C}}/J_{\mathrm{B}}$ 是常数，不受电流影响。但是在小电流的情况下，α 和 β 随着电流的增加而增加。

晶闸管触发阈值在 α 之和为 1 时达到，如式（9-140）所示。考虑到晶闸管在正向阻断状态下，我们能够推测内部 BJT 的 a 是怎样随 V_{AK} 变化的。由于 V_{AK} 增加，这个 α 通过两种机理增加。第一种机理是基区宽度调制。图 9-33 显示了在器件正向阻断状态下耗尽层的宽度。中间结是反向偏置的，它的耗尽层主要扩散轻掺杂的漂移区，即 BJT－1 的基区。由于 V_{AK} 增加，x_{P} 扩散，W_1 缩小，α_1 增加。第二种机理更加的微妙。由于 V_{AK} 增加，x_{P} 变宽，在中间结的耗尽层中热生成的电流增加。生成的电流由图 9-33 所定义，写成

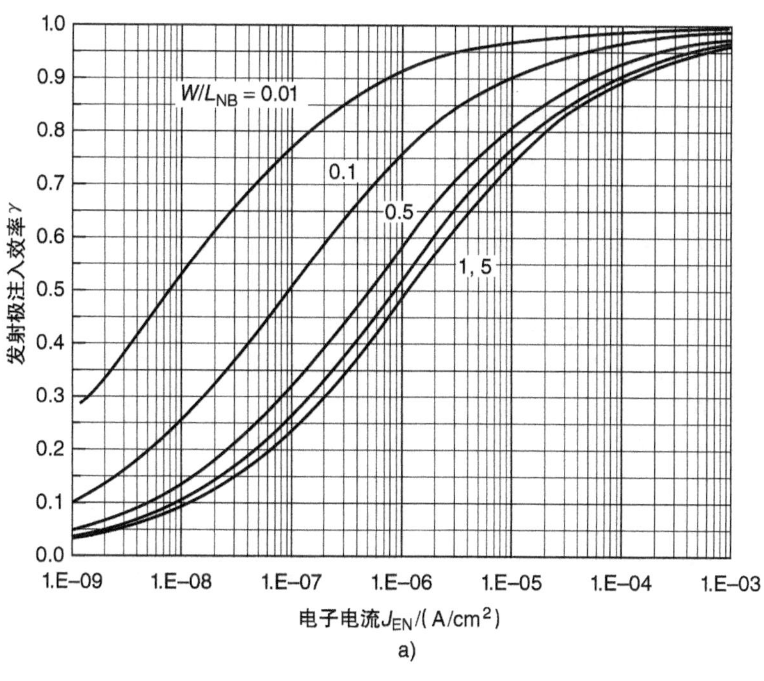

a)

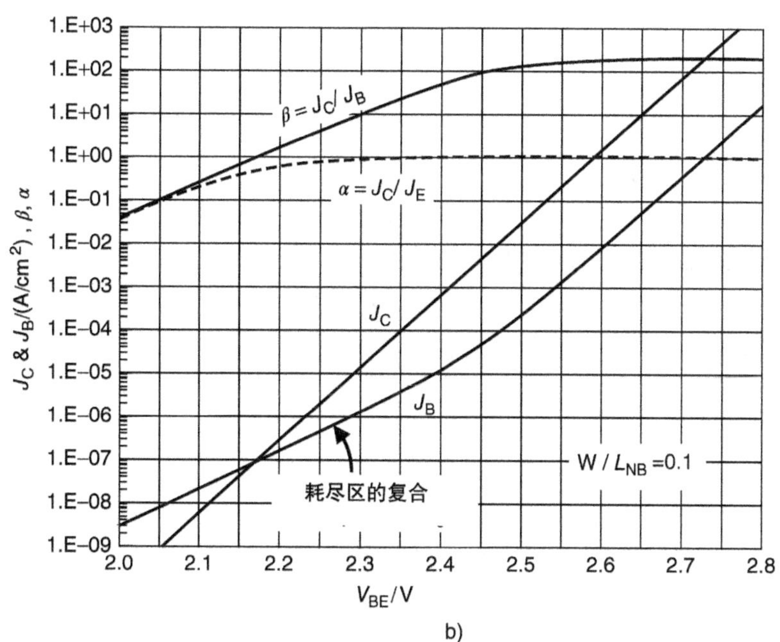

b)

图 9-32　a）作为电流的函数的发射极注入效率，使用式（9-143）与式（9-7）给出的 J_{EN} 计算。在该实例中，$N_{AB}=1\times10^{14}\text{cm}^{-3}$，$N_{DE}=1\times10^{19}\text{cm}^{-3}$，$\tau_G=1\mu\text{s}$。b）$W=0.1L_{NB}$ 的图 a 的 BJT 的 Gummel 图。在低电流下，J_B 在耗尽区域中以复合为主，α 和 β 依赖于电流

$$I_{GEN} = qA\left(\frac{n_i}{\tau_G}\right)x_P \approx qA\left(\frac{n_i}{\tau_G}\right)\sqrt{\frac{2\varepsilon_s}{qN_{AB}}V_{AK}} \tag{9-144}$$

式中，我们假设所有的应用电压 V_{AK} 出现在反向偏置中间结。可以看出，生成的电流随着 V_{AK} 方均根关系而增加。由于 $I_G = 0$，图 9-33 显示了该产生电流必须流过两个 BJT 的发射极。当电流很小的时候，因为它们处于正向阻断状态，α 是一个增加的电流函数，如图 9-32a 所示。因此随着 V_{AK} 增加，I_{GEN} 增加，这增加了电流，也增加了 α。

尽管上面关于触发阈值分析很合理，但是它证明了触发实际上不是要求 I_K 变成无穷大，由式（9-140）所示。相反地，触发只要求 $\partial I_K/\partial I_G$ 是无穷大。当达到该条件，任何在栅极电流小的波动将会在阴极产生一个非限制的增加，然后该晶体管开通。通过参考图 9-31，我们可以写出

$$\partial I_K = \partial I_{C1} + \partial I_{C2} = \frac{\partial I_{C1}}{\partial I_{E1}}\partial I_K + \frac{\partial I_{C2}}{\partial I_{E2}}\partial I_A = \tilde{\alpha}_1 \partial I_K + \tilde{\alpha}_2 \partial I_A \tag{9-145}$$

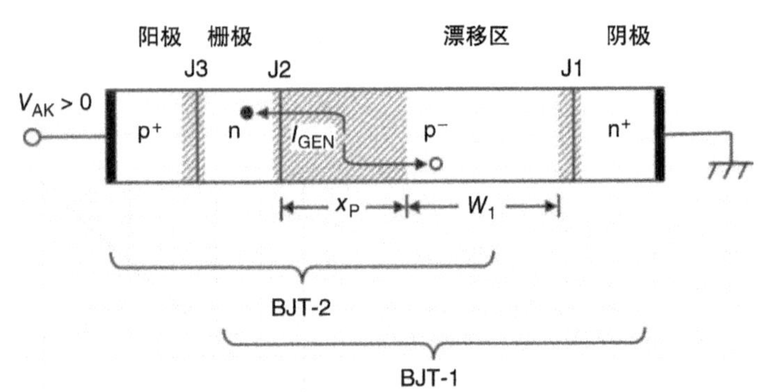

图 9-33　通过晶闸管的一维切片处于正向阻断状态，显示中间结的耗尽区的产生电流。耗尽区域用阴影表示

式中，$\tilde{\alpha}_1$ 和 $\tilde{\alpha}_2$ 是小信号的 α，它的定义如下所示：

$$\tilde{\alpha} = \frac{\partial I_C}{\partial I_E} = \frac{\partial}{\partial I_E}(\alpha I_E) = \alpha + I_E\frac{\partial \alpha}{\partial I_E} \tag{9-146}$$

如果 $\partial\alpha/\partial I_E > 0$，小信号 $\tilde{\alpha}$ 将会大于直流的 α，这是最常见的情况。回到图 9-31，我们仍然可以写出

$$\partial I_A = \partial I_K + \partial I_G \tag{9-147}$$

将式（9-147）代入式（9-145），得到

$$\frac{\partial I_K}{\partial I_G} = \frac{\tilde{\alpha}_2}{1-(\tilde{\alpha}_1+\tilde{\alpha}_2)} \tag{9-148}$$

式（9-148）表明了晶闸管当小信号 α 之和为 1 时真正触发。小信号 α 被式（9-146）定义，但是怎样计算 $\partial\alpha/\partial I_E$？我们从式（9-143）知道发射极注入效率随着电流增加，所以 α 也随着电流增加。因此我们假定 $\partial\alpha/\partial I_E > 0$，小信号的 α 能够

通过式（9-143）计算得到。该结果表达式被 Yang 和 Voulgaris 推导得到[5]，读者可以参考该文献获得更详细的信息。

一旦触发阈值达到了，晶闸管快速从阻断状态到导通状态，同时内部 BJT 也从它们的正向有源状态到它们的饱和状态。该过程可以通过参考图 9-34 来理解。这里，我们假设晶闸管驱动一个阻性负载，且栅极电流为 0。由于电源电压 V_S 从 0 开始增加，晶闸管最初工作在阻断模式，该工作点沿着该特性的较低的位置移动，如点 1 和点 2。内部的 BJT 同样的沿着 $I_B=0$ 线从点 1 移到点 2。当电源电压达到开关阈值时，即刚刚超过点 2，晶闸管进入导通模式，在点 5 开始停滞。在点 5，一旦 V_S 增加或者减少，只要电流保持大于维持电流，工作点会沿着导通特性移动。例如，晶闸管的载流子浓度和能带图在点 1 和点 5 如图 9-35 所示。

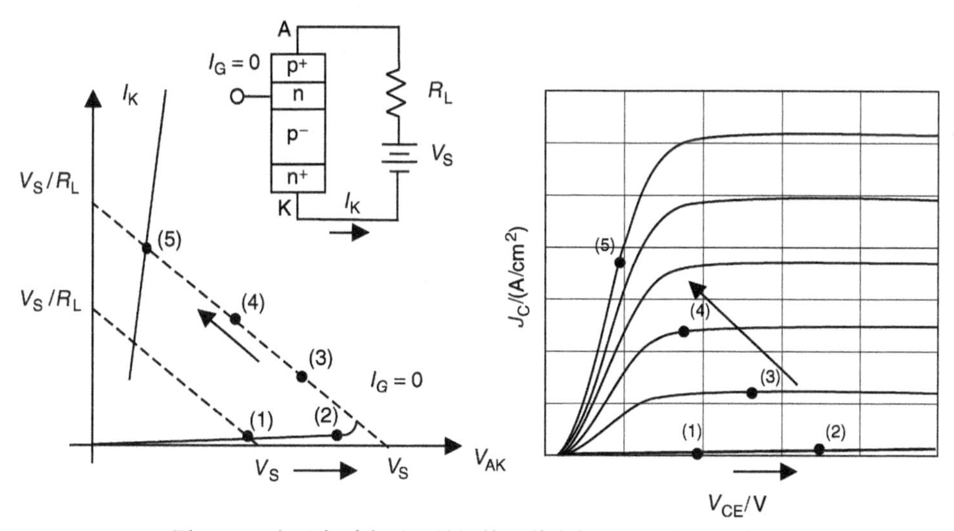

图 9-34　在开启瞬态时，晶闸管及其内部 BJT 的轨迹示意图

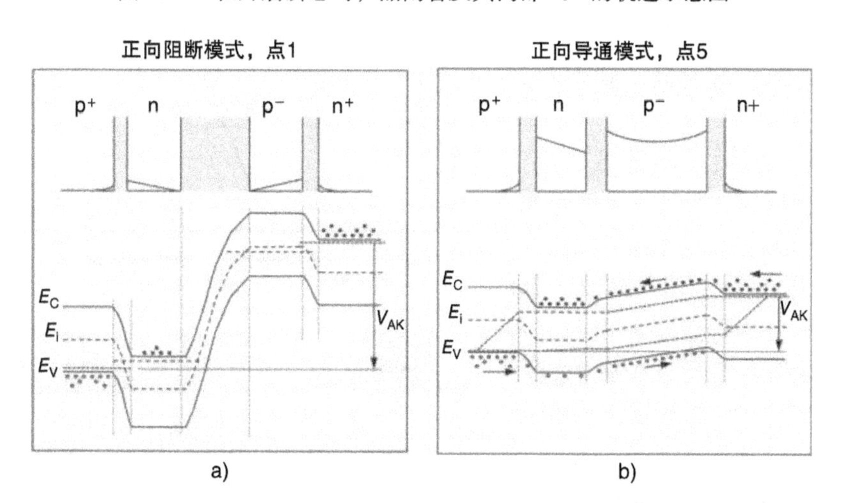

图 9-35　a）正向阻断模式和 b）正向导通模式中晶闸管的能带图和少子浓度

我们现在将会看到更为具体的轨迹。当该晶闸管处于阻断状态，该乘积$\beta_1 \cdot \beta_2 <1$（记住 npn BJT 有一个非常宽的基区，当电流低的时候，发射区注入效率非常低)。当V_S接近开关阈值时，三个效应发生了。第一，npn BJT 的电流增益增加，因为随着W_1缩小，基区宽度调制，这增加了$\beta_1 \cdot \beta_2$。第二，中间结拓展的耗尽层增加了漏电流I_G，这个根据式（9-143)，增加了两个 BJT 的注入效率。第三，在反向偏置的中间结的雪崩倍增增加了更多的电流，进一步增加了注入效率和$\beta_1 \cdot \beta_2$。在一些点，$\beta_1 \cdot \beta_2$会超过1。当这个发生时，由相互连接的集电极和基区形成的回路周围的电流开始增加。这个随着基区电流增加，BJT 工作点从点 2 移动到点3、点4、点5，如图 9-34b 所示。当内部的 BJT 在点 5 进入饱和区后该状态稳定。为什么这点稳定呢？在饱和区的有效的β，这个 BJT 中真正的集电极电流与基极电流比值，低于其在正向有源区域的比值。这使得β的乘积减小到1，工作稳定在点5。为了观察为什么电流稳定在点5，假设阴极电流增加。在高的阴极电流下，负载的压降增加了，晶闸管压降V_{AK}也因此增加了，耗尽层x_P减少，基区宽度W_1增加，β_1减少，减小了电流。如果阴极电流减小，相反的情况就发生了。这些条件强行保持电流在点5。

开关阈值电压能够通过提供外部栅极电流$I_G>0$而减小。这个作为 BJT－2 的基区电流，BJT－2 的集电区提供 BJT－1 的基极电流。这些更高的电流增加了β，这让$\beta_1 \cdot \beta_2$在一个低电压V_{AK}的情况下达到1。这样，在一个外部电路的控制下，某一个$V_{AK}<V_{BF}$的条件下触发晶闸管便成为可能。

9.3.3 开通过程

开通过程发生在三个阶段，我们可以按顺序考虑，如图 9-36 所示。这个三个阶段是延迟时间、上升时间和扩散时间。我们将按序讨论它们。

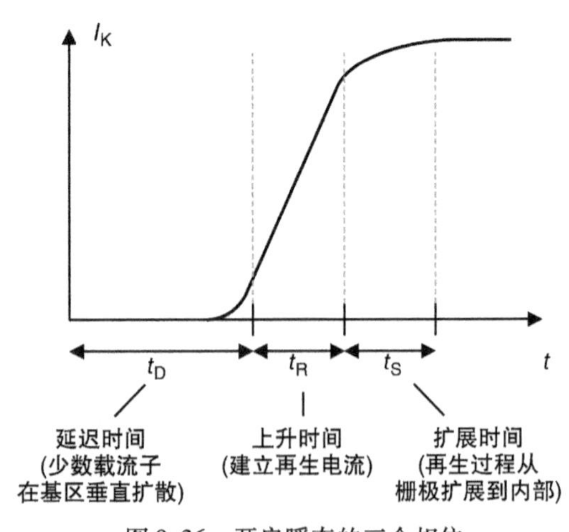

图 9-36　开启瞬态的三个相位

让我们假设晶闸管最初处于正向阻断模式，并在$t=0$开始，被栅极电流脉冲I_G触发开启。在$t=0$之前器件内部情况如图 9-35a 所示。两个 BJT 都处于正向有源模式，但基本上没有少数载流子注入另外一个的基区。参见图 9-31，从$t=0$开始的栅极电流脉冲向 pnp BJT－2 提供基极电流。这导致从p^+发射极的空穴注入到窄 n 型基区。这些空穴扩散穿过基区，第一个空穴到达 BJT－2 的集电区所用的时间τ_{B2}如下所示：

$$\tau_{B2} = \frac{W_{B2}^2}{2D_{P,B2}} \tag{9-149}$$

式中，W_{B2}是中性基区的宽度，$D_{P,B2}$是基区空穴的扩散系数。一旦空穴到达 BJT－2 的集电极，便作为 npn BJT－1 的基极电流。这导致电子从 BJT－1 的 n^+发射极注入到宽 p^-基区。这些电子向 BJT－1 的集电区扩散，第一个电子到达集电区的传输时间 τ_{B1}如下所示：

$$\tau_{B1} = \frac{W_{B1}^2}{2D_{N,B1}} \tag{9-150}$$

式中，W_{B1}是中性基区的宽度，$D_{N,B1}$是电子在宽 p^-基区的扩散系数。此时，晶闸管内开始了电流的再生积聚情况。延迟时间大致由基区运输时间的总和给出，或者

$$t_D \approx \tau_{B1} + \tau_{B2} \tag{9-151}$$

第二阶段的特征在于两个 BJT 之间的再生电流反馈和电流迅速建立，直到达到稳定状态。电流上升时间可以通过考虑在双极结型晶体管的基区存储的电荷的积聚来计算。我们假设存储电荷的积聚仅由于作为基极电流流入的载流子，并且我们忽略复合，因为上升时间比基区中的少数载流子寿命短。再次参考图 9-31，可以写出 BJT－1 基区的电荷积聚：

$$\frac{\partial Q_{B1}}{\partial t} \approx I_{B1} = I_{C2} = \alpha_2 I_{E2} = \alpha_2 I_A \tag{9-152}$$

同样，可以写出 BJT－2 基区的电荷积聚：

$$\frac{\partial Q_{B2}}{\partial t} \approx I_{B2} = I_{C1} + I_G = \alpha_1 I_{E1} + I_G = \alpha_1 I_K + I_G \tag{9-153}$$

关注式（9-152），我们可以将 $\alpha_2 I_A$ 写成

$$\alpha_2 I_A = I_{C2} = Q_{B2}/\tau_{B2} \tag{9-154}$$

式中，集电极电流表示为基本少数载流子电荷除以基区扩散输运时间（注意，正向有源模式，$Q_{B2} = qAp(0)W_{B2}/2$，所以式（9-154）等效于设定 $J_C = qD_{P,B2}\,p(0)/W_{B2} = qD_{P,B2}\,\gamma p/\gamma x$，这是基区扩散电流常用的表达式）。将式（9-154）代入式（9-152），微分得到

$$\frac{\partial^2 Q_{B1}}{\partial t^2} = \frac{1}{\tau_{B2}}\frac{\partial Q_{B2}}{\partial t} = \frac{1}{\tau_{B2}}(\alpha_1 I_K + I_G) \tag{9-155}$$

式中，我们用式（9-153）求得$\partial Q_{B2}/\partial t$。但是，我们也可以写出

$$\alpha_1 I_K = I_{C1} = Q_{B1}/\tau_{B1} \tag{9-156}$$

所以式（9-155）可以写成

$$\frac{\partial^2 Q_{B1}}{\partial t^2} = \frac{Q_{B1}}{\tau_{B1}\tau_{B2}} + \frac{I_G}{\tau_{B2}} \tag{9-157}$$

式（9-157）是描述 BJT－1 基区中少数载流子电荷积聚的二阶微分方程，解这个方程

$$Q_{B1}(t) = (\alpha_1 I_{K,SS} - I_G)\tau_{B1}\exp[(t - t_R)/\sqrt{\tau_{B1}\tau_{B2}}] - \tau_{B1}I_G \quad (9\text{-}158)$$

式中，$I_{K,SS}$是阴极电流的稳态值。式（9-158）告诉我们，晶闸管基极的电荷是由该乘积的平方根给出的时间常数（$\tau_{B1}\tau_{B2}$）$^{1/2}$指数而得到。通过在 $t=0$ 时将基极电荷 Q_{B1}设置为零，可以得到上升时间 t_R，从而得到

$$t_R = \sqrt{\tau_{B1}\tau_{B2}}\ln(\alpha_1 I_{K,SS}/I_G + 1) \quad (9\text{-}159)$$

在真正的晶闸管中，二维效应起主要作用，而第三阶段的开启过程则表示再生的过程是从栅极接触附近的区域向器件内部的横向扩散。当施加栅极脉冲时，电荷注入最初在栅极接触附近的区域中发生，再生过程首先从那里开始。随着电荷积聚，该导电区域将基极电流提供给相邻区域，再生行为在整个器件上扩散，直到建立几乎均匀的电流。这种稳定所需的时间是扩散时间 t_S。已经发现，扩散的特征在于扩散速度，并且扩散时间可以如下写出

$$t_S \approx S_A/v_S \quad (9\text{-}160)$$

式中，S_A 是阳极的一半宽度，如图 9-27 所示。在硅中，扩散速度被发现正比于 $(J_A\tau_A)^{1/2}/W_{B1}$，是一个在 $5\times10^3\sim1\times10^4$ cm/s 范围内的典型值。因此，扩散速度随着阳极电流密度和双极寿命而增加，并且与宽 p^- 基区域的厚度成反比。基区宽度依赖意味着设计用于高的阻断电压的器件的扩散速度将更低。

SiC 晶闸管在几个重要方面与硅晶闸管不同。首先，由于重掺杂 p^+ 阳极中的受主杂质不完全电离，pnp BJT 的发射极注入效率 γ_2 小于 1。这与硅不同，其中注入效率通常被假设为 1。由于温度增加，受主的电离增加，如图 A-1 所示，相应的 γ_2 增加。一个结果是上升时间 t_R 随着温度的升高而降低，这是由于注入效率的提高。其次，如 Levinshtein 等人所指出的[6]，SiC 晶闸管的导通过程比硅器件更为均匀。在硅中，导通过程的三个阶段具有关系 $t_R < t_D \ll t_S$，导通瞬态由扩散时间 t_s 控制，对于 4kV 器件，其扩散时间为 50～500μs。在 SiC 中，导通过程的三个阶段几乎相等，对于相同的 4kV 器件，其 $t_R \approx t_D \approx t_S \approx 50\sim100$ns。因此，SiC 晶闸管切换到导通状态的时间比硅晶闸管快三个数量级。

9.3.4 d*V*/d*t* 触发

当晶闸管处于正向阻断模式时，阳极 - 阴极电压 V_{AK}的快速上升可能导致器件过早开启。这被称为 dV/dt 触发，并且可以如下理解。中间结被反向偏置，其耗尽区主要扩散到轻掺杂的 p^- 漂移区，如图 9-33 所示。随着 V_{AK}增加，耗尽区域扩大，npn BJT - 1 的中性基区收缩，α_1 也相应地增加。此外，从扩大的耗尽区域移出的多数载流子表示内部电流值 $C_M dV_{AK}/dt$，其中，C_M 为中间结的电容。这可以看作是 BJT - 1 和 BJT - 2 两者的基极电流，这又引起额外的发射极电流，导致 α 上升，如图 9-32a 所示。增加的 α 和增加的基极电流可以使耦合的 BJT 达到自我维持状态，于是晶闸管导通了。该效应随 V_{AK}的幅度和一阶导数而增加。

可以通过①相对于阳极反向偏置栅极以防止从 pnp BJT 的发射极注入来降低 dV/dt 效应，②降低 BJT 的基极区域中的寿命以减少 α，尽管这会降低导通状态性能，或③提供阳极短路。当小电流时，阳极短路具有降低 pnp BJT 的有效电流增益的期望效果，同时允许增益在较高电流下快速增加。基本概念相当于在 BJT－2 的 EB 结上放一个电阻，如图 9-37 所示。该复合结构的有效电流增益可以写成

$$\alpha_{EFF} = \frac{I_{C2}}{I_A} = \frac{I_{C2}}{I_{E2}}\frac{I_{E2}}{I_A} = \alpha_2 \frac{I_{E2}}{I_{E2} + I_{SHUNT}} = \frac{\alpha_2}{1 + I_{SHUNT}/I_{E2}} \tag{9-161}$$

如图 9-37b 中的 $I-V$ 特性所示，在低电流 $I_{SHUNT} > I_{E2}$ 和 $\alpha_{EFF} < \alpha_2$ 的情况下。然而，随着 V_{AG} 的增加，I_{E2} 比 I_{SHUNT} 增加的快得多，且 $\alpha_{EFF} \to \alpha_2$。阳极短路的使用也具有增加正向阻断电压的期望效果，如下所述。

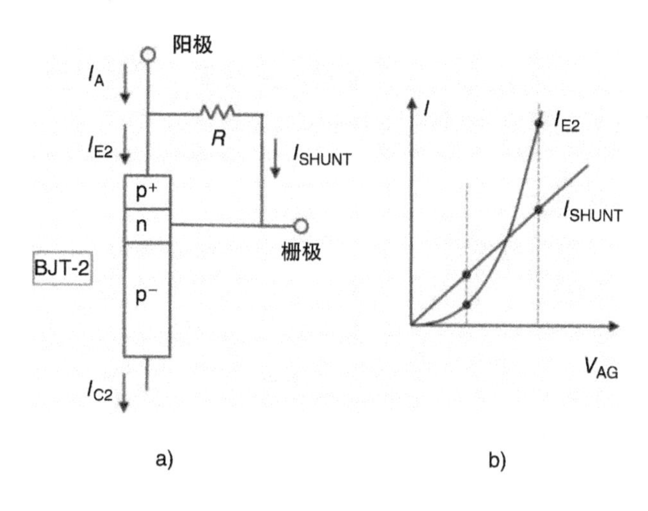

图 9-37 阳极短路对晶闸管的影响

a）基本概念 b）$I-V$ 特性

阳极短路可以通过简单地将顶部金属层延伸穿过整个原胞区域来实现，从而将阳极欧姆接触连接到栅极欧姆接触，如图 9-27 所示。n 型栅极层的横向扩散电阻提供期望的电阻，其可以通过阳极和栅极触点的间隔来调节。只要分流电流 I_R 与栅极电流 I_G 相比较小，阳极短路就不会影响到由栅极电流脉冲引起的导通。

9.3.5 d*I*/d*t* 的限制

当通过栅极电流脉冲开启导通过程时，再生现象首先发生在与栅极接触相邻的区域中，然后横向扩散到从栅极接触进一步移除的区域中。晶闸管稳定所需的时间是扩散时间 t_S。在扩散瞬态的初始部分期间，导电主要发生在栅极接触附近的非常小的区域内，并且高的局部电流密度可导致极端的局部加热，这可能破坏器件。虽然这是重要的硅晶闸管的局限性，由于以下几个原因，SiC 器件的严重性要小得

多：①SiC 的导热系数是硅的两倍，②最大允许温度高于硅，这是因为较低的本征载流子浓度和更坚固的材料性质，以及③SiC 晶闸管中的等离子体扩散时间比硅器件中的等离子体扩散时间短数倍，导致更均匀的导通。

9.3.6 关断过程

晶闸管能够关闭，主要有两种方法。如果电源电压 V_S 反向，则晶闸管自然转变为反向阻断模式。阴极电流立即反转方向，并且有大的反向电流流动，直到从器件的内部提取所有存储的电荷。这种关闭形式用于 V_S 每半周期反向的交流应用中，是两端晶闸管（半导体控制整流器（SCR）的唯一关断方法。在直流应用中，电源电压保持为正，为了使电流减少，晶闸管必须转换到正向阻断模式。这可以通过施加到栅极的合适的负脉冲来实现。这种关断方法需要仔细设计，以使反向栅极电流能够破坏内部交叉耦合 BJT 的自维持电流反馈。这种器件被称为门极关断（GTO）晶闸管。我们将首先描述 V_S 反转的关闭过程，然后在 GTO 晶闸管中考虑门控关断。

9.3.6.1 电压反转关断

图 9-38 显示了通过电源电压反向关断的电流和电压波形。关断过程可以定性描述如下，晶闸管最初处于正向导通模式，并驱动电阻负载，如图 9-39 所示。在 $t=0$ 时刻，电源电压从 $+V_{S1}$ 突然切换到 $-V_{S2}$。当存储的载流子从器件中拉出时，

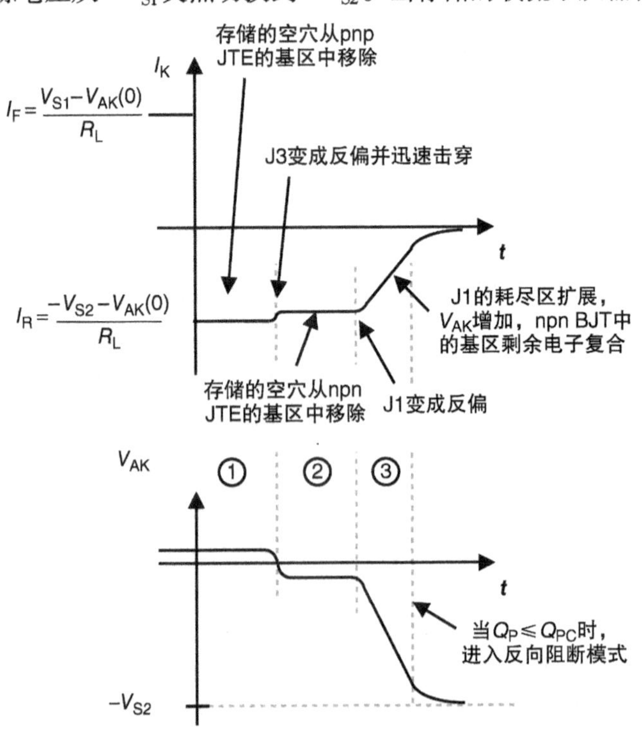

图 9-38 通过电源电压反转发生的关断瞬态的三个阶段

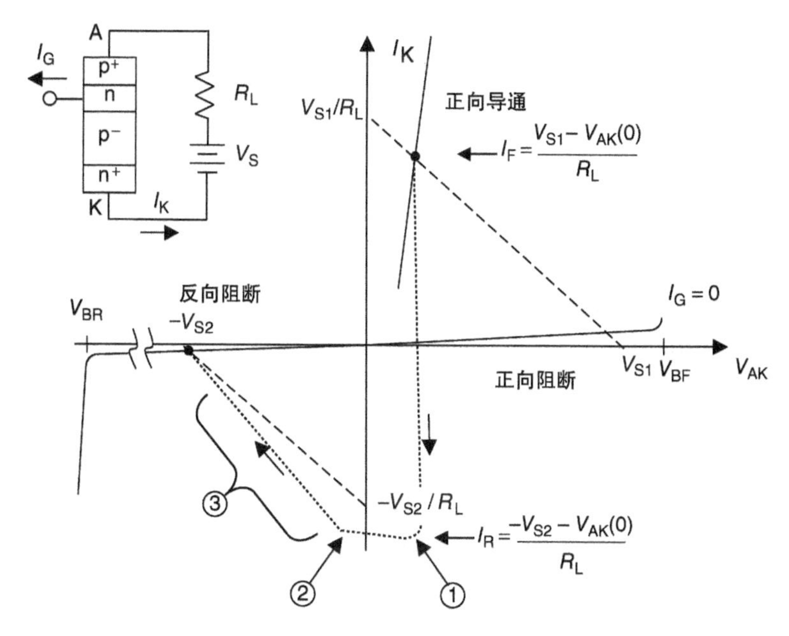

图9-39 正向导通模式和反向阻断模式下晶闸管的工作点和负载线。如果 V_S 从 V_{S1} 瞬间变化到 $-V_{S2}$，晶闸管工作轨迹由虚线表示

阴极电流将立即改变符号。电流的反转仅要求在J1和J3的边缘上载流子分布的斜率变化，如图9-40a所示，这可能会非常快地发生。然而，两个结保持正向偏置，直到结边缘处的载流子密度降低到其平衡值以下。这可以通过回顾结定律来理解，

$$pn = n_i^2 \exp(qV_J/kT) \tag{7-25}$$

这表明 V_J 保持正值，直到结边缘处的 pn 乘积下降到低于 n_i^2。结果，尽管电流立即从 $(+V_{S1}-V_{AK})/R_L$ 切换到 $(-V_{S2}-V_{AK})/R_L$，晶闸管 V_{AK} 上的电压保持为正，如图9-38和图9-39所示。电流和电压然后在关断的第一阶段保持几乎恒定，如图所示，当载流子从BJT的基极区域移除时，由于pnp BJT具有较窄的基极，因此其放电比宽基区npn BJT更快地释放，并且在第一阶段的末端，J3边缘的载流子密度低于其平衡值，J3变为反向偏置，如图9-40a所示。这标志着第二阶段的开始。

因为发射极和基极是重掺杂的，所以J3以低反向电压进入雪崩击穿，V_{AK} 下降到大约 $-V_{BR,J3}$，与 $-V_{S2}$ 相比较小，为负值，如图9-38所示。当 R_L 上的压降降低时，阴极电流略有下降。电流和电压在第二阶段期间保持恒定，如图中②所示。当J1的载流子密度低于其平衡值且J1变为反向偏置时，下一个主要的情况将在第二阶段结束时出现，如图9-40b所示。这标志着第三阶段的开始。

由于 p^- 漂移区宽且轻掺杂，J1可以支持较大的反向电压，而 V_{AK} 在第三阶段耗尽区域扩大时变得越来越负，如图9-40c、d所示。随着 V_{AK} 变得更负，晶闸管支持更多的负电源电压，从而降低 R_L 上的压降，电流下降，如图9-38和图9-39

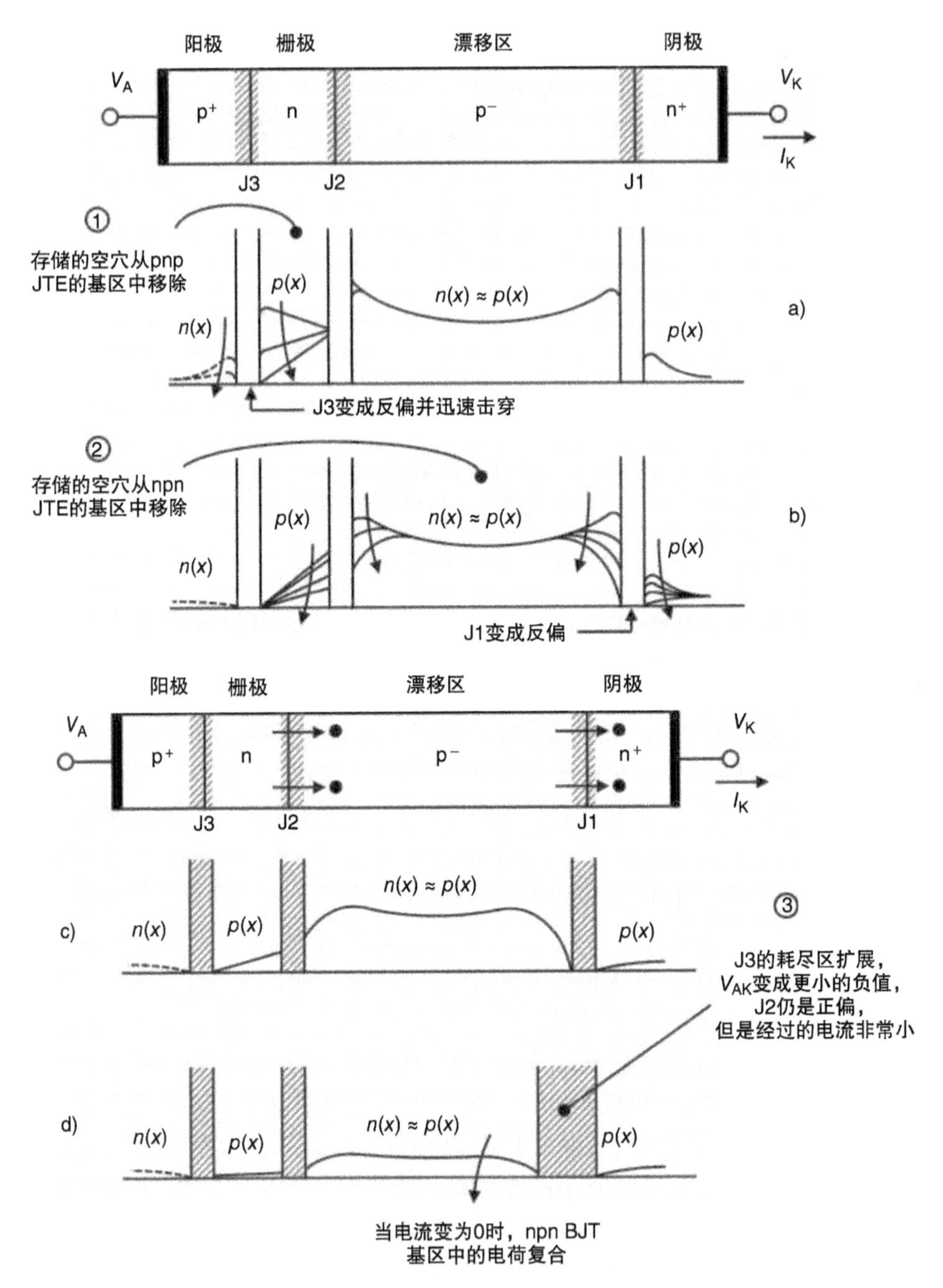

图 9-40　晶闸管的关断瞬态期间的条件图示

所示。在整个关断瞬态期间，J2 保持正向偏置，并且 npn BJT 工作在反向有源模式，J2 正向偏置和 J1 反向偏置。npn BJT（晶闸管的栅极层）的 n 型集电极将电子注入 p^- 基极，而反向偏置的 J1 将电子从基极中扫出。由于从基区到集电区的空穴注入效率低，所以极少的空穴注入到集电极中，并且基极中的空穴电荷主要通过复合衰变。复合是一个相对较慢的过程，这个阶段往往是关断瞬态的最长部分。

可以从基极电荷的电荷控制方程获得复合时间的估计值，

$$\frac{\partial Q_{\mathrm{P}}}{\partial t}=-\frac{Q_{\mathrm{P}}}{\tau_{\mathrm{AD}}} \tag{9-162}$$

式中，Q_P 是 p^- 基区中的总空穴电荷，τ_{AD}是漂移区中的双极寿命。这假设大部分基区电荷通过复合而不是通过扩散而移走。式（9-162）有解

$$Q_{\mathrm{P}}(t)=Q_{\mathrm{P}}(0)\exp(-t/\tau_{\mathrm{AD}}) \tag{9-163}$$

式中，$Q_P(0)$是存储在导通状态中的总电荷，并且可以写成

$$Q_{\mathrm{P}}(0)=\tau_{\mathrm{AD}}\,\alpha_1 I_{\mathrm{F}} \tag{9-164}$$

我们现在将临界电荷定义为与正向导通模式中的维持电流相对应的基极电荷，

$$Q_{\mathrm{PC}}\equiv\tau_{\mathrm{AD}}\alpha_1 I_{\mathrm{H}} \tag{9-165}$$

当基区电荷低于临界电荷时，关断可以被认为是完整的，因为在这一点上，再生反馈不足以维持正向运行，并且该器件不能自发地导通。结合式（9-163）~式（9-165）并设定 t_{REC}等于当 $Q_P(t) = Q_{PC}$的时间，我们可以写出

$$t_{\mathrm{REC}}\approx\tau_{\mathrm{AD}}\ln(I_{\mathrm{F}}/I_{\mathrm{H}}) \tag{9-166}$$

t_{REC}是晶闸管关断的第三阶段的大致持续时间，这通常决定了该瞬态。

在上述讨论中，在 $t=0$ 时，电源电压从正值突然切换到负值。然而，在大多数实际应用中，晶闸管工作在交流电源下，并且在正弦波形 $V_s(t)$的过零点处发生电压反转。这往往会使关闭瞬态的前两个阶段变得模糊，并且观察到三角形反向电流波形，随后是复合的尾部，如图 9-41 所示的两个 t_{REC}值。为了缩短尾电流，我们可以减小 p^-基极区域的寿命 τ_{AD}，如式（9-166）所示，但是这将增加导通状态下的正向压降，并且还会在正向阻断模式下，增加触发正向电压中的雪崩击穿的漏电流。

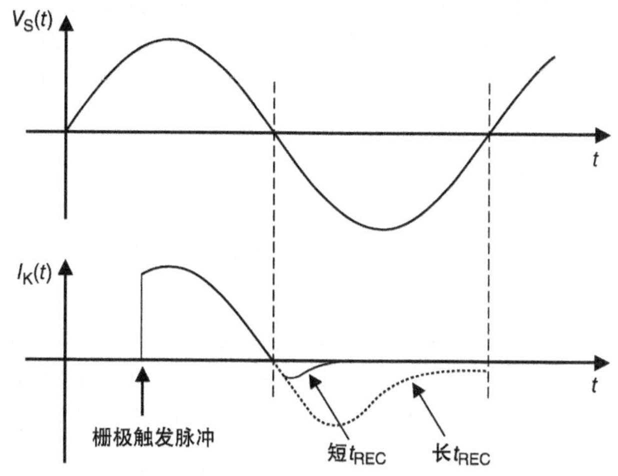

图 9-41 使用交流电进行晶闸管波形扫描。对于两个不同的复合时间 t_{REC}，显示出电流的轨迹

9.3.6.2 负的栅极脉冲关断

在直流应用中，电源电压保持为正，并且晶闸管通过转换到正向阻断模式，从图 9-28 中的点 2 移动到点 1 关闭。这是门极关断（GTO）晶闸管通过负极脉冲实现的，该栅极使基极电流从 pnp BJT 转移，并破坏维持正向导通的再生反馈。

我们将首先使用简化的一维模型来考虑 GTO 晶闸管关闭过程，然后讨论二维效应。第一个问题是“需要什么幅度的栅极电流来关闭器件?”为了回答该问题，我们参考图 9-31 注意到，当晶闸管稳定在正向导通时，pnp BJT 的基极电流为

$$I_{B2} = I_A - I_{C2} = I_A - \alpha_2 I_A = (1 - \alpha_2) I_A \tag{9-167}$$

由于这是维持稳定导通所需的基极电流，因此需要施加到 BJT-2 基极上的负栅极脉冲 I_G，使 I_{B2} 低于该值，即

$$I_{B2} = I_{C1} - I_G^- = \alpha_1 I_K - I_G^- < (1 - \alpha_2) I_A = (1 - \alpha_2)(I_K - I_G^-) \tag{9-168}$$

注意，I_G^- 有一个和 I_G 相反的极性，如图 9-31 所示。求解 I_G^- 得到

$$I_G^- > \left(\frac{\alpha_1 + \alpha_2 - 1}{\alpha_2}\right) I_K \tag{9-169}$$

关断晶闸管所需的负栅极电流与阴极电流 I_K 成正比，该比值可以以关断增益的形式表示

$$\beta_{OFF} = I_K / I_G^- = \frac{\alpha_2}{\alpha_1 + \alpha_2 - 1} \tag{9-170}$$

需要大的关断增益来简化操作，这要求 α_2 接近于 1，α_1 小。在 GTO 晶闸管中自然发生高 α_2，因为 pnp BJT 的基区较窄并且发射极重掺杂。然而，要利用高 α_2，我们必须避免阳极短路。由于 npn BJT 的宽基区，α_1 自然为低，并且可以通过在 p^- 漂移区和 n^+ 衬底之间插入薄的重掺杂 p^+ 缓冲层进一步降低，如图 9-27 所示。该层降低了 npn 发射极的注入效率，从而降低了 α_1。

由于 GTO 晶闸管设计用于在正向电源电压下进行直流工作，因此不需要高的反向阻断能力。这允许我们优化正向阻断电压，而不考虑反向阻断电压。p^+ 缓冲层在这方面具有有益的效果，因为它允许穿通设计，如图 9-42b 所示。这里，p^+ 缓冲层防止 J2 结的耗尽区在正向阻断模式下到达衬底，从而可以用较薄的 p^- 基区实现所需的 V_{BF}。这就降低了晶闸管在导通状态下的正向压降，如式（9-113）和图 7-13 所示。

GTO 晶闸管中的关断过程可以分三个阶段描述，如图 9-43 所示。瞬态过程中晶闸管内部的条件如图 9-44 所示。在第一阶段中，通过负栅极电流从 pnp BJT 的基极去除存储的空穴。该过程如下：负栅极电流对应于多数电子流出基极的流动。这减少了从基极到发射极的电子注入，且降低了 V_{BE}。减少的 V_{BE} 减少了注入来自于发射极的空穴，降低了基区中的空穴浓度。在存储阶段结束时，J2 结变为反向偏置，两个 BJT 都进入它们的正向有源区域。在第二阶段期间，J2 的耗尽区域扩散到 p^- 基极层中，由 J2 支持的反向电压增加。结果，晶闸管 V_{AK} 上的压降上升，

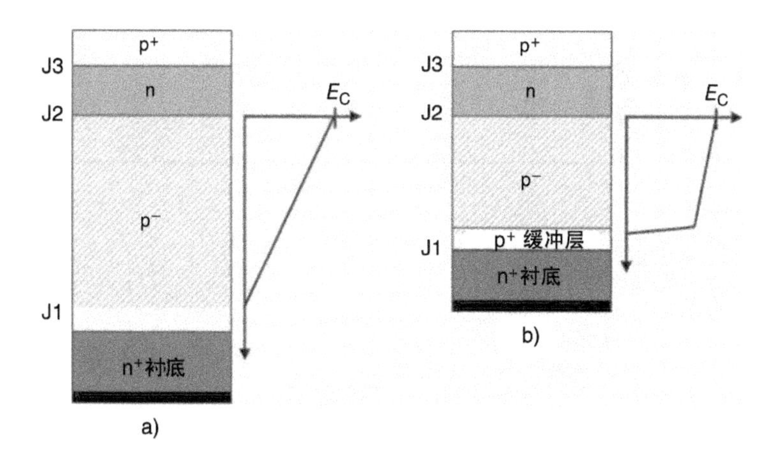

图 9-42　a）非穿通漂移区和 b）穿通漂移区的比较。穿通设计允许拥有相同阻断电压的较薄漂移区域（注意，电场强度下的面积是相同的）

并且由负载电阻限制的电流下降。最后的阶段相对应于 npn BJT 基区剩余电子的复合。

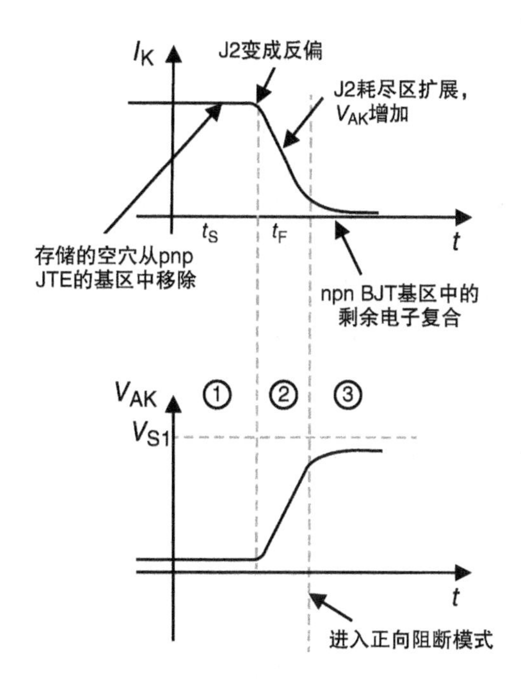

图 9-43　GTO 晶闸管关断瞬态由负栅极脉冲引发的三个阶段

我们现在轮流考虑三个阶段。在第一（存储）阶段期间，从 pnp 发射极注入的空穴减少，直到 J2 变为反向偏置，并且 BJT 进入它们的正向有源模式。该过程

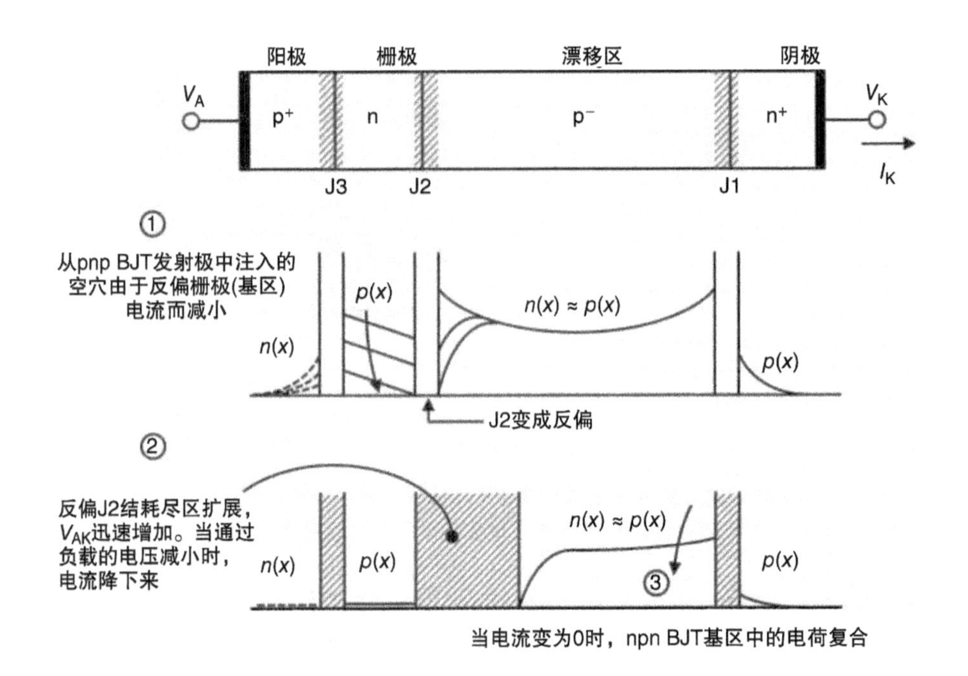

图 9-44　在关断瞬态期间 GTO 晶闸管中所需条件的图示，假设为一维结构

本质上是二维的，因为在与栅极接触相邻的区域中首先降低注入，并且淬火工艺横向扩散到从栅极接触进一步移除的区域中。这是导通过程的逆向，其中电子 - 空穴等离子体以扩散速度 v_S 从栅极扩散到内部。这里我们谈论挤压速度，因为在完全淬火之前，注入被挤压到阳极中心越来越小的区域内。参考图 9-27 可以看出这种情况。因为栅极电流横向流过 n 型基区，根据式（9-78），基区的薄片电阻率会产生一个横向压降，并且随着位置趋近阳极边缘，pnp BJT 的 EB 结压降会减小。这减少了阳极边缘附近的注入，将电流挤压到阳极中心下方的小区域。9.1.9 节讨论了 BJT 中基极扩散电阻的影响。

Wolley [7] 给出的存储时间的一个近似分析表明，t_S 随着关断增益 β_{OFF} 而增加，可以近似表达为

$$\tau_S \approx \frac{W_G^2}{2D_{PG}}(\beta_{OFF} - 1)\ln\left(\frac{S_A L_{PG}/W_G^2 + 2L_{PG}^2/W_G^2 - \beta_{OFF} + 1}{4L_{PG}^2/W_G^2 - \beta_{OFF} + 1}\right) \tag{9-171}$$

式中，D_{PG}是栅极层中的空穴扩散系数，L_{PG}是栅极层中的空穴扩散长度，W_G是栅极层的厚度，即 BJT - 2 的基极。式（9-171）表明，在为减少驱动要求而对高 β_{OFF}的需求与为加速关断过程而对低 β_{OFF}的需求之间存在冲突。

在存储阶段结束时，J2 结的整个区域被反向偏置。在第二阶段期间，J2 的耗尽区域扩散到 npn BJT 的基极。当这种情况发生时，由 J2 支持的反向电压增加。随着晶闸管的电压越来越大，电流（受负载电阻的限制）就会下降。通过考虑耗

尽区的扩散速率，可以得出电流下降到其初始值 10% 的时间的近似表达式[8]。该结果是

$$\tau_F \approx \cosh^{-1}(\sqrt{10})\frac{qAn^*\sqrt{V_S}}{\left(\frac{V_s}{R_L}\right)}\sqrt{\frac{2\varepsilon_s}{qN_{AD}}} = 1.82\frac{qn^*\sqrt{V_s}}{J_K(0)}\sqrt{\frac{2\varepsilon_s}{qN_{AD}}} \qquad (9\text{-}172)$$

式中，n^* 是漂移区的未耗尽部分中的平均电子浓度。我们注意到，下降时间与电源电压的平方根成正比，与初始阴极电流密度 $J_K(0)$ 成反比。

9.3.7　反向阻断模式

反向阻断模式对于在交流条件下工作的晶闸管是重要的，其中电源电压在正值和负值之间振荡。我们将在第 10 章讨论雪崩击穿和阻断电压。

参 考 文 献

[1] Miyake, H., Kimoto, T. and Suda, J. (2011) 4H-SiC BJTs with record current gains of 257 on (0001) and 335 on (000$\bar{1}$). *IEEE Electron. Device Lett.*, **32** (7), 841–843.

[2] Huang, C.F. and Cooper, J.A. (2003) High current gain 4H-SiC npn bipolar junction transistors. *IEEE Electron. Device Lett.*, **24** (6), 396–398.

[3] Tamaki, T., Walden, G.G., Sui, Y. and Cooper, J.A. (2008) Numerical study of the turn-off behavior of high-voltage 4H-SiC IGBTs. *IEEE Trans. Electron. Devices*, **55** (8), 1928–1933.

[4] Tamaki, T., Walden, G.G., Sui, Y. and Cooper, J.A. (2008) Optimization of on-state and switching performance for 15–20 kV 4H-SiC IGBTs. *IEEE Trans. Electron. Devices*, **55** (8), 1920–1927.

[5] Yang, E.S. and Voulgaris, N.C. (1967) On the variation of small-signal alphas of a p-n-p-n device with current. *Solid-State Electron.*, **10** (7), 641–648.

[6] Levinshtein, M.E., Ivanov, P.A., Agarwal, A.K. and Palmour, J.W. (2005) On the homogeneity of the turn-on process in high-voltage 4H-SiC thyristors. *Solid-State Electron.*, **49** (2), 233–237.

[7] Wolley, D.E. (1966) Gate turn-off in p-n-p-n devices. *IEEE Trans. Electron. Devices*, **13** (7), 590–597.

[8] Kao, Y.C. and Brewster, J.B. (1974) A description of the turn-off performance of gate controlled switches. IEEE Conference Record of the Industry Applications Society (IAS) Annual Meeting, pp. 689–693.

第10章　功率器件的优化和比较

10.1　SiC功率器件的阻断电压和边缘终端

所有半导体功率器件最基本的要求是在关断状态下以最小的漏电流承受较大端电压的能力。器件能承受的最大端电压称为阻断电压。阻断电压通常由材料特性和器件设计共同决定。阻断电压受到以下机理的限制：①金属-氧化物-半导体场效应晶体管（MOSFET）、双极结型晶体管（BJT）、绝缘栅双极型晶体管（IGBT）或晶闸管中的基区穿通；②反偏pn结或肖特基结的雪崩击穿，或者作为分立整流器，或者作为开关晶体管或晶闸管的一部分；③pn结或肖特基结反向偏压下漏电流过大；④基于MOS结构的功率器件，例如MOSFET或IGBT中，氧化层电场强度过大。

可以通过让基区的掺杂浓度与厚度的乘积足够大，使得在发生雪崩击穿前不会发生完全耗尽来避免基区穿通。这需要满足下面的条件：

$$N \cdot W > \varepsilon_s E_C / q \tag{10-1}$$

式中，N和W表示基区的掺杂浓度和宽度，E_C是雪崩击穿临界场强，将在后面展开讨论。由于所有的功率开关器件通常都遵循这一原则，因此后续将不再考虑穿通问题。

在基于MOS结构的器件，例如功率MOSFET或IGBT中，阻断电压通常受到氧化层电场强度限制。如8.2.6节和8.2.11节中所讨论的，为满足器件长期可靠性要求，氧化层电场强度必须保持在4MV/cm以下。因此在MOSFET和IGBT的设计中，必须注意确保在反向阻断结发生雪崩击穿前氧化层电场强度不超过这个数值。由于电场分布的二维特性，通常需要采用数值仿真，特别是在槽栅或UMOS结构中。

在设计良好的器件中，阻断电压最终是由反向偏置的阻断结发生雪崩击穿所限制。阻断电压由于器件边缘二维电场集中而下降，通常通过采用特殊的边缘终端得到缓解。在后续各节中，我们首先考虑一维情况下平面SiC结的雪崩击穿。然后讨论二维电场集中效应并展示如何通过不同的边缘终端技术使其最小化。

10.1.1　碰撞电离和雪崩击穿

雪崩击穿是由高电场强度区域电子和空穴的碰撞电离造成的。碰撞电离过程可以通过电子和空穴在晶体内的移动过程来理解。作为带电粒子，电子和空穴都在电场中加速，动能不断增大，直到发生碰撞。碰撞是一次散射过程，电子（或空穴）

降到低能量态，并通常以热量的方式将能量转移给晶格。散射发生后，只要电子和空穴还在高电场强度区域中输运，电子或空穴又立刻被电场加速，重复上述碰撞过程。如果电场强度足够高，电子或空穴在两次碰撞之间可能获得足够的动能，使得碰撞释放的能量足以打破共价键，产生出新的空穴－电子对。这一过程就称为碰撞电离。

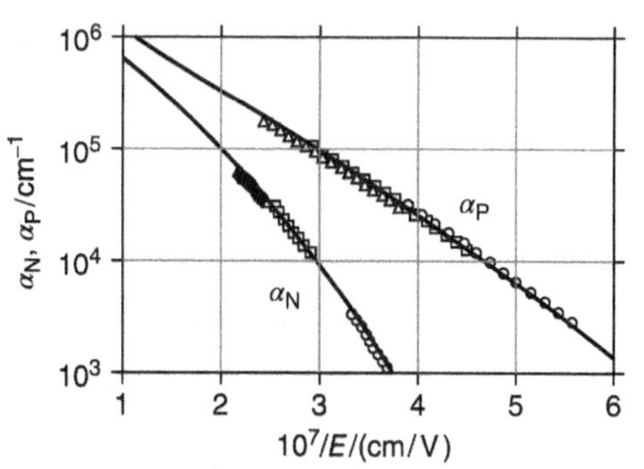

图 10-1　室温下测量得到的 4H－SiC 的碰撞电离率系数[1]

（由 AIP 出版有限责任公司授权转载）

一个电子（或空穴）在单位长度内所引发的碰撞电离次数称为电子的碰撞电离率 α_N 或空穴的碰撞电离率 α_P。α_N 和 α_P 受电场强度影响很大。图 10-1 是室温下 4H－SiC 中沿 c 轴运动的电子或空穴的碰撞电离率，由 Konstantinov 等人测量得到[1]。这些数据可以用下面的经验公式表示[2]

$$\alpha_N(E) \approx 1.69 \times 10^6(\mathrm{cm}^{-1})\exp\left[-\left(\frac{9.69 \times 10^6(\mathrm{V/cm})}{E}\right)^{1.6}\right] \qquad (10\text{-}2)$$

和

$$\alpha_P(E) \approx 3.32 \times 10^6(\mathrm{cm}^{-1})\exp\left[-\left(\frac{1.07 \times 10^7(\mathrm{V/cm})}{E}\right)^{1.1}\right] \qquad (10\text{-}3)$$

图 10-2 比较了硅和 4H－SiC 的碰撞电离率。在相同电场强度下，4H－SiC 的碰撞电离率比硅低几个数量级。

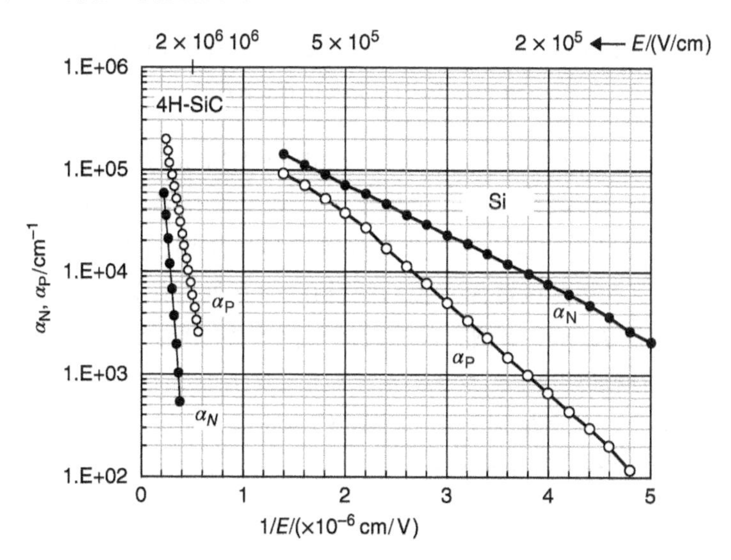

图 10-2　室温下硅和 4H－SiC 碰撞电离率的比较。在相同电场强度下，4H－SiC 的碰撞电离率比硅低几个数量级

由于空穴的碰撞电离率比电子高，4H - SiC 中雪崩击穿通常是由空穴引起的。图 10-3 是不同温度下 4H - SiC 中空穴的碰撞电离率[3]。拟合曲线由以下经验公式表示：

$$\alpha_P(E) \approx (6.09 \times 10^6 - 9.2310^3\mathrm{T})(\mathrm{cm}^{-1})\exp\left[-\left(\frac{8.90 \times 10^6 - 4.95 \times 10^3 T}{E}\right)^{1.09}\right] \tag{10-4}$$

式中，T 是绝对温度。碰撞电离率随温度升高而下降，是因为声子散射的增强，使得空穴在两次碰撞中获得足够的动能产生空穴 - 电子对的可能性降低。

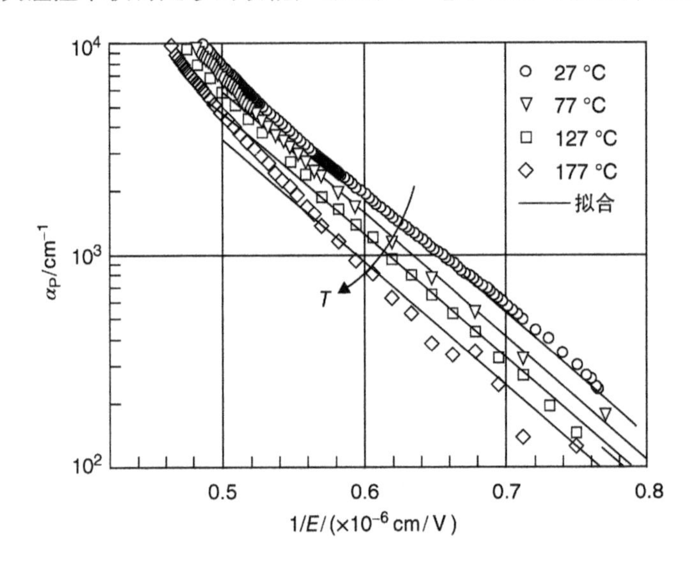

图 10-3 温度对 4H - SiC 中空穴碰撞电离率的影响。拟合曲线采用经验公式（10-4）[3]
（由 Trans Tech Publications 授权转载）

我们现在用碰撞电离率的表达式来计算如图 7-1 所示的反向偏置下 p + n 单边突变结的阻断电压。耗尽区从 $x = 0$ 延伸至 x_D，电场强度从 $x = 0$ 处的峰值减小至 $x = x_D$ 处的零。耗尽区内的电子和空穴都受到电场的作用，并可能引发碰撞电离。考虑如图 10-4 所示的耗尽区截面。我们假设在 $x = 0$ 处开始产生空穴电流 $J_P(0)$，x 点处的空穴电流是 $J_P(x)$。x 微分段的碰撞电离产生了额外的空穴和电子，在 $\mathrm{d}x$ 范围内空穴电流的增加如下：

$$\mathrm{d}J_P = \alpha_P J_P(x)\mathrm{d}x + \alpha_N J_N(x)\mathrm{d}x \tag{10-5}$$

式（10-5）可以写成如下形式：

$$\frac{\mathrm{d}J_P}{\mathrm{d}x} = \alpha_P J_P(x) + \alpha_N J_N(x) \tag{10-6}$$

由于 $J_P(x) + J_N(x) = J_{TOTAL}$ 不随 x 位置变化，可以将式（10-6）写成如下形式：

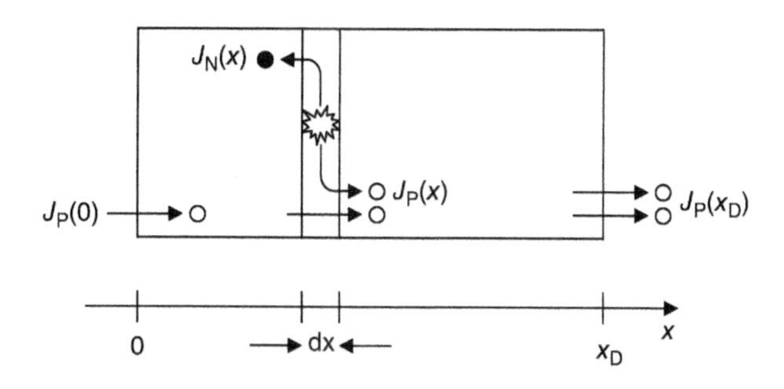

图 10-4　高电场强度区域的一维截面，展示了碰撞电离产生新的电子 - 空穴对

$$\frac{\mathrm{d}J_P}{\mathrm{d}x} = (\alpha_P - \alpha_N)J_P(x) + \alpha_N J_{TOTAL} \tag{10-7}$$

由于 α_N 和 α_P 是电场强度的函数，而电场强度又是位置的函数，因此式（10-7）可以写成下面的形式：

$$\frac{\mathrm{d}f}{\mathrm{d}x} = P(x)f(x) + Q(x) \tag{10-8}$$

式中，$f(x)$、$P(x)$ 和 $Q(x)$ 都是 x 的函数。式（10-8）的微分方程的通解如下：

$$f(x) = \frac{\int_0^x Q(x)\exp\left[-\int_0^x P(x')\mathrm{d}x'\right]\mathrm{d}x + f(0)}{\exp\left[-\int_0^x P(x)\mathrm{d}x\right]} \tag{10-9}$$

将 $f(x)$、$P(x)$ 和 $Q(x)$ 代入式（10-9）得到

$$J_P(x) = \frac{\int_0^x \alpha_N(x)J_{TOTAL}\exp\left[\int_0^x(\alpha_N(x') - \alpha_P(x'))\mathrm{d}x'\right]\mathrm{d}x + J_P(0)}{\exp\left[\int_0^x(\alpha_N(x) - \alpha_P(x))\mathrm{d}x\right]} \tag{10-10}$$

我们将耗尽区内由于碰撞电离导致的空穴电流的增大比例定义为空穴倍增系数 M_P，$M_P = J_P(x_D)/J_P(0)$。由于我们假设 $x = x_D$ 处没有电子电流，$J_N(x_D) = 0$，因此有 $J_P(x_D) = J_{TOTAL}$。在这些假设条件下，在 $x = x_D$ 处求解式（10-10），可以得到

$$J_{TOTAL} = J_P(x_D) = J_{TOTAL}\frac{\int_0^{x_D}\alpha_N(x)\exp\left[\int_0^x(\alpha_N(x') - \alpha_P(x'))\mathrm{d}x'\right]\mathrm{d}x + 1/M_P}{\exp\left[\int_0^x(\alpha_N(x) - \alpha_P(x))\mathrm{d}x\right]} \tag{10-11}$$

式（10-11）右侧复杂的分数必须等于 1，因此 M_P 可由下式给出：

$$M_{\mathrm{P}}=\frac{1}{\exp\left[\int_{0}^{x_{\mathrm{D}}}(\alpha_{\mathrm{N}}(x)-\alpha_{\mathrm{P}}(x))\mathrm{d}x\right]-\int_{0}^{x_{\mathrm{D}}}\alpha_{\mathrm{N}}(x)\exp\left[\int_{0}^{x}(\alpha_{\mathrm{N}}(x')-\alpha_{\mathrm{P}}(x'))\mathrm{d}x'\right]\mathrm{d}x} \tag{10-12}$$

分母上第二项指数项可以用改写为

$$\exp\left[\int_{0}^{x_{\mathrm{D}}}g(x)\mathrm{d}x\right]=\exp\left[\int_{0}^{x}g(x)\mathrm{d}x\right]\exp\left[\int_{0}^{x_{\mathrm{D}}}g(x)\mathrm{d}x\right] \tag{10-13}$$

结果得到

$$M_{\mathrm{P}}=\frac{\exp\left[\int_{0}^{x_{\mathrm{D}}}(\alpha_{\mathrm{P}}(x)-\alpha_{\mathrm{N}}(x))\mathrm{d}x\right]}{1-\int_{0}^{x_{\mathrm{D}}}\alpha_{\mathrm{N}}(x)\exp\left[\int_{x}^{x_{\mathrm{D}}}(\alpha_{\mathrm{P}}(x')-\alpha_{\mathrm{N}}(x'))\mathrm{d}x'\right]\mathrm{d}x} \tag{10-14}$$

当倍增系数 M_{P} 趋向于无穷大时发生雪崩击穿，或者当满足下式时：

$$\int_{0}^{x_{\mathrm{D}}}\alpha_{\mathrm{N}}(x)\exp\left[\int_{x}^{x_{\mathrm{D}}}(\alpha_{\mathrm{P}}(x')-\alpha_{\mathrm{N}}(x'))\mathrm{d}x'\right]\mathrm{d}x\rightarrow 1 \tag{10-15}$$

式（10-15）是空穴的碰撞电离率积分。以上分析也可以假设在 $x=x_{\mathrm{D}}$ 开始产生电子电流。在这种情况下我们定义电子倍增系数 M_{N}，当 M_{N} 趋向于无穷大时发生雪崩击穿，或当满足下式时：

$$\int_{0}^{x_{\mathrm{D}}}\alpha_{\mathrm{P}}(x)\exp\left[\int_{x}^{x_{\mathrm{D}}}(\alpha_{\mathrm{N}}(x')-\alpha_{\mathrm{P}}(x'))\mathrm{d}x'\right]\mathrm{d}x\rightarrow 1 \tag{10-16}$$

考虑到器件中既存在空穴又存在电子，因此达到满足式（10-15）或式（10-16）其中之一的最小电压值时将发生雪崩击穿。

习惯上将发生击穿时的峰值电场强度 E_{M} 定为雪崩击穿临界场强 E_{C}。E_{C} 可以通过迭代过程由碰撞电离率的积分计算得到，过程如下：对于一定掺杂浓度的 n^- 层，选择一个反向偏压，通过式（10-15）和式（10-16）计算碰撞电离率的积分。如果两个积分都小于 1，选一个稍高的电压重复进行计算。满足式（10-15）或式（10-16）其中之一的最小电压就是给定掺杂浓度下的击穿电压，结内部的峰值电场强度就是给定掺杂浓度下的临界场强。室温下 4H－SiC 中单边突变结的临界场强可由 Konstantinov 等人提供的经验公式估算[1]：

$$E_{\mathrm{C}}\approx\frac{2.49\times10^{6}V(\mathrm{cm})}{1-0.25\log_{10}(N(10^{16}\ \mathrm{cm}^{-3}))} \tag{10-17}$$

式中，N 是结中轻掺杂一侧的掺杂浓度。图 10-5 是不同掺杂浓度下硅和 4H－SiC 中的临界场强。当掺杂浓度在 $10^{15}\mathrm{cm}^{-3}$ 以下时，临界场强随掺杂浓度的变化不大。4H－SiC 的临界场强大约是硅的七倍。由于功率器件的优值系数与临界场强的 3 次方成反比（见 7.1 节），因此 4H－SiC 大约比硅高 350 倍。

从碰撞电离率与温度的关系可以预期，4H－SiC 的雪崩击穿电压随着温度升高而增大，如图 10-6 所示[4]。击穿的正温度系数是理想的，因为击穿为负温度系数的器件可能是不稳定的。

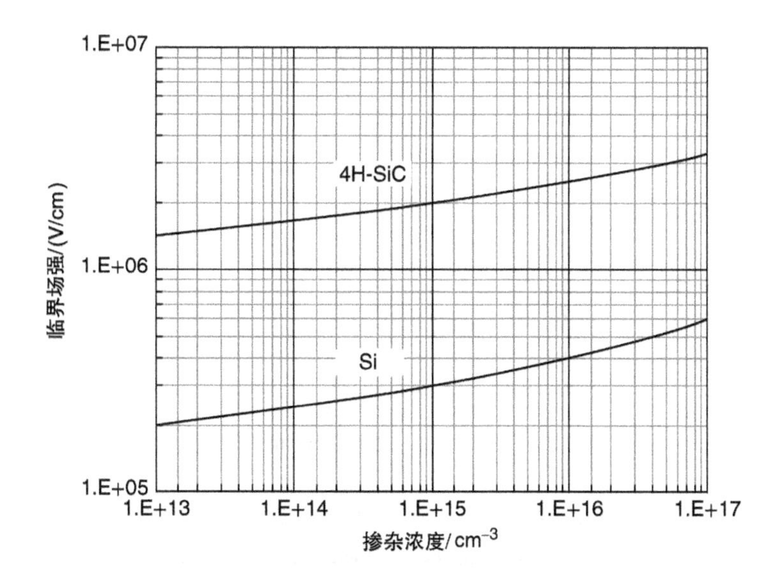

图 10-5　室温下 4H－SiC 单边突变结发生雪崩击穿的临界场强，由式（10-17）计算得到。同时给出了硅的临界场强用于比较

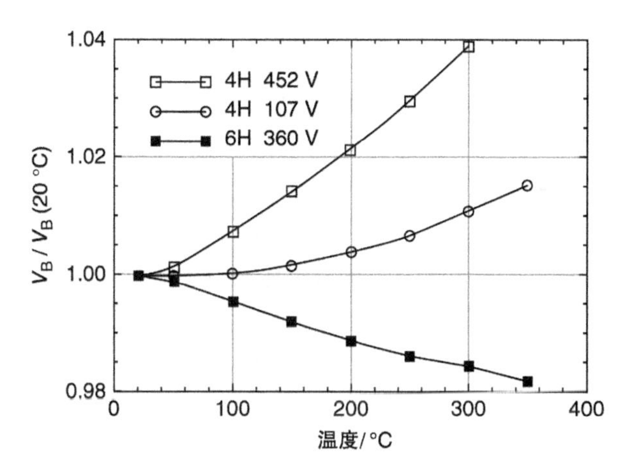

图 10-6　4H－SiC 和 6H－SiC 中雪崩击穿电压与温度的关系。4H－SiC 的击穿具有正温度系数，而 6H－SiC 为负温度系数[4]

（由 AIP 出版有限责任公司授权转载）

必须认识到很重要的一点，式（10-17）计算得到的临界场强假设了如图 7-1 所示的非穿通结构。在如图 7-2 所示的穿通结构中，由碰撞电离率的积分计算得到的临界场强不仅取决于掺杂浓度，还与轻掺杂区域的厚度有关。图 10-7 是 4H－SiC 中采用碰撞电离率积分计算得到的穿通和非穿通结构的临界场强[2]。虚线是由式（10-17）得到的非穿通结构的临界场强。在穿通结构中，击穿的临界场强比式（10-17）给出的值更高。

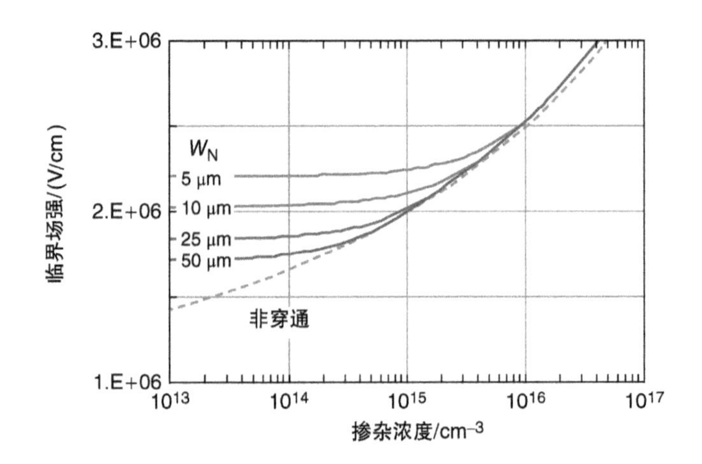

图 10-7　室温下穿通结构的 4H－SiC 单边突变结发生雪崩击穿的临界场强。虚线表示由式（10-17）得到的非穿通结构的临界场强[2]

（由 Dallas T. Morisette 授权转载）

10.1.2　二维电场集中和结的曲率

到目前为止，我们只考虑了器件中一维截面。这让我们可以通过一维分析计算出载流子浓度、电流和静电势。在某些情况下，这种方法可以给出定量的准确结果，但在大多数情况下，由于实际器件的二维（或三维）本质而必须使用计算机模拟，尤其是在计算阻断电压时。10.1.1 节中的结果是用一维分析得到的，但是在实际器件中，阻断电压总是由于器件边缘的二维电场集中效应而受到限制。下面，我们将讨论如何计算电场集中以及采用什么技术进行缓解。

考虑如图 10-8 所示的圆柱形 p^+/n^- 单边突变结。p^+ 区域的半径为 r_J，耗尽区边缘的半径为 r_D。柱坐标下的泊松方程表示为

$$\frac{1}{r}\ \frac{\partial}{\partial r}\left(r\,\frac{\partial \Psi}{\partial r}\right)=\frac{\rho}{\varepsilon_s}=-\frac{qN_D}{\varepsilon_s} \tag{10-18}$$

式中，r 是极坐标，$r_J \leqslant r \leqslant r_D$，$\rho$ 是耗尽区单位体积内的电荷。对 r 积分得到

$$r\,\frac{\partial \Psi}{\partial r}=-\frac{qN_D}{2\varepsilon_s}r^2+C \tag{10-19}$$

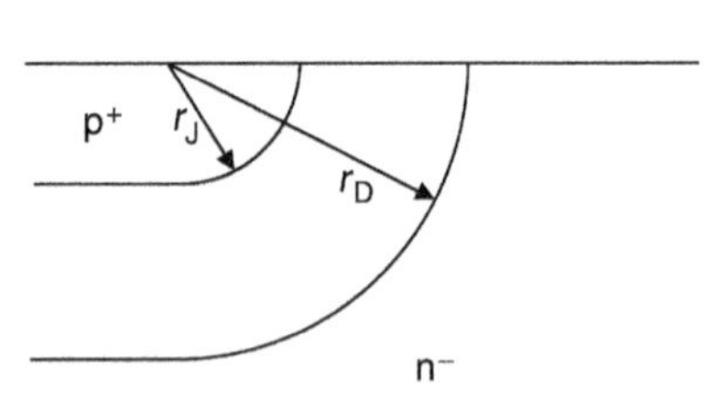

图 10-8　圆柱形 p^+/n^- 单边突变结的截面，与实际器件边缘的情况相同。r_J 是结的半径，r_D 是耗尽区边缘的半径

注意到$\partial\Psi/\partial r=-E(r)$，并选择合适的积分常数，例如 $E(r_D)=0$，我们可以得到

$$E(r) = \left(-\frac{qN_D}{2\varepsilon_s}\right)\left(\frac{r_D^2 - r^2}{r}\right) \tag{10-20}$$

电场强度的峰值在冶金结 $r = r_J$ 处，

$$E_M = E(r_J) = \left(-\frac{qN_D}{2\varepsilon_s}\right)\left(\frac{r_D^2 - r_J^2}{r_J}\right) \tag{10-21}$$

将式（10-20）对 r 积分来得到电势 $\Psi(r)$，假设 $\Psi(r_J)=0$，我们得到

$$\Psi(r) = \left(\frac{qN_D}{2\varepsilon_s}\right)\left[\left(\frac{r_J^2 - r^2}{2}\right) + r_D^2 \ln\frac{r}{r_J}\right] \tag{10-22}$$

耗尽区上的总压降为电势差 $\Psi(r_D) - \Psi(r_J)$，

$$V_R = \Psi(r_D) = \left(\frac{qN_D}{2\varepsilon_s}\right)\left[\left(\frac{r_J^2 - r_D^2}{2}\right) + r_D^2 \ln\frac{r_D}{r_J}\right] \tag{10-23}$$

峰值电场强度与反向电压的关系可以通过选择不断增大的 r_D 值并求解式（10-21）和式（10-23）得到。图10-9是假设掺杂浓度为 $2\times10^{15}\text{cm}^{-3}$ 情况下，不同的 r_J 对应的结的曲率对峰值电场强度的影响。图中还画出了相同掺杂浓度下平面结的峰值电场强度用于比较。在同样的反向电压下，减小结半径 r_J 会增大峰值电场强度，导致击穿电压显著下降。由于这种作用，实际器件的阻断电压通常是受到边缘击穿限制的，除非采用了特殊的边缘终端技术。

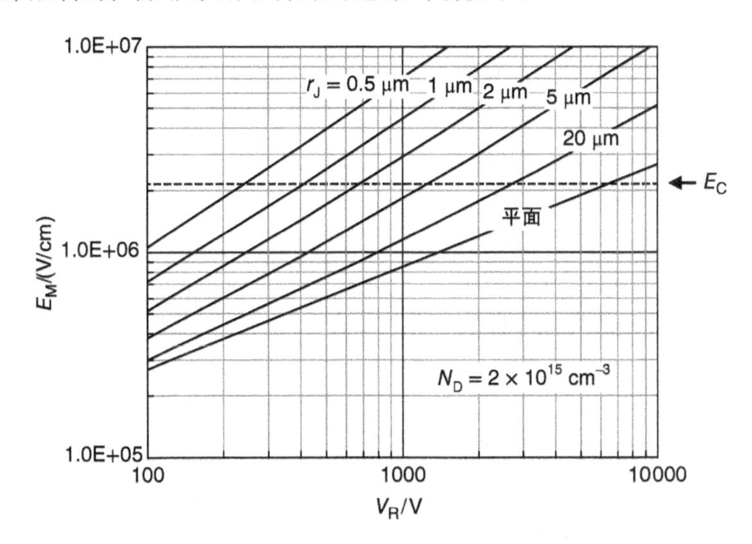

图10-9　不同结半径下圆柱形结的峰值电场强度与反向电压的关系

SiC器件中使用的边缘终端可分为五大类：沟槽隔离、斜面结、结终端扩展（JTE）、浮空场环（FFR）和多浮空区（MFZ）JTE或空间调制（SM）JTE。下面将分别讨论这些结构。

10.1.3 沟槽边缘终端

当反向电压小于2kV并且击穿时的耗尽区宽度小于10μm量级时，沟槽隔离是有效的。在满足以上条件时，可以刻蚀延伸至轻掺杂漂移区约15%～20%的隔离沟槽，如图10-10所示。由于它将p^+/n^-结电场强度最大区域附近的电场线进行线性化，因此这种简单的技术通常是足够有效的。虽然电场线在沟槽的转角处聚集，但是转角处的电场强度比峰值电场强度小得多，减小了电场集中效应的影响。需要采用高质量的钝化层控制表面电荷并防止表面漏电。

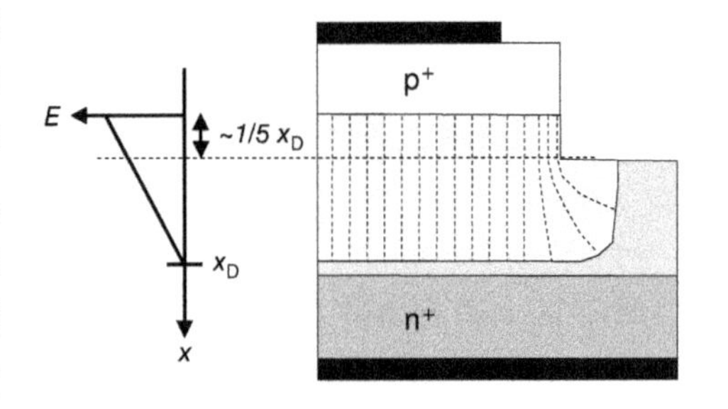

图10-10　p^+/n^-单边突变结的沟槽隔离终端截面

10.1.4 斜面边缘终端

对于更高的阻断电压，使用斜面结结构是一种更有效的边缘终端方式。正斜面是轻掺杂一侧的结面积不断减小，如图10-11所示的p^+/n^-结。结两端电荷平衡的要求使得轻掺杂一侧斜面表面的耗尽区宽度增大。在这种情况下，大致等量的电荷Q_2代替了缺少区域所带的正电荷Q_1，从而达到电荷平衡。因此，沿斜面表面的耗尽区宽度W_S比体内耗尽区宽度W更大。由于任何地方结两端的压降都相同，因此表面的电场强度相对于体内得到了减小。数值仿真证实对于$0<\theta<90°$的斜面角度，表面电场强度都小于体内的电场强度[5]。在实际应用中，大多数SiC功率器件制作过程中都是重掺杂层在上面，因此在实际器件中实现正斜面是很困难的。

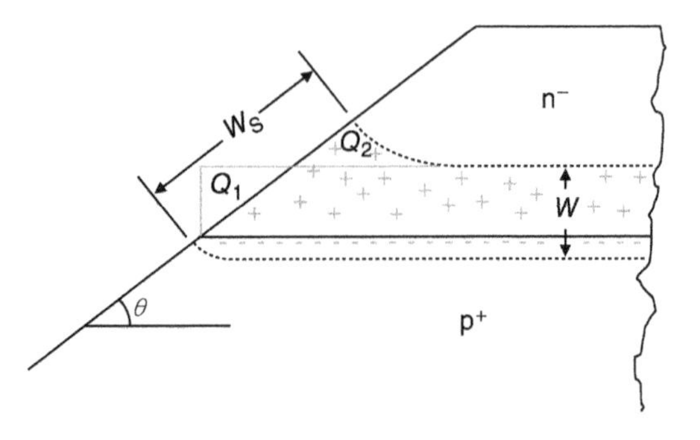

图10-11　带有正斜面的p^+/n^-结的电荷分布

负斜面是轻掺杂一侧的结面积不断增大，如图10-12的n^+/p^-结所示。在这种情况下，轻掺杂一侧表面附近的耗尽区减小，以补偿重掺杂一侧缺少的电荷。这将导致沿表面的耗尽区宽度W_S比体内耗尽区宽度W更小，使得表面电场强度比体内更大。但是，在斜面角度非常小时，重掺杂一侧增加的耗尽区宽度超过轻掺杂一侧减少的耗尽区宽度，如图10-12中下图所示。当出现这种情况时，表面峰值电场强度再次比体内峰值电场强度低。

负斜面能够降低表面电场强度的确切条件需要通过泊松方程的二维数值解来预

测。Adler 和 Temple 已经研究了由扩散形成的重掺杂层 Si 结中的负斜面[6]。经过大量的模拟后，他们发现对于负斜面结，归一化的击穿电压（为理想击穿电压的一部分）可以由依赖于有效斜面角度 θ_{EFF} 的通用曲线表示

$$\theta_{EFF} = 0.04\theta(x_{DB}^{-}/x_{DB}^{+})^2 \tag{10-24}$$

式中，θ 是实际斜面角度，x_{DB}^{-} 是击穿时轻掺杂一侧的耗尽区宽度，x_{DB}^{+} 是击穿时重掺杂一侧的耗尽区宽度。图 10-13 是归一化击穿电压与有效斜面角度的关系。对于足够小的角度，击穿电压接近理想平面结的值。但是，这些仿真采用的是余误差函数掺杂浓度的梯度扩散结，因此对于 SiC 中典型的突变结而言，结果可能不是非常精确。

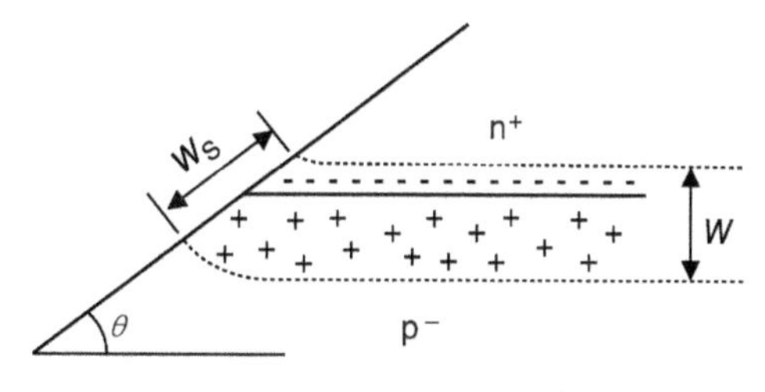

负斜面，大斜面角度

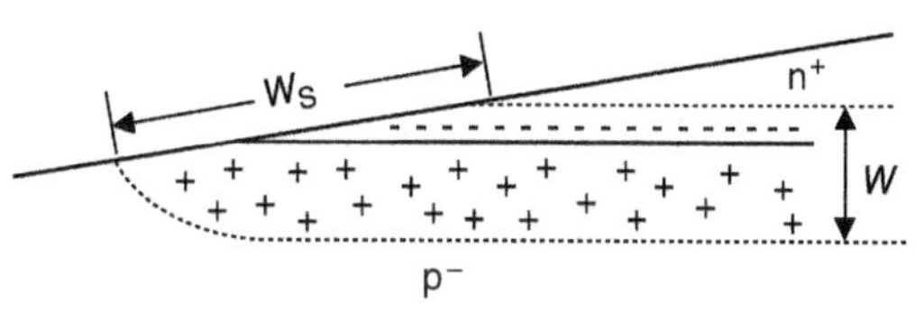

负斜面，小斜面角度

图 10-12　带有负斜面的 n^+/p^- 结的电荷分布

图 10-14 是表面最大电场强度和体材料内部最大电场强度与有效斜面角度的关

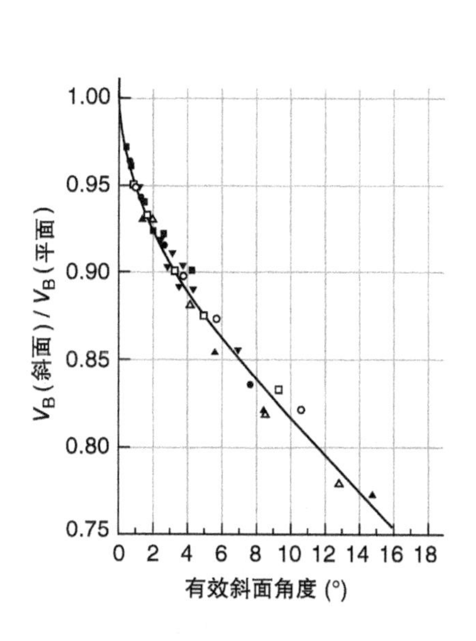

图 10-13　带有负斜面的梯度掺杂浓度硅 pn 结的归一化击穿电压与有效斜面角度 θ_{EFF} 的关系[6]

（由 IEEE 授权转载）

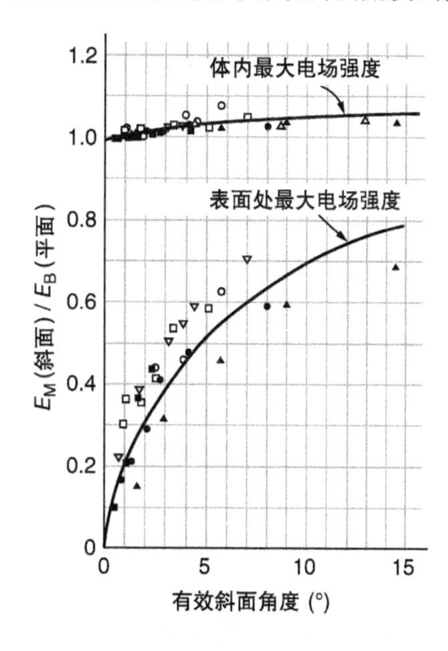

图 10-14　带有负斜面的梯度掺杂浓度硅 pn 结的表面最大电场强度和体材料内部最大电场强度与有效斜面角度的关系[6]

（由 IEEE 授权转载）

系，均对理想击穿电场强度进行了归一化处理[6]。在小斜面角度时，表面最大电场强度比理想（平面结）击穿电场强度低得多，但是体内最大电场强度略大于理想击穿电场强度。这意味着雪崩击穿将首先发生在表面附近的体内，而不是发生在表面，而且击穿电压小于理想（平面结）的值。随着有效斜面角度增大，表面最大电场强度和体内最大电场强度都增大，击穿电压进一步降低。

10.1.5 结终端扩展（JTE）

SiC 中使用的第三类边缘终端是结终端扩展（JTE）[7]。这种终端由环绕主结区的一个或多个精确控制掺杂浓度的同心 p 型环组成，如图 10-15 所示。关键的要求是每个环单位面积的总掺杂浓度足够低，在环边缘发生雪崩击穿前整个环被完全耗尽。耗尽环内带负电的受主原子将原本应集中在主结区边角的电场线终止了。这种情况下的电场线的示意图如图 10-16 所示。

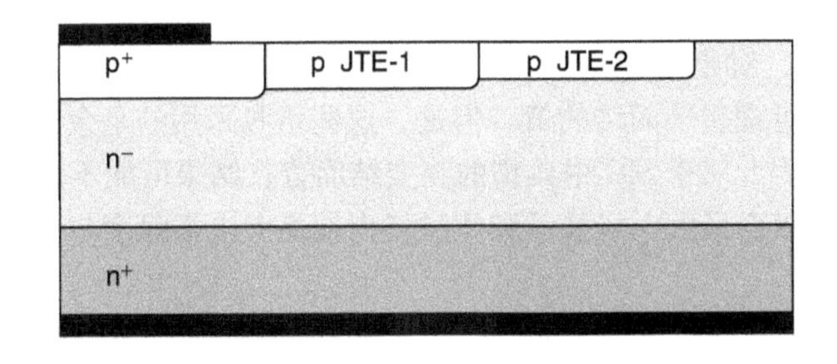

图 10-15　受两区结终端扩展（JTE）保护的 p^+/n^- 单边突变结的截面

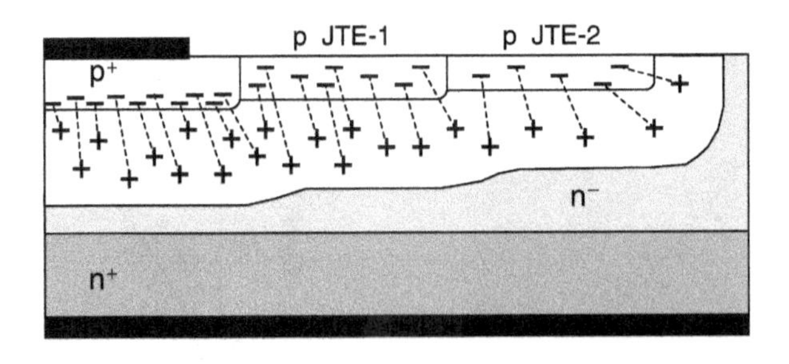

图 10-16　反向偏压下两区 JTE 终端的电场线示意图

由于电场本质上是二维的，因此 JTE 环的优化设计最好通过计算机仿真进行。图 10-17 是 100μm 掺杂浓度 $6\times10^{14}\mathrm{cm}^{-3}$ 的 n^- SiC 漂移区中不同宽度单区 JTE 终端的击穿电压与掺杂剂量的关系[8]。最大击穿电压的掺杂剂量是在将要击穿前整个环刚好耗尽时的剂量。对于更高的掺杂剂量，整个环不能完全耗尽，击穿将发生在环的外围边缘。对于更低的掺杂剂量，整个环被耗尽但没有发生击穿，击穿发生在主结区的边缘。

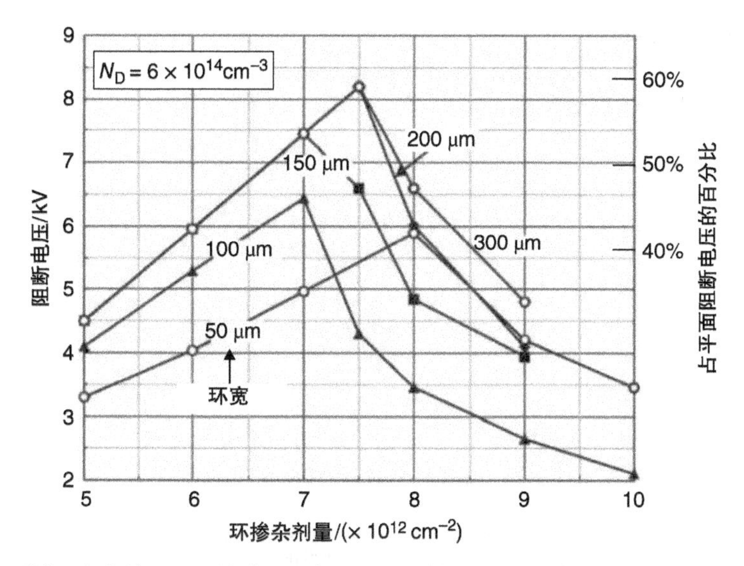

图 10-17　不同环宽度单区 JTE 终端的阻断电压和环掺杂剂量（单位面积的掺杂浓度）的关系。n^- 漂移区的理论平面结击穿电压是 13.8kV[8]

（由 Imran A. Khan 授权转载）

对于给定的环的宽度，当掺杂剂量高于优化剂量时，击穿电压迅速下降。出于这一原因，习惯上选择的注入剂量大约为优化值的 75%，以便允许工艺过程中注入激活百分比的变化。最大击穿电压随着环宽度的增加而增大，直到环宽度达到约两倍于击穿时的耗尽区厚度。

获得高击穿电压的窄剂量窗口可以通过使用多个 JTE 环得到缓解。图 10-18 是 100μm 掺杂浓度 $8 \times 10^{14} cm^{-3}$ 的 n^- 漂移区中三区 JTE 系统的击穿电压[9]。内环的掺杂剂量固定为外环剂量的三倍，中间环的掺杂剂量固定为外环剂量的两倍。随着掺杂剂量的变化，击穿电压呈现出三个峰值。这对应着结构中击穿点位置的转变。在掺杂剂量很大时，三个环都没有耗尽，击穿发生在外环的边缘。当外环的剂量降至 $1.1 \times 10^{13} cm^{-2}$ 以下时，发生击穿前外环完全耗尽，击穿点转移至中间环的边缘。当外环的剂量降至 $7 \times 10^{12} cm^{-2}$ 时，对应的中间环的剂量为 $1.4 \times 10^{13} cm^{-2}$，发生击穿前中间环也同样耗尽，击穿点转移至内环的边缘。当外环的剂量降至 $4.5 \times 10^{12} cm^{-2}$ 时，对应的内环的剂量为 $1.3 \times 10^{13} cm^{-2}$，内环完全耗尽，击穿点转移至主结区的边缘。通过引入多个环，获得高击穿电压的掺杂剂量范围得到显著的扩展。

仿真表明 JTE 注入深度和掺杂浓度分布对性能的影响不大[9]，但表面电荷有很大的作用，应当通过高质量氧化钝化层对表面电荷进行控制。

10.1.6　浮空场环（FFR）终端

浮空场环（FFR）终端包含一系列环绕在主结区周围分立的同心 p^+ 环，通常

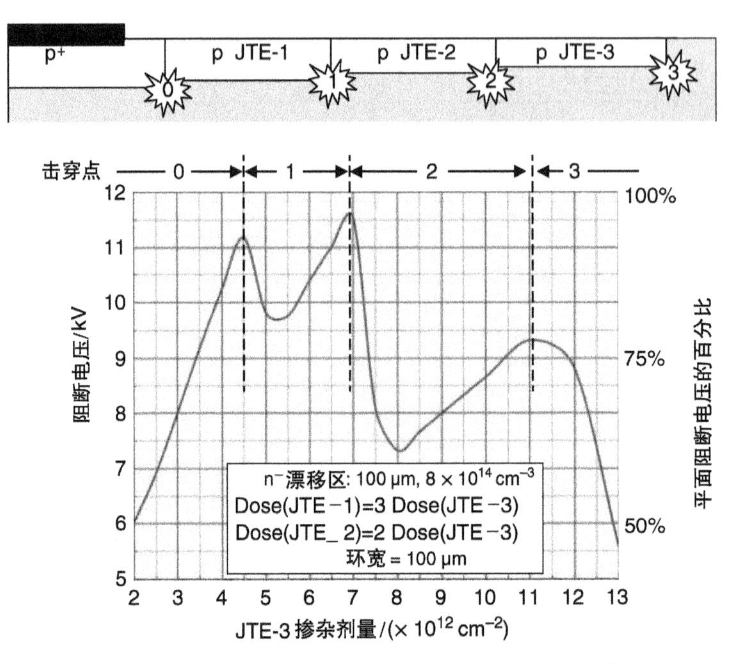

图 10-18 三区 JTE 终端中阻断电压与环掺杂剂量之间的关系。n^- 漂移区厚度为 100μm，掺杂浓度为 $8\times10^{14}cm^{-3}$，理论平面结击穿电压为 12kV[9]

（由 Trans Tech Publications 授权转载）

与主结区在同一工艺步骤中制作，因此不需要额外的工艺步骤。由于这些环是重掺杂的，因此浮空场环系统的性能不受到激活注入剂量控制精度的影响。

图 10-19 展示了一个四环浮空场环终端及在反向偏压下的等势线。随着反向偏压从零开始增大，主结区的耗尽区逐渐扩展直到遇到第一个场环。由于这个环是一个等势区，耗尽区将从环的外边缘继续扩展。随着反向电压逐渐增大，图中的等势线可以看作耗尽区边缘位置的变化。FFR 的效果是在沿着表面的横向上将电势分布展宽，减小横向电场强度，避免在主结区发生雪崩击穿。

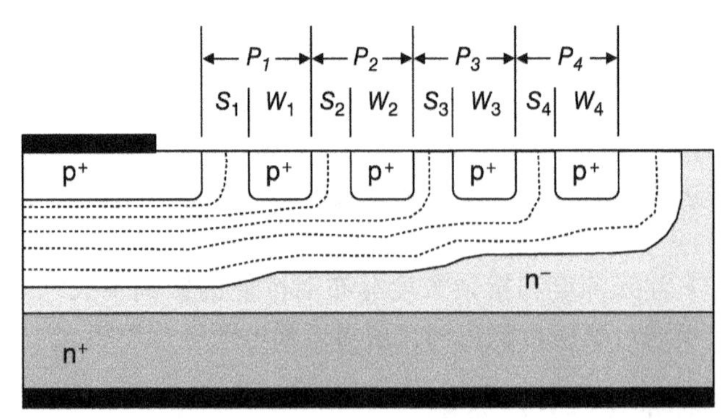

图 10-19 四环浮空场环（FFR）保护的 p^+/n^- 单边突变结的截面。标明了反向偏压下的等势线

图 10-20 是 1975V 反向偏压下的四环 FFR 终端的表面电场强度和电势，漂移区厚度为 25μm，掺杂浓度为 $3.4\times10^{15}\text{cm}^{-3}$[10]。最大电场强度发生在场环的外边缘。从电势图中看出，场环系统在沿着表面的横向上扩展了电势分布。

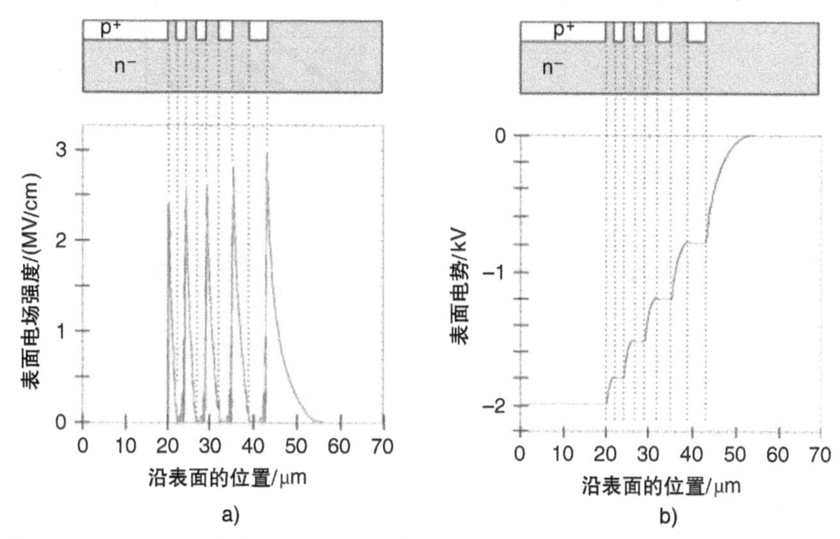

图 10-20　四环 FFR 终端表面的 a）电场强度和 b）静电势，漂移区厚度为 25μm，掺杂浓度为 $3.4\times10^{15}\text{cm}^{-3}$。反向偏压为 1.975kV，环的参数为 $S_1=2\mu\text{m}$，$W/S=1$，$X_{\text{FFR}}=1.25$[10]

（由 James A. Cooper 授权转载）

由于所有场环都是重掺杂的，因此掺杂浓度不是设计变量，但是环的数量、每个环的宽度、每个环与内侧环的间距都是可设计的参数。为了达到效果，场环系统在横向上的延伸至少要达到击穿时耗尽区深度的两倍。对于高压器件，设计几十个同心环也是很常见的，这会引入过多的自由设计参数。因此，有必要采用系统的设计方法确定场环的宽度和间距。例如，一种方法要求每个场环的宽度和间距采用同样的比例 W/S，相邻场环的宽度（和间距）以固定的扩展比例增大：

$$X_{\text{FFR}}=\frac{W_{\text{i+1}}}{W_{\text{i}}}=\frac{S_{\text{i+1}}}{S_{\text{i}}} \tag{10-25}$$

在该实现方案中，相邻场环的周期 $P_{\text{i}}=W_{\text{i}}+S_{\text{i}}$ 同样以扩展比例 X_{FFR} 增大。在这些约束条件下，可以通过第一个场环的初始间距 S_1、W/S 比例、扩展比例 X_{FFR} 和系统中的总场环数量对 FFR 系统的性能进行评估。图 10-21 是数值仿真得到的不同场环系统的击穿电压，n^- SiC 漂移区厚度为 25μm，掺杂浓度为 $3.5\times10^{15}\text{cm}^{-3}$[10]。漂移层的理论平面结击穿电压为 3.5kV。图中每个点代表不同设计的场环数量和场环系统的总宽度，括号中的数值给出了初始间距 S_1、扩展比例 X_{FFR} 和宽度与间距的比例 W/S。

虽然没有提出设计优化的具体算法，但是我们可以观察到一些通用的趋势。首

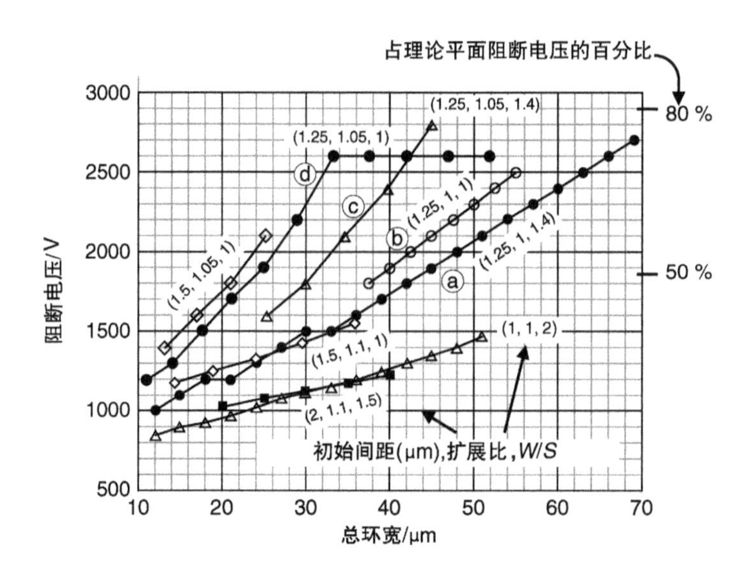

图 10-21　不同 FFR 终端的阻断电压与场环总宽度的关系，n^- 漂移区厚度为 25μm，掺杂浓度为 $3.5\times10^{15}cm^{-3}$[9]。图中的每一点代表一种可能的场环系统，其总宽度在横轴上标出[10]（由 James A. Cooper 授权转载）

先，增大场环系统的总宽度可以提高击穿电压，但是当场环系统的延伸超过发生击穿时横向耗尽宽度时，这种改善达到饱和。第二点，比较曲线ⓐ和ⓒ及曲线ⓑ和ⓓ，我们可以看出在同样的 FFR 总宽度时，5%（1.05）的扩展比例可以实现比均匀场环间距的情况下更高的阻断电压。第三点，比较曲线ⓐ和ⓑ及ⓒ和ⓓ，我们可以看出在击穿电压随场环宽度增加而增大的情况下，*W/S* 比例为 1 比 *W/S* 比例为 1.4 可以在同样 FFR 总宽度下实现更高的击穿电压。最后，比较曲线ⓒ和ⓓ我们可以得到，*W/S* 比例为 1.4 可以比 *W/S* 比例为 1 达到更高的饱和阻断电压。

总结：浮空场环可以提供 75% ~80% 的理想平面结击穿时的阻断电压。它们对激活掺杂浓度不敏感，制作过程中无附加工艺步骤。已制作的高压 SiC 器件的边缘终端结构包含多达 50 个同心环。

10.1.7　多浮空区（MFZ）JTE 和空间调制（SM）JTE

如上所述，单区 JTE 对激活掺杂浓度敏感，很小的工艺容差对制造提出了挑战。多区 JTE 降低了对激活掺杂浓度的敏感性，但增加了额外的工艺复杂性和成本。JTE 对工艺容差小的问题可以通过采用浮空场环来避免，因为它们对激活掺杂浓度不敏感。但是，难以确定 FFR 终端的优化算法。

第五类终端方法结合了 JTE 和 FFR 两种终端的概念。多浮空区（MFZ）JTE[11] 和空间调制（SM）JTE[12] 是紧密相关的技术，可以采用一次注入步骤实现多区 JTE 的宽注入剂量窗口。MFZ - JTE 采用一系列同心浮空环，其注入剂量可以保证每个环在击穿前达到完全耗尽。其结构如图 10-22 所示，与图 10-19 中的 FFR 结构相似，但是环的注入剂量更低。仔细研究还每个区都有同样的周期 $P = W_i + S_i$，但随着离主结区的距离增加，相邻区的 W/S 比例不断减小。采用这种方式，每个区的有效电荷可以实现从主结区的全部注入剂量到环系统边缘的零电荷的平稳变化。图 10-23 是单区 JTE、36 区 MFZ－JTE 和 72 区 MFZ－JTE 的击穿电压与环注入剂量的关系，n^- 漂移层厚度为 120μm，掺杂浓度为 $8.9\times10^{14}\mathrm{cm}^{-3}$[11]。三个终端的总宽度都是 450μm。与单区 JTE 相比，MFZ－JTE 系统可以提供更宽的可接受的注入剂量区域。

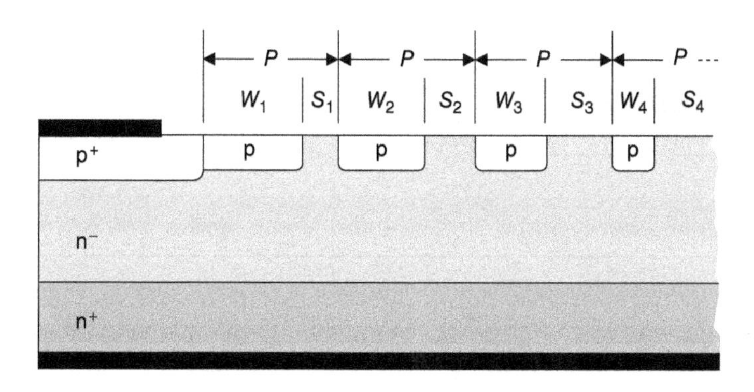

图 10-22　多浮空区 JTE 终端保护的 p^+/n^- 单边突变结的截面。每个区的周期相同，但 W/S 比例从内环到外环逐渐减小

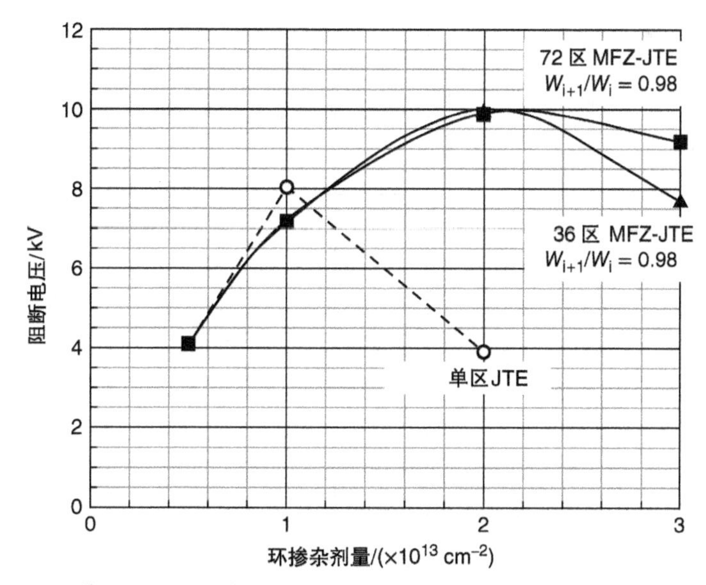

图 10-23　单区 JTE 和两种 MFZ－JTE 终端的阻断电压与环注入剂量的关系，n^- 漂移层厚度为 120μm，掺杂浓度为 $8.9\times10^{14}\mathrm{cm}^{-3}$[11]

（由 IEEE 授权转载）

空间调制（SM）JTE 包含单个宽 JTE 环，其外边缘分割为一系列同样注入剂量的分立同心浮空环，如图 10-24 所示。图 10-25 是单区 JTE、恒定 W/S 比例的五环 SM - JTE 和 W/S 比例递减的五环 SM - JTE 的击穿电压，n^- 漂移区厚度为 120μm，掺杂浓度为 $1\times10^{14}cm^{-3}$[12]。两种 SM - JTE 终端都有恒定的环周期 $P = W_i + S_i = 20\mu m$，三种终端的总宽度都是 600μm。W/S 比例递减的五环 SM - JTE 可以提供最宽的可接受的注入剂量区域。

上面讨论的终端技术只需进行少量修改，便可应用于本书中介绍的所有 SiC 功率器件中。

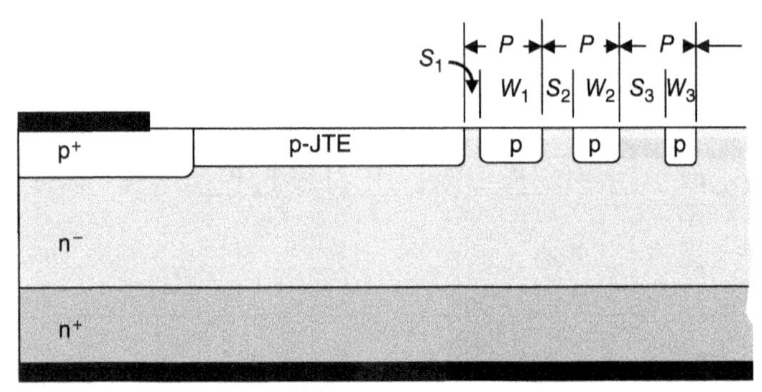

图 10-24 空间调制 JTE 终端保护的 p^+/n^- 单边突变结的截面，包含单个 JTE 环及其外边缘分割而成的一系列分立同心浮空环

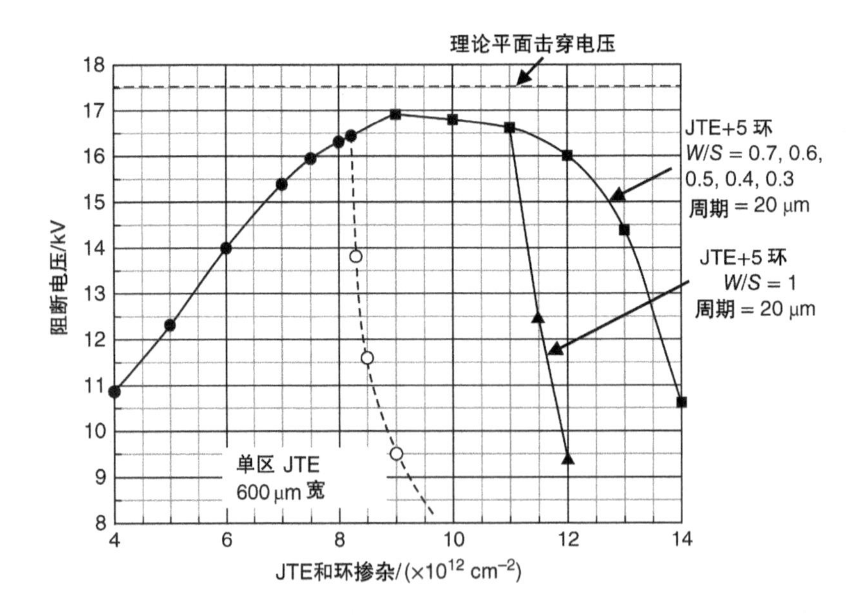

图 10-25 单区 JTE 和两种 SM - JTE 的阻断电压与环注入剂量的关系，n^- 漂移区厚度为 120μm，掺杂浓度为 $1\times10^{14}cm^{-3}$[11]（由 IEEE 授权转载）。该漂移层的理论平面结击穿电压为 17.5kV

10.2 单极型器件漂移区的优化设计

单极型器件诸如肖特基二极管、JFET 和 MOSFET 具有可忽略不计的存储电荷，相比导通状态的功耗，它们的开关损耗较小。单极型器件导通状态的功耗可用式（7-5）表示如下：

$$P_{ON} = R_{ON,SP} J_{ON}^2 \tag{7-5}$$

式中，$R_{ON,SP}$是比导通电阻，J_{ON}是导通状态的电流密度。单极型器件的优值系数可用式（7-9）定义如下：

$$FOM = A\sqrt{P_{MAX} V_B^2 / R_{ON,SP}} \tag{7-9}$$

式中，A 是器件的面积，P_{MAX}是允许的最大功耗，V_B 是阻断电压。面积 A 受到材料、成品率和成本因素的限制，最大功耗 P_{MAX}受到器件和封装的散热能力限制。剩下的 $V_B^2/R_{ON,SP}$是器件的优值系数，而设计师的目标是将其最大限度地进行提升。

10.2.1 垂直漂移区

所有的功率器件通过一个反向偏置的结承受阻断状态下的端电压，对于大部分垂直 SiC 功率器件而言，这个结是 p^+/n^- 单边突变结，如图 7-1 所示。如果忽略电场集中现象，假设 n^- 区域是均匀掺杂的，阻断电压可以表示为

$$V_B = \begin{cases} (\varepsilon_s E_C^2)/(2qN_D), & x_{DB} \leqslant W_N \\ \left(E_C^* - \dfrac{qN_D W_N}{2\varepsilon_s}\right) W_N, & x_{DB} > W_N \end{cases} \tag{10-26}$$

式中，x_{DB}是 n^- 区域具有无限宽度的 p^+/n^- 单边突变结击穿时的耗尽区宽度，如图 7-1 所示，E_C^* 将在下面给出定义。假设电场分布是三角形的，x_{DB}可表示为

$$x_{DB} = \varepsilon_s E_C/(qN_D) \tag{10-27}$$

临界电场强度 E_C与掺杂浓度有关，可由式（10-17）计算得到，其关系如图 10-5 所示。我们将 E_C^* 定义为在 $p^+/n^-/n^+$ 结的截断梯形电场分布中的有效临界电场强度，如图 7-2 所示，图 10-7 给出了其与漂移区的掺杂浓度和宽度之间的关系。所得到的 V_B 与漂移区的掺杂浓度和宽度之间的关系由式（10-26）和图 7-3 给出。

单极型器件的比导通电阻是电极之间所有电阻元件的总和，但是如果阻断电压很高，导通电阻主要由漂移区的电阻决定。漂移区的比导通电阻可表示为

$$R_{ON,SP} = W_N/(q\mu_N N_D^+) \tag{10-28}$$

式中，N_D^+ 是漂移区电离的掺杂浓度。4H－SiC 中平行于 c 轴的迁移率可用经验公式表示[2]：

$$\mu_N = \frac{1141\,(T/300)^{-2.8}}{1 + (N_D/1.94 \times 10^{17})^{0.61}} \tag{10-29}$$

如图 10-26 所示。

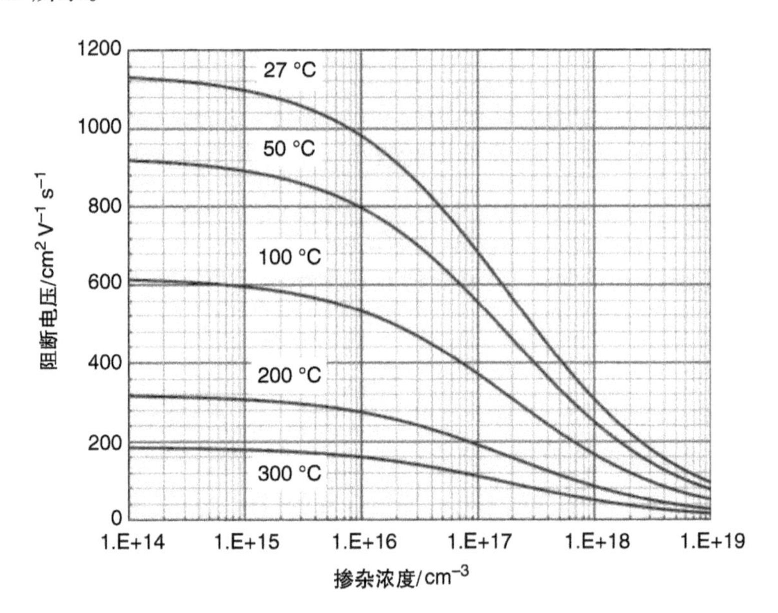

图 10-26 式（10-29）给出的 4H－SiC 中平行于 c 轴的电子迁移率与掺杂浓度和温度的关系

对于单极型器件的漂移区，式（10-26）～式（10-29）建立了导通电阻和阻断电压之间的关系。可以通过设定一系列掺杂浓度的值，在各种掺杂浓度下重新计算迁移率和临界电场强度，进而计算出每种掺杂浓度对应的 $R_{ON,SP}$ 和 V_B，来检验这种关系。然后可以得到导通电阻和阻断电压之间的关系，如图 10-27 所示。图中每条曲线上的点对应不同的掺杂浓度值，从左侧的 $2\times10^{17}cm^{-3}$ 降低至右侧的 $1.5\times10^{13}cm^{-3}$（顺序依次为 2.0、1.5、1.0、0.7、0.5、0.3、0.2）。随着掺杂浓度的降低，根据式（10-27）得到击穿时的耗尽区宽度 x_{DB} 不断增大，根据式（10-26）得到阻断电压不断增大。最终耗尽区扩展到了整个漂移区，阻断电压的增长更加缓慢，最终达到饱和值 $E_C^* W_N$，如式（10-26）所描述的那样。电场强度分布如图 7-2 所示。需要注意的是，根据式（10-28），即使在阻断电压达到饱和后，导通电阻继续随掺杂浓度降低而增大，$R_{ON,SP}-V_B$ 特性曲线变得几乎垂直。

单极型器件漂移区的优化设计点是在一定的阻断电压下导通电阻最小时的掺杂浓度和厚度的组合。图 10-27 中与曲线相切的虚线是最佳设计点的轨迹，可以用经验公式表示如下[2]：

$$R_{ON,SP}(opt) = 2.8\times10^{-8}(T/300)^{2.8}V_B^{2.29}(m\Omega\cdot cm^2) \tag{10-30}$$

为了说明如何使用这些曲线，我们假定阻断电压设为 3kV。从图 10-27 中可以看出优化的设计是漂移区宽度 20μm，掺杂浓度大约 $5\times10^{15}cm^{-3}$（掺杂浓度可以通过在 20μm 曲线上，计数从左侧 $2\times10^{17}cm^{-3}$ 到 $5\times10^{15}cm^{-3}$ 优化点的点数得到，顺序依次为 2.0、1.5、1.0 等）。为了便于确定优化的掺杂浓度，图 10-28 给出了

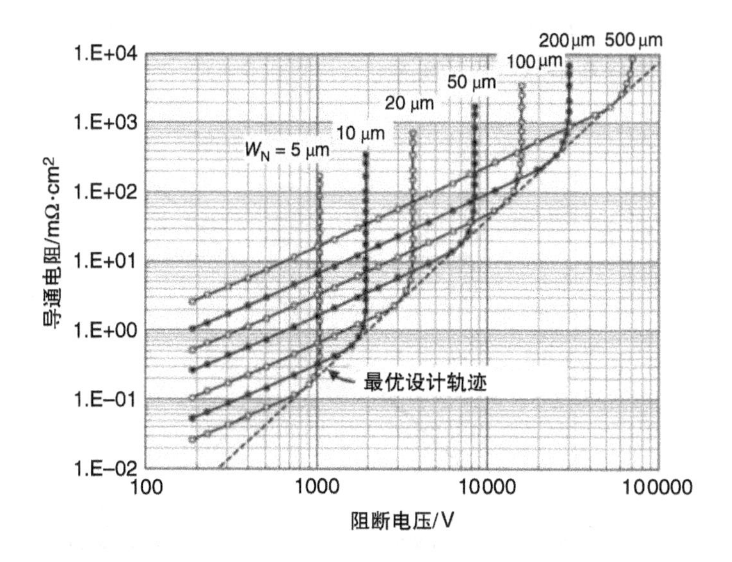

图 10-27　室温下 4H - SiC 中 n⁻ 漂移区的比导通电阻与阻断电压及漂移区宽度之间的关系

不同漂移区宽度时优值系数与掺杂浓度的关系。对于 20μm 的漂移区，优化的掺杂浓度很接近 $5\times10^{15}\text{cm}^{-3}$。对于期望的阻断电压，优化的掺杂浓度和漂移区宽度与温度无关，可以用经验公式表示如下[2]：

$$N_D(\text{opt}) \approx 1.1\times10^{20}V_B^{-1.27}(\text{cm}^{-3}) \tag{10-31}$$

$$W_N(\text{opt}) \approx 2.62\times10^{-3}V_B^{1.12}(\mu\text{m}) \tag{10-32}$$

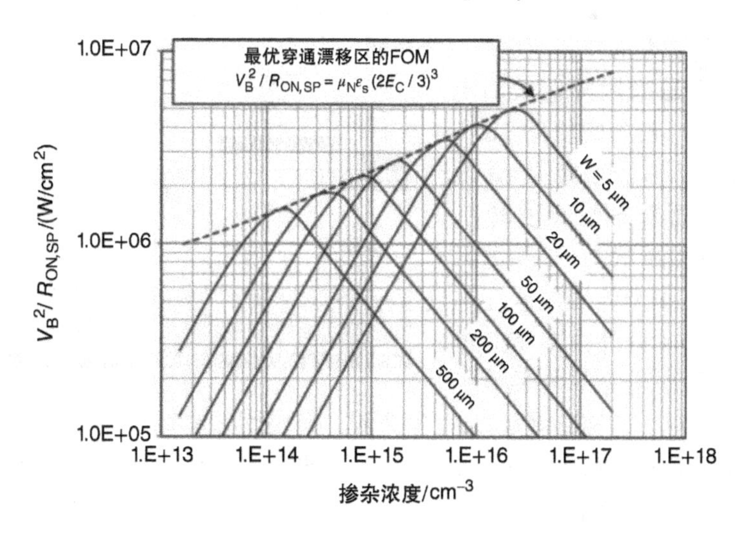

图 10-28　室温下单极型器件的优值系数 $V_B^2/R_{ON,SP}$ 与掺杂浓度和漂移区宽度的关系。对于给定的宽度，优化的掺杂浓度应选择使优值系数最大时的值

为便于参考，图 10-29 画出了根据式（10-31）和式（10-32）得到的优化掺杂浓度和漂移区宽度与阻断电压的关系。

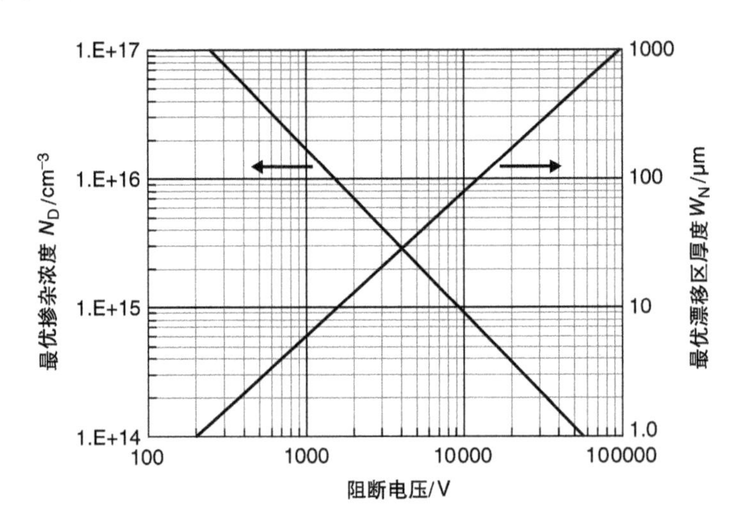

图 10-29　4H－SiC 中 n^- 漂移区优化的掺杂浓度和漂移区宽度与阻断电压的关系

10.2.2　横向漂移区

当阻断电压不是很高时，可以用横向结构实现功率器件，而不是垂直结构。这种结构将所有电极，源极、栅极和漏极放置在上表面。横向结构尤其适合用于功率集成电路，将功率晶体管与控制电路在同一个芯片上。

图 10-30 是采用降低表面电场（RESURF）概念的横向 MOSFET 的截面[13]。轻掺杂漏区（LDD）在表面横向延伸距离 L，厚度为 T。在阻断状态，n 型漏区和下面接地的 p 型体区之间存在反向偏压，LDD 设计为在结的电场强度达到雪崩击穿的临界电场强度前完全耗尽。这需要满足：

$$qN_DT < \varepsilon_sE_C \quad (10\text{-}33)$$

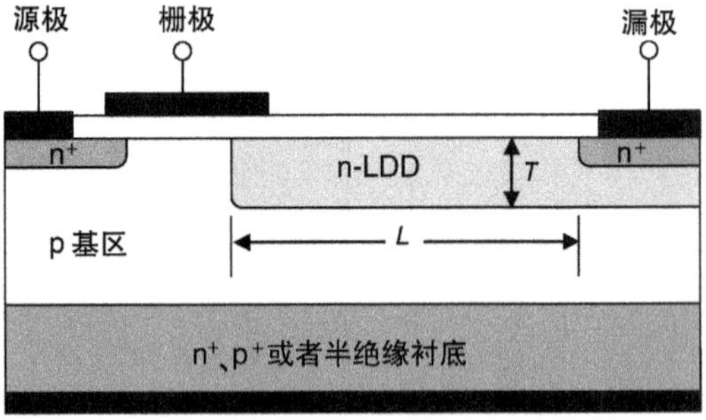

图 10-30　采用降低表面电场（RESURF）概念的横向 MOSFET 的截面。p 型基区接地

式中，N_D 是 LDD 掺杂浓度，E_C 是临界电场强度。这种结构的显著特征在于当 LDD 完全耗尽时，LDD 中所有带电荷施主的电场线垂直延伸，终结于下层基区中带电荷受主，如图 10-31 所示。由于 LDD 中所有带电荷施主的电场线都终结于基区中的受主，x 方向的电场线没有终结

在 LDD 中的电荷上，因此 x 方向没有电场梯度，如图中所示。这意味着可以不断增大漏极电压直到 E_X 达到临界电场强度 E_C，此时的阻断电压由下式表示：

$$V_B \approx E_C L \tag{10-34}$$

LDD 的比导通电阻为

$$R_{ON,SP} = R \cdot A = \left(\frac{\rho L}{WT}\right)(WL) = \frac{L^2}{q\mu_N N_D T} \tag{10-35}$$

式中，ρ 是 LDD 层的电阻率，W 是器件宽度。注意到导通电阻仅取决于掺杂浓度与厚度的乘积 $N_D T$ 和 LDD 区的长度。

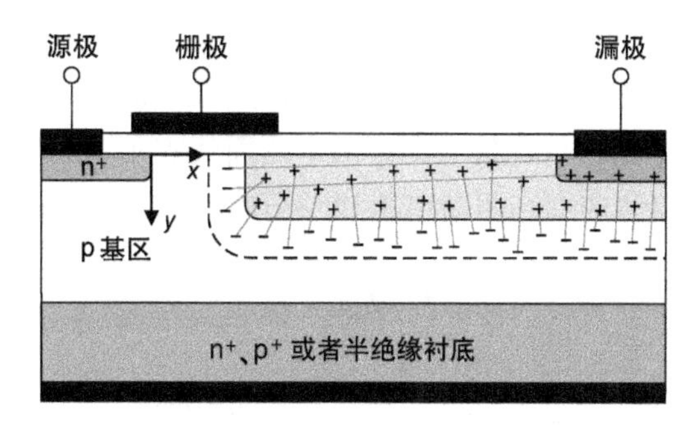

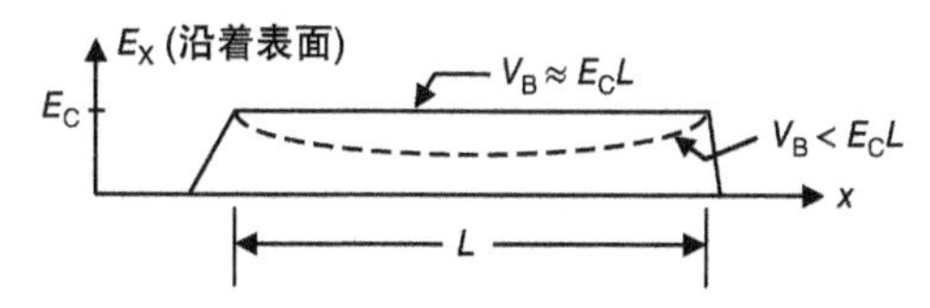

图 10-31　横向 RESURF MOSFET 在阻断状态下的电场线示意图。
下图画出了表面电场强度，虚线表示当考虑二维作用时近似的电场强度

我们可以计算出 RESURF 结构的优值系数，假设 LDD 电阻决定了器件的电阻。通过式（10-33）~式（10-35），我们可以得到

$$\frac{V_B^2}{R_{ON,SP}} = V_B^2\left(\frac{q\mu_N N_D T}{L^2}\right) = V_B^2\left(\frac{\mu_N \varepsilon_s E_C}{V_B^2/E_C^2}\right) = \mu_N \varepsilon_s E_C^3 \tag{10-36}$$

比较式（10-36）和式（7-13），我们发现 RESURF 器件的理论极限实际上是类似的垂直单极功率器件的四倍。但是，由于我们忽略了二维效应，因此实际情况并不是像我们分析的这么简单。在实际情况中，LDD 末端的电场集中效应会造成电场强度尖峰，实际的电场分布如图 10-31 中的虚线所示。尽管如此，在阻断电压不是很高时，横向 RESURF 器件仍然是一种可行的垂直器件代替方案。

尽管图 10-30 和图 10-31 展示的是横向 MOSFET 器件，上述讨论同样适用于任何包含横向漂移区的单极型器件，例如横向 JFET。经过修改的 RESURF 原理同样用于垂直漂移区的硅超结 MOSFET 器件。迄今为止，还没有 SiC 垂直超结器件的报道。

10.3 器件性能比较

作为本章的总结，我们考虑对不同种类的功率器件进行性能比较。由于开关损耗是限制器件性能的主要因素，因此公平的比较应考虑所有器件阻断电压和开关频率。如7.1节中所讨论的，我们的优值系数是每个器件在给定的开关频率下所能承载的导通状态电流密度 J_{ON} 及阻断电压，限制因素是器件的总功耗小于封装极限，我们可以将其定为300W/cm^2。我们定义该电流密度为 J_{300}，在给定的阻断电压和开关频率下具有最高 J_{300} 的器件是应用中优选的器件。

上述关系可以通过图10-32进行可视化展示，它将功率MOSFET和IGBT在 $J_{ON}-V_B-f$ 三维参数空间进行比较。图中两个曲面代表了300W/cm^{2}恒定功耗的轨迹。我们首先看一下这些曲面与阻断电压和频率的关系。

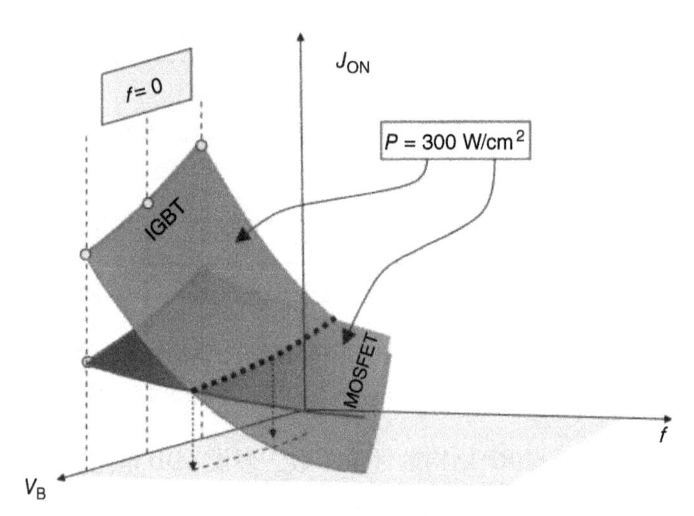

图10-32 MOSFET和IGBT在 $J_{ON}-V_B-f$ 三维参数空间中的恒定功率曲面[15]
（由Trans Tech Publications授权转载）

为了实现更高的阻断电压，需要使用更厚更轻掺杂的漂移区。这导致器件导通电阻的增大，从而增大了导通状态的功耗。要保证总功率在假定的300W/cm^{2}封装限制以内，随着阻断电压的增大，我们必须减小电流密度。这就解释了随着 V_B 的增大曲面向下倾斜的原因。

图中的频率与开关损耗相关。开关损耗直接与开关频率成正比。如果我们要在更高的频率下工作，开关损耗会增大，必须再次减小电流来保证总功耗在300W/cm^{2}以下。这就解释了随着频率 f 的增大曲面向下倾斜的原因。这种效应对于诸如IGBT的双极型器件更强烈，因为它们每次开关动作消耗更多的能量。

MOSFET和IGBT的恒定功率曲面的相交线可以投影到 V_B-f 平面上。这条曲线代表了两种器件具有相同性能的设计点，在这条曲线的工作点上，两种器件具有相同的最大导通状态电流。在这个示例中，IGBT 在低频下可承载更大的电流，而 MOSFET 在高频下可承载更大的电流。这样的构造图在完整的电流 - 电压 - 频率参数空间中将不同器件的相对性能变得可视化。

上述可视化作图可以用下面的方法定量得到。对于单极型器件我们通常假设①原点附近的 $I-V$ 特性是线性的，因此可以用导通电阻来描述，②开关损耗与导通状态功耗相比很小。这些假设可以推导出式（7-8）和式（7-9），同时将 $V_B^2/R_{ON,SP}$作为单极型器件的优值系数。但是，在双极型器件中电流经过一个或多个正向偏置的 pn 结，这些注入的少数载流子必须在关断的瞬态过程中抽取出。因此必须考虑每个开关循环的能量消耗 E_{SW}。开关损耗与开关能量和频率成正比，如式（7-15）所给出的。此外，由于双极型器件中电流经过 $I-V$ 特性非线性的正向偏置的二极管，因此导通状态的 $I-V$ 特性通常不能用简单的电阻来描述。（这一论断取决于电流通路中正向偏置结的数量。在 pin 二极管、IGBT 和晶闸管中，电流通路上的正向偏置结为奇数个，因此它们的 $I-V$ 特性在原点附近是非线性的。BJT 拥有偶数个正向偏置结，因此它的 $I-V$ 特性在原点附近是线性的。）

我们采用 7.1 节中描述的方法来考虑开关损耗和非线性 $I-V$ 特性，可以总结如下：

1）用二维瞬态计算机模拟确定开关能量 E_{SW} 与导通状态电流 J_{ON} 的关系。这些模拟应当包括开关过程中外电路上的能量损耗，因此需要假定具体的负载电路。

2）用二维稳态计算机模拟确定导通状态功率 P_{ON} 与 J_{ON} 的关系，并获得在假定阻断电压下的 P_{OFF} 值。

3）对于给定的开关频率 f，采用式（7-17）对 J_{ON}进行调节直到总功耗 P_{TOTAL} 等于 300W/cm^2。所得电流就是特定阻断电压和开关频率下的优值系数 J_{300}。

这个过程被用于比较 15kV 和 20kV 阻断电压的功率 MOSFET 和 IGBT 的性能[14,15]，并作为这种技术的一个示例。首先，采用计算机模拟对 15kV 或 20kV 阻断电压的 n 沟道 DMOSFET 和 p 沟道 DMOS IGBT 分别进行优化。图 10-33 给出了两个温度 27℃和 175℃下，20kV 器件导通状态的 $I-V$ 特性。IGBT 的 $I-V$ 特性是非线性的，无法用导通电阻表示。MOSFET 的 $I-V$ 特性是线性的，但是如图 10-26 所示的迁移率随温度升高而降低，因此导通电阻不断恶化。与此相反，IGBT 对温度是相对不敏感的。这是由于双极扩散长度同时取决于扩散系数和寿命。如图9-26 所示，随着温度的升高，寿命的增大比扩散系数的减小更快，因此扩散长度随温度升高而略微增大，改善了器件的性能。

导通状态功率 $P_{ON}=J_{ON}V_{DS}$或 $P_{ON}=J_{ON}V_{CE}$，从图 10-33 中可以直接计算出任何 J_{ON}下的导通状态功率，图 10-34 画出了导通状态功率与电流的关系。开关能量与导通电流的关系从钳位感性负载的瞬态仿真中得到（由幅值为 J_{ON}的电流源建模得到），图 10-35 画出了得到的 E_{SW}与电流的关系。这些图与式（7-17）一起确定

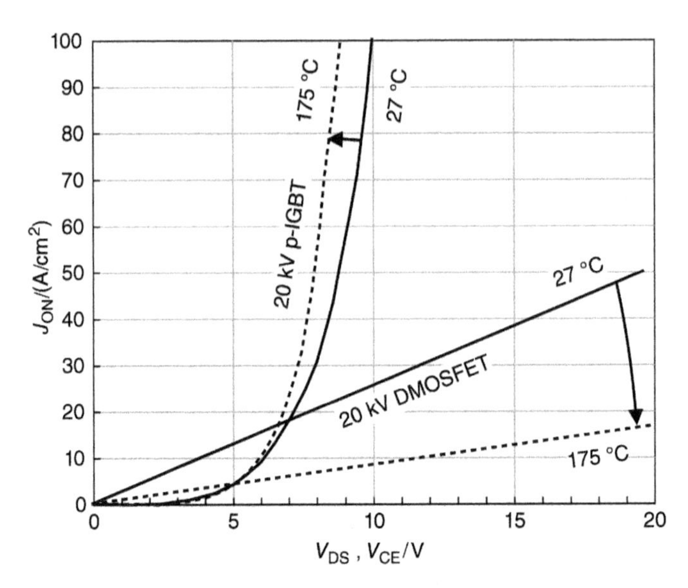

图 10-33　27℃和 175℃下经过优化的设计阻断电压为 20kV 的 DMOSFET 和 p 沟道 IGBT 的电流 - 电压特性[15]

（由 Trans Tech Publications 授权转载）

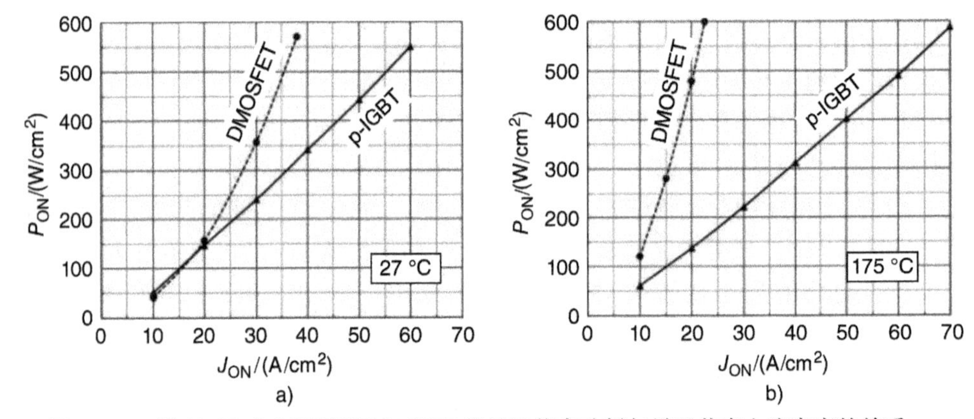

图 10-34　图 10-33 中 DMOSFET 和 IGBT 的导通状态功耗与导通状态电流密度的关系：a）27℃　b）175℃[14]（由 Tomohiro Tamaki 授权转载）

了对应于总功耗 300W/cm² 时的 J_{ON}。这就是所要得到的优值系数 J_{300}。图 10-36 是每个器件的 J_{300} 与开关频率的关系。可以看出在低开关频率下，IGBT 可以提供比 MOSFET 更大的电流。这是由于漂移区的电导调制效应，减小了大电流下的正向压降，如图 10-33 所示。但是，提供电流调制效应的少子必须在关断期间被抽取出，反向瞬态电流造成的功耗正比于频率。随着频率的提高，必须减小导通电流 J_{ON} 以保证总功耗在 300W/cm² 以下，因此在更高的开关频率下，IGBT 的导通电流比 MOSFET 小。所以 MOSFET 是高频应用下最佳的器件，而 IGBT 在低频下占据优势。

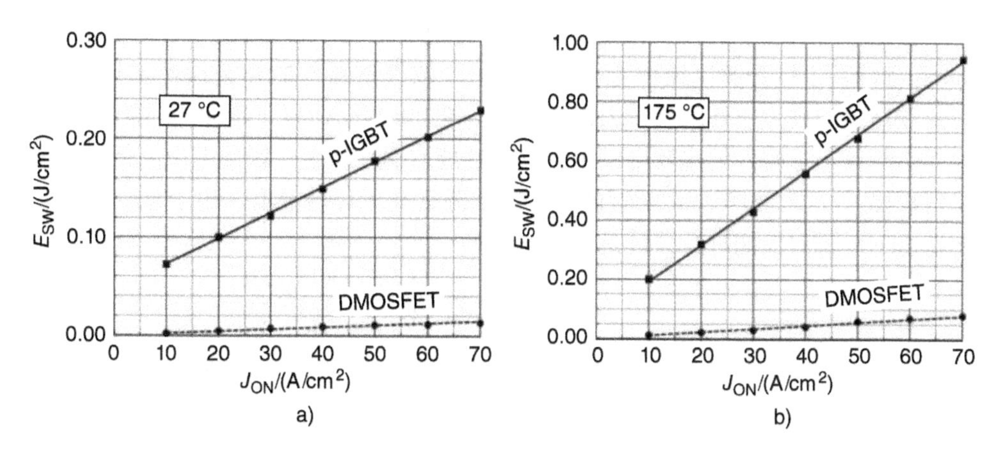

图 10-35　从钳位感性负载的二维瞬态仿真中得到的，图 10-33 中 DMOSFET 和 IGBT 的开关能量与导通状态电流密度的关系

a）27℃　b）175℃[14]（由 Tomohiro Tamaki 授权转载）

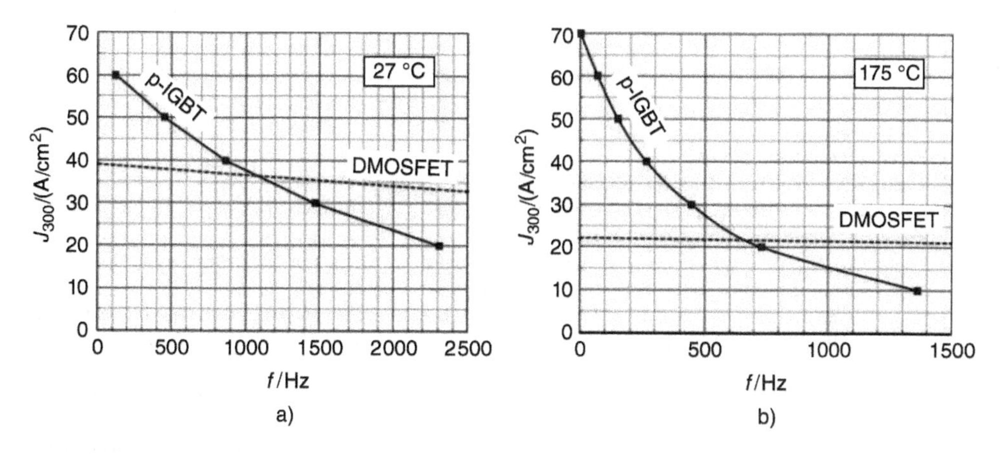

图 10-36　假定总功耗为 300W/cm^{2}时，图 10-33 中 DMOSFET 和 IGBT 的电流密度与开关频率的关系

a）27℃　b）175℃[13]（由 Tomohiro Tamaki 授权转载）

上述方法可用于任何阻断电压和开关频率下双极型和单极型器件。一般而言，双极型器件在高阻断电压和低频下更优，而单极型器件在低阻断电压和高频下更优。但是，在足够低的阻断电压下，无论什么频率，MOSFET 和 JFET 都比 IGBT 和晶闸管更好。为什么会这样？有两个原因。首先，在低阻断电压下，漂移区电阻相对较小，不需要通过电导调制效应减小。其次，IGBT 和晶闸管在电流通路中有奇数个 pn 结。当所有结都正向偏置时，一个正向偏置二极管的净压降叠加在器件上。这增加了 IGBT 和晶闸管额外的静态功耗成分。（与此相反，BJT 在其电流通路中有偶数个 pn 结，两个方向相对的 pn 结的压降相互抵消。）

在足够高的频率下，单极型器件在所有阻断电压下都更优，可以从图 7-9 中 pin 和肖特基二极管的比较中看出。这是由于双极型器件的开关损耗正比于频率，因此在高频下成为主要因素，为保持 P_{TOTAL}在 300W/cm^{2}以下迫使 J_{ON}降低。

在所有功率器件的比较中，由于器件性能对温度敏感，因此考虑高低极限温度非常重要。一个 300W/cm^{2}功耗的器件的结温远高于环境温度。出于这一原因，仅在室温下对器件性能进行分析是不完整的。

参考文献

[1] Konstantinov, A.O., Wahab, Q., Nordell, N. and Lindefelt, U. (1997) Ionization rates and critical fields in 4H silicon carbide. *Appl. Phys. Lett.*, **71** (1), 90–92.

[2] Morisette, D.T. (2001) Development of robust power Schottky barrier diodes in silicon carbide. PhD thesis. Purdue University.

[3] Loh, W.S., David, J.P.R., Ng, B.K. *et al.* (2009) Temperature dependence of hole impact ionization coefficient in 4H-SiC photodiodes. *Mater. Sci. Forum*, **615–617**, 311–314.

[4] Konstantinov, A.O., Nordell, N., Wahab, Q. and Lindefelt, U. (1998) Temperature dependence of avalanche breakdown for epitaxial diodes in 4H-silicon carbide. *Appl. Phys. Lett.*, **73** (13), 1850–1852.

[5] Davies, R.L. and Gentry, F.E. (1964) Control of electric field at the surface of p-n junctions. *IEEE Trans. Electron. Devices*, **11** (7), 313–323.

[6] Adler, M.S. and Temple, V.K. (1978) Maximum surface and bulk electric fields at breakdown for planar and beveled devices. *IEEE Trans. Electron. Devices*, **25** (10), 1266–1270.

[7] Temple, V.A.K. (1977) Junction termination extension (JTE): a new technique for increasing avalanche breakdown voltage and controlling surface electric fields in p-n junctions. International Electron Devices Meeting Technical Digest, pp. 423–426.

[8] Khan, I.A. (2002) High voltage SiC MOSFETs. PhD thesis. Purdue University.

[9] Wang, X. and Cooper, J.A. (2004) Optimization of JTE edge termination for 10 kV power devices in 4H-SiC. *Mater. Sci. Forum*, **457–460**, 1257–1262.

[10] Singh, S., Tjandra, E. and Cooper, J. A. (2003) High-voltage termination of SiC devices using floating field rings. unpublished, reproduced with permission from James A. Cooper.

[11] Sung, W., Van Brunt, E., Baliga, B.J. and Huang, A.Q. (2011) A new edge termination technique for high-voltage devices in 4H-SiC-multiple-floating-zone junction termination extension. *IEEE Electron. Device Lett.*, **32** (7), 880–882.

[12] Feng, G., Suda, J. and Kimoto, T. (2012) Space-modulated junction termination extension for ultra-high voltage p-i-n diodes in 4H-SiC. *IEEE Trans. Electron. Devices*, **59** (2), 414–418.

[13] Appels, J.A. and Vaes, H.M.J. (1979) High voltage thin layer devices (RESURF) devices. IEEE International Electron Devices Meeting Technical Digest, pp. 238–241.

[14] Tamaki, T., Walden, G. G., Sui, Y., and Cooper, J. A. (2007) On-state and switching performance of high-voltage 4H-SiC DMOSFETs and IGBTs. International Conference on Silicon Carbide and Related Materials, Otsu, Japan.

[15] Tamaki, T., Walden, G.G., Sui, Y. and Cooper, J.A. (2009) On-state and switching performance of high-voltage 4H-SiC DMOSFETs and IGBTs. *Mater. Sci. Forum*, **600–603**, 1143–1146.

第 11 章　碳化硅器件在电力系统中的应用

11.1　电力电子系统的介绍

关于电力电子系统的主题是广泛而具有深度的，在本章中我们仅仅介绍了相关的一个概述，所考虑的对象是这样一些系统，当用 SiC 器件替换后可以在性能、效率、可靠性和/或系统整体成本上产生显著效果。讨论将限制在基本的电路拓扑和器件要求，而不会探讨对于实际设计同样重要的二次效应。对于这些，读者可以参考相关的电力系统专业书籍[1]和书中的文献。

图 11-1 所示为一个通用电能处理系统的框图，该系统为两个端口间提供了一个连接（interface），典型的为一个电源和一个接收电功率的负荷。通常情况下，功率处理器由三个基本部分构成：与端口 1 相连的电子变换器、与端口 2 相连的电子变换器以及两个变换器之间的储能元件。变换器可能包含一个或者多个功率半导体器件和与之相伴的诸如电阻、电感和电容等无源元件。连接变换器间的典型储能元件通常是一个电感或者一个电容。大部分情况下，功率处理器设计为单向的：功率从电源端口流向负荷端口，但是在某些情况下，功率流也可以是双向的，如电动汽车的电动机驱动中利用了再生制动将动能返还给储能设备。

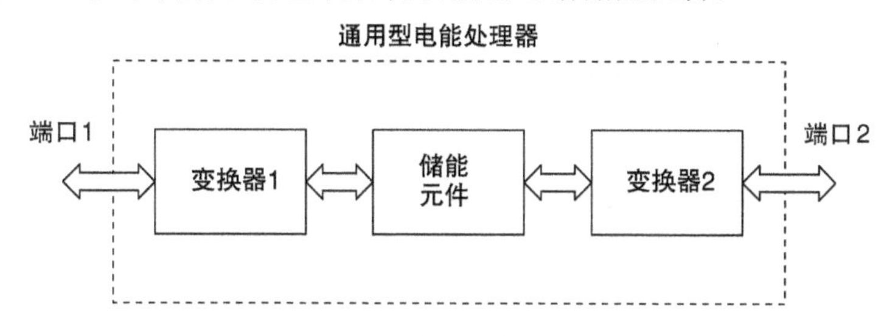

图 11-1　通用型电能处理器示意图

电子变换器可根据它们的输入和输出是直流还是交流来分类。表 11-1 中列出了四种可能的输入 - 输出组合。变换器也可根据它们运行的开关模式来分类，有四种可能的开关模式：

1）非换向型（例如，二极管整流器）

2）工频换向型（例如，晶闸管整流器和逆变器）

3）开关模式（例如，脉宽调制波形发生器）

4）谐振（开关发生在电压或电流波形的过零点处）

表 11-1 电子功率变换器的分类

输入	输出	名称	可能的开关模式			
			非换向型（如二极管）	工频换向型	开关模式	谐振
AC	DC	整流器	√	√	—	√
DC	AC	逆变器	—	√	√	√
AC	AC	AC 变换器	—	√	√	√
DC	DC	DC 变换器	—	—	√	—

变换器可以使用第 7 ~ 10 章中讨论的任何一种半导体器件，所用器件的类型取决于应用及所用的电路拓扑结构。通常，设计者有好几种可能器件供选择，例如，当需要开关器件时，设计者根据应用的需要，可以选择 JFET（结型场效应晶体管）、MOSFET（金属 - 氧化物 - 半导体场效应晶体管）、BJT（双极结型晶体管）或者 IGBT（绝缘栅双极型晶体管）。

本章结构如下：在 11.2 节中，我们介绍三种基本的变换器电路：①工频换向整流器和逆变器、②开关模式直流变换器和电源、③开关模式逆变器；在 11.3 节中，我们讨论直流电动机的电动机驱动、感应电动机、同步电动机、混合动力和纯电动汽车；11.4 节涵盖了 SiC 功率器件在可再生能源中的应用；11.5 节论述开关模式电源；最后，11.6 节我们总结了目前最先进的 SiC 功率器件，并同与它们竞争的硅器件进行了比较。

11.2 基本的功率变换电路

11.2.1 工频相控整流器和逆变器

工频相控变换器是用来在工频交流环境和受控直流环境之间传递功率的。基于晶闸管的工频变换器主要用于大功率的三相应用中，特别是在需要双向功率流的情况下。范例包括高压直流输电系统及使用再生制动的大功率交流和直流电动机驱动。在工频变换器中，晶闸管的关断发生在晶闸管电流的过零点处，这与交流端口的端电压自然同步。

图 11-2 所示为一个驱动电阻负载的基本晶闸管变换器和它的工作波形。晶闸管由短的门脉冲在 $0 \leqslant \alpha \leqslant \pi$ 范围内以任意的相位角触发。一旦触发，晶闸管将保持其正向导通模式直到阴极电压在 $\omega\tau = \pi$ 处改变极性，由此它进入反向阻断模式。当阴极电压的符号在 $\omega\tau = 2\pi$ 处再次转正时，晶闸管进入正向阻断模式直到下一个门极触发脉冲在 $\omega\tau = 2\pi + \alpha$ 处出现。在本分析中，忽略了晶闸管的正向压降，并

且晶闸管导通周期的负载电压v_2等于电源电压。电流波形是一个截短的半个正弦波，并且传递给负载的平均功率可以通过调节触发脉冲的相位角 α 在 0 ~ $(v_{1,\mathrm{RMS}})^2/2R$ 的范围内变化。

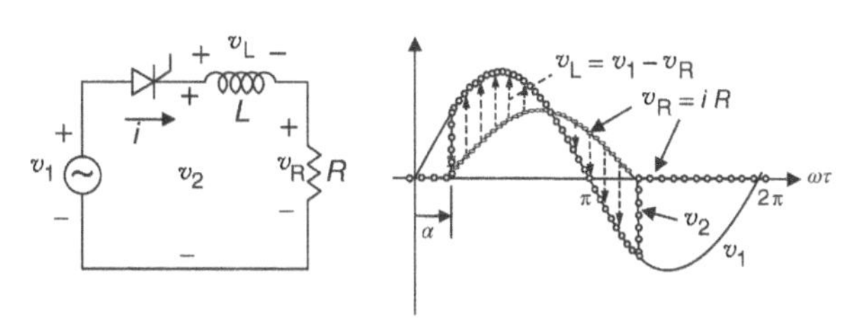

图 11-2　一个简单的基于晶闸管的工频相控变换器驱动一个阻性负载的示意图

图 11-3 展示了一个晶闸管从正弦波电源驱动感性负载。在晶闸管触发之前，电流是 0。一旦晶闸管被触发，电流开始流动，并且电感电压取决于电流，公式如下：

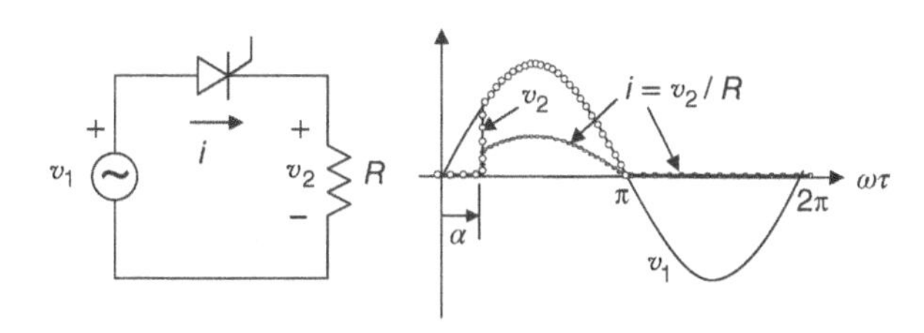

图 11-3　一个工频相控变换器驱动一个感性负载

$$v_{\mathrm{L}} = L\frac{\partial i}{\partial t} = v_{\mathrm{i}} - iR \tag{11-1}$$

如图 11-3 所示，当晶闸管导通时电源电压v_1和电阻电压$v_{\mathrm{R}} = iR$之差为电感电压。当电压v_{L}为正时，$\partial i/\partial t$ 为正，相应电流就会增加。当电阻电压v_{R}等于电源电压v_1时，电感电压v_{L}改变符号并且电流开始减小。当电流减少为 0 时，晶闸管进入反向阻断模式并且电流保持为 0，直到电源电压再次变正并且出现下一个触发脉冲。当电源电压为负、电流为正时，存储在电感的无功功率返回电源。在这段时间内，由于电阻的电压和电流都是正的，所存储的功率也会传递到阻性负载。

图 11-4 展示了一个晶闸管驱动由一个电感和一个电压源串联组成的负载。此类电路的典型是一个直流电动机，其电压源E_2相当于定子绕组中由转子的旋转磁场引起的反电动势。电流初始值为 0 且晶闸管电压为$v_1 - E_2$。在第一个半周期中，随着v_1增加，$v_1 - E_2$最终变成正值，晶闸管进入正向阻断模式，电流则一直保持为 0 直到晶闸管触发，在该点处，负载有效地与电源相连（$v_2 = v_1$），并且电流开始增加。电感电压计算如下：

$$v_{\mathrm{L}} = L\frac{\partial i}{\partial t} = v_2 - E_2 \tag{11-2}$$

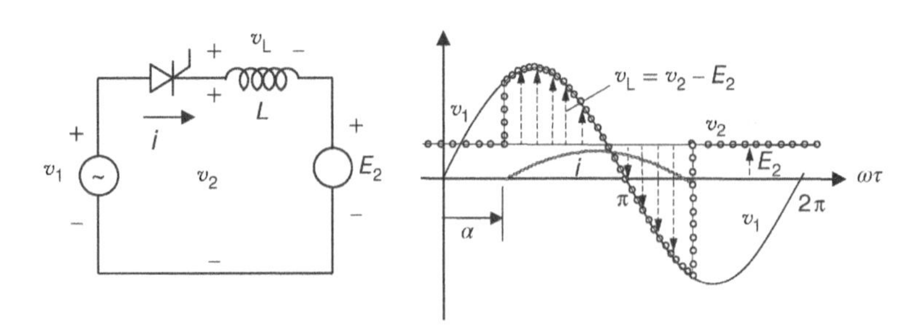

图 11-4　一个工频相控变换器驱动一个感性负载和一个反向电压源

如图 11-4 所示，当$v_L = v_2 - E_2$开始变为负值时，$\partial i/\partial t$ 也为负的，电流减小。当电流减小为 0 时，晶闸管进入反向阻断模式。在零电流下，所有的电源电压都越过晶闸管，并且$v_2 \to E_2$。电流一直保持 0 值直到晶闸管在下一个交流周期被触发后。

图 11-4 所示的变换器仅在第一个半周期内传递功率到负载，而图 11-5 所示的变换器则可以在所有两个半周期内传递功率。我们假定负载电感很大，可以表示为一个等效直流电流源I_2。工作原理可以理解如下。在到达 $\omega\tau = 0$ 之前的半周期内，T3 和 T4 导通，并且由于 T3 和 T4 将负载交叉连接到电源，负载电压$v_2 = -v_1$；当电源电压在 $\omega\tau = 0$ 处变为正值时，T1 和 T2 进入正向阻断模式，并且负载电压v_2通过 T3 和 T4 的导通变为负值（理想电流源产生维持恒定电流I_2所需的任何电压）。T1 和 T2 在 $\omega\tau = \alpha$ 时触发，随着 T1 和 T2 导通，负载电压v_2迅速改变为 $+v_1$，并且 T3 和 T4 进入反向阻断模式。

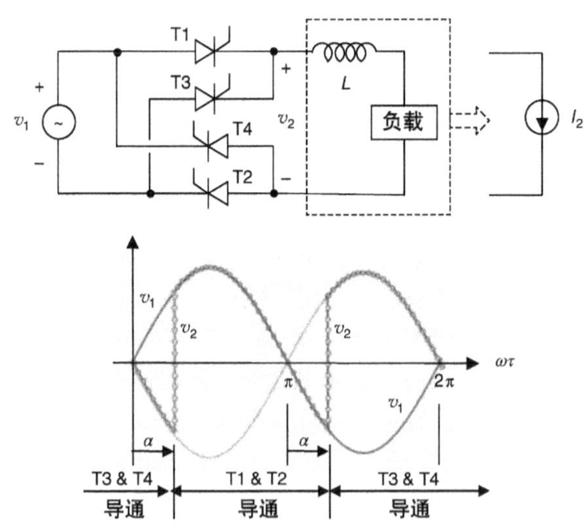

图 11-5　一个工频相控变换器在两个半周期内都向一个感性负载（等效为一个直流电流源）传输功率

图 11-2 ~ 图 11-5 所示的工频相控变换器可以作为整流器或者逆变器在$V_2 - I_2$平面的两个象限内工作，如图 11-6 所示。在交流周期中v_2和i_2均为正值的部分，功率由端口 1 传递至端口 2，变换器作为整流器工作；对于周期中v_2为负、i_2为正的部分，功率由端口 2 传递至端口 1，变换器作为逆变器工作。触发角 α 决定了交流周期中具体部分发生的是整流还是逆变。

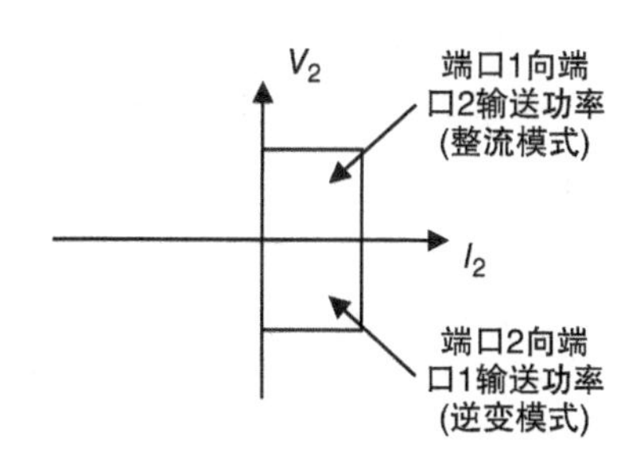

图 11-6 $V_2 - I_2$ 平面。工作在第一象限意味着端口 2 在从端口 1 吸收功率，相当于整流。工作在第四象限则意味着端口 2 在向端口 1 输送功率，相应于逆变工作模式。双向变换器可以工作在任意象限，这取决于触发角

考虑图 11-5 的变换器，对于触发角为 $0 \leqslant \alpha \leqslant \pi/2$ 时，变换器工作在整流器模式下，而当触发角为 $\pi/2 \leqslant \alpha \leqslant \pi$ 时，变换器以逆变器模式工作。在整流器模式下，变换器可以用作电池充电器或者直流电动机驱动。在这种情况下，图 11-7a 中的广义负载可替代为一个电压源E_2，如图 11-7b 所示，用于表示电池或者电动机中定子绕组中的反电动势。同样的变换器可以在逆变器模式下工作，将功率从像太阳能电池那样的能量源向交流电网传输，在这种情况下，广义负载替代为一个相反极性的直流源，如图 11-7c 所示。这种结构也可用于大功率交流同步电动机的电动机驱动。

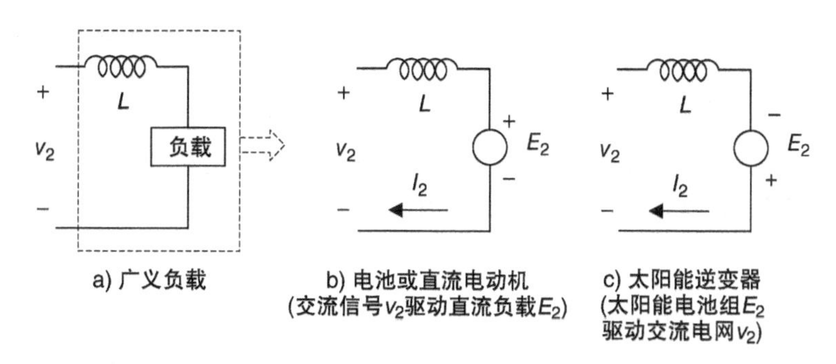

图 11-7 在图 a）中展示的图 11-5 中的广义负载，可以替代为一个正的直流电源 b）用于表示一个电池或者一个直流电动机，或者替代为一个负的直流电源 c）用于表示一个光伏电源

11.2.2 开关模式直流 - 直流变换器

直流 - 直流变换器应用在两个直流环境之间来传递功率，典型的应用包括开关模式直流电源和直流电动机驱动。考虑如图 11-1 所示的通用功率处理器，其中端口 1 的电源是交流线，端口 2 的负载需要调节后的直流功率。在这种情况下，一个开关模式直流变换器用作变换器 2，一个整流器用作变换器 1。在本节中，我们将

专注于变换器 2，其功能是将未调节的直流变换为调节后的直流。所考虑的电路拓扑结构是降压变换器（step - down converter 或者 buck converter）、升压变换器（step - up converter 或者 boost converter）、升降压变换器以及全桥直流变换器。

图 11-8 展示了一个降压变换器的示意图。在图中我们使用一个通用的电路符号来表示晶体管开关，需要记住的是实际的开关器件根据具体应用可以是 JFET、MOSFET、BJT 或者 IGBT。顾名思义，降压变换器将调节后的且具有比电源处未调节的直流功率更低电压的直流功率供给负载。调节是通过变化加在晶体管控制电极的周期性矩形波的占空比完成的。当晶体管导通时，电流经过一个由电感和电容组成的低通滤波器从电源流向负载。当晶体管关断时，通过电感的电流不能突变，该电流路径是通过电感、负载和二极管。如果开关波形的周期比滤波器的时间常数要短，负载电压V_2以及负载电流I_2可以视为直流量。在这种情况下，负载电压为简单的电源电压和占空比的乘积：$V_2=\delta V_1$，其中$0\leqslant\delta\leqslant1$。

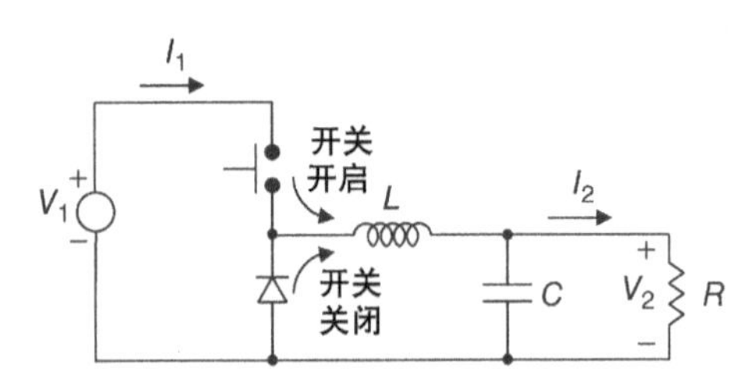

图 11-8 一个降压变换器，其中一个通用开关符号用于表示晶体管，它可以是 JFET、MOSFET、BJT 或者 IGBT

图 11-9 展示了一个升压变换器。当晶体管导通时，电流流经电感，将无功功率存储在电感中。当晶体管关断时，电感电流不能突变，该电流通过二极管至电容和负载电阻。当晶体管导通时，二极管阻止电容通过晶体管放电，而由电容向负载提供电流。通过这种方式，电感和电容就起到了低通滤波器的作用，只要开关波形的周期比电路的 RC 和 LC 的时间常数短，就能保持流经负载的电流恒定。

在稳态下，对电感电压在一个周期内的积分必须是 0。为了得到这个，回顾下面公式：

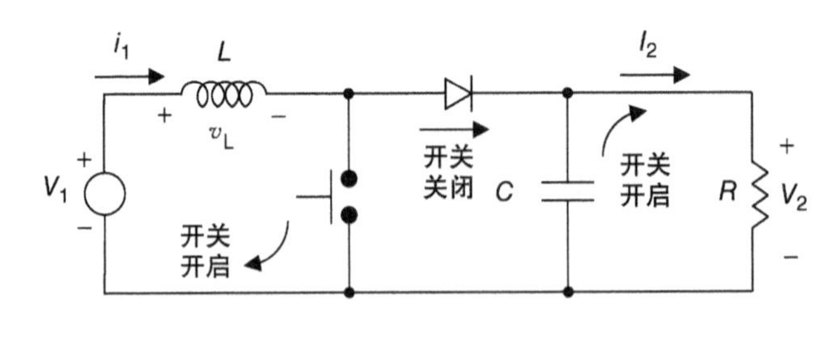

图 11-9 一个升压变换器

$$v_{\mathrm{L}}=L\frac{\partial i_1}{\partial t} \tag{11-3}$$

交叉相乘并在一个周期内积分，得到

$$\int_0^T v_L \mathrm{d}t = L\int_{i_1(0)}^{i_1(T)} \mathrm{d}i_1 = 0 \tag{11-4}$$

因为在稳态下，$i_1(T)=i_1(0)$。当晶体管导通时，$v_L=V_1$；当晶体管关断时，$v_L=V_1-V_2$（忽略晶体管和二极管两端的电压降）。式（11-4）可写成

$$(V_1)(\delta)T+(V_1-V_2)(1-\delta)T=0 \tag{11-5}$$

从这里我们可以得到

$$V_2=\frac{V_1}{(1-\delta)} \tag{11-6}$$

由于$\delta \geqslant 0$，我们可以保证$V_2 \geqslant V_1$，所以名字叫作“升压变换器”。注意到当δ接近 1 时，V_2可以变得任意大。

有些时候需要提供一个高于或者低于输入电压的输出电压。这可以通过如图 11-10 所示的降压/升压变换器来实现，该变换器是通过交换图 11-8 所示电路中的电感和二极管的位置得到。当晶体管导通时，电流流过电感并存储无功功率；当晶体管关断时，电感电流不能突变，将流过电容和负载电阻，并通过二极管流回。当晶体管导通时，二极管阻止了电源电流流向负载，而负载电流由电容提供。需要注意的是，输出电压的极性与前面两个变换器相反，因为电感电压在一个周期内的积分必须为 0，我们可以得到

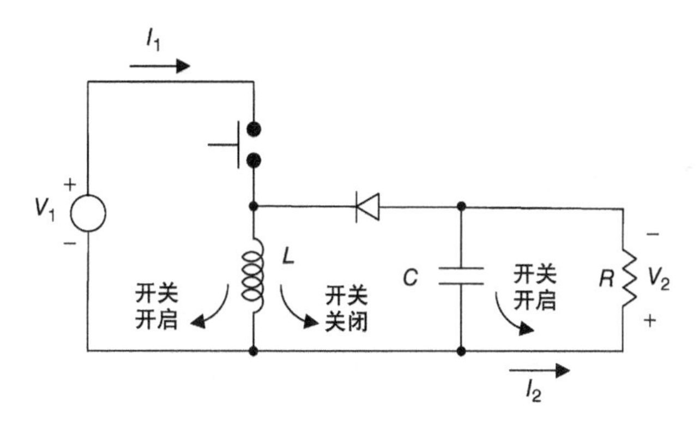

图 11-10　一个降压/升压变换器

$$(V_1)(\delta)T-(V_2)(1-\delta)T=0 \tag{11-7}$$

式中，我们再次忽略晶体管和二极管两端的压降。求解V_2得到

$$V_2=\left(\frac{\delta}{1-\delta}\right)V_1 \tag{11-8}$$

当$0 \leqslant \delta \leqslant 0.5$时，$V_2 \leqslant V_1$，电路功能为降压变换器，而当$0.5<\delta \leqslant 1$时，$V_2 \geqslant V_1$，电路功能则为升压变换器。

最后我们要讨论的直流变换器是如图 11-11 所示的全桥变换器，相同的基本电路结构经常出现在电力电子技术中，并应用在下节将要讨论的开关模式逆变器中。这里我们仅考虑未调节的直流到调节后的直流的转换。在实践中，T_A^+/T_A^-对中

的一个晶体管导通，另一个则在所有时间内均关断，并且$T_B{}^+/T_B{}^-$对中的晶体管也与此相似。$T_A{}^+/T_A{}^-$对中的晶体管开关与$T_B{}^+/T_B{}^-$对中的晶体管开关同步。通过这种方式，负载不间断地与电源相连：或通过$T_A{}^+$和$T_B{}^-$直接相连，或通过$T_A{}^-$和$T_B{}^+$交叉相连。二极管则用于钳位负载电压超过电源电压的偏移量，无论是正偏移还是负偏移。

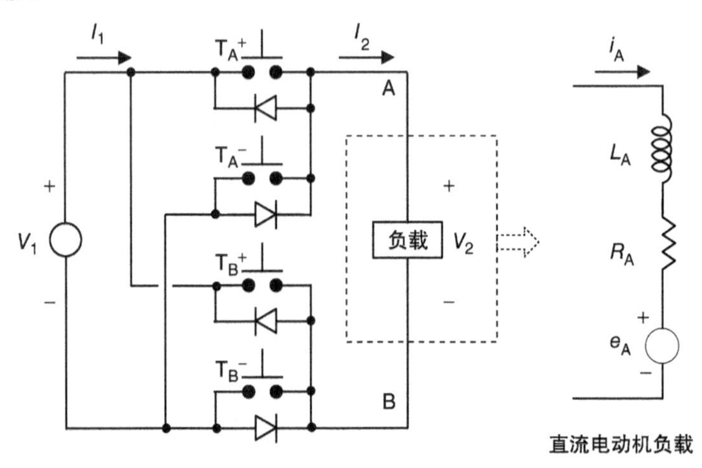

图 11-11　一个全桥直流 - 直流变换器

在直流变换器的应用中，负载包含一个或者多个能量存储元件，如图 11-11 所示的一个直流电动机绕组的电感。该变换器中的晶体管以一定的频率开关，其开关周期比负载的 *RL* 时间常数要短。如果负载是一个直流电动机，这就保证了电动机绕组中产生的负载电流和电动势e_a是直流特性的。

V_2的大小和极性是由开关波形的占空比δ决定的。时间平均负载电压可写为

$$V_2 = \frac{(V_1)(\delta)T - (V_1)(1-\delta)T}{T} = (2\delta - 1)V_1 \tag{11-9}$$

式（11-9）展示了平均负载电压与占空比成线性关系，从当$\delta = 0$时的$-V_1$增加至当$\delta = 1$时的$+V_1$，因此，通过简单改变占空比，可以得到两个极性的输出电压而不依赖于电流的方向。考虑图 11-11 所示的直流电动机负载，如果感应电动势e_a超过电源电压，正如再生制动期间发生的那样，电流与图中所示的方向相反，功率由负载倒流至电源。这样，全桥变换器有能力在$I_2 - V_2$平面全部四个象限内工作，如图 11-12 所示。

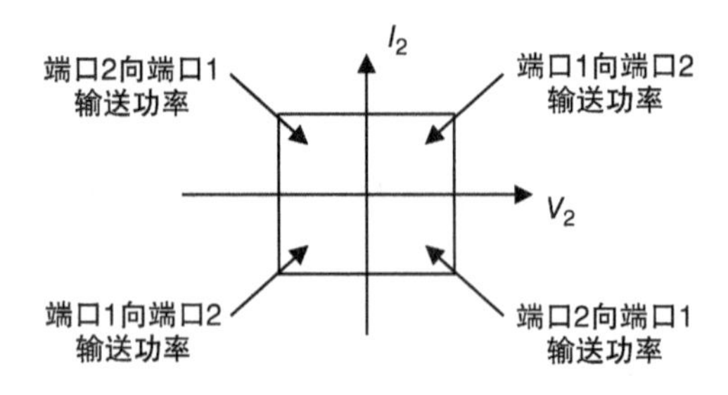

图 11-12　在$V_2 - I_2$平面工作的全桥直流 - 直流变换器。在第一或者第三象限中为端口 1 向端口 2 输送功率，在第二或者第四象限中为端口 2 向端口 1 输送功率

除此之外，我们注意到该变换器

即使当其晶体管对电流流动存在一个优先方向也可以在四个象限内运行。例如，BJT 和 IGBT 的正向增益远大于其反向增益。在全桥变换器中，BJT 或者 IGBT 是这样连接的，它们的优先电流方向与并联的二极管的优先电流方向相反，这样，当电流方向与晶体管的优先方向相反时，二极管会承载大部分的电流。

11.2.3　开关模式逆变器

开关模式逆变器将未调节的直流转换为可变幅值和频率的正弦交流。典型的应用有交流电动机驱动和不间断交流电源。如果应用要求对工频交流变换，图 11-1 中的通用功率处理器需要包括一个整流器作为变换器 1 和一个开关模式逆变器作为变换器 2。开关模式逆变器采用脉冲宽度调制（PWM）开关来合成正弦波输出。

图 11-13 展示了一个单相半桥开关模式逆变器。直流电源 V_1 通过两个相等的电容桥接，每个电容充电到 1/2 V_1 的电压。我们假设电容足够大，它们的电压在一个周期内基本保持恒定。晶体管 T_A^+ 和 T_A^- 由两个相反极性的信号切换，使得在任意给定的时间，该对晶体管中的一个导通，另一个关断。当 T_A^+ 导通时，负载的终端 A 与 $+V_1$ 相连，终端 B 与电压为 $1/2V_1$ 的电容中点相连。

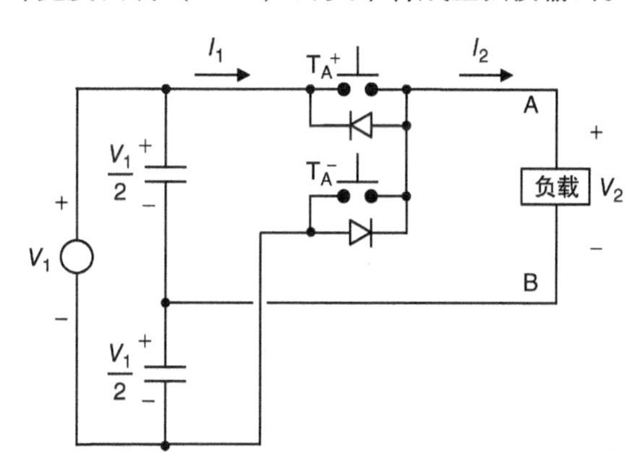

图 11-13　一个单相半桥开关模式逆变器，控制开关波形以在负载上合成一个正弦波，如图 11-14 所示

当 T_A^- 导通时，负载的终端 A 与 $-V_1$ 相连，终端 B 仍然与电压为 $1/2V_1$ 的电容中点相连，这样负载电压 V_2 在 $+1/2V_1$ 和 $-1/2V_1$ 间作切换，如图 11-14 所示。V_2 的输出波形在频率 f_S 下经过脉宽调制在输出端合成频率为 f_2 的正弦波。

输出波形的谐波成分可以通过傅里叶分析得到，其含有基波频率 f_2 和（高得多）开关频率 f_S 整数倍的分量，以及如图所示的边带。理想情况是 $f_S >> f_2$，这样这些谐波将远高于所驱动的负载的响应能力。在这种情况下，负载响应如同受傅里叶基波分量驱动的一样。

开关波形的频率 f_S 应该满足如下标准：

1）$f_S >> f_2$，其中 f_2 是合成正弦波的频率。f_S 的值越高就会使得谐波的频率越高，并且使得负载响应好像是由基频 f_2 下单纯的正弦波驱动的。

2）对于 $(f_S/f_2) \leqslant 21$ 时，f_S 应该是 f_2 的奇整数倍。这样可以消除来自傅里叶分析（见图 11-14）的 f_S 的偶次谐波，所以，仅存在奇次谐波，也就是 f_S、$3f_S$、$5f_S$…。尽管消除了偶次谐波，仍存在它们的边带，但是它们的振幅降低了，并且破坏性减弱。

3）对于$(f_S/f_2)>21$时，谐波非常少了，f_S不必是f_2的整数倍，也就是说，开关波形和输出波形可以异步。这使得不改变开关波形就改变输出波形的频率成为可能。驱动交流电动机时是一个例外，因为即使是很小的次谐波也能产生不期望的大的定子电流。

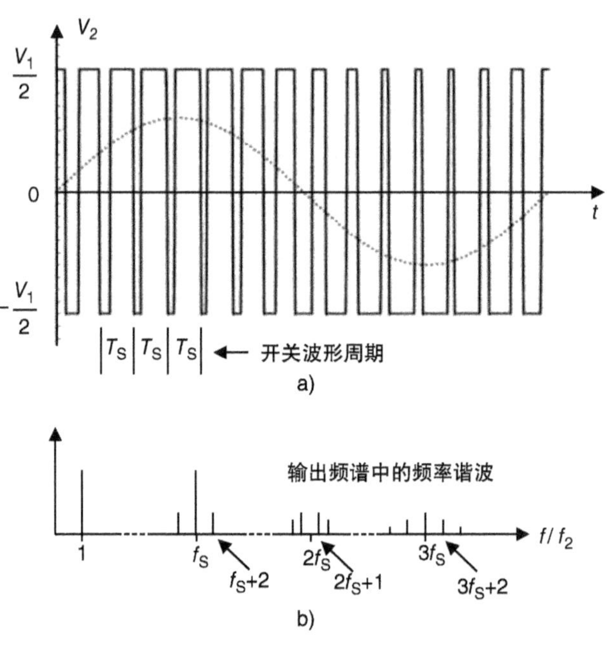

图 11-14　半桥开关模式逆变器的 a）波形和 b）它的频谱，
输出波形的傅里叶基波分量是频率为f_2的虚线表示的正弦波

4）f_S应该在可听的频率范围之外。大部分情况下，f_S接近低于 6kHz 或者高于 20kHz。f_S越高，产生的正弦波的质量越高，但是变换器晶体管的开关损耗也会成比例地增加。对于低频应用（$f_2 \leqslant$ 200Hz）时，f_S/f_2也许在 9 ~ 15 范围内，然而对于高频应用（$f_2 \geqslant$200Hz）时，f_S/f_2或许会大于 100。开关频率是在应用中挑选最优器件的一个重要的参数，特别是当需要高的阻断电压时，因为像 BJT、IGBT 和晶体管那样的双极型器件的开关损耗在所有的损耗当中是最主要的，与f_S成比例。

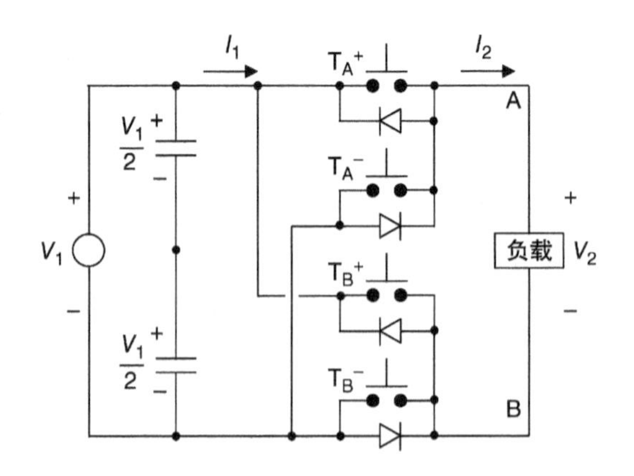

图 11-15　一个单相全桥开关模式逆变器。
控制波形设计为合成正弦输出，如图 11-16 所示

图 11-15 所示为一个单相全桥开关模式逆变器。这个电路和图 11-11 中的全桥直流变换器是一样的，仅有

一点操作的不同就是在晶体管中应用了 PWM 波形。与图 11-11 所示的逆变器一样，图 11-15 的全桥逆变器有能力在四个象限中运行，允许双向功率流动。全桥逆变器可以通过借助第二对的开关晶体管T_B^+和T_B^-将负载的 B 终端和电源的负极、正极相连，由图 11-13 的半桥逆变器得到。

对于全桥逆变器来说存在两种可能的 PWM 方案。在双极调制中，全桥逆变器中应用到晶体管T_A^+和T_A^-上的波形是一样的，但是对于半桥逆变器，晶体管T_B^+和T_B^-上的波形是相反的。因此控制波形是由两个子周期组成的。在第一个子周期内，晶体管T_A^+和T_B^-导通，但是晶体管T_A^-和T_B^+是关断的。这使得负载和电源直接相连，从而$V_2 = +V_1$。在第二个子周期内，晶体管T_A^+和T_B^-是关断的，但是T_A^-和T_B^+是导通的。这种负载和电源的交叉连接使得$V_2 = -V_1$。因此，输出电压V_2在$+V_1$和$-V_1$之间交替（因此命名为“双极”），并且分给各个状态的时间部分被调制来合成一个与图 11-14 相似的正弦波输出，有一个重要的不同点：因为对称晶体管的布置，如图 11-16 所示，全桥逆变器的输出电压摆幅（$\pm V_1$）是半桥逆变器的（$\pm 1/2V_1$）两倍大。因此，全桥逆变器可以用一半的电流传递相同的输出功率。这是一个非常重要的优势，因为它减少了在高功率应用中对并行设备的需要。

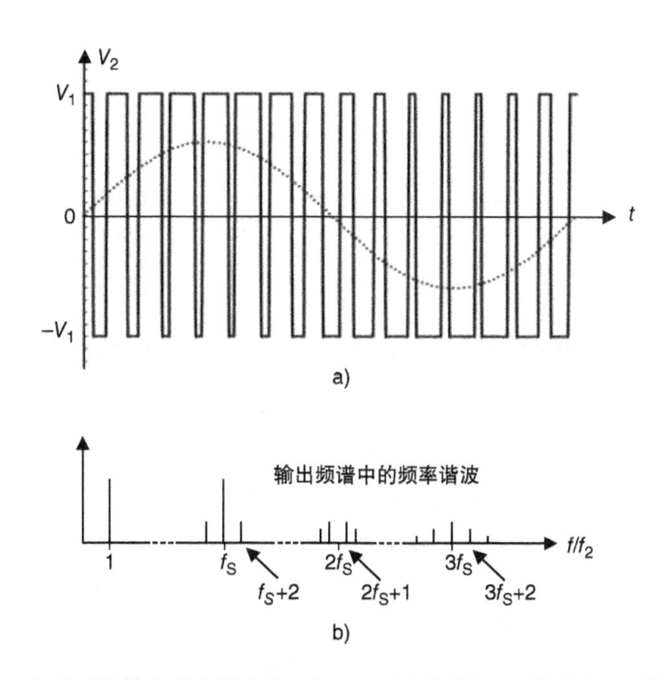

图 11-16 全桥开关模式逆变器当由双极 PWM 控制时的 a）波形和 b）输出频谱

第二个全桥逆变器的 PWM 方案叫作双极调制。这个方案和让开关频率加倍的效果是一样的，因为输出波形中的谐波存在，没有实质上地改变晶体管切换时的频

率 f_S。阐明另一种方式，利用单极调制，我们可以获得与双极调制的1/2 开关频率时相同的谐波含量。这是一个重大的优势，因为晶体管的开关损耗与开关频率成比例。单极调制需要对晶体管T_A^+和T_A^-以及晶体管T_B^+和T_B^-分别施加时间控制信号，而不像双极调制那样，在相同时间内反极性的信号。这就导致了如图 11-17 所示的输出波形，第一个半周期在 $+V_1$和 0 之间跳变，第二个半周期在 $-V_1$和 0 之间跳变，因此，命名为“单极”。在单极调制中，f_S/f_2应该是偶数，在双极调制中，f_S/f_2应该为奇数。通过这次选择，输出频谱中所有的奇数谐波以及边带均被消除，如图 11-17 所示。剩下的就是边带的偶数谐波：2（$f_S f_2$）、4（$f_S f_2$）等。值得注意的是，2（$f_S f_2$）、4（$f_S f_2$）等处主要的谐波都被抑制了，仅仅剩下它们的边带。

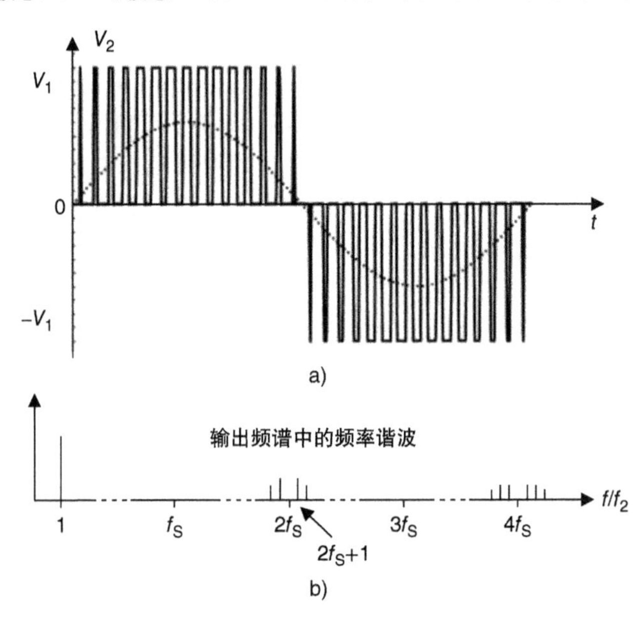

图 11-17　全桥开关模式逆变器当由单极 PWM 控制时的 a）波形和 b）输出频谱

许多诸如不间断交流电源和交流电动机驱动的应用需要三相交流输出。图 11-18为一个三相开关模式逆变器驱动一个三相交流电动机。这个三相逆变器可被设想为三个图 11-13 所示类型的单相半桥逆变器部分，由图 11-14 所示类型的波形驱动，a、b、c 相的控制波形依次相差120°。不像图 11-13 所示的单相半桥逆变器，三相逆变器的线与中性点电压V_{AN}、V_{BN}和V_{CN}在 $+V_1$和 0 之间跳变，而不是 $+1/2V_1$到 $-1/2V_1$。因为相与相之间的120°关系，线与线之间的电压V_{AB}、V_{BC}和V_{CA}在 $+V_1$和 $-V_1$之间跳变。由于每一个臂的两个开关之一总是导通的，所以输出电压与输出电流的幅度和方向无关。因此，这个逆变器可以在四个象限内运行并且允许双向功率流动。

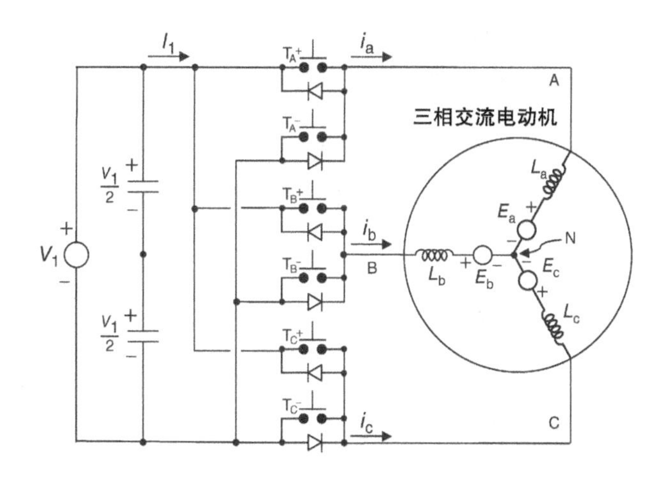

图 11-18　一个三相开关模式逆变器驱动一个三相交流电动机

在三相逆变器中，最重要的谐波是那些线与线之间的电压。线与中性点之间电压的频谱与图 11-14 所示的半桥逆变器的频谱是一样的。然而，当线与中性点的信号与线与线间的电压代数相加时，它们的120°相移导致一些谐波的消除。如果 f_S/f_2是 3 的奇数倍（例如 3，9，15…），那么由于这消除了光谱中f_2的所有主要的谐波，仅仅留下了它们的边带，因此上面的结论绝对是正确的。图 11-19 所示为线与线波形和相关频谱的一个例子。

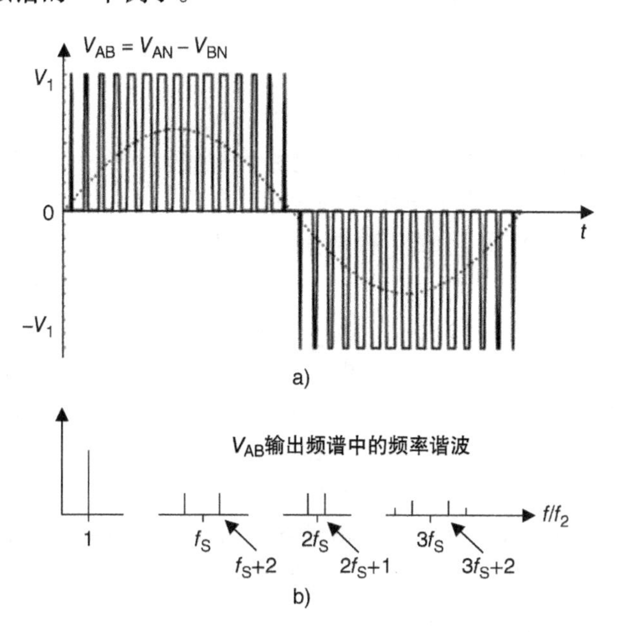

图 11-19　图 11-18 所示的三相开关模式逆变器的 a）线间波形和 b）输出频谱

1）对于（f_S/f_2）≤21 时，f_S/f_2应该是 3 的奇数倍（也就是 3，9，15 或者 21）。这需要将输出光谱中的所有直接谐波均删去。

2）对于（f_S/f_2）>21 时，谐波非常少了，f_S不必是 f_2的整数倍，也就是说，开关波形和输出波形可以异步。这使得不改变开关波形就改变输出波形的频率成为可能。（驱动交流电动机时是一个例外，因为即使是很小的次谐波也能产生不期望的大的定子电流。）

11.3 电动机驱动的电力电子学

11.3.1 电动机和电动机驱动的简介

电动机主要分为三种类型：直流电动机、感应（或异步）电动机以及同步电动机。三种类型的驱动需要是不同的，讨论如下。电动机的应用范围从低功率（几瓦）到非常高的功率（兆瓦），并从精度高，如机器人的伺服驱动，到不太关键的应用，如泵和风扇的可调速驱动。这些应用程序可能需要单象限运行（电动），二象限运行（电动加上再生制动），或四象限运行（可逆电动和制动）。所有这些因素在电动机的设计和性能规范上都起到了作用。

一般说来，电动机驱动的额定电流由具体应用中电动机所需的转矩决定的，因为机电转矩与电流成正比。电动机驱动的额定电压是由旋转速度和可控要求确定的，基于以下的考虑。在直流和交流电动机中，旋转产生了电动机绕组中的反电动势，并且电动机到驱动电路的等效电路可以由电压源（反电动势）与绕组电感串联表示，如图 11-20 所示。电流的变化率（和转矩）计算如下：

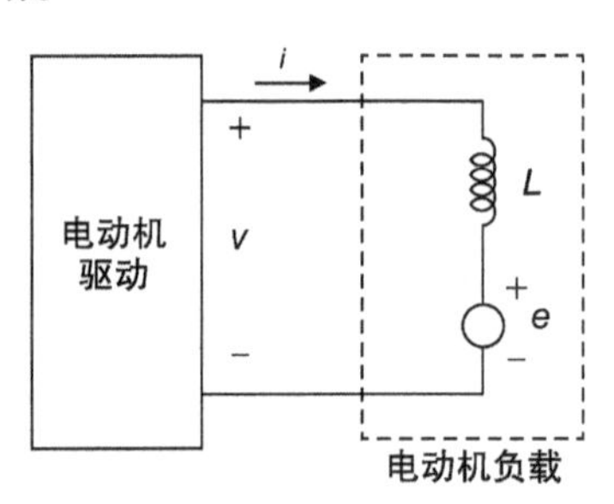

图 11-20　一个电动机和其附属驱动电路的通用等效电路

$$\frac{\partial i}{\partial t}=\frac{v-e}{L} \tag{11-10}$$

式中，v 是驱动的输出电压，e 是电动机的反电动势，L 是电动机绕组的电感。反过来，反电动势与电动机的旋转速度成比例。要实现转速和位置指令的短响应时间，驱动的输出电压 v 必须超过反电动势 e 一个充足的裕量。因此，电动机驱动的额定电压是由电动机的转速（通过反电动势）和电动机转矩需要改变的速率确定的。我们现在考虑三个主要类型的电动机驱动电路。

11.3.2 直流电动机驱动

直流电动机通常用于应用程序中的转速和位置控制，并期望低的初始成本和良好的性能特性。在直流电动机中，定子采用永久磁铁或定子磁场绕组建立一个恒定磁场。当磁场由绕组提供时，定子电流控制励磁磁通ϕ_F。如果忽略磁饱和，励磁磁通与磁场电流成正比，

$$\phi_F = k_F I_F \tag{11-11}$$

式中，k_F是电动机的磁场常数。转子带有电枢绕组，向电动机和负载提供可变功率。电枢绕组连接到一个通过轴旋转的分段铜换向器，并通过安装在定子的固定电刷接触。

在直流电动机中，机电转矩由定子的励磁磁通和转子的电枢磁通之间的相互作用而产生。转子磁通正比于电枢电流，机电转矩可以写作如下：

$$T_{EM} = k_T \phi_F i_A \tag{11-12}$$

式中，k_T是电动机的转矩常数。另外，电枢绕组中的反电动势是由电枢绕组穿过定子磁场的旋转引起的。反电动势与励磁磁通和角速度成正比，

$$e_A = k_E \phi_F \omega_M \tag{11-13}$$

式中，k_E是电动机的电压常数，ω_M是转子的角速度。设传给电动机的电功率（$e_A i_A$）等于电动机传给负载的机械功率（$\omega_M T_{EM}$），我们发现$k_T = k_E$，k_T的单位为N·m/A·Wb并且k_E的单位是V·s/Wb。

图 11-11 右侧展示了直流电动机电枢绕组的等效电路，其中R_A是绕组电阻，L_A是绕组自电感，e_A是式（11-13）给出的反电动势。正常运行模式下，e_A、i_A均为正值，电动机产生正的转矩（见式（11-12））和一个正的转动速度（见式（11-13）），并向负载传递机械能$\omega_M T_{EM}$。然而，我们经常希望可以利用电动机来实现再生制动。为此，端电压V_2减小至低于感应电动势e_A，从而使得电流反向，即i_A变为负值。这具有反转力矩的作用，如式（11-12）所示，从而减缓了电动机和负载的转动。另外，传递给负载的机械功率$\omega_M T_{EM}$和从电源出来的电功率$e_A i_A$都是负值，代表从负载的动能获得净功率并且返回至电源（注意e_A仍为正值，因为旋转速度ω_M没有变更符号）。最终，当电动机停止时，反电动势降为零。如果端电压V_2为负的，转矩也为负值，电动机会以相反的方向旋转，从而产生一个负的反电动势。因此，仅仅通过使加到电枢上的电压和电流的极性相反就可以让直流电动机方向相反，并且直流电动机可以在如图 11-12 所示的四个象限内运行。

功率变换器驱动直流电动机的选择取决于是否单象限、二象限，或四象限运行。如果旋转是单向的并且不要求制动，单象限运行可以通过图 11-21 的简单的降压变换器来提供。如果旋转是单向的但是需要制动，可以通过图 11-22 的变换器来实现两个象限运行。在这个电路中，T_A和T_B被切换来保证任意时刻只有一个导通。当T_A导通时T_B关断，i_2和v_2为正（电动状态）。当T_B导通时T_A关断，电动机的反电动势使得i_2反向（制动状态）。

应用要求可以在中等功率下实现可逆速度运行以及再生制动，还要求一个四象限变换器，如图 11-11 所示的全桥直流变换器。一个方法就是将高功率、完全可逆

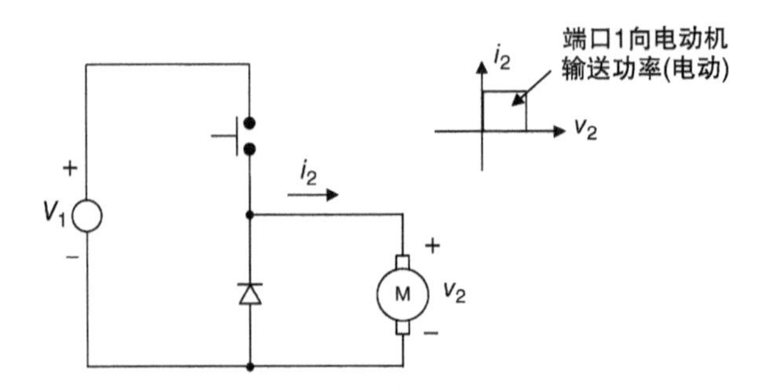

图 11-21 一个由简单降压变换器驱动的并工作在单象限的直流电动机，类似于图 11-8

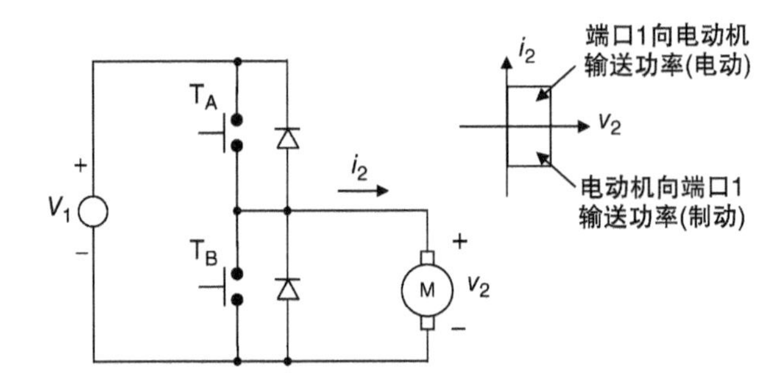

图 11-22 一个单向转动、具有可再生制动并由一个简单的两象限变换器驱动的直流电动机

的应用以反向并联的方式连接在如图 11-5 所示的两个线频相控变换器上，来实现如图 11-23 所示的四象限运行。正向旋转时，变换器 1 工作在整流模式为电动，而变换器 2 工作在逆变模式为制动。反向旋转时，变换器 2 工作在整流模式为电动，而变换器 1 工作在逆变模式为制动。

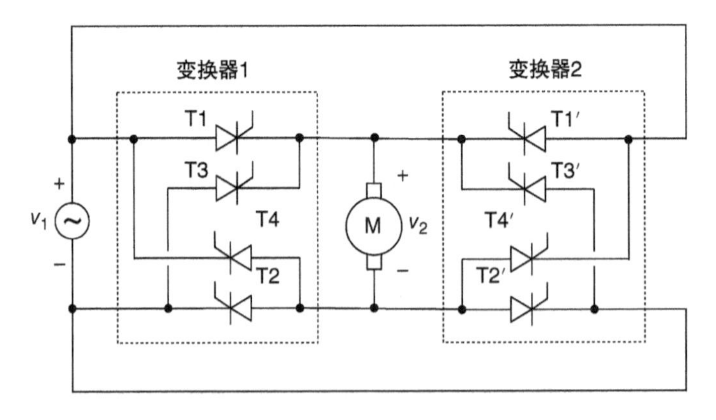

图 11-23 一个有着可反向旋转和可再生制动的直流电动机，由两个如图 11-5 所示类型的反向并联线频相位控制变换器驱动

11.3.3　感应电动机驱动

感应电动机或者“异步电动机”是由电磁感应而不是由电刷或集电环向转子提供动力的交流电动机。在要求低成本和结构坚固的应用中感应电动机非常受欢迎。它们几乎以恒定的转速运行，转速由交流驱动信号的角频率决定。

大部分的感应电动机是由三相交流电源驱动的。感应电动机的定子通常包含三相绕组的多重极点，如图11-24所示。定子绕组的布线图如图上方所示。1相产生四个极点，两个“N”，两个“S”。在电动机图中，定子电流从“1+”段流向“1-”段，产生穿透转子的磁场线。三种类型之一的转子本身没有外部电连接。鼠笼转子外围有一系列的导电棒，平行于转子轴，每个末端均通过短路环短路，从而形成笼状结构。集电环转子有绕组连接至集电环，来代替鼠笼的导电棒设计。实心转子由有磁力的软钢制成。

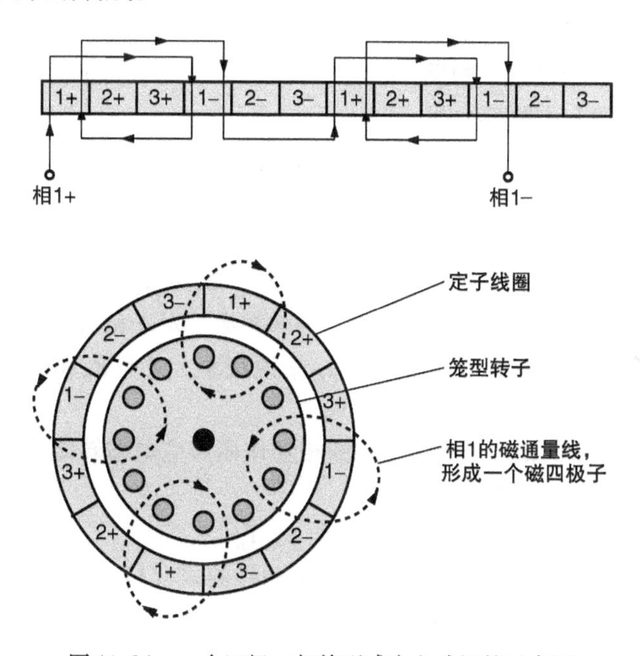

图11-24　一个四极三相笼型感应电动机的示意图

在运行中，定子绕组产生一个以同步转速ω_S旋转的旋转磁场，ω_S计算如下：

$$\omega_S = 2\omega/p \tag{11-14}$$

式中，ω是激励电压的角频率，p为极点数目。来自定子的磁力线穿透转子，引起导电棒或者转子绕组中的电流。这些电流，反过来，产生一个转速相对于定子的同步转速的转子磁场。然而，转子本身没有以同步转速旋转，因为如果转子以同步转速旋转的话，就不存在转子和旋转的定子磁场之间的相对运动了，因而就不会产生转子中的电流了。否则，转子旋转的方向和定子磁场方向一致，但是转速ω_R略微小于ω_S。这意思就是转子以与定子磁场的相对速度在“滑动”，叫作“转差速度”ω_{SL}，公式如下：

$$\omega_{SL}=\omega_S-\omega_R \tag{11-15}$$

这是习惯性的说法，指的是电动机的“滑动”，其中的转差率s是标准化的转差速度，定义如下：

$$s\equiv(\omega_S-\omega_R)/\omega_S \tag{11-16}$$

转子磁场与定子磁场同步，但是以相对于转子的转速ω_{SL}旋转，由于转子相对于定子磁场有一定的滑动量。

电动机的电气响应可以用图11-25所示的每相等效电路来表示，其中，V_S是三相电动机驱动的线与线电压的方均根，I_S是相电流的方均根。这里，E_{AG}是由转子磁场产生的定子绕组中的反电动势。定子电流I_S由两部分组成：I_M是定子电流中建立气隙磁通的部分；I_R表示与转子磁场产生的机电转矩的相互作用。R_S和L_S分别表示定子绕组的电阻和自电感，L_M为定子绕组的磁化电感。R_R和L_R是转子的电阻和电感。R_R/s是反射至定子电路的转子的有效电阻，其中s是转子和定子磁场之间的转差率。对于相对于正常运行来说较小的滑动值，转子电流I_R相对于磁化电流I_M来说很小，并且R_S和L_S可以忽略，使得$V_S\approx E_{AG}$。

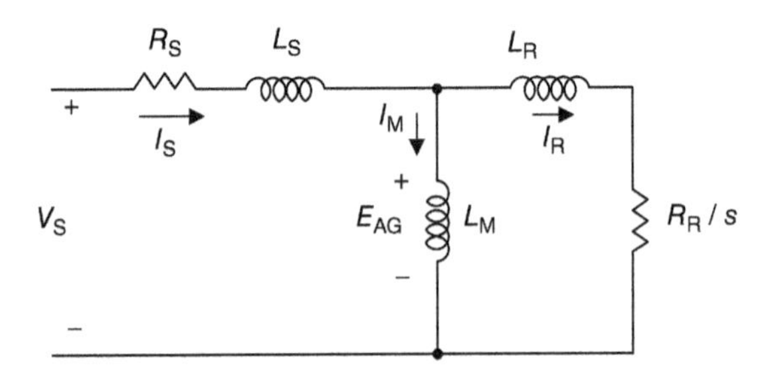

图11-25 一个感应电动机的每相等效电路

旋转定子磁通ϕ_{AG}和转子磁通之间的相互作用产生电磁转矩。因为转子磁场与转子电流成比例，我们可以写作如下：

$$T_{EM}\approx k_T\phi_{AG}I_R \tag{11-17}$$

式中，k_T是电动机的转矩常数。描述感应电动机的式（11-17）类似于描述直流电动机的式（11-12）。在感应电动机中，感应转子电流I_R与气隙磁通ϕ_{AG}和转差频率ω_{SL}成比例，所以式（11-17）也可以写作如下：

$$T_{EM}\approx k'_T\phi_{AG}^2\omega_{SL}=k'_T\phi_{AG}^2 s\,\omega_S \tag{11-18}$$

对于零转差率（同步旋转）来说，图11-25所示等效电路的转子侧的有效电阻R_R/s是无限大的并且没有转子电流，这就意味着没有传递到负载的任何转矩，如图11-17及图11-18所示。只有当转子转速ω_R小于同步转速ω_S时，才会产生转矩，并且式（11-18）和式（11-16）告诉我们转矩与两者的转速差成比例。

在正常运行状态下，穿过定子绕组的压降的电阻R_S和自电感L_S相对于反电动势E_{AG}来说很小。反电动势，反过来，与定子磁场和角频率成比例。因此，我们可以写作：

$$V_S \approx E_{AG} = k_E \phi_{AG} \omega_S \tag{11-19}$$

式中，k_E 为电动机的电压常数。感应电动机的式（11-19）与直流电动机的式（11-13）类似。

式（11-18）给出的转矩－转速关系仅在转差率很小的情况下有效，也就是在电动机的正常运行状态下有效。图 11-26 所示为完整的转矩－转速曲线。额定转矩和额定转速通常在电动机的铭牌上详细说明，并对应于式（11-18）的线性关系适用的转矩上限（及转速下限）。稳态转速由负载和电动机的转矩－转速曲线的交点来确定的，如图 11-27 对应同步频率不同的值。同步频率由电力电子变换器驱动电动机进行控制。电动机提供的转矩在任何频率下均等于额定转矩，式（11-18）要求频率变化时气隙磁通保持恒定值。式（11-19）表示驱动电子学提供的电源电压 V_S 必须与频率 ω_S 同尺度。

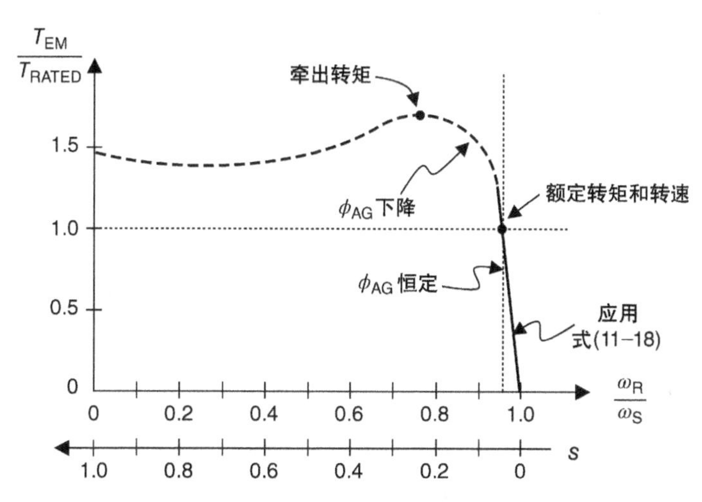

图 11-26　一个感应电动机的转矩－转速曲线，正常工作区域在最右边的线性区内，那里转差率小，气隙通量恒定

图 11-27 也向我们展示了一个感应电动机是如何从突然停住然后加速的。在零旋转（$\omega_R = 0$）时，电动机转矩超过负载转矩很大幅度，从而导致了电动机和负载的角加速度。随着转子转速的增加，电动机和负载转矩最终平衡，从而导致在由驱动电子的同步频率确定的转速下的稳态旋转。

感应电动机也能够电磁制动，这种情况是当转子速度 ω_R 超过定子磁场 ω_S 的旋转速度时发生的。在这种模式下，感应电动机充当发电机，从旋转轴将功率传回至电源。可以通过延伸图 11-26 所示的转矩－转速曲线至高于 ω_S 的旋转速度来理解，如图 11-28 所示。对于 $\omega_R > \omega_S$，转矩为负，这会使得转子减速并且将惯性能量传回给电源。考虑一个具体的例子。假设电动机最初以正的转矩在稳态转速 $\omega_R = 0.95\omega_S$ 下运行。如果驱动频率减小至 $\omega'_S = 0.9048\omega_S$，转子转速（假设它没有改

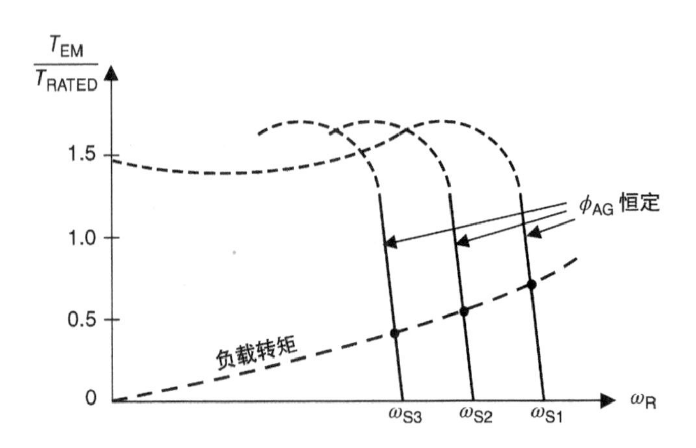

图 11-27　一个感应电动机和它的负载的转矩 - 转速图，其稳态工作点在负载转矩和电动机转矩曲线的交点处，并且可以通过变化驱动波形的频率 ω_S 加以调制

变）给定为 $\omega_R = 0.95\omega_S = 0.95(\omega'_S/0.9048) = 1.05\omega'_S$。转子转速现在超过了定子磁场的同步转速，将电动机置于一个负转矩区域内，电动机会一直减速直到转矩再次为正。如果定子频率一直在减小，电动机可以顺利减速直到完全停止。

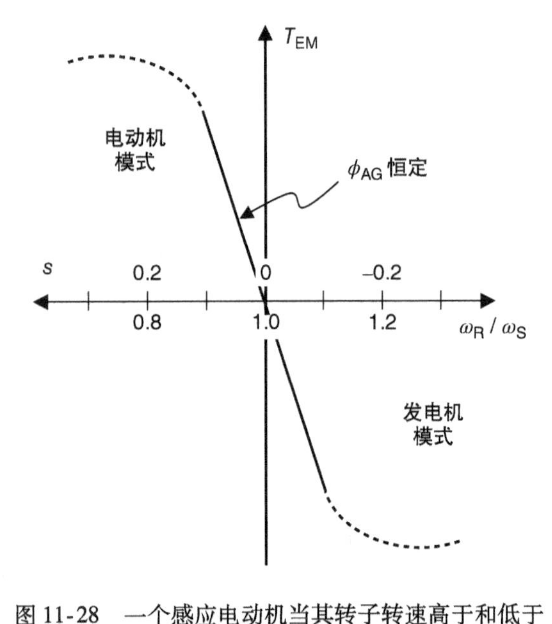

图 11-28　一个感应电动机当其转子转速高于和低于同步转速时的转矩 - 转速图。当 $\omega_R > \omega_S$ 时，转子的电流、转矩和转差率都是负值，电动机处于发电模式，将惯性能量传递回电源

基于以上考虑，感应电动机驱动的电力电子变换器必须产生频率和幅值可变的三相交流。依照式(11-19)，调整频率以适应电动机转速，调整幅值以保证当转速改变时气隙磁通恒定不变。如果需要电磁制动，变换器必须至少可以两象限运行。

参考图 11-1 的一般功率处理器，感应电动机驱动可使用二极管整流器或四象限开关模式变换器作为变换器 1，这取决于是否需要再生制动。图 11-18 的三相开关模式变换器可以用作变换器 2 来给电动机提供频率可变、幅度可变的功率。这个逆变器能够四象限运行，从而允许电磁制动。在制动过程中，惯性能量从负载吸收并通过变换器 2 转移回电力电子器件。该能量必须被功率处理器内耗散或返回到交流电源。如果使用耗散制动，那么在制动期间，与功率处理器的滤波电容并联的电阻切换，如图11-29a所示。如果应用再生制动，那么四象限开关模式变换器必须用作变换器 1，从而使功率返回到交流线路，如图 11-29b 所示。

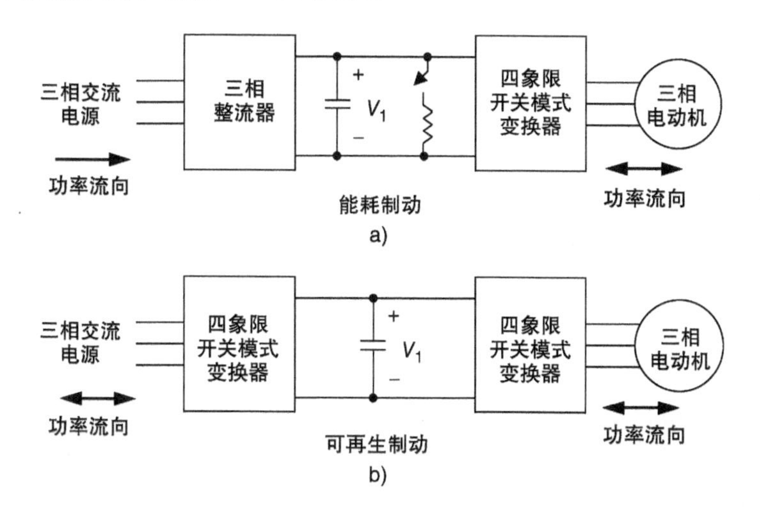

图 11-29　感应电动机的适用于 a）能耗制动和 b）可再生制动的驱动

11.3.4　同步电动机驱动

同步电动机是运用永磁转子或者直流绕线转子和三相交流定子的电动机，其中转子以定子磁场的同步转速旋转。同步电动机用作机器人应用的伺服驱动器以及高功率应用的调速驱动器。低功率应用经常用到永久磁铁同步电动机，也被称为“无刷直流”电动机，而高功率应用则使用绕线转子同步电动机，也称为“凸极”电动机。图 11-30 所示为这两种电动机类型的图解。

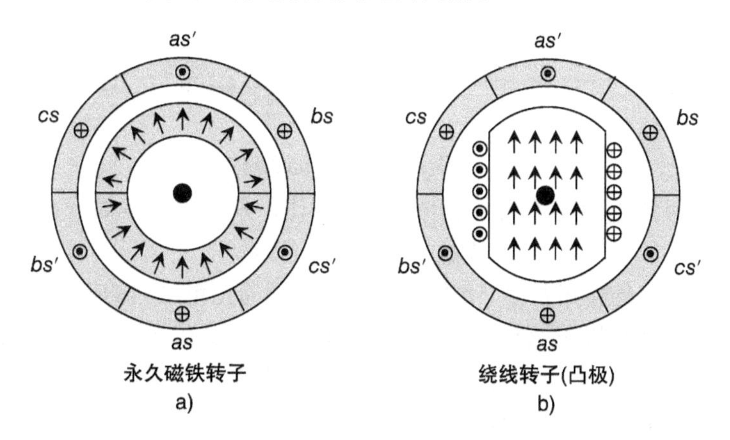

图 11-30　同步电动机的结构示意图：a）使用了一个永久磁铁转子，b）使用了一个绕线转子。转子建立了一个直流磁场并在定子磁场的同步转速下旋转

在无刷和绕线转子电动机中，转子磁场磁通ϕ_F相对于转子是静止的，并相对于定子和电动机外壳以同步转速ω_S旋转。定子电流的角频率 $\omega=(p/2)\omega_S$，其中 p 是电动机（见图 11-30）上的极数。转子磁场导致的定子绕组的电压正比于绕组磁通和同步转速。对于定子相“a”，感应电压的方均根值计算如下：

$$E_{FA}=\frac{\omega N_S}{\sqrt{2}}\phi_F \tag{11-20}$$

式中，N_S相当于定子相绕组匝数。

三相定子绕组产生的定子磁场ϕ_S旋转在同步转速ω_S下，此同步转速的幅度正比于定子电流的基频分量。类似于转子磁场，旋转定子磁场引起定子绕组的电压。对 a 相来说，基于所有三个定子绕组的感应电压可以写作

$$E_{SA}=j\omega L_A I_A=\omega L_A I_A\exp(j\delta) \tag{11-21}$$

式中，L_A是电枢电感（3/2 的 a 相自电感），I_A是 a 相定子电流，E_{SA}是一个相对于E_{FA}转矩角为 δ 的相量。定子和转子磁通相量相加产生气隙磁通ϕ_{AG}。同样，感应电压E_{FA}和E_{SA}相量相加产生定子绕组中的净气隙电压E_{AG}。这些关系可以利用如图 11-31 所示的每相定子等效电路来理解，其中，R_S和L_S分别为定子相绕组的电阻和自电感，E_{FA}和E_{SA}分别为转子和定子磁场产生的反电动势。每相定子端电压为

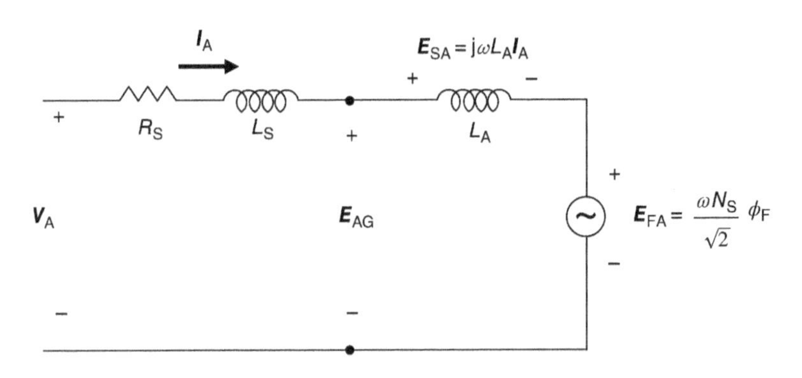

图 11-31 一个同步电动机的每相等效电路

$$V_A=E_{AG}+(R_S+j\omega L_S)I_A \tag{11-22}$$

电磁转矩与转子和定子磁通量的相量成正比，并且可写作如下：

$$T_{EM}=k_T\phi_F I_A\sin(\delta) \tag{11-23}$$

式中，k_T是电动机的转矩常量，δ 是转子和定子磁通相量之间的转矩角。

同步电动机通常以正弦感应电压波形运行，特别是在伺服应用中。在这种情况下，转矩角 δ 保持在90°，并且磁场磁通ϕ_F固定不变，电磁转矩正比于定子电流，如式（11-23）所示。定子电流波形与正弦曲线是120°相位关系，并与由旋转位置传感器监视的转子位置同步。

同步电动机还可以设计成可以产生梯形感应电压波形的磁结构。在这种情况

下，驱动波形是矩形的，对120°旋转具有恒定幅值 $+I_S$，下一个60°旋转为零幅值，下一个120°旋转有恒定幅值 $-I_S$，然后，对于另一个60°旋转幅值为0。与以前一样，三个驱动波形之间为120°相位关系，从而导致了最小波纹的恒定转矩。

对于正弦或者梯形运行来说，图11-18的三相电流调节电压源逆变器可用于驱动定子绕组，且波形$i_a(t)$、$i_b(t)$ 和$i_c(t)$ 是正弦的还是矩形的，取决于电动机的类型。完整的驱动电路包括：从传感器监测转子位置的位置反馈，以及电子设备向逆变器产生的控制信号。由于定子电流的定时同步到瞬时的转子位置，转矩角始终保持在最佳值90°，并且转矩由定子驱动电流的幅度确定，如式（11-23）所示。

在超高功率应用（>1000hp）中会使用基于晶闸管的负载换向逆变器。图11-32展示了一个基于晶闸管的电流源逆变器（CSI）并由一个线电压换向晶闸管整流器驱动。$i_a(t)$、$i_b(t)$ 和 $i_c(t)$ 的相波形为矩形，并如上面关于梯形电动机运行所描述的，虽然每相中的感应电压波形是梯形的，但是线间电压是正弦的。线电压换向整流器具有图11-5所示的逐相等效电路，而负载换流逆变器有着一样的逐相电路，但却工作在逆变模式，如图11-7c所示。

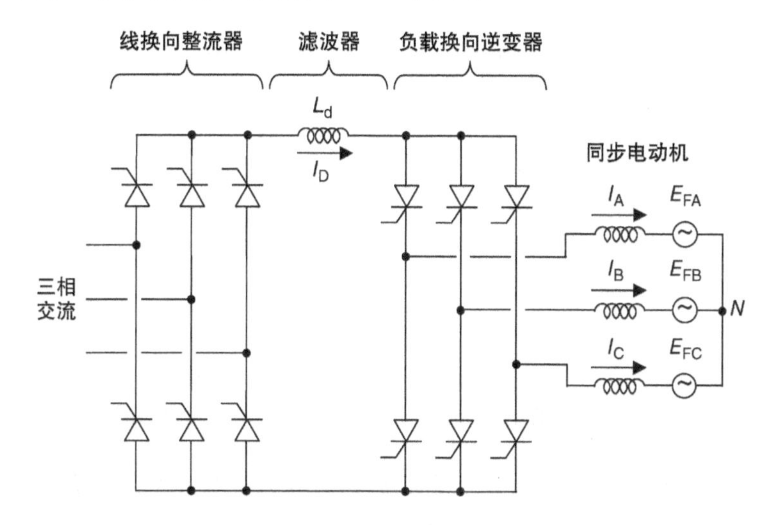

图11-32 用于高马力同步电动机的基于晶闸管的电动机驱动。该驱动使用了一个线换向整流器作为变换器1，以负载换向电流源逆变器作为变换器2，其整流器和逆变器的每相等效电路由图11-5给出

11.3.5 混合动力和纯电动汽车的电动机驱动

随着人们越来越重视能源独立和环境的可持续发展，纯电动汽车和混合动力电动汽车的重要性与日俱增。这意味着SiC功率器件的市场潜力非常巨大。

在纯电动汽车（EV）中，由可再充电的蓄电池给交流电动机充电，从而交流电动机驱动车轮。在混合动力电动汽车（HEV）中，内燃机是与电力驱动装置结合的。图 11-33 展示了纯内燃驱动的框图、纯电动驱动的框图以及两种形式混合驱动的框图：并联式混合动力和串联式混合动力。并联式混合动力驱动从内燃机或者由电池充电的电动机获得动力。串联式混合动力驱动从电池或者由内燃机驱动的发电机激励的电动机获得动力。串联和并联的驱动能够再生制动，运动的动能返回到电池。

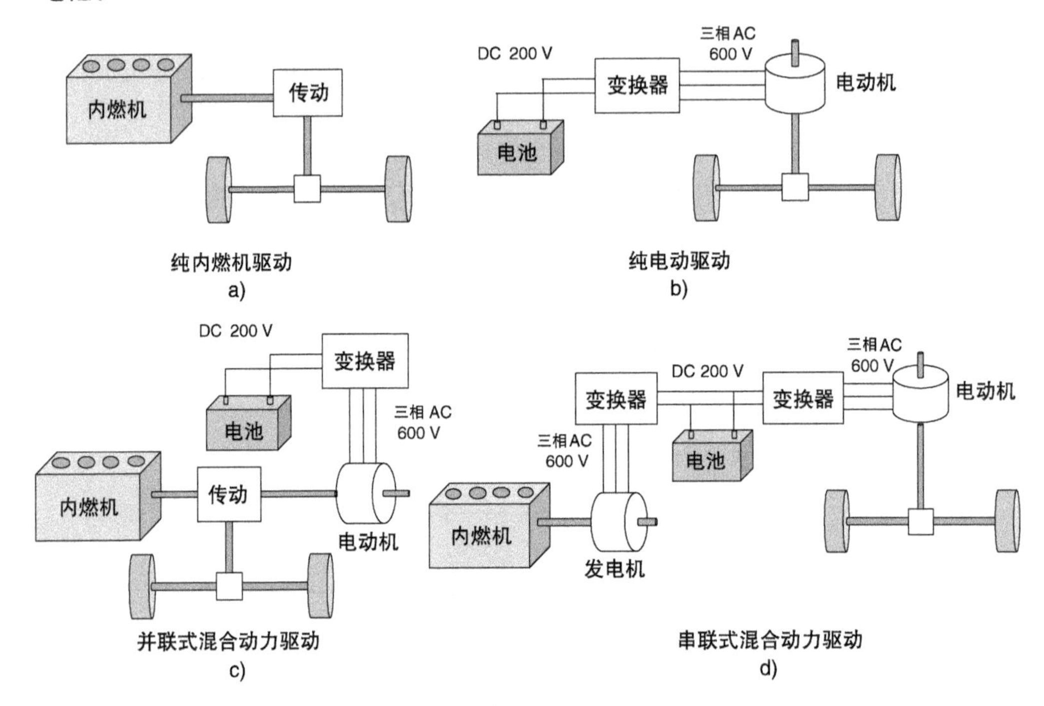

图 11-33

a）一个传统内燃机驱动　b）一个纯电动驱动

c）一个并联式混合动力驱动　d）一个串联式混合动力驱动的结构框图

图 11-34a 所示的大容量串联式驱动是柴油电力机车或军用坦克的一个典型特征，其中单独的牵引电动机被放置在每个轮上。图 11-34b 还展示了在汽车应用中使用的组合式混合动力驱动。组合式混合允许能量沿四个不同的途径流动：①由内燃机流经传动装置到车轮，②由内燃机流经发电机和功率变换器到电池，③由电池流经功率变换器到电动机，然后到车轮，以及④当电动机运转在发电机模式，并且双向变换器运转在整流模式时，由车轮通过再生制动到电池。

电动汽车的驱动电动机是典型的交流感应电动机（或“异步电动机”）或者有永磁转子的交流同步电动机（也称为“无刷直流”电动机）。电动机不需要与转子有电连接。在感应电动机中，转子磁场是由定子的旋转磁场感应出的转子电流建立起来的。在永久磁铁同步电动机中，转子磁场是由一个永久磁铁建立的。两个电动机都需要到定子绕组的三相交流驱动以建立在气隙中的旋转磁场。此驱动器是由如

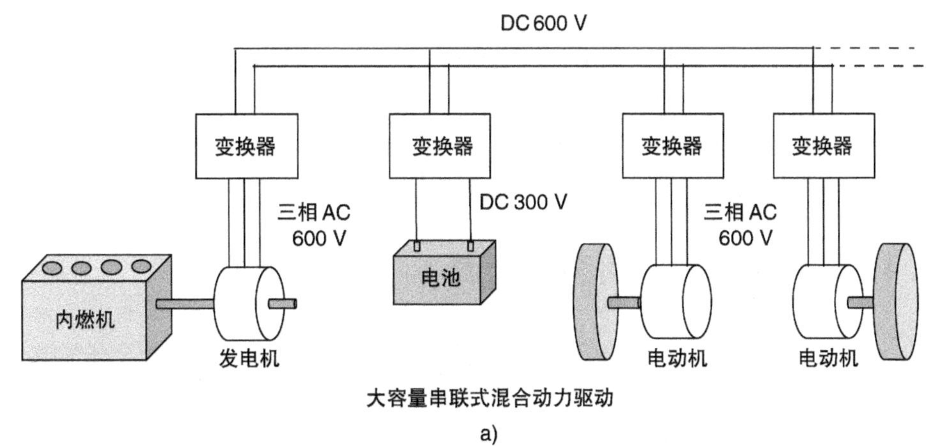

大容量串联式混合动力驱动

a)

三相 AC
600 V
发电机
变换器
DC 200 V
变换器
电池
三相 AC
600 V
内燃机
传动
电动机

串并联组合式混合动力驱动

b)

图 11-34

a）一个大容量串联式混合动力驱动 b）一个串并联组合式混合动力驱动的结构框图

图 11-33 和图 11-34 所示位于电池和电动机之间的三相变换器供电。调整交流驱动的频率来控制电动机的转速，调整幅值来控制由电动机产生的转矩，下面将讨论。

变换器的控制电路不同，这取决于逆变器是驱动感应电动机还是永磁同步电动机。在感应电动机中，转子相对于定子磁场滑动，并且转矩由式（11-18）给出。对于恒定转差率 s 来说，转矩正比于气隙磁通的 2 次方，这是由定子驱动电流建立的。在永磁同步电动机中，转子以式（11-23）给出的由定子和转矩建立的同步转速转动。如果同步电动机以正弦波进行操作时，转矩角 δ 因位置传感器而保持在 90°，并且转矩正比于定子驱动电流。

在纯电动汽车和混合动力电动汽车的电动机运行在 600V 范围的交流驱动电压下，然而电池电压通常在 200 ~ 300V。如图 11-33 和图 11-34 所示的电池和电动机之间的功率变换器采用图 11-18 所示的双向三相开关模式逆变器。600V 的输出电压要求开关晶体管的阻断电压大约为 1200V。在过去，这些变换器已经实现了与硅 IGBT 的结合。然而，正如 11.6 节将要讨论的，在 600V 及以上的条件下，SiC 单极型功率开关器件（MOSFET 和 JFET）的性能参数优于硅 MOSFET 和 IGBT，并且有望取代硅组件在许多纯电动汽车和混合动力电动汽车中的应用。

11.4 电力电子学与可再生能源

太阳能发电厂和风电场以最小的污染提供可再生能源，并且成为全球能源生产迅速增长的组成部分。这两个能量源都要求电力电子器件将直流功率（太阳能）或者异步交流功率（风能）变换至同步到电力网的交流功率。

11.4.1 光伏电源逆变器

太阳能电池是专门设计成允许光进入耗尽区的大面积 pn 结二极管，其中光生载流子被内置电场分离。电子和空穴流到结的多数载流子侧，从而产生了反向光电流I_{PH}。$I-V$ 特性由 Shockley 二极管式（7-26）给出，表示反向光电流的补充项，

$$I=I_0[\exp(qV_J/kT)-1]-I_{PH}\approx I_0[\exp(qV_J/kT)-1]-k_{PH}\phi_{PH} \quad (11\text{-}24)$$

光电流I_{PH}正比于光子通量ϕ_{PH}，并且比例常数k_{PH}仅仅是结电压的弱函数。图 11-35 绘制了 $I-V$ 特性。理想二极管电流减去光电流使得 $I-V$ 特性进入第四象限，其中，功率从电池传递给外部电路。硅太阳能电池运行的开路电压在 0.5 ~0.65V 范围内，取决于光子通量和温度。由电池传递的功率为 $P=I\cdot V$，当 $I-V$ 乘积最大时获得最大功率点，由图 11-35 的点表示。商业太阳能电池阵列通过扰动－调整技术维持在最佳功率点，其中每隔几秒就会对工作点有轻微的调整来自动寻找最大功率点。

由于太阳能电池阵列产生低压直流，电力电子器件需要将其变换为在接近单位功率因数时同步于公用电网的高压正弦交流。对于功率低于几千瓦，如单户太阳能电池阵列产生的功率，通常连接到一个单相交流线路上。变换分为四个阶段：①通过开关模式逆变器将来自太阳能阵列的低压直流转换为高频低压交流，②通过一个升压变压器来产生高压高频交流，③整流和滤波，产生高压直流，④将其转化为高压线频交流，同步于交流电网。图 11-36 所示为一个由开关模式逆变器、高频升压变压器、二极管整流器和基于晶闸管的线换向逆变器组成的太阳能变换器。图11-5 所示为正工作在逆变模式下的基于晶闸管的逆变器。对于单相设备连接，变换器的输出电压通常在 208 ~240V 范围内。

如由商业太阳能电池阵列产生的高于几千瓦的功率级，与公用电网的连接是三相连接。图 11-37 所示为这个应用的太阳能变换器。除了图 11-18 所示的输出逆变器已作为一个三相开关模式逆变器来工作外，该电路类似于图 11-36 所示的单相变

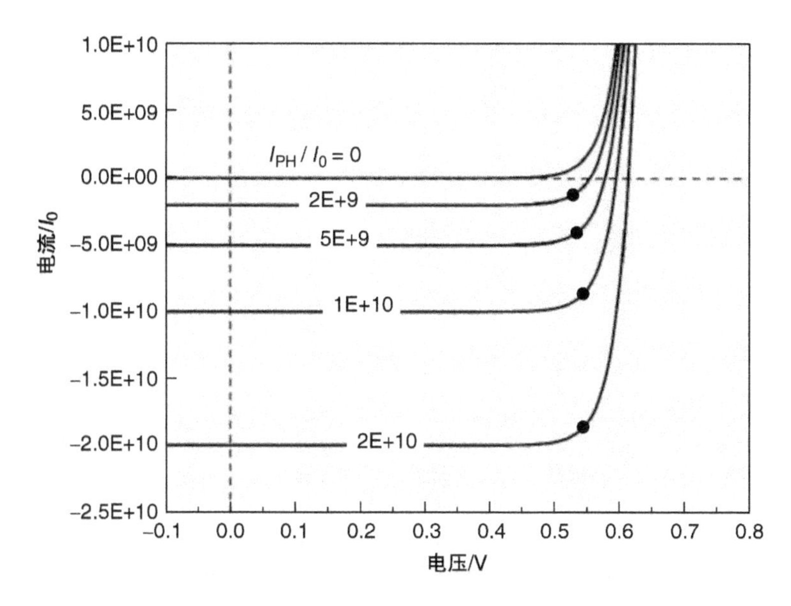

图 11-35 在不同光照强度（表示为光电流 I_{PH} 和二极管饱和电流 I_0 的比值）下一个太阳能电池的电流 - 电压特性

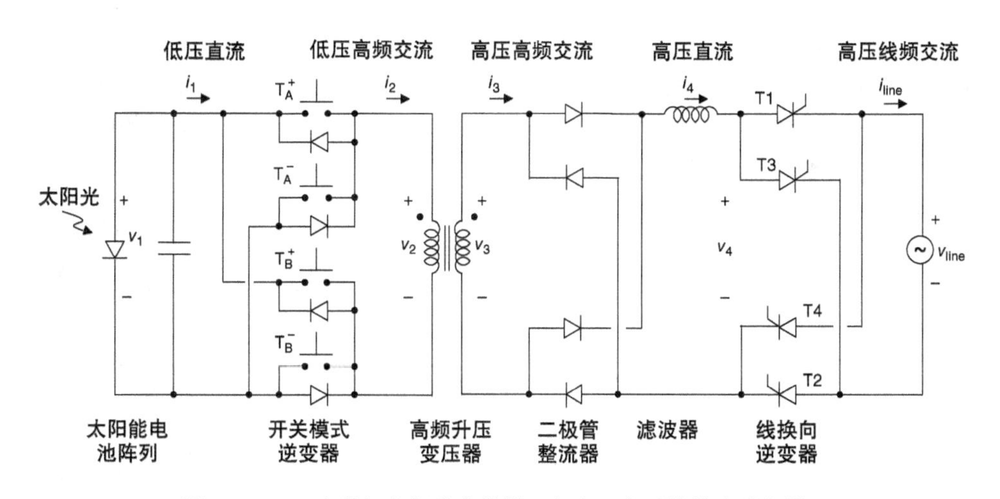

图 11-36 一个单相太阳能变换器，包含一个开关模式逆变器、一个高频升压变压器、一个二极管整流器和滤波器，以及一个基于晶闸管的线换向逆变器

换器。对于三相连接，变换器一般输出 480V，并且由连接到变换器输出（未示出）上的线频变压器变到 12kV 或更高。

11.4.2 风力机电源的变换器

越来越多的全球范围内的可再生能源是由风电场提供的。每个风力机驱动一个

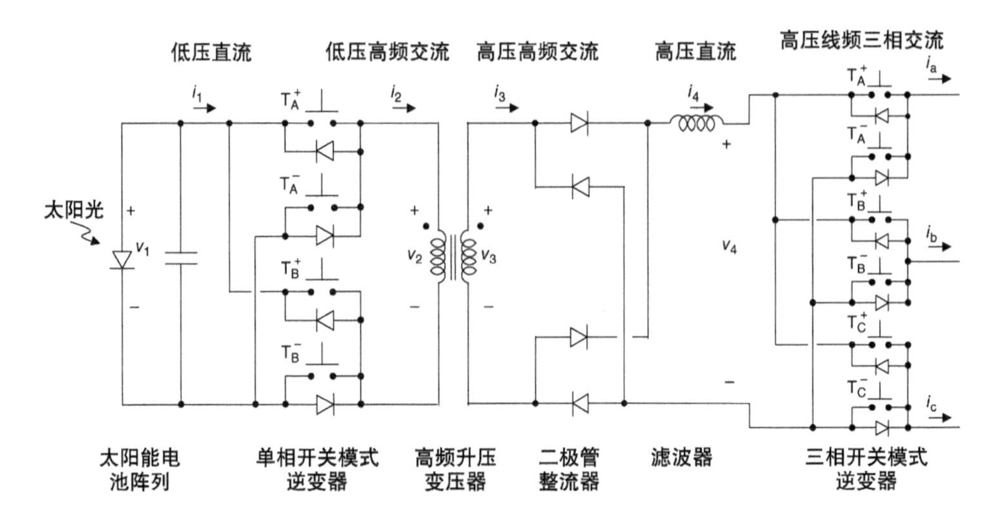

图 11-37　一个三相太阳能变换器，该变换器与图 11-36 所示的单相变换器相似，但是在输出端使用了一个三相开关模式逆变器

带永磁转子的三相交流发电机。所产生的功率与风速的 3 次方成正比，最适轴转速随着风力条件的变化而变化，这就使得它以恒定的频率来产生交流是不切实际的。因此，电力电子器件用于该变频功率和公用电网的互连。

图 11-38 所示为适用于中等功率的风力机或小型水力电源的三相交流变换器。在这种变换器中，二极管整流器将变频三相交流转换为直流，经过滤，再通过一个类似于图 11-18 的开关模式逆变器变换为三相线频率的交流。控制逆变器以确保它的输出在接近单位功率因数时与公用电网同步。

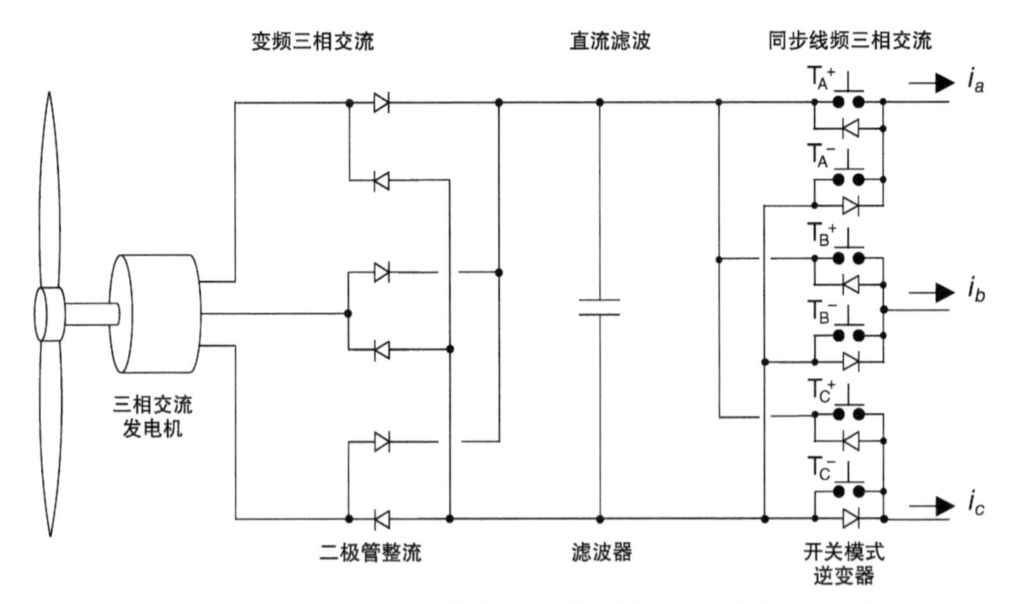

图 11-38　一个用于中等功率水平的三相风力机的变换器

大型商用风力机的永磁交流发电机输出电压在 3 ~ 5kV，额定功率可达 10MVA。变换器与公用电网的接口大约是 3 ~ 5kV。在这些功率水平中，经常用到基于晶闸管的变换器。图 11-39 所示为一个合并了三相源换向晶闸管整流器以及三相线换向晶闸管逆变器的高功率变换器。这两个整流器和逆变器是图 11-5 所示的相换向变换器的三相形式。商业单位目前使用的是硅门极关断（GTO）晶闸管或集成门极变换晶闸管（IGCT）。

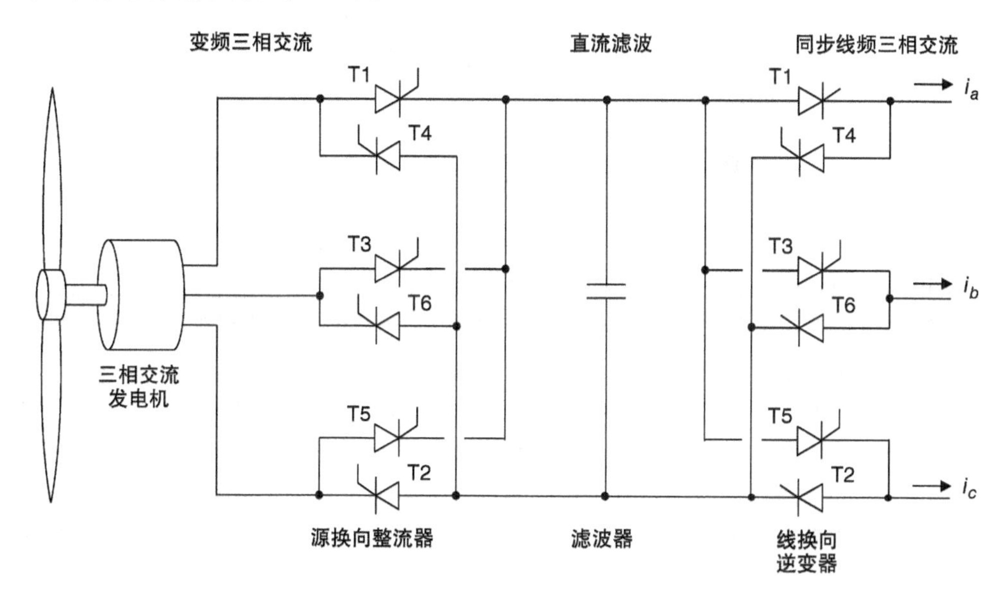

图 11-39　一个用于高功率风力机系统的三相风能变换器

11.5　开关模式电源的电力电子学

稳压电源给负载提供了稳定的直流功率。当输出负载在一定范围内时，电源是一个可提供不受负载电流影响的控制电压的理想电压源。在大多数情况下，输出必须和输入是电气隔离的，也就是说，输出必须与相对于地面的输入电源隔离。在过去，大多数稳压电源使用模拟电路，但先进半导体器件的使用使得开关电源比模拟电源更小、更轻、更有效成为可能。

图 11-40 所示为一个稳压开关模式电源的通用框图。对线频率交流进行整流和滤波来产生未稳压直流，具体过程为逆变为高频交流之后通过高频隔离变压器、整流器、过滤器，输出稳压直流。

在本节中，我们将重点放在电源的直流 - 直流变换部分，并考虑五种拓扑：反向变换器，正向变换器，推挽式变换器，半桥变换器，以及全桥变换器。前两个变换器使得隔离变压器只进入 B - H 环的第一象限，这是因为在一次绕组的磁化电流

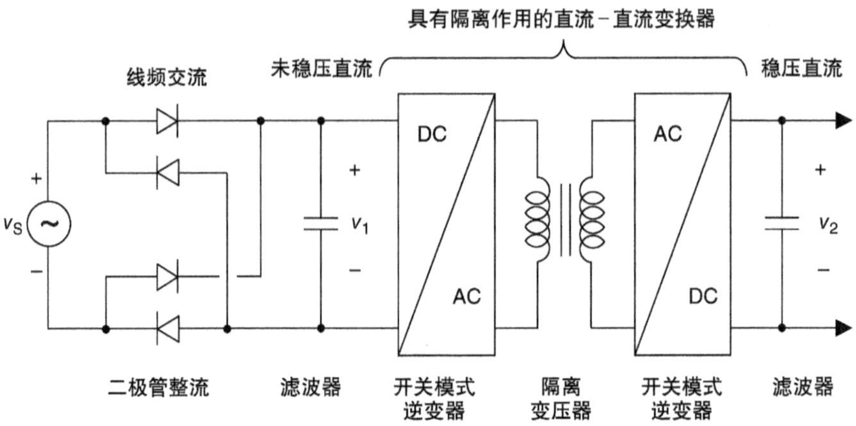

图 11-40　一个开关模式电源的结构框图

总是正的。根据变换器的拓扑结构，这会导致铁心的剩余磁化强度必须由消磁线圈来消除。最后三个变换器在一次绕组中产生的双向磁化电流使得变压器交替进入 B－H环的第一象限和第三象限，并且剩余磁化强度不是一个问题。

我们从图 11-41 所示的反向变换器开始。这种拓扑结构来源于 11.2.2 节的升降压变换器，如图 11-10 所示。在反向变换器中，双绕组电感取代了简单的电感，双绕组电感的功能是作为一个隔离变压器，图 11-41 所示为双绕组电感连同其磁化电感L_M。该电路的操作可以做如下理解。当晶体管导通时，电流流过变压器的一次绕组，并且磁能存储在变压器的铁心。在此期间，二极管反向偏置并且电容向负载 R 提供电流。变压器的磁通可以利用安培定律求出，

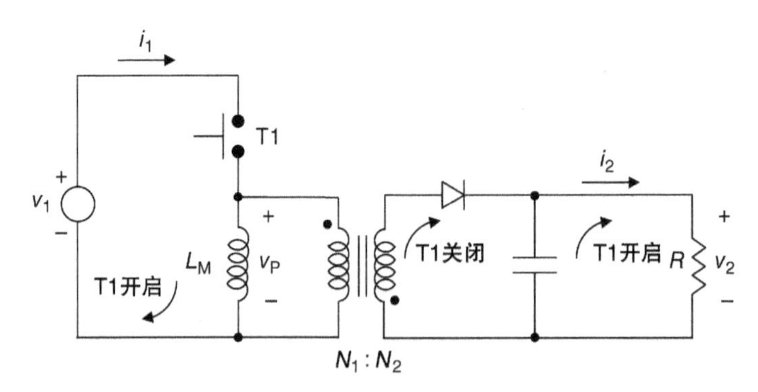

图 11-41　一个从图 11-10 的降压－升压变换器发展来的反向变换器

$$N_1\phi = L_M i_1 \tag{11-25}$$

式中，N_1是一次绕组的匝数。从法拉第电磁感应定律我们可以得到穿过一次绕组的电压，

$$v_P = N_1\frac{d\phi}{dt} = L_M\frac{di_1}{dt} \tag{11-26}$$

利用式（11-25）和式（11-26）我们可以得到累积磁通的时间函数表达式，

$$\phi(t) = \phi(0) + \frac{L_M}{N_1} i_1 = \phi(0) + \frac{1}{N_1}\int v_P \mathrm{d}t \tag{11-27}$$

式中，$\phi(0)$ 为切换周期的初始磁通。在晶体管导通期间，$v_P = v_1$，式（11-27）可以写作

$$\phi(t) = \phi(0) + \frac{v_1}{N_1} t \tag{11-28}$$

式（11-28）表明当晶体管导通时，磁通随时间线性增长。最大磁通在晶体管关断时刻获得，

$$\phi_{MAX} = \phi(0) + \frac{v_1}{N_1} t_{ON} \tag{11-29}$$

式中，t_{ON}是晶体管导通的时长。当晶体管关断时，一次绕组的电压是变压器的匝数比$\frac{N_1}{N_2}$与二次电压v_2的乘积。类比于式（11-28），由于一次电压目前是负值，磁通按照如下公式减小，

$$\phi(t) = \phi_{MAX} - \frac{v_2}{N_2}(t - t_{ON}) \tag{11-30}$$

稳态时，切换周期结束时的磁通 $\phi(T)$ 等于切换周期开始时的磁通 $\phi(0)$。把式（11-29）代入式（11-30）中，得

$$\phi(T) = \phi_{MAX} - \frac{v_2}{N_2}(T - t_{ON}) = \phi(0) + \frac{v_1}{N_1} t_{ON} - \frac{v_2}{N_2}(T - t_{ON}) = \phi(0) \tag{11-31}$$

根据式（11-31）求得v_2，

$$v_2 = \frac{N_2}{N_1}\left(\frac{\delta}{1 - \delta}\right) v_1 \tag{11-32}$$

式中，δ 为占空比，$\delta = t_{ON}/T$。式（11-32）在非隔离式升降压变换器中与式（11-8）类似。在目前的电路中，输出电压和输入电压的关系与变压器的匝数比和开关波形的占空比有关。

利用式（11-32），关断状态下晶体管的最大电压可以写作如下：

$$v_{T,MAX} = v_1 - v_P = v_1 + \frac{N_1}{N_2} v_2 = \left(\frac{1}{1 - \delta}\right) v_1 \tag{11-33}$$

式（11-33）指定了反向变换器中开关晶体管的额定电压。

反向变换器中的变压器有双重用途。它用作能量存储装置，如在升降压变换器中的电感，它也提供所需的输入输出隔离。当晶体管导通时，电流是主要的，而二极管的反向电流是次要的。当晶体管导通时，能量存储在磁场中，当晶体管阻断时，能量传输给负载。晶体管导通的时间越长，当晶体管关断时传给负载的能量就越多。占空比为 50% 时，输出电压等于v_1，并且通过调节占空比，可控制输出电压

高于或低于v_1。

第二个变换器的拓扑结构是正向变换器，如图 11-42 所示。该电路来源于图 11-8 的降压变换器，通过嵌入串联晶体管的变压器得到。当晶体管导通时，电流流过变压器的二次绕组，通过串联的二极管和电感流向负载。在此期间，电感电压是

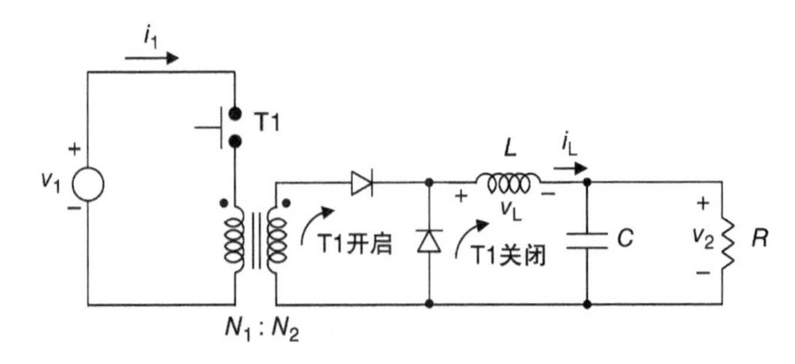

图 11-42　一个由图 11-8 的降压变换器发展来的正向变换器

$$v_L = \frac{N_2}{N_1}v_1 - v_2, \quad 0 < t < t_{ON} \tag{11-34}$$

当晶体管关断时，电感电流流经旁路二极管，电感上的电压为

$$v_L = -v_2, \quad t_{ON} < t < T \tag{11-35}$$

因为

$$v_L = L\frac{di_L}{dt} \tag{11-36}$$

我们可以写作

$$\int_0^T v_L dt = L\int_{i(0)}^{i(T)} di_L \tag{11-37}$$

将式（11-34）和式（11-35）代入式（11-37）可得

$$\left(\frac{N_2}{N_1}v_1 - v_2\right)t_{ON} + (-v_2)(T - t_{ON}) = 0 \tag{11-38}$$

从中我们可以得到

$$v_2 = \frac{N_2}{N_1}\delta\, v_1 \tag{11-39}$$

由于变压器中的电流流向，正向变换器有利于在变压器铁心建立剩磁。在变压器铁心上添加一绕组可以消除这个磁化，与以一次绕组相反的方向缠绕，并且与通过二极管的v_1相连（未示出）。或者，铁心可以通过在晶体管连接一个齐纳二极管来消磁。

剩余的三个变换器建立起变压器一次绕组的双向电流，把它放到 B－H 环的第一和第三象限中。图 11-43 所示为双晶体管推挽式变换器。晶体管 T1 和 T2 交替接通，每个导通时间均为t_{ON}，两个都关断时的消隐期为 Δt。因此，$t_{ON} + \Delta t = T/2$。

我们定义占空比 $\delta = t_{ON}/T$，并且注意在这个定义中 $0 < \delta < 0.5$。在第一个半周期时，T1 导通，电流流经电感和上部二极管，如图所示。在此期间，该电感电压由式（11-34）给出。在两个晶体管均关断的消隐期 Δt 时，电感电流拆分通过两个二次绕组，电感电压由下式给出

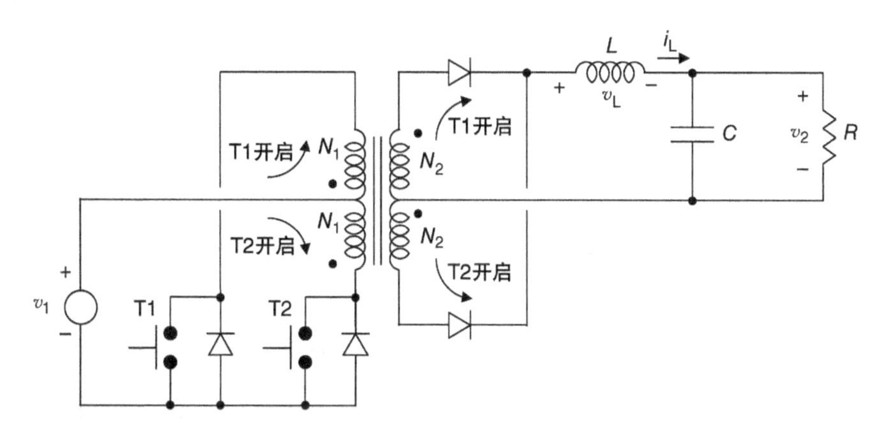

图 11-43　一个由之前讨论的降压变换器发展来的推挽式变换器，该变换器需要两个晶体管和一个中心抽头变压器

$$v_L = -v_2, \quad t_{ON} < t < t_{ON} + \Delta t \tag{11-40}$$

设半周期内电感电压的积分为 0，并且利用式（11-34）和式（11-40）求解 v_2，得到

$$v_2 = 2\frac{N_2}{N_1}\delta v_1 \tag{11-41}$$

图 11-44 所示为半桥变换器。开关波形与刚才描述的推挽式变换器的波形相同。晶体管 T1 和 T2 轮流导通，每个接通时间均为 t_{ON}，两个都关断时的消隐期为 Δt。此外，$t_{ON} + \Delta t = \dfrac{T}{2}$ 并且占空比 $\delta < 0.5$。在第一个半周期内，T1 导通，电流流经电感和上部二极管，如图所示。T1 导通时的电感电压由下式给出

$$v_L = \frac{N_2}{N_1}\frac{v_1}{2} - v_2, \quad 0 < t < t_{ON} \tag{11-42}$$

在两个晶体管都阻断的消隐期，电感电压由式（11-40）给出。半周期内电感电压的积分为 0，并利用式（11-40）和式（11-42）求解 v_2，

$$v_2 = \frac{N_2}{N_1}\delta v_1 \tag{11-43}$$

图 11-45 所示为全桥变换器。晶体管 T1 和 T2 同时切换，并且晶体管 T3 和 T4 同时切换，开关波形与先前的两个变换器相同。全桥变换器的分析方法与之前讨论的变换器的分析方法相同，并且式（11-41）再次给出占空比 $\delta < 0.5$ 时的输出电

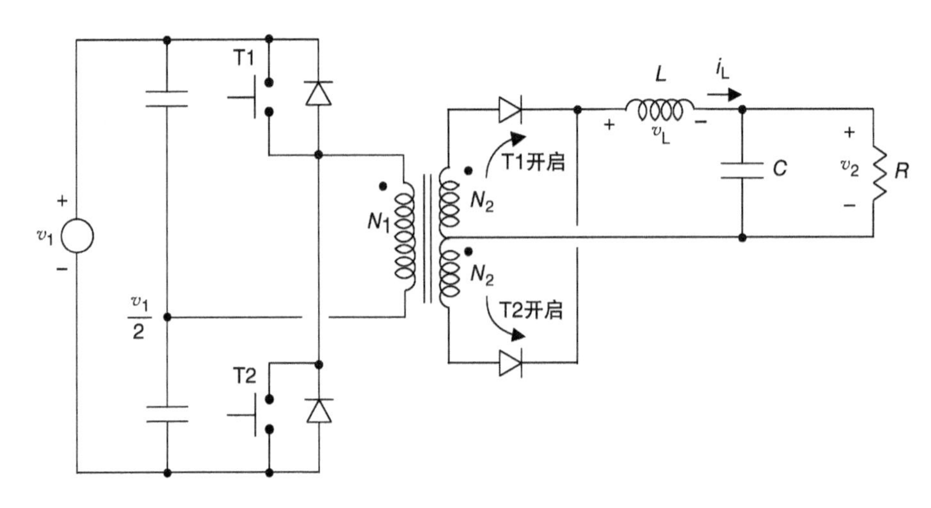

图 11-44　一个半桥变换器，该变换器与图 11-43 所示的推挽式变换器有着相同的输出电路

压。全桥变换器的优点是流经晶体管的电流是半桥变换器的一半，这就使得它可以使用较小的晶体管。然而，这两个变换器中的晶体管必须支持全电源电压v_1。

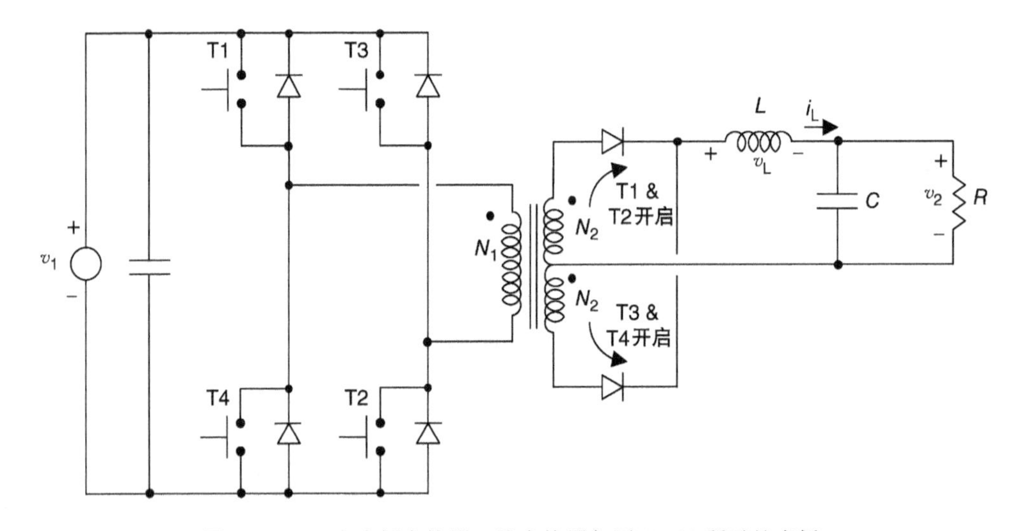

图 11-45　一个全桥变换器，该变换器与图 11-44 所示的半桥变换器相似，使用了 4 个晶体管，每一个都只有半桥变换器一半的额定电流值

11.6　碳化硅和硅功率器件的性能比较

在前面各节中，我们回顾了电力电子系统的基本理论，讨论了基本整流电路拓扑结构，并且考虑了一些可以从 SiC 器件收益的功率系统。在确定了各种系统对器

件的要求，人们很自然地会问，相比于如今存在的技术，SiC 功率器件有怎样的性能优势？本节将给出几种 SiC 功率器件的实际性能参数数据，并将其性能与 Si 基器件及新兴的 GaN 器件（可获知的）比较。请注意，本节的讨论仅仅是简单的阐述。Si 技术已经成熟并且其材料特性参数接近于其物理极限。SiC 尚处于青春期并且正在快速成长中。GaN 尚在起步阶段，未来具有很大的潜力。由于这三种技术的不断革新发展，本节所示的比较关系也是会不断变化，建议读者查阅文献来获得最新资料。

器件之间最直截了当的比较是忽略开关损耗，仅对导通特性进行比较。这种方式对比较单极型器件，如肖特基二极管、JFET 和 MOSFET 是可接受的，但是对双极型器件，如 pin 二极管、BJT、IGBT 和晶闸管，则应采用更为复杂的方式。

如 7.1 节中的讨论，单极型器件的优值系数（FOM）是 $V_B^2/R_{ON,SP}$。优值系数由于迁移率、介电常数和材料击穿电场强度的影响有一个理论最大值，对于一个穿通型设计，该值由式（7-13）给出：

$$\frac{V_B^2}{R_{ON,SP}}=\frac{\mu_N\varepsilon_s E_C^3}{(3/2)^3} \tag{7-13}$$

在 $R_{ON,SP}-V_B$的对角坐标图上，单极型器件的优值系数理论最大值是一个斜率接近 2 的对角线（由于迁移率和临界电场强度对于掺杂浓度的依赖性，斜率精确值会略偏离 2）。Si、SiC、GaN 单极型器件的界限线如图 11-46 所示（需要注意对于垂直 RESURF 结构的超结器件，这些界限值需要进行修正，优值系数的斜率变为 1 而不是 2）。界限线越靠近右下角，器件性能越好，并且所有器件的比导通电阻大小在其各自的界限线之上。右边纵轴表示功率损耗为 300W/cm^{2}下的最大导通电流密度，由式（7-5）计算得到。由于具有更高的临界击穿电场强度，SiC 和 GaN 的理论性能极限均明显高于 Si，这也解释了为什么这些新兴技术如此引人瞩目。

最先商业化的 SiC 器件是肖特基势垒二极管（SBD）和结型势垒肖特基（JBS）二极管。它们被用作本章讨论的半桥和全桥整流电路中晶体管开关的钳位二极管。正如第 7 章所讨论的，将 SiC SBD 和 SiC JBS 二极管替代 Si pin 二极管，由于这些单极型器件关断速度快，可以减小电路中的开关损耗。这可以导致如在大数据中心的文件服务器中使用的开关模式电源的效率显著提高。（Si SBD 肖特基势垒高度较低会导致反向漏电流过大，使其很难在这些应用中使用）。

一些已报道的 SiC SBD 的优值系数如图 11-47 所示[2-7]。由于肖特基二极管在 $I-V$ 特性中存在一个开启电压，其最大电流无法直接通过已假定无开启电压的式（7-5）求出。功率损耗必须包括开启电压和微分比导通电阻上的电压在内，表示如下：

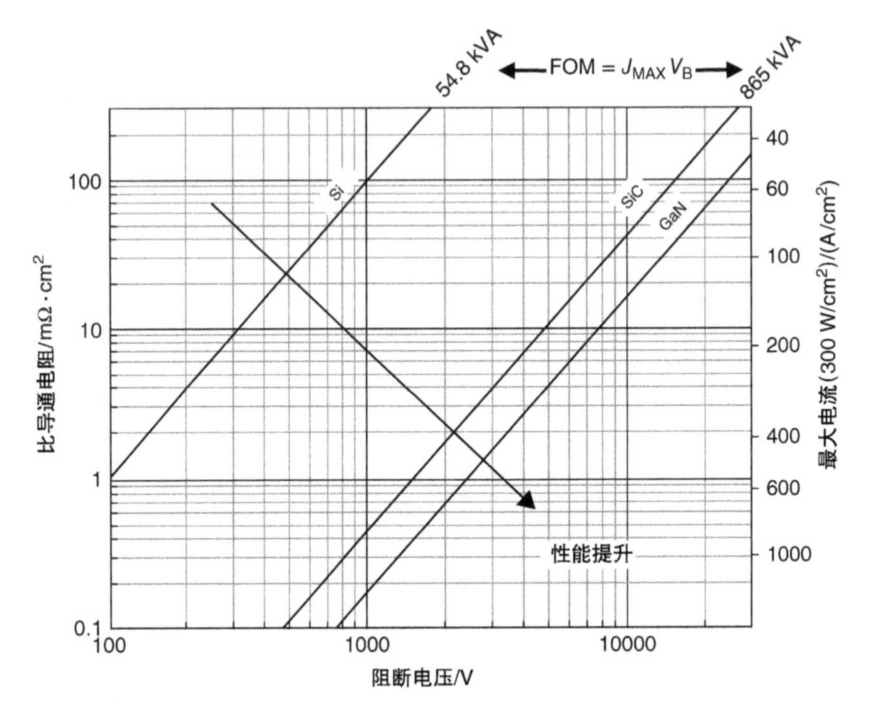

图 11-46 一个关于比导通电阻与阻断电压关系的标准器件性能图，展示基于 Si、SiC 和 GaN 的理论最大单极优值系数

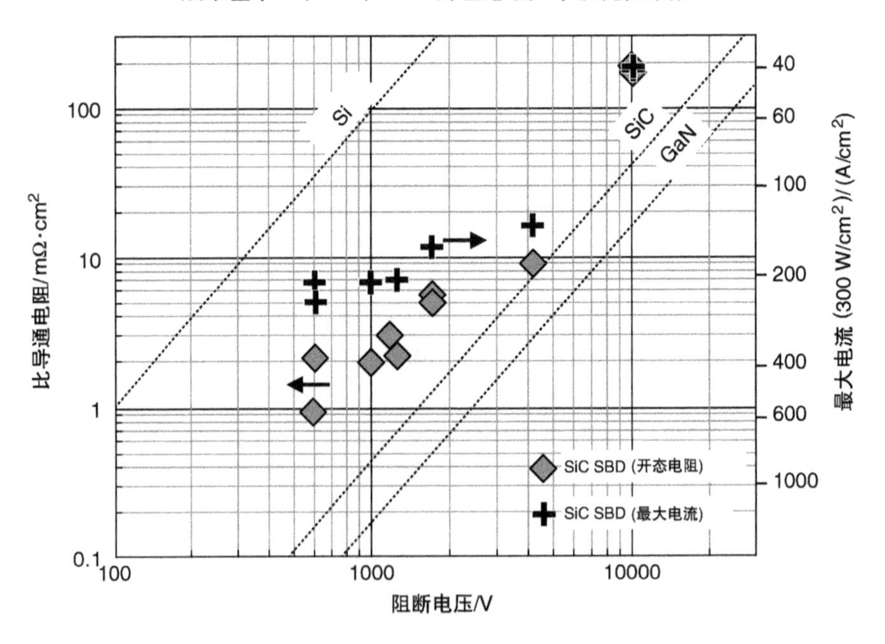

图 11-47 几种 SiC 肖特基势垒二极管和 JBS 二极管的比导通电阻（菱形）和最大电流（十字形）

$$P_{ON} = J_{ON}V_F = J_{ON}(V_{OFFSET} + J_{ON}R_{ON,SP}) = J_{ON}V_{OFFSET} + J_{ON}^2R_{ON,SP} \tag{11-44}$$

为了计算给定功率损耗下的导通电流 J_{ON}，式（11-44）变换如下：

$$J_{ON} = \sqrt{\left(\frac{V_{OFFSET}}{2R_{ON,SP}}\right)^2 + \frac{P_{ON}}{R_{ON,SP}}} - \left(\frac{V_{OFFSET}}{2R_{ON,SP}}\right) \tag{11-45}$$

通过设定器件导通功率（如 300W/cm^2），以及适当的开启电压（对 SiC SBD 而言大约是 1V），最大导通电流可以由式（11-45）求出。在图 11-47 中，灰色菱形代表 SBD 的导通电阻（左边纵轴），黑色十字形代表相同 SBD 的最大导通电流（右边纵轴）。

图 11-48 展示了硅 LDMOSFET、超结 MOSFET，以及 IGBT 的典型性能指标。由于 IGBT 是双极型器件，漂移区会发生电导调制效应，不受单极型器件的理论限制。除此之外，在 IGBT 的 $I-V$ 特性曲线中，它的开启电压大致等于一个二极管正向压降。因此，对硅 IGBT 来说，假定其开启电压为 0.8V，以式（11-45）计算出最大电流。在图 11-48 中，浅灰色的十字形代表硅 IGBT 的导通电阻（左轴）；而黑色的十字形则代表同一 IGBT 的最大开态电流值（右轴）。因为 MOSFET 器件没有开启电压，其相应的参数可由图中的左右纵轴读出。

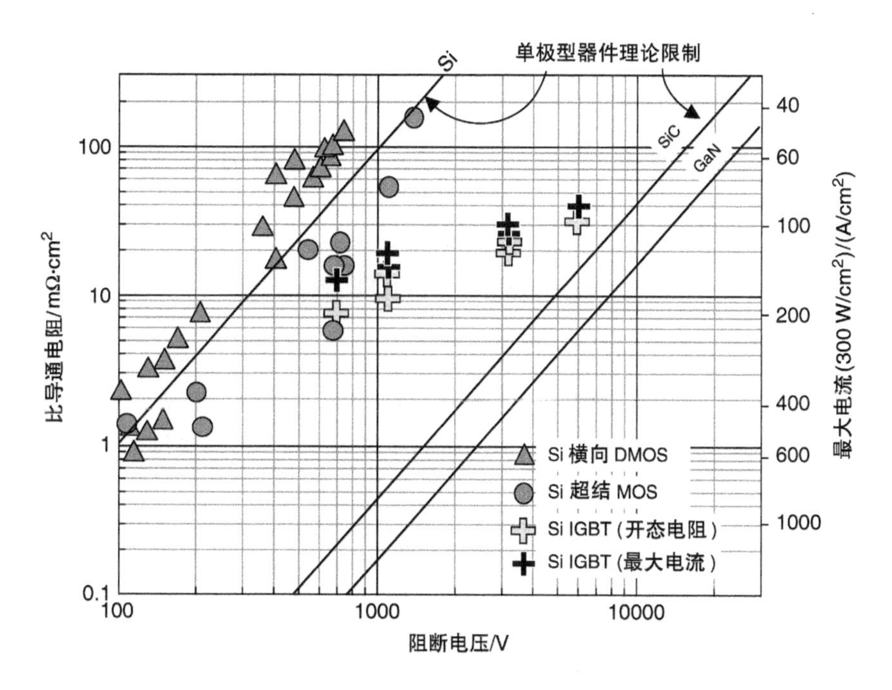

图 11-48　最先进的硅的横向 DMOSFET、超结 MOSFET 和 IGBT 的性能[8]（由 IEEE 授权转载）

图 11-49 给出了已报道过的 SiC 功率 DMOSFET 以及 UMOSFET 的开态性能。击穿电压在 600V 到 2kV 范围内，以上这两种 SiC MOSFET 都拥有比硅器件高得多

的最大电流值。例如，击穿电压为1kV时，在相同的功率损耗下，SiC UMOSFET的电流密度比硅IGBT高3倍。同样，与SiC DMOSFET器件相比，最先进的SiC UMOSFET拥有高于前者50%的导通电流能力，如图中安全工作区的边线所示。击穿电压高于2kV时，SiC DMOSFET器件的开态特性与硅IGBT器件接近，但根据对更高击穿电压下安全工作区边线的推断显示：相较于硅IGBT器件，SiC UMOSFET可能在5kV甚至更高的击穿电压下仍能保持自己的优势。

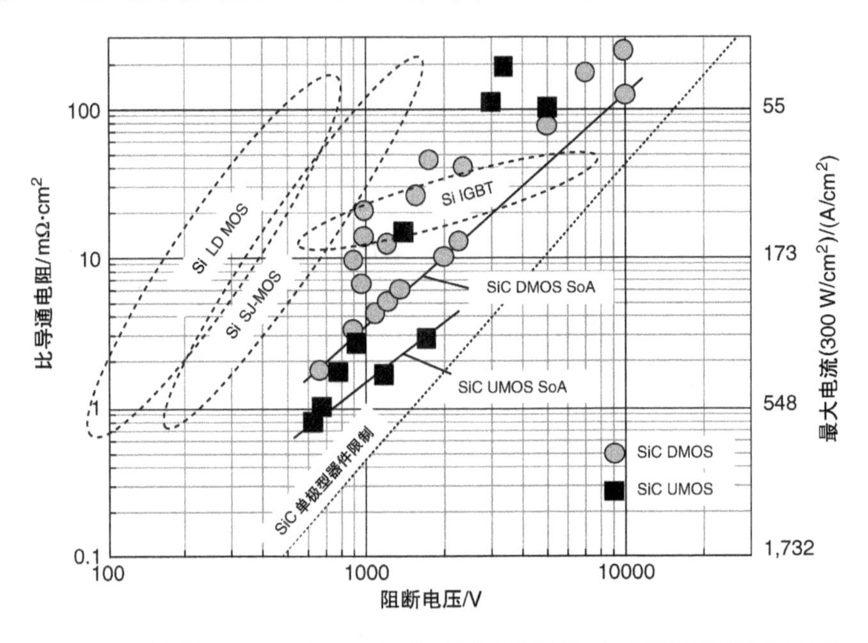

图 11-49 最先进的SiC DMOSFET和UMOSFET的性能，并指明了Si MOSFET和IGBT的工作范围[8]（由IEEE授权转载）

必须强调的一点是，任何MOSFET和IGBT性能的对比，都必须考虑它们各自的开关损耗。IGBT器件完全关断前，要将之前存储的大量少数载流子电荷全部抽取出来，因此IGBT开关损耗很大。但MOSFET以及JFET等单极型器件中，则不存在这种情况。如式（7-15）所示，开关损耗与开关频率成正比，且在高频情况下，开关损耗可能成为最主要的功率耗散机制。为了使总功率损耗低于300W/cm²，就必须降低最大电流值。读者可以参考10.3节更为详细的讨论。

图11-50列举了SiC JFET、SiC BJT，以及GaN HEMT（高电子迁移率晶体管）的性能指标进展情况[8-13]。在具有与SiC MOSFET器件类似的导通电流时，SiC JFET器件的击穿电压可达10kV。这是因为SiC JFET器件没有栅氧化层，避免了SiC MOSFET器件栅氧化层所引发的可靠性问题，使其尤为适合于高温工作情况。实验证实SiC BJT器件的击穿电压高达21kV，性能十分接近SiC单极型器件理论极限[9]。JFET、BJT等器件，由于没有栅氧化层，能胜任200℃以上的高温工作环

境。BJT 器件的缺点之一是需要基极驱动，这会使耗散功率增加，我们在图中已忽略掉了这个增项。近期有报道称，共发射极 BJT 的电流放大系数可高达 257[14]，降低了其对基极驱动电路的需求。

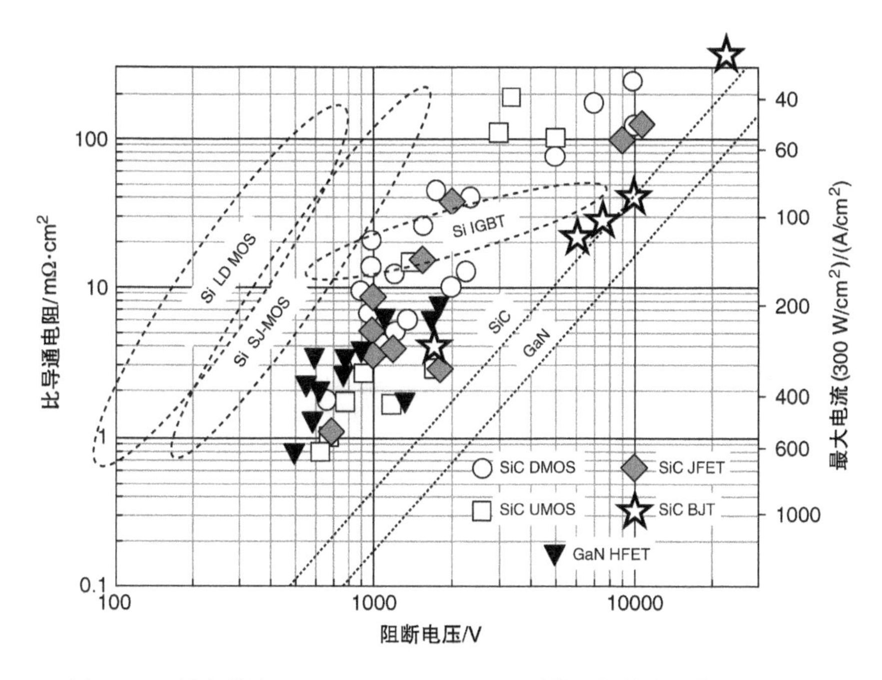

图 11-50 最先进的 SiC JFET、BJT 和 GaN 异质结型场效应晶体管的性能，以 SiC MOSFET 作为其背景[8]（由 IEEE 授权转载）

在更低击穿电压的应用环境下，GaN HEMT 器件已经展现出其优越的性能。GaN 技术的发展已经走在 SiC 的前面，但未来仍有很大的发展潜力。读者可阅读最近的文献来获取详细信息。

图 11-51 给出了迄今为止文献报道中挑选出的 SiC IGBT 以及晶闸管的导通特性[15-19]发展状况。由于图中的点只标识最大电流密度，所以标识导通电阻所用的轴已经去掉。如硅 IGBT 以及晶闸管等器件存在开启电压，开启电压为 2.8V 时，它们的最大导通电流可用式（11-45）计算得到。从图中我们可以看出，SiC IGBT 以及晶闸管的性能指标均与最优的 SiC BJT 相接近。这三者都是双极型器件，能超过 SiC 单极型器件的极限而工作。值得期待的是，当材料质量得到提升后，就会出现更多击穿电压高于 10kV 的应用，而高压 SiC BJT、IGBT，以及晶闸管也就能得到快速的发展。

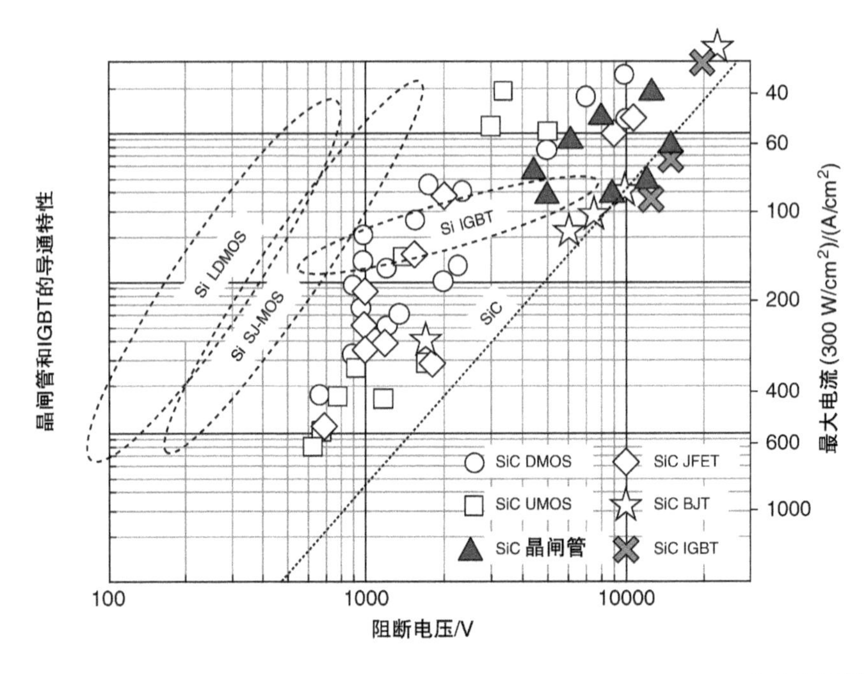

图 11-51 SiC IGBT 和晶闸管的导通特性，以 SiC MOSFET、JFET 和 BJT 作为背景[8]
（由 IEEE 授权转载）

参考文献

[1] Mohan, N., Undeland, T.M. and Robbins, W.P. (2003) *Power Electronics*, 3rd edn, John Wiley & Sons, Inc., Hoboken, NJ.

[2] Raghunathan, R., Alok, D. and Baliga, B.J. (1995) High-voltage 4H-SiC Schottky barrier diodes. *IEEE Electron. Device Lett.*, **16** (6), 226–227.

[3] Rupp, R., Treu, M., Mauder, A. *et al.* (1999) Performance and reliability issues of SiC-Schottky diodes. *Mater. Sci. Forum*, **338–342**, 1167–1170.

[4] Singh, R., Cooper, J.A., Melloch, M.R. *et al.* (2002) SiC power Schottky and PiN diodes. *IEEE Trans. Electron. Devices*, **49** (4), 665–672.

[5] Zhao, J.H., Alexandrov, P. and Li, X. (2003) Demonstration of the first 10-kV 4H-SiC Schottky barrier diodes. *IEEE Electron. Device Lett.*, **24** (6), 402–404.

[6] Nakamura, T., Miyanagi, T., Kamata, I. *et al.* (2005) A 4.15 kV 9.07 mΩ-cm^2 4H-SiC Schottky-barrier diode using Mo contact annealed at high temperature. *IEEE Electron. Device Lett.*, **26** (2), 99–101.

[7] Hull, B.A., Sumakeris, J.J., O'Loughlin, M.J. *et al.* (2008) Performance and stability of large-area 4H-SiC 10-kV junction barrier Schottky rectifiers. *IEEE Trans. Electron. Devices*, **55** (8), 1864–1870.

[8] Ohashi, H. (2012) Power devices then and now, strategy of Japan, in *24th International Symposium on Power Semiconductor Devices and ICs (ISPSD 2012)*, IEEE, pp. 9–12.

[9] Miyake, H., Okuda, T., Niwa, H. *et al.* (2012) 21-kV SiC BJTs with space-modulated junction termination extension. *IEEE Electron. Device Lett.*, **33** (11), 1598–1600.

[10] Veliadis, V., Stewart, E.J., Hearne, H. *et al.* (2010) A 9-kV normally-on vertical-channel SiC JFET for unipolar operation. *IEEE Electron. Device Lett.*, **31** (5), 470–472.

[11] Zhao, J.H., Alexandrov, P., Zhang, J. and Li, X. (2004) Fabrication and characterization of 11-kV normally off 4H-SiC trenched-and-implanted vertical junction FET. *IEEE Electron. Device Lett.*, **25** (7), 474–476.

[12] Zhao, J.H., Kiyoski, T., Alexandrov, P. *et al.* (2003) 1710-V 2.77 mΩ-cm^2 4H-SiC trenched and implanted vertical junction field-effect transistors. *IEEE Electron. Device Lett.*, **24** (2), 81–83.
[13] Zhang, Y., Sheng, K., Su, M. *et al.* (2007) 1000-V 9.1 mΩ-cm^2 normally off 4H-SiC lateral RESURF JFET for power integrated circuit applications. *IEEE Electron. Device Lett.*, **28** (5), 404–407.
[14] Miyake, H., Kimoto, T. and Suda, J. (2011) 4H-SiC BJTs with record current gains of 257 on (0001) and 335 on (000-1). *IEEE Electron. Device Lett.*, **32** (7), 841–843.
[15] Ryu, S.-H., Cheng, L., Dhar, S. *et al.* (2012) Development of 15 kV 4H-SiC IGBTs. *Mater. Sci. Forum*, **717–720**, 1135–1138.
[16] Sui, Y., Wang, X. and Cooper, J.A. (2007) High voltage self-aligned p-channel DMOS IGBTs in 4H-SiC. *IEEE Electron. Device Lett.*, **28** (8), 728–730.
[17] Sugawara, Y., Takayama, D., Asano, K. *et al.* (2004) 12.7 kV ultra high voltage SiC commutated gate turn-off thyristor: SICGT. International Symposium on Power Semiconductor Devices and ICs, Kitakyushu, Japan, pp. 365–368.
[18] Zhang, Q.J., Agarwal, A., Capell, C. *et al.* (2012) 12 kV, 1 cm^2 SiC GTO thyristors with negative bevel termination. *Mater. Sci. Forum*, **717-720**, 1151–1154.
[19] Cheng, L., Agarwal, A.K., Capell, C. *et al.* (2013) 15 kV, large-area (1 cm^2), 4H-SiC p-type gate turn-off thyristors. *Mater. Sci. Forum*, **740-742**, 978–981.

第 12 章　专用碳化硅器件及应用

由于 SiC 的宽禁带、高的热稳定性和抵抗腐蚀性环境的能力，这使得其成为很多用常规半导体无法满足的应用得以实现的一项技术。这些应用包括商用系统和军用系统用高功率微波器件，汽车、航天航空、测井用高温电子器件，满足恶劣环境下的耐用 MEMS（微电子机械传感器），内燃机、热水器和锅炉里的气体和化学传感器，以及日盲（solar - blind）紫外光探测器。我们将在本章中讨论这些应用。

12.1　微波器件

相比于 Si 和 GaAs，SiC 有着更高的击穿电场强度、更高的饱和迁移率和更高的热导率，这使得其成为产生波段在 L 和 S 波段（1 ~ 2GHz 和 2 ~ 4GHz）的微波功率理想材料。SiC 器件是非常强大的（robust），其微波 MESFET（金属 - 半导体场效应晶体管）和 SIT（静电感应晶体管）都已经实现商业化量产。

12.1.1　金属 - 半导体场效应晶体管（MESFET）

SiC 微波 MESFET 是 1995 ~ 2002 年间发展起来的，用于替代 GaAs 微波场效应晶体管（FET）[1]。图 12-1 给出了一个有着常规掺杂和尺寸的 SiC MESFET 截面图。栅金属和 n 型沟道形成肖特基接触，在负的栅极偏压作用下，在栅极下面形成一个伸展进沟道内的耗尽区，降低了漏极电流。在足够负的栅极电压下，耗尽区完全穿过沟道区，漏极电流被完全截止。p 型缓冲区阻止了沟道电子进入可能被深能级陷阱俘获的半绝缘区。图 12-2 所示的是一个典型 SiC 微波 MESFET 的 $I_D - V_{DS}$特性[2]。很多教科书上给出了 MESFET 的 $I - V$ 特性推导[3,4]，建议读者可以从这些教科书上得到相应的公式。

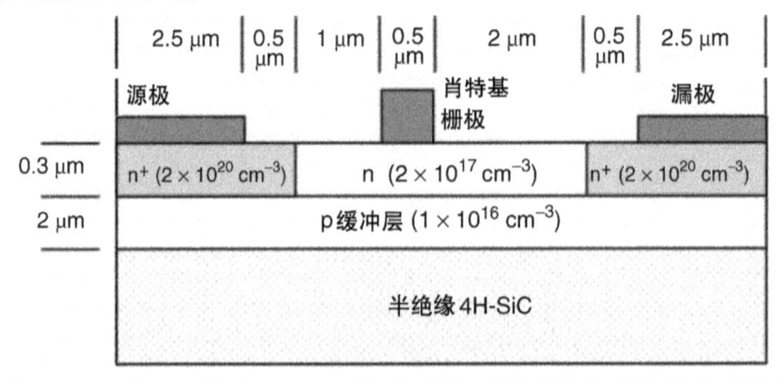

图 12-1　一个 SiC 微波 MESFET 的截面图，图上所标注的是其典型尺寸

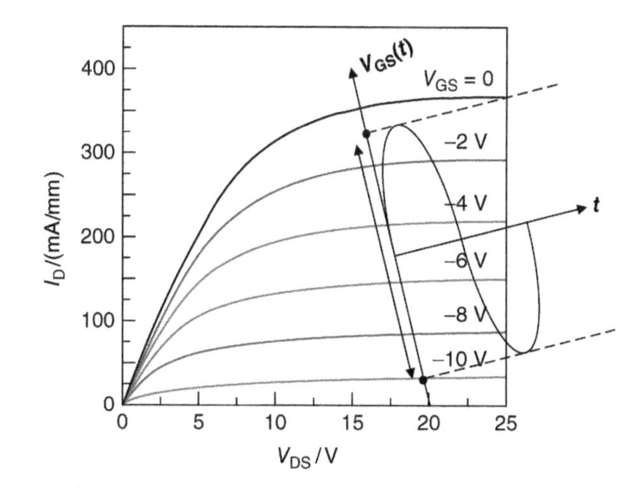

图 12-2　微波 MESFET 的 $I_D - V_{DS}$特性概念图，图中的示意图展示了工作点沿着一个假想的负载线移动的输入波形[2]

（由 Electrochemical Society（ECS）授权转载）

通常，微波晶体管性能特性可以总结为由一组以一个固定频率的输入功率为自变量、以微波输出功率、功率增益和功率附加效率（ PAE ）为函数的特性图。为了理解这些特性图，有必要回顾一下关于微波理论的一些基本概念。

微波功率增益和输出功率通常表示的单位分别为 dB 和 dBm。单位为 dB 的功率增益由下式给出：

$$G(\mathrm{dB}) = 10\log_{10}(P_{\mathrm{OUT,RF}}/P_{\mathrm{IN,RF}}) \tag{12-1}$$

通过变化可以得出功率比：

$$G = P_{\mathrm{OUT,RF}}/P_{\mathrm{IN,RF}} = 10^{G(\mathrm{dB})/10} \tag{12-2}$$

输出功率（dBm）由下式给出：

$$P_{\mathrm{OUT,RF}}(\mathrm{dBm}) = 10\log_{10}\left(\frac{P_{\mathrm{OUT,RF}}(\mathrm{mW})}{1(\mathrm{mW})}\right) \tag{12-3}$$

通过变换，可以得到

$$P_{\mathrm{OUT,RF}}(\mathrm{mW}) = (1\mathrm{mW})10^{\frac{P_{\mathrm{OUT,RF}}(\mathrm{dBm})}{10}} \tag{12-4}$$

表 12-1 给出了单位为绝对单位和 dB 的功率增益和输出功率。

表 12-1　单位为绝对单位和 dB 的功率增益和输出功率

G/dB	G	$P_{\mathrm{OUT,RF}}$/dBm	$P_{\mathrm{OUT,RF}}$/mW
50	10^5	50	10^5
40	10^4	40	10^4
30	10^3	30	10^3
20	10^2	20	10^2
10	10^1	10	10^1

（续）

G/dB	G	$P_{\mathrm{OUT,RF}}$/dBm	$P_{\mathrm{OUT,RF}}$/mW
0	10^{0}	0	10^{0}
-10	10^{-1}	-10	10^{-1}

功率附加效率（PAE）是放大器产生的 RF（射频）功率的增加除以总直流输入功率：

$$\mathrm{PAE} \equiv 100\left(\frac{P_{\mathrm{OUT,RF}} - P_{\mathrm{IN,RF}}}{P_{\mathrm{IN,DC}}}\right) \tag{12-5}$$

漏极效率是 RF 输出功率除以直流输入功率：

$$漏极效率 \equiv \frac{P_{\mathrm{OUT,RF}}}{P_{\mathrm{IN,DC}}} = \frac{P_{\mathrm{OUT,RF}}}{V_{\mathrm{DC}}I_{\mathrm{DC}}} \tag{12-6}$$

总效率或总体效率是 RF 输出功率除以总输入功率：

$$总效率 = \frac{P_{\mathrm{OUT,RF}}}{P_{\mathrm{IN,DC}} + P_{\mathrm{IN,RF}}} = \frac{P_{\mathrm{OUT,RF}}}{V_{\mathrm{DC}}\,I_{\mathrm{DC}} + P_{\mathrm{IN,RF}}} \tag{12-7}$$

参照图 12-2，我们指出随着输入信号幅值的增加，晶体管最终进入 $I_{\mathrm{D}} - V_{\mathrm{DS}}$特性的非线性部分，输出功率开始饱和，伴随而来的则是增益的减少和因放大特性的非线性在输出波形上引入的谐波。因而，随着输入功率的增加，可以预期输出功率的最终饱和及 PAE 和增益的降低。

图 12-3 所示为一个栅长为 0.25mm 的 4H－SiC 微波 MESFET 工作在 10GHz 的输出功率、功率增益和 PAE 特性[1]。当输入功率为 21.4dBm（138mW），PAE 为 20%时，输出功率达到最大值，为 30.4dBm（1.1W 或 4.3W/mm）。在输入功率达

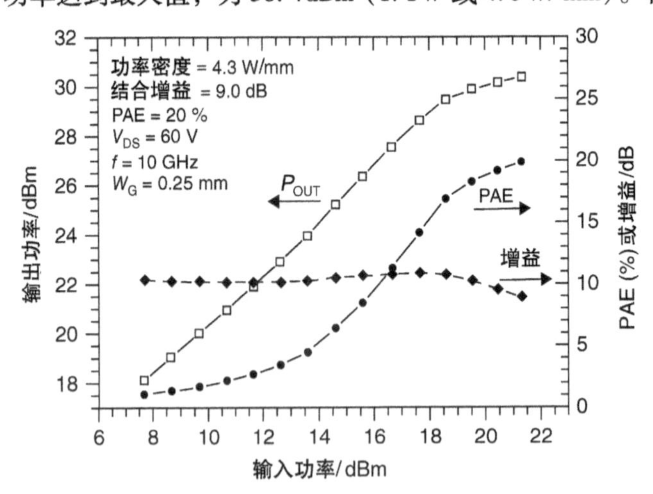

图 12-3　一个栅长为 0.25mm 的 4H－SiC 微波 MESFET 工作在 10GHz 的输出功率、功率增益和 PAE 特性[1]

（由剑桥大学出版社授权转载）

到 19.6dBm、功率增益达到 10.6dB（增益为 11.5）后变得平坦化。图 12-4 展示了一个工作在 3.1GHz，更大尺寸器件的输出功率和 PAE[1]，其总的栅长达到 48mm，其总输出功率在 PAE 达到 38% 时达到了 49.1dBm（80W）。

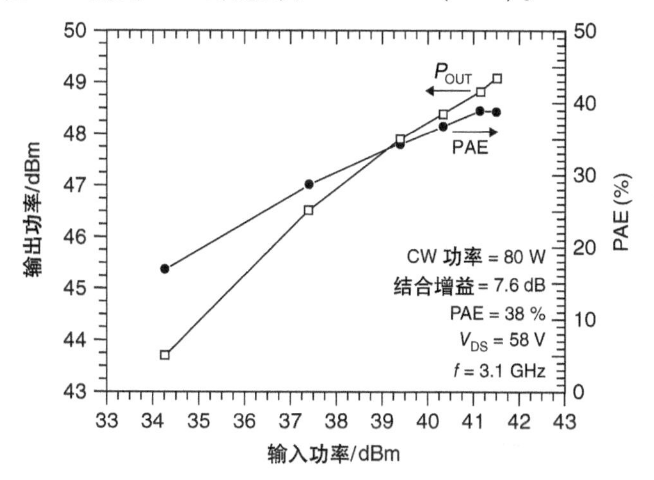

图 12-4　一个栅长为 48mm 的 4H－SiC 微波 MESFET 工作在 3.1GHz 频率下的输出功率和 PAE 特性[1]

（由剑桥大学出版社授权转载）

12.1.2　静态感应晶体管（SIT）

静态感应晶体管（SIT）由 J. I. Nishizawa 于 1950 年提出[5-7]，第一个关于 SiC SIT 的报道发表于 1995 年[8,9]。图 12-5 展示了一个有着凹槽形肖特基栅的垂直型微波 SIT。电子从顶部表面的 n^+ 源区流向底部的 n^+ 漏极，其电流由嵌入的肖特基栅延伸的耗尽区调节。在这个意义上，SIT 的作用相当于一个垂直型 JFET 或者 MESFET，但存在关键差别：栅长，由栅金属的厚度定义，比栅极之间的沟道宽度小（即 $L_G \ll 2a$）。当该条件成立，漏极电流不会如在 MESFET 或者 JFET 那样进入饱和，而是在一个固定栅极电压下随着漏极电压的增加而

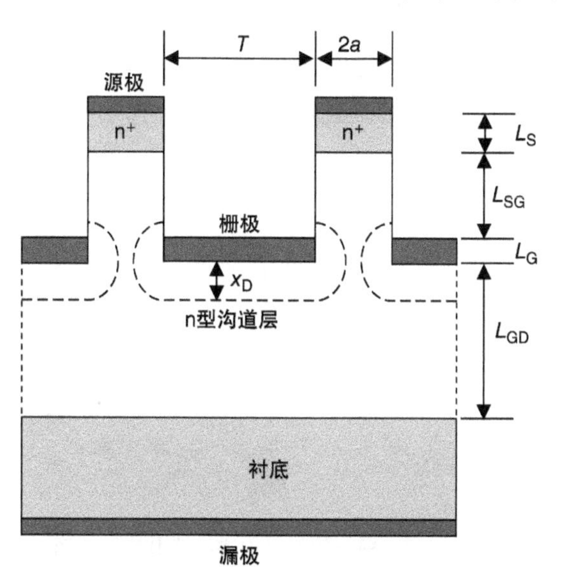

图 12-5　SiC 微波静态感应晶体管(SIT)的截面图[10]

（由 Andreas Przadka 授权转载）

增加，如图 12-6 所示。

从图 12-6 所示的特性中，我们可以标识出三个电导区：在栅极电压接近 0 时，即区域（1），围绕栅极的耗尽区比较小，垂直沟道还没有被夹断（$x_D < a$），在这些条件下电流流动是具有欧姆特性（线性）的，主要由栅极电压控制。在大的负栅极电压控制下，如区域（2）所示，沟道被完全耗尽，电流的产生是通过在沟道中势垒的鞍点处的热电子发射形成的，如图 12-7 所示。这里，电流随势垒的降低呈现指数增加。在 SIT 的几何结构中，势垒是由栅极电压和漏极电压共同调节的，这是 SIT 区别于 MESFET 和 JFET（其$L_G >> 2a$，栅极对沟道具有唯一的控制）的地方。在这一区域里 SIT 的特性可以通过如图 12-8 所示的一个简单的等效电路理解，这里鞍点 G′处的势垒由来自栅极、源极和漏极的电容性耦合决定。在 SIT 内，非常小的 L_G（栅长）降低了栅耦合，使得漏极可以调节 G′点的势垒：漏极电压的增加将引起漏极电流呈指数上升。最后，在高漏极电流区，即图 12-6 中的区域（3），电子浓度在沟道中的浓度超过了掺杂浓度，电子以其饱和漂移速度漂移，结果就是电流变成了空间电荷限制类型。

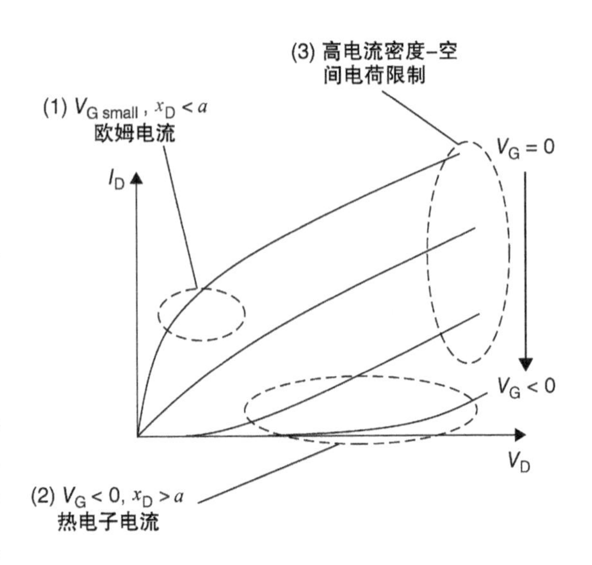

图 12-6　微波 SIT 的 $I_D - V_{DS}$特性的图示[10]

（由 Andreas Przadka 授权转载）

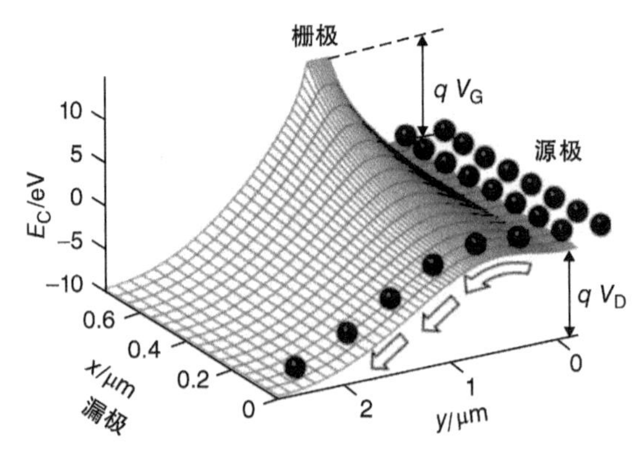

图 12-7　栅极间耗尽沟道的静电势能的图示（所示为半个沟道区）。源极接地，栅极为负偏压，漏极为正偏压[10]

（由 Andreas Przadka 授权转载）

由于受二维效应和竞争电导机制的影响，SIT 的静态 $I_D - V_{DS}$ 关系是复杂的，没有直接的解析解存在。因此，该特性最好的研究方法是二维数字仿真。图 12-9 展示了 $I_D - V_{DS}$ 特性与 L_G 和 a 的关系[10]。随着栅长减小或者沟道厚度增加（在图中向左上方移动），栅极对于势垒失去了控制，（漏极）电流随漏极电压迅速增大。另一方面，当 L_G/a 比增加（在图中向右下方移动），栅极施加了更多的控制，特性趋近与一个常规的 MESFET 或者 JFET。类 SIT 特性大致对应于虚线间的区域。

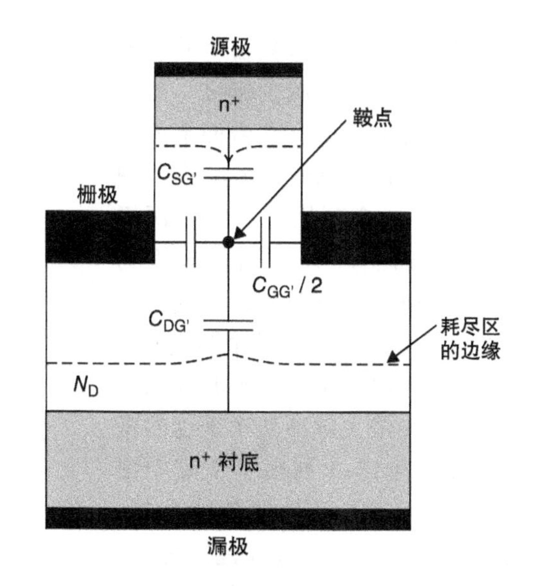

图 12-8 电容性模型展示了在鞍点处的静电势垒是如何由源极、栅极和漏极共同决定的[10]

（由 Andreas Przadka 授权转载）

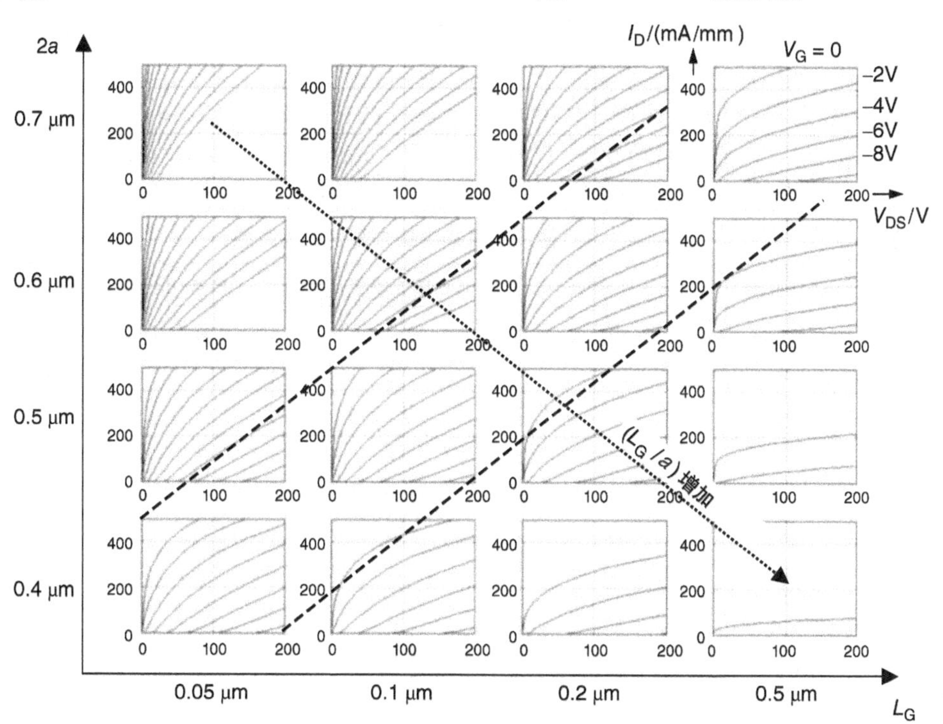

图 12-9 由二维数字仿真得到的微波 SIT 的静态 $I_D - V_{DS}$ 特性与栅长 L_G 和沟道宽度 $2a$ 的关系。对于所有曲线，$N_D = 5\times10^{16}\text{cm}^{-3}$，$L_{SG} = 0.5\mu\text{m}$，$L_{GD} = 2\mu\text{m}$，$L_S = 0.5\mu\text{m}$，$T = 1.5\mu\text{m}$[10]

（由 Andreas Przadka 授权转载）

实际 SIT 器件有着数百个并联的沟道或者台面，为了减少栅极-源极电容，提高微波性能，在台面上的源极接触通常通过空气桥互连。图12-10展示了一个利用空气桥作源极互连的 SIT 的照片[11]，台面宽度为 0.5μm，沟槽宽度为 1μm，空气桥是通过电镀淀积 1.2μm 厚的金制成的。

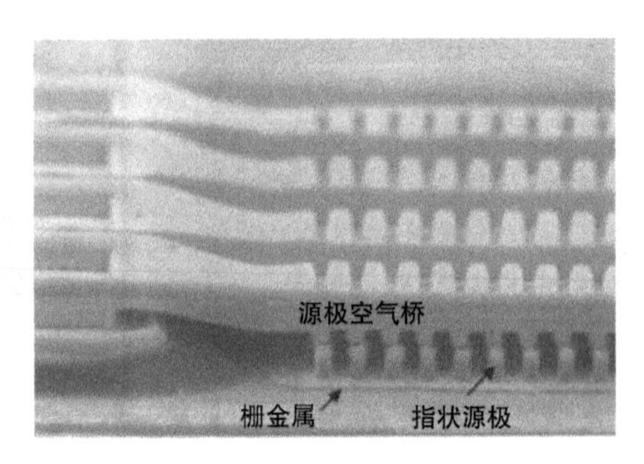

图 12-10 一个有着源极空气桥互连的 C 波段 SiC SIT 的照片[11]
（由 IEEE 授权转载）

SiC SIT 是在 UHF 到 S 波段的频率范围内产生最大脉冲功率密度的微波晶体管。表 12-2 列出了文献中报道的几个 SiC SIT 器件的性能数据，其功率密度在 1 ~ 2W/mm 范围之间，PAE 在 30% ~ 50% 范围之间，功率增益在7 ~ 10dB 之间。

一个 SIT 所能达到的最大功率受到热因素的制约。要深入了解热的制约因素，考虑一个特别的例子是有帮助的。从表 12-2 中，我们得到一个典型的 RF 输出功率为 1.5W/mm，一个典型的功率增益为 9.5dB（增益约为 9:1），一个典型的 PAE 约为 45%。将这些值代入式（12-5），允许我们求解 $P_{IN,DC}$，得到的这个器件的直流功率耗散为 3W/mm，而图 12-10 中这个器件的指状节距（$2a+T$）为 1.5μm，因此得到的每单位面积的功率为 $(3\text{W/mm})/(1.5\mu\text{m}) \approx 2\times10^5\text{W/cm}^2$。这部分功率作为热能消耗在器件中，而这部分热能必须由热管理系统排出。

表 12-2 SiC 微波静电感应晶体管的性能数据

频带	频率/GHz	$P_{OUT,RF}$/(W/mm)	PAE（或漏极效率）(%)	增益/dB	参考文献
UHF	0.6	1.35	47	8.7	[8]
UHF	0.95	0.6	27	14	[11]
L	1.3	1.67	55	7.7	[12]
L	1.3	1.55	(52)	7.0	[13]
S	1.3	1.6	(40)	—	[14]
S	2.9	1.55	(40)	—	[11]
S	3.0	1.2	42	9.5	[15]
S ~ C	3 ~ 4	1.27	40	9.5	[16]
S ~ C	4.0	0.91	(30)	7.0	[11]
S ~ C	4.0	—	—	10	[13]

为了继续计算，假设这个 SIT 工作在脉冲模式，我们希望找到一个最大脉冲宽度使得整个 SiC 晶圆的温升保持在低于 200℃（为了简化问题，我们假设脉冲间的

时间足够长使得冷却可以发生)。图 12-11 展示了一个厚度为 L 的均匀半导体平板，其表面在半径为 R_0 的一个圆环里承受着热通量为 F_0 时的暂态温度上升的数值计算[17]。左侧的纵轴表示以半导体的平板热导率 K 归一化的温度上升，底部横轴表示以半导体平板的热导率 K 归一化的时间，右侧纵轴和顶部横轴分别表示这个特殊器件的绝对温度上升和绝对时间，解释如下。

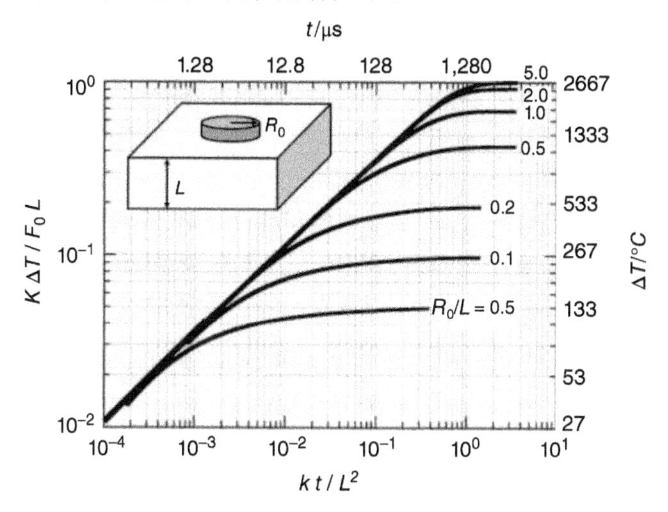

图 12-11　圆柱形平板上端的暂态温度升高随加热半径 R_0 和平板厚度 L 的函数关系[17]

(由 James A. Cooper 授权转载)

图中不同的曲线对应着不同的加热半径 R_0。脉冲早期，表面温度随 t^2 增加，但是最终平板的热量分布趋于稳态，表面温度趋于稳定。对于大面积器件 ($R_0/L >>1$)，热通量基本为一维，最终温度上升饱和于 $\Delta T = (L/K)\ F_0$ (上部的曲线)，也就是热通量与平板热阻的乘积。对于小面积器件 ($R_0/L << 1$)，最终温度上升饱和于 $\Delta T \approx (L/K)(R_0/L)\ F_0$ (下部曲线之一)。

如果我们插入 4H－SiC 的热导率和热扩散系数的数值 ($K = 3.0\mathrm{W \cdot cm^{-1}K^{-1}}$，$\kappa = 1.25\mathrm{cm^2/s}$)，并且我们假设基片厚度为 L，热通量为 F_0，我们就可以用绝对温度和时间重新标记图 12-11 中的坐标轴。从上面的计算中设定 $L = 400\mu\mathrm{m}$ 和 $F_0 = 2\times10^5\mathrm{W/cm^2}$，得到图 12-11 中右侧和顶部的坐标轴标签。如果我们希望整个 SiC 晶片的温度上升保持在 200℃以下，并且假设 SIT 的横向尺寸大于晶圆的厚度 ($R_0 >> L$)，顶部的坐标轴告诉我们 RF 脉冲的宽度必须小于 5.8μs。在实际中，如果我们将脉冲间平板的不完全冷却考虑在内的话，我们就必须使用一个更短的脉冲。或者，如果我们希望 SIT 工作在连续波 (cw) 模式下并再次假设横向尺寸要大于晶片厚度，这样在稳态下我们可以得到 $\Delta T = (L/K)\ F_0$。为了使 $\Delta T < 200$ ℃，我们必须限制 F_0 小于 $1.5\times10^4\mathrm{W/cm^2}$。通过之前假设的增益和 PAE 数值，可以得到

0.112W/mm，远小于器件可以提供的1.5W/mm全输出功率。请注意这些计算只考虑到SiC芯片的热阻，没有包括封装的热阻。

另外一个对可用的最大功率的限制来自输出阻抗匹配的要求。对于大多数微波系统而言，典型的阻抗为50Ω。图12-12展示了工作在50Ω负载线的SIT I_D-V_{DS}特性（这里我们忽略了无功漂移）。假设在RF条件下，SIT可以遵循直流 I_D-V_{DS} 特性，RF输出功率与负载线下灰色阴影的区域面积成比例，由下式给出：

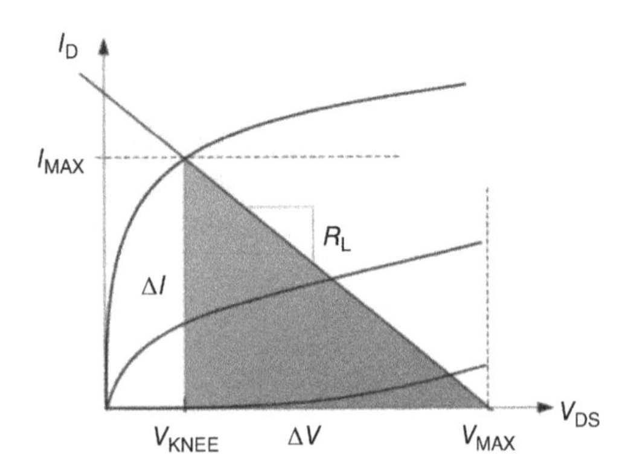

图12-12 功率三角形展示了一个负载线电阻为 R_L 的SIT的RF工作范围[10]
（由Andres Przadka授权转载）

$$P_{OUT,RF} = (V_{DS,RMS})(I_{D,RMS}) = \left(\frac{1}{\sqrt{2}}\frac{1}{2}\Delta V\right)\left(\frac{1}{\sqrt{2}}\frac{1}{2}\Delta I\right) = \frac{1}{8}\Delta V\Delta I \qquad (12\text{-}8)$$

图12-12中的负载线可以由下式表示

$$R_L = \Delta V/\Delta I \qquad (12\text{-}9)$$

合并式（12-8）和式（12-9），我们可以得出

$$P_{OUT,RF} = \frac{1}{8}\frac{\Delta V^2}{R_L} \qquad (12\text{-}10)$$

式（12-8）~式（12-10）可以作如下理解：ΔV是由器件所支持的最大电压V_{MAX}所决定的，而与器件的面积无关。然而，ΔI却与器件面积成比例。由于R_L值通常小于50Ω，并且$\Delta V<V_{MAX}$，式（12-9）给出了ΔI的一个上限，及由此为得到与输出匹配的阻抗而给出的器件尺寸的上限。类似的，式（12-10）代表了受阻抗匹配限制的器件可以达到的输出功率的上限。SiC由于具有更高的击穿电场强度，其可以支持比硅或者GaAs更高的电压ΔV，而式（12-10）中的ΔV^2因子则解释了为什么SiC SIT可以容纳高很多的功率密度。

12.1.3 碰撞电离雪崩渡越时间（IMPATT）二极管

碰撞电离雪崩渡越时间（IMPATT）二极管是一个两端口微波振荡器，可以通过渡越时间效应产生RF功率。在结构上，一个IMPATT二极管是一个反向偏置的pin二极管，其浅掺杂的漂移区里包括一个与p^+区相连的有着较高掺杂浓度的薄的“雪崩区”。这个雪崩区是完全耗尽的，更高的掺杂浓度使得电场强度在冶金结处形成尖锐峰值。IMPATT二极管产生的在毫米波频率（30~300GHz）范围内的cw微波功率是任何半导体器件中最高的。关于IMPATT二极管的理论和工作在一些文献中得到讨论[4]，读者可以参考这些文献得到工作细节。

SiC 对于 IMPATT 二极管的优势可以通过两个重要的优值系数总结：IMPATT 二极管的电子性极限（electronic limit）为[4]

$$P_{\mathrm{OUT,RF}} f^2 = \frac{(E_{\mathrm{C}} v_{\mathrm{SAT}})^2}{4\pi X_{\mathrm{C}}} \tag{12-11}$$

式中，E_C 是雪崩击穿的击穿电场强度，v_{SAT}是饱和迁移速率，X_C是二极管的电容性电抗（容抗），由下式给出：

$$X_{\mathrm{C}} = 1/(2\pi f C_{\mathrm{D}}) \tag{12-12}$$

式中，C_D 是耗尽区的电容。由于有着较高的击穿电场强度和饱和速率，4H - SiC IMPATT 的电子性极限大约高出硅的 5 倍和 GaAs 的 19 倍。

IMPATT 二极管的热极限为[4]

$$P_{\mathrm{OUT,RF}} f = \frac{K\Delta T}{2\pi\varepsilon_{\mathrm{s}} X_{\mathrm{C}}} \tag{12-13}$$

式中，K 是热导率，ΔT 是器件的最大温升。因为有着较高的热导率、可容许 ΔT 和击穿电场强度（导致较低的 X_C），4H - SiC IMPATT 二极管的热极限大约高出硅的 400 倍和 GaAs 的 350 倍。

虽然 SiC 表现出是一种优秀的 IMPATT 二极管材料，但到目前为止的发展还是非常有限[18]。

12.2 高温集成电路

随着能源效率重要性的不断提升，特别是在生产和输运行业，分布式传感和控制电子元件被视为是其发展的一个关键驱动技术。在很多情况下，这些电子元件的优化配置场合是处在一个高温环境中，例如在以内燃机驱动的汽车中，在发动机上直接放置传感和控制电子元件可以提高效率和降低排放；将控制元件集成到每一个制动器上将允许应用自动稳定算法来加强安全性和防止车祸。这两项应用均要求电子元件工作在远高于硅的工作温度范围之上。作为一个强大的宽禁带半导体，SiC 非常适合于这些应用。在 Neudeck 等的文献[19]中有关于高温 SiC 集成电路的现状和展望的综述。

对于一个完整系统而言，高温电子元件带来的经济效益比因特殊元件带来的额外成本要高好几个数量级，特别是当成本分摊到系统整个寿命中时。举例说明，在钻井作业中，使用井下电子元件来传递方向和成分信息到地面可以得到更加精准和有效的钻探的益处。在商业客机中，传感器和相关的电子设备在涡轮发动机的高温部分可以用来优化燃烧过程，使燃料的效率提高，在飞机几十年的寿命中意味着可观的节约。

从系统的角度出发，将放大器、控制电子元件和传感器、执行器一起放置在一个高温环境中有着极大的好处。再次考虑商业客机的情况，虽然在高温区只放置传感器或者执行器而把控制电子元件放置在一个温度较低的环境内是可行的，但这需要更多的接线和更长的线路运行。数个被广泛报道的涉及众多死亡的航空事故被追查出是由于破损的接线绝缘触发的电气火灾或者爆炸。解决重量和可靠性考虑的方法就是划分系统，将接口电子元件放置在高温区。这将使得用数字式互连取代充满噪声的模拟式互连成为可能，或者实现光数据连接，进一步降低重量和消除打火的危害。所有这些考虑为发展可以放置在高温环境下的模拟和数字集成电路提供了动力。

对于一些系统而言，没有高温电子元件是不可行的，事例包括到内行星的太空任务，在金星和水星表面的温度可以达到450℃，或者核反应堆的原位传感器和控制器，其温度同样可以达到450℃。这些环境下只有基于如 SiC 这样的高温半导体的电子元件才是可用的。

图 12-13 绘制了一些高温电子元件的最终应用和相适应的体硅和绝缘体上硅（SOI）技术，SiC MOSFET 技术，以及 SiC JFET 和 BJT 技术。硅集成电子元件有一些限制。由于本征载流子浓度 n_i 是温度的强函数，而硅的禁带宽度较低，使得硅的本征载流子浓度在温度低至250℃时就接近于正常杂质浓度了。另外，在耗尽区的热激发与 n_i 成比例，所以在反向偏置下硅 pn 结的漏电流便成为一个制约因素，这也是使用 SOI 的主要原因。基于这些考虑，体硅和 SOI 集成电路一般情况下限制温度在 250 ~ 300℃以下。

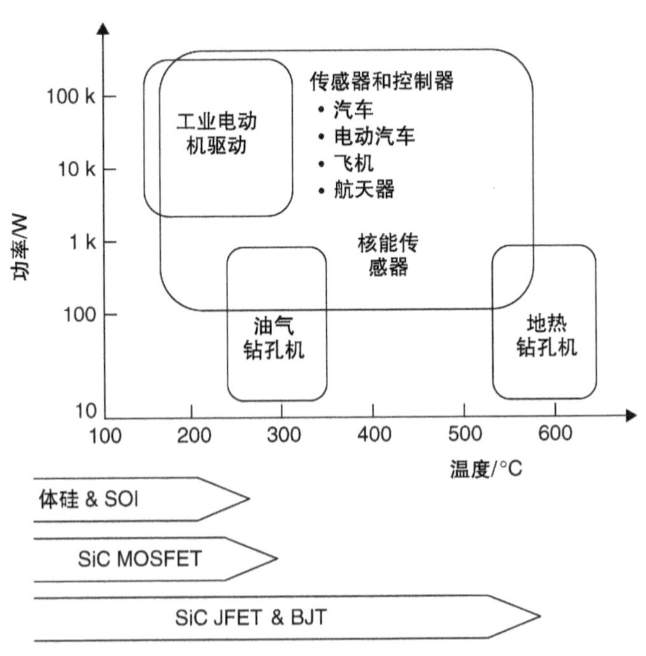

图 12-13　几个高温系统的工作区域与体硅和绝缘体上硅（SOI），SiC MOSFET，及 JFET 和 BJT 技术的适用温度范围

如在8.2.11节中讨论的，SiC（和Si）MOS器件在温度上受限于氧化物的可靠性问题，包括不仅是氧化物破坏性失效，还包括更隐蔽的失效机制，如阈值漂移和界面退化，使得其性能不符合技术规格。MESFET虽然没有这个关键的栅氧化物，但是却有在高温下过量栅漏电流的问题，这有效地限制了SiC MESFET的工作温度不超过250℃。

SiC JFET或者BJT可以在高得多的温度下工作，这是因为这些器件不依靠关键的栅氧化物，也不受肖特基势垒的高的栅漏电流的影响。这里，最严重的限制是用于互连、欧姆接触和封装上的冶金的热稳定性。常规p型SiC的欧姆接触包含铝，但是铝由于其高的反应活性使得其不适于高温。到目前为止，还没有已知的冶金可以提供良好的p型SiC欧姆接触，可以在高于300℃时有长期的可靠性。对于SiC BJT而言是一个严重的制约，因为它们需要n型和p型层同时具有低电阻接触。n沟道JFET在这个方面是最宽容的，是因为p型接触只限于p^+栅极且只通微小电流。n型SiC的欧姆接触在高温下比较强壮，Ti/$TaSi_2$/Pt多层金属组合展示了在600℃下超过1000h的稳定的欧姆特性[20,21]。这些考虑使得SiC JFET比SiC BJT更适合特高温的应用。

基于SiC，一些双极型和JFET集成电路被开发出来。双极型集成电路基于晶体管-晶体管逻辑（TTL）电路家族，由Lee等[22]报道。Singh和Cooper[23]在半绝缘4H-SiC衬底上制作TTL集成电路，得到在室温下和355℃温度下的级延迟（stage delay）分别是9.8ns和11.7ns。Lanni等[24]报道的SiC双极型集成电路是基于发射极-耦合逻辑（ECL）电路，工作在300℃，级延迟为62ns。尽管有了这些示范，双极型电路高温下的长期稳定性还没有被论证过。

至今最出色的结果是应用SiC JFET技术得到的，NASA Glenn研究中心展示的模拟和数字JFET集成电路在500℃下稳定工作了几千小时[25]。虽然电路在工作了几千小时后开始失效，所有的失效都可以追溯到互连的失效，没有器件在500℃下超过6000h的实验中发现失效。这验证了SiC JFET器件固有的稳定性，但是同时显露出持续改进高温下金属化系统的需要。

12.3 传感器

在最一般的意义上，传感器是任何一种提供一些环境变量信息的器件，范例包括测量温度或者湿度的器件，用以测量气压、力、加速度或者位移的机械传感器，用于测量气体或者液体组成的化学传感器，用于探测生物制剂的存在和浓度的生物传感器，用于探测光或者做光学或者红外成像的光传感器，以及辐射传感器。

SiC所具有的一些独特的材料性质使得其适用于一些超出硅传感器能力的传感器应用，这包括2.9倍于硅的禁带宽度（相对4H-SiC而言）、7倍于硅的击穿电场强度、2.5倍于硅的热导率、3.5倍于硅的杨氏模量。SiC升华的温度是2830℃，相比于硅的是1412℃，而且SiC不会发生在硅中所观测到的在500℃左右发生的热致塑性形变。SiC是人类已知最坚硬的材料之一，它不受多数常温下化学腐蚀剂的穿蚀，包括最强的酸。因为它的化学稳定性，SiC适用于腐蚀性环境的应用。然而缺少化学腐蚀剂使得在材料中难以形成复杂的三维结构。

至今，SiC传感器的发展主要集中在硅器件难以完成的应用上。这些应用通常归入下列三类之一：机械传感器、气体传感器和光传感器。一些文献综述了SiC传感器技术[26,27]。

12.3.1 微机电传感器

如前所述，微机电系统（MEMS）利用了SiC优秀的机械性能和固有的高温性能。这些应用很多都不需要单晶材料而可以用更廉价的多晶SiC制造。MEMS器件通常用以下两类技术之一制造：体微机械加工和面微机械加工。在体微机械加工中，悬挂机械结构是通过选择性移除下面的衬底制成的。在面微机械加工中，悬挂机械结构是通过选择性移除下面的薄膜制成的。关于SiC MEMS技术，Zorman和Parro发表了一篇优秀的综述[28]。

在一种体微机械加工中，一层3C-SiC通过外延生长在一个硅晶圆上，然后将硅晶圆的部分作选择性去除以得到独立的SiC结构。这种方法有若干个好处。首先，硅可以很容易通过湿法化学腐蚀的方法去除，留下完整SiC部分，这样可以容易地制作出复杂的、用体SiC难以制作的独立SiC结构。另外，相比SiC晶圆，硅衬底更大而且更便宜，进一步节约了成本。

另一种体微机械加工利用单晶或者多晶SiC晶圆，经过一系列图形化和刻蚀步骤以形成所需要的机械结构。垂直特征的如凹坑（pit）、台面结构和沟槽结构可以通过使用电感耦合等离子体（ICP）或者深反应性离子刻蚀（DRIE）技术的常规干法刻蚀制造，但是更大的挑战在于形成复杂的有SiC层横向钻蚀要求的独立结构。这可以使用掺杂选择型电化学或者光电化学刻蚀来实现，如6.2.3节所讨论的。这些技术里，根据要形成的三维几何结构，选择性掺杂区域由图案化的离子注入、大面积外延，或者重复注入和外延序列形成。p型区可以通过电化学刻蚀的方法选择性地去除。在这一工艺过程中，试样浸入稀释的HF溶液，空穴的存在促进p型SiC和溶液的界面处的阳极氧化，而氧化物由稀释的HF溶液腐蚀掉。化学过程通过以下反应进行（虽然第一反应似乎是占主导地位的）[29]：

$$
\begin{aligned}
&SiC + 2H_2O + 4h^+ \rightarrow SiO + CO + 4H^+ \\
&SiC + 4H_2O + 8h^+ \rightarrow SiO_2 + CO_2 + 8H^+
\end{aligned}
\tag{12-14}
$$

式中，h^+代表在SiC价带里的一个空穴。刻蚀过程因在n型材料里缺乏空穴因而是选择性的。

一个改进版的电化学刻蚀，称为光电化学刻蚀，可以用来选择性去除n型SiC层[21]。在这一过程中，试样浸在稀释的HF溶液中，在UV照射下通过阳极化

（anodically）进行刻蚀。光生空穴由于表面能带弯曲聚集在 n 型区域表面，导致其氧化和刻蚀。然而，这样的刻蚀并不均匀，而是形成了多孔 SiC。空隙的直径为 10~30nm，间隔为 10~50nm，导致了其空隙率达约 53%[21]。由于在 p 型区的表面空穴被耗尽，因而这些区域经受的刻蚀微不足道。n 型多孔层可以通过后续的热氧化和随后的 HF 浸泡去除。

由于制造的容易性和更低的成本，多种 MEMS 传感器已经在硅上 3C-SiC 系统上制成。压力传感器应用了 SiC 的压电电阻特性，在 1999 年被开发用于汽车工业[30]。这些结构利用在 SOI 晶圆上生长 3C-SiC，并利用了 SiC 的高温电气稳定性。压力传感器也可以是基于电容的变化而不是压电电阻的变化[31]。在这些器件中，压力导致 SiC 薄膜，相当于电容的一个板极，产生了形变。该形变由电容值的变化测出。3C-SiC 在这些应用中很有吸引力是因为它优秀的高温机械性能。

虽然体 SiC 晶圆的微机械加工比硅上 SiC 要困难很多，但在这个方面已经发生了显著的进步。光电化学机械刻蚀已经被用来在 6H-SiC 上制造工作在室温到 500℃范围的压力传感器[32]。高 g 值压电电阻式加速计应用深反应性离子刻蚀（DRIE）在 6H-SiC 上得到实现[33]。这些器件工作的温度远超出硅器件的能力。

因为 SiC 的化学稳定性，SiC 同样在生物 MEMS（bio-MEMS）等新兴领域引起兴趣。SiC 是生物兼容的和可消毒的[34]，并且多孔 SiC 由于其对于生物污染（biofouling）的抵抗能力被探索用于生物过滤的应用上[35]。这些特性使得 SiC MEMS 适于可植入式治疗和诊断用医疗器件[36]。

12.3.2　气体探测器

气体探测器是化学传感器的一个分支，用来探测气流中的特定分子的存在。气体探测器最重要的一个应用是在燃烧控制领域，例如，汽油和柴油内燃机的尾气排放处的气体探测器可以用来提供闭环控制系统优化燃烧过程、提高燃料的效率和降低污染。类似的应用存在于用以提供住宅和商业供暖的热水器和锅炉中。SiC 传感器的高温性能使得它们非常适合于这些应用。

在汽车应用中，SiC 气体探测器的响应时间在毫秒范围内，足够短到可以区分单个气缸的尾气产物。这些探测器可以监视燃料/空气混合体，并且检测诸如一氧化碳、氮氧化物和硫化物等分子，这些都能造成大气污染。在柴油发动机中，最大的污染物是氮氧化物，这些可以通过在催化式排气净化器前引入氨气（ammonia）加以消除，在催化式排气净化器的进口处和出口处监视氨气的含量可以对净化过程进行更有效的控制。

SiC 气体探测器是通过肖特基势垒二极管、MOS 电容和 MOSFET 实现的。所有这三个器件的探测作用是基于在高温下催化金属如 Pt 或者 Pd 与气流中含氢或者含氧物质的化学反应，这些物质吸附于催化金属的表面并分解，释放出的氢原子或者氧原子经过扩散经过金属到达 SiC 或者 SiO_2 的界面处。在高温下，氢原子和氧原子扩散非常迅速，通常只需要几微秒到几毫秒就能扩散到界面处，并在那里通过化学方式改变金属的功函数。这可以通过肖特基二极管的 $I-V$ 特性 MOS 电容的 $C-V$ 特性或者 MOSFET 的 I_D-V_{DS}特性检测出来。

在肖特基二极管探测器中，催化金属与 SiC 形成一个肖特基势垒，金属功函数与肖特基势垒高度直接相关，如图 7-4 所示。这样，我们可以得到肖特基势垒 Φ_B：

$$\Phi_B=\Phi_M-\chi \tag{12-15}$$

式中，Φ_M是金属功函数，χ 是半导体的电子亲和能。通过肖特基二极管的电流与 Φ_B成指数关系，可以参见式（7-18）。因此该电流可以作为功函数的一个敏感的指标。图 12-14 展示了将一个 SiC 肖特基二极管气体探测器交替暴露在 550℃下含氧气氛和含丙烷气氛中的效果[37]，丙烷的分解释放出的氢原子通过催化金属扩散到界面处并降低了势垒高度；暴露于氧气则通过产生水蒸气消除了氢，导致势垒高度增加。$I-V$ 特性可以通过接触氧气和丙烷在这两个情况中反复循环。

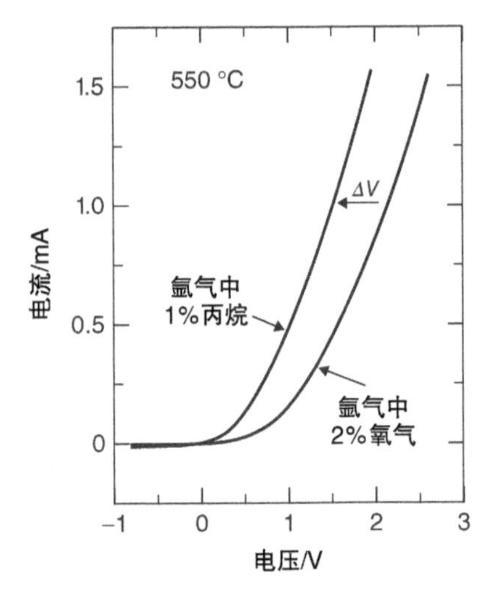

图 12-14 一个 SiC 肖特基二极管气体探测器在 550℃温度下其催化金属暴露在氧气和丙烷（氢）环境时的电流－电压特性[37]

（由 Wiley－VCH GmbH 授权转载）

对于所有类型的 SiC 气体探测器的探测过程可以总结为：催化反应释放的氢原子降低了金属栅或者阳极的有效功函数，这发生在高温下可以催化分解的碳氢化合物分子中；任何可以释放氧原子的反应将提高金属的有效功函数，而功函数的变化将通过对器件的终端特性的影响而探测出来。

现在转向 MOS 电容探测器，其平带电压由式（8-56）给出，现复述如下：

$$V_{FB}=\frac{\Phi_M}{q}-\frac{Q_F}{C_{OX}}-\frac{Q_{IT}(\Psi_S=0)}{C_{OX}} \tag{12-16}$$

式中，Q_F是在氧化物/半导体界面上的固定电荷的面密度，$Q_{IT}(\Psi_S)$ 为界面态随表面势 Ψ_S而变化的俘获的电荷。要点是平带电压直接和金属功函数 Φ_M成比例。因为催化金属栅的有效功函数通过暴露到含氢或者氧的气体改变，作为这种暴露的结果，MOS 电容的电容－电压曲线将沿着电压坐标轴位移。这使得通过在恒定栅压下监视电容值或者通过改变栅压以维持电容恒定的方法探测气流中存在的碳氢化合物或者含氧物质成为可能。图12-15 展示了一个 6H－SiC

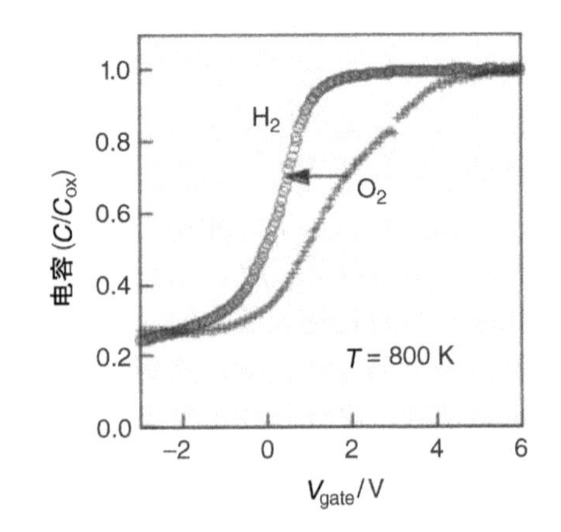

图 12-15 一个 $Pt/SiO_2/6H-SiC$ MOS 电容气体探测器在 800K（527℃）下暴露到含氢和含氧环境中的 $C-V$ 特性曲线[38]

（由 IEEE 授权转载）

上的 Pt/SiO$_2$/SiC MOS 电容在 800K（527℃）下暴露在氧化和还原环境中的 $C-V$ 特性曲线[38]，暴露在氢（环境）下将降低金属功函数和由此造成的平带电压，而当暴露在氧（环境）下将增加功函数和由此造成的平带电压。暴露在氧（环境）下还能产生新的界面态而使得 $C-V$ 曲线沿电压轴变宽。通过暴露在氢（环境）中清除氧来钝化界面态将缩小 $C-V$ 曲线的宽度。通过交替暴露到氢和氧（环境）中，$C-V$ 曲线将在这两种情况中重复循环。

MOS 电容探测器需要外电路来测量电容，以监视电容的变化或者保持一个恒定的电容。如果我们测量一个有着催化金属栅的 MOSFET 的漏极电流时，这些电路将是不必要的[29]。在 MOSFET 探测器中，沟道的掺杂被调整到器件为常开（耗尽模式），栅极与源极相连，形成一个两端器件。漏极电流的监视是在一个将 MOSFET 置于饱和状态的恒定漏极电压下进行的，即 $V_D > (V_G - V_T) = -V_T$（注意 $V_G=0$，$V_T<0$）。

式（8-47）和式（8-49）给出了饱和漏极电流，对于栅极和源极相连的情况（$V_G=V_S=0$），并且假设阈值电压 $V_T<0$，可以得到饱和漏极电流为

$$I_{D,SAT} \approx \mu_N^* C_{OX}\frac{W}{2L}V_T^2 \tag{12-17}$$

式中，V_T由式（8-59）给出，设 $V_S=0$，式（8-59）可改写成

$$V_T = \left[\frac{\Phi_M}{q} - \frac{Q_F}{C_{OX}} - \frac{Q_{IT}(\Psi_S=0)}{C_{OX}}\right] + 2\Psi_F + \sqrt{2V_O(2\Psi_F)} \tag{12-18}$$

由于 MOSFET 是耗尽型的，是 V_T负值，意味着式（12-18）里的负值项大于正值项。当我们在催化栅极上引入含氢化合物时，氢原子被释放，减少的金属功函数 Φ_M的数值是正的。作为一个结果，阈值电压将变得更负，饱和电流将增加。相反的，含氧分子将增加 Φ_M，使得 V_T数值不是那么负，饱和电流降低。这在图 12-16 里可以看出，其中一个耗尽模式 SiC MOSFET 在 525 ℃下被反复暴露到一氧化氮（NO）中[39]。NO 的分解释放出氧，增加 Φ_M，减少漏极电流。随着时间的推移，基线信号逐渐减小，意味着得到重复循环下的稳定性能需要更多的工作。

上述每一种探测器，肖特基二极管、MOS 电容和 MOSFET 都有它们的限制。肖特基二极管因为金属/半导体界面处的化学变化造成长期运行中特性逐渐退化，MOS 电容和 MOSFET 如 8.2.11 节所讨论的那样受限于高温下氧化物的可靠性问题。在所有的情况下，探测器响应的可重复性和稳定性都需要改善以使得定量测量可以达到一个更高的置信水平。

12.3.3 光探测器

SiC 的宽禁带特性使得它对于可见光透明，这是因为在可见光范围内的光子能量小于禁带宽度使得其不能被吸收。这对于当所希望探测的光信号被在可见光范围内的环境光淹没这种场合是一种优势，结果是，SiC 主要用于紫外或者“日盲

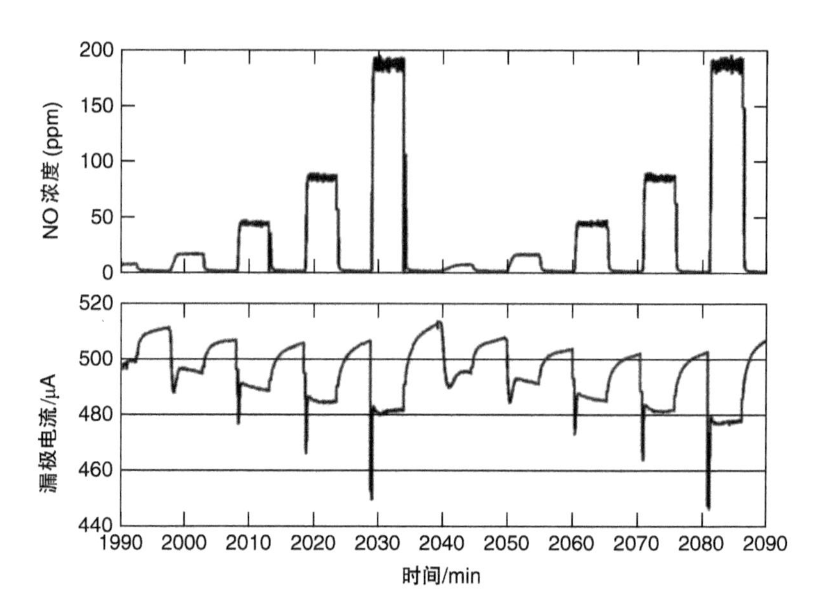

图 12-16 一个有着 40nm Pt 栅的 n 沟道耗尽型 4H - SiC MOSFET 气体探测器暴露在 525℃下一个含 10 ~ 200 ppm 一氧化氮的合成空气（synthetic air）背景下的漏极电流变化。栅极短路到源极，漏极保持在 8V[39]

（由剑桥大学出版社授权转载）

（“solar - blind”）光探测器，最常见的 SiC 光探测器是 pin 光二极管和雪崩光二极管（APD）。我们将首先讨论 pin 光二极管，然后再考虑将它们转化为 APD 的改良。

如图 12-17 所示，一个 pin 光二极管的基本结构包括一个 n^+ 衬底、一个轻掺杂的区域（“i” 区）和表面一个薄的 p^+ 重掺杂区。p^+ 区上的欧姆接触在其表面上被间隔开用以通过光，整个表面上镀了一层抗反射镀层。在常规工作中，光二极管处于反向偏置使 i 区完全耗尽，电场将电子扫进 n^+ 区，将空穴扫进 p^+ 区。具有大于禁带宽度能量的入射光子可以产生电子 - 空穴对，在 i 区或者离 i 区扩散距离内产生的载流子被扫出器件形成光电流。

进入半导体的单位面积光强随着离表面的距离呈指数衰减，可以写成

$$P(x) = P(0)\exp(-\alpha x) \tag{12-19}$$

式中，α 是吸收系数，度量单位是 cm^{-1}。该吸收系数是光子能量（或者波长）的强函数。能量低于禁带宽度的光子不能产生电子 - 空穴对，因此不被吸收。能量等于或者大于禁带宽度的光子有足够的能量能促使电子从价带顶部跃迁至导带底部，但所有这类跃迁需要满足动量守恒定律（k 守恒）。由于 SiC 是间接禁带半导体，导带底部的态与价带顶部的态并不在同一 k 值上，因此两者间不可能发生直接跃迁。当光子能量稍微大于禁带宽度时，在价带和导带上可以发现有着同一 k 值的态

对，其 ΔE 对应于光子能量，其发生的最低能量代表着 SiC 的吸收边，吸收系数随着能量的提高，存在更多的满足 k 守恒的态而迅速增大。图 12-18 绘出了几个半导体的吸收系数和声子能量的关系[40-44]，其中吸收深度显示在右边纵轴上，这是当光强降低到其在表面数值的 $1/e$ 时的深度。光谱中可见光的部分在 1.8 ~ 3.2eV 之间。相比传统半导体，4H - SiC 和 6H - SiC 在可见光谱内是相对非吸收的（non - absorptive），使得它们适合用于 UV 光探测器以达到对可见光的响应最小化。

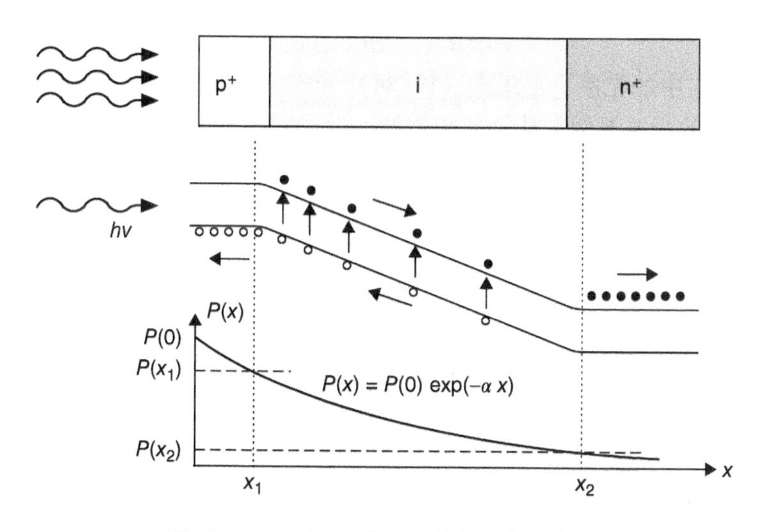

图 12-17 一个 pin 光二极管的工作示意图

回到图 12-17，我们现在来定义一些光二极管的相关优值系数。响应度（responsivity）R 的定义是流出终端的光电流除以入射光在到达表面的光强 $AP(0)$。我们假设所有在耗尽区内产生的和在距离耗尽区边缘扩散距离内的中性区内产生的电子 - 空穴对都被电场分离并作为光电流流出终端，由此定义了收集区，由图 12-17中的 x_1 和 x_2 标出。应用式（12-19），在收集区里每单位面积内吸收的光强是

$$P_{\mathrm{ABS}} = P(x_1) - P(x_2) = P(0)[\exp(-\alpha x_1) - \exp(-\alpha x_2)] \quad (12\text{-}20)$$

这可以写作

$$P_{\mathrm{ABS}} = P(0)\exp(-\alpha x_1)[1 - \exp(-\alpha \Delta x)] \quad (12\text{-}21)$$

式中，$\Delta x = x_2 - x_1$ 是收集区的宽度。方括号项之前的因子代表了进入到 $x = x_1$ 的集电区的光能，方括号内因子代表了在集电区内被吸收的能量部分。因为所有在集电区产生的电子和空穴会流出器件端口，光电流可以写成

$$I_{\mathrm{PH}} = qA\frac{P_{\mathrm{ABS}}}{h\nu} \quad (12\text{-}22)$$

式中，h 是普朗克常数，ν 是光子频率，$h\nu$ 是光子能量 E_{PH}。将式（12-21）代入式（12-22），得到：

$$I_{PH} = qA\frac{P(0)}{h\nu}\exp(-\alpha x_1)[1-\exp(-\alpha\Delta x)] = qA\frac{P(0)}{h\nu}\eta \qquad (12\text{-}23)$$

式中，η 为量子效率，

$$\eta = \exp(-\alpha x_1)[1-\exp(-\alpha\Delta x)] \qquad (12\text{-}24)$$

量子效率可以被解释为用每秒的电子数度量的光电流除以光通量，并以每秒的光子数度量。利用式（12-23），响应度可以被写成

$$R = \frac{I_{PH}}{AP(0)} = \frac{q\eta}{h\nu} = \frac{q\lambda}{hc}\eta[A/W] \qquad (12\text{-}25)$$

式中，c 为真空中的光速。在用式（12-24）和式（12-25）时，我们须记住，通过图 12-18 所示的吸收系数和能量的相关性，量子效率和响应度取决于波长。同样有用的是想到能量和波长的相关性：

$$E_{PH} = \frac{hc}{\lambda} = \frac{1.24(\text{eV})}{\lambda(\mu\text{m})} \qquad (12\text{-}26)$$

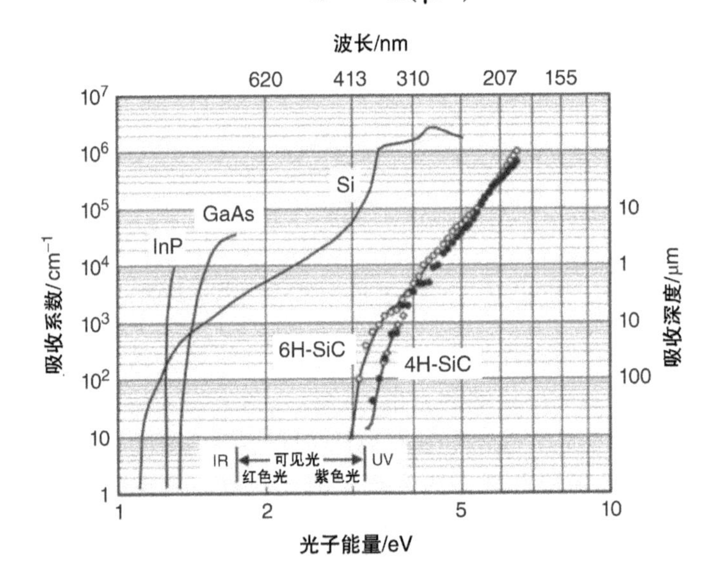

图 12-18　室温下几个半导体的吸收系数。由于在 350nm 以下测量的困难性，这些数据应当被视为是近似值

响应度和波长的相关性可以理解为，在短波长（高光子能量）范围内，由于大的吸收系数 α，大多数入射光子在表面就被吸收了，导致很少有光子可以到达集电区。虽然光生效应（photogeneration）发生在近表面区域，这里由于没有电场来分开载流子，它们在形成电流之前就复合了。在长波长范围内，光子的能量不足以产生电子 - 空穴对，因此吸收系数非常小，导致大多数光子穿过整个集电区而不被

吸收。在吸收深度 $1/\alpha$ 落在集电区内的中波长范围内，可以产生显著的光电流，响应度达到其最大值。

图 12-19 展示了一个 4H-SiC 光二极管的响应度测试值[45]。这个特别的器件是一个 APD，将在下面讨论，而这个图在这里将用来说明响应度 R 和量子效率 η 之间的关系。在量子效率保持一个常数值时，响应度随波长作线性增加，如同式（12-25）所表示的那样，所以量子效应的等值线对应于图中的斜线。图上展示了两条实验曲线，一条是裸光二极管的，另一条是覆有作用相当于一个窄带滤光器 HfO_2/SiO_2 介电涂层的光二极管的。带滤光器的二极管在 260～280nm 到一个窄的波段中得到 40% 的量子效率，并且对光子在可见光谱范围内有着 10^6 的拒绝率。

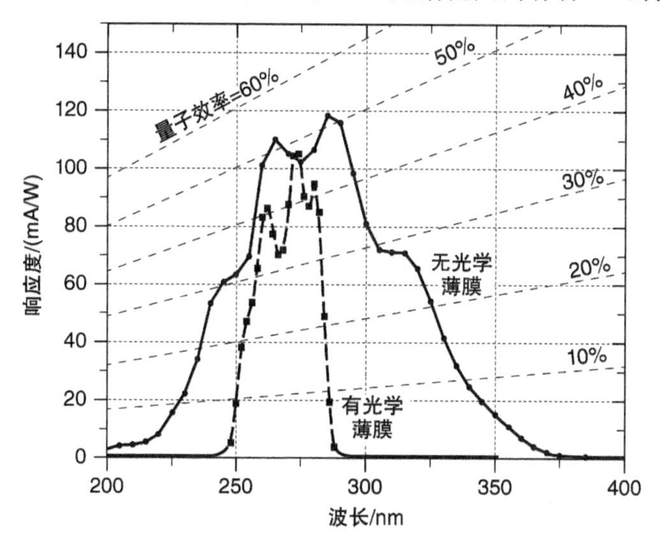

图 12-19 有/无光学镀膜的 4H-SiC 雪崩光二极管的响应度。斜线是恒定量子效率 η 的轨迹[45]

（由 Trans Tech Publications 授权转载）

雪崩光二极管（APD）类似于图 12-17 所示的 pin 光二极管，但有一个光生载流子可以发生碰撞电离并增加电流的区域。图 12-20 展示了一个 lo-hi-lo APD 结构，其中一个薄的 n 重掺杂层被部分插入 n 型集电区。在反偏状态下，电场强度在轻掺杂区相对恒定，但在重掺杂层上升迅速，导致如图所示的电场分布。电子-空穴对在集电区形成后被电场分离，电子漂移至 n^+ 接触，而空穴则漂移至高电场强度区。如果电场在雪崩区接近击穿电场强度，空穴可以在它们漂移通过该区时发生碰撞电离，产生新的电子-空穴对，导致电流增加。

重要的是空穴而不是电子被拉进雪崩区。如图 10-1 所示，相比于电子，空穴有着更高的电离系数，能在更低的电场强度下发生碰撞电离。在该 APD 设计下，在雪崩区的电场可以调节使得只有空穴而不是电子发生电离，这保证了在雪崩区里产生的电子不触发新的可导致失控击穿的电离事件。

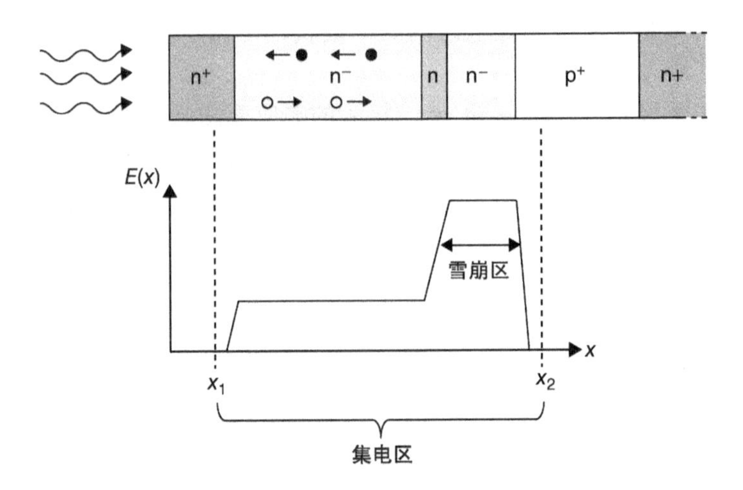

图 12-20 一个 lo - hi - lo 结构的雪崩光二极管

由于每一个入射光子能产生多个电子 - 空穴对，这样就有可能应用 APD 结构构建一个高灵敏的光探测器。不幸的是，雪崩的过程固有地充满了噪声，这是由于碰撞电离的随机属性。然而，通常的情况是光二极管的噪声被用于放大光信号的电路噪声所掩盖，因此在光二极管中利用雪崩过程引入电气增益可能并不会降低系统的总信噪比，通过细致的设计，使用 SiC APD 来得到超过光电倍增管能力的性能是有可能的，如下面我们将要看到的。

为了讨论探测器的灵敏度，我们需要引入两个新参数。噪声等效功率（NEP），定义为产生的探测器电流等于每单位带宽探测器的方均根（rms）噪声电流的光功率。从另一个角度定义，NEP 是产生在单位带宽测量下的一个单位信噪比所需的光功率信号。因此，信噪比可以用实际入射光功率（信号）对噪声等效光功率的比值来表示，

$$\mathrm{SNR} = P(0)/\mathrm{NEP} \tag{12-27}$$

显然，对于一个给定的光信号，一个更小的 NEP 值（即更低的噪声）的结果是更大的信噪比。

光二极管中的噪声电流主要源于在二极管中从由信号电流和热生漏电流（暗电流）产生的散粒噪声。在一个半导体中的热产生率由式（7-35）给出。在一个反偏二极管的耗尽区，电子和空穴的浓度是可以忽略的，并且假设中间能隙陷阱，式（7-35）可以简化为

$$G \approx n_i/(\tau_N + \tau_P) \tag{12-28}$$

这告诉我们暗电流与本征载流子浓度成正比。由于 SiC 中的 n_i 比硅低好几个数量级，暗电流和相关的噪声在 SiC 光二极管中也比在硅的要低几个数量级，这导致了一个更低的 NEP，并且对探测单个光子事件来说是一个显著的优点。

比探测率（specic detectivity）D^* 定义为在单位面积二极管在单位带宽下测得

的 NEP 的倒数，即

$$D^{*} = \frac{\sqrt{AB}}{\text{NEP}}(\text{cm Hz}^{1/2}\ \text{W}^{-1}) \tag{12-29}$$

式中，A 是二极管的面积，B 是测量的带宽。SiC 光二极管的低 NEP 值预期降带来更高的探测率值。图 12-21 展示了几种光探测器的比探测率，包括 SiC pin 和肖特基二极管。出于比较的目的，图中还展示了一个常规光电倍增管[46]。该图表明最好的 SiC 光二极管有着与光电倍增管相似的性能。当 SiC APD 工作在非常接近击穿的条件下，其展示了 10^6 倍增增益，使得其有可能实现单个光子探测[38]。

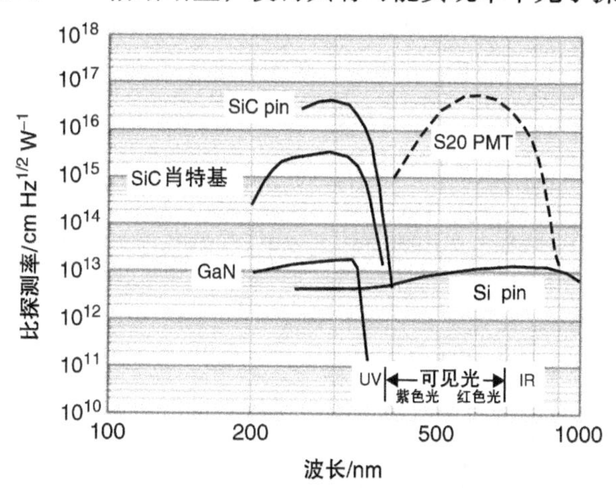

图 12-21　几种光探测器的比探测率，包括 SiC pin 和肖特基二极管，及常规光电倍增管[46]

（由 Trans Tech Publications 授权转载）

参 考 文 献

[1] Allen, S.T., Sheppard, S.T., Pribble, W.L. *et al.* (1999) Recent progress in SiC microwave MESFETs, in *Materials Research Society Symposium Proceedings*, vol. **572** (eds S.C. Binari, A.A. Burk, M.R. Melloch and C. Nguyen), Materials Research Society, Warrendale, PA, pp. 15–22.

[2] Cai, S., Li, L., Wang, L. *et al.* (2012) S-band 300 W output SiC MESFET. *ECS Trans.*, **50** (3), 333–339.

[3] Pierret, R.F. (1996) *Semiconductor Device Fundamentals*, Addison-Wesley, Reading, PA.

[4] Sze, S.M. and Ng, K.K. (2007) *Physics of Semiconductor Devices*, 3rd edn, John Wiley & Sons, Inc., Hoboken, NJ.

[5] Watanabe Y. and Nishizawa J. (1950) Japan Patent 205060, Published no. 28-6077, Dec. 1950.

[6] Nishizawa, J. (1972) A low impedance field effect transistor. International Electron Devices Meeting Technical Digest, IEEE, New York, pp. 144–147.

[7] Nishizawa, J.I., Terasaki, T. and Shibata, J. (1975) Field-effect transistor versus analog transistor (static induction transistor). *IEEE Trans. Electron. Devices*, **22** (4), 185–197.

[8] Siergiej, R. R., Clarke, R. C., Agarwal, A. K. *et al.* (1995) High power 4H-SiC static induction transistors. International Electron Devices Meeting Technical Digest, IEEE, New York, pp. 353–356.

[9] Sriram, S., Siergiej, R.R., Clarke, R.C. and Agarwal, A.K. (1997) SiC for microwave power transistors. *Phys. Status Solidi A*, **162**, 441–457.

[10] Przadka, A. (1999) High frequency, high power static induction transistors in silicon carbide: simulation and fabrication. PhD thesis. Purdue University, West Lafayette.

[11] Henning, J.P., Przadka, A., Melloch, M.R. and Cooper, J.A. (2000) A novel self-aligned fabrication process for microwave static induction transistors in silicon carbide. *IEEE Electron. Device Lett.*, **21** (12), 578–580.
[12] Bojko, R.J., Siergiej, R.R., Eldridge, G.W. *et al.* (1998) Recent progress in 4H-SiC static induction transistors for high frequency power generation. IEEE Device Research Conference Digest, Charlottesville, VA, pp. 96–97.
[13] Agarwal, A.K., Chen, L.-S., Eldridge, G.W. *et al.* (1998) Ion-implanted static induction transistors in 4H-SiC. IEEE Device Research Conference Digest, Charlottesville, VA, pp. 94–95.
[14] Clarke, R.C., Morse, A.W., Esker, P., and Curtice, W.R. (2000) A 16 W, 40% efficient, continuous wave, 4H-SiC, L-band SIT. Proceedings of 2000 IEEE/Cornell Conference on High Performance Devices, pp. 141–143.
[15] Morse, A.W., Esker, P.M., Clarke, R.C. *et al.* (1996) Application of high power silicon carbide transistors at radar frequencies. IEEE MTT-S Digest, pp. 677–680.
[16] Siergiej, R.R., Morse, A.W., Esker, P.M. *et al.* (1997) High gain 4H-SiC static induction transistors using novel sub-micron airbridging. IEEE Device Research Conference Digest, Boulder, CO, pp. 136–137.
[17] Cooper, J.A. (1992) Design Curves for Transient Heat Flow in Semiconductor Devices. ECE Technical Reports 284, Purdue University, West Lafayette.
[18] Yuan, L., Cooper, J. A., Melloch, M. R. and Webb, K. J. (2001) Experimental demonstration of a silicon carbide IMPATT oscillator. *IEEE Electron. Device Lett.* **22** (6) 266 – 268.
[19] Neudeck, P.G., Okojie, R.S. and Chen, L.-Y. (2002) High-temperature electronics – a role for wide bandgap semiconductors? *Proc. IEEE*, **90** (6), 1065–1076.
[20] Okojie, R.S., Lukco, D., Chen, Y.L. *et al.* (2001) Reaction kinetics of thermally stable contact metallization on 6H-SiC. *Mater. Res. Soc. Symp. Proc.*, **640**, H7.5.1–H7.5.6.
[21] Okojie, R.S., Lukco, D., and Spry, D. (2001) Reliability of Ti/TaSi /Pt ohmic contacts on 4H-and 6H-SiC after 1000 hours in air at 600 C. Proceedings of the Electronic Materials Conference, Notre Dame, IN, p. 6.
[22] Lee, J.-Y., Singh, S. and Cooper, J.A. (2008) Demonstration and characterization of bipolar monolithic integrated circuits in 4H-SiC. *IEEE Trans. Electron. Devices*, **55** (8), 1946–1953.
[23] Singh, S. and Cooper, J.A. (2011) Bipolar integrated circuits in 4H-SiC. *IEEE Trans. Electron. Devices*, **58** (4), 1084–1090.
[24] Lanni, L., Ghandi, R., Malm, B.G. *et al.* (2012) Design and characterization of high-temperature ECL-based bipolar integrated circuits in 4H-SiC. *IEEE Trans. Electron. Devices*, **59** (4), 1076–1083.
[25] Neudeck, P.G., Garverick, S.L., Spry, D.J. *et al.* (2009) Extreme temperature 6H-SiC JFET integrated circuit technology. *Phys. Status Solidi A*, **206** (10), 2329–2345.
[26] Wright, N.G. and Horsfall, A.B. (2007) SiC sensors: a review. *J. Phys. D*, **40** (20), 6345–6354.
[27] Wright, N.G., Horsfall, A.B. and Vassilevski, K. (2008) Prospects for SiC electronics and sensors. *Mater. Today*, **11** (1–2), 16–21.
[28] Zorman, C.A. and Parro, R.J. (2008) Micro- and nanomechanical structures for silicon carbide MEMS and NEMS. *Phys. Status Solidi B*, **245** (7), 1401–1424.
[29] Shor, J.S. and Kurtz, A.D. (1994) Photoelectrochemical etching of 6H-SiC. *J. Electrochem. Soc.*, **141** (3), 778–781.
[30] Ziermann, R., von Berg, J., Obermeier, E. *et al.* (1999) High temperature piezoresistive β-SiC-on-SOI pressure sensor with on chip SiC thermistor. *Mater. Sci. Eng., B*, **61–62** (7), 576–578.
[31] Young, D.J., Du, J., Zorman, C.A. *et al.* (2004) High-temperature single-crystal 3C-SiC capacitive pressure sensor. *IEEE Sens. J.*, **4** (4), 464–470.
[32] Okojie, R.S., Ned, A.A. and Kurtz, A.D. (1998) Operation of α(6H)-SiC pressure sensor at 500 °C. *Sens. Actuators, A*, **66** (1–3), 200–204.
[33] Atwell, A.R., Okojie, R.S., Kornegay, K.T. *et al.* (2003) Simulation, fabrication, and testing of bulk micromachined 6H-SiC high-g piesoresistive accelerometers. *Sens. Actuators, A*, **104** (1), 11–18.
[34] Kotzar, G., Freas, M., Abel, P. *et al.* (2002) Evaluation of MEMS materials of construction for implantable medical devices. *Biomaterials*, **23** (13), 2737–2750.
[35] Rosenbloom, A.J., Sipe, D.M., Shishkin, Y. *et al.* (2004) Nanoporous SiC: a candidate semi-permeable material for biomedical applications. *Biomed. Microdevices*, **6** (4), 261–267.
[36] Gabriel, G., Erill, I., Caro, J. *et al.* (2007) Manufacturing and full characterization of silicon carbide-based multi-sensor micro-probes for biomedical applications. *Microelectron. J.*, **38** (3), 406–415.
[37] Lloyd Spetz, A., Uneus, L., Svenningstorp, H. *et al.* (2001) SiC based field effect gas sensors for industrial applications. *Phys. Status Solidi A*, **185** (1), 15–25.
[38] Ghosh, R.N., Tobias, P., Ejakov, S.G. and Golding, B. (2002) Interface states in high temperature SiC gas sensing. *Proc. IEEE*, **2**, 1120–1125.

[39] Matocha, K., Tilak, V., Sandvik, P. and Tucker, J. (2005) High-temperature SiC MOSFET gas sensors. Material Research Society Symposium Proceedings, vol. **828**, pp. A7.9.1–A7.9.6.
[40] Philipp, H.R. and Taft, E.A. (1960) in *Silicon Carbide – A High Temperature Semiconductor* (eds J.K. O'Connor and J. Smieltens), Pergamon Press, Oxford, London, New York, Paris, p. 366.
[41] Panferov, A. and Kurinec, S.K. (2011) Modeling quantum efficiency of ultraviolet 6H-SiC photodiodes. *IEEE Trans. Electron. Devices*, **58** (11), 3976–3983.
[42] Sridhara, S.G., Devaty, R.P. and Choyke, W.J. (1998) Absorption coefficient of 4H silicon carbide from 3900 to 3250 Å. *J. Appl. Phys.*, **84** (5), 2963–2964.
[43] Sridhara, S.G., Eperjesi, T.J., Devaty, R.P. and Choyke, W.J. (1999) Penetration depths in the ultraviolet for 4H-, 6H-, and 3C-silicon carbide at seven common laser pumping wavelengths. *Mater. Sci. Eng., B*, **61–62** (7), 229–233.
[44] Zollner, S., Chen, J.G., Duda, E. *et al.* (1999) Dielectric functions of bulk 4H and 6H SiC and spectroscopic ellipsometry studies of thin SiC films on Si. *J. Appl. Phys.*, **85** (12), 8353–8361.
[45] Vert, A., Soloviev, S. and Sandvik, P. (2010) Performance of silicon carbide photodiode arrays and photomultipliers. *Mater. Sci. Forum*, **645–648**, 1069–1072.
[46] Yan, F., Xin, X., Alexandrov, P. *et al.* (2006) Development of ultra high sensitivity UV silicon carbide detectors. *Mater. Sci. Forum*, **527–529**, 1461–1464.

附　　录

附录 A　4H－SiC 中的不完全杂质电离

SiC 中的掺杂原子占据六方晶格中硅或碳原子的位置。由于不同晶型的堆叠顺序不同，不是所有硅或碳原子的周边环境都是等价的，因此每种施主或受主可能表现出多个与所占位置相关的能级。立方位置的掺杂原子通常比六方位置的掺杂原子具有更高的电离能。

Al 是 4H－SiC 中主要的 p 型掺杂原子，占据六方或立方硅原子的位置，其电离能分别为 197.9meV 和 201.3meV[1]。主要的 n 型掺杂原子是氮和磷。氮占据碳原子的位置，在六方碳原子位置上的电离能为 61.4meV。磷占据硅原子的位置，在立方硅原子的位置上的电离能为 60.7meV[1]。

由于具有高电离能，室温下铝受主在电中性 4H－SiC 中不完全电离。电离受主（或施主）的浓度分别用 N_A^-（或 N_D^+）表示。不完全电离对器件性能有深刻的影响，必须在我们的方程中加以考虑。氮和磷施主具有较低的电离能，在室温下趋向于完全电离，因此在大多数情况下 $N_D^+=N_D$。但是在所有的方程中引入电离受主浓度的正确表达式是很重要的。

在耗尽区，能带弯曲使得施主和受主能级远离费米能级，因此在室温下即使深能级的铝受主也完全电离（被电子占据）。当确定在一个公式中使用电离浓度 N_A^- 或总浓度 N_A时，必须确定表达式是指在耗尽区的电荷浓度（使用 N_A），还是中性区域的载流子浓度（使用 N_A^-）。在本书的所有公式中，已经注意区分这两种情况，并采用正确的表达式。

我们现在考虑 4H－SiC 中的典型数值。在适中的温度下（$n_i \ll N_{A,D}$），非本征材料中（$N_A \gg N_D$或 $N_D \gg N_A$），平衡状态的空穴和电子浓度可以用 $p=N_A^-$（p 型材料）或 $n=N_D^+$（n 型材料）表示。中性区域的电离杂质浓度 N_A^- 或 N_D^+ 可以从电中性条件计算得到，p 型材料中平衡态下空穴浓度可以表示为[2]

$$P=N_A^-=\frac{\eta}{2}\left(\sqrt{1+\frac{4N_A}{\eta}}-1\right) \tag{A-1}$$

式中，η 可表示为

$$\eta=\frac{N_V}{g_A}\exp\left(-\frac{E_A-E_V}{kT}\right) \tag{A-2}$$

式中，E_A是受主杂质的能级，g_A是受主的简并因子（通常取4），N_V是价带的有效态密度，可表示为

$$N_V = 2\left(\frac{2\pi m_{dh}^* kT}{h^2}\right)^{3/2} \tag{A-3}$$

式中，m_{dh}^*是空穴的态密度有效质量，h 是普朗克常数。同样，n 型材料中平衡态下电子浓度可以表示为

$$n = N_D^+ = \frac{\gamma}{2}\left(\sqrt{1+\frac{4N_D}{\gamma}} - 1\right) \tag{A-4}$$

式中，

$$\gamma = \frac{N_C}{g_D}\exp\left(-\frac{E_C - E_D}{kT}\right) \tag{A-5}$$

式中，E_D是施主能级，g_D是施主的简并因子（通常取2），N_C是导带的有效态密度，可表示为

$$N_C = 2\left(\frac{2\pi m_{de}^* kT}{h^2}\right)^{3/2} \tag{A-6}$$

式中，m_{de}^*是电子的态密度有效质量。

图 A-1 是4H－SiC 中性区域中铝受主的电离率，采用电离能 200meV 进行计算。虚线表示室温。在 $1\times10^{17}\text{cm}^{-3}$掺杂浓度下，室温下只有约 15% 的受主电离，平衡态的空穴浓度只有约 $1.5\times10^{16}\text{cm}^{-3}$。电离率随温度升高而增大，在 300℃时达到约 75%。

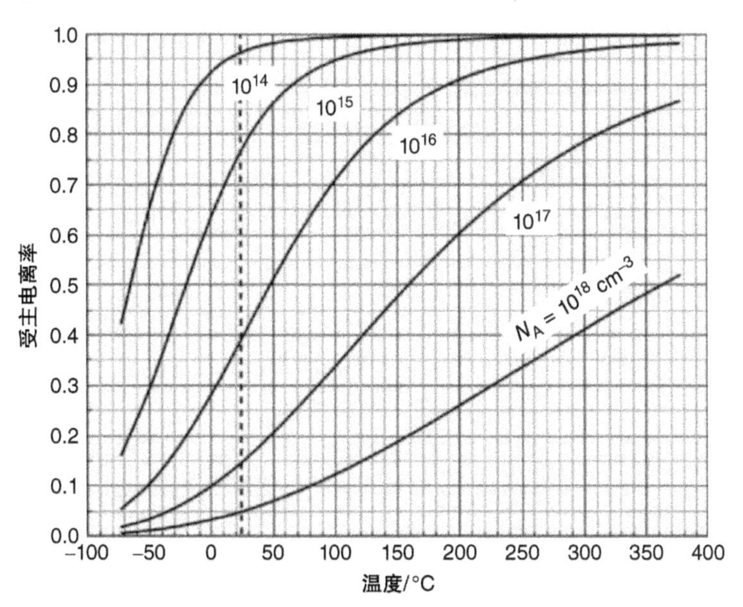

图 A-1　4H－SiC 中铝受主的电离率，采用电离能 200meV 进行计算。虚线表示室温

图 A-2 是 4H－SiC 中氮和磷施主的电离率，采用电离能 61meV 进行计算。在 $1\times10^{17}cm^{-3}$ 掺杂浓度下，室温下约 90% 的施主原子电离。

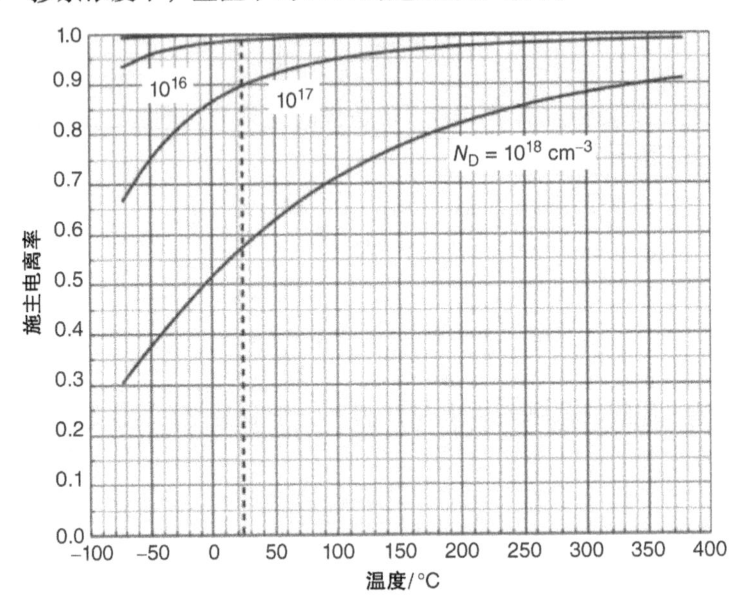

图 A-2 4H－SiC 中氮和磷施主的电离率，采用电离能 61meV 进行计算。虚线表示室温

图 A-3 是用式（8-21）和式（A-1）～式（A-3）计算得到铝掺杂的 4H－SiC 中费米势 Ψ_F，包括 E_G 与温度的关系。随着温度的升高，费米能级向能带中心移动，掺杂浓度越低变化越大。Ψ_F 的减小是由于 n_i 随温度升高急剧增大造成的，如图 A-4 所示。图 A-5 是氮和磷掺杂的 4H－SiC 中费米势的同样计算。

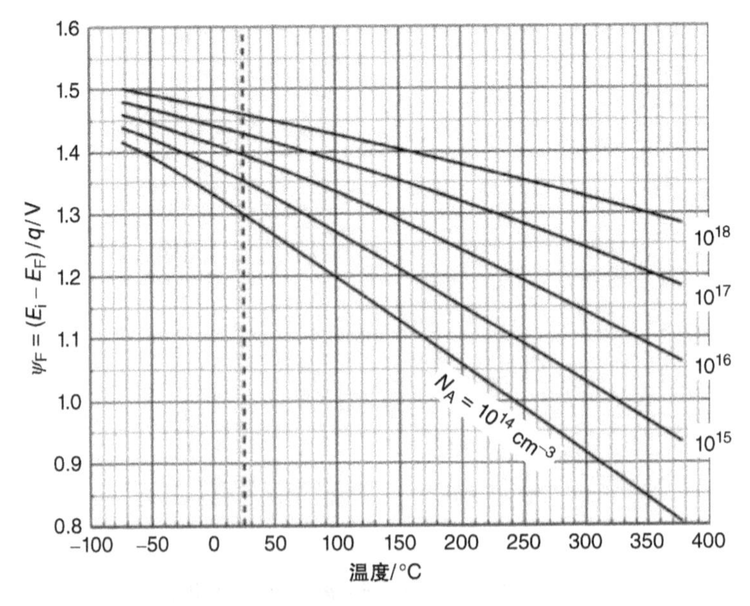

图 A-3 铝掺杂的 4H－SiC 中费米势与掺杂浓度和温度的关系

以上公式假设在掺杂不是特别高的情况下，没有产生杂质能带。但是，当掺杂浓度在 10^{19}cm^{-3} 以上时，杂质原子的平均间距小于 5nm，相邻原子的电子波函数相叠加，形成杂质能带，降低了有效禁带宽度。这将减小杂质电离能 $E_{A,D}$，导致比式（A-1）和式（A-4）所预测的更完全的电离。

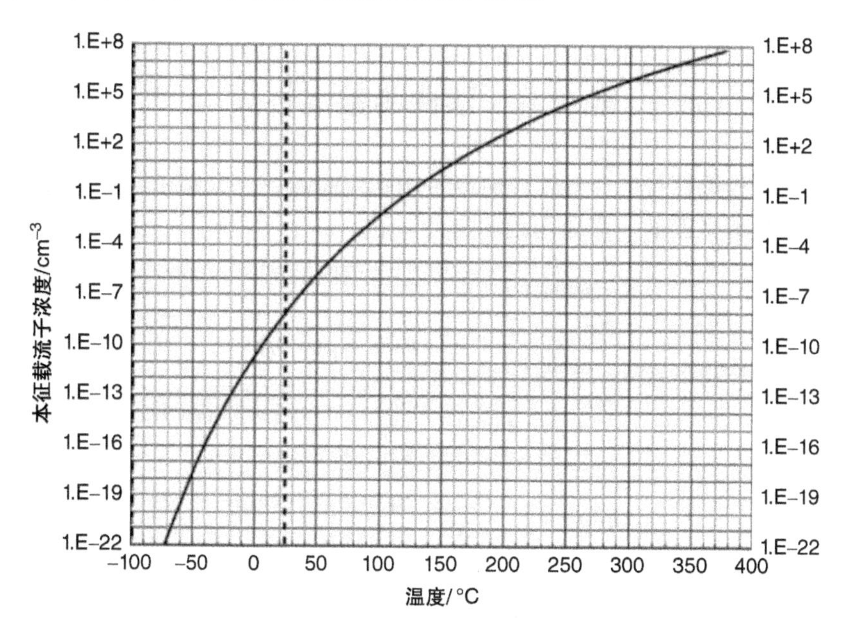

图 A-4　4H－SiC 中本征载流子浓度与温度的关系。虚线表示室温

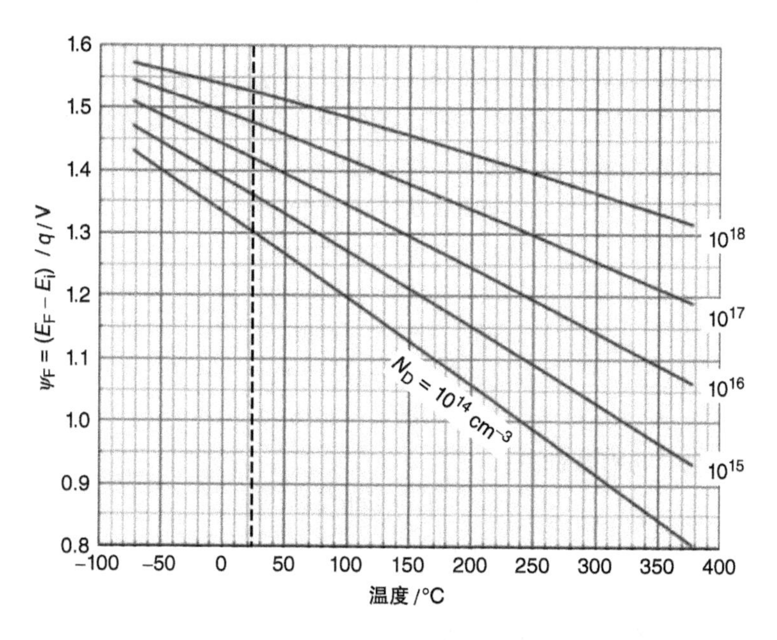

图 A-5　氮和磷掺杂的 4H－SiC 中费米势与掺杂浓度和温度的关系

参考文献

[1] Ivanov, I.G., Henry, A. and Janzen, E. (2005) Ionization energies of phosphorus and nitrogen donors and aluminum acceptors in 4H silicon carbide from the donor-acceptor pair emission. *Phys. Rev. B*, **71** (24), 241201-1–241201-4.

[2] Pierret, R.F. (2003) *Advanced Semiconductor Fundamentals*, Pearson Education, Inc., Upper Saddle River, NJ.

附录 B　双曲函数的性质

在描述双极型器件的传导特性时经常用到双曲函数，因此在这里列出一些双曲函数的性质是有帮助的。双曲函数的定义如下：

$$\sinh(\theta)=\frac{\exp(\theta)-\exp(-\theta)}{2}$$

$$\cosh(\theta)=\frac{\exp(\theta)+\exp(-\theta)}{2}$$

$$\tanh(\theta)=\frac{\sinh(\theta)}{\cosh(\theta)}=\frac{\exp(\theta)-\exp(-\theta)}{\exp(\theta)+\exp(-\theta)}$$

$$\coth(\theta)=\frac{1}{\tanh(\theta)}=\frac{\cosh(\theta)}{\sinh(\theta)}=\frac{\exp(\theta)+\exp(-\theta)}{\exp(\theta)-\exp(-\theta)}$$

$$\mathrm{sech}(\theta)=\frac{1}{\cosh(\theta)}=\frac{2}{\exp(\theta)+\exp(-\theta)}$$

$$\mathrm{csch}(\theta)=\frac{1}{\sinh(\theta)}=\frac{2}{\exp(\theta)-\exp(-\theta)} \tag{B-1}$$

这些函数可以很容易用如图 B-1 和图 B-2 所示的那样直观地显示出来。从这些图中，可以看到 sinh、tanh、coth 和 csch 都是奇函数，正的自变量（辐角）得到正函数值，负的自变量（辐角）得到负函数值；cosh 和 sech 为偶函数，正负自变量（辐角）都得到正函数值。这样，我们可以得到

$$\sinh(-\theta)=-\sinh(\theta)$$

$$\cosh(-\theta)=\cosh(\theta)$$

$$\tanh(-\theta)=-\tanh(\theta)$$

$$\coth(-\theta)=-\coth(\theta)$$

$$\mathrm{sech}(-\theta)=\mathrm{sech}(\theta)$$

$$\mathrm{csch}(-\theta)=-\mathrm{csch}(\theta) \tag{B-2}$$

了解以下公式是有帮助的：

$$\cosh^2(\theta)-\sinh^2(\theta)=1$$

$$\coth^2(\theta)-\mathrm{csch}^2(\theta)=1 \tag{B-3}$$

$$\tanh^2(\theta)+\mathrm{sech}^2(\theta)=1$$

两个自变量（辐角）之和的双曲函数为

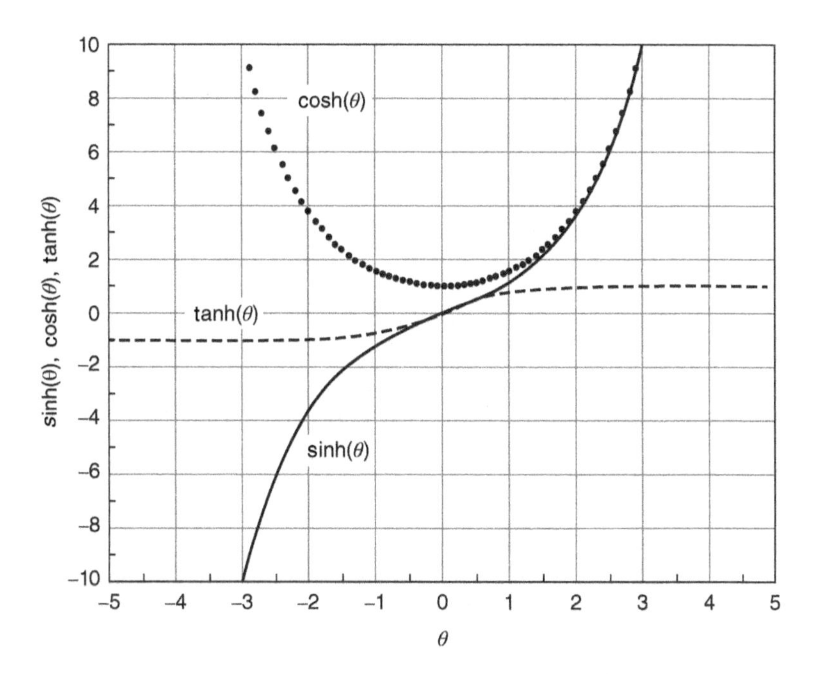

图 B-1 双曲正弦、余弦和正切函数

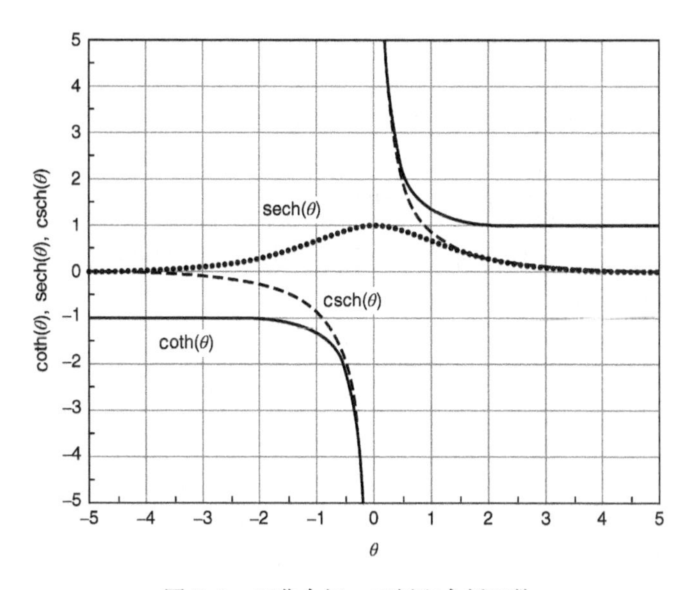

图 B-2 双曲余切、正割和余割函数

$$\begin{aligned} \sinh(\theta+\phi) &= \cosh(\theta)\sinh(\phi)+\sinh(\theta)\cosh(\phi) \\ \cosh(\theta+\phi) &= \sinh(\theta)\sinh(\phi)+\cosh(\theta)\cosh(\phi) \end{aligned} \tag{B-4}$$

反双曲函数可以用对数来表示

$$\sinh^{-1}(\theta) = \ln(\theta + \sqrt{\theta^2 + 1})$$
$$\cosh^{-1}(\theta) = \ln(\theta + \sqrt{\theta^2 - 1}),\theta \geqslant 1$$
$$\tanh^{-1}(\theta) = \frac{1}{2}\ln\left(\frac{1+\theta}{1-\theta}\right),|\theta| < 1$$
$$\coth^{-1}(\theta) = \frac{1}{2}\ln\left(\frac{1+\theta}{1-\theta}\right),|\theta| > 1$$
$$\operatorname{sech}^{-1}(\theta) = \ln\left(\frac{1+\sqrt{1-\theta^2}}{\theta}\right),0 < \theta \leqslant 1$$
$$\operatorname{csch}^{-1}(\theta) = \ln\left(\frac{1}{\theta} + \frac{\sqrt{1+\theta^2}}{|\theta|}\right),\theta \neq 0 \quad \text{(B-5)}$$

双曲函数的导数公式为

$$\frac{d}{d\theta}\sinh(\theta) = \cosh(\theta)$$
$$\frac{d}{d\theta}\cosh(\theta) = \sinh(\theta)$$
$$\frac{d}{d\theta}\tanh(\theta) = \operatorname{sech}^2(\theta) = \frac{1}{\cosh^2(\theta)} = 1 - \tanh^2(\theta)$$
$$\frac{d}{d\theta}\coth(\theta) = -\operatorname{csch}^2(\theta) = \frac{1}{\sinh^2(\theta)} = 1 - \coth^2(\theta)$$
$$\frac{d}{d\theta}\operatorname{csch}(\theta) = -\coth(\theta)\operatorname{csch}(\theta)$$
$$\frac{d}{d\theta}\operatorname{sech}(\theta) = -\tanh(\theta)\operatorname{sech}(\theta) \quad \text{(B-6)}$$

与双极型器件的传导特性有关的函数经常会包含对双曲函数的积分，下面列举了一些有用的积分公式：

$$\int\frac{d\theta}{[\sinh(\theta) + a]} = \frac{2\tanh^{-1}\left[\frac{a\tanh(\theta/2) - 1}{\sqrt{a^2+1}}\right]}{\sqrt{a^2+1}},a > 0,\theta > 0 \quad \text{(B-7)}$$

$$\int\frac{d\theta}{\cosh(\theta) + a\sinh(\theta)} = \frac{2\tan^{-1}\left[\frac{a + \tanh(\theta/2)}{\sqrt{1-a^2}}\right]}{\sqrt{1-a^2}} \quad \text{(B-8)}$$

$$\int\frac{\sinh(\theta) + a\cosh(\theta)}{\cosh(\theta) + a\sinh(\theta)}d\theta = \ln[\cosh(\theta) + a\sinh(\theta)] \quad \text{(B-9)}$$

$$\int\frac{[\sinh(\theta) + b]\cosh(\theta)}{[\sinh(\theta) + a][\sinh(\theta) + c]}d\theta = \frac{(a-b)\ln[\sinh(\theta) + a] + (b-c)\ln[\sinh(\theta) + c]}{a-c} \quad \text{(B-10)}$$

附录 C　常见 SiC 多型体主要物理性质

C.1　性质

除非特殊指明，所有测量均在室温下进行。所有数据均从参考文献［1－19］采集。

特性/多型体	3C－SiC	4H－SiC	6H－SiC
堆垛次序	ABC	ABAC	ABCACB
带隙/eV	2.36	3.26	3.02
激励隙/eV	2.39	3.265	3.023
晶格常数			
a/Å	4.3596	3.0798	3.0805
c/Å	—	10.082	15.1151
密度/(g/cm^3)	3.21	3.21	3.21
电子有效质量			
$m_{//}/m_0$	0.67	0.33	2
$m_{\perp}/m_0$	0.25	0.42	0.48
空穴有效质量			
$m_{//}/m_0$	~1.5	1.75	1.85
$m_{\perp}/m_0$	~0.6	0.66	0.66
导带最小值数目	3	3	6
导带中的有效态密度/cm^{-3}	1.5×10^{19}	1.8×10^{19}	8.8×10^{19}
价带中的有效态密度/cm^{-3}	1.9×10^{19}	2.1×10^{19}	2.2×10^{19}
本征载流子浓度/cm^{-3}	0.1	5×10^{-9}	1×10^{-6}
电子迁移率（低掺杂浓度下）/($cm^2\ V^{-1}\ s^{-1}$)			
μ（平行于 c 轴）	~1000	1020	450

（续）

特性/多型体	3C－SiC	4H－SiC	6H－SiC
μ（垂直于 c 轴）	**～1000**	**1200**	**100**
空穴迁移率（低掺杂浓度下）/($cm^2\ V^{-1}\ s^{-1}$)	100	120	100
电子饱和迁移速率/(cm/s)	$\sim 2\times10^{7a}$	2.2×10^{7}	1.9×10^{7}
空穴饱和迁移速率/(cm/s)	$\sim 1.3\times10^{7a}$	$\sim 1.3\times10^{7a}$	$\sim 1.3\times10^{7a}$
击穿电场强度（在 $N_D=3\times10^{16}cm^{-3}$）/(MV/cm)			
E_B（垂直于 c 轴）	1.4	2.2	1.7
E_B（平行于 c 轴）	**1.4**	**2.8**	**3**
杂质电离能/meV			
氮（六方/立方）	55	61/126	85/140
铝（六方/立方）	250	198/201	240
相对介电常数			
ε_s（平行于 c 轴）	9.72	9.76	9.66
ε_s（垂直于 c 轴）	9.72	10.32	10.03
热导率/($W\ cm^{-1}\ K^{-1}$)	3.3～4.9①	3.3～4.9	3.3～4.9
杨氏模量/GPa	310～550	390～690	390～690
泊松比	0.24	0.21	0.21

① 估算值。

C.2 主要物理性质的温度和/或掺杂特性

1. 带隙的温度特性[4]

$$E_g(T)=E_{g0}-\frac{\alpha T^2}{T+\beta} \tag{C-1}$$

式中，E_{g0}为 0K 时的带隙宽度，T 为绝对温度，

$$\alpha=8.2\times10^{-4}eV/K,\beta=1.8\times10^{3}K$$

2. 载流子迁移率的掺杂相关性[12-17]

$$\mu_e(4H-SiC)=\frac{1020(T/300)^{-n}}{1+\left(\dfrac{N_D+N_A}{1.8\times10^{17}}\right)^{0.6}}cm^2V^{-1}s^{-1} \tag{C-2}$$

$$\mu_e(6H-SiC)=\frac{450\ (T/300)^{-n}}{1+\left(\frac{N_D+N_A}{2.5\times10^{17}}\right)^{0.6}}\text{cm}^2\text{V}^{-1}\text{s}^{-1} \tag{C-3}$$

$$\mu_h(4H-SiC)=\frac{118\ (T/300)^{-m}}{1+\left(\frac{N_D+N_A}{2.2\times10^{18}}\right)^{0.7}}\text{cm}^2\text{V}^{-1}\text{s}^{-1} \tag{C-4}$$

$$\mu_h(4H-SiC)=\frac{98\ (T/300)^{-m}}{1+\left(\frac{N_D+N_A}{2.4\times10^{18}}\right)^{0.7}}\text{cm}^2\text{V}^{-1}\text{s}^{-1} \tag{C-5}$$

式中，N_D为施主浓度，N_A为受主浓度，单位均为cm^{-3}。

$n = 2.4 \sim 2.8$，对于轻掺杂材料（$10^{14} \sim 10^{15}\text{cm}^{-3}$），$240\text{K} < T < 600\text{K}$

$= 1.8 \sim 2.4$，对于中等掺杂材料（$10^{16} \sim 10^{17}\text{cm}^{-3}$），$280\text{K} < T < 600\text{K}$

$m = 2.2 \sim 2.5$，对于轻掺杂材料（$10^{14} \sim 10^{15}\text{cm}^{-3}$），$240\text{K} < T < 600\text{K}$

$= 1.8 \sim 2.2$，对于中等掺杂材料（$10^{16} \sim 10^{17}\text{cm}^{-3}$），$280\text{K} < T < 600\text{K}$

3. 临界电场强度的掺杂相关性（4H－SiC，平行于 c 轴）[19]

$$E_C(4H-SiC)=\frac{2.49\times10^6}{1-0.25\log_{10}\left(\frac{N}{1.6\times10^{16}}\right)}\text{V/cm} \tag{C-6}$$

式中，N 为半导体结的轻掺杂侧的掺杂浓度（cm^{-3}）。

4. 碰撞电离系数

$$\alpha_N(E)=1.69\times10^6\text{cm}^{-1}\exp\left[-\left(\frac{9.96\times10^6\text{V/cm}}{E}\right)^{1.6}\right]（电子） \tag{C-7}$$

$$\alpha_P(E)=3.32\times10^6\text{cm}^{-1}\exp\left[-\left(\frac{1.07\times107\text{V/cm}}{E}\right)^{1.1}\right]（空穴） \tag{C-8}$$

式中，E 为电场强度。

参 考 文 献

[1] Levinshtein, M.E., Rumyantsev, S.L. and Shur, M.S. (2001) *Properties of Advanced Semiconductor Materials: GaN, AlN, InN, BN, SiC, SiGe*, John Wiley & Sons, Inc., New York.

[2] Harris, G.L. (1995) *Properties of Silicon Carbide*, INSPEC.

[3] Adachi, S. (2005) *Properties of Group-IV, III-V, and II-VI Semiconductors*, John Wiley & Sons, Ltd, Chichester.

[4] Choyke, W.J. (1969) Optical properties of polytypes of SiC: interband absorption, and luminescence of nitrogen-exciton complexes. *Mater. Res. Bull.*, **4**, S141–S152.

[5] Devaty, R.P. and Choyke, W.J. (1997) Optical properties of silicon carbide polytypes. *Phys. Status Solidi A*, **162** (1), 5–38.

[6] Choyke, W.J. and Devaty, R.P. (2004) Optical properties of SiC: 1997–2002, in *Silicon Carbide – Recent Major Advances* (eds W.J. Choyke, H. Matsunami and G. Pensl), Springer, pp. 413–435.

[7] Egilsson, T., Ivanov, I.G., Son, N.T. *et al.* (2004) Exciton and defect photoluminescence from SiC, in *Silicon Carbide, Materials, Processing, and Devices* (eds Z.C. Feng and J.H. Zhao), Taylor & Francis, pp. 81–120.

[8] Janzen, E., Gali, A., Henry, A. *et al.* (2008) Defects in SiC, in *Defects in Microelectronic Materials and Devices*, Taylor & Francis, pp. 615–669.

[9] Chen, W.M., Son, N.T., Janzen, E. *et al.* (1997) Effective masses in SiC determined by cyclotron resonance experiments. *Phys. Status Solidi A*, **162** (1), 79–94.
[10] Volm, D., Meyer, B.K., Hofmann, D.M. *et al.* (1996) Determination of the electron effective-mass tensor in 4H SiC. *Phys. Rev. B*, **53** (23), 15409–15412.
[11] Son, N.T., Persson, C., Lindefelt, U. *et al.* (2004) Cyclotron resonance studies of effective masses and band structure, in *SiC, Silicon Carbide – Recent Major Advances* (eds W.J. Choyke, H. Matsunami and G. Pensl), Springer, pp. 437–492.
[12] Schaffer, W.J., Negley, G.H., Irvine, K.G. and Palmour, J.W. (1994) Conductivity anisotropy in epitaxial 6H and 4H SiC. *Mater. Res. Soc. Symp. Proc.*, **339**, 595–600.
[13] Iwata, H., Itoh, K.M. and Pensl, G. (2000) Theory of the anisotropy of the electron Hall mobility in n-type 4H– and 6H–SiC. *J. Appl. Phys.*, **88** (4), 1956–1961.
[14] Pernot, J., Zawadzki, W., Contreras, S. *et al.* (2001) Electrical transport in n-type 4H silicon carbide. *J. Appl. Phys.*, **90** (4), 1869–1878.
[15] Kagamihara, S., Matsuura, H., Hatakeyama *et al.* (2004) Parameters required to simulate electric characteristics of SiC devices for n-type 4H–SiC. *J. Appl. Phys.*, **96** (5), 5601–5606.
[16] Matsuura, H., Komeda, M., Kagamihara, S. *et al.* (2004) Dependence of acceptor levels and hole mobility on acceptor density and temperature in Al-doped -type 4H-SiC epilayers. *J. Appl. Phys.*, **96** (5), 2708–2715.
[17] Koizumi, A., Suda, J. and Kimoto, T. (2009) Temperature and doping dependencies of electrical properties in Al-doped 4H-SiC epitaxial layers. *J. Appl. Phys.*, **106** (1), 013716.
[18] Khan, I.A. and Cooper, J.A. Jr., (2000) Measurement of high-field electron transport in silicon carbide. *IEEE Trans. Electron Devices*, **47** (2), 269–273.
[19] Konstantinov, A.O., Wahab, Q., Nordell, N. and Lindefelt, U. (1997) Ionization rates and critical fields in 4H silicon carbide. *Appl. Phys. Lett.*, **71** (1), 90–92.
[20] Morisette, D.T. (2001) Development of robust power Schottky barrier diodes in silicon carbide. PhD Thesis. Purdue University.

图书在版编目（CIP）数据

碳化硅技术基本原理：生长、表征、器件和应用/（日）木本恒暢，（美）詹姆士 A. 库珀著；夏经华等译．—北京：机械工业出版社，2018. 1（2025.2 重印）

（新型电力电子器件丛书）

书名原文：Fundamentals of Silicon Carbide Technology: Growth, Characterization, Devices, and Applications

ISBN 978-7-111-58680-7

Ⅰ. ①碳… Ⅱ. ①木…②詹…③夏… Ⅲ. ①碳化硅陶瓷 Ⅳ. ①TQ174. 75

中国版本图书馆 CIP 数据核字（2017）第 313919 号

机械工业出版社（北京市百万庄大街 22 号 邮政编码 100037）

策划编辑：付承桂 责任编辑：闾洪庆

责任校对：张晓蓉 封面设计：马精明

责任印制：单爱军

北京虎彩文化传播有限公司印刷

2025 年 2 月第 1 版第 7 次印刷

169mm × 239mm · 32. 25 印张 · 649 千字

标准书号：ISBN 978 - 7 - 111 - 58680-7

定价：150. 00 元

凡购本书，如有缺页、倒页、脱页，由本社发行部调换

电话服务	网络服务
服务咨询热线：010 - 88361066	机 工 官 网：www. cmpbook. com
读者购书热线：010 - 68326294	机 工 官 博：weibo. com/cmp1952
010 - 88379203	金 书 网：www. golden - book. com
封面无防伪标均为盗版	教育服务网：www. cmpedu. com

相关图书推荐

《功率半导体器件——原理、特性和可靠性（原书第 2 版）》

Semiconductor Power Devices：Physics, Characteristics, Reliability，2nd edition

约瑟夫 • 卢茨（Josef Lutz）
［德］乌维 • 朔伊尔曼（Uwe Scheuermann）著　　卞抗　杨莺　刘静　蒋荣舟　等译
里克 · 德 · 当克尔（Rik De Doncker）

内容简介：

本书原作者长期从事功率半导体器件的研究和教学工作，在封装、可靠性和系统集成方面做出了重要贡献，在国际上享有盛誉。本书是一本精心编著、并根据作者多年教学经验和工程实践不断补充更新的经典图书，对于广大的研制和生产各种各样的电力电子器件的工程技术人员是极其宝贵的。内容包括：

• 讲述了功率半导体器件的原理、结构、特性和可靠性技术；

• 重点介绍了 MOSFET、IGBT 等现代功率器件，以及近年来有关功率半导体器件的最新成果，如 SiC、GaN 器件，以及场控宽禁带器件等；

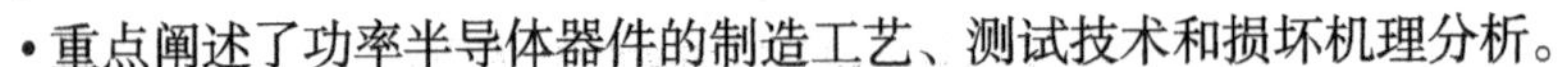

• 重点阐述了功率半导体器件的制造工艺、测试技术和损坏机理分析。

《SiC/GaN 功率半导体封装和可靠性评估技术》

［日］菅沼克昭　等著
何钧　许恒宇　译

内容简介：

• 本书重点介绍宽禁带功率半导体封装的基本原理和可靠性。

• 以封装为核心，内容涵盖宽禁带功率半导体的模块结构和可靠性问题，引线键合技术，管芯背焊技术，模制树脂技术，绝缘基板技术，冷却散热技术，可靠性评估和检查技术等。

• 尽管极端环境中的材料退化机制尚未明晰，书中还是总结设计了新的封装材料和结构设计，以尽量阐明未来的发展方向。

• 本书对于我国宽禁带（国内也称为第三代）半导体产业的发展有积极意义，适合相关的器件设计、工艺设备、应用、产业规划和投资领域人士阅读。